CB076829

Título original: 中国稻史研究
Copyright © Zeng Xiongsheng, 2018
Published in agreement with China Agriculture Press. All rights reserved.

EDIÇÃO Leonardo Garzaro
ASSISTENTE EDITORIAL André Esteves
TRADUÇÃO Yu Pin Fang
ARTE Vinicius Oliveira e Silvia Andrade
PREPARAÇÃO André Esteves
REVISÃO Celso Zuppi e Eliene Ferreira

CONSELHO EDITORIAL
Leonardo Garzaro
Vinicius Oliveira

Dados Internacionais de Catalogação na Publicação (CIP)
(Câmara Brasileira do Livro, SP, Brasil)

Xiongsheng, Zeng
Uma história do arroz na China / Zeng Xiongsheng; tradução Yu Pin Fang. - Santo André, SP : Editora Rua do Sabão, 2024.

Título original: 中国稻史研究.
778 p.; 16 × 23 cm
ISBN 978-65-5245-017-3
1. Arroz como alimento 2. Arroz - Cultivo - História 3. Cultura chinesa 4. China - História
I. Título.
24-246176   CDD 951

Índice para catálogo sistemático:
1. China : História 951
Aline Graziele Benitez - Bibliotecária - CRB-1/3129

[2024] Todos os direitos desta edição reservados à:
Editora Rua do Sabão
Rua da Fonte, 275, sala 62B - 09040-270 - Santo André, SP.

www.editoraruadosabao.com.br
facebook.com/editoraruadosabao
instagram.com/editoraruadosabao
x.com/edit_ruadosabao
youtube.com/editoraruadosabao
pinterest.com/editorarua
tiktok.com/@editoraruadosabao

ZENG XIONGSHENG

UMA HISTÓRIA DO ARROZ NA CHINA

Traduzido do chinês por Yu Pin Fang

ÍNDICE

Prefácio: uma abordagem pioneira e inovadora para a pesquisa da história do arroz na China   7

Prefácio: trinta anos de pesquisa sobre a história do arroz   17

Parte 1 — Uma história geral do arroz
Introdução à história do arroz   43
A classe social definindo a Natureza da Alimentação: o arroz na vida do norte da China   55
Shuitian: um conceito mal compreendido   81

Parte 2 — Campos de arroz e ferramentas agrícolas
Um estudo sobre os aparelhos de plantio de arroz: o *Shiwu*   119
A invenção e o desenvolvimento de medidores de chuva na China antiga   137
Do arado de Jiangdong ao ancinho de ferro: um microcosmo de Jiangnan nos séculos IX a XIX   183
Seleção de ferramentas agrícolas: ferramentas para debulhar arroz   189

Parte 3 — Literatura sobre a história do arroz
Legado no Campo: artigo recém-descoberto de Xu Guangqi e sua interpretação   197
A construção e a disseminação do conhecimento agronômico tradicional: exemplos de *Legado no Campo*   221
Questões sobre o cultivo de arroz em *Legado no Campo*   247
Um estudo preliminar do *Tratado Agrícola de Zeng* na obra de Wang Zhen, *Tratado de Agricultura*   279
Um estudo sobre o cultivo de arroz nas antigas canções folclóricas do grupo étnico Dai   317
Investigação e pesquisa sobre a tecnologia de produção de arroz na *Exploração das Obras da Natureza*   339

Parte 4 — Sistema de cultivo
Pesquisa histórica sobre a semeadura direta de arroz   363
Uma análise da dupla cultura de arroz e trigo durante a dinastia Song   407

Parte 5 — Variedades de arroz
Uma discussão preliminar sobre o impacto do arroz Champa no cultivo de arroz da China na Antiguidade   521
Arroz Huanglu na história da China   543
Pesquisa histórica sobre as variedades de arroz em Jiangxi   599

Parte 6 — Ambiente de cultivo de arroz e cultura de cultivo de arroz
Diversas questões relacionadas à cultura de cultivo de arroz em Jiangnan   657
Ambiente ecológico e cultivo de arroz na área de Lingnan durante a dinastia Song   685
O intercâmbio histórico da cultura de cultivo de arroz entre a China e o Sudeste Asiático   725

Posfácio   757

Apêndice I: Uma breve cronologia da história chinesa   760
Apêndice II: Listas de nomes de templos e títulos de reinado de imperadores   762
Apêndice III: Listas de unidades de medida da China antiga   775

PREFÁCIO

Uma abordagem pioneira e inovadora para a pesquisa da história do arroz na China — reflexões durante a leitura de *Uma história do arroz na China.*

A China é o berço do cultivo do arroz, que tem uma história de mais de 10.000 anos. Mesmo no início da civilização chinesa, o padrão agrícola de cultivo de painço no norte e de arroz no sul já estava estabelecido. Após as dinastias Tang e Song, com a mudança do foco econômico nacional para o sul, o arroz cultivado tornou-se o principal item na produção e no consumo de alimentos. O arroz contribuiu muito para a formação da nação chinesa e para o desenvolvimento contínuo de sua civilização. O estudo da história do arroz ocupa uma posição importante na história da agricultura e da civilização chinesas.

Xiuling foi o pioneiro no estudo sistemático da história do arroz na China. Um de seus melhores alunos, Zeng Xiongsheng, deu continuidade à sua pesquisa. Zeng é um velho amigo, que conheço há décadas. Recentemente, ele me enviou uma cópia eletrônica do manuscrito de seu próximo livro, *Uma História do arroz na China*, e me pediu para escrever algumas palavras de introdução. Nele, Zeng organizou suas pesquisas publicadas e não publicadas, reunidas nos últimos 30 anos, em 22 tópicos, combinando algumas partes sobrepostas em um capítulo. Ele dividiu esses tópicos em seis seções, com um ensaio adicional para introduzir o volume, intitulado "Trinta anos de pesquisa sobre a história do arroz", que apresenta metodicamente o trabalho de sua vida. Ao folhear o livro, notei muitos novos desenvolvimentos e percepções, e fiquei impressionado com a visão ampla e a riqueza dos materiais incluídos.

Um trabalho acadêmico nada mais é do que um processo de interrogação, análise e solução de problemas. Ele começa com a identificação hábil de problemas ou perguntas e a proposta de tópicos valiosos. A análise e a solução de problemas subsequentes requerem uma quantidade substancial de materiais e uma metodologia apropriada. Os pontos de vista e as ideias do autor são demonstrados e comprovados por meio do processo de análise e solução de problemas. A vida do acadêmico está na inovação, que se reflete no processo de interrogação, análise e solução de problemas. O que é chamado de "as quatro novidades" na China — novas questões, novos materiais, novos métodos e novas perspectivas — é considerado a referência para trabalhos acadêmicos.

Uma das áreas de foco em *Uma História do arroz na China* é preencher as lacunas da pesquisa original no campo. Exemplos de áreas abordadas neste volume incluem *shiwu*, uma ferramenta de transplante, medidores de água, variedades de arroz *huanglu*, semeadura direta de arrozais em um sistema de cultivo, arroz de colheita dupla, literatura valiosa e agricultura, incluindo *Legado no campo* de Xu Guangqi (1562-1633) e *Tratado Agrícola de Zeng* do *Tratado Agrícola de Wang Zhen*, e análise de conceitos como "grãos precoces" e arrozais. Nenhum desses aspectos foi explorado pelos antecessores de Zeng ou, se o foram, os estudos carecem de uma abordagem sistemática. Dessa forma, o trabalho apresentado aqui é inovador. Deve-se ressaltar que os conceitos apresentados aqui não foram apenas extraídos de áreas anteriormente negligenciadas, mas também de problemas que surgiram de coisas comuns. Por exemplo, o termo "campo de arroz" é comumente entendido, e não há objeção quanto a entendê-lo como um campo onde o arroz de águas profundas é cultivado. Mas aqui, Zeng examinou cuidadosamente os meandros do conceito de campo de arroz e produziu um artigo robusto que registra suas percepções. Nele, ele destaca que o termo chinês *shuitian*, geralmente entendido como campo de arroz, surgiu pela primeira vez nas regiões áridas do noroeste da China, onde "é impossível cultivar sem irrigação". O termo se refere a qualquer terra cultivada que tenha sido submetida à irrigação com água e que possa ser usada para o cultivo de culturas úmidas ou secas. Tratar o termo *shuitian* como um equivalente de *shuidaotian*, que se refere especificamente a um campo de arroz, tornou-se comum entre as pessoas do sul, e isso mais tarde influenciou os nortistas. A partir do início da dinastia Song, as pessoas começaram a equiparar gradualmente os arrozais especificamente ao arroz e, em seguida, transferiram-no para o conceito de conservação da água no norte. Embora tenha sido um mal-entendido do termo, isso afetou as decisões governamentais. Zeng usa essa perspectiva para explicar a controvérsia sobre os esforços de conservação da água no norte (especialmente na capital e seus arredores). Essa perspectiva oferece uma visão renovada de uma controvérsia que se estendeu por um milênio.

Outro tópico abordado neste volume é a criação de novos campos de pesquisa. O material abordado em *Uma história do arroz na China* inclui ferramentas agrícolas, variedades de arroz, sistemas de cultivo, literatura sobre agricultura, nomes e fatos sobre relíquias culturais relacionadas ao arroz e trocas ambientais, socioeconômicas e culturais entre a China e outros países. A primeira seção de *Uma história do arroz na China*, intitulada "A natureza definidora de classe dos alimentos", é um exame sociológico da história do arroz. Não se preocupa com os traços naturais dos alimentos, mas com as associações de classe e características regionais dos diferentes tipos de alimentos que os humanos consomem. No estudo da história agrícola, pouca atenção é dada à questão do consumo. Da mesma forma, o consumo raramente é estudado da perspectiva da natureza de classe. Este tópico, então, abre uma nova janela para a história do arroz e para a história agrícola de forma mais geral. *Legado no campo* é uma peça perdida que não está incluída nas antologias da obra de Xu Guangqi. Zeng inclui três artigos relacionados a esta peça, analisando-a das perspectivas da literatura agrícola, cultura agrícola, ciência e tecnologia agrícolas e economia agrícola. "Coleta e disseminação do conhecimento agronômico tradicional: Lições do legado de Xu Guangqi no campo" foca nas tradições políticas e culturais da ênfase e promoção da agricultura, comparando *Legado no campo* a outros escritos antigos do gênero. O artigo aponta que, embora o texto de Xu herde a forma do gênero, ele contém conteúdo relacionado ao relacionamento rural, experiência local, herança e inovação com base na prática e outros novos conteúdos que são diferentes de tudo o que existia no campo na equipe. Ao mesmo tempo, ele analisa a diversidade do conhecimento transmitido no texto, estendendo e desenvolvendo os limites e nós de intersecção e, assim, oferecendo um ponto útil para explorar o modelo sobre o qual o conhecimento agrícola tradicional foi construído. No passado, houve grande intercâmbio entre as culturas de arroz chinesas e estrangeiras, incluindo a introdução do arroz de Champa (atual Vietnã do Sul), com foco particular no impacto da promoção do arroz de Champa no sistema de cultivo de arroz e no desenvolvimento socioeconômico da China.

O artigo intitulado "O intercâmbio histórico da cultura do cultivo de arroz entre a China e o Sudeste Asiático" oferece uma visão geral de vários aspectos dos arrozais, sementes de arroz, colheitas de arroz e o folclore que o cerca. Este artigo é inovador na área.

O livro também inclui um artigo especial sobre o cultivo de arroz em Lingnan, abordando o tema a partir de uma perspectiva ambiental. Acredito que há um grande significado por trás da escolha de Zeng de intitular este volume de *Uma história do arroz na China,* em vez de *Uma história do cultivo do arroz,* pois o objetivo do livro não é estudar o cultivo ou a tecnologia do arroz isoladamente, nem mesmo focar na tecnologia do cultivo do arroz, mas colocá-lo na estrutura mais ampla do ambiente socioeconômico, político, cultural e natural. Essa análise estabelece um cenário mais amplo para o estudo da história do arroz do que as gerações anteriores desfrutaram.

Outra categoria de tópicos abordados neste volume são as novas explorações baseadas em discussões anteriores. Por exemplo, a "Pesquisa histórica sobre as variedades de arroz em Jiangxi" baseia-se na "Pesquisa histórica sobre variedades naturais de arroz na China" de You Xiuling, refinando e aprofundando a pesquisa sobre variedades de arroz em uma determinada região. A maioria desses tópicos foi estudada por pesquisadores anteriores, e Zeng identificou lacunas ou erros no trabalho que convidam a uma maior exploração ou discussão. Sua mente é ativa, livre de restrições ou problemas, o que lhe dá a coragem de apresentar suas próprias ideias e opiniões para que possam ser discutidas com outros acadêmicos. Esse tipo de discussão não é meramente sugestivo ou com rodeios, mas sim franco, direto, direto ao ponto. Os tópicos para discussão são bem conhecidos entre os acadêmicos, tanto no exterior quanto no país, muitos dos quais são professores e amigos do próprio autor. Por exemplo, o artigo " Interpretação do *shuitiano* e *do baitian*" foi desenvolvido em discussão com Xin Deyong, enquanto "Do arado ao ancinho de ferro no curso inferior do Yangtze: um microcosmo de Jiangnan do século IX ao XIX" surgiu das discussões de Zeng com Li Bozhong. Além disso, "Diversas questões relacionadas à cultura de cultivo de arroz em Jiangnan" foi discutido com o estudioso japonês Takaaki Kono, "Pesquisa sobre a idade do arroz nas antigas canções folclóricas do povo Dai" foi discutido com o mentor de Zeng, You Xiuling, e "Uma discussão preliminar sobre o impacto do arroz de Champa no cultivo de arroz da China na antiguidade" é uma crítica à tendência dos estudiosos estrangeiros e nacionais de exagerar a importância do arroz na cultura chinesa nos tempos antigos. O autor também escreveu sobre o impacto da introdução do arroz de Champa e uma sugestão de suas próprias ideias concorrentes sobre o assunto. Esses artigos são de grande ajuda para o avanço das pesquisas na área. A discordância aberta de Zeng em relação a algumas das opiniões declaradas publicamente por seus mestres é um resultado direto dos insights e da generosidade de You Xiuling. O senhor nunca rejeitou opiniões divergentes quando elas eram propostas por seus alunos, mas sempre incentivou a discussão de uma variedade de pontos de vista. A natureza habitualmente ousada de Zeng foi desenvolvida sob a influência de professores tão esclarecidos. No início da década de 1980, quando eu tinha acabado de começar a trabalhar no Instituto de Economia da Academia Chinesa de Ciências Sociais, o diretor do departamento, Wu Chengming, nos contou que o diretor anterior, Sun Yefang, havia dito: "A diplomacia exige um terreno comum mesmo quando temos nossas diferenças, mas o trabalho acadêmico exige que tenhamos nossas diferenças mesmo quando compartilhamos um terreno comum". Essa observação causou um impacto em mim - é realmente profunda. Juntamente com nosso rigoroso trabalho acadêmico, nós, acadêmicos, precisamos discutir e interagir uns com os outros. Os estudos acadêmicos só podem se desenvolver por meio do confronto de pontos de vista divergentes, como Zheng Banqiao observa em seu poema, onde ele afirma que "o estudo transforma a dúvida em compreensão". O espírito da dúvida científica é muitas vezes a pedra angular da verdade. Certa vez, Zeng e eu tivemos uma discussão. Quando recebi meu exemplar de *Uma história do arroz na China*, concluí que o artigo "Análise das rotações de culturas de arroz e trigo na dinastia Song" havia sido escrito com base naquela discussão anterior. Embora nenhum de nós tenha persuadido o outro a mudar seu ponto de vista, as deliberações me levaram a refletir sobre a inadequação de minha própria pesquisa e me deram a inspiração necessária para prosseguir. Isso é algo pelo qual sou grato a Zeng Xiongsheng. Pensamos de forma independente, apresentamos nossas próprias opiniões e conduzimos uma discussão e um confronto sérios. Acho que essa é uma qualidade valiosa em um acadêmico. Há muito poucos debates sinceros desse tipo, baseados no respeito mútuo. Devemos apreciar seu espírito de ousadia que nos permite argumentar em vez de ficarmos limitados a proposições estabelecidas. Deve-se ressaltar também que os alunos excepcionais não seguem cegamente aqueles que os precederam. Como Zeng aponta, a leitura errônea do *shuitian* não é um erro moderno, mas antigo. Esclarecer esse ponto não apenas torna nossa avaliação do desenvolvimento do cultivo de arroz no norte mais científica, mas também viaja através do tempo e do espaço para "retificar os erros" nas mentes dos pensadores antigos.

Apenas com esses três tópicos, podemos ver que a visão de Zeng é ampla e sua mente é ativa, e que ele é perspicaz e hábil em encontrar problemas e capturar "pontos de conflito". Essas são características importantes para um pesquisador.

Outra característica de *Uma história do arroz na China* é que cada artigo está repleto de recursos valiosos, citando outros materiais relevantes e evitando afirmações vazias, o que dá uma sensação de peso. É evidente que Zeng trabalhou arduamente para coletar, reunir e digerir os materiais. Por exemplo, o estudo de "A natureza definidora de classe dos alimentos" é um terreno virgem que ainda precisa ser desenvolvido. Não há registros completos disponíveis, mas apenas dados amplamente dispersos, deixando a Zeng a tarefa de encontrar e coletar tudo do zero. Além dos livros de história habituais, ele cita muitas crônicas, notas e relatórios locais para preencher as lacunas encontradas nos livros de agricultura ou história, incluindo poesias e romances (como *Sonho das Mansões Vermelhas*), arquivos do palácio da dinastia Qing, arquivos da Mansão Confúcio, diretrizes imperiais e outros documentos similares. Ele até consultou as revistas mais recentes, como *Patrimônio literário e horários abertos,* e livros como *Arroz de Haidian, Pequim*. Há até sessenta ou setenta referências em um artigo de dez mil palavras. A diligência do autor em coletar esses materiais é evidente. Cada artigo é certamente informativo e bem fundamentado. Na verdade, tópicos como transplante, *Legado no campo* e o desenvolvimento do termo *shuitian* foram descobertos durante o trabalho de Zeng de coletar e reunir os materiais. Os materiais históricos foram dominados e digeridos, e estão prontamente acessíveis, o que reflete sua grande familiaridade e capacidade de gerenciar os materiais históricos.

Além de vários textos, Zeng também faz uso de materiais arqueológicos e etnográficos. Sua tese de mestrado abrangeu uma combinação de história antiga e lendas combinadas com descobertas arqueológicas, registros documentais e materiais de pesquisa etnográfica relacionados em sua discussão sobre "costumes populares da terra, como os da época dos antigos Shun e Yu". Em seu estudo sobre o início da história das variedades de arroz em Jiangxi, ele cita muitos materiais arqueológicos. Mas, por várias razões, sua pesquisa sobre a história do arroz após as dinastias Tang e Song baseia-se principalmente em vários textos. Ele herdou a bela tradição de uma geração mais antiga de pesquisadores de história agrícola que combinavam a literatura tradicional com seus campos de investigação. A "Investigação e Pesquisa sobre a Tecnologia de Produção de Arroz" em *Exploração das Obras da Natureza* é um produto dessa combinação. A pesquisa sobre o *shiwu*, uma antiga ferramenta de transplante de arroz, também surgiu a partir de tais pesquisas de campo.

Nos estudos de história agrícola, defendo a combinação de materiais históricos documentais com relíquias culturais, materiais históricos tangíveis e materiais históricos vivos. É claro que o uso desses materiais deve ser adaptado à situação e às questões que o pesquisador está buscando. Mas, em geral, os materiais históricos documentais continuam sendo os mais básicos entre os vários tipos de materiais disponíveis, porque nem as relíquias culturais "mortas" escavadas no subsolo nem as fontes "vivas" dos locais históricos tradicionais podem substituir a rica tradição dos clássicos. Todos os tipos de material histórico dependem da confirmação mútua com os registros documentais e da inovação mútua para as melhores formas de revelar e exibir seu verdadeiro significado. Zeng expressou seu apreço pelo progresso que foi feito no estudo dos arqueólogos sobre a origem e o desenvolvimento inicial da ciência e da tecnologia envolvidas no cultivo do arroz, observando que, se os arqueólogos da ciência e da tecnologia não estiverem familiarizados com a história, eles ficarão cegos e suas descobertas serão muito gerais. Ele expressou sua confiança no estudo da história do arroz, que se baseia principalmente em pesquisas documentais, já que "em última análise, a literatura sobre estudos de arroz é mais rica do que os dados arqueológicos, portanto, há mais espaço para jogar". Concordo com esse ponto de vista. Os primeiros estudiosos do campo da história agrícola lançaram as bases para o estabelecimento da disciplina por meio da compilação de textos agrícolas e da coleta sistemática de vários documentos e materiais. A vasta coleção de clássicos é um tesouro deixado para nós pelas gerações anteriores. Na coleta de materiais, as gerações anteriores defenderam a ideia de "esgotar todos os caminhos". O desenvolvimento da ciência e da tecnologia modernas aumentou a possibilidade de "esgotar todos os caminhos" para uma pesquisa completa dos documentos disponíveis em um determinado campo. No que diz respeito ao campo da história do arroz, Zeng chegou perto de atender a esse requisito. Acho que, pelo menos em alguns aspectos, a amplitude dos dados históricos que ele consultou superou a de seus antecessores. Isso é, obviamente, o resultado de seu trabalho incansável e diligente, mas também foi possível graças aos avanços científicos e tecnológicos. A compilação, a publicação e o desenvolvimento digital de livros antigos abriram perspectivas sem precedentes para a exploração e a utilização de documentos e materiais, o que é um grande benefício para os pesquisadores contemporâneos no campo da história agrícola.

Os materiais são a base de nossa pesquisa, mas os materiais por si só não são suficientes. São necessários métodos adequados para gerenciar os materiais a fim de analisar e abordar as questões. Diferentes objetivos de pesquisa exigirão a adoção de diferentes métodos de pesquisa, mas ainda há coisas que todas as pesquisas têm em comum. Proponho a combinação de dois métodos, o método histórico indefinido e o método histórico definido. Pelo que vejo, o método de pesquisa usado com mais destaque em *Uma história do arroz na China* aborda cada tópico com um foco central diferente, mas não discute essas questões isoladamente. Em vez disso, ele examina cada tópico em relação à economia, à sociedade, à cultura e à natureza. No contexto do meio ambiente, ele se expande gradualmente para diferentes níveis relevantes, proporcionando ao leitor uma compreensão tridimensional das questões. Por exemplo, o estudo do arroz *huanglu* começa com os vários nomes usados em diferentes regiões e em diferentes épocas, depois passa a discutir suas características, desenvolvimento e popularização. O estudo também examina de perto outras variedades de arroz provenientes das mesmas sementes ou de sementes semelhantes. Ao mesmo tempo, a partir da perspectiva da população, do crescimento da demanda social, do ambiente natural de Jiangnan e do estado do desenvolvimento agrícola geral, avalia-se o papel que o arroz *huanglu* desempenhou ao longo da história da agricultura. Ele ressalta que, dos dois caminhos que o crescimento de grãos da China tomou desde as dinastias Tang e Song, os arrozais foram mais importantes do que os campos de terraço, de modo que sua tolerância ao alagamento, maturação precoce e adequação às terras alagadas tornaram a colheita apressada do arroz *huanglu* no início de cada estação ainda mais importante para a China do que o arroz de Champa. As percepções oferecidas neste capítulo baseiam-se em dados históricos informativos e análises aprofundadas que não foram publicadas anteriormente e atraíram a atenção de pesquisadores estrangeiros.

Com relação ao pluviômetro, Zeng o expõe em sua discussão sobre o desenvolvimento do sistema geral de relatório de chuvas, concentrando-se no destino do pluviômetro na China antiga. O artigo observa que as dinastias Qin e Han da China tinham um sistema de relatório de precipitação, e o conceito de um pluviômetro padrão havia se formado já na dinastia Song, mas nunca houve pluviômetros padrão desenvolvidos e promovidos pelo governo, muito menos uma rede nacional de observação ou padrões uniformes. Zeng explorou o motivo pelo qual isso pode ter acontecido, considerando possibilidades que incluem corrupção ou relatórios falsos na burocracia, confusão causada por formas padrão de previsão de chuvas, restrição causada por um senso de impropriedade da interferência humana nos assuntos do céu e a luta política que o esforço pode ter causado. Dessa forma, o pluviômetro, uma medida de participação natural, é como um caleidoscópio por meio do qual é possível ver vários fenômenos sociais, incluindo tecnologia, economia, política e cultura.

A interpretação de *Legado no campo,* encontrada em "Questões sobre o cultivo de arroz em *Legado no campo*", concentra-se em como restaurar o cultivo de arroz após uma inundação, o que envolve o ambiente ecológico, desastres naturais, variedades de arroz, tecnologia de cultivo de arroz e irrigação. A troca de sementes e tecnologia de arroz entre regiões, ações governamentais, medidas técnicas e relações entre vizinhos no processo de resposta a desastres naturais estão entre as questões discutidas em relação à história econômica de Jiangnan. No último artigo, Zeng destaca que Jiangnan foi a região mais desenvolvida do Leste Asiático durante as dinastias Ming e Qing. Sua economia ainda era muito frágil, a produtividade do trabalho não era alta e os desastres naturais frequentemente ameaçavam a produção agrícola. Havia uma tendência à industrialização e à comercialização, e novas medidas foram tomadas para restaurar a produção após as inundações (como a compra de sementes para replantar, a compra de mudas para replantar etc.). Zeng critica a tendência de fragmentação e polarização comumente observada no meio acadêmico, mas não concorda com o método de cálculo do PIB como forma de quantificar e comparar as economias de Jiangnan e da Europa Ocidental, porque regras sociais complexas não podem ser expressas com precisão em tais equações, e o PIB não pode nos dizer muito sobre a realidade vivida. A chave para entender a história econômica de Jiangnan é voltar aos fundamentos da economia e compreender seu núcleo. Esse núcleo é a produção de arroz, da qual grande parte da população de Jiangnan dependia para seu sustento. Ao abordar como superar a fragmentação e a polarização dos estudos, Zeng recomenda que os acadêmicos compartilhem suas descobertas, o que servirá para dar a todos os pesquisadores da área uma visão mais completa.

O desenvolvimento e a inovação da pesquisa sobre a história do arroz observados em *Uma história do arroz na China* são multifacetados, e ela foi aclamada como um trabalho importante na pesquisa recente sobre a história agrícola. Acredito que ele será reconhecido por muitos colegas da área, e seu status entre as pesquisas sobre a história do arroz é tal que não será facilmente superado por futuros pesquisadores.

Uma história do arroz na China é rica em conteúdo, e aprendi muito com sua leitura, embora as restrições de tempo e energia tenham me impedido de lê-la cuidadosamente. Esta é apenas uma introdução superficial ao texto, pois é difícil refletir o quadro completo e pode não oferecer uma visão geral suficiente. Felizmente, o artigo de Zeng "Trinta anos de pesquisa na história do arroz" foi incluído no início deste volume. Ele apresenta sistematicamente os antecedentes, a herança e a história da pesquisa de Zeng sobre a história do arroz. O livro servirá como um recurso valioso para outros pesquisadores da área.

A história agrícola é uma disciplina multidisciplinar que abrange as ciências naturais e sociais. Ela exige que o pesquisador tenha conhecimento em agronomia, cultura e história. Na pesquisa de história agrícola, aqueles com formação em história geralmente sentem falta de conhecimento no campo da agricultura, enquanto aqueles com formação em agricultura geralmente sentem falta de habilidades em estudos culturais e históricos. Zeng nasceu em uma fazenda em Ji'an, Jiangxi, uma cidade produtora de arroz com "recursos ricos e pessoas extraordinárias". Ele passou sua infância e juventude no campo. Ele é agricultor e agrônomo. Essa experiência lhe deu a vantagem de ter estudado agricultura e história. Suas habilidades literárias e históricas são úteis para ampliar os horizontes e dominar os textos, enquanto sua experiência com a vida rural e a agronomia se prestam à descoberta, à compreensão e ao entendimento dos problemas científicos, tecnológicos e econômicos enfrentados ao longo da história da agricultura. Esse histórico rural fez com que o senhor foi particularmente valioso para Zeng em seu estudo da história agrícola. Sua compreensão de algumas questões fundamentais da história agrícola veio de sua experiência na vida rural. No posfácio do livro, ele diz: "Minha compreensão original da agricultura de arroz veio dos ensinamentos de meus pais e dos dias em que andei descalço pelos campos lamacentos com eles. Se eu tivesse que identificar o que me dá mais confiança neste livro, não são as palavras rabiscadas em um pedaço de papel, mas as pegadas que o senhor deixou nos campos". Esse sentimento é evidente em toda a obra *Uma história do arroz na China*. Ao ler "Interpretação do Baitian e do Shuitian", senti que Zeng foi capaz de corrigir a leitura errônea do termo *baitian* no *Tratado Agrícola de Chen Fu* porque ele começou com o senso comum que adquiriu na vida agrícola. Ao discutir porque *o baitian* é chamado assim, ele habilmente vincula o nome a outros termos, como *baibei, gaorang baidi* e *baitubaodi*, todos comumente usados em tratados agrícolas. Ele integra esses termos, explicando como o teor de umidade e o movimento do solo mudam sua cor e suas propriedades. É um argumento convincente, no qual Zeng combina sua familiaridade com a literatura agrícola com a experiência prática da vida rural. Um argumento como esse é claramente superior a um argumento puramente textual.

A pesquisa de Zeng em história agrícola não se concentra em apenas um aspecto do campo, mas em quase todos, e há um fluxo contínuo de descobertas de sua pesquisa que pode ser acompanhado ao longo do livro. Ele é um dos acadêmicos mais proeminentes da atualidade na área e está chegando agora ao seu auge. Uma grande responsabilidade recai sobre seus ombros ao herdar e desenvolver a disciplina de pesquisa agrícola. Desejo-lhe todo o sucesso, esperando que ele se supere ainda mais e faça contribuições ainda maiores para o desenvolvimento da área.

Li Genpan
7 de março de 2017

PREFÁCIO

Trinta anos de pesquisa sobre a história do arroz

É uma piada comum (que por acaso é verdadeira) que quando dois chineses se encontram, mesmo que seja em um banheiro público, eles se cumprimentam com a pergunta: "O senhor já comeu arroz?" No meu entendimento, a palavra "arroz" originalmente significava apenas arroz de verdade, embora hoje a frase se refira a comer em geral. Nasci na cidade rural de Ji'an, Jiangxi, por onde passa o rio Gan, que irriga as terras agrícolas de ambos os lados. Uma típica área agrícola do sul, o arroz tem sido a principal cultura desde os tempos antigos. Um celeiro do período dos Reinos Combatentes em Jiebu, no condado de Xingan, ainda em uso atualmente, armazenou arroz japonês carbonizado por mais de 2.000 anos. Há mais de 900 anos, Zeng Anzhi, um autor do condado de Taihe, não muito longe do condado de Xingan, escreveu *Registro de Mudas de Arroz*, o manuscrito mais antigo sobre o cultivo de arroz. Os condados de Taihe e Xingan estão sob a jurisdição de Ji'an, Jiangxi. Song Yingxing, um residente da dinastia Ming do condado de Fengxin, em Jiangxi, descreveu um método especial usado para o cultivo intercalado de arroz e feijão em Ji'an em sua renomada obra, *A exploração das obras da natureza*. Ele escreve: "O condado de Ji'an, em Jiangxi, tem um método de cultivo muito bom. Onde não se cultiva arroz indica, são plantados três ou quatro tipos de feijão-caupi. Depois que as mudas são semeadas, se não houver chuva e o solo começar a secar, a água é bombeada. Depois de uma rodada de irrigação, haverá uma colheita abundante." Esse método de cultivo de feijão, que continuou até as décadas de 1960 e 70, era chamado de *"ya dou"*, *"ya"* originalmente escrito como 秅, mas depois usando 亚 ou 丫. Era um método de plantio de culturas, como a soja, entre as fileiras de arroz, alternando uma fileira de arroz e uma fileira de feijão, ou plantar outras plantas entre as fileiras de arroz. Os feijões (o *dou* em *"ya dou"* indicando feijões) mencionados no texto original eram grãos de soja, que eram plantados diretamente sobre o restolho que permanecia no campo após a colheita. A frase *"ya he"* também foi usada (*ele* indica o grão). Antes que o grão inicial fosse colhido, o grão tardio era plantado entre as fileiras, intercalando as safras iniciais e tardias de arroz para obter uma safra dupla. O plantio intercalado apareceu pela primeira vez em Fujian e Guangdong no século XIV,[1] e depois foi introduzido nas províncias vizinhas de Zhejiang, Jiangxi, Hunan e outros lugares.[2] O termo *"ya he"* originou-se em Jiangxi. Antes disso, as pessoas em Ji'an já haviam adotado a prática do *ya dou*. Quando o cultivo consorciado foi introduzido, trazendo o arroz de estação dupla de Fujian e Guangdong, os agricultores de Jiangxi e Hunan usaram o termo familiar do cultivo consorciado de feijão entre o arroz, substituindo *"dou"* por *"he"* no nome usado para a prática, que tinha um método de cultivo e características técnicas semelhantes.

Esse termo, usado no dialeto de Jiangxi, refere-se diretamente ao arroz ou, mais especificamente, aos grandes campos em que ele é cultivado.

---

[1] *Observações sobre terras agrícolas* diz: "Na área de Fujian e Guangdong, as pessoas acham que o arroz é um bom ganho e, portanto, o plantam, o que é um mal-entendido. Quando perguntei a Chi Zhongbin, um confucionista em Yongjia, então nomeado chefe do condado de Huangpi em Huangzhou, ele disse que as pessoas de sua aldeia plantaram a semente antes de Qingming e (plantaram) as mudas em Grain in Ear. Dentro das cordilheiras, as sementes eram primeiro plantadas densamente em grandes intervalos no início da estação de semeadura e, dias depois, as mudas eram plantadas entre as fileiras. Quando as plantações amadureciam no início do outono, as primeiras plantações eram colhidas primeiro e depois a terra era lavrada para cultivar o grão tardio, que também era colhido quando prosperava e amadurecia".

[2] No Volume 1 da *Crônica do Condado de Pingxiang* do período Tongzhi, "Geografia e Produtos Locais", lemos: "Os transplantados entre o arroz precoce são chamados de *ya he*". No capítulo intitulado "Alimentos e produtos locais" no Volume 4 da *Crônica do Condado de Wanzai* da Era Republicana, lemos: "Há dois tipos de culturas usadas em consórcio, a vermelha e a branca. Isso começou no período Jiaqing em Fujian e Guangdong. Quando a primeira safra é plantada, as mudas são plantadas entre as fileiras. Quando a primeira safra está madura e é colhida, o solo é fertilizado e lavrado". No primeiro volume do *Fu County Exame de produtos agrícolas, lemos*: "*Ya he*, também conhecido como *er he* ou *zhuyazhan*, é uma cultura de arroz com duas colheitas. O arroz é doce e perfumado, às vezes encontrado em Linchuan e Yihuang, e principalmente em Le'an. A época de semeadura é adequada, pois é no terceiro mês lunar, durante o qual as sementes ficam de molho por dois dias antes de brotarem e, em outros sete ou oito dias, germinam em mudas. Mais de vinte dias depois, as mudas podem ser plantadas nas fileiras das primeiras colheitas. Elas amadurecerão no oitavo mês e poderão ser colhidas logo antes ou depois do orvalho frio no nono mês. A colheita em Le'an é feita até o final do décimo mês. A localização geográfica é vantajosa. Ela exige campos férteis e arrozais, com 3,5 *sheng* plantados por *mu* e uma colheita de mais de três *dan* por *mu*. Em termos de esforço humano, ao plantar as mudas de arroz, deixe um espaço de cerca de nove *cun* de largura e 1 *chi* 1-2 *cun* de largura, com cerca de cinco *cun* entre cada variedade de arroz. A muda deve ficar embaixo do solo com pelo menos dois *cun* de profundidade para evitar que o arroz inicial exerça muita pressão sobre a cultura posterior quando ela amadurecer. Um ancinho de ferro de seis dentes deve ser usado para remover as ervas daninhas do terreno. Depois que as ervas daninhas forem removidas do meio da cultura inicial, se o arroz ainda não tiver sido colhido, a grama deve ser trabalhada novamente. Em Yiyi, o solo é capinado após a colheita do arroz precoce. Depois que o arroz precoce é colhido, o solo deve ser fertilizado com uma porção cuidadosamente medida de esterco, adicionando 25% a mais do que foi usado para o arroz precoce. Se o capim-safra florescer com o arroz precoce, a quantidade deve ser reduzida em vez de adicionada. Em termos de materiais vivos, o grão pesa 110 *jin* por *dan*, com um rendimento de mais de setenta *jin* de arroz."

As plantas de arroz são chamadas de mudas enquanto permanecem no canteiro antes de serem transplantadas para o campo principal. Depois de transplantadas, elas são chamadas de grama. A parte comestível é chamada de grão, e o grão para debulhar é chamado de talo ou palha. A palha é o material mais importante para a produção agrícola e a vida rural. Ela é a principal fonte de combustível, fertilizante e materiais. Embora não seja muito potente como combustível, é pelo menos aceitável. Na época em que uma caixa de fósforos era considerada um item muito caro, os moradores às vezes usavam os talos para levar fogo de uma casa para outra. Além de servir como combustível, o maior valor da palha é como meio de manter limpos os currais de gado. Os talos são pisoteados e mastigados por porcos e vacas, e suas fezes caem sobre eles. Quando o estrume se acumula, ele se torna a principal fonte de fertilizante para os campos de arroz.

A palha também é o principal material para construção e processamento. Na estação agrícola de inverno, cada família seleciona os pedaços mais longos de palha. Depois de ser martelada para amolecer, a palha é transformada em corda, que é usada para várias finalidades, como amarrar o gado, enfaixar itens e agrupar plantações. Essa é uma época extremamente feliz no campo. Em uma sociedade em que todos se conhecem, não há muita conversa fiada entre os agricultores. Mas durante os dias de fiação de talos, parece que há muito mais conversa. Hoje em dia, a fiação de talos há muito desapareceu da vida das pessoas, mas a frase "fiação de talos" ainda é usada para se referir a fofocas.

O arroz descascado é chamado de *"mi"*, ou "arroz". Há dois tipos de arroz, o pegajoso e o glutinoso. O arroz pegajoso, chamado de *zhanmi* em chinês, é usado principalmente nas refeições diárias. Antes da popularização das panelas elétricas de arroz no século 21, o principal método de processamento do arroz era a colher. Isso envolvia acordar cedo pela manhã, lavar o arroz com água e, em seguida, ferver o arroz lavado em uma panela com mais água do que arroz. Quando o arroz está meio cozido, ele é filtrado com uma peneira. O arroz filtrado e meio cozido é colocado de volta na panela e uma pequena quantidade de água é adicionada. Em seguida, ele é fervido no fogo até que o vapor comece a subir. Quando o vapor aparece, o fogo é abaixado. Quando o senhor sentir o cheiro do arroz, ele será retirado do fogo e estará pronto para ser consumido.

Durante minha infância e adolescência no campo, vivenciei todo o processo de produção tradicional de arroz. Isso foi durante o período da Comuna do Povo, que implementou "três níveis de propriedade, com a equipe como base". Os meios de produção agrícola pertenciam à comuna, à brigada de produção e à equipe de produção, nessa ordem. Uma aldeia natural com menos de mil pessoas era dividida em duas equipes de produção, que eram subdivididas em quatro equipes de produção de 200 pessoas cada. A equipe de produção organizava sua própria produção de acordo com o plano nacional. O arroz era a cultura mais importante. Naquela época, uma equipe de produção tinha cerca de 100 *mu*[3] de campos de arroz. No período em que o grão era o princípio orientador, em um esforço para expandir a produção de grãos, várias equipes do mesmo vilarejo muitas vezes se uniam para encher os lagos e criar novos campos. Como resultado, alguns lagos foram convertidos em campos de arroz, mas devido ao terreno baixo, eles corriam o risco de inundação todos os anos. A maioria dos novos campos de arroz só podia cultivar uma safra por ano, sendo que as mudas geralmente eram transplantadas depois que a estação chuvosa passava e a água recuava. Esses campos eram chamados de *"chihe"* ou *"da he"*. Às vezes, não havia nem mesmo uma safra por ano, então eram cultivados vegetais aquáticos, como brotos de arroz selvagem ou raiz de lótus. O cultivo duplo contínuo de arroz era geralmente praticado em arrozais em vez de *chihe*. No entanto, os alimentos produzidos pela produção. As equipes eram sempre inadequadas, e os membros da equipe tinham que comer "os grãos que o governo vendia de volta aos agricultores" por vários meses.

Quando o Festival da Primavera era celebrado durante o período da Comuna do Povo, o trabalho sempre recomeçava no terceiro ou quinto dia do Ano Novo. Além de continuar o trabalho de bater a palha e fiar as cordas, também era hora de ir para os campos e capinar a colza, depois limpar o esterco dos currais de gado e empilhá-lo para ser usado como base para o fertilizante nos arrozais. Após o Festival das Lanternas, no último dia do Festival da Primavera, as atividades agrícolas recomeçaram oficialmente. Cultivar as mudas era a tarefa mais importante em uma fazenda durante a primavera. A área mais próxima da sede da aldeia, onde o fertilizante e a água eram melhores, era selecionada para essa tarefa. Depois de um período de intenso trabalho de lavoura e de ancinho, as sementes de arroz eram semeadas antes do Festival de Qingming, no início de abril. Antes do início da semeadura, as mudas de arroz precisavam passar por algum tratamento. Colocadas em cestas de bambu (chamadas de "cestas de sementes" nos tempos antigos, ou "cestas de sementes de arroz" na região onde eu morava), a palha era batida e, em seguida, as sementes de arroz eram colocadas sobre ela e embrulhadas firmemente. As sementes embrulhadas eram então colocadas no tanque para ficarem de molho. Depois de dois ou três dias, elas eram removidas (um processo chamado de *"goumeng"* nos tempos anti-

---

3 O *mu* é uma medida imprecisa/não oficial, equivalente a aproximadamente 666,7 metros quadrados.

gos) e as cascas eram quebradas (chamado de *"chejia"* nos tempos antigos). As mudas eram então espalhadas uniformemente pelo campo de arroz, o que era conhecido como "espalhar a semente". No mês seguinte, mais ou menos, além de cuidar das sementes e evitar que os pássaros as levassem, a principal tarefa era controlar o nível da água de acordo com o clima e evitar que as sementes apodrecessem.

Ao mesmo tempo em que o cultivo da primavera começava, os membros da equipe transportaram o composto para o campo de arroz e o espalharam, juntamente com o capim-safira que foi plantado na última noite da colheita do ano anterior, que foi então arado, revirado, encharcado até apodrecer, depois varrido, enrolado e posteriormente processado de volta ao solo do campo para facilitar o transplante do arroz. O transplante era feito de acordo com os métodos tradicionais, o que implicava "puxar as sementes com cuidado e lavar as raízes para remover a lama. Oito a dez raízes são agrupadas em um pequeno cacho e depois plantadas no arrozal arado. Cada feixe de quatro a cinco raízes é colocado a cinco ou seis polegadas de distância. O plantador não deve mover os pés com muita frequência, mas simplesmente esticar a mão para plantar seis feixes de cada vez e, em seguida, mover-se para plantar outros seis feixes. As raízes devem ser plantadas em linhas retas e em ordem."[4]

No final da década de 1970, embora algumas equipes de produção já tivessem comprado tratores e ouvido falar da existência de transplantadores, ainda eram principalmente os seres humanos e os animais de carga que impulsionavam o cultivo de arroz na China. Naquela época, cada equipe de produção tinha uma dúzia ou mais de cabeças de gado. Essas dezenas de animais eram todos do mesmo tipo de gado. Isso é bem diferente do que o leitor em geral imagina da agricultura com um búfalo no sul. De acordo com os regulamentos relevantes para as equipes de produção, meninos e meninas podiam entrar na equipe depois de completarem treze anos, trabalhando ao lado de todos os outros para ganhar pontos. Para uma criança pequena, o trabalho mais adequado era pastorear o gado. Em um lugar onde havia muitas pessoas e pouca terra. Era difícil sustentar uma dúzia de cabeças de gado, porque quase não havia espaço para eles pastarem. Às vezes, tínhamos que levar o gado até o aterro do rio Gan, que ficava um pouco distante. A letra de *Letra do pastor*, do poeta da dinastia Tang Zhang Ji, diz: "O gado distante pasta na grama espessa que cerca a aldeia. Os pássaros famintos bicam o dorso do boi, por isso não posso brincar entre as fileiras no campo hoje. Muitos bois caminham na grama ao lado da água, e o bezerro

---

[4] [Dinastia Yuan] Lu Mingshan, Resumo da Agricultura, Sericultura, Têxteis e Alimentos, vol. 1 (Pequim: Companhia de Livros Zhonghua, 1985), p. 16.

branco muge enquanto caminha em direção aos canaviais. As folhas sopram ao longo do aterro e eu procuro meu parceiro, acompanhado pela batida do meu chicote. Os bois se esbarram uns nos outros entre os juncos, parados apenas pelo som da corneta oficial. Eu grito: "Comam a grama e não briguem, ou os oficiais virão para cortar seus chifres". Minha experiência da relação entre agricultura e pecuária em áreas rurais é muito semelhante à imagem que ele apresenta.

Nas áreas agrícolas em que a produção de grãos era a base, todos os animais eram alimentados para a produção de grãos, com a alimentação dos animais desempenhando um papel de apoio à produção. A criação de gado era realizada principalmente para fornecer força animal para a agricultura, enquanto a criação de porcos era principalmente para fornecer fertilizante para as terras agrícolas e para digerir os resíduos gerados na vida cotidiana. O alimento mais importante para os porcos eram os restos de comida e a casca de farelo gerados no processamento do arroz. Vinte ou trinta anos atrás, uma família de cinco ou seis pessoas criava dois ou três porcos por ano. As galinhas funcionavam como uma espécie de despertador orgânico para os agricultores. Cães e gatos evitavam o roubo de grãos por humanos e animais (como ratos). Mas todos esses arranjos estavam centrados nos seres humanos. Se houvesse algum conflito entre a sobrevivência humana e a dos animais, o primeiro a ser sacrificado era naturalmente o animal. Antes da década de 1970, quase todos os lugares onde era possível cultivar eram recuperados, e o espaço para a criação de gado era muito limitado. Com o colapso das Comunas do Povo, a liberação das forças produtivas e a melhoria do nível de mecanização, o gado foi o primeiro a desaparecer dos campos. O uso de fertilizantes químicos e o aumento de trabalhadores migrantes reduziram o espaço disponível para a criação de porcos. Depois do gado, os porcos foram os próximos a desaparecer da frente das casas de fazenda. Muitas vezes, tudo o que resta são as galinhas e talvez alguns patos.

A experiência de vida que adquiri na infância constitui a base e o ponto de partida para meu interesse e pesquisa sobre a história do cultivo de arroz. Em 1979, tive a sorte de ser admitido no Departamento de História da Universidade Normal de Jiangxi. Embora a antiga ideologia ainda dominasse o ensino nos departamentos de história nos primeiros dias da Reforma e Abertura, a guerra camponesa tornou-se a principal linha de aprendizado da história. Mas a guerra não é, de fato, a norma da história. Em vez disso, o ideal ao qual a maioria das pessoas se apega é o de transformar espadas em arados. A agricultura é a base do progresso da civilização. Precisamos explorar a civilização chinesa e seu desenvolvimento sob a perspectiva da agricultura. Durante a dinastia Shang, houve algumas mudanças de capital antes de o rei Pan Geng transferir a capital para a cidade de Yin (atual Anyang, província de Henan). Embora isso possa ser explicado por inúmeras intrusões de invasores estrangeiros, também está enraizado na própria corte Shang inicial. Orientada por métodos de produção agrícola extensiva, a falha do solo pode ser o motivo subjacente pelo qual a corte Shang teve que mudar sua capital com tanta frequência. Esses fenômenos não são incomuns na história do mundo. De fato, o fim de muitas civilizações antigas estava relacionado à inadequação do solo. Isso inclui não só o antigo Império Romano e a antiga civilização maia, mas também várias civilizações da história asiática, como a civilização Xalapa na Índia e a civilização babilônica. A antiga civilização chinesa também enfrentou o problema do declínio da fertilidade. Durante o reinado do Imperador Wen da Dinastia Han Ocidental (202-157 a.C.), a terra cultivada não diminuiu e a população não aumentou, e havia mais terra cultivada per capita do que antes, mas a produção ainda diminuiu por vários anos seguidos, e houve uma grave escassez de alimentos. O declínio agrícola resultante do declínio da fertilidade era bastante evidente. Foi somente encontrando gradualmente uma maneira de lidar com o declínio do solo que os imperadores Han conseguiram manter a prosperidade da civilização chinesa. A partir disso, fica evidente que a agricultura é a chave para a compreensão da história e da cultura chinesas.

Em 1985, tive a sorte de ser admitido como aluno de pós-graduação na Universidade de Agricultura de Zhejiang, onde estudei com o professor You Xiuling, o principal historiador do arroz da China contemporânea. Após a descoberta do sítio de Hemudu em Yuyao, Zhejiang, na década de 1970, o senhor passou do estudo da história agrícola, ao qual se dedicava desde a década de 1950, para a pesquisa das origens do cultivo do arroz. Ele explorou a origem, a diferenciação e a disseminação do cultivo de arroz na China, combinando o conhecimento agronômico moderno com a arqueologia e a história para propor muitos pontos de vista novos e convincentes que, desde então, tiveram um grande impacto nos círculos acadêmicos dentro e fora da China. Em particular, ele ganhou o reconhecimento de acadêmicos japoneses vizinhos que tinham paixão pela cultura do arroz. *Uma história do cultivo de arroz na Ásia* (versão japonesa), que ele escreveu em conjunto com o acadêmico japonês Watanabe Tadashi, foi publicado em 1987. Em 1991, com a abertura do Centro de Estudos do Sudeste Asiático em Kyoto, ele foi ao Japão para estudar a história do cultivo de arroz na China. Em 1993, foi publicado o livro *Uma história do cultivo de Arroz*. O livro incluía 25 artigos do professor You sobre quatro tópicos. Os artigos, escritos entre a década de 1970 e o início da década de 1990, incluíam tópicos como a origem, diferenciação e disseminação do cultivo de arroz, variedades de recursos de arroz, pesquisa textual sobre documentos antigos relacionados ao arroz e a produção de arroz nos tempos antigos. Publicado em 1995, *A história do cultivo de arroz na China* abrange tanto os tempos antigos quanto os modernos, destacando a história da ciência e da tecnologia do arroz, incluindo a origem, a disseminação e a diferenciação das plantações de arroz chinesas, o conhecimento biológico do arroz chinês antigo, as variedades de recursos de arroz chineses, a tecnologia do arroz chinês antigo, o armazenamento e o processamento do arroz chinês antigo, o arroz e a cultura chinesa antiga e uma visão geral das questões alimentares da China. A *História Geral da Agricultura Chinesa: Agricultura Primitiva,* um resumo do estudo de décadas do professor You sobre a agricultura primitiva, foi publicado em 2008. O volume inclui uma grande quantidade de informações sobre a origem do cultivo e da cultura do arroz.

Com a influência do professor You, fiquei muito interessado na história do cultivo do arroz e da agricultura primitiva. Meu primeiro trabalho sobre história agrícola, "Investigação e Pesquisa sobre o Cultivo de Arroz na Exploração das Obras da Natureza, foi concluído sob a orientação do professor You. Durante as férias de verão de 1986, com a apresentação do professor You e com a ajuda do fundador da arqueologia agrícola da China, o professor Chen Wenhua, do Departamento de Pesquisa de Arqueologia Agrícola da China na província de Jiangxi, Liu Zhuangyi, do Instituto de Pesquisa Histórica da Academia Chinesa de Ciências Sociais, e eu fomos à cidade natal de Song Yingxing, autor do século XVII de Exploração das Obras da Natureza, no condado de Fengxin, Jiangxi, para pesquisa de campo, que se concentrou principalmente nos registros sobre a tecnologia de produção de arroz. Meu relatório, publicado na primeira edição da Arqueologia agrícola em 1987, foi meu primeiro artigo publicado sobre história agrícola. Com isso como base, planejei realizar um estudo sistemático da história do cultivo de arroz em minha cidade natal, em Jiangxi, como uma dissertação de pós-graduação. Concluí "A origem das variedades de arroz encontradas em Jiangxi e a história de seu desenvolvimento inicial", "Mudanças nas variedades de arroz em Jiangxi durante a dinastia Song" e "As características das variedades de arroz encontradas em Jiangxi durante as dinastias Ming e Qing". Originalmente, eu havia planejado incluir "Melhorias modernas nas variedades de arroz em Jiangxi", o que completaria meu projeto de graduação. Mas, naquela época, uma questão interessante chamou minha atenção: a lenda histórica do "cultivo de elefantes e pássaros". Combinando essa lenda com a investigação de descobertas arqueológicas, documentação e materiais etnológicos relacionados, publiquei um artigo que era parte erudição e parte conjectura, com a aprovação do professor You, e fui aprovado na revisão e na defesa da dissertação. Hoje, olhando para trás, vejo que ainda há muitas áreas que precisam ser estudadas na história do cultivo de arroz em Jiangxi. Por exemplo, cada uma das variedades de arroz em Jiangxi não apenas formou suas próprias características distintas durante as dinastias Ming e Qing, mas também teve um impacto significativo nas províncias vizinhas. Durante as dinastias Ming e Qing, muitas províncias, incluindo Jiangsu, Zhejiang, Anhui, Fujian, Hubei, Hunan, Guangdong, Guizhou, Sichuan e Henan, tinham a variedade de arroz jiangxizao. Em 1934, o campo experimental agrícola original da província de Jiangxi selecionou a variante de panícula única de Poyang zao, uma variedade agrícola. Mais tarde, a nante, uma variedade indica precoce de maturidade média, foi criada pela Academia de Ciências Agrícolas da província de Jiangxi e pelo campo experimental agrícola da província de Jiangxi. Foi uma variedade ainda mais impressionante, revelando-se uma variedade aprimorada com uma grande área de extensão, longa vida útil e contribuição significativa para a produção, além de ser uma fonte importante para a criação de novas variedades.

Em 1988, entrei para o Instituto de História das Ciências Naturais da Academia Chinesa de Ciências, continuando a me concentrar na história do cultivo de arroz em minha pesquisa. Uma questão inevitável que se deve abordar ao estudar a história do cultivo de arroz na China é a do arroz de Champa. O arroz de Champa foi introduzido na China no quinto ano do reinado de Zhenzong, na dinastia Song (1012), e "quando o imperador viu os primeiros sinais de seca nos arrozais dos deltas dos rios Yangtze e Huai e no leste e oeste de Zhejiang, ele enviou um despacho a Fujian para solicitar 30.000 hectares de grãos de Champa. Isso foi dividido entre as três regiões para o plantio nos campos de pessoas selecionadas com terras de solo fértil, daí o nome arroz han". Como o arroz Champa foi introduzido pelo imperador, ele teve um grande impacto histórico, e há registros dele em histórias oficiais e não oficiais. Desde a época dos estudiosos Li Yanzhang e Lin Zexu, no período Daoguang da dinastia Qing, estudiosos chineses e estrangeiros, incluindo nomes como os estudiosos japoneses Shigeshi Kato, Amano Yuansuke e Yoshiyuki Sudō, os estudiosos chineses estrangeiros T. T. Chang e Ho Ping-Ti, o estudioso americano Peter J. Golas e a estudiosa britânica Francesca Bray, têm elogiado muito o arroz Champa. A opinião geral é que a introdução desse arroz Champa de maturação precoce e tolerante à seca levou à prevalência de culturas de dupla e tripla estação e o surgimento de uma revolução verde, que foi um dos principais contribuintes para o rápido crescimento populacional da China. O professor You questionou essa visão do arroz Champa sob a perspectiva da agronomia. Ele acreditava que havia muitos problemas com a visão do arroz Champa frequentemente encontrada na literatura, como, por exemplo, se era uma variedade ou várias variedades diferentes, se era arroz seco ou arroz úmido, se era arroz precoce ou tardio, se a Comandância Jinchen era de fato Champa, se o arroz zhan ou arroz pegajoso é de fato arroz Champa (zhan é o mesmo que o primeiro caractere do nome chinês de Champa) e outras questões semelhantes que haviam sido negligenciadas no trabalho de estudiosos anteriores que estudavam o arroz Champa.[5] O professor You não concordava com as conclusões mais citadas na literatura, que equiparavam vários termos chineses diferentes, inclusive os de arroz glutinoso, arroz pegajoso e arroz em casca, todos com o arroz de Champa (uma conclusão geralmente mantida devido à semelhança de som entre esses termos e o nome chinês de Champa). Ele acreditava que o primeiro desses termos era simplesmente arroz indica, que incluía o arroz Champa, mas não era equivalente a ele. Fui afetado por minhas próprias experiências, pois em nossa classificação local, além do arroz glutinoso, há apenas o arroz pegajoso, seja ele da variante indica ou japônica. Esse método de classificação pode ter começado na dinastia Song. Antes disso, não havia variante indica ou japônica no sentido moderno, mas apenas pegajoso ou glutinoso, precoce ou tardio. Por exemplo, na dinastia Jin Oriental, Tao Yuanming usou todos os campos que o governo lhe destinou para cultivar arroz glutinoso, porque ele adorava beber e o arroz glutinoso era a principal matéria-prima que ele usava para a produção de vinho. Sua esposa queria plantar arroz pegajoso em alguns dos campos, para que pudessem usá-lo nas refeições. O resultado foi que eles plantaram arroz glutinoso em metade dos campos e arroz pegajoso na outra metade. O termo "arroz precoce" também aparece em um dos poemas de Tao Yuanming. Esse método de classificação continuou até a dinastia Song, inclusive durante o período em que o arroz Champa foi introduzido pela primeira vez. Por exemplo, em Registro de Mudas de Arroz, as variedades de arroz encontradas na área de Taihe, em Jizhou, foram divididas em arroz pegajoso inicial, arroz glutinoso inicial, arroz pegajoso tardio e arroz glutinoso tardio. Isso foi quarenta ou cinquenta anos antes de o arroz de Champa chegar à região de Taihe, portanto, apesar da semelhança no som de seus nomes, não pode haver uma sobreposição. Porém, com a crescente influência do arroz Champa, especialmente após a Dinastia Song do Sul, as variedades de arroz foram divididas em arroz japônica, indica e glutinoso, mas a classificação zhanmi, usada até mesmo no lugar de arroz japônica

---

5 You Xiuling, *Uma História do Cultivo de Arroz* (Pequim: Editora de ciência e tecnologia agrícola da China, 1993), pp. 158-171.

ou indica, continuou como um termo para distingui-lo do arroz glutinoso, uma prática obviamente resultante da influência do arroz Champa.

A importância ou não de uma variedade depende de seu uso na produção real. Na dinastia Song, com o aumento das pressões populacionais, o cultivo de arroz com alto potencial de rendimento foi amplamente favorecido. Os agricultores das principais áreas produtoras de arroz no curso médio e inferior do rio Yangtze tinham que lidar com condições úmidas ou montanhosas em sua luta para encontrar terras aráveis, sendo que tanto o terreno úmido quanto o montanhoso eram obstáculos ao cultivo de arroz. Na medida do possível, os arrozais foram plantados com arroz, mas como as condições inatas não eram adequadas, esses novos campos eram frequentemente propensos a secas ou alagamentos. Isso significa que as variedades de arroz tolerantes à seca, resistentes à água e de estação precoce eram mais valorizadas. O arroz Champa era resistente à seca e de estação precoce, o que o tornava adequado às necessidades dos produtores e desenvolvedores de arroz no sul durante a Dinastia Song (incluindo o desenvolvimento de campos em terraços, a conversão de terras secas em arrozais etc.), bem como às condições naturais (como a seca), que, juntas, serviram para promover a produção de arroz. A popularização do arroz de estação precoce lançou as bases para o desenvolvimento posterior do arroz de estação dupla.[6] Como foi o imperador que o introduziu na China, o arroz Champa teve uma enorme influência ao longo da história, independentemente de sua função real, especialmente na escrita. No entanto, há inúmeras variedades de arroz que ele ofuscou, e elas têm sido constantemente subvalorizadas. A julgar pelos registros, em livros agrícolas sobre a produção de arroz no sul durante as dinastias Song e Yuan, como O Tratado Agrícola de Chen Fu e o *Tratado Agrícola de Wang Zhen*, parece que o lugar que o arroz Champa ocupava na produção real não era, de fato, tão importante quanto o do arroz huanglu.

O arroz *Huanglu* é uma variedade cultivada ao longo da história da China. Com base em seu nome chinês, é evidente que o arroz *huanglu* existia antes da dinastia Tang, já na dinastia Wei do Norte, mas só teve um impacto significativo na produção de arroz e passou a ser valorizado após o período Tang-Song. Após as dinastias Tang e Song, em um esforço para lidar com a pressão do crescimento populacional, os agricultores das principais áreas produtoras de arroz buscaram maneiras de lidar com a seca por meio de métodos de irrigação aprimorados, enquanto os agricultores das áreas baixas tomaram várias medidas para recuperar

---

6 Zeng Xiongsheng, "Uma Discussão Preliminar sobre o Impacto do Arroz de Champa no Cultivo de Arroz na China na Antiguidade", *Estudos sobre a História das Ciências Naturais*, nº 1 (1991): 61-67.

a terra para a produção de arroz, o que resultou na recuperação de muitas terras de lagos, campos de arroz cercados por diques e terras recuperadas de planícies de areia, que se tornaram os principais canais para a produção de arroz. No entanto, uma combinação de fatores naturais e humanos levou a muitos problemas nesses arrozais, incluindo inundações frequentes. Ao tentar aumentar os esforços de conservação da água, as pessoas tiveram que escolher métodos apropriados para maximizar os efeitos do aumento da produção. O arroz *Huanglu* conseguia crescer normalmente e com grande vitalidade quando os níveis de água nos campos excediam as necessidades reais das plantas, principalmente devido à sua alta tolerância ao encharcamento. Ao mesmo tempo, ele amadurecia cedo e tinha um período de crescimento muito curto, o que permitia que sua colheita fosse feita às pressas antes de uma enchente ou depois que as águas da enchente recuassem. Essas características pareciam adaptadas às necessidades de desenvolvimento econômico e às condições naturais após as dinastias Tang e Song, especialmente a necessidade de recuperar campos de áreas úmidas, e o arroz *huanglu* foi amplamente promovido e ganhou popularidade como resultado.

Realizei uma pesquisa intensiva sobre o nome e as características do arroz *huanglu* e sobre espécies semelhantes. Também analisei o crescimento de sua popularidade. Comecei com uma avaliação do cultivo de arroz na China desde as dinastias Tang e Song, examinando as questões relacionadas à competição por terras para o cultivo de arroz em áreas úmidas e em áreas montanhosas, com ambos os esforços envolvendo uma competição por terras que seriam usadas para aumentar a produção de alimentos. Embora as dificuldades relacionadas à recuperação de terras da água fossem muito maiores do que as envolvidas na recuperação de terras em áreas montanhosas, o arroz *huanglu* foi mais importante para a produção de arroz, o suprimento de alimentos e o crescimento populacional da China do que o arroz Champa, e seu impacto foi muito maior. Depois de ler o primeiro rascunho do artigo, o professor You comentou que ele "lança uma nova luz sobre a importância do arroz *huanglu* e demonstra o grande progresso que o senhor fez".[7] Esse artigo foi publicado na primeira edição da *Arqueologia Agrícola* em 1998 e, posteriormente, ganhou o primeiro *Prêmio Excellent Science and Technology History Paper* em 1999. Em 2001, foi traduzido para o inglês pelo estudioso chinês-canadense Dr. W. Tsao e incluído no projeto *A Ascensão da Civilização Chinesa Baseada na Agricultura de Arroz Irrigado*, organizado pelo Dr. Bryan C. Gordon, Diretor Honorário do Museu da Civilização Canadense e do Departamento de Antropologia Social

---

7 Correspondência particular datada de 4 de julho de 1997.

da Universidade de Carleton, no Canadá. O projeto atraiu muita atenção nos círculos acadêmicos estrangeiros. O banco de dados da tese registra:

> *Especialmente relevante para o cultivo de arroz durante a dinastia Song é o artigo "Arroz Huang-lu na história chinesa", de Zeng Xiongsheng, que discute a variedade histórica de arroz huang-lu (amarelo de amadurecimento rápido), que se tornou muito popular durante a dinastia Song. O autor argumenta que a promoção e a popularidade da variedade huang-lu desempenharam "um papel importante no suprimento de grãos e no crescimento populacional após a dinastia Song".*[8]

Embora o arroz Champa, tolerante à seca, e o arroz huanglu, tolerante à água, sejam cultivados em ambientes diferentes, ambos amadurecem rapidamente, criando as condições necessárias para várias culturas, consorciação e cultivo contínuo, que eram praticados durante a dinastia Song. O cultivo múltiplo, conhecido por vários termos diferentes na China, incluindo 再熟稻、稻孙、二稻、传稻、孕稻、魏撩、再撩、再生禾、女禾, foi praticado durante a dinastia Song no leste e no sul do país. Zhejiang ocidental, Huainan, Jiangnan, Fujian, Hubei e outras áreas. O cultivo intercalar era praticado principalmente no leste de Zhejiang. O cultivo contínuo não era conhecido por nenhum termo específico na dinastia Song, mas havia muitos tipos de arroz que eram cultivados continuamente, incluindo o arroz *wukou* em Jiangsu, o *wusan* e o arroz de segunda colheita em Zhejiang, o arroz *huanglu* em Jiangxi, o arroz *shu* e *xiantai* em Fujian, o arroz *yue* em Lingnan e outras variedades. Além disso, algumas das variedades de arroz da dinastia Song eram de maturação precoce e tardia, o que provavelmente também era resultado do cultivo duplo. Embora o cultivo contínuo e o cultivo duplo de arroz tenham sido amplamente praticados durante a Dinastia Song, fatores como variedades inferiores, baixa produtividade, problemas sazonais e de mão de obra, necessidades de pastagem, fertilizantes e água limitados e baixas taxas de entrada e saída levaram a um cultivo total menor de arroz de estação dupla, e ele raramente desempenhou um papel na produção de alimentos. A maior parte do arroz

---

[8] A ideia geral do relatório é que o principal artigo relacionado ao cultivo de arroz na dinastia Song é o *"Huanglu Rice in Chinese History"*, de Zeng Xiongsheng. O artigo discute a popularidade do arroz huanglu (arroz amarelo, de amadurecimento precoce) na dinastia Song. Acredito que a promoção e a popularização do arroz huanglu desempenharam um papel importante no suprimento de alimentos e no crescimento populacional após a (metade da) Dinastia Song.

de estação dupla na dinastia Song foi desenvolvida com base nas variedades originais e não teve muito a ver com as variedades de maturação precoce e tolerantes à seca introduzidas na época, como o arroz Champa.[9]

A prática agrícola da dinastia Song incluía o cultivo de arroz de maturação precoce e tardia, mas não se tratava de arroz precoce e tardio no sentido moderno, referindo-se principalmente à época da colheita. Mesmo a variedade precoce seria agora classificada como intermediária-tardia. Na maioria dos casos, o arroz precoce e o tardio não se referiam a uma relação que envolvesse vários plantios. Havia arroz precoce e tardio em todas as partes da China durante a dinastia Song, mas suas proporções variavam. As principais áreas produtoras de arroz no oeste de Zhejiang e Huainan plantavam principalmente arroz tardio, enquanto outras regiões tendiam a preferir o arroz precoce. A seca e o alívio da fome foram os principais motivos para a prevalência do arroz precoce, enquanto o plantio na área de Taihu foi determinado em grande parte pela tributação e pelas chuvas.

A comunidade de história da China dá mais atenção à avaliação do arroz de estação dupla durante a Dinastia Song, quando o cultivo de arroz e trigo no sul estava bem desenvolvido, com base no qual evoluiu o cultivo duplo de arroz e trigo. Não há controvérsia quanto ao desenvolvimento do trigo e do arroz como base para o cultivo duplo, mas o que está em debate é a popularidade dessa prática. Um lado acredita que o cultivo duplo de arroz e trigo desenvolveu um "sistema agrícola bastante extenso e bastante estável" durante a Dinastia Song, enquanto o outro lado sustenta que, embora um sistema de cultivo duplo de arroz e trigo tenha se desenvolvido durante a Dinastia Song, o sistema não era universal e seu papel na produção de alimentos era limitado. As práticas de produção divergentes não estão claras no material histórico, pois há evidências iguais para ambos os argumentos. O que difere é a forma como os dados são interpretados. A primeira escola de pensamento acredita que, durante a Dinastia Song, o trigo de inverno era replantado nos campos de arroz tardios e, em seguida, o arroz era replantado quando o trigo era colhido, formando um ciclo contínuo.[10] A segunda defende que o desenvolvimento do cultivo duplo de trigo e arroz durante a Dinastia Song ainda era limitado e que não há evidências suficientes para concluir que essa prática era "generalizada" ou "estava em um estágio está-

---

9 Zeng Xiongsheng, "A Cultivação de Duas Colheitas de Arroz Durante a Dinastia Song", *Estudos sobre a História das Ciências Naturais,* nº 3 (2002): 255-268.

10 Li Genpan, "A Formação e o Desenvolvimento de um Sistema de Multiplas Colheitas de Arroz e Trigo na Região do Baixo Rio Yangtze: Uma Discussão Centrada no Período Tang-Song", *Pesquisa Histórica*, nº 5 (2002): 3-28; Li Genpan, "Revisitando a Formação e o Desenvolvimento do Sistema de Multiplas Colheitas de Trigo e Arroz no Sul Durante a Dinastia Song: Uma Discussão com Zeng Xiongsheng", *Pesquisa Histórica*, nº 2 (2006): 79-101.

vel e maduro de desenvolvimento" e que os dados históricos disponíveis não podem, de fato, ser usados para provar a prática generalizada e estável do cultivo múltiplo de trigo e arroz. Em vez disso, na maioria dos casos, as duas culturas eram plantadas em locais diferentes. Em geral, o trigo era cultivado em campos em terrenos altos e o arroz em campos baixos. Os primeiros exemplos de cultivo duplo de trigo e arroz ocorreram quando o cultivo de arroz começou em terrenos mais altos, ou seja, nos campos de trigo, durante a Dinastia Song.[11]

Embora existam diferentes avaliações da popularidade do cultivo múltiplo no sul durante as dinastias Tang e Song na comunidade acadêmica, é pelo menos certo que a tecnologia surgiu durante esse período. Por exemplo, em um esforço para lidar com as diferenças sazonais entre uma safra e outra, foi formulado um método pelo qual as mudas eram cultivadas e depois transplantadas para estender o tempo em que as safras podiam crescer no campo. Embora houvesse outros motivos para o surgimento da prática de transplante de mudas, é certo que ela se tornou a prática principal do cultivo de arroz tradicional chinês nas dinastias Tang e Song. Mesmo assim, o método original de semeadura direta também continuou sendo praticado. No decorrer de meu estudo sobre as mudanças revolucionárias que o transplante trouxe para o cultivo de arroz na China, realizei um estudo preliminar sobre a semeadura direta de arroz ao longo da história chinesa. Os principais objetos dessa pesquisa incluíram a distribuição geográfica da semeadura direta, uma análise da mesma, a evolução da tecnologia de semeadura direta e os principais tipos de semeadura direta. O estudo constatou que, por ser uma técnica relativamente primitiva de cultivo de arroz, a semeadura direta não desapareceu com o surgimento das tecnologias de transplante de arroz, mas perseverou obstinadamente. Era uma opção razoável em locais com população escassa, economia e tecnologia relativamente pouco desenvolvidas e inundações ou secas frequentes. Depois que inovações de ponta foram introduzidas durante as dinastias Ming e Qing, a semeadura direta não apenas manteve as vantagens usuais, mas também absorveu algumas das vantagens introduzidas pelas tecnologias de transplante, de modo que a tecnologia de semeadura direta evoluiu da semeadura direta difusa para a semeadura direta regional. Para atender às necessidades da semeadura direta, especialmente a semeadura direta difusa, várias novas variedades de arroz foram desenvolvidas nessa época. A semeadura direta respeita totalmente as regras de cultivo do plantio de arroz, evitando os contratempos causados pelo transplante e, ao mesmo tempo, reduzindo

---

11 Zeng Xiongsheng, "Análise das Teorias Relacionadas à Cultivação de Duas Colheitas de Trigo e Arroz Durante a Dinastia Song", *Pesquisa Histórica*, nº 1 (2005): 86-106.

as despesas com mão de obra e os custos de produção da lavoura de arroz. A semeadura direta desempenhou um papel positivo no desenvolvimento e na utilização da terra, na produção de alimentos e no crescimento populacional e teve um impacto direto na Coreia e em outros países vizinhos. Os avanços na tecnologia de semeadura direta nos dão motivos para acreditar que ela poderia ser adaptada ao desenvolvimento contínuo da tecnologia de cultivo de arroz.

A tolerância à seca do arroz Champa, a tolerância à água do arroz *huanglu* e as variedades de arroz de amadurecimento múltiplo e semeadura direta derivadas deles são todos produtos do meio ambiente. Com o crescente interesse na história ambiental nas últimas duas ou três décadas, a história ambiental agrícola (ou geografia histórica agrícola) tem recebido mais atenção. No Simpósio sobre a História da Biologia e Agronomia Chinesa realizado na Universidade Agrícola do Sul da China em novembro de 2003, apresentei um artigo intitulado "Ambiente ecológico e cultivo de arroz na região de Lingnan durante a dinastia Song", examinando os fatores que afetam o desenvolvimento do cultivo de arroz em Lingnan, as várias mudanças nesses fatores, a tecnologia de cultivo de arroz em Lingnan durante a dinastia Song e outras questões relacionadas, sugerindo que a população esparsa de vastas áreas de terra, os ricos recursos animais e vegetais e a tecnologia agrícola relativamente atrasada eram características do antigo ambiente natural e do desenvolvimento social em Lingnan. Entretanto, esse quadro mudou durante a dinastia Song, quando a população do norte se deslocou para o sul. As mudanças no meio ambiente se refletiram nos hábitos de alguns animais, enquanto as mudanças no desenvolvimento social se refletiram no cultivo de arroz em Lingnan. Durante a dinastia Song, o cultivo de arroz na área de Lingnan ficou atrás do cultivo de Jiangnan como um todo, mas com o influxo de imigrantes do norte, ele se desenvolveu muito, mesmo mantendo algumas de suas características antigas.

A invenção e o uso de ferramentas agrícolas também foram afetados pelo meio ambiente, mas a escolha das ferramentas agrícolas foi afetada por vários fatores, como a economia e a biologia agrícola. Duas ferramentas são mencionadas com frequência nos registros da história da agricultura chinesa: um arado do curso inferior do Yangtze e um ancinho de ferro. A julgar pela natureza avançada da tecnologia, o arado era obviamente muito superior ao ancinho, mas os historiadores descobriram que o arado, que era amplamente usado na dinastia Tang, foi substituído pelo ancinho de ferro, aparentemente atrasado, durante as dinastias Ming e Qing. Esse fenômeno aparentemente inadvertido deve ter tido alguma razão por trás.

A história do cultivo de arroz durante a Dinastia Song sempre foi o foco de minha pesquisa, a maior parte da qual foi realizada por meio de uma seleção um tanto aleatória de tópicos e, portanto, resultou em estudos incompletos até o momento. Os tópicos que estudei na área da história do cultivo de arroz durante a Dinastia Song incluíram a literatura da Dinastia Song sobre o assunto, os fundamentos e a geografia do cultivo de arroz no período, os sistemas de cultivo de arroz da era Song e as variedades de arroz, as ferramentas e a tecnologia usadas no cultivo de arroz naquela época, e o cultivo e a cultura do arroz Song. Uma parte considerável dos resultados de minha pesquisa está refletida neste volume. Por exemplo, "Um estudo preliminar do *Tratado Agrícola de Zeng* a partir do *Tratado Agrícola de Wang Zhen*" estuda a história do cultivo de arroz e, como em qualquer história, requer um domínio firme de materiais suficientes. Ao dominar esses materiais, também é necessário ampliá-los e refiná-los, para garantir que não se façam afirmações falsas. No estudo do cultivo de arroz durante a Dinastia Song, além de usar materiais como o *Tratado Agrícola de Chen Fu*, "Cultivo e tecelagem" e "Promoção da Cultura Agrícola", a fonte mais comumente usada é o *Tratado Agrícola da Dinastia Yuan*, de Wang Zhen. Embora grande parte do material do *Tratado Agrícola de Zhen* seja da dinastia Song, ainda há muito espaço para a exploração de sua influência na dinastia Song. Acredito que o registro agrícola da família Zeng provavelmente foi escrito por Zeng Anzhi na dinastia Song para seu sobrinho-neto Zeng Zhijin, incluindo um *Registro de Mudas de Arroz* e um *Registro de Equipamentos Agrícolas*. Com base no conteúdo, na estrutura, no estilo de escrita e na linguagem usada no texto e nos tempos verbais que refletem a época da escrita, julgo que parte do conteúdo do *Tratado de Agrícola de Wang Zhen* pode ter vindo do *Tratado Agrícola de Zeng*, e que o primeiro se baseia em uma versão ampliada do segundo. Essa opinião foi confirmada por Takeshi Watanabe, professor da Escola de Letras da Universidade Tokai, no Japão, conforme citado no livro *Pesquisa sobre a integração de ferramentas agrícolas tradicionais chinesas*, de 2004.

A base da tecnologia tradicional chinesa de cultivo de arroz foi estabelecida na dinastia Song e apoiou o desenvolvimento da China nos mil anos seguintes. Os agricultores das principais áreas produtoras de arroz deram mais atenção à prevenção de desastres na produção de arroz. Escrito no 38º ano do período Wanli da dinastia Ming (1610), o *Legado no campo*, de Xu Guangqi, é um documento importante que trata de inundações em campos de arroz. Esse documento, que está incluído no Volume 6 do *Boletim informativo da província de Songjiang* do Ming Chongzhen. O período de "Propriedades" inclui referências importantes para o estudo da vida de Xu, a formação do pensamento agronômico, a resposta da agricultura tradicional a desastres e até mesmo a disseminação do conhecimento agrícola, mas não recebe a atenção que merece dos estudiosos. A descoberta de *Legado no campo* pode ser considerada uma conquista no estudo da história do cultivo do arroz.[12] Depois de oferecer uma interpretação preliminar de *Legado no campo,* tomei-o como uma amostra da construção e disseminação do conhecimento agronômico tradicional, comparando-o com *Sobre a promoção da agricultura.* Acredito que o *Legado no campo* dá nova forma e novos insights sobre nossa compreensão de *Sobre a promoção da agricultura.* Diferentemente da relação oficial-civil incorporada em *Sobre a promoção da agricultura, Legado no campo* refere-se a uma relação entre os aldeões que é mais propícia à disseminação do conhecimento. O conhecimento sobre prevenção de desastres transmitido em *Legado no campo* inclui tanto a "busca de mudas" encontradas na região natal de Xu Guangqi quanto a "compra de mudas" introduzidas no exterior.[12] É uma inovação baseada no conhecimento herdado e expande a substância de *Um compêndio sobre agricultura,* refletindo a combinação de herança e inovação de Xu Guangqi como produtor e disseminador de conhecimento agrícola."[13]

Com base em minha própria compreensão da história do cultivo de arroz na China, também examinei a era do cultivo de arroz conforme aparece nas antigas canções folclóricas do grupo étnico Dai e apresento uma análise do nível de cultivo de arroz e do calendário anual. Em particular, observo que ela foi formada após a dinastia Ming, o que nega a teoria anterior dos Han orientais.

Aparecendo pela primeira vez em documentos locais registrados na dinastia Qing, o *shiwu* era um transplantador de arroz exclusivo que inspirou a invenção dos transplantadores modernos. Até o momento, pouco se estudou sobre o *shiwu*. Pesquisei o nome, a distribuição, os princípios de funcionamento e os desafios relacionados à máquina, combinando investigações da literatura relevante com estudos de campo. Acredito que o primeiro transplantador de arroz da China não foi o *yangma,* mas o *shiwu*. Ele prevaleceu principalmente nas áreas rurais de Nantong e Jiangsu, desde a dinastia Qing até a década de 1950. Nada foi escrito sobre o processo de sua popularização, por isso é chamado por muitos nomes nos registros que restaram, incluindo *shifu* e *shiwu*. Ao investigar o *shiwu,* descobri novas

---

12 Zeng Xiongsheng, "Legado no Campo: Documento Recém-descoberto de Xu Guangqi e sua Interpretação", *Estudos sobre a História das Ciências Naturais,* nº 1 (2010): 1-12.

13 Zeng Xiongsheng, "Legado no Campo: Uma Amostra da Construção e Disseminação do Conhecimento Agronômico Tradicional e uma Comparação com *Sobre a Promoção da Agricultura",* Revista da Universidade Agrícola de Hunan (Edição de Ciências Sociais), nº 3 (2012): 78-86.

evidências do uso do *yangma*.[14] Durante as dinastias Ming e Qing, havia vários documentos locais que mencionavam o dispositivo. Com o desenvolvimento da digitalização de crônicas locais, há uma grande promessa de que o uso de documentos locais enriquecerá o estudo da história do cultivo de arroz chinês durante as dinastias Ming e Qing.

Embora o pluviômetro não seja um implemento agrícola especializado, ele está intimamente relacionado ao cultivo de arroz e foi um dos dispositivos mais técnicos entre os produtos agrícolas tradicionais da China. No decorrer de minha pesquisa sobre a história do cultivo de arroz durante a dinastia Song, realizei um estudo sistemático sobre a formação do conceito de precipitação, a invenção e o uso de pluviômetros e a compreensão da água da chuva na China antiga. Meu artigo "A invenção e o desenvolvimento de pluviômetros na China antiga" destaca que, devido à ênfase dada à agricultura, o povo chinês havia desenvolvido um sistema de comunicação das chuvas ao governo central pelo menos desde as dinastias Qin e Han. Durante as dinastias Tang e Song, surgiu o conceito de precipitação, e o pluviômetro foi inventado. No entanto, devido a várias desvantagens no sistema de relatório de precipitação, diferenças nos padrões de medição de precipitação e entendimento da cultura tradicional sobre a chuva, o pluviômetro e a ciência e tecnologia que ele representava não foram mais desenvolvidos na China, ficando até mesmo atrás dos vizinhos que originalmente aprenderam a técnica com a China.

Assim como o arado usado nas regiões mais baixas do Yangtze, o pluviômetro reflete a tecnologia avançada das ferramentas tradicionais da China e o retrocesso que sofreu mil anos depois, após ter sido aperfeiçoado, um quadro bem diferente do observado no desenvolvimento da tecnologia no Ocidente. Isso também oferece uma perspectiva sobre o "Problema de Joseph Needham". Entretanto, a tecnologia de cultivo de arroz em si não regrediu. A produção de arroz continuou a se desenvolver, e o número de pessoas que ela sustentava continuou a aumentar. Esse é um fenômeno histórico que merece atenção. Como o desenvolvimento da China após a dinastia Song deve ser avaliado, como estagnação ou desenvolvimento contínuo? A resposta pode exigir a visualização do problema de diferentes ângulos e, talvez, a aplicação de diferentes padrões para diferentes aspectos da questão.

A tecnologia de cultivo de arroz estabelecida no sul após a dinastia Song não só desempenhou um papel importante na produção de arroz em si, mas também se espalhou para o norte, causando um impacto positivo

---

14 Zeng Xiongsheng, "Aparelhos de Transplante de Arroz e Pesquisa sobre o Shiwu: Sobre o Yangma", *História Agrícola da China,* nº 2 (2014): 125-132.

no cultivo de arroz no norte da China. A agricultura na região ao norte de Qinling e do rio Huai era dominada por culturas de terras secas, como o painço, devido às condições naturais da região. Entretanto, em alguns lugares onde as condições de água eram melhores, havia plantações de arroz espalhadas de tamanhos variados desde o Neolítico. Após a dinastia Song, especialmente durante o período Ming-Qing, o norte começou a introduzir intencionalmente a tecnologia de cultivo de arroz do sul, em um esforço para aliviar a dependência do norte em relação aos alimentos do sul. Porém, devido às diferenças nas condições naturais e no histórico-cultural, esses esforços não foram muito bem-sucedidos.

Ao reunir a história acadêmica relevante, descobri que o termo *shuitian*, que estava intimamente relacionado ao cultivo de arroz, era amplamente mal compreendido. O *shuitian* que surgiu originalmente no norte da China poderia se referir a terras irrigadas e não estava necessariamente ligado a culturas aquáticas como o arroz. Foi somente depois que o norte foi influenciado pelo sul que o *shuitian* foi entendido como o equivalente ao campo de arroz *(shuidaotian)*. Durante a dinastia Qing, influenciada por estudiosos do sul da China, a conservação da água e o cultivo de arroz foram vigorosamente promovidos no norte, levando a um grande debate sobre a conservação da água e o cultivo de arroz no norte da China. Na verdade, o significado original dissociou a conservação da água do cultivo de arroz.[15] Na literatura mais antiga, o *shuitian* não era equivalente ao campo de arroz nem simplesmente o oposto do que era chamado de *baitian*, ou terras agrícolas em terras secas sem irrigação artificial. *Shuitian*, como o termo é usado em textos antigos, inclui campos de arroz, mas também terras agrícolas com irrigação artificial para o cultivo de outras culturas de terras secas.[16]

Não havia muito arroz cultivado no norte, e ele não era muito consumido lá, pois apenas os nobres gostavam de comer arroz, enquanto o público em geral não gostava. Nas dinastias Song, Yuan, Ming e Qing, os milhões de consumidores de arroz no norte eram, em sua maioria, sulistas que viviam lá. A natureza de classe do consumo de arroz na região afetou o desenvolvimento da produção de arroz no norte, fazendo com que ele se tornasse mais uma cultura comercial do que um alimento básico. Essa distinção de classe nos hábitos de consumo de alimentos mostrou uma tendência semelhante em outras culturas, como o trigo e o arroz africano.

---

15 Zeng Xiongsheng, "Shuitian: Um Conceito Malcompreendido", *História Agrícola da China*, nº 4 (2012): 109-117.

16 Zeng Xiongsheng, "Interpretando *Baitian* e *Shuitian*: Uma Conversa com Xin Deyong", *Estudos sobre a História das Ciências Naturais*, nº 2 (2012): 201-208.

Em maio de 2007, a Editora Popular de Xangai me convidou para escrever um trabalho acadêmico intitulado *Uma história do arroz na China*, já que meu mentor, You Xiuling, havia publicado anteriormente um livro com o mesmo título. Depois de consultar o trabalho original do professor You, revisamos e complementamos seu conteúdo, e um companheiro para *Uma história do arroz na China* foi concluído, intitulado *Uma história da cultura chinesa do arroz*. Esse foi o trabalho mais completo e sistemático sobre a história do cultivo chinês em que já estive envolvido.

Os artigos incluídos neste livro são um resumo de minha própria pesquisa nos últimos trinta anos. Durante esse período, a pesquisa sobre a história do cultivo do arroz, especialmente sua origem, fez grandes progressos. Com os esforços combinados das áreas de arqueologia, agronomia, biologia, história e etnologia, mais vestígios das primeiras plantações de arroz foram descobertos e aprendemos mais sobre as condições iniciais do cultivo de arroz, o ambiente de cultivo de arroz há mais de 7.000 ou 8.000 anos e até mesmo a produção de arroz e o status da população por unidade de área. Em comparação com essas conquistas mais recentes, algumas das descobertas deste volume parecem não estar totalmente desenvolvidas. Por exemplo, embora a pesquisa histórica sobre a origem e o desenvolvimento de diferentes variedades de arroz tenha se baseado na distribuição do arroz selvagem comum e na descoberta do arroz cultivado primitivo, "a possível origem das sementes de arroz em Jiangxi foi identificada, e seu centro é provavelmente a área do Lago Poyang", e "a história do arroz em Jiangxi pode ser rastreada até dez mil anos atrás, até o início da era neolítica". Mas devido ao atraso dos métodos de pesquisa, a origem do arroz cultivado em Jiangxi não pôde ser comprovada por evidências mais fortes, como achados arqueológicos. Na década de 1990, uma equipe arqueológica conjunta da China e dos Estados Unidos, liderada pelo professor Yan Wenming, da Universidade de Pequim, e pela autoridade arqueológica americana Richard MacNeish, realizou duas escavações arqueológicas na caverna e no local do anel de Jiangxi Shangrao Wannian Xianren, em 1993 e 1995. A descoberta de silicatos de plantas de arroz (fitólitos), incluindo fitólitos de arroz selvagem, prova que os seres humanos estavam comendo arroz há mais de dez mil anos. Com mais pesquisas, algumas ideias deste livro podem ser confirmadas ou revisadas.

Apreciamos o que a ciência e a tecnologia arqueológica trouxeram para o estudo das origens do cultivo de arroz e do cultivo inicial nos últimos anos, ao mesmo tempo em que nosso próprio campo estava fazendo grandes progressos. A cooperação interdisciplinar fortaleceu a confiança na pesquisa sobre a história do cultivo do arroz, que tem os estudos da literatura como sua principal direção. A literatura sobre a história do cultivo do arroz ainda é mais abundante do que os dados arqueológicos, portanto, há ainda mais espaço para o crescimento desse campo. A ciência e a tecnologia arqueológicas têm suas próprias vantagens na detecção e identificação de vestígios, mas quando se trata da interpretação dessas descobertas, muitos arqueólogos são teimosos demais para entender o contexto histórico de onde elas vêm e, em vez disso, simplesmente aplicam teorias estrangeiras para interpretar as relíquias escavadas ou realizam pesquisas guiadas por noções preconcebidas influenciadas por teorias estrangeiras. Por exemplo, o grau de cultivo do gênero *Oryza* é determinado pela detecção da suavidade da seção transversal do eixo da espigueta da planta *Oryza*. No entanto, isso não leva em conta o fato de que as características de semeadura da própria planta são diferentes. Não só há diferenças entre as subespécies indica e japônica, mas as variedades da mesma subespécie também são muito diferentes. A semeadura excessiva pode ter causado a eliminação de algumas variedades, mas a história nos diz que a debulha é difícil, e essa provavelmente teria sido uma característica indesejada pelos agricultores. Além disso, os agricultores teriam seus próprios métodos para separar os grãos, que podem ter se acumulado durante o período inicial da colheita. Por exemplo, se o senhor usasse feijões maduros, o agricultor poderia optar por colher o arroz antes que os feijões amadurecessem totalmente para que "os feijões amadurecessem enquanto estivessem empilhados nos campos". A granularidade pode, portanto, não ter sido a única consideração no estágio de domesticação, embora o arroz possa ter sido selecionado ou eliminado com base em seu nível de granularidade. Determinar a origem e os padrões de domesticação é um processo muito complicado, e é muito simplista considerá-lo apenas sob a perspectiva da debulha. Mas essa não é a principal preocupação do presente volume.

    O tema deste livro é o arroz, com foco na história de seu cultivo no sul da China (especialmente em Jiangxi). A perspectiva é relativamente estreita. Ela dá atenção ao arroz como a cultura alimentar mais importante do mundo, com mais da metade da população mundial dependendo dele para seu sustento. Ela examina como esse padrão se formou, tornando o arroz um produto global. Em 2010, a professora Francesca Bray, da Universidade de Edimburgo, liderou uma equipe internacional para realizar um novo estudo global sobre a história do arroz, publicando os resultados da pesquisa com a Universidade de Cambridge em 2015, intitulada *Arroz: Redes globais e novas histórias*. Com base nos resultados de sua pesquisa mais recente, na tarde de 22 de setembro de 2015, Bray apresentou um relatório intitulado "Arroz e a ascensão do capitalismo global" ao Instituto de História das

Ciências Naturais da Academia Chinesa de Ciências. Bray afirmou que a história do arroz está entrelaçada com o surgimento do capitalismo moderno. Como cultura, alimento e mercadoria, o arroz tem desempenhado um papel fundamental na formação e conexão da história da África, das Américas, da Europa e de quase toda a Ásia. Bray discutiu o processo de globalização do arroz a partir da perspectiva macro histórica e levantou uma série de questões instigantes.

Não é preciso dizer que é essa perspectiva internacional e a visão global de acadêmicos internacionais como o professor Bray que está faltando em nossa comunidade atualmente. Mas não há motivo para baixar a cabeça, pois a história do mundo é composta pelas histórias de várias regiões, mesmo quando as questões de interesse de cada região são diferentes. A história agrícola tem um caráter regional especialmente forte, portanto, isso é ainda mais verdadeiro em nosso campo. O fato de que "as questões agrícolas estão ligadas ao "campo" é uma característica exclusiva do campo e pode fortalecer nossa confiança ao pesquisarmos a história da agricultura. Enquanto Bray pesquisava a história global do arroz, eu realizava pesquisas sobre os *shuitianos* no norte da China, examinando a disseminação do cultivo de arroz de norte a sul durante os séculos X a XIX e a disseminação e recepção de tecnologias de cultivo de arroz no norte. Descobri que, ao contrário da teoria histórica da globalização do arroz, o arroz não era um tipo de alimento que podia ser cultivado em qualquer lugar e não era um alimento favorito. Em um grande país produtor de arroz como a China, até mesmo a nacionalização do cultivo de arroz foi conquistada com dificuldade, sem mencionar sua globalização. Zhu Xi disse certa vez: "Até a vegetação tem o direito de viver aqui."[17] Vale a pena considerar tanto a perspectiva macro quanto a micro. A professora Bray me enviou seu mais novo trabalho, no qual ela me chama de "colega admirado". Espero que este volume possa ser visto como um diálogo com a professora Bray e outros colegas admirados.

Os artigos sobre cultivo de arroz contidos neste livro foram escritos nas últimas três décadas. Eu os selecionei e editei de acordo com a ordem cronológica e os coloquei nas categorias apropriadas, fazendo alterações ou acréscimos conforme necessários.

---

17 Zhuzi Yulei, vol. 18.

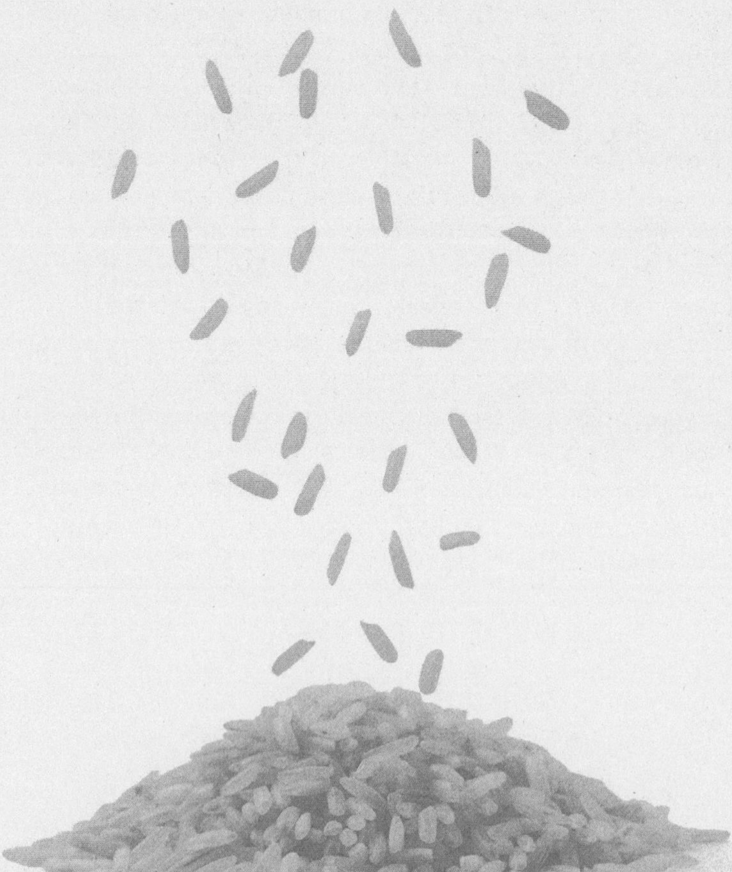

PARTE 1

Uma história geral do arroz

INTRODUÇÃO À HISTÓRIA DO ARROZ

1. As origens do arroz

A China é o país de origem do arroz. A história do cultivo do arroz se estende por mais de dez mil anos, mas foi somente nos últimos mil anos, aproximadamente, que o arroz ganhou o status que tem hoje. Antes dessa época, o povo chinês dependia principalmente de vários grãos como alimento básico, como o painço, que sempre desempenhou um papel importante na ingestão de grãos do país. Quando o povo chinês começou a depender mais do arroz para suas necessidades alimentares, durante a dinastia Tang, a população havia atingido de 80 a 90 milhões de pessoas. Aparentemente, isso exerceu uma pressão sem precedentes sobre as capacidades de produção de grãos do país, e o painço não era mais capaz de atender às necessidades da população em crescimento. O poeta da dinastia Tang, Li Shen, disse certa vez: "Nosso painço é plantado na primavera e dez mil grãos são colhidos no outono. Não há um único campo vazio, mas nossos agricultores estão morrendo de fome". Era imperativo que se encontrasse uma nova cultura de maior rendimento. Quando o painço foi relegado a uma posição secundária, o arroz do sul começou a emergir como uma das principais culturas e, por volta do ano 1000 d.C., ocupou a posição principal. A partir de então, o arroz manteve a posição de liderança como alimento básico.

O arroz e o painço são chamados de nomes diferentes, sendo que um é originário do sul e o outro do norte. Apesar dessas diferenças, eles têm uma característica única em comum. O arroz no sul, assim como o painço no norte, era chamado pelos termos gerais para grãos, *he* (禾) ou *gu* (谷). O caractere chinês *he* (禾), um pictograma, refere-se mais frequentemente a uma planta, e a palavra para o fruto do grão é *gu* (谷). Depois que a casca foi removida do grão, ele passou a ser chamado de *mi* (米), ou arroz. G*u* e *Mi* eram todos usados para se referir tanto ao arroz quanto ao painço, mas como o painço é mais longo que o arroz, ele era chamado de *da mi* (大米), ou "grão grande", enquanto o arroz era chamado de *xiao mi* (小米), ou "grão pequeno".

Outra coisa que o arroz e o painço têm em comum é que ambos possuem uma casca glacial (皮, *pi*). Nos tempos antigos, o revestimento da semente (casca glacial) era chamado de "casca" (甲, *jia*). A "casca" se referia ao fruto da planta, e o caractere 甲 tem o formato do revestimento da semente com o qual o fruto é revestido após a planta ter brotado. As culturas com casca são particularmente resistentes a danos causados pelo armazenamento e pelo transporte de longa distância, principalmente devido à proteção fornecida pela carapaça. Isso foi de particular importância para o arroz, especialmente o arroz japonês. A partir das dinastias Tang e Song, milhões de quilos de arroz eram transportados do sul para o norte todos os anos para apoiar a operação de um vasto império.

Mesmo antes de o arroz ser constantemente transportado do sul para o norte e antes de se tornar o principal alimento básico do abastecimento nacional, ele já era uma parte importante da vida de metade da China. Uma das lendas antigas da China conta que Pangu abriu o horizonte e os grupos étnicos Miao, Yao, Yi, Han e Dai, no sul, adotaram o arroz como alimento básico. O lendário inventor da agricultura, Shennong, era do sul, e o arroz foi incluído como um de seus cinco grãos, já que era o grão mais comum encontrado no sul.

Existem de 20 a 25 espécies de arroz no mundo. As duas espécies mais comuns de arroz cultivado são a *Oryza sativa*, encontrada na Ásia, e *a Oryza glaberrima*, na África. As demais são variedades selvagens. Descobriu-se que a variante asiática derivou de uma espécie perene de arroz selvagem, *Oryza perrinis, rufipogon*, que costuma ser chamado de "arroz selvagem comum". O arroz selvagem perene floresce e se propaga generativamente.

Textos chineses antigos chamam o arroz não cultivado *de ni* (秜), *lü* (稆) ou *lu* (穭), termos que podem indicar que o arroz silvestre foi o ancestral do arroz cultivado moderno ou do arroz selvagem comum. Há nada menos que dez menções ao arroz selvagem nos antigos registros históricos chineses, como as palavras "de Youquan, de onde vem o arroz selvagem, até o condado de Hexing" em um documento que data do terceiro ano do reinado de Huanglong do Reino Wu (231 d.C.). O local onde o arroz selvagem crescia era Quzhou (na atual Sichuan), no curso superior do rio Yangtze, passando por Xiangyang e Jiangling, no curso médio do rio, e pelo norte de Zhejiang e sul de Jiangsu, na área inferior de Taihu, antes de virar para o sul, em direção ao centro e norte de Jiangsu e norte de Anhui, e depois para Lucheng (atual Cangzhou), na Baía de Bohai, onde se espalha em um arco. A distribuição do arroz selvagem na China está contida no perímetro formado pelo Condado de Ya em Hainan (N18° 09') no sul, Dongxiang em Jiangxi (N28° 14') no norte, Yingjiang em Yunnan (E97° 56') no oeste e Taoyuan em Taiwan (E121° 15') no leste. A extensão norte-sul é de 10° 05', e a extensão leste-oeste é de 24° 19'.

O arroz selvagem foi domesticado artificialmente para se tornar arroz cultivado. Assim como os ancestrais do painço ainda estão distribuídos em muitas partes do mundo atualmente, o ancestral do arroz, o arroz selvagem comum, está distribuído pelo sul e sudeste da Ásia e partes da China. Teoriza-se que o sul da China foi um dos primeiros lugares onde o arroz foi cultivado, juntamente com o nordeste da Índia, o norte de Bangladesh e outras áreas adjacentes ao sul da China, como Mianmar, Tailândia, Laos e Vietnã. Essa conclusão foi tirada, em grande parte, com base em materiais linguísticos, paleontológicos e etnográficos. Evidências de que a China é o berço do cultivo de o arroz selvagem surge mais por meio de evidências antropológicas, linguísticas, arqueológicas e genéticas. Na área do rio Yangtze e na região ao sul dele, onde o arroz selvagem é distribuído principalmente, muitos grupos étnicos antigos estão ativos desde a Era Paleolítica. Eles foram chamados coletivamente de "Baiyue" por historiadores posteriores. Os ancestrais do povo Baiyue plantavam e colhiam arroz selvagem, o que marcou o início do cultivo do arroz. As áreas do sudoeste habitadas pelos descendentes do povo Baiyue mantiveram os termos antigos para arroz, *khau* e *kao*. Essas palavras são as raízes dos termos chineses *he* e *gu*, que aparecem com frequência nos dialetos do sul da China. À medida que se deslocavam em direção ao norte, os termos foram confundidos com aqueles usados para o painço no norte, e assim o termo *dao* 稻(arroz) foi usado na linguagem escrita.

A evidência mais forte de que o arroz se originou no sul da China veio de escavações arqueológicas. Na década de 1970, a descoberta do sítio de Hemudu em Yuyao, Zhejiang, antecipou a origem do cultivo do arroz em 7.000 anos, causando um interesse generalizado em questões sobre as origens do cultivo do arroz. A descoberta de Tianluoshan, perto de Hemudu, no início do século XXI, foi outra descoberta que forneceu novas evidências sobre as origens do cultivo do arroz. Até 2004, 182 locais carbonizados de arrozais e arrozais, ou caules de arroz, folhas, esporos e corpos siliciosos de plantas haviam sido desenterrados.[18] Dessas descobertas, mais de 140 estavam na Bacia do Rio Yangtze, representando 76,92% do total de descobertas. Um total de 56 itens, ou 30,76%, estavam localizados a jusante, 75 itens, ou 41,20%, estavam no curso médio e 9 itens, ou 4,94%, estavam localizados no curso superior. Havia 7 localidades ao longo da costa sudeste, representando 3,85% das descobertas, e 13 entre os rios Yangtze e Huai, perfazendo 7,14% do total. Vinte e duas localidades, ou 12,08%, estavam situadas entre os rios Amarelo e Huai.

---

[18] Pei Anping, *Cultura do Cultivo de Arroz na Bacia do Rio Yangtze* (Wuhan: Editora Educacional de Hubei, 2004), pp. 36-46.

À medida que um número crescente de locais de cultivo de arroz datados da era neolítica foi sendo descoberto, o tempo e a área que esses locais abrangiam também avançaram e se expandiram. Os vestígios mais antigos tinham mais de 10.000 anos de idade, e os mais recentes datavam de períodos registrados em documentos históricos, abrangendo um período de cerca de 6.000 anos. Até o momento, três dos locais contêm ruínas de instalações de cultivo de arroz descobertas que datam de mais de 10.000 anos atrás: o local de Yuchanyan, no condado de Dao, na província de Hunan, a caverna Wannian Xianren, em Jiangxi, e o local de Diaotong Loop. A datação por carbono de fragmentos desenterrados do sítio de Yuchanyan indica que ele tem cerca de 12.320 anos (± 120 anos). A camada de política na caverna Xianren e no Diaotong Loop data de 11.000 a 14.000 anos atrás.[19] Os locais que datam de cerca de 10.000 anos incluem a caverna Niulan em Yingde, Guangdong e o local Shangshan em Pujiang, Zhejiang. A abundância de corpos siliciosos de arroz encontrados na segunda e terceira camadas culturais no local da caverna Niulan data de 8.000 a 11.000 anos atrás. As ruínas escavadas de Shangshan contêm muitas marcas de casca de arroz, cascas de arroz e silicatos de plantas que datam de cerca de 9.000 a 11.000 anos atrás. Os locais de cultivo de arroz do Neolítico, datados de 4.000 a 8.000 anos atrás, incluem locais como 80 diques de terra na montanha Pengtou, no condado de Li, Hunan (7.500-8.500 BP), as camadas inferiores de Zhaoshi (7.000 BP), o local de Hemudu em Yuyao, Zhejiang (6.950 ± 130 BP), o sítio de Tianluoshan e o sítio de Luojiajiao em Tongxiang (7.040 - ±150 BP) e o sítio de Caoxieshan no condado de Wu, Jiangsu (7.000 BP). Além dos restos de plantas de arroz que foram descobertos nesses locais, fragmentos de ossos que podem ter sido usados para a preparação de campos de arroz foram descobertos nessas áreas.

Há uma tendência nos achados arqueológicos existentes que aponta para os trechos inferior e médio do rio Yangtze como as primeiras áreas de cultivo de arroz descobertas até o momento. Após sua formação inicial, o cultivo de arroz se espalhou tanto para o norte quanto para o sul, desde o curso médio do Yangtze até a Bacia do Rio Amarelo em Henan e Shaanxi, desde o curso inferior do Yangtze até a Bacia do Rio Huai no norte de Jiangsu e no norte de Anhui, ao longo de toda a costa sudeste até Taiwan e para o interior no sudoeste.

Estudos de genética botânica também confirmam que o arroz se originou no sul da China. Pesquisadores de genômica rastrearam milhares de

---

19 Zhang Chi, "Vestígios Antigos de Cerâmica e Piólito no Sítio Wannian de Jiangxi", em A Origem do Arroz, da Cerâmica e da Cidade, ed. Yan Wenming e Y. Yasuda (Pequim: Editora de Relíquias Culturais, 2000), pp. 43-49.

anos de evolução do arroz por meio do sequenciamento de genes em larga escala. Os resultados de suas pesquisas mostram que as primeiras aparições do arroz cultivado podem ser rastreadas até a Bacia do Rio Yangtze, há cerca de 9.000 anos.[20] O arroz cultivado tem duas subespécies diferentes, o arroz japônica e o arroz indica. Estudos anteriores sugeriram que o arroz japônica e o arroz indica têm um ancestral comum no arroz selvagem, o que levou à proposta de uma teoria da origem múltipla do arroz asiático. A teoria sustenta que o arroz indica se originou no sul ou no sudeste da Ásia, enquanto o arroz japônica se originou no leste da Ásia. Além disso, ela sugere que o arroz selvagem comum foi inicialmente domesticado em arroz indica, que mais tarde evoluiu para o arroz japônica à medida que se expandia para latitudes e altitudes mais elevadas. Recentemente, os cientistas construíram um mapa detalhado da variação genética de todo o genoma do arroz, descobrindo que os seres humanos primeiro usaram o arroz selvagem local na Bacia do Rio das Pérolas e, após um longo período de seleção manual, ele foi então domesticado em arroz japônica e gradualmente se espalhou para o norte. Outro ramo dessa família se espalhou para o sul, para o sudeste da Ásia, onde foi cruzado com variantes locais de arroz selvagem e, após um processo de seleção, foi produzido o arroz indica. Embora essa descoberta não seja totalmente consistente com as evidências arqueológicas existentes, ela reforça a ideia de que o sul da China é o local de origem do arroz cultivado.

---

20 J. Molina, M. Sikora, N. Garud, J. M. Flowers, S. Rubinstein, A. Reynolds, P. Huang, S. Jackson, B. A. Schaal, C. D. Bustamante, A. R. Boyko e M. D. Purugganan, "Evidências Moleculares para uma Única Origem Evolutiva do Arroz Domesticado", *Anais da Academia Nacional de Ciências* 108, nº 20 (2011): 8351.

2. Melhoria e desenvolvimento da tecnologia de cultivo de arroz

Embora o arroz cultivado tenha surgido no sul da China há dez mil anos, o desenvolvimento real foi alcançado apenas há mil anos, após o período Tang-Song, quando a população aumentou e o centro de gravidade econômico mudou para o sul, intensificando o relacionamento entre as pessoas e a terra. Em um esforço para produzir o máximo de arroz possível, o povo chinês historicamente buscou expandir a área dedicada ao cultivo de arroz. Por um lado, eles mudaram a terra seca para campos de arroz e, por outro, competiram com o terreno montanhoso para converter mais terra em campos de arroz por meio de métodos como cercas, terraços, revestimento e enquadramento de campos, transformando encostas em terras aráveis e água em campos. Ao mesmo tempo, eles melhoraram continuamente a tecnologia, passando do uso da criação de elefantes e "cultivo com fogo e remoção de ervas daninhas aquáticas" para o cultivo intensivo, principalmente por meio de técnicas de preparação de campos de arroz que incluíam aração, ancinho e capina, juntamente com o transplante de mudas, tecnologias de semeadura e tecnologias de gerenciamento de campo. O arroz de alto rendimento tornou-se uma importante base econômica apoiando o posterior desenvolvimento do império, que teve um profundo impacto no desenvolvimento da China nos últimos mil anos e fez contribuições importantes para todo o Leste Asiático e o resto do mundo.

Outro fator importante que impulsionou o desenvolvimento do cultivo de arroz no sul foi o aprimoramento das ferramentas agrícolas. Na dinastia Tang, surgiu um novo tipo de ferramenta agrícola, o arado de Jiangdong (que indica o curso inferior do rio Yangtze). De acordo com o *Livro de Arados* do estudioso da Dinastia Tang Lu Guimeng (d. c. AD 881), o arado de Jiangdong era composto de onze partes principais, das quais o arado (pá) e a aiveca eram feitos de ferro. As outras nove partes, incluindo a base, as alças, a parte, o lado da terra, o calcanhar, a placa da sola, a peça do sapo, a haste de arrasto e o suporte, eram feitos de madeira. Eram instrumentos flexíveis e amplamente utilizados na China e no sudeste da Ásia. Com o arado de Jiangdong, a estrutura básica do arado chinês foi essencialmente estabelecida. No século XVII, quando os holandeses viram os habitantes chineses de Java e de outros lugares da Indonésia usando esse arado, eles prontamente o introduziram na Holanda, onde ele teve um impacto fundamental no aprimoramento dos arados modernos na Europa. O novo sistema de arado que se desenvolveu começou com a absorção das características do arado chinês, lançando uma revolução na tecnologia agrícola no Ocidente.

Ferramentas agrícolas como o ancinho, a pedra, o rolo, a enxada e a grade foram usadas em conjunto com o arado de Jiangdong, formando a base das tecnologias de preparação dos campos de arroz no sul após as dinastias Tang e Song. Diferentemente do sistema de tecnologia de agricultura de terras secas formulado durante as dinastias Wei, Jin e Norte e Sul, com aração, gradagem e nivelamento como atividades principais, os campos do sul eram preparados por meio de um processo de aração e gradagem com base nas demandas de cada parcela, a fim de prepará-la para o cultivo de arroz. O cultivo de arroz exigia níveis uniformes de água nos campos, para que as mudas pudessem crescer uniformemente até a maturidade. Isso significava que o solo arado tinha de ser solto e nivelado. O radônio foi desenvolvido para nivelar o solo, marcando a formação do sistema técnico de arroz do sul.

Assim como no cultivo do painço, as pessoas começaram a optar por cultivar o arroz, adaptando-o para o cultivo em condições naturais e sociais variadas, na esperança de expandir as áreas em que o arroz era cultivado e aumentar sua produtividade. No décimo quarto ano do reinado de Zhenzong, na Dinastia Song do Norte (1011), o arroz Champa, originalmente produzido em Champa (atual centro e sul do Vietnã), foi introduzido de Fujian para Jiangsu, Anhui e Zhejiang. Como amadurecia rapidamente, era tolerante à seca e podia ser cultivado em muitos tipos de terreno, era particularmente adequado para o cultivo de terras de alto rendimento, o que promoveu o desenvolvimento de campos em terraços e aumentou o número total de campos de grãos. Outra variedade, o arroz *huanglu*, amadurecia cedo e era resistente ao encharcamento, o que o tornava adequado para o cultivo em campos nos quais os níveis de água muitas vezes excediam as necessidades reais. Isso levou a um desenvolvimento significativo do cultivo de arroz nas terras baixas. O próprio imperador participava com frequência da criação e promoção de novas variedades de arroz. Na dinastia Qing, Kangxi usou o método de seleção de planta única para selecionar conscientemente plantas de arroz mutantes. A partir desse processo, ele cultivou com sucesso uma nova variedade de arroz, o *yudao,* que se tornou popular tanto no norte quanto no sul. O biólogo britânico C. R. Darwin elogiou os esforços de Kangxi, observando que "por ser a única espécie que pode crescer ao norte da Grande Muralha, ela tem grande valor". Após gerações de trabalho árduo, as variedades de arroz foram ampliadas. Havia 3.429 variedades de arroz listadas no *Almanaque Tongkao*, publicado no sétimo ano do reinado de Qianlong na dinastia Qing (1742).

O cultivo de arroz nas dinastias Tang e Song baseava-se mais no transplante de sementes, em contraste com a abordagem de semeadura direta usada no cultivo de painço. O cultivo de arroz úmido era feito em ambientes aquosos, o que dificultava a remoção de ervas daninhas dos campos de arroz. Para remover as ervas daninhas, os agricultores precisavam encontrar uma maneira de arrancá-las sem danificar as mudas de arroz. A solução foi permitir que o arroz e as ervas daninhas crescessem juntos até uma certa altura, depois arrancá-los, separá-los e replantar o arroz. Esse método também foi usado para homogeneizar e suplementar as mudas. Mais tarde, descobriu-se que cultivar as mudas juntas em um canteiro facilitava o manejo das plantas de arroz nos estágios iniciais, após o que elas poderiam ser transplantadas. Quando a safra anterior era colhida, o campo de arroz era preparado e as novas mudas transplantadas, criando condições propícias para o desenvolvimento de um sistema de várias culturas. Após as dinastias Tang e Song, a técnica de transplante de mudas foi amplamente promovida, e "arroz com mudas" tornou-se sinônimo de cultivo de arroz.

O transplante otimizou o gerenciamento do campo. Na etapa de gerenciamento do campo, a capina e a secagem do solo foram as etapas mais importantes. A capina servia principalmente para limpar o terreno, mas também servia para cultivar o solo. O cultivo tradicional de arroz dava grande importância à capina, que era feita várias vezes. Havia dois métodos de capinar um campo de arroz: a capina manual, ou com garras, e a capina com os pés. Uma nova ferramenta de capina foi inventada durante as dinastias Tang e Song, a *yundang*. A ferramenta e seu uso foram emprestados dos primeiros métodos de utilização de uma picareta para limpar a terra seca, aprimorando essa abordagem.

A capina era um trabalho árduo, especialmente a capina manual, que exigia que a pessoa usasse os olhos, as mãos e o corpo. Foi dito em um capítulo intitulado "Sobre os grãos" no texto da dinastia Ming *A exploração das obras da natureza* que "a dor na cintura e nas mãos é diferente da dor nos olhos". A esse sofrimento somavam-se os desconfortos do clima quente e dos mosquitos. Em um esforço para reduzir a intensidade do trabalho e para proteger melhor os trabalhadores, os povos da antiguidade inventaram uma série de ferramentas agrícolas, incluindo uma garra de capina, um cavalo de capina, um descascador alternativo, uma gaiola em forma de braço e um leme.

A capina era frequentemente realizada em conjunto com a irrigação. O arroz tem uma das maiores demandas de água de qualquer cultura, especialmente no final do outono, e a falta de água pode prejudicar seriamente a produção de arroz. Para atender às suas necessidades de irrigação, os agricultores antigos construíram instalações de conservação de água e inventaram uma variedade de ferramentas para irrigação, incluindo uma roda d'água, uma roda d'água com balde, um balde de resgate, uma varredura de poço e uma lançadeira de água.

Embora seu principal objetivo fosse fornecer água para as plantações, a irrigação também ajudava a regular a temperatura do campo de arroz. Durante a Dinastia Han Ocidental, as entradas e saídas dos arrozais eram usadas de forma criativa para ajustar a temperatura da água de acordo com as necessidades do crescimento do arroz. Quando ainda estava frio na primavera, a temperatura da água era mantida quente. A água nos campos precisava ser deixada exposta ao sol, de modo que as entradas e saídas foram organizadas para otimizar esse posicionamento. Para evitar que a temperatura da água subisse muito rápido no verão, as entradas e saídas de água eram escalonadas para manter a água no campo fluindo, o que ajudava a mantê-la fresca, conforme observado no texto *sobre inundações* da dinastia Han.

A secagem do solo é uma medida usada para controlar a umidade e a temperatura dos campos de arroz. Quando as mudas de arroz florescem no verão, a água acumulada no campo é drenada, deixando as raízes expostas ao sol. Depois que as raízes se solidificam, uma roda d'água é trazida para o campo de arroz, um processo chamado de "retorno da água" na *Promoção da Agricultura no Condado de Ningguo*, o quinto pergaminho de *O Roteiro Restante do lado de Chitang de Gao* na Dinastia Song. A secagem do solo melhora o ambiente dos campos de arroz, evita que as mudas de arroz caiam aleatoriamente e aumenta a resistência à seca e a produção de arroz. Essa técnica foi discutida pela primeira vez na enciclopédia agrícola do século VI, *Competências Essenciais para Beneficiar o Povo,* e depois amadureceu nas dinastias Song e Yuan. Ela foi amplamente utilizada no cultivo de arroz na região de Jiangnan durante as dinastias Ming e Qing.

Desde a dinastia Song, a tecnologia de cultivo de arroz apoiou com sucesso o desenvolvimento da agricultura chinesa na Bacia do Rio Amarelo, que havia sido estabelecida pelo cultivo de painço e trigo, garantindo que a civilização chinesa não tivesse um destino semelhante ao das antigas civilizações egípcia e babilônica. Por volta do ano 1000 d.C., a população da China ultrapassou a marca de 100 milhões pela primeira vez, e quase metade dessa população dependia do arroz. De acordo com estimativas de Song Yingxing, no final da dinastia Ming, o arroz era responsável por cerca de 70% do suprimento de alimentos do país, enquanto o trigo era responsável por apenas 30%. No início da dinastia Song, as pessoas costumavam dizer: "O arroz cultivado em Suzhou e Huzhou é suficiente para alimentar o mundo inteiro" e "O arroz cultivado em Hunan e Hubei é suficiente para toda a terra". Suzhou, Huzhou, Hunan e Hubei eram as principais áreas produtoras de arroz ao longo do rio Yangtze. Em 1935, o geógrafo Hu Huanyong traçou uma linha reta de Heilongjiang, no nordeste, até Tengchong, em Yunnan. A área a sudeste dessa linha representava 36% da área terrestre da China, mas 96% de sua população, enquanto a parte noroeste representava 64% da terra, mas apenas 4% da população. Uma parte significativa dos 96% que ocupavam as regiões do sudeste dependia do arroz como alimento básico.

3. A importância global da tecnologia de cultivo de arroz da China

Atualmente, o arroz é um alimento básico para mais de trinta países do planeta e para mais da metade da população mundial. Somente na Ásia, 2 bilhões de pessoas consomem de 60 a 70% de suas calorias diárias e 20% de sua ingestão diária de proteínas a partir do arroz e de seus derivados. A China é o maior produtor de arroz do mundo, respondendo por 35% da produção global de arroz. Cerca de 65% da população da Índia depende principalmente do arroz como alimento básico. O Japão é o nono maior produtor de arroz, com cerca de 2,3 milhões de produtores de arroz no país. Na Coreia do Sul, a palha de arroz (*byeotijib*) tornou-se parte integrante da cultura, como se vê nos telhados de palha de arroz comuns no país. Em 2004, as Nações Unidas estabeleceram o primeiro Ano Internacional do Arroz, cujo tema foi Arroz é Vida. Foi a primeira vez na história das Nações Unidas que esse tipo de acordo foi feito para qualquer cultura.

A origem de todos esses fenômenos está na China. Há mais de 2.000 anos, os povos Wu e Yue, que viviam no curso médio e inferior do rio Yangtze, fugiram do caos da guerra, viajando por mar para o que hoje é chamado de área de Kyushu, no Japão. Eles trouxeram consigo sua prática de cultivo de arroz, marcando o início do cultivo de arroz no Japão. Aqueles que cultivavam arroz eram chamados de *yayoi*, desencadeando o desenvolvimento da cultura de cultivo de arroz, que passou a ser chamada de "cultura *yayoi*". A pronúncia japonesa da palavra para arroz, *ina,* preserva a antiga pronúncia Wu-Yue *yihuan*. Antes disso, o Japão estava em um estágio de pesca e caça, chamado de "cultura *jomon*". Até as dinastias Ming e Qing, o cultivo de arroz no Japão continuou a seguir o modelo da China. Nos séculos XII e XIII, as variedades do "grande arroz Tang" da China foram introduzidas no Japão, juntamente com as habilidades necessárias para cultivá-las em áreas costeiras. Elas logo se tornaram "variedades indispensáveis para o cultivo em baixas temperaturas". A Coreia foi influenciada de forma semelhante pela cultura de cultivo de arroz da China. O cultivo de mudas de terras secas desenvolvido durante a dinastia Song da China foi introduzido na Coreia. Era chamado de "*Geondapdo*" e apareceu nos livros agrícolas coreanos no século XVII. As variedades coreanas de arroz de sequeiro chamadas *mumyu* e *lu-i ju* foram importadas da China.

O cultivo de arroz no Sudeste Asiático foi influenciado de forma semelhante pela China. Há dois mil anos, durante a dinastia Han, embora o arroz de Cochin (atual norte do Vietnã) fosse bem conhecido na China continental, havia uma lacuna entre o nível de produção nas terras "fora da cordilheira", incluindo muitos países do sudeste asiático, e o da China. Durante a Dinastia Han Oriental, o prefeito-chefe de Jiuzhen (no atual norte do Vietnã), Ren Yan, trouxe a tecnologia de arado do continente para as áreas sob sua jurisdição, o que afetou o solo nas vizinhas Jiaotu (no atual norte do Vietnã), Xianglin (no atual centro do Vietnã) e outras áreas. Após 600 anos de evolução, quando essas tecnologias de arado foram introduzidas nessas áreas, elas logo conseguiram acompanhar o ritmo de desenvolvimento da China continental e convergir gradualmente com a tecnologia agrícola da China. Os tambores de cobre que foram amplamente distribuídos em Yunnan, Guizhou, Guangxi e Guangdong, no sudoeste da China, espalharam-se pelo vizinho Vietnã, Laos, Mianmar e Tailândia, até a Malásia e as ilhas da Indonésia, e são uma clara evidência da conexão cultural entre a China e o Sudeste Asiático.

Após dezenas de milhares de anos de evolução, o cultivo de arroz chinês continua a fazer contribuições para o mundo atual. O Dr. Te-Tzu Chang (1927-2006), um acadêmico chinês que trabalhou para o *Instituto Internacional de Pesquisa do Arroz* nas Filipinas, usou as sementes de arroz de Taiwan para cultivar o "*Arroz milagroso*", que fez grandes avanços no aumento da produção de arroz nos países do sudeste asiático. A tecnologia de arroz híbrido do cientista chinês Yuan Longping fez contribuições extraordinárias para a segurança alimentar global, aumentando a produção anual de grãos de arroz em todo o mundo para atender às necessidades dietéticas de 35 milhões de pessoas. O genoma concluído por cientistas chineses foi aclamado como "um trabalho de referência importantíssimo" pela revista *Science*, sediada nos EUA, em 5 de abril de 2002, que observou que "ele terá um impacto global sobre a saúde e a sobrevivência humanas". O artigo continuou dizendo que essa "contribuição histórica para a ciência e a humanidade" feita por cientistas chineses "mudou para sempre a pesquisa botânica".

A CLASSE SOCIAL DEFININDO A NATUREZA DA ALIMENTAÇÃO: O ARROZ NA VIDA DO NORTE DA CHINA

Os indianos não comem carne bovina, os israelenses não comem carne de porco, os asiáticos orientais não bebem leite e os europeus e americanos não comem insetos. Em sua pesquisa de antropologia cultural, Marvin Harris oferece uma interpretação cultural étnica dos alimentos.[21] O caráter étnico dos alimentos é óbvio na história chinesa. O cordeiro e o leitelho do norte e a sopa de chá e a víscera de peixe do sul eram originalmente pratos com características regionais e étnicas distintas.[22] Diferentes culturas alimentares podem estar em desacordo ou rejeitar umas às outras, um fenômeno que existe em diferentes grupos étnicos, com cada grupo tendo preferência por alimentos específicos, criando as características étnicas dos alimentos. Essa "natureza de classe dos alimentos", como a chamo neste artigo, refere-se às atitudes de diferentes classes e estratos da sociedade em relação ao mesmo item alimentar. Este artigo examina o estudo de caso do arroz e a vida no norte da China, explorando a natureza de classe dos alimentos e o impacto que essa diferença teve na produção desse item alimentar específico.

O arroz é nativo do sul da China, mas foi introduzido na área ao norte do Rio Huai muito cedo. Tanto o milheto quanto o arroz foram encontrados em um sítio neolítico na região entre os Rios Amarelo e Huai, levando os arqueólogos a propor a ideia de uma mistura de milheto e arroz na dieta das pessoas de lá. Eles acreditam que do período Neolítico até o tempo das primeiras histórias registradas, uma mistura de milheto e arroz era a principal fonte de alimento na região entre os Rios Amarelo e Huai (ou seja, as regiões nas quais o cultivo de arroz e milheto se sobrepunham). Esta área está localizada aproximadamente entre 32° e 37° de latitude norte e 107° a 120° de longitude leste, do ponto onde o Rio Amarelo entra na Baía de Bohai no leste, com o Rio Huai marcan-

---

21 Marvin Harris, *Bom de Comer: Enigmas de Comida e Cultura*, trad. Ye Shuxian e Hu Xiaohui (Jinan: Editora Shandong Pictorial, 2001).

22 Yang Xuanzhi, Registros Coletados do Mosteiro de Luoyang, vol. 3, Chengnan: Templo Baode, ed. Zhou Zumo (Pequim: Companhia de Livros Zhonghua, 2010), p. 110.

do a linha sul e a junção das Montanhas Funiu e Qinling marcando a linha oeste, então se estendendo para o norte de Henan para cobrir as províncias de Shaanxi, Henan, Gansu, Jiangsu, Anhui e Shandong.[23] No entanto, visto da perspectiva da história posterior, os nortistas deram menos ênfase ao arroz do que ao milheto. Song Yingxing da Dinastia Ming disse: "Os cinco grãos se referiam ao linho, feijão, trigo, sorgo e milheto, com o arroz deixado de fora, já que os estudiosos que escreveram os livros vieram do noroeste."[24] O arroz foi até mesmo excluído dos registros antigos dos principais grãos usados como culturas alimentares. Embora mais tarde tenha substituído o linho nas fileiras dos cinco grãos principais, seu status no norte não era muito estável. A história do cultivo de arroz no norte da China é cheia de começos e paradas, e a distribuição regional da colheita era bastante dispersa. Além das limitações das condições naturais, atitudes e percepções sobre o arroz afetaram o desenvolvimento de seu cultivo no norte.

---

23 Zhang Juzhong et al., "Cultivo de Arroz Pré-histórico em Wuyang e Agricultura Pré-histórica na Região entre os Rios Amarelo e Huai", *Arqueologia Agrícola*, nº 1 (1994): 68–77; Wang Xingguang e Xu Xu, "Um Estudo Preliminar sobre as Áreas de Sobreposição do Cultivo de Painço e Arroz na Era Neolítica", *História Agrícola da China*, nº 3 (2003): 3–9.

24 Song Yingxing, *A Exploração das Obras da Natureza*, vol. 1, *Pessoas Vivendo de Grãos: Arroz*.

1. Arroz: O alimento da aristocracia

Tradicionalmente, poucas pessoas no norte da China tinham a oportunidade de comer arroz, em relação à população total. O arroz ocupava uma posição estranha na vida dos nortistas, sendo simultaneamente nobre e humilde. Isso nos permite ver um fenômeno contraditório em que o arroz na mesa era um item alimentar de alta qualidade, do qual se dizia: "Se não for para um casamento ou funeral, deve ser consumido com moderação". Ao mesmo tempo, porém, como os pobres não estavam acostumados a comer arroz, as habilidades para seu cultivo não eram passadas de uma geração para a próxima. Xianghe, Hebei, era famosa por sua produção de arroz até a Dinastia Qing, produzindo arroz japônica, arroz glutinoso, arroz com casca e arroz de terras altas, mas na Era Republicana, a produção de arroz desapareceu completamente da área local, e uma pequena quantidade de arroz "de Jingu", painço, milho e vários feijões constituíam os alimentos básicos da região.[25] Em Cangxian, Hebei, está registrado que "o arroz não é um produto nativo, custando o dobro do que o macarrão, então é consumido pela metade da taxa do macarrão". Além das casas de funcionários do governo ou em celebrações especiais entre as pessoas, até mesmo famílias de classe média relativamente ricas consumiam principalmente trigo.[26] A dieta do povo do Condado de Shahe consistia principalmente de painço. O arroz não era produzido localmente, mas era consumido durante banquetes.[27] Não há registro de cultivo de arroz na antiga cidade da Prefeitura de Hejian, mas registros do Condado de Hejian afirmam que "o arroz é usado para fazer bolos de arroz, ou cozido com painço ou sorgo, e o arroz japônica é usado para tratar convidados."[28] O mesmo era verdade no Condado de Boxing em Shandong, onde "a população local não cozinha arroz a não ser para tratar convidados."[29] O arroz era distribuído ao longo de ambas as margens do Rio Wei no Condado de Mi, Henan, e era usado "para sacrifícios e convidados, mas não consumido regularmente."[30] Havia pouco arroz produzido no Condado de Changzi, Shanxi, e o que era produzido era

---

25 *Crônica do Condado de Xianghe*, vol. 2, Produtos (período Kangxi); "Herbologia do Arroz", em *Coleção de Livros Antigos e Modernos*; *Crônica do Condado de Xianghe*, vol. 2, Geografia e Antiguidades, vol. 3, Produtos, vol. 5, Meios de Subsistência do Povo (período Republicano).

26 *Crônica do Condado de Cang*, vol. 11, Fatos e Subsistências (período Republicano).

27 *Crônica do Condado de Shahe*, vol. 3, Terreno e Alimentação (período Daoguang).

28 *Crônica do Condado de Hejian*, vol. 3, Costumes (período Qianlong).

29 *Crônica do Condado de Boxing*, vol. 5, Terreno (período Daoguang).

30 *Crônica do Condado de Mi*, vol. 13, Indústria (período Republicano).

"reservado para sacrifícios e convidados, e importado apenas de Jinci em Taiyuan."[31] Em Baodi, Tianjin, "o arroz raramente é colhido e, portanto, é muito apreciado."[32] Em suma, para os nortistas, o arroz era uma necessidade, mas não era necessário em quantidades excessivas.

Os habitantes do norte não tinham muitas oportunidades de comer arroz, e aqueles que podiam se dar ao luxo de comê-lo geralmente pertenciam à classe rica. A sociedade antiga considerava que "comer arroz e brocados finos" indicava "a felicidade de estar vivo, pois o sabor do arroz é uma coisa linda".[33] Confúcio disse: "Comendo arroz e vestido de seda, como o senhor terá paz de espírito?" Mencius também comentou: "Plantando amoreiras em um terreno de cinco metros, o senhor pode estar vestido de seda quando chegar aos cinquenta anos. Criando gado, como galinhas e porcos, sem perder o tempo de proliferação, o senhor pode ter carne para comer quando chegar aos setenta anos." Nos tempos antigos, quando a expectativa de vida era muito mais curta, os idosos representavam apenas uma pequena parcela da população, portanto, somente a aristocracia podia realmente desfrutar de luxos como arroz, seda e carne.

Isso foi verdade durante uma longa história. Os resultados da análise de ossos humanos da cultura Dawenkou tardia até a cultura Yueshi no curso superior do rio Shu em Shandong indicam que havia diferenças entre ricos e pobres na estrutura alimentar da cultura Dawenkou tardia. As dietas dos ricos consistiam principalmente de plantas C_3, como o arroz, enquanto as dietas dos plebeus consistiam principalmente de plantas C_4, como o painço.[34] Esse hábito alimentar de longa duração permaneceu inalterado até mesmo nas dinastias Song e Yuan. No segundo ano do período Jiayou da dinastia Song (1057), durante uma escassez de alimentos por causa da enchente em Hebei, o imperador Renzhong planejou liberar 600.000 *hu* de arroz japônica de Taicang como alívio para as vítimas da fome, mas como os nortistas não estavam acostumados a comer arroz, ele o substituiu por 400.000 *dan* de painço.[35] Durante a dinastia Yuan, os soldados do norte enviados a Hunan adoeciam com frequência porque "não estavam acostuma-

---

31 *Crônica do Condado de Changzi*, vol. 2, Produtos (período Kangxi).

32 *Crônica do Condado de Baodi*, vol. 7, Produção (período Qianlong).

33 [Dinastia Song do Norte] Luo Yuan, Erya's Wings, vol. 1, Raising Crops, Rice.

34 Qi Wuyun et al., "Pesquisa sobre a Relação dos Humanos com a Terra nas Áreas Superiores do Rio Luo em Shandong na Cultura Pré-histórica", *Estudos do Quaternário*, nº 4 (2006): 580-588.

35 [Dinastia Song do Sul] Li Tao, *Um Espelho para o Governante Sábio*, vol. 186.

dos a comer arroz", por isso dez milhões de *hu* de painço foram transportados de barco para Hunan.³⁶

Após as dinastias Song e Yuan, o trigo substituiu o milheto como alimento básico na dieta dos nortistas, e o desenvolvimento do hábito de comer macarrão tornou-se um obstáculo adicional à disseminação do consumo de arroz no norte. Devido à falta de macarrão no sul, os nortistas que viviam no sul foram "forçados a comer arroz e peixe cozidos no vapor".³⁷ Após a transferência da capital para o sul durante a dinastia Song, em Lin'an (atual Hangzhou, Zhejiang), onde muitas pessoas do noroeste se reuniam, uma variedade de alimentos feitos de farinha era tão diversa quanto em Bianliang. Havia mais de cinquenta tipos de alimentos cozidos no vapor, incluindo grandes pães cozidos no vapor, bolos de folhas de lótus, mantou, mantou de carneiro, vários tipos de tortas, panquecas em camadas, panquecas assadas e panquecas de primavera, todos pratos típicos do norte.³⁸ Isso foi um resultado direto do movimento da população e de hábitos alimentares de longo prazo. Entre os nortistas comuns, não havia apenas pouco arroz para comer, mas também pouco apetite por arroz.

Esse foi o caso durante a dinastia Qing e até os tempos modernos. O consumo de arroz ocupava uma grande parte da composição da dieta da corte e dos dignitários da dinastia Qing. Foi dito até mesmo sobre o imperador Qianlong que "ele não passava um único dia ou mesmo uma única refeição sem comer arroz".³⁹ O arroz era mais importante na etiqueta da corte real do que o trigo e outras culturas. Durante a cerimônia de lavoura, o Ministro da Receita primeiro movia o arado para frente, depois movia a colheita para frente e, em seguida, presenteava o imperador com uma caixa de sementes de arroz. Depois disso, todos os reis moviam os arados para a frente e, em seguida, davam uma caixa com as sementes de outros grãos. Em seguida, os Nove Ministros araram os feijões e deram uma caixa de sementes de painço.⁴⁰ Naquela que era chamada de "a família mais importan-

---

36 [Dinastia Yuan] Yao Sui, *Notas Coletadas sobre Pecuária*, vol. 21.

37 [Dinastia Song do Norte] Zhang Lei, "Cinco Poemas Sobre Devaneios na Neve (Terceiro Poema)", em *Poesia Completa da Dinastia Song*, ed. Fu Xuanzhang et al., livro 20 (Pequim: Editora da Universidade de Pequim, 1995), p. 13359.

38 [Dinastia Song do Sul] Zhou Mi, *Coisas Antigas de Wulin*, vol. 6, Comidas Cozidas no Vapor.

39 [Dinastia Qing] Hong Li, "Pavilhão da Fragrância do Arroz", em *Quinta Coleção de Poemas Imperiais*, vol. 62, *Biblioteca Completa das Quatro Divisões de Livros do Pavilhão Jingyin Wenyuan*, livro 1310 (Taipei: Editora comercial, 1986), p. 608.

40 Código Kangxi da Corte Qing, vol. 44, Ministério dos Ritos (V).

te do mundo", a Família Yansheng, em Qufu, Shandong, havia uma certa quantidade de arroz na composição da dieta, incluindo variedades como arroz sem casca, arroz branco descascado de qualidade, arroz do sul, arroz Nanjiang, arroz descascado e arroz glutinoso (arroz pegajoso). Muitos alimentos preparados com arroz também se tornaram parte da dieta, incluindo arroz seco, mingau e *dim sum*, e foi observado que "o arroz deve ser lavado com água, cozido em uma panela de barro, cozido no vapor ou colocado em um recipiente para sacrifícios".[41]

O consumo de arroz no norte se concentrava principalmente nas cidades grandes e médias. Dizia- se que "há milhões de lares na capital e muitas pessoas em Taicang consomem arroz".[42] Na Shanxi da era moderna, dizia-se que "as pessoas que comem arroz são raras, e somente as das áreas comerciais precisam dele", e "os agricultores de Shanxi produzem arroz, especialmente indica (ou japônica) e glutinoso. Ele é cozido como mingau e consumido pelas classes mais altas da sociedade e consumido em banquetes em dias de festa. O arroz glutinoso é moído e transformado em farinha, cozido no vapor em bolos ou usado para sacrifícios."[43] Durante a Era Republicana, embora o condado de Zhangbei, Hebei, "consumisse arroz, ele não era consumido com frequência."[44] A situação era semelhante para o arroz glutinoso, com "poucas pessoas no norte consumindo arroz glutinoso. Algumas o fazem ocasionalmente, mas são uma minoria. Embora seja um produto comum e seja visto em pequenos vilarejos, o volume de vendas de arroz glutinoso não é alto. Como os produtos feitos de arroz glutinoso são servidos como lanches e como o arroz é substituído por macarrão três refeições por dia, não há muitas pessoas que comem arroz regularmente." O arroz glutinoso era usado principalmente para fazer bolinhos de massa *(zongzi)*, arroz oito tesouros, *aiwowo*, almôndegas *jiangmi*, *niangao* (bolinhos de arroz pegajoso), *yuan xiao* e outros pratos especiais que "são sazonais e não são vendidos normalmente", e eram vendidos apenas em quantidades limitadas. Foi dito que "na zona rural, há ainda menos alimentos feitos de arroz

---

41 Zhao Rongguang, *Pesquisa sobre "Os Arquivos da Dieta da Residência Oficial dos Descendentes de Confúcio em Qufu"* (Jinan: Editora Shandong Pictorial, 2007), pp. 114, 223, 228-229.

42 [Dinastia Qing] Yu Minzhong et al., eds., *Exame de Antigas Notícias Relatadas*, vol. 149, Propriedade I (Editora de Livros Antigos de Pequim, 1985), p. 2375.

43 *Os Registros Provinciais de Shandong, Henan e Shanxi*, vol. 2, *Registros Provinciais de Shanxi*.

44 *Crônica do Condado de Zhangbei*, vol. 4, Registro de Produtos (período republicano).

glutinoso, e as famílias só comem *yuan xiao,* ou talvez bolinhos *(zongzi)* ou macarrão de sorgo".[45]

Por ser um alimento consumido pela aristocracia, foi dada muita atenção a todos os aspectos do arroz, do sabor à cor, uma tendência normalmente observada no tratamento de alimentos não básicos. Em *Competências Essenciais para Beneficiar o povo,* o arroz é discutido principalmente em relação à produção de vinho e é usado em volumes muito grandes, medidos por dou ou *dan,* o que não seria possível para uma família pequena. Exemplos de sua menção incluem: "para fazer vinho de arroz glutinoso, adicione um balde do agente de fermentação e um *dan* oito *dou* de arroz", afirmando especificamente que "esse é o caminho do Puye[46] da família Yuan".[47] O imperador Wu de Wei mencionou em *Métodos de Vinho para o Festival do Duplo Nono* que nove métodos para produzir vinho de primavera incluíam trinta *jin* do agente de fermentação, fermentando o vinho por três dias e nove *dan* de arroz. Os nove métodos envolviam nove *hu* de arroz e os dez métodos, dez *hu*, e ambos incluíam trinta *jin* do agente de fermentação.[48] Em outros casos, o arroz era associado à carne, como no método de cozimento de carne de porco, que estipulava o uso de "quinze *jin* de um porco e quatro *sheng* de arroz, cozidos juntos" e "um *sheng* de gengibre, duas seções de casca de laranja e três *sheng* de cebolas brancas, cozidos no vapor com molho de feijão preto, cozinhando até que o molho engrosse para temperar o arroz. Quando o líquido evaporar, cozinhe um *shi* de arroz e sirva."[49] Essas descrições ilustram como a dieta era rica.

Os antigos habitantes de Pequim ainda não tratam o arroz como um alimento básico, mas muitos pratos não básicos são feitos de arroz, como bolos de arroz, macarrão de arroz, mingau de arroz roxo e aiwowo. Alguns raros e preciosos arroz eram frequentemente um presente bem-vindo para nobres nos tempos antigos. Depois que Kangxi tomou nota do arroz real, seu rendimento limitado levou a que ele fosse usado por muito tempo apenas em refeições reais, como uma recompensa, para o imperador ou para os dignitários ao seu redor. O consumo de arroz era limitado a refeições da corte ou para membros da família real. No ano cíclico de Jiawu do reinado de Kangxi (1714), "os governadores de Zhejiang e Fujian viajou para Rehe, e toda vez que havia

---

45 Qi Rushan, Áreas Rurais do Norte da China (Shenyang: Editora Educacional de Liaoning, 2007), pp. 101–102.

46 Nota do tradutor: um título oficial.

47 [Dinastia Wei do Norte] Jia Sixie, *Competências Essenciais para Beneficiar o Povo*, ed. Miao Qiyu (Beijing: Editora de Agricultura da China, 1982), p. 360.

48 Ibid., p. 393.

49 Ibid., p. 479.

uma refeição, um tipo de arroz vermelho era servido. Dizia-se que não havia sementes para esse tipo de arroz. Antes, era uma especialidade local cultivada nos jardins reais, e havia apenas uma ou duas plantas. As plantas jovens eram diferentes de qualquer outro tipo de grão. Quando abertas, cada grão minúsculo era como cinábrio, o que deu o nome a essa variedade de arroz. Ela só era cultivada no jardim imperial. Este ano, colhemos muito arroz descascado de outras variedades. Com duas colheitas por ano, é o suficiente para alimentar a casa real."[50] Uma das pessoas que teve a sorte de receber esse arroz vermelho foi o ministro Li Guangdi. Por volta do 54º ano de Kangxi (1715), quando Li Guangdi foi a Rehe, ele recebeu uma caixa de peixe defumado de escamas finas, uma caixa de tiras de carne de veado fresca e um *shi* de arroz vermelho.[51] Entre os poucos registros de pessoas que consumiam arroz está o poeta da dinastia Qing, Zha Shenxing (1650-1727). Em seu poema "Comendo arroz de lótus vermelho em um hotel", lemos: "Foi dado por Sua Majestade, apenas uma vez para provar". Ele acrescenta: "Antes, além da família real, apenas o chef real o havia provado."[52] No período Yongzheng, dizia-se que "Tian Wenjing, governador de Hedong, acabara de se recuperar de uma doença, por isso é apropriado dar a ele esse arroz como mingau."[53] No capítulo 42 de *Sonho das Mansões Vermelhas*, Zhou Ruchang identificou uma menção a "um uso de arroz japônica imperial para fazer mingau, uma ocorrência rara, muito parecida com o que é feito hoje". No capítulo 53, há uma menção a "dois *dan* de arroz vermelho imperial", e o capítulo 75 menciona que "a Sra. Jia disse: 'Pegue um pouco de mingau. Coma!". Ela trouxe a tigela e disse a ele que era um mingau feito de arroz vermelho". Após uma extensa pesquisa, Zhou, especialista em *Sonho das Mansões Vermelhas*, concluiu que o "arroz vermelho imperial", o "arroz japonês imperial" e o "arroz vermelho" mencionados no romance clássico se referem ao arroz real cultivado por Kangxi.[54]

---

50 [Dinastia Qing] Liu Tingji, *Jornal do Jardim* (Pequim: Zhonghua Book Company, 2005), p. 1.

51 [[Dinastia Qing] Li Guangdi, *Coleção Rongcun*, vol. 31, *Em Agradecimento a Zazi pelo Presente de Vinho Tinto*.

52 [Dinastia Qing] Zha Shenxing, *Coleção de Poesias do Pavilhão Jingye*, vol. 35.

53 [Dinastia Qing] Wu Zhenyu, *Coleção Yangjizhai*, vol. 26 (Pequim: Companhia de Livros Zhonghua, 2005), p. 343.

54 Zhou Ruchang, *Sonho das Mansões Vermelhas: Uma Nova Edição Revisada* (Pequim: Companhia de Livros Zhonghua, 2012), pp. 821-823.

2. Os habitantes do norte têm pouco apetite por arroz

Em última análise, o "alimento que não pode faltar nem por um dia" e o "alimento comum para a aristocracia" do Imperador Qianlong representavam uma parcela muito pequena do consumo diário de alimentos em comparação com as áreas rurais comuns do norte. Isso não se devia apenas ao fato de que eles não tinham poder aquisitivo para consumir arroz, mas também porque, em geral, não tinham muita vontade de tornar o arroz parte de seus hábitos alimentares de longo prazo. Um dos motivos era que o arroz era reservado para ser usado como um alimento raro para demonstrar hospitalidade, mas igualmente importante era o fato de que as pessoas comuns não gostavam de arroz. Era uma situação um tanto paradoxal. No final da dinastia Ming, quando o exército do norte da revolta dos camponeses foi para o sul para atacar Jiangnan, Daizhou, Zhang Fengyi, natural de Shanxi, consolou seus descendentes na cidade de Tongchen (atual Anhui), dizendo: "Um ladrão vindo do noroeste não comerá arroz e seu cavalo não comerá a grama de Jiangnan."[55] No início da dinastia Qing, quando o povo de Zhejiang falava sobre viajar para o norte, eles viam "os nortistas cozinhando o jantar, com muitos restos de trigo, painço e trigo sarraceno". O alimento básico deles é o grosso, mas quando mandam seus empregados convidarem pessoas para uma refeição, eles começam a cozinhar arroz. Nessa época, os preços na cidade realmente começam a subir."[56] As pessoas do condado de Lingqiu, em Shanxi, "cozinham macarrão no vapor para uma refeição caseira, e só cozinham arroz se um funcionário público vier. Eles não comem arroz com frequência. Não gostam dele."[57] No condado de Wutai, "o arroz é cozido para os convidados ou para os doentes."[58] O condado de Fengrun, em Hebei, foi um dos condados do norte com uma produção excepcionalmente alta de arroz, mas mesmo lá, o arroz não se tornou um alimento básico na dieta local. Foi relatado que "as pessoas do condado de Fengrun têm uma grande quantidade de arroz, mas têm um apetite insaciável por painço e grãos altos (sorgo). No máximo, uma família pode comer arroz com sorgo no café da manhã. Os pobres de lá não comem arroz em casa, pois não conseguem se acostumar com ele, como o povo de

---

55 *História da Dinastia Ming*, vol. 257, *Biografia de Zhang Fengyi*.

56 [Dinastia Qing] Tan Qian, *Notas sobre Viagens ao Norte* (Pequim: Companhia de Livros Zhonghua, 1997), p. 314.

57 *Crônica do Condado de Lingqiu*, vol. 4 (período Kangxi).

58 *Crônica do Condado de Wutai*, vol. 2 (período Guangxu).

Qilu, que adora comer macarrão de trigo."[59] Os ricos comiam arroz, mas os pobres não estavam acostumados. Mais recentemente, Qi Rushan, de Gaoyang, Hebei, mencionou que "não há muitas oportunidades para comer arroz no norte. Quanto mais próximo o senhor estiver da água, mais oportunidades terá de comer arroz. Para quem mora em áreas montanhosas, não há muito arroz. Mesmo que a cidade natal do senhor não esteja muito longe da água, mas a população seja pobre ou de classe média, é possível que ele coma arroz apenas uma vez por ano. As famílias ricas organizam um casamento ou um funeral e, se o senhor ajudar, poderá comer arroz em uma refeição. Caso contrário, ele não terá a chance de comer arroz, nem mesmo durante o Ano Novo Lunar ou outros feriados". Qi observou que "eles comem mais arroz em Beiping (atual Beijing)" e que entre os que consumiam arroz estavam membros de qualquer uma das Oito Bandeiras e oficiais do sul que moravam no sul de Beijing. Havia até mesmo "comerciantes na área fora do Portão de Chongwen ou de outras cidades, vindos de Hebei, Shandong, Shanxi e outras províncias, todos comendo macarrão como alimento básico. Os artesãos pobres comem farinha de milho ou, ocasionalmente, arroz glutinoso, mas a maioria come macarrão. Eles dizem que o arroz não é satisfatório e que, quando comem arroz, ficam com fome logo depois de terminar. Eles também acham o arroz muito menos saboroso do que o macarrão simples."[60]

Os nobres das Oito Bandeiras da dinastia Qing comiam arroz, mas os seus soldados e funcionários comuns raramente o faziam, sobretudo o arroz comum do sul. O arroz consumido pelos nobres das Oito Bandeiras incluía três tipos, sendo o arroz japônica responsável por metade do seu consumo, o arroz Indica por 35% e o painço por 15%, enquanto os seus soldados comiam principalmente cevada.[61] O arroz Indica era produzido principalmente no Sul. Dos três tipos de cereais mencionados, o painço era o mais popular. Na maioria das circunstâncias, os soldados dos nobres das Oito Bandeiras e os funcionários comuns trocavam o arroz que recebiam do armazém oficial por notas de banco, que depois utilizavam para comprar vários outros cereais para consumo. Há relatos de que "aqueles que iam ao armazém em busca de grãos (arroz) eram poucos e raros."[62] Alguns estudiosos associam esta tendência às preferências da aristocracia e às manipulações dos comer-

---

59 *Crônica do Condado de Fengrun*, vol. 9, *Notas Diversas* (período Guangxu).

60 Qi Rushan, *As Áreas Rurais do Norte da China* (Shenyang: Editora Educacional de Liaoning, 2007), p. 99.

61 *Catálogo Analítico do Código da Dinastia Qing*, vol. 18, *Ministério das Famílias*.

62 [Dinastia Qing] Feng Guifen, *Protesto do Salão Xiaobin* (Zhengzhou: Editora de Livros Antigos de Zhongzhou, 1998), pp. 127-129.

ciantes que daí resultaram.⁶³ De fato, o arroz do sul não era o alimento básico preferido pelos soldados do norte ou pelos oficiais comuns. Como os oficiais comuns e os soldados das Oito Bandeiras não gostavam de comer arroz, o governo fazia por vezes uma troca, permitindo que os soldados levassem, eles próprios, o dinheiro reservado para o arroz ao mercado e comprassem o cereal para as suas necessidades.

O consumo limitado de arroz no norte incluía principalmente variedades produzidas localmente e raramente envolvia arroz do sul. Em Pequim, o arroz indica do sul era chamado de *"ji mi"* (provavelmente de *xun mi,* um termo usado durante a dinastia Qing), enquanto o arroz japônica do norte era chamado de *"hao da mi"* (ou "arroz bom"). Poucas pessoas comiam *ji mi,* portanto, o suprimento de "arroz bom" era extremamente inadequado. Mesmo na década de 1980, os moradores de Beijing só tinham suprimento suficiente para cerca de *2 jin* de arroz nos feriados. Para explicar por que o arroz do norte era considerado superior ao do sul, um fazendeiro disse certa vez: "É quente no sul, então o arroz cresce muito rápido. Ele não tem tempo para descansar, então os grãos ficam soltos, o que faz com que o sabor seja naturalmente inferior. Geralmente é mais frio no norte, então o arroz leva mais tempo para crescer. Como o clima fica mais quente, o grão tem tempo para descansar nos dias frios. Quando o arroz está forte, seus grãos são mais compactos e naturalmente deliciosos."⁶⁴

O arroz não se tornou um alimento básico para a população em geral no Norte, e os nortenhos, de um modo geral, não estavam habituados a ele. No quinto mês do primeiro ano do reinado de Yongzheng (1723), o inspetor de Shandong, Huang Bing, relatou um desastre que levou à escassez de alimentos. O imperador ordenou que 200.000 *dan* de arroz de tributo de Jiangnan fossem interceptados e enviados para Shandong para ajudar as vítimas da crise. Huang Bing esperava que os 200.000 *dan* de arroz pudessem ser trocados por painço, porque "o que o povo de Shandong come é

---

63 Veja *Notas sobre o Banco de Arroz da Dinastia Qing* de Xu Ke, que afirma: "Todos em Pequim prefeririam arroz roxo e não comiam arroz branco, mas os habitantes do sul que moravam em Pequim queriam comprar arroz branco. Como resultado, os oficiais de todas as classes começaram a vender seu arroz por bilhetes bancários assim que o recebiam, comprando outros grãos para consumo. Isso se tornou um costume fixo, e os cidadãos locais registrados se tornaram bastante experientes em manipular esse sistema, vendendo seu arroz para aqueles forasteiros que não estavam acostumados às condições locais, para que os oficiais pudessem continuar consumindo sua dieta usual. O arroz era vendido por um preço muito mais alto do que valia, de modo que aqueles que tinham bilhetes bancários estavam relutantes em aceitá-lo para si mesmos. Dessa forma, as lojas de arroz e os cidadãos locais registrados podiam obter lucros manipulando o fornecimento (para cima e para baixo) no mercado." (Pequim: Zhonghua Book Company, 1984), p. 5719.

64 Qi Rushan, *As Áreas Rurais do Norte da China* (Shenyang: Editora Educacional de Liaoning, 2007), p. 98.

painço e cereais de soja e trigo". Foi exatamente o que aconteceu em Hebei no segundo ano do imperador Song Renzong (1057). O fato de as pessoas continuarem a ser tão exigentes quanto à sua alimentação, mesmo numa situação tão desesperada, dá uma ideia de quão teimosos eram os seus hábitos alimentares. Os pobres de Shandong "nunca compram arroz do sul", e mesmo os ricos "não comem arroz branco".[65] Por esta razão, apesar de haver um canal que ligava Shandong diretamente à bacia do Yangtze, o povo de Shandong preferia o painço, pelo que o arroz, que era o produto mais comum na bacia do Yangtze, não era uma fonte de alimentação adequada para o povo de Shandong.[66] No segundo dia do décimo primeiro mês do décimo primeiro ano do reinado de Yongzheng, os governadores em exercício Shi Yizhi e Echang, da província de Shaanxi, notaram que, como "as necessidades diárias dos oficiais de Daying incluem grãos redondos [de painço] cozinhados até ficarem doces e bonitos", foi recomendado que "os 5.000 *dan* de arroz originalmente propostos fossem trocados por 5.000 dan de painço".[67]

As pessoas comuns do norte não gostavam de comer arroz e também tinham muitas preocupações com relação a isso. Algumas de suas preocupações surgiram de seus próprios pensamentos e experiências. A principal preocupação era que o arroz era produzido principalmente nos climas mais quentes do sul. Antes de adquirirem o hábito de comer arroz, é possível que não tivessem as enzimas que ajudariam na digestão, o que poderia resultar em indigestão e azia, resultando no fato de que "as pessoas do norte não têm apetite para o arroz, e comê-lo sempre as deixa com algum desconforto".[68] A segunda razão por trás da aversão ao arroz no norte é que o arroz é cultivado na água, o que faz com que seja classificado como um alimento frio no pensamento tradicional, de modo que "as pessoas do norte não estão acostumadas a comer arroz, que é frio e não sacia a fome."[69] A sensação de fome resultava de seus hábitos alimentares. Os habitantes do norte estavam acostumados a comer macarrão como alimento básico. Quando passavam a comer a mesma quantidade de arroz em vez de macarrão, muitas vezes sentiam fome antes da próxima refeição. A mesma sensação ocorria quando os sulistas substituíam o arroz pelo macarrão em sua dieta.

---

65 *Memorial Palaciano da Corte Yongzheng*, vol. 1 (Taipei: Museu do Palácio Nacional, 1982), p. 356.

66 *Memorial Palaciano da Corte Yongzheng*, vol. 4 (Taipei: Museu do Palácio Nacional, 1982), p. 167.

67 *Decretos Imperiais do Imperador Yongzheng*, vol. 207.

68 [Dinastia Qing] Zhu Yizun, *Velhas Notícias*, vol. 38, Adendo

69 [Dinastia Qing] Wu Bangqing, *Livros de Conservação de Água do Rio Lishui* (Pequim: Editora de Agricultura da China, 1964), p. 547.

3. Para onde foram os alimentos?

Se os nortistas não gostavam de comer arroz, para onde foram todos os milhões de *dan* de alimentos enviados do sul para o norte todos os anos desde as dinastias Tang e Song? Com base nas poucas informações disponíveis, é evidente que os principais consumidores desse fluxo de arroz do sul para o norte eram principalmente os sulistas que viviam no norte, a maioria dos quais eram soldados. Durante a Dinastia Song do Norte, muitos soldados do sul estavam estacionados em Kaifeng, não apenas defendendo a capital, mas também participando das atividades de cultivo de arroz na capital e nas áreas vizinhas. Outros consumidores do arroz que era transportado do sul para o norte talvez fossem oficiais do sul e suas famílias. No poema "Banquete em Kaifeng", Wang Anshi diz que, "antes que os oficiais em trajes formais preparem o recipiente para cozinhar para seus convidados, o arroz e o painço são cozidos. A faca é desembainhada e a carne é cortada para os convidados, e os pratos frescos e saborosos são servidos em uma bandeja de prata."[70] Embora a comida e o modo de comer mencionados aqui ainda sejam obviamente do estilo do norte, o arroz é mencionado diretamente. Presumivelmente, ele era preparado especialmente para entreter os convidados do sul, como Wang Anshi. Burocratas de todos os níveis em Dongjing (atual Kaifeng) recebiam quantidades diferentes de painço todos os meses, sendo que "o trigo representava a metade".[71] A maior parte do arroz consumido pelos funcionários da capital era transportada por água. O arroz era armazenado em sacos de tecido durante o transporte e só era retirado da casca antes de ser consumido. Uma história interessante envolvendo Cai Jing, primeiro-ministro da corte Song do Norte, surgiu dessa situação. Cai Jing era natural de Xianyou, em Xinghua (atual Fujian). Embora tenha se tornado primeiro-ministro em Kaifeng, ele não mudou seus hábitos alimentares, mas continuou comendo arroz, um hábito que passou para seus filhos e netos. Seus netos nascidos na casa oficial cresceram comendo carnes finas e grãos, ignorando completamente as dificuldades do trabalho agrícola.

> *Um dia, um artista de ópera, perguntou: "Amigos e cidadãos, de onde os senhores dizem que vem o arroz?"*

---

70 [Dinastia Song do Norte] Wang Anshi, Obras Completas de Wang Anshi, vol. 6, "Poemas Antigos," "Banquete em Kaifeng," organizado por Ning Bo et al. (Changchun: Editora Popular de Jilin, 1996), p. 51.

71 [Dinastia Qing] Zhao Yi, *Vinte e Duas Notas Históricas*, ed. Wang Shumin (Pequim: Companhia de Livros Zhonghua, 1984), p. 533.

Alguém na plateia respondeu: "Da argamassa".
O artista riu.
Outro gritou: "Não, eu mesmo já vi isso. Ele vem de sacos".
Isso porque o arroz era transportado em sacos.[72]

Qi Rushan observa que "as pessoas em Beiping comem mais arroz", incluindo funcionários do sul que moravam no sul de Pequim e sulistas envolvidos em outros setores no norte.

Após a abertura do Grande Canal durante a dinastia Sui, o país gastou enormes somas de dinheiro todos os anos e despendeu uma grande quantidade de mão de obra e recursos materiais para transportar arroz por uma grande distância do sul ao norte. Esse processo foi originalmente iniciado para compensar a falta de produção de grãos no norte e manter o domínio da corte imperial. Como os alimentos iam diretamente para a boca dos sulistas que viviam no norte, muitas pessoas inevitavelmente consideravam todo o processo um desperdício e achavam que ele ia contra a intenção original de estabelecer a rede de transporte.

> Após o estabelecimento do transporte de grãos por água até a capital, o Estado gastou milhões na criação de um departamento governamental para administrá-los, no transporte de arroz para os armazéns da capital, na criação de celeiros, ostensivamente para o bem do povo, para abastecê-lo com grãos, mas, no final das contas, apenas para apoiar os funcionários. Na verdade, esses objetivos são muito diferentes. Todas as famílias importantes da capital preferem arroz roxo e não comem arroz branco, mas os sulistas que vivem na capital começaram a comprar arroz branco.[73]

Quando o arroz do sul era entregue nos celeiros de Jingcheng e Tongzhou, os soldados das Oito Bandeiras não estavam acostumados a comer arroz, por isso, muitas vezes, trocavam o arroz por dinheiro, que usavam para comprar vários outros grãos. Alguns oficiais também vendiam o arroz que recebiam para as lojas. Como resultado, o arroz transportado do sul para o norte muitas vezes acabava se tornando o alimento básico para os sulistas que viviam no norte.

---

72 [Dinastia Song do Sul] Zeng Minxing, *Despertar, Registros Diversos* (Xangai: Shanghai Editora de Livros Antigos, 1986), p. 95.

73 [Dinastia Qing] Xu Ke, *Tipos de Cultivos na Dinastia Qing* (Pequim: Companhia de Livros Zhonghua, 1984), p. 5719.

4. Os efeitos do consumo de arroz em sua produção

A ideia frequentemente citada de que "você é o que você come" indica que o que uma pessoa come afeta o que ela se tornará, o que corresponde ao conceito chinês de que "uma pessoa é cultivada no solo local". Cada indivíduo sentirá que os alimentos com os quais cresceu são extremamente importantes. Os gostos e desgostos de cada um em relação ao arroz e aos alimentos feitos com ele terão um impacto direto em suas atitudes em relação à produção de arroz. Durante as dinastias Song, Yuan, Ming e Qing, o desenvolvimento da produção de arroz no norte foi afetado por três forças principais. A primeira eram os estudiosos do sul, a segunda eram os governantes do norte e a terceira eram as classes mais baixas, sendo a diferença de classe a força motriz mais profunda por trás do consumo de arroz.

Durante as dinastias Song, Yuan, Ming e Qing, os acadêmicos do sul, que cresceram comendo principalmente arroz, viajaram para o norte para se tornarem oficiais depois de prestarem os exames imperiais. Eles se tornaram defensores ativos do cultivo de arroz no norte. No início da dinastia Song, o funcionário encarregado da conservação da água em Henan, Chen Yaosou, veio de Langzhong, Sichuan. O oficial Su Dongpo, encarregado de promover o cultivo de arroz em Dingzhou e também professor de dança *yangge*, era de Meizhou, Sichuan. Na época de Renzhong, Zhang Denggong (Zhang Shixun), que ensinava o cultivo de arroz em Xuzhou (atual Xuchang, Henan), sede de Yingchang, era de Yincheng (atual Laohekou, Hubei), Guanghuajun. Durante a dinastia Song, o trabalho que o povo de Fujian fez para promover o cultivo de arroz foi particularmente notável. Alguns dos nomes mais conhecidos envolvidos nesses esforços foram Huang Mao, de Quanzhou, Jiang Ao, de Jian'an, Shen Houzai, do condado de Min, e Chen Xiang, de Futang (atual Fuqing). Influenciado por Huang Mao e outros, He Chengju realizou o plantio de arroz em larga escala no lado sul da fronteira Song-Liao, em Hebei, sob o Projeto Dianbo.

Também houve esforços dignos de nota entre o povo de Zhejiang. Zhang Gong'e, natural de Zhejiang Oriental, aluno de Chen Xiang de Fujian, trabalhou com Chen para promover a plantação de arroz em Heyang.[74] Sheng Kuo, de Qiantang (atual Hangzhou, Zhejiang), o enviado a Zhending (atual Zhengding, Hebei), discutiu com o comandante local Xue Shizheng

---

74 Liu Yi, "O Salão Ancestral do Sr. Chen," em *Espíritos Antigos*, vol. 25.

a recuperação de lagos como campos de arroz.⁷⁵ Durante o mesmo período, o irmão mais velho de Shen Kuo, Shen Pi, foi procurador-adjunto em Hebei. Uma vez, propôs com êxito que a terra no lado sudeste do Baozhou fosse transformada num campo de arroz. Yang Yan, de Hangzhou, sugeriu a construção de uma lagoa entre o antigo e o novo segundo dique, na foz inferior do antigo rio Bian, no condado de Chenliu, para ajudar a satisfazer as necessidades dos produtores de arroz dos condados de Kaifeng, Chenliu e Xianping (atualmente Tongxu, Henan). Este plano foi igualmente adotado.⁷⁶ Wang Anshi, natural de Linchuan, Jiangxi, fez do desenvolvimento da conservação da água nas terras agrícolas — uma das principais tarefas do cultivo do arroz — uma parte importante das reformas durante o seu mandato como primeiro-ministro. A maior parte dos funcionários que prosseguiram ativamente as reformas de Wang Anshi e se dedicaram à promoção da cultura do arroz no Norte também eram oriundos de Jiangxi ou de Fuzhou, em Linchuan. Hou Shuxian, natural de Yihuang, em Fuzhou, introduziu o lodo para a cultura do arroz na região de Bianshui. O dianzhongcheng Chen Shixiu, de Nanchang, defendeu a reabertura do barranco de Bazhang para que centenas de li pudessem ser transformados em campos de arroz, observando que as famílias Wang e Chen "têm uma relação de longa data".⁷⁷ Lady Wu, mulher de Wang Ling, um agricultor de arroz, que plantou arroz com sucesso em Xingpi, Tangzhou, também era de Linchuan. Ela era irmã da mulher de Wang Anshi.⁷⁸ Yu Ji, o primeiro a plantar arroz no norte durante a dinastia Yuan, também era de Linchuan. Durante as dinastias Ming e Qing, Xu Zhenming, Wang Yingjiao e Zhu Shi, que cultivaram arroz no norte, também eram de Jiangxi, e havia ainda mais pessoas de Jiangsu, Zhejiang, Fujian, Sichuan, Hunan, Guangdong e nada

---

75 [Dinastia Song do Norte] Shen Kuo, *Ensaios sobre o Sonho do Torrente*, vol. 24, *Notas Diversas I*.

76 *História da Dinastia Song*, vol. 95, O Canal, Zhushui, Hebei.

77 Liu Litang e Wang Zhaopeng, "Prefácio da Coleção Yang Chun de Chen Shixiu," *Herança Literária*, no. 4 (2007): 123.

78 Dinastia Song. No Apêndice à Coleção Guangling de Wang Ling, "Inscrição da Lousa do Túmulo da Esposa," é registrado que "quando a família chegou a Tangzhou, a terra era em sua maioria campo aberto. Durante o período Xining, o povo foi recrutado para trabalhar e recuperar a terra, aproveitando as encostas degradadas para duplicar as façanhas de Zhao Xinchen e Du Shi. O público temia o trabalho árduo com pouca estratégia e não ousava avançar mais. Como seu irmão ocupava o campo, a esposa disse orgulhosamente, 'Não estou fazendo isso para mim mesma, e a prosperidade deste lugar só pode ser realmente alcançada utilizando as encostas. É o que deve e pode ser feito. Então, cultivaram a terra degradada, irrigando-a, e todos fizeram sua parte na construção de barragens, transporte de água e desobstrução das aberturas para liberar a água. O solo foi transformado em parcelas de arrozais, cultivando arroz japônica e indica, e trouxe-lhes grande riqueza.'"

menos do que uma centena de outros lugares, de acordo com os registos, que estavam envolvidos neste trabalho. A maioria provinha de Jiangsu e Zhejiang. Este fato é coerente com o nível avançado da tecnologia de cultivo do arroz e com o desenvolvimento económico e cultural dessas regiões.

Os governantes do Norte, que gostavam de comer arroz, foram outra força que promoveu a produção de arroz no Norte. A Dinastia Song do Norte deu grande importância ao desenvolvimento da cultura do arroz no norte. No início do reinado do imperador Song Taizu, de acordo com o ensinamento de que "uma mistura de cinco espécies deve ser plantada se quisermos evitar o desastre", os estados a norte do curso inferior do rio Yangtze deviam remover as culturas secas de painço que tinham sido plantadas anteriormente "e ordenou que o arroz fosse amplamente plantado na água e isento de impostos".[79] Um número considerável de campos de arroz ocupava os jardins imperiais de Dongjing. Durante o reinado do imperador Zhenzong da dinastia Song, ao promover o arroz Champa em Jiangsu, Anhui e em toda a província de Zhejiang e ao introduzi-lo em Kaifeng, "foi plantado no palácio Yuchen para que o imperador e os seus cortesãos o pudessem observar. Quando foi cortada, os eunucos e os criados do palácio foram enviados para a mostrar a todos os funcionários. As espigas de arroz de Champa eram mais compridas do que as cultivadas na China e não tinham palha. As diferenças no próprio grão eram bastante pequenas e podiam ser cultivadas indiscriminadamente".[80] Isto passou-se no décimo mês do segundo ano do reinado de Tianxi do imperador Zhenzong de Song (1018).[81] De acordo com o que se sabe hoje, cinco ou seis anos depois de o arroz de Champa ter sido introduzido em Jiangsu, Anhui e em ambas as partes de Zhejiang, foi também introduzido em Kaifeng, Henan e noutras áreas. No primeiro mês do décimo terceiro ano do período Zhizheng da dinastia Yuan (1353), o primeiro-ministro Toktoghan sugeriu que "os projetos de conservação da água na capital e arredores deveriam recrutar pessoas de Jiangnan para cultivar."[82] "A proposta foi aceita e "a oeste de Xishan, a leste da cidade de Qianmin, a sul de Baoding e Hejian, e a norte de Tanzhou e Shunzhou, havia projetos de conservação de água por todo o lado, juntamente com muitas medidas legislativas, o que provocou uma colheita abundante."[83] Isto lançou as bases para os trabalhos de produção de arroz nas dinastias Ming e Qing.

---

[79] *História da Dinastia Song*, vol. 173, Alimentação e Agricultura, Terras Agrícolas.

[80] *História da Dinastia Song*, vol. 173, Alimentação e Agricultura, Terras Agrícolas.

[81] *História da Dinastia Song*, vol. 8, Notas de Zhenzong.

[82] *História da Dinastia Yuan*, vol. 42, Notas sobre o Imperador Shun.

[83] *História da Dinastia Yuan*, vol. 138, Biografia de Toktoghan.

No palácio Qing, onde o arroz era preferido, havia uma base especial de produção de arroz. No Jardim Fengze, onde o palácio real estava localizado, havia vários campos de arroz. O imperador Kangxi desenvolveu ali diversas variedades de arroz, que espalhou por Hebei e Jiangnan. O palácio Qing também instalou um campo de arroz na base das montanhas Yuquan, a oeste de Pequim, para gerenciar os trabalhos de produção de arroz nos arredores e fornecer alimentos para o palácio. A área ao redor das montanhas Yuquan acabou se tornando uma famosa área de produção de arroz. No 42º ano de Kangxi (1703), o palácio em Rehe foi concluído. Para atender à demanda de consumo de arroz do palácio, foram feitas tentativas de produzir arroz no local, mas como as temperaturas eram baixas em Rehe e o tempo sem geada era curto, o arroz plantado alguns dias após o Bailu (7 a 9 de setembro no calendário solar) não conseguia amadurecer. Kangxi decidiu testar o arroz imperial de amadurecimento precoce que havia descoberto. Ele deu ordens para que um campo de arroz fosse plantado nas regiões baixas e que o arroz imperial fosse plantado lá, transplantado das regiões pantanosas ao redor do Jardim Fengze. Os resultados foram que "o arroz plantado na área ao norte de Zhangjiakou, alguns dias depois de Bailu, não conseguiu amadurecer. Somente essa variedade de arroz pode ser colhida antes do Bailu."[84] No 52º ano do reinado de Kangxi, o nome do palácio imperial em Rehe foi oficialmente alterado para Palácio de Verão em Chengde. Naquela época, o arroz imperial que era colhido "todos os anos no Palácio de Verão era suficiente não apenas para atender às necessidades do palácio, mas também para gerar um excedente". O transplante bem-sucedido do arroz imperial para o Palácio de Verão de Chengde pôs fim à história da ausência de produção de arroz ao norte da Grande Muralha, tornando o arroz imperial "a única variedade que pode crescer ao norte da Grande Muralha" e, portanto, "extremamente valioso".[85]

Mas os nativos do norte constituíam a grande maioria da população do norte e, para eles, o arroz era dispensável, o que, por sua vez, significava que os nortistas geralmente não tinham entusiasmo pela produção de arroz. Durante o período Wanli da dinastia Ming, quando Xu Zhenming e outros sulistas se prepararam para usar o método de arado de Jiangnan para desenvolver campos de arroz a leste da capital, "os funcionários do governo do norte, que defendiam o estabelecimento de campos de arroz, também

---

84 *Edictos Imperiais Coletados*, Coleção 4, vol. 31 (período Kangxi); Notas adicionais no *Registro de Chengde*, vol. 28, Produtos (período Daoguang).

85 Charles Darwin, *Animais e Plantas Sob Domesticação*, trad. Fang Zongxi et al. (Pequim: Dong Kaichen e Fan Chuyu, eds., História da Ciência e Tecnologia Chinesa, Volume de Agronomia (Pequim: Editora de Ciência, 2000), pp. 458–460., 1973), p. 461.

precisavam imitar a abordagem de Jiangnan em relação à tributação. O censor imperial pediu para ser demitido, e muitos outros funcionários do norte argumentaram que não era conveniente estabelecer arrozais". Embora tivesse apoiado Xu Zhenming anteriormente, o imperador Wanli mudou de ideia.[86] Na época, Shen Defu disse: "Wang é do condado de Ningjin, Zhili, e teme que sua terra natal corra grande perigo". Ele acreditava que a apresentação do memorial ao imperador por Wang Zhidong foi motivada pelo protecionismo local e, o que é pior, que "as autoridades das Planícies Centrais estão preocupadas com o fato de seus filhos e netos se sentirem ressentidos, profunda e duradouramente".[87] O ciclo do cultivo de arroz e a oposição a ele se repetiram muitas vezes no norte da China ao longo da história. As causas subjacentes foram os hábitos de consumo de alimentos e a natureza de definição de classe dos alimentos. No início da dinastia Qing, quando o sulista Tan Qian falou sobre viajar por um tempo para o norte, ele notou que não só os nortistas comiam menos arroz, mas também que "as variedades locais não eram do mesmo tipo."[88] Além de Guangzhou e Gushi, no sul, e Huixian e Jiyuan, no norte, as "outras prefeituras de Henan não comem nem cultivam arroz."[89] As pessoas em Cizhou, Hebei, só sabiam que o arroz glutinoso era usado para bolinhos de arroz, por isso também cultivavam pouco arroz.[90] No condado de Wenxiang, Henan (fundido com o condado de Lingbao em 1954), as regiões baixas ao sul do rio eram adequadas para o cultivo de arroz, mas a prática ainda era rara. "O arroz era transplantado apenas em Mazhuang, Zhaocun, Yangping e Sanchuan, representando apenas 1-2% do cultivo de arroz. A população local não costumava comer mingau de arroz, mas usava o arroz apenas em bolos cozidos no vapor."[91]

Exemplos de hábitos alimentares que afetam o cultivo de determinadas culturas não são raros na história. Na dinastia Song, ao promover o cultivo de trigo em Fuzhou, o chefe da prefeitura Huang Zhen descobriu que "a terra é boa e há uma abundância de arroz. As pessoas de lá estão acostuma-

---

86 [Dinastia Qing] Yu Minzhong, et al., *Examinando Velhas Notícias*, vol. 5, "Locais Favoráveis," em *Registros Diversos de Locais Famosos* (Pequim: Beijing Ancient Books Publishing House, 1985), p. 84.

87 [Dinastia Ming] Shen Defu, *Registros de Colheitas de Wanli* (Pequim: Companhia de Livros Zhonghua, 1959), p. 321.

88 [Dinastia Qing] Tan Qian, *Viagem ao Norte* (Pequim: Companhia de Livros Zhonghua, 1997), p. 314.

89 [Dinastia Qing] Wang Jia, *Registros Diversos de Zhongzhou*, vol. 19, Trigo de Yuzhou (Edição Tipográfica Anyang Sanyitang, 1921), p. 17.

90 Dinastia Qing] Wang Jia, *Registros Diversos de Zhongzhou*, vol. 19, Trigo de Yuzhou (Edição Tipográfica Anyang Sanyitang, 1921), p. 17.

91 *Crônicas do Condado de Wenxiang*, vol. 9, Produtos (período Republicano).

das a comer arroz branco durante todo o ano e odeiam o arroz de trigo de baixa qualidade e evitam comê-lo ou plantá-lo. Se o avô nunca o cultivar, o arroz de trigo será o único que o senhor pode plantar. Se o avô nunca o cultivar, seus filhos e netos não estarão familiarizados com ele. Eles alimentam os porcos e os cachorros com pedaços de arroz e não se importam muito com o arroz."[92]

O trigo era usado apenas em situações desesperadoras no sul, portanto, geralmente não havia muitos agricultores que o cultivavam. Isso era muito semelhante à situação que o cultivo de arroz enfrentava no norte.

Um pequeno número de fazendeiros cultivava arroz no norte não para comer, mas para ganhar dinheiro, assim como os oficiais e soldados do norte que trocavam seu arroz por cédulas. O arroz era uma cultura comercial para esses agricultores, portanto, após a colheita, eles vendiam o grão por dinheiro. Foi dito que no condado de Song, em Henan, "embora o arroz seja produzido, ele não é muito necessário" e "não é usado consistentemente como alimento diário para as pessoas, mas é fácil ganhar dinheiro com ele porque é valioso".[93] Embora houvesse algumas plantações de arroz japônica em Yanzhou, Shandong, "é apenas para revendê-lo. Eles não comem o arroz. Eles mesmos não o comem."[94] A julgar pelo diário de Liu Dapeng de Taiyuan, Shanxi, no final da dinastia Qing e início da Era Republicana, o preço local do arroz (variando de 1.600 a 1.900 *wen* por *dou*) era mais alto do que o do milho, feijão misto (quase 1.000 *wen*), grãos (1.000 *wen*), sorgo (mais de 600 *wen*) ou outros tipos de grãos. O resultado foi que "as famílias que cultivavam arroz ficavam encantadas."[95] Independentemente do custo, era definitivamente melhor plantar arroz do que outras culturas, mas na economia natural, o cultivo de grãos é sempre realizado principalmente para atender às próprias necessidades, sendo os lucros uma preocupação secundária. Além disso, quando fatores como os custos de mão de obra são levados em conta, o arroz não era necessariamente vantajoso, apesar do alto preço que poderia alcançar.

No norte, o valor agregado do cultivo de arroz era bastante baixo, muito inferior ao de culturas como o sorgo. A palha de arroz era "de pouca

---

92 [Dinastia Song do Sul] Huang Zhen, "Conselho para Plantar Trigo no Sétimo Ano de Xianchun," em *Notas Diárias de Huang*, vol. 78.

93 *Crônica do Condado de Song*, vol. 15, Alimentação (período Qianlong).

94 *Registros da Prefeitura de Yanzhou*, vol. 5, Terreno Local. Citado em *Irrigação Antiga e Moderna*, vol. 238, Inscrição em Bronze da Dinastia Qing Yongzheng.

95 [Dinastia Qing] Liu Dapeng, *Diário da Residência Tuixiang* (Taiyuan: Editora Popular de Shanxi, 1990), pp. 102, 196.

utilidade no norte, mesmo como alimento para o gado, já que o gado não a come. Ela também não é adequada como combustível, pois não queima bem e produz muita fumaça."[96] É claro que havia algumas exceções, e o cultivo de arroz era bastante desenvolvido nesses locais. No distrito de Haidian, em Pequim, os produtores de arroz vendiam palha aos agricultores que plantavam legumes em suas hortas como forma de proteger os legumes do frio no inverno. Amarrar a palha de arroz tornou-se uma habilidade especializada dos fazendeiros da região, de modo que se dizia com frequência que havia "três tesouros de Haidian: a tigela de Haidian, o solo peneirado e os fardos de palha de arroz".[97] Mas esses exemplos eram raros no norte, o que significava que o cultivo de arroz geralmente não era bem desenvolvido lá.

---

96 Qi Rushan, *As Áreas Rurais do Norte da China* (Shenyang: Editora Educacional de Liaoning, 2007), p. 100.

97 Yan Kuan, *"Histórias Comuns do Arroz Jingxi,"* em *Amor pelo Arroz Jingxi*, ed. Du Zhendong (Pequim:Editora de literatura do Partido Central, 2014), p. 26.

5. A universalidade da natureza de classe dos alimentos

Confúcio disse: "Comida, bebida e sexo são os principais desejos dos humanos". Mencius cita Gaozi como tendo dito: "Apetite e luxúria — natureza humana". A antropóloga Audrey Richards, especializada no estudo da alimentação e da dieta, acredita que "a nutrição, enquanto processo biológico, é mais fundamental do que o sexo. Na vida do organismo individual, é a necessidade mais primária e recorrente, enquanto na esfera mais ampla da sociedade humana determina, mais amplamente do que outras funções fisiológicas, a natureza dos grupos sociais e a forma que as suas atividades assumem".[98]

A natureza de definição de classe dos alimentos para um grupo social é um fenômeno relativamente comum. Na China antiga, o termo "comedores de carne" era usado para se referir aos nobres e oficiais que desfrutavam de grande riqueza, enquanto o termo "vegetais" era usado para se referir às classes mais baixas, que eram principalmente vegetarianas.[99] O trigo havia sido introduzido na China muito antes e desempenhava o papel de um prato de vegetais na mesa chinesa, por isso não era aceito pelas classes mais altas do norte da China. Naquela época, "refeições grosseiras são comuns a todos os agricultores e pessoas rústicas". Depois que o governante aceitou e começou a promover o trigo, o novo grão encontrou resistência dos produtores de arroz do sul. Coincidentemente, os tibetanos comiam cevada como alimento básico, portanto, os plebeus do Tibete comiam cevada e não trigo. Com a expansão de seu cultivo no final da década de 1970, o trigo entrou em conflito com os hábitos alimentares dos tibetanos. Entre o povo tibetano, costumava-se dizer: "Não olhe para a alta produção de trigo. Comer trigo lhes dá dor nas costas e não lhes fornece energia suficiente para trabalhar. O gado deles também não come trigo, preferindo cevada". Isso afetou muito a promoção do trigo no Tibete. No entanto, macarrão e pãezinhos feitos de trigo eram um luxo apreciado por nobres e monges de alto escalão em épocas anteriores no Tibete.[100]

---

98 Citado em Sidney W. Mintz, *Sweetness and Power: The Place of Sugar in Modern History*, trans. Wang Chao e Zhu Jian'gang (Pequim: Editora Comercial, 2010), p. 15.

99 *Zuo Zhuan*: Décimo ano de Zhuangzi diz, "Os comedores de carne são todos estúpidos e ineficazes, sempre falhando em planejar o longo prazo." Na Dinastia Tang, Du Fu escreveu no poema "Para Su Sixi", "Os comedores de carne torturam os vegetais, e os jovens atormentam os mais velhos."

100 Qiang Ge, "Como o Trigo Chegou à Mesa Tibeta: A Modernização do Tibete e as Mudanças na Cultura Alimentar Tibeta," *Open Times*, no. 3 (2015): 175–192.

A natureza de definição de classe dos alimentos também é evidente em alguns alimentos relativamente de nicho. Um exemplo bem conhecido é encontrado na história do político da Dinastia do Sul, Liu Muzhi, que foi ridicularizado pelos ricos por comer nozes de bétel. Antes de se tornar proeminente, Liu vinha de uma família pobre, mas seu comportamento era indulgente, pois estava sempre bebendo vinho e comendo nozes de bétel. As nozes de bétel são ruins para a digestão e a esposa de seu irmão disse: "O senhor está sempre com fome. Como o senhor pode querer isso?"[101] É evidente que o bétel era usado por alguns da classe nobre quando entraram na China para ajudá-los a digerir a comida que comiam o dia todo.

No que diz respeito ao arroz, não era um alimento que as pessoas comuns do Norte gostassem de cultivar ou comer. Nas zonas urbanas do norte, especialmente em Pequim, o arroz consumido era principalmente transportado de outros locais, sobretudo do sul. A mais longa rua leste-oeste de Pequim, a Jiaomin Lane, era antigamente conhecida como Avenida do Arroz dos Rios Leste e Oeste. Muito antes do período Wanli da dinastia Ming, o arroz transportado do sul para Pequim era descarregado e distribuído nesta rua. O beco recebeu este nome porque o arroz glutinoso do sul era chamado *jiangmi* (literalmente, "arroz do rio", ou seja, "arroz de Jiangnan"). Foi só nos tempos modernos que o "arroz Jin" entrou no mercado, importado de zonas produtoras de arroz como a cidade de Xinnong, em Tianjin. Mas continuava a ser necessário recorrer ao arroz de Wuhu, Changshu e Wuxi, a que os habitantes de Pequim chamavam "baomi".[102] Durante a Era Republicana, mais de 60% do arroz para consumo nas grandes cidades do Norte, como Beiping, Tianjin, Jinan e Qingdao, provinha do Sul e do Centro da China, bem como de Saigão (Vietname), do Japão e da Coreia.[103]

Há também casos que demonstram a natureza de definição de classe dos alimentos no Ocidente. A cana-de-açúcar é um exemplo que foi estudado pelo antropólogo Sidney W. Mintz. No ano 1000 d.C., poucos europeus sabiam da existência da cana-de-açúcar, embora tenham se familiarizado com ela mais tarde. Os primeiros a entrar em contato com a cana-de-açúcar foram os nobres e aristocratas ingleses na década de 1650. Eles desenvolveram um gosto por doces, e o açúcar começou a aparecer em todos os seus

---

101 [Dinastia Tang] Li Yanshou, *História das Dinastias do Sul*, vol. 15, Biografia de Liu Muzhi (Pequim: Companhia de Livros Zhonghua, 1975), p. 427.

102 [Dinastia Qing] Xu Ke, Tipos de Culturas na Dinastia Qing (Pequim: Companhia de Livros Zhonghua, 1984), p. 5719.

103 Ying Liangeng e Chen Dao, Agricultura no Norte da China (IV): Agricultura Focada na Água no Norte da China (Pequim: Editora da Universidade de Pequim, 1948), p. 26.

medicamentos, na literatura e na imaginação, e logo se tornou uma forma de exibir seu status social. Em pouco tempo, ele começou a se espalhar também entre as pessoas comuns da classe trabalhadora, até que o açúcar e o chá passaram a ser "consumidos juntos para satisfazer a classe trabalhadora que estava crescendo no mundo". Em 1800, o açúcar havia se tornado uma necessidade na dieta diária de todos os ingleses, embora ainda fosse uma mercadoria escassa e muito cara. Em 1900, o açúcar fornecia quase 20% das calorias diárias da dieta inglesa.[104] Diferentemente da experiência do cidadão comum com o açúcar, o arroz chegou ao Ocidente principalmente como fonte de alimento para as classes mais pobres, um suplemento barato e versátil na dieta diária. Era usado especialmente para alimentar grupos transitórios, como soldados, órfãos, marinheiros, prisioneiros e pobres, substituindo alimentos mais saborosos.[105] Com o surgimento do colonialismo e do comércio de escravos, a natureza de classe do arroz tornou-se globalizada, até certo ponto.[106]

---

[104] Sidney W. Mintz, *Sweetness and Power: The Place of Sugar in Modern History* [Doçura e Poder: O Lugar do Açúcar na História Moderna], trad. Wang Chao e Zhu Jian'gang (Pequim: Editora Comercial, 2010), pp. 3, 17.

[105] Peter A. Coclanis, "A Globalização da Agricultura: Uma Nota de Cautela sobre o Comércio de Arroz," *Historiography Quarterly* [Revista de Historiografia], no. 1 (2001): 112–120.

[106] Francesca Bray, Peter A. Coclanis, Edda L. Fields-Black e Dagmar Shaefer, *Rice: Global Networks and New Histories* [Arroz: Redes Globais e Novas Histórias] (Nova York: Editora da Universidade de Cambridge, 2015).

6. Observações finais

Em geral, embora o arroz fosse consumido até certo ponto entre as classes mais altas da sociedade no norte da China, historicamente, ele era consumido apenas por uma pequena parcela da população. A população em geral no norte não consumia arroz e não desejava consumir. No norte da China, os consumidores de arroz não eram seus produtores, e seus produtores não o consumiam. Havia uma desconexão entre o consumo e a produção, e os produtores locais relutavam em consumir o produto. Sob as condições de uma economia natural autossuficiente, o entusiasmo pela produção de arroz foi naturalmente afetado, o que fez com que o consumo de arroz no norte dependesse de importações.

A natureza de classe do consumo de arroz contribuiu de certa forma para aliviar a concorrência causada pela escassez de alimentos, mas a produção e o fornecimento de qualquer tipo de alimento não podem existir independentemente. A produção de um determinado tipo de alimento inevitavelmente entrará em conflito com a produção de outros tipos, competindo por terra, mão de obra e outros recursos, o que inevitavelmente romperá o equilíbrio original. A natureza de classe dos alimentos leva inevitavelmente à luta de classes. Pessoas de diferentes classes e estratos sociais partem de seus próprios hábitos alimentares e expandem ou aderem à sua produção original de alimentos. A nacionalidade (etnia) dos alimentos intensifica essa luta. A complexidade da luta não afeta apenas a produção e a distribuição de alimentos. A luta em torno dos alimentos também envolve preocupações políticas, econômicas e até militares e tem um impacto histórico profundo e amplo.

SHUITIAN: UM CONCEITO MAL COMPREENDIDO[107]

O termo *shuitian* (traduzido como "campo de arroz") é geralmente entendido como um conceito incontroverso. O *Dicionário de chinês moderno* define o termo como "campos cercados por cumes, terras aráveis que podem reter água e são usadas principalmente para cultivar arroz". Obviamente, a capacidade de armazenar água é uma característica fundamental de um campo de arroz, e as margens baixas de terra entre os campos servem para reter a água. Fundamentalmente, essas cristas servem aos propósitos do cultivo de arroz. De acordo com o *Padrão Nacional de Classificação do Uso da Terra* de 2007, o termo *shuitian* refere-se a "terra arável usada para cultivar culturas como arroz e raízes de lótus, incluindo terras cultivadas que implementam rotação de culturas aquáticas ou xerófitas". Mas essa definição ou padrão reflete apenas a visão de *shuitian* defendida pela maioria das pessoas atualmente, apesar do fato de que a regionalidade e a temporalidade estão obviamente abertas a questionamentos, já que existem diferentes conceitos de *shuitian* em diferentes localidades geográficas. Se alguém perguntasse a um fazendeiro de Gansu hoje: "Quantos *mu* de arrozais sua família possui?" Ele pode dizer ao senhor que tem dez *mu*, mas a terra a que ele se refere são campos secos que podem ser irrigados e plantados com milho, trigo ou outros grãos. O que ele está chamando de *"shuitian"*, ou "campo de arroz", é chamado de *"shuijiaodi"*, ou "terra irrigada" em outros lugares, o que corresponde a "terra seca" ou "campos secos". Dividir a terra em campos secos e campos irrigados (ou seja, campos de arroz) é uma prática comum em áreas agrícolas secas no norte da China. Por exemplo, uma investigação dos números no condado de Qingyuan em Baoding, Hebei, indica que o vilarejo tinha 5.962 *mu* de terra arável no final de 1987, dos quais 552 *mu* eram campos secos e 5.410 *mu* eram campos irrigados.[108] Por outro lado, no sul, arrozais e terras irrigadas são dois conceitos completamente distintos. A ideia de um campo de arroz no sul é praticamente a mesma apresentada na definição encontrada no *Dicionário de chinês moderno,* enquanto a terra irrigada se refere a campos secos que podem ser irrigados artificialmente.

---

107 As quatro primeiras partes deste capítulo foram publicadas originalmente em *Agricultural History of China*, nº 4 (2012): 109–117; a quinta parte foi incluída originalmente em *Natural Science History Research*, nº 2 (2012): 201–208.

108 Grupo de Pesquisa Wubao, Instituto de Economia, Academia Chinesa de Ciências Sociais, *Economia de Vilas Chinesas: Estudo de 22 Vilas em Wuxi e Baoding (1987-1998)* (Pequim: Editora Financeira e Econômica da China, 1999), p. 543.

Por exemplo, no Anúncio do Plano de Compensação de Aquisição de Terras e Reassentamento do Departamento Municipal de Terras e Recursos de Putian de 2009, os campos secos e os campos irrigados foram considerados o mesmo tipo de terra cultivada, definida em relação ao campo de arroz.[109] Obviamente, a definição de campo de arroz, ou *shuitian*, varia de acordo com o local e a época. Durante a Era Republicana, em Pequim, "os campos ao redor de Fangshan eram divididos em quatro categorias. Os que ficavam nas colinas eram chamados de *gaotian*. Os que ficavam em terras planas próximas às colinas e que podiam ser cultivados por cavalos ou gado, mesmo estando secos, eram chamados de *pingtian*. As que ficavam em áreas úmidas ou molhadas perto dos rios eram chamadas *de watian*. Aquelas que podiam ser irrigadas eram chamadas de *shuitian* (ou seja, *paddy*), independentemente de serem usadas para cultivar arroz ou trigo."[110] Se *shuitian* for entendido como terras agrícolas que armazenam água e cultivam culturas aquáticas, como o arroz, o preconceito é inevitável. Com essa ideia como ponto de partida, um reexame dos registros do termo *shuitian* na história chinesa revela que o conceito foi confundido ou mal interpretado por muito tempo, e o conceito equivocado resultante não só afetou as gerações posteriores de historiadores, mas também, de várias maneiras, levou a erros na avaliação de questões específicas. A interpretação errônea do termo afetou a tomada de decisões do governo, o que, por sua vez, afetou o progresso da história. Até hoje, quando muitos acadêmicos estudam a distribuição de arroz na história chinesa, eles costumam usar o conceito de *shuitian* contido em documentos históricos como evidência do cultivo de arroz, o que pode resultar em números exagerados em suas descobertas. Por esse motivo, é necessário esclarecer o conceito de *shuitian* e resolver alguns dos problemas causados pela má compreensão do termo.

---

109 Filial de Xiuyu do Escritório de Terras e Recursos de Putian, http://www.xygtzy.gov.cn/gggs/gggs/2009729155211.html.

110 *Crônica do Condado de Fangshan*, vol. 5, Indústria (período Republicano).

1. Investigando as aparições de *Shuitian* nos registros históricos

A primeira aparição do termo *shuitian* em registros oficiais foi na *biografia* de *Ma Yuan* no *História do Han Oriental*. Ele diz o seguinte:

Nessa altura, os cortesãos discutiram o abandono de Poqiang, a cidade de Jin, uma vez que a oeste havia grandes grupos de bandidos na rota remota. Ma Yuan propôs então ao imperador que as cidades a oeste de Poqiang eram na sua maioria estáveis, seguras e defensáveis, com solo fértil e campos bem irrigados. Seria perigoso se os Qiang permanecessem em Huangzhong, pelo que as cidades não podiam ser abandonadas. O imperador concordou e, com a obediência do prefeito de Wuwei, ordenou o regresso de todos os habitantes das cidades Jin. Três mil retornados regressaram para ficar nas suas antigas residências. Ma Yuan foi nomeado Zhangli[111] para reparar as muralhas defensivas da cidade e construir as muralhas das docas. Quando as zonas baixas foram convertidas em arrozais, foi recomendado que se começasse a lavrar e a pastar para que a prefeitura pudesse viver em paz.[112]

A isso se seguiu a *Biografia de Xu Miao* no *Livro Wei* da *História dos Três Reinos*. Ela diz o seguinte:

Como Liangzhou estava localizada em uma área remota que fazia fronteira ao sul com as regiões de Shu, o imperador Ming de Wei enviou Xu Miao como governador da província de Liangzhou e comandante da tribo Qiang. Havia pouca chuva no lado direito do rio, e a área sofria com frequência por ter poucos grãos. Xu Miao construiu os tanques de sal em Wuwei e Jiuquan para coletar grãos das nacionalidades do norte e converteu a terra em arrozais, depois recrutou os pobres para alugá-los e cuidar deles. Como resultado, todas as famílias tinham um estoque abundante de grãos e seus armazéns estavam cheios até transbordar.[113]

---

111 Nota do tradutor: título de um cargo oficial.

112 *História da Dinastia Han Oriental*, vol. 24, Biografia de Ma Yuan, Parte 14 (Pequim: Companhia de Livros Zhonghua, 1973), pp. 835–836.

113 *História dos Três Reinos*, vol. 27, Livro de Wei, Biografia de Xu Miao.

Esses dois primeiros registros do *shuitian* vêm do noroeste, especificamente de Wuwei e de outras partes da província de Gansu. O noroeste é árido, com pouquíssima chuva, o que o torna uma região agrícola pastoril árida e semiárida. A agricultura nessas regiões só é sustentável por meio de irrigação. Algumas de suas principais culturas são painço, painço glutinoso e trigo, que são altamente tolerantes à seca. Não há registro de cultivo de arroz na região no período pré-Qin até a dinastia Han, e não houve escavações arqueológicas de plantações de arroz.[114] Por esse motivo, o *shuitian* mencionado nessas instâncias provavelmente não está relacionado ao cultivo de arroz. Nesse caso, os "arrozais" no noroeste que apareceram pela primeira vez nos registros históricos provavelmente não são arrozais no sentido moderno, mas provavelmente são referências a terras irrigadas. Coincidentemente, hoje em dia, a terra irrigada ainda é chamada de *"shuitian"* ("arrozais") ou *"shuidi"* ("terra aquosa") em alguns lugares de Gansu. Se esses campos estiverem associados a uma cultura específica, é provável que seja o trigo. Como o trigo é menos tolerante à seca do que o painço ou o painço glutinoso e requer melhor irrigação. Durante as dinastias Han e Wei, projetos de conservação de água foram construídos no norte, o que promoveu o cultivo de trigo. Portanto, as menções *ao shuitian* aqui são mais provavelmente referências a campos de trigo.

A próxima menção *ao shuitian,* depois das menções na *História da Dinastia Han Oriental* e na *História dos Três Reinos,* foi na *História da Dinastia Jin.* A seção intitulada *Biografia de Fu Xuan* registra: "No início da dinastia Wei, os campos não eram muito maiores do que um *mu,* mas era importante ter as habilidades para cultivá-los. A produção de campos não plantados chegava a dez *hu,* enquanto a de *shuitian* alcançava várias dezenas de *hu.*" Assim como na *História da Dinastia Han Oriental* e na *História dos Três Reinos,* o termo *shuitian* é usado aqui em referência ao norte, mas está se referindo ao norte da China e não ao noroeste. O termo *baitian* ("campos não plantados") é usado em contraste com *shuitian* ("campos de arroz"). Isso pode provar que *baitian* se referia a campos secos, mas não implica necessariamente que *shuitian* se referia a campos de arroz, mas sim

---

114 Os *Bambus de Juyan da Dinastia Han* mencionam milho-miúdo (132), grãos (103), trigo (34), milho-painço (21), cevada descascada (3), painço glutinoso (3), cevada (2), sorgo (2), painço usado em adoração aos antigos imperadores (1) e feijões (1), mas não há registro de arroz. Ver Xie Guihua et al., *Bambus de Juyan da Dinastia Han: Anotações e Interpretação* (Pequim: Cultural Relics Publishing House, 1987). Embora os *Bambus de Dunhuang Xuanquan da Dinastia Han* mencionem "os cidadãos atravessando o canal", eles não registram arroz, referindo-se apenas a milho-miúdo, leguminosas, centeio, trigo, grãos, sorgo, painço não glutinoso e outros cereais. Ver Hu Pingsheng et al., *Bambus de Dunhuang Xuanquan da Dinastia Han* (Xangai: Editora de Livros Antigos de Xangai, 2001).

a terras agrícolas irrigadas que podem incluir campos de arroz - em outras palavras, qualquer terra irrigada. As terras irrigadas são chamadas de *shuitian,* e as terras agrícolas sem água são chamadas de *baitian.*

A divisão entre *shuitian* e *baitian* pode estar relacionada ao desenvolvimento de obras de conservação de água no norte. No norte da China, as terras agrícolas são dominadas pela agricultura de sequeiro. Quando as obras de conservação de água são subdesenvolvidas, todas as terras agrícolas são compostas por campos alimentados pela chuva, que dependem do clima para fornecer nutrientes, o que faz com que não haja garantia de colheita. Com o desenvolvimento do setor de conservação de água, parte das terras agrícolas foi irrigada, criando uma divisão entre *shuitian* (terra irrigada) e *baitian* (terra seca).[115] Nos tempos modernos, essa divisão é referida pelos termos "terra irrigada" e "terra seca". "Terra irrigada" refere-se à terra arável com uma fonte de água garantida e instalações de irrigação, que geralmente pode ser irrigada e cultivada com culturas xerófitas todos os anos, incluindo estufas não industriais para o cultivo de vegetais. "Terra seca" refere-se a instalações não irrigadas, que são nutridas principalmente por precipitação natural e são usadas para o cultivo de culturas xerófitas.[116] O território do Reino Wei pode ter sido o primeiro lugar no norte da China onde a distinção entre *baitian* e *shuitian* foi feita. Já no período dos Reinos Combatentes, "Ximen Bao, do Reino Wei, iniciou um movimento de massa no qual doze canais foram cavados como canais de irrigação para regar os campos do povo, de modo que todos os campos fossem irrigados". As terras agrícolas irrigadas se tornaram um *"shuitian",* e aquelas sem irrigação artificial eram um *"baitian"* ou *"lutian"* (ou seja, "campo de terra").

Como o *shuitian* é irrigado, a sua colheita é garantida e o rendimento é elevado. Na dinastia Han, o projeto de conservação de água empreendido por Ximen ainda estava em uso e "as necessidades do povo foram satisfeitas". Encorajada pelos retornos favoráveis, a construção de projetos de conservação de água para terras agrícolas em Guanzhong, na planície central de Shaanxi, atingiu novos patamares, e foram construídos projetos de conservação de água bem conhecidos, como o Canal Zhengguo, o Canal Liufu, o Canal Bai e o Canal Longshou, melhorando consideravelmente a irrigação local. A abundância dos canais Zhengguo e Bai transformou-se na "fonte de roupa e comida", e as pessoas viviam da sua benevolência, de tal modo que se dizia num verso popular: "Onde estão os campos? Em Chiyang e Gukou, com Zhengguo à frente e o Canal do Bai atrás. Segurar ferramen-

---

115 Zeng Xiongsheng, "Interpretação de *Baitian* e *Shuitian*: Um Diálogo com Xin Deyong," *Estudos na História das Ciências Naturais*, nº 2 (2012): 201-208.

116 Critérios de Classificação para Uso da Terra, 2007.

tas para cavar canais para irrigação. Um *dan* das águas do rio Jing transporta um par de *dou* de lodo, para irrigação e como fertilizante, e o nosso painço cresce. Alimentando milhões de pessoas na capital". Com o passar do tempo, a compreensão das pessoas sobre os benefícios do *shuitian* foi aumentando. Fu Zi (Xuan) mencionou pela primeira vez o *shuitian* e o *baitian*, dizendo: "O destino do *lutian* é determinado pelo clima. Embora construído através de trabalho manual, se por vezes houver inundações ou secas, o trabalho desse ano é abandonado. A construção do campo de arroz também requer trabalho manual e, se for construído em condições geográficas favoráveis, atingirá o seu potencial máximo". As gerações posteriores aprenderam que as pragas "nos campos irrigados eram menos nocivas do que nas terras secas", o que levou à conclusão de que "cultivar terras irrigadas duplica os benefícios".[117] As estatísticas mostram que as terras irrigadas, que atualmente representam cerca de 18% das terras cultivadas do mundo, produzem cerca de um terço dos cereais do mundo, e o rendimento dos cereais dos campos irrigados é mais do dobro do dos campos secos.[118]

---

[117] *História da Dinastia Song*, vol. 176, Comida, Parte 4, *Tuntian*.

[118] Dong Tingting, Wang Zhenying e Wu Yufeng, "Progresso da Pesquisa sobre Classificação de Campos Irrigados e Campos Secos," *Informação de Sensoriamento Remoto*, nº 4 (2010): 130.

2. *Shuitian* e arroz

Embora haja vantagens óbvias nos campos de arroz, os primeiros exemplos do que foi chamado de *shuitian* (hoje traduzido como "campos de arroz") não estavam vinculados a nenhuma cultura específica. As culturas cultivadas nesses *shuitian* incluíam arroz em casca[119] e outras culturas. Como resultado, "as cascas dos cinco cereais caem e a vida na fazenda é luxuosa".[120] Na verdade, os verdadeiros campos de arroz em casca não eram chamados de *shuitian*, mas de *qutian* (literalmente, "campos de drenagem"). Na dinastia Han, havia pessoas nomeadas como mensageiros dos campos de arroz. Durante o reinado do imperador Wu de Han, em uma série de sugestões de Fan Xi, o oficial de Hedong, lemos: "Envie dezenas de milhares de soldados para cultivar os *qutian* (ou seja, campos de arroz). Durante alguns anos, o curso do rio mudou, tornando-o inadequado para a irrigação, de modo que a terra não produziu rendimentos adequados. Por muito tempo, os *qutian* em Hedong foram abandonados, até que o povo Yue chegou e, então, houve melhores colheitas". O *qutian* pode ter sido um campo de arroz comum antes de ser arrendado para o povo Yue. Depois que foi arrendado, tornou-se um campo de arroz não só por causa dos canais de drenagem usados nele, mas também por causa de sua operação. O povo Yue era um hábil produtor de arroz. Mas os *qutian* operados pelo povo Yue não eram chamados de *shuitian* até a dinastia Tang, quando Yan Shigu mencionou, conforme escrito nos *Registros do Grande Historiador:* "O povo Yue está acostumado a campos de arroz *(shuitian)* e eles chegaram sem nenhum negócio ainda, por isso receberam a terra."[121] Na dinastia Tang, as pessoas começaram a confundir a ideia do *shuitian* com a do arrozal, mas, na verdade, os dois não eram a mesma coisa, porque o foco de um arrozal é o arroz, mas o foco de um *shuitian* é a água. Em outras palavras, os *shuitian* não eram inicialmente a mesma coisa que os arrozais.

Durante as dinastias Qin, Han, Wei, Jin, e as dinastias do norte e do sul, *o shuitian* no norte não estava ligado ao cultivo de arroz. O arrozal era originalmente uma opção de cultivo para áreas em que havia naturalmente

---

119 Por exemplo, a *História do Reino Wei* cita o sistema de irrigação Zhangshui, destacando as colheitas abundantes. Uma canção popular diz: "Há muitas pessoas dignas em Yecheng que apareceram nas histórias oficiais. Elas decidiram construir o sistema de irrigação Zhangshui, cultivando incessantemente arroz e outras culturas no solo salino-alcalino." A palavra *"dao"* no verso indica arroz plantado em campos alagados, e a palavra *"liang"* indica outras culturas.

120 *História da Dinastia Han Oriental*, vol. 40, Biografia de Ban Gu, *Xi Du Fu* (Pequim: Companhia de Livros Zhonghua, 1973), p. 1338.

121 *História da Dinastia Han*, vol. 29, Nove Vias Aquáticas.

uma abundância de água. Os *shuitian* no norte eram exatamente o oposto, usados para o desenvolvimento da produção agrícola na ausência de recursos hídricos e onde era difícil cultivar culturas tradicionais de terras secas. Na *História do Reino Wei, os shuitian* do norte são mencionados com frequência, como a referência no décimo segundo ano do Imperador Xiaowen (488 d.C.) da Dinastia Wei do Norte, que afirma que "por decreto imperial, em seis cidades militares, no Condado de Yunzhong, na área a oeste do Rio Amarelo e em seis condados dentro da Passagem de Hangu, *os shuitian* devem ser cultivados e os canais de irrigação construídos."[122] E continua: "Durante as calamidades e secas nas fronteiras do norte por alguns anos seguidos, houve poucas colheitas em planícies altas ou campos de terra, e apenas os *shuitian* sobreviveram à calamidade."[123] Os *shuitian* mencionados nessas duas passagens estão no noroeste, e nenhum deles tem a ver com o cultivo de arroz. A primeira sugere a construção de *shuitian,* mas não indica quais eram os requisitos para esses campos. A segunda refere-se ao fato de que, durante sucessivas secas, apenas as poucas pessoas que tinham terras irrigadas podiam cultivar, enquanto a maior parte da terra não era adequada para a produção agrícola após vários anos consecutivos de secas. É evidente que essas duas menções *a shuitian* não se referem a locais usados para o cultivo de arroz.

    O termo *shuitian* apareceu pela primeira vez em seu sentido moderno no sul, o que significa que o termo estava ligado apenas ao cultivo de arroz no sul nos primeiros dias. *Sobre o Equilíbrio Natural,* "Insetos" diz: "Em campos secos *(lutian),* ocasionalmente há ratos, e em campos de arroz *(shuitian),* ocasionalmente há peixes, camarões, caranguejos e criaturas desse tipo. Todos eles são prejudiciais às plantações."[124] Para que peixes, camarões, caranguejos e animais semelhantes vivam nesses *shuitian,* os campos devem ter contido água ou ter sido terras agrícolas nas quais a água era armazenada. Essa descrição obviamente corresponde ao conceito moderno de campos de arroz. O autor do texto *Sobre o Equilíbrio Natural*, da dinastia Han Oriental, Wang Chong, era natural de Shangyu, em Shaoxing, que serviu como centro de cultivo de arroz entre os grupos étnicos do sul desde os tempos antigos. Durante as dinastias Han e Tang, o "cultivo com fogo e capina com água" praticado na área contrastava fortemente com as práticas agrícolas de terras secas no norte. Com o aumento do contato entre o norte e o sul, os nortistas também começaram a chamar os arrozais e outros campos operados pelos sulistas de *"shuitian".*

---

122 *História do Reino Wei*, vol. 7, A Crônica de Gaozu.

123 *História do Reino Wei*, vol. 41, Biografia de Yuan He.

124 [Dinastia Han Oriental] Wang Chong, *Sobre o Equilíbrio Natural*, vol. 16, Insetos 49.

A biografia de Xu Xiaosi nos registros da História do Qi das Dinastias do Sul:

Em anos consecutivos, houve um movimento dos bárbaros do norte, e as tropas ficaram desamparadas. Xu Xiaosi, da tropa da guarnição, diz que... os antigos campos na área ao sul do rio Huai, que se estendem até onde a vista alcança, não podem ser cultivados e os campos estão como terrenos baldios. Embora o shuitian tenha amadurecido tarde nessa época, há feijões e grãos, e dois tipos de trigo, todos adequados ao solo do norte. As pessoas de lá os cultivaram, mas não há chance de cultivar arroz.[125]

Xu Xiaosi (453-499 d.C.), também chamado de Shi Chang, era da cidade de Tan (atual cidade de Linyi, Shandong), ao longo do Mar da China Oriental. O texto da biografia revela que os arrozais ao sul do rio Huai foram originalmente plantados com arroz, mas depois de vários anos de guerra, os campos ficaram em um estado deplorável, o que causou uma interrupção no cultivo do arroz. Os nortistas que fugiram para o sul para sua própria segurança plantaram feijões, grãos e trigo, que se adequavam melhor a seus gostos. A partir disso, podemos ter certeza de que, em um ambiente mais pacífico, os nortistas não abandonariam o trigo e outros grãos em favor do arroz, já que não eram hábeis no cultivo de grãos. Com base nesse entendimento, é certo que os *shuitian* no norte, mencionados anteriormente em documentos históricos anteriores, eram campos que incorporavam algum meio artificial de irrigação, incluindo campos de arroz. Eles podem ter sido usados para cultivar arroz (tanto seco quanto úmido), mas foram usados principalmente para plantações de terras secas.

De acordo com os registros históricos, as plantações *de shuitian* e arroz no norte apareceram pela primeira vez na dinastia Tang. No terceiro mês do segundo ano do imperador Guangde, de Daizong, da dinastia Tang (764 d.C.), o vice-ministro do Ministério da Receita, Li Qiyun, apresentou-se ao imperador e recomendou que Wang Yi, vice-ministro do Ministério da Justiça, servisse como vice-prefeito da capital. Ele demoliu mais de setenta moinhos no norte do Canal Bai, no Templo Wanggong, fazendo uso total do *shuitian*, do qual colheu três milhões de *dan* de arroz.[126] Aqui, os "benefícios do *shuitian*" estão diretamente ligados ao "arroz colhido", deixando claro que esses arrozais eram de fato usados para o cultivo de arroz.

---

125 *História de Qi das Dinastias do Sul*, vol. 44, Xu Xiaosi.

126 *Livro de Instituições da Dinastia Tang*, vol. 89, Mó de Moagem.

Após as dinastias Tang e Song, na mente dos sulistas, o termo *shuitian* se referia especificamente aos campos de arroz, e os nomes "campos de arroz" *(shuitian)* e "campo de arroz" *(daotian)* eram usados de forma intercambiável. À medida que o centro econômico se deslocava para o sul e era afetado pelo conceito sulista de *shuitian*, o norte começou a ser afetado pelo sul. Embora Li Qiyun fosse de Hebei, ele já havia sido funcionário das províncias de Jiangsu e Zhejiang. Ele não desconhecia os campos de arroz, por isso associou os benefícios do *shuitian* ao cultivo de arroz.

Na dinastia Song, o *shuitian* e o cultivo de arroz estavam mais intimamente ligados. Por exemplo, durante o período Chunhua da Dinastia Song do Norte, Huang Mao, um oficial de Linjin, propôs seu uso à corte, proclamando os benefícios do *shuitian*. Huang Mao era de Fujian e, em sua mente, *shuitian* eram campos de arroz. Com sua persuasão, na primavera do quarto ano do período Chunhua (993 d.C.), He Chengju, um embaixador da corte imperial, e outros oficiais receberam a ordem de organizar os soldados em grupos de 18.000 para trazer água da fronteira de Bazhou e transformar os campos em plantações de arroz.[127] Outro exemplo ocorreu no quinto ano do período Dazhongxiangfu da Dinastia Song do Norte (1012), quando o imperador ordenou que os campos secos de Jiangsu, Anhui e ambas as partes de Zhejiang fossem transformados em arrozais, enviando um mensageiro a Fujian para trazer de volta 30.000 *hectares* de arroz Champa para serem distribuídos entre as três províncias e cultivados nos campos de cidadãos selecionados.[128] No sistema de tributação do governo da dinastia Song, foi estipulado que "cada campo de arroz em casca receberá um *dou* por *mu*, e cada campo de feijão e grãos secos receberá cinco *sheng* a cada verão e outono.[129] Após a dinastia Song, parece que havia pouca diferença entre os conceitos de *shuitian* e campos de arroz em casca. Por esse motivo, os estudiosos criaram a ideia de "campos de conservação de água" *(shuilitian)*[130] para substituir a aplicação anterior do termo *shuitian* em referência a terras agrícolas irrigadas.

---

[127] *História da Dinastia Song*, vol. 95, O Canal do Quinto Rio, Hebei, Zhushui.

[128] *História da Dinastia Song*, vol. 173, Sobre Alimentos e Produtos, Sistema de Cinco Terras Agrícolas.

[129] *História da Dinastia Song*, vol. 176, Sobre Alimentos e Produtos, Quatro Tuntian.

[130] Tanto o *Código Geral* quanto o *Exame Documentário* têm capítulos especiais dedicados à discussão de "campos de conservação de água". Consulte esses capítulos para mais informações.

3. Sobre o mal-entendido de *Shuitian*

É lamentável que, desde a antiguidade, as pessoas tenham frequentemente associado *o shuitian* ao arroz, chegando até a confundir os dois. Esse mal-entendido do termo *shuitian* foi mencionado pela primeira vez na história de Ma Yuan no *Livro da Dinastia Han Posterior,* que faz referência a "abrir o *shuitian* e persuadir as pessoas a cultivá-lo, o que deixou todo o condado feliz". Isso foi registrado mais tarde em *Shuijingzhu*, quando Ma Yuan trabalhou como prefeito de Longxi por seis anos, período em que abriu um canal para Didao, "desviando a água para cultivar arroz, e todo o condado ficou feliz".[131] Essas passagens levantam a questão de se a mudança de "*shuitian*" para "desviar a água para cultivar arroz" foi um exemplo da "antiga história chinesa enterrada sob camadas de solo".

As evidências documentais deixam claro que *o shuitian* existia no norte e que alguns deles eram usados para o cultivo de arroz, mas, na mente de alguns estudiosos, isso se tornou uma justificativa para a crença de que o arroz era cultivado no norte, principalmente entre aqueles que defendem a ideia de que o cultivo de arroz se tornou mais avançado no norte do que no sul. Nos primeiros anos da Dinastia Song do Norte, Chen Yaosou citou o tratado sobre *shuitian* da Dinastia Jin de Fu Xuan e, embora ele não mencione explicitamente o cultivo de arroz, seu objetivo era desenvolver o cultivo de arroz em Chen, Xu, Deng, Ying e Cai, Su, Bo e Shouchun por meio da recuperação de água, evidenciada por sua menção aos esforços de recuperação de água realizados por "soldados e recrutas espalhados por toda a área entre os rios Yangtze e Huai."[132] Esses trabalhadores militares e civis dessa e de outras regiões estavam familiarizados com a produção de arroz e, portanto, poderiam facilmente desempenhar um papel no trabalho. Embora a proposta de Chen tenha conquistado o favor do imperador, ela não foi implementada. Mais tarde, muitos estudiosos que defendiam a ideia de que o arroz era cultivado no norte (que nos tempos antigos se referia ao noroeste) também mencionaram a introdução de tecnologia e mão de obra da área entre os rios Yangtze e Huai.

Em um país onde os costumes dos ancestrais se tornam obrigatórios, o conceito mal compreendido do *shuitian* foi deliberadamente interpretado dessa forma com o objetivo de influenciar a política do governo, o que levou a debates prolongados. Após a dinastia Song, com base no conhecimento da história e das práticas agrícolas do norte e na compreensão de suas condi-

---

131 [Dinastia Wei do Norte] Li Daoyuan, *Shuijing com Anotações*, ed. Wang Guowei (Editora Popular de Xangai, 1984), p. 58.

132 *História da Dinastia Song*, vol. 176, "Produção, Parte 4, Tuntian."

ções naturais, alguns estudiosos argumentaram que o norte poderia desenvolver *o shuitian* e cultivar arroz para reduzir a dependência da capital em relação ao Grande Canal, garantindo a segurança alimentar e, assim, reduzindo a carga sobre os agricultores do sul. A maioria dos acadêmicos que defendiam essa opinião era do sul. Alguns acreditavam que o arroz não deveria ser cultivado no norte e que não havia necessidade de construir *shuitian* lá. A maioria dos estudiosos que defendiam esse ponto de vista eram nortistas que não só temiam que o cultivo de arroz se tornasse uma tarefa trabalhosa e não lucrativa, mas também temiam que seus próprios interesses fossem comprometidos ou que a carga tributária do sul recaísse sobre o norte se o cultivo de arroz fosse bem-sucedido lá. Ambos os lados confundiram *o shuitian* e o arroz, sem que fosse feita qualquer distinção em nenhum dos lados. Os dois pontos de vista foram debatidos desde o período Song-Yuan, passando pela dinastia Ming e chegando à dinastia Qing, e o cultivo de arroz era intermitente no norte enquanto o debate se intensificava.

Quando He Chengju plantou arroz em Hebei, muitas pessoas questionaram a sensatez dessa ideia. No primeiro ano, ele plantou uma variedade de arroz tardio que não se adaptava bem à geada. No ano seguinte, ele usou arroz precoce de Jiangdong, que amadurece no sétimo mês, e as plantações foram colhidas no oitavo mês, o que acabou com a oposição de uma vez por todas. Entretanto, mesmo esse incidente não confirma a crença no desenvolvimento do cultivo de arroz no norte, pois a situação do cultivo de arroz ao longo da fronteira de Hebei durante toda a Dinastia Song do Norte era "real, mas a renda anual era relativamente baixa e o benefício era apenas armazenar água para limitar os cavalos dos militares",[133] sugerindo que *o shuitian* existia principalmente como uma forma de fortificação militar.

A controvérsia em torno do mal-entendido do termo *shuitian* atingiu seu auge durante o reinado de Xining da Dinastia Song do Norte. Como parte importante da reforma de Wang Anshi, a Lei de Conservação de Terras Agrícolas e Água (também conhecida como Tratado de Benefícios de Terras Agrícolas), introduzida no décimo primeiro mês do segundo ano do reinado de Xining (1069), visava originalmente recuperar terras devastadas e melhorar as condições de produção. Não há uma única menção explícita ao cultivo de arroz no tratado, mas, no processo de implementação, houve uma ênfase unilateral no cultivo de arroz, chegando ao ponto de "transformar os campos de trigo do nordeste em campos de arroz do sudeste".[134] Algumas

---

133 Idem.

134 [Dinastia Song do Norte] Huang Tingjian, *Anotações sobre os Poemas Dentro e Fora do Vale* (Pequim: Companhia de Livros Zhonghua, 1985), p. 8.

áreas que não eram originalmente adequadas para o cultivo de arroz foram ainda assim aproveitadas. Para transformar os campos de terra seca de Hebei, Hedong, Shaanxi e outras áreas em arrozais para o plantio de arroz, foi emitido um decreto no terceiro ano do reinado de Xining, que dizia: "Hoje, as inovações voltadas para o reparo de drenos e açudes, a extração de água para irrigar campos e o plantio de arroz só podem controlar os impostos, não aumentar a cota do imposto sobre a água."[135] Essa foi uma tentativa de incentivar o desenvolvimento do cultivo de arroz nas regiões áridas do norte por meio de regulamentações fiscais. Por meio desse processo, foram obtidos alguns ganhos. Por exemplo, em Tangzhou, ao sul de Kaifeng, depois que o governador Zhao Shangkuan e outros se empenharam na construção de projetos de conservação de água para a agricultura, o povo de Tangzhou, que antes nem sabia o que era arroz, de repente entendeu e aceitou o cultivo de arroz a ponto de "muitos dos que antes cultivavam feijão e milho passarem a cultivar arroz".[136] Su Dongpo também observou com tristeza que "o povo Tang foi o primeiro a entender o arroz".[137]

Ao mesmo tempo, a controvérsia sobre o mal-entendido do termo *shuitian* continuou. Entre Chenzhou e Yingzhou, ao norte de Kaifeng, havia anteriormente o Bazhang Gully, que se estendia por mais de 350 *li* e foi o local onde Deng Ai desenvolveu *o shuitian* durante o período dos Três Reinos, antes que seus esforços fossem bloqueados. Depois que a Lei de Conservação de Terras Agrícolas e Água foi promulgada, Chen Shixiu, diretor do Secretariado da Corte Imperial, solicitou que o barranco fosse dragado e tratado de acordo com os regulamentos para rios, de modo que centenas de *li* pudessem ser restaurados para serem usados como campos de arroz. O imperador Shenzong deu sua aprovação a esse plano.[138] Houve, no entanto, alguma oposição da corte. Entre os que se opuseram à mudança estava o poeta Su Dongpo, que defendia o cultivo de arroz em Tangzhou. Natural do sul, Su conhecia bem os métodos de cultivo de sua cidade natal, Meizhou, Sichuan, e investia muito na promoção da tecnologia de cultivo de arroz. Ele enviou uma petição para a libertação de Zhu Xian, um cidadão do

---

135 [Dinastia Qing] Xu Song, *Compêndio das Instituições Governamentais e Sociais da Dinastia Song*, "Produção", 21 de 720 (Pequim: Companhia de Livros Zhonghua, 1957).

136 [Dinastia Song do Norte] Wang Anshi, *Obras Completas de Wang Anshi*, vol. 38, "Prefácio aos Poemas sobre os Novos Campos", trad. Ning Bo et al. (Changchun: Editora Popular de Jilin, 1996), p. 393.

137 [Dinastia Song do Norte] Su Dongpo, *Obras Completas de Su Dongpo*, Livro 1, vol. 19, "Poemas sobre o Novo Canal" (Pequim: Livraria da China, 1986), p. 261.

138 *História da Dinastia Song*, vol. 95, "Rios e Canais, Cinco Rios em Hebei."

condado de Ruyin, que foi impedido de comprar sementes em Huainan.[139] Ele também promoveu as ferramentas agrícolas de transplante de arroz que havia visto em Wuchang para uso em Jiangxi, Guangdong, Zhejiang e Jiangsu. Ele observou cuidadosamente o crescimento do arroz e escreveu um artigo sobre as variedades de arroz que descobriu em seu tempo em Lingnan. Entretanto, ele tendia a ser conservador em sua atitude em relação ao cultivo de arroz no norte e tinha uma visão negativa da abertura do Bazhang Gully para o cultivo de arroz. Em sua petição ao imperador contra a abertura do barranco para o cultivo de arroz, ele escreveu que "as águas turvas de Bianxi não foram usadas para o cultivo de arroz desde o início da existência humana.[140]

Após a Dinastia Song do Norte, a controvérsia em torno do cultivo de arroz em *shuitian* não parou, mas se tornou mais intensa. A questão em disputa ainda girava em torno da necessidade e da possibilidade do cultivo de arroz nas áreas ao redor da capital, mas, com a mudança do centro político da China, a área de controvérsia passou dos arredores de Kaifeng para a área ao redor de Pequim, especialmente a parte leste da capital. Ambos os lados do debate reconheceram a importância de garantir a segurança alimentar na capital, mas divergiram quanto à questão de como fazê-lo. A opinião predominante era de que o Estado deveria dar prioridade à segurança alimentar na capital por meio do canal e que a água deveria servir ao canal. O argumento era que a irrigação poderia e deveria servir à agricultura, aumentando o suprimento de alimentos e reduzindo a dependência dos cursos d'água do sul por meio do cultivo de arroz nas áreas ao redor da capital. Durante o período Taiding da Dinastia Yuan (1324-1328), Yu Ji defendeu o desenvolvimento de recursos hídricos no norte, especialmente na parte leste da capital, usando o método Zhejiang de construir diques para proteger a água para os campos, mas esse plano não foi implementado.[141] Durante o período Wanli da Dinastia Ming, Xu Zhenming (c. 1530-1590) e outros propuseram a construção de *shuitian,* mas novamente a proposta foi rejeitada.

Toda a controvérsia foi desencadeada pelo mal-entendido de um único termo, *shuitian*. Desde a dinastia Song, tanto os nortistas quanto os sulistas, apoiadores e oponentes, associaram ou até mesmo equipararam

---

139 [Dinastia Song do Norte] Su Dongpo, *Obras Completas de Su Dongpo*, Petições ao Imperador, vol. 10, "Dois Poemas de Petição Sobre o Fechamento das Quartos dos Compradores em Huainan" (Pequim: Livraria da China, 1986), p. 530.

140 *História da Dinastia Song*, vol. 338, "Biografia de Su Dongpo."

141 [Dinastia Yuan] Yu Ji, "Prefácio aos Dois Embaixadores da Concubina Tianfei," em *Registros Antigos de Daoyuanxue*, vol. 6; *História da Dinastia Yuan*, vol. 181, "Biografia de Yu Ji."

o shuitian ao cultivo de arroz. Durante a dinastia Song, os agricultores de Jiangxi e Zhejiang se esforçaram para cultivar arroz nas montanhas e em terras secas, "recuperando arduamente a terra como *shuitian*". Em determinado momento, as autoridades locais no leste e oeste de Zhejiang, Jiangxi, Fuzhou e outras áreas estavam cobrando impostos adicionais sobre a terra nesses campos transformados,[142] o que sugere que havia um grande número desses campos melhorados na época. De acordo com uma estimativa de Lu Jiuyuan, um nativo de Jinxi na dinastia Song do Sul, 80-90% dos campos de terra seca do Exército de Jingmen foram convertidos para uso como campos de arroz primitivo.[143] Durante as dinastias Yuan, Ming e Qing, um grande número de sulistas migrou para o norte, levando consigo suas práticas sulistas. Os projetos de conservação de água visavam converter campos de terras secas em arrozais e "modificar os campos de painço para uso no cultivo de arroz",[144] o que levou Xu Zhenming a "falar apenas de *shuitian*, não de campos de terras secas" em seu *Visitando Lushui*.[145] Embora Xu Guangqi e outros estivessem cientes de que "havia poucos *shuitian* no norte, mas muitos campos de terras secas",[146] eles ainda estavam interessados em desenvolver o cultivo de arroz no norte e procuraram fazer isso em Tianjin e em outros lugares. Em seu *Field Reclamation*, Xu fez do cultivo de *shuitian* o principal índice de avaliação de desempenho em trabalhos de recuperação de campos, propondo que "toda recuperação de campos deve ser feita com o objetivo de cultivar arroz em *shuitian*".[147] Muitos nortistas e aqueles que se opunham ao cultivo de arroz no norte também equiparavam os trabalhos de conservação de água ao cultivo de arroz, acreditando que o solo no norte era muito seco para o cultivo de arroz e que era um incômodo converter campos de painço e trigo em campos de arroz. Sua oposição ao cultivo de arroz em casca no norte os levou a se oporem também aos projetos de conservação de água.

---

142 [Dinastia Qing] Xu Song, *Compêndio das Instituições Governamentais e Sociais da Dinastia Song*, "Alimentos e Produtos, Volume 6, Partes 26–27" (Pequim: Companhia de Livros Zhonghua, 1957).

143 [Dinastia Song do Sul] Lu Jiuyuan, *Obras Completas de Lu Jiuyuan*, vol. 16, "Os Três Livros de Zhang Demao" (Pequim: Companhia de Livros Zhonghua, 1980), p. 205.

144 *Rascunho da História da Dinastia Qing*, vol. 129, "Rio e Canal," Parte 4, "Conservação da Água."

145 [Dinastia Ming] Xu Guangqi, *Compêndio sobre Agricultura*, vol. 12, "Conservação da Água."

146 [Dinastia Ming] Xu Guangqi, *Compêndio sobre Agricultura Anotado*, ed. Shi Shenghan (Xangai: Editora de Livros Antigos de Xangai, 1979), p. 308.

147 [Dinastia Ming] Xu Guangqi, *Compêndio Anotado sobre Agricultura*, ed. Shi Shenghan (Xangai: Editora de Livros Antigos de Xangai, 1979), p. 214.

O setor de cultivo de arroz em casca no norte do país estava em seus estágios iniciais, e a causa do cultivo de arroz nos campos de arroz do norte avançou lenta e tortuosamente durante o debate. Nos períodos Kangxi, Yongzheng e Daoguang da dinastia Qing, houve vários picos no cultivo de arroz em campos irrigados, sendo que o período que vai do quarto ao oitavo ano do reinado de Yongzheng (1726-1730) foi o auge dos esforços de conservação de água voltados para o cultivo de arroz. O cultivo de arroz em campos recuperados começou de cima para baixo na parte leste da capital. Para atender às demandas dos altos escalões, alguns lugares recorreram à emissão de ordens administrativas e, em um período de apenas três ou quatro anos, mais de 6.000 a 7.000 *mu* de campos de arroz foram plantados. Ao mesmo tempo, a oposição a esses esforços também estava aumentando. Com a morte do príncipe Yixian, que estava encarregado do esforço no oitavo ano do reinado de Yongzhen, o projeto de conservação da água foi dissolvido. No ano seguinte, no nono ano do reinado de Yongzheng, muitos campos recém-abertos foram convertidos em campos de terra firme. Em particular, durante o reinado de Qianlong, um decreto imperial ordenando que "as opiniões do povo devem ser ouvidas" foi emitido, e alguns que "não conseguiam administrar o *shuitian*, mas que anteriormente o haviam construído com relutância com o objetivo de informar", agora tinham permissão para "convertê-lo em campos de terra firme para cultivar vários grãos", e o número de fazendas em terras recuperadas diminuiu.[148] No entanto, ainda havia algumas pessoas que não desistiam de seus esforços para cultivar arroz, e a luta entre o *shuitian* recuperado e *o shuitian* desperdiçado continuou inabalável.

Por quase mil anos, o debate sobre a conservação da água no norte continuou, com a conservação da água girando em torno do *shuitian*, que, por sua vez, girava em torno do arroz. Os proponentes eram a favor do cultivo de arroz no norte, enquanto os oponentes eram contra, quando, na verdade, toda a controvérsia era resultado de um mal-entendido do termo *shuitian*, equiparando-o ao cultivo de arroz.

---

148 *Uma Análise da Literatura da Dinastia Qing*, vol. 7, "Sobre a Tributação da Terra."

4. Um retorno ao significado original de *Shuitian*

Em contraste com os campos de sequeiro, o *shuitian* é um campo agrícola irrigado artificialmente que pode ser plantado com arroz ou culturas de sequeiro. Diferentemente dos arrozais comuns, *o shuitian* tem sulcos que podem reter a água. No sul, os campos de arroz são chamados de *shuitian,* ou arrozais, enquanto no norte, o mesmo termo, *shuitian,* é usado para se referir a qualquer terra irrigada, e o oposto de *shuitian* é *baitian,* que se refere a campos agrícolas que não têm irrigação artificial.

Do ponto de vista do desenvolvimento histórico, *o shuitian* que apareceu pela primeira vez no noroeste da China referia-se a terras irrigadas. Os *shuitian* que surgiram mais tarde no norte também eram principalmente terras irrigadas, e alguns eram plantados com arroz (provavelmente arroz seco). Em outras palavras, não havia equivalência entre *shuitian* e arroz, e *o shuitian* podia cultivar arroz ou culturas de sequeiro, especialmente quando o termo era entendido apenas como terra irrigada, que não tinha correlação direta com o arroz. Foi somente no sul que o termo passou a ser associado ao cultivo de arroz. Depois que essa conexão foi feita, a influência dos estudiosos do sul, tanto dentro quanto fora da corte imperial, levou a uma tendência de criar e implementar políticas voltadas para os campos de arroz. Após as dinastias Tang e Song, o termo *shuitian* passou a ser interpretado como se referindo especificamente aos campos de arroz, e os esforços de conservação da água foram interpretados como diretamente relacionados ao desenvolvimento do cultivo de arroz, o que gerou muita controvérsia. Aqueles que defendiam o desenvolvimento da conservação da água no norte concentravam-se no desenvolvimento do cultivo de arroz, a ponto de a conservação da água ser o único trabalho e o arroz a única cultura. Aqueles que se opunham ao desenvolvimento do cultivo de arroz no norte também se opunham ao desenvolvimento de obras de conservação da água, o que acabou afetando não apenas a expansão do cultivo de arroz, mas também o desenvolvimento da conservação da água. O cultivo de arroz não era apenas um caminho para a expansão, mas também para a construção.

Uma revisão da história também revela que, apesar do mal-entendido do termo *shuitian* e da influência que esse mal-entendido teve sobre a direção e a implementação da política, ainda havia pessoas de mente sóbria que olhavam racionalmente para a questão da conservação da água e da recuperação do campo, separando em suas mentes o norte e o sul, e a irrigação e o arroz, em vez de ver a construção de projetos de conservação da água e de irrigação no contexto do desenvolvimento geral da agricultura, o que, em grande parte, era um retorno ao significado original do termo *shuitian*, como era usado no norte.

Durante o reinado de Wanli da dinastia Ming, a *Proposta de Conservação de Água do Noroeste* de Xu Zhenming em Guixi, Jiangxi, não enfatizou o cultivo de arroz como parte integrante de seu objetivo e, portanto, propôs que "aqueles cujas terras são adequadas para o cultivo de arroz devem plantá-lo gradualmente, enquanto aqueles cujas terras são adequadas para painço e milho devem permanecer como antes, em vez de buscar o sucesso."[149] Embora o objetivo fosse firme, a estratégia também tinha certa flexibilidade. Xu acabou sendo atacado por desenvolver o *shuitian*, mas foi salvo da condenação por um funcionário do sul chamado Shen Shixing (1535-1614). Natural do condado de Changzhou (hoje parte de Suzhou), no sul de Zhili, Shen Shixing acreditava que a recuperação da água deveria se basear em considerações práticas e não mergulhar cegamente no desenvolvimento, enfatizando que "o painço e o trigo não deveriam mudar".[150] Até certo ponto, isso corrigiu a direção do desenvolvimento da conservação da água, que se concentrava apenas no cultivo de arroz em casca. Mais de dez anos após o fracasso dos esforços de Xu Zhenming, Zhao Shizhen (c. 1552-1611), natural de Yueqing, Zhejiang, resumiu as lições aprendidas com esse fracasso, observando que "o confucionista Xu não conhecia as diferenças entre o solo do norte e o do sul ou os diferentes métodos de cultivo, em que o campo seco maduro é forçado a ser aberto e convertido em um *shuitian*. As pessoas não estão convencidas, e o debate continua. Isso acabou não levando a lugar algum, porque um entendimento incompleto pode ser prejudicial. Quando a fase do fluxo das águas e o grau do solo forem compreendidos, e quando os campos aquáticos e secos forem recuperados adequadamente para atender às necessidades e à conveniência dos nortistas e sulistas, expandindo-se a cada mês e a cada ano, quando todos os funcionários tiverem se esforçado para estar bem preparados, trabalhando na criação de animais, na sericultura, na pesca e no sal por mais de uma década, isso trará abundância e prosperidade a Beizhi e a trechos das áreas costeiras de Shandong, igualando-se a Jiangnan."[151] Yuan Huang, natural de Jiashan, Zhejiang, atuou como magistrado no condado de Baodi do décimo sexto ao vigésimo ano do reinado de Wanli (1588-1592) e dedicou-se ativamente ao cultivo de arroz, tendo realizado plantações experimentais em Huluwo e em outros lugares. No entanto, ele acreditava que "o terreno elevado do condado era adequa-

---

149 *História da Dinastia Ming*, vol. 223, "Biografia de Xu Zhenming."

150 *História da Dinastia Ming*, vol. 88, "Crônica de Hequ, 6."

151 [Dinastia Ming] Zhao Shizhen, *Discussão sobre o Japão e Tuntian* (Pequim: Companhia de Livros Zhonghua, 1991), p. 5.

do para flores, trigo, linho, painço e grãos, todos os quais permaneceram inalterados". Zuo Guangdou (1575-1625), natural de Tongcheng, Anhui, também acreditava que a realização das obras de conservação de água de Tuntian no norte não poderia ser implementada imediatamente se toda a ênfase fosse dada ao cultivo de arroz. Em vez disso, deveria "seguir sua altura, prestando atenção ao que é adequado, seja sorgo, ervilha, cevada, taro ou vegetais, cultivando apenas o que é apropriado."[152] Da mesma forma, embora Xu Guangqi tenha proposto que, ao recuperar os campos, eles "devem ser campos aquáticos para cultivar arroz, ou então não devem ser aprovados", ele também reconheceu as condições de irrigação dos campos de terra firme, observando inclusive que "a terra que está longe da água deve ser usada para plantar culturas de terra firme. Se um poço for usado para transformá-las em *shuitian*, isso não exigirá que as pessoas cavem o ano todo?"[153] Isso reflete a visão pragmática que os sulistas tinham dos trabalhos de conservação de água no norte. Os estudiosos do sul, que tinham uma compreensão mais profunda do norte, detinham uma visão mais prática dos projetos de conservação de água. Li Guangdi (1642-1718), um ministro de Anxi, Fujian, nos anos Kangxi, mencionou *Conservação de água em Wuxing, Zhili*, que "o solo no norte costuma ser amargamente seco, mas com um pouco de irrigação, o trigo, os grãos, o painço, o feijão e várias culturas de terras secas produzirão uma colheita, mas se dependerem exclusivamente do arroz, como faz o sul, terão de irrigar os campos dia após dia".[154] Da mesma forma, as pessoas com conhecimento no norte nem sempre se opunham ao cultivo de arroz. Elas apoiavam a conservação da água, não se opunham ao *shuitian* e, em geral, defendiam o desenvolvimento da agricultura. Durante o reinado de Yongzheng da dinastia Qing, Chen Yi, natural de Wen'an, Zhili, defendeu ativamente projetos de conservação de água, enquanto "transformava a poluição em arroz". Ele não propôs a substituição de campos secos por *shuitian*, mas, em vez disso, defendeu a adaptação de várias medidas às condições locais para lidar simultaneamente com inundações e secas. Ele disse: "No norte, há muitas secas no inverno e na primavera, enquanto chove no quinto e sexto meses, mas é sempre demais para os campos em terrenos altos, o que os danifica. No início do verão, as mudas podem ser cultivadas umedecendo-as em rios e nascentes; depois,

---

152 [Dinastia Ming] Zuo Guangdou, *Obras Completas de Zuo Guangdou*, vol. 2, "Dispersão Básica de Terras Agrícolas."

153 [Dinastia Ming] Xu Guangqi, *Compêndio Anotado sobre Agricultura*, ed. Shi Shenghan (Xangai: Editora de Livros Antigos de Xangai, 1979), pp. 112, 214.

154 *Crônica de Jifu*, vol. 94; [Dinastia Qing] Wu Bangqing e Xu Daoling, eds., *Série sobre Conservação de Águas do Rio Jifu* (Pequim: Editora de Agricultura da China, 1964).

quando as mudas são plantadas, o *shuitian* pode mantê-las a salvo da seca. Os campos em terrenos altos podem ser protegidos pela drenagem da água da chuva para o *shuitian,* que é uma forma conveniente de irrigação." De acordo com sua opinião, "em dez anos, o arroz e o painço florescerão juntos".[155] Infelizmente, as ideias de Chen Yi não mudaram o processo real de implementação da tendência em direção ao arroz, e a área de campos irrigados informada pelos governos locais baseou-se na área dos campos de arroz.

Após o progresso irregular do período de Yongzheng, o reinado de Qianlong viu um retorno à racionalidade e uma crítica aos desvios nos esforços de conservação da água. No 27º ano do reinado de Qianlong (1762), um decreto imperial declarou: "O solo deve ser usado conforme apropriado. Ao norte ou ao sul, seco ou úmido, ele não deve ser usado de uma forma muito distante de sua natureza. Se todas as terras baixas forem convertidas em campos de arroz, onde a chuva será armazenada e, se nenhuma água for armazenada dessa forma, como nos protegeremos contra a seca em caso de falta de chuva? Recentemente, foi proposto que Pequim consertasse as obras de conservação de água, mas nenhum financiamento foi realmente canalizado para esse esforço, portanto, obviamente, não havia força por trás do trabalho."[156] A organização de projetos de conservação de água foi interrompida e qualquer recuperação de terras baixas dependia de ordens administrativas, o que permitia que a população optasse por plantar uma variedade de culturas de terras secas. Mais tarde, embora a questão tenha sido repetidamente revisitada, a discussão tendeu a ser racional. Essa conclusão foi alcançada após quase mil anos de discussões sobre as terras agrícolas do norte e o uso dos recursos hídricos. No 23º ano do reinado de Daoguang (1843), o governador de Zhili, Ná'erhgingá (falecido em 1857), resumiu as lições aprendidas com o desenvolvimento da conservação da água, dizendo: "Por meio de tentativas e erros na recuperação de *shuitian,* a conservação da água da província aumentou e diminuiu repetidamente devido às diferenças entre a água e o solo do norte e do sul. Isso é um fardo para as pessoas. A abertura das obras de irrigação, a dragagem, a construção de comportas e o reparo de lagoas exigem uma boa quantidade de fundos públicos e não devem ser realizados levianamente. Mas é apropriado cavar bacias em tempo hábil para se preparar para secas ou inundações, e abrir poços e nascentes ou usar carroças para reter água, mas isso deve ser feito conforme necessário para beneficiar o trabalho nos campos." Depois que a

---

155 *Crônicas do Condado de Wen'an,* vol. 9, "Crônicas de Arte e Literatura" (período republicano).

156 *História Provisória da Dinastia Qing,* vol. 129, "Quatro Rios e Canais: Conservação de Águas na Província de Zhili."

noção errônea de que a conservação da água era equivalente ao *shuitian* e o *shuitian* era equivalente ao cultivo de arroz foi deixada de lado, o significado original da conservação da água e do *shuitian* finalmente retornou.

Retornar o termo *shuitian* ao seu significado original em vez de equipará-lo ao cultivo de arroz significou que o foco passou a ser a melhoria da drenagem e da irrigação das terras agrícolas. O arroz não era mais o único objetivo dos projetos de conservação de água, mas também não precisava ser evitado. Wu Bangqing (1765-1848), natural de Bazhou, Shuntian, disse: "Após a conclusão das obras de conservação da água... o beneficiário da irrigação não é necessariamente o arroz, mas uma cultura adequada ao solo, como painço, *ji* (uma variedade de painço), linho ou trigo, de acordo com as necessidades". Ele continua: "Todos os rios Os senhores podem dizer que as áreas irrigadas não precisam ser todas transformadas em campos de arroz e pode haver campos para outros tipos de culturas. Ou seja, as áreas irrigadas não precisam ser todas transformadas em campos de arroz, e pode haver campos para outros tipos de culturas."[157] O condado de Jing, Anhui, nativo de Bao Shichen (1775-1855), acreditava que seria difícil resolver a questão do *shuitian* se todos os campos secos ao redor da capital fossem transformados em campos irrigados. Se estivesse a poucas centenas de *quilômetros* de Pequim, era possível escolher um rio próximo e atravessá-lo de barco, dragando um canal. Antigos fazendeiros de Jiangsu e Zhejiang poderiam ser recrutados para selecionar sementes e testar a força do solo, mas em trinta ou quarenta *li*, seria necessário apenas três ou quatro áreas que poderiam ser recuperadas, o que não seria muito difícil.[158] Entretanto, em Shanggao, Jiangxi, Li Zutao (1776-1858) acreditava que seria inadequado forçar o cultivo de arroz no norte. Ele acreditava que a opinião de Zhu Shangzhai, nativo de Haiyan, poderia complementar a opinião de Bao Shichen de que "menos arroz deveria ser plantado e, em vez disso, plantar mais trigo e painço" no norte. Ele sustentava que a proporção específica era "dois de cada dez campos como *shuitian* para o cultivo de arroz... com oito para plantar primeiro trigo e depois painço", de modo que "seria relativamente fácil, levando em consideração a conveniência humana e os costumes locais".[159] Do ponto de vista dos proponentes do *shuitian* do norte, a visão de Zhu Shangzhai é

---

157 [Dinastia Qing] Wu Bangqing e Xu Daoling, eds., *Série sobre Conservação de Águas do Rio Jifu* (Pequim: Editora de Agricultura da China, 1964), pp. 353, 634.

158 [Dinastia Qing] Bao Shichen, *Obras Completas de Bao Shichen* (Huangshan Publishing House, 1994), pp. 67–68, 184

159 [Dinastia Qing] Li Zutao, *Sobre o Transporte de Grãos por Água para a Capital e Seu Armazenamento*, ed. Ge Shijun, *Continuação da Administração da Corte Qing*, vol. 40, "Administração Doméstica, 17" (Shanghai Guangbai, no décimo sétimo ano de Guangxu, selo de Song Qiqiao).

obviamente um pouco conservadora. As evidências históricas demonstram que, desde os tempos antigos até o presente, as culturas de terras secas sempre foram dominantes no norte, sendo que o cultivo de arroz representa apenas menos de 1% da área cultivada lá.[160]

A partir dessa discussão, fica evidente que, no debate sobre se, e como, desenvolver o *shuitian* no norte, o termo *shuitian* no norte retornou ao seu uso original, mas o conceito original nunca voltou a ser usado por completo. Desde as dinastias Tang e Song até o período Ming-Qing, o significado e o conceito originais de *shuitian* foram amplamente substituídos pela ideia de um campo de arroz.

---

160 Han Maoli, *Geografia Agrícola Histórica Chinesa* (Pequim: Editora da Universidade de Pequim, 2012), pp. 473–474.

5. Uma explicação sobre o *Baitian* e o *Shuitian*

O professor Xin Deyong, da Universidade de Pequim, menciona em seu artigo "Explicando Baitian"[161] que o termo *baitian* foi usado pela primeira vez no *Livro de Jin*, "Biografia de Fu Xuan". Na biografia, Fu Xuan menciona que "no início da dinastia Wei, os campos eram divididos em regiões administrativas não com base no número de *mu* por campo, mas no trabalho de cultivo necessário. Assim, os *baitian* tinham mais de dez *hu*, enquanto os *shuitian* tinham dezenas de *hu*."[162] O termo *baitian* era usado em contraste com *shuitian*, portanto, há pouca dúvida de que o termo se refere a campos secos. Com base nisso, Xin descobriu ainda que os *baitian* eram chamados de *baidi* ou *ludi* em épocas posteriores, ambos usados em contraste com *shuitian*. No entanto, citando a "Tecnologia de Plantio" no *Tratado Agrícola de Chen Fu* da dinastia Song, Xin explica que, com o *baitian*, "se o tempo ainda estiver frio, cuide da muda e espere que ela se aqueça... É comum que pessoas talentosas plantem quando está quente, mas quando há um período de frio repentino e inesperado, os brotos congelam e apodrecem, e as mudas não estão mais disponíveis para o plantio. Os *baitian* não devem ser escolhidos como canteiros de semeadura, achando que podem ser plantados e ignorados."[163] Em geral, acredita-se que os campos discutidos aqui, em contraste com os *baitian*, eram *shuitian* usados para o cultivo de arroz, portanto, fica claro que os *shuitian* mencionados no livro contrastam com todos os campos secos. Isso pode ser um mal-entendido do significado original de Chen Fu. Em minha opinião, o *baitian* mencionado por Chen Fu não está necessariamente sempre em contraste com o *shuitian*, como na passagem acima, mas pode ser usado para indicar campos vazios nos quais não há plantações nem mudas, o que está de acordo com o significado de *baitian* e *baidi* no chinês moderno. Da mesma forma, antes das dinastias Tang e Song, o termo *shuitian* não se referia estritamente a campos de arroz, mas, de forma mais geral, a campos irrigados.

Os estudiosos familiarizados com o cultivo de arroz e a história da agricultura sabem que o principal objetivo do transplante de mudas de arroz era estender o tempo de crescimento da cultura, melhorar o manejo das mu-

---

[161] Xin Deyong, *Vagando com Indulgência: Um Passeio por Livros Comuns e Raros* (Pequim: Editora da Universidade de Pequim, 2011), pp. 159-163.

[162] [Dinastia Tang] Fang Xuanling et al., *Livro de Jin*, vol. 47, "Biografia de Fu Xuan" (Pequim: Companhia de Livros Zhonghua, 1974), p. 1321.

[163] [Dinastia Song do Sul] Chen Fu, *Tratado Agrícola de Chen Fu*, vol. 1, "Sobre Boas Fontes de Raízes."

das e facilitar o melhor gerenciamento da água, da capina e da fertilização. No entanto, uma das consequências da corrida contra o tempo foi que o clima ainda estava frio quando a semeadura foi feita mais cedo, causando danos por congelamento e apodrecimento das mudas. Esse problema tem sido enfrentado desde o início da técnica de cultivar mudas e depois transplantá-las, e continua sendo um problema até hoje. Os comentários de Chen Fu abordam formas de evitar que as mudas de arroz apodreçam e como lidar com a situação caso ela ocorra. De acordo com Chen, um campo de arroz com mudas apodrecidas não pode mais ser plantado novamente naquele ano (porque as toxinas liberadas pelas mudas apodrecidas ou não apodrecidas serão prejudiciais às mudas recém-plantadas), e o reparo dos campos de arroz após o plantio fracassado levou algum tempo. Obviamente, o *baitian* a que Chen Fu está se referindo aqui é um campo vazio. Um campo vazio pode ser um *shuitian* ou um campo seco. Na dinastia Song, o plantio de arroz em *shuitian* era comum, mas também não era incomum plantá-lo em um campo seco.[164] O foco aqui, entretanto, não é a umidade ou a secura dos campos, mas se havia plantações neles. A frase "escolher a *baitian* para plantar o arroz" é traduzida para o chinês moderno como "escolher outro campo que ainda não tenha sido selecionado para o plantio de arroz". No entanto, Chen Fu não concordava com essa prática porque ela certamente levaria a um desperdício de sementes ou de recursos da terra, por isso Chen acreditava que era "muito negligente". Infelizmente, a situação que Chen critica nessa passagem não era rara na história chinesa. Devido a vários fatores naturais e técnicos, o apodrecimento das mudas ocorria de tempos em tempos e, depois que as mudas apodreciam, era necessário encontrar outro campo vazio para replantar as mudas. Esse era o "replantio da segunda safra" mencionado com frequência na história. Coincidentemente, Xin citou "*Raízes e mudas*" no primeiro volume do *Tratado Agrícola de Chen Fu*, que se concentra principalmente no cultivo de mudas de arroz, e não em "técnicas de plantio".

Semelhante ao que Chen Fu chama de "*baitian*" é o *baitutian* que foi mencionado na dinastia Song. Dizia-se que "o povo Wu usava os campos rotacionados a cada ano ou a cada dois anos para as colheitas, que eles chamavam de *baitutian*. A colheita nesses campos era o dobro da dos campos

---

[164] O texto da Dinastia Song, *História dos Cervos*, vol. 3, diz: "Anlu (atual Anlu, Hubei) é adequado para o plantio de arroz. Se houver chuva suficiente na primavera, os campos podem ser semeados a seco. O custo com trabalhadores, gado e sementes é dobrado. Na seca do décimo sexto ano cíclico Jimao do reinado Yuanfu (1099), no final do ano, os agricultores disseram que o ano seguinte seria novamente seco. No mês La, ou seja, no décimo segundo mês (oitavo dia do décimo segundo mês lunar), os bois são usados para arar o barro. Isso é para preparar o ano seguinte."

regulares, embora o aluguel pago fosse o mesmo de antes, de modo que os inquilinos ficavam felizes em aceitá-los por alguns anos." [165] Os *baitutian* eram um tipo de terra agrícola desenvolvida ao longo do rio na costa sudeste usando lodaçais, semelhante aos campos de lodo desenvolvidos ao lado de grandes rios nas Planícies Centrais e na curva do rio Huai.[166] Os *baitutian* não tinham nada a ver com os campos secos chamados de *baitian*, porque não faltava água, mas sim água em excesso. Esse tipo de terreno agrícola era muito instável devido às influências da maré e era frequentemente inundado pelas águas da maré, o que impedia o plantio. Por isso, eram chamadas de "*baitutian*". A palavra *bai*, incluída no termo, refere-se aqui ao fato de que os campos estavam vazios. A ausência de plantações no *tutian* permitiu que o solo se recuperasse, e o lodo trazido pela maré teve um efeito fertilizante considerável. Em um ano bom, a colheita chegava a dobrar. Um provérbio popular dizia que "após nove anos sem colheita, o décimo ano terá um rendimento dez vezes maior", mas a carga de impostos e aluguéis não aumentou. Por isso, deixar o *baitutiano* era uma prática popular entre o povo Wu.

O termo *bai* era usado para descrever campos sem plantações, enquanto *huangbai* (ou seja, "estéril") era usado na dinastia Song para indicar que a terra estava abandonada e não havia plantações, mas as ervas daninhas cresciam naturalmente. Por exemplo, no oitavo ano do reinado de Jiading da Dinastia Song do Sul (1215), o *Zuosijian* Huang Xu disse: "A chuva não cai e a terra é *huangbai*, então Zhao Shi, do condado de Yuhang, persuadiu o povo a plantar uma mistura de linho, milho, feijão e trigo."[167] Na dinastia Song do Sul, quando Huang Zhen, de Fuzhou, Jiangxi, estava no cargo, ele escreveu: "O estado teve três anos de seca contínua, que foi a pior no outono passado. Nesta primavera, o preço de compra foi alto, com um *sheng* de arroz sendo vendido por cem moedas de cobre. As pessoas morrerão de fome, e muitos campos estão desertos (*huangbai*). Vi isso claramente com meus próprios olhos.[168] O estudioso da Dinastia Song do Sul, Li Zengbo, também mencionou que "não há grãos velhos no celeiro e ainda há muita terra estéril ou não cultivada, então como podemos assumir um

---

165 [Dinastia Song do Sul] Fan Chengda, *Crônica do Condado de Wujun*, vol. 19, "Conservação de Águas" (Editora de Livros Antigos de Jiangsu, 1999), p. 271.

166 [Dinastia Yuan] Wang Zhen, *Tratado Agrícola Anotado de Wang Zhen*, trad. Miao Qiyu (Xangai: Editora de Livros Antigos de Shanghai, 1994), p. 600.

167 [Dinastia Yuan] Toktoghan, *História da Dinastia Song*, vol. 173, "Produção" (Pequim: Companhia de Livros Zhonghua, 1977), p. 4178.

168 [Dinastia Song do Sul] Huang Zhen, *Diário Cotidiano de Huang*, vol. 75, "Pedido da Divisão de Transferência de Shenzhen para Isenção do Imposto sobre Grãos."

fardo tão pesado se não temos talento real?"[169] O termo *huangbai* também pode ser usado como verbo, significando deixar desolado, desertar ou abandonar. O escritor da dinastia Ming, Tang Shun, escreveu em *Transferência Pública, "Tabelas"*: "Os inquilinos culpam os proprietários por sua fome e pedem um pequeno empréstimo para sobreviverem por um curto período... e para dispensá-los de preparar a terra agrícola e permitir que abandonem (*huangbai*) os campos". Os *baitian* eram campos vazios sem plantações, portanto, naturalmente, isso incluía campos abandonados, já que a categoria de campos vazios inclui campos abandonados. Em *Chuva amarga*, o estudioso da dinastia Qing, Tao Cheng, escreve: "A chuva sopra sobre o rio Poyang e não há colheita do *baitian* no quinto mês". A melhor evidência para esse entendimento do termo *baitian* é expressa na frase "sem colheita do *baitian*". Nesse caso, o campo é chamado de "*baitian*" não por causa da falta de água ou da seca, mas por causa da inundação. Não é diferente dos campos de terra seca, que se referem simplesmente à terra sem plantações, árvores ou casas.

Em suma, os termos *baitian* ou *baidi*, conforme usados nos tempos antigos, tinham dois significados. O primeiro se referia à terra seca, enquanto o segundo se referia à terra vazia. Com isso em mente, devemos examinar a história da "ameixeira milagrosa" mencionada por Xin Wen.

"Se não houver plantas no campo, isso prejudicará a produção de grãos."[170] Esse conceito, que é de conhecimento comum entre os agricultores, é totalmente explicado em *Competências Essenciais para Beneficiar o Povo)*, que diz o seguinte:

> *Um campo de cinco grãos não é adequado para árvores frutíferas. O provérbio diz: "O pêssego e a ameixa não precisam fazer propaganda de si mesmos, pois as pessoas serão naturalmente atraídas para colher seus frutos, trilhando um caminho sob as árvores". Não se trata apenas do fato de que as frutas são um obstáculo para a agricultura que danifica as mudas, mas também porque as árvores frutíferas oferecem um lugar para os agricultores preguiçosos descansarem e para as crianças brincarem. Qi Huangong perguntou a Guanzi: "O que o senhor pode fazer quando está com fome e frio, ou quando a casa tem um vazamento e não é consertada, ou quando o senhor não pode pagar seus impostos, ou quando as paredes quebram e não podem*

---

169 [Dinastia Song do Sul] Li Zengbo, *Notas sobre o Estudo Kezhai*, vol. 10, "Cultivo de Terras de Huguang até Zaizhi".

170 [Dinastia Han] Ban Gu, *Livro de Han*, vol. 24, "Registro de Produção, 4" (Pequim: Companhia de Livros Zhonghua, 1962), p. 1120.

ser reconstruídas?" Guanzi respondeu: "Corte os galhos das árvores na estrada". Huan concordou e ordenou que seus homens cortassem os galhos na estrada. No ano seguinte, as pessoas estavam vestidas com tecidos e seda. Comiam grãos, pagavam seus impostos e consertavam suas casas e muros. O rei perguntou: "Qual é a razão disso?" Guanzi respondeu: "Qi é um país da tribo Lai. Ele abrigava centenas de carroças na sombra fresca proporcionada por suas grandes árvores. Havia muitos pássaros nas árvores, que os jovens atiravam com estilingues enquanto caçavam o dia todo. As pessoas Os senhores conversavam sob os galhos o dia todo, e os que estavam no mercado também ficaram preguiçosos, relaxando o dia todo. Agora que cortei os galhos, não há mais sombra ao meio-dia, então as pessoas se movimentam em um ritmo menos vagaroso. Os pais se apressam em seu trabalho e os jovens se mantêm ocupados. Foi por isso que eu quis corrigir o problema dos vários grupos de pessoas que ficavam na sombra, porque isso estava fazendo com que todos nós sofrêssemos com a falta de comida e roupas".[171]

Na realidade, entretanto, há coisas que violam o senso comum. Um exemplo típico é a história de Zhang Zhu plantando ameixas, também contada por Xin. Ela é resumida:

Zhang Zhu, de Nandun, Runan, estava plantando arroz no campo quando viu um caroço de ameixa e quis levá-lo embora, mas depois viu uma amoreira sem frutos no solo, então ele a plantou com o caroço e a irrigou. Quando as pessoas o viram cultivando uma colheita contínua de ameixas no bosque de amoreiras, a notícia começou a se espalhar. Disseram que as plantas poderiam oferecer cura para os olhos e alívio do yin. Eles diziam: "As ameixas curaram meus olhos e eu gostaria de dar a ele um porco como sinal de gratidão". A dor de pequenas doenças oculares podia ser curada por elas. Os cães latiam, porque os cegos podiam ver. De longe e de perto, as pessoas vinham em massa de grandes distâncias para vê-lo, trazendo vinho e carne. Depois de mais ou menos um ano, Zhang Zhu voltou e, quando o viu, ficou chocado. "Que tipo de milagre é esse? Estas são as sementes que eu plantei". Então ele as cortou.[172]

---

171 [Dinastia Wei do Norte] Jia Sixie, *Competências Essenciais para Beneficiar o Povo*, ed. Miao Qiyu (Pequim: Editora de Agricultura da China, 1982), pp. 51–52.

172 [Dinastia Han] Ying Shao, *Comentário e Interpretação dos Costumes e Ditados Populares*, ed. Wu Shuping (Tianjin: Editora de Livros Antigos de Tianjin, 1980), p. 342.

Xin diz que, como havia um bosque de amoreiras no campo, as pessoas podiam ir até lá e parar embaixo das árvores, então, naturalmente, era um terreno seco, não um *shuitian*. Não há dúvida de que isso é verdade. Entretanto, isso não significa necessariamente que *o baitian* fosse equivalente a terra seca. Poderia ser um campo seco, mas também poderia se referir a qualquer campo vazio. Por que as palavras "arando um *baitian*"[173] apareceriam no texto *Baopuzi* da dinastia Jin de Ge Hong ao recontar a mesma história, se fosse esse o caso? Acho mais provável que o termo *baitian* aqui se refira a um campo vazio, no qual não foram plantadas plantações ou árvores. Como o campo está vazio, Zhang Zhu encontra facilmente o caroço de ameixa que não deveria estar no campo, pega-o e planta-o no campo de amoreiras, pois teme que a ameixeira cresça no campo vazio, afetando o solo do local. Esse simples ato levou à história milagrosa que, por sua vez, influenciou o entendimento atual do termo *baitian*, que Zhang Zhu certamente nunca poderia ter previsto.

Ao enfatizar que o *baitian* era um campo seco, Xin não explicou por que o campo seco foi chamado de *baitian*, que é a chave para entender o termo. É óbvio que um *shuitian*, que significa literalmente "campo de água", é chamado assim porque há água no campo. Por que, então, um campo seco seria chamado de *baitian*, que significa literalmente "campo branco" ou "campo em branco/vazio"? Acho que a razão é a seguinte é que não há água no campo (embora, é claro, ele não esteja completamente sem água), e a ausência de água no campo fez com que ele fosse chamado de *baitian* devido à observação do solo pelos antigos. Há uma correlação direta entre a cor do solo e seu conteúdo de água. Quando o teor de água do solo é alto, o solo é mais escuro, e quando o teor de água é baixo, o solo é mais claro. A terra seca é chamada de *baiana* porque contém menos água. Com a influência da gravidade, a água flui para as partes mais baixas da terra, deixando a camada superior do solo com menos água e, portanto, com uma cor mais pálida. *Bai* significa literalmente "branco", mas também é usado para indicar algo de cor pálida. É por isso que se dizia com frequência nos tempos antigos que "há uma fina camada de terra preta [ou escura] sob a superfície" e "a camada superior do solo é branca [ou pálida]."[174] A escuridão da cor do solo estava ligada ao nível do solo.

Além do nível mais alto do solo e do baixo teor de água, a camada superficial do solo também clareia devido à evaporação e à salinização do

---

173 [Dinastia Jin] Ge Hong, *Baopuzi*, ed. Wang Ming (Pequim Companhia de Livros Zhonghua, 1986), p. 175.

174 [Dinastia Wei do Norte] Jia Sixie, *Competências Essenciais para Beneficiar o Povo*, ed. Miao Qiyu (Pequim: Editora de Agricultura da China, 1982), p. 16.

solo. A formação de cristais brancos na superfície do solo durante esse processo é um dos motivos pelos quais esses campos são chamados de *baitian*. *Baitian* e *baidi*, portanto, são mais frequentemente associados a campos salinos, que geralmente são estéreis e não são adequados para a produção de alimentos. Mesmo que os campos sejam cultivados, com alguma dificuldade, a colheita é apenas uma fração da colheita do *shuitian* (quer o termo seja entendido como campos de arroz ou campos irrigados). Por esse motivo, Jia Sixie sugere que eles sejam usados para o plantio de árvores em vez de grãos, observando que "o solo branco e fino não é adequado para o cultivo dos cinco grãos, mas é bem adequado para o olmo ou olmo branco".[175]

Quando o conteúdo de água diminui, o solo fica mais pálido. Não só a água escorre para baixo devido à gravidade, mas a camada superior do solo também é a primeira a perder água e ficar pálida depois que o solo é lavrado. Nos tempos antigos, as pessoas observavam esse processo e o consideravam um sinal de cultivo do solo. O livro *Competências Essenciais para Beneficiar o Povo* observa: "A lavoura de outono deve aguardar o branco das costas para começar o trabalho. A primavera é ventosa, portanto, se o trabalho não for realizado nessa época, o solo ficará seco. No outono, o campo é duro e a terra só pode ser trabalhada com alguma dificuldade. O antigo provérbio diz: "Se a lavoura for feita sem trabalho, é melhor esperar a tempestade", o que significa que o trabalho é difícil. É uma época feliz quando o clima é favorável." A frase *"esperar por um verso branco antes de começar a trabalhar"* significa que, depois de arar, a parte superior do solo primeiro perde água e fica branca, então o trabalho pode ser realizado. Além disso, "quando as mudas são plantadas no cume, toda vez que chove, as costas brancas devem ser trabalhadas com afinco e com um dente de ferro". Isso indica que, após a chuva, a parte superior da planta deve secar e ficar branca/pálida antes de ser colhida, em vez de ser colhida assim que a chuva parar. Esse princípio também se aplica ao cultivo de culturas c o m o linho ou trigo. "Quando o solo estiver branco, arar, semear e espalhar as sementes no solo vazio. Quando a chuva parar, não plante imediatamente. Se o solo estiver úmido, o linho ficará mole e fino. Espere pela terra branca, e o linho ficará bem cheio". Além disso, lemos: "Para cultivar o trigo, capine novamente. Quando o olmo der frutos, a chuva parar, então espere a camada superficial do solo ficar branca antes de capinar. Isso dobrará a colheita". E: "Para todos os campos plantados, independentemente de terem sido plantado. No verão ou no outono, espere o solo ficar branco e depois arado. Esse tipo de trabalho leva a boas colheitas. Se o solo estiver muito seco, ele é duro. Se estiver muito úmido, fica lamacento, por isso é aconselhável arar

---

175 Idem, p. 243.

na hora certa."[176] Todo esse material enfatiza a necessidade de preparar e cultivar a terra somente quando o solo secar após a chuva, em vez de começar enquanto ainda estiver chovendo. As "costas brancas" mencionadas várias vezes no texto referem-se à perda de água e ao branqueamento do solo. O uso da palavra *bai* em *baitian* vem daí.

Essa explicação do *baitian* é razoável. É útil agora voltar ao termo *shuitian* e explorar outras explicações sobre ele. Em épocas posteriores, o termo *shuitian* era geralmente entendido como se referindo a campos de arroz, mas, na verdade, nem todos os *shuitian* eram campos de arroz. Se a terra seca é chamada de *baitian* por causa da perda de água, então faz sentido que *shuitian* se refira a terras agrícolas que ainda contêm uma certa quantidade de água e que ainda não se tornaram brancas/pálidas. Assim como o termo geral *baitian*, *shuitian* é provavelmente "terra que está úmida ou contém alguma água".[177] Nesse sentido, o uso histórico do termo *shuitian* incluía terra aquosa que era irrigada. Por esse motivo, não é errado interpretar a frase da dinastia Qing "aqueles que têm acesso à água constroem shuitian"[178] citada por Xin Wen como significando campos irrigados.

O shuitian, que incluía campos de arroz e terras irrigadas, tinha melhores condições de água e produzia colheitas várias vezes mais do que o *baitian*. Foi porque "*o baitian* rendia mais de dez *hu*, enquanto *o shuitian* rendia dezenas de *hu*" que as pessoas nos tempos antigos desejavam construir mais *shuitian* por meio de projetos de conservação de água. Mas é importante observar que, embora o termo *shuitian* incluísse campos de arroz, ele não se limitava a eles. Da mesma forma, *baitian* era terra seca, mas nem toda terra seca era *baitian*. *Baitian* era simplesmente um tipo de terra seca. Em *Competências Essenciais para Beneficiar o Povo*, "Linho", lemos que "o linho deve ser plantado em *baidi*". Se *baidi* for entendido como equivalente a terra seca, essa frase praticamente não faz sentido. O significado de Jia é que o linho é adequado para o plantio no tipo de terra seca conhecida como *baidi*.

A natureza do solo variava muito, dependendo da localização e do terreno. Isso não é apenas uma questão de uso da terra, tipo de cultura ou rendimento, mas também está diretamente relacionado à receita financeira do país. Por esse motivo, a natureza do solo sempre foi motivo de preocupação para o povo, inclusive a cor do solo. Chen Fu disse: "As montanhas, os rios, os pântanos, os lagos, os gramados e as lagoas são todos diferentes

---

176 [Dinastia Wei do Norte] Jia Sixie, *Competências Essenciais para Beneficiar o Povo*, ed. Miao Qiyu (Pequim: Editora de Agricultura da China, 1982), pp. 24, 45, 87, 94, 106.

177 [Dinastia Ming] Cui Xian, *Comentário sobre o Livro das Mutações*, vol. 3, "Daxiang."

178 [Dinastia Qing] Qin Duhui, *Livro de Ping* (Pequim: Editora Comercial, 1959), p. 34.

em termos de altura e são diferentes em termos de frescor e fertilidade. As terras mais altas são mais frias, com nascentes frias e solo frio, e o inverno é mais longo nas montanhas, onde geralmente há vento frio. É muito mais fácil que o solo fique seco nessas regiões. As terras baixas são mais férteis, mais fáceis de formar e mais fáceis de encharcar. Cada tipo de terra deve ser tratado de acordo com sua natureza."[179] Anteriormente, Jia Sixie disse: "Quando se cultiva um campo nas alturas, seja na primavera ou no outono, é importante prestar atenção se está úmido ou seco."[180] A cor do solo é o fator mais intuitivo para avaliar se está úmido ou seco, por isso se tornou a base principal para determinar quando arar a terra. Na dinastia Han Oriental, Cui Shi escreveu em *Calendário para a Agricultura*: "No primeiro mês, a energia da terra é ascendente. O solo cresce forte, e é importante semear campos de solo forte e preto. No segundo mês, quando está frio e nublado, é hora de cobrir os campos com terra macia e solta e trazer água do rio. No terceiro mês, quando as flores de damasco estão em plena floração, é hora de semear os campos de solo leve e branco." Nessa passagem, as frases "solo forte e negro" e "solo leve e branco" estão relacionadas à cor do solo, mas também à sua secura e umidade, e à época de arar. O mesmo se aplica à semeadura. Em *Competências Essenciais para Beneficiar o Povo*, "Comentários Diversos", lemos: "Então, de acordo com o tipo de grão que o solo melhor se adapta, primeiro plante o solo preto, baixo, com sementes de arroz precoce, depois plante o solo branco (*baidi*) em terreno alto que não seja irrigado. Esse *baidi* será plantado após o festival de alimentos frios, quando as vagens de olmo estiverem em plena floração. Em seguida, plante soja, oleaginosas, linho e outras culturas."[181] Até mesmo a ordem dos aspectos técnicos da preparação da terra era determinada pela umidade ou secura do solo. O termo "costas brancas" foi incluído nessa consideração, referindo-se à superfície branca e seca do solo. Essa era, de fato, a principal consideração para arar, gradear e nivelar. Jia Sixie observou: "Para a aragem úmida, a parte branca indica que ela deve ser feita rapidamente para evitar danos, ou haverá grandes contratempos. A aragem da primavera envolve trabalho manual árduo, mas para a aragem do outono, espere pela parte branca... porque a chuva adequada é difícil de acontecer e é preciso

---

179 [Dinastia Song do Sul] Chen Fu, *Tratado Agrícola de Chen Fu*, vol. 1, "Topografia Apropriada, Parte 2" (Pequim: Editora de Agricultura da China, 1965), p. 7.

180 [Dinastia Wei do Norte] Jia Sixie, *Competências Essenciais para Beneficiar o Povo*, ed. Miao Qiyu (Pequim: Editora de Agricultura da China, 1982), p. 24.

181 Idem, p. 16.

esperar por ela."[182] Ele continua: "O arroz seco deve ser plantado em campos mais baixos. O solo branco é melhor do que o solo preto... Quando o senhor plantar um campo de arroz, espere a água escoar e o solo ficar branco, então o senhor deve arar, gradear e trabalhar rapidamente, o que geralmente leva a uma boa colheita."[183] O "dorso branco" mencionado aqui era apenas um estado temporário da terra após a aragem, um estado que ocorria quando a terra perdia água. O *baitian*, por outro lado, era uma condição relativamente estável do solo que tinha escassez de água.

A cor do solo era tão importante que chamou a atenção logo no início da história da China. No *Livro de Shang*, "Yugong", as palavras usadas para expressar a cor do solo incluem branco, preto, vermelho, verde-acinzentado e amarelo, e os termos usados para descrever sua textura incluem solo e lama. O nível de tributação da terra dependia da cor e da textura do solo. Por exemplo, em Jizhou, "o solo é apenas branco e sua terra é de quinta classe, portanto, seu imposto deve ser de primeira e segunda classe". Em Yanzhou, "o solo é preto e fértil, e a terra é de sexta classe, enquanto a tributação é de nona classe". Em Qingzhou, "o solo é branco com montes férteis, e o solo salino à beira-mar é de terceira classe. Os impostos são de quarta classe". Em Xuzhou, "o solo é vermelho, pegajoso e fértil, e a vegetação cresce constantemente. Os campos são de segunda classe e os impostos são de quinta classe". Em Yangzhou, "a terra é baixa e úmida. Os campos são de nona classe e os impostos são de sétima classe, misturados com alguns de sexta classe". Em Jingzhou, "a terra é de lama úmida, os campos são de oitava classe e o imposto é de terceira classe". Em Yuzhou, "a terra é de solo macio, enquanto o solo da planície é duro e preto. Os campos são de quarta classe, e os impostos são de segunda classe misturados com os de primeira classe". Em Liangzhou, "a terra é de solo preto solto. Os campos são de sétima classe, e os impostos são de oitava classe misturados com sétima e nona classe". Em Yongzhou, "a terra é amarela. Os campos são de primeira classe, e o imposto é de sexta classe misturado com primeira classe".

Além da lama para os campos de arroz, todas essas cores e texturas diferentes do solo referem-se à terra seca, mas somente o solo branco e o branco com montes férteis podem ser classificados como *baitian* ou *baidi*. O termo "monte branco" refere-se ao solo de cor branca/pálida e elevado. A elevação do terreno é o motivo dos montes. O termo "à beira-mar" implica que a "brancura" desse solo está relacionada à salinidade.

No entanto, embora houvesse termos para solo branco e amarelo na era pré-Qin, os termos *baitian* e *baidi* não entraram em uso até depois das

---

182 Idem, p. 24.

183 Idem, p. 106.

dinastias Qin e Han. Xin Wen sugere que, quando o termo *baitian* apareceu pela primeira vez durante o período dos Três Reinos, Sun Quan tinha o controle de Jiangdong e Jiangnan e estava utilizando e desenvolvendo extensivamente a terra lá. Como as condições naturais locais eram mais adequadas para o cultivo de arroz, a área usada para campos de arroz cultivados foi bastante ampliada durante esse período. No final da dinastia Jin Ocidental e na divisão dos Três Reinos, os arrozais haviam se tornado uma forma importante de uso da terra em todo o país, razão pela qual o termo *baitian* foi usado especificamente para se referir a campos secos, em contraste com *shuitian*. Além disso, sugere-se que o próprio termo *baitian* provavelmente foi derivado diretamente do cultivo generalizado de *shuitian* no sul. Também é provável que a terra seca cultivada no sul fosse principalmente esse tipo de *baitian* adequado para o cultivo de arroz, razão pela qual os campos de terra seca passaram a ser chamados de *baitian*. Esse uso, que se originou em Jiangnan, logo se espalhou por todo o país após a unificação de Jiangdong e da dinastia Jin Ocidental. Essa é outra afirmação discutível.

Acredito que o surgimento dos termos *baitian* e *baidi* e o delineamento entre *shuitian* e *baitian* podem estar relacionados ao desenvolvimento da conservação da água no norte. Desde o início da agricultura no norte da China, a agricultura de terras secas tem sido a base, e onde a conservação da água não foi desenvolvida, todos os campos cultivados dependiam do clima, o que significa que as necessidades básicas de sobrevivência das pessoas dependiam do clima. Mas com o desenvolvimento da conservação da água, parte das terras agrícolas passou a ser irrigada, de modo que surgiu a distinção entre campos irrigados e campos secos. Os campos irrigados passaram a ser conhecidos como *shuitian*, e os que não eram irrigados eram conhecidos como *baitian* ou *lutian*.

Como *os shuitian* eram facilmente irrigados e sua produtividade era alta e garantida, o desenvolvimento de projetos de conservação de água tornou-se o foco administrativo de cada dinastia sucessiva. Durante as dinastias Xia, Shang e Zhou, embora a agricultura de cumeada que havia sido desenvolvida nas terras áridas do norte tivesse como principal objetivo remover a água estagnada, a irrigação artificial também começou a aparecer nessa época. O *Livro de Cânticos*, "Xiao Ya", "Baihua" diz: "a água de Biaochi flui para o norte, irrigando os campos de arroz ali". E o *Livro dos Cânticos*, "Da Ya", "Jiong Zhuo", diz: "Com a água, tirando de um para compensar os déficits do outro, podemos irrigar". Essas passagens fornecem evidências claras do surgimento da irrigação no início da História da China. Durante os períodos da Primavera e Outono e dos Reinos Combatentes, a construção de conservação de água agrícola foi desenvolvida e grandes projetos de conservação de água, incluindo os de Shao Bei, Dujiangyan, o Canal Zhengguo e o Canal Zhangshui, foram realizados em um esforço para facilitar a irrigação usando água de poço e de rio. Durante a Dinastia Han Ocidental, Guanzhong e outras áreas viram o auge da construção de projetos de irrigação de terras agrícolas, com a construção de seis canais auxiliares, o Canal Bai, o Canal Longshou e outros famosos projetos de conservação de água, que melhoraram muito as condições de irrigação na área. Dizia-se que "Zheng e Bai eram férteis" e "uma fonte de alimentos e roupas".[184] O povo cantava: "Onde estão os campos? Em Chiyang e Gukou. O Canal Zhengguo foi feito primeiro, depois o Canal Bai. Quando o grão é levantado com a casca, as nuvens vêm, e quando o canal é rompido, a chuva vem. Um *dan* de água do rio Jing contém vários *dou* de lama. A irrigação e a fertilização fazem crescer nossos grãos e painço. A capital é alimentada e vestida, até mesmo seus bilhões de bocas".[185]

O poeta da dinastia Yuan, Yao Shu, escreveu: "Na terra lamacenta, o *baitian* se torna fértil e rico."[186] O processo de construção de conservação de água envolveu a transformação do *baitian* em *shuitian*. Nas dinastias Wei e Jin, a área de arrozais aumentou após a construção de projetos de conservação de água após as dinastias dos Estados Combatentes, Qin e Han, e as pessoas adquiriram uma compreensão mais profunda dos benefícios do *shuitian*. Fu Xuan, que foi o primeiro a mencionar o *shuitian* e o *baitian*, reconheceu que "o destino do *lutian* depende do clima. O *shuitian* depende do poder humano. Como a força humana pode consertá-los, e mesmo que haja inundações ou secas frequentes, o trabalho de um ano inteiro não será desperdiçado. Os danos causados por insetos também são menores do que os do *lutian*. Se o *shuitian* for consertado, os benefícios dobrarão".

Após as dinastias Tang e Song, as pessoas interpretaram unilateralmente o termo *shuitian* como campos de arroz e trabalharam ativamente para desenvolver o cultivo de arroz em áreas secas no norte, e até mesmo "esperavam transformar os campos de trigo no nordeste em campos de arroz no estilo do sudeste".[187] Pessoalmente, estou mais inclinado a pensar

---

184 [Song das Dinastias do Sul] Fan Ye, Livro dos Han Posteriores, vol. 40, "Biografia de Ban Gu," citado em [Dinastia Han] Ban Gu, "Xidufu" (Pequim: Companhia de Livros Zhonghua, 1973), p. 1338.

185 [Dinastia Han] Ban Gu, Livro de Han, "Crônica das Valas, Parte 9" (Companhia de Livros Zhonghua, 1962).

186 [Dinastia Yuan] Yao Shu, Coleção Xuezhai, "Água do Lago Fulong", citado em [Dinastia Qing] Gu Sili, ed., Dois Volumes de Poesia Selecionada da Dinastia Yuan, vol. 1, Livro 4 (Companhia de Livros Zhonghua, 1987), p. 131.

187 [Dinastia Song do Norte] Huang Tingjian, Poemas Anotados do Vale Interior e Exterior, 9 (Pequim: Companhia de Livros Zhonghua, 1985), p. 8.

que os *shuitian* das dinastias Tang e Song não eram tanto *shuitian* em si, mas campos de arroz irrigado (*shuitian*) que incluíam campos de arroz em casca (*daotian*). O foco dos arrozais é o arroz, enquanto o foco do *shuitian* é a água, portanto, os dois não são termos equivalentes. Antes do período Tang-Song, os campos de arroz podiam ser chamados de *shuitian* ("campos de água") ou *daotian* ("campos de arroz"), ou mesmo *qutian* ("campos de canal ou drenagem").[188] Após o período Tang-Song, o termo *shuitian* se referia exclusivamente aos campos de arroz, e os estudiosos criaram o termo "campos irrigados"[189] para se referir ao conceito originalmente denotado por *shuitian*, o de terras agrícolas irrigadas.

Os campos irrigados das dinastias Qin, Han, Wei e Jin eram plantados com uma variedade de culturas, incluindo arroz em casca[190] e painço, como mostra a *Canção de Xidu* de Ban Gu, que registra: "as ravinas foram esculpidas e os pântanos foram escalados" e "os grãos estavam pendurados e as amoras espalhadas". Sob essa perspectiva, o termo *shuitian*, conforme usado naquela época, referia-se a qualquer campo irrigado, não especificamente aos campos de arroz. Depois das dinastias Tang e Song, o cultivo de arroz se tornou o principal objetivo das obras de conservação da água, e foi até proposto que "todos os campos cultivados devem ser *shuitian* plantados com arroz, e só então contarão como campos cultivados."[191] Entretanto, depois que as condições de irrigação melhoraram, outras culturas também foram desenvolvidas, inclusive durante o reinado de Yongzheng da dinastia Qing, sob os auspícios do príncipe Yi Xian. Na parte leste da capital, havia muitos projetos de conservação de água e "nas áreas de Ba, Bao, Wen

---

188 Por exemplo, no tempo do reinado de Wu da Dinastia Han, com a proposta do sistema Hedong Shoufan, "dezenas de milhares de pessoas foram enviadas para o campo para construir canais. Se o rio fosse desviado ou as condições do canal fossem desfavoráveis por alguns anos, os agricultores não poderiam arar seus campos. Os qutian de Hedong foram abandonados. Deveria ser concedido ao povo Yue. O Tesoureiro Menor pensava que não passava de um trivial." O "qutian" mencionado aqui provavelmente se refere a um campo de arroz, não apenas porque o canal fornecia acesso à água, mas também porque o povo Yue, que os gerenciava, era excelente no cultivo de arroz. Yan Shigu disse em suas anotações sobre este documento: "Familiarizados com o shuitian, o povo Yue era novo na região, sem seus negócios estabelecidos. Deveria ser concedido a eles."

189 Tanto o *Tongdian* quanto o *Exame Documental Geral* possuem capítulos dedicados aos "campos irrigados" (*shuilitian*). Essas obras podem ser consultadas para mais detalhes.

190 Por exemplo, Weishi retirou água do rio Zhang para irrigar Ye, enriquecendo o Henei de Wei. O povo cantava: "Há um sábio prefeito em Ye que serve como historiador oficial. O rio Zhang transbordou, inundando toda Ye, e os campos salinos geraram arroz e sorgo." Aqui, "arroz" refere-se ao arroz, e "sorgo" a qualquer cultivo comestível além do arroz.

191 [Dinastia Ming] Xu Guangqi, *Compêndio Anotado sobre Agricultura*, ed. Shi Shenghan (Xangai: Editora de Livros Antigos de Xangai, 1979), p. 214.

e Da,[192] o grão é abundante e o arroz está maduro, e as pessoas estão felizes ao aproveitarem a boa colheita."[193] O estudioso da dinastia Qing, Wu Bangqing, observou: "Após o reparo das obras de conservação de água... os benefícios da irrigação foram além do plantio de arroz. O solo também era adequado para o plantio de painço, *ji*, linho e trigo, de acordo com as condições locais".[194]

Sempre houve *baitian* no norte, mas foi somente com o surgimento dos *shuitian* ou campos irrigados que o termo *baitian* foi realmente usado. Em outras palavras, o surgimento do termo *baitian* pode não ter nada a ver com os desenvolvimentos no sul, estando ligado, em vez disso, ao surgimento da irrigação no norte. É um conceito que surgiu do sistema agrícola de terras secas no norte e não estava relacionado ao cultivo de arroz no sul. Em vez disso, o termo *shuitian, que* originalmente se referia a campos irrigados, evoluiu para se referir especificamente a campos de arroz, influenciado pelo cultivo de arroz no sul, somente após as dinastias Tang e Song.

É comum que as palavras tenham vários significados, sem mencionar o fato de que o significado de uma palavra pode mudar com o tempo. Por exemplo, o termo *baitian* significava terra seca sem artificial, nos escritos da dinastia Jin de Fu Xuan, ou "um campo de grãos brancos" nos escritos da dinastia Jin Oriental de Yu Yiqi,[195] enquanto nos escritos da dinastia Song de Chen Fu significava um *shuitian* que não havia sido plantado. Não precisamos interpretar o termo como significando um campo seco em geral, estabelecendo uma equivalência entre um *baitian* e um campo seco. Da mesma forma, não devemos presumir que os *shuitian* antes das dinastias Tang e Song eram campos de arroz, pois isso afetaria algumas questões importantes na história dos recursos hídricos agrícolas da China.

Costuma-se dizer: "Vamos apreciar esse texto estranho juntos e analisar nossas dúvidas e interpretações". Embora eu não concorde com as conclusões do Sr. Xin, admiro sua perspicácia acadêmica e seu trabalho pioneiro na discussão do termo *baitian* e questões relacionadas.

---

192 Nota do tradutor: Os nomes dos lugares são incertos, mas provavelmente se referem ao Condado de Ba ou Bazhou, Baoding e Daming. Não há informações suficientes nas áreas de Hebei, Henan e Shanxi para identificar com confiança o lugar referido como "Wen."

193 [Dinastia Qing] Wu Bangqing e Xu Daoling, eds., *Série de Conservação de Água do Rio Jifu* (Pequim: Editora de Agricultura da China, 1964), pp. 24, 71.

194 Idem, p. 634.

195 [Dinastia Wei do Norte] Li Daoyuan, *Clássico da Água*, "Notas sobre Água Quente." Veja [Dinastia Qing] Wang Xianqian, *Notas Anotadas sobre o Clássico da Água*, vol. 36 (Companhia de Livros Zhonghua da República da China).

PARTE 2

Campos de arroz e ferramentas agrícolas

UM ESTUDO SOBRE OS APARELHOS DE PLANTIO DE ARROZ: O *SHIWU*

— Com notas sobre o Yangma[196*]

1. A demanda por equipamentos de transplante de arroz

O cultivo e transplante de plântulas é uma parte única e importante da cultura tradicional do arroz. Envolve não só o reforço da gestão das plântulas, a remoção de ervas daninhas e a resolução dos conflitos sazonais causados pela plantação de várias culturas, mas também torna a distribuição das plântulas de arroz transplantadas no campo mais adequada, o que, por sua vez, torna a gestão do campo mais conveniente, facilita a ventilação e a luz e promove o crescimento do arroz, aumentando, em última análise, a produção de arroz. O agrónomo Ma Yilong, da dinastia Ming, observou acertadamente em *Comentários Sobre a Agricultura*: "Ao transplantar as plântulas e colocá-las em solos diferentes, o ar das duas partes do solo funde-se numa só plântula, multiplicando a sua vitalidade." No entanto, o transplante manual de mudas é uma tarefa altamente técnica, cansativa e que consome muito tempo. De acordo com um inquérito, os trabalhadores envolvidos na transplantação de arroz representam uma elevada percentagem da mão de obra total empregue no processo de produção de arroz. Nas principais zonas produtoras de arroz da China, incluindo as províncias de Jiangsu, Hunan, Zhejiang, Guangdong, Guangxi, Jiangxi e Anhui, os transplantadores de arroz representam 8-16,8% da mão de obra total.[197] Além disso, o trabalho de transplantação tem de ser concentrado num curto espaço de tempo para evitar que afete o crescimento posterior e a colheita do arroz. Isso tem sido particularmente verdade desde a Dinastia Song, com o desenvolvimento do sistema anual de cultivo duplo e triplo. Durante a época de transplantação do arroz, o trabalho de colheita das culturas plan-

---

196 *Este artigo foi publicado pela primeira vez em *Agricultural History of China*, no. 2 (2014): 125-132.

197 Lin Tiqiang et al., "Pesquisa sobre o projeto de máquinas de transplante de arroz", *Journal of Agricultural Mechanics*, no. 1 (1957): 1.

tadas anteriormente deve ser efetuado antes de as plântulas poderem ser transplantadas para os campos. A isso chamava-se a "dupla apanha", referindo-se à pressa de colher e semear simultaneamente, o que criava uma falta de mão de obra mais grave.

As pessoas da antiguidade entendiam muito bem o cansaço que resultava do plantio de mudas. Para aliviar a fadiga, eles tentavam todos os tipos de medidas para se encorajar tanto material quanto espiritualmente. Por exemplo, ao plantar mudas de arroz, "homens e mulheres percorriam os campos juntos, um de cada lado, com os idosos trabalhando no meio. Eles ficavam dobrados, retirando as mudas e plantando cada uma separadamente, avançando enquanto se curvavam sobre as fileiras no campo. Os outros dois batiam tambores e cantavam uma canção de plantio enquanto avançavam. O tambor mantinha o ritmo para os trabalhadores, indicando se eles deveriam se mover rápida ou lentamente. Isso era chamado de *dianyi*. O alinhamento horizontal e vertical era o *shangyi*, e a alternância era o *jieyi*. Se uma pessoa avançava muito rapidamente, os demais que ficavam para trás eram chamados de *leyi*. Quando o ritmo dos tambores e gongos era muito complicado para ser acompanhado por cantos, os plantadores também ficavam em silêncio, o que era chamado de *cuiyi*. Depois que as sementes eram plantadas, cada pessoa convidava as outras para beber, o que era chamado de *xi ni ou xi li*. "[...] Ao plantar e transplantar, as folhas dos caules eram arrancadas e depois usadas para embrulhar a carne. Cada pessoa recebia uma porção, que era chamada de *zhabaozi*."[198] Historicamente, as famílias de agricultores adotaram um método de "trabalhar uns para os outros ou tomar o lugar dos outros no trabalho de plantio" para concluir o trabalho de plantio de arroz, mas também surgiram muitos problemas. Por exemplo, "as pessoas preguiçosas procuravam economizar trabalho espalhando as mudas de forma muito esparsa, às vezes com até um *chi* ou mais de distância". Aumentando artificialmente o espaçamento entre as fileiras ou entre as plantas, de modo que "um *mu* de terra era reduzido à metade de sua capacidade de semeadura". A escassez das colheitas foi, pelo menos em parte, o resultado dessa prática."[199] Ao mesmo tempo, as pessoas começaram a usar ferramentas e máquinas para o transplante de arroz a fim de reduzir a carga de trabalho e proteger seus trabalhadores. O surgimento do *yangma* e do *shiwu* se deu por meio dos esforços que as pessoas estavam fazendo nessa área na época.

---

198 *Crônica do Condado de Changyang*, vol. 3, "Costumes locais" (período Daoguang).
199 [Qing Dynasty] Lu Shiyi, *Coleção de Pensamentos e Julgamentos*, vol. 11, "Xiuqi."

2. O *Yangma* não era um transplantador de arroz

Durante a dinastia Song do Norte, as pessoas em Wuchang, Hubei, usavam o *yangma*, uma ferramenta agrícola relacionada ao transplante de arroz. Su Dongpo observou essa ferramenta agrícola quando morava em Huangzhou (atual Huanggang, Hubei) do terceiro ao sétimo ano do reinado de Yuanfeng da dinastia Song (1080-1084). Mais de dez anos depois, no primeiro ano do reinado de Shaosheng (1094), Su Dongpo foi rebaixado para trabalhar em Huizhou (atualmente parte da província de Guangdong). A caminho de seu novo posto, ele viajou para o sul, passando pelo condado de Taihe, Luling (atual cidade de Ji'an), na província de Jiangxi, onde teve a oportunidade de ler *Registro de Mudas de Arroz*, escrito por Zeng Anzhi, que havia deixado seu posto oficial para ficar em casa. Su Dongpo achou o livro "tanto gentil quanto elegante, mas também detalhado e preciso. Infelizmente, faltam informações sobre ferramentas agrícolas". Em seguida, ele apresentou a Zeng Anzhi o processo de descoberta e a forma do *yangma*. Ele escreveu: "Quando viajei para Wuchang no passado, todos os agricultores andavam de *yangma*. Ele usava madeira de olmo jujuba para a barriga, em um esforço para mantê-la lisa. Na parte traseira, usava madeira de *Paulownia catalpifolia* para torná-lo leve. Sua barriga era como um barco, com a cabeça e a cauda levantadas, como as duas extremidades de um barco. Seu dorso era como um ladrilho, de modo que as laterais saltavam sobre a lama, com *lovage* chinesa amarrada à cabeça para prender as mudas. Ele podia viajar mil *qi* por dia. Comparado com seu operador, ele era praticamente inesgotável". O poema "Letras de *Yangma*", registrado no final de *Registro de Mudas de Arroz*, diz:

> *As nuvens e a chuva da primavera são nebulosas e frias, e as mudas da primavera estão crescendo, verdes e exuberantes. Os agricultores trabalham arduamente nos arrozais, caminhando em meio à lama e à água. De manhã, as sementes são espalhadas e, ao pôr do sol, os campos estão cheios de mudas. Os agricultores se curvam para plantar as mudas, parecendo galinhas bicando o arroz no chão. Eles estão doloridos de seu trabalho. Quem não teria pena deles? Mas, felizmente, eles têm uma ferramenta na mão, com a cabeça erguida e a cauda empinada, enquanto a barriga se curva para baixo. A parte traseira é como azulejo, lisa como jade, e o fazendeiro senta-se nela, movendo-a pelo campo com as pernas, como um animal de carga. Ele se senta no yangma, um plantador de arroz, movendo-se para frente como um*

pato deslizando no lago. Ele amarra as sementes com longos feixes de grama. Ele anda para frente e para trás no campo, sem uma correia para a barriga, o pescoço ou a cabeça do cavalo. De repente, ouvem-se os tambores de encerramento e os fazendeiros levam o yangma para fora do campo, parecendo um cavalo fugindo. Eles vão para casa e o penduram no alto da parede. Eles não passarão fome, mas não precisarão alimentá-lo. Qualquer fazendeiro, jovem ou idoso, pode montá-lo. O senhor não pula nem corre, e o cavalo não é um animal de estimação. Ele não pula nem corre, e o senhor não cai. Um senhor que montava um cavalo com uma sela cara passou por ali e riu dos fazendeiros que lavravam com bois. Ele não sabia que era um cavalo feito de madeira de tungstênio. Era uma novidade e tanto.[200]

Depois que Su Dongpo chegou a Huizhou, ele apresentou o *yangma* a Lin Tianhe, o magistrado do condado de Boluo, Huizhou. Lin sugeriu que ele fosse ligeiramente modificado, e ele o transformou em um "*yangma* conversível".[201]

Depois que Su apresentou e promoveu o *yangma* para o prefeito de Huizhou, "as pessoas começaram a usá-lo e o acharam muito conveniente". Mais tarde, quando foi enviado para assumir o cargo em Longchuan, no norte da província de Guangdong, ele levou consigo as plantas do *yangma* e o apresentou lá. Quando conheceu Liang Junguan, um acadêmico de Quzhou, Zhejiang, Su sugeriu que Liang promovesse o uso do *yangma* em Zhejiang. Em seguida, ele levou os desenhos do *yangma* para seu filho em Wuzhong, Jiangsu, pedindo-lhe que o promovesse lá.

Nos registros encontrados em poemas e ensaios dos literatos da dinastia Song, há registros do uso do *yangma* em vários lugares, incluindo Wuchang em Hubei, Suzhou em Jiangsu, Taizhou e Shaoxing em Zhejiang, Shangrao e Nanchang em Jiangxi e Fuzhou em Fujian. Mais tarde, o yangma foi incluído no Catálogo de Equipamentos Agrícolas do agrônomo Wang Zhen, da dinastia Yuan, acompanhado de ilustrações. Passando para a dinastia Ming, ele foi mencionado em muitos livros agrícolas influentes, como A *Compêndio sobre Agricultura*, de Xu Guangqi.

---

200 [Dinastia Song do Norte] Su Dongpo, *Antologia anotada de Su Shi*, vol. 11, "Letras de Yangma" (citado) (Chengdu: Editora Bashu, 2011), pp. 408-409.

201 [Dinastia Song do Norte] Su Dongpo, *Uma Antologia Comentada de Su Shi*, vol. 7, "Número 16 dos 24 Poemas de Lin Tianhe" (Editora Bashu, 2011), p. 229.

Imagem do *yangma* do *Tratado Agrícola de Wang Zhen*:
Catálogo de equipamentos agrícolas

No entanto, devido às imprecisões das ilustrações e às diferentes interpretações dos poemas de Su Dongpo, algumas pessoas tomaram os mal-entendidos como evidências e os rumores como fatos, o que levou a algumas diferenças de opinião em relação à função do *yangma*, com alguns acreditando que era um plantador de mudas que era puxado pelos campos, enquanto outros acreditam que era uma ferramenta para transplantar mudas, e alguns até pensam que era uma ferramenta para transportar sementes. Também foi sugerido que o *yangma* era um equipamento multifuncional, usado para plantar, transplantar e transportar. Isso mostra o quanto estamos distantes das declarações originais de Su Dongpo. Para entender corretamente o *yangma*, devemos nos voltar para a fonte original, os escritos de Su Dongpo, e retornar ao local de onde ele escreveu, Wuchang.

Aqui, tratarei o *yangma* como um tipo de ferramenta agrícola que auxiliava no arrancamento de mudas. Esse ponto de vista se baseia em três evidências. A primeira é uma frase na "Letras de *Yangma* (citada)" de Su Dongpo, que diz: "com *lovage* chinês amarrado à cabeça para amarrar as mudas", porque no método atual de produção de arroz em Jiangnan, depois que um punhado de mudas é puxado com as duas mãos, é necessário amarrá-las em um cacho com alguns canudos para que possam ser jogadas no campo.[202]

O segundo é o *Outras Notas Coletadas Sobre Su Dongpo*: Após a "Letra de *Yangma*", o senhor diz: "Curvar-se sobre os campos de arroz não se trata apenas da dor na cintura, mas também da dor nas laterais das canelas. Lavar as raízes das mudas pode fazer com que essas feridas apodreçam com o tempo. Hoje, o *yangma* lava os dois lados para polir até que brilhem". Ao puxar as mudas, as raízes muitas vezes traziam consigo aglomerados de lama, o que tornava inconveniente o transporte e o plantio, por isso precisavam ser lavadas. Antes da invenção do *yangma*, isso era feito principalmente pelas pessoas que lavavam as raízes das mudas contra suas panturrilhas. É evidente que um dos objetivos por trás da invenção do *yangma* era limpar a lama das mudas. Isso indica que o papel do *yangma* era puxar as mudas, não transplantá-las.[203]

A terceira é que um tipo de *yangmadeng* ainda hoje é usado no sul do país para arrancar mudas de arroz. Esse *yangmadeng*, ou "banco *yangma*", tem formato semelhante ao *yangma* mencionado por Su Dongpo. Muitos registros claros sobre as ferramentas de extração de mudas no sistema *yangma* podem ser encontrados na literatura da dinastia Qing, tais como: "Quando o senhor inserir a muda, primeiro espere alguns dias e depois leve o *yangma* até o canteiro de mudas. Retire as mudas e amarre-as em um cacho. Isso é chamado de *yangba*."[204] Tanto Changyang quanto Wuchang ficam em Hubei. Está claramente registrado que o *yangma* era usado para arrancar mudas, mas não para transplantá-las. Na verdade, o *yangma* que Su Dongpo viu em Wuchang ainda estava em uso em Wuchang no início da dinastia Ming. De acordo com os registros históricos da dinastia Ming:

> Wu Ling era natural de Huanggang (atualmente em Hubei). Quando Taizu, da dinastia Ming, foi para Wuchang, por recomendação de Zhan Tong, foi convocado como professor oficial da Bolsa de Estudos do Estado. Suas realizações acadêmicas superaram as de Zhan.

---

202 Wang Ruiming, "O Uso do *Yangma* na Dinastia Song," *Social Science Front*, nº 3 (1981): 243.

203 Liu Chongde, "Sobre a Promoção e Uso do *Yangma*," *Agricultural Archaeology*, nº 2 (1983): 199–200.

204 *Crônica do Condado de Changyang*, vol. 3, "Costumes Locais" (período Daoguang).

No primeiro ano de Wu (1366), Wu Lin deixou seu cargo de comandante da Procuradoria da Província de Zhejiang, mas depois trabalhou como secretário do imperador. Ele ordenou que seus homens coletassem livros de todos os lugares, com grandes despesas. No sexto ano do reinado de Hongwu, ele foi transferido do Ministério de Assuntos Militares para se tornar Ministro de Oficiais, servindo ao lado de Zhan Tong, que era um compatriota. No sétimo ano do reinado de Hongwu (1374), Wu Lin renunciou a esse cargo e voltou para casa para cultivar. O imperador Ming, Zhu Yuanzhang, ficou intrigado com a renúncia e enviou um enviado para inspecionar secretamente e descobrir o que Wu estava fazendo. Quando o enviado se aproximou da casa de Wu, ele viu um velho fazendeiro com um chapéu de palha sentado em um cavalo semeando um campo de arroz. O enviado perguntou: "O Ministro Wu está aqui? O senhor sabe onde ele mora?". O fazendeiro respondeu respeitosamente: "Eu sou Wu Lin". O enviado ficou surpreso, sem perceber que o velho fazendeiro descalço era o famoso ministro. Depois que o enviado relatou suas descobertas, o imperador ficou impressionado e Wu Lin recebeu o apelido de Ministro Descalço.[205]

Aqui, o banco pequeno e baixo no qual o agricultor se sentou é o *yangma* de que Su Dongpo falou. Ele era usado pelos agricultores quando arrancavam as mudas de arroz e continuou a ser usado pelas gerações posteriores. Hoje em dia, as pessoas confundem o *yangma* com um transplantador de arroz e alguns artigos chegam a compará-lo ao shiwu, o que reflete uma compreensão errônea do *yangma*. Na verdade, o *yangma* e o shiwu são dois instrumentos diferentes usados no transplante de arroz, o primeiro relacionado à tração e o segundo relacionado ao transplante.

---

[205] *História da Dinastia Ming*, vol. 138, "Biografia de Wu Ling" (Pequim: Companhia de Livros Zhonghua, 1974), p. 3965.

3. O aparelho mais antigo para transplante de mudas – O *Shiwu*

O registro mais antigo do shiwu data do 20º ano de Qianlong, na dinastia Qing (1755), nas *Crônicas de Tongzhou, Zhili*. Nele se lê:

Na área de Nansha, onde as mudas são plantadas à mão, isso costuma ser chamado de "plantio manual". Em Dingyan, Shigang, Matang e Baipu, é usado o shiwu. É um instrumento em forma de C que pode plantar dois mu de cada vez.[206]

Alguns homens de letras da dinastia Qing de Nantong, como Gu Jinfen e Wang Ye, também mencionaram o shiwu em suas poesias. Por exemplo, em *Letra de Transplante*, de Wang Ye, lê-se:

Shiwu se aglomera em torno da beira da água, e o yangma segue em linha, estendido ao longo da margem, como linhas retas cortantes. Somente as famílias de agricultores conhecem os princípios básicos da vida no campo. O desnível dos campos é amplo, o que facilita empurrar as carroças. Em tempos de paz, tudo se encaixa em seu lugar, e as flores de ameixa sempre aparecem depois que a chuva passa.[207]

Wang Ye, também chamado de Yun Chao, nasceu em Rugao, em Nantong, durante o período Jiaqing da dinastia Qing. Ele já foi um oficial em Tongzhou, com obras que incluem *Poemas do Pavilhão* (Letra de Transplante sendo uma delas). Ele também é autor de *Uma visão geral de Zhoucheng*, que apresentou Nantong. A partir dos poemas relevantes, fica evidente que o *shiwu* tinha alguma ligação com Nantong.

---

[206] *Crônicas de Tongzhou, Zhili*, vol. 17, "Crônica da Cultura – Abundância Material" (período Qianlong).

[207] Pan Chao, Qiu Liangren, Sun Zhongquan, et al., eds., *Coleção Completa de Poemas Zhuzhi Chineses*, vol. 3 (Editora de Pequim, 2007), p. 800.

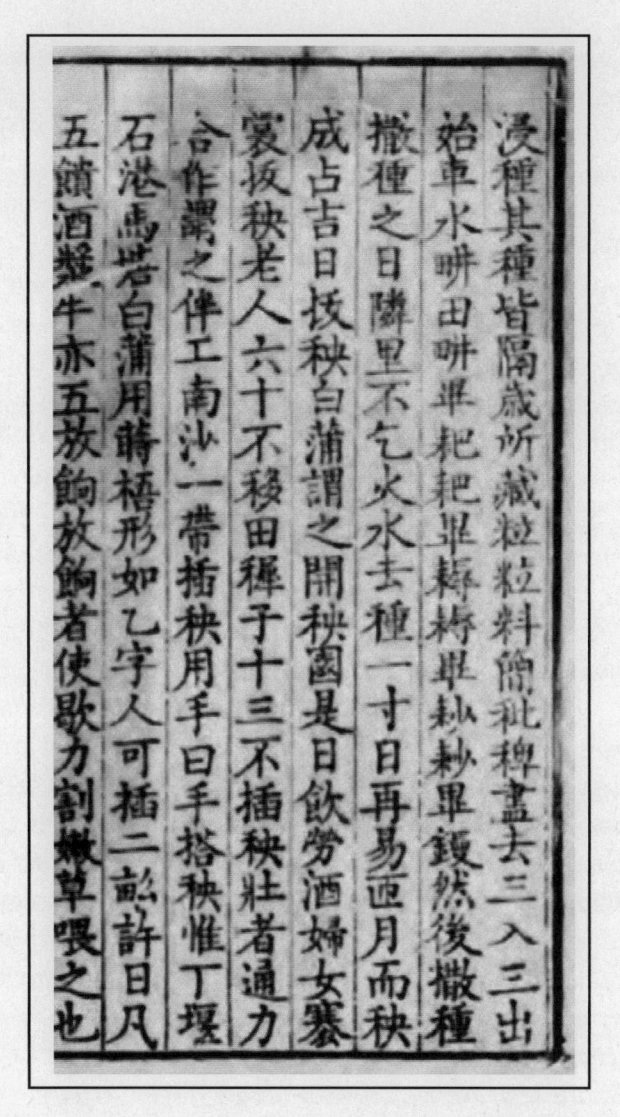

浸種其種皆隔歲所藏粒粒料簡秕稃盡去三八三出
始車水畊田畊畢把把畢耖耖畢鎡然後撒種
撒種之日隣里不乞火水去種一寸日再易西月而秧
成占吉日扳秧白蒲謂之開秧園是日飲勞酒婦女裹
裹扳秧老人六十不移田種于十三不插秧壯者通力
合作罷之伴工南沙一帶插秧用手日手搭秧惟丁堰
石港焉此苦白蒲用蒔梧形如乙字人可插二畝許日凡
五饋酒糕,牛亦五放飼放飼者使歇力割嫩草喂之也

Menção ao *shiwu* nas *Crônicas de Tongzhou, Zhili*, de Qianlong

De acordo com as *Crônicas de Tongzhou*, Zhili, o *shiwu* era distribuído principalmente em Dingyan (atual cidade de Dingyan, cidade de Rugao), Shigang (atual cidade de Shigang, cidade de Tongzhou), Matang (atual Matong, condado de Rudong) e Baipu (atual cidade de Baipu, cidade de Rugao), todas localizadas em Nantong, Jiangsu.

No 36º ano do reinado de Qianlong durante a dinastia Qing (1771), Gu Jinfen, natural de Baipu, escreveu um poema intitulado "Observando o plantio de mudas de arroz no Pavilhão Yixia", no qual ele fala sobre o *shiwu*:

As novas mudas são exuberantes e verdes, distantes enquanto se abrem além do horizonte. O shiwu é o primeiro enviado do agricultor, o que poderia ser um complemento ao Livro sobre a ferramenta de lavoura de Lu Guimeng.[208]

Pela frase "O *shiwu* é o primeiro enviado do fazendeiro", fica evidente que esse equipamento agrícola já estava em circulação algum tempo antes do período Qianlong. A data específica de sua invenção não foi confirmada, mas basicamente pode-se determinar, com base nesses textos, que o uso do *shiwu* não se estendeu muito além de Nantong.

A cidade de Nantong está situada no sudeste de Jiangsu, com o Mar da China Oriental a leste e o Rio Yangtze ao sul, do outro lado do rio da Ilha Chongming de Xangai e Suzhou. Embora tenha as vantagens do peixe e do sal, seu cultivo de arroz é relativamente desenvolvido. Nas *Crônicas de Tongzhou*, Zhili, Volume 17, "Crônica da Cultura - Abundância Material", lê-se:

Na área do condado de Tong (atual Nantong), três décimos da terra eram cultivados, e a área para drenagem de água salina era de sete décimos da terra. Os grãos eram plantados embebendo-se primeiro as sementes coletadas no ano anterior no início da estação chuvosa (o nono dia do terceiro mês do calendário lunar). Cada semente era cuidadosamente selecionada, e as sementes ruins e o joio eram escolhidos e removidos. Esse processo era repetido três vezes. Em seguida, a água era buscada com uma carroça e o campo era arado. Depois de arado, o campo era gradeado e o solo era quebrado. Depois da gradagem, o campo era capinado e, após a capina, o solo era novamente quebrado e, em seguida, estava pronto para ser semeado. No dia da semeadura, os vizinhos não pediam ajuda uns aos outros para cultivar o fogo. Depois que as sementes germinaram, as mudas emergiram do solo e, após um mês inteiro, cresceram e se tornaram mudas transplantáveis. Foi escolhido um dia auspicioso para arrancar as mudas e transplantá-las para os campos de arroz, um processo chamado de "abertura da plantação de arroz". Nesse dia, os agricultores bebiam vinho, e as mulheres levantavam a bainha de suas roupas e puxavam as mudas de arroz. Nem os idosos com mais de sessenta anos nem as crianças com menos de treze precisavam

---

208 Zhu Youmei e Zhu Jialin, *Revisão e Documentação* (Biblioteca da Cidade de Nantong), p. 151. É provável que a última linha do poema original, "堪补奄蒙耒耜经," esteja incorreta. Ela foi revisada hoje.

plantar mudas de arroz. Os fortes fazendeiros trabalhavam juntos para realizar a tarefa.[209]

O surgimento do *shiwu* provavelmente teve uma estreita ligação com o solo local, o sistema de plantio e os costumes agrícolas. Tradicionalmente, o transplante de arroz em Nantong era realizado de acordo com o calendário lunar. "Cinco ou seis dias antes da colheita, os agricultores plantavam mudas chamadas de mudas de ameixa branca. A maioria das pessoas fazia o transplante durante o solstício de verão. Se fossem mais tarde, a colheita seria menor."[210] Homens entre 13 e 60 anos faziam o trabalho físico, portanto a mão de obra era relativamente escassa. Para acelerar o processo de plantio das mudas de arroz, além do sistema de "trabalho em parceria", eles começaram a trabalhar com ferramentas, com o objetivo de aumentar a eficiência, fornecendo assim a proteção necessária aos trabalhadores. Foi assim que surgiu o *shiwu*.

Com a forma do carácter chinês 乙, o *shiwu* ainda era utilizado em Rudong, Jiangsu e noutros locais nas décadas de 1960 e 1970, embora nessa altura fosse escrito de forma diferente (莳芴, 莳武 ou 莳 扶). O nome usado em livros antigos, 莳梧, ainda é visto em escritos de ciência e tecnologia da década de 1950,[211] enquanto 莳芴 foi o nome usado pelo escritor Rudong Sun Tianhao.[212] Em seu artigo "O *Yangma* e o *Shiwu*", Sun Tianhao comparou o *yangma* do estilo Jiangsu ao *shiwu*. O termo 莳芴 é provavelmente apenas uma representação escrita do nome que os agricultores locais usam para uma ferramenta de semeadura. Muito provavelmente, não havia uma forma escrita para o nome, mas Sun não dá uma razão para usar esses caracteres em vez de 莳梧. Presumivelmente, trata-se de um termo que não tinha encontrado na escrita, pelo que selecionou caracteres que imitavam o som do termo no sotaque local. A partir da pronúncia de 莳芴, é bastante natural relacionar o equipamento com o *shiwu*, escrito como 莳 梧 em escritos antigos, e o shifu, escrito como 莳扶 em textos modernos. Enviei um e-mail a Sun sobre o 莳芴, mencionando os termos usados para o *shiwu*

---

209 *Crônicas de Tongzhou, Zhili*, vol. 17, "Crônica da Cultura – Abundância Material" (período Qianlong).

210 *Crônicas de Tongzhou, Zhili*, vol. 17, "Crônica da Cultura" (período Qianlong).

211 Jiang Yao, "Transplantadoras de Arroz," *Agricultural Sciences Newsletter*, nº 11 (1956): 650–652; Bai Mu e Zi Yin, "História da Pesquisa e Desenvolvimento de Máquinas Agrícolas," *Hunan Agricultural Machinery*, nº 2 (2005); Lu Yazhou, "Introdução ao Desenvolvimento de Máquinas de Transplante de Arroz na China," *Agricultural Machinery*, nº 2 (2009); Miao Changgen e Yi Xiaoli, "Sobre as Tendências Atuais no Desenvolvimento de Transplante Mecânico de Arroz," *Agricultural Development and Equipment*, nº 4 (2013).

212 Sun Tianhao, nascido em 1966, natural de Rudong, Jiangsu.

em escritos antigos e a possível lógica por trás desses termos. Ele ofereceu vários termos adicionais, incluindo 莳芿, 莳梧 e 莳 辅, sustentando que 莳 辅 era o termo mais provável. Na sua entrada de 28 de outubro de 2009 no seu diário, ele registra o seguinte registo detalhado da nossa discussão:

O objeto 莳芿 raramente é visto hoje em dia. Confiado pelo Sr. Zeng, procurei em vários sítios e acabei por encontrar um feito de chifre de boi branco por um velho agricultor. Mas a escrita do carácter 芿 é incerta. Tomei a liberdade de usar o carácter 梧 na minha escrita, mas o carácter 芿 na minha carta. O Sr. Zeng disse na sua carta: "Tanto quanto li, 莳芿 também se escreve 莳梧 ou 莳扶, sendo ambos pronunciados da mesma forma, pelo que não se pode saber qual é o correto. 莳梧 é mais suscetível de trazer os materiais à mente, como quando Su Dongpo disse sobre o yangma, "Tome o olmo jujuba como o corpo, tornando-o escorregadio, e use a árvore catalpa chinesa como a parte de trás, mantendo-o leve". 莳扶 pode ser entendido como "o instrumento de mão para transplantar arroz". O que escreveu, 莳芿, parece indicar a sua forma. Uma vez que foi originado por agricultores e poucas pessoas hoje em dia viram o instrumento que era utilizado durante a dinastia Qing, é pouco provável que esteja relacionado. Há muitos casos de utensílios populares que utilizam materiais locais para se adaptarem às condições locais. Não teria dado ênfase aos materiais, pelo que é improvável que o termo 莳梧 tivesse sido utilizado. 莳扶 pode ser mais apropriado. Se utilizarmos esse nome quando consultarmos os agricultores que utilizaram o dispositivo, poderemos obter respostas mais exatas."
Não há como contestar o que ele diz, mas é difícil trabalhar com 莳扶. Respondi-lhe dizendo na carta: "É pouco provável que seja 莳扶, porque não se trata de um aparelho portátil para transplantar arroz e plântulas, mas sim de uma ferramenta que se pode agarrar como se fosse uma enxada. 莳辅 é o mais provável, parecendo apontar para o fato de a sua utilização poder melhorar a eficiência e evitar que os dedos fiquem encharcados." [213]

Em finais de outubro de 2009, fiz uma viagem à cidade de Xindian, no condado de Rudong, província de Jiangsu, para investigar o *shiwu*. Por coincidência, quando me dirigia para lá, encontrei um casal de idosos que regressava de Pequim a Nantong, e falámos sobre o objetivo da minha via-

---

213 Blog do proprietário do *Qizhi Yuan*, http://blog.sina.com.cn/s/blog_4b8b026c-0100fimt.html.

gem. A mulher idosa recordou que, quando era criança, tinha visto a sua mãe mostrar a um dos criados como utilizar esse instrumento. Tendo em conta a situação aquando da plantação das plântulas de arroz, presume-se que essa ferramenta ainda era utilizada em Nantong por volta de 1949. Quando lhe perguntei como se escrevia *shiwu,* respondeu-me que era apenas uma palavra falada, sem qualquer forma escrita. Se fosse escrito em caracteres chineses, achava que 莳武 era a forma mais razoável de o escrever.

Recentemente, vi o termo usado online, escrito como 莳物[214] 莳芴 tinha sido mudado para 莳物, mas o conteúdo era mais ou menos o mesmo que o encontrado no artigo "O *Yangma* e o *Shiwu*".

Shiwu é simplesmente o nome que a população local dá a essa ferramenta de plantação de arroz. Não tem uma forma escrita. "Wu" pode ser escrito de várias maneiras, mas a pronúncia de todas elas são praticamente a mesma. "Shi", por outro lado, é a mesma em todos os casos, o que sugere que a ferramenta de plantação de arroz referida desta forma na área de Nantong é a mesma que a designada *shiwu* (莳芴) no artigo, e pode ser rastreada até essa ferramenta antiga.

Os antigos registraram que a ferramenta tinha a forma do carácter chinês 乙, mas o *shiwu* utilizado hoje em dia tem a forma de um T, composto por três secções. A parte mais baixa inclui um tampão, muitas vezes chamado de "pé de *shiwu*", que é usado para plantar as sementes no solo. É feito de um caule de bambu cortado em forma de bifurcação. A parte central é a vela, feita de ferro. A parte superior é o cabo, que é curvado como uma sela, com a parte da frente a erguer-se como um barco e a parte de trás a erguer-se como um gancho. Talvez por isso, os antigos diziam que tinha a forma do carácter 乙. O cabo é geralmente feito de madeira dura, mas como os chifres são lisos, as mãos ficam confortáveis. Não magoa a pele e é naturalmente maleável. A ferramenta antiga era feita com os chifres do gado. Ao utilizar o dispositivo, as plântulas são seguradas com a mão esquerda, enquanto a parte superior da frente é segurada com a direita, dividindo os rebentos para que possam ser introduzidos no solo. Esse instrumento agrícola ainda era utilizado em Nantong, Jiangsu, nas décadas de 1950 e 1960.[215]

---

214 "Desvendando os Mistérios do Dialeto de Rudong," do blog *Seeing Rudong from Rudong*, http://www.zaird.com/rudong/1384.html.

215 Lin Tiqiang et al., "Design e Pesquisa sobre Transplantadoras de Arroz, vol. 1," *Journal of Agricultural Machinery*, nº 1 (1957); Departamento Editorial da *Enciclopédia Agrícola*, *Enciclopédia Agrícola Chinesa: Volume de Mecanização Agrícola* (Pequim: Editora de Agricultura da China, 1992), p. 379; Lü Yazhou, "Introdução ao Desenvolvimento de Máquinas de Transplante de Arroz na China," *Agricultural Machinery*, nº 2 (2009).

Shiwu 69

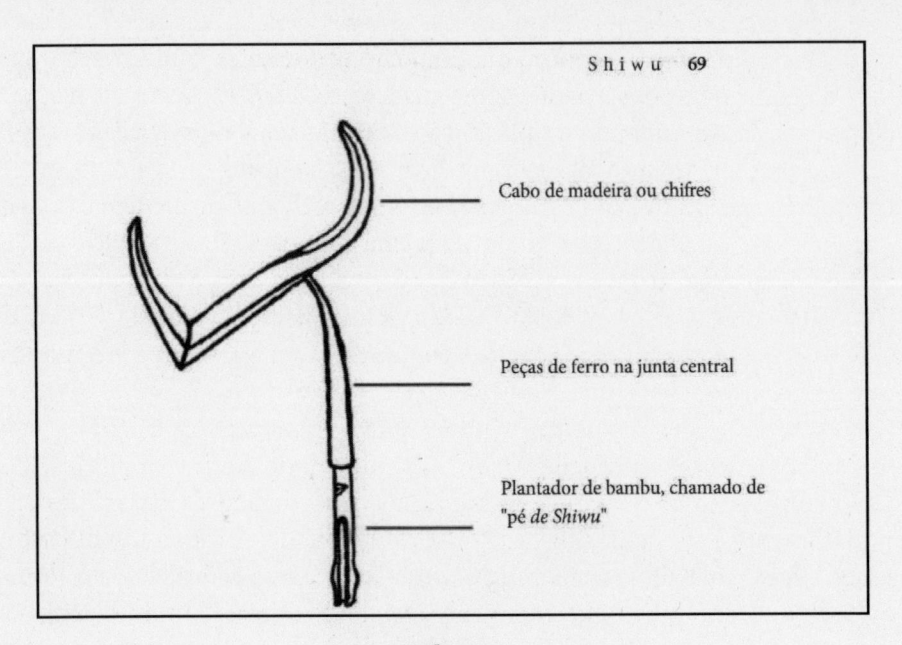

- Cabo de madeira ou chifres
- Peças de ferro na junta central
- Plantador de bambu, chamado de "pé *de Shiwu*"

Shiwu

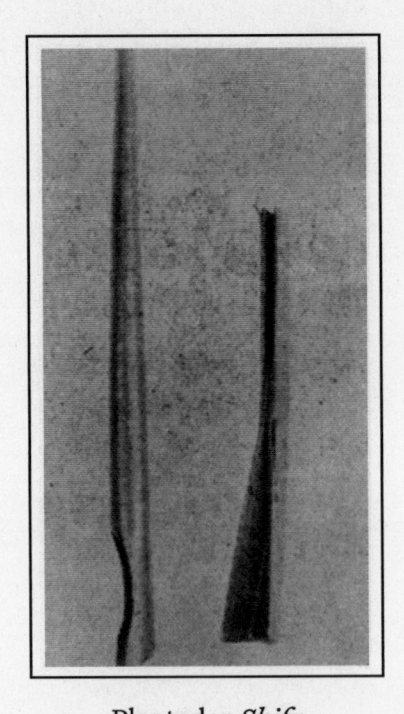

Plantador *Shifu*
1. Detalhe da frente
2. Detalhe da parte traseira

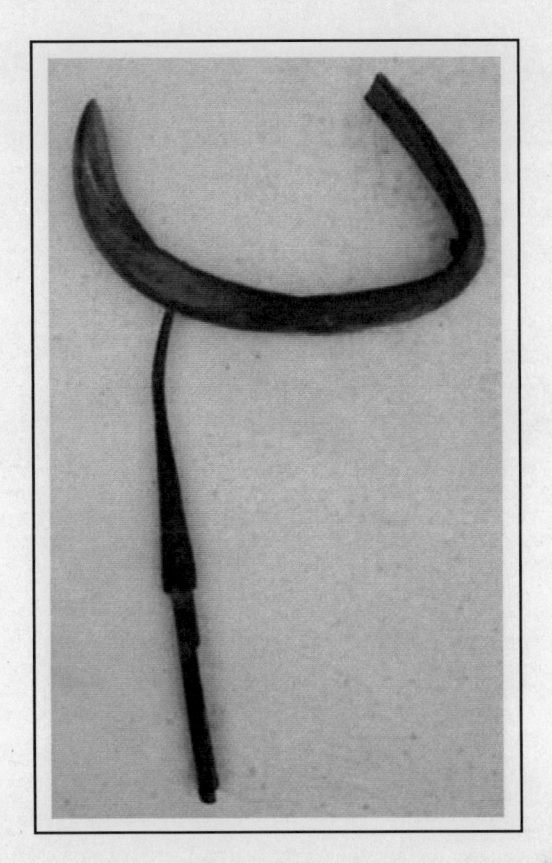

Shiwu com alças de chifre comprado de um fazendeiro
(atualmente não está em exibição, no escritório do Instituto
de História das Ciências Naturais, Academia Chinesa de Ciências)

O *shifu* pode substituir a semeadura manual, penteando e separando as mudas para que possam ser transplantadas com mais facilidade, tornando o trabalho de plantio muito mais rápido, de modo que um trabalho individual pode plantar cerca de dois *mu* por dia,[216] o que é duas vezes mais eficiente do que o transplante manual.[217] Isso desempenha um papel na proteção do trabalho, até certo ponto.

---

216 *Crônicas de Tongzhou, Zhili*, vol. 17, "Crônica da Cultura – Abundância Material" (período Qianlong).

217 Jiang Yao, "Máquinas de Transplante de Arroz," *Agricultural Sciences Newsletter*, nº 11 (1956): 652.

4. De *Shiwu* a transplantador de arroz

O *shiwu*, o primeiro transplantador de arroz visto nos registros históricos, era popular principalmente em Nantong, Jiangsu e nas áreas ao redor. Embora, historicamente, sua influência não tenha sido tão grande quanto a do *yangma*, ele inspirou a invenção do transplantador de arroz contemporâneo.

Em março de 1950, os antigos Laboratório Central de Agricultura, Laboratório Central de Criação de Animais, Laboratório Central de Silvicultura, Escritório de Melhoria da Produção de Algodão, Escritório de Melhoria da Produção de Tabaco e outras instituições foram reorganizados no Instituto de Ciências Agrícolas da China Oriental, que supervisionava o trabalho em cinco províncias e um município, incluindo Shandong, Jiangsu, Anhui, Zhejiang, Fujian e Xangai. Seus escritórios estavam localizados no prédio original do Laboratório Central de Agricultura em Xiaolingwei, um subúrbio na parte leste de Nanjing.[218] De 1952 a 1953, foi criado um grupo de pesquisa de transplantadores de arroz no Instituto de Ciências Agrícolas da China Oriental.

Em 1956, o grupo de pesquisa de transplantadores de arroz propôs pela primeira vez o princípio do transplante de mudas, que envolvia pegar as mudas em grupos e transplantá-las diretamente. Esse foi um grande avanço no desenvolvimento de transplantadores de arroz, desenvolvendo a tecnologia de transplante de arroz a um ponto próximo dos níveis adequados às necessidades agrícolas. Havia o protótipo da primeira geração de transplantadores de arroz de seis fileiras movidos a animais.

O protótipo consistia em uma placa de navio, caixa de mudas, roda de separação, mecanismo de transmissão de energia, haste de operação, ancinho e raspador de rolos, assento e outros componentes. O componente mais importante era a roda de transplante, responsável pela separação e transplante das mudas. Havia seis ponteiros de subplantio (ou seja, as pontas de uma estrela de seis pontas) em uma roda de subplantio. Cada mão de subplantio incluía uma garra de mudas e uma haste de mudas (veja a Imagem 6). A garra de mudas tinha o formato de um pente de quatro dentes e era usada para pentear as raízes das mudas para separá-las. Logo ao lado das garras de mudas estava a haste de transplante de mudas, que podia ser estendida para cima ou para baixo. Quando a máquina avançava, a roda de mudas girava. As garras de mudas eram como uma mão humana, e a caixa de mudas se movia para frente e para trás da esquerda para a direita, agarrando os cachos de mudas. Agarrando os cachos de mudas, a garra

---

[218] "Visão Geral do Trabalho do Instituto de Ciência Agrícola da China Oriental," *Science Bulletin*, nº 5 (1950): 338–339.

girava para tocar a superfície do campo e as hastes de transplante eram automaticamente estendidas, empurrando as raízes das mudas para o solo. O transplante era então concluído. Uma vez terminadas estas tarefas, a haste de plântulas encolhia-se automaticamente, abrindo a garra para se preparar para agarrar novamente as plântulas. Desta forma, seis mudas foram inseridas no solo cada vez que a roda de mudas girava. Com seis rodas de mudas girando juntas, havia mudas inseridas em cada rodada.[219]

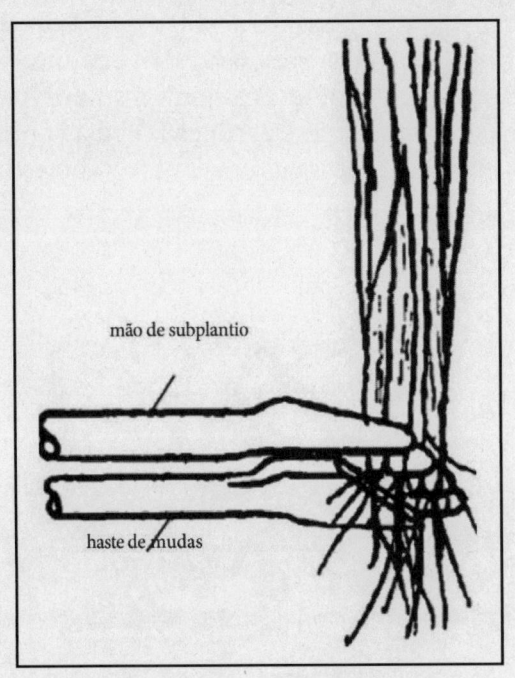

As mãos de subplantio são a parte mais importante do transplantador de arroz (Jiang Yao, 1956)

O desenho da roda de transplantação foi derivado da forma como as plântulas são plantadas. Nanjing não fica muito longe de Nantong, pelo que, de um ponto de vista prático, não foi difícil que alguns dos elementos do desenho da *shiwu* tivessem sido incorporados nos transplantadores modernos. O líder do grupo de investigação de transplantadores de arroz, Jiang Yao, nasceu em Yixing, Jiangsu, em 1913. Realizou uma investigação de campo especial sobre maquinaria agrícola nas zonas de arrozais da China Oriental e publicou vários relatórios. O *shiwu* foi um dos dispositivos in-

---

[219] Jiang Yao, "Máquinas para Transplante de Arroz," *Boletim de Ciências Agrícolas*, nº 11 (1956): 650–652.

troduzidos no artigo "Projeto e Pesquisa de Transplantadores de Arroz."[220] Essa foi a primeira aparição do *shiwu* por escrito e em imagem nos tempos modernos. Infelizmente, os escritores não estavam familiarizados com as referências históricas ao *shiwu*, por isso basearam a sua escrita na linguagem falada, usando os caracteres 莳扶 (*shifu*) em vez de 莳梧 (*shiwu*). Desde então, essa forma de escrita tem sido adoptada nos materiais de vários artigos e enciclopédias que apresentam os transplantadores de arroz.

Em 1960, existiam 21 tipos de transplantadores movidos a tração humana ou animal recomendados para produção em diferentes regiões. Em 1967, o primeiro transplantador de arroz móvel autopropulsionado, o Dongfeng 2S, foi aprovado e posto em produção. Podia transplantar quinze a vinte mu por dia.[221] A partir dessa altura, o *shiwu* começou a desaparecer.

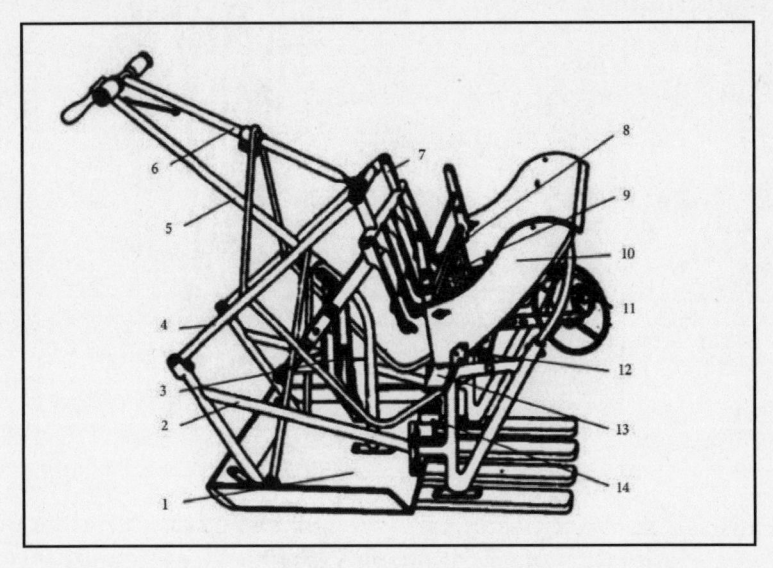

O tipo de pente movido a energia humana derivado da operação do *shiwu*

1. Placa de navio
2. Montagem
3. Alavanca de balanço e mecanismo de calha
4. Braço oscilante
5. Mecanismo de entrega de mudas longitudinais
6. Alavanca de operação
7. Suporte de garra para mudas
8. Garra de mudas
9. Cortina de mudas
10. Caixa de mudas
11. Mecanismo de mudança de caixa
12. Mecanismo de entrega longitudinal de mudas
13. placa da porta de mudas
14. placa reguladora de profundidade

---

220 Lin Tiqiang et al., "Projeto e Pesquisa sobre Transplantadores de Arroz, vol. 1," *Revista de Máquinas Agrícolas*, nº 1 (1957): 1–28.

221 Lü Yazhou, "Introdução ao Desenvolvimento de Máquinas para Transplante de Arroz na China," *Máquinas Agrícolas*, nº 3 (2009): 76–79.

A INVENÇÃO E O DESENVOLVIMENTO DE MEDIDORES DE CHUVA NA CHINA ANTIGA[222]

Desde os tempos antigos, a vida chinesa tem se baseado na agricultura, e a precipitação é o fator mais importante que afeta a produção agrícola. A ênfase na agricultura fez com que as pessoas prestassem muita atenção à precipitação. Pelo menos desde as dinastias Qin e Han, existe um sistema para relatar a chuva ao governo central. As dinastias Tang e Song viram o surgimento do conceito de precipitação e a invenção de pluviômetros. No entanto, devido a várias deficiências no sistema de relatório de chuvas, ao uso de diferentes medidas de precipitação e à compreensão cultural tradicional da precipitação, o pluviômetro e a ciência e tecnologia que ele representa não foram mais desenvolvidos na China e até mesmo ficaram atrás de seus vizinhos, que originalmente aprenderam com a China.

1. Pesquisa histórica sobre a invenção do pluviômetro

Desde a antiguidade, a vida na China tem-se centrado na agricultura e a agricultura sempre foi uma questão de interesse comum para todos no país, desde o mais alto governante até o mais humilde dos cidadãos comuns, e a chuva sempre foi o fator natural mais importante que afeta a produção agrícola. Situada na extremidade ocidental do Oceano Pacífico, na costa oriental da Ásia, o clima da China é fortemente influenciado pela monção, e a precipitação nas várias partes da China segue uma tendência decrescente à medida que se avança do sudeste para o noroeste, dividida aproximadamente em norte e sul pelos rios Qinling e Huai. O norte é dominado principalmente pela agricultura de sequeiro, enquanto o sul é dominado por arrozais. No entanto, devido às diferentes necessidades de água da chuva, existe um risco de seca no sul chuvoso e o norte árido é frequentemente afetado por inundações ou outras catástrofes naturais semelhantes.

Nos tempos antigos, acreditava-se que "no trabalho do campo, as colheitas são semeadas pelo homem, germinadas pela terra e cultivadas

---

222 Este artigo foi publicado pela primeira vez na *Revista de Ciências Humanas e Sociedade 2*, nº 2 (2008): 43–70.

pelo céu". O céu, a terra e o homem são os "três gênios" e, entre eles, "em termos de importância, o tempo do céu é o primeiro, seguido pelo lugar apropriado e, por último, a cooperação humana". O "tempo do céu" é mais importante na colheita agrícola. O que aqueles que "dependem do céu para comer" mais esperam é um bom tempo. Isso se deve principalmente ao fato de que as plantações precisam de uma quantidade adequada de chuva para garantir a irrigação e, ao mesmo tempo, a quantidade de chuva restringe a produção agrícola (ou seja, muita chuva causa inundações, enquanto pouca causa uma seca). As enchentes e as secas são os dois principais tipos de desastres que afetam a produção agrícola. "Inundações e secas dependem do tempo do céu", e a chuva é o fator climático mais importante. Nos tempos antigos, as pessoas costumavam usar a quantidade de chuva em um dia específico para prever a qualidade da colheita, o que era chamado de "contabilidade da chuva". Por exemplo, Han E, um estudioso da dinastia Tang, diz em *Compilação dos Fundamentos das Quatro Estações*: "Em épocas de chuva, grande ou pequena, os grãos desfrutam de uma colheita abundante. Quando os canais estão cheios, montes de grãos são colhidos". A neve é um tipo especial de precipitação, e sua relação com a agricultura também tem um significado especial.

Formação do Sistema de Relatórios de Precipitação e o Conceito de Escala de Precipitação

O interesse na precipitação contribuiu para a formação do sistema de relatórios de precipitação. A julgar pelos materiais disponíveis, os relatórios sobre a precipitação têm sido uma prática na China desde as dinastias Qin e Han. Os funcionários da prefeitura e do condado eram obrigados a fazer relatórios regulares para o condado sobre a precipitação local e a produção agrícola. Já no século III a.C., o sistema de relatório de chuvas estava em uso na China. A "Lei Agrícola" da Tumba de bambu dos Qin em Shuihudi, no condado de Yunmeng, incluía uma ordem sobre relatórios de precipitação que exigia que os condados relatassem, a pé ou pelo correio, dependendo da distância, as condições de precipitação. O mandato abrangia aproximadamente três aspectos. O primeiro era que, durante a chuva sazonal (precipitação), a quantidade de chuva na terra que havia sido cultivada, mas ainda não plantada, deveria ser relatada, juntamente com a quantidade de terra que recebeu chuva e viu suas plantações amadurecerem. O segundo aspecto abordado no mandato foi que a precipitação geral deveria ser relatada de acordo com os campos, separados em três categorias: aqueles que tiveram precipitação insuficiente, aqueles que tiveram precipitação excessiva e aqueles em que o nível de precipitação foi adequado. O terceiro aspecto do mandato tratava de desastres, exigindo que o número de campos afetados por secas, tempestades, inundações, pragas e outros danos fosse relatado. O texto original diz o seguinte:

> *Quando chover e o grão estiver na espiga, o senhor deve informar por escrito a área em qing de chuva e espigas de grãos, juntamente com quantos qing de terra foram recuperados, mas não cultivados. A quantidade de chuva e o número de qing de terra que foram beneficiados O senhor também deve informar imediatamente quando chover durante o período de cultivo. Se houver secas, tempestades, inundações, gafanhotos e outras pragas de insetos que danifiquem as plantações, o número de qing afetados também deve ser relatado. O relatório deve ser enviado para os condados próximos e para os distantes pelo correio. Ele deve ser entregue antes do final do oitavo mês.*[223]

O tribunal Han também observou que "da primavera ao verão e até o início do outono, haverá chuva no condado. Se houver pouca chuva, os condados farão a limpeza e rezarão para os deuses dos grãos e da terra. Em épocas de seca, as autoridades realizarão cerimônias de sacrifício para rezar pela chuva."[224] Em outras palavras, durante todo o período de crescimento de todas as culturas, todas as localidades eram obrigadas a informar a precipitação ao governo central.

Seguindo o precedente, alguns dos sistemas formados nas dinastias Qin e Han continuaram a ser usados pelas gerações posteriores. Na dinastia Song, quando se dizia que "metade dos Analectos de Confúcio governam o mundo", a governança da nação dependia em grande parte das leis estabelecidas pelos antepassados da cultura chinesa. Embora Wang Anshi tenha proposto o slogan "as leis de nossos antepassados são insuficientes" em um esforço para implementar novas leis, ele inevitavelmente fracassou porque não atendia às condições nacionais da época. Entre a lei antiga e a nova, era preferível que a lei antiga fosse implementada de forma mais flexível do que a introdução de uma nova lei. Em termos do sistema de registro de chuvas, a dinastia Song tendia a ser mais institucionalizada e legalizada. No segundo mês do quarto ano do reinado de Xianping do imperador Zhenzong (1001), o departamento da prefeitura analisou a precipitação sazonal

---

[223] *O Túmulo de Qin em Shuimengdi, no Condado de Yunmeng* (Pequim: Editora de Relíquias Culturais, 1981), p. 24.

[224] *Livro da Dinastia Han Final*, vol. 95, "Sobre Etiqueta."

e o tamanho do escritório do condado. Foi exigido que a chuva e a neve de cada prefeitura e condado fossem registradas de acordo com a estação e o tamanho da prefeitura. Os registros deveriam então ser preparados e todos os funcionários deveriam apresentá-los.[225] No primeiro ano do reinado de Baoyuan (1038), um regulamento de relatório de precipitação foi estabelecido no sexto mês, no verão, determinando que os estados relatassem a cada dez dias a precipitação em sua região.[226] Durante o reinado de Xining do Imperador Shenzong da Dinastia Song, várias leis relacionadas ao sistema de relatório de precipitação foram emitidas. No segundo mês do primeiro ano de Xining (1068), diferentes regiões foram obrigadas a informar a precipitação.[227] No quarto mês do quarto ano de Xining (1071), foram publicados decretos exigindo que várias partes do país informassem a precipitação e a neve, e o Templo de Sinong pagou um imposto mensal.[228] Também foi estipulado que o Templo de Sinong "fizesse registros em caso de precipitação muito baixa ou muito alta".[229] No terceiro ano do sétimo mês de Xining, foram emitidos editais que exigiam que os departamentos de transporte de Hebei, Hedong, Shaanxi, Jingdongxi e Huainan, bem como as regiões sob sua administração, informassem a precipitação.[230] No quarto mês, foram lançados editais para exigir que os supervisores do governo de Kaifeng incentivassem os condados a capturar gafanhotos e orar por chuva, o que foi imediatamente relatado.[231] No quinto mês, foram lançados editais para exigir que o departamento de transportes do Distrito Leste e Oeste de Hebei incentivasse as regiões sob sua jurisdição do mandato que ainda não tinham tido nenhuma chuva a relatar imediatamente a emergência.[232] No sexto mês, o país inteiro recebeu novamente a ordem de informar sobre chuvas e nevascas, ladrões e afins, com o status de cada

---

225 [Dinastia Qing] Xu Song, "Oficiais," em *Compilação do Compêndio de Instituições Governamentais e Sociais da Dinastia Song* (Pequim: Companhia de Livros Zhonghua, 1957).

226 *Crônicas das Nove Dinastias*, vol. 10. *História da Song*, "O Sistema de Terras Agrícolas." *Sequência da História como Espelho*, vol. 12 2. *História Completa da Song*, vol. 7.
Também houve relatórios mensais, conforme registrado em *História da Song*, "Notas de Renzong," que afirma: "No 21º dia do sexto mês, foram emitidos éditos ordenando que todos os estados do país fizessem relatórios sobre a chuva e a neve."

227 *História da Song*, vol. 14, "Biografia do Imperador: Shenzong"; *Crônicas das Nove Dinastias*, vol. 10.

228 *Sequência da História como Espelho*, vol. 222; *Crônicas das Nove Dinastias*, vol. 79.

229 *História da Song*, vol. 165, "Posição Oficial: Templo Sinong."

230 *Sequência da História como Espelho*, vol. 251.

231 *Sequência da História como Espelho*, vol. 252.

232 *Sequência da História como Espelho*, vol. 253.

um sendo registrado, e o departamento de arquivamento recebeu a ordem de fazer a classificação e os registros correspondentes.²³³ No sétimo mês do oitavo ano do reinado de Chunxi do imperador Xiaozong da dinastia Song (1181), foram exigidos relatórios mensais de precipitação, com cada condado relatando ao estado governante a cada cinco dias e cada estado relatando ao superior a cada dez dias, quando os supervisores e oficiais os reuniam e classificavam para estarem prontos para o relatório aos comandantes.²³⁴ Durante o reinado de Qingyuan do imperador Ningzong da dinastia Song (1195-1200), as pontuações de água da chuva e painço deveriam ser registradas pelos condados (do primeiro dia do quarto mês até o final do nono mês), e cada condado se reportava ao estado governante a cada cinco dias e cada estado se reportava ao departamento de transporte a cada dez dias, com os relatórios classificados e reunidos divisão por divisão. Sichuan, Guangdong e Guangxi faziam relatórios todos os meses, e os demais faziam relatórios a cada meio mês. Se as enchentes e secas fossem relatadas com números imprecisos ou falsos, os supervisores seriam responsabilizados pela violação do regulamento.²³⁵

Desde que o sistema de relatório de precipitação foi instituído nas dinastias Qin e Han, os níveis de precipitação têm sido um item importante nos relatórios oficiais do governo. Antes da dinastia Qin, já era prática estabelecida há muito tempo que a quantidade de neve caída era determinada pela espessura da neve em um terreno plano, conforme declarado na frase " medir neve pesada em terreno plano."²³⁶ Mas nos primeiros dias, não havia uma medida unificada para determinar a quantidade de chuva. Embora a quantidade e a duração da chuva pudessem ser sentidas intuitivamente, elas eram expressas em uma ampla variedade de palavras. Uma chuva forte era chamada de *shu* ou *liao*; uma chuva prolongada era chamada de *yin, zi, hao, qiao* ou *bi*; a ausência de chuva era chamada de *han*; uma chuva leve era chamada de min; uma garoa era chamada de se, *wei, maimu, xu, you, hai* ou *sha*; uma garoa leve era chamada de *meng* ou *yan*; uma chuva rápida era chamada de *pu*; a interrupção da chuva era chamada de ji; e assim por diante. Com esses vários termos, era difícil quantificar a precipitação. O método mais antigo de quantificação da precipitação era medido pela duração, como em "em caso de chuva, ela é chamada de *lin* se durar mais de

---

233 *Sequência da História como Espelho*, vol. 254.

234 *História Completa da Song*, vol. 27.

235 *Compilação de Decretos e Leis Durante o Reinado de Qingyuan*, vol. 4, "Responsável pelos Correios."

236 *Anais do Período dos Estados Combatentes*, O Nono Ano de Yin Gong.

três dias".²³⁷ Durante a era Qin, era a área coberta pela precipitação que era registrada, como na lei da dinastia Qin "as áreas irrigadas". Talvez por causa da dificuldade de determinar a área de cobertura da chuva, era raro que a chuva fosse realmente relatada dessa forma. Depois da dinastia Han, deu-se mais atenção à duração da chuva, conforme registrado no Livro de Han, *Crônica dos Cinco Elementos*, que diz: "No sétimo mês do primeiro ano do imperador Zhao, houve chuva forte a partir do sétimo ou décimo mês. No outono do terceiro ano da região de Jianshi do imperador Cheng, houve chuva forte durante trinta dias. No nono mês do quarto ano, houve chuva forte por mais de dez dias".

Com base em Jornada para o Oeste, o meteorologista Zhu Kezhen disse sobre a chuva do Rei Dragão: "Choveu ao meio-dia e houve uma chuva forte por três horas, com a quantidade total de chuva de 3 *chi* 3 *cun* 48 *dian*". Ele acreditava que, nas dinastias Yuan e Ming (1271-1644), a China aplicou o conceito de medir a chuva por escala.²³⁸ O historiador meteorológico Wang Pengfei adiou ainda mais o período em que esse conceito surgiu, para a dinastia Song do Sul (1127-1279), acreditando que, como as dinastias Qin e Han não podiam relatar a precipitação com base em sua medição em terreno plano, isso foi convertido durante a dinastia Song do Sul.²³⁹ As evidências existentes indicam que, na dinastia Tang e até mesmo antes, a China calculava a precipitação da mesma forma que a queda de neve, pela quantidade em terreno plano, calculando até o fen. O objeto calculado era a profundidade da água na área do solo (ou a profundidade de penetração no solo ou, no caso da neve, a espessura) após a chuva. O volume 11 da *Revisão do Taiping Imperial*, intitulado "A biografia de Ge Xian Weng" e editado pelo estudioso da dinastia Song Li Fang e outros, inclui um registro de "chuva forte ao meio-dia com mais de um *chi* de água".²⁴⁰ Ge Xian Weng (também chamado Ge Hong, 283-343 d.C.) era um alquimista. De acordo com outra fonte, Ge Xian Weng era Ge Xuan, também conhecido como Xiaoxian, um ancestral de Ge Hong. É evidente que o conceito de medir a precipitação por escala pode ter sido usado já na dinastia Jin, no século III ou IV. No entanto, considerando que Li Fang citou materiais de segunda mão, estou mais inclinado a dizer que a data mais antiga em que a chuva foi medida por escala foi na dinastia Tang (618-907 d.C.). No quarto volume

---

237 *Anais do Período dos Estados Combatentes*, O Nono Ano de Yin Gong.

238 Zhu Kezhen, *As Obras Completas de Zhu Kezhen* (Pequim: Science Publishing House, 1979), p. 93.

239 Wang Pengfei, "Pesquisa Textual sobre Instrumentos de Medição de Chuva Fresca na China e na Coreia," *Studies in the History of Natural Sciences*, nº 3 (1985): 239.

240 *Revisão Imperial Taiping*, vol. 11.

de *Sequência de Lendas de Fantasmas e Espíritos*, Li Fuyan (775-833 d.C.) disse que Li Jing se perdeu no Palácio do Dragão e sua esposa lhe ensinou a arte de fazer chover. Na história, era para chover apenas uma gota, mas Li Jing secretamente deixou chover vinte gotas. Para sua surpresa, cada gota resultou em um *chi* de água no chão. As vinte gotas resultaram em dois *zhang* de água no chão.[241] Na dinastia de Hao, a medição da chuva começou a ser incluída nos relatórios oficiais. *O Sacrifício a Beiyue* e o *Relatório de Chuva de Li Hao* (682-740 d.C.) diz: "Quando o ministro chega a Xingzhou, há um excesso de chuva."[242] Zhang Jiuling (678-740 d.C.), em Respostas a Preces por Chuva, escreve: "Ontem, entre 13h e 17h, as nuvens deram frutos, primeiro explodindo em cinco cores e depois cobrindo o terreno cerimonial. Antes do fim da noite, ainda mais chuvas cobriram a cidade. A secura escaldante foi amenizada durante a noite, e o calor do verão desapareceu temporariamente. Foi um caso de beneficiar a todos com o mínimo de recursos".[243]

Após a dinastia Tang, o conceito da escala de chuvas tornou-se mais popular. Durante o reinado de Gaozu do Jin posterior no período das Cinco Dinastias (936-941 d.C.), foram feitas orações para que chovesse em Bailongtan, e o dragão branco apareceu no meio do lago, trazendo uma chuva forte naquela noite, com a espessura de até um chi.[244] O estudioso da dinastia Song, Yang Yi (974-1020), relata sobre a chuva (c. 999 d.C.) menciona: "nessa região... desde o solstício de verão, tem chovido muito pouco... 999 d.C.) menciona que "nessa região... desde o solstício de verão, tem chovido muito pouco... Então, levei os funcionários e oficiais a orar fervorosamente... Desde o décimo sexto dia do mês anterior, tem havido uma chuva leve e intermitente, de menos de um *cun*. Foi suficiente para limpar a poeira, mas não o suficiente para irrigar a terra seca... No início do décimo segundo dia, depois de informar Zhen Dan, que era Zhongcheng da corte no condado de Lishui, fui à corte de Jifu, ao norte da cidade, e orei por chuva, seguindo seu caminho... De repente, surgiu uma pequena nuvem vinda do nordeste, que estava cheia há muito tempo, e entre 11h e 15h, começou a cair uma chuva forte, cerca de um *cun* no total. O nó nublado permaneceu até o dia 13, quando a chuva forte continuou e durou da manhã até a

---

241 *Uma Coleção de Ficção Documentária de Taiping*, vol. 418, "Dragão I."

242 [Dinastia Qing] Dong Gao et al., *Uma Coleção de Prozas da Dinastia Tang*, vol. 330, "Sacrifício a Beiyue e Relatório de Chuva" (Pequim: Companhia de Livros Zhonghua, 1983), p. 3347.

243 *Livro Completo da Tang*, vol. 289.

244 *História das Cinco Dinastias Antigas*, vol. 81, "O Livro de Jin: Registros sobre o Jovem Imperador."

noite, caindo de três a quatro *chi* de chuva. O vale estava cheio e as valas transbordaram."²⁴⁵ No primeiro ano do reinado de Song Zhenzong, Tianxi (1017), Wang Dan disse: "Houve uma seca excessiva em Yanzhou. Na véspera da cerimônia, houve um chi de chuva."²⁴⁶ No décimo primeiro mês do sétimo ano do reinado de Shenzong Xining (1074), a obra de Su Dongpo "Sobre os Ladrões no Distrito de Jingdong, Hebei" declarou: "Mizhou é a área sob minha jurisdição. Desde o outono deste ano, houve uma seca que impossibilitou o plantio de trigo até o décimo terceiro dia do décimo mês, quando choveu e nevou um *cun*, mas até então o solo estava congelado e era difícil plantar. Além disso, tudo o que foi plantado não cresceu."²⁴⁷ Depois de orar novamente, ele escreveu: "Embora eu ore por uma pequena quantidade de chuva, não há nem mesmo um *cun*."²⁴⁸ O sétimo ano do reinado de Xining foi o ano da pior seca da história da dinastia Song. A seca foi severa em muitas regiões diferentes. Para entender rapidamente a situação da seca em todas essas diferentes áreas, a corte imperial prestou muita atenção aos relatórios de chuva de vários lugares. O imperador esperava que os deuses enviassem chuva em breve, e as autoridades locais tentavam ficar a par da situação. Ocasionalmente, havia falsificações dos relatórios de chuva e casos ainda mais frequentes do tipo de situação a que Sima Guang se referiu quando escreveu: "Há chuva em todos os condados, e os funcionários muitas vezes só querem aliviar as ansiedades do imperador, então relatam um cun de chuva como três *cun*, ou três *cun* como um. Só porque mais é relatado, isso não significa que seja verdade."²⁴⁹ No primeiro ano do reinado de Song Zhezong, Yuanyou (1086), Liu Zhi, um oficial imperial que ocupava o cargo de Zhongcheng, disse: "Fiz repetidos pedidos para a demissão de Cai Que e Zhang Dun, então Deus nos trará chuva. Ontem Cai Que foi destituído e Sima Guang foi nomeado primeiro-ministro. Choveu no dia do anúncio do cargo. Nos dez dias seguintes, choveu três vezes, com precipitação de até um *chi*, principalmente na cidade de Kaifeng."²⁵⁰ O escritor da dinastia Song, Hong Mai, diz em Chronicle of Yijian: "Acompa-

---

245 *Wuyi Nova Coleção*, vol. 15.

246 *Sequência da História como Espelho*, vol. 89.

247 [Dinastia Song do Norte] Su Dongpo, "Sobre os Ladrões no Distrito de Jingdong, Hebei," em *As Obras Completas de Su Dongpo*, vol. 11 (Pequim: Editora de idiomas e cultura, 2001), p. 413.

248 [Dinastia Song do Norte] Su Dongpo, "Sacrifício na Montanha Chang, Cinco Poemas, em Mizhou," em *As Obras Completas de Su Dongpo*, vol. 15 (Pequim: Editora de idiomas e cultura, 2001), p. 526.

249 *Sequência da História como Espelho*, vol. 252.

250 *Sequência da História como Espelho*, vol. 369.

nhada de trovões e relâmpagos, choveu muito, atingindo rapidamente dois *chi*" (Jia Zhi) e "A chuva foi tão forte... que atingiu mais de um *chi*" (Bing Zhi), entre várias outras descrições de precipitação apresentadas no texto. E continua: "No segundo ano de Kaibao, houve até cinco cun de chuva. A chuva forte quebrou muitas casas."[251] Em *Oração para Chuva e Sacrifício*, de Zheng Gang, datado da dinastia Song do Sul, lemos: "Oramos aos deuses para que chovesse durante três dias, comprometendo-nos a retribuir a bondade deles se recebêssemos um *chi* de chuva."[252] Há muitos exemplos semelhantes encontrados em toda a poesia Song.

TABELA 1 — Medições de chuva na poesia da canção

Poeta	Título do poema	Verso do poema	Fonte
Mei Yaochen	Três poemas para Han Yuru ser governador de Yangzhou	choveu no sopé da montanha Taibai / e as amoras foram cultivadas para o bicho-da-seda	O livro completo de poemas musicais. Volume 260, Livro 5. p. 3297
Shi Jie	A longa seca	o bico fica pendurado sob trinta centímetros de chuva / e a chuva fica mais abundante	O livro completo de poemas musicais. Volume 270, Livro 5. p. 3421
Han Qi	Vendo as colheitas (2 poemas)	as chuvas torrenciais levaram a seca / caminhando pelos campos até a casa	O livro completo de poemas musicais. Volume 325, Livro 6. p. 4032.
Han Qi	Colhendo frutas no festival de comida fria	turistas vagam pelos campos primaveris / um chi de chuva afasta a seca	O livro completo de poemas musicais. Volume 336, Livro 6. p. 4107.
Han Qi	Dois poemas sobre a oferta de sacrifícios no túmulo no primeiro dia do primeiro mês de inverno	um chi de chuva no coração ilimitado do povo / às vezes a vontade dos deuses / vive entre o povo	O livro completo de poemas musicais. Volume 336, Livro 6. p. 4110.

---

251 *Registros de Eventos Políticos e Outros da Dinastia Song*, vol. 4.

252 *Beishan*, vol. 14.

Huang Shu	Chuva sazonal no condado de Yichuan	conforto ao pé da chuva na primavera / o celeiro de cada família transborda de esperança e colheita	O livro completo de poemas musicais. Volume 453, Livro 8. p. 5485.
Zheng Xie	Orando pela chuva	três chi de chuva em terreno plano / como três chi de ouro para a família de um fazendeiro	O livro completo de poemas musicais. Volume 586, Livro 10. p. 6894.
Shi Liaoyuan	Uma resposta às orações pela chuva em Longci em Yishan	a noite toda, relâmpagos e vento, e três chi de chuva	O livro completo de poemas musicais. Volume 721, Livro 12. p. 8336.
Guo Xiangzheng	No Templo Guishan em Sizhou	um milhão de pessoas dependem do monge / diante do altar, três chi de chuva	O livro completo de poemas musicais. Volume 759, Livro 13. p. 8833.
Su Dongpo	Três poemas ao som de Kong Yifu sobre a longa seca seguida de fortes chuvas	exemplos abundantes de três chi de chuva nos foram concedidos / é difícil compreender os humores indistintos do divino	O livro completo de poemas musicais. Volume 804, Livro 14. p. 9320.
Su Zhe	Doze quadras de um antigo religioso	alguém chegou ao campo ontem à noite, três chi de chuva caíram	O livro completo de poemas musicais. Volume 870, Livro 15. p. 10129.
Su Zhe	Seca de primavera	inesperadamente, um chi de chuva / uma harmonia triunfante entre Yin e Yang	O livro completo de poemas musicais. Volume 871, Livro 15. p. 10152.
Kong Pingzhong	No Solstício de Verão	três chi de chuva à noite durante dez dias / os primeiros sons de trovão à meia-noite no início da primavera	O livro completo de poemas musicais. Volume 926, Livro 16. p. 10889.

Li Zhiyi	Dez poemas que imitam o estilo de Tao Yuanming	aproveitando a oportunidade para um chi de chuva / o mundo real é difícil, então os agricultores trabalham duro	O livro completo de poemas musicais. Volume 967, Livro 17. p. 11246.
Chen Shidao	Famílias Agricultoras	ontem à noite, três chi de chuva / sob a lareira, lama se forma	O livro completo de poemas musicais. Volume 1114, Livro 19. p. 12641.
Zhang Lei	Dois poemas sobre o frio intenso	quando bebemos ao lado da parede / não tememos nem três chi de chuva enquanto nos sentamos sob o beiral	O livro completo de poemas musicais. Volume 1182, Livro 20. p. 13357.
Zhang Kuo	Três versos ao som da oração de Shi Zuxi pela chuva	com três chi de chuva, tivemos um ano de colheita abundante / como podemos entender a vida mundana	O livro completo de poemas musicais. Volume 1399, Livro 24. p. 16090.
Zhou Zizhi	Depois da chuva, um frio outonal à noite, ouvindo o som dos grilos	três chi de chuva matinal vieram / espalhando-se por todos os planaltos e terras baixas e pantanosas	O livro completo de poemas musicais. Volume 1500, Livro 26. p. 17116.
Lü Benzhong	A chuva nos impede de sair	uma noite de vento e três chi de chuva / em reclusão, ouvimos o cavalo e as carroças chapinhando na lama	O livro completo de poemas musicais. Volume 1626, Livro 28. p. 18238.
Zeng Ji	No primeiro dia do sétimo mês, a música de uma forte chuva	uma nuvem no topo da montanha / e no sopé da colina, um chi de chuva	O livro completo de poemas musicais. Volume 1653, Livro 29. p. 18516.
Wang Zhidao	Ao som de Qin Shou na chuva sazonal	uma chuva torrencial, deixando cair um chi de chuva / assustando o demônio da seca	O livro completo de poemas musicais. Volume 1809, Livro 32. p. 20151.

Wang Zhidao	Ao som de Zhang Wenbo na estação das chuvas	a chuva torrencial fora de época, deixando cair três chi de chuva / cada talo jovem atropelado, mas ininterrupto	O livro completo de poemas musicais. Volume 1810, Livro 32. p. 20164.
Wang Zhidao	Relembrando uma excelente conversa com Su Dongpo sobre chuva sazonal	o demônio da seca corrigido por três chi de chuva / nuvens circulando como algodão no céu	O livro completo de poemas musicais. Volume 1815 Livro 32. p. 20206.
Wang Zhidao	Vinte poemas em resposta a Xu Jigong no caminho Shuqi	longa seca de primavera corrigida por três chi de chuva / os rios e lagos libertam pacificamente o dragão adormecido da inundação	O livro completo de poemas musicais. Volume 1820, Livro 32. p. 20257.
Zhu Yi	Precisando de chuvas sazonais para meu jardim	a paisagem lavada por três chi de chuva / a terra solene imersa na primavera	O livro completo de poemas musicais. Volume 1864, Livro 33. p. 20851.
Chao Gongsu	Uma eclusa de irrigação no quarto mês	uma chuva torrencial, três chi de chuva / transbordando a mil pés do aterro	O livro completo de poemas musicais. Volume 1993, Livro 35. p. 22370.
Zhou Linzhi	Dores pela seca	depois de uma longa espera, três chi de chuva / planeja escrever poemas para exaltar o rei	O livro completo de poemas musicais. Volume 2087, Livro 38. p. 23541.
Fan Chengda	Partindo para Taicheng, despedindo-se do idoso fazendeiro	na estrada, encontrei um velho fazendeiro no campo, e ele tinha muito a dizer / me incentivando a ficar na noite anterior ao aguaceiro de três chi de chuva	O livro completo de poemas musicais. Volume 2259, Livro 41. p. 25916.

Li Chuquan	Mudando a Caverna do Dragão	três chi de chuva caindo na parede / na pequena caixa o sabre ecoa o estrondo de um raio	O livro completo de poemas musicais. Volume 2397, Livro 45. p. 27712.
Zhao Fan	Respondendo à oração por chuva no condado de Yongfeng	a seca significa dez dias de bom tempo / seguida por uma chuva torrencial de três chi	O livro completo de poemas musicais. Volume 2619, Livro 49. p. 30450.
Zhao Fan	Simpatia pela chuva	valorizando esses três chi de chuva / o mestre dragão teme sua crueldade	O livro completo de poemas musicais. Volume 2619, Livro 49. p. 30450.
Wu Changyi	Nove Poemas: O Dragão da Inundação de Jade	liberando as nuvens brilhantes, mil chi de chuva / em um instante, trovão, então a chuva para e as marcas d'água desaparecem	O livro completo de poemas musicais. Volume 2996, Livro 57. p. 35657.
Fan Chengda	Enviando Zhou Zhifu de volta para Yongjia	ontem à noite caíram três cun de chuva na figueira do riacho / hoje o osmanthus da serra saúda a plenitude da estação fria	O livro completo de poemas musicais. Volume 2255, Livro 41. p. 25867.
Zhao Shankuo	Atravessando o Qingjiang, em memória de Mo Qianfu	ontem à noite, de repente, mais três cun de chuva / hoje, o feliz acontecimento continua sem problemas	O livro completo de poemas musicais. Volume 2558, Livro 47. p. 29679.
Shi Junqing	Reflexões sobre orações pela chuva	uma chuva repentina de três cun de chuva / movendo nove camadas da esfera celeste	O livro completo de poemas musicais. Volume 3446, Livro 65. p. 41065.
He Menggui	Dois poemas apresentados a Lanranzi, Liu Gaoshi	nuvens preguiçosas escapam da fortaleza e escapam pelo desfiladeiro / vergonha de não terem deixado sua riqueza de chuvas na região	O livro completo de poemas musicais. Volume 3528, Livro 67. p. 42211.

| Fang Yikui | Chuva sazonal | chuva no sétimo mês deste ano / os arrozais cobertos por um chi de água | O livro completo de poemas musicais. Volume 3529, Livro 67. p. 42225. |

Esses materiais indicam que o conceito da escala de precipitação foi formado não depois das dinastias Tang e Song. A questão agora é como os valores de precipitação foram obtidos, por medição com um medidor ou por observação visual.

Observando os valores de precipitação deixados para trás pelas dinastias Tang e Song, não há, de fato, dados que comprovem que ela foi medida por um pluviômetro, e há sugestões de estimativas. Por exemplo, nos *Relatórios Sobre a Chuva* de Yang Yi, há três medidas da "espessura" da chuva - primeiro como "menos de um cun", depois "um pouco mais de um *cun*", o que poderia significar qualquer coisa acima de um cun e, finalmente, "cerca de três ou quatro *chi*", do qual é impossível determinar se são três chi ou quatro que estão sendo indicados, uma diferença de um *chi* inteiro, o que é ainda mais complicado pela palavra "cerca". A imprecisão é óbvia, tornando evidente que se trata apenas de uma estimativa. No entanto, isso não significa necessariamente que as estimativas eram a única forma de medição de chuva nas dinastias Tang e Song, ou que os pluviômetros não eram usados.

Primeiro, o sistema de relatórios não permitia que a precipitação real fosse substituída por estimativas. Por exemplo, no segundo mês do quarto ano do reinado de Xianping na dinastia Song (1001), o departamento da prefeitura analisou a duração e a quantidade de precipitação relatada em cada escritório do condado. A chuva e a neve de cada prefeitura e condado deveriam ser informadas de acordo com a duração e a quantidade e, em seguida, a prefeitura examinava o registro para certificar-se de que não havia discrepâncias. Enquanto a prefeitura preparava o relatório a ser apresentado ao imperador, foi ordenado que todos os funcionários do governo verificassem o trabalho uns dos outros.[253] Se a quantidade de chuva fosse apenas uma estimativa, seria difícil verificar se havia discrepâncias.

Além disso, vemos valores de precipitação que são precisos para o *fen* na literatura da dinastia Song. Em um determinado ano da Dinastia Song do Sul, "o condado de Yi declarou que a safra estava madura, ou seja, não

---

253 [Dinastia Qing] Xu Song, *Compilação do Compêndio das Instituições Governamentais e Sociais da Dinastia Song* (Pequim: Companhia de Livros Zhonghua, 1957).

havia danos causados pela seca, e os registros de chuva relatam que, no condado de Yi, houve apenas dez dias de chuva em um período de noventa dias. Essa precipitação foi de apenas dois *fen* ou menos, e a chuva só ultrapassou a marca de cinco *fen* no nono dia."[254] Valores tão precisos só podem ser o resultado de medições. Para ser mais preciso, essa não era apenas uma prática do condado de Yi, mas uma exigência da corte imperial da época. Durante a era de Song Ningzong, reinado de Qingyuan (1195-1200), os relatórios de chuva e balanças de painço de todas as prefeituras e condados eram relatados, e (do primeiro dia do quarto mês até o final do nono mês) cada condado era obrigado a relatar a cada cinco dias e cada prefeitura relatava a cada dez dias ao departamento de transportes, com os relatórios classificados por divisão. Sichuan, Guangdong e Guangxi faziam relatórios todos os meses, e o restante a cada meio mês. Se as enchentes e secas fossem relatadas com números imprecisos ou falsos, os supervisores seriam responsabilizados pela violação do regulamento.[255]

Com a formação do conceito de escala de precipitação, é lógico que o pluviômetro já tivesse sido inventado nessa época.

A invenção do pluviômetro

A água da chuva é fluida, portanto, diferentemente da neve, o cálculo da umidade da chuva precisa contar com equipamentos especiais, o que levou à invenção e ao uso de pluviômetros. No início, a água só podia ser estimada por sua profundidade no solo após a chuva, com base na experiência, e, mais tarde, a água da chuva começou a ser medida por meio de instrumentos. Os instrumentos usados para medir a chuva incluíam alguns utensílios usados na vida cotidiana, como bacias, pratos e assim por diante. Registros datados do século IV a.C. indicam que o pluviômetro estava em uso na Índia naquela época, o que o torna o mais antigo pluviômetro conhecido. O dispositivo indiano era uma bacia com cerca de 18 polegadas de diâmetro.[256] Quando a água da chuva enchia a bacia ou o prato, ou quando transbordava do recipiente, isso era chamado de "virar a bacia" ou "virar o prato" ou, às vezes, "derramar a bacia". A teoria por trás de "virar" ou

---

[254] *As Obras Completas de Hou Cun*, vol. 192, "Uma Coleção de Sentenças Famosas do Tribunal" (Pequim: Companhia de Livros Zhonghua, 1987), p. 616.

[255] *Compilação de Decretos e Leis Durante o Reinado de Qingyuan*, vol. 4, "Responsável pelos Correios."

[256] H. Howard Frisinger, *A História da Meteorologia até 1800* (Nova York: Science History Publications, 1977), p. 89.

"derramar a bacia" foi vista pela primeira vez durante a dinastia Tang. O poeta Du Fu escreve que "a nuvem parte da cidade de Baidi, e há chuva suficiente em Baidi para virar a bacia".[257] O registro da beleza da estação, volume 2, "Chuva", do estudioso da dinastia Tang Han E, inclui sob "derramar a bacia" a frase "chuva forte". Mais tarde, "girando a bacia" e "despejando a bacia" foram usadas para descrever chuvas torrenciais. A maioria das pessoas entendia que "derramar" indicava despejar a água da chuva da bacia. Na verdade, o original "girando" ou "despejando" pode significar que a chuva era forte e caía rapidamente, enchendo a bacia até transbordar. Se esse entendimento estiver correto, então a bacia ou prato mencionado aqui pode ser entendido como um pluviômetro.

No sétimo ano do reinado de Song Lizong, Chunyou (1247), o matemático da dinastia Song do Sul, Qin Jiushao, registrou duas questões em Nove Capítulos sobre Matemática, o "cálculo da chuva em Tianchi" e o "cálculo da chuva com um pequeno jarro redondo". Ele diz:

Hoje, se o senhor perguntar a muitos distritos administrativos quanta chuva há na bacia de Tianchi, eles medirão a precipitação. Mas eles sabem como calcular a água na bacia, mas não sabem que estão usando instrumentos diferentes, de modo que as medições que recebem são todas diferentes e, portanto, não podem medir com precisão. Ao calcular a precipitação em um terreno plano, se a bacia tiver dois chi, oito cun de diâmetro com uma base de um chi, dois cun que tem um chi, oito cun de profundidade, ela coletará nove cun de água da chuva. Qual seria a quantidade de água em um terreno plano? A resposta é que seriam três cun em um terreno plano.

Ele continua:

Colete a chuva em uma jarra pequena e redonda de um chi, cinco cun de diâmetro, ou dois chi, quatro cun na barriga, com uma base de oito cun e uma profundidade de um chi, seis cun. Combinado, ele coleta um chi, dois cun de água da chuva. A precipitação é calculada com base na taxa de massa. Qual seria a quantidade de água da chuva em um terreno plano? A resposta é 1 chi, 8 cun, 74,088 fencun e 64,483.

---

257 [Dinastia Tang] Du Fu, "Baidi," em *Poemas Completos da Tang*, vol. 229.

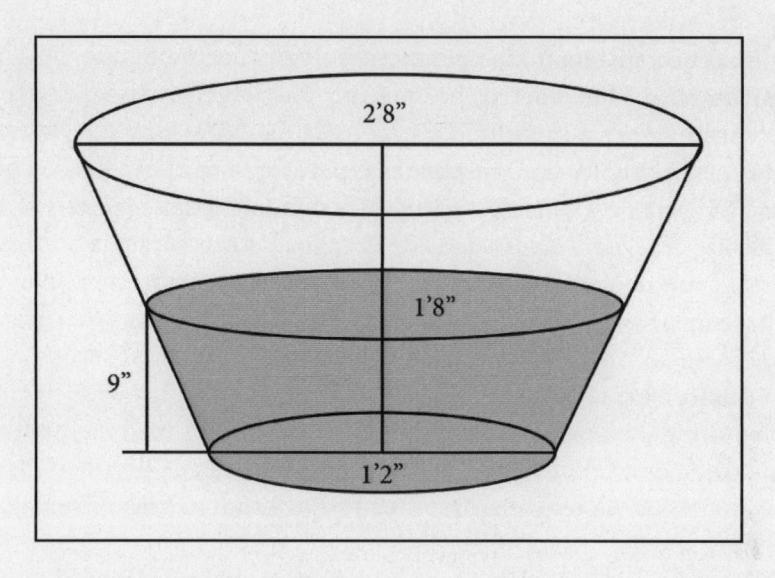

Um esboço da bacia de Tianchi em *Nove capítulos sobre matemática*

O meteorologista e historiador Zhu Kezhen afirmou que "o pluviômetro foi usado pela primeira vez na China. Os Nove Capítulos sobre Matemática do escritor da dinastia Song, Qin Jiushao, contém um problema aritmético relacionado ao volume de água em um pluviômetro".[258] O historiador da matemática Qian Baocong menciona, em relação ao problema relacionado à bacia de Tianchi, que "a bacia de Tianchi foi o pluviômetro mais antigo da história da civilização mundial".[259] Entretanto, essa inferência tem sido objeto de muito debate tanto na China quanto no exterior. Du Shiran, especialista em história da ciência na China, acredita, com base no conteúdo dos dois problemas aritméticos, que não havia medida padrão para a precipitação na dinastia Song e que a bacia de Tianchi era um recipiente para coletar água da chuva para uso na prevenção de incêndios, um recipiente prontamente disponível em todos os condados, mas para o qual não havia tamanho ou forma padrão. Assim, ele sustenta que ela pode ser vista apenas como uma antecessora do pluviômetro na China.[260] Wang

---

[258] Zhu Kezhen, "Sobre Rezar por Chuva, a Proibição do Abate e a Seca" e "Conquistas Passadas da China em Meteorologia," em *As Obras Completas de Zhu Kezhen* (Pequim: Editora de Ciência, 1979), p. 90–93, 267–268.

[259] Qian Baocong, "Estudo sobre os *Nove Capítulos de Matemática* de Qin Jiushao," em *Ensaios sobre a História da Matemática nas Dinastias Song e Yuan* (Pequim: Editora de Ciência, 1966), p. 100.

[260] Du Shiran et al., *Ensaios sobre a História da Ciência e Tecnologia Chinesa*, vol. 1 (Pequim: Editora de Ciência, 1982), p. 193.

Pengfei, especialista em história meteorológica, acredita que Qin Jiushao não inventou o pluviômetro, porque um pluviômetro deve ser capaz de medir diretamente a profundidade da água da chuva coletada, em vez de simplesmente calculá-la. Os recipientes para água da chuva usados por Qin Jiushao (a bacia de Tianchi e o *yuanying*) não funcionavam dessa forma.[261] Park Seong-Rae, da Universidade de Estudos Estrangeiros da Coreia, também rejeitou a ideia de que a bacia de Tianchi servia como um pluviômetro, com base na perspectiva da historiografia do Leste Asiático. Seu argumento baseia- se no trabalho de estudiosos chineses, como Du Shiran.[262]

Então, a bacia Tianchi da Dinastia Song era um pluviômetro ou havia algum outro pluviômetro durante a Dinastia Song? Na verdade, em frente a alguns edifícios chineses antigos, há grandes urnas que foram usadas para armazenar água no passado. Diz-se que elas eram usadas principalmente para a prevenção de incêndios. Entretanto, é difícil inferir que essa era a função da bacia de Tianchi, já que a água que está longe é inútil se houver um incêndio por perto. Não é razoável supor que a água seria coletada naturalmente (por meio da chuva) para a prevenção de incêndios. Se a bacia não estivesse cheia quando houvesse um incêndio, ela seria inútil. Por esse motivo, não faz sentido supor que a bacia de Tianchi tenha sido usada como um dispositivo de combate a incêndios. Seu único uso possível era calcular a precipitação quando não havia água na bacia ou quando o nível da água era fixo antes da precipitação. Além disso, a julgar pelo tamanho da bacia de Tianchi, é difícil imaginar que ela tenha sido usada no combate a incêndios. A bacia em questão era um recipiente com um diâmetro de apenas dois *chi*, oito *cun*, uma base de apenas um *chi*, dois *cun* e uma profundidade de um *chi*, oito *cun*. Um recipiente desse tamanho não conteria água suficiente para o combate a incêndios, mesmo se estivesse cheio até a borda. Além disso, ao observar as especificações da bacia de Tianchi, além da inconsistência do diâmetro e da base, suas dimensões e formato são equivalentes aos dos pluviômetros encontrados em registros coreanos posteriores. O pluviômetro proposto pelo Ministério da Receita da Coreia em 1441 tinha dois *chi* de profundidade e oito *cun* de diâmetro. As especificações do pluviômetro coreano fabricado em Daegu, Incheon e outros lugares em 1442 indicam que ele tinha um *chi*, cinco *cun* de profundidade e sete cun de diâmetro. O pluviômetro emitido com uma gravura do ano cíclico Qianlong

---

[261] Wang Pengfei, "Pesquisa Textual sobre Instrumentos para Medir Chuvas Frescas na China e na Coreia," *Estudos na História das Ciências Naturais*, n.º 3 (1985): 237.

[262] Park Seong-Rae, "Orgulho e Preconceito na Historiografia da Ciência no Leste Asiático," em *Perspectivas Atuais na História da Ciência no Leste Asiático*, eds. Kim Yung-sik e Francesca Bray (Seul: Editora da Universidade Nacional de Seul, 1999), pp. 9–11.

Gengyin (1770) tem um *chi* de profundidade e oito *cun* de diâmetro. Além disso, ao considerar o problema matemático, não se trata de prevenção de incêndios, mas de medir a água em um terreno plano. Portanto, parece evidente que a bacia de Tianchi não era usada para combater incêndios, mas para medir a precipitação.

Na verdade, podemos entender pelos escritos de Qin Jiushao que a bacia de Tianchi era um medidor de chuva. Ele explicou em seu prefácio de *Nove Capítulos sobre Matemática* porque descreveu "o tempo" em seu trabalho sobre "medir a chuva com o Tianchi". Ele escreve:

> *Sete espíritos circulam pelo céu, no tempo dos assuntos humanos, buscando as palavras com as quais defender nosso caso, as estrelas da noite lançam uma sombra. O tempo é escasso, a natureza é mutável, mas qual é o benefício de seguir o modelo se não buscarmos o caminho do céu? Os agricultores cultivam e colhem dependendo das condições naturais favoráveis. Com muito sol, chuva e neve, as plantações crescem bem. Os funcionários encarregados da agricultura se preocupam com o clima, pegam utensílios para medir a chuva e, quando um utensílio está cheio de água, outro é usado. Seus sentimentos oscilam entre alegria e ansiedade.*

O motivo do nome da bacia de Tianchi está ligado ao entendimento que as pessoas tinham nos tempos antigos sobre os "três talentos" do céu, da terra e dos assuntos humanos e sua relação com a produção agrícola. "Os agricultores cultivam e colhem dependendo das condições naturais favoráveis. Com muito sol, chuva e neve, as plantações crescem bem." A bacia de Tianchi foi usada para medir a água da chuva, com o objetivo de permitir que as autoridades locais avaliassem a produção agrícola local, e não tinha nada a ver com combate a incêndios. Não é difícil ver nesse texto que o "utensílio" desse "tamanho" era usado para "medir" a chuva e a neve. A "medição de chuva de Tianchi" também indica claramente que a bacia de Tianchi foi usada para medir a chuva, e "há muitas bacias de Tianchi no condado de Jinzhou para medir a chuva". Ele utilizava o mesmo método que o pluviômetro posterior, "coletando água na bacia para determinar a quantidade de chuva". O problema é que a bacia de Tianchi e o *yuanying* não eram pluviômetros padronizados. "O formato do dispositivo é diferente, portanto, a quantidade de chuva que eles coletam é diferente." Portanto, "se puder ser medido, ele determinará a quantidade de chuva em um terreno plano", o que é chamado no prefácio de "usar um instrumento para mover o dispositivo". A solução é calcular a quantidade de água. Tudo isso indica que a bacia de Tianchi era um medidor de chuva e não um recipiente para armazenar água para combate a incêndios. Ao mesmo tempo, o entendimento de Qin Jiushao estabeleceu a base teórica para o desenvolvimento de pluviômetros padronizados.

Na dinastia Song, o nível da água na bacia era usado para calcular o tempo e era marcado com escalas. Também era assim que as ampulhetas de campo eram feitas. Mei Yaochen escreve em seu poema: "O jarro de barro segura um riacho, pingando nos juncos da ampulheta de campo. Ela não é confundida pela sombra ou pela luz, mas espera conscientemente pela manhã e pelo crepúsculo. Para o trabalhador, não existe noite, mas apenas dia. O mesmo movimento é aprovado e, uma vez decidido, não pode mudar."[263] O cálculo do tempo dessa forma estava ligado ao método de medição pelo pluviômetro. Pode ser que o cronometrista tenha tomado emprestado o método do pluviômetro, ou talvez o contrário.

A corte Song também usou o princípio dos pluviômetros para medir a água. Durante a dinastia Song, os medidores de água eram geralmente instalados em vários canais, rios, lagoas e áreas planas para observar os níveis de água.[264] Os métodos e padrões usados nas medições do nível de água eram semelhantes aos dos medidores de chuva.

No décimo ano do reinado de Xining da dinastia Song do Norte (1077), Fan Ziyuan disse: "No oitavo mês do oitavo ano do reinado de Xining... naquela época, inspecionei as posições da água nas margens do rio Ergu,[265] descobrindo que cada lado tem água subindo e descendo a cada dia e mês".[266] Naquela época, os dados de longo prazo sobre as mudanças nas medições e níveis de água do rio Amarelo foram registrados por mês e dia, um registro chamado de "Calendário da Água nas Margens". No sul, a rede de cursos d'água era densa e as chuvas eram frequentes, e havia mais medidores de água. Por exemplo, no Lago Jian, no leste de Zhejiang, "foram criadas lojas para marcar os padrões de água. A profundidade da água na ponte Wuyun era de oito *chi*, cinco *cun*, sendo o condado de Kuaiji responsável pelo trabalho. Na ponte Kuahu, a profundidade da água era de quatro chi, cinco cun, sendo o condado de Shanyin o responsável pelo trabalho".[267] Nenhuma delas é mais conhecida do que a tábua de medição

---

263 [Dinastia Song do Norte] Mei Yaochen, *Coleção Wanling*, vol. 51.

264 Zhang Fang, "Configuração de Medidores de Água e Tecnologia de Nível de Água na Dinastia Song," *Revista Chinesa de História da Ciência e Tecnologia*, n.º 4 (2005): 332-339.

265 Nota do Tradutor: um afluente do Rio Amarelo.

266 *Sequência de História como um Espelho*, vol. 282.

267 [Dinastia Song do Norte] Zeng Gong, "Prefácio a Yuezhou, Prefeitura de Jianhu," em *Uma Coleção das Obras de Zeng Gong no Reinado Qingfeng*, vol. 13.

de água de Wujiang em Taihu. A placa de pedra foi dividida em direita e esquerda. A pedra da esquerda tinha "sete *chi* de comprimento, e árvores de formato estranho ficavam no lado esquerdo da extremidade norte de Hongqiao. A pedra era mais extensa do que sete *chi*, com sete caminhos horizontais, cada um formando uma medida, com o equilíbrio da água abaixo dela. Se o nível da água estivesse abaixo de um *ze*, o campo estava saudável. Se estivesse acima de dois *ze*, os campos da planície eram irrigados; acima de três, os da terra relativamente baixa eram irrigados; acima de quatro, os da terra média-baixa eram irrigados; acima de cinco, os da terra média-alta eram irrigados; e acima de seis, os da terra relativamente alta eram irrigados. Se fosse acima de sete *ze*, o campo ficava totalmente encharcado. Quando a água atingia um determinado nível em um determinado ano, era um desastre, e era registrado que o nível da água atingiu esse estágio em um determinado ano. Todos os anos, cada cidade relatava seus níveis de inundação. Embora o funcionário público não tivesse tempo de percorrer distâncias tão grandes para pesquisar cada cidade e determinar quais de nossos campos haviam sofrido um desastre, era possível fazer previsões com base nos relatórios diários. Quando os oficiais locais usavam o Chuihong para medir a água, eles viam a situação real, e aqueles que falsificavam os resultados eram punidos". A pedra de medição de água à direita "tinha sete *chi* de comprimento e árvores de formato estranho penduradas no lado norte da pedra em Hongting... Ela era dividida em partes superior e inferior por uma linha horizontal. Cada linha horizontal tinha seis *zhi*, cada um deles representando um mês. Os seis da linha superior representavam do primeiro ao sexto mês, enquanto os da linha inferior representavam do sétimo ao décimo segundo mês. Cada mês tinha três *xun*, e outros três *zhi* eram subdivididos a partir do mês, com um *zhi* equivalente a um *xun* e três estações, equivalentes a dezoito *xun*. A cada dezoito *zhi*, os responsáveis marcavam a subida e a descida da água, que era informada aos oficiais. Qualquer momento em que a água ultrapassasse as marcas no padrão, seria desastroso e seria registrado como mencionado anteriormente."[268]

---

268 *Obras Completas sobre Recursos Hídricos em Wuzhong*, vol. 18; "Crônicas de Jiashan," em *Manuscritos sobre a História Agrícola da China*, ed. Tang Qiyu (Pequim: Editora de Agricultura da China, 1985), p. 569.

Campo Hourglass

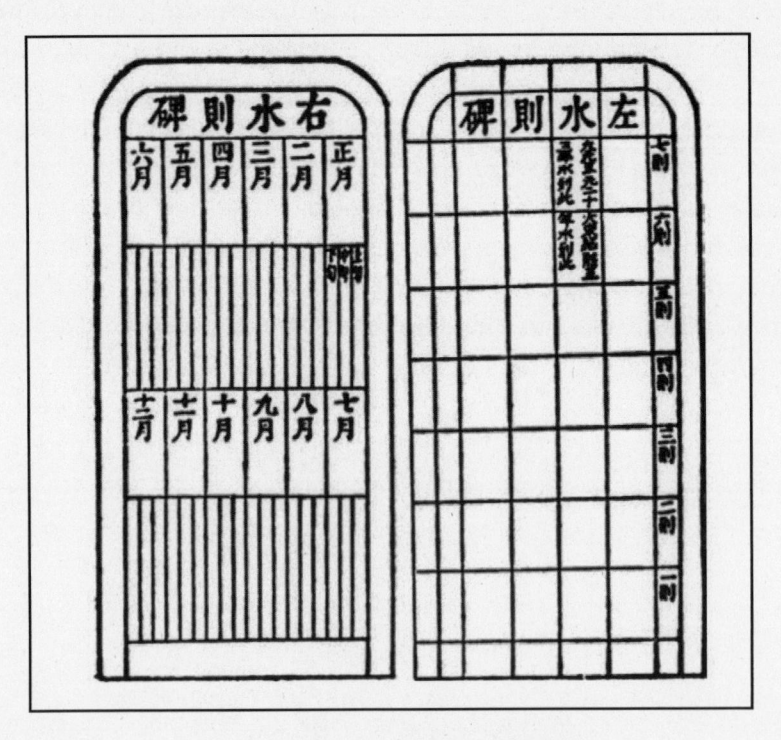

Comprimidos de medição de água

Além de prever a extensão de desastres, a medição da água também era usada como base para a distribuição de recursos hídricos,[269] e até mesmo em sentenças e condenações.[270] As medições de chuva e água eram geralmente realizadas ao mesmo tempo. No 23º ano do Rei Sejong da Dinastia Joseon (1441), os pluviômetros foram introduzidos na Coreia e "pedras finas foram colocadas na água a oeste da Ponte Maqian, erguendo duas pedras esculpidas com um pilar cúbico de madeira no meio, preso com ganchos de ferro. A medida foi gravada no pilar. Os funcionários da divisão local ouviram a chuva para saber se a água era rasa ou profunda. Ele também colocou uma marca na pedra ao lado do rio Han para gravar as medidas, e os funcionários encarregados da medição da água usaram essa marca para medir a profundidade da água, que ele então relatou aos funcionários da divisão local".[271] Também foi observado que "árvores e pedras eram usadas para medir a água, um sistema antigo que remonta à dinastia Song."[272] A história da medição dos níveis de água pode ser rastreada pelo menos até a dinastia Song, e talvez antes.

De acordo com essa análise, o problema da medição da chuva na bacia de Tianchi deve ser interpretado com vários pontos em mente. 1) Do ponto de vista da localização da bacia na "prefeitura e no condado", a bacia de Tianchi deve ter alguma função oficial. Essa função provavelmente é relatar as medições de chuva, pois desde as dinastias Qin e Han, as prefeituras e os condados tinham um sistema regular para relatar as chuvas. Os funcionários da prefeitura e do condado na dinastia Song provavelmente baseavam seus relatórios para a corte no que recebiam da bacia de Tianchi. O nome da bacia em si, "Tianchi", indica a aceitação das bênçãos do céu, pois a chuva era frequentemente vista como uma dádiva concedida pelo céu. 2) A bacia de Tianchi podia ser usada para medir a precipitação porque "a água na bacia indica a quantidade de chuva". 3) A precipitação refere-se à

---

269 Para resolver os conflitos entre o Planalto de Shuzhou e Qiongzhou, no Condado de Dayi, relacionados ao uso da água, Guo Zigao afirmou que "tanto o poço quanto a madeira de medição estão nivelados, e a largura e a profundidade da água são limitadas. Como a madeira prevalece, considera-se que a água está nivelada na cidade, e isso é chamado de justo." Veja Fan Zuyu, *Obras Completas de Fan Taishi*, vol. 42, "Epítome de GuoJun, Chaofenglang."

270 No Condado de Danyang, em Runzhou, o condado possuía o Lago Lian, que foi projetado para armazenar água em um canal, sob controle rigoroso do governo. Foi estipulado que "um *cun* de água requer um *chi* de canal, portanto roubar do lago é um crime pior do que assassinato." Veja Ouyang Xiu, *Uma Coletânea de Obras de Ouyang Xiu*, vol. 33, "Epítome na Tumba de Xu Gong, Ministro das Obras Públicas, Tianzhangge."

271 *Registros de Sejong*, vol. 93.

272 "Crônicas de Jiashan," em *Manuscritos sobre a História Agrícola da China*, ed. Tang Qiyu (Pequim: Editora de Agricultura da China, 1985), p. 569.

"quantidade de água da chuva coletada em um terreno plano", e não à profundidade da água da chuva que penetrou no solo. 4) A bacia de Tianchi foi colocada em várias prefeituras e condados, mas a forma não era uniforme, o que significa que não poderia ser considerada um pluviômetro padrão.

Deve-se ressaltar que, embora a bacia de Tianchi e o *yuanying* não fossem medidores de chuva padrão, não se pode negar que havia medidores de chuva padrão na dinastia Song. Como a pluviosidade era medida para fins de relatório, deve ter havido algum padrão para esses relatórios. Se os padrões fossem diferentes, os relatórios não teriam sentido. *Nove Capítulos Sobre Matemática* é um livro didático de matemática. Os problemas contidos nesse livro não envolvem necessariamente cálculos, portanto, o senhor não pode se preocupar com isso.

Eles geralmente são formas não padronizadas. No mesmo livro, há dois outros problemas, um relacionado ao uso de um instrumento de bambu para testar a neve e outro chamado de "teste de neve acumulada",[273] ambos concebidos como problemas matemáticos. Se a profundidade pudesse ser medida com uma régua, não haveria necessidade de cálculos. Perguntas como o problema da bacia de Tianchi indicam uma compreensão generalizada do princípio e da aplicação dos pluviômetros. O instrumento poderia ser fabricado de acordo com o mesmo padrão e com um diâmetro padrão para a base. Assim, é impossível negar a existência de pluviômetros padronizados na época simplesmente por causa dos problemas apresentados em um livro de matemática. Em vez disso, esses problemas matemáticos deixam evidente que havia um entendimento geral do princípio dos pluviômetros e, pelo menos, um entendimento teórico da necessidade de padronizá-los.

Para resolver as duas questões relativas à medição da chuva com a bacia de Tianchi e com o *yuanying*, é necessário obter "a quantidade de chuva no nível do solo" e "a profundidade da água no nível do solo". Esse é exatamente o principal conteúdo abordado nos "relatórios sobre a chuva" da dinastia Song. Esse material foi confirmado nos "relatórios sobre a chuva" registrados por algumas autoridades locais durante a dinastia Song. Na primeira citação dos Registros de Chuva de Yang Yi, "determinando a precipitação no décimo sexto dia do mês anterior, que foi inferior a um *cun*", seguida pela frase "boa o suficiente para limpar a poeira, mas insuficiente para a irrigação", vemos uma referência óbvia à quantidade de chuva no

---

273 A questão apresentada no problema envolvendo o dispositivo de bambu para medir a neve é a seguinte: Usando um cesto redondo para testar a neve, seu diâmetro é de um *chi* e seis *cun*, e sua profundidade é de um *chi* e sete *cun*, enquanto o diâmetro de sua base é de um *chi* e dois *cun*. A neve no cesto tem uma profundidade de um *chi*. Qual é a profundidade da neve no solo? A resposta é: A neve no solo tem nove *cun* e 764/3429.

nível do solo em vez da profundidade em que ela penetrou no solo. As informações sobre "relatórios de chuva" na dinastia Song foram preservadas em registros históricos, e também é evidente que o conteúdo dos relatórios de chuva daquela época se referia à quantidade de água da chuva em solo nivelado. Por exemplo, em *História da música: Crônica dos Cinco Elementos*, está registrado que no segundo ano do reinado de Taipingxingguo (977 d.C.), "as chuvas continuaram a cair durante a primavera e o verão em Daozhou, chegando a dois *zhang* em terreno plano". Além disso, no quinto mês do quinto ano do reinado de Taipingxingguo (980 d.C.), "a chuva na capital continuou continuamente por dezenas de dias". E, finalmente, no terceiro ano do reinado de Dazhongxiangfu (1010), "no 23º dia do quinto mês, houve uma forte chuva na capital, alguns *chi* em terreno plano, danificando os quartéis e as residências particulares. Os locais com chuva particularmente forte ficaram quase inundados". De acordo com o Jade Sea, no quinto mês do terceiro ano do reinado de Chunhua (992 d.C.), os funcionários foram presos depois de uma seca.[274] A partir desses exemplos, fica evidente que o sistema de relatórios de chuva na dinastia Song incluía horário, local, duração, profundidade da água acumulada em terreno plano e grau de benefícios e danos. A corte Song também usou as mesmas medidas padrão para determinar a profundidade da área de terra após uma tempestade de areia. No sexto mês do sétimo ano do reinado de Xining (1074), Lü Huiqing chegou ao poder. Em seu primeiro dia no cargo, houve um forte vento na capital e choveu mais de um *cun*.[275]

  Alguns estudiosos acreditam que a quantidade de chuva não era medida por pluviômetros confiáveis nas dinastias Tang e Song, mas que o volume de água da chuva era medido apenas enquanto chovia ou depois da chuva, estimando a profundidade do excesso de água da superfície ou do solo saturado, depois estimado com uma enxada, o que leva esses estudiosos a negarem a existência de pluviômetros durante esse período. O problema é que, antes das dinastias Tang e Song, não havia nenhum valor dado para a quantidade de chuva. É amplamente conhecido que os sistemas de pesos e medidas chineses tiveram origem muito cedo. *O Livro de Sui: Crônica de Temperamento e Calendário* oferece exemplos de quinze tipos de réguas usadas para medir o comprimento desde a dinastia Zhou até a dinastia Sui. O uso da espessura, medida em chi, para expressar as medições da água da chuva poderia ter sido pensado desde a dinastia Zhou, mas só foi realmente realizado muito mais tarde. Um dos motivos do atraso foi o fato de que ainda não havia sido inventado nenhum método ou instru-

---

274 *Jade Sea*, vol. 195; *Um Estudo de Diversos Livros*, vol. 36.

275 *História como um Espelho: Registros da Dinastia Song*, vol. 70.

mento para expressar com precisão as quantidades de água da chuva. Foi somente nas dinastias Tang e Song que começaram a aparecer registros de valores de chuva expressos por volume. Isso não sugere a introdução de pluviômetros durante esse período? Embora isso não exclua a possibilidade de que algumas medições tenham registrado a profundidade da saturação do solo, há mais exemplos de profundidade medida por pluviômetros. Caso contrário, como podemos explicar a existência de pesos e medidas na dinastia Zhou, enquanto a medição da precipitação só apareceu nas dinastias Tang e Song?

Os registros da quantidade de chuva e até mesmo a existência de implementos não especificamente usados para medir a chuva são um importante indicador da formação do conceito de medição de chuva. Na ausência de evidências diretas da existência do pluviômetro, podemos reverter o processo e inferir a existência do pluviômetro a partir do desenvolvimento do princípio subjacente ao instrumento e dos registros de dados que provavelmente foram derivados de um pluviômetro, a menos que tenhamos um bom motivo para negar que esses valores tenham sido medidos por um pluviômetro, sendo apenas "estimados". Entretanto, embora haja alguns elementos de estimativa visual nos valores registrados nas dinastias Tang e Song, a existência do pluviômetro naquela época não pode ser completamente descartada.

Tendo em vista que os registros de medições de precipitação surgiram antes mesmo da Dinastia Tang, é possível que os pluviômetros tenham surgido pelo menos na Dinastia Tang. Com base no conceito de quantidade de chuva usado nos relatórios de Li Hao (682-740 d.C.) e Zhang Jiuling (678-740 d.C.) na dinastia Tang, é provável que o pluviômetro tenha sido inventado na China por volta do século VIII, o que é anterior às datas estimadas para a invenção de instrumentos semelhantes na Coreia, mais de 740 anos depois (1442), e também 540 anos antes da bacia de Tianchi registrada nos Nove capítulos sobre matemática de Qin Jiushao.

2. O destino dos pluviômetros na China antiga

A China tem um sistema de relatório de precipitação desde as dinastias Qin e Han, expressa sua precipitação em *chi*, *cun* e *fen* pelo menos desde a dinastia Tang e tem o conceito de pluviômetros padronizados pelo menos desde a dinastia Song, o que indica que o uso de um pluviômetro padrão estava a um passo de distância. Mesmo assim, não parece que o pluviômetro padrão desenvolvido e promovido pelo Estado tenha surgido na China naquela época, e nenhuma rede nacional de observação foi estabelecida com base nesse sistema de medição. As prefeituras e os condados simplesmente relataram a água da chuva coletada na bacia de Tianchi e a utilizaram, sem nenhum padrão uniforme aplicado. Isso contrastava muito com a Coreia, onde o método chinês de relatar as chuvas foi adotado antes de 1441. Para ser mais preciso, a Coreia adotou o "relatório sobre chuvas" formulado durante o período Hongwu da dinastia Ming, que exigia relatórios claros e precisos. Lemos: "Com relação ao relatório de precipitação, ele deve ser certificado por uma determinada pessoa, indicando o dia, o mês e o ano do reinado de Hongwu e em que hora e local houve chuva. Tudo isso deve ser relatado ao tribunal, juntamente com a profundidade de saturação do solo",[276] entre outros itens. Por exemplo, desde o primeiro dia do quarto mês do ano cíclico de Gengzi até o nono mês do sétimo ano do reinado de Sejong (1425) na Coreia, está escrito: "Se houver chuva nas províncias, prefeituras e condados, a profundidade em que a água penetrou no solo deve ser anotada e apresentada como um relatório oficial".[277] No entanto, eles logo descobriram que "o solo tem diferentes níveis de umidade, por isso é difícil determinar a profundidade em que a chuva penetrou no solo". Por sugestão do escritório de agricultura, a partir do 23º ano do reinado de Sejong (1441), a fundição oficial de pluviômetros padrão e sua distribuição por todo o país criaram uma rede nacional de observação de medição de chuvas.[278] Os pluviômetros emitidos no ano cíclico de Gengyin do reinado de Qianlong (1770) ainda são preservados em Daegu, Incheon e outros lugares na Coreia. Todos eles são feitos de latão e gravados com escalas e

---

276 *Leis e Regulamentos da Dinastia Ming*, vol. 76, "O Formato de Relatórios Oficiais, Comerciais e Privados."

277 *Crônicas das Dinastias Coreanas*, 7 volumes, *Crônicas de Sejoung*, livro 28 (Instituto de Cultura Oriental, 31º ano do reinado de Zhaohe), p. 419.

278 Wang Pengfei, "Pesquisa Textual sobre Pluviômetros na China e na Coreia," *Estudos na História das Ciências Naturais*, n. 3 (1985): 242–246.

medem um *chi*, oito *cun* de largura. Esse foi um dos primeiros medidores de chuva do mundo.

Por que, então, se o sistema de relatório de chuva começou tão cedo na China e o conceito de um pluviômetro padronizado foi desenvolvido já na dinastia Song, esse desenvolvimento não foi adiante, fazendo com que a China ficasse atrás da Coreia, um país que, em geral, seguiu os desenvolvimentos chineses? Essa é outra questão que este artigo pretende abordar.

As deficiências do sistema de relatórios de chuva

Se o sistema de comunicação das chuvas começou na dinastia Qin, isso significa que já estava a ser utilizado há mais de mil anos na dinastia Song. Com o passar do tempo, os sistemas tornam-se inevitavelmente rotineiros e torna-se difícil fazer-lhes alterações, pelo que se tornam mais rigorosamente formalizados à medida que o tempo passa. O sistema de registo das chuvas foi iniciado durante a dinastia Qin, mas ainda estava longe de estar aperfeiçoado. As gerações posteriores continuaram a seguir a prática sem inovação, entrando assim em declínio. Na dinastia Song, houve um renascimento, com diferentes níveis de entusiasmo, mas a prática não foi aplicada de forma muito rigorosa. A corte Song emitiu vários éditos que afirmavam a prática dos relatórios sobre a chuva, mas o calendário era pouco rigoroso, exigindo por vezes três relatórios por mês e outras vezes um relatório em três meses. Além disso, independentemente da frequência com que era exigido, as ordens eram geralmente ignoradas, uma vez que as ordens que mudavam frequentemente geravam confusão. Ouyang Xiu criticou uma vez o abuso das ordens do governo, dizendo: "Se as palavras de um homem mudam frequentemente, não se acredita nelas. Se as ordens forem alteradas com frequência, são difíceis de seguir. Quando as ordens são promulgadas sem pensar, não se manterão por muito tempo e, em breve, terão de ser feitas alterações. Palavras sem substância são difíceis de seguir. Sempre que há um assunto a tratar, os funcionários das prefeituras e dos condados não dão ordens definitivas, mas apenas dizem: "Não é viável e tem de mudar em breve". Ou então dizem: "prepare uma prenda, para o caso de haver uma pequena ofensa". Quando chegar um novo dia, as regras mudarão de novo".[279] O sistema de comunicação das chuvas foi afetado por esse tipo de má política.

---

279 [Dinastia Song do Norte] Ouyang Xiu, *Obras Completas de Ouyang Xiu*, vol. 46, "Um Relatório Enviado à Corte."

Mesmo que o sistema de informação pluviométrica tenha sido mais bem implementado numa determinada dinastia ou período, acabou por mudar com a mudança de poder seguinte, talvez mesmo por desaparecer. A situação que surgiu nas dinastias Ming e Qing ilustra esse ponto. Lemos: "No período Hongwu, o magistrado do condado de cada prefeitura era responsável pelo sistema de informação sobre as chuvas... Não era uma questão urgente e o trabalho prolongou-se por um longo período... e nas gerações posteriores, desvaneceu-se e morreu."[280] Durante o período Renzhong da dinastia Ming, foi-lhe dada uma atenção especial, mas não durou muito tempo. De fato, no espaço de um ano após a subida ao trono do Imperador Renzhong, este morreu (subiu ao trono no oitavo mês do 22º ano do reinado de Yongle, 1424, de acordo com o calendário antigo, e no quinto mês do ano seguinte, sob o reinado de Hongxi, o Imperador Renzhong adoeceu e foi declarado morto aos 47 anos). A partir daí, o sistema de registo das chuvas entrou em declínio. O mesmo aconteceu na dinastia Qing. Antes do período Yongzheng, o sistema de registo das chuvas não estava bem implementado. O imperador tinha frequentemente de recorrer a outros canais para se informar sobre a situação da precipitação em vários locais. Por exemplo, no sexto mês do 32.º ano do reinado de Kangxi (1693), oficiais eruditos e outros disseram: "Quando o soberano vê as pessoas de todas as províncias virem prestar homenagem, pergunta sem falta pela situação da precipitação nos seus locais e pergunta se há água suficiente". Até providenciou para que os funcionários do governo fossem "averiguar em pormenor e observar a situação da chuva local".[281] Só durante o período de Yongzheng é que se exigiu que "todos os subordinados, de longe e de perto, relatassem toda a chuva que se acumulasse na terra".[282] Após o período de Qianlong, havia um regulamento segundo o qual "a chuva e a queda de neve devem ser comunicadas uma vez em cada dez meses".[283]

A raiz do problema estava no tribunal. Os regulamentos citados acima exigem apenas que os relatórios sejam feitos de acordo com o cronograma, mas após a conclusão do relatório, não houve acompanhamento para tratar das questões levantadas no relatório. Esse era um problema técnico e, antes que pudesse ser resolvido, havia a incômoda tarefa de processar os dados dos relatórios que precisavam ser atendidos. Na dinastia Song, "havia primeiro o relatório de precipitação de cada prefeitura, e a corte real

---

280 [Dinastia Qing] Gu Yanwu, *Uma Coleção de Ensaios Acadêmicos*, vol. 12.

281 *Os Ensinamentos Imperiais do Imperador Kangxi*, vol. 21.

282 *Os Editos Imperiais do Imperador Yongzheng*, vol. 10.

283 *Uma Consideração da Literatura da Dinastia Qing*, vol. 152.

achava isso muito complicado, de modo que novos decretos foram emitidos pelo Ministro de Assuntos Agrícolas para fazer os preparativos antecipados para a entrega, mas o Ministro das Finanças também achava cansativo examinar os relatórios", assim, no primeiro mês do sétimo ano de Xining (1074), um decreto imperial foi emitido para que cada divisão administrativa relatasse o nível de precipitação ao superior em questão antes de entregá-lo ao Ministro de Assuntos Agrícolas a cada mês, lembrando que as violações seriam punidas pelo Departamento de Assuntos Jurídicos.[284] No sétimo mês do mesmo ano, também foi ordenado que a chuva, a neve, o roubo e outros assuntos semelhantes fossem relatados. Os relatórios eram feitos formalmente na forma de documentos e, agora, foi ordenado que eles fossem inseridos por divisões e categorias em formulários mais concisos por meio do Escritório de Relações Públicas.[285] Na dinastia Ming, os relatórios de chuva de vários lugares foram primeiramente entregues ao Secretário Geral encarregado dos documentos internos e externos, mas o Secretário Geral achou que era um incômodo lidar com um número tão grande de relatórios locais a cada ano, portanto, no 22º ano do reinado de Yongle (1424), foram emitidas ordens para que "os relatórios de chuva de todos os lugares fossem armazenados".[286] "Depois que o imperador Renzhong subiu ao trono, ele acreditava que esse rito havia perdido de vista seu objetivo original de relatar a precipitação, tornando-se "um gesto fútil de todos os condados" e pretendia "lê-los ele mesmo".[287] Nas dinastias Ming e Qing, a maioria dos imperadores nem sequer lia os relatórios de chuva, permitindo que seus funcionários lidassem com esses assuntos. Certa vez, durante a dinastia Ming, foi estipulado que "todos os estados, prefeituras e condados apresentarão seus relatórios anuais de chuva no final do ano para serem enviados ao Ministério de Assuntos Internos. Todos os relatórios coletados ao longo do ano serão enviados ao Ministério do Cerimonial por meio do Ministério da Defesa da Corte no final do ano".[288] Mesmo quando um imperador se preocupava com os relatórios de chuva, ele estava interessado apenas em saber se a chuva estava dentro do cronograma e em quantidade suficiente. Eles não estavam interessados em números específicos, nem mesmo pareciam ter um conceito da necessidade de números. Por exem-

---

284 *Continuação da História como Espelho*, vol. 249.

285 *Continuação da História como Espelho*, vol. 254.

286 [Dinastia Qing] Gu Yanwu, *Uma Coleção de Ensaios Acadêmicos*, vol. 12, "Relatório de Chuva."

287 [Dinastia Qing] Gu Yanwu, *Uma Coleção de Ensaios Acadêmicos*, vol. 12; [Dinastia Ming] Yu Jideng, *Registros de Histórias Clássicas*, vol. 8.

288 *Ming Huidian*, vol. 167.

plo, no quinto dia do quinto mês do reinado de Yongzheng no Qing (1724), o imperador escreveu instruções sobre o relatório de chuva para o governador de Zhili, Liwa Yijun, dizendo: "Quando chover continuamente, a chuva será bastante extensa e não ficarei ansioso com a chuva. A partir de agora, o senhor não precisará informar números tão precisos em seu relatório de chuvas, pedindo repetidamente ao imperador."[289] Além disso, o secretário também achava que "aqueles que recebem apenas chuvas leves não se atrevem a relatá-las, com medo de incomodar o imperador".[290] Os termos mais comuns que apareciam nos relatórios de chuvas eram "sem chuva" ou "chuva excessiva". Isso era verdade pelo menos desde o início da dinastia Song. Por exemplo, no sexto mês do 17º ano do reinado de Shaoxing da Dinastia Song do Sul (1147), o imperador disse a Qin Hui: "O relatório de chuva é muito frequente e não é fácil para as pessoas". Qin Hui disse: "No dia anterior, fui convocado e perguntado sobre a pouca chuva em Changzhou, Runzhou e Jiangnan, meu irmão Di foi para Xuanzhou e assumiu o cargo de governador. Ele havia recebido o relatório de que já havia chuva suficiente". O imperador disse: "Há muita chuva agora e um pouco de água armazenada na piscina. Durante as estações secas do outono, ela pode ser usada para irrigação. Os agricultores têm esperança de uma colheita abundante. Isso é muito gratificante."[291] Esse relatório se preocupou apenas com conclusões qualitativas, ignorando completamente a análise quantitativa. Isso teve algum impacto sobre o desenvolvimento posterior do pluviômetro.

Como a maioria dos imperadores não estava interessada em números específicos de precipitação, as várias prefeituras e condados obtiveram seus dados "em vão", o que levou a muitos registros falsificados. A julgar pelo decreto emitido no segundo mês do quarto ano do reinado de Xianping (o imperador Zhenzong, 1001), a tendência de relatar falsamente a precipitação começou no início da dinastia Song, e talvez até antes disso. Se não fosse esse o caso, não haveria razão para ordenar que todos os departamentos da prefeitura revisassem o tempo e a quantidade de chuva relatados pelos condados para determinar que "não havia falsidades" e para "preparar os registros" somente depois que isso fosse feito, nem teria sido necessário que "todos os funcionários verificassem os relatórios uns dos outros".[292]

---

289 *Os Editos Imperiais do Imperador Yongzheng*, vol. 10.

290 Ibidem.

291 *Crônica dos Principais Eventos Desde o Reinado Jianyan*, vol. 156.

292 [Dinastia Qing] Xu Song. *Compilação do Compêndio das Instituições Governamentais e Sociais da Dinastia Song* (Pequim: Companhia de Livros Zhonghua, 1957).

Por que é que esses funcionários fizeram relatórios falsos, tendo em conta os riscos envolvidos? Uma das razões era a esperança de satisfazer as expectativas dos seus superiores. No sétimo ano do reinado de Xining (1074), registraram-se graves secas em vários locais. A fim de compreender melhor e o mais rapidamente possível a situação local, a corte prestou muita atenção aos relatórios de chuva em todo o país. Mas "nos relatórios de chuva de várias prefeituras, um *cun* pode tornar-se três *cun* e três *cun* podem tornar-se um *cun*. Não se pode confiar na maioria dos números".[293] Nesse mesmo ano, várias zonas sofreram graves infestações de gafanhotos, incluindo Jingdong, Jiaoxi e Huaizhe, mas muitos relataram que "os gafanhotos não são um desastre" ou mesmo que "poupam às pessoas o trabalho de mondar".[294] Devido a esse "fenômeno" (ilusão), não só o brilho e a grandeza do imperador eram realçados, como o guardião do solo local também partilhava o brilho e era suscetível de ser promovido. Foi essa situação que deu origem a tantas notícias falsas. Desde cedo, em qualquer ano em que ocorresse uma catástrofe natural, a carga fiscal poderia ser isenta ou reduzida em certa medida, e o governo central poderia também oferecer ajuda atempada. No entanto, devido à ânsia de lucro pessoal de vários funcionários locais, houve muitas tentativas de usar a lisonja para obter uma promoção ou de explorar os recursos locais para aumentar a sua própria reputação, incluindo a falsificação de relatórios. No sétimo mês do quinto ano do reinado de Yuanyou na dinastia Song do Norte (1090), o acadêmico de Longtuge em Hangzhou, Su Dongpo, descobriu precisamente esse tipo de prática. Escreve: "Os supervisores das estradas misturaram principalmente os relatórios de chuva durante três ou quatro meses, e as colheitas prosperaram. Isso continuou até que houve uma catástrofe e muitos dos cidadãos esfomeados foram obrigados a abandonar as suas terras. Depois disso, os relatórios falsificados foram descobertos e o comportamento dos funcionários veio à tona, um problema tão comum na antiguidade como o é atualmente. Todos os funcionários locais se esforçavam por apresentar relatórios mesmo antes de saberem se haveria uma colheita abundante, e todos os danos ou prejuízos correspondiam perfeitamente à projeção, com um acordo tácito entre os funcionários. Se não fosse a investigação cuidadosa do tribunal e os relatórios enviados de lugares distantes, o que é que diríamos ao povo?[295] Observa mesmo que "as prefeituras e os condados comunicam as chuvas quando são abundantes, depois seguem-se as catás-

---

293 *Continuação da História como Espelho*, vol. 252.

294 *A Obra Completa de Su Dongpo*, vol. 73, "O Primeiro-Ministro sobre os Mecanismos de Desastres."

295 *Continuação da História como Espelho*, vol. 451; *A Coleção Su Dongpo*, vol. 57.

trofes, mas não se atrevem a comunicá-las. Por isso, poucos têm fundos de reserva abundantes, pelo que os éditos são emitidos como um aviso".[296] Essa situação implicava que primeiro se comunicassem as boas condições e depois não se comunicassem as calamidades, mas, por vezes, acontecia o contrário. Em alguns locais, as más condições eram rapidamente comunicadas, mas as boas colheitas não eram comunicadas. Num determinado ano da dinastia Song, "foi apresentado um relatório sobre a pluviosidade no condado de Yi e, num período de noventa dias, só tinha havido dez dias de chuva e a chuva registrada nesses dias era inferior a dois *fen*. Só no nono dia do sétimo mês é que houve mais chuva, e essa foi de apenas cinco *fen*. A partir daqui, é evidente que anteriormente tinha havido uma grave seca no Condado de Yi, mas agora "está melhor, sem seca prejudicial". Esse tipo de situação não ocorreu apenas no condado de Yi, mas muitos outros "condados referem que a seca não é demasiado grave. Por exemplo, Yu, em Xinzhou, informa que os cereais tardios estão a amadurecer". Para ocultar a verdade, os condados tiveram de "primeiro deslocar as aldeias, para que as aldeias e os condados não se candidatassem a um subsídio de seca", mas, em última análise, foi a população que sofreu. Liu Kezhuang, que conhecia bem a situação atual, escreveu com grande fervor: "Os antigos dizem que os magistrados dos condados governavam o povo com benevolência, sendo muito justos. Pode explicar por que razão a situação é hoje oposta?"[297] Nessa situação, mesmo que houvesse um pluviómetro normalizado, teria sido inútil. Por outras palavras, a corte Song estava perfeitamente equipada para fabricar e distribuir pluviómetros normalizados, mas muitos condados continuaram a usar uma bacia Tianchi com um diâmetro grande (dois *chi*, oito *cun*) e uma base de diâmetro pequeno (um *chi*, dois *cun*) para medir a precipitação, e aplicavam o raciocínio acima descrito quando faziam os seus relatórios de chuva. Como utilizavam este tipo de bacia com uma boca larga e uma base pequena, a "precipitação de três *cun* no solo" aparecia como "água da chuva com nove *cun* de profundidade" na bacia de Tianchi. Ao relatar isso, dizia-se que um *chi* poderia aliviar a "tristeza" do imperador, protegendo o próprio estatuto do funcionário e talvez até lhe valendo uma promoção.

Além disso, a falsificação de relatórios também foi motivada, até certo ponto, pelo protecionismo local. Em um ano em que ocorria alguma catástrofe, o estado geralmente "intervinha" para fazer os ajustes apropriados na arrecadação de impostos, de acordo com as necessidades criadas

---

296 *História da Dinastia Song*, vol. 174, "Crônicas Alimentares, Volume 2."

297 *As Obras Completas de Hou Cun*, vol. 192; *Uma Coleção das Obras dos Eruditos da Lei* (Pequim: Companhia de Livros Zhonghua, 1987), p. 616.

pelo desastre. Algumas autoridades locais geralmente faziam relatórios falsos na tentativa de obter proteção local, na forma de reduções ou isenções de impostos. Um método para fazer isso era manipular os registros pluviais. Por exemplo, para exagerar o impacto de uma seca, a precipitação era muitas vezes intencionalmente subnotificada, dando a impressão de que a seca era grave. Durante o mandato de Su Dongpo em Hangzhou, "Su pediu ao tribunal, devido à grande seca, fome e epidemia", e recebeu muitas concessões, "inclusive uma redução de um terço no fornecimento de arroz".[298] No entanto, muitos acreditavam que os relatórios de Su eram falsificados, apontando que "houve várias calamidades em vários anos seguidos. Su Dongpo ampliou a escala delas em seus relatórios até que excederam a do sétimo e do oitavo ano do reinado de Xining. Naqueles anos de fome, doença e pestilência, mais da metade das pessoas morreu, então como poderia ter sido ainda pior durante esse período? Acredita-se que ele fez isso "ganhando a reputação de ser leal e obediente... por meio de truques".[299]

Durante a dinastia Song, algumas medidas foram tomadas para evitar fraudes. Por exemplo, um decreto emitido no segundo mês do quarto ano do reinado de Xianping (1001) estipulava que "a chuva e a neve em todas as prefeituras e condados devem ser registradas, com a duração e a quantidade anotadas. Não deve haver relatórios falsos, e todos os relatórios devem ser examinados. Ou seja, os funcionários verificarão o trabalho uns dos outros no momento do registro."[300] A fraude foi evitada por meio da "verificação" e da "verificação dupla" dos relatórios, além de outros métodos. A lei estipulava claramente que "os supervisores de água e seca e seus comandantes e guardas denunciarão registros falsificados ou ocultos e os tratarão como violações."[301] Isso só serve para demonstrar que a fraude que existia anteriormente ainda não havia sido coibida. Durante a dinastia Yuan, havia também a ideia de "verificar a chuva". No primeiro ano do reinado de Zhiyuan da dinastia Yuan (1264), a Nova Estipulação de Zhizu foi emitida no oitavo mês, estipulando que as autoridades locais deveriam "igualar os deveres, recrutar mão de obra migrante... promover o cultivo

---

298 *História da Dinastia Song*, "Biografia de Su Dongpo."

299 *Continuação da História como Espelho*, vol. 463.

300 [Dinastia Qing] Xu Song. *Compilação do Compêndio das Instituições Governamentais e Sociais da Dinastia Song* (Pequim: Companhia de Livros Zhonghua, 1957).

301 *Livro de Categorias de Qingyuan sobre Leis e Regulamentos*, vol. 4, "Tratamento de Deveres."

da amoreira, manter registros de chuva... e reportar mensalmente ao nível provincial e ministerial".[302]

Este tipo de falsificação de registos surgiu também em domínios científicos, como o das observações astronómicas. Na cultura tradicional chinesa, as mudanças nos fenômenos astronómicos eram consideradas como um reflexo da ascensão e queda das dinastias. As cortes do passado estavam preocupadas com os seus próprios destinos e, por isso, prestavam grande atenção às mudanças nos fenômenos astronómicos, com o objetivo de reforçar a precisão das observações astronómicas e evitar fraudes. A corte Song criou duas instituições astronómicas, a Academia de Astronomia e o Gabinete dos Celestiais, para "verificar o trabalho um do outro" e verificar independentemente os relatórios de observação em cada gabinete todos os dias, com o objetivo de "evitar fraudes". Mas durante o reinado de Xining, esses dois departamentos conspiraram para compilar conjuntamente os relatórios de observação, uma prática que se tornou um segredo aberto. Os resultados da observação do "movimento do sol, da lua e das cinco estrelas" só eram utilizados para calcular a formação do calendário, mas não eram observados de todo e os responsáveis pelos relatórios limitavam-se a receber o ordenado sem fazer o trabalho. No sétimo ano do reinado de Xining (1074), quando Shen Kuo estava a servir no Gabinete dos Celestiais, "soube da fraude e despediu seis pessoas do gabinete, mas em pouco tempo, a fraude começou a multiplicar-se até não ser diferente de antes".[303] Aparentemente, seria muito mais fácil comunicar a precipitação do que os movimentos astronómicos, porque é mais difícil verificar diariamente o posicionamento dos corpos celestes, mesmo com uma pequena distância entre eles, tornando a possibilidade de receber sanções ainda menor, o que inevitavelmente levava a uma incidência ainda maior de relatórios falsificados.

Essa situação manteve-se durante as dinastias Ming e Qing, manifestando-se principalmente em falsos relatórios sobre o momento da comunicação e na falsificação dos relatórios. Encontram-se muitos exemplos nas Notas Diárias de Kangxi. Por exemplo, no 28.º ano de Kangxi (1689), "Shandong, Shaanxi e outras províncias comunicaram que havia chuva suficiente, mas não houve qualquer comunicação de Shengjing, uma fonte de aborrecimento". No 56.º ano do reinado de Kangxi, o relatório sobre a chuva do Ministério dos Ritos observou que "não havia qualquer declaração sobre se a quantidade de chuva era suficiente ou não", entre a "paragem da chuva entre as três e as cinco da manhã" e o "início da chuva entre a uma e

---

302 *História da Dinastia Yuan*, vol. 5, "Biografia do Primeiro Imperador."

303 [Dinastia Song do Norte] Shen Kuo, *Notas de Mengxi*, vol. 8.

as três da tarde", há um intervalo de dez horas. Kangxi observou: "Já não existe um relatório de chuva. É o caos". Por essa razão, Kangxi ordenou que o boletim de chuva fosse adiado e pediu a demissão de Yin Tebu, Ministro dos Ritos, que se confundia repetidamente com os boletins. Yin foi enviado para o Ministério dos Assuntos Criminais para ser castigado. No mesmo ano, Kangxi também criticou os problemas que apareciam nos relatórios sobre as chuvas, levando o imperador a dizer a Song Zhu: "É absurdo esperar para relatar as chuvas deste ano. O príncipe e outros já apresentaram os seus relatórios de chuva, enquanto você continua a afirmar que não há chuva suficiente. Será possível que tenha rezado dia e noite e mesmo assim a chuva não chegue? De qualquer modo, este ano já produziu uma colheita abundante". Song Zhu não teve uma alternativa senão falar, dizendo: "Isso foi feito pelo Ministro dos Ritos". Foi de novo severamente criticado pelo imperador, que disse: "Você e os outros ministros e funcionários estão a transferir responsabilidades uns para os outros. Como é que posso aceitar as suas palavras como verdadeiras? Todos vós, ministros, desfrutais de um belo salário e, quando estiverdes velhos e fracos, esperais viver com conforto, mas nada fazeis para preparar o bem-estar da nação e do povo. Isso será a vossa própria ruína".[304] O Imperador Qianlong da Dinastia Qing salientou uma vez que "a situação da precipitação nos relatórios subsequentes de A Gui é diferente da precipitação anual da região árida da província de Gansu. Trata-se claramente de um relatório falso".[305] Os números foram enviados aos funcionários e estes distribuíram-nos. Os números comunicados não dependiam dos resultados obtidos com as medições da chuva, mas sim das necessidades dos superiores e da antecipação, por parte dos inferiores, da preferência dos superiores. Mesmo que o pluviómetro tivesse sido melhorado, não teria tido qualquer utilidade.

Embora, de modo geral, o sistema de medição de chuva não tenha recebido atenção suficiente do alto escalão, em uma história de mais de mil anos, houve alguns períodos em que os altos funcionários deram alguma atenção a ele, mas essa atenção foi distorcida quando chegou ao nível das bases. Essas ordens governamentais irracionais foram outro motivo pelo qual o pluviômetro não foi aprimorado. Podemos especular sobre o destino do pluviômetro considerando um exemplo da década de 1920. Em 1922, quando a Sociedade de Melhoria da Educação da China realizou sua reunião anual em Jinan, o Observatório Central pediu às províncias que selecionassem uma escola de ensino fundamental ou médio em cada condado para

---

304 *Primeiros Arquivos Históricos da China*, *As Notas Diárias de Kangxi*, vol. 1 (Companhia de Livros Zhonghua, 1984).

305 *Esboços de Lanzhou* (Versão oficial), vol. 11.

relatar a precipitação e a incidência de tempestades, uma medida acordada na reunião, com o Ministério da Educação e os Departamentos Provinciais de Educação instruindo os condados sobre como lidar com esses assuntos. Com um equipamento que custa cinco yuans, foi realmente fácil implementar esse projeto. Mesmo assim, todas as províncias e condados ignoraram as instruções, considerando-as falsas. Quando o Ministério da Educação alocou subsídios, o Observatório Central foi até mesmo tomado como hipoteca para um empréstimo para cobrir os custos.[306] Havia também a questão da qualidade do pessoal envolvido. Devido à falta de atenção à precisão das medições de precipitação, o pessoal envolvido na previsão geralmente era mal treinado ou equipado, o que também dificultava a previsão precisa dos dados. De acordo com *Sobre a Meteorologia do Sul da China em 1886* (1888), de W. Doberek, Zhu Kezhen observa que "na China, existem observatórios desde que a alfândega foi estabelecida, mas os que trabalham nos observatórios são leigos e os registros não são confiáveis".[307] Esse foi outro obstáculo para o desenvolvimento do pluviômetro.

Dois padrões para precipitação

A falta de um padrão unificado para registrar a precipitação foi também a razão para o desenvolvimento do pluviómetro. O pluviómetro obtinha os valores da quantidade de precipitação em terreno plano, mas, como se pode ver nos Nove capítulos sobre matemática de Qin Jiushao, não havia um padrão uniforme para as bacias de Tianchi, onde a precipitação era medida em vários locais. Além disso, ao longo da história chinesa, não eram apenas os pluviómetros que não estavam normalizados, mas também as unidades de medida utilizadas para expressar a precipitação. Em alguns casos, a "precipitação" referia-se à "quantidade de chuva recebida no solo", enquanto noutros se referia à "profundidade a que a chuva penetrou no solo".

A julgar pela situação na dinastia Song, a chuva coletada na bacia de Tianchi naturalmente se aplicava à "quantidade de chuva recebida no solo", mas também havia outras medidas usadas na corte Song, incluindo a profundidade do solo saturado pela água da chuva. Por exemplo, no nono mês do sétimo ano do reinado de Xining (1074), depois de muitos dias consecutivos de chuva e condições nubladas, o imperador disse: "Cavamos até

---

306 Zhu Kezhen, "Sobre a Oração pela Chuva, a Proibição de Abate e as Secas," em *As Obras Completas de Zhu Kezhen* (Pequim: Editora de Ciência, 1979), p. 93.

307 Zhu Kezhen, "Teorias Chinesas sobre Precipitação e Tempestades," em *As Obras Completas de Zhu Kezhen* (Pequim: Editora da Ciência, 1979), p. 1.

uma profundidade de um *chi* cinco *cun* no solo ao redor do palácio e o solo ainda está úmido, portanto, deve ser uma terra arável".[308] Da mesma forma, no quarto mês do quinto ano do reinado de Yuanfeng (1082), houve uma seca avassaladora na primavera e, nessa época, choveu mais de uma polegada de profundidade. Shenzong ficou satisfeito e disse: "Houve motivo para cavar ao redor da residência do imperador e choveu cinco *cun*, o que nos dá esperança de bênçãos divinas para a colheita de outono."[309] Nos registros das pessoas comuns e dos literatos, a frase "chuva que vai além de 1 li / arado longe" era usada, como quando Su Dongpo disse: "havia nuvens sobre Nanshan na noite passada e a chuva vai além de 1 *li* / arado longe."[310] Linhas semelhantes incluem: "a amoreira macia cobre o trigo selvagem no início da estação, e o cuco pede que a chuva cubra 1 *li* / arado", de "Uma excursão a Jingshan em memória de Sima Caizhong", de Shi Daoqian, e "A boa chuva em Dongfu cobre 1 *li*, e as mudas de trigo estão a meio caminho entre o verde e o amarelo", de "Pelo córrego", de Ge Shaoti. Embora alguns comentaristas pensem que essa é apenas uma forma mais vívida de expressar "chuva",[311] também foi sugerido que "1 *li*" pode se referir à profundidade em que a chuva satura o solo, de modo que "se a profundidade em que a chuva satura o solo for medida, e quando for menor que um *cun*, ela é descrita como chuva de 1 *hó*, enquanto que se for maior que um *cun*, é conhecida como chuva de 1 arado, e se for maior que isso, é chamada de chuva de 2 *li*".[312]

A julgar pela situação nas dinastias Ming e Qing, é evidente que a chuva era relatada em termos da profundidade em que o solo estava saturado pela água da chuva. O "formato de relatório de chuva" foi formulado no período Hongwu do início da dinastia Ming. Era necessário que o relatório indicasse "o incidente da chuva com base no relatório..., incluindo o ano, o mês e o dia do governo Hongwu e a que horas a chuva caiu, em que momento começou e em que momento parou, e quantos *fen* penetraram no solo",[313] juntamente com outras informações. Na dinastia Qing, é possível encontrar muitos relatos sobre a profundidade de penetração da água da chuva no solo. Por exemplo, no décimo terceiro dia do terceiro mês do oi-

---

308 *Sequel to History as a Mirror*, vol. 256.

309 *Sequel to History as a Mirror*, vol. 325.

310 *As Obras Completas de Su Dongpo*, Coleção 1, vol. 14, "8 Poemas de Dongpo."

311 Wang Shuizhao, "'Um suo de chuva' e 'Um li de chuva': O Uso Misterioso de Medidas," *Conhecimento de Literatura e História*, nº 11 (1998).

312 *Crônicas do Condado de Fengtai*, "Crônicas de Produção."

313 *Registro de Leis e Instituições da Dinastia Ming*, vol. 76, "Formato de Relatório ao Imperador."

tavo ano do reinado de Yongzheng (1730), o relatório do governador geral de Shaanxi, Cha Lang'a, e do governador de Xi'an, Wu Ge, menciona que "No nono, décimo, décimo primeiro e outros dias, choveu continuamente e o solo ficou saturado a uma profundidade de um chi. O solo estava úmido, e os grãos e feijões estavam todos lindos."[314] Da mesma forma, lemos que "começou a chuviscar à meia-noite do quinto dia do terceiro mês e parou no sexto dia. Yangqu e outros condados vizinhos já relataram isso. Aqueles que foram cobertos por essas nuvens relataram que a saturação do solo variava de um a dois *cun*, o que foi muito benéfico para as mudas de trigo."[315]

A introdução da "profundidade de saturação do solo" no relatório de chuva indica que foi dada mais atenção aos efeitos reais da chuva. Mesmo assim, a "profundidade de saturação do solo" não era o único critério para relatar a chuva. É importante ressaltar que, embora a "profundidade de saturação do solo" dê mais atenção aos efeitos da chuva, ela é mais difícil de medir do que a quantidade de água coletada em um terreno plano, portanto, a precisão dessas medições é questionável. O motivo pelo qual a Coreia queria promover o uso de pluviômetros no 46º ano do reinado do rei Yingzong (1770) era que os pluviômetros eram "mais detalhados do que os relatórios de um arado ou de uma enxada".[316] Além disso, a profundidade da saturação do solo não dependia apenas da chuva, mas também da natureza do solo. Em 1441, no vigésimo terceiro ano do reinado de Sejong de Joseon, foi proposto o uso de medidores de ferro fundido porque "os níveis de umidade do solo são diferentes, portanto, é um desafio discernir a profundidade da saturação do solo."[317] Ao mesmo tempo, havia também a questão de quanto tempo a água da chuva levava para ser absorvida pelo solo. A China tem um vasto território, e a natureza do solo varia de um lugar para outro, como foi concluído há muito tempo em *A história da dinastia Shang*, "Yu Gong" e *Os Registros da Dinastia Zhou*, " Responsabilidades do Clã". Isso tornou ainda menos desejável usar a profundidade da saturação do solo como padrão para os relatórios de chuva. Além disso, embora seja uma forma importante de precipitação, é mais difícil medir a profundidade de saturação do solo da neve, mas é mais fácil medir sua profundidade em terreno plano do que medir a da chuva. Por esse motivo, a "profundidade de saturação do solo" não foi o único critério usado no relatório de chuva.

---

314 *Edito Imperial do Imperador Yongzheng*, vol. 230.

315 *Edito Imperial do Imperador Yongzheng*, vol. 5.

316 *Preparação de Documentos Suplementares*, vol. 3, "Imperador Yingzong, 46."

317 *Coreia, As Crônicas de Sejong*, vol. 93. Citado em Wang Pengfei, "Pesquisa Textual sobre Pluviômetros na China e na Coreia," *Estudos na História das Ciências Naturais*, nº 3 (1985): 242.

Embora a corte Ming exigisse oficialmente medições da profundidade de saturação do solo, de acordo com o livro *Viagem ao Oeste* de Wu Cheng'en, escrito durante o período Jiajing, a quantidade de água coletada em solo plano era o meio mais comum de medir a precipitação. Por exemplo, no nono capítulo, lê-se: "Amanhã as nuvens se espalharão pelo céu no início da manhã. Haverá trovões no final da manhã e chuva do meio-dia até a tarde, deixando cair um total de três chi, três *cun*, quarenta e oito *fen*". E o 37º capítulo diz: "Eu só esperava três chi de chuva e achava isso suficiente. Ele disse que a longa seca não seria completamente aliviada até que caíssem mais dois *cun*". O capítulo 87 diz: "Se um *cun* de chuva ajudar as pessoas, eu gostaria de dar essa generosa recompensa em benefício delas!"

Nos relatórios de chuva que datam da dinastia Qing, alguns relatórios incluem tanto a "profundidade de saturação do solo" quanto a "quantidade de chuva coletada". Por exemplo, o relatório de Liwa Yijun, governador de Zhili, diz que no décimo oitavo dia do quinto mês do primeiro ano de Yongzheng (1723), "em Shahe, Nanhe, Tangshan, Renxian, Xingtai e outros condados da província de Shunde, houve dois *cun* e cinco *fen* de chuva no décimo dia do quinto mês. Houve quatro *cun* de chuva no condado de Xining, na província de Xuanhua, no nono e no décimo dia, e a chuva começou a cair no condado de Baoding desde o início da manhã (das 5 às 7 horas) no dia 17 e continuou a cair levemente até o meio-dia do dia 18, saturando o solo a uma profundidade de cerca de três *cun*. Ainda não é chuva suficiente, então vamos orar por mais". Na maioria das vezes, a quantidade de chuva coletada é enfatizada, em vez da profundidade de saturação do solo. Por exemplo, Liwa Yijun, governador da província de Zhili, mencionou em seu relatório no décimo terceiro dia do quinto mês do primeiro ano do reinado de Yongzheng: "Todas as famílias da área ocupada vieram relatar a chuva, com Shuntian sob Wuqing, Hejian, sob Jiaohe, Qingyun e Guangping, sob Cheng'an, e Xuanhua, sob Xuanhua, juntamente com inúmeros outros condados, relataram, no segundo e no terceiro dia do quinto mês, dois ou três *cun* de chuva coletada. A Prefeitura de Baoding do Condado de Li, Boye e Shuli, a Prefeitura de Zhengding de Anping, Wuqiang, Wuyi, Jinzhou e outras prefeituras e condados informaram, no oitavo, nono e décimo dias do quinto mês, de um *cun* cinco ou seis *fen* a dois *cun* de precipitação coletada. Daming, em Yuancheng e Weixian, Daming, Kaizhou, Junxian, Changyuan, Qingfeng, Nanle, Dongming e outras prefeituras e condados, no segundo dia e no terceiro dia do quinto mês, relataram três ou quatro *cun* de chuva coletada, enquanto Huaxian recebeu sete ou oito *cun* e o condado de Neihuang recebeu quatro ou cinco *cun*. O restante deveria ser relatado separadamente."³¹⁸ A partir disso, fica evidente que, pelo menos nos relatórios de chuva que datam da dinastia Qing, havia dois tipos de medidas usadas para os relatórios, incluindo a quantidade de água da chuva coletada em terreno plano e a profundidade de saturação do solo. Com a coexistência desses dois padrões, o uso e o aprimoramento dos pluviômetros eram menos urgentes.

A compreensão da chuva na China antiga

A questão de porque o pluviômetro não pôde ser melhorado ainda precisa ser explorada. Fica evidente na discussão acima que havia dois padrões diferentes para medir a precipitação, uma questão ligada à prevalência de relatórios fraudulentos dos funcionários de todos os níveis que eram responsáveis pelos relatórios de chuva. Essa questão dos relatórios falsos não pode ser separada do entendimento que as pessoas têm da chuva, em primeiro lugar.

Houve muitas discussões sobre a formação da chuva entre os antigos pensadores chineses. Grande parte do discurso se aproximava bastante da explicação científica moderna da chuva. Mas nas interpretações antigas da chuva, as pessoas e a natureza não estavam separadas. A julgar pela ocorrência da chuva, os antigos pensadores acreditavam que ela era um produto da harmonia entre yin e yang, um presente benevolente que Tian (Céu) concedeu ao mundo, sendo Tian considerado um governante consciente. A razão pela qual os Nove Capítulos sobre Matemática se referem ao pluviômetro como uma bacia Tianchi também está ligada a essa compreensão da chuva, na qual "aquele que traz a chuva governa a harmonia do yin e do yang e declara o beneficiário de Tian (Céu) e Di (Terra)".³¹⁹ Se o yin e o yang estavam em harmonia e se o Céu e a Terra eram benevolentes, isso também estava ligado aos assuntos humanos, o que envolvia a proposição do relacionamento entre o Céu e os seres humanos.

Desde os tempos antigos, a ideia do relacionamento entre o céu e os seres humanos têm ocupado a mente da maioria dos chineses. Dong Zhongshu, um pensador da dinastia Han, foi o primeiro a fazer uma declaração completa dessa ideia do relacionamento entre o céu e os seres humanos. Ele acreditava que o céu emitiria avisos contra a negligência política do país na forma de punições catastróficas por causa de sua benevolência como

---

318 *Edito Imperial do Imperador Yongzheng*, vol. 10.

319 *Livros de Categoria*, vol. 3.

governante. Essa ideia foi expressa como "A condenação do céu por meio da calamidade e da majestade do céu. A condenação chega aos ignorantes para que temam a majestade... Todo desastre nasce da negligência do país."[320] E, "Haverá grandes fracassos no país, mas o céu primeiro trará a condenação por meio da calamidade. Se não houver introspecção, essa não será uma advertência suficiente. Se não houver mudança, uma calamidade maior virá, possivelmente até mesmo uma derrubada completa."[321] Sob o peso desse tipo de pensamento, sempre que havia chuva, seca, peste, terremotos ou outros desastres naturais, as pessoas primeiro olhavam para suas próprias falhas para ver o que havia provocado a ira do Céu, depois determinavam quais pessoas haviam causado o desastre, "acreditando que qualquer mudança no Céu deve ser o resultado de nosso próprio pecado."[322] Esse conceito era universal na China antiga.

Os pensadores antigos acreditavam que a chuva era resultado tanto das nuvens quanto do *qi*, e que o *qi* podia ser dividido em *yin* e *yang*, que eram ajustados pela atividade humana. Se os ajustes fossem adequados, a chuva evitaria naturalmente que as pessoas passassem fome e frio. Se os ajustes não fossem devidamente alinhados, o yin e o yang se tornariam incompatíveis, o que levaria a enchentes ou secas. Por esse motivo, quando ocorriam chuvas irracionais que colocavam em risco a produção agrícola, as pessoas naturalmente associavam esse fato à "política atual".[323] Essa doutrina do relacionamento entre os seres humanos e a natureza se baseia na exploração da natureza e em como ela deveria ter sido ajustada pelos assuntos humanos.

O sétimo ano do reinado de Xining da Dinastia Song do Norte (1074), no qual ocorreu uma grave seca, serve de exemplo. Todos, desde o imperador Shenzong até o plebeu menos importante, estavam ansiosos com a situação. De acordo com a ideia da relação entre o céu e os seres humanos, essa seca foi causada por funcionários humanos, de modo que muitas pessoas consideraram Wang Anshi, que na época estava realizando reformas para implementar novas políticas, responsável pela seca.

Os defensores da reforma fizeram o possível para negar qualquer conexão entre a seca e as reformas, mas não podiam negar que havia de fato

---

320 *Chuva da Primavera e Outono*, vol. 8.

321 *O Livro de Han*, "Biografia de Dong Zhongshu".

322 [Dinastia Song do Norte] Wang Anshi, *Obras Completas de Wang Anshi*, vol. 65, compilado por Ning Bo et al. (Changchun: Editora do Povo de Jilin, 1996), p. 707.

323 *Outono de Wang Yucheng*, Poema 2: "Se os assuntos políticos perderam as nuvens, o povo é inocente. Se a chuva são as lágrimas do Céu, os olhos do Céu devem estar murchos." *Poemas Completos da Song*, vol. 62.

uma seca. Em vez disso, tentaram fazer com que a seca fosse a mais branda possível, na esperança de, por um lado, aliviar a ansiedade do imperador e, por outro, reduzir sua própria responsabilidade. Por fim, muitas pessoas achavam que a seca era causada pelas novas leis e, quanto mais grave era a seca, mais sérias se tornavam as acusações. Aqueles que se opunham à reforma exageraram a seca o máximo possível, colocando os defensores da reforma em uma desvantagem ainda maior. A situação se reflete nas observações de Sima Guang sobre o fracasso governamental, escritas no décimo oitavo dia do quarto mês do sétimo mês do reinado de Xining. Sima Guang foi um dos principais oponentes da nova lei. Com base nessa posição, ele levou a seca mais a sério, transferindo a culpa para Wang Anshi e para a facção que apoiava a nova lei, destacando sua própria legitimidade no processo. Sua declaração inclui o seguinte:

> *Quando a chuva caiu em todos os condados, os funcionários tentaram aliviar a ansiedade de Vossa Majestade ao fazer os relatórios. Eles alegavam que havia três cun de chuva quando na verdade havia um, e um chi quando na verdade havia três cun. A maioria dos fatos não era verdade. Precisamos examinar a situação com cuidado.*[324]

Esse parágrafo pode ser interpretado de duas maneiras. Por que os condados de cada província relataram essas chuvas? Em parte, era para "aliviar a ansiedade de Vossa Majestade", conforme declarado no texto, mas também para se eximir da responsabilidade, pois, de acordo com o ensinamento sobre a relação entre os seres humanos e o céu, se houvesse uma seca em um determinado local, isso indicava um problema com o líder de lá, portanto, para seu próprio bem, era necessário fazer um relatório falso. A terceira motivação para esse relatório era promover a nova lei de Wang Anshi, porque o bom tempo seria considerado um sinal de que a lei tinha méritos, de modo que os líderes em nível local, de prefeitura e de condado, como executores da nova lei, tinham de falsificar os relatórios de chuva. Foi semelhante à quando Wang Anshi disse ao imperador: "Inundações e secas constantes são inevitáveis em Yao e Tang. Desde que o senhor assumiu o trono, houve muitos anos de riqueza". Seu motivo para dizer isso foi que se encaixava na doutrina geralmente aceita da relação entre o céu e os seres humanos. Por outro lado, Sima Guang esperava, por meio de seus escritos, expor os relatórios falsos dos oficiais nos níveis da prefeitura e do condado para que pudesse aproveitar a oportunidade para atacar as reformas de Wang Anshi, já que a teoria da relação entre os seres humanos e a natureza,

---
[324] *Sequência da História como Espelho*, vol. 252.

conforme entendida pelas pessoas comuns, indicava que a ocorrência de uma seca era resultado das ações do líder. Isso significava que a seca atual era inseparável de Wang Anshi e de suas reformas. Sima Guang e outros estabeleceram uma conexão direta entre as reformas de Wang Anshi e a seca, dizendo: "A seca é causada por Wang Anshi. Se ele for interrompido, haverá chuva."[325] Somente com a revogação das novas leis poderia haver "regozijo interno e externo e alegria de cima a baixo, com harmonia por toda parte, mesmo com a chuva."[326] Devido à sua própria necessidade de atacar Wang Anshi e a nova lei, mesmo que os funcionários da província e do condado não tivessem feito relatórios falsos, Sima Guang e outros os teriam acusado de fazê-lo, na esperança de que o imperador determinasse que a seca "não precisava ter acontecido", revogando a nova lei e removendo o primeiro-ministro. Ao mesmo tempo, em um esforço para exagerar os fatos da seca, foi necessário criar um artigo sobre os relatórios de chuva. Nessa situação, a precisão do pluviômetro era irrelevante para ambas as partes. Elas estavam preocupadas apenas com o tipo de informação que as beneficiaria.

A seca no sétimo ano do reinado de Xining foi um grande impulso para os oponentes da reforma, o que acabou forçando Wang Anshi a "morrer de seca" apenas cinco anos após a implementação da reforma. A nova lei sofreu um revés sem precedentes.

Deve-se observar que o encontro de Wang Anshi não foi o primeiro nem o último desse tipo. Ele nem mesmo era único no período Song. O bom tempo e a chuva eram vistos como destino, e o país era governado de acordo com o destino, assim como a vida de cada indivíduo. Na mente das pessoas dos tempos antigos, a quantidade de chuva não era determinada estritamente pela natureza, mas por questões humanas. As autoridades eram responsáveis pelos assuntos do governo, especialmente quando ocorria um clima severo em um determinado local, um evento pelo qual as autoridades locais eram culpadas. Quando ocorria um clima severo em um determinado local, os funcionários locais podiam ser demitidos ou investigados, sendo que a quantidade de chuva determinava o destino do funcionário. Ao longo da história, várias autoridades foram demitidas por causa da chuva ou da seca. Por uma questão de autopreservação, as autoridades locais geralmente faziam relatórios falsos sobre os níveis de chuva. Ao mesmo tempo, o relatório de precipitação era responsabilidade das autoridades locais, e não de uma agência especializada, o que tornava

---

325 *Sequência da História como Espelho*, vol. 254.

326 *Sequência da História como Espelho, vol. 252*

conveniente falsificar um relatório. Sendo assim, os relatórios falsos, em uma tentativa de fugir da responsabilidade, eram inevitáveis.

Quando a chuva se tornou uma ferramenta de luta política e ganho pessoal, a medição da chuva necessariamente serviu às necessidades da luta política e do destino individual. Nessa situação cultural, o pluviômetro perdeu sua função, e um dispositivo para medir a chuva foi visto como dispensável, deixando-o sem ímpeto para melhorias futuras. Tudo isso se baseava na crença fundamental na relação entre o céu e os seres humanos, o que, em última análise, levou à interrupção do desenvolvimento da medição de chuvas na China.

DO ARADO DE JIANGDONG AO ANCINHO DE FERRO: UM MICROCOSMO DE JIANGNAN NOS SÉCULOS IX A XIX[327]

O arado de Jiangdong e o ancinho de ferro eram dois tipos de ferramentas usadas na preparação dos campos de arroz. Ambos eram usados na região de Jiangnan. O arado de Jiangdong foi usado principalmente durante as dinastias Tang e Song, enquanto o ancinho de ferro foi usado principalmente durante as dinastias Ming e Qing. Os acadêmicos que estudaram a história do desenvolvimento econômico da China após o período Tang-Song, especialmente a história econômica da região de Jiangnan, tomaram nota desses dois tipos de ferramentas agrícolas. Alguns consideram o arado de Jiangdong como uma das principais bases materiais do desenvolvimento econômico nas dinastias Tang e Song, enquanto o ancinho de ferro fornece aos pesquisadores evidências importantes da estagnação e do declínio da produtividade agrícola durante as dinastias Ming e Qing. Em seu artigo "O arado Quyuan e o Ancinho de Ferro", publicado no Guangming Daily, Li Bozhong procura mudar a avaliação geralmente aceita dessas duas ferramentas e de seu uso. Ele sustenta que o ancinho de ferro não era menos importante do que o arado de Jiangdong e que seu efeito real no desenvolvimento da economia agrícola de Jiangnan era, na verdade, maior, o que ele considera como evidência do desenvolvimento econômico de Jiangnan durante o período Ming-Qing. Essa noção ecoa o que é chamado de Escola da Califórnia, uma força influente no meio acadêmico. Como um dos representantes da Escola da Califórnia, Kenneth Pomeranz, aponta em seu livro *A Grande Divergência: China, Europa e a Criação da Economia Mundial Moderna*, que, antes do século 19, a Europa Ocidental e o Leste Asiático eram comparáveis, estando em níveis mais ou menos semelhantes em todos os aspectos. Além do carvão, não havia áreas em que a Europa Ocidental fosse superior ao Leste Asiático, e o desenvolvimento contínuo das duas regiões estava sujeito às mesmas restrições. O nível de desenvolvimento das duas regiões era quase idêntico naquela época, ele argumenta, e foi somente no século XIX que a Europa Ocidental e a China seguiram caminhos diferentes, dando início ao processo da Grande Divergência. Acredito que tanto o

---

[327] Este artigo foi publicado pela primeira vez em *Researches in Chinese Economic History*, nº 1 (2003).

arado de Jiangdong quanto o ancinho de ferro eram ferramentas usadas no preparo da terra e tinham a mesma importância. Historicamente, o peso de seu impacto dependia inteiramente das escolhas feitas pelos agricultores. Do ponto de vista da pesquisa acadêmica, a importância e o impacto das duas ferramentas não são importantes. O que importa é porque os agricultores optaram por usar o ancinho de ferro em vez do boi e do arado.

Em seu artigo, Li cita as opiniões de vários historiadores agrícolas, incluindo Chen Hengli e You Xiuling, que acreditam que o solo em Jiangnan era pesado e não era adequado para trabalhar com animais de fazenda, mas apenas com o ancinho de ferro. Não creio que tenha sido a incompatibilidade técnica que levou o arado de Jiangdong a ser substituído pelo ancinho de ferro. É significativo o fato de que o arado de Jiangdong não era um produto importado e parecia atender às demandas de cultivo do solo em Jiangnan. O desenvolvimento de qualquer ferramenta ou tecnologia não é criado do nada, mas é o resultado da invenção humana contínua e de melhorias por meio da prática. O arado de Jiangdong surgiu para atender às necessidades de produção da área de Jiangdong. Embora seus regulamentos e sua estrutura não fossem perfeitos e precisassem ser aprimorados, esse não foi o motivo pelo qual o arado de Jiangdong foi substituído. Na verdade, ele foi continuamente aprimorado ao longo do tempo após sua invenção. Li Bozhong observou que os arados usados em Jiangnan após a dinastia Song eram bem diferentes do arado original de Jiangdong, mas não vejo os arados desenvolvidos após a dinastia Song como uma nova invenção, mas como um aprimoramento do arado de Jiangdong.

Com o aprimoramento, o arado de Jiangdong foi continuamente adaptado à agricultura da região, tornando-o superior a outras ferramentas agrícolas. Por depender de animais de fazenda, ele era muito eficiente. De acordo com cálculos antigos, "um boi vale de sete a dez pessoas" e "um boi de tamanho médio pode arar dez mu por dia".[328] Com o ancinho de ferro, o solo podia ser revolvido em grande profundidade, mas era muito ineficiente. Cada ser humano só podia cultivar um mu por dia, o que significa que eram necessárias dez pessoas para fazer o trabalho de um boi. Ao mesmo tempo, não havia correlação inerente entre o ancinho de ferro e a qualidade do trabalho realizado. A qualidade do trabalho dependia principalmente das pessoas que o realizavam, não do ancinho de ferro. Em teoria, o uso do ancinho de ferro não levaria à eliminação do arado de Jiangdong.

Em outras palavras, na região de Jiangnan, o arado de Jiangdong foi substituído pelo ancinho de ferro não porque houvesse um defeito no arado que precisasse ser melhorado, nem por causa dos níveis relativos de avanço

---

[328] Gu Yanwu, Sobre os Méritos e Deméritos das Nações, vol. 2773.

dos dois implementos ou de quão bem eles estavam adaptados às necessidades do cultivo de arroz na região de Jiangnan. O motivo fundamental da mudança foi que o ancinho de ferro dependia da força humana, enquanto o arado dependia do gado. Na China tradicional, os seres humanos eram considerados mais preciosos do que qualquer outra coisa, e ninguém jamais pensaria em calcular o custo da alimentação e do alojamento de seres humanos. Mas na criação de gado, os custos devem ser calculados. Às vezes, não se pode dar ao luxo de criar gado, mas nunca se pode dar ao luxo de não alimentar e abrigar seres humanos. Quando os seres humanos crescem, eles podem trabalhar, um fato que fornece a base para o algoritmo citado por Song Yingxing, no final da dinastia Ming, quando escreveu: "É mais difícil contabilizar os custos do gado, da água e da grama, sem mencionar a possibilidade de roubo, morte e doença, do que depender do trabalho humano".[329]

Se um fazendeiro não criar gado, naturalmente não haverá gado para puxar o arado. O arado de Jiangdong era puxado por gado, portanto, sem gado, não haveria arado de Jiangdong. Para os fazendeiros que só alimentavam e abrigavam humanos, quanto mais humanos, maior a potência. O ancinho de ferro era uma ferramenta movida por humanos, que exigia apenas força humana para sua operação. Acredito que o principal motivo pelo qual o ancinho de ferro substituiu o arado de Jiangdong foi o fato de a força humana ter substituído a força animal.

A razão pela qual os fazendeiros não criavam gado era porque o custo da criação de um animal era muito alto. Acredito que o custo se tornou tão alto como resultado da estrutura agrícola tradicional chinesa. A estrutura tradicional da sericultura utilizava o máximo de terra possível para a produção de alimentos e matérias-primas para roupas, atendendo às necessidades de alimentação e abrigo dos seres humanos. Como resultado, o espaço disponível para a criação de gado diminuiu com o tempo. Não havia muitas plantas aquáticas que pudessem ser usadas na criação de gado, e seu custo era muito alto para ser usado. Discuti esse ponto detalhadamente em meu artigo: "A Formação da Agricultura Deficiente: Uma Análise do Declínio da Pecuária nas Áreas Agrícolas da China sob a Perspectiva dos Métodos de Pastoreio de Gado". No decorrer de meus estudos, descobri que o método de criação de gado nas áreas agrícolas da China passou por um processo que mudou da criação de gado para o pastoreio de gado e, finalmente, para o aproveitamento do gado. O motivo subjacente a essa mudança foi a diminuição da área de terra utilizada para a criação de gado e

---

[329] [Dinastia Ming] Song Yingxing, A Exploração das Obras da Natureza, vol. 1, "Sobre o Grão: Arroz."

o aumento da área de terra utilizada para plantações e outros plantios. O declínio na criação de animais causou um aumento no custo da criação de gado, e o aumento no custo da criação de gado causou um declínio ainda maior na criação de animais.

A substituição do arado de Jiangdong pelo ancinho de ferro foi um dos fatores que prejudicaram a agricultura. A eliminação gradual do arado de Jiangdong em Jiangnan, nas dinastias Ming e Qing, não teve nada a ver com a tecnologia do arado em si, mas porque, por melhor que seja o arado, ele precisa ser puxado por um boi para ter alguma utilidade. Durante as dinastias Tang e Song, havia um número muito maior de gado criado na área de Jiangdong, o que levou à invenção e ao uso do arado de Jiangdong. Porém, durante as dinastias Ming e Qing, "o povo Wu usava a enxada em vez de ferramentas movidas a animais". Mas isso era verdade apenas para a maioria dos agricultores. Para alguns "fazendeiros de classe alta" que vinham de origens melhores, a criação de gado continuava a ser sua primeira opção, porque eles tinham a capacidade de manter um pequeno número de animais de fazenda. Somente aqueles "que não tinham arado usavam um ancinho, uma espécie de enxada com quatro dentes, chamada de ancinho de ferro".[330] Se o ancinho de ferro fosse tecnicamente superior ao arado puxado por bois e mais adequado às condições agrícolas locais, não teria sentido para os agricultores em melhor situação usar arados puxados por bois em vez de ancinhos de ferro. O ancinho de ferro era usado somente por aqueles que não tinham gado. No final da dinastia Qing, após a Rebelião Taiping, a população diminuiu e os campos ficaram estéreis, e os recursos hídricos e vegetais eram abundantes, o que levou a uma redução no custo da criação de gado. Como resultado, os imigrantes "usaram mais bois para a agricultura, o que economizou dinheiro e esforço, e os moradores também começaram a usar ferramentas movidas a animais para o cultivo".

Uma olhada na mudança do uso do arado de Jiangdong para o uso do ancinho de ferro leva naturalmente a uma discussão sobre o suposto nível de desenvolvimento agrícola durante as dinastias Ming e Qing. Sob a perspectiva de alimentar e abrigar a população, a agricultura se desenvolveu de fato no período Ming-Qing. Isso é evidente. O aumento da população nas dinastias Ming e Qing levou a um aumento na produção total da safra (grãos, algodão, amoras e cânhamo). Por outro lado, do ponto de vista da produtividade da mão de obra, o nível de desenvolvimento agrícola diminuiu durante o mesmo período, evidenciado pela redução da dependência da força animal. Do ponto de vista da produção e do padrão de vida das pessoas, houve também uma tendência de queda no nível de desenvolvimento

---

330 Gu Yanwu, Sobre os Méritos e Deméritos das Nações, vol. 2773.

agrícola na era Ming-Qing. Um indicador é o aumento da intensidade da mão de obra e das horas de trabalho, e outro é o declínio do consumo de carne. Com o declínio da criação de animais, não havia força animal suficiente para ser usada no cultivo da terra arável, e havia ainda menos gado para carne. Em outras palavras, durante as dinastias Ming e Qing, os trabalhadores artesanais das cidades chinesas lutavam pelo fornecimento de um *jin* de carne de porco por pessoa por mês, enquanto os ocidentais, por outro lado, tinham três libras por dia por pessoa. Sob esse ponto de vista, a Grande Divergência entre a Europa Ocidental e o Leste Asiático não começou no século 19, mas antes, e quando analisada sob a perspectiva da história agrícola, parece que essa divergência pode ter se originado da estrutura agrícola.

SELEÇÃO DE FERRAMENTAS AGRÍCOLAS: FERRAMENTAS PARA DEBULHAR ARROZ[331]

Confúcio afirma que "um trabalhador deve primeiro afiar suas ferramentas se quiser fazer bem o seu trabalho". Essa afiação de ferramentas não se refere apenas ao uso da tecnologia mais afiada ou do equipamento mais avançado, mas também das ferramentas mais adequadas e eficazes para a tarefa em questão. Como diz o velho ditado: "O senhor não precisa de uma marreta para abater uma galinha". A ferramenta mais avançada pode não ser a mais adequada para uma determinada tarefa, portanto, há uma escolha a ser feita. Por exemplo, a ferramenta de revolvimento do solo chamada arado de Jiangdong, popularizada nas dinastias Tang e Song, era tecnicamente superior aos inúmeros ancinhos de ferro que estavam em uso desde o período dos Estados Combatentes, mas as pessoas que viviam em Jiangdong durante as dinastias Ming e Qing optaram por usar o ancinho de ferro, abandonando o arado de Jiangdong. O "boi de ferro" de hoje (o trator) torna o uso de animais de fazenda ainda mais irrelevante, mas ainda há alguns agricultores que mantêm a prática de usar bois para cultivar. Ao considerar as principais restrições à seleção de ferramentas enfrentadas pelos agricultores em um ambiente agrícola tradicional, considero aqui o exemplo das ferramentas de debulha de arroz, a título de ilustração.

Quando o grão está maduro, ele precisa ser debulhado antes de estar pronto para o processamento e o consumo. A debulha envolve a retirada do grão do talo ao qual ele estava originalmente preso. Nos tempos da agricultura primitiva, como a seleção de ferramentas era limitada, as pessoas colhiam os grãos à mão, removendo-os diretamente do talo. Esse método de debulha era praticado por muitos grupos étnicos diferentes na China e em todo o mundo. Ainda hoje, em alguns lugares onde outros métodos mais avançados de debulha foram adotados, os agricultores ainda colhem à mão os grãos que ainda não foram colhidos.

Esse método de debulha por meio da colheita manual pode ter começado como uma operação realizada com as mãos nuas, mas, em estágios posteriores, foram inventadas várias facas que torciam o grão, embora ainda estritamente à mão. A função dessas lâminas não era tanto cortar, mas raspar. Algumas foices de pedra menores, foices de molusco e facas de

---

331 Este artigo foi originalmente publicado no Guangming Daily, em 11 de junho de 2002.

pedra que datam do período neolítico também eram usadas para ajudar a debulhar o grão. Durante a dinastia Qing, um tipo de ferramenta agrícola de "madeira esculpida no formato de uma grelha equipada com uma lâmina de ferro era usada para colher grãos"[332] em Guizhou. Essa ferramenta também foi desenvolvida para cortar com o golpe da mão.

As ferramentas manuais foram desenvolvidas para a debulha antes de serem desenvolvidas para a colheita. Embora não fosse muito eficiente, esse método de debulha foi desenvolvido de forma totalmente independente do desenvolvimento das ferramentas de colheita. O livro *Competências Essenciais para Beneficiar o Povo* observa: "Todo arroz amadurece em seu próprio tempo". Como as sementes em si não eram puras, as plantas amadureciam em um ritmo inconsistente e as ervas daninhas dominavam as plantações no campo, dificultando a colheita com alguma uniformidade. É por isso que a debulha manual tem uma história tão longa. Ainda hoje, é comumente observado em um ditado agrícola que se deve "debulhar quando o calor do verão é ameno e colher quando o calor do verão é forte".

Outro motivo para a longa história da debulha manual é a necessidade de seleção de sementes. Na agricultura tradicional, a seleção de espigas é o principal método de seleção de sementes, e a debulha é o principal método de esmagar os grãos durante a seleção de espigas. No processo de debulha manual, não só é possível selecionar as espigas que atendem às necessidades e eliminar as que não atendem, mas também evita danos às sementes causados pelo equipamento, o que aumenta a taxa de germinação das sementes.

O método de debulha manual existe há muito tempo e, portanto, é inevitável que as ferramentas agrícolas usadas para essa operação crescessem de acordo com ele. Do ponto de vista técnico, a debulha manual era suficiente para todas as necessidades de debulha, mas não era capaz de acompanhar as demandas do desenvolvimento econômico. Com o desenvolvimento da agricultura e a expansão da escala de plantio, o método manual de debulha não era mais capaz de atender às necessidades de produção, de modo que uma variedade de métodos de debulha começou a surgir. Havia duas categorias principais, uma que envolvia bater no arroz com um objeto e a outra que envolvia adicionar algum objeto ao arroz. Da mesma forma, foram desenvolvidas várias ferramentas agrícolas, incluindo o mangual, recipientes de bambu, canteiros de arroz, baldes de palha e rolos de pedra. Mas como a ferramenta apropriada foi selecionada no desenvolvimento da agricultura tradicional?

---

332 *Crônicas do Condado de Meitan*, vol. 2, "Costumes" (período Kangxi).

A partir do estudo da história da cultura do arroz, são evidentes vários sinais. Um dos métodos consistia em escolher com base no tipo de espécie de arroz. O arroz cultivado divide-se nas subespécies indica e japônica. A principal diferença entre esses dois tipos de arroz é a diferença na forma como a casca é dividida. A província de Yunnan é a principal zona de distribuição dos dois tipos de arroz. Durante a dinastia Qing e a era republicana, havia um tipo de arroz em Anning, Yimen, Jingdong e outras partes de Yunnan chamado *lianxiegu* ou *lianjiegu*. O *lianxiegu* era arroz que tinha amadurecido. Por vezes, era necessário utilizar o mangual (*lianxie*) para o debulhar. Mas que tipo de arroz precisava de ser debulhado com um mangual? No condado de Qiaojia, em Yunnan, e noutros locais, o arroz era dividido em arroz japonês comum, matutino e vespertino (*zaowan*), e arroz vermelho e branco (*hongbai*), "e com base na forma como era colhido quando amadurecia, era subdividido em grão de barril ou grão de máquina (grão de máquina é outro termo para o grão *lianxie*)".[333] O arroz que necessitava de ser debulhado com o mangual era o arroz japonês, que é geralmente difícil de debulhar. No condado de Anning, "quando o arroz está maduro, cai facilmente do caule, e o arroz fica pendurado no grão mais velho. O arroz que não cai facilmente e o grão redondo chama-se arroz *lianxie*".[334] Obviamente, o arroz pendurado era arroz indica e o arroz *lianxie* era japônica.

A bacia de Taihu era outro centro de cultivo de arroz japônica, e o método de debulha com mangual tinha um historial de popularidade nessa zona. Desde o verso de Fan Chengda, "O som dos manguais de debulha a meio da noite", em "Pastoral de outono", até ao verso de Lou Shu, "O chicote da debulha com mangual", em "Poema sobre a lavoura e a tecelagem", o som dos manguais de debulha ressoa em toda a poesia chinesa. No norte, só se cultivava arroz japônica e, mais raramente, indica. O poeta da dinastia Song, Song Qi, escreveu um poema que descreve a colheita de arroz na região de Xuzhou, no qual escreve sobre "o toque do mangual e o céu selvagem".[335] Essa frase sugere que o método de debulha utilizado em Xuzhou na altura era consistente com o arroz japônica local.

Em Sichuan, durante a dinastia Qing, eram também utilizados dois métodos de debulha. O arroz "batido com a mangual" era "a casca dura e a palha", que era guardado no celeiro depois de batido, e o grão com "a palha que ficava na casca" era obviamente arroz japonês. Havia também o arroz

---

[333] *Crônicas do Condado de Qiaojia*, vol. 6, "Política Agrícola" (Era Republicana).

[334] *Crônicas do Condado de Anning*, "Produtos" (Era Republicana).

[335] [Dinastia Song] Song Qi, *Uma Antologia de Ensaios*, vol. 23, "Observando o Portador de Arroz no Lago."

que era "batido em baldes misturadores" e que "caía facilmente" e "poupava trabalho". Esse era obviamente arroz indica.[336]

O método de debulha utilizado era determinado pelo tipo de arroz, e o tipo de arroz cultivado era determinado por fatores como o solo, a topografia e o terreno de um local. Em Yunnan, havia um tipo de arroz chamado "arroz debulhar". Como o nome sugere, era um tipo de arroz indica que era debulhado por métodos típicos dessa raça de arroz. Como o arroz indica requer altas temperaturas, "o solo deve ser relativamente fértil e o terreno ensolarado para que seja adequado para o plantio."[337] Assim, pode-se dizer que a natureza do solo afetava a escolha das ferramentas de debulha, assim como afetava mais obviamente a escolha das ferramentas para preparar o solo.

Tradicionalmente, ao escolherem um instrumento de debulha, os agricultores tinham de ter em conta fatores como o estado do tempo, a finalidade do grão debulhado e os recursos materiais e financeiros. O mesmo acontecia com o arroz. Se "houvesse muita chuva e pouco arroz na altura da colheita e o arroz estivesse molhado, os que não fossem colhidos no campo seriam recolhidos em baldes de madeira. Para o arroz seco, era mais fácil usar ardósia". Em termos de ferramentas e de mão de obra, "Nos campos que utilizavam pedras para moer, dependendo do trabalhador que fazia a debulha manual, o trabalho despendido era reduzido a um terço. No entanto, para os grãos reservados, temia-se que a casca fosse moída, reduzindo a vitalidade do grão... Por isso, alguns preferiam usar ardósia."[338] Da mesma forma, na região de Taihu, onde a debulha com manivela era utilizada principalmente devido à prevalência do arroz japônica, o arroz utilizado para as sementeiras exigia o método de descasque.[339] O método mais eficiente, a moagem e a debulha do gado (chamado de agricultura de moagem), não era algo que os agricultores comuns pudessem fazer. Havia apenas "algumas casas no sul onde as fazendas usavam força animal". A principal razão para tal era o fato de os agricultores não terem capacidade para criar gado. Song Yingxing fez muitos cálculos no seu livro com base neste fato. Como não havia gado, a moagem e a debulha do gado não podiam ser feitas e "o

---

336 *Crônicas do Condado de Mianning*, "Propriedades."

337 *Resumo da História e Geografia de Yunnan*, vol. 9, "Áreas Rurais de Yunnan" (28º ano da Era Republicana).

338 [Dinastia Ming] Song Yingxing, A Exploração das Obras da Natureza, vol. 4, "Extração da Essência."

339 Jiang Bin, org., Cultura do Cultivo de Arroz e Costumes Populares de Jiangnan (Xangai: Editora de Literatura e Arte de Xangai, 1996), p. 148.

povo Wu usa a enxada em vez de ferramentas movidas a boi".³⁴⁰ Foi também a ausência de gado que levou o povo de Jiangdong a optar por usar o ancinho de ferro, abandonando o arado de Jiangdong, durante as dinastias Ming e Qing. Nas últimas duas décadas, tenho visto os agricultores mais velhos da minha cidade natal a abandonarem o arado puxado por bois com que estavam familiarizados quando faziam parte da equipa de produção, voltando a utilizar picaretas e ancinhos de ferro.

A escolha das ferramentas de debulha pode até ser afetada pelas relações de produção. No sistema de arrendamento, os proprietários preferiam o aluguel da terra pago pelos arrendatários na forma de arroz do moinho, enquanto os arrendatários preferiam entregar o arroz debulhado em baldes. O motivo era que "o grão era esmagado e seu brilho desaparecia. Ao pagar o aluguel, a batalha está ganha".³⁴¹

Parece que os agricultores tradicionais eram racionais na escolha das ferramentas agrícolas, embora também estivessem à mercê da terra. Eles tinham que considerar não apenas a viabilidade técnica, mas também o potencial econômico, além de proteger seus próprios interesses o máximo possível.

---

340 [Dinastia Ming] Song Yingxing, A Exploração das Obras da Natureza, vol. 1, "Grãos: Arroz."

341 Anuário do Condado de Yunyang, vol. 13, "Terras Agricultáveis" (Era Republicana).

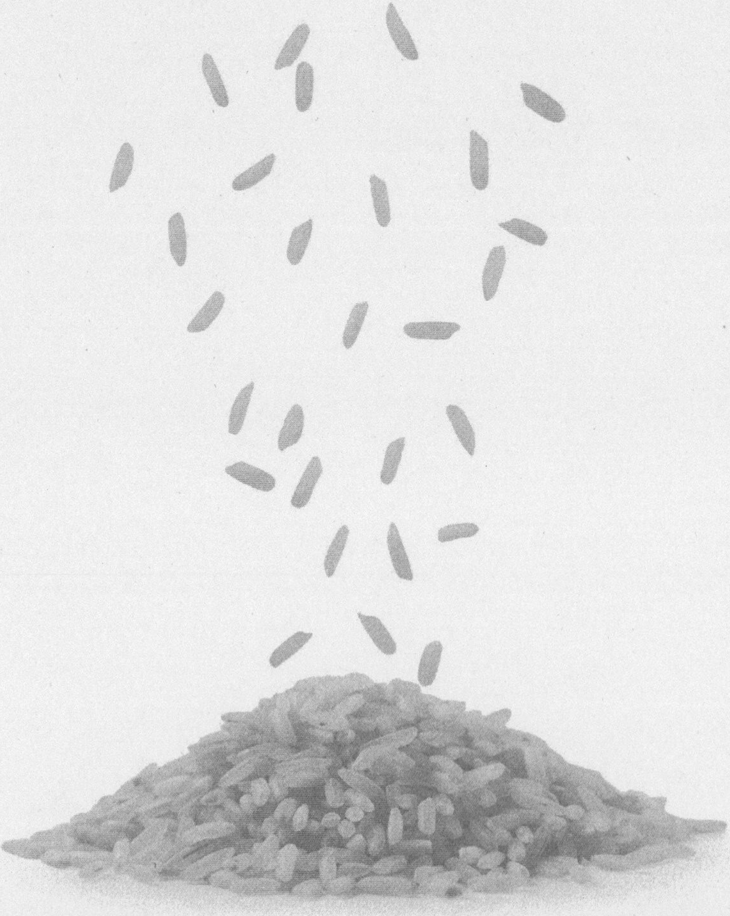

PARTE 3

Literatura sobre a história do arroz

LEGADO NO CAMPO: ARTIGO RECÉM-DESCOBERTO DE XU GUANGQI E SUA INTERPRETAÇÃO[342]

1. Anotações sobre o *Legado no Campo*

O *Legado no Campo*, de Xu Guangqi, encontra-se no *Boletim informativo da província* de Songjiang Volume 6, "Propriedades", de Ming Chongzhen, registrado sob o pseudónimo de Xu Zongbo Xuanhu. As *Obras Colecionadas de Xu Guangqi* foram publicadas durante a dinastia Ming em dois volumes, A Sabedoria Culinária de Xu e As Obras Coleccionadas de Xu Wending, sendo Wending outro dos seus pseudónimos. No 22.º ano do reinado de Guangxu, na dinastia Qing (1896), foram publicados quatro volumes das Obras Recolhidas de Xu Wending, compiladas por Li Di (Wen Yu, 1840-1911). As Obras Recolhidas Revisadas de Xu Wending, editadas por Xu Yunxi, descendente da décima primeira geração de Xu Guangqi, foram publicadas em cinco volumes no 34º ano do reinado de Guangxu. No 22.º ano da Era Republicana na China (1933), o descendente de Xu, Xu Zongze, compilou uma coleção revista das obras de Xu Wending e publicou-a em cinco volumes. Em 1962, Wang Chongmin compilou e editou os dois volumes das *Obras Colecionadas de Xu Guangqi*, publicadas pela Companhia de Livros Zhonghua em 1963 e reeditadas numa nova edição pela Shanghai Editora de Livros Antigos em 1984. A coletânea de Wang, que inclui 204 ensaios e 14 poemas, é a antologia mais completa das obras de Xu até à data, mas observou que "Xu Guangqi escreveu muitos artigos que foram publicados postumamente. Esta coleção não está, portanto, completa, mas espero que sejam descobertos mais artigos de Xu para complementar esta coleção."[343] Vários dos artigos de Xu que foram encontrados após a publicação da coleção de Wang foram incluídos na edição de 1983 da antologia, publicada pela Editora de Livros Antigos de Xangai. Embora esses livros tenham reunido a maioria dos escritos de Xu que sobreviveram, ainda há

---

[342] Este artigo foi publicado pela primeira vez em Studies in the History of Natural Sciences, nº 1 (2010): 1–12.

[343] Wang Chongmin, "Editor's Note," em *Obras Completas de Xu Guangqi* (Pequim: Companhia Editorial Zhonghua, 1962), p. 39.

algumas omissões. Nos últimos anos, Tang Kaijian e Ma Zhanjun descobriram artigos perdidos de Xu Guangqi e Li Zhizao, que tinham aparecido nas Obras Completas de Shouyu.[344] No entanto, as atuais coleções de ensaios e a investigação acadêmica não mencionaram, de um modo geral, o *Legado no Campo*, de Xu Guangqi, que foi incluído no *Boletim da Província de Songjiang*, registrado durante o período de Chongzhen.

O *Boletim da Província de Songjiang* foi editado por Fang Yuegong e Chen Jiru, ambos com muitas conexões com Xu Guangqi e com a compilação e coleta de seu trabalho. Fang Yuegong (falecido em 1644), também chamado de Si Zhang, nasceu em Gucheng (atual condado de Gucheng na província de Hubei). Ele foi aprovado no nível mais alto dos exames do serviço público no segundo ano do reinado de Tianqi da dinastia Ming (1622) e começou a servir como censor imperial, um cargo responsável principalmente pela administração de oficiais e funcionários, que ocupou simultaneamente ao seu mandato como grande secretário. Quando era prefeito de Songjiang, ele se interessou pelo trabalho do aluno de Xu Guangqi, Chen Zilong, editando um *Tratado Completo Sobre Agricultura*, de Xu, o que acabou levando à publicação póstuma da obra. Chen Jiru (1558-1639), também chamado de Zhongcun, Meigong ou Migong, era da cidade natal de Xu Guangqi. Ele era um renomado acadêmico da dinastia Ming, hábil em poesia, caligrafia e pintura, e "muito experiente e versátil". Ele ganhou os elogios de Huang Daozhou e de muitas outras figuras conhecidas. Dong Qichang, que mais tarde reeditou o prefácio do *Boletim informativo da província de Songjiang*, era outro amigo íntimo da cidade natal de Xu Guangqi. No 16º ano do reinado de Wanli (1588), Xu Guangqi, Dong Qichang, Zhang Nai e Chen Jiren viajaram juntos para Taiping (atual Dangtu, Anhui) para fazer o exame municipal.[345]

O Boletim Informativo da Província de Songjiang, composto por 58 volumes, foi concluído no terceiro ano do reinado de Chongzhen (1630), três anos antes da morte de Xu Guangqi. Sendo um acadêmico oriundo de Songjiang e tendo-se tornado conhecido no mundo, Xu Guangqi atraiu naturalmente a atenção do povo da sua cidade natal, e as suas próprias aspirações permaneceram sempre modestas. Por exemplo, no sexto volume, "Propriedades", é mencionado que "Xu aconselhou as pessoas que viviam perto da costa a dedicarem-se à sericultura, plantando raízes de amoreira na zona,

---

344 Tang Kaijian e Ma Zhanjun, "Obras Perdidas de Xu Guangqi e Li Zhizao Preservadas em *Obras Completas de Shouyu*," *Revista de Colação de Livros Antigos*, nº 3 (2005): 81-84.

345 Wang Chongmin, *Obras Completas de Xu Guangqi* (Pequim: Companhia Editorial Zhonghua, 1962), p. 14.

mas era difícil mudar o costume e a indústria da seda não floresceu, embora houvesse algum comércio de seda noutras prefeituras". O 54.º volume, "Escritos", aborda as obras de Xu Guangqi, como Um Compêndio sobre Agricultura.[346] Além disso, o sexto volume, "Propriedades", também cita diretamente partes de Um Compêndio sobre Agricultura, incluindo *Legado no Campo*.[347] A autenticidade e a fiabilidade da informação são incontestáveis.

O texto original diz o seguinte:

No Legado no Campo, de Xu Zongbo Xuanhu (o ano cíclico de Gengxu[348] durante a enchente), houve enchentes recentes que submergiram os campos baixos. A água agora está baixando, mas os grãos[349] já estão podres. Como agricultor, peço aos senhores que não desperdicem os grãos. Não há tempo para procurar mudas, embora o arroz de sessenta dias[350] possa ser plantado, mas dará apenas uma pequena colheita. Hoje existe um método que permite o cultivo[351] de arroz e, mesmo que já tenha passado alguns dias do início do outono, o grão geralmente amadurece. É necessário comprar as sementes de campos próximos em terrenos mais altos e cultivar arroz tardio. Mesmo que o preço seja alto quando o processo de cultivo estiver concluído, o arroz será vendido naturalmente. Para cada campo de dois mu, compre um mu, com um ke em intervalos[352] enquanto retira outro ke.

---

346 Crônicas locais raras coletadas no Japão, cópia de Chongzhen da *Gazeta Provincial de Songjiang* (Pequim: Editora de Bibliografia e Literatura, 1991), p. 1427.

347 Crônicas locais raras coletadas no Japão, cópia de Chongzhen da *Gazeta Provincial de Songjiang* (Pequim: Editora de Bibliografia e Literatura, 1991), pp. 144–146.

348 O ano cíclico Gengxu, ou 1610, foi o 38º ano do reinado de Wanli, quando Xu Guangqi tinha 49 anos.

349 A palavra usada geralmente se refere a plantas de cultivos gramíneos, mas aqui é usada especificamente para significar arroz.

350 Nome de uma variedade específica de arroz. Leva sessenta dias, ou talvez um pouco mais, para crescer, e a casca é preta. O nome vem do seu período de crescimento.

351 O termo usado aqui se refere a semear, mas, neste caso, aponta para o transplante.

352 Um *ke* também é chamado de *cong*. Em *Resumo de Cultivar Amoreiras para Alimentos e Têxteis*, lemos: "Ao transplantar mudas de arroz, plante as espiguetas na mesma época das mudas. Faça cerca de oito a dez raízes em um pequeno feixe e plante-as em um campo arado. Coloque um agrupamento de quatro ou cinco raízes a cada cinco ou seis *cun* de distância. Não é recomendado mover os pés com frequência, apenas colocar cerca de seis agrupamentos com as mãos e, então, outros seis agrupamentos no intervalo apropriado. Gire cada um e certifique-se de endireitá-lo." Aqui, o termo "um *cong*," ou um agrupamento, é o mesmo que "um *ke*."

O terreno de um mu usado para o arroz deve ser dividido[353] em cinco mu de campos inferiores. Como de costume, deve-se usar bastante esterco como fertilizante. Embora os campos altos sejam vendidos pela metade, deve-se fazer um grande esforço[354] para cultivá-los e eles devem ser bem fertilizados. Se o arroz crescer bem, deve ser colhido normalmente. Se estiver difícil de crescer, as folhas devem ser removidas[355] e transplantadas cerca de um chi mais alto ou mais baixo. O arroz tardio atinge a maturidade após o Limite de Calor.[356] Antes disso, as sementes devem ser divididas, o que não prejudicará o crescimento. Se as mudas já tiverem sido transplantadas[357] e o senhor não puder comprar mais mudas, precisará usar o veículo[358] para coletar a água, o que a deixará apenas levemente úmida. Mesmo que as mudas estejam podres, se as raízes ainda estão no solo, eles ainda podem ser usados quando estão mais gordos, quando estão o mais maduros possível. O primeiro método é usado pelos agricultores de Jiangsu e Zhejiang. Eles não hesitam em usar alguns dan de arroz para comprar um mu de grãos, que eles dividem em dez mu de campos. Testei esse último método várias vezes. Nos últimos anos, a conservação da água estava em estado deplorável, e o Taihu não transbordava. A água da inundação no ano cíclico de Wushen[359] ainda não recuou. Portanto, quando há chuva contínua,[360] a terra pode ficar submersa. Caso contrário, por que não houve chuvas de mofo nos anos anteriores?[361] Este ano, pode começar a inundar mesmo com uma chuva leve. Se a conservação da água não for consertada, isso continuará a

---

353 Para transplante.

354 Trabalho em revezamento.

355 Torcido e arrancado.

356 Produzindo espigas. Os caules de cultivos como arroz e trigo tornam-se grossos e cheios antes de emitirem espigas, o que é comumente chamado de crescimento completo.

357 Mudas ou brotos.

358 A roda d'água. O termo é usado aqui como um verbo, referindo-se à drenagem por meio da roda d'água.

359 No 36º ano do reinado de Wanli (1608) na Dinastia Ming, houve uma enchente em Jiangnan.

360 O termo usado refere-se a uma chuva constante e pesada. *Shuowen* refere-se a esse período, dizendo: "três dias de chuva se passaram", significando que houve uma forte chuva por três dias.

361 As "chuvas de mofo", referindo-se ao longo período de clima chuvoso nos vales dos rios Yangtze e Huai no final da primavera e início do verão. "Ter chuvas de mofo" refere-se à enchente resultante do longo período de precipitação excessiva dessas chuvas.

acontecer todos os anos. Esse método deve ser compartilhado. Se houver uma seca severa seguida de chuva no outono, esse mesmo método pode ser usado. O senhor não precisa acreditar na minha palavra -basta perguntar àqueles que viajaram por Jiangsu e Zhejiang. Em uma época de fome, se um mu de campo for deixado sem cultivo, uma pessoa certamente morrerá de fome. Essa não é uma questão pequena e não deve ser negligenciada.

Passarei agora a uma explicação sobre o artigo e seus antecedentes.

2. Histórico do *Legado no Campo*

Legado no Campo foi escrito no ano cíclico de Gengxu, o 38º ano do reinado de Wanli (1610), quando Xu Guangqi tinha 49 anos de idade. Três anos antes, em 23 de maio de 1607, seu pai havia morrido na capital. Xu Guangqi providenciou o enterro de seu pai e depois voltou para casa para observar o período de luto prescrito. No verão do segundo ano após sua volta para casa (o ano cíclico de Wushen, ou 1608), houve uma grande inundação em Jiangnan, de uma magnitude que não era vista há duzentos anos. Essa inundação em Jiangnan foi caracterizada pelo grande poder das águas da inundação, sua longa duração, seu escopo e as pesadas perdas que trouxe para a população. Após a inundação, a região também enfrentou problemas de gafanhotos e distúrbios civis. Mesmo assim, o impacto da grande enchente de 1608 não desapareceu rapidamente. Como o sistema de conservação de água estava em mau estado, o nível da água não recuou mesmo depois de um longo período. Sempre que havia chuvas contínuas, o nível da água subia novamente. Essa era a situação no ano em que *Legado no Campo* foi escrito. As enchentes sempre foram o fator desfavorável que atormentava tanto a produção agrícola quanto a vida cotidiana das pessoas nas cidades construídas sobre a água em Jiangnan. Essa inundação que durou três anos foi ainda mais perturbadora. Por esse motivo, além de mencionar que "as recentes inundações deixaram os campos submersos", o artigo também menciona que "as águas do ano cíclico de Wushen, que ainda não recuaram, fazem com que a terra fique submersa novamente quando há uma chuva forte... Vários dias consecutivos de chuva fazem com que o nível da água fique muito mais alto. Se a conservação da água não for consertada, continuará sendo assim todos os anos."

A inundação que começou em 1608 causou uma profunda impressão em Xu Guangqi. Ele mencionou em seu artigo "Batatas doces espalhadas: Prefácio" que "houve uma grande inundação em Jiangnan no ano cíclico de Wushen, e não havia grãos". Até mesmo a formação de algumas de suas ideias acadêmicas pode ter sido diretamente relacionada a essa inundação. Sua opinião de que "os gafanhotos são transformados de camarões", expressa no Compêndio sobre Agricultura, é um exemplo. Alguns estudiosos duvidam que Xu Guangqi tenha realmente proposto uma ideia tão pouco científica.[362] Na verdade, o próprio Xu Guangqi afirmou claramente que "pode ter sido transformado a partir da ova, mas eu arbitrariamente as-

---

362 Wan Guoding, "Caminho Acadêmico de Xu Guangqi e Contribuições para a Agricultura," em *Ensaios Comemorativos a Xu Guangqi* (Pequim: Companhia Editorial Zhonghua, 1963), p. 24.

sumi que era do camarão". Muito antes de Xu Guangqi, havia uma opinião de que os gafanhotos eram oriundos de peixes ou camarões. Por exemplo, Chen Jinglun declarou em um artigo intitulado "Notas sobre o controle de gafanhotos", escrito no 25º ano do reinado de Wanli na dinastia Ming (1597), "O gafanhoto é transformado a partir da ova ou, quando recebe água, torna-se um peixe. Se perder água, ele se prende aos juncos da margem. Quando o vapor sobe, ele se torna um gafanhoto". Pelo *Piya*, escrito por Lu Dian (1042-1102) durante a Dinastia Song do Norte, sabemos que essa visão já era defendida na Dinastia Song. O escritor da dinastia Ming, Xie Zhaozhe (1567-1624), também observou: "De acordo com a lenda, os gafanhotos são transformados a partir de ovas de peixe, portanto, nos anos em que o nível da água está alto, as ovas se tornam peixes, mas quando está baixo, elas se tornam gafanhotos. O macho e a fêmea se acasalam, tendo 99 desovas durante sua vida, de modo que a espécie se prolifera."[363] O desenvolvimento dessa ideia por Xu Guangqi foi identificar as ovas como camarão. A proposta e a aceitação dessa visão podem ter sido relacionadas à inundação que ele sofreu em 1608. Como os gafanhotos apareceram concomitantemente com o dilúvio naquele ano e como houve um excesso de camarão e peixe depois que os gafanhotos foram embora, muitas pessoas associaram os gafanhotos ao camarão, pensando que os gafanhotos haviam se transformado a partir do camarão.[364] Foi com base nisso que Xu Guangqi deduziu que os gafanhotos foram transformados a partir do camarão e acreditava que os dois eram de fato a mesma coisa. "Há camarões na água e gafanhotos na terra" era a opinião de muitas pessoas naquela época.

Diante de tais enchentes catastróficas de 1608 a 1610, enquanto ainda estava em casa lamentando o falecimento de seu pai, Xu Guangqi "recomendou que uma receita tributária de 50.000 fosse colocada nas cidades de Suzhou, Songjiang, Changzhou e Zhenjing, e que um imposto sobre o sal e uma receita tributária de 300.000 no total fossem colocados em Hangzhou, Jiading e Huzhou com um decreto imperial. Essa tarefa poderia ser distribuída entre toda a população.[365] Por um lado, ele estava tentando encontrar uma maneira de a região se reerguer após o desastre, dando ênfase especial ao trabalho diligente na agricultura. A família Xu era proprietá-

---

363 [Dinastia Ming] Xie Zhaozhe, *Cinco Notas Miscellâneas*, Objetos, vol. 9.

364 Por exemplo, *Crônicas do Condado de Wu*, vol. 11, "Distinções Auspiciosas" (período Chongzhen), afirma: "No sexto mês, os insetos eram tão grandes quanto mosquitos e se reuniam no céu ao entardecer. Pareciam fumaça e soavam como trovões. Desapareceram repentinamente um mês depois. Havia então incontáveis camarões pequenos para que os famintos comessem, como se as nuvens tivessem se transformado em insetos."

365 Liang Jiamian, *As Crônicas de Xu Guangqi* (Editora de Livros Antigos de Xangai, 1981), p. 88.

ria do Shuang Garden, situado fora do portão sul, e de outra fazenda em Xujiahui, em Fahuanan. Como "houve uma inundação em Jiangnan e não havia grãos, eu esperava usar a arboricultura para trazer ajuda em nosso momento mais desesperador e ajudar a preparar o futuro também". A arboricultura se referia ao plantio de outras coisas além de colheitas no campo. Xu Guangqi acreditava que "na terra, nas montanhas, no mar e no solo, há o suficiente para vivermos". Em uma situação em que o trigo, o arroz e outras culturas não puderam ser colhidos devido a uma inundação, era importante encontrar uma maneira de sobreviver e evitara morte daqueles que haviam sobrevivido à inundação. Xu procurou resolver o problema dos alimentos introduzindo novas culturas, observando que "as notícias de todo o mundo são de que as colheitas podem salvar os necessitados, muitas vezes produzindo mais do que eles precisam. As pessoas com a mesma mentalidade ou aquelas que se dão ao trabalho de viajar grandes distâncias geralmente dependem de produtos agrícolas e animais para cobrir suas despesas". Foi dito que Fujian e Zhejiang Oriental introduziram uma boa variedade de batata-doce que se mostrou muito lucrativa, e um amigo de Xu, de Putian, Fujian, tinha "três tipos de sementes, que ele plantou, cultivou e colheu, e elas eram ligeiramente diferentes de outras batatas", e por isso ele "esperava espalhá-las por toda parte". Isso é relatado em *Batatas Doces Espalhadas*, que foi amplamente distribuído.[366] Xu também fez experiências com o cultivo de nabos e taro seco introduzidos do norte, escrevendo o artigo *Sobre Nabos*, que tratava especificamente do assunto e introduzia o cultivo de nabos e taro seco. O artigo está incluído em Um compêndio sobre Agricultura.[367] Ele também plantou centenas de árvores de alfeneiro perto do túmulo de seu pai em sua cidade natal, Lujiabang, com o objetivo de criar insetos de cera branca. Ele também "plantou centenas de amoras em seu jardim em casa."[368]

Após as cheias, Xu Guangqi tentou resolver o problema da fome através da "arboricultura". Até a plantação experimental de alfeneiro para criar insetos de cera branca estava relacionada com esse esforço. Hebel acreditava que a utilização das fendas estéreis das montanhas para o cultivo de árvores mais econômicas, tais como sebo e alfeneiro para fazer combustível para as fogueiras, poderia reduzir a área necessária para a plantação de câ-

---

366 [Dinastia Ming] Xu Guangqi, "Batatas Doces Espalhadas: Prefácio," em *Clássicos da Ciência e Tecnologia Chinesa: Tonghui, Ciências Agrícolas* (Editora Educacional de Henan, 1994), pp. 3–301.

367 Crônicas locais raras coletadas no Japão e na China, cópia de Chongzhen da *Gazeta Provincial de Songjiang* (Editora de Bibliografia e Literatura, 1991), p. 153.

368 [Dinastia Ming] Fang Yuegong e Chen Jiru, eds., *Gazeta Provincial de Songjiang*, vol. 6, "Produção" (período Chongzhen).

nhamo, sésamo, fetos, legumes e outras culturas convencionais utilizadas para o óleo e libertar mais terra para a produção alimentar.[369] Anteriormente, o agrônomo Jia Sixie, do Wei do Norte, tinha uma vez proposto uma solução semelhante, sugerindo que as terras não adequadas para a produção de alimentos deveriam ser objeto de medidas de acordo com as condições locais e utilizadas para árvores de fruto e florestação, enquanto outras culturas económicas como a jujuba, o olmo e o salgueiro deveriam ser utilizadas de forma razoável. O objetivo era maximizar a capacidade de produção da terra para que esta fosse mais rentável. Xu Guangqi sabia que plantar amoreiras, alfeneiros e árvores de sebo não resolveria o problema imediato e, embora as batatas-doces, os nabos, o taro e outras culturas semelhantes fossem fáceis de cultivar, a mentalidade das pessoas continuava a ser afetada tanto pelas condições naturais como pelos costumes sociais que dificultavam a aceitação desses produtos. Além disso, a maioria das pessoas em Jiangnan não possuía os conhecimentos e as sementes necessários para cultivar essas culturas, pelo que era bastante difícil promovê-las. A tarefa mais urgente, se o problema alimentar das pessoas fosse realmente resolvido, era restaurar e desenvolver a produção local de arroz. Assim, Xu Guangqi continuou a dar muita ênfase à questão da plantação de arroz, que era o trabalho em que as pessoas da região eram melhores. Foi neste contexto que o *Legado no Campo* foi lançado.

---

369 [Dinastia Ming] Xu Guangqi, *Compêndio Anotado sobre Agricultura*, ed. Shi Shenghan (Xangai: Editora de Livros Antigos de Xangai, 1979), p. 1068.

3. Interpretação do *Legado no Campo*

Legado no Campo foi escrito em resposta à inundação contínua na região de Jiangnan de 1608 a 1610. A inundação em Jiangnan estava intimamente ligada às chuvas de ameixa. Durante o quarto e o quinto mês lunar, muitas áreas no curso médio e inferior do Yangtze ficam nubladas e chuvosas. Como esse é o período em que as ameixas estão amarelas e maduras, é conhecido como a estação das chuvas de ameixa. O tempo quente, úmido, escuro e chuvoso prolongado causa rapidamente mofo dentro de casa, por isso a estação é frequentemente chamada de "chuva de mofo", um homófono para "chuvas de ameixa" em chinês. É durante essa estação chuvosa que as mudas de arroz são plantadas e o trigo maduro é colhido em Jiangnan. A chuva forte e prolongada não só dificulta o plantio das mudas, mas mesmo depois de plantadas com esforço árduo, a umidade pode fazer com que as mudas apodreçam. Mesmo que sejam transplantadas, elas podem ficar submersas nas enchentes e morrer. O segundo trigo, no estágio de maturação amarelo, também corre o risco de apodrecer devido ao clima úmido. A estação chuvosa geralmente dura mais de um mês e, no quinto ou sexto mês lunar, por volta da época do plantio da soja (no quinto dia do sexto mês), a estação chuvosa termina e as águas das enchentes recuam. Encontrar maneiras de aproveitar a oportunidade favorável para retomar a produção de arroz depois que as águas das enchentes baixarem é o foco do livro *Legado no Campo*, de Xu Guangqi. Com base nisso, estima-se que o texto tenha sido escrito no quinto ou sexto mês, provavelmente por volta do início do outono.

Antes da época de Xu Guangqi, os agricultores de Jiangnan já haviam acumulado uma vasta experiência em lidar com enchentes. Desde as dinastias Song e Yuan, um livro intitulado "Os Cinco Elementos da Agricultura", que incluía uma ideia de "plantar uma segunda safra"[370], era popular em Jiangnan. Depois que o arroz foi plantado e transplantado, as inundações deixaram os campos de arroz submersos e as mudas apodreceram, exigindo nova semeadura e transplante. Isso é o que se entende por "plantar uma segunda safra". Em um poema da Dinastia Song do Norte, Su Zhe menciona a chuva contínua e a subida do rio causando inundações, observando que "o arroz tardio nos subúrbios do leste teve que ser replan-

---

[370] *Os Cinco Elementos da Agricultura*, vol. 1, "Quarto Mês," registra: "O primeiro dia do mês é o início do verão, quando a terra está se movendo. Quando está cheia, é desastre. O vento forte e a chuva levam a grandes enchentes, enquanto menos chuva leva a enchentes menores. Quando está ensolarado, é provável que haja seca. Os velhos agricultores lamentam, dizendo: 'O sol é o mais importante. Se chover, há o perigo de plantar uma segunda safra.'"

tado."³⁷¹ Durante a Dinastia Song do Sul, Ye Shaoweng escreveu sobre "replantar as sementes danificadas pela água."³⁷² Essas situações geralmente surgiam no quinto mês lunar. Por exemplo, um decreto emitido no 11º dia do quinto mês do sexto ano de Qiandao (1170) diz: "A região militar no oeste de Zhejiang está inundada... O oficial emprestou-lhes grãos para plantar arroz tardio, de modo que, no próximo outono, ele poderia compensar quaisquer deficiências quando o grão amadurecesse."³⁷³ Um decreto emitido no 16º dia do quinto mês do nono ano do reinado de Chunxi (1182) diz: "Tem havido uma chuva prolongada para os moradores da região, e tememos que ela danifique os campos mais baixos e que os moradores mais pobres não consigam replantar. O Tijuchangpingguan³⁷⁴, tanto no leste quanto no oeste, conseguiu acompanhar as outras prefeituras. Os ministros lidaram com isso rapidamente, emprestando, do fundo oficial de Changping, a quarta, a quinta e as famílias mais baixas para comprar sementes de arroz para que o plantio pudesse continuar". Um decreto emitido no 28º dia do primeiro mês do 11º ano de Chunxi diz: "Eleve as fileiras em Jiangdong... para resgatar as pessoas da enchente e ofereça-lhes fundos extras... persuada-as a trabalhar duro no replantio nos muitos *mu* de campos que foram inundados."³⁷⁵

O *Legado no Campo* aborda maneiras de "plantar uma segunda safra". Xu Guangqi menciona dois métodos: "procurar mudas para plantar" e "comprar mudas para replantar". O primeiro problema encontrado no processo de retomada da produção após o desastre foi a questão das sementes. No ano do desastre, as sementes que foram plantadas não foram colhidas, resultando em desperdício de esforços e recursos. Mesmo antes de serem plantadas, era previsível que talvez não houvesse colheita naquele ano, e as sementes que não foram plantadas ou as que restaram após o plantio seriam consumidas em caso de fome, como último recurso. Mas quando chegou a hora de retomar a produção, descobriu-se que havia falta

---

371 [Dinastia Song do Norte] Su Zhe, *Coleção de Luancheng*, vol. 2, "Dois Poemas sobre a Chuva Contínua e o Rio Subindo."

372 Qian Zhongshu, *Anotações sobre Poesia Seleta da Dinastia Song* (Pequim: Editora de Literatura do Povo, 1989), p. 265.

373 [Dinastia Qing] Xu Song, *Compêndio de Convenções Governamentais e Sociais da Dinastia Song*, "Alimentos e Produtos, Volume 58, Parte 7" (Pequim: Companhia Editorial Zhonghua, 1957), p. 5825.

374 Nota do tradutor: um termo geral para um oficial responsável pelo sal, chá e outros comércios.

375 [Dinastia Qing] Xu Song, *Compêndio de Convenções Governamentais e Sociais da Dinastia Song*, "Alimentos e Produtos, Volume 58, Parte 7" (Pequim: Companhia Editorial Zhonghua, 1957), pp.

de sementes. Quando "não havia mais sementes de arroz", era necessário comprar sementes para retomar a produção, portanto, "procurar sementes" era uma preocupação comum dos governos locais e da população daquela época. Após o início das enchentes em 1608, Zhou Kongjiao (Huailu), então governador de Wuzhong, propôs que um dos itens essenciais para o alívio da fome era "pedir sementes emprestadas."[376] Quando Wuzhong decidiu pedir sementes emprestadas, o magistrado interino do condado de Tongxiang, Jiaxing, XuZhiyan (Rihua) "pegou 300 *liang* de prata e confiou a um oficial, enviando-o a Jiangyou para comprar grãos, que ele distribuiu entre o povo para serem usados como mudas de arroz... Era outono e havia uma aura desfavorável por toda parte. Qualquer pessoa que replantasse em Tongxiang e conseguisse colher até três *dan* por *mu* era feliz e considerada próspera."[377] No final do período Ming, início do período Qing, Zhang Lüxiang, natural de Tongxiang registrou em detalhes a situação em torno da introdução de variedades vermelhas de arroz de outros lugares para realizar os esforços de resgate naquela época. Ele escreve:

> *No quinto mês do ano cíclico de Wushen, no reinado de Wanli, os campos estavam exauridos devido às enchentes. As pessoas perderam a esperança, mas o governo as socorreu e as persuadiu de que seriam salvas. Não havia outra escolha a não ser abandonar as mudas que haviam sido plantadas nos campos. A chuva não parava e não foram plantadas mais mudas, devido à forte chuva. Em seguida, os funcionários foram enviados para distribuir os fundos do tribunal, informando dia e noite. As pessoas foram incentivadas a comprar sementes da província de Jiangxi (ou alguns disseram para comprar de Jiangbei ou Taizhou) e imploraram por algum alívio no aluguel da terra deste ano para tranquilizar as pessoas. Depois de mais de dez dias, o arroz chegou e foi distribuído, e um plano de replantio foi apresentado ao povo. A chuva diminuiu nos campos naquele mês, e as mudas começaram a crescer. Sentindo-se relutantes, as pessoas plantaram alguns grãos de soja e feijões vermelhos para alimentação. O governo observou que "não havia escolha a não ser abandonar os grãos". As pessoas foram então incentivadas a cultivar os grãos. No outono, o grão estava maduro, mas a colheita foi apenas setenta por*

---

[376] [Dinastia Qing] Lu Zengyu e Ni Guolian, eds., *Notas Imperiais de Kangji* (Taipei: Editora comercial, 1983), p. 404.

[377] [Dinastia Qing] Zhou Guangye, *A História das Notas de Ningzhi de Qianlong: Refeições*. Citado em Xu Quanke, *Notas de Yinxing*, vol. 4.

cento do que normalmente era. Muitas pessoas conseguiram sobreviver, o que foi incomparável com as de outros lugares."[378]

Esse foi um exemplo de uma retomada bem-sucedida da produção e de uma comunidade que se recuperou de um desastre comprando sementes.

Outro grande problema encontrado na busca de mudas foi a questão do tempo. Quando o replantio pós-inundação foi realizado, já era tarde na estação. O tempo efetivo de produção permitido nessas circunstâncias era muito curto para concluir o processo normal de produção de variedades convencionais de arroz. Somente algumas variedades com períodos de crescimento particularmente curtos poderiam concluir o ciclo de produção no tempo restante.

A "preto de sessenta dias" mencionada por Xu Guangqi era uma dessas variedades. A variedade de "sessenta dias" era um tipo de arroz conhecido em toda a China como uma variedade de maturação precoce. De acordo com evidências textuais, ela já era conhecida na dinastia Jin Ocidental.

Em *As Regiões Ocidentais de Tang*, o monge budista da dinastia Tang, Xuanzang, mencionou um arroz heterogéneo que era "colhido em sessenta dias". Aparece também em registros da dinastia Song, como a Crónica de Qinchuan, a Crónica de Yufeng, a Crónica de Ganshui, a Crónica de Chicheng, a Crónica de Kuaiji, a Crónica de Xin'an e outras crônicas locais. É mencionada ainda com mais frequência nas crônicas locais das dinastias Ming e Qing. "Sessenta dias" é um exagero e não uma indicação de que o arroz amadureceu efetivamente em sessenta dias.[379] O que é certo é que se trata de uma variedade que amadurece muito rapidamente. O seu curto período de crescimento significa que todo o processo de produção pode ser concluído antes de haver inundações ou mesmo depois de uma área ser atingida por uma inundação ou seca. Mas, em circunstâncias normais, a área semeada pode não ser muito grande, principalmente porque não é uma cultura de rendimento muito elevado. A *Crónica de Xin'an* registra que "as variedades de arroz incluem o *funao*, o arroz branco e o arroz vermelho, que produzem rendimentos precoces e são fáceis de cultivar, mesmo em sessenta dias, mas não são exuberantes, pelo que não são cultivados por muitas pessoas".

O arroz *Huanglu* e o arroz *wukou* são semelhantes ao arroz de sessenta dias. O arroz *Huanglu* também é uma variedade de arroz carac-

---

378 [Dinastia Qing] Zhang Lüxiang, *Poesia e Prosa de Yang Yuan: Sobre Grãos*, vol. 17.

379 You Xiuling, "O Mistério da Antiga Variedade de Arroz 'Sessenta Dias'," em *Coleção de Pesquisa sobre História Agrícola* (Pequim: Editora de agricultura da China, 1999), pp. 401–405.

terizada pelo plantio tardio, maturação precoce e períodos curtos de crescimento. De acordo com os registros do *Tratado Agrícola de Chen Fu*, o arroz *huanglu* exigia não mais do que sessenta a setenta dias do plantio ao amadurecimento, enquanto o *Tratado Agrícola de Wang Zhen* relata um período de menos de sessenta dias. Outros registros também confirmam que todo o período de crescimento do arroz *huanglu* não excedia noventa dias, e sua tolerância à água o tornava a escolha típica para o replantio após uma inundação. O *Tratado Agrícola de Chen Fu*, da dinastia Song do Sul, observa: "As pessoas hoje fazem previsões com base em suas observações do clima. Do Solstício de Verão ao período de Menor Plenitude de Grãos no calendário solar, e no período de Grãos na Espiga, a inundação geralmente já passou, permitindo que o grão *huanglu* seja plantado em campos recuperados". Isso descreve o arroz sendo replantado após um desastre, mas também era ocasionalmente plantado antes do período de inundação. O *Tratado Agrícola de Wang Zhen*, da dinastia Yuan, escreve: "O arroz *huanglu* é cultivado do plantio à colheita, mas amadurece em sessenta dias, o que ajuda a evitar o risco de inundações. Se houver inundações, a planta crescerá por conta própria e os grãos ainda poderão ser colhidos". Isso se refere ao que é chamado de "colheita rápida" antes que ocorra um desastre. Devido ao seu curto período decrescimento, o arroz *huanglu* é frequentemente usado como uma variedade de arroz tardio de estação dupla e, no "Calor Maior (por volta do 23º dia do sétimo mês (no calendário solar), ele pode ser cortado cedo e plantado novamente".

O arroz Wukou é uma variedade semelhante. Foi visto pela primeira vez no período Baoyou da Dinastia Song do Sul (1253-1258) e mencionado nos *Registros sobre a Reconstrução de Qinchuan*,[380] e Wang Feng, um residente da Dinastia Yuan de Wunijing, em Xangai, mencionou essa variedade de arroz em um de seus poemas.[381] Devido à sua característica "cor preta e resistência ao frio e à água", também é chamado de grão preto, arroz preto, grão de água fria, arroz de água fria e arroz preto tardio. Mas sua característica mais importante é seu curto período de crescimento. Ele pode ser semeado no sétimo mês do calendário lunar ou mesmo após um longo outono. Se calculado de acordo com o período geral de colheita do arroz tardio (o nono ou décimo mês), o período de crescimento do arroz preto é de apenas dois meses, de modo que algumas crônicas o comparam à variedade de ses-

---

[380] *Registros do Período Baoyou sobre a Reconstrução de Qinchuan*, vol. 9, afirma: "O arroz Wukou é replantado e amadurece tardiamente. É o arroz de menor qualidade."

[381] *Coleção de Wuxi*, vol. 4, "Três Poemas no Retiro do Lago Qianhu no Oitavo Mês (Yiwei)." Diz: "Vários xi de arroz Wukou, amadurecendo completamente no clima adequado."

senta dias.³⁸² O "preto de sessenta dias" mencionado por Xu Guangqi pode se referir ao arroz *wukou*. Suas características de período de plantio tardio e amadurecimento precoce significam que o arroz *wukou* pode ser plantado como uma variedade de arroz tardio de estação dupla. É a isso que as crônicas se referem como "replantio e maturação tardia". Nas dinastias Ming e Qing, ele era mais usado como uma variedade para replantio após as enchentes de verão e outono.³⁸³ Durante as dinastias Ming e Qing, quase todas as crônicas locais nos trechos médio e inferior do Yangtze, onde havia uma estação chuvosa, têm algum registro dessa espécie, o que pode estar relacionado a esse uso.

Xu Guangqi recomendou algumas variedades de arroz que eram particularmente adequadas para o plantio em vilas ribeirinhas, como o *yizhanghong*. Ele escreve: "Os trabalhos de recuperação de terras em minha cidade natal envolvem um grão semelhante ao arroz indica, chamado *yizhanghong*. Ele é plantado no quinto mês e colhido no oitavo. A água tem três ou quatro chi de profundidade e as sementes são plantadas ou espalhadas. Elas podem brotar debaixo da água e requerem apenas a mesma quantidade de água que o arroz comum, mas as espigas serão muito gordas. No vilarejo ribeirinho de Songjun, esse tipo de inundação não causa problemas, mas é a condição mais adequada para o plantio."³⁸⁴ Porém, com o curto período de crescimento da variedade "preto de sessenta dias", o rendimento é baixo e a qualidade para consumo é ruim, portanto, não tem muita importância. Xu Guangqi até recomenda o método de "comprar mudas e replantar".

O ponto de partida para a compra de mudas para replantio foi selecionar o "preto de sessenta dias" ou outra variedade com um período de crescimento curto para replantio, um ponto relacionado ao pouco tempo que restava para o arroz crescer após a inundação. Em um campo inundado, uma abordagem que envolvesse esperar que a água recuasse e depois replantar as variedades usuais de arroz não poderia ser realizada em um período tão curto. Logo no início, os agricultores das áreas baixas de Jiangnan adotaram um método chamado "envio de mudas", que se referia ao plantio demudas em áreas que não eram propensas a inundações

---

382 *Crônica do Condado de Jingjiang*, vol. 6, "Produtos Alimentícios" (período Kangxi). Diz: "Pode ser plantado no início do outono, e dizem que crescerá dentro de sessenta dias. É chamado de arroz Wukou."

383 *Crônicas do Condado de Changshu*, vol. 1, "Produtos Nativos" (período Hongzhi). Diz: "O arroz Wukou tem uma casca preta. Em caso de inundação, pode ser plantado no início do outono, pois amadurece tardiamente."

384 *Coleção Japonesa de Registros Locais Raros na China*, cópia Chongzhen do *Diário da província de Songjiang* (Pequim: Editora Bibliografia e Literatura, 1991), p. 142.

(campos em terrenos mais altos) e, em seguida, transplantavam-nas para os arrozais depois que as águas das enchentes recuavam. O transplante dessas mudas para os arrozais após a inundação não apenas garantia um período decrescimento suficiente, mas também reduzia o desperdício de mudas. Essa prática já havia começado na dinastia Song. Su Dongpo escreve: "Suzhou, Huzhou, Changzhou e Xiushui[385] estão todos inundados. As pessoas plantam arroz em campos de terras altas, esperando que a água recue. No quinto ou sexto mês, o plantio é dividido entre os dois."[386] Essa foi uma abordagem proativa que as pessoas adotaram porque não conseguiam plantar a tempo de lidar com a chuva prolongada que encharcava os campos de arroz. Song Yingxing, da dinastia Ming, observou: "Quando o verão termina, os campos à beira do lago daqueles que plantaram no sexto mês serão replantados. As mudas são plantadas no verão e em terreno alto para aguardar o momento adequado."[387] Essa prática ainda é empregada em algumas áreas de cultivo de arroz no sul atualmente. Em comparação com o plantio de mudas, a compra ou complementação de mudas pode ser mais eficaz em termos de tempo de cultivo, pois gera maior rendimento e melhor qualidade do arroz.

No entanto, também havia um certo risco envolvido no "envio" de mudas. Se não houvesse nenhuma inundação naquele ano, o esforço feito para o primeiro plantio em terreno alto seria desperdiçado, não só desperdiçando as sementes de arroz, mas também a terra em que o arroz era cultivado. Na região de Jiangnan, durante o período Ming-Qing, a terra cultivada per capita era escassa devido à grande população e às terras limitadas. A terra cultivada era muito preciosa, portanto, a competição pela terra contra a água empurrou o arrozal em direção ao centro do lago e a capacidade de descarga de enchentes foi reduzida. Alguns campos de arroz que não foram inundados, mas que ainda podiam ser plantados dentro do prazo, foram ocasionalmente inundados, tornando ainda mais inadequadas as mudas preparadas em terras altas. Além disso, em áreas como Jiahu, a "terra é plana, sem terraço",[388] de modo que não havia mais campos em terras altas para plantar. Além disso, essa era a época em que a carga de trabalho era mais pesada para os agricultores, de modo que "poucos ficavam ociosos no

---

385 Nota do tradutor: a atual Jiaxing.

386 [Dinastia Song do Norte] Su Dongpo, *Obras Completas de Su Dongpo*, vol. 2 (Livraria da China, 1986), p. 354.

387 [Dinastia Ming] Song Yingxing, *A Exploração das Obras da Natureza*, vol. 1, "Grãos, Arroz."

388 [Dinastia Qing] Zhang Lüxiang, *Poemas e Ensaios de Yang Yuan*, vol. 17, "Notas sobre o Arroz Vermelho" (Casa Editorial de Livros Antigos de Xangai, 2002), p. 281.

quarto mês, pois todos estavam envolvidos na sericultura ou no plantio dos campos". Por esse motivo, algumas famílias não estavam dispostas a gastar o dinheiro para "plantar nos campos em terreno alto", e nem todas as famílias tinham esses campos para plantar. No caso infeliz de uma inundação, nas áreas de Jiangnan onde a economia de commodities era bastante desenvolvida, comprar mudas e replantar era uma opção mais realista.

A compra de plântulas depende dos interesses tanto do comprador como do vendedor. Note-se que Xu Guangqi não está aqui a falar de plântulas à espera de serem transplantadas, mas sim daquelas "compradas para cultivar arroz tardio", ou plântulas plantadas num campo, o que torna a compra e venda mais difícil. Era importante que tanto o comprador como o vendedor tomassem medidas para minimizar as suas perdas e garantir os seus próprios interesses. Esse foi o foco da discussão de Xu Guangqi neste texto. Ele acreditava que, desde que o comprador estivesse disposto a "pagar um preço alto", o vendedor estaria "naturalmente disposto a vender". O vendedor poderia "dividir cada campo de dois *mu* em duas partes, uma para si e outra para vender". Desta forma, restaria apenas metade das mudas dos dois *mu*. Uma vez que o comprador as comprasse, "a terra pode ser dividida em um mu para arroz e cinco mu de campos baixos". Por outras palavras, as sementes dos dois *mu* de terra originais foram então divididas por sete *mu*, de modo que a densidade das culturas no campo foi diminuída, com um *mu* de grãos espalhados por dois mu e o outro mu de grãos espalhados por cinco *mu*. De acordo com Ma Yilong, no período Jiajing, a densidade de plantio de arroz em Jiangnan era de "cerca de 7.200 *ke* por *mu* para os esparsos e 10.000 *ke* por *mu* para os densos".[389] Estimando 10.000 *ke* por *mu* de terra, a distribuição foi reduzida para 5.000 *ke* por *mu* após a divisão, uma distribuição ainda mais fina do que as originalmente consideradas esparsas. Numa tentativa de fazer com que os campos de arroz com metade ou mesmo um décimo da distribuição original de plântulas produzissem o mesmo rendimento que um campo com a densidade original, Xu Guangqi propôs um aumento da fertilização, compensando a escassez de campos de arroz através do aumento dos perfilhos efetivos de arroz. Isso era especialmente importante para aqueles que compravam as mudas, porque os seus campos só seriam plantados com um quinto da densidade original, tornando necessário "usar mais estrume como fertilizante para que o arroz amadureça ao mesmo tempo que o habitual". Para o vendedor, "apesar de ter vendido metade das suas mudas, pode aumentar o adubo, e quando o arroz crescer, a sua colheita será normal". Quem "compra mudas para plantar arroz tardio" também pode encontrar problemas, como "dificuldade de

---

[389] [Dinastia Ming] Ma Yilong, *Sobre Agricultura* (Casa Editorial Qilu, 1995), p. 36.

crescimento das plantações", referindo-se a plantas que eram muito altas e, portanto, difíceis de transplantar. Neste caso, XuGuangqi sugere que se estabeleça um ponto crítico para o transplante do arroz na fase de crescimento das espigas, uma vez que "dividindo as plântulas não irá prejudicar o crescimento". Na região de Jiangnan, "o arroz tardio amadurece no fim do limite do calor", o que significa que o ponto de corte para o transplante de arroz geralmente tinha de ser "depois do limite do calor", atrasando-o em cerca de meio mês.

Xu Guangqi observa que a compra de sementes para replantio era "frequentemente feita por fazendeiros em Jiangsu e Zhejiang" para lidar com enchentes, "comprando vários *dan* de arroz, depois vendendo um *mu* de grãos e dividindo o outro *mu* de grãos em mudas por dez *mu*". Coincidentemente, no final da dinastia Ming, um membro da família Shen em Huzhou, província de Zhejiang, também mencionou a questão da "compra de mudas e replantio". No *Livro da Agricultura da Família Shen*, lemos: "No vilarejo ribeirinho de Huzhou, sempre há inundações que levam à falta de colheita. Nos 16º e 36º anos do reinado de Wanli e no 13º ano do reinado de Chongzhen, isso aconteceu três vezes nos últimos sessenta anos. O senhor vê frequentemente o replantio nessa época. As sementes são grandes e a colheita é ainda melhor do que antes. Depois que a área for inundada, ficará ensolarada por muito tempo e as pessoas terão que retirar água com a roda d'água para que as sementes cresçam. Se o senhor tiver a infelicidade de passar por isso no futuro, deve arar cedo, comprar sementes e plantá-las rapidamente." Aqui, "comprar sementes e plantá-las rapidamente" refere-se a comprar mudas e transplantá-las depois que a água tiver baixado. No entanto, Shen dá mais atenção às precauções que o comprador deve tomar ao comprar as mudas e às várias questões técnicas envolvidas na compra. Para garantir que as sementes transplantadas possam proliferar, ele disse: "Se o senhor comprar mudas, deve ir para os campos secos nas montanhas. As mudas amarelas antigas são as melhores. As mudas amarelas não serão cozidas no vapor quando forem colhidas, e é mais provável que entrem no solo. O senhor deve tomar cuidado especial para não comprar as mudas dos arrozais pertencentes às aldeias do leste. Não é fácil plantá-las e elas crescem arde, portanto, se houver uma geada repentina e precoce, isso atrasará a formação das espigas."[390] O método de Shen difere da abordagem de Xu Guangqi, que se concentra na compra de mudas de campos secos nas montanhas. Após o transplante, "se não havia grama, isso significava que não

---

390 [Dinastia Qing] Zhang Lüxiang e Chen Hengli, orgs., *Livro da Agricultura Suplementar* (Pequim: Editora de Agricultura da China, 1983), p. 72.

era necessário mais trabalho. Em particular, não se deve colocar terra na raiz". Por outro lado, Xu sugeriu que as pessoas comprassem mudas para "plantar arroz tardio", ou plantio tardio, e "usar esterco como fertilizante" ou "repor o fertilizante".

Os pré-requisitos para a compra de sementes para replantio eram que alguém tinha que ter mudas para vender e outra pessoa tinha que ter dinheiro para comprá-las. Se não houvesse dinheiro para fazer a compra, a melhor opção era usar a roda d'água para os campos em terrenos altos o mais rápido possível. Lá havia duas situações que exigiam o uso da roda d'água. Uma delas era um campo de arroz que ainda não havia sido transplantado. Após a inundação, para que as mudas fossem plantadas o mais rápido possível, o campo foi drenado o máximo possível. O outro era um campo que havia sido inundado depois de ter sido transplantado, tornando necessário proteger as sementes usando a roda d'água. Xu Guangqi obviamente está se referindo a esse último. Ele escreve: "Se o senhor plantou as mudas e elas agora estão submersas, e se não puder comprar novas mudas, precisará drenar a água com uma roda d'água, deixando os campos apenas levemente úmidos. Mesmo que as mudas de arroz estejam podres, as raízes do arroz podem ser inseridas no solo. Por outro lado, haverá mais mudas cultivadas, e elas serão tão gordas e maduras quanto possível". Xu havia empregado pessoalmente esse método.

O arroz é uma cultura regenerativa, e a utilização da roda de água para a preservação das plântulas pode, de fato, promover o crescimento do arroz. Historicamente, havia duas formas de regenerar o arroz. A primeira era a dupla cultura. Após a colheita do arroz primitivo, os gomos dormentes na base do fruto germinavam e tornavam-se frutos. Esse fenômeno é descrito na poesia da dinastia Song como "colher o arroz no campo onde cresce o seu neto"[391]. Na dinastia Song, a recuperação e a dupla cultura do arroz espalharam-se por toda a província oriental e ocidental de Zhejiang, nas zonas em redor dos rios Yangtze e Huai, em Jinghu e em muitas outras regiões. [392] O outro método era a regeneração do arroz numa única estação. Depois de o arroz ter sido submerso ou ter sofrido uma seca que provocou a perda de uma colheita, os botões radiculares dormentes remanescentes eram utilizados para se regenerarem e darem frutos para se conseguir uma

---

391 [Dinastia Song do Norte] Liu Yan, *Coleção de Pengcheng*, vol. 12, "Poemas da Manhã" (Editoras Comerciais, 1937), p. 157.

392 Zeng Xiongsheng, "Arroz de Duas Estações na Dinastia Song," *Estudos na História das Ciências Naturais*, nº 3 (2002): 255–268.

colheita.³⁹³ Desde o período Song-Yuan, a região de Jiangnan sempre foi dominada pelo cultivo de arroz em monocultura e, de um modo geral, tinha uma visão negativa do arroz em monocultura. Xu Guangqi, em *Relíquias agrícolas e comentários diversos*, afirma: "As velhas raízes são regeneradas, e o chamado cultivo sem plantação é também conhecido como segundo crescimento'. É discreto, e os agricultores estão ansiosos por cultivá-lo, mas o atraso prejudicará a produtividade do campo."³⁹⁴ No entanto, depois de uma inundação, para os agricultores que não podiam replantar ou não tinham dinheiro para comprar mudas, as raízes de arroz que permaneciam nos seus campos tornavam-se a sua única esperança. Parece que esse tipo de regerminação do arroz começou na dinastia Song do Sul, quando Zhu Xi (1130-1200) efetuou inquéritos em Taizhou, Linhai e noutros locais de Zhejiang Oriental. Uma vez que houve uma seca, o arroz precoce e o tardio ficaram ambos completamente danificados, mas "depois de chover", o "arroz tardio não ficou completamente danificado, mas ainda deu frutos em todos os caules. O povo local chamava isso de 'arroz duplo', 'arroz herdeiro' ou 'arroz grávido'."³⁹⁵ Embora Xu Guangqi não aprovasse a utilização de arroz regenerado de dupla colheita, estava muito certo de que a capacidade de regeneração do arroz podia ser utilizada para fazer face a cheias e secas. Foi por esta razão que observou: "Se não houver reparações após as inundações de agora, será inevitavelmente o caso todos os anos. Se houver uma seca grave ou inundações no outono, este método deve ser utilizado."³⁹⁶

Registros relevantes posteriores confirmam que esse método era usado em Jiangnan. O *Livro da Agricultura da Família Shen* observa: "No dia seguinte à inundação total dos campos, estava ensolarado e as pessoas usaram as rodas d'água, e as mudas foram inseridas no solo". De acordo como registro de Zhang Lüxiang, no ano cíclico de Gengchen do reinado de Chongzhen (1640), "a chuva ficou forte no sexto dia do quinto mês, e os fazendeiros diligentes plantaram as mudas apressadamente. Aqueles

---

393 Em 6 de outubro de 2009, o laboratório de Yu Shumei, uma pesquisadora de destaque no Instituto de Biologia Molecular, Academia Sinica, Taiwan, China, publicou um artigo intitulado "Respostas Coordenadas à Deficiência de Oxigênio e Açúcar Permitem que as Plântulas de Arroz Suportem Inundações," no qual é afirmado que o gene de arroz para resistência à inundação foi descoberto, revelando o segredo que permitiu que as plântulas de arroz germinassem e crescessem na água.

394 Coleção japonesa de raros registros locais chineses, cópia Diário da província de Chongzhen do Songjiang (Editora de Bibliografia e Literatura, 1991), p. 143.

395 [Dinastia Song do Sul] Zhu Xi, *Obras Completas de Zhu Xi, Viagem a Taizhou*, vol. 18, "A Compilação Inicial das Quatro Coleções" (Editora Comercial, 1922).

396 Coleção japonesa de raros registros locais chineses, cópia *Diário da província* de Chongzhen do *Songjiang* (Casa Editorial Bibliografia e Literatura, 1991), pp. 144–145.

que estavam ociosos decidiram esperar para ver, plantando um terço das mudas plantadas pelos diligentes. Houve chuva forte em três de cada dez dias, e havia pelo menos dois a três *chi* de água no solo, de modo que as pessoas viajavam de barco por suas terras. Quando a água baixava e a terra ficava novamente visível, as mudas morriam e as primeiras plantações eram regeneradas. Amadureciam no outono". Durante esse dilúvio, a água recuou completamente no 13º dia do quinto mês, mas "para os que foram plantados antes do dia 12, a água recuou sem nenhum problema. As que foram plantadas depois do dia 13 tiveram que ser completamente abandonadas."[397] Como as mudas plantadas antes do dia 12 já haviam criado raízes, elas puderam se regenerar quando a água baixou.

Na análise de Xu Guangqi, a inundação prolongada na área de Jiangnan de 1608 a 1610 foi geralmente resultado das chuvas de ameixa. No entanto, ele observa que, embora as chuvas contínuas na estação das chuvas de ameixa de 1608 tenham sido certamente uma causa importante da inundação, ele também acreditava que a falha no reparo da conservação da água era o verdadeiro problema. Ele observa: "Nos últimos anos, o sistema de conservação de água não foi consertado, não deixando saída para as águas de Taihu. Mesmo agora, as águas do ano cíclico de Wushen ainda não recuaram, portanto, quando chover mais, os campos ficarão submersos. Se esse não fosse o caso, por que não houve chuvas de mofo antes? Há muitas inundações e, se a conservação da água não for reparada no futuro, haverá inundações contínuas todos os anos."

A questão do motivo pelo qual Xu Guangqi promoveu essa ideia entre seus companheiros de aldeia é inseparável da questão de sua filosofia. Ao compilar estatísticas simples no *Compêndio Sobre Agricultura*, os pesquisadores descobriram que esse texto dedica mais espaço à discussão das políticas de conservação da água e da fome do que suas obras anteriores. Nas discussões sobre conservação de água, o foco são as "obras de conservação de água do sudeste" centradas em Taihu. Após algumas discussões gerais, um total de três pergaminhos aborda a estratégia de gerenciamento de água de Taihu. Sem dúvida, isso está relacionado à experiência pessoal de Xu Guangqi com a inundação de Taihu. A construção de obras de conservação de água era a maneira fundamental de eliminar a fome, e medidas de gestão da fome eram adotadas sempre que a fome começava. Xu propôs que "medidas preventivas são a primeira prioridade, seguidas de mitigação, sendo o alívio o último recurso" para lidar com a fome. *Legado no Campo* é uma expressão concentrada da ideia central de Xu Guangqi.

---

397 [Dinastia Qing] Zhang Lüxiang, *Ensaios e Poemas de Yang Yuan*, vol. 17, "Notas sobre o Arroz Vermelho" (Shanghai Casa Editorial de Livros Antigos de Xangai, 2002), pp. 139, 174.

Em qualquer investigação sobre a formação e o desenvolvimento do pensamento acadêmico de Xu Guangqi, as enchentes em Jiangnan de 1608 a 1610 podem ser a chave. Em 1604, Xu recebeu oposto de Jinshi e o título de Shujishi, um prêmio de mérito que lhe permitiu estudar na academia imperial de Hanlin. Ele canalizou a maior parte de sua energia para a pesquisa científica, "estudando astronomia, guerra, estratégias de guarnição, comércio de sal e estratégias de conservação de água, juntamente com tecnologia aplicada e matemática". Ele passou o restante de seu tempo na academia estudando reformas políticas e militares e escreveu *Planos para Proteger as Fronteiras dos Guardas Imperiais*, *Plano para Adiar os Projetos Sandian e Chaomen*, *Eliminação do Salário Oficial e Provisões de Fronteira* e outros trabalhos. Ao mesmo tempo, ele escreveu para Matteo Ricci, aprendendo a ciência ocidental e traduzindo livros científicos ocidentais. Está claro que as questões de terras agrícolas, conservação de água e gerenciamento de desastres ainda não haviam se tornado o foco dos estudos de Xu Guangqi nessa época. A mudança começou em 1607, quando seu pai faleceu e ele voltou para sua cidade natal. No ano seguinte, ele foi pego pelas inundações devastadoras em Jiangnan e, nos três anos seguintes, continuou a lidar com a fome e a agitação social resultantes na região. Isso desencadeou o pensamento e a prática de Xu em relação a terras agrícolas, conservação de água, gerenciamento de desastres e contramedidas relacionadas. Seus experimentos com o plantio de batata-doce, nabo, inhame, alfeneiro, amoreira e outras culturas e a escrita de *Sobre Batata-doce*, *Sobre Nabos*, *Legado no Campo* e outras obras foram todos realizados durante esse período. Era uma questão de "organizar urgentemente a arboricultura", para evitar que mais pessoas morressem de fome. É por essa razão que *Legado no Campo* começa: "Em tempos de fome, deixe um pedaço de terra sem cultivar como o senhor quiser, e isso certamente deixará uma pessoa morrendo de fome. Essa não é uma questão pequena, e eu não vou deixá-la passar". Esse conceito aparece mais tarde como o pensamento orientador no Compêndio sobre Agricultura de Xu. O pensamento de Xu sobre a política de combate à fome foi formado durante as enchentes de 1608 a 1610, e *Legado no Campo* é um dos sinais importantes de seu pensamento.

Xu Guangqi morreu no sexto ano do reinado de Chongzhen (1633), e o seu *Compêndio de Agricultura* foi publicado seis anos mais tarde, em 1639. O seu protegido Chen Zilong obteve dezenas de rascunhos da obra de Xu do seu bisneto, Xu Erjue, e foi encarregado por Fang Yuegong, prefeito de Songjiang, de rever o manuscrito. Lamentavelmente, o livro não inclui *Legado no Campo*, mas o pensamento acadêmico, o espírito científico e o método científico incorporados no *Compêndio sobre Agricultura* foram plenamente expostos neste pequeno artigo, que pode ser o principal valor deste breve trabalho. Wang Chongmin salienta que "no estudo do pensamento e das realizações de Xu Guangqi, é obviamente mais importante ler as suas traduções científicas especializadas. Se não houvesse referências mútuas ou material complementar nas Obras Recolhidas, não seria possível ver o processo global de desenvolvimento do pensamento científico de Xu, nem seria evidente o quadro completo das suas realizações científicas, pelo que, neste sentido, os documentos desta coleção são, de certa forma, mais importantes do que as suas traduções científicas especializadas."[398] A descoberta de *Legado no Campo*, não só preenche as lacunas dos ensaios existentes sobre Xu Guangqi, como também fornece dados valiosos para a investigação do seu trabalho. Tem um valor acadêmico importante para o estudo da sua vida e para a formação da sua teoria agrícola.

---

398 Wang Chongmin, "Nota do Editor", em *Obras Completas de Xu Guangqi* (Pequim: Companhia Editorial Zhonghua, 1962), p. 2.

A CONSTRUÇÃO E A DISSEMINAÇÃO DO CONHECIMENTO AGRONÔMICO TRADICIONAL: EXEMPLOS DE LEGADO NO CAMPO[399]

Como um antigo acadêmico chinês obtinha conhecimento para ajudá-lo a atender melhor o público? Qual foi a influência da cultura tradicional sobre ele? E como ele rompeu a tradição para obter novos conhecimentos? Como o conhecimento adquirido de diversas fontes se misturava? E, à medida que o conhecimento passava da classe de elite para as massas, como o público reagia ao acadêmico-oficial? Um texto recém-descoberto de Xu Guangqi, *Legado no Campo* (1610), oferece um estudo de caso sobre a construção, a disseminação e a aplicação do conhecimento na China antiga. Com base na forma e no conteúdo de *Legado no Campo*, este artigo analisa a construção e a disseminação do conhecimento na sociedade rural tradicional da China a partir das perspectivas do texto e dos aspectos interpessoais, geográficos e tradicionais, com o objetivo de demonstrar a interação em várias camadas entre o conhecimento científico, a sociedade e a história.

No oitavo mês do 35º ano do reinado de Wanli (1607), Xu Guangqi deixou Pequim e regressou a Songjiang para chorar o falecimento do seu pai. No ano seguinte, foi apanhado por uma grande inundação em Jiangnan, com uma devastação de uma magnitude que não tinha sido causada por uma inundação em duzentos anos. Propôs e adotou várias medidas para combater as inundações, prestar assistência em caso de catástrofe e restaurar a produção. A publicação de *Legado no Campo* foi uma parte dos seus esforços para divulgar estas medidas.[400] O arroz é a cultura alimentar de base no Sul da China, pelo que a prioridade máxima na retoma da produção agrícola após as cheias foi o cultivo do arroz. Desde a dinastia Song, a transplantação tornou-se o principal método de cultivo. Cerca de um mês após o início do cultivo das plântulas, estas eram transplantadas para

---

[399] Este artigo foi originalmente publicado na *Revista da Universidade Agrícola de Hunan: Edição de Ciências Sociais*, Volume 13, Edição 3, 2012.

[400] Zeng Xiongsheng, "Legado no Campo: Um Artigo Póstumo Recém-Descoberto de Xu Guangqi e Sua Interpretação," *Estudos na História das Ciências Naturais*, nº 1 (2010): 1-12.

os campos. No caso de uma inundação após o transplante das sementes, as plântulas não cresciam nos campos. O desenvolvimento do *Legado no Campo* gira em torno de 1) o objetivo de encontrar sementes para replantar os arrozais e resolver a questão dos baixos rendimentos que resultaram da plantação posterior, 2) a compra de sementes para replantação, tendo em consideração os interesses do comprador e do vendedor e a forma de reduzir os casos de perda para o vendedor e aumentar a taxa de sobrevivência das plântulas para o comprador, e 3) estratégias para aqueles que não puderam comprar plântulas.

Além do material do texto, os leitores de hoje também podem fazer perguntas como, por exemplo, como usar os métodos de *Legado no Campo* para promover suas próprias propostas e explorar suas raízes históricas. Qual era a relação entre o autor e sua cidade natal? Qual era a relação entre o governo e o povo, e como ela era diferente das principais relações sociais da sociedade chinesa tradicional? Que impacto essas várias relações tiveram sobre a disseminação do conhecimento? E que influências deram origem às ideias de Xu? A análise e a interpretação de tais questões não só oferecerão uma visão do significado mais completo de *Legado no Campo*, mas também promoverão uma exploração mais aprofundada da geração, disseminação e aplicação do conhecimento na sociedade tradicional chinesa, fornecendo aos acadêmicos um estudo de caso por meio do qual essas questões podem ser examinadas.

Este artigo enfoca: 1) o contexto histórico em que *Legado no Campo* foi introduzido; 2) sua associação com a tradição agrícola popular; 3) a relação entre seu autor, Xu Guangqi, e os leitores originais (aqueles em sua cidade natal); 4) as diferenças entre *Legado no Campo* e *Sobre a Promoção da Agricultura*; 5) a geração do conhecimento transmitido em *Legado no Campo*; 6) como essas informações foram disseminadas entre diferentes regiões; e 7) a herança e a inovação de Xu Guangqi do conhecimento existente, entre outras questões.

1. Da promoção da agricultura ao *Legado no Campo*

Qualquer novo conhecimento é produzido em resposta às necessidades e à situação atual com base na tradição. Desde a antiguidade, a China tem sido uma sociedade agrícola, e a sua ênfase na agricultura formou numerosas tradições, uma das quais é a promoção da agricultura. Todos, desde o mais alto governante até o mais baixo funcionário local, tinham um papel a desempenhar na promoção da agricultura. O imperador realizava uma cerimónia de cultivo da terra em dias específicos todos os anos, e os funcionários locais seguiam o exemplo. Isso foi especialmente verdadeiro após a dinastia Song, quando os funcionários das províncias e dos condados deviam deslocar-se ao campo todos os anos, no segundo e no oitavo meses, altura em que o arroz e o trigo eram plantados (normalmente no 15º dia do segundo mês lunar, havendo alguns que acrescentavam o 15º dia do oitavo mês lunar), para promover a agricultura. [401]A publicação de textos de promoção da agricultura era uma parte importante das atividades gerais de promoção. O magistrado lia primeiro o texto em voz alta e depois distribuía-o amplamente para ser afixado em locais públicos. Sempre que o tribunal imperial realizava uma cerimónia de cultivo da terra ou emitia outros éditos relacionados com a agricultura, o édito era impresso e afixado em vários locais. Na sociedade tradicional chinesa, esta era a principal forma de o governo transmitir informação ao povo.

A promoção da agricultura era uma parte importante da cultura política na China antiga.[402] Xu Guangqi a chamou de "política agrícola", termo incluído no título chinês de *Um Compêndio Sobre Agricultura*. Sob a coerção inerente à cultura política, muitos funcionários, tanto enquanto estavam no cargo quanto depois de renunciarem, assumiram a responsabilidade de promover a agricultura. Nos tempos antigos, havia nove funcionários que promoviam a agricultura. Xu Guangqi deu a si mesmo o nome de Xuanhu, o que implicava a importância da agricultura. Quando escreveu

---

401 Lemos-se em *Os Cinco Elementos das Famílias Agrícolas* (o 15º dia do segundo mês é para promover a agricultura) que "alguns oficiais protegem seus subordinados e escrevem textos para os oficiais das várias vilas no campo, levando os magistrados para os subúrbios orientais para incentivar o início do trabalho e promover a agricultura."

402 Gabriel Almond afirma que a cultura política é "um conjunto de atitudes políticas, crenças e sentimentos populares em um determinado período de tempo dentro de uma nação. Essa cultura política é formada pela história da nação e pelo processo atual de suas atividades sociais, econômicas e políticas. As atitudes formuladas através das experiências passadas de um povo têm um importante efeito coercitivo sobre seu comportamento político." Veja Gabriel Almond e G. Powell, *Política Comparada: Uma Abordagem de Desenvolvimento: Processo, Política*, trad. Cao Peilin, et al., (Editora de Tradução de Xangai, 1987), p. 29.

Legado no Campo, ele não era um funcionário local da Prefeitura de Songjiang, mas não se esqueceu de sua missão de promover a agricultura. Como oficial da corte e elite local (classe nobre), ele tinha a obrigação e a responsabilidade de fazer sua parte no combate à enchente, oferecendo alívio em caso de desastre e ajudando a restaurar a produção. A publicação de *Legado no Campo* foi uma das maneiras pelas quais ele cumpriu esse dever.

Embora tanto o *Legado no Campo* quanto o texto anterior *Sobre a Promoção da Agricultura*, publicado por autoridades locais, assumam a forma de proclamações, o contexto desses dois documentos é bastante diferente. O anterior *Sobre a Promoção da Agricultura* concentra-se na persuasão política e moral dos trabalhadores, com o objetivo de melhorar sua produtividade. Não há discussão sobre os aspectos técnicos da produção agrícola. O documento "Sobre a Promoção da Agricultura" do estudioso da dinastia Song do sul, Wu Yong (d. c. 1224), é o mais típico. Ele diz o seguinte:

> *Estamos quase no meio da primavera, e o solo está subindo gradualmente. É o momento da produção, como a produção de grãos, várias plantas, arar, usar a roda d'água, evitar gafanhotos, curar doenças do gado, transplantar arroz em Jiangnan, funcionários do condado de Xingzi plantando amoras e outros métodos. Essas são atividades familiares, e não há necessidade de persuasão. Ser filial com os pais e amoroso com os irmãos é análogo a cultivar a terra, e ser humilde é semelhante ao trabalho agrícola.*
>
> *Preocupado com a possibilidade de não ser filial, amoroso e humilde, Taishou orientou seus subordinados a incentivarem o público dos subúrbios a se aprimorar para ser filial com seus pais, amigável com seus vizinhos e humilde. Do meio do mês até o orvalho frio do oitavo mês, quando o grão está maduro e as ervas daninhas estão em declínio, o trabalho agrícola em Xichou está concluído. Esse é o momento de comprar vinho, cordeiros e porcos como sacrifício para adorar Tianzu e comemorar a boa colheita. É hora de celebrar o trabalho agrícola e trabalhar duro para homenageá-lo.*[403]

Por outro lado, o *Legado no Campo* é muito mais prático, fornecendo aos agricultores instruções detalhadas sobre como gerenciar o plantio urgente, como replantar, como proteger as mudas e como usar os meios técnicos e financeiros para lidar com o fornecimento de mudas. Ele também oferece orientação sobre vários problemas relacionados causados pelo

---

[403] [Dinastia Song do Sul] Wu Yong, *Coleção Helin*, vol. 39, "Sobre a Promoção da Agricultura no Escritório do Governo de Ningguo."

transplante quando o período de crescimento efetivo é insuficiente após a inundação. O artigo menciona três respostas, incluindo 1) a busca de mudas e o replantio, 2) a compra de mudas e o replantio e 3) o uso de rodas d'água para proteger as mudas. O *Legado no Campo* propõe e explica cada uma dessas soluções. Ele também aborda o que fazer se o comprador for rejeitado pelo vendedor, se o vendedor decidir que há poucas sementes em seus campos de reserva, se o comprador descobrir que as mudas estão muito altas depois de comprá-las, se faltar dinheiro para comprar mudas e se as condições de conservação da água não melhorarem. Essas sugestões tangíveis não podem ser encontradas no anterior *Sobre a Promoção da Agricultura*.

Isso não quer dizer que o *Sobre a Promoção da Agricultura* não teve influência sobre o *Legado no Campo*. Pelo contrário, este último tomou emprestada a abordagem de disseminação do primeiro e foi influenciado pela cultura política de promoção da agricultura. Se dissermos que *Sobre a Promoção da Agricultura* foi uma ação prescrita por funcionários sob o sistema político e legal e que desempenhou um papel na forma de organização, então o *Legado no Campo* de XuGuangqi foi uma ação opcional dentro da cultura política estabelecida, influenciando o comportamento de uma forma mais pessoal. Em outras palavras, o *Legado no Campo* é uma combinação do pensamento de Xu e do contexto especial das inundações em Jiangnan de 1608 a 1610 na tradição política e cultural específica de focar e promover a agricultura.

O relacionamento entre os moradores e entre os funcionários e os moradores

Em grande parte de *Sobre a Promoção da Agricultura*, o público-alvo são as pessoas sob a jurisdição do governo. A relação entre o autor e seu público é a de oficiais e civis, que era a relação fundamental na sociedade chinesa tradicional. Natural de Tongchuan (atual condado de Santai, na província de Sichuan), Wu Yong já serviu em Ningguo e em outros lugares. Os habitantes de Nongfu, que eram os destinatários originais de *Sobre a Promoção da Agricultura*, não viam Wu Yong como um companheiro de aldeia, mas como um oficial enviado para gerenciar o povo em nome do tribunal. Na sociedade tradicional, a questão de gerenciar o relacionamento entre o governo e o povo no processo de promoção da agricultura era uma preocupação central e tinha relação com o efeito do trabalho de promoção, com o fluxo regular de ordens do governo e até mesmo com o funcionamento básico da sociedade.

A julgar pela prática que era comum desde o século X, a relação oficial-civil obviamente não havia sido gerenciada adequadamente na promoção da agricultura. As autoridades locais consideravam a promoção da agricultura como um assunto rotineiro e raramente buscavam realmente maneiras de resolver os problemas que existiam no desenvolvimento agrícola. Os próprios agricultores se tornaram meros espectadores, sem interesse nessas atividades, que eles consideravam um desperdício de dinheiro e uma distração do trabalho real da agricultura. Eles estavam ainda mais revoltados com os funcionários que, sob o pretexto de promover a agricultura, saíam por aí recebendo convidados e fazendo refeições caras com os moradores. O conteúdo de *Sobre a Promoção da Agricultura* tinha pouco apelo para os agricultores, que eram, em sua maioria, analfabetos e, portanto, incapazes de ler o texto. Como muitos funcionários não eram locais, eles liam esses textos de promoção da agricultura, falando com "sotaque oficial". Para os agricultores, isso era pouco caloroso e desinteressante e, por isso, muitas vezes não eram ouvidos. Esse era um fenômeno comum, e muitas vezes se dizia entre as pessoas que "todos os estados têm um texto para a promoção da agricultura, mas os agricultores parecem não prestar atenção nele."[404]

As campanhas amplamente divulgadas, mas relativamente destituídas de força, não alcançaram os resultados desejados, mas, em vez disso, muitas vezes trouxeram efeitos negativos devido à agitação que causaram entre as pessoas, o que levou a muitas críticas de todos os lados.[405] Alguns

---

404 [Dinastia Song do Sul] Zhen Dexiu, *Coleção Autêntica de Zhen Dexiu*, vol. 1, "Promovendo a Agricultura em Changsha."

405 No final da dinastia Song e início da dinastia Yuan, Liu Xun (1240–1319) escreveu um poema que retrata os aspectos amargos da promoção da agricultura. Ele escreve: "As flores nas encostas da montanha riem enquanto todos parecem embriagados, e o texto promovendo a agricultura é florido e pomposo. Hoje, os camponeses bebem e persuadem o oficial em troca, com benefícios indo para o oficial, o funcionário e o povo. O oficial está em paz, o povo está em paz, e o édito de promoção da agricultura pendura na parede. Hoje, o oficial, e hoje, o povo, com três rodadas de vinho oficial, completam os assuntos oficiais." Veja a *Discussão Geral sobre o Isolamento* de Liu Xun, Volume 8. "Um Dia de Promoção da Agricultura na Temporada Chuvosa das Flores."
Um magistrado de condado da dinastia Yuan, Zhang Yanghao, escreveu: "Aqueles que frequentemente buscam promover a agricultura entre o povo os cortejam previamente com comida e bebida, então os aguardam nas periferias da cidade. Funcionários e soldados se misturam entre os poderosos, oferecendo subornos para coletar e levar materiais, incluindo galinhas e porcos. Isso é chamado de promoção, mas também é perturbador. É chamado de preocupação, mas também é trabalho." Veja *Três Peças de Conselho* de Zhang Yanghao, Volume 1. "Conselho para Pastores."

sugeriram que as formalidades e a corte imperial tomou algumas medidas para evitar que as autoridades locais se envolvessem de forma insalubre na promoção da agricultura. O imperador Gaozong de Song, Zhao Gou, proibiu as autoridades locais de oferecer banquetes ou presentes quando fossem ao campo para promover a agricultura.[406] No entanto, há dúvidas sobre a eficácia dessa proibição, porque nos últimos anos da dinastia Song do Sul, havia um decreto que dizia: "É ordenado em todos os lugares que, na promoção da agricultura (todo ano, no 15º dia do segundo mês), os funcionários públicos não podem viajar ou se divertir, nem podem convidar cortesãs e oferecer banquetes."[407] Foi somente nos primeiros anos da dinastia Yuan, a partir do 28º ano do reinado de Zhiyuan de Kublai Khan (1291), que o sistema de funcionários indo ao campo para promover a agricultura foi abolido e proclamações escritas foram emitidas no lugar dessas atividades.[408]

Por que um bom sistema teria resultados tão ruins? E por que os agricultores estavam tão desinteressados - talvez até zombando - das atividades voltadas para a promoção da agricultura? As pessoas envolvidas nessas atividades fizeram algumas reflexões sobre o motivo dessa atitude. Alguns atribuem esse fato à incompreensibilidade da linguagem do *Sobre a Promoção da Agricultura*. Nas sociedades tradicionais, a maioria dos agricultores é analfabeta. Em *Sobre a Promoção da Agricultura*, o autor se refere a si mesmo como "um fazendeiro que sabe ler", demonstrando que os fazendeiros em geral eram analfabetos na China antiga. Sua experiência e habilidades de produção eram acumuladas principalmente por meio de sua própria prática, com preceitos transmitidos de pai para filho ao longo de muitas gerações. Na verdade, não havia necessidade de "escrever para

---

Wang Zhen, um agrônomo da dinastia Yuan que também serviu como magistrado, tinha uma visão semelhante. Ele escreve: "Para promover a agricultura, os oficiais superiores de hoje deram ordens aos agricultores sobre assuntos que eles mesmos não sabiam nada. Isso incentivará o povo a fazer o bem? Usando a promoção da agricultura como desculpa, eles persuadiram o povo a viajar para as periferias, onde primeiro leram o édito, então ordenaram que as comunidades e cidades se reportassem umas às outras. Esse encontro inesperado só pode servir para irritar o povo. Como Liu Zihou disse, 'Embora seja chamado de amor, é prejudicial, e embora seja chamado de preocupação, na verdade é ódio.'" Veja o *Livro da Agricultura* de Wang Zhen, *Coleção Geral sobre a Sericultura*, Capítulo 4. "Promoção."

406 *Sobre os Anos Desde Jianyan*, vol. 179, "O Item de Wuzi do primeiro mês do 28º ano de Shaoxing."

407 *Caso de Assuntos Legais Durante o Período Qingyuan*, vol. 49, "Ordem sobre a Sericultura, Promoção da Agricultura e o Sistema de Ocupação."

408 *História da Dinastia Yuan*, vol. 93, "Refeições I." Lê-se: "Este ano, o sistema de oficiais em Jiangnan, que estava incomodando o povo com sua promoção da agricultura, será interrompido. Este édito coloca um fim nas atividades relacionadas à transferência desses textos para o campo."

o campo".⁴⁰⁹ Quando os agricultores olhavam para *Sobre a Promoção da Agricultura*, tudo o que viam eram "fileiras de cobras e macarrão se contorcendo", que eles não conseguiam ler.⁴¹⁰ Além disso, alguns funcionários gostavam de exibir seu talento literário, acrescentando "caracteres antigos aleatórios" quando escreviam artigos promovendo a agricultura, palavras que "nenhum agricultor conseguia ler".⁴¹¹ Tomando como exemplo a obra de Wu Yong, *Sobre a Promoção da Agricultura*, as diversas variedades de culturas, ferramentas agrícolas, habilidades de plantio de arroz, métodos de controle de gafanhotos e abordagens para prevenir doenças do gado que ele menciona no texto eram muito importantes para os agricultores e, nesse sentido, teriam sido muito "familiares" para eles. O problema é que ele usa muitas alusões no texto que definitivamente não eram familiares para as pessoas em Ningguo que estavam sob sua jurisdição ou que os agricultores comuns conheceriam. Os exemplos incluem uma referência a uma "referência fácil sobre grãos", com a qual ele se referia a uma monografia escrita pelo oficial da dinastia Song do Norte, Zeng Anzhi, intitulada *Registro de Mudas de Arroz* e "um método de pisar no arado", que se referia a um incidente no quinto ano do reinado de Chunhua durante a Dinastia Song do Norte (944 d.C.), no qual mais da metade do gado em Song, Bo e outros estados morreram de uma doença bovina, e Wu Yuncheng, um oficial júnior encarregado de eventos cerimoniais, sugeriu a construção de um arado de pedal operado por força humana e, em seguida, ordenou que Chen Raosou e outros oficiais seguissem o modelo, construindo-o e distribuindo-o aos fazendeiros do estado. Além disso, no segundo ano do reinado de Jingde (1005), o arado de pedal foi produzido, e o imperador convocou o oficial de transportes de Hebei para fazer uma consulta sobre sua viabilidade, para que o governo local o construísse e distribuísse.⁴¹² Outra referência afirma: "O magistrado do condado de Xingzi tem métodos para o cultivo de amoras", apontando para o texto *Métodos de Cultivo da Amoreira*, escrito pelo magistrado do condado de Xingzi (na atual Jiangxi) sob a jurisdição de Zhu Xi na dinastia Song do Sul, quando ele serviu no exército de Nankang. A frase "piedade filial e trabalho agrícola árduo do mesmo nível" em *Sobre a Promoção da Agricultura* faz alusão à prática do período Han-Tang de estabelecer níveis de piedade filial e trabalho agrícola árduo, além de outros ní-

---

409 Fei Xiaotong, *A Vida Rural na China* (Observatório de Xangai, 1949), pp. 8–20.

410 [Dinastia Song do Sul] Li Deng, "Balada da Agricultura Selvagem." Veja [Dinastia Song do Sul] Chen Qi, *Uma Coletânea do Jianghu*, vol. 82.

411 [Dinastia Song do Sul] Zhen Dexiu, *Coleção Autêntica de Zhen Dexiu*, vol. 4, "Sobre a Promoção da Agricultura em Quanzhou."

412 *História da Dinastia Song*, vol. 173, "Refeições."

veis para incentivar e recompensar aqueles que haviam feito conquistas na produção agrícola e prestar respeito filial aos idosos. Essas alusões estariam além do escopo do conhecimento que a maioria dos agricultores possuía, e seu aparecimento em obras que pretendiam promover a agricultura apenas criaria uma distância maior entre os agricultores e o governo, tornando-as inúteis para os agricultores e não contribuindo em nada para melhorar o entendimento das pessoas ou promover a agricultura. Alguns funcionários reconheceram esse ponto e procuraram abordá-lo,[413] tentando fazer com que os textos fossem facilmente compreendidos em termos de conteúdo e, em termos de linguagem, "garantindo que as pessoas comuns pudessem entender as palavras".[414] Esses funcionários se esforçaram para "facilitar as coisas",[415] recusando-se a "ser muito profundos".[416] Havia também funcionários que buscavam razões em um nível mais profundo, pensando que talvez os funcionários não tivessem uma compreensão suficiente da agricultura,[417] fazendo com que seus trabalhos não passassem de "conversa fiada" sem nenhum sentimento real, o que não conseguia impressionar as pessoas.[418] Eles atribuíam a essa deficiência a fria recepção que a *Sobre a Promoção da Agricultura* teve. Por esse motivo, muitos funcionários chineses mudaram de rumo e tentaram usar outra abordagem para promover a agricultura. Eles sabiam que os agricultores "entendiam com suas mentes, eram movidos por sua afeição e motivados pelo respeito". Seu método de persuasão era discutir seu próprio histórico e origem na tentativa de se aproximar das pessoas, na esperança de aumentar a confiança que os agricultores tinham neles. Havia também autoridades locais que estudavam pessoalmente a agricultura, escreviam livros sobre agricultura e se tornavam agrônomos, como mencionado em *Sobre a Promoção da Agricultura*,

---

[413] *Obras Eruditas Coletadas da Dinastia Song do Sul*, vol. 302, "Onze Rascunhos de Poemas de Zhuxi" e "Persuasão para a Agricultura." Lê-se: "Foi dividido em uma tábua de canção esculpida para que as pessoas possam ler, e foi dito que este ano, menos palavras difíceis foram usadas."

[414] [Dinastia Song do Sul] Chen Fuliang, *Sobre a Promoção da Agricultura na Região Militar de Guiyang*.

[415] [Dinastia Song do Sul] Wang Yan, *Escritos Acadêmicos de Shuangxi*, vol. 8, "Sobre a Promoção da Agricultura nas Montanhas Daochang."

[416] [Dinastia Song do Sul] Zhen Dexiu, *Coleção Autêntica de Zhen Dexiu*, vol. 1, "A Promoção da Agricultura em Changsha."

[417] [Dinastia Yuan] Wang Zhen, *Tratado Agrícola de Wang Zhen*, Coletânea Geral sobre Sericultura, Capítulo 4, "Promoção."

[418] [Dinastia Song do Sul] Zhen Dexiu, *Coleção Autêntica de Zhen Dexiu*, vol. 1, "Promovendo a Agricultura em Changsha." Lê-se: "São apenas palavras vazias que não facilmente movem ninguém. O verdadeiro significado deve ser escrito com mais cuidado."

de Wu Yong, quando ele destacou que "o magistrado do condado de Xingzi tem um método para cultivar amoras". Essa abordagem surgiu como um meio de promover a agricultura. Além do *Métodos de Cultivo de Amoras*, o magistrado do condado de Xingzi também escreveu o "especialmente detalhado" *Métodos de Cultivo*, que Zhu Xi promoveu constantemente durante seu mandato na Região Militar de Nankang.[419] Depois da Dinastia Song do Sul, a literatura sobre a promoção da agricultura mudou do estilo vazio e didático do oficialismo que era a norma e começou a acrescentar mais material técnico, o que se tornou a tradição da agronomia chinesa a partir de então. Os oficiais da dinastia Yuan, Wang Zhen e Lu Mingshan, e os oficiais da dinastia Ming, Yuan Huang e Kuang Fan, estudaram agricultura e se tornaram agrônomos com o objetivo de promover a agricultura. A questão é saber quantos dos textos que eles escreveram foram aceitos pelos agricultores e o quanto eles foram influenciados pela estrutura social, pelos funcionários do governo, pelo sistema burocrático e por outros fatores.

O binário oficial-civil sempre foi uma característica importante da sociedade chinesa tradicional, e essa característica foi reforçada pela burocracia. Ao longo da história chinesa, sempre houve uma tradição de "servir como funcionário em um lugar diferente de sua casa" ou "evitar seres enviados de volta", e os oficiais de alto escalão nunca tiveram permissão para ocupar cargos no lugar onde cresceram. Para o autor de *Sobre a Promoção da Agricultura*, o fato de ser um forasteiro o colocava em conflito com seus objetivos. Por um lado, os funcionários não tinham nenhum vínculo com a terra ou com as pessoas sob sua jurisdição e não entendiam o idioma local, mas falavam "o idioma do tribunal", o que dificultava a comunicação com as pessoas. Embora os funcionários tentassem projetar a imagem de proximidade com o povo, chegando a dizer que "sempre mantiveram a ordem e eram tão próximos do povo como se fossem compatriotas",[420] seus esforços não tiveram êxito. Mais importante ainda, havia pouca noção de servir ao povo, mas apenas uma vida extravagante às custas do povo. Como Wu Cheng apontou no prefácio do Esboço de Prefeituras e Condados de Chen Xiang, "[os funcionários de condados e prefeituras] não têm selecionado pessoas nos últimos anos. Eles são gananciosos, cruéis, sem graça ou covardes e, muitas vezes, atendem apenas a seus próprios interesses. Será que eles não têm nem um pouquinho de interesse no bem-estar do povo?" Diante dessa situação, era naturalmente muito difícil para os funcionários influenciarem

---

419 [Dinastia Song do Sul] Zhu Xi, *Obras Coletadas de Zhu Xi*, vol. 6, "Reiteração sobre o Cultivo" e "Promoção da Agricultura no Período Xinchou."

420 [Dinastia Song do Sul] Zhen Dexiu, *Coleção Autêntica de Zhen Dexiu*, vol. 1, "Encontro com os Doze Condados Xianzai e Xianling de Changsha."

o comportamento da população local. O fato de *Sobre a Promoção da Agricultura* e outras atividades destinadas a promover a agricultura não terem sido bem recebidas pela população pode ser atribuído, pelo menos em parte, à estrutura social e ao sistema burocrático tradicionais da China.

É claro que era difícil para os funcionários de outros lugares conquistar a confiança e a cooperação da população local. Isso não era responsabilidade exclusiva dos funcionários, pois os agricultores certamente também eram responsáveis por manter sua parte no relacionamento. Os agricultores chineses há muito tendem à anarquia[421] e acreditavam que não havia necessidade de intervenção de pessoas de fora, pois, "a agricultura é uma questão concreta e é o meu mundo, então para que serve a educação?"[422] As autoridades que viajavam para o campo para promover a agricultura só faziam com que os agricultores sentissem que o governo os estava enviando simplesmente para se exibir, oferecendo conselhos aos agricultores no dia da promoção da agricultura e esquecendo-se deles no resto do tempo. O pensamento dos agricultores era diferente do pensamento dos funcionários. O que mais preocupava os agricultores era se o governo reduziria seus encargos e se os aluguéis não seriam cobrados muito rapidamente.[423] Como resultado, eles geralmente respondiam negativamente às atividades de promoção da agricultura realizadas por funcionários de todos os níveis.

Por outro lado, Xu Guangqi pode ter encontrado menos resistência, o que explica em parte por que textos como *Sobre a Promoção da Agricultura* tornaram-se mais raros na dinastia Ming, mas *Legado no Campo* ainda podia ser publicado.[424] Xu Guangqi não era um oficial local quando publicou *Legado no Campo* e não pressionou diretamente os fazendeiros para obter renda ou forçá-los a lhe dar grãos. Pelo contrário, como alguém que havia sido enviado para servir como oficial em outro lugar, ele sentiu o fardo

---

421 A canção popular pré-Qin *Canção da Terra* diz: "Saindo para trabalhar ao nascer do sol, vivendo e respirando no calor do sol, cavando poços para beber, arando os campos para comer, o que significa autoridade imperial para mim?" O poeta da Dinastia Song Wang Yuchen escreve em *Letras sobre o Cultivo dos Meus Campos com Fogo*: "Eu semeio e planto, e isso me dá tudo o que preciso. Não sei nada sobre reis como Yao e Shun." O ditado "O imperador está longe nos céus" também se popularizou nas dinastias Song e Yuan.

422 [Dinastia Yuan] Dai Biaoyuan, "Prefácio ao Tratado Agrícola de Wang Boshan," em *Tratado Agrícola de Wang Zhen*, ed. Wang Yuhu (Pequim: Editora de Agricultura da China, 1981), p. 445.

423 [Dinastia Song do Sul] Li Deng, "Balada da Agricultura Selvagem" em *Uma Coleção de Obras do Jianghu*, ed. Chen Qi, vol. 82.

424 De acordo com minha pesquisa, "A promoção da agricultura" na *Coleção Imperial das Quatro Divisões* gerou 130 ocorrências, das quais duas foram do período de 167 anos entre Jianlong e Jingkang na Dinastia Song do Norte, 90 foram do período de 152 anos entre Jianyan e Deyou na Dinastia Song do Sul, 8 foram da Dinastia Yuan de 97 anos e 9 foram do período de 276 anos entre Hongwu e Chongzhen na Dinastia Ming.

dos fazendeiros locais em um nível mais profundo e pessoal. Localizada no sudeste do país, Songjiang sempre foi uma área economicamente desenvolvida, mas a população local não levava uma vida próspera. A intenção original de Xu Guangqi era explorar maneiras pelas quais os moradores pudessem se tornar mais prósperos. Ele disse: "Pelo resto da minha vida, sentirei o peso dos bens tributários do campo. Quando era jovem, estudei para poder ser enviado a lugares distantes e, depois de tudo o que vi, percebo que há muita coisa desordenada".[425] Vários anos antes, em 1603, ele havia elaborado a Lei de Medição de Obras Fluviais e Topografia e a enviou ao magistrado do condado de Xangai, Liu Yikuang, para referência, indicando sua preocupação com as obras de construção em sua cidade natal. Ele tentou desenvolver obras de conservação de água em terras agrícolas no norte, em um esforço para resolver o problema fundamental da carga excessiva sobre os agricultores do sudeste causada pela transferência de grãos do sul para o norte. Diante de uma inundação catastrófica em 1608, enquanto estava em casa lamentando o falecimento de seu pai, Xu Guangqi desempenhou o papel de sábio local. Por um lado, ele "sugeriu o pagamento de 50.000 em impostos para Suzhou, Songjiang e Changzhou. Ele recomendou um imposto sobre o sal de 150.000 para cada uma das cidades de Hangzhou, Jiaxing e Huzhou". [426] Por outro lado, ele tentou se envolver pessoalmente em trabalhos de produção e resgate, usando sua própria horta para introduzir o cultivo de batata-doce, nabo e outras culturas resistentes à fome, e publicou *Legado no Campo* em um esforço para restaurar e desenvolver a produção local de arroz.

O carinho por sua cidade natal diminuiu a distância entre Xu Guangqi e os moradores. Antes de chegar aos 43 anos, Xu passava a maior parte do tempo em sua cidade natal, trabalhando como aprendiz. Em 1604, aos 43 anos de idade, Xu alcançou o posto de Jinshi e tornou-se o orgulho da aldeia. Embora tenha saído de casa e estudado durante os três ou quatro anos seguintes na Academia Hanlin, em 1607, ele foi enviado para uma avaliação e logo retornou à sua cidade natal para observar os ritos de luto pela morte de seu pai. As pessoas da cidade estavam muito familiarizadas com sua experiência de vida e sua formação, portanto, em *Legado no Campo*, não vemos tanta ênfase em sua formação e experiência como vemos nas diferentes versões de *Sobre a Promoção da Agricultura* produzidas por vários autores. Em vez disso, ele se dirige às pessoas comuns como uma espécie de sábio da aldeia. Na China tradicional, o relacionamento entre os aldeões era

---

425 [Dinastia Ming] Xu Guangqi, *Compêndio sobre Agricultura*, "Plantio, Arboricultura e a Árvore de Tallow Chinesa."

426 Qi Zhen Ye Cheng, "Biografia de Xu Guangqi." Citado em Liang Jiamian, *A Crônica de Xu Guangqi* (Editora de Livros Antigos de Xangai, 1981), p. 88.

muito melhor do que o relacionamento entre as autoridades e o povo, e as palavras de um sábio do vilarejo tinham maior probabilidade de serem bem recebidas pelo povo. Em seus escritos, Xu se referiu aos objetos de seu apelo como "todos os meus colegas agricultores", o que reflete a essência da sociedade rural. As sociedades rurais são sociedades "familiares", e os membros dessas sociedades ganham confiança por meio da familiaridade.[427] Em uma sociedade rural, o *Legado no Campo* de um sábio da aldeia seria mais atraente do que o *Sobre a Promoção da Agricultura* de um oficial.

Não há dados que indiquem como as pessoas da vila reagiram ao *Legado no Campo*, mas é óbvio que o artigo atraiu a atenção local. Ao contrário dos vários artigos intitulados *Sobre a Promoção da Agricultura*, que geralmente eram produzidos como parte da coleção pessoal do autor e, em sua maioria, guardados por seus parentes, amigos e alunos, o artigo de Xu não é encontrado em coleções pessoais, mas é mantido como parte do *Diário da província de Songjiang* de Chongzhen, quando Xu ainda vivia. Essa é a única cópia do artigo que foi descoberta até o momento, refletindo até certo ponto o lugar importante que Xu ocupava na cidade. No livro, ele foi chamado de Xu Zongbo (Xuanhu), um modo mais cordial de se dirigir a ele em ocasiões formais do que simplesmente usar seu nome. Alguns dados indicam indiretamente que os métodos mencionados em *Legado no Campo* foram de fato adotados posteriormente. Cerca de vinte a trinta anos após a publicação do artigo, as áreas de Jiaxing e Huzhou, próximas a Songjiang, adotaram a prática de "usar rodas d'água para proteger as mudas".[428] Isso também fornece evidências indiretas da identificação do município com Xu Guangqi, em que, após o resumo de Xu sobre a tecnologia envolvida no uso da roda d'água em projetos de conservação de água e preservação de mudas, ela foi adotada na área ao redor da cidade e depois se espalhou para lugares como Jiaxing e Huzhou.

---

427 Fei Xiaotong, *A Vida Rural na China* (Observatório de Shanghai, 1949).

428 No *Tratado Agrícola da Família Shen*, um texto do final da dinastia Ming escrito em Huzhou, lemos: "No dia seguinte após a inundação cobrir os campos, o tempo ficou ensolarado por um período prolongado, e as pessoas usaram rodas d'água, e os caules cresceram altos." De acordo com os registros de Zhang Lüxiang em Tongxiang, em Jiaxing no quinto mês, os agricultores estavam ansiosos para plantar, enquanto os que estavam ociosos aguardavam e observavam, mas apenas cerca de um terço foi plantado. A chuva intensa continuou por três dos dez dias, com uma precipitação de dois a três chi em terreno plano, de modo que viajamos de barco pela terra. Quando a água baixou, as mudas ficaram visíveis novamente. Elas estavam à beira da morte e as que foram transplantadas cedo se regeneraram. As colheitas amadureceriam no outono." Nessa ocasião, os campos foram submersos no 13º dia do quinto mês, mas "aqueles que foram plantados no 12º não tiveram problemas após a água baixar. Aqueles plantados a partir do 13º tiveram que ser completamente abandonados." Porque as mudas plantadas antes do dia 12 haviam fixado as raízes, elas poderiam se regenerar depois que as águas da inundação baixassem. Veja [Dinastia Qing] Zhang Lüxiang, *Evidência e Interpretação da Agricultura Suplementar*, eds. Chen Hengli e Wang Da (Pequim: Editora de Agricultura da China, 1983), pp. 72, 139, 174.

2. De forasteiro a local

O *Legado no Campo* de Xu Guangqi é claramente voltado para os moradores locais. Do ponto de vista geográfico, isso incluiria as regiões abaixo do nível do condado, sendo a aldeia parte do condado e o município parte da aldeia. Essa era a estrutura organizacional local de base que existia desde a dinastia Qin e operava em um sistema de prefeituras e condados. A cidade natal de Xu era Fahuahui (hoje distrito de Xujiahui no município de Xangai), no condado de Xangai, província de Songjiang, província de Zhili do Sul. É evidente que o público-alvo do texto era o povo de Fahuahui, no condado de Xangai. O *Legado no Campo* apresentou ao povo de Fahuahui três maneiras de replantar o arroz após uma inundação. Entre elas, "procurar mudas para replantar" era o método mais comum usado localmente e em outras áreas durante a dinastia Song.[429] Usar a "roda d'água para proteger as mudas" era um método que Xu havia testado pessoalmente, e "comprar sementes para replantar" era o método "comumente usado pelos agricultores de Jiangsu e Zhejiang". Isso levanta a questão dos intercâmbios agrícolas e culturais entre regiões.

---

[429] Por exemplo, um edito emitido no 16º dia do quinto mês no nono ano do reinado de Chunxi na dinastia Song do Sul (1182) diz: "Se houver chuvas prolongadas em nossa região, os campos baixos podem ser danificados. Ação rápida deve ser tomada para proteger as mudas, com empréstimos do tesouro de Changping para as famílias da quarta, quinta e subsequentes, e os fundos devem ser usados para comprar mudas e ordenar que o plantio continue." (Veja *Coleção das Obras Acadêmicas Song*). Após o início das inundações em 1608, Xu Zhiyan (Rihua), o magistrado de Jiaxing no condado de Tongxiang, ordenou que 300 liang de prata fossem retirados do tesouro do condado e providenciou que pessoas viajassem para Jiangxi para comprar grãos de arroz índica, que depois foram distribuídos entre a população como mudas de arroz, resultando em uma colheita rica. (Veja o texto da dinastia Qing Zhou Guangye, *Notas de Qianlong de Ningzhi*, "Refeição". Citado nas *Notas de Yinxing*, Volume 4 de Xu Quanke.) Zhang Lüxiang, um nativo de Tongxiang do final da dinastia Ming e início da dinastia Qing, registrou com mais detalhes a introdução de variedades de arroz vermelho de outras localidades com o objetivo de salvar a situação por meio do replantio. (Veja o texto da dinastia Qing Zhang Lüxiang, *Poemas e Ensaios de Yang Yuan*, vol. 17, "Notas sobre o Arroz Vermelho"). Desde a dinastia Song, o povo de Jiangnan tem optado por variedades resistentes à água e de amadurecimento precoce, como o arroz huanglu e wukou (o "arroz wu de sessenta dias" mencionado no texto de Xu) para atender às necessidades de plantio nas áreas inundadas. Em seu livro *Relíquias Agrícolas e Comentários Diversos*, Xu Guangqi recomenda algumas variedades adequadas para plantio nas áreas afetadas pelas inundações em sua cidade natal de Songjiang, como maizhengchang, yizhanghong e arroz vermelho de Songjiang. Quanto ao yizhanghong, ele escreve: "Nos trabalhos de recuperação de terras em minha cidade natal, o arroz foi colhido. Diz-se que o yizhanghong é plantado no quinto mês e colhido no oitavo, sendo absolutamente resistente à água. Mesmo em águas com três ou quatro chi de profundidade, as mudas brotarão debaixo da água, e se a água for apenas a mesma usada para cultivar variedades de arroz mais típicas, as espigas ainda serão cheias. Na vila à beira d'água de Songjun, cultivar essa variedade de arroz não apresenta problemas, e é a mais adequada para o plantio." Quanto ao arroz vermelho de Songjiang, *Relíquias Agrícolas e Comentários Diversos* diz: "Não é afetado pelo sal, podendo ser plantado em lagos salgados. Portanto, em campos perto do mar, ainda pode ser cultivado."

Durante a dinastia Yuan, a província de Songjiang fazia parte de Jiangzhe, então sob a jurisdição da província de Zhili do Sul na dinastia Ming. O "Jiangzhe" mencionado por Xu Guangqi nesse caso refere-se às áreas de Jiangnan e Zhejiang que historicamente cercaram Songjiang ou, mais especificamente, a bacia do rio Yangtze, com Taihu em seu centro. A geografia era o principal fator que afetava a comunicação e o tráfego nessa área. A região agrícola nos trechos inferior e médio do rio Yangtze era dominada pela produção de arroz, e havia um intercâmbio ativo de cultura agrícola na região. O "plantio de painço de Yue por Wu" foi registrado já no período da primavera e do outono, observando que o Reino de Wu, ativo principalmente na atual Jiangsu, replantou mudas de arroz do Reino de Yue, que era ativo principalmente na atual Zhejiang. Havia inevitavelmente considerações sobre o protecionismo local em termos de segurança alimentar, além de tentativas de levar a melhor sobre os vizinhos, barreiras tarifárias e até mesmo várias barreiras artificiais, mas as trocas agrícolas nunca foram completamente bloqueadas. Depois de qualquer desastre, quando as vítimas geralmente fugiam para outros lugares a fim de sobreviver ou para pegar emprestado ou comprar sementes, gado e outros produtos agrícolas para que pudessem retomar a produção, o intercâmbio de cultura agrícola era especialmente ativo.

A cultura (tanto os produtos tangíveis quanto as tecnologias intangíveis) foi trocada e disseminada entre localidades e outros lugares, expandindo sua cobertura. Por exemplo, a variedade de arroz *Yanxian* é originária do condado de Yan, em Yuezhou, e depois se estabeleceu em Taizhou (Chicheng), enquanto a variedade Wuzhouqing veio de uma linhagem em Wuzhou, no leste de Zhejiang, e se estabeleceu em Huizhou, Jiangdong, e a variedade Taizhou red é originária de Huaidong, Taizhou, e se estabeleceu em Yuezhou. Algumas variedades foram plantadas em várias regiões ao mesmo tempo, como o arroz *huanglu*, que foi plantado em regiões como Jiangsu, Zhejiang e Jiangxi. A variedade chamada *jiangxizao* foi cultivada em Zhejiang, Jiangsu, Anhui,Fujian, Hunan, Hubei e outras áreas. Além disso, diversas variedades de culturas também eram cultivadas na mesma área e podiam incluir variedades originárias de vários lugares. Além das variedades locais de arroz no Condado de Taihe, Jiangxi, as variedades de arroz registradas nos *Registros de Mudas de Arroz* de Zeng Anzhi durante a Dinastia Song do Norte também incluíam variedades originárias de locais que se estendiam "de Longquan (Suichuan,Jiangxi) a Taiping (Dangtu, Anhui)". Em *Variedades de Arroz*, o escritor da dinastia Ming Huang Shenzeng registra 34 variedades diferentes de arroz cultivadas em Suzhou, incluindo três de Piling (atual Changzhou, Jiangsu), seis de Taiping (atual

Dangtu, Anhui), duas de Fujian, oito de Songjiang (atual Songjiang, Xangai), três de Siming (atual Ningbo, Zhejiang) e cinco de Huzhou. Esse tipo de situação não era exclusivo de Jiangsu e Zhejiang. Na verdade, as trocas agrícolas entre regiões aconteciam em toda parte. Ainda mais importante do que a troca de produtos tangíveis nesses casos foi a disseminação de conhecimento e tecnologia intangíveis e não materiais. A origem e a disseminação da tecnologia podem ser observadas a partir das mudanças na distribuição temporal e espacial de várias tecnologias.

O poder desses intercâmbios inter-regionais teve muitas fontes, incluindo a promoção governamental, a participação do setor privado, a operação dos comerciantes e as ações das autoridades. Entre esses fatores, o papel dos funcionários é o mais notável. A "evasão regional", aliada ao "rodízio regular" do sistema burocrático e às ricas conexões pessoais dos funcionários, tornou bastante complexo todo o processo de deslocamento frequente dos funcionários. Eles acumularam uma boa dose de compreensão dos costumes locais e da tecnologia agrícola, tendo entrado em contato com ela de diversas formas, e pode-se dizer que possuíam um conhecimento que não estava disponível para os agricultores comuns. A cultura política formada pela tradição de valorizar e promover a agricultura também lhes permitiu introduzir o que consideravam ser experiências e práticas avançadas de um lugar para outro. Como resultado, eles se tornaram o principal veículo para o intercâmbio cultural entre o local e as regiões mais distantes. Isso se reflete em Sobre a Promoção da Agricultura. Por exemplo, no oitavo ano do reinado de Xianchun na Dinastia Song do Sul (1272), Huang Zhen menciona a situação da produção agrícola entre Zhejian (em Zhejiang) e Fuzhou (em Jiangxi) em seu Sobre a Promoção da Agricultura in Fuzhou. Ele escreve:

> *Eu, o prefeito, era um homem pobre em Zhejiang, tendo crescido no campo, cultivando e conhecendo as dificuldades. Ao ver que havia tantas diferenças entre os agricultores de Fuzhou e de Zhejiang, fiquei surpreso e pretendia relatar com sinceridade, mas estava além de qualquer descrição, e esperava que não houvesse necessidade de relatar sobre a agricultura este ano. Não há terra disponível em Zhejiang, então as amoreiras são plantadas nos cumes. Hoje, em Fuzhou, há muitas plantas silvestres, mas poucas amoreiras, cânhamo ou vegetais. Por que isso acontece? Porque não chove em Zhejiang. A roda d'água trabalha constantemente, e toda a família não tem descanso, nem de dia nem de noite. No ano passado, como prefeito, fui à periferia para inspecionar a situação da água, e lá vi que as pessoas não pegavam a água onde ela estava disponível. Todos se sentavam no*

portão e até iam a Jiujing para rezar pela chuva. Quando caminhei ao longo do grande riacho, vi a correnteza batendo contra a margem e os campos ao longo das margens estavam queimados e rachados. Não havia ninguém pegando água. Por que isso acontecia? A terra era lavrada três vezes em Zhejiang, alternadamente, e nunca ficava sem ser lavrada. O povo trabalhador de Fuzhou cultivava a terra uma ou duas vezes, mas os preguiçosos não o faziam. Certa vez, andei pelos campos e vi que havia mais ervas daninhas do que mudas. Por que isso acontecia? O povo de Zhejiang coletava esterco durante todo o ano e depois o despejava com frequência na primavera ou no verão. O povo trabalhador de Fuzhou corta até mesmo algumas ervas daninhas em seus campos, mas os preguiçosos negligenciam completamente essa tarefa. Em Zhejiang, os campos são arados após a colheita de outono e são arados novamente na primavera, no segundo mês, que é chamado de estação de arado. No ano passado, vi pessoas arando campos estéreis no quinto mês, e a terra estava tomada por ervas daninhas. Por que isso acontece? Embora se diga que ventos diferentes sopram em mil li, Fuzhou não se compara a Zhejiang. No final das contas, a agricultura depende de muito trabalho.[430]

Essas comparações foram úteis na troca de tecnologia, mesmo quando buscavam mudar a mentalidade das pessoas.

Xu Guangqi estava muito entusiasmado com a introdução de plantações e cultivo agrícola. Ele observa: "Sempre que ouço falar de algo que é cultivado em outro lugar e que pode ser usado para resgatar as pessoas, desejo aprender essas habilidades também. Meus colegas se dão ao trabalho de viajar longas distâncias para enviá-los para mim, e os animais de fazenda e os produtos geralmente dependem dessa desenvoltura." Após a inundação em Jiangnan em 1608, Xu trouxe batatas-doces, nabos, taro, alfeneiro e amoreiras de outros lugares e os introduziu em sua cidade natal. De 1613 a1621, ele fez mais duas viagens a Tianjin para realizar projetos de recuperação agrícola em grande escala e, nessas viagens, difundiu as técnicas de plantio de arroz de Jiangnan na área de Haihe.

A principal maneira pela qual os intercâmbios agrícolas e culturais ocorriam entre as regiões era por meio de trocas espontâneas entre as pessoas, com os comerciantes desempenhando um papel importante na troca de mercadorias. Historicamente, muitas comunicações de longa distância foram realizadas por comerciantes. Por exemplo, durante a Dinastia Wei do Norte, as sementes de pimenta de Sichuan foram introduzidas por co-

---

430 [Dinastia Song do Sul] Huang Zhen, *Resumo Diário de Huang*, vol. 78, "Ensaio sobre a Promoção da Agricultura no Oitavo Ano de Xianchun."

merciantes em Qingzhou, Shandong e outras áreas.[431] Com a ajuda desses comerciantes, a cultura agrícola atingiu a meta de transmissão de longa distância. De fato, alguns dos "viajantes para Jiangsu e Zhejiang" mencionados em *Legado no Campo* eram comerciantes. Por outro lado, as distâncias pelas quais os produtos e as tecnologias podiam ser disseminados pelos agricultores eram muito mais limitadas, mas devido à regularidade e à continuidade das trocas entre os agricultores, o papel dessas comunicações não pode ser ignorado. Após a inundação de 1608, o condado de Tongxiang, em Zhejiang, introduziu uma variedade chamada "indica vermelho" de Jiangxi (ou, segundo alguns, de Taizhou) para replantio. Algumas décadas depois, Jiaxing, em Zhejiang, e o trecho de Huzhou a Haining também usaram essa variedade. Alguns especularam que esse foi o resultado do "linrun",[432] causado pela disseminação e penetração mútua de agricultores nos distritos uns dos outros.

"Comprar mudas para replantar" era originalmente uma estratégia "comumente usada por agricultores em Jiangsu e Zhejiang". Após a enchente de 1608, com a recomendação de Xu Guangqi, "os viajantes de Jiangsu e Zhejiang" se espalharam por Jiangsu e Zhejiang até Songjiang, a cidade natal de Xu. Algumas décadas depois, no texto de Huzhou, o *Tratado Agrícola da Família Shen*, o método de "comprar mudas para replantar rapidamente" foi mais uma vez proposto como um método para lidar com as enchentes. Não há como saber se o método mencionado por Shen é uma repetição das práticas da antiga cidade ribeirinha de Huzhou (porque originalmente fazia parte de Jiangzhe) ou se foi inspirado por Xu Guangqi. Em termos de tempo e geografia, nenhuma das hipóteses é descartada. Se foi a última opção, isso prova indiretamente a aceitação local do *Legado no Campo* e sua influência em Jiangsu. A disseminação desse conhecimento passou por um processo que o comunicou tanto de fora para dentro quanto de dentro para fora. Há muitos exemplos semelhantes.[433]

---

431 *[Dinastia Wei do Norte]* Jia Sixie, *Competências Essenciais para Beneficiar o Povo*, ed. Miao Qiyu (Pequim: Editora de Agricultura da China, 1982), p. 225.

432 *Notas de Ningzhi, vol. 4, "Refeição" (período Qianlong)*.

433 Por exemplo, de acordo com o *Livro dos Cânticos* e outros documentos, o cânhamo foi plantado e utilizado no norte durante os períodos Zhou e Qin, mas parece ter desaparecido mais tarde, até ser reintroduzido nas dinastias Song e Yuan, quando foi trazido do sul para o norte. Outro exemplo é o alce criado na China, que foi introduzido do Reino Unido após 1985. A China foi originalmente o lar do alce, mas ele desapareceu da China em 1900, sendo reintroduzido da Europa trinta ou quarenta anos atrás. Outro exemplo é *A Exploração dos Trabalhos da Natureza* (1637), que foi perdido na China após se espalhar para o Japão e outros países. Só foi reintroduzido na China vindo do Japão na década de 1920.

3. Da herança à inovação

As informações contidas no *Legado no Campo* são provenientes de duas fontes principais. A primeira é aquela herdada de outras pessoas, como "buscar mudas para replantio" e "comprar mudas para replantio". Além disso, o texto contém muitas das inovações do próprio autor, como "usar rodas d'água para proteger as mudas".

Uma exploração mais aprofundada dessas duas fontes de conhecimento revela que a apresentação das informações "herdadas" é mais do que apenas uma repetição ou duplicação do conhecimento existente, e as "inovações" não surgiram em um vácuo. Analisando a "compra de mudas para replantio" como exemplo, vemos que, já na dinastia Song, as pessoas que viviam em vilarejos ribeirinhos em Jiangnan já haviam cultivado mudas em locais que não inundavam ("campos altos" ou terrenos elevados) e, depois que a água baixava, as mudas que já haviam começado a crescer em terrenos elevados eram transplantadas para campos de arroz, garantindo que o arroz tivesse tempo suficiente para crescer e reduzindo o desperdício causado quando era necessário replantar depois de uma inundação.[434] Esse pode ter sido um dos motivos pelos quais o transplante se tornou tão popular. Durante as dinastias Ming e Qing, o transplante se tornou uma prática comum no cultivo de arroz nas planícies do curso médio e inferior do rio Yangtze.[435] Embora a "compra de mudas para replantio" estivesse enraizada na tecnologia, a palavra "compra" indica que não se tratava mais de uma questão puramente técnica, mas também econômica. Embora as mudas plantadas em campos em terrenos altos pudessem evitar inundações, também havia certos riscos envolvidos. Por exemplo, se não houvesse inundação naquele ano, a prática poderia resultar em desperdício, não apenas de mudas, mas também de terra e mão de obra. Na era Ming-Qing, em Jiangnan, a terra arável per capita era muito preciosa. As inundações faziam com que os arrozais ficassem constantemente submersos, reduzindo sua capacidade. Alguns arrozais que não podiam ser plantados dentro do prazo também eram ocasionalmente inundados, tornando insuficientes as mudas plantadas em terrenos altos. Em algumas áreas em que "a terra

---

[434] Su Dongpo escreve: "Suzhou, Huzhou, Changchou e Xiushui todos alagaram. O povo cultiva arroz em campos em terrenos elevados enquanto espera a água baixar, depois, no quinto ou sexto mês, eles espalham um pouco as mudas." Veja *[Dinastia Song do Norte]* Su Dongpo, *Obras Completas de Su Dongpo*, vol. 2 (Livraria da China, 1986), p. 354.

[435] Song Yingxing, *A Exploração da Obras da Natureza*, vol. 1, "Grãos, Arroz." Ele diz: "Nos campos à beira do lago, uma vez que o verão acaba, aqueles que plantaram no sexto mês, no início do verão, vão colher o que semearam nos campos em terrenos elevados e esperar pelo momento certo."

é plana, sem terraço",[436] como Jiaxing ou Huzhou, não havia nem mesmo um terreno alto para o plantio. Além disso, o transplante no quarto mês entrava em conflito com a sericultura, que era mais trabalhosa no quarto mês. Por esse motivo, algumas famílias não estavam dispostas a cultivar mudas em terrenos altos, e nem todas as famílias que estavam dispostas tinham recursos para isso. No caso infeliz de uma inundação, na região de Jiangnan, relativamente desenvolvida economicamente, comprar sementes para replantar era uma opção mais realista, mesmo que a compra fosse vantajosa para o vendedor. Além disso, a questão levantada por Xu Guangqi em seu texto não era comprar mudas que estavam esperando para serem transplantadas, mas "comprá-las para cultivar arroz tardio", aumentando o número de transplantes, o que, por sua vez, aumentava a dificuldade de compra e venda. Foi nesse ponto que a inovação e os avanços tecnológicos e econômicos de Xu Guangqi se tornaram necessários.

A inovação agrícola muitas vezes surgiu com a integração da experiência de outro lugar à situação local. A experiência agrícola refletida no Tratado Agrícola da Família Shen não podia ser reproduzida com precisão fora de Huzhou, devido às diferenças entre as regiões. No início da dinastia Qing, Zhang Lüxiang escreveu seu *Suplemento Agrícola* após obter uma cópia do *Tratado Agrícola da Família Shen*. Ele afirmava que "quando o solo é diferente, tudo será diferente". O livro de Shen é relevante para Gui'an e Tongxiang. Em Tongren, ele só conhece Tongye, e não conhece Jiaxing ou Xiushui". Ele acreditava que "há apenas um tipo de *qi* no céu, mas na terra, o *qi* é diferente de uma milha para a outra".[437] Em outras palavras, em termos de desastres, como chuvas e secas, Tongxiang era diferente de Huzhou e seus arredores. Zhang escreve: "Meu vilarejo está voltado para Haining, e estamos mais preocupados com a seca. As áreas que estão mais voltadas para Gui'an estão mais preocupadas com enchentes".[438] Comparando o *Suplemento Agrícola* e o *Tratado Agrícola da Família Shen*, fica claro que o *Suplemento Agrícola* está mais preocupado com a prevenção de secas, enquanto o *Tratado Agrícola da Família Shen* está mais preocupado com a prevenção de enchentes. As diferenças entre os dois ambientes resultam em diferentes tipos de agricultura. A cidade natal de Shen, Huzhou, a cidade natal de ZhangLüxiang, Jiashan, Pinghu e Haiyan, no leste de Tongxiang, e Gui'an e Wucheng, no oeste, eram obviamente dominadas pela agricul-

---

436 [Dinastia Qing] Zhang Lüxiang, *Poemas e Ensaios de Yang Yuan*, vol. 17, "Notas sobre o Arroz Vermelho" (Xangai: Editora de Livros Antigos de Xangai, 2002), p. 281.

437 [Dinastia Qing] Zhang Lüxiang, *Suplemento Agrícola Comentado*, eds. Chen Hengli e Wang Da (Pequim: Editora de Agricultura da China, 1983), pp. 99, 116.

438 Ibid., p. 145.

tura de arroz, seguida pela agricultura de terras secas, como a sericultura, que exigia mais campos em menos terra. Por outro lado, em Tongxiang, "os campos eram mais bem combinados, portanto, a sericultura era lucrativa" e "o número de campos não permitia um melhor gerenciamento deles".[439] Embora ambos os lugares estivessem envolvidos no cultivo de arroz, as duas áreas ainda eram muito diferentes. Com relação às mudas de arroz, o *Tratado Agrícola da Família Shen* menciona o "arroz branco precoce" como a melhor opção, seguido pelo "arroz amarelo". Isso foi para o arroz cultivado em Lianchuan, Huzhou. O *Suplemento Agrícola de Zhang* Lüxiang observa: "Meu vilarejo é adequado para o arroz amarelo, e tanto o arroz amarelo precoce quanto o tardio são cultivados aqui há muito tempo. O único arroz branco que cultivamos é o glutinoso porque o arroz não glutinoso não sobrevive às condições de neblina daqui. Entretanto, esse não é o caso da área ao norte de Wuzhen e a oeste de Lianshi, onde as condições do solo são diferentes."[440] Isso reflete a compreensão de Zhang Lüxiang sobre o ambiente e suas respostas. A partir disso, as diferenças no ambiente ecológico e na produção agrícola em diferentes partes de Jiangnan ficam mais evidentes.

No caso de o comprador e o vendedor serem de áreas vizinhas, a sugestão de Xu Guangqi representa não apenas um avanço tecnológico ou econômico, mas também um avanço social no relacionamento tradicional com os vizinhos e na ideia deles. Tradicionalmente, o relacionamento entre vizinhos enfatizava a harmonia e a assistência mútua, ou o que Mencius chamou de "fazer amigos em casa e longe, oferecer ajuda e proteção mútuas e ajudar uns aos outros em tempos difíceis".[441] As relações harmoniosas de vizinhança eram mantidas por meio do código moral, e "valorizar a retidão em vez do ganho material" tornou-se o principal critério para lidar com as relações de vizinhança. Mesmo que os interesses conflitantes de duas partes estivessem envolvidos, a "retidão" deveria ser priorizada, o que é inerente a vários termos chineses usados para descrever estratégias de alívio, como "*yicang*" e "*yisang*". Na vida cotidiana, era necessário autocontrole, e era importante evitar prejudicar os outros por meio de comportamentos motivados por interesses próprios. Quando surgiam dificuldades em uma área vizinha, ao comprar e vender, a ênfase era colocada na oferta de ajuda, não na troca de interesses. Isso acontecia mesmo com recursos

---

439 Ibid., p. 101.

440 [Dinastia Qing] Zhang Lüxiang, *Suplemento Agrícola Comentado*, eds. Chen Hengli e Wang Da (Pequim: Editora de Agricultura da China, 1983), pp. 38, 116.

441 Mêncio, "Obras de Teng Wengong."

raros, como a força animal, que geralmente não existia.⁴⁴² Quando havia disputas, como às vezes acontecia, era necessário fazer concessões. Mas em uma sociedade com uma economia de commodities, esse tipo de relação de boa vizinhança que se baseia apenas na moralidade não durava facilmente. Isso era especialmente verdadeiro depois de um desastre. Quando os preços começavam a subir, oferecer estritamente mais admoestações morais era inútil. A proposta de Xu Guangqi usa a economia de mercado e os meios tecnológicos para criar uma situação mutuamente benéfica. Esse foi um grande avanço no conceito tradicional de relações de vizinhança. Foi o resultado inevitável do alto nível de desenvolvimento da economia de commodities de Jiangnan durante as dinastias Ming e Qing, e foi um fenômeno que surgiu no estágio final da sociedade tradicional da China. Em outras palavras, embora "comprar mudas para replantio" fosse um conhecimento herdado, Xu Guangqi acrescentou novas camadas à ideia com base em sua situação atual, combinando-a com aplicações práticas que tornaram essa abordagem técnica adotada de fora mais viável em seu contexto.

Da mesma forma, embora o uso de "rodas d'água para proteger as mudas" fosse um novo conhecimento verificado pelo próprio Xu, esse "novo conhecimento também tinha fontes em outros lugares". Há muito se sabe que o arroz é uma planta regenerativa. Desde as dinastias Han e Tang, a estratégia amplamente popular de agricultura de corte e queima e o cultivo duplo de arroz⁴⁴³ eram usados em regiões como o leste e o oeste de Zhejiang e a área entre os rios Yangtze e Huai. Esses dois métodos eram, na verdade, aplicações da característica regenerativa do arroz. Durante a Dinastia Song do Sul, os agricultores de Taizhou, Linhai, Zhejiang e outros lugares usaram a regeneração do arroz para reproduzir o arroz precoce e tardio a partir de mudas que não haviam sido destruídas por uma seca. Essa safra reproduzida "dava caule e frutos", o que levou a população local a chamá-la de "segundo arroz", "arroz herdeiro" ou "arroz grávido".⁴⁴⁴ O uso de rodas d'água para preservar as mudas nada mais era do que outro método de cultivo do "segundo arroz" para lidar com as enchentes. Os problemas que precisavam ser resolvidos eram os mesmos, já que, em ambas as situações, não era mais possível replantar após o desastre e não havia fundos para comprar grãos, o que deixava as raízes de arroz remanescentes nos

---

442 [Dinastia Song do Sul] Chen Fuliang, *Obras de Zhizhai*, vol. 44, "Sobre a Promoção da Agricultura na Região Militar de Guiyang." Diz: "Os bois trabalharam através do fogo para oferecer ajuda. Pouco precisava ser dito, pois trabalhamos juntos em paz e harmonia."

443 Zeng Xiongsheng, "Arroz de Duas Estações na Dinastia Song," *Estudos na História das Ciências Naturais*, nº 3 (2002): 255-268.

444 [Dinastia Song do Sul] Zhu Xi, *Obras Completas de Zhu Xi*, Viagem a Taizhou, vol. 18, "A Primeira Compilação das Quatro Coleções" (Editora Comercial, 1922).

campos como a única esperança dos agricultores. Embora Xu Guangqi não aprovasse, de modo geral, o uso de arroz regenerado e de cultivo duplo[445], ele afirmou claramente que a capacidade de regeneração do arroz poderia ser usada para lidar com enchentes e secas. O uso de rodas d'água para preservar as mudas foi uma inovação sobre o conhecimento herdado, e foi uma herança de inovação.

A herança e a inovação do conhecimento existente não vieram apenas na forma de tecnologia ou informações específicas, mas também em conceitos e ideias básicas. Desde a antiguidade, as enchentes e as secas são consideradas desastres naturais, e acredita-se que todos os desastres naturais sejam uma expressão direta do relacionamento entre o céu e o homem, uma ideia que foi herdada por Xu Guangqi e que formou a base de sua explicação sobre as enchentes em Taihu, incluindo seu entendimento de que as enchentes e as secas estavam ligadas ao estado de deterioração das obras de conservação de água.

Como produtor e disseminador de conhecimento, Xu Guangqi também desempenhou o papel de gerador de conhecimento. Ele tinha o espírito de um estudioso, sempre ansioso para explorar as questões de forma mais completa. Vemos isso em *Legado no Campo*, e nas muitas exposições contidas em sua obra seminal, *Um Compêndio Sobre Agricultura*, ambas contendo novos conhecimentos obtidos pela integração de informações que ele havia reunido em sua própria prática. Por exemplo, o método usado para aumentar a taxa de frutificação do sebo chinês teve origem em antigas fazendas nas montanhas e, após repetidas experiências com esse método, ele o incluiu em seu livro.[446] O conhecimento do praticante (laopu, ou "velho jardineiro"), juntamente com o trabalho de Xu Guangqi de apuração de fatos, refinamentos, experimentos e resumos, foi formulado em um texto que poderia ser disseminado para um público mais amplo. Esse era o modelo para a disseminação do conhecimento nas sociedades tradicionais.

Xu Guangqi era tanto um disseminador de conhecimento quanto um beneficiário da disseminação do conhecimento. O conteúdo de *Um Compêndio Sobre Agricultura* é semelhante ao da maioria dos livros de agricultura da China antiga, reunido em duas partes principais: a primeira, uma "coleção do povo" que citava amplamente o material e a literatura dos antecessores de Xu, e a segunda, dados obtidos da experiência. A primei-

---

445 [Dinastia Ming] Xu Guangqi, *Relíquias Agrícolas e Comentários Diversos* afirma: "As velhas raízes se regeneram, o chamado 'lü', também conhecido como 'segundo crescimento'. Não é de forma alguma chamativo, mas os camponeses estão ansiosos para cultivar, e os campos perderão a capacidade de cultivar se forem muito tarde."

446 [Dinastia Ming] Xu Guangqi, *Um Compêndio sobre Agricultura*, vol. 38, "Plantio, Arboricultura e a Árvore de Cera Chinesa."

ra é uma continuação da tradição dos clássicos confucionistas, enquanto a segunda incorpora as características das disciplinas aplicadas. De acordo com uma análise estatística, *Um Compêndio Sobre Agricultura* cita 225 contribuições de textos anteriores, enquanto há cerca de 61.400 caracteres escritos pelo próprio Xu.[447] É claro que, quando Xu Guangqi transmitia o conhecimento original, muitas vezes havia uma transmissão falsa ou até mesmo erros. Por exemplo, sua opinião de que "os gafanhotos são transformados de camarão", sugerida em *Um Compêndio Sobre Agricultura*, vem da teoria anterior de que "os gafanhotos são transformados de ovas de peixe".[448] A apresentação e a aceitação desse ponto de vista podem estar relacionadas aos três anos de inundação em Jiangnan, de 1608 a 1610. Como o aparecimento dos gafanhotos coincidiu com a recessão da enchente e como havia muitos peixes, camarões e gafanhotos naquela época, muitas pessoas associaram os gafanhotos aos camarões, acreditando que os gafanhotos haviam se transformado a partir dos camarões.[449] Com base nisso, Xu Guangqi deduziu que os gafanhotos haviam se transformado a partir do camarão e acreditava que os dois eram a mesma coisa, observando que "na água, eles se tornam camarões e, na terra, tornam-se gafanhotos".

Em suma, o *Legado no Campo* e o *Um Compêndio Sobre Agricultura* de Xu Guangqi, bem como muitos outros livros de agricultura da história chinesa, mostram que a construção do conhecimento tinha uma fonte histórica e uma base prática, proveniente tanto da própria experiência quanto das experiências dos outros. Na prática, os limites se tornaram junções, e o conhecimento se cruzou e se fundiu, de modo que cada lado complementou o outro.

---

447 Kang Chengyi, *Um Chamado para Explorar as Citações no Compêndio sobre Agricultura* (Pequim: Editora de Agricultura da China, 1960), pp. 16, 34.

448 Conforme mencionado por Chen Jinglun no 25º ano do reinado de Wanli, durante a Dinastia Ming (1597), em suas *Notas sobre o Controle das Gafanhotos*, que diz: "Quando o ovo se transforma, torna-se peixe se estiver na água. Se não estiver na água, ele se prende aos juncos nas margens e, na fase de vaporização, meio úmida, torna-se gafanhoto." Como o *Dicionário de Fauna e Flora*, escrito por Lu Dian (1042–1102) na Dinastia Song do Norte, contém essa mesma informação, sabemos que ela estava em circulação desde pelo menos a Dinastia Song. O erudito da Dinastia Ming, Xie Zhaozhe (1567–1624), também escreveu no nono volume de *Piya*, intitulado "Sobre Objetos (I)," "Segundo a lenda, um gafanhoto se transforma de ovo, então em um ano de inundação, o peixe permanece em terra, e no ano seguinte, quando não há inundação, ele se torna um gafanhoto. O macho e a fêmea se acasalam e terão 99 descendentes durante sua vida, então a espécie está constantemente se proliferando."

449 Por exemplo, os *Anais do Condado de Wu* (período Chongzhen), vol. 11, intitulado "Sinais Incomuns," escreve: "No sexto mês, os insetos são do tamanho de mosquitos, e se reúnem no céu ao anoitecer. Parecem fumaça, e seu som é como trovão. Depois de um mês, desaparecem tão repentinamente quanto apareceram. Existem inúmeros camarões pequenos que são comidos por aqueles que estão famintos, e as nuvens se transformam em insetos."

4. Conclusão

Por que o conhecimento de um campo diferente aparece em um trabalho sobre uma disciplina específica? Levantar essa questão é introduzir limites e junções. Na verdade, os limites e as junções estão em toda parte, refletidos não apenas no texto, mas em todo o seu entorno. Do ponto de vista de *Legado no Campo*, o material que ele contém envolve questões como as relações entre herança e inovações, família e vizinhança, local e "forasteiro", economia e tecnologia, desastres naturais e assuntos humanos. Fora do texto, as questões giravam em torno das relações entre a tradição e a situação atual, o autor e a aldeia, e os funcionários e o povo. Ver essas relações na estrutura de limites e junções permite uma reflexão mais profunda.

Legado no Campo é um produto da cultura política da agricultura intensiva e da promoção da agricultura, conforme representado em *Sobre a Promoção da Agricultura*. As informações que ele transmite são o produto da interseção multifacetada entre a ciência e a sociedade e entre a história e a situação atual. *Legado no Campo* adotou a forma de *Sobre a Promoção da Agricultura*, mas deu-lhe uma nova vida. A relação entre Xu e seus leitores era a de companheiros de vilarejo, o que era muito mais favorável aos moradores do que a relação oficial-civil refletida em *Sobre a Promoção da Agricultura*. As medidas para lidar com as inundações e retomar a produção, conforme apresentadas no *Legado no Campo*, de Xu Guangqi, herdaram as técnicas tradicionais de "busca de mudas para replantio" e "compra de mudas para replantio" que haviam sido introduzidas de outros lugares, além de introduzir o método de usar "a roda d'água para preservar as mudas". Em termos de relacionamento entre vizinhos, Xu defendia o uso de meios econômicos para substituir a moralização tradicional. Ele também usou a relação entre as obras de conservação de água e as inundações como exemplo para fazer comentários sobre a relação entre o céu e os seres humanos. Xu ampliou, desenvolveu, herdou e atravessou os limites e as junções de várias interseções e, ao fazê-lo, tornou-se uma figura multidimensional e integrada. Seu trabalho *Legado no Campo* também se tornou um exemplo de construção de conhecimento na sociedade tradicional.

QUESTÕES SOBRE O CULTIVO DE ARROZ EM *LEGADO NO CAMPO*

A tecnologia tradicional de cultivo de arroz da China girava em torno do cultivo de mudas e do transplante e era complementada pela tecnologia de preparação da terra, que incluía arar e rastelar, tendo o cânhamo como elo básico, e pela tecnologia de gerenciamento de fertilizantes e água baseada no cultivo e na queima dos campos. O objetivo de todas essas etapas era criar condições favoráveis para o cultivo do arroz e um ambiente de crescimento que aumentasse a produtividade do arroz. Essas técnicas tradicionais eficazes para o cultivo de arroz assumiram sua forma básica nas dinastias Song e Yuan e, desde então, ao longo dos milênios, constituíram a pedra angular do desenvolvimento econômico da China. Com o sistema original de tecnologia de cultivo de arroz como base, encontrar maneiras de lidar com os desastres naturais e aumentar a capacidade das plantações de resistir aos desastres tornou-se a nova direção para o desenvolvimento da tecnologia de cultivo de arroz, e o ajuste da nova direção não estava sujeito apenas a fatores naturais, mas também tinha que levar em conta fatores sociais e econômicos. O *Legado no Campo*, de Xu Guangqi, incluído no sexto volume *Boletim Informativo da Província de Songjiang* durante o período Chongzhen da dinastia Ming, serve como um importante recurso histórico para estudar a vida de Xu e a história da agricultura na região de Jiangnan durante as dinastias Ming e Qing. A questão central abordada é como retomar a produção de arroz após uma inundação. Este artigo tem como objetivo aplicar a pesquisa existente à interpretação das questões levantadas no texto de Xu envolvendo variedades de arroz, semeadura, criação de mudas, transplante, compra de mudas, irrigação e drenagem e reformas agrícolas, na esperança de que isso leve a uma nova compreensão da história econômica de Jiangnan.

1. Xu Guangqi e o *Legado no Campo*

O Boletim Informativo da Província de Songjiang, Volume 6, intitulado "Produtos", inclui o texto de Xu Guangqi's *Legado no Campo*. Ele diz o seguinte:

Os campos em terrenos mais baixos foram inundados recentemente. Agora que a água está recuando, as plantações apodreceram, mas, como agricultor, não suporto ver os campos sem cultivo. Não há tempo suficiente para procurar mudas, mas se a variedade wu de sessenta dias for usada, as plantações podem ser feitas a tempo, mas a colheita será pequena. Atualmente, existe um método, embora raramente seja usado, que permite que o arroz atinja o mesmo nível de maturidade geralmente observado nessas culturas. Esse método exige que os agricultores comprem mudas dos campos vizinhos em terrenos altos e cultivem arroz tardio, mesmo que o cultivo esteja completo e o preço seja alto. Naturalmente, os agricultores vizinhos estarão dispostos a vender. Para cada campo de dois mu, um mu de mudas deve ser comprado e, em seguida, plantado a cada duas linhas, arrancando uma linha de mudas. Dessa forma, cada mu de arroz deve ser espalhado por cinco mu de campos baixos. Deve-se acrescentar adubo, preparado da maneira usual. Embora as mudas dos campos em terreno alto sejam espalhadas na metade da densidade normal, o fertilizante faz com que o arroz cresça rapidamente e proporcione uma colheita razoavelmente boa. Se for difícil para as mudas que foram plantadas crescerem, os talos devem ser plantados com cerca de um chi de distância antes do arroz tardio plantado após as cabeças do Calor do verão. Dividir as mudas não prejudicará o crescimento. Se as que já foram plantadas ficarem submersas mais tarde e não for possível comprar novas mudas, o agricultor pode optar por usar uma roda d'água para preservar as mudas, coletando água com a roda até o ponto em que as mudas fiquem apenas ligeiramente úmidas. Mesmo que as mudas tenham apodrecido, as raízes ainda podem se fixar no solo. Despeje o máximo de esterco possível nos campos. Esse método é usado com frequência pelos agricultores de Jiangsu e Zhejiang. Eles não hesitam em comprar alguns shi de arroz ou alguns mu de grãos, até mesmo dividindo um mu de mudas em dez mu de campos. Eu mesmo testei esse método. Nos últimos anos, as obras de conservação de água não foram reparadas e não há saída para o Taihu. As águas das enchentes do ano cíclico de Wushen ainda não recuaram, portanto, há enchentes toda vez que chove. Caso contrário, por que não houve chuvas de ameixa antes? Este ano, até mesmo alguns dias de chuva resultaram em inundações. Se as obras de conservação da água não forem reparadas no futuro, esse será inevitavelmente o caso todos os anos. Esse método deve ser difundido. Ele também pode ser usado se houver uma seca severa seguida de chuvas de outono. Isso foi amplamente relatado por viajantes em Jiangsu e Zhejiang. Em uma época de fome, se um mu de campo for deixado sem cultivo, uma pessoa certamente morrerá de fome. Essa não é uma questão pequena e não deve ser negligenciada.

No verão do 36º ano do reinado de Wanli (1608), a região de Jiangnan foi atingida por uma enchente catastrófica. A inundação não foi apenas enorme, mas também prolongada e generalizada, além de ter sido acompanhada por gafanhotos e agitação política. Com a deterioração das obras de conservação de água, o impacto dessa grande enchente não pôde ser eliminado rapidamente e o nível da água não baixou por um período prolongado. Sempre que havia um longo período de chuvas, a água subia novamente. Esse foi o caso no 38º ano do reinado de Wanli, quando a escrita de *Legado no Campo* foi concluída. Desde o início, as enchentes foram o maior fator desfavorável que afetou a produção agrícola e a vida das pessoas nos vilarejos ribeirinhos de Jiangnan, e o fato de as enchentes terem durado três anos exacerbou o problema. Encontrar maneiras de restaurar a produção agrícola era o foco de atenção de toda a sociedade naquela época, e *Legado no Campo* foi escrito para tratar dessa questão central. Xu começou combinando os antecedentes relevantes e a disseminação do conhecimento agronômico na sociedade tradicional e, em seguida, ofereceu uma interpretação preliminar disso nesse texto.[450] Este artigo discute as variedades, a semeadura, o cultivo de mudas, o transplante, a compra de mudas, a irrigação e a drenagem e a agricultura tratados em *Legado no Campo*, oferecendo uma reinterpretação dos elementos centrais da rizicultura de Jiangnan, incluindo as reformas do sistema, e tentando fornecer um novo entendimento para o estudo da história econômica de Jiangnan.

Como o arroz é o alimento básico no sul da China, a prioridade máxima para a restauração e reconstrução da produção agrícola após a enchente foi o arroz. Desde as dinastias Tang e Song, o cultivo e o transplante de mu-

---

450 Zeng Xiongsheng, "Legado no Campo: Descoberta do Ensaio Póstumo de Xu Guangqi e sua Interpretação," *Estudos na História das Ciências Naturais*, n.º 1 (2010); Zeng Xiongsheng, "Legado no Campo: Construção e Disseminação do Conhecimento Tradicional Agrícola, Uma Comparação com *Sobre a Promoção da Agricultura*," *Revista da Universidade Agrícola de Hunan (Ciências Sociais)*, n.º 3 (2012).

das se tornaram o principal método de cultivo de arroz em Jiangnan. Após o primeiro mês de cultivo, as mudas eram transplantadas para o campo de arroz e, caso as mudas fossem destruídas por uma inundação após o transplante, era necessário fazer um esforço para garantir que as mudas de arroz voltassem a crescer. No entanto, a busca de novas mudas para replantio estava sujeita a certas restrições de tempo, e qualquer atraso na semeadura resultaria em baixa produtividade, enquanto a compra de mudas para replantio envolvia os interesses do comprador e do vendedor, portanto, havia uma questão de como reduzir a perda para o vendedor e ainda aumentar as taxas de sobrevivência das mudas compradas para o comprador. E ainda restava a questão do que deveriam fazer aqueles que não tinham condições de comprar novas mudas. Com base nesses objetivos e desafios, *Legado no Campo* oferece instruções detalhadas para os agricultores sobre como plantar, replantar e proteger as mudas às pressas quando as inundações tornaram o período de crescimento efetivo insuficiente, além de conselhos sobre como usar meios técnicos e econômicos para gerenciar melhor as questões relacionadas à aquisição de mudas e ao transplante. O texto menciona a aplicabilidade e a eficácia desses três métodos de "busca de mudas para replantio", "compra de mudas para replantio" e "uso da roda d'água para preservar as mudas" na restauração da produção de arroz após uma inundação, concentrando-se principalmente nos problemas econômicos e técnicos envolvidos na "compra de mudas para replantio" e propondo soluções para esses problemas. Por exemplo, o que aconteceria se o comprador fosse rejeitado pelo vendedor? E se houvesse uma quantidade insuficiente de mudas cultivadas em terras altas? E se as mudas estivessem muito altas depois de serem compradas? E se o comprador não tivesse fundos suficientes para comprar as mudas? E se não houvesse melhorias nas obras de conservação de água? Por estarem ligadas à tecnologia de cultivo de arroz e por terem muitos vínculos relevantes com a natureza e a sociedade, essas questões eram típicas de toda a história do cultivo de arroz no Leste Asiático. Este artigo tenta interpretar melhor o *Legado no Campo* à luz dessas questões de cultivo de arroz e conservação da água.

2. Plantio e transplante de arroz: Reestruturação agrícola em Jiangnan

O transplante representou uma mudança significativa no desenvolvimento do cultivo de arroz e foi um dos principais indicadores da formação das técnicas tradicionais de cultivo de arroz. Os transplantes tinham muitas funções, incluindo a capina, que era feita durante o processo de transplante. Além disso, durante a semeadura, o transplante permitia o replantio de mudas de campos densamente povoados para aqueles mais escassamente plantados, o que possibilitava aos agricultores manterem uma distância adequada entre as plantas. Isso era mais propício ao gerenciamento centralizado do cultivo de mudas e permitia ajustes no tempo de cultivo para proporcionar um período de crescimento suficiente para as culturas anteriores, tornando-o um elemento importante para a rotação de campos de arroz. Os pensadores antigos acreditavam que a estimulação da arrancada e da inserção envolvidas no transplante permitia que as mudas recebessem nutrientes de vários campos, o que promovia o crescimento. Além disso, a julgar pela história do cultivo de arroz na região de Jiangnan, o transplante era uma maneira eficaz de evitar desastres. Em outras palavras, era mais difícil realizar a prevenção e o controle de desastres nos campos de arroz do que na área relativamente pequena dos campos de mudas. Isso permitiu que os agricultores evitassem riscos selecionando áreas com melhores condições naturais para o cultivo de mudas e esperando que o desastre passasse antes de transplantar as mudas para o arrozal.

A estação chuvosa em Jiangnan era a época de cultivo e transplante das mudas de arroz locais. As chuvas prolongadas não só dificultavam o plantio do arroz, mas também podiam fazer com que as mudas apodrecessem se houvesse um atraso no plantio. Mesmo após o transplante das mudas, era possível que elas não crescessem se ficassem submersas. A estação chuvosa geralmente durava mais de um mês, terminando no quinto ou sexto mês lunar (em algum momento próximo ao plantio das mudas). *Legado no Campo* procura explorar maneiras pelas quais os agricultores poderiam aproveitar as oportunidades favoráveis e retomar a produção de arroz. O texto provavelmente foi escrito no quinto ou sexto mês lunar, ou talvez por volta do início do outono.

O escritor da dinastia Song, Liu Ban, observa que "as mudas de árvores só podem ser plantadas na margem sul do rio Yangtze no sexto mês. Eu gostaria de perguntar a He Yan. O senhor está sofrendo mais uma vez os danos da chuva forte? O senhor está sofrendo novamente os danos da chuva". ⁴⁵¹ Aqui, "mudas de árvores" se refere ao plantio ou transplante de mudas, e a razão dada para explicar por que o plantio e o transplante nas fazendas de Jiangnan começaram somente no sexto mês lunar foi o fato de ter havido chuvas prolongadas. A data mais comum para o plantio era por volta do Festival de Qingming (no início do terceiro mês do calendário lunar), seguido pelo transplante quando as mudas tinham cerca de um mês de idade, no quarto mês lunar, portanto, quando as "mudas de árvores" só podiam "ser plantadas [...] no sexto mês", era apenas um ou dois meses mais tarde do que o normal. É importante observar que essa não foi uma ocorrência isolada que afetou apenas um ano. Su Dongpo mencionou em várias ocasiões que o plantio ou até mesmo o transplante teve que ser adiado no oeste de Zhejiang devido às enchentes. Um memorial no quarto dia do décimo primeiro mês do quarto ano de Yuanyou (1089) afirma: "Sete regiões militares no oeste de Zhejiang serão pesquisadas, e a água se acumulará no inverno e na primavera, atrasando o plantio do arroz precoce até que a água recue no quinto ou sexto mês. "⁴⁵² Um memorial no 23º dia do terceiro mês do sexto ano de Yuanyou menciona: "Em comparação com o segundo ano de inundações no oeste de Zhejiang, Suzhou e Huzhou estão ainda piores... de Xiatang, passando por Huzhou e chegando a Suzhou, há água estagnada que não está recuando. E os campos médios e altos também estavam debaixo d'água. As mulheres, os idosos e os fracos trabalhavam arduamente em seus campos dia e noite. A chuva não parava, então as águas da enchente não podiam recuar. Embora já seja final da primavera, os campos ainda não foram plantados". Su Dongpo comentou sobre essa questão: "De agora em diante, assim que a chuva diminuir um pouco, os agricultores devem aproveitar o início do verão para plantar mudas."⁴⁵³

Em outras palavras, os campos de arroz na área ao redor de Suzhou e Huzhou não foram plantados nem mesmo no final do terceiro mês (ou seja, no "final da primavera") devido às inundações, e o período de plantio do arroz teve de ser adiado para depois do quarto mês. Levando em conta o período de um mês necessário para o cultivo das mudas, a primeira vez que as plantações puderam ser transplantadas foi após o início do quinto mês. Alguns arrozes haviam sido semeados e transplantados antes ou por volta do início do quinto mês, mas se eles fossem pegos pela inundação,

---

451 Liu Ban, *Coleção de Pengcheng*, vol. 6, "Fazendas em Jiangnan" (Editora Comercial, 1937), p. 67.

452 [Dinastia Song do Norte] Su Dongpo, *Obras Completas de Su Dongpo, Apelos*, vol. 6, "Pedido de Socorro em Qizhou, Zhejiang Ocidental" (Pequim: Livraria da China, 1996), p. 470.

453 [Dinastia Song do Norte] Su Dongpo, *Obras Completas de Su Dongpo, Apelos*, vol. 9, "Pedido de Mais Arroz em Zhejiang Ocidental" (Pequim: Livraria da China, 1996), p. 507.

era necessário "replantá-los cuidadosamente nos campos inundados".[454] Isso proporcionava uma maneira de compensar as deficiências, mas também implicava um enorme desperdício de mão de obra e recursos materiais (como o plantio de grãos etc.). Além disso, a escolha de plantar em campos em terrenos altos ajudava a evitar inundações e resolvia o problema do tempo insuficiente para o crescimento efetivo, causado pelo plantio das mudas somente depois que as águas das enchentes recuavam. Em toda a região de Jiangnan, esse foi o principal método adotado para lidar com as inundações sazonais. Por exemplo, lemos que "no ano passado, em Zhejiang, houve trovões e inundações, fazendo com que o Taihu transbordasse e a água da chuva se acumulasse durante toda a primavera. Suzhou, Huzhou, Changzhou e Xiushui ficaram submersas. As pessoas plantaram arroz nos campos em terrenos altos, esperando que a água recuasse e, no quinto ou sexto mês, não mais do que quarenta ou cinquenta por cento da terra podia ser cultivada".[455] O escritor da dinastia Ming, Song Yingxing, escreve: "Para os campos às margens do lago, quando as chuvas de verão terminam, as mudas que foram cultivadas no sexto mês são primeiro plantadas em campos em terreno elevado, aguardando o momento apropriado".[456] Em áreas com terrenos mais altos e fontes de água menos acessíveis, o objetivo de "espalhar os grãos em campos em terrenos mais altos" era esperar que a chuva parasse e a água da chuva recuasse antes que os trabalhos de preparação da terra e o plantio pudessem ser realizados.

Em Jiangnan, cultivar mudas e transplantá-las era a principal maneira de lidar com os desastres. Dessa forma, a data de semeadura poderia ser relativamente fixa, e o tempo para o transplante poderia ser determinado pelas condições de chuva e seca. Geralmente, o início do outono (o sétimo ou oitavo dia do oitavo mês) era o período crítico para o transplante. Se as mudas fossem transplantadas após o início do outono, por estarem muito velhas e muito próximas do amadurecimento, o período de crescimento vegetativo nos campos seria muito curto, o que afetaria seriamente a produtividade. Shen acreditava que "o senhor deveria plantar[457] antes do início

---

454 [Dinastia Qing] Xu Song, *Compêndio das Instituições Governamentais e Sociais da Song*, "Pedido de Mais Fundos" (Companhia de Livros Zhonghua, 1957), p. 5829.

455 [Dinastia Song do Norte] Su Dongpo, *Obras Completas de Su Dongpo*, Sequela, vol. 11, "Apelo por Mais Fundos para Alívio" (Livraria da China, 1996), p. 354.

456 [Dinastia Ming] Song Yingxing, *A Exploração das Obras da Natureza*, Grãos, ed. Zhong Guangyan (Pequim: Companhia de Livros Zhonghua, 1978), p. 14.

457 Nota do autor: transplante

do outono. Se o tempo estiver bom e ainda estiver quente, o senhor pode plantar por alguns dias após o início do outono."[458]

Por que o transplante de arroz na área ao redor de Taihu foi adiado até o quinto ou sexto mês lunar, mais de cinquenta dias após a época de transplante de arroz no sul? A opinião predominante é que isso estava relacionado ao sistema de cultivo duplo de arroz e trigo que começou na dinastia Song do Sul.[459] A cevada na região de Jiangnan era geralmente colhida no início do quinto mês, e a colheita do trigo ocorria no final do quinto mês, enquanto o transplante de arroz precisava ser feito após a colheita do trigo.[460] No final da dinastia Qing, a região de Jiangnan propôs reformas agrícolas, aboliu o plantio de cevada e trigo, mudou o transplante para a semeadura direta e trocou o arroz tardio pelo arroz precoce, abrindo caminho para a mudança para o cultivo duplo de arroz.[461] O livro do vilarejo de Pan Fengyu diz: "Os campos em áreas planas devem ser arados na primavera, e as sementes devem ser semeadas bem cedo. As mudas não devem ser removidas depois de inseridas, e as novas mudas no campo terão vários *chi* de altura no quinto mês, e suas raízes ficarão imersas e secas. Se houver uma pequena inundação ou seca, elas não serão danificadas. Esse é o resultado do plantio precoce". Além disso, ele observa: "O plantio antecipado poupará muitas preocupações. Após o plantio, não há necessidade de arrancar as mudas. Sua base é naturalmente forte e pode resistir a enchentes e secas. Mais tarde, haverá uma neblina inóspita e outras mudanças, geralmente na metade do oitavo mês. Se o arroz já tiver sido colhido nessa época, não há com o que se preocupar, por isso aconselho a colheita antecipada."[462] A ênfase em "antecipado", como no plantio antecipado, na capina antecipada ou na colheita antecipada, é uma das características da agricultura tradicional chinesa. Há, de fato, exemplos de preferência pelo plantio precoce em detrimento do plantio tardio na história de Jiangnan, como no 13º dia do quinto mês do 13º ano do reinado de Chongzhen (1640), quando "a água cobriu a terra, e aqueles que plantaram antes do dia 12 não tiveram proble-

---

458 [Dinastia Qing] Zhang Lüxiang, *Suplemento Agrícola Anotado*, eds. Chen Hengli e Wang Da (Pequim: Editora de Agricultura da China, 1983), p. 73.

459 Ibid., p. 29.

460 [Dinastia Qing] Pan Zengyi, "O Livro da Vila Pan Fengyu," em *Obras Selecionadas do Patrimônio Agrícola Chinês, Primeira Plantação de uma Variedade, Arroz*, ed. Chen Zuli, vol. 1 (Pequim: Companhia de Livros Zhonghua, 1958), p. 358.

461 Academia Chinesa de Ciências Agrícolas, et al., ed., *História da Agricultura Chinesa* (Pequim: Dong Kaichen e Fan Chuyu, eds., História da Ciência e Tecnologia Chinesa, Volume de Agronomia (Pequim: Editora da Ciência, 2000), pp. 458-460., 1984), pp. 170-171.

462 Pan Zengyi, *O Livro da Vila Pan Fengyu*, p. 358.

mas quando a água baixou, mas os campos plantados depois do dia 13 estavam completamente estéreis".[463] No entanto, o sucesso do plantio precoce não significava que a mudança do cultivo de arroz tardio para o cultivo precoce havia sido realizada. No 13º ano do reinado de Chongzhen, o "plantio precoce" só foi favorecido em relação ao arroz tardio, não ao arroz precoce. Havia resistência à reforma agrícola na região?

A partir da história das gerações posteriores, fica evidente que o cultivo duplo de arroz e trigo foi, de fato, o fator que afetou o plantio do arroz precoce em Jiangnan, mas o problema é que, antes da introdução dessa prática, o plantio do arroz tardio era a prática principal, e o cultivo duplo com trigo tinha o objetivo de complementar o sistema agrícola baseado no arroz tardio. A partir da história pós-dinastia Song, fica evidente que a principal causa do atraso do transplante de arroz em Jiangnan não era o cultivo duplo de arroz e trigo, mas a influência de fatores naturais, como a chuva.[464] Embora as reformas tenham dado atenção aos fatores naturais e procurado lidar com condições desfavoráveis, como inundações e secas, por meio do plantio antecipado e do plantio direto, não pareciam abordar fundamentalmente o problema das inundações. Como resultado, o adiamento do transplante e o plantio de arroz tardio ainda eram a primeira opção para evitar desastres naturais. Com base nisso, com a suplementação do cultivo duplo de uma cultura florescente, como o trigo, as terras agrícolas desocupadas e o período de crescimento no inverno e na primavera poderiam ser utilizados. Se houvesse uma colheita, isso era uma surpresa agradável para os agricultores (especialmente os arrendatários). Se as plantações de primavera não pudessem ser colhidas devido à chuva ou por outros motivos, elas eram simplesmente consideradas uma cultura verde que fornecia um fertilizante básico para o arroz tardio.[465] "Nos campos de arroz do sul, há quem cultive trigo fértil, mas eles não querem o trigo. Quando o trigo e a cevada da primavera estão verdes, os campos são arados e o solo é deixado seco, e quando o arroz é colhido no outono, ele é dobrado."[466] Os fazendeiros ocasionalmente viam grãos pequenos e, esquecendo-se dos benefícios maiores, juntamente com a regra não escrita de "receber os benefí-

---

463 [Dinastia Qing] Zhang Lüxiang, *Suplemento Agrícola Anotado*, eds. Chen Hengli e Wang Da (Pequim: Editora de Agricultura da China, 1983), p. 139.

464 Zeng Xiongsheng, "Arroz de Temporada Precoce e Tardia na Dinastia Song," *História Agrícola da China*, nº 1 (2002).

465 Existe uma tradição de plantio de culturas de fertilização verde na região de Jiangnan, e o trigo, cevada e rabanetes, todos cultivos de primavera, eram originalmente usados dessa forma.

466 [Dinastia Ming] Song Yingxing, *A Exploração das Obras da Natureza*, Grãos, ed. Zhong Guangyan (Pequim: Companhia de Livros Zhonghua, 1978), pp. 87–88.

cios do trigo e devolvê-lo apenas aos inquilinos", após a dinastia Song, eles transformaram essas culturas, originalmente destinadas a suplementos, em uma mercadoria de verão para complementar a renda dos fazendeiros. Com o resultado do cultivo duplo de arroz e trigo em vez do cultivo único de arroz, foi difícil promover o arroz precoce em Jiangnan.

Na verdade, havia outras razões pelas quais o arroz tardio foi transplantado na área de Jiangnan, mas todas elas pareciam irrelevantes em comparação com o cultivo duplo de trigo e arroz. O *Tratado Agrícola da Família Shen* observa: "Os métodos de cultivo não se preocupam apenas com o plantio precoce. O solo aqui é fino, e o plantio precoce sempre resulta em uma infestação de insetos. Se houver água para a agricultura naquele ano, o plantio deve ser feito em torno da semente de *awn* (por volta do quinto dia do sexto mês). Se houver seca naquele ano, o plantio deve ser feito por volta do solstício de verão (por volta do 21º ou 22º dia do sexto mês). As mudas são simplesmente despejadas no campo e o senhor espera que elas cresçam, se houver chuva. Se não houver chuva suficiente, será necessário usar a roda d'água por um dia. No dia seguinte, o solo é nivelado e as mudas são plantadas no terceiro dia, de modo que, quando o calor do solo for dissipado, não haverá pragas."[467] Aqui, o transplante de arroz tardio é defendido como um meio de evitar problemas com insetos e seca.

---

467 [Dinastia Qing] Zhang Lüxiang, *Suplemento Agrícola Anotado*, eds. Chen Hengli e Wang Da (Pequim: Editora de Agricultura da China, 1983), p. 28.

3. Variedades de arroz

Mesmo antes de Xu Guangqi, os agricultores da região de Jiangnan haviam acumulado uma vasta experiência em lidar com enchentes. Um ditado comum em Jiangnan, desde as dinastias Song e Yuan, mencionava "o replantio de duas safras".[468] Esse "replantio de duas safras" era uma referência à primeira semeadura e depois ao transplante. *Legado no Campo* menciona dois métodos usados no "replantio de duas safras". O primeiro era "buscar mudas para replantio" e o segundo era "comprar mudas para replantio".

O primeiro desafio encontrado ao tentar retomar a produção após um desastre foi a questão da obtenção de mudas. Todas as sementes semeadas, mas não colhidas em um ano em que ocorreu um desastre, foram desperdiçadas, e o trabalho dedicado ao seu cultivo foi em vão. Mesmo que se previsse com exatidão que não haveria desastre e, portanto, não houvesse plantio, ou se houvesse sementes remanescentes após a semeadura, elas seriam consumidas como alimento, então, quando a fome chegasse e quando a produção fosse retomada, haveria escassez de sementes. Caso "não houvesse mais sementes", a retomada da produção teria de começar com a compra de sementes, o que levaria a um período de "busca de sementes". Essa era uma questão de preocupação comum para os governos locais e o setor privado naquela época.

Do ponto de vista histórico, era responsabilidade do governo lidar com esse problema de plantio de mudas após um desastre. Um decreto emitido no décimo primeiro dia do quinto mês do sexto ano do reinado de Qiandao (1170) diz que "a região militar do oeste de Zhejiang foi inundada... As autoridades emprestaram ao povo um tipo de grão para o plantio e, em seguida, os agricultores plantaram arroz tardio. Com o tempo, ele amadurecerá no outono e será forte o suficiente para compensar qualquer falta quando atingir a maturidade".[469] Um decreto emitido no 16º dia do quinto mês do nono ano do Chunxi (1182) diz: "Aqueles que estão próximos sofreram uma chuva prolongada e seus campos baixos podem ter sido dani-

---

[468] De acordo com relatos, "o primeiro dia do mês é o início do verão, e a terra começa a se mover. O Menor Plenilúnio dos Grãos chega, trazendo maiores desastres. Tempestades e inundações são as maiores preocupações, e pequenas tempestades trazem pequenas inundações. Em clima bom, as secas são a principal preocupação. Os antigos agricultores dizem, 'Este é o dia mais importante. Se chover, há o risco de precisarmos plantar dois grãos.'" Veja [Dinastia Yuan] Lou Yuanli, *Os Elementos da Agricultura*, ed. [Dinastia Ming] Zhang Shishuo, vol. 1, "Produtos do Quarto Mês," p. 6.

[469] [Dinastia Qing] Xu Song, *Compêndio das Instituições Governamentais e Sociais da Dinastia Song*, "Alimentos e Produtos, Volume 58, Parte 7" (Companhia de Livros Zhonghua, 1957), p. 5824.

ficados. As pessoas não puderam replantar, então os funcionários do leste e do oeste de Zhejiang, juntamente com funcionários de outros estados, foram comprar arroz de todas as áreas vizinhas e resolveram o problema rapidamente. Com o dinheiro reservado para a compra de arroz, eles emprestaram o quarto, o quinto e os níveis subsequentes de cada família para comprar arroz, para que pudessem continuar a plantar e não perder suas casas".[470] Quando houve a inundação em 1608, uma das principais estratégias de combate à fome proposta pelo governador Zhou Kongjiao foi o "empréstimo de sementes".[471] Caso não houvesse sementes para serem emprestadas, Xu Zhiyan, então magistrado do condado de Tongxiang, Jiaxing, "gastou trezentos taéis de prata e enviou um oficial à província de Jiangxi para comprar arroz, que depois distribuiu ao povo em troca de sementes... Era outono e havia um ar desfavorável em toda parte. Aqueles que replantaram em Tongxiang colheram três *shi* por *mu*, e as pessoas ficaram felizes e prósperas naquele ano."[472] O nativo de Tongxiang, Zhang Lüxiang, fez um registro detalhado da situação em torno da introdução de variedades de arroz vermelho em outros lugares e dos trabalhos de replantio de resgate que foram realizados naquela época. Esse também foi um exemplo de uma ocasião em que o uso de sementes compradas para retomar a produção teve grande sucesso.

> *No quinto mês do verão do ano cíclico de Wushen do reinado de Wanli, a terra cultivada foi inundada. As pessoas se renderam e os funcionários as confortaram, fazendo campanha para que fossem feitos mais esforços nos trabalhos de resgate. Não tendo outra escolha, eles abandonaram as mudas que haviam sido plantadas nos campos. A chuva não parava por vários dias e não havia condições de replantar, então um funcionário foi enviado para entregar fundos para comprar mudas de Jiangxi (ou Taizhou, ao norte do rio Yangtze), enquanto o próprio chefe foi fazer um apelo, implorando ao censor imperial de Santaito que desculpasse o aluguel desse ano como forma de dar algum alívio ao povo. Nos dez dias seguintes, eles voltaram com grãos, que foram distribuídos entre todas as pessoas, que receberam instruções sobre como replantar. Depois de um mês, a*

---

470 [Dinastia Qing] Xu Song, *Compêndio das Instituições Governamentais e Sociais da Dinastia Song*, "Alimentos e Produtos, Volume 58, Parte 15" (Companhia de Livros Zhonghua, 1957), p. 5828.

471 [Dinastia Qing] Lu Zengyu, *Versão Oficial sobre o Trabalho de Socorro*, ed. Ni Guolian (Dinastia Qing), vol. 4, "Biblioteca Completa nas Quatro Ramificações da Literatura," Departamento de História, vol. 663 (Editora Comercial de Taipei, 1983), p. 404.

472 Ningzhi Yuwen, vol. 4, "Produtos Alimentícios" (período Qianlong).

água baixou e as mudas cresceram. Sentindo-se hesitantes, as pessoas plantaram alguns grãos amarelos e vermelhos para usar como alimento. Os oficiais disseram: "Nada pode ser feito com relação às mudas abandonadas nos campos." Eles incentivaram fortemente as pessoas a cultivar grãos. No outono, quando o grão estava maduro, as pessoas colheram cerca de setenta por cento da produção normal. Eles ficaram muito felizes por terem sobrevivido. Isso foi inigualável em qualquer outro condado.[473]

Outro desafio envolvido na busca de mudas era a questão do tempo. Se as mudas fossem plantadas após a enchente, a estação seria atrasada. O período de crescimento efetivo restante era muito curto para o processo de crescimento das variedades convencionais de arroz. Na verdade, havia apenas algumas variedades com um período de crescimento particularmente curto que poderiam completar um ciclo de produção nessas condições, uma das quais era a *"wu de sessenta dias "* mencionada por Xu Guangqi. O "arroz de sessenta dias" era uma conhecida variedade de arroz de maturação precoce em toda a história chinesa. De acordo com a pesquisa do senhor Xiuliang, essa variedade era conhecida desde a Dinastia Jin Ocidental. As *Notas sobre as Regiões Ocidentais da Dinastia Tang*, do monge Xuanzang, mencionam uma variedade estrangeira de arroz que era "colhida em sessenta dias". Textos da dinastia Song, como os *Anais da Crônica de Qinchuan*, *Crônica de Yufeng*, *Crônica de Ganshui*, *Crônica de Chicheng*, *Crônica de Kuaiji* e *Crônica de Xin'an*, além de vários registros das dinastias Ming e Qing, fazem muitas outras referências ao "arroz de sessenta dias". É claro que "sessenta dias" era um exagero, não significando que o arroz amadurecia em um período literal de sessenta dias,[474] mas era, sem dúvida, uma variedade de maturação muito precoce. Devido a esse curto período de crescimento, todo o processo de produção poderia ser concluído antes ou depois de um desastre natural, mas, em circunstâncias normais, a área semeada poderia não ser muito grande, o que era a principal razão para os rendimentos relativamente baixos. O Xin'an Chronicle observa que "há arroz branco e arroz de grama vermelha, que são fáceis de cultivar e

---

473 [Dinastia Qing] Zhang Lüxiang, *Poesia e Ensaios de Yang Yuan*, vol. 17, "Notas sobre o Arroz Vermelho," *Biblioteca Completa Revisada nas Quatro Ramificações da Literatura*, bk. 1399 (Editora de Livros Antigos de Xangai, 2002), p. 281.

474 You Xiuling, "O Mistério das Antigas Variedades de Arroz 'Sessenta Dias,'" em *Coleção de Pesquisas sobre História Agrícola* (Pequim: Editora de Agricultura da China, 1999), pp. 401-405.

amadurecem cedo, em sessenta dias, mas não são exuberantes, por isso poucas pessoas os plantam."[475]

Havia outras variedades semelhantes ao arroz de sessenta dias, como o arroz *huanglu* e o *wukourice*. O arroz *Huanglu* também se caracterizava pelo plantio tardio, maturação precoce e períodos curtos de crescimento. De acordo com o *Tratado Agrícola de Chen Fu*, o arroz *huanglu* não precisava de mais de sessenta a setenta dias para ir do plantio à colheita, enquanto o *Tratado Agrícola de Wang Zeng* registra um tempo ainda mais curto, de menos de sessenta dias. Outros registros escritos confirmam que o período de crescimento total do arroz *huanglu* não excedia noventa dias e, devido à sua tolerância à água, era geralmente a variedade preferida para replantio após inundações. O *Tratado Agrícola de Chen Fu*, da dinastia Song do Sul, observa: "Hoje, as pessoas preveem a colheita desde o solstício de verão até a plenitude menor e o grão na espiga, e quando a inundação passa, o grão *huanglu* é plantado nos campos inundados."[476] Isso foi feito para o plantio após o desastre. O *Tratado de Agricultura de Wang Zhen*, da dinastia Yuan, escreve: "O arroz *huanglu* cresce do plantio à colheita, amadurecendo em sessenta dias, o que ajuda a evitar o risco de inundação. Se o nível da água subir, a planta continua a crescer e os grãos podem ser colhidos."[477] Esse método era usado para o cultivo antes de um desastre, na época da semeadura e da colheita. Devido ao curto período de crescimento, às vezes era usado como uma variedade de arroz tardio de estação dupla, "plantado depois que a variedade precoce era colhida, por volta do Grande Calor".[478]

Os primeiros registros do arroz *wukou* aparecem nos *Anais da Reconstrução de Jinchuan*, do escritor da dinastia Song do Sul, Bao You.[479] Wang Feng, nativo de Jiangyin durante a dinastia Yuan, também mencionou essa variedade de arroz em seus versos: "Incontáveis lotes de arrozais *wukou*, cheios de arroz que se espalham pela brisa sob o vasto céu."[480] Como suas características mais notáveis eram "preto, resistente à água e ao

---

475 *Crônica de Xin'an*, vol. 2, "Produção."

476 Chen Fu, *Tratado Agrícola de Chen Fu*, ed. Wan Guoding (Pequim: Editora de Agricultura da China, 1965), p. 25.

477 [Dinastia Yuan] Wang Zhen, *Tratado Agrícola de Wang Zhen*, ed. Wang Yuhu (Pequim: Editora de Agricultura da China, 1981), p. 188.

478 Zeng Xiongsheng, "Arroz Huanglu na História Chinesa," *Pesquisa Agrícola*, no. 1 (1983); Nota do autor: por volta do 23º dia do sétimo mês.

479 *Anais da Reconstrução de Jinchuan* (período Baoyou), Volume 9, diz: "O arroz wukou amadurece tarde, e seu arroz é de menor qualidade."

480 [Dinastia Yuan] Wang Feng, *Coleção de Wuxi*, vol. 4, "Três Poemas sobre o Retiro de Qianhu no Oitavo Mês do Ano Cíclico Yiwei" (Companhia de Livros Zhonghua, 1985), p. 214.

frio" e com um período de crescimento curto, também era conhecido como grão preto, grão de água fria, arroz de água fria, arroz preto e arroz preto tardio. Essa variedade poderia ser semeada no sétimo mês lunar, mesmo muito depois do início do outono, e ainda produziria rendimento. Se calculado de acordo com o período típico de colheita do arroz tardio (o nono ou décimo mês), o período de crescimento do arroz *wukou* era de cerca de dois meses, razão pela qual algumas crônicas locais se referiam a ele como "arroz de sessenta dias."[481] O "arroz *wu* de sessenta dias" a que Xu Guangqi se refere era provavelmente o arroz *wukou*. Sua característica de plantio tardio e colheita precoce o tornava uma variedade ideal de arroz tardio de estação dupla. Durante as dinastias Ming e Qing, o arroz *wukou* era usado como uma variedade para replantio após as enchentes de verão e outono.[482] Quase todas as crônicas locais da era Ming-Qing do curso médio e inferior do rio Yangtze que foram afetadas pelas chuvas de ameixa fazem menção a essa variedade, muito provavelmente devido ao uso do arroz *wukou* para o replantio no final do verão e no outono.

Xu Guangqi deu grande importância à seleção e promoção dessa e de outras variedades com um período de crescimento curto. Ele menciona a adequação dessas variedades para o plantio em áreas sujeitas a inundações, como Songjiang, em *Relíquias Agrícolas e Comentários diversos*.

> *O Maizhengchang, um grão raramente visto, é plantado no terceiro mês e amadurece no sexto, uma prática conhecida como competição por campos contra o trigo. Os agricultores de Songjiang que têm menos capacidade devem plantar uma pequena quantidade com antecedência para se protegerem contra a fome mais tarde. Relíquias Agrícolas e Comentários diversos diz: "Os agricultores dependem dessa colheita de amadurecimento precoce para obter lucro, e as novas variedades também são caras no mercado. Em um ano de fome, o preço da nova variedade dobrará.*
>
> *Xu fala sobre o yizhanghong: "Nas terras recuperadas em minha cidade natal, uma variedade semelhante ao arroz é o yizhanghong, que é plantado no quinto mês e colhido no oitavo. Ela é totalmente capaz de entrar na água [que significa "resistente", em chinês antigo] em profundidades de até três ou quatro chi. Quando as sementes são*

---

[481] *Crônica do Condado de Jingjiang* (período Kangxi), Volume 6, "Dieta," registra: "Pode ser plantado no início do outono, e dizem que crescerá em sessenta dias. É chamado arroz wukou."

[482] *Crônica do Condado de Changshu* (período Hongzhi), Volume 1, "Produtos Nativos," observa que "o arroz wukou tem casca escura e é resistente ao alagamento. Pode ser plantado no outono e ainda amadurecerá a tempo, pois é uma variedade tardia."

espalhadas nos campos, elas podem até mesmo brotar quando submersas na água e ainda amadurecer tão bem quanto as variedades usuais de arroz, mas as espigas são mais grossas. No vilarejo ribeirinho de Songjun, essa variedade não é incompatível com a chuva e, portanto, é a mais adequada."
O Songjiang vermelho tem uma ponta vermelha e uma qualidade resistente. É plantado no quarto mês e amadurece no sétimo, e é conhecido como arroz Jincheng. É uma variedade de arroz muito admirada. O Quatro Livros sobre Agricultura e Jardinagem diz que o arroz vermelho de Songjiang é um grão de qualidade inferior. Atualmente, há uma boa quantidade de arroz vermelho no condado, e ele é visto em toda Chu. O Relíquias Agrícolas e Comentários diversos diz observa que ele não é danificado pelo solo alcalino e pode ser usado em uma maré salgada, o que o torna especialmente adequado para o plantio próximo ao mar.[483]

Como o termo sugere, o arroz "competindo por campos contra o trigo" amadurecia ao mesmo tempo que o trigo, o que o tornava uma variedade de maturação precoce. O arroz era plantado em pequenas quantidades (afetado por fatores como rendimento e terra arável disponível, o que significava que só era possível plantá-lo em pequenas quantidades) e reviveria após a morte como o trigo. A Yizhanghong era uma variedade de arroz de caule alto resistente a inundações, enquanto a "Songjiang vermelho" era resistente a inundações e tinha a característica especial de ser "especialmente adequada para o plantio próximo ao mar" devido à sua resistência ao sal. O escritor da Dinastia Yuan, Zhou Daguan, em seu livro *História e Cultura de Zhenla* menciona o "cultivo" do Kampuchea (atual Camboja), observando que "há uma cultura selvagem de primeira classe, que cresce frequentemente sem semear, uma variedade vermelha, e cresce mais alto do que o nível da água, mesmo quando a água chega a um *zhang* "[484], que é o mesmo que *yizhanghong*.

As enchentes e as secas aceleraram o ritmo de introdução de novas variedades, o que, por sua vez, pode ter desencadeado uma reação ecológi-

---

483 [Dinastia Ming] Xu Guangqi, "Relíquias Agrícolas e Comentários Diversos," na *Antologia do Patrimônio Agrícola Chinês*, Categoria A, eds. Escritório de Pesquisa de História Agrícola Chinesa, Wang Da, Wu Chongyi e Li Chengbin, "Arroz, Parte 2" (Pequim: Editora de Agricultura da China, 1993), p. 57.

484 [Dinastia Yuan] Zhou Daguan, *História e Cultura Anotada de Zhenla*, ed. Xia Nai (Pequim: Companhia de Livros Zhonghua, 1981), p. 137.

ca em cadeia. Quando uma variedade é introduzida de um lugar para outro, ela pode inicialmente ter um bom desempenho, um fenômeno conhecido como "liberação ecológica". Após as enchentes do verão de 1608, as variedades indica vermelhas introduzidas de Jiangxi e de outros lugares também exibiram esse efeito de "liberação ecológica" em graus variados. Há registros de que no "outono, longe e perto, Tongxiang[485] está sendo replantada, com colheitas de três *shi* por *mu*. As pessoas comemoram a colheita mais abundante".[486] Entretanto, alguns anos após a introdução dessa variedade no oeste de Zhejiang, as pessoas descobriram que as variedades vermelhas haviam se misturado com as variedades amarelas e brancas que eram plantadas o ano todo. Zhang Lüxiang registrou: "Não há colinas em meu condado, mas apenas planícies e, entre as montanhas e os rios, o solo dos campos é rico, adequado para o arroz amarelo e o branco, ambos plantados pelas pessoas. O arroz glutinoso é um décimo do arroz não glutinoso e não se compara aos outros. Na época da colheita, há arroz vermelho entre eles. Mesmo que seja removido em um ano, ele cresce normalmente no ano seguinte, mas desaparece quando é plantado do outro lado da fronteira". E "é o grão de plantio tardio, de colheita precoce, que permanece no campo e cairá se não for cortado e, embora seja plantado posteriormente em outro lugar, suas sementes permanecem no campo e crescem ano após ano "[487], a ponto de "no reinado de Shunzhi, os funcionários do setor de grãos serem culpados por terem arroz vermelho na colheita".[488] O arroz vermelho havia se tornado uma "erva daninha" irritante. Depois de perguntar aos antigos fazendeiros, Zhang Lüxiang descobriu que isso era causado pela introdução do arroz vermelho após a inundação de 1608, então ele propôs no *Suplemento Agrícola*: "O arroz vermelho é apenas uma cor de arroz índica que amadurece especialmente cedo e está prontamente disponível nos campos atualmente. Ele também é chamado de Jiangxi indica ou Taizhou indica. Todos querem eliminar a erva daninha, mas não conseguem".[489] A julgar pelo registro de Zhang Lüxiang no *Suplemento Agrícola Anotado*, parece que a influência do arroz vermelho se limitou inicialmente a um condado

---

485 Nota do autor: arroz indica vermelho

486 *Notas de Ningzhi*, vol. 4, "Dieta" (período Qianlong).

487 [Dinastia Qing] Zhang Lüxiang, *Poesias e Ensaios de Yang Yuan*, vol. 17, "Notas sobre o Arroz Vermelho," *Biblioteca Completa das Quatro Ramificações da Literatura*, livro 1399 (Shanghai: Editora de Livros Antigos de Xangai, 2002), p. 281.

488 *Notas de Ningzhi*, vol. 4, "Dieta" (período Qianlong).

489 [Dinastia Qing] Zhang Lüxiang, *Suplemento Agrícola Anotado*, eds. Chen Hengli e Wang Da (Pequim: Editora de Agricultura da China, 1983), p. 116.

em Tongxiang, mas com o passar do tempo, ele também teve um impacto sobre a tecnologia de cultivo de arroz ao redor. Por exemplo, no período Qianlong, devido à sua proximidade com Jiaxing e Huzhou, o condado de Haining, em Zhejiang, abrigava muitas variedades de arroz vermelho, inclusive um "arroz de cor vermelha".[490] A partir disso, fica evidente o impacto da introdução do arroz vermelho em 1608 sobre a ecologia local.

---

490 *Notas de Ningzhi*, vol. 4, "Dieta" (período Qianlong).

4. Cultivo de mudas e compra de mudas

O ponto de partida para a seleção do *"wu* de sessenta dias" e de outras variedades de arroz que tinham um período de crescimento curto foi o mesmo para a compra de sementes para replantio, estando ambos diretamente relacionados ao pouco tempo que restava para o cultivo do arroz após as enchentes. Em um campo inundado, não havia tempo suficiente para esperar que a água baixasse antes de comprar e replantar mudas de variedades convencionais de arroz. Pelo menos desde a dinastia Song, os produtores de arroz em áreas baixas de Jiangnan adotaram o método de "cultivar mudas em campos em terreno alto" ou cultivar as mudas em áreas não afetadas pelas enchentes (campos ou terras aráveis em terreno alto) até que a água baixasse. O transplante de boas mudas para os arrozais depois que a água recuou não só garantiu um período de crescimento suficiente, mas também reduziu o desperdício de mudas causado por um segundo transplante. Como resultado, "todo mundo plantava dez mu de terra para evitar a escassez, reservando trinta por cento da terra para usar como aluguel".[491] A preparação de uma variedade de mudas foi uma resposta que surgiu da longa experiência com enchentes e, caso não houvesse enchentes em um determinado ano, o excedente de mudas poderia ser vendido para famílias em outras regiões onde houvesse enchentes ou os lotes poderiam ser alugados para o plantio. Isso se tornou a base para o comércio de mudas.

É claro que essa diversificação também trazia certos riscos. Se não houvesse enchentes em um determinado ano e nenhuma família afetada viesse comprar mudas, o excedente de mudas se traduziria em um desperdício de sementes, terra e trabalho. O número de trinta por cento dedicado ao excedente era apenas um valor estimado, enquanto a quantidade real plantada variava de ano para ano, dependendo de vários fatores. Um provérbio local difundido entre os agricultores locais sugeria que se deveria "plantar mais mudas no segundo mês de dias bons e depois espalhar menos no terceiro mês de dias bons".[492] Em Jiangnan, durante as dinastias Ming e Qing, como a população era grande e a terra arável era escassa, as terras agrícolas eram muito preciosas. A recuperação de terras empurrava os campos de arroz mais para o centro do lago, reduzindo a capacidade de descarga das enchentes. Ocasionalmente, alguns arrozais que não eram inundados e que podiam ser plantados dentro do prazo eram inundados mais tarde, tornando as mudas que haviam sido preparadas nos

---

491 [Dinastia Qing] Zhang Lüxiang, *Suplemento Agrícola Anotado*, eds. Chen Hengli e Wang Da (Pequim: Editora de Agricultura da China, 1983), p. 67.

492 Ibid., p. 27.

campos em terras altas ainda mais insuficientes. Além disso, em áreas como Jiaxing e Huzhou, "não havia campos em terras altas para plantar".[493] Além disso, esse era o período mais intenso para o trabalho agrícola e "havia poucos no campo que ficavam ociosos durante o quarto mês, pois estavam ocupados com a sericultura e o plantio nos campos". Por esse motivo, nem todas as famílias estavam dispostas a diversificar sua "fonte de mudas, nem todas as famílias eram capazes de plantar em campos em terrenos altos". No caso infeliz de uma inundação, como a economia de commodities da região era relativamente desenvolvida, a compra de mudas para replantio era uma opção realista.

Conforme observado anteriormente,[494] a compra de mudas depende dos interesses tanto do comprador quanto do vendedor. Xu Guangqi não está falando aqui de mudas esperando para serem transplantadas, mas daquelas "compradas para cultivar arroz tardio", ou mudas plantadas em um campo. O conselho de Xu sobre esse processo já foi amplamente discutido, mas deve ser mencionado novamente no contexto desta discussão que o foco em *Legado no Campo* é encontrar maneiras de o comprador e o vendedor minimizarem suas perdas e garantirem seus interesses.

---

493 [Dinastia Qing] Zhang Lüxiang, *Poesias e Ensaios de Yang Yuan*, vol. 17, "Notas sobre o Arroz Vermelho," *Biblioteca Completa das Quatro Ramificações da Literatura*, livro 1399 (Shanghai: Editora de Livros Antigos de Xangai, 2002), p. 281.

494 Veja "Legado no Campo: Artigo Recém Descoberto de Xu Guangqi e sua Interpretação" neste volume.

5. Uso da roda d'água para preservar as mudas

Os pré-requisitos para a compra de sementes para replantio eram que alguém tinha de ter mudas para vender e outra pessoa tinha de ter dinheiro para comprá-las. Caso o senhor não tivesse dinheiro para fazer a compra, Xu Guangqi aconselhava o uso da roda d'água para os campos em terrenos altos o mais rápido possível. Havia duas situações em que ele sugeria o uso da roda d'água. Uma era para um campo de arroz que ainda não havia sido transplantado. Após a inundação, para que as mudas fossem plantadas o mais rápido possível, o campo era drenado o máximo possível. A outra opção era para um campo que havia sido inundado depois de ter sido transplantado, o que tornava necessário proteger as sementes usando a roda d'água. Xu Guangqi está obviamente falando sobre essa última opção em *Legado no Campo*. Seu conselho sobre o uso da roda d'água para preservar as plantações e por que esse era um método tão eficaz para o cultivo de arroz já foi abordado em detalhes.[495] Há evidências indiretas que sugerem que vinte ou trinta anos após a publicação de *Legado no Campo*, a área em torno de Jiaxing e Taihu havia adotado o uso de "rodas d'água para preservar as mudas".[496] Essa é uma evidência indireta de que as aplicações de conservação de água e preservação de mudas da roda d'água que haviam sido resumidas por Xu Guangqi foram adotadas em locais vizinhos, espalhando-se até Jiaxing e Huzhou.

---

495 Veja "Legado no Campo: Artigo Recém Descoberto de Xu Guangqi e sua Interpretação."

496 Um texto da Dinastia Ming de Huzhou, no *Tratado Agrícola da Família Shen*, escreve: "No dia seguinte ao alagamento das terras, o tempo ficou ensolarado, e as pessoas usaram uma roda d'água, e as mudas cresceram rapidamente." De acordo com os registros de Zhang Lüxiang, nativo de Tongxiang, Jiaxing, no ano cíclico Gengchen do reinado Chongzhen (1640), "no sexto dia do quinto mês, começou a chover pesadamente, e alguns agricultores correram para plantar, enquanto os ociosos aguardavam e observavam. Menos de um terço estava ocupado com o plantio. A chuva forte continuou em três dos próximos dez dias, e a água subiu para dois ou três chi do solo, de modo que os barcos viajaram sobre a terra. Após dez dias, a água começou a baixar e os campos puderam ser vistos novamente, mas as mudas estavam murchas. Se morressem, regenerariam logo, então amadureceriam no outono." Naquela ocasião, não havia mais água nos campos desde o 13º dia do quinto mês, e "aqueles que foram plantados antes do 12º não tiveram problemas quando a água recuou, mas os plantados após o 13º tiveram que ser totalmente abandonados." Como as mudas plantadas antes do 12º haviam fixado raízes, poderiam se regenerar quando as águas das inundações recuassem. Veja [Dinastia Qing] Zhang Lüxiang, *Suplemento Agrícola Anotado*, eds. Chen Hengli e Wang Da (Pequim: Editora de Agricultura da China, 1983), pp. 72, 139, 174.

6. Inundações e conservação da água

O objetivo do uso de rodas d'água para proteger as mudas e das obras de conservação da água era resolver o problema de alagamento das terras agrícolas. O pré-requisito para essas obras era a existência de um bom sistema de diques, ou as águas das enchentes sairiam por um caminho e voltariam por outro, o que seria inútil. Shen acreditava que "a construção de polders expandirá os limites e o uso de rodas d'água para combater as enchentes ajudará a evitar outros desastres, o que a torna a melhor opção de defesa contra as dificuldades".[497] Mas um dique só poderia impedir a entrada de água de fora, enquanto a roda d'água serviria apenas para baixar o nível da água dentro do dique. A solução fundamental para as inundações tinha de incluir um canal para acelerar as capacidades de descarga das inundações.

Xu Guangqi oferece uma análise das causas das enchentes em Jiangnan de 1608 a 1610 e escreve: "Nos últimos anos, a conservação da água estava em mau estado, e Taihu não tinha capacidade de transbordamento. Mesmo agora, as águas das enchentes do ano cíclico de Wushen ainda não recuaram. Assim, quando há chuva contínua, a terra fica submersa. Caso contrário, por que não houve chuvas torrenciais nos anos anteriores? Este ano, a terra fica inundada mesmo com uma chuva fraca. Se as obras de conservação de água não forem consertadas, isso continuará a acontecer todos os anos." As enchentes estavam diretamente relacionadas ao padrão climático de chuvas contínuas naquele ano, mas o fato de Jiangnan ter sido a área mais atingida pelas enchentes também estava relacionado ao terreno e ao pessoal local. Em geral, "a área ao sul do grande rio, em direção a Zhenjiangfu, costumava ser um terreno muito alto, enquanto a topografia de Changzhou era gradualmente mais baixa... Xiuzhou e Huzhou eram extremamente baixas, e Pingjiangfu era a mais baixa. Todos os anos havia uma grande quantidade de água e, como não havia elevação, os campos de Huzhou e Pingjiangfu sempre ficavam inundados. Todo verão e outono, a água subia, e não era surpresa que houvesse um *chi* de água".[498] Quando as obras de conservação de água estavam em mau estado, as condições geográficas de baixa altitude tornaram Jiangnan uma área propensa a inundações, o que, de acordo com um antigo ditado da região, provou ser o caso "em nove de dez anos". O alagamento tornou-se o principal fator desfavorável para a agricultura em Jiangnan. Dizia-se que "quando há inundações, os campos

---

497 [Dinastia Qing] Zhang Lüxiang, *Suplemento Agrícola Anotado*, eds. Chen Hengli e Wang Da (Pequim: Editora de Agricultura da China, 1983), p. 74.

498 [Dinastia Qing] *Compêndio das Instituições Governamentais e Sociais da Dinastia Song*, "Dietas," Parte 8 (Companhia de Livros Zhonghua, 1957), p. 4950.

de Huzhou, Xiuzhou e Suzhou ficam completamente sujos",[499] situação que se espalhou por toda a região sudeste a ponto de "o sudeste só ter arroz e, quando há inundações, a área fica sem esperança no outono".[500] Durante a dinastia Tang, Lu Guimeng sofreu muito com esse fenômeno. Sua residência em Songjiang Puli "tinha centenas de mu de campos e trinta casas, os campos eram amargos e as enchentes corriam direto para o rio, de modo que ele frequentemente passava fome".[501]

Houve muitas inundações graves na história de Jiangnan. Foi observado que em Jiangnan "as enchentes são predominantes, como sempre foram. Os campos baixos na área de Wu sofreram com as inundações. Desde a dinastia Han, isso tem acontecido sem parar".[502] Entre os reinados de Xining e Yuanyou da dinastia Song do Norte, duas grandes enchentes custaram mais de um milhão de vidas em Suzhou e em outros lugares. Antes de 1608, a área de Jiangnan sofreu graves inundações no primeiro ano do reinado de Zhishun da dinastia Yuan (1330), no décimo sétimo ano do reinado de Chenghua na dinastia Ming (1481), no quinto ano do reinado de Zhengde na dinastia Ming (1510), o quadragésimo ano do reinado de Jiajing na dinastia Ming (1561), o terceiro ano do reinado de Longqing na dinastia Ming (1569), o sétimo (1579) e o décimo quinto (1587) anos do reinado de Wanli na dinastia Ming e em outras ocasiões também. Um exemplo, no quadragésimo ano do reinado de Jiajing, viu "a reação das fortes chuvas da primavera se estender para o verão". Não só a barragem de Baochun Oriental se rompeu, como também cinco diques foram inundados na área de Taihu e transbordaram para o mar. Seis condados foram inundados e ficaram encharcados durante o outono e o inverno. Não havia estradas visíveis no condado de Tangshi, e só era possível atravessar os campos de barco. Metade da muralha da cidade de Wujiang desabou, as casas das pessoas foram levadas pela correnteza e inúmeras pessoas se afogaram. Não havia como acender uma fogueira em nenhum dos vilarejos, então as pessoas passaram fome. Meninos e meninas eram abandonados em balsas e pontes, enquanto os velhos e as senhoras se suicidavam, mas o problema continuava. Havia cinco *cun* a mais de água do que no quinto ano de Zhengde. Isso era

---

499 [Dinastia Song do Sul] Fan Chengda, *Anais de Wujun*, vol. 19, "Conservação da Água" (Editora de Livros Antigos de Jiangsu 1999), p. 270.

500 [Dinastia Song do Sul] Zhu Changwen, *Sequela dos Registros de Wujun*, vol. 2 (Editora de Livros Antigos de Jiangsu, 1999), p. 52.

501 *Novo Livro sobre a Dinastia Tang*, vol. 196, "Biografia de Lu Guimeng" (Companhia de Livros Zhonghua, 1975), p. 5613.

502 [Dinastia Ming] Zhang Guowei, *Obras Completas sobre Conservação de Água em Wuzhong*, vol. 8, "Anos de Inundações," Cópia da *Biblioteca Completa nas Quatro Ramificações da Literatura*, vol. 578 (Editora Comercial de Taipei, 1983), p. 310.

algo que nunca havia acontecido desde a fundação da dinastia."[503] Quando Wuxi, Dantu, Danyang, Jintan, Yixing, Liyang, Wujin, Suzhou, Taicang, Kunshan, Qingpu, Jiading, Louxian, Jiaxing, Huzhou, Jiashan, Pinghu, Shimen e 28 outras prefeituras e condados foram atingidos por grandes enchentes, "as mudas ficaram submersas, os campos foram inundados e as pessoas passaram fome".

Posteriormente, a enchente de 1608 foi de uma magnitude nunca vista em duzentos anos, e as enchentes episódicas continuaram por mais dois anos depois disso. Muitas pessoas mais velhas da época apontaram que essa inundação foi "pior do que a que ocorreu no quadragésimo ano do reinado de Jiajing" e que "o nível da água foi pior do que o do ano cíclico de Xinyou do reinado de Jiajing". As inundações durante o reinado de Jiajing atingiram "cinco cun a mais do que o observado no quinto ano de Zhengde", e a inundação de 1608 foi "cinco chi a mais do que a observada em Jiajing". Zhuang Yuanchen, que viveu as enchentes, comparou a enchente de 1608 com a do quadragésimo ano de Jiajing, do terceiro ano de Longqing e do sétimo e décimo quinto anos de Wanli, ressaltando que as enchentes dos anos anteriores "foram todas chamadas de enchentes incrivelmente grandes", mas a enchente ocorreu "depois do quinto mês" e não afetou muito a colheita do trigo. O nível da água era de "apenas seis ou sete *chihigh*", e apenas cerca de metade das terras agrícolas foi afetada, com poucos danos às casas e outras propriedades dos atingidos pela inundação. Em contraste, as enchentes de 1608 começaram no quarto mês, um mês antes das enchentes anteriores, e o nível da água foi tão alto que "inundou a um nível de mais de um *zhang*", causando danos devastadores ao trigo e a outras culturas de verão. "As três safras de primavera amadureceram e caíram no chão. As terras agrícolas e as estradas foram inundadas, as casas foram destruídas e a produção agrícola foi seriamente afetada. Juntamente com a agitação social e o deslocamento de pessoas após as enchentes, os moradores mais velhos costumavam dizer: "Ninguém jamais testemunhou uma enchente tão destrutiva em Wuzhong". Zhuang Yuanchen lamentou que "o sudeste está em declínio há muito tempo, mas nunca houve tamanha inundação e fome".[504]

Vista de uma perspectiva histórica mais ampla, essa enchente também pode ser comparada a outras enchentes. Por exemplo, no quinto ano do reinado de Yuanyou da Dinastia Song do Norte (1090), houve sérias en-

---

503 [Dinastia Ming] Zhang Neiyun e Zhou Dazhao, *Inspeção sobre a Água em Wujun, Wuxing e Kuaiji*, vol. 6, Cópia da *Biblioteca Completa nas Quatro Ramificações da Literatura* (Editora Comercial de Taipei, 1983), p. 235.

504 [Dinastia Ming] Zhuang Yuanchen, "Sobre os Trabalhos de Resgate Propostos pelo Governador Após a Seca," em *Registros da Cidade de Zhenze, Uma Continuação*, eds. Arquivos Municipais de Zhenze e Wujiang (Editora Guangling, 2009), pp. 54–59.

chentes em Jiangnan, "até o quinto e o sexto mês, e houve chuvas fortes em vários condados no oeste de Zhejiang, causando a enchente de Taihu, o que, por sua vez, prejudicou as colheitas. "O magistrado do setor de transportes Zhang Shu investigou a situação em torno da inundação e "viu, em primeira mão, o nível da água no rio Wujiang subir para oito chi, e havia muitas famílias cujos campos estavam completamente submersos em águas profundas. Pais e filhos se reuniram e choraram. Usando barcos para atravessar seus campos, eles disseram: "Metade do arroz ainda pode ser frito e comido, e as espigas verdes podem ser dadas ao gado". Quando a chuva cessou por um dia, já era certo que não seria um ano de abundância, mas a situação ainda permanecia incerta, e eles não podiam ter certeza de que a chuva havia cessado para sempre. Já havia a preocupação de que a situação se repetiria no ano seguinte".[505] Su Dongpo também previu que a situação se tornaria mais grave no ano seguinte. Entretanto, em comparação com a inundação de 1608, o desastre daquele ano foi menos prolongado, durando apenas um mês. As chuvas vieram no quinto mês, mas o verdadeiro desastre só veio no sexto, quando o arroz já havia entrado no período de gestação e maturação e, embora não tenha sido "um ano de abundância", devido às chuvas, também não foi uma colheita especialmente ruim.

A enchente de 1640 em Jiangnan, também conhecida como "estranha enchente", serve como outro ponto de comparação. O registro de Shen indica que a inundação, que ocorreu no 13º dia do quinto mês, foi causada por "um dia e uma noite de chuva torrencial". No entanto, como a inundação ocorreu no final do ano e não foi tão prolongada quanto as inundações de 1608, apenas alguns campos baixos foram "abandonados e não puderam ser resgatados", enquanto as mudas dos campos em terras altas foram "compradas e replantadas no outono, após o 20º dia do sexto mês", e produziram "uma colheita de cerca de um *shi sixdou*, de modo que a maioria das famílias teve várias dúzias".[506] Como resultado, o grau de danos e perdas foi relativamente pequeno.

As enchentes foram os desastres naturais mais significativos nos vilarejos ribeirinhos de Jiangnan, e as pessoas da região estavam muito mais preocupadas com as enchentes do que com a seca. Em áreas propensas a inundações, os anos com pouca chuva ou até mesmo com seca geralmente rendiam colheitas maiores, como era o caso de Suzhou, onde "nos anos de grande seca, os campos de Changzhou, Runzhou, Hangzhou, Xiushui e

---

505 [Dinastia Song do Norte] Su Dongpo, *As Obras Completas de Su Dongpo*, ed. Mao Wei (Dinastia Ming) (Companhia de Livros Zhonghua, 1986), p. 884.

506 [Dinastia Qing] Zhang Lüxiang, *Suplemento Agrícola Anotado*, eds. Chen Hengli e Wang Da (Pequim: Editora de Agricultura da China, 1983), p. 169.

outras áreas vizinhas estavam todos secos e suas margens estavam apenas começando a emergir, enquanto Suzhou teve a sorte de ter campos maduros."[507] Um ano, houve uma seca em Zhejiang e Jiangsu, e "o povo de Zhejiang sofreu, mas o condado[508] foi o único lugar que teve uma colheita abundante. O solo se abriu, e as pessoas se alegraram."[509]

Desde a dinastia Song, havia um método para medir o nível da água com árvores e pedras para determinar a relação entre o nível da água e a abundância ou o fracasso da colheita. "O uso de árvores e pedras para medir o nível da água é um sistema antigo que data da dinastia Song. A pedra tem mais de 7 *chi* de comprimento, esculpida com 7 linhas. Se a água ultrapassar seu nível normal e alguns dos campos dos vilarejos sofrerem um desastre, não há necessidade de esperar pelo relatório completo ou pela pesquisa oficial do vilarejo, mas a condição é conhecida com base nos relatórios diários."[510] Para os vilarejos à beira da água em Jiangnan, quanto mais baixo o nível da água, melhor a colheita.

---

507 [Dinastia Song do Sul] Fan Chengda, *Crônica do Condado de Wu*, vol. 19, "Conservação de Águas" (Editora de Livros Antigos de Jiangsu, 1999), p. 272.

508 Nota do autor: Suzhou

509 [Dinastia Song do Sul] Chen Zao, *Obras Completas do Velho Homem de Jianghu*, vol. 30, "Wang Zhongheng," Série de livros raros, vol. 60 (Editora Xianzhuang, 2004), p. 670.

510 *Anais de Jiaxing*, vol. 29, "Conservação de Águas" (período Guangxu).

7. *Legado no Campo* e estudos sobre a história econômica de Jiangnan

O *Legado no Campo* é um texto curto, com apenas quinhentos caracteres, mesmo com a adição da pontuação moderna, mas discute as preocupações centrais do cultivo de arroz na China e as várias questões relacionadas à produção de arroz na China, ou mesmo as principais áreas de cultivo de arroz em todo o Leste Asiático, conforme se desenvolveram ao longo de milhares, talvez até dezenas de milhares, de anos até as dinastias Ming e Qing. Sua interpretação pode aprofundar nossa compreensão sobre o cultivo de arroz e os aspectos socioeconômicos e culturais de Jiangnan durante o período Ming-Qing.

Jiangnan é, há muito tempo, uma das regiões mais desenvolvidas do Leste Asiático e pode até ser considerada uma das origens da civilização do Leste Asiático, de modo que a história econômica de Jiangnan é objeto de muitas pesquisas acadêmicas na China e no exterior. Durante as dinastias Qin e Han, Jiangnan já recebia muita atenção como um bloco econômico básico. Fazendo uma abordagem comparativa, Sima Qian apontou que a região de Chu-Yue[511], onde Jiangnan estava localizada, era diferente de Guanzhong[512], Sanhe (Hedong, Henei, Henan), Qi, Lu[513], Yan, Zhao[514], Lingnan[515] e outras áreas.[516] Atualmente, descobriu-se que 1/3 da pesquisa sobre a história chinesa abrange o Delta do Rio Yangtze, enquanto outro 1/3 abrange questões nacionais que incluem a região do Delta do Yangtze, e o último 1/3 não tem nenhuma conexão com a área do Delta do Yangtze. Os estudos anteriores sobre a área do delta do Yangtze sofreram com a falta de clareza, a fragmentação e as comparações inadequadas.[517] Problemas semelhantes surgem no estudo da história agrícola da região de Jiangnan. Por exemplo, em *Uma História Agrícola da Região de Taihu*, publicado em 1990, embora os pesquisadores reconheçam que a área em torno de Taihu

---

511 Nota do tradutor: abrangendo aproximadamente a região de Hubei-Hunan e a província de Zhejiang Oriental.

512 Nota do tradutor: A Planície Central de Shaanxi

513 Nota do tradutor: Qilu abrange atualmente Shandong.

514 Nota do tradutor: dois dos Estados Combatentes em Hebei e Shanxi.

515 Nota do tradutor: abrangendo atualmente Guangdong e Guangxi.

516 *Registros Históricos*, "Registros de Mercadorias."

517 Li Bozhong, "Estudos Comparativos em Estudos Históricos Quantitativos," em *Estudos Históricos Quantitativos*, Série 2, eds. Chen Zhiwu, Long Denggao, e Ma Debin (Hangzhou: Editora da Universidade de Zhejiang, 2015), p. 214.

é "um todo orgânico"⁵¹⁸, o livro apresenta apenas os resultados da pesquisa sobre arroz, sericultura, chá, algodão e linho, colza, árvores frutíferas, hortaliças, flores, gado e outros produtos como uma "entidade plana" que integra esses itens que, de outra forma, seriam díspares.

Em um esforço para reverter o achatamento e a fragmentação apresentados no estudo, estudiosos chineses e estrangeiros, incluindo Li Bozhong e Peng Mulan, introduziram uma abordagem comparativa e quantitativa que relacionou a Jiangnan da era Ming-Qing com países como a Inglaterra e a Holanda no mesmo período, apontando que a Jiangnan pré-1800 era comparável aos países e regiões mais desenvolvidos do mundo e que a chamada Grande Divergência só ocorreu mais tarde. A historiografia quantitativa que surgiu nos anos mais recentes permite que os dados falem por si mesmos, usando o PIB para determinar que Jiangnan e a Europa Ocidental estavam quase no mesmo nível de desenvolvimento no início do século XIX, com a divergência ocorrendo somente depois de 1820.⁵¹⁹

De fato, em termos de afluência e desenvolvimento econômico, não havia como comparar regiões como a Holanda e a Ucrânia ou o Delta do Yangtze e Gansu, mas Jiangnan era, em muitos aspectos, comparável à Inglaterra ou à Holanda e até mesmo a algumas regiões importantes, como a região de Kanto, no Japão, ou a região de Pujarat, na Índia. Mas se a economia for considerada como um meio de ganhar a vida, é possível comparar pessoas em diferentes níveis de desenvolvimento econômico ou de riqueza. A historiografia quantitativa é um produto da intervenção da economia na pesquisa histórica, mas a quantificação (ou matematização) da economia está sujeita a questionamentos, pois "leis sociais complexas e instáveis (relações causais) são difíceis, se não impossíveis, de serem representadas com precisão em equações"⁵²⁰, e porque "a economia nunca poderá ser uma ciência no mesmo sentido das ciências naturais"⁵²¹, e a lógica da economia não substitui uma análise social, política e histórica aprofundada, o PIB não pode refletir verdadeiramente a vida real. Qualquer metodologia tem suas próprias aplicações e limites.

---

518 Departamento do Grupo de Pesquisa sobre a História da Região Taihu, Escritório de Pesquisa de Herança Agrícola da China, ed., Uma História Agrícola da Região Taihu (Pequim: Editora de Agricultura da China, 1990), p. 5.

519 Li Bozhong, "Estudos Comparativos em Estudos Históricos Quantitativos," em *Estudos Históricos Quantitativos*, Série 2, eds. Chen Zhiwu, Long Denggao, e Ma Debin (Hangzhou: Editora da Universidade de Zhejiang, 2015), p. 219.

520 Yang Min, "Repensando a Matemática na Economia," *The Economist*, nº 5 (2005).

521 Yao Yang, "A Falácia Cientificista na Economia," Readings, nº 12 (2006).

De fato, ainda mais crucial do que a metodologia é a interrogação, enquanto a metodologia serve para resolver problemas. Antes da introdução da quantificação por meio do PIB, a visão de que a economia de Jiangnan nas dinastias Ming e Qing era "altamente desenvolvida" já havia sido formulada, e a introdução do método de quantificação apenas reforçou essa visão. O achatamento e a fragmentação observados na pesquisa sobre a história econômica de Jiangnan não se devem à falta de métodos disponíveis, mas à falta de uma questão central de interesse comum. Na ausência de uma questão central, não houve interseção na pesquisa, tornando inevitáveis o achatamento e a fragmentação, de modo que os métodos comparativos e quantitativos não puderam salvar a situação.

Qual era, então, a questão central da economia de Jiangnan nas dinastias Ming e Qing? Para entender isso, é necessário voltar aos fundamentos da economia e considerar a grande população que Jiangnan teve de sustentar durante esse período, assim como Marx analisou a formação e a presença do capitalismo com base nas propriedades das mercadorias. Em sua discussão sobre o impacto da produção de arroz no desenvolvimento de Jiangnan, seu transporte e a prosperidade de cidades como Hangzhou e Suzhou, a *História da Agricultura na Região de Taihu* ressalta que "o impacto do arroz na economia de toda a região de Taihu não era visto apenas de forma sutil, mas também era um fator decisivo no desenvolvimento de toda a economia social. Nos tempos antigos, em qualquer país ou região, o número de pessoas que deixavam a agricultura era determinado pela quantidade de grãos e outros alimentos que a agricultura podia fornecer naquele país ou região. Assim, a prosperidade da região de Taihu após a dinastia Tang estava ligada ao desenvolvimento de alimentos na região, principalmente o arroz."[522] É lamentável que o livro não siga essa linha de raciocínio, mas que, em vez disso, seja escrito de forma a facilitar a redação sobre a operação da história agrícola da região de Taihu, dividindo-a em seções paralelas sobre conservação da água, arroz, culturas comerciais, sericultura, chá, árvores frutíferas, hortaliças, flores, jardins, pecuária, pesca, municípios e outros aspectos, tornando impossível escapar da maldição da planicidade.

Embora a economia de Jiangnan tenha se desenvolvido consideravelmente durante as dinastias Ming e Qing em muitos campos, incluindo artesanato, comércio e finanças, e em alguns campos tenha havido até mesmo um "broto de capitalismo", não há dúvida de que o cultivo de arroz continuou sendo o núcleo da atividade econômica da região. Essa ati-

---

[522] Departamento do Grupo de Pesquisa sobre a História da Região Taihu, *Escritório de Pesquisa de Herança Agrícola da China*, ed., *Uma História Agrícola da Região Taihu* (Pequim: Editora de Agricultura da China, 1990), p. 4.

vidade central evoluiu em um período de quase dez mil anos, desde o início da agricultura, mas as mudanças não foram muito drásticas durante todo esse tempo. Desde os vestígios agrícolas de dez mil anos e os dados encontrados nos *Registros do Grande Historiador* e no *Livro de Han*, até a dieta diária do morador médio de Jiangnan hoje, é evidente que o arroz tem sido o fio condutor da vida de centenas de milhões de pessoas nas últimas dezenas de milhões de anos. No entanto, por ser tão comum e tão familiar, raramente é notado. Na verdade, como a sociedade antiga era baseada na agricultura, o cultivo de alimentos era uma questão central. Em Jiangnan, isso significava o cultivo de arroz.

Não é preciso dizer que, como representante do artesanato e do comércio no período Ming-Qing, a indústria do algodão (principalmente têxtil) desempenhou um papel importante na vida econômica da região. Mesmo assim, a indústria do algodão usava principalmente o tempo e a mão de obra que não eram necessários para a produção de arroz, engajando-se na produção em "tear mecânico", e era geralmente considerada como "trabalho de mulher"[523] na mente das pessoas, embora fosse de certa forma "poderosa".[524] Os altos lucros obtidos com a fiação do algodão promoveram o desenvolvimento do cultivo do algodão e, em algumas áreas de Jiangnan que tinham um terreno relativamente alto, acontecia até mesmo que "o algodão competia com o arroz pela terra", de modo que parte da terra arável era usada para fazer rotação entre as culturas de algodão e arroz. No entanto, em toda a região, o algodão não substituiu o arroz como o núcleo da economia de Jiangnan. A competição entre amoras e arroz, ou entre algodão e grãos, pela terra era apenas um fenômeno local que não alcançou o mesmo nível de influência que a criação de ovelhas teve no Ocidente.[525]

O cultivo de arroz sempre foi o principal pilar da economia de Jiangnan, e grande parte da população de Jiangnan ainda vivia do cultivo de arroz durante as dinastias Ming e Qing, assim como a população da região ainda dependia principalmente da produção de arroz como alimento básico em sua dieta diária. Apesar de vários fatores, como a necessidade de importar alimentos das regiões vizinhas e até mesmo do Sudeste Asiático nos anos em que havia circunstâncias especiais (como a fome), o papel cada vez mais importante dos têxteis na economia de Jiangnan e

---

523 [Dinastia Ming] Xu Guangqi, *Compêndio sobre Agricultura*, ed. Shi Shenghan, vol. 35, "Sericicultura" (Taipei: Livraria Mingwen, 1981), p. 969.

524 *Crônica do Condado de Huating*, vol. 23, "Registros Diversos."

525 Zeng Xiongsheng, "Estudos Comparativos das Dinastias Ming e Qing: Competição por Terra Entre Amoreiras e Arroz e Algodão e Grãos em Comparação com a Enclosure Ocidental," *História Agrícola da China*, nº 4 (1994).

a introdução de novas culturas de alto rendimento, como a batata-doce, por Xu Guangqi e outros, a base ou as normas da economia de Jiangnan ainda dependiam da produção de arroz. O arroz era a força vital do povo de Jiangnan durante as dinastias Ming e Qing, portanto, quando houve uma inundação, Xu Guangqi publicou Legacyin the Countryside, no qual se concentrou na recuperação e reconstrução da produção de arroz após as inundações, mas não mencionou o algodão ou outras culturas. Isso sugere que Xu dava maior importância ao arroz, o que reflete com precisão a situação em Jiangnan naquela época.

Pelo texto de *Legado no Campo*, fica evidente que a economia de Jiangnan ainda era muito frágil nas dinastias Ming e Qing, e a produção de um mu de terra era suficiente apenas para alimentar uma pessoa por um ano. As pessoas eram bastante limitadas em sua capacidade de superar desastres naturais e, quando havia uma seca, ela geralmente levava à fome. Entretanto, com milhares de anos de prática, a região de Jiangnan acumulou uma vasta experiência em lidar com desastres naturais. De fato, a prevalência do arroz tardio provavelmente estava relacionada ao clima único da estação das monções, representando os esforços da região para evitar a estação das chuvas. A diversidade das variedades de arroz, especialmente a existência de variedades de gestação curta, e o uso do transplante também foram respostas às demandas do cultivo de arroz nesse ambiente natural, e o desenvolvimento da economia comercial na região de Jiangnan proporcionou amplas oportunidades para a implementação dessas tecnologias. Na dinastia Song, se não antes, o mercado de sementes na região já havia introduzido um certo grau de especialização. Naquela época, a área de Dongshan, especializada na produção de laranjas e tangerinas, comprava mudas "a um preço equivalente a um pequeno barco de Suzhou, Huzhou e Xiushui, e as de Huzhou eram as melhores".[526] Essa tendência de especialização e comercialização ficou evidente em sua produção de arroz, dando a Jiangnan a opção de comprar sementes para replantio após as enchentes. A combinação de meios econômicos e técnicos para lidar com a frequência cada vez maior de desastres naturais e fortalecer a resistência da agricultura aos desastres foi a direção do desenvolvimento da agricultura chinesa durante as dinastias Ming e Qing.

---

526 [Dynastia Song do Norte] Chen Shunyu, "Uma Longa Canção das Laranjas nas Montanhas", em *Poesia Completa da Dinastia Song*, ed. Instituto de Literatura Antiga, Universidade de Pequim, bk. 8, vol. 404 (Pequim: Editora da Universidade de Pequim, 1992), p. 4974; Zeng Xiongsheng, "Poesia das Laranjas e História: Um Estudo da 'Uma Longa Canção das Laranjas nas Montanhas' de Chen Shunyu," *Estudos Jiuzhou*, Edição de Verão, 2011, pp. 146–164.

UM ESTUDO PRELIMINAR DO *TRATADO AGRÍCOLA DE ZENG* NO *TRATADO AGRÍCOLA DE WANG ZHEN*[527]

1. Uma visão geral do Registro de Mudas de arroz, do Registro de Equipamentos Agrícolas e do *Tratado Agrícola de Wang Zhen*

No primeiro ano do reinado de Shaosheng na dinastia Song do Norte (1094), aos 59 anos de idade, Su Dongpo foi transferido e iniciou sua jornada de Nankangjun (atual Xingzi, Jiangxi), durante a qual passou ao pé de Lushan, por Hukou, subiu o Ganjiang e passou por Luling (atual Ji'an, Jiangxi) para chegar a Qianzhou (atual Ganzhou, Jiangxi) no 21º dia do oitavo mês. Taihe ficava entre Luling e Qianzhou e estava sob a jurisdição de Luling. Enquanto estava em Taihe, Su Dongpo conheceu Zeng Anzhi.

Zeng Anzhi,[528] também conhecido como Yizhong ou Tulongweng, era natural de Taihe, Jiangxi. No quinto ano do reinado de Xining (1072), aos 25 anos de idade, ele foi aprovado nos exames imperiais e, mais uma vez, foi aprovado na segunda série de exames quando tinha 28 anos, no nono ano do reinado de Xining. Depois de entrar para o serviço público, foi transferido para Hongzhou, Fengcheng, para servir como Zhubu e, mais tarde, serviu como magistrado do condado de Pengze, Jiangzhou. Cheng Qi o menciona no prefácio de *Registros de Mudas de Arroz*, dizendo: "No ano cíclico Xinyou de Yuanfeng, quando fiz o exame Jinshi pela primeira vez em Poyang, Zeng Anzhi, de Taihe, foi o examinador". A partir disso, fica evidente que Zeng Anzhi era o magistrado do condado de Pengze por volta do quarto ano do reinado de Yuanfeng (1081). Em 1090, seu pai, Zeng

---

527 Este artigo foi originalmente publicado em *Agricultura Antiga e Moderna*, nº 1 (2004): 63-76.

528 Zeng Anzhi, também conhecido como Zeng Anzheng, é mencionado nas *Obras Completas de Zhou Wenzhong* de Zhou Bida no Volume 50, intitulado "Sobre a Canção de Dongpo do Yangma", no Volume 52, intitulado "Prefácio das Obras Completas de Zeng Anzhi", e no Volume 54, intitulado "Inscrições sobre as Ferramentas de Agricultura de Zeng", sendo que todos esses volumes observam que o texto *Registro das Mudas de Arroz* foi escrito por Zeng Anzhi sob o pseudônimo Yizhong. Os livros da *Biblioteca Completa das Quatro Ramificações da Literatura* foram alterados para indicar "Compilado por Zeng Anzhi, Yizhong".

Su, morreu. Mais tarde, Zeng Anzhi "se aposentou devido a uma doença ocular", com cerca de quarenta anos de idade. Isso ocorreu antes do primeiro ano do reinado de Shaosheng. Cheng Qisays em seu prefácio, "E Shaosheng... [era um lugar] pelo qual passei pela primeira vez perto de Louchuan na primavera do ano Dingchou (1097). Isso foi na época em que Zeng Anzhi perdeu a visão e se aposentou em Taihe". Depois de desistir de sua posição oficial, Zeng foi nomeado Xuandelang. Quando se aposentou, continuou a pesquisar e a escrever, escrevendo *Registro de Mudas de Arroz* com base em sua "pesquisa incansável" e "investigação minuciosa de suas raízes".[529]

Zeng Anzhi publicou *Registro de Mudas de Arroz* depois de conhecer Su Dongpo. É certo que o texto foi publicado antes do primeiro ano de Shaosheng. Depois de ler *Registro de Mudas de Arroz*, Su escreveu em *Canção do Yangma* (e seu prefácio): "Passando por Luling, conheci o Xuandelang, Zeng Anzhi, autor de *Registro de Mudas de Arroz*. O texto é gentil e elegante, e as informações são muito detalhadas".

No entanto, Su Dongpo também foi claro sobre as deficiências do texto, observando: "Infelizmente, ele tem algumas deficiências, especialmente a ausência de equipamentos agrícolas". Naquela época, Zeng Anzhi já havia perdido a visão, por isso não pôde revisar o texto para resolver esse problema. Foi somente cem anos depois que Zeng Zhijin conseguiu realizar seu sonho e executar a tarefa em seu nome, de modo que a lacuna foi finalmente preenchida pelas gerações posteriores às quais o texto foi transmitido.

Zeng Zhijin, sobrinho-neto de Zeng Anzhi, era magistrado de Leiyang quando escreveu o *Registro de Equipamentos Agrícolas*. Leiyang estava localizada na província de Hunan, uma região onde o cultivo de arroz era relativamente bem desenvolvido. Muito tempo antes, os produtores de arroz de lá haviam dominado a técnica de usar a água das fontes termais no cultivo de arroz e introduziram com sucesso uma colheita tripla no período de um ano.[530] Depois de concluir o *Registro de Equipamentos Agrícolas*, Zeng Zhijin pediu a seu colega aldeão Zhou Bida (1126-1204) que escrevesse uma inscrição para o livro, que foi concluída no oitavo mês do

---

[529] Cao Shuji, "Um Estudo sobre o *Registro das Mudas de Arroz* e seu Autor," *História Agrícola da China*, nº 3 (1984): 84–91; Cao Shuji, "*Registro das Mudas de Arroz* Anotado," *História Agrícola da China*, nº 3 (1985): 74–84.

[530] *Clássico da Água*, Volume 39, registra: "Há água na fonte termal no noroeste do Condado de Chen, e há dezenas de mu de campos ao redor, que são irrigados com suas águas. O plantio é tipicamente feito no décimo segundo mês, e até o terceiro mês do ano seguinte, o grão está maduro. Usar a água morna para irrigação durante o ano todo possibilita a colheita de três safras para a eira. O restante da corrente se dispersa e flui para Leiyang."

ano cíclico de Xinyou (1201), confirmando que o texto foi escrito antes de 1201.[531] Lu You também descreveu o texto em um de seus poemas.[532]

O fato de Su Dongpo, Lu You, Zhou Bida e outras personalidades culturais da época terem apreciado o *Registro de Mudas de Arroz* e o *Registro de Equipamentos Agrícolas* indica que os dois textos foram obras relativamente influentes sobre agricultura durante a dinastia Song. No entanto, apesar dessa influência, o texto se perdeu nos anos posteriores e Wang Yuhu observa que "a partir da dinastia Ming, o livro nunca mais foi visto".[533] É uma perda lamentável. Os pesquisadores se esforçaram para encontrar o *Registro de Mudas de Arroz*, mas só encontraram alguns fragmentos do texto e, apesar de seus esforços, não encontraram nem mesmo fragmentos do *Registro de Equipamentos Agrícolas*. É muito intrigante que textos tão influentes tenham se perdido tão facilmente.

Antes de partes do *Registro de Mudas de Arroz* terem sido redescobertas, Wang Yuhu mencionou em sua explicação do texto que "o tratado agrícola da dinastia Yuan de Wang Zhen cita repetidamente o *Tratado Agrícola da Família Zeng*, que muito possivelmente é este livro. As petições citadas no *Tratado Agrícola da Família Wang* incluem uma parte do *Tratado Agrícola da Família Zeng*, cujo conteúdo é semelhante ao do *Tratado Agrícola de Chen Fu*. Se esse não for um caso em que o livro de Wang escreveu Chen como Zeng, parece sugerir que o tratado agrícola da família Chen foi o material de origem desse texto".[534] Na explicação do *Registro de Equipamentos Agrícolas*, é mencionado que "o catálogo de equipamentos agrícolas de Wang Zhen é citado no prefácio do texto de Zeng, provavelmente uma referência a esse livro".[535] Assim, é necessário discutir "o tratado agrícola da família Zeng" no contexto do *Tratado Agrícola de Wang Zhen*. Antes disso, é preciso fazer um breve relato do *Tratado Agrícola de Wang Zhen*.

Wang Zhen era natural do condado de Dongping, na província de Shandong, nos séculos XIII e XIV. No primeiro ano do reinado de Yuanzhen do imperador Chengzong da dinastia Yuan (1295), Wang tornou-se magis-

---

531 [Dinastia Song do Sul] Zhou Bida, *Obras Completas de Zhou Wenzhong*, vol. 54, "Inscrição sobre os Equipamentos Agrícolas de Zeng."

532 [Dinastia Song do Sul] Lu You, *Manuscrito de Poesia Jiannan*, vol. 67, "Poemas sobre os Dois Livros de Zeng, Oficial de Leiyang: *Registro das Mudas de Arroz* e *Registro dos Equipamentos Agrícolas*."

533 Wang Yuhu, *Um Registro dos Estudos Agrícolas Chineses* (Pequim: Editora agrícola da China, 1964), p. 97.

534 Ibid., p. 77.

535 Ibid., p. 97.

trado do condado de Jingde, Xuanzhou (atualmente em Anhui) e, no quarto ano do reinado de Dade (1300), foi transferido para servir como magistrado do condado de Yongfeng, Xinzhou (atualmente Guangfeng, Jiangxi). Wang começou a escrever seu tratado agrícola entre 1295 e 1298, quando era magistrado do condado de Jingde. Quando assumiu seu cargo em Yongfeng, entre 1300 e 1304, ele já havia terminado o texto. O texto levou cerca de dez anos para ser concluído.[536]

O *Tratado Agrícola de Wang Zhen* é composto de três partes: "Conhecimento Geral de Agricultura e Sericultura", "Registro de 100 Grãos" e "Catálogo de Equipamentos Agrícolas". A primeira é que foi o primeiro exemplo de um texto que registrava técnicas agrícolas do norte e do sul em um único volume. Wang Zhen era natural de Shandong, mas atuou como magistrado no sul, portanto, tinha um certo grau de conhecimento das práticas agrícolas do norte e do sul. Isso se reflete na comparação de Wang das semelhanças e diferenças na produção agrícola das duas regiões. O segundo recurso importante é a inclusão do "Catálogo de equipamentos agrícolas". Essa seção do texto não apenas registra as várias ferramentas agrícolas usadas ao longo da história, mas também apresenta novas ferramentas que foram usadas pela primeira vez durante as dinastias Song e Yuan. Devido a essas duas características principais, os estudiosos chineses e estrangeiros consideram o *Tratado Agrícola de Wang Zheng* um dos "mais importantes e valiosos" (de acordo com Wang Yuhu) e "mais fascinantes" (de acordo com Amano Genosuke) dos textos agrícolas antigos da China. Naturalmente, ele atraiu muita atenção dos acadêmicos.

---

536 Dong Kaichen e Fan Chuyu, eds., História da Ciência e Tecnologia Chinesa, Volume de Agronomia (Pequim: Dong Kaichen e Fan Chuyu, eds., História da Ciência e Tecnologia Chinesa, Volume de Agronomia (Pequim: Editora da Ciência, 2000), pp. 458-460., 2000), pp. 458-460.

2. *Tratado Agrícola de Zeng* no *Tratado Agrícola de Wang Zhen*

Mesmo afirmando o valor do *Tratado Agrícola de Wang Zhen*, alguns estudiosos descobriram que as duas partes do texto, " Dicas Gerais sobre Agricultura e Sericicultura" e " Registro de 100 Grãos", eram "basicamente o material encontrado em vários livros de agricultura publicados anteriormente".[537] Um desses textos é o *Tratado da família Zeng*. No *Tratado Agrícola de Wang Zhen*, há duas referências ao *Tratado agrícola da família Zeng*, a primeira das quais é "Três Segredos da Agricultura e Sericultura - Sete Regras sobre Enxada". Ele diz:

> *Tratado Agrícola de Zeng - Erva Comum de Arroz diz:* 'Nos meses de meio do verão, é bom matar a grama, e o esterco pode ser derramado nos campos, e a área pode ser embelezada. A grama deve ser capinada e o solo deve ficar encharcado para que as raízes das mudas possam ser enterradas profundamente e compostadas por um longo tempo; então, quando a grama se enraizar e fertilizar o solo, o grão será abundante. Ao arar os campos de arroz, é importante primeiro avaliar a situação e reter a água de cima, não permitindo que ela escape; em seguida, a água deve ser distribuída na parte inferior do solo enquanto a terra é capinada. Esse método requer o uso do ancinho de capina. Consulte o Registro de equipamentos agrícolas para obter detalhes. Independentemente de haver ou não grama, a água deve ser distribuída manualmente para garantir que haja bastante água perto da raiz do arroz. As silvas serão espalhadas pelo solo e espalhadas pelo chão. Todas as famílias de agricultores empregam esse método. Há também a arruda de pé. Para isso, um bastão de madeira deve ser agarrado como uma muleta e, em seguida, usando um pouco de força e apoiando-se nele com as duas mãos, a ponta deve ser enfiada no solo para arrancar os restos de ervas daninhas do solo, e o cacho de mudas sob o solo é levantado com o torrão de terra preso a ele. Sua função é semelhante à do ancinho de capina e deve ser usada como tal quando for mais conveniente. Há outra ferramenta chamada capinadeira, conforme mencionado em Registro de equipamentos agrícolas. Ela é usada no lugar das mãos e dos pés e é muitas vezes mais eficaz, devendo, portanto, ser usada em todos os lugares. O Codex diz: "No cultivo de mudas, a enxada não é o mesmo

---

537 [Yuan Dynasty] Wang Zhen, *Tratado Agrícola de Wang Zhen*, ed. Wang Yuhu (Pequim: Editora de Agricultura da China, 1981), p. 2.

que a capina". Hoje, a capina é mais parecida com a enxada em uma escala menor. O livro Primavera e Outono, de Lü, diz: "O arroz é o primeiro a germinar, depois os primeiros grãos. É por isso que ele é capinado, para ajudar os primeiros a germinarem enquanto remove os últimos". E: "Aqueles que não estão familiarizados com as plantações fazem a capina para ajudar no crescimento dos primeiros germinados enquanto removem os últimos germinados, e não é o arroz que é colhido, mas a casca do arroz". Essa não é a maneira correta de capinar. Depois da enxada, um método de puxar é usado como acompanhamento da enxada. As ervas daninhas e o joio que estão misturados às plantações são então removidos e, após a enxada, os caules e as folhas crescem gradualmente até que possam ser distinguidos e arrancados, daí os termos haogu e haoma.[538] *Veja mais sobre esse assunto em Registro de equipamentos agrícolas.*[539]

Leis de Agricultura e Sericultura 6, "Ritos de Sacrifício de Primavera e Outono, Número 16" diz:

O Tratado Agrícola de Zeng observa que o Livro dos Ritos diz: "Existe a coisa, então existe um método para gerenciá-la". Isso sugere que há orações e recompensas na agricultura que servem como uma forma de gerenciamento. Há um ritual universal e, para a agricultura, há o ritual de she e ji. She é o ritual para a terra, e rezar para ela é rezar para Goulong, o Deus da Terra. Ji é o ritual para os grãos, e rezar para ele é rezar para Houji, o Deus dos Grãos. Esses dois deuses para os quais oramos supervisionam a agricultura. Um poema intitulado "Cultivando e Capinando" no Livro de Cânticos diz: "Na primavera, cultivamos o campo para orar por she e ji". O poema "Uma ferramenta de qualidade", também do Livro dos Cânticos, diz: "No outono, recebemos as recompensas pelo solo e pelos grãos". Essa é uma forma clássica de oração dos imperadores ancestrais. Além disso, "Os espíritos das colinas e dos riachos devem ser apresentados com sacrifícios em épocas de enchentes, secas e pestes. Os espíritos do sol, da lua e das estrelas devem ser apresentados com sacrifícios em épocas de geada, chuva e vento." Aqueles que aplicam essas leis às pessoas dizem que o trabalho determina o destino do país. Os imperadores ancestrais realizavam cerimônias, que eram registradas na forma de regula-

---

538 Nota do tradutor: ambos são instrumentos agrícolas.

539 [Dinastia Yuan] Wang Zhen, *Tratado Agrícola de Wang Zhen*, ed. Wang Yuhu (Pequim: Editora de Agricultura da China 1981), p. 2.

*mentos, de modo que essas cerimônias fossem realizadas em uma determinada época todos os anos. Todos esses rituais eram observados para orar por bênçãos para o povo. Os Ritos de Zhou, "Yuezhang", registram: "Quando o estado reza ao deus dos campos por uma colheita, os músicos tocam a binya e batem tambores de terra para o prazer do inspetor do campo". Erya diz: "O primeiro fazendeiro, Jun, rezou para os deuses Shennong e Houji, que são conhecidos como o pai e a mãe dos campos. Todos os deuses existem de uma forma que nos permite saber pelo que orar e qual recompensa receberemos." O poema Datian diz: "Nós removemos os vários insetos que comem o coração e as folhas de uma planta, para que eles não possam prejudicar as plantas jovens no campo. Que o espírito, o deus dos campos, se apodere deles e os coloque em um fogo ardente. As nuvens se formam em uma massa densa, e a chuva vem gradualmente. Que chova primeiro nos campos públicos e depois em nossos campos particulares". Essa é a linguagem das orações. O poema Futian diz: "Com meus vasos cheios de painço brilhante e meus carneiros puros para o abate, sacrificamos aos espíritos da terra e aos dos quatro quadrantes. O fato de meus campos estarem em tão boas condições traz alegria aos meus trabalhadores". Essa é a linguagem da recompensa. Portanto, "com alaúdes e tambores, invocaremos o deus dos campos e oraremos para que a chuva doce aumente a produção de painço e abençoe os homens e suas esposas". Com seu pedido de recompensas, essa parece ser novamente a linguagem das orações. O poema Yixi, que fala de orações aos deuses na primavera e no verão para a saúde das colheitas, pode ser o resultado do Dayu, a canção dos deuses. O poema "Bumper Harvest" (Colheita abundante), que fala sobre o recebimento de recompensas no outono e no inverno, é uma canção para o gosto popular. Ele diz: "Forneça bebidas alcoólicas e vinho doce para presentear nossos ancestrais, homens e mulheres, em todas as nossas cerimônias". Com Deus, há oração, mas não há recompensa, mas com os ancestrais, há recompensa, mas não há orações, por isso algumas pessoas suspeitam que há mais textos que não foram transmitidos.
Os Ritos de Zhou dizem: "Dazhu supervisiona seis orações, como os sacrifícios a fantasmas e deuses". O caractere shi tem o mesmo significado que o caractere zhi. Seis orações incluem os sacrifícios chamados lei, zao, rong, gong e shuo. E continua: "Xiaozhu supervisiona pequenos sacrifícios, preparando-se para as coisas e evitando infortúnios por meio de orações, sacrifícios e súplicas, orando por boa sorte, uma boa colheita, proteção contra chuva, vento e seca, prevenção de*

guerras e purificação de pecados". Todas essas questões de orações e recompensas eram usadas pelos imperadores ancestrais para bajular os deuses e trazer harmonia entre os seres humanos. Por esse motivo, os imperadores desfrutavam de boa sorte e sofriam calamidades com o povo. Então, como eles poderiam deixar de observar as cerimônias? De acordo com o Livro de Ritos, "A partir do antigo imperador Yiqishi, começamos uma cerimônia de reverência a diferentes deuses no 12º mês do calendário lunar com vários sacrifícios. O primeiro sacrifício era para o deus da agricultura (Shennong), depois para Houji e, em seguida, oferecíamos sacrifícios para o deus dos campos, o deus [pessoas e animais] do protetor do campo, especialmente o deus dos gatos e tigres. Também devemos orar pelos diques e canais do campo. As palavras são as seguintes: Solo, retorne ao seu lugar. Água, flua de volta para suas valas. Insetos, não venham por aqui. Plantas, cresçam apenas em seus pântanos"". A partir disso, fica evidente que o sacrifício é oferecido na ordem do deus da agricultura, do campo, da proteção de gatos e tigres e, em seguida, dos aterros e insetos, indicando que todos os rituais são celebrados, grandes ou pequenos. De acordo com Yueling, há "orações para o sol, a lua e as estrelas no próximo ano" e orações para grãos e trigo. Mas "Primavera e Outono" menciona desastres causados por insetos e animais e infortúnios causados pela chuva ou pelo sol, observando que, portanto, é importante que os suplicantes ofereçam sacrifícios pela chuva. Isso é registrado por todos os sábios. Quando os imperadores ancestrais estão preocupados com os problemas do povo, eles usam esse método. Segui-lo permitirá que a natureza e todas as coisas sigam seu caminho, evitando desastres e infortúnios. As pessoas podem então fazer o que quiserem e não haverá desastres. Dessa forma, quando os deuses ouvem, há sinais da ajuda dos deuses. As pessoas que depois se dedicam ao trabalho agrícola parecem não conseguir seguir esse método. Se pudéssemos fazer apenas uma ou duas dessas coisas, isso seria forçado e não nos sairíamos tão bem quanto os imperadores ancestrais. Os sacrifícios ao deus da agricultura usam apenas tranças, taças e vinho. Para os sacrifícios da primavera e do outono, os oficiais sacrificam apenas vinho temporariamente, mas essa não é uma boa abordagem. As enchentes e as secas continuam, os insetos permanecem, os famintos e os cidadãos estão no exílio. Tudo isso é causado pela falta de sacrifícios, pela falta de cerimônias e pela consequente falta de bênçãos. Como prova, ofereço este exemplo da agricultura. Todos, desde o filho do céu [ou seja, o imperador] até os funcionários do con-

dado e as pessoas comuns, precisam orar ao deus de she e ji. No país, isso é chamado de she maior, she nacional, she do reino e she da nobreza. Entre os oficiais, é chamado de she oficial ou ji oficial, e entre o povo, é chamado de she cidadão. Os sacrifícios foram oferecidos por cada dinastia desde os Han. Embora tivessem formas ligeiramente diferentes em cada nova dinastia, todas ofereciam sacrifícios e orações na primavera e no outono, nunca abandonando esse ritual específico. Da mesma forma, os criadores de bicho-da-seda sempre observavam vários rituais para expressar gratidão. Com relação à rainha que rezava na cerimônia de Xiancan, a Miscelânea de Escritos da Dinastia Han Ocidental diz: "A cortesã Yuan do Imperador Amarelo iniciou a primeira cerimônia de sacrifícios, por isso é chamada de Xiancan". De acordo com o Han posterior, "Anais da cerimônia e da propriedade", "ao rezar para Wanyufuren e Yushigongzhu[540] entre os plebeus, até mesmo as mulheres também ofereciam sacrifícios e orações". De acordo com o livro de QinGuan, "Entre as pessoas comuns, todos, desde a esposa do primeiro filho até o número mais baixo da família, devem oferecer orações e sacrifícios pela manhã e trazer oferendas para o sacrifício". Embora a imperatriz e os plebeus tivessem status diferente e um sistema de etiqueta diferente, sua disposição de oferecer sacrifícios era a mesma. Nos tempos antigos, havia um ritual para criar cavalos. Na primavera, as orações eram feitas para Mazu e, no verão, para Xianmu. No outono, as orações eram oferecidas para Mashe e, no inverno, para Mabu.[541] O tempo desses rituais tinha de ser preciso. Para os bois, que são mais essenciais para a agricultura, há menos sacrifícios rituais. No sacrifício de fim de ano, gatos e tigres eram valorizados para os rituais, mas um boi não seria mais adequado? Nossos ancestrais não tinham bois, portanto, há uma lacuna nessa tradição. Foi somente no período da primavera e do outono que os bois foram usados para trabalhar nos campos, despendendo tanto esforço para abrir o solo e permitir que os grãos fossem abundantes e úmidos. Embora se tenha pensado em santificá-los, não há prática real para isso. Nos últimos anos, o gado contraiu doenças e uma epidemia se espalhou entre eles, causando muitos danos, e é por isso que as pessoas oram para remover os danos e trazer boa sorte. Pode ser errado lutar contra desastres e orar por boa sorte, na esperança de recuperar parte de nossa força? É por

---

540 Nota do tradutor: dois deuses da sericultura.

541 Nota do tradutor: Mazu, Xianmu, Mashe e Mabu são deuses relacionados à criação de cavalos.

essa razão que, neste ensaio, a discussão sobre o sacrifício de cavalos é seguida por uma consideração sobre os sacrifícios de bois. Esse é o princípio da agricultura.[542]

Em minha opinião, esses dois parágrafos do *Tratado Agrícola de Zeng* têm grande semelhança com "Cultivo" e "Orações e Recompensas" do *Tratado Agrícola de Chen Fu*, especialmente "Orações e Recompensas". É por essa razão que Wang Yuhu supõe que, se o tratado de Wang não tiver, de fato, escrito erroneamente Zeng no lugar de Chen, então o tratado da família Chen copiou o *Tratado Agrícola de Zeng* em alguns lugares.[543]

Juntamente com a menção do "tratado agrícola da família Zeng" no *Tratado Agrícola de Wang Zhen*, encontramos várias menções a outros tratados agrícolas em Agricultura e Sericultura, Volume I, "Calendário Oficial, Parte 1", que diz:

O Tratado de Agricultura, "Clima Adequado", diz que tudo gera qi de acordo com o momento apropriado, e o qi gera sua natureza. Quando chega a hora certa, o qi chega e o ciclo de todas as coisas muda. Atualmente, as pessoas ainda veem o primeiro mês como o início da primavera e o quarto como o início do verão. Sem saber se o yin e o yang vão desaparecer ou aumentar, nem se o clima vai melhorar ou piorar, elas fazem as coisas de forma aleatória. Se uma delas for bem-sucedida, será por pura sorte.

Concluo que essa passagem, juntamente com o artigo no *Catálogo de Equipamentos Agrícolas*, Volume 1, "Sistema de Campo", intitulado "Catálogo de Clima Adequado", pode ser visto, tanto pelo título quanto pelo conteúdo, como correspondendo ao *Tratado Agrícola de Chen Fu*, Volume 1, "Terreno Adequado, Parte 2". Não há dúvida de que essa é a fonte original do material.

Agricultura e Sericultura, Volume 1, "Terreno Adequado, Parte 2" escreve:

O livro de agricultura diz: "Os grãos são classificados de acordo com o vento e o solo".[544]

---

542 [Dinastia Yuan] Wang Zhen, *Tratado Agrícola de Wang Zhen*, ed. Wang Yuhu (Pequim: Editora de Agricultura da China, 1981), pp. 71–73.

543 Ibid., p. 77.

544 Ibid., p. 13.

Depois de examinar essa linha, Wang Yuhu expressou dúvidas de que ela tenha sido citada do *Tratado Agrícola de Zeng* (especificamente o texto da Dinastia Song do Norte de Zeng Anzhi, *Registro de Mudas de Arroz*), porque esse texto estava faltando, mas está claro que as mesmas obras são encontradas nas duas primeiras frases do Volume 2 do *Resumo Editado de Agricultura e Sericultura*, "Discurso sobre o Vento e o Solo de Nove Grãos, Tempos de Plantio". Entretanto, duvido da origem exata do material citado por Wang.[545] Ele escreve:

> *A interpretação de Miao Qiyu é que o "livro agrícola" parece ser o Resumo Editado de Agricultura e Sericicultura.*

Minha conclusão é que há algumas citações no *Tratado Agrícola de Wang Zhen* do *Resumo Editado de Agricultura e Sericicultura*, mas não há indícios de que Wang se refira a esse texto como "o tratado/livro de agricultura", e nenhuma dessas citações pode ser encontrada no *Tratado Agrícola de Chen Fu* existente. Portanto, "o tratado agrícola" a que Wang se refere é outro livro de agricultura, provavelmente o *Tratado Agrícola de Zeng*.

Outra evidência vem do Volume 2 de *Agricultura e Sericultura*, intitulado "Cultivo de Terras, Parte 4". Diz o seguinte:

> *O Tratado de Agricultura diz: "Colha bem as safras dos primeiros campos e, em seguida, arado adequadamente, expondo a terra ao sol e adicionando adubo e impedindo que o solo cultive soja, grãos ou vegetais, de modo a recuperar e fertilizar o solo, o que poupará esforços e renderá dividendos no ano seguinte. Tanto a colheita quanto a economia serão beneficiadas. Para campos tardios, é melhor esperar até a primavera para cultivar, porque os caules das culturas permanecem duros e só podem ser cultivados com bois depois de desgastados.*

Posteriormente, ele afirma:

> *O Tratado Agrícola diz: "De acordo com as regras de distribuição de campos nos tempos antigos, marido e mulher juntos podem semear cem mu. A terra é classificada como Buyi, Yiyi e Zaiyi.[546] O campo Buyi tem cem mu e pode ser cultivado todo ano. A terra de Yiyi tem duzentos mu e pode ser cultivada a cada meio ano. A terra de Zaiyi*

---

545 Ibid., p. 11.

546 Nota do tradutor: Buyi refere-se à terra que pode ser cultivada todos os anos, Yiyi, a cada dois anos, Zaiyi, a cada três anos.

tem trezentos mu, dos quais cem podem ser cultivados todos os anos, o que significa que são necessários três anos para cultivar toda a área. As regras dos antigos imperadores eram de que a terra não deveria ser destruída por ser pobre, e o cultivo nela não deveria ser desencorajado porque sua atmosfera é fraca. Isso serve para gerenciar bem a terra e sua capacidade, de modo que a colheita anual possa ser mantida por meio da agricultura intensiva e possa ser facilmente arada. Os agricultores atuais são menos capazes do que os anteriores. Se eles medirem sua aptidão de acordo com a propriedade e a capacidade, obterão uma colheita abundante, tendo alegria na agricultura e na vida, sem correr o risco de uma colheita ruim devido a um comportamento imprudente.

Minha opinião é que essas duas passagens são semelhantes aos capítulos "Sobre Propriedade e Riqueza" e "Sobre Agricultura e Arado" do Tratado Agrícola de Chen Fu, e outros estudiosos não têm dúvidas quanto a isso. No entanto, a menção de campos iniciais e tardios sugere que havia duas colheitas naquela época, o que é idêntico às páginas perdidas do *Registro de Mudas de Arroz*, que diz: "Aqueles que falam de nuvens de grãos estão, na verdade, falando da época em que eles estão crescendo. Isso significa que, nos costumes de Xichang, as pessoas classificavam os grãos colhidos durante o Início da Primavera, Grãos na Orelha, Calor Maior e Calor Menor como grãos precoces, enquanto os colhidos em Qingming, Orvalho Frio e Descida da Geada eram grãos tardios". E acrescenta: "Atualmente, em Jiangnan, as primeiras colheitas são feitas no primeiro e no segundo mês, mas no mês bissexto, a primavera chega tarde. Os grãos tardios são então plantados no terceiro mês, mas os plantados no terceiro mês não são considerados grãos precoces. Se considerarmos as plantações que crescem no quarto e no quinto mês como grãos tardios, não há plantações desse tipo em Jiangnan atualmente." O Registro de Mudas de Arroz existente classificava as plantações como precoces e tardias, mas geralmente se afirma que isso não era popular na área de Taihu durante a época de Chen Fu e, de fato, não ganhou popularidade até a dinastia Qing. Durante a dinastia Qing, "o início das colheitas precoces no sudeste da China"[547] não aconteceu até que Kangxi ordenou o cultivo de lavouras em Jiangsu e Zhejiang. A partir disso, fica evidente que o Tratado Agrícola mencionado nos escritos de Wang poderia ser o *Tratado Agrícola de Zeng*.

---

547 [Dinastia Qing] Li Yanzhang, Urgindo o Arado dos Campos de Arroz em Jiangnan, "Urgindo o Plantio do Arroz Precoce em Nossa Era."

Outra evidência é encontrada em Agricultura e Sericultura, Volume 2, "Semeando, Parte 6", que diz

O Tratado Agrícola afirma que os métodos de agricultura e cultivo afetam a sociedade de várias maneiras. Se pudermos planejar o tempo adequadamente sem cometer erros em relação às etapas, o método pode ser autossustentável e produzir muitos grãos. Cada etapa beneficiará a outra, e a semeadura e a colheita serão sustentáveis. Então, por que temos de nos preocupar com uma colheita insuficiente ou com a pobreza entre as pessoas? Podemos plantar linho no primeiro mês e milho no segundo. Há dois tipos de linho, o precoce e o tardio. O linho temporão é plantado no terceiro mês, seguido pelo quinto. Após a sétima noite do sétimo mês, plante repolho, cenoura e mostarda, e plante grãos antes do festival da colheita no oitavo mês, que podem ser colhidos após os dois festivais seguintes com um alto rendimento de grãos de alta qualidade.

Concordo que essa passagem é a mesma encontrada no *Tratado Agrícola de Chen Fu*, "Sugestões para Seis Plantações", e que o texto de Chen é a fonte. No entanto, também encontramos uma passagem semelhante no *Tratado Agrícola de Zeng*.

Outras evidências são encontradas na seguinte passagem de *Agricultura e Sericicultura*, Volume 3, "Fertilizante e Solo", Parte 8

O registrador de rituais diz: "O mês do meio do verão é propício para capinar, fertilizar o solo e embelezar as bordas da terra. Os fazendeiros de hoje não entendem isso e, por isso, espalham as ervas daninhas arbitrariamente. Eles não sabem que o solo encharcado se mistura com as ervas daninhas, que ficam enterradas sob as raízes das plantações. As ervas daninhas apodrecem e fertilizam o solo com o passar do tempo. Dessa forma, o potencial da terra pode ser mantido, permitindo que pisemos nos mesmos campos todos os anos, especialmente no terceiro mês, quando as ervas daninhas em Jiangnan crescem. O Tratado de Agricultura diz que o manejo adequado dos campos é um pré-requisito para o cultivo. Para armazenar as raízes e folhas podres, juntamente com a madeira seca e os galhos descartados, todos devem ser empilhados e queimados para aquecer e secar o solo. Quando chegar o início da primavera, continue a arar e cultivar o solo até que ele se torne fértil. O linho e a palha restantes podem ser queimados para fertilizar o solo. É melhor plantar depois que a palha tiver apodrecido. Fertilize e regue o solo até que ele atinja seu estado ideal e, em seguida, pise o fertilizante e o solo juntos e nivele o solo nos campos antes de semear."

Quero ressaltar que nessa passagem, após as palavras "O Tratado Agrícola diz", é basicamente o mesmo que o Tratado Agrícola de Chen Fu, "Raízes e brotos". No entanto, vemos uma passagem semelhante no Catálogo de Equipamentos Agrícolas, Volume 6, "Gradeamento" e "Queima de campo". Ela diz:

O Tratado Agrícola, "Plantio e cultivo" diz: "Regue e fertilize o solo até que ele atinja seu estado ideal, depois pise o fertilizante e o solo juntos e nivele o solo nos campos antes de semear".

O Tratado Agrícola mencionado aqui poderia ser o *Tratado Agrícola de Chen Fu*, mas os capítulos são diferentes, sendo um intitulado "Plantio e cultivo" e o outro, "Raízes e brotos". A passagem anterior, "O Tratado Agrícola diz", é a mesma do *Tratado Agrícola de Chen Fu*, "Semeando e arando", embora a fonte não seja mencionada. Está claro que o mesmo conteúdo é encontrado no *Tratado Agrícola de Wang Zhen*, "Arruda de arroz comum", e no *Tratado Agrícola de Zeng*, "Regras para o uso da enxada", mas com um título de seção diferente. Por esse motivo, duvido que o discurso do Tratado Agrícola seja do *Tratado Agrícola de Chen Fu*. É mais provável que tenha sido extraído do *Tratado Agrícola de Zeng*.

Evidências adicionais são encontradas em "Fertilizante e Solo, parte 8" em Agricultura e Sericultura, Volume 3:

O Tratado Agrícola, "Fertilizante e Solo", diz que o solo é diferente em sua natureza e deve ser gerenciado de forma diferente porque é classificado de forma diferente de acordo com sua fertilidade, fraqueza, beleza e feiura. É claro que acredito que a terra com solo escuro é mais bonita. Suas sementes crescem fortes, mas sem alta produtividade, pois a fertilidade excessiva não foi tratada quando o solo não era cultivado. Acredita-se que o solo fraco seja ruim, mas as sementes crescem saudáveis nele e a colheita é rica, se o solo for fertilizado. Assim, a semeadura e o plantio podem ser feitos de acordo com métodos apropriados para cada tipo diferente de solo. Os "pesticidas de solo" de que os agricultores falam atualmente implicam, na verdade, o uso de pesticidas, não de fertilizantes.

Concluí que essa passagem é essencialmente a mesma que a intitulada "Sugestões para fertilizantes e campos" no Tratado Agrícola de Chen Fu, e é o discurso mais notável, apresentado como as observações mais perspicazes de Chen. Entretanto, Wang Zhen não cita o título "Sugestões para fertilizantes e campos", mas "Fertilizantes e solo". Isso levanta a questão de onde Wang realmente encontrou essas informações.

Para mais evidências, Agricultura e Sericultura, Volume 3, "Irrigação, Parte 9" diz:

> *O Tratado Agrícola observa que as pessoas do sul são especialmente hábeis no uso da água, de modo que os governos locais constroem encostas e reservatórios em toda parte. As pessoas constroem inúmeros canais e cursos d'água, os maiores dos quais podem irrigar centenas de mu, enquanto os menores irrigam dezenas de mu. Em preparação para possíveis secas na área onde há drenos e encostas, foram construídas comportas de água que permanecem prontas para controlar o fluxo de água. Se os reservatórios ficarem sobrecarregados, as bacias de retenção estão prontas para serem descarregadas. Se os campos estiverem situados acima da água, o maquinário é usado para irrigação, incluindo rodas d'água, rodas de tambor e funis. A irrigação por cima ou na planície é o método mais comum, seguido pelo uso da roda d'água e, depois, pelo uso de vários tipos de carrinhos para transportar a água. Os grãos secos nos campos em terras altas precisam de apenas cinco ou seis meses de crescimento antes de poderem ser colhidos. Ocasionalmente, haverá uma seca, mas a colheita pode ser mantida se a irrigação for aumentada em quatro ou cinco vezes.*[548]

Acredito que essa passagem não pode ser encontrada em nenhuma versão existente do *Tratado Agrícola de Chen Fu*, nem em nenhum outro texto antigo. Wang Yuhu questiona se ela poderia vir do *Tratado Agrícola de Zeng*. Concordo que essa suposição é possível, o que poderia fornecer mais evidências de que o *Tratado Agrícola a que Wang* se refere não é de fato o *Tratado Agrícola de Chen Fu*.

Outras evidências são encontradas nos capítulos intitulados "Construindo campos" e "Expandindo campos" em *Agricultura e Sericultura*, Volume 1, onde lemos:

---

[548] [Dinastia Yuan] Wang Zhen, *Tratado Agrícola de Wang Zhen*, ed. Wang Yuhu (Pequim: Editora de Agricultura da China 1981), p. 41.

> *O Tratado Agrícola afirma que os campos de nabos surgem em pântanos de águas profundas. Amarrar madeira em pilhas e colocá-las nos campos permite que elas flutuem. Os nabos amassados são colocados nessas balsas e semeados. A madeira mantém as mudas no topo do campo, flutuando na água sem o risco de ficarem submersas.*

Concluo que o texto dessa passagem é o mesmo do capítulo intitulado "Sugestões sobre o terreno" do *Tratado Agrícola de Chen Fu*. Entretanto, apenas o título do livro é mencionado, enquanto o título do capítulo não é.

Evidências adicionais podem ser encontradas nos capítulos intitulados "Enxugamento" e " Bordas de corte" em *Agricultura e Sericultura*, Volume 3, que diz

> *O Tratado Agrícola afirma que o cultivo sem arar é chamado de "semeadura com broca".*

A conclusão a que se chega aqui é que apenas o título do livro é mencionado, mas o conteúdo não pode ser encontrado em nenhum outro livro agrícola.

Encontramos a seguinte passagem nos capítulos intitulados "Arrebatamento e ancinho" e " Limpeza do campo" em *Agricultura e Sericultura*, Volume 6:

> *O Tratado Agrícola, "Semeando e semeando" sugere fertilizar e regar o solo até que ele atinja seu estado ideal e, em seguida, pisar no fertilizante e no solo juntos, nivelando o solo no campo antes de semeá-lo.*

Minha conclusão é que essa passagem é idêntica ao capítulo intitulado "Sugestões sobre raízes e sementes" no *Tratado Agrícola de Chen Fu*, mas a fonte é dada como um capítulo intitulado "Semeadura e semeadura". Isso é consistente com os capítulos do *Tratado Agrícola de Zeng*, citados por Wang.

Evidências adicionais são encontradas nos capítulos intitulados "Transporte" e "Cabanas de campo" em *Agricultura e Sericultura*, Volume 12. Ele diz:

> *O Tratado Agrícola diz que, de acordo com as regras antigas, metade de cinco mu da terra deve ser construída dentro da mansão. O Livro de Cânticos diz: "Entramos na terra perto da casa". A outra metade dos cinco mu deve ser de campos. O Livro de Cânticos diz: "Há uma cabana cercada por campos". Isso é correto, conforme regulamentado pelas regras antigas.*

Minha conclusão é que essa passagem é muito semelhante ao capítulo "Sugestões sobre moradia e habitação" no *Tratado Agrícola de Chen Fu*, embora o título do capítulo não seja mencionado.

Como evidência adicional, o capítulo em Agricultura e Sericultura, Volume 16, intitulado "Fogo e Armazenamento", diz:

O Tratado Agrícola menciona que os bichos-da-seda são sensíveis ao fogo, portanto devem ser mantidos com fogo. O fogo deve ser aceso em um fogão separado, o que facilita o manejo. O fogo deve ser mantido do lado de fora e coberto com cinzas de palha queimada.

Conclui-se que essa passagem é semelhante ao capítulo do *Tratado Agrícola de Chen Fu* intitulado "Colhendo folhas de amoreira com fogo", embora o título do capítulo não seja mencionado.

O capítulo intitulado "Enxadas e Tambores" em *Agricultura e Sericultura*, Volume 4, menciona "o prefácio das enxadas e tambores de Zeng". A passagem diz o seguinte:

O "Prefácio das enxadas e tambores" de Zeng diz: "Tenho visto tambores no campo de capina desde que fui para Sichuan. Os bateristas se reuniam primeiro e, em seguida, tocavam sua música para evitar que ruídos de riso atrapalhassem o trabalho agrícola. A batida dos tambores era rápida, heroica e retumbante. Tinha ritmo e velocidade, mas não tinha melodia. O som continuava do amanhecer ao anoitecer. De fato, os agricultores têm uma vida difícil, mas os homens ricos nunca entenderão as dificuldades da agricultura. É por isso que criei a Canção da Enxada e do Tambor para contar a eles:

"O vento quente queima meus músculos, e minhas gotas de suor caem como chuva. O sol vermelho brilha, fervendo a água. As sementes que crescem densamente são como bebês. Os agricultores alimentam seus filhos e filhas durante anos. As sementes e raízes se escondem profundamente no solo, crescendo tão rapidamente quanto um tiro de besta, assim que são regadas. O velho fazendeiro caminha por seus campos mesmo no calor do meio-dia, preocupado com a possibilidade de o sol queimar suas plantações, enquanto sua esposa alimenta seus filhos com frango e arroz. Sua esposa pede que ele não seja imprudente, mas ele gosta de rir e conversar, apesar da situação de seus negócios. Ele toca o tambor, que é feito de uma árvore de paulownia há muito tempo trabalhada. O tambor bate rapidamente, um som heroico, sem nenhuma melodia. Heplays até que seus braços e costas fiquem doloridos. Ele corre do pico leste pela manhã e chega aos campos do sul ao anoitecer. O cavalheiro rico no salão extravagante toca

música clássica, dançando com dançarinos habilidosos. O chef escolhe o melhor do rebanho para seu prazer e segura em sua mão pérolas mais coloridas que o âmbar. A moça assume seu posto à meia-noite enquanto o cavalheiro come e bebe até se fartar, mas ele afirma que seus bolsos ainda não estão cheios de dinheiro, apesar de desperdiçar inúmeras moedas na comida inacabada. Ele resmunga que essa comida não é adequada para ratos. O tempo todo, o velho fazendeiro solitário se enche de tristeza enquanto capina e capina, trabalhando sem parar. Quando ele retorna, o tambor já parou de bater. Tudo o que ele ouve é o gemido de tijolos quebrados. Se houvesse apenas uma tigela para armazenar sua comida, ele ousaria comentar sobre o que é bom e o que é ruim na vida humana. Oh, cavalheiro, tão distante, você entende isso? Ouça os tambores no campo de capina.

Há uma passagem em *Registro de Mudas de Arroz*, que pode ser vista em *Agricultura e Sericultura*, Volume 6, "Capina". Ela diz:

O ba é o ancinho sem dentes usado para nivelar o solo e colher os grãos para a colheita. Showen Jiezi diz que o ba é desdentado. O Record of Rice Seedlings usa uma palavra diferente, jia. Zhou Shenglie diz que a lealdade e a veracidade são o ba da corte, e um homem justo é a vassoura de uma nação. Carregar um ba e uma vassoura é remover demônios e eliminar a sujeira. Isso é para a boa sorte da nação e para o benefício do governante.

TABELA 1 — Tratados agrícolas relacionados mencionados no *Tratado Agrícola de Wang Zhen*

Tratados Agrícolas Aparecendo no Tratado Agrícola de Wang Zhen	Número de vezes mencionado	Onde aparece no texto
Menções de Registro de Mudas de Arroz	1	Catálogo de Equipamentos Agrícolas, Parte 6, "Gradagem e Rastelamento"
Menções à "Família Zeng"	1	Catálogo de Equipamentos Agrícolas, Parte 4, "Qiao e Bo" e "Haogu"

Menções ao "tratado agrícola da família Zeng"	2	Catálogo de Equipamentos Agrícolas, Parte 3, "Capina", Número 7; Catálogo de Equipamentos Agrícolas, Parte 6, "Ritos de Sacrifício de Primavera e Outono", Número 16
Conteúdo e material das seções que se sobrepõem ao Tratado Agrícola de Chen Fu, sob o mesmo título	2	Catálogo de Equipamentos Agrícolas, Parte 1, "Serviço de Tempo", Número 1; Catálogo de Equipamentos Agrícolas, Parte 1, "Sistema de Campo e "Método de Serviço de Imagens de Tempo"
Conteúdo e material sobrepostos ao Tratado Agrícola de Chen Fu, mas com títulos diferentes	3	Catálogo de Equipamentos Agrícolas, Parte 3, "Capina", Número 7; Catálogo de Equipamentos Agrícolas, Parte 3, "Fertilização", Número 8; Catálogo de Equipamentos Agrícolas, Parte 6, "Gradagem e Rastelagem" e "Limpeza dos Campos"
Conteúdo e material sobrepostos ao Tratado Agrícola de Chen Fu, mas sem título incluído	5	Catálogo de Equipamentos Agrícolas, Parte 3, "Cultivando", Número 4; Catálogo de Equipamentos Agrícolas, Volume 2, "Plantio", Número 6; Catálogo de Equipamentos Agrícolas, Volume 1, "Sistema de Campo" e "Campo em Socalcos"; Catálogo de Equipamentos Agrícolas, Volume 12, "Transportes" e "Casas de Campo"; Catálogo de Equipamentos Agrícolas, Volume 16, "Seda Natural" e "Refeições"
Sobreposição de conteúdo e material com o Tratado Agrícola de Chen Fu	3	Catálogo de Equipamentos Agrícolas, Volume 1, "Localização Geográfica Favorável", Parte 2; Catálogo de Equipamentos Agrícolas, Volume 3, "Irrigação", Parte 9; Catálogo de Equipamentos Agrícolas, Volume 3, "Juecha" e "Cutting Edge"

Em geral, entende-se que o "tratado agrícola" mencionado no *Tratado Agrícola de Wang Zhen* é o *Tratado Agrícola de Chen Fu*, mas, a partir da comparação acima, fica evidente que há apenas duas partes do *Tratado Agrícola de Chen Fu* que se sobrepõem tanto no material quanto no título, embora haja seis partes com conteúdo e material sobrepostos sob títulos diferentes, enquanto o título e o conteúdo estão mais alinhados com o formato padrão. Vale a pena observar que, embora duas partes tenham conteúdo que se sobrepõe ao *Tratado Agrícola de Chen Fu*, o texto declara explicitamente que foi retirado do *Tratado Agrícola da Família Zeng*, incluindo uma seção intitulada "Cultivo de arroz", cujo conteúdo não se sobrepõe à seção intitulada "Capina e cultivo" do *Tratado Agrícola de Chen Fu*. Pode-se inferir ainda que os tratados agrícolas que aparecem no *Tratado Agrícola de Wang Zhen*, que têm o mesmo conteúdo do *Tratado Agrícola de Chen Fu* existente, mas sem o mesmo título ou com um título diferente daquele da cópia existente do tratado de Chen, também podem ser do *Tratado Agrícola da Família Zeng*, e o material que não aparece no *Tratado Agrícola de Chen* ou em outros tratados agrícolas tem ainda mais probabilidade de vir do tratado de Zeng.

Em seu comentário sobre o *Tratado Agrícola de Wang Zhen*, Miao Qiyu observa a ocorrência de conteúdo sobreposto com títulos diferentes e aponta que o conteúdo da seção do atual *Tratado Agrícola de Chen Fu* intitulada "Cultivo de arroz" se sobrepõe à seção intitulada "Cultivo de arroz" no *Tratado Agrícola de Zeng*. Assim, ele levanta a seguinte questão: "Zeng herdou o título do texto de Chen e intencionalmente alterou o título, ou Wang Zeng alterou o título por engano para indicar 'a família Zeng'?" Considerando a sucessão dos textos de Zeng e Chen, estou inclinado a compartilhar as dúvidas de Wang Yuhu. Ele observa: "Se Wang não escreveu erroneamente 'Zeng' em vez de 'Chen' em seu livro, podemos ter certeza de que a fonte do material é o tratado agrícola de Chen. "A questão principal agora é se é possível que Wang tenha escrito acidentalmente "Zeng" em vez de "Chen", e acredito que essa possibilidade seja pequena.

O mais importante é que os caracteres chineses para Chen (陈) e Zeng (曾) não têm nada em comum, portanto, a probabilidade desse erro é muito pequena. Além disso, nos dois lugares em que "a família Zeng" é mencionada, não se diz "a família Chen".

Além disso, há alguma inconsistência com a seção intitulada "Ritos de Sacrifício de Primavera e Outono" no *Tratado Agrícola de Chen Fu*. O volume 1 do tratado de Chen é intitulado "Doze expedientes", com os doze itens mencionados formando um sistema relativamente completo, e os "Ritos de Sacrifício da Primavera e do Outono" e "Raízes de Grama e Mudas" adicionados como uma segunda seção, evidentemente como um adendo desnecessário. Embora o texto afirme que "talvez esses doze expedientes não estejam completos e alguns artigos tenham sido adicionados para completar o conjunto". É seguro presumir que esses artigos (dois no total) são de Chen Fu, ou talvez de um editor, e que os títulos não estavam de acordo com a convenção.

Além disso, há indícios de que, no *Tratado Agrícola de Zeng*, a seção intitulada "Ritos de Sacrifício da Primavera e do Outono" inclui uma discussão sobre os ritos de sacrifício envolvendo bois, o que leva ao tópico de arar com bois. Mais tarde, o sobrinho-neto de Zeng, Zeng Zhijin, também deu atenção a esse tópico em seu Registro de Equipamentos Agrícolas[549], que compartilhava a ideia de que "nos tempos antigos, ninguém arava com o boi, portanto os sacrifícios não eram incluídos nos registros. No período da primavera e do outono, as pessoas aprenderam a arar com o boi". Em seu prefácio para o *Registro de Equipamentos Agrícolas de Zeng*, o escritor da dinastia Song, Zhou Bida, "acrescenta notas às suas observações", afirmando que havia algum foco na origem do arado, que ele acreditava datar do período da Primavera e Outono, uma visão consistente com a expressa em "Ritos de Sacrifício da Primavera e do Outono". Acredito que isso seja apenas uma brincadeira com o tópico, que é o mesmo encontrado no *Tratado Agrícola de Zeng*.

Não foi mera coincidência o fato de que, no décimo oitavo ano do reinado de Jiaqing na dinastia Qing, os *Anais da cidade de Zhujiajiao*, "Costumes", também mencionaram "o tratado agrícola da família Zeng" em vez de "o tratado agrícola da família Chen". Ele diz:

> *De acordo com a passagem do Tratado Agrícola Zeng sobre capina para plantio de arroz, cultivo a pé e cultivo manual, a ferramenta de cultivo manual é chamada de ancinho de grama. Independentemente de haver grama, ela deve ser usada à mão para garantir que haja bastante água ao redor da raiz do arroz. Esse é o mesmo método usado no cultivo comum de arroz, mas não é o mesmo que o cultivo com os pés.*

Essa passagem é semelhante à do *Tratado Agrícola de Wang Zhen*, citado anteriormente, mas é possível que haja outro texto. O que vale a pena observar é que aqui se menciona o "cultivo com os pés", um método usado no cultivo de arroz em Jiangxi, cidade natal de Zeng Anzhi, autor de

---

[549] O prefácio de Zhou Bida para o Registro de Equipamentos Agrícolas diz: "Sua descrição do boi e do arado é uma extensão deste princípio."

Registro de Mudas de Arroz. O método foi mencionado pela primeira vez pelo poeta Tao Yuanming, da dinastia Jin Oriental, que o descreveu como "plantar com uma vara para cultivar mudas". Também foi mencionado em *A Exploração das Obras da Natureza*, do acadêmico da dinastia Ming Song Yingxing, onde é chamado de " sulcamento", mais comumente conhecido como " amarração de painço ". Esse método ainda é usado em Jiangxi atualmente. Há razões para acreditar que o material mencionado acima foi retirado do *Registro de Mudas de Arroz* de Zeng Anzhi. A partir disso, fica evidente que o *Tratado Agrícola da Família Zeng* mencionado no *Tratado Agrícola de Wang Zhen* não é um erro que deveria ter sido escrito *Tratado Agrícola da Família Chen*.

Se essa inferência estiver correta, o *Tratado Agrícola de Zeng*, juntamente com vários textos anônimos sobreviventes, deve incluir os capítulos 1) "Nomes do arroz", 2) "Produtos do arroz", 3) "Plantio", 4) "Cultivo do arroz", 5) "Fertilização" e 6) "Ritos de Sacrifício da Primavera e do Outono", entre outros. Além disso, o *Tratado Agrícola de Wang Zhen* parece citar com mais frequência o *Registro de Equipamentos Agrícolas da família Zeng*.

3. A relação entre o catálogo de equipamentos agrícolas e o registro de equipamentos agrícolas

Wang Yuhu observa que as duas partes do *Tratado Agrícola de Wang Zhen*, " Dicas gerais sobre agricultura e sericultura" e "Registro de 100 grãos", eram basicamente materiais revisados de outros tratados agrícolas escritos anteriormente. Embora ele não mencione o *Registro de Equipamentos Agrícolas* nesse contexto, o *Catálogo de Equipamentos Agrícolas* no *Tratado Agrícola de Wang Zhen*, assim como as duas seções mencionadas por Wang Yuhu, em sua maior parte cita diretamente o *Registro de Equipamentos Agrícolas* de Zeng Zhijin.

Conteúdo do Registro de equipamentos agrícolas

O prefácio de Zhou Bida menciona que o Registro de equipamentos agrícolas contém dez itens, juntamente com algumas "notas diversas". Os dez itens incluídos são o arado, a enxada de capina, a roda d'água, a capa de chuva de palha, a foice curta, a cesta de bambu para transporte de solo, o almofariz e o pilão, a concha de medição, o caldeirão de destilação e o celeiro.[550] O título dos textos e a lista de itens indicam que há muitas semelhanças ou sobreposições entre o Registro de Equipamentos Agrícolas de Zeng Zhijin e o Catálogo de Equipamentos Agrícolas de Wang Zhen, o que nos permite examinar o conteúdo do Registro de Equipamentos Agrícolas de Zeng Zhijin, embora ele tenha sido perdido, com base no *Tratado Agrícola de Wang Zhen*.

De acordo com o que está registrado no *Catálogo de Equipamentos Agrícolas*, os principais itens do texto de Zeng são ferramentas agrícolas usadas na semeadura e no preparo da terra. Os itens incluem vários tipos de ferramentas de lavoura, arados, ancinho de boi, grade quadrada, grade em espinha, grade pulverizadora, ferramenta de plantio fino, *lao*, chicote, *you*, rolo de pedra, li *ze*, arado de semente de tração animal, carrinho de rolo, plantador de cabaças, bacia de arado, jugo e *yangma*.

No *Catálogo de Equipamentos Agrícolas* encontrado no *Tratado de Agricultura de Wang Zhen*, a enxada é chamada de *"qian"* e *"bo"*, uma ferramenta agrícola de tamanho médio que pode se referir a vários tipos de

---

[550] [Dinastia Song do Sul] Zhou Bida, Obras Completas de Zhou Wenzhong, vol. 54, "Prefácio ao Registro de Equipamentos Agrícolas da Família Zeng."

enxadas, incluindo a em forma de moeda, a em forma de sino, a capinadeira, o ancinho, a enxada, o arado de sementes de tração animal (ou carrinho de perfuração) e o enraizador, a enxada de estribo, a pá, a garra de capina, o cavalo de capina e o tambor de capina

A roda d'água registrada no texto pode ter se referido a itens usados para dois propósitos principais, "transporte" e "irrigação", ou talvez apenas aqueles usados para irrigação. Se a primeira for verdadeira, então ela se refere a transporte agrícola, construção agrícola e equipamento de irrigação. Isso incluiria barcos agrícolas, barcos a remo, barcos pequenos, carrinhos de água mais baixos, carrinhos grandes, reboques, cabanas de campo, casas de guarda, salas de gado, cercas de água, comportas, lagoas, carrinhos giratórios, carrinhos de cilindro, carrinhos giratórios movidos a água, carrinhos giratórios movidos a animais, tambores giratórios, roda d'água com concha, cilindros interligados, calhas de pé, baldes de resgate, carrinhos de raspagem, varreduras de poço, polias de poço, coberturas de argila, gaiolas de pedra, ferramentas de dragagem, tampas de dreno, poços e cestas de bambu.

A seção sobre capas de chuva de palha inclui principalmente itens usados para fornecer abrigo contra o sol e a chuva. Entre eles estão capas de chuva de palha, chapéus, sandálias de palha, sandálias de cânhamo, trenós (um tipo de sapato de madeira adequado para caminhar na lama), conchas (um tipo de cobertura usada como abrigo contra o sol e a chuva), o *tongzan* (ou *qitong*, um tubo inserido no cabelo), algemas de braço (uma algema de bambu), flautas de pastoreio e uma lanterna. É possível que a flauta e a lanterna tenham sido adições feitas por Wang Zhen.

A lista de foices curtas inclui o *zhi* (foice curta), o *yi*, a foice, a foice de empurrar, o *sujian* (ou espelho de painço), o *jie*, o *po*, o machado, a serra e a pedra de amolar.

A cesta de bambu é um tipo de cesta para o transporte de alimentos. Ela inclui o *xiao* (bambu pequeno) (usado para guardar grãos), um saco de palha para guardar terra, uma cesta ou engradado, uma cesta redonda de bambu, uma colher de bambu ou de vime, um depósito de grãos, uma caixa de grãos (uma caixa quadrada de madeira para guardar alimentos), uma cesta de bambu de fundo quadrado, um transportador, uma cesta, uma pá de lixo e uma vassoura, uma peneira de grãos, uma cesta de peneiramento, uma plantadeira de bambu, uma bacia de sol e uma esteira de debulha.

A seção sobre o almofariz e o pilão inclui uma variedade de implementos agrícolas usados para descascar e moer. O *Tratado Agrícola de Wang Zhen* registra o almofariz e o pilão, o descascador, o descascador de arroz, o rolo, o rolo e a pedra de moer, o ventilador de elevação, o moedor ligado e a prensa de óleo.

A concha de medição era um tipo de balança. O *Tratado Agrícola de Wang Zhen* não identifica nenhuma finalidade especial para o dispositivo, mas o inclui na seção "celeiro", que lista quatro tipos de pesos e medidas, o *sheng*, o *dou*, o *gai* e o *hu*.

O caldeirão de destilação era um recipiente de cozimento. A categoria de "caldeirão *ding*" mencionada no tratado de Wang incluía o *ding* (quando usado na agricultura, seu principal uso era enrolar fios de seda de casulos), o caldeirão de cozimento, o *zeng* (ferramenta de cozimento), a pequena gaiola de pesca de bambu, o recipiente de vinho de cerâmica antiga, a ferramenta de cozimento redonda, a concha de cabaça e o carretel de seda.

O celeiro era uma estrutura usada para armazenar grãos. Os principais tipos registrados no tratado de Wang são o armazém de grãos, o celeiro, o celeiro ao ar livre, o celeiro redondo, o celeiro do governo, o copo de grãos e o porão de armazenamento.

TABELA 2 — Comparação dos itens listados no Catálogo de equipamentos agrícolas e no Registro de equipamentos agrícolas

Item	*Catálogo de Equipamentos Agrícolas*	*Registro de Equipamentos Agrícolas*
Regulador de campo	—	
Arado	—	—
Descascador	—	
Qian e Bo	—	enxada em forma de sino
Foice curta		—
Grade e Ancinho	—	
Chapéu de chuva de palha	—	—
Cesta de bambu para transporte solo		—
Almofariz e pilão		—
Armazém e Celeiro de Grãos	—	uma espécie de silo
Caldeirão Ding	—	uma espécie de caldeirão de barro
Transporte	—	um tipo de balde de resgate
Equipamento de irrigação	—	

Cevada Fermentada	—	
Carretel de seda	—	
Criação de bicho-da-seda	—	
Fiação e tecelagem	—	
Enchimento de seda e algodão	—	
Cânhamo e Rami	—	
Dou Hu	uma espécie de celeiro de armazenamento	—

A dívida do Catálogo de Equipamentos Agrícolas com o Registro de Equipamentos Agrícolas

Há evidências de que Wang Zhen não apenas tomou emprestado os nomes dos itens do *Registro de Equipamentos Agrícolas*, mas também manteve grande parte do conteúdo do texto agrícola de Zeng. A seção mais óbvia é "Tambores de tecelagem", encontrada na parte "Qianbo", que foi citada diretamente do "Prefácio de Zeng sobre tambores de tecelagem". Wang não só usou o conteúdo principal do "Registro de Equipamentos Agrícolas", mas também se baseou no prefácio de Zhou Bida, às vezes até citando-o diretamente. O prefácio de Zhou inclui o parágrafo:

> *O Shanhaijing diz que o neto de Houji, "Shujun, começou a usar bois para arar". Acredita-se que isso tenha levado três gerações, mas não creio que seja assim. Se o gado estivesse sempre nos campos, o rei Wu de Zhou não teria subjugado o mundo inteiro e não o teria devolvido aos três fazendeiros, mas o teria colocado nos pessegueiros selvagens? É por essa razão que os Ritos de Zhou mencionam o gado em relação ao sacrifício, ao entretenimento de convidados, à condução e como presentes para professores, mas não em relação à lavoura. No Livro dos Cânticos, é dito que "a foice balança, a grama é cortada, e a lavoura é feita. Mil lâminas de arado capinam, passando ao longo dos caminhos elevados na terra pantanosa". Também afirma: "As relhas de arado são levadas para os campos do sul". Isso deixa claro que tudo foi feito por trabalho humano. Isso deixa claro que tudo foi feito pelo trabalho humano. Em seguida, "colhendo-o", "acumulando-o",*

"como um muro da cidade" e "como um pente", e "matando um louro por seus belos chifres", como recompensa para a comunidade. Se fosse feito para cultivar a terra, seria listado para sacrifício como gatos e tigres? Suspeito que o arado começou a ser usado no período da primavera e do outono, pois vemos "boi de arado" na obra de Confúcio, e seu discípulo Ran Geng também era conhecido como Boniu.[551] *O Livro dos Ritos e as Ordens Mensais da Família Lu afirmam que, no inverno, "o boi sai para a terra", indicando a lavoura tardia e precoce dos fazendeiros.*[552]

Essa passagem, que foi extraída diretamente do *Catálogo de Equipamentos Agrícolas de Wang Zhen*, com apenas pequenas alterações[553], também indica que Wang Zhen havia lido o *Registro de Equipamentos Agrícolas da família Zeng*. É importante observar que Wang não menciona a fonte desse texto em sua própria escrita e, sem comparar os dois textos, ele poderia ser facilmente confundido com a própria escrita de Wang. Ao comparar as categorias nos dois livros, no entanto, vemos que não há nenhuma seção correspondente intitulada "Arado" no *Registro de Zeng*, mas pelo prefácio de Zhou Bida ao texto, fica evidente que havia essa seção. Ele diz: "Ao falar de enxadas, o *Dicionário de Dialetos Chineses* de Yang Xiong frequentemente menciona três termos encontrados no livro de Leiyang".[554]

"Leiyang" refere-se aqui a Zeng Zhijin. Em outras palavras, o *Registro de Equipamentos Agrícolas da família,* de *Zeng* Zhijin mencionou um arado como ferramenta agrícola, citando o *Dicionário de Dialetos Chineses* de Yang Xiong como fonte. Coincidentemente, ao falar sobre o arado, o *Catálogo de Equipamentos Agrícolas de Wang Zhen* também aponta o *Dicionário de Dialetos Chineses* de Yang como fonte. Especula-se, portanto, que o conteúdo do *Catálogo de Equipamentos Agrícolas de Wang Zhen* provavelmente foi extraído diretamente de Zeng Zhijin, o que significa que o *Registro de Equipamentos Agrícolas de Zeng* foi absorvido pelo trabalho de Wang. O que Wang "inovou" foi a separação do "Arado em sua própria seção".

Da mesma forma, a partir de uma análise da estrutura, do estilo de redação, da linguagem do texto e de seu sentido, pode-se supor que o con-

---

551 Nota do tradutor: Niu significa boi.

552 [Dinastia Song do Sul] Zhou Bida, Obras Completas de Zhou Wenzhong, vol. 54, "Prefácio ao Registro de Equipamentos Agrícolas da Família Zeng."

553 *Tratado Agrícola de Wang Zhen*, Catálogo de Equipamentos Agrícolas, Parte 2, "Boi de Arado."

554 [Dinastia Song do Sul] Zhou Bida, Obras Completas de Zhou Wenzhong, vol. 54, "Prefácio ao Registro de Equipamentos Agrícolas da Família Zeng."

teúdo do texto de Wang foi retirado do trabalho de Zeng. Uma análise da estrutura revela que Wang começa seu catálogo com uma seção sobre "O sistema de campo", que diz o seguinte:

> *Por que a primeira seção deste Catálogo de Equipamentos Agrícolas é intitulada "O Sistema de Campo"? Porque se não começarmos nossa discussão sobre equipamentos com os campos, como poderemos saber para que serve o equipamento? Nos Ritos de Zhou, "Suiren", lemos que para governar a região selvagem é necessário que "os fazendeiros plantem e colham em solo apropriado", seguido de "usar as ferramentas apropriadas para persuadir o fazendeiro". O objetivo de escrever este ensaio é seguir o caminho.*

No entanto, na seção seguinte, "Arado", lemos novamente uma introdução semelhante.

> *No passado, Shennong[555] fez o arado Lei e compartilhou esse conhecimento com o mundo, o que inspirou as gerações posteriores. Embora existam muitas ferramentas para o trabalho agrícola, todas elas começaram com o arado Lei. Entretanto, há uma certa distinção entre a agricultura em terra e a agricultura na água, e os equipamentos antigos e modernos também são diferentes, portanto, é necessário comparar os diferentes efeitos de cada um. Ao fazer referência e usar tanto o antigo quanto o novo, as pessoas podem cultivar grãos e alimentos suficientes para sustentá-las para sempre. Esse é o sistema yangmasystem apresentado por Su Wenzhong. Isso começou com o Registro de Equipamentos Agrícolas. Todos esses títulos de seção estão listados à esquerda, em sequência.*

A afirmação anterior de que "escrevendo o primeiro ensaio intitulado 'O sistema de Campo'" contradiz a afirmação posterior, "Isso começou com o 'Registro de Equipamentos Agrícolas'". A única maneira de explicar isso é que Wang Zhen não fez um registro adequado do conteúdo relevante do *Registro de Equipamentos Agrícolas de Zeng* quando o incluiu, já que o texto de Zeng é especificamente nomeado como o início do Leiplow. Isso também sugere que o material sobre arado e outras seções são o conteúdo do texto de Zeng, reutilizado aqui.

Pelo estilo de redação, vemos que o *Registro de Equipamentos Agrícolas* foi escrito principalmente como uma comparação entre os mundos

---

555 Nota do tradutor: deus da agricultura.

antigo e moderno ou, nas palavras de Zhou Bida, é "um exame dos clássicos e das biografias com referências ao sistema atual".[556] Na narração, a discussão dos clássicos e das biografias é listada primeiro, seguida pela situação real, com uma comparação entre as duas. Isso é semelhante ao *Registro de Mudas de Arroz*. Na cópia existente do *Registro de Mudas de Arroz*, encontramos uma introdução de qualquer item da citação dos clássicos, seguida de fatos sobre a situação em Jiangnan na época em que foi escrito. (Xichang, Taihe, onde a família Zeng morava, era considerada parte de Jiangnan Ocidental durante a Dinastia Song). A explicação de "grão", por exemplo, primeiro cita passagens do *Livro de Shang, dos Ritos de Zhou e de Mencius*, além de outros clássicos, e depois diz: "Em Jiangnan, atualmente, a casca de arroz é chamada de 'grão de arroz' e o painço com a casca é chamado de 'grão de painço'". Zeng Zhijin era sobrinho-neto de Zeng Anzhi, e seu texto *Registro de Equipamentos Agrícolas* é o irmão mais novo de *Registro de Mudas de Arroz*, portanto, não é de surpreender que ambos tenham sido escritos no mesmo estilo. Isso também esclarece o que Zhou Bida disse sobre a menção de Zeng Zhijin a "arar". Se pudermos supor corretamente que a seção "Arado" do Catálogo de Equipamentos Agrícolas de Wang é derivada do *Registro de Agricultura de Zeng Zhijin*, não é descabido concluir que outros conteúdos também o foram, já que se trata exatamente do mesmo estilo de escrita que Zeng normalmente empregava.

Além disso, o Catálogo de Equipamentos Agrícolas é estruturado de forma que os assuntos de negócios vêm primeiro, seguidos pela poesia, com a descrição do uso de cada ferramenta sendo seguida por um poema ou poemas. Esse dispositivo é frequentemente considerado uma criação de Wang Zhen e, às vezes, é até dito que "sua poética é melhor do que sua agricultura" (de acordo com Xu Guangqi em *Um Compêndio Sobre Agricultura*, Volume 5). De fato, a poesia em *Catálogo de Equipamentos Agrícolas* segue a prática típica de seus predecessores, a maioria dos quais provavelmente seguia as formas recebidas por aqueles que os antecederam. Era prática típica da dinastia Song incluir poemas após assuntos de negócios, uma prática que vemos refletida no Dicionário de Flores do escritor da dinastia Song, Chen Jingyi. O estilo do *Catálogo de Equipamentos Agrícolas* está intimamente ligado a esse método. O *Registro de Equipamentos Agrícolas* foi escrito para preencher as lacunas do *Registro de Mudas de Arroz*, conforme descrito em detalhes na *Canção do Yangma*, de Su Dongpo. Ao escrever a *Canção do Yangma*, Su não apenas citou os clássicos, mas também declarou as coisas que havia observado e a estrutura e os princípios do equipamento,

---

556 [Dinastia Song do Sul] Zhou Bida, Obras Completas de Zhou Wenzhong, vol. 54, "Prefácio ao Registro de Equipamentos Agrícolas da Família Zeng."

seguidos de um poema. Para compensar a deficiência do tratado de Zeng, Zeng Zhijin escreveu um texto intitulado *Registro de Equipamentos Agrícolas*, que foi naturalmente influenciado pelo texto de Su Dongpo sobre o *yangma*. Isso é particularmente óbvio na seção intitulada "Tambor de remoção de ervas daninhas". Esse estilo de escrita é aplicado na maior parte da escrita sobre ferramentas agrícolas no *Catálogo de Equipamentos Agrícolas de Wang Zhen*, uma abordagem originalmente derivada da inscrição de Su Dongpo no final do *Registro de Mudas de Arroz de Zeng*, *Canção do Yangma*. No final da dinastia Ming, Xu Guangqi comentou que a "poética de Wang Zhen era melhor do que sua agricultura", sem perceber que sua poesia era uma imitação da prática típica dos escritores da dinastia Song. Se compararmos a poesia de Wang com a dos escritores Song, é óbvio que alguns dos itens que ele escreveu, como "O sistema de campo", são seguidos por poemas ainda mais longos do que o texto. Esse pode ser o motivo da ridicularização que lhe foi feita posteriormente.

Não é apenas o estilo de escrita que realmente conecta o *Catálogo de Equipamentos Agrícolas* ao *Registro de Equipamentos Agrícolas*, mas também a linguagem. Pela terminologia usada, fica evidente que Zeng era de Jiangxi e serviu como oficial em Hunan. Em ambos os dialetos, o arroz é chamado de 禾*he*, que é o caractere usado em 禾谱, o título original do *Registro de Mudas de Arroz*, em vez de 稻 (*dao*). Isso é semelhante à preferência do norte pela palavra 粟 su para todos os grãos, em oposição a 谷 (*gu*). A mesma variedade de arroz é mencionada como "arroz amarelo amadurecido", usando o caractere 禾, no *Registro de Mudas de Arroz*, enquanto na seção do *Catálogo de Mudas de Arroz* intitulada " O Sistema de Campo", Wang usa o caractere 稻 na mesma frase.[557] A seção "Qian e Bo" inclui capinadeiras Yundang e Haoma, e a seção "Capa e chapéu de palha" inclui um protetor de braço trançado. Na seção "Peneirando Grãos", há peneiras e esteiras de bambu. Todas essas eram ferramentas típicas usadas no cultivo de arroz nos arrozais, mas ao apresentar essas ferramentas, a palavra 禾 é usada, portanto, é possível que as descrições tenham sido retiradas do *Registro de Equipamentos Agrícolas de Zeng* sem nenhuma modificação. Se esse for o caso, então a capina não apareceu pela primeira vez com Wang Zhen na dinastia Yuan, mas durante a dinastia Song do Sul, quando Zeng Zhijin viveu. O fato de a palavra 禾 ser usada principalmente na seção "Foice" sugere que essa parte do texto pode ter mantido essencialmente o texto exato da obra de Zeng sem muitas modificações. Um exemplo típico é o uso de 禾担 (*he dan*, uma vara de ombro para carregar arroz).

---

[557] Para mais detalhes, veja o capítulo deste volume intitulado "Arroz Huanglu na História Chinesa."

Esse implemento não era uma vara de ombro típica, mas uma vara especial para carregar grãos e lenha. Era usado principalmente para transportar arroz do campo para o celeiro depois de colhido e amarrado. A forma, o uso e o nome do implemento ainda são usados na agricultura e no dialeto da área de Jiangxi a Ji'an atualmente. Embora não haja uma seção dedicada ao arado no *Registro de Equipamentos Agrícolas* de Zeng, a seção de Wang Zhen intitulada "Arado" pode ter sido extraída do trabalho de Zeng.

Outro ponto que oferece alguma visão sobre a possibilidade de que o *Catálogo de Equipamentos Agrícolas* de Wang Zhen possa ter extraído material do *Registro de Equipamentos Agrícolas* de Zeng é o senso de tempo representado na escrita. Zeng viveu na dinastia Song, Wang na Yuan. Quando Zeng escreveu *Registro de Equipamentos Agrícolas*, ele citou poesias contemporâneas e, como a poesia está mais próxima do texto, em termos de tempo, não há sentido de época - não há nome do poeta ou da dinastia listado no início do poema, mas uma simples referência a um nome como seria comumente usado, sem outros honoríficos ou formalidades, como seria feito ao escrever sobre seus contemporâneos, em vez da maneira como se fala respeitosamente dos antigos, listando nome e dinastia. Por exemplo, em "O Arado de Lei" no *Catálogo de Equipamentos Agrícolas*, quando Su Dongpo é mencionado, é pelo nome, sem nenhum honorífico ou nota da dinastia antes dele, provavelmente porque foi emprestado do *Registro de Equipamentos Agrícolas*, talvez até copiado diretamente. Quando Wang Zhen menciona fatos históricos sobre as gerações anteriores, ele frequentemente acrescenta palavras como "no passado" ou "durante a dinastia Song", como visto na seção "O Sistema de Campo", onde ele escreve: "Sima Wen disse uma vez que agora havia deficiências na formulação de políticas e a conservação da água é uma delas". Da mesma forma, ele disse: "Durante o reinado de Qiandao da dinastia Song, Liang Junyan exigiu a tributação de Shatian para ajudar a pagar o exército. Depois que foi implementada, Ye Yong, então ministro, pediu que...". É óbvio que essas duas passagens foram acrescentadas por Wang Zhen. Em outro de seus óbvios acréscimos em "Enrolamento de Seda", ele escreve: "No passado, Mei Shengyu escreveu o poema 'Ferramenta do bicho-da-seda – Cocoon', mas agora tomo a liberdade de escrever uma continuação dele". Mei Shengyu foi contemporâneo de Wang Anshi, e eles trocaram muitos poemas. Mas muitas das outras seções do *Catálogo de Equipamentos Agrícolas*, além de "Enrolamento de Seda", como "Capa e Chapéu de Palha" e "Cestas de bambu", incluem poesias escritas por Wang Anshi, e ele não era chamado de Anshi ou Jiepu nesses lugares, mas de Wang Jinggong, nem havia a frase acrescentada "No passado", provando que essas passagens seguem o *Registro de Equipamentos Agrícolas*.

É possível confirmar definitivamente que todo esse conteúdo com as mesmas legendas encontradas no *Registro de Equipamentos Agrícolas* de Zeng Zhijin era de fato idêntico ao contido nessa obra? A resposta é não. Acredito que, embora *Catálogo de Equipamentos Agrícolas* de Wang Zhen tenha mantido os subtítulos encontrados na obra de Zeng, Wang acrescentou alguns materiais novos e reorganizou grande parte dos antigos. Isso é evidenciado por referências no texto a outros trabalhos que foram produzidos após o *Registro de Equipamentos Agrícolas*. Por exemplo, a seção sobre o ancinho cita o texto *Sobre o Plantio e o Cultivo*, mas não há registro desse livro em documentos públicos ou privados que datem da dinastia Song, portanto, acredita-se que ele tenha sido escrito no início da dinastia Yuan (após a destruição dos Jin, mas antes da queda dos Song, 1234-1279), enquanto o *Registro de Equipamentos Agrícolas* foi escrito antes de 1201. O mesmo se aplica à seção sobre semeadura e capina, que cita *Sobre o Plantio e o Cultivo* e *Provérbios da Família Han*. *Provérbios da Família Han* era um livro de agricultura que circulou antes da conquista mongol das dinastias Jin e Song. A terminologia do texto reflete de forma semelhante as características dos livros agrícolas do norte, como a referência às culturas de cereais como "grãos" e às plantas como "mudas".

A discussão sobre "carrinhos de fiança" e "irrigação" no *Catálogo de Equipamentos Agrícolas* de Wang Zhen pode ter sido derivada do *Registro de Equipamentos Agrícolas* de Zeng, mas é mais provável que a seção sobre carrinhos de resgate fosse um material novo e que apenas a seção sobre irrigação tenha sido desenvolvida a partir da seção "Fiança com a roda d'água" do *Registro de equipamentos Agrícolas de Zeng*, porque o caractere 车 (*che*) provavelmente apontava para o "carrinho giratório" em vez do 舟车 (*zhou che*, "carrinho de transporte"). De qualquer forma, muito conteúdo novo foi adicionado à seção sobre irrigação. Wang Zhen observa em sua introdução à seção intitulada "Irrigação": "Agora, pesquisei e extraí muito material e acrescentei algumas informações novas às antigas para torná-las mais adequadas". Acredito que as cercas de água, comportas, lagos, reservatórios, canais dragados e valas discutidos na seção "Irrigação" podem ser novas adições feitas por Wang, pois não estão estritamente relacionadas a equipamentos de irrigação. Talvez tenham sido essas adições que fizeram Wang sentir que o título original "Fiança com a Roda D'água" não era suficiente para descrever seu conteúdo, levando-o a mudá-lo para "Irrigação". Há indícios de que o carrinho de água giratório, o carrinho giratório movido a boi, o carrinho giratório alto e outros itens foram adicionados por Wang Zhen

Assim como alguns conteúdos novos foram adicionados aos antigos, há vestígios dos antigos em grande parte do novo material. Por exemplo, "Separando o grão da casca" é uma nova seção no livro de Wang, mas há vestígios do material sobre enxada encontrado no *Resumo de Agricultura e Sericultura*, incluindo alguns materiais citados. Mas o equipamento agrícola mencionado em "Separação de grãos da casca" é o mesmo encontrado na seção intitulada "O Arado de Lei", especialmente a espátula, o arado duplo e outros itens semelhantes, que faziam parte do arado de Jiangdong. As informações dessa seção foram retiradas, em sua maioria, do *Clássico sobre o arado Lei* de Lu Guimeng, portanto, é possível que tenham sido separadas do *Registro de Equipamentos Agrícolas da família* Zeng e adicionadas ao material retirado do trabalho de Lu. Além disso, a seção sobre a borda de uma ferramenta observa: "O Tratado de Agricultura diz: 'Se não houver arado duplo, a semeadura pode ser feita com o arado'". O *Tratado de Agricultura* mencionado aqui não é encontrado em nenhum dos livros existentes sobre agricultura, portanto, é possível que se refira ao *Registro de Equipamentos Agrícolas* de Zeng Zhijin.[558]

A seção intitulada "Arrebatamento e Ancinho" é outra adição de Wang, mas seu conteúdo provavelmente foi extraído do *Tratado Agrícola da família Zeng*. A seção sobre ancinho menciona "a palavra 'toque', encontrada em *Registro de Mudas de Arroz*". Essa frase provavelmente foi acrescentada por Wang, mas pode ter sido retirada do *Registro de Equipamento Agrícola* de Zeng Zhijin. Considerando o fato de que Wang usa a frase "o tratado agrícola da família Zeng", ou simplesmente "o tratado agrícola", para descrever o *Registro de Mudas de Arroz* quando o cita, parece que a referência a ele pelo título, como visto aqui, é mais provavelmente uma expressão usada por Zeng Zhijin *Registro de Equipamento Agrícola*. Como o *Registro de Equipamento Agrícola* de Zeng Zhijin é uma continuação do *Registro de Mudas de Arroz* de seu ancestral, é improvável que ele tenha se referido ao texto mais antigo como "o tratado agrícola" ou "o tratado agrícola da família Zeng", mas seria mais provável que o chamasse diretamente pelo título. Além disso, a maioria dos equipamentos agrícolas mencionados nessa seção está relacionada ao cultivo de arroz, como a "grade de capina" usada no cultivo de arroz, a "placa plana" usada para pressionar a planta de arroz na lama, o "nivelador de campo" para nivelar a lama, o "rolo" usado para enrolar o grão, as "plantadeiras de mudas" para plantar arroz, os "garfos" para levantar feixes, o "bambu" e o "cortador" para cortar, o "gancho", a "garra" e a "vara de ombro" para colher, o "mangual" para debulhar

---

558 [Dinastia Yuan] Wang Zhen, Uma Tradução do Tratado Agrícola da Família Wang de Donglu, trad. Miao Qiyu (Xangai: Editora de Livros Antigos de Xangai, 1994), p. 617.

e outros implementos. Todos esses termos correspondem àqueles usados no tratado da família Zeng. Quando Wang Zhen incluiu todo o material do *Registro de Equipamentos Agrícolas* em seu *Catálogo de Equipamentos Agrícolas*, ele obviamente achou insuficiente, então acrescentou uma seção intitulada "Cevada e trigo", dedicada às ferramentas agrícolas usadas no norte. Além disso, o texto se refere ao arroz como 禾 (*he*), de acordo com os padrões linguísticos de Jiangxi e Hunan, que é uma característica distintiva dos textos escritos pela família Zeng. O exemplo mais típico é o "eixo de rolos", sobre o qual lemos: "O eixo de rolos, o rolo e a pedra de moer são usados para moer grãos... Na área entre os rios Yangtze e Huai, quando os campos estão cheios de arroz, os talos são cortados e amarrados juntos, e o eixo de rolos é usado para pressionar as mudas na lama. Uma vez que elas estejam bem enterradas, o grão começa a crescer novamente, mas as ervas daninhas não crescem". A função do eixo do rolo é a mesma do método de corte e queima, popular na região entre os rios Yangtze e Huai, que faz uso inteligente da resposta exclusiva do arroz às inundações para atingir o objetivo da remoção de ervas daninhas. Chen Hanying explica: "A grama queimada pode ser colocada embaixo d'água para plantar mudas de arroz, e o arroz crescerá novamente até atingir sete ou oito *cun* de altura, quando a palha queimada poderá ser removida com uma foice. Quando o campo é novamente irrigado, as ervas daninhas morrem e o arroz é deixado crescer sozinho. Isso é chamado de agricultura de corte, queima e inundação". Por fim, na passagem que menciona o bambu, lemos: "Hoje, quando a colheita é feita em Hunan, ela é pendurada em varas de bambu", o que parece vir da escrita de Zeng Zhijin. Não devemos presumir, a partir dessa menção a Hunan, que WangZhen tenha visitado a área, mas Zeng Zhijin menciona no *Registro de Equipamento Agrícola* que ele próprio serviu como oficial no condado de Leiyang, portanto, essa observação teria ocorrido de forma bastante natural em seus escritos. Na verdade, o tripé de bambu e os suportes feitos de varas de bambu também eram usados em Jiangsu e Zhejiang durante a dinastia Song. Lemos: "Durante a temporada de corte de grama no oeste de Zhejiang, há altos garfos de bambu nos campos de arroz, parecendo uma manada de camelos".[559] Esses implementos de secagem também podem ser encontrados na poesia de Lou Shu e Lu You, como nos versos: "nuvens amarelas cobrem as prateleiras altas e a água limpa se esvai nos campos do oeste"[560] e "o grão separado cobre a cerca de bambu".[561] Esses

---

559 [Dinastia Song] Cao Xun, Obras Completas de Cao Xun, vol. 20.
560 Poemas sobre Cultivo e Tecelagem "Colhendo o Grão para a Debulha"
561 "Reflexões na Chuva" de Lu You

implementos de secagem também eram usados em Jiangxi durante a dinastia Song. Um poema em *O Caminho de Fengcheng*, de Deng Shen, diz: "Os campos na área do lago não são capinados, e as bordas arenosas estão cheias de mudas transplantadas e linho."[562] As "prateleiras de grãos" mencionadas aqui são as "prateleiras de bambu" usadas para secar grãos. Como Wang Zhen havia visitado algumas partes de Jiangsu e Zhejiang[563], ele certamente teria mencionado que essa era a situação em Jiangsu, Zhejiang e Jiangxi. A melhor explicação para essa omissão é que Wang Zhen simplesmente usou o texto de Zeng e acrescentou alguns comentários.

TABELA 3

Entrada	Peças que podem ter vindo do registro de equipamentos agrícolas da família Zeng	Peças que podem ser adições de Wang Zhen
Bambu	O Dicionário Jiyun menciona linhas de bambu, ou varas de bambu, muitas vezes chamadas simplesmente de bambu. Hoje, quando a colheita é colhida em Hunan, ela é pendurada em varas de bambu, e as estruturas de bambu parecem casas. Trigo, arroz e outros cereais são colhidos e pendurados dessa maneira, todos virados de cabeça para baixo para que a orelha fique para cima. Durante uma chuva prolongada, é guardado como contraforte, para não ficar encharcado.	Quando chove em Jiangnan, esse é um uso apropriado. No norte, pode haver chuvas prolongadas, e podem imitar essa abordagem, pois muitos cultivam grãos, o que é melhor do que desperdiçá-los. Hoje, isso é especialmente comum no sul, mas também é praticado no norte.

---

562 [Dinastia Song] Deng Shen, A Poesia de Deng Shen, vol. 1.

563 [Dinastia Yuan] Wang Zhen, prefácio de Uma Tradução do Tratado Agrícola da Família Wang de Donglu, trad. Miao Qiyu (Xangai: Editora de Livros Antigos de Xangai, 1994), p. 5.

Tripés de bambu	Utensílio para pendurar mudas. Todo o arroz deve ser evitado de ficar muito úmido quando for colocado no solo. Ele ficará encharcado se for pego pela chuva e ficar encharcado. Quando é colhido, o resultado pode ser que haja grão, mas não pode ser colocado na horizontal. Pegue finas varas de bambu e corte-as em comprimentos iguais, pelo menos até a profundidade da água, amarrando três talos e colocando-os em pé em forma de bifurcação nos campos, para que o grão possa ser pendurado nos espaços vazios. Use uma vara de bambu amarrada horizontalmente sobre eles para formar uma lombada, na qual mais grãos podem ser pendurados. Todos os tipos de grãos podem usar prateleiras de bambu, mas menos tipos podem usar tripés. Embora haja diferença de tamanho, o uso de cada aparelho é semelhante e podem se complementar.	

Em resumo, a seção "Arado de Lei" no Tratado de Agricultura, *Catálogo de Equipamentos Agrícolas* de Wang Zhen, com exceção da passagem sobre bois que foi adicionada do prefácio de Zhou Bida ao *Registro de Equipamentos Agrícolas*, talvez tenha sido totalmente retirada de "O Arado de Lei" no *Registro de Zeng*. Tudo na seção "Descascamento e Moagem", com exceção da passagem sobre enxada que foi retirada do *Resumo sobre Agricultura e Sericultura*, veio de "O arado Lei" e "Enxada de capina e enxada Bo" no *Registro de Equipamentos Agrícolas*. O conteúdo de "Qianbo", com exceção do trecho recém-adicionado sobre o arado de tração animal e a enxada, provavelmente foi retirado do *Registro de equipamentos agrícolas*.

Comparando as seções do *Catálogo de Equipamentos Agrícolas* e do *Registro de equipamentos agrícolas*, fica evidente que os itens acrescentados no texto de Wang Zhen estão relacionados principalmente a cevada, seda, sericultura, fiação e tecelagem, algodão, panos grossos e outros implementos relacionados a têxteis. É natural que o Registro de Equipamentos Agrícolas continue com esse foco no cultivo de arroz, acrescentando apenas algumas das ferramentas agrícolas que foram mencionadas em vários textos históricos, sem nenhuma menção àquelas relacionadas à sericultura, amoras ou tecidos grosseiros.

4. O *Tratado Agrícola de Wang Zhen* e Jiangxi

É natural que se pergunte por que razão o tratado agrícola da família Zeng teve tanto impacto na obra de Wang Zhen e que se questione como Wang entrou em contacto com o texto de Zeng. Para o compreender, é necessário examinar os antecedentes do *Tratado Agrícola de Wang Zhen*, desde a sua redação até a sua publicação.

Wang Zhen era natural do norte, mas passou muitos anos a viajar entre o norte e o sul. No primeiro ano do reinado de Yuanzhen do Imperador Chengzong da Dinastia Yuan (1295), foi nomeado magistrado de Jingde, Xuanzhou (atualmente em Anhui), sendo depois transferido para o cargo de magistrado do condado de Yongfeng, Xinzhou (atualmente Guangfeng, Jiangxi) no quarto ano do reinado de Dade (1300). Catálogo de Equipamento Agrícola, Volume 14, "Utilização: A mó de água rotativa" refere que Wang "esteve em Jiangxi e noutras regiões" antes de escrever o seu tratado de agricultura.

A redação final do tratado e a inscrição foram feitas em Jiangxi. O artigo "Inscrevendo o texto com caligrafia usando caracteres móveis", que se encontra no *Tratado Agrícola de Wang Zhen*, diz: "Quando o meu antecessor no condado de Jingde, Xuanzhou, compôs o seu Tratado Agrícola, devido ao elevado número de palavras, ordenou aos artesãos que criassem caracteres móveis, uma tarefa que demorou dois anos. O projeto de edição inclui registros do condado, perfazendo cerca de sessenta mil caracteres. Antes de terminar um mês, cem secções estavam concluídas, como se estivessem prontas para publicação, e começámos a perceber o seu potencial. Dois anos mais tarde, fui transferido para o condado de Yongfeng, em Xinzhou, para aí assumir um cargo oficial. Foi aqui que o Tratado Agrícola foi concluído e eu queria imprimi-lo com tipos móveis. Agora que conheço Jiangxi e já vi a publicação, recolhi e guardei-a para outros fins".

A partir daqui, torna-se claro que Wang Zhen começou a escrever o livro quando era magistrado do condado de Jingde, Xuanzhou, de 1295 a 1298. Quando serviu em Yongfeng, de 1300 a 1304, o seu tratado agrícola ficou concluído. Todo o processo demorou cerca de dez anos. Uma vez terminado o livro, Wang Zhen quis utilizar tipos móveis para a impressão, mas foi informado de que o funcionário de Jiangxi tinha decidido imprimi-lo, pelo que não avançou com o seu plano. De acordo com uma cópia do Édito Imperial sobre a Publicação do *Tratado Agrícola de Wang Zhen*, a decisão oficial de publicar o tratado de Wang foi aprovada pelo oficial de Jiangxi no oitavo ano de Dade, em 1304, quando Wang estava a exercer funções em Yongfeng. O *Esboço do Verso de Yuan* registra: "Wang Zhen, também conhecido como Bo Shan, natural de Dongping, tornou-se magistrado no condado de Yongfeng no quarto ano do reinado de Dade, começou a ensinar agricultura e a promover a educação como parte do seu serviço oficial... Escreveu um catálogo de equipamento agrícola e um curso completo sobre agricultura e sericultura, publicado em Luling (atual Ji'an, Jiangxi)". Nos *Anais do Condado de Yongfeng*, em Kangxi, "Registros de Oficiais Sábios", está também registrado que Wang Zhen "escreveu um livro sobre agricultura, inscrito em Luling", o que indica que os primeiros livros de agricultura inscritos em Jiangxi foram muito provavelmente inscritos em Luling, a cidade natal dos autores do tratado de agricultura da família Zeng. A versão inscrita na dinastia Yuan já não existe, pelo que a cópia da dinastia Ming é a versão mais antiga atualmente disponível. Inclui uma inscrição deixada por Deng Mei no 45.º ano do reinado de Wanli (1617), efetuada no 36.º volume do texto. Deng Mei era natural de Xincheng, Jiangxi. Todos esses processos podem ter posto Wang Zhen em contacto com o tratado agrícola da família Zeng, ou talvez tenham levado à adição de material de Zeng no processo de inscrição.

UM ESTUDO SOBRE O CULTIVO DE ARROZ NAS ANTIGAS CANÇÕES FOLCLÓRICAS DO GRUPO ÉTNICO DAI[564]

O povo Dai é um dos grupos étnicos minoritários do sudoeste da China e tem uma longa história cultural. O cultivo de arroz é uma das características da cultura Dai. Durante o cultivo e na vida cotidiana, o povo Dai compôs várias canções, muitas das quais foram gravadas em seu próprio idioma. Essas canções fornecem informações valiosas a partir das quais a história e a cultura do grupo étnico Dai podem ser estudadas. Em seu novo livro *História do Cultivo de Arroz na China*, o professor You Xiuling apresenta a prática Dai de cultivo de arroz com base em *Canções Antigas do Povo Dai*.[565] No entanto, devido a restrições de espaço, ele não analisa o conteúdo das canções que cita, nem as examina no contexto da história geral do cultivo de arroz na China, em vez disso, apenas estuda o idioma e a história e baseia suas inferências sobre o cultivo de arroz em canções que datam de antes da Dinastia Han Oriental.[566] Em outras palavras, as canções refletem apenas a situação das práticas de cultivo de arroz do povo Dai em um período que data de aproximadamente dois mil anos atrás, a Dinastia Han Oriental. Essas inferências podem ser válidas? Neste artigo, examinarei a era do cultivo de arroz do povo Dai, conforme refletido nas técnicas e no sistema de calendários expressos nas antigas canções Dai, na esperança de esclarecer essa questão.

---

564 Este artigo foi publicado pela primeira vez em Estudos na História das Ciências Naturais, nº 4 (1998).

565 Todas as canções citadas neste capítulo são extraídas de Yan Wenbian e Yan Lin, trad., Canções Antigas do Povo Dai (Editora de Literatura Popular e Artes da China, 1981).

566 You Xiuling, História do Cultivo de Arroz na China (Pequim: Editora de Agricultura da China, 1995), p. 236.

1. Técnicas agrícolas usadas na era do cultivo de arroz do povo Dai, conforme refletidas nas técnicas representadas nas antigas canções Dai

As sementes devem ser deixadas de molho completamente, de preferência por três dias. Depois de retiradas da água profunda, as sementes devem ser colocadas ao lado de um tanque de peixes e, em dois dias, elas brotarão. Enquanto a esposa está ocupada cozinhando o arroz no vapor, o marido está conduzindo os bois no campo. Os homens estão ocupados com o trabalho de arar e plantar as mudas, mas as mulheres podem se levantar mais tarde. Quando o arado está pronto, o campo é gradeado e, a essa altura, os brotos já se partiram ao meio, indicando que é hora de plantar. Ah! Meninas, não sejam preguiçosas, e meninos, não sejam gananciosos. O canteiro de mudas não é o lugar para fiar e tecer. Os senhores vão depressa e espalham as sementes.

Os homens estão mais ocupados durante a época de arar. Ainda está amanhecendo, e as estrelas ainda estão no céu, mas os homens já levaram os bois para o campo. Eles só voltarão para casa esta noite, quando o céu estiver escuro.

O plantio de mudas de arroz é uma tarefa delicada, e é de suma importância que o senhor escolha a estação apropriada. No oitavo mês, o solo está solto e a água está quente. É nesse momento que as mudas devem ser plantadas e, dentro de meio mês, elas estarão crescidas. Hoje é o décimo quinto dia do oitavo mês e só plantamos metade de nossos campos. Meninas, as senhoras precisam se apressar e se atualizar para que possam terminar o plantio até o final do mês. Não deixem que isso se arraste até o nono mês.

Ah! Meninas, as senhoras são filhas de fazendeiros. A melhor estação para os agricultores é sempre o oitavo mês dourado e o nono, quando as cigarras cantam. Se a senhora não pousar o cabo de semeadura quando ouvir o canto da cigarra, as mudas que plantou ficarão amarelas e, quando a colheita de outono chegar, as espigas de grãos serão pequenas.

Em meio à fragrância do oitavo mês, os peixes se divertem entre a cevada.

O nono mês é a época de plantio do arroz, e a água no campo deve ter um zha de profundidade. Com bastante água, as mudas flores-

> *cerão, mas as ervas daninhas não crescerão. O joio é o inimigo das mudas, especialmente hábil em sugar os nutrientes do solo para que possa crescer mais vibrantemente do que as mudas. Meninas, tenham cuidado ao capinar os campos de arroz. Ao capinar, não confundam o joio com as mudas.*[567]

Nessa música, fica evidente que as práticas de cultivo de arroz naquela época eram de alto padrão. Não apenas bois eram usados para arar a terra, mas também técnicas de embebição de sementes, plantio de arroz, remoção de ervas daninhas e até mesmo de criação de peixes, o que colocava o padrão de cultivo Dai muito além do observado em Jiangnan durante a Dinastia Han Oriental. De fato, o padrão representado aqui é comparável ao da Jiangnan da era Tang-Song. A partir da literatura na China, fica claro que a maioria das técnicas mencionadas nas antigas canções e baladas do povo Dai só apareceu em outras partes da China muito depois da dinastia Han Oriental.

Criação de bois. O arado de boi já estava em uso nos períodos da Primavera e Outono e dos Estados Combatentes, mas ainda não era muito difundido. Foi somente após os aprimoramentos de Zhao Guo durante a dinastia Han que o arado de boi ganhou certa popularidade. Seria errado sugerir, no entanto, que o arado era usado em todas as áreas na época de Zhao. Durante a Dinastia Han Ocidental, parece que o arado não era muito usado no sul, especialmente na área de Lingnan. Na época dos Han orientais, a região de Jiuzhen (as partes orientais das províncias de Thanh How e Ha Tinh e a maior parte da província de Nghe An no Vietnã), que fica perto da área ocupada pelo grupo étnico Dai atualmente, ainda "queimava grama para cultivar campos" e "não sabia como arar com bois". Assim, essas áreas ainda estavam no estágio de uma sociedade de clãs primitiva, "sem saber os sobrenomes do pai e do filho e sem saber o caminho do marido e da mulher".[568] Foi somente quando Ren Yan se tornou governador de Jiuzhen que ele "começou a ensinar o uso do arado, e a prática costumeira de rotação

---

[567] Este é o sentido do texto original. Foi sugerido que a palavra "puxar" no final da canção deveria ser "deixar" e que toda a linha deveria ser lida como "Ao desbastar, não confunda as mudas com as ervas daninhas." Na verdade, como prática no campo, o desbaste envolve tanto a ação de puxar as ervas daninhas quanto a de deixar as mudas. A palavra "desbaste" não pode ser simplesmente interpretada como puxar as ervas daninhas, ou não incluiria a remoção do arroz, o que evidentemente não seria correto. Como o desbaste envolve retirar o arroz, naturalmente significa puxar o arroz e deixar as ervas daninhas, então a frase original, "não confunda as ervas daninhas com as mudas," faz sentido.

[568] Livro da Dinastia Han Posterior, "Biografia de Ren Yan."

de terras se tornou popular em Xianglin".⁵⁶⁹ A menção de Xianglin, a área mais tarde colonizada pelo povo Dai, sugere que o uso de bois na região Dai também pode ter acontecido somente após a Dinastia Han Oriental. Isso torna evidente que a antiga canção Dai, na qual os homens conduzem os bois para arar os campos, não é consistente com os registros históricos.

Embebição de sementes. A embebição de sementes é uma medida especial para o tratamento de sementes no processo de cultivo de arroz. As mudas de arroz têm um tecido duro, semelhante a uma casca, que não é facilmente penetrado pela água. Se as sementes forem semeadas no campo de mudas, elas podem ser destruídas por pássaros se não germinarem imediatamente. Deixar as sementes de molho é ainda mais necessário no norte, onde o clima é mais frio do que na região de Dai. Devido às baixas temperaturas no norte, as sementes não germinam facilmente após serem semeadas, o que pode resultar no apodrecimento das sementes, portanto, a imersão é frequentemente combinada com a germinação. O método de germinação mais antigo conhecido é encontrado em *Competências Essenciais para Beneficiar o Povo* (escrito por volta de 533 a 544 d.C.), onde é descrito como "germinação, seguida de três noites de secagem por gotejamento, após as quais as sementes são embrulhadas em recipientes de grãos de tecido de bambu. Depois de mais três noites, os brotos crescem dois *fen*, ou três *sheng* por mu."⁵⁷⁰ Talvez devido ao pouco material disponível sobre o assunto, a imersão das sementes não foi registrada em Jiangnan até depois da dinastia Song.

Transplante. O registro mais antigo do transplante de arroz é encontrado no Calendário Agrícola de Cui Shi (c. 103-170 d.C.), que diz: "No terceiro mês, plante arroz. No quinto mês, separe as plantas de arroz e índigo e continue assim até o fim". No entanto, parece que o transplante de arroz não era amplamente utilizado, embora o *Competências Essenciais para Beneficiar o Povo* mencione que o arroz seco era transplantado, referindo-se à remoção de plantas de uma área densamente plantada para uma área escassamente plantada, e não ao transplante do campo de mudas para o campo de arroz. O método de semeadura direta ainda era usado no norte da China. O transplante de arroz não se desenvolveu em Jiangnan até depois das dinastias Tang e Song.

Capina de plantio direto. A menção mais antiga na literatura chinesa sobre a capina de campos de arroz foi feita por Ying Shao durante a dinastia

---

569 [Dinastia Wei do Norte] Li Daoyuan, Clássico Comentado sobre Água, ed. Wang Guowei, vol. 36 (Pequim: Editora do Povo de Xangai, 1984), p. 1144.

570 [Dinastia Wei do Norte] Jia Sixie, Competências Essenciais para Beneficiar o Povo, ed. Miao Qiyu (Pequim: Editora de Agricultura da China, 1982), p. 100.

Han Oriental. Ele explica o método "plantar com fogo, capinar com água", dizendo: "Queime a grama e depois mergulhe-a na água ao cultivar arroz. Quando o arroz e a grama tiverem crescido juntos a uma altura de sete ou oito *cun*, tudo deve ser ceifado e, em seguida, novamente submerso em água para irrigá-lo. A grama morrerá e o arroz morrerá e a grama morrerá. A grama morrerá e somente o arroz crescerá novamente."[571] Esse sistema de remoção de ervas daninhas corta o arroz e a grama ao mesmo tempo, o que é uma diferença óbvia em relação à prática usual de remoção de ervas daninhas. O primeiro registro de remoção de ervas daninhas é encontrado em *Competências Essenciais para Beneficiar o Povo*, que afirma: "Quando as mudas de arroz atingirem sete ou oito *cun*, a grama velha voltará a crescer. Ela deve ser cortada com uma foice e colocada debaixo d'água. A grama apodrecerá e morrerá. As mudas de arroz crescem, e o agricultor precisa capinar novamente". Nos primeiros anos da Dinastia Song do Sul, o *Tratado Agrícola de Chen Fu* resumiu sistematicamente a técnica de cultivo dos campos de arroz.

Criação de peixes. A primeira menção à criação de peixes nos arrozais data do período dos Três Reinos. O *Dieta das estações do ano no reinado de Weiwu* registra: "Os peixes do condado de Pi, com caudas amarelas e escamas vermelhas, entraram nos arrozais e podiam ser transformados em molho de peixe."[572] Os peixes que entravam nos arrozais provavelmente não eram criados artificialmente, portanto, o primeiro registro de criação artificial de peixes é provavelmente o Lingnan Sketches da dinastia Tang, embora esses peixes não fossem criados ao mesmo tempo em que o arroz era plantado, mas antes. A primeira menção no sentido realmente moderno da criação de peixes em arrozais é encontrada no *Registro do Primeiro Estudo de Jiapu*, de Li Jinxing.

Fica evidente na Tabela 1 que, de acordo com a literatura chinesa, além da irrigação, que pode ter começado antes mesmo da dinastia Qin, todas as outras medidas técnicas podem ter sido usadas pela primeira vez na agricultura das regiões do norte após a dinastia Han. Se as técnicas de cultivo de arroz do povo Dai e do povo Han no norte estavam no mesmo nível de desenvolvimento, então é possível que as técnicas de cultivo de arroz descritas nas antigas canções Dai tenham sido provavelmente desenvolvidas após a dinastia Han, e as canções também datam de algum tempo após a dinastia Han.

---

571 O Livro de Han, "Registros do Imperador Wu."

572 Citado em Revista Imperial de Taiping, "Lingjie."

TABELA 1 — Menção mais antiga em escritos chineses de técnicas que aparecem nas antigas canções Dai

Técnica	Período em que apareceu pela primeira vez nos escritos chineses	Texto chinês em que apareceu pela primeira vez
Imersão de sementes	Dinastia Wei do Norte	Habilidades essenciais para beneficiar o povo, "Paddy"
Arar	Dinastia Han Oriental	História do Han Oriental, "Biografia de Ren Yan"
Angustiante	Dinastia Song	Poemas Ilustrados de Cultivo, "Angustiante"
Transplante	Dinastia Han Oriental	Tratado sobre Agricultura, "O Quinto Mês"
Puxando Mudas	Dinastia Wei do Norte	Habilidades essenciais para beneficiar o povo, "Paddy"
Irrigando	Dinastias Shang/Zhou	Livro de Canções, "Flores Brancas"
Piscicultura no arrozal Campos	Dinastia Qing	O primeiro estudo de Jiapu

Na verdade, por algum tempo após a dinastia Han, a tecnologia de cultivo de arroz no sul ficou muito atrás da do norte. Da dinastia Han até o período Sui-Tang, muitos documentos históricos que detalhavam o cultivo de arroz no sul usavam expressões idiomáticas como "arar com fogo, capinar com água", com a descrição mais antiga e representativa aparecendo nos *Registros do Historiador*, "Bens", onde se lê: "Na terra de Chu e Yue, onde a terra é vasta e pouco povoada, arroz e peixe são criados juntos, e arar com fogo, capinar com água é comum. Há uma abundância de frutas e produtos aquáticos para a autossustentação, sem necessidade de comércio". Estudiosos antigos e modernos, tanto na China quanto no exterior, ofereceram inúmeras interpretações sobre o que "arar com fogo e capinar com água" poderia significar. Embora haja muitas diferenças entre essas explicações, algumas das características comumente aceitas incluem queimar a grama com fogo e arar sem gado, cultivar plantas vivas sem plantar mudas e inundar a grama com água sem arar.

Historicamente, na área de Chu-Yue, que abrangia as vastas terras ao sul do rio Yangtze, havia um ramo do povo Yue, o grupo étnico Dai. De acordo com os registros, o povo Dai se estabeleceu na parte sudoeste da província de Yunnan e nas partes central e norte da Península Sino-Indiana muito antes da Era Atual. Os primeiros ancestrais conhecidos do povo Dai encontrados nas páginas da história foram os Dian Yue, registrados nos *Registros do Historiador*. Nas dinastias Wei e Jin, os nomes étnicos do povo Dai incluíam Pu, Yue e Liao. Na dinastia Tang, eles eram chamados de Chiman ou Mangman ("man" significa "bárbaro"). Mais tarde, eles também foram chamados de Baiyi (com diversas variações na linguagem escrita).

Embora os ancestrais do atual povo Dai estivessem entre os primeiros produtores de arroz, eles ficaram muito tempo presos em um estado de agricultura primitiva. Nos períodos da Primavera e Outono e dos Reinos Combatentes, quando os primeiros Han das Planícies Centrais entraram em um período de agricultura intensiva, os Baiyue, ancestrais do povo Dai, ainda estavam no estágio de agricultura de "pássaros e campos".[573] Durante a dinastia Han, as pessoas da área de Jiaozhi, perto da região Dai, não sabiam arar com bois, portanto, é razoável dizer que o povo Dai também não tinha essa tecnologia. No período Tang-Song, quando instrumentos agrícolas como o arado de Jiangdong, a grade, a pedra de amolar, o lize[574] e o ancinho de madeira estavam entrando em uso no curso médio e inferior do Yangtze, e um sistema de técnicas agrícolas finas estava começando a surgir ali, os ancestrais dos Dai ainda usavam o "arado de elefante".[575] Arado de elefante não é arar com elefantes no sentido que se possa imaginar. De acordo com o testemunho de vários registros, "arado de elefante" e "pássaros e campos" eram originalmente usados para descrever a prática de cultivar terras agrícolas imediatamente após os animais as terem pisoteado ou buscado alimento nelas, o que era um método ainda mais primitivo do que a agricultura de corte e queima.[576] O povo Dai criava elefantes para

---

[573] A História dos Reinos Wu e Yue – Contos de Wuyu, Rei de Yue, registra: "Quando Wuyu foi primeiro premiado com um título nobre, o povo vivia nas montanhas, e embora se beneficiasse dos pássaros e campos, pagava tributo na forma de um sacrifício no templo. O povo novamente se estabeleceu e cultivou a terra, ou caçava os veados e outros animais para as refeições."

[574] Nota do tradutor: uma ferramenta de dentes curtos usada para quebrar pedras nos campos.

[575] [Dinastia Tang] Fan Chuo, Registro dos Bárbaros, vol. 7, "Produtos de Yunnan" registra: "Ao sul de Tonghai, há muitos búfalos selvagens, com rebanhos de mil ou dois mil. Há muitos yaks a oeste do Rio Minuo, e no sul, criam elefantes, cerca de um por família, e os usam para arar, em vez de usar bois." Também afirma: "Elefantes são abundantes no sul. Cada família cria vários, e os usa para arar os campos."
O mesmo livro registra, na seção intitulada "Categorias", Parte 4: "As tribos Mangman também são chamadas de bastardos Kainan... Lá, pavões fazem ninho nas árvores, e há elefantes do tamanho de um búfalo de água. O costume nativo é usar os elefantes para arar os campos e usar seu esterco como combustível para o fogo."

[576] Zeng Xiongsheng, "Exploração do 'Arado com Elefante' e 'Pássaros e Campos'," Estudos na História das Ciências Naturais, no. 1 (1990).

arar os campos, embora tivesse deixado para trás as práticas primitivas de "criação de elefantes" e "pássaros e campos", o que significa que eles intencionalmente criavam os animais para pisar nos campos (arar com cascos), mas sua tecnologia agrícola ainda era primitiva em comparação com a aradura com bois. Depois da dinastia Ming, com o influxo de uma população agrícola para as áreas Dai no interior, as áreas ao norte de Mengmi, que estavam mais próximas do coração do território chinês, entraram em um estágio de "arar e plantar", enquanto as áreas ao sul de Mengmi, que estavam mais distantes do coração do território chinês, permaneceram no estágio de "arar e semear".[577] A tecnologia de cultivo de arroz Dai permaneceu em um estado relativamente atrasado até a década de 1950, ficando muito atrás das práticas chinesas Han. Em termos de ferramentas de produção, embora arados e grades fossem usados no preparo da terra, os arados e outras ferramentas de ferro eram comprados principalmente no exterior, e os dentes da grade eram feitos de bambu, de modo que a estrutura desses instrumentos era primitiva e ineficiente. As técnicas agrícolas eram relativamente livres e fáceis, geralmente centradas em primeiro arar e depois gradear, sem fertilizar ou arrancar as mudas.[578] As técnicas de cultivo de arroz apresentadas nas antigas canções Dai são obviamente de uma época posterior ao estágio de "arar com fogo, capinar com água", e até mesmo superior a algumas das técnicas que ainda estavam em uso em algumas áreas Dai até a década de 1950.

Do ponto de vista da história do desenvolvimento da tecnologia de cultivo de arroz Dai, é improvável que as técnicas mais avançadas de cultivo de arroz mencionadas nas canções antigas datem de antes da Dinastia Han Oriental. É mais provável que elas datem do período Tang-Song, e o mais plausível é que tenham sido introduzidas após a dinastia Ming.

---

577 Registro das Terras e Costumes do Sudoeste Yi. Citado em Jiang Yingliang, História do Povo Dai (Chengdu: Editora Étnica de Sichuan, 1983), p. 340.

578 Huang Zhaohuai et al., "Uma Pesquisa sobre o Nível de Produtividade da Sociedade Mangman Pré-Libertação no Município de Jinghong," em Pesquisa da Sociedade Dai em Xishuangbanna, vol. 1 (Editora Étnica de Yunnan, 1983), pp. 12–15; A Segunda Seção da Delegação Central de Visitas, "A Situação no Município de Nanqiao," em Pesquisa da História da Sociedade Dai em Xishuangbanna, vol. 1 (Editora Étnica de Yunnan, 1983), p. 30. A Segunda Seção da Delegação Central de Visitas, "Investigação da Agricultura e Produção de Algodão em Cheli, Fohai e Nanqiao," Pesquisa da História da Sociedade Dai em Xishuangbanna, vol. 1 (Editora Étnica de Yunnan, 1983), p. 63; O Grupo de Inspeção de Trabalho Étnico do Sudoeste do Comitê Central da República Popular da China, "Produção Agrícola na Região Autônoma de Xishuangbanna (Prefeitura)," em Pesquisa da História da Sociedade Dai em Xishuangbanna, vol. 1 (Editora Étnica de Yunnan, 1983), p. 83.

2. Explorando a cronologia das antigas canções Dai e do cultivo de arroz em vista do calendário

O nível de tecnologia de cultivo de arroz refletido nas canções antigas citadas anteriormente não difere muito daquele do povo Han no período Tang-Song. Nas áreas Han, o arroz era geralmente semeado por volta do terceiro mês do calendário lunar e depois transplantado no quarto mês, após um mês de semeadura. Após cerca de um mês de transplante, os campos eram arados duas ou três vezes antes de serem colhidos no nono mês. Embora as letras das antigas canções Dai incluam a semeadura no terceiro mês e a colheita no nono,[579] a época do transplante é o oitavo mês e a época do arado é o nono.

A partir da Tabela 2, fica evidente que há uma diferença de quatro meses entre as práticas de cultivo de arroz dos Han e dos Dai, exceto nos meses de semeadura e colheita e nos meses de transplante e aração. No cultivo de arroz Han, são necessários cinco meses para ir do transplante à colheita e quatro meses da primeira aração à colheita. Na prática de cultivo de arroz Dai, havia apenas um mês entre o transplante e a colheita, e até mesmo o cultivo e a colheita eram feitos no mesmo mês. Uma possibilidade para esse fenômeno é que as antigas canções Dai usavam os calendários Han e Dai.

TABELA 2 — Comparação dos calendários agrícolas Han e Dai

Atividade Agrícola	No Calendário Han	No Calendário Dai
Semear	Terceiro Mês	Terceiro Mês
Transplante	Quarto Mês	Oitavo Mês
Capina	Quinto Mês	Nono Mês
Colheita	Nono Mês	Nono Mês

---

[579] Uma antiga canção Dai intitulada "O Espírito do Grão" diz: "Você está no celeiro, confortável e seguro. Quando o terceiro mês chegar no próximo ano, você irá para os campos, onde brotará e florescerá, lutando para ser o mais perfumado." Ela continua: "Mulheres: Os peixes brincam entre a cevada, no meio da fragrância do oitavo mês, e quando está chegando ao fim, a foice é afiada e brilhante. Homens: No dourado nono mês, as ondas de arroz se viram, e a foice de prata da colheita dança, enquanto as calosidades crescem nas mãos das meninas. Mulheres: No dourado nono mês, o arroz se empilha em uma montanha. Há cantos alegres ao redor nas nuvens coloridas. Irmão, você está cansado, e suas costas estão doloridas. Homens: Na colheita do décimo mês, todos riem, na abundância do décimo mês, até o gonguinho acompanha a melodia ao soar. Mulheres: Na colheita do décimo mês, cada família faz vinho. A abundância do décimo mês é o momento para celebrar."

Com relação ao calendário, o terceiro mês de semeadura e o nono mês de colheita provavelmente foram calculados de acordo com o calendário lunar Han. De acordo com uma pesquisa sobre a situação da produção do vilarejo de Jingdongmankuang Stockade na década de 1950,[580] as estações agrícolas locais Dai eram calculadas de acordo com o calendário lunar da seguinte forma:

Primeiro mês: armazenar lenha, reparar a vala
Segundo mês: bloquear a represa no primeiro dia, irrigar os campos, bombear água da vila para os campos, verificar as rações no último dia
Terceiro mês: enviar rações no primeiro dia, cavar no último dia, plantar sementes para cereais e melões
Quarto mês: plantar mudas nos campos no primeiro dia, plantar amendoim e algodão no último dia
Quinto mês: regar as mudas no primeiro dia, arar os campos no último dia, preparar o plantio de mudas
Sexto mês: capinar, arrancar ervas daninhas
Sétimo mês: cortar grama dos montes, bloquear a represa de peixes, pescar
Oitavo mês: fazer recortes de papel, preparar oferendas para o Buda
Nono mês: cortar e empilhar os grãos
Décimo mês: debulhar os grãos e armazenar no celeiro
Décimo primeiro mês: cortar ervas silvestres, cortar lenha
Décimo segundo mês: trançar fileiras de grama, cortar madeira, reparar casas

Embora o tempo de semeadura listado aqui seja um pouco mais tarde do que o mencionado nas canções antigas, o tempo de colheita é exatamente o mesmo, provando que o tempo de semeadura e colheita em algumas canções antigas do Dai pode ser calculado de acordo com o calendário lunar Han.

No entanto, seria difícil entender por que as canções mencionam o transplante no oitavo mês e a lavoura no nono, se considerarmos o calendário Han. De acordo com o calendário Han, o arroz deve amadurecer no oitavo ou nono mês, e seria difícil ter uma colheita se o arroz estivesse sendo transplantado e arado nessa época. Parece óbvio que o transplante do oitavo mês e a colheita do nono mês foram calculados de acordo com o ca-

---

580 Grupo Editorial da Província de Yunnan, org., Pesquisa da História da Sociedade Dai em Xishuangbanna, vol. 7 (Editora Étnica de Yunnan, 1985), pp. 140-149.

lendário Dai.[581] A ordem do calendário Dai é sexto mês, sétimo mês, oitavo mês, nono mês, (nono mês bissexto), décimo mês, décimo primeiro mês, décimo segundo mês, terceiro mês, quarto mês, quinto mês, com o ano seguinte começando no sexto mês. O dia do Ano Novo de Dai é no sexto mês, ou às vezes no sétimo. Por exemplo, o primeiro dia do ano Dai de 1321 (1959 no calendário gregoriano) é o oitavo dia do sexto mês no calendário Dai.

A sequência de meses no calendário Dai está normalmente três meses à frente do calendário Han, de modo que o quarto mês do calendário Dai é o primeiro mês do calendário Han e o primeiro mês do calendário Dai é o décimo mês do calendário Han (consulte a Tabela 3).

TABELA 3 — Comparação entre os calendários Han e Dai

Mês Han	1	2	3	4	5	6	7	8	9	10	11	12
Mês Dai	4	5	6	7	8	9	10	11	12	1	2	3

Devido à diferença na época dos meses bissextos nos calendários Han e Dai, a sequência de meses do calendário Dai é quatro meses mais cedo do que a do calendário Han por cerca de um ano após o mês bissexto no calendário Han e antes do mês bissexto no calendário Dai. Por exemplo, em 1963, o segundo mês do calendário Han era o quinto mês do ano de 1324 no calendário Dai. Após o mês bissexto no quarto mês, o quinto mês do calendário Han era o nono mês do calendário Dai, uma diferença de quatro meses. A diferença de quatro meses permaneceu até o sexto mês do ano seguinte, que foi após o mês bissexto, o nono mês do ano de 1325 no calendário Dai. Nesse momento, a diferença usual de três meses foi restaurada. Isso significa que o "transplante do oitavo mês" e a "colheita do nono mês" nas antigas canções Dai eram o transplante do quarto mês e o cultivo do quinto mês, ou o transplante do quinto mês e o cultivo do sexto mês, nas áreas Han, o que é consistente com a estação de produção agrícola Han.

Obviamente, o cultivo de arroz foi amplamente distribuído nas áreas Han e, com as diferentes condições naturais e sistemas de cultivo, o mês de semeadura do arroz variou (consulte a Tabela 4).

---

581 Uma fotografia intitulada "O Intenso Plantio de Arroz no Oitavo Mês do Calendário Dai" está incluída em Pesquisa da História da Sociedade Dai em Xishuangbanna (Volume 1), editado pelo Grupo Editorial da Província de Yunnan e publicado pela Editora Étnica de Yunnan em 1983.

TABELA 4 — Informações em antigos tratados agrícolas sobre a semeadura dos campos de arroz

Livro	Texto original	Calendário gregoriano Equivalente
Tratado de Fan Sheng	110 dias após o Solstício de Inverno, o arroz pode ser plantado	Por volta de 10 de abril
Tratado sobre Agricultura	O arroz glutinoso de grão redondo pode ser plantado no terceiro mês	Por volta de meados de abril até meados de maio
Habilidades essenciais para beneficiar as pessoas	A melhor época para plantar arroz é no terceiro mês, o segundo melhor é no início do quarto mês e o pior a hora é meados do quarto mês.	Por volta de meados de abril até meados de junho
Compêndio do Governo Song e Instituições Sociais	No sul, quando faz calor na parte final do segundo mês e no início do terceiro mês, deve-se usar uma gaiola de bambu, forrada com o arroz palha, e colocado nos arrozais... Deve ser embebido por três dias e depois colocado sob um abrigo até ficar ligeiramente maduro, como se estivesse se abrindo, em seguida, espalhe em um pedaço de terra limpo. Espere pelo aparência de brotos e grãos e, em seguida, armazene-o em um local amplo recipiente de bambu. Arar o chão para nivelá-lo, parando quando a água tiver cinco centímetros de profundidade, espalhe e depois de três dias, solte a água. No quinto dia, quando os brotos tiverem cinco centímetros de altura, deixe-os de molho por outro dia e espere que cresçam. Porque o o clima ao sul do rio Huai é mais frio, só será no oitavo mês em que as colheitas amadurecem.	Por volta de meados de março a início de abril

Registro de Mudas de Arroz	Plantar no início da primavera ou grão na espiga período (a Água da Chuva), depois corte o arroz precoce no Menor Calor e Maior Calor. Planta em Qingming Festival, e corte em Cold Dew e Frost's Descent... Na atual Jiangnan, os primeiros grãos são plantados no primeiro ou segundo mês. Somente se houver um mês bissexto, com a diferença normal de calor, então plantar é mais tarde, começando no terceiro mês, e o arroz tardio normalmente plantado no terceiro mês é adiado até o quarto ou quinto mês. Esta é a prática em Jiangnan hoje.	Por volta do início ao meio de Fevereiro para plantio arroz precoce, início de abril para plantar arroz tardio

A partir da Tabela 4, podemos ver que a diferença entre os períodos de semeadura de arroz no norte e no sul foi de cerca de um mês, e a diferença entre o período de semeadura de arroz em Jiangnan foi de um a dois meses, conforme refletido no *Registro de Mudas de Arroz*, de modo que a diferença entre o norte e o sul pode ter sido de três meses.

Da mesma forma, na região de Dai, onde o arroz pode ser cultivado durante quase todo o ano devido às melhores condições naturais, ainda há uma diferença de um a dois meses entre as estações de plantio de arroz. A estação de transplante mencionada nas antigas canções Dai, o oitavo mês, é consistente com o que foi visto em Mengla e em outras áreas na década de 1950.[582] Supondo que a idade das mudas transplantadas fosse de um mês, as mudas foram plantadas no sexto ou sétimo mês do calendário Dai, ou no terceiro mês do calendário Han, que coincide com o período de plantio mencionado na antiga canção Dai, "Espírito do grão". Em outras palavras, as mudas de Dai eram plantadas no terceiro mês do calendário Han. De acordo com a pesquisa, em algumas áreas Dai, a aragem e o plantio de sementes de arroz começavam já em meados do quinto mês (oitavo mês do calendário Dai), e a colheita começava já no décimo mês (o primeiro mês do

---

[582] Grupo Mengla do Grupo de Pesquisa Étnica de Yunnan, "Pesquisa Política e Econômica de Mengla e Mengna," em *Pesquisa Abrangente da Sociedade Dai em Xishuangbanna* (Editora Étnica de Yunnan, 1983), p. 99.

ano seguinte no calendário Dai).[583] Há também lugares nas áreas Dai onde o arroz é plantado no início do nono mês (sexto mês do calendário Xia), e depois é colhido para ser transplantado trinta dias depois. No segundo mês do ano seguinte (décimo primeiro mês do calendário Xia), ele é colhido, o que é diferente da situação refletida nas canções antigas. Por exemplo, antes de 1949, as atividades agrícolas do vilarejo de Manlongfeng Stockade no condado de Jinghong eram as seguintes:

> *Nono mês*: arar e gradear os canteiros de mudas, semear
> *Décimo mês*: começar a arar os campos no final do mês, sete dias após o Festival de Fechamento das Portas[584]
> *Décimo primeiro mês*: arar e gradear os arrozais, transplantar as mudas
> *Décimo segundo mês*: cortar madeira, fazer canteiros de grãos, cortar esteiras de bambu, preparar para a colheita de outono
> Após o Festival de Abertura das Portas, *primeiro mês*: plantar tabaco, colher arroz precoce
> *Segundo mês*: colheita oficial de outono, cortar grãos, debulhar
> *Terceiro mês*: cortar lenha, pescar, fazer ferramentas pequenas de bambu
> *Quarto mês*: limpar a terra, cortar grama para construir casas, cortar madeira
> *Quinto mês*: cortar bambu para fazer ferramentas, trançar fileiras de grama, construir casas, cultivar o arroio
> *Sexto mês*: juntar lenha, celebrar o Ano Novo
> *Sétimo mês*: plantar grãos de terras secas
> *Oitavo mês*: descansar[585]

Em outras palavras, há uma defasagem de um a dois meses entre a semeadura na região de Dai, e o transplante do oitavo mês mencionado nas antigas canções de Dai está dentro dessa defasagem, demonstrando que as canções de Dai também usavam o calendário de Dai. O mesmo acontece com

---

583 Grupo de Inspeção do Trabalho Étnico do Sudoeste do Comitê Central da República Popular da China, "Produção Agrícola na Região Autônoma de Xishuangbanna (Prefeitura)," em *Pesquisa da História da Sociedade Dai em Xishuangbanna*, vol. 1 (Editora Étnica de Yunnan, 1983), p. 83; Jiang Yingliang, *História do Povo Dai* (Editora Étnica de Sichuan, 1983), p. 475.

584 Nota do Tradutor: o 15º dia do nono mês no Calendário Dai.

585 Huang Zhaohuai et al., "Uma Pesquisa dos Níveis de Produtividade na Sociedade Pré--Libertação na Aldeia Fortificada de Manlongfeng, Condado de Jinghong," em *Pesquisa Abrangente da Sociedade Dai em Xishuangbanna*, vol. 1, editado pelo Comitê Editorial Provincial de Yunnan, Série de Questões Étnicas (Editora Étnica de Yunnan, 1983), pp. 11-20.

o clima. Na antiga canção, lemos: "No nono mês vem o chilrear das cigarras", uma referência óbvia ao nono mês do calendário Dai, não ao calendário lunar. No calendário lunar, o nono mês é o fim do período em que o chilrear das cigarras é ouvido, e não o momento em que o som delas "chega".

Ao confirmar o fato básico de que o calendário Dai era usado nas antigas canções Dai, é possível estimar a idade geral das canções e as práticas de produção de arroz que elas registram. É certo que as canções Dai e as práticas de cultivo de arroz datam de depois que o uso do calendário Dai foi introduzido. Isso significa que determinar a origem do atual calendário Dai e quando ele entrou em uso fornece uma base importante para determinar a data em que as antigas canções Dai foram compostas.

O calendário Dai faz parte do sistema indochinês, sendo influenciado pelas culturas chinesa e indiana. Embora a cultura chinesa tenha começado a exercer alguma influência nas regiões de Dai durante as dinastias Qin e Han, a cronologia do ramo-tronco e a cronologia solar do calendário chinês podem ter sido introduzidas nas áreas de Dai já na dinastia Han, enquanto o zodíaco chinês, o método do mês bissexto e os 24 termos solares foram aplicados mais tarde. A influência da cultura indiana veio mais tarde, e o atual calendário Dai foi gradualmente formado após a introdução da cronologia numérica do calendário indiano.

A disseminação da cultura indiana na região de Dai estava intimamente ligada à disseminação do budismo. Pode-se inferir que o cultivo de arroz refletido nas antigas canções de Dai é anterior à dinastia Han Oriental, com base no momento da introdução do budismo Hinayana da Índia.

O povo Dai viveu por muito tempo em Yunnan, que fica perto da Índia, portanto, parece que a introdução do budismo não deveria ter ocorrido após a dinastia Han Oriental, mas, na verdade, esse não é o caso. Em geral, o povo Dai acreditava no budismo Hinayana, chamado de "Sasana" ou "Buddha Sasana" no idioma Dai, ambos retirados do idioma Pali da Índia, e no budismo Suramgama ou Mahavihara. De acordo com uma pesquisa sobre o budismo na região Dai de Xishuangbanna, o mais antigo monastério da região foi o Monastério Mian, estabelecido mil anos depois que o Buda atingiu o Nirvana, mas não havia observações religiosas na época; elas foram introduzidas no monastério vindas da Tailândia cerca de 1.600 anos depois que o Buda atingiu o Nirvana.[586] O fundador do budismo, Siddhartha Gautama, morreu em cerca de 486 a.C., portanto, presume-se que o budismo foi introduzido na região Dai entre 500 e 1100 d.C.

---

[586] Yang Zhimin, "Pesquisa sobre o Budismo Dai em Xishuangbanna," em *Pesquisa Abrangente da Sociedade Dai em Xishuangbanna*, vol. 1, editado pelo Comitê Editorial Provincial de Yunnan, Série de Questões Étnicas (Editora Étnica de Yunnan, 1983), p. 148.

O budismo foi introduzido nas regiões Dai a partir do Sião (atual Tailândia) e da Birmânia (atual Mianmar). Diz-se que havia um Estado Haripunchai (Nam Ben) no Sião, que foi chamado de "O Reino Feminino" no *Livro dos Bárbaros* e na *História do Yuan*, um pequeno estado estabelecido pela tribo Meng. Em 663 d.C., o rei Chama Thevi (princesa) levou quinhentos monges e clérigos budistas a Haripunchai e construiu um templo budista de Yunnan para difundir a fé. Isso marcou o início do budismo no Sião. Foi somente em 1292, quando Mangrai, o rei tailandês de Lan Na, conquistou Haripunchai, que o budismo Hinayana foi introduzido em Lan Na e depois viajou de Chiang Mai para Kingdon e de Kingdon para Xishuangbanna. Da segunda metade do século XIV até a primeira metade do século XV, o budismo hinayana viajou da Birmânia para a região Dai de Dehong, um pouco mais tarde do que sua introdução em Xishuangbanna.[587] A *História dos Ming* registra: "No início, as pessoas em Pingmian[588] não adotaram o budismo, mas havia monges de Yunnan que, para melhorar seu carma, espalharam o budismo."[589] Isso indica que a região Dai em Dehong não adotou o budismo até o início da dinastia Ming. Também sugere que o budismo foi introduzido em Dehong a partir das partes centrais do território chinês no início da dinastia Ming. De acordo com os *Anais da Dinastia Ming*, foi somente no meio do governo Ming que o budismo se difundiu nas regiões Dai. Isso é consistente com as inferências que o estudioso francês Roger Billard faz, com base em dados do calendário cambojano, de que o calendário indochinês começou a ser usado na segunda metade do século XIV.[590]

No entanto, alguns estudiosos descobriram que documentos históricos da Dai indicam que o calendário em uso naquela época continha características do atual calendário da Dai, já no ano 132 do calendário da Dai (770 d.C.). Essas características incluíam a celebração do Ano Novo no sexto mês, o Ano Novo como o dia da chegada do Rei do Céu, o nono mês como mês bissexto e a projeção dos dias da semana. A partir disso, eles

---

587 Xie Yuanzhang, "A Origem de Zhaoshutun," em *Artigos do Simpósio de Literatura Dai de 1981*. Citado em Jiang Yingliang, *História do Povo Dai* (Editora Étnica de Sichuan, 1983), p. 344.

588 Nota do tradutor: atualmente conhecido como Longchuan, Yunnan.

589 *História da Dinastia Ming*. "Biografia do Tusi de Yunnan." Pingmian, um Tusi no início da Dinastia Ming, era anteriormente conhecido como Divisão de Cônsul Militar e Civil de Luchuan Pingmian durante a Dinastia Yuan. Luchuan abrangia todo o território de Ruili, Longchuan e Zhefang na atual Prefeitura Autônoma Dai e Jingpo de Dehong, as divisões de Nandian e Ganya, e parte das áreas atuais de Mianmar ao sul do Rio Ruili.

590 Roger Billard, *L'astronomie indienne* (Paris: Escola Francesa do Extremo Oriente, 1971). Citado em Zhang Gongjin e Chen Jiujin, "Um Estudo do Calendário Dai", em *História Astronômica Chinesa (Volume 2)* (Pequim: Editora de Ciências, 1981), p. 259.

especulam que o atual calendário Dai foi medido e usado por volta de 638 d.C..[591] Entretanto, deve-se observar que esses dois documentos históricos Dai podem ser o produto do uso do calendário Dai posterior pelo povo Dai para traçar sua história ancestral, portanto, eles podem não indicar que o calendário Dai estava em uso naquela época. Estou mais inclinado a acreditar na teoria da dinastia Ming.

Em resumo, não é possível que o calendário Dai tenha sido usado antes da dinastia Han Oriental. Embora contenha alguns elementos do calendário Han que são anteriores ao Han Oriental, como a referência aos ramos como "mãe" e "filho", isso não significa necessariamente que o calendário Dai tenha sido formado antes da dinastia Han Oriental, mas apenas que os troncos e ramos Han podem não ter sido introduzidos nas áreas Dai até a dinastia Han. O atual calendário Dai foi formado gradualmente após a introdução do budismo e da cronologia numérica, que o coloca após o século VI d.C., mais especificamente, em 638 d.C., quando o calendário Dai começou. Em outras palavras, as antigas canções Dai e sua representação das práticas de cultivo de arroz só podem ser datadas após 638 d.C. e, mais provavelmente, em meados da dinastia Ming.

---

591 Zhang Gongjin e Chen Jiujin, "Um Estudo do Calendário Dai", em *História Astronômica Chinesa (Volume 2)* (Pequim: Editora de Ciências, 1981), pp. 258-259.

3. Conclusão e discussão

Com base nessa análise do nível de desenvolvimento da tecnologia de cultivo de arroz e da idade do calendário, pode-se inferir que as antigas canções Dai e as práticas de cultivo de arroz nelas refletidas foram provavelmente formadas após a dinastia Tang, muito provavelmente durante o governo Ming.

Após as dinastias Tang e Song, a tecnologia de cultivo de arroz no sul, principalmente entre a população chinesa Han, desenvolveu-se rapidamente, especialmente no uso de arado, grade e ancinho na preparação da terra, novas técnicas de reprodução de mudas destinadas a cultivar mudas fortes e técnicas de gerenciamento de campo centradas no cultivo e na queima de campos. Entretanto, com o crescimento da população, algumas áreas ficaram superpovoadas e a terra ficou escassa, de modo que a migração do "campo estreito", densamente povoado, para o "campo amplo", menos povoado, foi inevitável. Embora as pessoas do centro dos territórios chineses vivessem nas áreas Dai desde as dinastias Qin e Han e continuem a viver até hoje, o ponto alto da migração ocorreu após as eras Tang e Song, especialmente durante a dinastia Ming, sendo as áreas Dai o foco da migração em Yunnan.[592] De acordo com uma pesquisa realizada na década de 1950, alguns membros da comunidade Dai acreditam que seus ancestrais se mudaram para a região Dai vindos de Nanjing e de outros lugares durante o reinado de Hongwu na dinastia Ming. O grande número de imigrantes desempenhou um papel importante no desenvolvimento da região de Dai. As técnicas de cultivo de arroz refletidas nas antigas canções e baladas Dai provavelmente foram influenciadas pelas técnicas avançadas de cultivo de arroz do povo Han depois que os imigrantes chegaram à região Dai, onde a influência Han sobre o povo Dai é evidente. Até a década de 1950, ferramentas e técnicas avançadas de produção da região Han ainda eram compradas pelo povo Dai e usadas como modelos a serem seguidos. Isso levanta a questão da relação entre o cultivo de arroz Dai e Han.

Acredito que a relação entre as duas culturas de cultivo de arroz pode ser examinada sob a perspectiva da origem da cultura de cultivo de arroz. A antiga cultura de cultivo de arroz Yue é o ancestral comum do cultivo de arroz Han e Dai. Depois que o antigo povo Yue criou a cultura do arroz, alguns deles a levaram para o norte, onde ela se fundiu à cultura Han e se tornou parte da tradição Han de cultivo de arroz. Por exemplo, o sítio de Hemudu é a mais culta das tribos Baiyue na costa sudeste, e os habitantes dessa cultura se mudaram para o norte, onde criaram a cultura Qingliangang ao norte

---

592 Jiang Yingliang, *A História do Povo Dai* (Editora Étnica de Sichuan, 1983), pp. 312–335.

e ao sul do rio Yangtze, levando o cultivo de arroz para a região do norte de Jiangsu a Shandong.[593] Outra parte da tribo Baiyue estava espalhada pelo sul, absorvendo as culturas agrícolas de seus vizinhos, inclusive a cultura de cultivo de arroz do povo Han, enquanto ainda preservava suas próprias tradições culturais inerentes.

Além disso, a região de Han foi a fonte da tecnologia avançada de cultivo de arroz. Embora a cultura de cultivo de arroz tenha se originado na região de Jiangnan, a tecnologia de cultivo de arroz se desenvolveu primeiro no norte. Devido às condições naturais do cultivo de arroz na região de Jiangnan, não era necessário introduzir muitas técnicas complexas para obter uma colheita, de modo que um método de produção relativamente primitivo permaneceu em uso por um longo período, incluindo arar e capinar, ou arar e capinar o arrozal. No norte, entretanto, as condições naturais não eram favoráveis à produção de arroz, portanto, era necessário criar artificialmente condições mais adequadas, o que promoveu o avanço da tecnologia de cultivo de arroz. A maioria dos primeiros documentos sobre o cultivo de arroz na história chinesa está relacionada à irrigação dos campos de arroz. Por exemplo, o *Livro de Cânticos*, "Odes menores do reino", "Flor branca" menciona um "lago que flui para o norte, encharcando os campos de arroz", que é o registro mais antigo de irrigação de arrozais. Outro exemplo é a Estratégia dos Estados Combatentes, que afirma: "Os Zhou Orientais queriam arroz, mas os Zhou Ocidentais bloquearam seu suprimento de água", indicando que, mesmo naquela época, a importância da água no cultivo do arroz era reconhecida. Para resolver o problema da água nos campos de arroz, os *Ritos de Zhou* estabeleceram o cargo de "homem do arroz", cujas funções eram "manter a colheita no campo". Ele é responsável pelo cultivo da parte inferior do pântano, com piscinas para armazenar água e evitar que a água fique estagnada, dragando a água com valas e distribuindo-a uniformemente por meio de pequenas calhas no campo, retendo a água com montes de toupeiras e liberando-a por meio de pequenas valas, indo até o campo para jogar fora as ervas daninhas cortadas e cultivando a terra". Isso indica que, nessa época, o norte já tinha medidas relativamente completas para irrigar os campos de arroz. A falta de água do ambiente natural levou ao avanço das tecnologias de irrigação. Há indícios de que o arroz seco (também conhecido como "arroz de terras altas") foi cultivado pela primeira vez na região norte. Com a falta de água, os agricultores do norte cultivavam o arroz da mesma forma que as culturas de terras secas, como painço, cereais, trigo e feijão, dando origem ao arroz

---

593 You Xiuling, *Uma História do Cultivo de Arroz na China* (Pequim: Editora de Agricultura da China, 1995), p. 30.

seco. O termo "arroz seco" foi usado pela primeira vez no *Livro de Ritos*, "Código das Mulheres", que diz: "Chun'ao, cozinhe o molho de porco em uma panela e adicione-o ao arroz seco. Esse prato rico e oleoso é chamado de Chun'ao". Guan Zhong - Classificação de terras observa: "Pior do que o solo estéril ou pobre é o chamado solo duro, que é excessivamente duro, adequado apenas para o arroz de terraço". O arroz de terraço mencionado aqui também é arroz de terras altas. O arroz seco tem sido amplamente cultivado no norte. O livro *Competências Essenciais para Beneficiar o Povo*, do escritor Jia Sixie, do norte do Wei, tem uma seção especial sobre arroz seco, logo após a seção sobre arroz em casca, o que é incomum em livros de agricultura, sugerindo que o cultivo de arroz seco no norte era quase igual ao do arroz em casca.

O desenvolvimento do cultivo de arroz nas áreas do norte foi limitado não apenas pela falta de água, mas também pela temperatura. Uma das razões pelas quais as medidas de embebição e germinação de sementes foram usadas foi para lidar com a dificuldade de germinação causada pelas baixas temperaturas. Para regular a temperatura dos campos de arroz, foi inventada no norte a técnica de regular a temperatura da água nos campos. Essa técnica foi desenvolvida em resposta aos diferentes períodos de crescimento. O mais antigo livro de agricultura existente, o Livro de Fan Sheng da dinastia Han ocidental, diz: "No início, ao plantar, o arroz precisa de calor, o que falta no banco baixo de terra entre os campos, portanto, um caminho nos campos deve ser aberto para que o curso d'água fique reto. Depois do solstício de verão, quando estiver quente, faça a água fluir para o lado errado". Isso significa que, quando o arroz é semeado, a temperatura da água deve estar alta. O nível da água no campo de arroz é raso, para que a luz do sol possa aquecer a água. A maneira de irrigar com água que está em uma temperatura mais baixa é organizar a entrada e a saída da água nos cumes do mesmo lado do campo, de modo que o canal de água fique em um lado do campo e a água de irrigação flua de um lado do campo. Isso é o que se quer dizer com "o canal de água será reto". Para campos que já tinham uma quantidade relativamente pequena de água, a temperatura da água pode ser mantida, o que pode garantir a necessidade de temperaturas mais altas da água quando o arroz for semeado recentemente. Para diminuir a temperatura da água no auge do verão, a entrada e a saída de água do campo de arroz devem ser escalonadas, ou "fazer a água fluir na direção errada", de modo que a água flua diagonalmente pela superfície do campo. Dessa forma, a água que estava originalmente no campo de arroz será substituída com mais frequência pela água de irrigação recém-introduzida, o que pode reduzir a temperatura do campo de arroz. Isso permite que a água mais fria atenda às necessidades de crescimento e desenvolvimento do arroz.

Na verdade, muitas das técnicas de cultivo de arroz vistas mais tarde, incluindo aquelas nas áreas habitadas por grupos étnicos minoritários, tiveram origem no norte. Embora os primeiros registros de transplante datem da Dinastia Han Oriental, não parece que a técnica tenha sido amplamente utilizada naquela época. O transplante de arroz seco mencionado em Competências Essenciais para Beneficiar o Povo era apenas uma planta recolocada, ou seja, uma planta movida de uma área com crescimento denso para outra com crescimento esparso, embora possa ter desempenhado algum papel na invenção do transplante de arroz em casca.[594] O motivo pelo qual o transplante não era popular era que ele exigia uma boa preparação do solo no campo, trabalho intensivo durante o período de plantio e capina e replantio imediatos no meio do período de lavoura, condições que muitas vezes eram impossíveis de serem alcançadas por meio de sistemas agrícolas mais primitivos. Durante muito tempo, não houve transplante de arroz em Jiangnan, onde a terra escassamente povoada era cultivada com água e fogo. Após a dinastia Tang, com a mudança do peso econômico para o sul, o transplante de arroz se difundiu na região de Jiangnan. A causa da crescente popularidade do transplante foi a expansão da área de cultivo de arroz e o fato de que algumas áreas com água menos abundante, como as terras altas, também foram plantadas com arroz, o que aumentou a demanda por água e sementes. O transplante de plantas de arroz não só permitiu que as plantas de arroz crescessem bem, mas também levou a um período de colheita mais consistente, permitindo que os agricultores produzissem espigas com menos colapso. Mais importante ainda, o transplante tornou mais eficazes os esforços de controle de ervas daninhas nos campos, além de encurtar o período de plantio nos campos e facilitar a rotação de arroz e outras culturas. Todos esses benefícios estavam de acordo com o desenvolvimento da produção de arroz de Jiangnan após a dinastia Tang e foram amplamente adotados.

A técnica de transplante foi introduzida na área de Dai à medida que a população se deslocava para o sul, e foi desenvolvida na área de Dai. O "transplante" mencionado significa que, vinte dias após a semeadura das mudas, elas eram arrancadas e inseridas em um campo densamente plantado e, depois de outros vinte dias, eram arrancadas e inseridas em um

---

[594] De acordo com o geneticista de arroz Zhang Deci, a origem do transplante de arroz em campos alagados pode estar relacionada ao "replantio" de mudas de arroz que foram arrancadas de áreas densamente plantadas e transferidas para áreas mais esparsamente plantadas. Ver Zhang Deci, "A História do Cultivo de Arroz nos Primórdios da China," em *Estudos em História Agrícola do Arroz*, vol. 2 (Pequim: Editora de Agricultura da China, 1982), p. 89.

campo mais esparsamente plantado, de modo a aumentar a produção.[595] Essas medidas raramente eram usadas nas áreas Han.

A cultura chinesa de cultivo de arroz foi criada pelos povos Han e Dai. O intercâmbio e a integração da cultura do arroz entre os Han e outros grupos étnicos levaram à eliminação das características exclusivas de cada grupo e ao aprimoramento dos pontos em comum. Quando alguns estudiosos veem as mulheres plantando mudas de arroz e adorando deuses na cultura de arroz de Yunnan e de outros grupos étnicos minoritários, eles sugerem a ideia de "cultura de arroz não Han", sem perceber que esses costumes também existem na cultura de arroz Han, e alguns podem até ter se originado em áreas Han.

---

595 A Segunda Equipe da Força-Tarefa Étnica de Yunnan, "Levantamento da Aldeia Jiadong de Jingdong," em *Levantamento da História da Sociedade Dai* (Xishuangbanna, Volume 1) (Editora Étnica de Yunnan, 1983), p. 108; Grupo de Pesquisa Étnica de Yunnan, Grupo de Mengla, "Pesquisa Política e Econômica de Mengla e Mengna," em *Uma Pesquisa Abrangente da Sociedade Dai em Xishuangbanna*, ed. Comitê Editorial Provincial de Yunnan, Série de Questões Étnicas (Editora Étnica de Yunnan, 1983), p. 99.

INVESTIGAÇÃO E PESQUISA SOBRE A TECNOLOGIA DE PRODUÇÃO DE ARROZ NA EXPLORAÇÃO DAS OBRAS DA NATUREZA[596]

1. Histórico

A pesquisa textual de livros agrícolas antigos começou na década de 1950. Em 1959, pesquisadores do Escritório de História Agrícola de Nanjing passaram dois meses e meio em muitos condados e cidades no curso médio e inferior do Rio Amarelo, incluindo Shanxi, Hebei e Shandong, para realizar pesquisas de campo sobre as *Competências Essenciais para Beneficiar o Povo*, publicando o artigo "Uma Tentativa de Investigar e Estudar Competências Essenciais para Beneficiar o Povo"[597] Essa tentativa não só forneceu muitas descobertas novas e materiais de referência úteis para o estudo das *Competências Essenciais para Beneficiar o Povo*, mas, o que é mais importante, também abriu um novo caminho para o estudo da história agrícola usando métodos historiográficos. Essa abordagem é particularmente importante hoje, pois a agricultura tradicional é explorada a serviço da modernização agrícola. Em vista dessa tendência, em uma iniciativa liderada por Chen Wenhua, do Jiangxi Chinese Centro de Pesquisas Arqueológicas Agrícolas, fomos ao condado de Fengxin, província de Jiangxi, cidade natal de Song Yingxing, autor de *A Exploração das Obras da Natureza*, e entrevistamos muitas pessoas no Fengxin Centro de Pesquisas Arqueológicas Agrícolas, no Escritório do Comitê de Zoneamento Agrícola, no Salão Memorial Song Yingxing, no Município de Songbu, no Município de Zaoxi e em outros lugares como parte de nossa investigação

---

596 Este artigo foi publicado pela primeira vez em *Arqueologia Agrícola*, nº 1 (1987): 334–341. Todas as fontes não citadas neste artigo podem ser encontradas em *A Exploração das Obras da Natureza*, vol. 1, "Grãos, Arroz."

597 Academia Chinesa de Ciências Agrícolas e Faculdade de Agricultura de Nanjing, eds., *Coleção de Pesquisas Agrícolas*, vol. 1 (Pequim: Editora de Ciência, 1959).

sobre *A Exploração das obras da natureza*, "Grão".⁵⁹⁸ Com base em nossa pesquisa, empregamos a metodologia de comparação entre o passado e o presente para estudar a produção de arroz, na esperança de descobrir alguns padrões na evolução da agricultura antiga e moderna. É importante observar que o trabalho de Song Yingxing não abrange apenas o arroz, mas a maioria das culturas alimentares cultivadas naquela época, e seu escopo não se limita ao condado de Fengxin, mas também abrange a produção agrícola em todo o país, com foco especial na província de Jiangxi. Devido a restrições de tempo e profissionais, concentramos nossa investigação no condado de Fengxin apenas na produção de arroz registrada em *A Exploração das obras da natureza*, portanto, este estudo está longe de ser completo. Este artigo é uma compilação de nossa pesquisa sobre *A Exploração das obras da natureza*, "Grão".

---

598 A pesquisa foi conduzida por Chen Wenhua e Liu Zhuanyi do Centro de Arqueologia Agrícola da Província de Jiangxi, Hu Yansi, diretor do Departamento de Agricultura do Condado de Fengxin, Zou Chuanxiang, diretor do Comitê de Zoneamento Agrícola, Liu Xingling, diretor do Memorial Song Yingxing, e Hu Wenlin, prefeito da cidade de Songbu.

2. Condições naturais[599]

O condado de Fengxin está localizado na parte noroeste da província de Jiangxi, com uma área total de 1.644,87 quilômetros quadrados. Nessa área, "70% do espaço é terreno montanhoso, 5% é terreno aquoso, 20% são campos de arroz e 5% são compostos de estradas e propriedades". Esse condado tem um terreno diversificado e seu clima é quente e úmido. Tem uma riqueza de recursos naturais e sua principal produção agrícola gira em torno do arroz em casca. Suas condições naturais são relativamente vantajosas.

Topografia e Terreno

As partes oeste, noroeste e sudoeste do condado de Fengxin são áreas montanhosas com altitudes que variam de 500 a 2.000 metros, e uma área de 781.700 *mu*, ou 31,6% da área total do condado, é dominada pela produção florestal. No setor agrícola, que se baseia principalmente na produção de grãos, o terreno elevado e as baixas temperaturas da região significam que, em geral, há apenas uma estação de plantio, e os rendimentos são baixos.

As colinas estão distribuídas principalmente na parte central, que é uma das áreas produtoras de grãos do condado, com uma altitude de menos de 500 metros e uma área de 814.200 mu, representando 33% da área total do condado. Os vales entre essas colinas formam vários tipos de campos de arroz, como campos planos, campos com terraços ocos, campos com terraços e campos segmentados. A disposição do cultivo de arroz é principalmente uma mistura de áreas de plantio simples e duplo.

As planícies de colinas baixas estão localizadas na parte leste do condado, com uma altitude de 100 metros ou menos, cobrindo uma área de 871.400 *mu*, ou 35,4% da área total do condado. Com muitas colinas e planícies baixas, uma concentração de terra arável, solo fértil, calor e luz suficientes para as plantações de grãos, essa área é usada principalmente como uma área de produção de arroz de duas estações, sendo o arroz a principal cultura.

---

[599] Consulte o Escritório do Comitê de Zoneamento do Condado de Fengxin, Antologia da Pesquisa de Recursos Agrícolas e Zoneamento do Condado de Fengxin (Material para circulação interna).

Fertilidade do Solo

Há muitos tipos de solo no condado de Fengxin, e o solo de arroz em casca é amplamente distribuído, com 499.271 *mu* de campos de arroz no condado, ou 97,79% do total de terras aráveis de Fengxin. O solo pode ser dividido em quatro subcategorias: solo de arroz com casca preso, solo de arroz com casca submerso, solo de arroz com casca latente e solo de arroz com casca infiltrado lateralmente.

O solo de arroz em casca cobre cerca de 490.904 *mu*, representando cerca de 93,81% da área de cultivo de arroz. Ele está distribuído nos campos segmentados nas planícies e nos campos em terraços nas colinas. O solo nas colinas é de qualidade relativamente boa, com um teor de matéria orgânica de 1,7 a 2,63%, um teor médio de nitrogênio alcalino, menos fósforo e potássio e um nível de pH de 6 a 6,3. O rendimento é geralmente de cerca de 800 *jin* por *mu*.

O solo de arroz em casca submerso cobre cerca de 2.075 *mu*, ou 0,39% da área de arrozal, e é encontrado principalmente em campos de margens altas nas planícies, campos de alta drenagem e terraços em áreas montanhosas e outras áreas semelhantes com recursos hídricos deficientes e um teor de matéria orgânica de 2-2,4%. O teor de nitrogênio alcalino nessas áreas é de 40 a 110 mg/kg, o nível de fósforo efetivo é de 1,8 a 7,2 mg/kg, o potássio de ação rápida é de 40 a 50 mg/kg e o nível de pH é de 6 a 6,3. Há uma grave deficiência de fósforo, o teor de potássio é alto e o rendimento é geralmente de 400 a 500 *jin* por um.

O solo latente de arroz com casca cobre uma área de cerca de 28.158 *mu*, representando 5,38% da área total. Trata-se principalmente de campos frios e amiláceos, campos espumosos, campos frios e campos enferrujados distribuídos pelas planícies, pelos campos em terraços nas colinas, pelos campos ocos e pelas partes mais baixas dos campos de planície, todos ou parte dos quais ficam alagados o ano todo, com um alto nível de água subterrânea. As temperaturas da água e do solo são baixas, uma condição à qual *A Exploração das Obras da Natureza*, "Grão" se refere como "solo com polpa fria". O teor de matéria orgânica é de 2,2 a 2,3%, o nível de nitrogênio alcalino é de 70 a 91,2 mg/kg, o nível de fósforo efetivo é de 5,1 a 12,6 mg/kg, o nível de potássio de ação rápida é de 20 a 37,5 mg/kg e o nível de pH é de 6 a 6,2. O solo é deficiente em fósforo e potássio, e o fertilizante de nitrogênio não é facilmente decomposto, resultando em baixa produtividade.

O solo de arroz com infiltração lateral cobre cerca de 2.121 *mu*, representando 0,40% da área de arroz. Ele está distribuído nas partes média e baixa das planícies com terraços inferiores e nas montanhas e colinas. O teor de matéria orgânica é de cerca de 2%, o nível de nitrogênio alcalino é de 65-95 mg/kg, o nível de fósforo efetivo é de 6,5-14,4 mg/kg, o nível de potássio de ação rápida é de 25,3-41,7 mg/kg e o nível de pH é de 6,3. Apresenta deficiências de nitrogênio, fósforo e potássio, e seu nível de fertilidade é baixo, produzindo baixos rendimentos.

Recursos Climáticos

O clima do condado de Fengxin é caracterizado por quatro estações distintas, temperaturas quentes, precipitação abundante, luz suficiente e um longo período sem geadas. O verão e o inverno são longos nas planícies e áreas montanhosas. Nas montanhas, a primavera e o verão têm a mesma duração, o outono é curto e o inverno é longo. A temperatura média na maioria das áreas é de 15 a 17,4 °C. A temperatura acumulada acima de 0 °C é de 5.200 a 6.360 °C, e de 10 a 20 °C, a temperatura acumulada é de 3.740 a 5.340 °C. A precipitação média anual é de 1.609,9 mm, com cerca de 70% da precipitação concentrada no período de crescimento das culturas, quando a demanda de água é mais alta. O período de abril a junho registra a maior precipitação, sendo que a precipitação durante esses meses é responsável por 51% da precipitação média anual, enquanto o período de outubro a dezembro é responsável por apenas 9,9%. Há 1.802,5 horas de sol por ano, com a quantidade média de sol em cada mês acima de 100 horas. O período sem geadas varia de 235 a 260 dias.

Em geral, as condições naturais de Fengxin são favoráveis e desfavoráveis à produção de arroz. Foi sob essas condições que a produção de arroz se desenvolveu no condado de Fengxin, levando em conta as condições locais e evitando suas deficiências.

3. Variedades de arroz

Nos tempos antigos, as culturas alimentares eram coletivamente chamadas de "os cinco grãos". Quais eram esses "cinco grãos" e como eles eram classificados? Nenhum pode ser classificado como o número um. Eles incluíam linho, legumes, trigo, painço e painço não glutinoso, ou trigo, painço, arroz, painço não glutinoso e legumes. Talvez a confusão se deva às limitações de tempo e lugar. Hoje, ninguém contaria o linho entre "os cinco grãos", e Song Yingxing acreditava que, na lista original dos cinco grãos, "o arroz foi deixado de fora porque os sábios que escreveram o livro vieram do noroeste". Mas, com base nessas declarações, podemos discernir aproximadamente a estrutura da produção de alimentos em uma determinada época e região, ou seja, podemos identificar o status de várias culturas. Por exemplo, no período dos Reinos Combatentes, a bacia do Rio Amarelo era dominada pela produção de leguminosas e painço com casca, de modo que essas culturas eram as mais bem classificadas nas primeiras listas dos cinco grãos. Na dinastia Han ocidental, quando o painço e o trigo eram as principais culturas alimentares, o trigo tomou o lugar das leguminosas, e as leguminosas foram relegadas ao terceiro lugar.

Há poucas informações históricas disponíveis que detalhem a ascensão do arroz em casca a uma posição de destaque entre as culturas de grãos. Depois da dinastia Song, quando o centro de gravidade econômica da China se deslocou para o sul, o arroz se tornou o primeiro dos cinco grãos e, na dinastia Ming, "entre os educados, o arroz representava setenta por cento, enquanto o trigo, a cevada e o painço representavam trinta por cento das plantações de grãos". É provável que, por esse motivo, o livro *A Exploração das Obras da Natureza*, "Grão", descreva principalmente o cultivo de arroz, embora também inclua trigo, painço, painço não glutinoso, sorgo, milho, legumes e outras culturas alimentícias.

Na produção de grãos no atual condado de Fengxin, o arroz continua a ser a principal cultura, com soja, tubérculos e uma mistura de grãos de trigo também sendo cultivados no condado. Em 1980, a área total de colheita de grãos no condado de Fengxin era de 696.576 *mu*, com 680.516 *mu* dedicados ao arroz, representando 97,7% da produção total. Outros 7.749 *mu*, ou 1,11%, foram dedicados à soja, 6.916 *mu*, ou 1%, foram dedicados à batata, 1.001 *mu*, ou 0,1%, foram dedicados a grãos diversos e 394 *mu*, ou 0,06%, foram dedicados a grãos de trigo.[600] A composição das plantações de grãos de Fengxin não mudou muito desde a dinastia Ming, e o arroz ainda era claramente a principal cultura.

---

600 Consulte o Escritório do Comitê de Zoneamento do Condado de Fengxin, *Antologia da Pesquisa de Recursos Agrícolas e Zoneamento do Condado de Fengxin* (Material para circulação interna).

As mudanças mais significativas foram nas variedades de arroz cultivadas. Sem discutir as mudanças que ocorreram no período entre a dinastia Ming e a era republicana, ainda houve mudanças notáveis em Fengxin a partir de 1949, que ocorreram em três "saltos" distintos. O primeiro foi a disseminação da variedade de arroz em casca "especialidade do sul" na década de 1950. O segundo foi a prevalência do arroz anão na década de 1960. E o terceiro foi o desenvolvimento do arroz híbrido na década de 1970, que levou a um salto revolucionário no cultivo do arroz. Nos primeiros anos da Nova China, houve uma mudança significativa nas variedades de arroz a cada década, o que levou ao desaparecimento do *wuyuanguang*, do arroz precoce *Ji'an*, do *jiugongji*, do *houxiaji*, do *jinbaoyin* e de outras variedades de arroz mencionadas em *A Exploração das Obras da Natureza*, "Grão". Não se sabe ao certo se elas são cultivadas em outros lugares.

Na classificação das variedades de arroz, o arroz cultivado moderno tem duas subespécies, indica e japônica, sendo a indica o tipo básico e a japônica um ecótipo climático desenvolvido a partir do arroz indica, pois se adaptou a altas latitudes e altitudes. Na antiguidade, o arroz era geralmente classificado como *geng* (杭, 粳) ou *nuo* (糯, glutinoso), com base em sua pegajosidade, conforme consta em *A Exploração das Obras da Natureza*, "Grão", que diz: "Se não for pegajoso, o grão é chamado de *geng* (杭, 粳) e o arroz é de grão redondo. Se for pegajoso, o grão é arroz pegajoso, e o arroz é chamado de arroz glutinoso". Os antigos acreditavam que o arroz *geng* era duro. Ele era equivalente ao arroz "pegajoso" (*zhan*) de hoje na zona rural de Jiangxi, enquanto o arroz glutinoso antigo era igual ao arroz glutinoso de hoje. A diferença entre o arroz pegajoso e o glutinoso está na estrutura do amido nos grãos de arroz, sendo que o arroz pegajoso contém mais amido de cadeia linear e o arroz glutinoso contém mais amido de cadeia ramificada. O arroz pegajoso é menos viscoso e incha mais, enquanto o arroz glutinoso é menos viscoso e incha menos. O arroz glutinoso é geralmente a matéria-prima para a fabricação de cerveja. O antigo arroz *geng*, portanto, é diferente do arroz japonês moderno. Ele era o equivalente ao arroz não glutinoso de hoje, enquanto o arroz glutinoso ou pegajoso antigo era o mesmo que o arroz glutinoso de hoje.

Além disso, a agricultura moderna geralmente classifica as variedades de arroz em maturação precoce, maturação média e maturação tardia, de acordo com os diferentes períodos de fertilidade. A distinção entre arroz precoce e tardio também é feita em *A Exploração das Obras da Natureza* "Grão". O texto diz: "Depois que todos os grãos de arroz forem plantados, o arroz precoce pode ser colhido em setenta dias, enquanto o arroz tardio será colhido depois de duzentos dias, quando o verão tiver se transformado em inverno". O primeiro é o arroz indica de amadurecimento precoce, e o segundo aponta para variedades de arroz tardio de estação única, que são extremamente raras atualmente.

Além disso, nos tempos antigos, a forma e a cor eram usadas para distinguir as variedades de arroz. O livro *Exploração das obras da natureza*, "Grão", registra: "Todos os grãos de arroz têm haste longa ou curta e grãos pontiagudos, redondos ou achatados. Há também variedades brancas, amarelas, vermelhas, roxas e pretas". Isso pode ser descrito como uma cultura rica, colorida e diversificada. De acordo com pesquisas, existem atualmente 106 variedades de arroz no condado de Fengxin, incluindo 68 variedades de estação inicial e intermediária, 18 tipos de arroz tardio e 20 tipos de arroz tardio de estação dupla,[601] o que representa uma diversidade considerável. Mas, do ponto de vista da forma e da cor, houve uma tendência crescente de homogeneização e padronização com o desenvolvimento das variedades de arroz. No entanto, a produção de alguns valiosos tipos tradicionais de arroz local persistiu. No condado de Fengxin, há um tipo de arroz vermelho que se diz ter sido cultivado por quase mil anos. Sua qualidade única, cor vermelha e sabor delicioso o tornaram adequado para ser usado como arroz de tributo durante as dinastias Ming e Qing. É previsível que, com o desenvolvimento da produção de arroz, a demanda por arroz de alta qualidade com cor e sabor atraentes aumentará, e esses produtos tradicionais terão um novo desenvolvimento. Ao mesmo tempo, o "arroz perfumado", antes rejeitado por Song Yingxing, voltará a se fundir.

No entanto, há algumas variedades de arroz que desapareceram de Fengxin devido às mudanças nas condições socioeconômicas e naturais, como a referida como "arroz de seca" em *Exploração das obras da natureza*, "Grão". Algumas variedades foram plantadas experimentalmente na era da Nova China, mas na esteira da expansão das instalações de geração de energia hidráulica nas regiões montanhosas da China, esse projeto perdeu qualquer valor que possa ter tido no passado.

Por um lado, as mudanças nas variedades de arroz levaram à rápida popularização de novas variedades modernas com maior rendimento e maior tolerância, o que lhes permite substituir as variedades locais. Por outro lado, algumas qualidades excelentes dessas variedades locais, como resistência a pragas e doenças, tolerância à esterilidade, tolerância a condições adversas e excelente qualidade, foram perdidas, resultando em uma diminuição do número de recursos genéticos que podem ser usados para cultivar novas variedades. A falta de variedades pode levar a um grande desastre agrícola. Portanto, ao promover boas sementes, é importante também dar atenção à preservação dos recursos de variedades locais, para que a agricultura possa continuar com um desenvolvimento estável e sustentável.

---

601 Consulte o Escritório do Comitê de Zoneamento do Condado de Fengxin, *Antologia da Pesquisa de Recursos Agrícolas e Zoneamento do Condado de Fengxin* (Material para circulação interna).

4. Sistema de plantio

Exploração das obras da natureza, "Grão" registra outras culturas além do arroz, incluindo trigo, cevada, cevada de grama longa (também chamada de "cevada das terras altas"), centeio, bromus, trigo sarraceno, painço, painço não glutinoso, sorgo, milho, gergelim, legumes e verduras. O arranjo dessas várias culturas incluía o consórcio, o replantio e a rotação de culturas em uma combinação orgânica que formava um sistema de plantio. De acordo com a segunda seção de *Exploração das obras da natureza*, "Grão", os métodos de rotação de culturas podem ser resumidos da seguinte forma:

Arroz-arroz

"Grão" diz: 'A exploração das obras da natureza, 'Planícies do sul da China', muitos campos são plantados e colhidos duas vezes por ano. Não é o arroz *geng* (não glutinoso) que é plantado, mas o que é comumente chamado de arroz glutinoso tardio. No sexto mês, a primeira colheita é cortada, o antigo campo arável é arado e as mudas regeneradas são plantadas. Esse tipo de cultivo contínuo é basicamente preservado até hoje". Na área das planícies, onde há arroz precoce, médio e tardio, o arroz precoce é colhido antes do final de julho (o sexto mês do calendário lunar), depois é arado e plantado com arroz tardio. As mudas tardias também usam mudas de terras secas, com a diferença de que, com o atraso no plantio do arroz tardio, não é em Qingming que "as mudas precoces são espalhadas", mas no sexto mês (as mudas são plantadas na época do solstício de verão). Isso provavelmente ocorreu devido à mudança na variedade, o que significava que menos calor e luz eram necessários para cultivar o arroz tardio, juntamente com o fato de que, em contraste com o monopólio que o arroz glutinoso tinha sobre o arroz tardio, o foco principal era a produção de arroz não pegajoso (*zhan*) (o antigo "arroz *geng*"), especialmente com a disseminação do arroz híbrido nos últimos anos. Embora o arroz pegajoso tenha se tornado dominante na produção de arroz tardio da região nos últimos anos, com a promoção do arroz híbrido, o arroz glutinoso ainda é usado principalmente para o cultivo de arroz tardio e representa uma certa parcela da produção de arroz tardio.

Essa produção de arroz em duas estações nas planícies, conforme descrito por "Grão", evoluiu posteriormente para o sistema de cultivo triplo, ou seja, arroz-arroz-fertilizante ou arroz-arroz-óleo. Esse tipo de sistema de cultivo múltiplo era dominante no condado de Fengxin. De acordo com as estatísticas de 1980, o sistema de cultivo triplo era responsável por 58,29% da produção do condado.[602] No futuro, com o aprimoramento da tecnologia agrícola (como o uso de plantio de arroz em membrana e plantio de arroz em estufa) e o aprimoramento das variedades de arroz, a proporção de arroz com cultivo triplo deve aumentar.

Arroz-Leguminosas (Fertilizante, Trigo Sarraceno, Linho, Legumes etc.) e Arroz-Estriado

"Grãos, plantio de arroz" registra: "Com gado, é possível trabalhar dez *mu*. Sem gado, uma pessoa diligente com uma enxada pode trabalhar metade disso. Como não há gado, após a colheita de outono, não há mais pasto nos campos, então legumes, trigo, linho e vegetais podem ser plantados para fazer algum uso dos campos semi-desertos. Isso parece apropriado". Essa passagem demonstra que havia duas abordagens para o gerenciamento do campo. Uma era para as pessoas que tinham gado. Após a colheita, elas deixavam a grama crescer nos campos de arroz, usando os campos "meio estéreis" para pastar o gado. A outra abordagem era para as pessoas que não tinham gado. Após a colheita de outono, eles plantavam outras culturas de terras secas, como "legumes, trigo, linho e vegetais". Por exemplo, em "Grain, Legumes", lê-se: "Em Jiangnan, há uma variedade chamada *gaojiaohuang*. O arroz precoce é ceifado e replantado no sexto mês, depois colhido no nono ou décimo mês" e 'onde o arroz foi ceifado, os campos são plantados com feijão-mungo no verão e no outono'". Outro exemplo, de "Grãos, Trigo", diz: "Onde o trigo sarraceno é plantado nos campos do sul, o arroz certamente será cortado. Nos campos do norte, é certo cortar legumes e depois plantar painço". Além disso, há combinações de arroz-fertilizante, arroz-trigo e outras para a rotação de culturas.

Além disso, há arroz-fertilizante, arroz-trigo e outras combinações para a rotação de culturas. "Nos campos de arroz do sul, onde é plantado trigo para produzir uma colheita rica, não se espera que haja trigo adequado, mas sim que, quando o trigo e a cevada da primavera estiverem verdes, o trigo anterior seja arado e morto no campo e deixado para apodrecer no solo, de modo que a colheita de arroz do outono seja dobrada." O trigo é

---

[602] Consulte o Escritório do Comitê de Zoneamento do Condado de Fengxin, *Antologia da Pesquisa de Recursos Agrícolas e Zoneamento do Condado de Fengxin* (Material para circulação interna).

plantado como fertilizante verde e "depois que a cevada do sul é ceifada, o arroz tardio é plantado". Esse era mais ou menos o sistema de um ano.

Atualmente, o sistema anual de amadurecimento duplo de Fengxin é distribuído principalmente nas áreas montanhosas, usando arroz-pousio, arroz-fertilizante, óleo de arroz e outros métodos. Além disso, em áreas planas de arroz de estação dupla (como o município de Songbu, no condado de Fengxin), há também um pequeno número de métodos de arroz-arroz-arroz-arroz ou arroz-feijão-arroz-arroz-arroz-arroz/fertilizante ou arroz-arroz-trigo/arroz-feijão/ervilha. Todas essas abordagens foram desenvolvidas a partir do método original de rotação de culturas. Por exemplo, o arroz-castanha-da-água-solta e o arroz-óleo são a herança e o desenvolvimento do antigo método arroz-vegetal, e a rotação arroz-feijão já existia no passado. A abordagem arroz-fertilizante é apenas uma substituição dos fertilizantes verdes, cevada e trigo, que eram usados no passado, sem nenhuma mudança significativa.

Juntamente com os sistemas de cultivo duplo e triplo, há um sistema de cultivo único usado nas áreas montanhosas, principalmente para campos de arroz. Esse sistema de cultivo único existiu tanto nos tempos antigos quanto nos modernos, mas foi mais importante no mundo antigo.

Observando o desenvolvimento de sistemas agrícolas antigos e modernos no condado de Fengxin, duas tendências são evidentes. A primeira é o desenvolvimento do sistema de múltiplas culturas, com uma colheita se tornando duas, depois três, e o número de replantios aumentando. A segunda é a mudança da rotação de culturas de água e secas para manter as culturas de água e secas separadas. Originalmente, quando a safra de água amadurecia, era plantada uma safra seca. Mais tarde, houve uma clara separação, com as culturas aquáticas plantadas em arrozais e as culturas de sequeiro plantadas em campos secos. Essa mudança no sistema agrícola promoveu o desenvolvimento da produção, mas também trouxe alguns problemas. O uso da terra para várias culturas afetou a capacidade de recuperação do solo, que não conseguiu produzir nutrientes suficientes. "Grão" chama a atenção para o fato de que cortar o arroz após o plantio do trigo sarraceno 'poderia tornar o solo fino'. O texto reflete a antiga prática de rotação de culturas, que combinava o cultivo de culturas com a criação de animais. Após a colheita de outono, os campos de plantio eram deixados em pousio e usados como pasto. Isso é semelhante à prática conhecida no Ocidente como agricultura de ley. Esse método não apenas permitia que o gado pastasse, mas também restaurava a força da terra, o que era benéfico para ambos. Entretanto, esse método não é mais usado.

A separação das culturas de água e de sequeiro também tem muitas desvantagens. As plantações de arroz de estação dupla exigem um longo período para o plantio, de modo que o solo pode permanecer alagado por até sete ou oito meses (do final de março ao final de outubro), o que significa que o solo permanece duro por um longo período. O resultado é que o solo é rígido e não é suficientemente permeável. Ano após ano, a reversão do solo e a submersão secundária continuam a se intensificar. Alguns cultivam a mesma cultura o ano todo sem fazer rotação com outras culturas, especialmente leguminosas, resultando em uma diminuição da fertilidade do solo, o que não favorece a prevenção de doenças e o controle de pragas (insetos ou ervas daninhas). Nos últimos anos, Fengxin embarcou em uma reforma do sistema agrícola, promovendo a rotação entre as culturas de água e de sequeiro, como feijão-arroz-pousio, arroz precoce-soja-colza, arroz-batata-cultura de inverno e assim por diante. Algumas áreas já começaram a ver resultados.[603] É previsível que esse tipo de reforma maximize o sistema agrícola tradicional.

---

603 Veja o Escritório do Comitê de Zoneamento do Condado de Fengxin, *Antologia da Pesquisa de Recursos Agrícolas e Zoneamento do Condado de Fengxin* (Material para circulação interna).

5. Técnicas de cultivo

Como um texto de ciência e tecnologia agrícola, "Grão" oferece uma discussão detalhada de todos os aspectos do processo de produção de arroz, desde a lavoura e a capina até a colheita, incluindo técnicas de cultivo como embebição de sementes, criação de mudas, transplante, fertilização, capina, irrigação, prevenção de pragas e outras áreas. Muitas dessas técnicas foram preservadas e ainda podem ser vistas na produção de arroz atual.

Embebição de mudas, cultivo de mudas e transplante

Se a imersão das mudas for feita muito cedo, a temperatura será muito baixa, o que facilmente causará apodrecimento e encurtará o período de crescimento no campo, resultando em espigas precoces, grãos pequenos e baixa produtividade. Se a imersão for feita tarde demais, isso atrasará o transplante e até afetará o segundo plantio tardio, o que acabará afetando o rendimento. "Grão" diz: Para um período de plantio úmido, o mais cedo possível é antes do equinócio da primavera, chamado de plantio de sacrifício da primavera. Se houver geada quando as sementes estiverem congeladas até a morte, o último período de plantio úmido é depois de Qingming." Atualmente, em Fengxin, o hábito de deixar as sementes de molho seis ou sete dias antes do equinócio vernal (dentro de dez dias em torno do equinócio da primavera) é chamado de "deixar de molho para o plantio de sacrifício da primavera". O período em que há cerca de 80% de certeza de temperaturas acima de 10°C é do final de março ao início de abril, o que minimiza o risco de "morrer congelado quando está frio". Na região local, o período de plantio é geralmente determinado pelo clima, e costuma-se dizer que "as folhas de bordo se escondem da chuva, mas as mudas de grãos ficam submersas". Hoje em dia, a última época para a imersão é Qingming, porque se o arroz precoce for plantado tarde demais, isso certamente afetará o transplante do arroz tardio. Antigamente, quando havia apenas arroz de uma única estação, isso não era levado em consideração. Hoje em dia, é necessário ser "precoce em meio à estabilidade", de modo que o período de embebição das sementes geralmente é adiantado, e "na confusão, plante em Qingming" tornou-se coisa do passado. Por outro lado, o período de plantio tardio de hoje foi adiado, pois as mudas de arroz tardio na área de arroz de estação dupla das planícies do sul eram "semeadas no início da estação, por volta da época de Qingming", mas hoje o arroz é geralmente plantado após o Grãos de espiga (meados de junho) ou, no máximo, antes do final de junho. De qualquer forma, a única coisa que permaneceu a mesma desde os tempos antigos até os modernos é que o arroz precoce é principalmente arroz em casca e o arroz tardio é principalmente arroz seco. "As mudas de arroz precoce morrem depois de apenas um dia sem água", enquanto as mudas de arroz tardio 'podem secar com o sol quente e não há necessidade de se preocupar'.

Nas áreas de cultivo de arroz de estação única, as sementes são geralmente embebidas um ou dois dias antes da estação chuvosa e colhidas em meados do outono.

O método de embeber as sementes é o mesmo hoje em dia, como era nos tempos antigos. "Grão" escreve: 'As mudas são embebidas primeiro com arroz e trigo e deixadas de molho por vários dias e, depois que brotam, são espalhadas no campo'. Os detalhes desse método, conhecido como "pacote de mudas", envolvem colocá-las em uma cesta de bambu, forrá-la com palha e deixá-las de molho por 24 a 48 horas antes de retirá-las. Em seguida, elas são colocadas em uma cesta de bambu, cobertas e pressionadas, e enxaguadas com água quente. Seis ou sete dias depois, os brotos jovens emergem e são semeados uniformemente no campo de mudas. O texto continua: "As sementes germinam por trinta dias, depois são arrancadas e espalhadas pelo campo de arroz, onde são reinseridas". Isso também é semelhante às práticas modernas. Hoje, a idade das mudas quando são plantadas é geralmente de trinta dias, mas varia de acordo com a situação específica. Por exemplo, a idade das mudas em campos de três rotações (cártamo, colza e trigo) é de cerca de quarenta dias. A quantidade de sementes semeadas é pequena, cerca de apenas 100 *jin*. Em contrapartida, o período de crescimento de algumas mudas é de apenas dez dias. "Grão" enfatiza que o período de crescimento das mudas é moderado, e é especialmente inaceitável ter um período de crescimento longo, porque 'quando as mudas estiverem velhas e longas quando forem plantadas no campo, elas germinarão poucos grãos e darão poucos frutos'. Em outras palavras, se as mudas crescerem por muito tempo, germinarão sementes quando já estiverem no canteiro, o que seria como "levar o filho em uma cadeira de rodas ao se casar". O período de crescimento nutricional, nesse caso, seria curto, com menos perfilhos, e o número de espigas por caneca e a quantidade de grãos por espiga seriam afetados

A área de semeadura do campo de mudas é geralmente determinada de acordo com a proporção entre o campo de mudas e o campo principal. "Grain" diz: 'Onde um mu de campo de mudas produz mudas, há 25 *mu* para transplante'. Diz-se que, até a década de 1950, a proporção entre o campo de mudas e o campo principal na área de Jiangxi ainda era basicamente a mesma.[604] Na década de 1950, em um esforço para melhorar a utilização da energia luminosa, foi adotado um método de plantio razoavelmente denso, e a proporção entre o campo de mudas e o campo principal começou a mudar. A proporção usada hoje em dia é de 1:8, 1:7 ou 1:6, dependendo da situação, e o espaçamento entre linhas e plantas em grandes campos é de 5 *cun* × 6 *cun*, ou até 20.000 plantas por *mu*, o que é muito mais denso do que a taxa usada em campos nos tempos antigos.

Fertilização, cultivo de sementes, irrigação e prevenção de pragas

A próxima preocupação após o transplante é o gerenciamento do campo. "Grão" reconhece que 'quando o solo está queimado e murcho, as espigas de arroz ficam flácidas'. A fertilização, portanto, é a chave para a alta produtividade do arroz. Como a questão do fertilizante deve ser abordada? Naquela época, os agricultores dependiam principalmente do "fertilizante agrícola", que incluía "os resíduos imundos de humanos e animais, óleo usado, bolos murchos, grama, casca de árvore, plantas e folhas para sustentar a vitalidade". É a mesma coisa em toda a Terra". Além disso, havia também "farinha de feijão mungo moído, e sua podridão é usada para fertilizar o campo". E, "quando apodrecem, podem ser espalhados no campo". Além disso, havia "trigo fertilizado, para o qual a esperança não era colher trigo, mas quando o trigo e a cevada da primavera eram arados, eles eram deixados para apodrecer no campo", onde eram usados como "fertilizante verde". Hoje em dia, os fertilizantes químicos são amplamente utilizados, mas os fertilizantes mencionados aqui são baseados em produtos agrícolas, que ainda são uma fonte importante de fertilizantes atualmente. Mesmo após a fundação da República Popular da China, a soja ainda era espalhada diretamente nos campos como fertilizante, mas descobriu-se que essa prática não era econômica, então, mais tarde, ela foi alterada para que a soja fosse usada para alimentar porcos, e o esterco dos porcos era usado para fertilizar os campos. Alguns bolos secos também eram usados da mesma forma, como os bolos de linho, de modo que esse uso em várias camadas poderia melhorar a eficiência econômica dos grãos e dos itens secos.

"Grão" dá atenção não apenas à eficácia dos fertilizantes, como 'sementes de linho e rabanete no topo, seguidas de colza, depois gloxinia e, por fim, cânfora, sebo e algodão', mas também à fertilização da terra, como 'para solo com polpa fria, é apropriado mergulhar as mudas em cinzas de

---

604 [Dinastia Ming] Song Yingxing, *A Exploração das Obras da Natureza*, trad. Zhong Guangyan (Cantão: Editora do Povo de Guangdong, 1976), p. 13.

osso e imergir totalmente a raiz em cal'. O "solo com polpa fria" se referia ao solo de arroz submerso, que era um solo ácido, expresso como uma grave deficiência de fósforo. A prática de "mergulhar as mudas em cinzas de ossos" visava suplementar a falta de fósforo efetivo no solo, e "mergulhar a raiz em cal" visava neutralizar a acidez do solo, usando cal para melhorar a qualidade do solo. Ao usar cinzas, os ossos de animais eram primeiro queimados ou diretamente moídos em pó e misturados com água, depois as raízes das mudas eram mergulhadas na mistura antes de serem semeadas. Ao usar cal, os primeiros campos de arroz eram lavrados com cal e fertilizante verde, enquanto os campos de arroz tardios eram lavrados e a cal era espalhada neles antes do plantio das mudas, como era feito nos tempos antigos.

Quando o arroz estava verde, o campo era arado. O objetivo de arar o campo era remover as ervas daninhas e a lama, de modo que "as plantas não cultivadas fossem removidas e os cereais florescessem".[605] Por esse motivo, os antigos davam grande importância ao cultivo dos campos. Nos tempos antigos, havia uma distinção entre capinar e sachar, e "Grão" diz: "Alguns dias depois que o arroz é dividido para o plantio, as folhas velhas murcham e novas são produzidas. Quando as folhas verdes tiverem crescido, o solo poderá ser cultivado (comumente conhecido como "sulcamento"). Plante com uma vara à mão, segurando a lama com os pés enquanto pressiona as raízes, de modo que as ervas daninhas aquáticas possam ser dobradas, impedindo-as de crescer. Quando as ervas daninhas forem encontradas nos campos, elas se dobrarão durante o plantio. Quando não houver energia suficiente para remover o joio, a grama aquática, a mandala e a erva daninha inteligente, o senhor deve capinar." Atualmente, não há distinção entre capina e enxada. Elas são chamadas coletivamente de "capina". Em Fengxin, o método da enxada ainda é usado, e ainda é comumente chamado de "amontoa". Há também uma lenda que diz que, quando Song Yingxing estava em casa, ele deu muita atenção à agricultura e experimentou as dificuldades da colheita. Diz-se que, no passado, os agricultores usavam principalmente o método de capina, que era "difícil para a região lombar e para as mãos, e duro para os olhos". Foi por essa razão que Song Yingxing promoveu a capina, na esperança de reduzir a intensidade do trabalho, e mais tarde os agricultores substituíram a capina pela capina ao cultivar seus campos de arroz. Para aumentar o atrito entre os pés e o campo de arroz, a palha era muitas vezes transformada em "cintas para os pés" para serem usadas nos pés, como ainda pode ser visto na ilustração em "Grão". Diz-se que isso ainda era usado nos últimos anos. Hoje em dia, os campos são arados duas vezes, a primeira vez dez a quinze dias após o transplante,

---

605 [Dinastia Ming] Song Yingxing, *A Exploração das Obras da Natureza*, vol. 4, "Essência".

e mais uma vez dez dias depois. O método de arar os campos é exatamente o mesmo que o descrito em "Grão".

Depois de descrever a capina e a enxada, "Grão" afirma: "De agora em diante, a drenagem será usada para evitar inundações e a irrigação será usada para evitar secas", e o gerenciamento da água é considerado o foco do crescimento do arroz no período tardio. De fato, o "Grão" enfatiza o "gerenciamento da água" e se esforça para dizer: "Quando o arroz perde água em dez dias, é hora de se preocupar com a seca" e "então é a hora de morrer", enfatizando a importância da água para o arroz.

"Grão" diz: 'Se o arroz precoce ficar um dia sem água, ele morrerá'. Atualmente, no condado de Fengxin, o principal risco para o arroz precoce são as baixas temperaturas ou o apodrecimento das mudas devido ao "frio da primavera". No entanto, a boa gestão da água ainda desempenha um papel importante na preservação do calor e na prevenção do frio para as mudas de arroz precoce.

Na área de gerenciamento de água, a "Grão" também presta muita atenção às condições locais e racionaliza a produção agrícola de acordo com a altura do terreno. Nas áreas montanhosas, a água é escassa devido ao terreno alto, enquanto nas áreas de lagos, o terreno baixo torna as inundações mais comuns, portanto, "os grãos que são plantados no verão e colhidos no inverno devem ser feitos nos vales entre as montanhas, onde há um suprimento ininterrupto de água nos campos". E, "os campos à beira do lago devem esperar o verão, quando as chuvas fortes tiverem passado, e então plantar as sementes no sexto mês. As mudas plantadas no verão devem ser espalhadas nos campos em terrenos altos, aguardando o momento certo". Os dados meteorológicos mostram que a estação das enchentes em Fengxin geralmente começa no quinto mês e termina no sexto, portanto, atrasando a semeadura e o transplante, é possível evitar as enchentes e os danos causados pela água.

Após o início da colheita do arroz, geralmente há o risco de seca. Todas as secas de primavera, verão, outono e outono profundo ocorrem em Fengxin, sendo que as secas de outono ocorrem com mais frequência. As secas de outono também são uma séria ameaça ao segundo arroz tardio e a outras culturas. É por esse motivo que "Grão" diz: "Quando o replantio do arroz aproveita a oportunidade proporcionada pelo céu limpo, a irrigação acompanha o crescimento do arroz durante todo o tempo".

"Grão" oferece estatísticas sobre as necessidades de água para cada planta de arroz, afirmando:" Desde o momento em que a muda germina até o momento em que há grãos na casca, o arroz precoce consome três baldes de água e o arroz tardio consome cinco baldes. A perda de água o matará".

O historiador científico japonês Kiyoshi Yabunai acredita que essa afirmação é geralmente precisa.⁶⁰⁶ A necessidade total de água para o arroz precoce no condado de Fengxin é normalmente de 450,8 mm para todo o período de germinação, ou 508 mm para o segundo arroz tardio, o que difere um pouco dos números de Song Yingxing. As necessidades de água são muito altas durante toda a vida útil do arroz, e o período de maturação amarela não é exceção. Tomando o arroz precoce como exemplo, as necessidades de água no período de amadurecimento amarelo representam 16% de todo o período de crescimento e, se a água for cortada muito cedo na época da colheita, isso inevitavelmente causará uma falha prematura e afetará a fotossíntese e o acúmulo de matéria seca no estágio posterior, conforme declarado em "Grão", que observa: "Na hora de cortar, se houver menos de 1 *sheng* de água, o grão encolherá e será quebrado na moagem". Hoje, o arroz precoce de Fengxin é geralmente colhido com água e, com o arroz híbrido da segunda e última temporada, também é enfatizado que a água não deve ser cortada muito cedo.

O "Grão" não tem muito a oferecer sobre o controle de pragas e doenças, principalmente devido a restrições históricas, já que as pessoas daquela época ainda não haviam descoberto as causas reais das pragas e doenças e, portanto, não conseguiam encontrar maneiras de controlá-las. Isso era particularmente verdadeiro no caso da praga do arroz. A brusone do arroz foi uma das principais doenças encontradas na produção de arroz no passado, e continua sendo até hoje. Trata-se de uma doença fúngica e, quando o arroz é infectado por ela, a planta fica vermelha, tão vermelha quanto o fogo em casos graves. "Grão" erroneamente atribui isso ao fato de que, quando as sementes eram secas ao sol, 'o celeiro era fechado muito rapidamente, então o grão ficava pegajoso com o calor do verão'. Ele sugere "colocar o grão no celeiro no frescor da noite, ou armazenar uma urna de neve e água gelada no nono dia do solstício de inverno e borrifá-la com várias tigelas por *shi* quando as sementes estiverem molhadas no início da manhã". Mas esse método, na verdade, não teve efeito e a prática foi interrompida há muito tempo em Fengxin. Isso serve como um lembrete de que a história do desenvolvimento é um processo contínuo de "descarte". O que é preciso e eficaz sempre será aceito e transmitido de uma geração para a outra, e o que é errado será abandonado. O "Grão" não tem muito a oferecer sobre o controle de pragas e doenças, principalmente devido a restrições históricas, já que as pessoas daquela época ainda não haviam descoberto as verdadeiras causas das pragas e doenças e, portanto, não conseguiam encontrar

---

606 Kiyoshi Yabunai et al., *Pesquisa sobre A Exploração das Obras da Natureza* (Pequim: Editora Comercial, 1959), p. 64.

maneiras de controlá-las. Isso era particularmente verdadeiro no caso da praga do arroz. A brusone do arroz foi uma das principais doenças encontradas na produção de arroz no passado, e continua sendo até hoje. Trata-se de uma doença fúngica e, quando o arroz é infectado por ela, a planta fica vermelha, vermelha como fogo em casos graves. "Grão" erroneamente atribui isso ao fato de que, quando as sementes eram secas ao sol, 'o celeiro era fechado muito rapidamente, então o grão ficava pegajoso com o calor do verão'. Ele sugere "colocar o grão no celeiro no frescor da noite, ou armazenar uma urna de neve e água gelada no nono dia do solstício de inverno e borrifá-la com várias tigelas por shi quando as sementes estiverem molhadas no início da manhã". Mas esse método, na verdade, não teve efeito e a prática foi interrompida há muito tempo em Fengxin. Isso serve como um lembrete de que a história do desenvolvimento é um processo contínuo de "descarte". O que é preciso e eficaz sempre será aceito e transmitido de uma geração para a outra, e o que é errado será abandonado.

6. Considerações finais

"O país depende das pessoas, e as pessoas dependem dos alimentos." Políticos, pensadores e agrônomos de todas as épocas deram grande importância à produção de alimentos, e essa é uma questão que ainda é levantada atualmente. Podemos obter algum esclarecimento sobre como desenvolver a produção de grãos a partir da história da produção de arroz do condado de Fengxin. Em 1949, a área de plantio de arroz de Fengxin era de 348.000 *mu*, com uma produção total de 80.481.800 jin, ou um rendimento médio de 231 *jin* por *mu*. Em 1985, sua área de cultivo de arroz era de 640.000 *mu*, com uma produção total de 420 milhões de *jin*, ou uma produção média de 656 *jin* por *mu*. Embora esse nível não seja particularmente avançado em comparação com o restante do país, o condado quadruplicou sua produção de grãos em um período de trinta anos, o que não é pouca coisa. Vejo três conclusões que podem ser tiradas dessa experiência. A primeira é a introdução e o aprimoramento de variedades de arroz. Depois de 1949, as variedades de arroz de Fengxin passaram por três mudanças importantes, principalmente a opção de usar variedades de alta eficiência luminosa e resistentes a fertilizantes para alterar a produtividade, especialmente a introdução e promoção do arroz híbrido, que permitiu que o arroz tardio superasse o arroz precoce. A segunda lição é o aprimoramento do sistema de lavoura, que melhorou o índice de replantio. Antes, Fengxin era, em sua maior parte, uma área de produção de arroz de estação única, e seu índice de replantio era muito baixo. Mais tarde, a estação única deu lugar a uma estação dupla, e a área passou de um período de maturação para vários períodos de maturação. O índice de replantio melhorou e o rendimento anual aumentou proporcionalmente. A terceira conclusão é o aprimoramento da tecnologia de cultivo. As mudanças nas variedades e nos sistemas agrícolas exigiram técnicas de cultivo aprimoradas. Por exemplo, a promoção do arroz híbrido exigiu que os agricultores aprendessem a hibridizar a produção de sementes. Nas áreas em que as condições de luz e calor não eram suficientes para desenvolver o arroz de estação dupla, era necessário tomar medidas apropriadas para capturar o arroz precoce, de modo que fosse possível lidar com o arroz tardio, melhorando a produtividade. Em suma, para resolver o problema dos alimentos, era necessário contar com a ciência e desenvolver a produção de acordo com as políticas estabelecidas.

A partir dessa pesquisa, fica evidente que, apesar dos saltos qualitativos na produção agrícola, os agricultores ainda continuaram a usar ferramentas de produção tradicionais - arados, grades e rodas d'água - o que não apenas ilustra o valor real da agricultura tradicional, mas também o aumento da carga de trabalho dos agricultores. Embora as incríveis conquistas dos agricultores com ferramentas simples sejam admiráveis, também está claro que somente a modernização e a mecanização proporcionam uma saída fundamental para a agricultura que pode liberar os agricultores de milhares de anos de trabalho manual pesado.

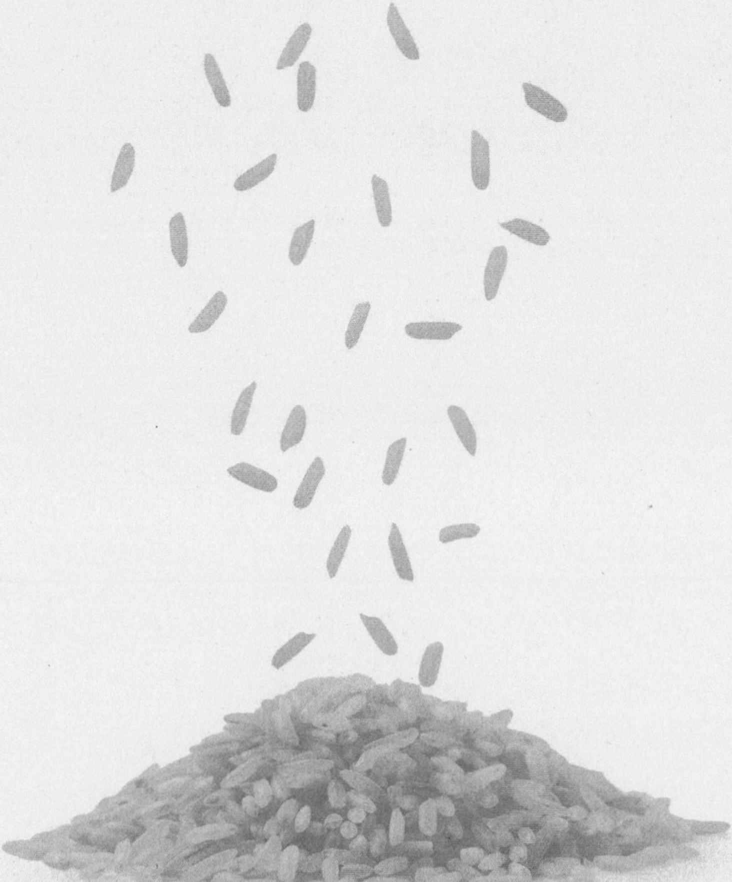

PARTE 4

Sistema de cultivo

PESQUISA HISTÓRICA SOBRE A SEMENTEIRA DIRETA DE ARROZ[607]

O Seminário de História Agrícola da China, Japão e Coreia do Sul, realizado no Museu Agrícola da China, em Pequim, no final de novembro e início de dezembro de 2001, deu-me um conhecimento preliminar da história agrícola da Coreia do Sul, principalmente através do discurso apresentado pelo Professor Kim Youngjinn da Sociedade Sul-Coreana de Humanidades e Ciências Sociais e pelo Professor Lee Ho-cheol da Universidade Nacional de Kyungpook sobre a história do cultivo do arroz na Coreia do Sul[608] e de uma tese do Professor Choi Duk Kyung da Universidade Nacional de Pusan.[609] A informação sobre os métodos de cultivo do arroz na Coreia do Sul ao longo da história impressionou-me. De acordo com estes três professores, havia dois métodos de cultivo de arroz na história da Coreia do Sul, a sementeira direta e a transplantação, e a sementeira direta podia ainda ser subdividida em sementeira direta em terras baixas e em terras altas. A sementeira direta em terras baixas envolvia a dispersão de plântulas de arroz nos arrozais húmidos. A sementeira direta em terras altas era feita semeando sementes de arroz num campo seco sem conservação de água ou irrigação. Quando chegava a estação das chuvas, os campos de terras altas eram enchidos com água da chuva e as culturas eram cultivadas como o arroz normal de terras baixas. A transplantação foi igualmente subdividida em dois métodos, a transplantação de plântulas de terras baixas e a transplantação de plântulas de arroz de sementeira ou de terras altas.

Os métodos de cultivo de arroz da Coreia do Sul não são desconhecidos para aqueles de nós na China que estudaram a história da agricultura. Por exemplo, a "sementeira de arroz em canteiros", utilizada ao longo da história da Coreia do Sul, era semelhante ao "cultivo de sementeira em ter-

---

607 Este artigo foi publicado pela primeira vez em Agricultural History of China, no. 2 (2005): 3-16.

608 Lee Ho-cheol e Park Jae-hong, "Análise das Variedades de Arroz nos Tratados Agrícolas do Final da Dinastia Joseon," *Agricultura Antiga e Moderna*, nº 1 (2003): 32–45; Kim Youngjinn, "Tecnologia de Cultivo de Arroz na Coreia do Sul no Século XVII," *Agricultura Antiga e Moderna*, nº 2 (2003): 48–60.

609 Choi Duk Kyung, "Tratados Agrícolas da Coreia do Sul e Tecnologia Agrícola, com Foco nos Tratados e Leis Agrícolas do Período Joseon," *História Agrícola da China*, nº 4 (2001): 81–95.

ras altas" ou ao "método de incubação de sementeira de arroz" que era tradicionalmente utilizado na China e que ainda hoje é utilizado. No entanto, os dados históricos revelam que, embora este método tenha sido registrado nos livros agrícolas coreanos no século XVII, pode ser rastreado até pelo menos à dinastia Song do século XI, e a sua prática continuou até aos tempos modernos.[610]

A "sementeira em terras altas", semelhante à que se vê na Coreia, também apareceu pela primeira vez na dinastia Song.[611] A sementeira direta de arroz, por exemplo, foi amplamente promovida no norte da China na década de 1950 e representou 70% da produção de arroz na província de Heilongjiang antes da década de 1980. Este método foi também adotado no sul da China na década de 1960. Nos últimos anos, com o desenvolvimento da economia, muitos trabalhadores rurais jovens e de meia-idade entrou no mercado de trabalho urbano. A redução da mão de obra rural, associada à utilização generalizada de herbicidas químicos, conduziu a uma tendência de rápido desenvolvimento da sementeira direta do arroz. É frequente pensar-se que a sementeira direta é uma técnica nova desenvolvida nos últimos anos, mas, na realidade, remonta a tempos antigos, sendo mesmo anterior à utilização da transplantação. Ou seja, a sementeira direta surgiu

---

610 Dinastia Song do Norte. A Poesia de Wang Yanfu, Volume 3, de Wang Dechen, diz: "Anlu (atualmente Anlu, província de Hubei) é adequada para a cultura do arroz.Se não chover o suficiente na primavera, utiliza métodos de sementeira em terras altas.Este método exige um maior esforço humano, do gado e das sementes. No ano cíclico de Jimao do reinado de Yuanfu (1099), registrou-se uma grave seca e, no final do ano, os agricultores disseram: "O próximo ano será novamente seco. No décimo segundo mês lunar (oitavo dia do décimo segundo mês), a sementeira de terras altas é necessária para o ano seguinte, uma vez que, no décimo segundo mês, uma determinada secção de solo é cultivada e depois trabalhada no ano seguinte. No ano seguinte, estará correto". O Escritor da Dinastia Qing, Cheng Yaotian, em *On Nine Grains*: "Quando nós, em Anhui, semeamos mudas, há dois métodos, um para condições úmidas e outro para condições secas. Mas as mudas devem ser arrancadas e replantadas, plantando ainda mais, e todas ficam no arrozal."
No oitavo ano da Era Republicana (1919), a *Crônica do Condado de Jiande*, Volume 2, registrou: "Existem campos de mudas que não utilizam água em outros lugares. Estes são chamados de viveiros de terras secas. O benefício é que estão em terrenos mais altos do que os arrozais."
Durante a Era Republicana, o Professor Zeng Jifu, do Instituto Provincial de Educação de Sichuan, resumiu os "Campos de Mudas de Arroz em Terras Secas." (*Anthology of Chinese Agricultural History*, Categoria A, "Rice, Part 2" (Pequim: Editora de Agricultura da China, 1993), pp. 177, 549).

611 Dinastia Song. A Coleção de Anedotas de Ye Tinggui, Volume 17, diz que, na Dinastia Song, "Guozhou, Hezhou (atual Município de Chongqing) e outras áreas não tinham campos planos, pelo que os agricultores tinham de contar com a água da chuva para cultivar arroz glutinoso e não glutinoso, com as colinas onduladas a protegê-lo. Chamava-se a isso 'campos', mas o nome comum era 'campos de trovoada'. Chamava-se a isso "campos", mas o nome comum era "campos de trovoada". Dizia-se que haveria água depois do trovão, como em Rongzhou.

primeiro, antes da transplantação. Esta prática é bastante comum à escala global, uma vez que a sementeira direta foi adotada nos EUA, na Austrália e na Rússia, e está a aumentar nos países asiáticos produtores de arroz, como a Malásia, as Filipinas, a Coreia do Sul e o Japão. Na China, a prática da sementeira direta manteve-se mesmo depois de ter deixado de ser utilizada durante as dinastias Tang e Song. Nos tempos modernos, em algumas regiões de minorias étnicas em áreas montanhosas, onde o método de queimada é mais comum, a sementeira direta ainda é utilizada no cultivo do arroz. "Queimam a erva selvagem e as árvores na encosta, guardam as brasas que sobram, semeiam as sementes diretamente e deixam-nas crescer sem mais divisões. Em alguns locais, são introduzidos elementos agrícolas de cultivo mais intensivo, como a lavoura a boi, a utilização da roda de feldspato para triturar a terra até ficar em pó fino e a utilização do ancinho de madeira para remover as ervas daninhas antes de as sementes de arroz serem espalhadas e cobertas com terra nova revolvida pelo arado e arrastada com um ancinho dentado. Desta forma, as sementes de cereais são enterradas dois ou três *cun* sob a terra fina."[612] No entanto, os métodos de produção desatualizados da era da queimada persistiram mesmo na era da transplantação. A questão é: por que é que este método ultrapassado, que deveria ter sido tornado obsoleto, persistiu mesmo após o aparecimento da transplantação?

Na China, a transplantação de arroz remonta à dinastia Han, embora só se tenha tornado mais utilizada após o período Tang-Song. No entanto, a prática da sementeira direta não desapareceu completamente, tendo continuado a ser transmitida em muitos locais, mesmo após a popularização da transplantação. Seria justo dizer que a "sementeira de arroz em canteiros" da Coreia do Sul era o mesmo que a prática de sementeira direta da China, introduzida na península. Não se trata de uma afirmação motivada por qualquer agenda nacionalista ou patriótica. Pelo contrário, uma análise nacional da história do cultivo do arroz é útil para explorar o intercâmbio e a comparação das técnicas de cultivo do arroz na Ásia Oriental. Ao mesmo tempo, tem também um significado prático, na medida em que, com um maior apoio ao desenvolvimento sustentável da agricultura contemporânea, os métodos de sementeira direta têm recebido cada vez mais atenção, num esforço para reduzir os custos de produção. Assim, vale a pena reexaminar as técnicas de cultivo de sementeira direta e as variedades de arroz utilizadas ao longo da história, uma vez que representam a acumulação de técnicas e variedades

---

612 21º ano da República da China (1932). *Crônica do Condado de Luoping*, vol. 6. Citado em *Anthology of Chinese Agricultural Heritage*, Categoria A, "Rice, Part 2" (Pequim Editora de Agricultura da China, 1993), p. 904.

em várias condições culturais e ambientais naturais específicas ao longo de milhares de anos. Trata-se de um meio importante de explorar os recursos alimentares futuros com base num rico património agrícola.

Não foi realizado nenhum estudo sistemático anterior sobre os métodos de cultivo de arroz praticados ao longo da história chinesa nos círculos académicos da história agrícola chinesa. Este artigo aborda um tópico dentro desse campo, a sementeira direta de arroz na história chinesa.[613] O foco deste capítulo é a sementeira direta após o aparecimento da transplantação. Explora, tanto do ponto de vista técnico como econômico, a razão pela qual a sementeira direta persistiu em muitas áreas após o aparecimento da transplantação. Também será feita uma análise das técnicas de sementeira direta e das variedades de arroz para as quais foram utilizadas na história chinesa.

---

[613] You Xiuling mencionou a sementeira direta em *História do cultivo de arroz na China*, referindo que havia duas situações em que a sementeira direta era utilizada, a sementeira direta de arroz seco (ou arroz de terras altas) e a sementeira direta de arroz em casca. Considerou também que a sementeira direta de arroz seco teve origem mais cedo do que a sementeira direta de arroz em casca. O método de sementeira direta é abordado em Competências Essenciais para Beneficiar o Povo.

1. A demanda por equipamentos de transplante de arroz

Segundo o Professor Kim Youngjinn, a sequência e o progresso das antigas técnicas coreanas de cultivo do arroz começaram com a sementeira direta nas terras baixas e nas terras altas, seguida da transplantação nas terras baixas e nas terras altas. Por outras palavras, a evolução da sementeira direta para a transplantação de plântulas foi uma tendência inevitável do desenvolvimento histórico. No entanto, a história da cultura do arroz na China indica que, embora a tendência geral fosse a de a transplantação substituir a sementeira direta, esta última persistiu durante algum tempo após a introdução da transplantação, em resultado de vários fatores.

Acredita-se geralmente que a sementeira direta foi a prática mais antiga no cultivo do arroz, apesar de existirem provas da utilização do transplante nas regiões do norte durante a Dinastia Han, que foi referido como "outro arroz" no Calendário para a Agricultura, indicando que ainda não tinha sido popularizado. O escritor da Dinastia Wei do Norte, Jia Sixie, menciona em *Competências essenciais para beneficiar o povo* a prática de "desenraizar e plantar"[614] ao falar do cultivo de arroz de terras baixas e de terras altas no Norte, mas esta prática não era a mesma que criar mudas para transplantar, referindo-se antes à monda e ao desbaste das culturas. Ou seja, depois de arrancadas as plantas, estas eram replantadas no mesmo campo após a monda, ou o arroz em campos densamente plantados era arrancado e replantado em áreas mais escassamente plantadas. Embora alguns académicos defendam que a origem da transplantação de arroz está ligada ao arranque de plântulas e à replantação, o "arrancar e plantar" mencionado em Competências essenciais para benefício do povo não pode ser considerado transplantação. Se não houvesse muitas ervas daninhas no campo e o campo não estivesse demasiado densamente plantado, não havia necessidade de arrancar e replantar. Ou seja, "arrancar e plantar" era

---

614 Competências essenciais para beneficiar o povo, "Arroz" diz: "No planalto do norte, não há lugares adequados para armazenar água, então os campos só podem ser encontrados na curva de rios sinuosos onde a água flui sobre a margem... Quando as mudas tiverem cerca de sete ou oito *cun* de altura, arranque-as e replante-as". (Como os campos não são rotacionados no plantio, as ervas daninhas crescem rapidamente e voltam a crescer mesmo se arrancadas, então as mudas têm que ser replantadas).
Competências essenciais para beneficiar o povo, "Arroz seco" diz: "Se os campos forem grandes, e se forem densamente plantados, devem ser plantados no quinto ou sexto mês. Se for feito no sétimo mês, eles não crescerão mais".

apenas uma prática ocasional.⁶¹⁵ A sementeira direta era consistentemente predominante para o arroz em arrozais. O "desenraizamento e plantação" só acontecia em arrozais de cultura única e de terras altas no Norte. Para a maioria dos campos de arroz, especialmente os do Sul, a sementeira direta foi provavelmente a técnica mais utilizada.

Após as dinastias Tang e Song, o método de transplante foi popularizado, mas a prática da sementeira direta continuou na área entre os rios Yangtze e Huai e a sul do Yangtze (ver Quadro 1).

TABELA 1 — Menções à sementeira direta nos registros históricos após as dinastias Tang e Song

	Local	Período	Descrição	Categoria	Fonte
Bacia do Rio Huai	Hubei	Dinastia Southern Song	Hubei tem uma vasta área e população escassa. Existe uma colheita apressada e as mudas são semeado em vez de transplantado. O nome comum da cultura é mansa (lit., "aspersão")	Arroz	Dinastia Song. Peng Guinian. *Zhitang coletado*, Volume 6."Mantendo o Arroz Armazenamento em Hubei e Proposta para Comprando arroz.
	Bacia do Rio Huai	Dinastias Song e Yuan	É uma visão comum perto do Rio Huai e a baía para ver campos arados depois da água que se acumularam durante o inverno e a primavera finalmente secou. No o início do verão, se a água é rasa, os agricultores remar o barco [referindo-se a remo de barco em geral, ou o yangta], espalhando suyi sementes de arroz por toda a água nos campos. Quando a água recua, as mudas emergem e o arroz precoce pode ser colhido.	Arroz	Dinastia Yuan. Wang Zhen. *Wang Agricultura de Zhen Tratado*. "UM Catálogo de Agrícola Equipamento", Parte 12.

---

615 Esta prática ainda pode ser observada atualmente em áreas onde a transplantação é popular. Atualmente, quando os agricultores cultivam arroz, se virem uma erva daninha entrelaçada com a planta de arroz, muitas vezes arrancam e replantam o arroz, removendo a erva daninha.

Bacia do Rio Huai	Sizhou, Anhui	Dinastia Ming	Durante o período de pousio, não há agricultura no área. Todos os anos, os agricultores esperam para o momento certo para começar cultivar e plantar sementes, mas eles não sabem como usar fertilizante. Bois Huang [uma espécie de gado não adaptado às zonas húmidas arar] têm pouca força e não pode aprofundar o campo. As sementes são plantadas somente depois que o campo estiver arado. Embora baldes de sementes sejam semeado, ninguém pensa nisso como um desperdício. Não há plantio de mudas, ou se houver, é apenas uma percentagem muito baixa.	Arroz	27º ano do Wanli reinará a Dinastia Ming (1599). *Crônicas do Imperador Cidade nata*l, Volume 5. "Local Alfândega."
	Condado Yingshang, Anhui	Dinastia Qing	A semeadura direta é amplamente adotado nas cristas de os campos, em vez de transplantando.	Arroz	Sexto ano do Reinado de Daoguang a Dinastia Qing (1826). *Yingshang Crônica do Condado*, Volume 5. "Local Alfândega"
	Guangshan, Henan	Dinastia Qing	Arroz tardio em águas profundas é semeado no verão e colhido em outono. É tolerante à água, e seus caules podem surgir das águas profundas em que está encharcado, mas deve estar espalhados bastante densamente.	Arroz	51º ano do Reinado de Qianlong em a Dinastia Qing (1786). *Guangshan Crônicas do Condado*, Volume 13.
	Guanyun, Donghai, Norte Jiangsu	Era Republicana	O arroz de terras altas é semeado no área entre Guanyun e Donghai. Após a semeadura, o área se torna campos de arroz molhados quando chove.	Arroz seco	Décimo quinto ano da República de China (1926). Província de Jiangsu Topografia, "Agricultura."

Bacia do Rio Yangtze	Taizhou, Jiangsu	Dinastia Jin	O Rio Fu no Condado Hailing está ligado ao mar. Existem muitos porcos selvagens na área. Eles formam rebanhos de milhares e desenterrar grama raízes para alimentação. Eles viram o chão em um lugar lamacento, chamado de "campo pisoteado por porcos." As pessoas semeiam sementes de arroz nesses campos e colher bons colheita com poucos problemas.	Arroz	Dinastia Jin. Zhang Hua. História Natural.
	De'an Hubei	Dinastia Ming	Espalhe as sementes e elas se tornará exuberante. Aqueles que não precisam ser transplantado são chamados wuman'er... Aquele que semeou na água é chamado qiniusa. O aquele com orelhas brancas que faz não precisa ser transplantado é chamado Baimang'er.	Arroz	Décimo segundo ano do Reinado de Zhengde a Dinastia Ming (1517). Decano Crônica da Vila, Volume 2. "Local Produzir."
	Rugao, Jiangsu	Dinastia Qing	A maioria das aldeias ribeirinhas espalhar arroz nos campos, que amadurece por conta própria. O grão é vermelho e perfumado.	Arroz	Reinado Kangxi na Qing Dinastia. Rugão Crônica do Condado, Volume 6. "Comestível Produzir."
	Haiqu, Jiangsu	Dinastia Qing	Nas cidades ribeirinhas, mudas não são plantados. O arroz é simplesmente espalhados e deixados para amadurecer.	Arroz	23º ano do Reinado de Jiaqing a Dinastia Qing (1818). Haiqu Suplemento, Volume 6. "Produtos."

Bacia do Rio Yangtze	Wuxia, Nanhai	Dinastia Qing	Após o cultivo, há um método usado para cobrir com solo sem o uso de bois. Os campos de Wuxia são férteis. Em Nanhai, as pessoas semeiam e colhem em jangadas, e eles use a mesma semeadura direta método como o utilizado no campos depois que a água recua.	Arroz	Dinastia Ming. Fang Yizhi. Uma compreensão modesta de coisas inatas, Volume 6.
	Taicang, Jiangsu	Dinastia Qing	Diz-se que existe um método de semeadura "beliscar" em Dongxing, que pode dobrar a colheita... Por que as pessoas não imitam isso método? Talvez seja devido à vitalidade das sementes, que é preservado sem transplantando.	Arroz	Dinastia Qing. Lu Shiyi. Registro de uma Análise, Volume 11. "Autoaperfeiçoamento"
	Wu County, Jiangsu	Dinastia Qing	A semeadura direta é usada em vez disso de transplante. No final de no quarto mês, as plantas terá dois chi de altura. Puxando levantar as mudas vai danificar as raízes e o solo estar seco, o que prejudicará o vitalidade das plantas quando eles se regeneram, então o direto método de semeadura é mais adequado.	Arroz	Dinastia Qing. Livro de Panfengyu Aldeia. "Fengyu Canção da Aldeia de Semeadura Direta."
	Shanghai	Dinastia Qing	Arroz Japônica, que é adequado para arrozais, está encharcado durante o equinócio da primavera, então suas mudas são plantadas no quarto mês e amadurece no oitavo mês. Há também quem semeie grãos e espalhar sementes.	Arroz	Nono ano do Reinado de Tongzhi a Dinastia Qing (1870). Xangai Crônicas do Condado, Volume 8.
	Chongming, Shanghai	Era Republicana	O arroz é semeado diretamente nos campos.	Planalto Arroz	Décimo oitavo ano da República da China (1929). Condado de Chongming Crônica.

Bacia do Rio Yangtze	Jiande, Zhejiang	Era Republicana	Semeie sementes diretamente no campos em vez de em uma muda cama de incubação.	Arroz	Oitavo ano do República da China (1919). Jiande Crônica do Condado, Volume 2.
	Jiangjin, Sichuan	Dinastia Qing	Há um recentemente adquirido método de semeadura... Semeie o sementes diretamente com um arado... e após a semeadura, use um ancinho para cubra as sementes com terra fina Alguns dias depois, as mudas aparecerá em linhas, assim como quando plantado, com raízes profundas no solo para que possam resistir seca.	Arroz	33º ano do Reinado de Qianlong em a Dinastia Qing (1748). Jiangjin Crônica do Condado, Volume 6. "Registro de comestível Produtos."
	Tongchuan, Sichuan	Dinastia Qing	Existe um tipo de grão seco. Não é necessário molhar essas sementes e separe as mudas, mas é seca resistente e bom para maiores chão.	Planalto Arroz	Cinquenta anos do Reinado de Qianlong em a Dinastia Qing (1785). Tongchuan Prefeitura Crônica, Volume 3.
	Abaixo Mengmi, Yunnan	Dinastia Ming	O arado é usado para semear em Upper Mengmi, enquanto o ancinho é usado em Lower Mengmi. A agricultura é fácil lá, talvez devido à terra fértil.	Arroz	Dinastia Ming. Zhu Mengzhen. Costumes do Grupos Minoritários de o sudoeste.
	Luoping, Yunnan	Era Republicana	Semeie diretamente em grãos finos solo... Quando as mudas estão cinco ou seis cun de altura, use bois arrastar a roda de feldspato sobre as mudas... Algumas dias depois, as mudas seja vibrante, e o verdejante as folhas ainda estarão em seu aglomerados originais	Planalto Arroz	21º ano do República da China (1932). Luoping Crônica do Condado, Volume 6.

Bacia do Rio Yangtze			Quando o as mudas têm um chi de altura, use uma pequena enxada para erradicar as ervas daninhas na raiz e firmes até as raízes do arroz. Esse deve ser repetido duas ou três vezes, então o trabalho será estar completo. As colheitas serão pronto para colher e ser levado para a eira do oitavo ou nono mês		
	Tengchong, Yunnan	Era Republicana	Na época em que o grão botões no quarto mês, o as sementes são semeadas uniformemente e nenhum transplante é necessário. No outono, as plantas podem ser colhido.	Planalto Arroz	Trinta ano de a República de China (1941). Condado de Tengchong Crônicas, Volume 17. "Agrícola Administração."
Área Sul de os Cinco Cumes (Lingnan)	Lingnan	Dinastia Southern Song	Arar é usado apenas para quebrar subir o solo duro, então não é necessária mais aração. Isso é tudo bem para o solo ter algum torrões. Semeie os campos diretamente em vez de transplantar mudas. Depois da semeadura não irrigação é necessária durante uma seca, nem está drenando necessário quando inunda. Nenhuma fertilização ou capina é obrigatório. O arroz vai crescer naturalmente.	Arroz	Dinastia Song. Zhou Qufei. Notas no Sul de Wu Lin, Volume 3. "Agricultores Inativos."
	Qinzhou	Dinastia Southern Song	Famílias de agricultores em Qinzhou são impetuosos e usam gado para quebrar o chão. Ao semear, eles se espalham as sementes diretamente nos campos, não transplantando. Muitas sementes são desperdiçados. Depois que as sementes estiverem semeado, sem irrigação ou capina é necessário. As sementes crescem naturalmente.	Arroz	Dinastia Song. Zhou Qufei. Notas no Sul de Wu Lin, volume 8. "Flores e Plantas, Arroz."

Área Sul de os Cinco Cumes (Lingnan)	Hainan	Dinastia Qing	O povo Li não pratica o plantar e semear método, nem têm qualquer ferramentas agrícolas. Na primavera época de aração, o gado é usado para transformar o solo em lama. A colheita é feita quando as sementes são espalhadas diretamente para os campos.	Arroz	Dinastia Qing. Zhang Changqing.Notas sobre Liqi.
	Hainan	Dinastia Qing	O povo Li não usa o método de plantio e semeadura. Quando não há o suficiente chuva, eles deixam o gado o campo para pisar de um lado para outro. A água se mistura com o solo, e a semente é espalhada principal. O arroz atinge a maturidade sem arar ou capinar.	Arroz	Dinastia Qing. UM Vislumbre de Hainan Grupo Minoritário Li.
	Guiping, Guangxi	Dinastia Qing	Linghe, um tipo de milho, é plantadas nas encostas do colinas, e a terra cultivada é arado em sulcos. A semente está espalhado pelo campo e as plantas amadurecem naturalmente, sem nenhum transplante.	Planalto Arroz	33rd year of the Qianlong reign in the Qing Dynasty (1768). Pictures of Zizhi in Guiping County, Volume 4.
	Guangxi	Dinastia Qing	Shehe... aqueles sem seus próprios campos e o Yaotong as pessoas cultivam arroz no montanhas. Não requer muito trabalho. Somente a capina é necessária.	Planalto Arroz	Quinto ano do Reinado de Jiaqing a Dinastia Qing (1800). Em geral Crônica de Guangxi, volume 88. "Nanning Prefeitura."
	Guangxi	Era Republicana	O arroz aqui se chama huodao ou dami... É plantado no da mesma forma que o trigo é semeado... Arroz de terras altas, comumente conhecido como ganhar, é uma terra seca cortar.	Planalto Arroz	38º ano do República da China (1949). Em geral História de Guangxi, Volume 1.

Área Sul de os Cinco Cumes (Lingnan)			Ao semear, as sementes são espalhado no solo, então permitido crescer naturalmente. A fertilização não é necessária. As sementes são plantadas em áreas montanhosas áreas com declives. Eles são amplamente semeado pelos Yao e Grupos étnicos Miao, muitas vezes consorciado com mudas.		
	Guixian, Guangxi	Era Republicana	Mudas Fuhe têm um longo awn, e os grãos do arroz são tão grandes quanto os de arroz japônica... Antes do chuva de primavera, as sementes são espalhados na área onde a água está acumulada (normalmente conhecido como hulangtang). O folhas de arroz ondulam e ondulam, e eles são tolerantes à água.	Arroz	38th year of the Republic of China (1949). General History of Guangxi,Volume 1.
	Lianzhou, Guangdong	Dinastia Qing	O povo de Lianzhou se espalha sementes nos campos, então permitir que eles cresçam em seus ter. Os campos são densamente plantada, e as raízes se tornam interligados. As orelhas são curtas com relativamente poucos grãos.	Arroz	Thirteenth year of Daoguang (1833). Lianzhou Village Chronicle, Volume 4.
	Qin County, Guangdong	República da China	Os campos planos não são salinos. Não chove por muito tempo períodos na primavera, e o o solo fica entorpecido no sol escaldante. Cultivo o trabalho é feito no início manhã, com rolos de pedra ou varas de madeira usadas para esmagar o solo torrado em uma multa grãos, então ancinhos são usados para nivelá-lo.	Arroz	23º ano de a República de China (1934). Prefeitura de Qinzhou Crônicas, Volume 8. "Agricultura".

Área Sul de os Cinco Cumes (Lingman)			As sementes precisam ser cobertos com terra depois de estão espalhados. Estes são chamados sementes de terras altas.		
	Remoto Montanhoso Áreas em Hainan	Era Republicana	Queime a vegetação natural em a encosta e depois semeie diretamente.Não há necessidade de dividir mudas. Eles deveriam apenas ser permitido crescer.	Planalto Arroz	22nd year of the Republic of China (1933). Hainan Island Chronicle. "Produce."
	Costa Leste de Guangdong	Dinastia Qing	Apenas no leste de Guangdong existem sementes de arroz de água salgada, que são semeados na costa e colhido sem esforço.	Arroz	Dinastia Qing. Bao Shichen. Vias públicas.
Meio e inferior Alcances do Rio Amarelo	Zhucheng, Shandong	Dinastia Ming	Locais onde há água salgada repelidos no mar são adequados para o cultivo de arroz. As mudas brotam depois de semeados. A capina será necessária quatro ou cinco vezes, mas caso contrário, é só uma questão de esperar a colheita.	Arroz	31st year of the Wanli reign of the Ming Dynasty (1603). Zhucheng County Chronicle.
	Fengrun, Hebei	Dinastia Qing	Arrozais de Fengrun são relativamente bons. Eles germinar da dispersão sementes em campos secos.	Planalto Arroz	Qing Dynasty. Chen Yaotian. Research on Nine Types of Grain.
	Zhangbei, Hebei	Era Republicana	Primeiro, divida o solo em cristas e depois despeje água antes de semear as sementes no solo. As mudas vão quebrar através do solo dentro de dez dias. A capina deve ser feita três ou quatro vezes.	Arroz	24th year of the Republic of China (1935). Zhangbei County Chronicle, Volume 4.
	Huai'an, Hebei	República da China	Todos os anos, por volta do início do verão, cumes são feitos e os campos são irrigado com água limpa até profundidade de três chi. A água é drenado depois que os campos ficou encharcado por dois ou três dias,	Arroz	17º ano do República da China (1928). Huai'an Crônica do Condado, Volume 6. "Produzir.

Meio e inferior Alcances do Rio Amarelo			então o solo é arado até afrouxe-o. Em seguida, é preenchido com regue novamente e as sementes de arroz são semeados sem fertilizante.		
	Luan County, Hebei	Era Republicana	Arroz produzido com o seco método de plantio é chamado jingzi... Todo ano, é plantado durante o Qingming Festival sem preparar o mudas. É colhido no equinócio de outono.	Planalto Arroz	26th year of the Republic of China (1937). Luan County Chronicle, Volume 15. "Local Produce."
Noroeste	Gaotai, Gansu	Dinastia Ming	O arroz é uma cultura adequada para Gaotai, mas poucas pessoas sabem como cultivá-lo. Os poucos que cultive arroz, não plante mudas. Eles apenas espalham o sementes e deixe a natureza tomar conta curso.	Arroz	Second year of the Qianlong reign in the Qing Dynasty (1737). New Chronicle of Gansu, Volume 6. "Produce."
	Gaotai, Gansu	Era Republicana	A população local não faça sulcos e plante arroz mudas. Eles simplesmente se espalharam as sementes nos campos e deixe eles crescem, então seus rendimentos são não tão alto quanto no sul.	Arroz	Décimo ano do República da China (1921). Gaotai Crônica do Condado, Volume 2.
	Aqsu, Manas, Xinjiang	Dinastia Ming	Arar os arrozais molhados, espalhe as sementes na lama por uma semana e cubra-os com um ancinho. Eles não têm conhecimento de como dividir as mudas, então ervas daninhas e plantas de arroz se entrelaçam e crescer juntos.	Arroz	Segundo ano do Reinado de Xuantong a Dinastia Qing (1910). Xinjiang Crônicas, Volume 2. "Terras agrícolas".

Noroeste	Condados Ao longo do Rio em Oriental Ningxia	Era Republicana	Os agricultores aram apenas o campo quando esquenta na primavera. Eles aram o campo e irrigar os canais e depois espalhar sementes de arroz no campo no Temporada de grãos na espiga [início o sexto mês], para que o o arroz pode crescer e amadurecer próprio, sem qualquer necessidade divida as mudas.	Arroz	36º ano do República da China (1947). Registros de Ningxia.

Observação: "*Hutuizhiwei*", também escrito como "*Huxiangzhiwei*", referindo-se aos diques depois que a água recua, indica que as pessoas praticavam a semeadura direta na atual área de Hunan no final da dinastia Ming e no início da dinastia Qing.

A sementeira direta foi adotada antes das dinastias Tang e Song, embora não existam muitos registros da mesma. Após o período Tang-Song, a transplantação de arroz tornou-se mais popular, mas também há mais registros de sementeira direta desta época. Os registros indicam que a sementeira direta era praticada na área entre os rios Yangtze e Huai e a sul do Yangtze. A cultura do arroz na bacia do rio Amarelo não era muito abundante e, nos casos em que existia, era sobretudo sob a forma de arroz de terras altas. O método de cultivo adotado para este arroz era, tal como o utilizado para as culturas de sequeiro do norte, a sementeira direta em vez da transplantação. Os registros mostram que a sementeira direta foi adotada nas zonas costeiras de Shandong na dinastia Ming. Durante a era republicana, surgiu a sementeira direta nas terras baixas e a sementeira direta do arroz de terras altas foi também mantida. A bacia do rio Huai foi sempre uma zona de alternância entre cheias e secas. Após as dinastias Tang e Song, as técnicas de cultivo do arroz desenvolveram-se e a sementeira direta representou uma percentagem considerável do rendimento total. O arroz de sementeira direta na bacia do rio Huai era principalmente arroz de terras baixas, embora o arroz de terras altas, ou variedades algures entre as terras altas e as terras baixas, também fosse ocasionalmente semeado diretamente. Na bacia do rio Yangtze, a principal zona de produção de arroz em casca, há registros de sementeira direta de arroz que datam da dinastia Song. Exceptuando as zonas de relevo mais elevado ou com falta de recursos hídricos, como Chongming, em Xangai, ou Tongchuan, em Sichuan, onde foi adotada a sementeira direta em terra firme, a maior parte da sementeira direta foi utilizada para o arroz em casca. A sementeira direta no curso superior do rio Yangtze era sobretudo arroz de sequeiro e os seus produtores eram, na sua maioria, grupos étnicos minoritários. A sementeira direta era também comum em Lingnan.

2. Análise e justificação da sementeira direta de arroz

A sementeira direta é um método primitivo de cultivo do arroz. Na fase de corte e queima da agricultura, o corte e a lavoura a fogo eram usados juntamente com outros métodos primitivos para preparar a terra, depois as sementes eram espalhadas e os agricultores esperavam pela colheita.[616] Este processo não envolvia o transplante. No máximo, algumas mudas individuais eram retiradas de campos densamente plantados e replantadas em áreas mais esparsas. Este método de cultivo foi preservado até à dinastia Qing. Mesmo na década de 1950, a sementeira direta continuou a ser utilizada para o cultivo do arroz em zonas minoritárias, como no grupo étnico Li, em Hainan. A questão que se coloca é a de saber por que razão a sementeira direta continuou a ser utilizada após o aparecimento da transplantação.

O transplante é um procedimento que envolve a criação de mudas, depois o arranque e o transplante, que é um processo de trabalho intensivo.[617] Assim, a implementação do transplante depende da disponibilidade de uma grande força de trabalho. Na ausência de uma oferta efetiva de mão de obra, as mulheres, as crianças, os idosos e os fracos também são obrigados a participar na transplantação. Na sociedade tradicional chinesa, um casal era uma unidade de produção, sendo o homem responsável pela agricultura e a mulher pela tecelagem. O trabalho do homem centrava-se no exterior e o da mulher em casa. Em geral, as mulheres não participavam nas atividades do campo, para além de levarem as refeições aos homens que aí trabalhavam. A única exceção era a transplantação, em que as mulheres participavam largamente na arrancagem e na transplantação das plântulas. Quando a população diminuía, era impossível completar a transplantação, mesmo com o envolvimento das mulheres, das crianças, dos idosos e dos fracos. Neste caso, a sementeira direta era a melhor opção. Nos últimos anos, a sementeira direta tem vindo a aumentar, o que, em grande medida, pode estar relacionado com a diminuição da mão de obra rural, à medida que os agricultores se deslocam para as zonas urbanas para trabalhar e fazer negócios. A mudança da transplantação para a sementeira direta tam-

---

616 Zeng Xiongsheng, "Uma Exploração da Cultivação Primitiva," *Estudos na História das Ciências Naturais*, nº 1 (1990): 67–77; "Arando a Terra Sem Ferramentas Usando Animais: Origens dos Novos Métodos de Agricultura," *Arqueologia Agrícola*, nº 3 (1993): 90–100.

617 Segundo o meu pai, uma força de trabalho forte consegue plantar um mu por dia, enquanto uma equipa mais fraca só consegue plantar seis ou sete fen. Isso sem contar com o desenraizamento das plântulas. O tempo necessário depende da densidade da plantação. Na nossa região, as fileiras de arroz precoce são de cinco ou seis *cun*, enquanto as de arroz tardio são de sete ou oito *cun*. O arroz de uma só época tem oito ou nove *cun*.

bém ocorreu em outros momentos da história. O *yangma*, uma ferramenta para arrancar e transplantar mudas, foi usado pela primeira vez na área de Hubei[618], indicando que o transplante era praticado ali durante a dinastia Song do Norte, mas quando a dinastia Song se deslocou para o sul, essa área tornou-se o principal campo de batalha na guerra entre os Song e os Jin, o que resultou na perda de uma grande parte da população[619]. Embora alguns residentes de Jiangnan, que antes viviam em cidades com espaços públicos estreitos, "contratassem inquilinos de longe"[620], a tendência de declínio populacional em Hubei durante a dinastia Song não se inverteu. Quando havia menos gente e mais terra, a sementeira direta de arroz era a melhor opção. Quando Peng Guinian serviu como oficial em Hubei, registrou que, devido à área pouco povoada e à falta de mão de obra, "as sementes plantadas foram destruídas e as colheitas não foram plantadas", tendo sido implementada a sementeira direta.[621]

É de salientar que a sementeira sem monda e a sementeira direta não foram utilizadas apenas pelos agricultores de Hubei que já tinham adotado a transplantação, mas também pelos novos migrantes de Jiangnan para Hubei. Jiangnan era originalmente um local de agricultura intensiva, mas depois de os agricultores terem migrado para a zona menos povoada a norte de Jinghu, a sua tradição original de transplantação não viajou com eles. Em vez disso, a sementeira direta foi adotada à medida que se adaptavam ao seu novo ambiente. Nessa perspectiva, os fatores demográficos eram

---

618 [Dinastia Song do Norte] Su Dongpo, *Prefácio à Canção do Yangma*: "Quando viajei para Wuchang no passado, vi que todos os agricultores utilizavam o *yangma*. Ele tinha madeira de olmo ou de jujuba na superfície externa para garantir sua suavidade, e madeira de catalpa na parte de trás para reduzir seu peso. Sua barriga era como um pequeno barco, com a cabeça e a cauda levantadas, e seu dorso era coberto com telhas, permitindo que ambas as pernas se movessem na lama. Um feixe de artemísia era usado para amarrar as mudas. Ele podia completar mil sulcos em um dia. Comparado ao trabalho manual curvado, a quantidade de trabalho realizada era incomparável."

619 Por exemplo, na História da Dinastia Song, "Produtos Comestíveis": "No 29º dia do oitavo mês do quarto ano do reinado de Qingyuan (1198), um conselheiro afirmou que as planícies de Hubei eram férteis, e estavam 60–70% ocupadas. Os ocupantes nunca aravam ou plantavam, enquanto os cultivadores lutavam entre si por terras, de modo que a maioria dos agricultores praticava o plantio direto em áreas áridas."

620 História da Dinastia Song. "Registros de Produtos Comestíveis." Consta: "No terceiro ano do reinado Chunxi (1176), o ministro disse: '... Hoje, Weiding e Lidi, em Hubei, foram anexados a Hunan, e há algumas terras para cultivo. Em Jingnan, Anzhou, Fuzhou, Yuezhou, Ezhou, Hanzhou e Mianzhou, há poucos residentes registrados, sendo todos provenientes de vilarejos que possuem um espaço público reduzido em Jiangnan. Velhos e jovens estão envolvidos no trabalho, e contratam arrendatários de terras distantes para o plantio, pois a terra é vasta e o imposto é leve.'"

621 [Dinastia Song do Sul] Peng Guinian, Collected Zhitang, vol. 6, "Mantendo o armazenamento de arroz em Hubei e uma proposta de compra de arroz".

mais importantes do que a tradição agrícola na escolha do método de cultivo. Embora a sementeira direta fosse mais suscetível de "destruir o ambiente", era talvez a forma mais eficaz de utilizar as áreas desertas, porque nos locais que tinham sofrido danos de guerra, havia vastas terras, mas poucas pessoas, e era desnecessário e difícil implementar uma agricultura intensiva para aumentar a área unitária. Em vez disso, a sementeira direta com uma colheita mais fina era utilizada para aumentar a produção total, aumentando assim a produtividade do trabalho. Por este motivo, os agricultores preferiam o método de sementeira direta. Numa situação, "depois de arar o velho arrozal, as sementes são plantadas e deixadas a amadurecer, sem as arrancar."[622] A pequena mão de obra agrícola era a principal razão pela qual muitos agricultores escolhiam o método de sementeira direta, o que era ainda mais evidente na região de Lingnan durante a dinastia Song. Nessa altura, a região era ainda uma terra árida com uma população escassa, porque as técnicas agrícolas ali praticadas eram ainda muito primitivas, sendo a sementeira direta apenas um exemplo.

Os fatores demográficos também afetaram as escolhas dos produtores de arroz em termos de desenvolvimento e utilização das terras. Ou seja, a opção pela sementeira direta estava relacionada tanto com o desenvolvimento e a utilização das terras como com as condições naturais. Após a era Tang-Song, embora tenha havido um declínio da população em algumas áreas devido à guerra e a outros fatores, em geral, verificou-se ainda uma tendência de crescimento rápido. Para fazer face às necessidades de uma população cada vez maior, era necessário recuperar mais campos das montanhas e da água. Foram realizados projetos de recuperação de água nas zonas costeiras de todo o país e surgiram várias formas de utilização dos solos, como os campos de pólen, de areia e de lama. Estas novas zonas continuaram a expandir-se e os novos campos cultivados eram muito diferentes dos tradicionais, pelo que foram necessários métodos de cultivo e variedades de culturas especiais. A principal manifestação foi o fato de estes campos de arroz recém-desenvolvidos serem muito afetados por fatores naturais e de as fontes de água não poderem ser eficazmente controladas ou garantidas. A época normal de plantação era frequentemente interrompida pela infusão de água da chuva, e o período de crescimento reduzido não podia garantir o rendimento de grãos normais se fossem seguidos os procedimentos convencionais, pelo que a sementeira direta era a única forma de maximizar o tempo efetivo de produção. Em alguns locais, como os campos ribeirinhos ao longo do rio Huai e do Mar da China Meridional, já era

---

622 [Dinastia Yuan] Wang Zhen, "Dicas Gerais sobre Agricultura e Sericultura", em *Tratado Agrícola de Wang Zhen*.

inverno quando a água baixou e a época de plantação do arroz terminou. Quando chegava a época do cultivo do arroz no verão, o nível da água subia novamente. A água era profunda o suficiente para afogar o gado, então os agricultores só podiam levar um barco ou uma pequena balsa para o campo. Para esses campos de arroz, mesmo que houvesse um suprimento pronto de mudas, era difícil transplantá-las, portanto, só era possível usar o método de semeadura direta. Para esse método, os agricultores tinham que arar os campos quando a água secava no inverno e na primavera e, no início do verão, quando o nível da água voltava a ficar raso, eles usavam barcos a remo para carregar as sementes de arroz encharcadas e as espalhavam sobre a superfície da água no campo. Quando a água recuava, as mudas surgiam e o arroz precoce podia ser colhido. Isso era o que Fang Yizhi chamava de "remar um barco para semear e colher."

Se a prática da sementeira direta de arroz em casca está ligada ao ambiente natural relativamente rico em água, a sementeira direta de arroz de terras altas está ligada às condições relativamente secas das zonas com menos precipitação. Em alguns locais, "não chove durante longos períodos na primavera e a lama endurece com o sol quente", pelo que não há água suficiente para criar as plântulas. Mesmo que as mudas sejam cultivadas numa cama de mudas, o transplante será impossível devido à falta de água nos campos. Há locais em que o solo é muito pegajoso, o que torna impossível arrancar e transplantar as plântulas. Nesses casos, a sementeira direta é a melhor opção, como foi feito para o arroz de terras altas em Tongchuan, Sichuan, durante a dinastia Qing, e em Sichuan e Guanyun, no norte de Jiangsu, e na área em torno do Mar da China Meridional, na era republicana.

A prática da sementeira direta de arroz, especialmente para o arroz de terras altas, pode também estar ligada à tradição agrícola de sequeiro no Norte. O Norte da China baseia-se principalmente na agricultura de sequeiro, pelo que a sementeira direta é amplamente utilizada. Fengrun, Hebei e outros locais faziam parte de Yuyang nos tempos antigos. Zhang Kan, um prefeito durante a Dinastia Oriental, recuperou mais de 8000 qing de campos de arroz, uma vez que o Norte foi sempre uma zona de cultivo de arroz relativamente desenvolvida. Durante a dinastia Qing, a transplantação foi adotada na zona, mas o antigo método de sementeira direta continuava a ser utilizado para o arroz de terras altas.[623] A sementeira direta de arroz seco na zona de Jiangsu situada entre Guanyun e o Mar da China Meridional pode não ter estado relacionada com condições de seca e pouca chuva, mas

---

623 [Dinastia Qing] Cheng Yaotian, "Nove Grãos," em *Antologia do Patrimônio Agrícola Chinês, Categoria A*, ed. Chen Zugui, "Arroz, Volume 1" (Pequim: Companhia de Livros Zhonghua, 1958), p. 248.

antes com a sua proximidade a norte do centro da agricultura de sequeiro e com a influência das tradições agrícolas de sequeiro. Nesse sentido, a prática da sementeira direta nesta área não era mais do que uma aplicação de práticas agrícolas de sequeiro para cultivar arroz.

À primeira vista, parece que a sementeira direta de arroz apenas teve uma aceitação passiva sob os constrangimentos da tecnologia econômica e das condições naturais, mas a partir do discurso dos antigos agrónomos (especialmente os da área da bacia de Taihu após o início da dinastia Qing) sobre a sementeira direta, é evidente que esta foi utilizada não só como uma solução temporária para um problema, mas também como a opção mais sensata em geral. A decisão de utilizar este método foi tomada depois de pesar os prós e os contras da transplantação e da sementeira direta, o que constitui uma razão fundamental para que algumas zonas que tinham utilizado a transplantação nas dinastias Ming e Qing tenham mais tarde mudado para a sementeira direta.

A transplantação de arroz era praticada na China desde a dinastia Han. Depois de ter sido popularizado durante as dinastias Tang e Song, foi o método preferido no período Ming-Qing, e foi durante este período que os vários problemas associados à transplantação se tornaram cada vez mais evidentes em áreas mais desenvolvidas, como a bacia de Taihu. Nestas circunstâncias, a ideia da sementeira direta foi renovada. Do ponto de vista do desempenho, era uma espécie de reação à transplantação, mas não se tratava simplesmente de voltar a práticas mais antigas. Trata-se antes de uma nova forma de sementeira direta que integra as vantagens da transplantação nas novas condições. Se a sementeira direta foi considerada, em algumas regiões, uma manifestação da agricultura extensiva, o regresso à sementeira direta nas dinastias Ming e Qing foi um resultado lógico, uma vez que a nova abordagem da sementeira direta foi uma solução para os problemas que surgiram após a transplantação ter sido implementada durante muitos anos e de terem sido identificados vários inconvenientes da prática.

É de notar que, durante as dinastias Ming e Qing, a transplantação de arroz era geralmente considerada positiva e constituía à norma na cultura do arroz. No seu Tratado Agrícola, o agrónomo Ma Yilong, da dinastia Ming, apresentou um resumo teórico do papel da transplantação na cultura do arroz, salientando que "transplantar as plântulas é colocá-las em solos diferentes, permitindo que o *qi* de dois tipos de solo se funde numa única plântula, de modo a que a vitalidade seja multiplicada". No entanto, após o início da dinastia Qing, foram lançadas algumas dúvidas sobre o papel da transplantação.

Inicialmente, suspeitava-se que o processo de transplante poderia afetar negativamente o crescimento normal das plântulas. Lu Shiyi, um pensador do início da dinastia Qing, acreditava que "quando o agricultor planta a plântula, esta é arrancada na véspera e deixada de molho durante a noite, ou mesmo durante vários dias, e depois plantada. Ao plantar, as sementes são atiradas ou lançadas, mas com moderação. Depois de plantadas, as sementes murcham se o tempo estiver quente e ensolarado, e são necessários vários dias para que recuperem. A vitalidade das plântulas se esgota. Se estiver chovendo, a recuperação ocorre mais rapidamente, e as plantas prevalecerão. É melhor plantar cedo do que plantar tarde. No décimo primeiro termo solar, o *qi* é quente, e é difícil para as sementes ganharem qualquer vitalidade num período demasiado curto. Nesta perspectiva, a capacidade das mudas de ganhar vitalidade depende de como elas se adaptam, e não se elas são transplantadas ou não."[624] Durante o período Daoguang da Dinastia Qing, Pan Zengyi expressou sua oposição ao transplante em linguagem mais popular. Ele disse: "Assim que as mudas no campo estão prestes a ramificar, elas são arrancadas e transplantadas. Os danos que isso causa não são negligenciáveis. O resultado é que só se ramificam depois do sexto mês, quando já recuperaram a vitalidade. A parte superior do grão é pequena e a espiga é curta. Por este motivo, o grão fica vazio e a produção é baixa. Na maior parte das sementes de arroz, o caule é quase sempre o primeiro a sair, o que se chama a raiz da vida. Se o arrancar ao transplantar a plântula, de modo a que esta se recuse a crescer, é verdadeiramente lamentável". Continua dizendo que "arrancar as mudas danificará as raízes, e se estiver quente e o solo estiver seco, as mudas ficarão murchas e, se reviverem, sua vitalidade será diminuída". E, "ao plantar as mudas, elas são arrancadas com antecedência e deixadas de molho durante a noite por um ou dois dias, ou mesmo três ou quatro dias em uma estação de plantio movimentada. Durante a plantação, os cachos de mudas são atirados ou empilhados e não recebem mais atenção. Depois de serem transplantadas, murcham se forem expostas ao sol. Quando ressuscitam alguns dias mais tarde, a sua vitalidade está diminuída... Além disso, a lama das raízes deve ser limpa. As raízes da vida são arrancadas, deixando a planta sem saber como crescer. Como é que pode esperar que

---

624 Lu Shiyi (1611–1672), um renomado estudioso das Dinastias Ming e Qing, natural de Taicang, Jiangsu, escreveu *Registro de uma Análise*, Volume 11, "Autossuperação," no qual expôs diversas técnicas agrícolas e defendeu o plantio direto em vez do transplante.

cresça, neste estado, quanto mais depois de ser arrancada e transplantada? Infelizmente, isso atrasa todo o processo em mais um mês."[625]

A transplantação tem efeitos adversos nas plântulas, que se podem agravar à medida que aumenta a quantidade de mão de obra necessária. A transplantação requer processos adicionais, o que também aumenta as necessidades de mão de obra e, na maioria dos casos, este processo é adicionado após a colheita das culturas anteriores e antes do período de crescimento ótimo da cultura atual. Há muitas coisas que precisam de ser feitas, e um calendário apertado, uma carga de trabalho pesada e processos de trabalho intensivo representam um desafio para os agricultores. Isso se reflete em referências encontradas na poesia da Dinastia Song, quando o sistema técnico de cultivo de arroz em Jiangnan estava gradualmente a tomar forma. Uma dessas referências diz: "A aldeia tem poucos ociosos no quarto mês, e as pessoas descem aos campos depois da colheita da seda."[626] Ao transplantar as plântulas de arroz, homens e mulheres, jovens e velhos, todos se juntavam ao trabalho, e 'as mulheres apanhavam as plântulas que os homens atiravam para os campos, e as crianças eram mandadas arrancar as plântulas enquanto os adultos transplantavam. O poeta da dinastia Song, Zhen Dexiu, mencionou os "quatro sofrimentos" da agricultura, entre os quais "o sofrimento de arar" e "o sofrimento de plantar" estavam relacionados com a transplantação, especialmente esta última. Também lemos: "O calor torna-se abrasador, e as pessoas continuam a trabalhar no campo. Dobram-se como golfinhos e só descansam à noite, com o corpo coberto de lama. Após o tormento do calor, da humidade e do vapor, cem *mu* de campos estão verdes". Esta imagem mostra o trabalho de transplantação. Os camponeses não eram mesquinhos com o seu trabalho, desde que fossem pagos pelo seu esforço. Isso pode, de fato, ter sido contraproducente. Com o tempo apertado e a grande carga de trabalho, a qualidade do trabalho de transplantação não podia ser garantida, o que afetou o crescimento normal das plântulas. Na zona de cultivo de arroz de Taihu, durante as dinastias

---

[625] Pan Zengyi, natural do condado de Wu, viveu por muito tempo em sua terra natal, onde estudou a vida agrícola local. No oitavo ano do reinado Daoguang (1828), ele experimentou o método de plantio subdividido em zonas em Zhuangdi (Fengyuzhuang) e escreveu *Métodos de Plantio nas Áreas de Cultivo Classificadas*, Artigo 32, que oferece uma explicação detalhada sobre os métodos de zoneamento, plantio, lavoura e fertilização. O texto defende a aragem profunda e o plantio precoce, o plantio espaçado e colheitas frequentes. No décimo quarto ano do reinado Daoguang (1834), *Canção de Indução de Grãos de Fengyuzhuang* e *Métodos de Plantio nas Áreas de Cultivo Classificadas* foram inscritos. Posteriormente, o sobrinho de Pan reuniu esses escritos com outros ditados, formando *O Livro de Fengyuzhuang*, inscrito no terceiro ano do reinado Guangxu (1877). A obra resume as técnicas de cultivo de arroz de Fengyuzhuang, destacando como principal método a semeadura direta do arroz.

[626] [Dinastia Song do Sul] Weng Juan, *Notas de Xiyan*, "O Quarto Mês no Campo."

Ming e Qing, como o transplante de plântulas era um processo de mão de obra intensiva, foi adotado o método cooperativo de "troca de mão de obra ou contratação de outros para arrancar e transplantar as plântulas". Nesse processo, alguns trabalhadores faziam atalhos, e os campos que deveriam ser plantados com densidade razoável eram transplantados de forma esparsa e o espaço entre as mudas era ampliado para reduzir a demanda de mão de obra. Originalmente, cada plantador era responsável por seis linhas e o espaço entre cada muda era de oito *cun*, mas os trabalhadores às vezes deixavam um *chi* ou mais, reduzindo as mudas em um *mu* de terra pela metade[627], o que afetava diretamente o rendimento da unidade de área. Embora algumas das chamadas famílias ricas tenham melhorado os padrões alimentares dos seus trabalhadores e utilizado dispositivos de sementeira para regular e assegurar a qualidade da transplantação, também aumentaram os custos e a mão de obra.

Lu observou que, quando o arroz amadureceu, um talo de arroz na extremidade do campo era cerca de 30 cm mais alto do que os outros talos, e havia mais de duzentos grãos na espiga, mais do dobro da contagem habitual de noventa grãos. Lu disse: "Assim, reparei que não tinha sido transplantada e que a sua vitalidade não tinha diminuído." Esta descoberta dotou-o de novos conhecimentos sobre o método de sementeira direta. Ao mesmo tempo, Dongxiang, uma aldeia vizinha, estava a implementar uma estratégia de sementeira direta chamada "método de colheita de grão", que levou a uma colheita dupla da transplantação. Lu acreditava que "havia uma razão para a rica colheita. As sementes não foram transplantadas e não perderam a sua vitalidade". No entanto, ele também acreditava que este método tinha as suas deficiências. Por um lado, era mais difícil arrancar as ervas daninhas e, por outro, as plântulas eram demasiado grossas e incapazes de resistir ao vento e à chuva. Propôs uma nova abordagem de sementeira direta baseada na agricultura antiga e nos métodos de cumeada, combinando-os com as práticas agrícolas do seu próprio tempo. Coincidentemente, durante o reinado de Daoguang da dinastia Qing, Pan Zengyi defendeu de forma semelhante a sementeira direta na cultura do arroz. Acreditava que "arrancar as plântulas danifica as raízes e o solo seca. Uma vez que elas ressuscitam do seu estado murcho, a sua vitalidade diminui, pelo que a sementeira direta é uma abordagem mais apropriada". Com a sementeira direta, "não há necessidade de transplante. A planta enraíza-se naturalmente, aprofundando-se no solo, e no quarto mês germina. As espigas que saem nessa altura não tardam a ficar cheias. As raízes principais ramificam-se, e todos os ramos das raízes são frutíferos. As suas espigas serão iguais às da raiz principal. Essa é a vantagem do arroz precoce.

---

627 [Dinastia Qing] Lu Shiyi, *Registro de uma Análise*, vol. 11, "Autossuperação."

3. Técnicas e variedades de sementeira direta

A sementeira direta é um método de cultivo primitivo e está frequentemente associada a uma gestão extensiva, a uma sementeira alargada e a uma colheita escassa. Foi relatado que "a colheita é pequena, se é que há alguma colheita".[628] Quando a transplantação se tornou a corrente dominante, a sementeira direta foi cada vez mais vista como uma técnica de cultivo atrasada. No entanto, antes da popularização da transplantação, ou em áreas onde esta ainda não se tinha espalhado, e em caso de seca ou outras situações semelhantes em áreas onde a transplantação se tinha tornado a norma, a sementeira direta era frequentemente reintroduzida. Quando tal acontecia, não era considerada como uma prática atrasada, mas como uma alternativa razoável à transplantação, dadas as circunstâncias. Uma vez escolhida a sementeira direta, foi necessário tomar várias medidas técnicas para resolver os problemas causados pela sementeira direta, a fim de maximizar a colheita. Os defensores da sementeira direta acreditavam que esta apresentava muitas vantagens em relação à transplantação, pelo que foram mais exigentes quanto às técnicas de sementeira direta, o que contribuiu para promover ainda mais o desenvolvimento da sementeira direta. Segue-se um resumo da discussão sobre a sementeira direta de arroz que pode ser encontrada nos documentos históricos da China. A partir destes documentos, podemos compreender melhor a sementeira direta, tal como era praticada na cultura do arroz em diferentes épocas, e a razão pela qual continua a ser utilizada.

O Método de Semeadura Direta em Competências Essenciais para Beneficiar as Pessoas

O norte da China é dominado pela agricultura de sequeiro. Embora a cultura do arroz já existisse desde o início, foi influenciada pela agricultura de sequeiro. A sementeira direta é um exemplo desta influência. O livro *Competências Essenciais para Beneficiar o Povo*, do escritor da dinastia Wei tardia, Jia Sixie, foi sempre considerado uma obra-prima da tecnologia agrícola de sequeiro do norte durante a Idade Média. Os registros sobre o cultivo de arroz em casca e em terras altas mencionam "arrancar e plantar", referindo-se à remoção de ervas daninhas e ao desbaste ou nive-

---

628 [Dinastia Song do Sul] Peng Guinian, *Coleção Zhitang*, vol. 6, "Manutenção do Armazenamento de Arroz em Hubei e uma Proposta para a Compra de Arroz."

lamento do arroz nos campos, ambos parte da abordagem de sementeira direta. A cultura do arroz por sementeira direta mencionada neste texto inclui principalmente a preparação do terreno, a embebição e germinação das sementes, a sementeira, a monda, a exposição do campo à luz solar, a irrigação e outros procedimentos. Uma vez que não havia transplante, o problema das ervas daninhas era mais grave, pelo que as *Competências Essenciais para Beneficiar o Povo* registram várias medidas para evitar o crescimento de ervas daninhas, tais como "sacudir" e "limpar" as sementes, "cortar à foice e inundar o campo", "erradicar as ervas daninhas" e a abordagem "arrancar e plantar". A sementeira direta e o cultivo de arroz em casca eram diferentes nas suas abordagens à embebição, sementeira e "prensagem". No cultivo de arroz de terras altas, as sementes precisavam de ser demolhadas apenas o tempo suficiente para criar uma "pequena abertura", enquanto o arroz de terras baixas exigia que fossem demolhadas até terem "crescido até dois *fen*". Por outras palavras, a demolha das sementes espalhadas nos campos de montanha não era a mesma que se fazia para as sementes semearem nos campos de planície. A demolha não podia ser demasiado prolongada, pois bastava uma pequena demolha, e uma demolha demasiadamente prolongada significaria que as sementes já tinham germinado e que o solo de montanha sugaria a humidade das sementes, dificultando o seu crescimento. Ao mesmo tempo, para evitar a seca, foi também adotada a prática de "cobrir as sementes com um ancinho", o que poderia salvar as sementes. Ainda para evitar a seca, foi adotado o método da "prensagem". Esta técnica consistia em "utilizar gado bovino, ovino e humano para pisar os campos". Todas estas medidas foram utilizadas para fazer face à situação especial da agricultura de montanha.[629]

---

[629] Durante a Era Republicana, o método de semeadura direta para o arroz de terras altas, encontrado nas áreas do sul, envolvia um processo de "pressão", utilizado apenas após as mudas terem germinado. O método e sua função eram diferentes dos mencionados em *Competências essenciais para beneficiar o povo*, e seu objetivo principal era promover o crescimento. O texto descreve: "Dois meses após o Festival Qingming, conduza bois para arar o solo. Usando a roda de feldspato, role sobre o solo, moendo-o até transformá-lo em um pó fino, depois use um rastelo de madeira para remover a erva daninha e espalhe os grãos sobre o solo fino. Ara o solo, arrastando-o com um rastelo dentado, e cubra as sementes com dois a três cun de solo fino. Após um mês, quando as mudas estiverem com cinco ou seis *cun* de altura, a roda é arrastada pelos bois e rolada sobre as mudas, cobrindo as folhas jovens. Uma vez esmagadas, as plantas apodrecidas aparecem murchas, e as mudas são arrastadas e penteadas com um rastelo de madeira dentado até ficarem lisas. Dentro de poucos dias, as mudas florescerão e as folhas verdes formarão aglomerados, revivendo. Após a rotação da roda de pedra, o solo fica plano, as raízes estão estáveis e as folhas crescem exuberantes."
21º ano da República da China (1932). *Crônica do Condado de Luoping*, vol. 6. Escritório de Pesquisa do Patrimônio Agrícola Chinês, Wang Da, Wu Chongyi e Li Chengbin, eds., *Antologia do Patrimônio Agrícola Chinês, Categoria A, "Arroz, Parte 2"* (Pequim: Editora de Agricultura da China, 1993), p. 904.

O método de semeadura direta no *Tratado Agrícola de Wang Zhen*

Há pelo menos duas referências à sementeira direta no texto da Dinastia Yuan, o *Tratado Agrícola de Wang Zhen*. Uma encontra-se no *Catálogo de Equipamento Agrícola*, Volume 12, "Produtos Agrícolas", onde se lê: "Vi os campos perto do rio Huai e junto ao cais a serem arados depois de secar a água que se tinha acumulado durante o inverno e a primavera. No início do verão, se ainda houver águas pouco profundas, os camponeses remam um barco (chamado *yangta*) para espalhar as sementes de arroz *suyi* por todo o campo submerso. Quando a água recua, as plântulas emergem e o arroz precoce pode ser colhido".

A outra referência encontra-se no *Catálogo de equipamento agrícola*, Volume 6, com a entrada "Rolo": Para enrolar ervas e plantas. O seu eixo pode ter três ou quatro *cun* de diâmetro e tem cerca de quatro ou cinco *cun* de comprimento. Ambas as extremidades são utilizadas como corda de funda, que é puxada pelo gado. Na zona entre os rios Huai e Yangtze, onde os campos de arroz são semeados diretamente, a erva e o arroz crescem juntos. O rolo é utilizado para fazer rolar as plantas de arroz e a erva para a lama. Depois de uma noite, as plantas de arroz voltam a ficar direitas, mas a erva não o consegue fazer. Já vi sementes semeadas diretamente nos campos do norte, onde os agricultores não sabiam como transplantar. Cruzavam pedaços de madeira entre as hastes e chamavam-lhe "asa de ganso", como um pequeno e robusto rolo de pedra dentado. Era utilizado para esmagar a água no solo para fazer lama, depois as ervas daninhas e os cereais eram esmagados como antes. O solo em Jiangnan é propício à recolha de lama, pelo que os rolos são aí utilizados. As áreas de lama no norte são limitadas, pelo que, depois de a água ser libertada, é necessário utilizar a "asa de ganso" para criar parcelas lamacentas. Pode ser utilizada em qualquer sítio". A primeira passagem refere-se às zonas propensas a inundações entre os rios Huai e Yangtze, onde o arroz era semeado diretamente por barco, enquanto a segunda diz respeito à monda do arroz semeado diretamente.

Quando o arroz cresce nos arrozais, está frequentemente entrelaçado com ervas daninhas, tornando necessária a monda. Uma das objecções mais comuns à abordagem da sementeira direta é que a monda é difícil, e uma das razões pelas quais as pessoas optam pelo transplante é para eliminar as ervas daninhas. No processo de arrancar e transplantar as plântulas, os agricultores podem remover seletivamente as ervas daninhas e evitar que estas entrem no campo. Mas como é gerida a remoção de ervas daninhas quando se utiliza a abordagem de sementeira direta? Antes das dinastias Sui e Tang, o alagamento era normalmente utilizado para a monda. De acordo com a explicação de Ying Shao e *Competências Essenciais para Beneficiar o Povo*, eram utilizadas foices para cortar as ervas daninhas nos campos de arroz e, quando as plântulas atingiam sete ou oito *cun*, os campos eram irrigados. Em alternativa, as ervas daninhas podiam ser cortadas diretamente quando havia água no arrozal. Como as raízes das ervas daninhas ainda estavam no solo, acabavam por crescer novamente. Para tal, era necessário efetuar uma segunda ou terceira monda, desta vez com uma enxada. Este método de monda foi utilizado na abordagem de sementeira direta e continuou a ser utilizado em algumas áreas também nas gerações posteriores.[630] No entanto, em determinadas situações, havia abordagens diferentes, como quando a área de sementeira direta era grande, o que dificultava a utilização de enxadas, o que implicava a utilização de rolos. O *Tratado Agrícola de Wang Zhen* contém descrições deste tipo de monda em projetos de sementeira direta em grande escala. Utilizava as diferentes reações do arroz e da erva às inundações, o que é semelhante à prática anterior de monda por inundação.[631] As plântulas de arroz são resistentes às inundações, mas as ervas daninhas afogam-se, pelo que, embora esta abordagem não mate o arroz, tem um efeito adverso no seu crescimento e desenvolvimento.

A sementeira direta em grande escala não permitia a remoção de ervas daninhas durante a transplantação, o que aumentava a possibilidade de serem invadidas por ervas daninhas. Além disso, devido à natureza aleatória da sementeira direta e à ausência de camalhões, era inconveniente andar nos campos, o que aumentava a dificuldade da monda. Em alguns locais, a monda era mesmo omitida. Durante a dinastia Song do Sul, Deng Shen registrou em Path, em Fengcheng, uma situação em que "não havia

---

[630] A capina para o arroz de sequeiro semeado diretamente envolvia um processo no qual "quando as mudas atingem oito ou nove cun ou um *chi* de comprimento, uma gaiola de bambu é usada para cobrir o caule, e o solo é puxado ou capinado sobre a erva daninha." (Ver 31º ano da República da China [1942], *Crônica do Condado de Mojiang*, "Agricultura.") Também, "quando a próxima geração de mudas atinge um *chi* de altura, use uma enxada para erradicar as ervas daninhas indesejadas e bater nas raízes. Faça isso duas ou três vezes, e o trabalho será concluído." (Ver 21º ano da República da China [1932], *Crônica do Condado de Luoping*, vol. 6. Citado em *China Agricultural Heritage Research Office*, Wang Da, Wu Chongyi e Li Chengbin, eds., *Antologia do Patrimônio Agrícola Chinês, Categoria A, "Arroz, Parte 2"* [Pequim: Editora de Agricultura da China, 1993], p. 904.)
Agricultural Heritage Research Office, ed. Wang Da, Wu Chongyi, e Li Chengbin. *Antologia do Patrimônio Agrícola Chinês, Categoria A, "Arroz, Parte 2"*. *Editora Agrícola*, 1993, p. 907.

[631] You Xiuling, *História do Cultivo de Arroz na China* (Pequim Editora de Agricultura da China, 1995), p. 142.

monda no lago no meio do campo".[632] A sementeira direta em grande escala também afeta a ventilação e a transmissão de luz no campo. Isso é tabu no cultivo de culturas, porque "não há um padrão para a sementeira, a aragem não dura o tempo suficiente e as plântulas roubam nutrientes umas às outras. A técnica correta de sementeira deve seguir um padrão que permita a circulação do vento."[633] Encontrar métodos para eliminar as ervas daninhas e garantir a ventilação e uma boa iluminação tornou-se uma das principais questões a abordar no desenvolvimento da abordagem de sementeira direta, e teve um impacto no desenvolvimento do método de sementeira direta.

Método de sementeira direta "Plantio por Beliscamento" de Lu Shiyi

No início da dinastia Qing, Lu Shiyi escreveu: "Ouvi dizer que existe um método chamado sementeira em pitada, que produz o dobro da colheita habitual, mas as pessoas recusam-se a utilizar este método, pelo que não podem cultivar mais arroz. Pedi mais informações e disseram-me que há desafios associados à sementeira em espiga. Um deles é o fato de ser difícil de mondar, e outro é o fato de ser demasiado espesso e não resistir facilmente ao vento. Na sementeira por pinça, a terra é primeiro arada, depois é trazida água para encharcar os campos para que as sementes possam ser semeadas. A sementeira é feita apertando as sementes com três dedos e colocando-as num buraco de cinco ou seis *cun* de profundidade, como se fossem mudas. Depois de terminada a sementeira, o agricultor pisa a terra, caminhando lentamente para trás, e cobre os buracos com terra até o solo ficar como antes. Se os pés passarem pela água e esta tiver uma ligeira ondulação, as sementes espalhar-se-ão e não poderão formar aglomerados, o que tornará inconveniente a monda. Além disso, se as raízes saírem do solo e não forem suficientemente profundas, a planta será vibrante, mas com raízes fracas, o que a tornará incapaz de suportar o vento ou a chuva. A partir daqui o lado positivo da prática neste domínio é evidente. Se os camalhões forem estabelecidos, haverá terra suficiente para a sementeira e as plantas não terão de ficar na água. Se for pressionado com as mãos, as raízes das futuras plântulas ficarão firmes. Depois de germinarem, devem ser arrancadas e transplantadas de acordo com a sua espessura ou

---

632 [Dinastia Song do Sul] Deng Shen, *Coleção de Poemas do Grande Ermitão*, vol. 1.

633 [Período dos Reinos Combatentes] Lü Buwei, *Primavera e Outono de Lü*, "Distinção dos Solos."

finura. Não será necessário um trabalho laborioso de monda. A erva dos cumes deve ser mondada lentamente com uma enxada, para que as raízes se enraízem profundamente e sejam resistentes ao vento e à seca. Quando tudo isso for feito, o campo dará certamente uma dupla colheita. Então, por que é que as pessoas não imitam este método e o experimentam? Há muitas razões para a dupla colheita. As mudas não são transplantadas e, portanto, não perdem a vitalidade... As mudas só rompem o solo com alguma dificuldade se forem plantadas muito profundamente, mas se as raízes não forem suficientemente profundas, a planta não durará o suficiente. Por isso, no início da sementeira, os agricultores plantam as plântulas num só local, cobrem-nas ligeiramente com cinza e esperam que cresçam para as plantar separadamente. Pode dizer-se que é um bom método, uma vez que segue a superficialidade ou profundidade natural. Se as plântulas no campo não necessitarem de transplante, é especialmente adequado usar a superficialidade ou profundidade como guia."[634] Havia uma prática semelhante no cultivo de arroz de terras altas em Jiangnan durante a dinastia Ming. A diferença era que a sementeira por pitada usava um dibble nos campos de arroz, chamado a sementeira por dibble do cultivo de arroz de terras altas. Mais especificamente, "depois de a terra ser nivelada, as sementes são demolhadas durante a noite antes de serem semeadas. A água é deitada com cinzas de palha. Ao mesmo tempo, procede-se à sacha, à rega e à fertilização. Isso deve ser repetido três vezes". Este tipo de técnica era "semelhante ao plantio de trigo".[635] A contribuição de Lu Shiyi foi que ele introduziu o conceito de campo sulcado na prática de semeadura por pitada, tornando-a uma nova forma do método de semeadura direta.

    O método de sementeira em camalhões resume a experiência prática dos agricultores locais. Este método manteve as vantagens da sementeira direta, evitou danificar as raízes das plântulas durante a fase de arrancamento do transplante e absorveu as vantagens do transplante em camalhões. As vantagens residem na comodidade do cultivo, da monda e da gestão do campo após a sementeira, bem como na sua capacidade de assegurar a ventilação e uma boa luminosidade. Simultaneamente, aproveitou o legado das antigas práticas agrícolas para resolver a "dificuldade de monda" e o "agrupamento e vulnerabilidade ao vento e à humidade" causados pelo método de sementeira por pinça, que foram grandes contributos para a sementeira direta de arroz. No entanto, era também "trabalhoso e fastidioso", e a produtividade do trabalho era baixa, o que dificultava a promoção da prática.

---

634 [Dinastia Qing] Lu Shiyi, *Registro de uma Análise*, vol. 11, "Autoaperfeiçoamento."

635 [Dinastia Ming] Xu Xianzhong, *Uma Coletânea de Histórias de Wuxing*.

Método de sementeira em cumeeira

Durante o reinado de Qianlong na dinastia Qing, em resposta às condições locais de pouca chuva e mesmo de seca, Jiangjin, Sichuan, criou um método de sementeira direta de cultivo de arroz chamado "o método de interplantação". Esta abordagem implicava "arar primeiro os campos. Quando chove, são novamente arados e as sementes são espalhadas com os arados. As linhas de lavoura não devem ser demasiado densas nem demasiado esparsas, e a sementeira deve ser uniforme. Após a sementeira, os campos são novamente limpos com um ancinho para cobrir as sementes com terra fina. Alguns dias mais tarde, as plântulas aparecerão em filas, tal como na transplantação. As raízes estão profundamente enterradas no solo e são muito resistentes à seca. Se chover de vez em quando, o crescimento será bom. Esta é uma boa solução, em vez de esperar por chuva suficiente para transplantar."[636] Este método utilizava a sementeira direta e a lavoura para o arroz de terras altas, e formavam-se sulcos em antecipação da chuva. Isso melhorava a tolerância das plântulas à seca e minimizava as hipóteses de perder a melhor época de sementeira.

Método de Pan Zengyi de semeadura direta em áreas de arrozais

No final da dinastia Qing, o Livro de Fengyuzhuang, de Pan Zengyi, resumia a tecnologia de produção de arroz da aldeia de Fengyu. Os processos de fertilização, preparação do solo, seleção e retenção de sementes, sementeira, cultivo, irrigação e torrefação mencionados no livro são os mesmos que as técnicas de cultivo intensivo utilizadas na área de cultivo de arroz de Jiangnan nessa altura. O volume inclui métodos semelhantes aos registrados em "Promoção da Agricultura", "Exploração das Obras da Natureza" e "Suplemento Agrícola", tais como uma base de fertilizante, fertilizante para sementeira de trigo, lavoura profunda e ancinho fino, mistura de neve e água com a semente, cultivo do solo, irrigação e torrefação, e outros métodos. A diferença é que estas medidas técnicas foram todas desenvolvidas em torno da abordagem de sementeira direta.

As propostas e práticas de Pan são semelhantes às de Lu Shiyi, exceto que substituem o transplante pela sementeira direta. Nas suas palavras, tratava-se de "semear sementes, não de plantar sementes", e acreditava que o transplante iria "danificar as raízes" e até "diminuir a vitalidade".

---

636 *Crônica do Condado de Jiangjin*, vol. 6, "Registro de Produtos Comestíveis" (período Qianlong).

Ao mesmo tempo, para minimizar a dificuldade de cultivo que a sementeira direta pode causar, o objetivo era que "as mudas fossem finas e as sementes abertas", e "para cada cacho, use cinco ou seis grãos, deixando um *cun* de terra, depois coloque outro cacho. Se as mudas estiverem muito densas, devem ser retiradas o mais rápido possível". Observa também que "os caules devem ser ramificados antes de se plantarem as sementes. Em caso de tempestade repentina, a água escorrerá rapidamente e o vento e a água deixarão os grãos juntos. Quando chove muito, a água deve ser aumentada um pouco. Não precisa de se preocupar com as tempestades. As raízes flutuam". Este método eliminou a transplantação, mas procurou preservar os seus benefícios tanto quanto possível, utilizando um método de sementeira direta. Tal como Lu Shiyi, Pan Zengyi defendeu a abordagem da sementeira direta e a utilização da geração de campo para implementar a sementeira direta. O livro apresenta um diagrama esquemático a preto e branco. Nele, o arroz é cultivado nas linhas brancas, cavando até uma profundidade de oito ou nove *cun* e plantando dois *chi* em cada linha, deixando depois um *chi* vazio. O arroz não é cultivado nas linhas pretas, e os camalhões têm oito ou nove *cun* de altura e um *chi* de cinco *cun* de largura, deixando as raízes enlameadas.

O livro de Pan inclui três desenvolvimentos não vistos no trabalho de Lu. Um deles é a introdução dos campos de pousio, que foi proposto pela primeira vez por Zhao Guo, um agrónomo da dinastia Han. A intenção básica de um campo de pousio é permitir um período de descanso para a terra. Pan afirma: "Os camalhões plantados este ano não serão plantados no próximo ano, e os que serão plantados no próximo ano não serão plantados este ano". Desta forma, a força do solo pode ser restaurada. A plantação de camalhões alternados também tornou mais cómodo andar e mondar, e permitiu combinar a monda com a fortificação das raízes.

O segundo avanço foi o fato de Pan ter procurado resolver o problema da monda através da sementeira direta dos camalhões, controlando simultaneamente o custo da sementeira direta. De fato, ao longo da história, o custo foi uma das razões pelas quais as pessoas se opuseram à sementeira direta. Dizia-se que "os agricultores de Qinzhou são impetuosos e que o solo só pode ser quebrado pelo gado. Quando semeiam, as sementes são espalhadas pelos campos, depois a água é mudada e as sementes são transplantadas, o que representa um desperdício de sementes."[637] Na abordagem de sementeira direta descrita no texto da Dinastia Wei Tardia, Competências Essenciais para Beneficiar o Povo, a quantidade de arroz a

---

[637] Dinastia Song do Sul] Zhou Qufei, *Notas sobre o Sul de Wulin*, vol. 8, "Flores e Plantas, Arroz."

semear era de "três *sheng* por um"⁶³⁸, enquanto que os números no texto da Dinastia Ming, *A Exploração das Obras da Natureza*, que registra que "cada *mu* de campo de sementeira é suficiente para transplantar 25 um"⁶³⁹, sugerem que a quantidade de sementes de arroz necessária era na realidade trinta (*sheng*) por 25 *mu* de campo, ou 1,2 sheng por *mu*. Trata-se de uma diferença de 1,8 *sheng*. Por outras palavras, a quantidade de sementes utilizada para a sementeira direta é aproximadamente o dobro da necessária para a transplantação. No entanto, a quantidade indicada em *Competências Essenciais para Beneficiar o Povo* pode refletir a utilizada na sementeira direta. No caso da sementeira em covas ou em camalhões, a quantidade de sementes utilizada pode ser reduzida. O Livro de Fengyuzhuang de Pan Zengyi menciona duas proporções de sementeira, "um *sheng* de sementes por *mu*" (o que se vê no método de sementeira em camalhões) e "para cada *mu*, três *sheng* de sementes são suficientes" (para a sementeira direta em geral). Por outras palavras, no caso da sementeira em covas ou em camalhões, a quantidade de sementes por *mu* variava entre um e três *sheng*, o que era semelhante ao que era necessário para a transplantação. No caso da transplantação, devido às variações de densidade, a quantidade de sementes necessária também variava, mas era aproximadamente de um a três *sheng* por *mu*.⁶⁴⁰

O terceiro avanço foi o fato de a sementeira direta de Pan nos camalhões não ter sido apenas uma mudança da transplantação para a sementeira direta, mas uma reforma de todo o sistema de cultivo do arroz. Desde a dinastia Song, um sistema de dupla cultura de arroz e trigo tinha sido implementado com mais frequência na região de Jiangnan, e a transplantação de arroz foi introduzida em parte para satisfazer as necessidades de um sistema de duas culturas. No entanto, surgiram alguns problemas

---

638 A versão de *Competências Essenciais para Beneficiar o Povo* da Dinastia Song do Norte, copiada por Kanazawa Bunko no Japão, alterou o termo *"sheng"* para *"dou."* O *Resumo das Quatro Estações* indica "três *dou* por *mu*," o que alguns estudiosos interpretaram como referência à quantidade de sementes de arroz semeadas no campo de mudas após a transplantação.

639 [Dinastia Ming] Song Yingxing, *A Exploração das Obras da Natureza*, vol. 1, "Grãos."

640 Na Dinastia Song do Sul, Zhu Xi mencionou em *Solicitando Emprestar Sementes de Arroz* que "cada proprietário foi solicitado a emprestar três dan de arroz para seus arrendatários." Um *dan* é uma unidade de medida utilizada para mensurar terras, cujo valor específico variava de região para região. Em alguns locais, dez *mu* eram considerados um *dan*, enquanto em outros, um *mu* podia ser tomado como equivalente a um *dan*. Se um *dan* for tomado como equivalente a um *mu*, a média de plantio era de três *sheng* por *mu*.
De acordo com registros históricos, na Dinastia Song do Sul, a área de arrozais semeada pelo exército era de "121 *qing* e 58 *mu*, com um total de 1.115 *shuo*, sete *dou* e cinco *sheng* de sementes de arroz." (*Compêndio do Governo e Instituições Sociais Song*, "Alimentação.") A quantidade média de sementes utilizadas era de aproximadamente 0,95 *sheng* por *mu*.

com o novo sistema. Por exemplo, o baixo rendimento do trigo afetou a plantação atempada do arroz, o que, por sua vez, afetou o rendimento do arroz. A sementeira em camalhões de Pan "dá ênfase à lavoura de primavera. As sementes são semeadas cedo e as plântulas não são transplantadas". Isso exigiu uma reforma de todo o sistema de cultivo do arroz, com o objetivo específico de abolir a plantação de trigo e substituí-la por uma maior produção de arroz. Mas à medida que este sistema foi sendo promovido, encontrou alguma resistência. Muitas pessoas "desconfiavam desta mudança, em parte porque lamentavam o fim da plantação de trigo e em parte porque consideravam o novo sistema demasiado dispendioso e incómodo. Por isso, foi considerado difícil de implementar e não foi recebido com entusiasmo". Pan utilizou o poder do governo para continuar a promovê-lo através da intervenção administrativa.

Método de sementeira direta de Zeng Jifu para campos de arroz áridos

Durante a Era Republicana, o Professor Zeng Jifu, do Instituto de Educação da Província de Sichuan, sugeriu a sementeira direta de arroz de terras altas em resposta a anos de seca, quando não havia água suficiente para plantar as sementes durante o período de cultivo da primavera. O método envolvia duas fases principais. A primeira era o nivelamento do terreno. O solo era escavado e nivelado, e depois eram cavados buracos profundos.[641] A densidade dos buracos baseava-se na distância entre as plântulas das culturas do ano anterior. A densidade dos buracos baseava-se na distância entre as plântulas das culturas do ano anterior. Se possível, o solo era regado com água, mas era aceitável não efetuar esta etapa. A segunda

---

641 Durante a Era Republicana, a semeadura direta de arroz de sequeiro, que havia começado em Sichuan, utilizava o método de semeadura em covas, que consistia em cavar buracos para o plantio das sementes. Também adotava a prática de semeadura em camalhões, na qual sulcos com dois polegadas de profundidade eram escavados, e as sementes espalhadas. Destacava-se que as covas e os sulcos deveriam ser o mais profundos possível. Após a semeadura, as sementes eram cobertas com cinzas e levemente compactadas, de forma que o barro argiloso aderente pudesse, posteriormente, absorver a água, tornando o solo mais maleável e facilitando o plantio das sementes. Por essa razão, os sulcos eram profundos, e a compactação era necessária para tornar as raízes mais estáveis.
Veja o 26º ano da República da China (1937), *Edição Especial de Hechuan Wennan, 1*. Citado em *Escritório de Pesquisa do Patrimônio Agrícola da China*, Wang Da, Wu Chongyi e Li Chengbin, eds., *Antologia do Patrimônio Agrícola Chinês*, Categoria A, "Arroz, Parte 2" (Pequim: Editora de Agricultura da China, 1993), p. 550. Este método é semelhante ao da semeadura direta de arroz de terras secas mencionado em *Competências Essenciais para Beneficiar o Povo*.

fase consistia em semear as sementes. Se o buraco estivesse completamente seco, colocavam-se nele dezenas de sementes secas. Se a lama tivesse sido molhada com água ou estivesse um pouco húmida devido à chuva, era melhor deixar as sementes de molho durante três ou quatro dias antes de as semear. O terceiro passo era cobrir as sementes com cinza de erva, colocando-a sobre as sementes nos buracos. Se não houvesse cinza de erva, cobriam-se as sementes com areia fina. O quarto ponto era o calendário. As plantas plantadas por sementeira direta crescem mais rapidamente do que as plantadas por sementeira. Se estivessem um pouco atrasadas, podiam ainda ser semeadas de 10 de abril a 1 de maio, segundo o calendário gregoriano. Para aqueles que não tinham confiança na sementeira direta, era inútil tentar uma vez passado esse período, mesmo que houvesse água. A quinta questão era a da rega. As sementes germinavam lentamente nos buracos e, quando atingiam três ou quatro centímetros de altura, podiam ser inundadas em caso de chuva. Se a chuva chegasse um pouco tarde, as plantas de sementeira direta eram mais tolerantes do que as plantadas como plântulas, o que significava que não seriam prejudicadas se o campo ficasse ressecado, e se as plântulas estivessem secas e amarelas, ficariam verdes quando a chuva chegasse. Enquanto os agricultores semeassem, haveria algo para colher. O sexto ponto era a sementeira de outros cereais no campo. Se o trigo, as leguminosas e as ervilhas já tinham sido semeados, era melhor semear outros cereais. Seguindo o método acima descrito, acrescentavam-se buracos entre os que tinham sido cavados anteriormente, que se tornavam mais tolerantes se fossem cobertos com um pouco de cinza. As plântulas cresceriam na altura da colheita dos cereais, o que permitia uma colheita ainda maior.[642]

O método de sementeira direta apresentado por Zeng Jifu é o mesmo que o método de sementeira direta de arroz de terras altas utilizado na dinastia Ming, com exceção de um procedimento de rega adicional, pelo que o método é designado por "sementeira direta de arroz de terras altas". O Professor Zeng utilizou a sementeira direta para a cultura intercalar, ou sementeira direta de arroz em campos de cereais de terras altas, para melhorar a utilização da terra.

A sementeira direta de arroz na história da China pode ser dividida, grosso modo, em duas categorias. Uma baseia-se na sementeira de arroz mencionada em *Competências Essenciais para Beneficiar o Povo* e no *Tratado de Agricultura de Wang Zhen*, que é um método relativamente sim-

---

642 26º ano da República da China (1937). Edição Especial de Hechuan Wennan, 1. Citado em em *Escritório de Pesquisa do Patrimônio Agrícola da China*, Wang Da, Wu Chongyi e Li Chengbin, eds., *Antologia do Patrimônio Agrícola Chinês*, Categoria A, "Arroz, Parte 2" (Pequim: Editora de Agricultura da China, 1993), pp. 547–548.

ples e primitivo, adequado a vastas terras com poucas pessoas. Este método tem alguns inconvenientes, como o desperdício de sementes, a dificuldade de gestão do campo após a sementeira e a monda intermédia. O outro método é o método do cume (ou método do buraco), representado nos trabalhos de Lu Shiyi e Pan Zengyi. Este método tem muitas caraterísticas do transplante, poupa sementes e torna a gestão do campo após a sementeira mais conveniente. Além disso, facilita a ventilação e a transmissão de luz nas culturas. A sua desvantagem é que a sementeira requer mais tempo.

Variedades de arroz adaptadas à sementeira direta

Para responder às necessidades da sementeira direta, especialmente da sementeira direta em mansa, surgiram ao longo da história diversas variedades de arroz. Como já foi referido, devido ao controle ineficaz das fontes de água nas terras de várzea, nos campos lacustres e nas zonas lamacentas, a época normal de plantação era frequentemente interrompida por uma infusão de chuva e, quando a água baixava, se fossem seguidos os procedimentos convencionais de transplante de plântulas, as plantas não conseguiriam produzir sementes normais, devido ao curto período de crescimento. Por esta razão, para além da sementeira direta, a seleção de variedades de sementeira tardia e de maturação precoce foi também crucial para os novos campos de arroz cultivados, a fim de maximizar o tempo efetivo de produção. O conhecido arroz *huanglu* foi historicamente a variedade que melhor se adaptou às necessidades da sementeira direta nos campos de planície, sendo uma variedade de plantação tardia e maturação precoce, com um período de crescimento total de sessenta a noventa dias. Ao mesmo tempo, era tolerante à água, o que a tornava adequada para a plantação num ambiente com um elevado nível de água subterrânea, ou mesmo em zonas propensas a inundações prolongadas. Devido a estas caraterísticas, era frequentemente semeado diretamente para compensar o tempo perdido, semeando depois da época das cheias.[643] Havia muitas variedades semelhantes ao arroz *huanglu*, incluindo várias chamadas "arrozes de cem dias" devido ao seu curto período de crescimento. Outras eram chamadas wugu, com base na sua aparência, ou *sa miao* (literalmente, "espalhamento direto"), *sandao* e *dianguzao*, indicando que podem ser semeadas diretamente. Outras variedades eram chamadas "*arroz selvagem indica*", "*miscanthus*" ou *gu*, porque podiam ser plantadas em grande escala. Al-

---

[643] Zeng Xiongsheng, "Arroz Huanglu na História Chinesa," *Agricultural Archaeology*, nº 1 (1998): 292–311.

guns locais, como as aldeias ribeirinhas, o nível da água era muito elevado, mesmo depois de as cheias terem recuado, o que dificultava a transplantação, mesmo que as plântulas estivessem prontas. A sementeira direta era o único método viável neste caso, e "as sementes deviam ser espalhadas no campo e deixadas a amadurecer".[644] As variedades de arroz selecionadas para a sementeira direta devem ser capazes de sobreviver em águas profundas ou ter elevada tolerância à água, como o *shenshuihong* (literalmente, "arroz vermelho de águas profundas"). Algumas zonas costeiras, como a costa leste de Guangdong, prefeririam-se sementes de arroz tolerantes ao sal para contrariar os efeitos das marés de água salgada.[645]

TABELA 2 — Registro de variedades de arroz para sementeira direta nos documentos históricos da China

Variedade	Descrição	Fonte	Área de semadura
Huanglu		Dinastia Song. Agricultura de Chen Fu Tratado. Dinastia Yuan. Wang Zhen Tratado Agrícola.	O vasto cultivo área no meio e alcances inferiores do rio Yangtze
Wuman'er	Torna-se exuberante depois de semeado e pode ser transplantado imediatamente. Nomeado por seu cor preta.	Décimo segundo ano do reinado de Zhengde na Dinastia Ming (1517). Decano County Chronicle, Volume 2. "Local Produzir."	De'an, Hubei
Qiniusa	Adequado para semeadura em água. Deriva seu nome deste característica.	Décimo segundo ano do reinado de Zhengde na Dinastia Ming (1517). Decano County Chronicle, Volume 2. "Local Produzir."	De'an, Hubei

---

644 Dinastia Qing. Jiaqing. *Notas de Haiqu*, vol. 6. "Produtos." Citado em China Agricultural Heritage Research Office, Wang Da, Wu Chongyi e Li Chengbin, orgs., *Antologia do Patrimônio Agrícola Chinês*, Categoria A, "Arroz, Parte 2" (Pequim: Editora de Agricultura da China, 1993), p. 132.

645 [Dinastia Qing] Bao Shichen, *Vias de Acesso*. Veja *Trabalhos Selecionados sobre o Patrimônio Agrícola Chinês*, Categoria A, "Arroz, Parte 1", org. Chen Zugui (Pequim: Zhonghua Book Company, 1958), p. 355.

Baimang'er	Espalhados em vez de plantar mudas. Deriva seu nome das orelhas brancas deste plantar.	Décimo segundo ano do reinado de Zhengde da Dinastia Ming (1517). Decano County Chronicle, Volume 2. "Local Produzir."	De'an, Hubei
Chagu (um tipo de zhagu)	Não requer imersão ou separação de mudas. Sementes pode ser espalhado diretamente em um campo arado. Pode ser colhido em 50 a 60 dias. População local sofrem com inundações que se acumulam a área e não fluir para fora, o que impede muitas variedades de arroz plantado aqui.	Sétimo ano do reinado de Qianlong de a Dinastia Qing (1742). História de Calendários, Volume 22. Oitavo ano do reinado de Guangxu de a Dinastia Qing (1882). Xiaogan County Chronicle, Volume 5. "Local Produzir."	De'an, Xiaogan e Suizhou em Hubei
Shenshuihong		Sétimo ano do reinado de Qianlong de a Dinastia Qing (1742). História de Calendários, Volume 22.	Liuhe e Wuhe em Hubei, Yangzhou, Yizhen, Gaoyou, Taizhou, e Tongzhou em Jiangsu, e Qingpu e Jingjiang em Xangai
Yizhanghong	Xu Xuanhu disse: "A terra arados na minha cidade natal garantiu uma variedade de indica arroz chamado yizhanghong. Isso é tolerante à água, semeado no quinto mês e colhida em o oitavo. As sementes devem ser espalhado na água que é três ou quatro chi de profundidade. Eles brotará de baixo do água. Seu período de maturação é o mesmo que o arroz normal, mas deve ser semeado com mais densidade."	Quarto ano do reinado de Chongzhen da Dinastia Ming (1631). Songjiang Diário Provincial, Volume 6. "Local Produzir." Plantas "Grãos, Arroz". 35º ano do reinado de Qianlong de a Dinastia Qing (1770). Cantão Crônica, Volume 27. "Comestível Produzir."	Songjiang in Shanghai, Guangzhou in Henan, and Guixian in Guangxi

Fuhe	Suas folhas são longas, o toldo está em espigas, e os grãos são tão grandes como os da japônica... Depois do chuva de primavera, é semeada na área inundada (comumente chamada hulutang), onde suas folhas onda na água. É água tolerante.	38th year of the Republic of China (1949). Guangxi General History, Volume 1.	Guixian, Guangxi
Sazigu	Pode ser colhida duas vezes por ano. Se houver um período lento devido a inundações ou secas, pode ser semeado durante o décimo quarto termo solar.	23rd year of the Republic of China (1934). Guixian County Chronicle, Volume 10. "Local Produce."	Guixian, Guangxi
Wukou/ Liuyuewu	As sementes precisam ser mexidas uma vez no início do verão de cada ano, e depois de vários anos, eles podem ser encharcado e espalhado diretamente. Se eles não são mexidos por um ano, eles não podem ser usados para semeadura. Em caso de inundação ou falta de mudas, elas podem ser semeado depois da água do outono recua, mas a colheita será menor.	Dinastia Ming. Wang Zang. Coletado Obras de Jiapu. Qtd. em Hu Daojing. Tratados Agrícolas, Históricos Coleção. Publicação Agrícola Casa, 1985. pág. 18.	Área de Suzhou em Jiangsu
Huanghua/ Hejiaowu	Pode ser semeado no campo e resta esperar pela primavera chuvas. Antes do outono, quando o campo está inundado, as sementes pode ser semeado e deixado crescer, eliminando o problema de plantio de mudas. Agricultores guarde essas sementes para proteger contra a seca.	Reinado Jiaqing da Dinastia Qing. Crônicas do Condado de Dongtai, Volume 19.	Dongtai, Yizhen, Gaoyou, Xinghua, e outros locais em Jiangsu
Sandao	As sementes estão espalhadas pelos campos da maioria das aldeias ribeirinhas, então deixado para crescer sem interferência. O arroz é vermelho e perfumado.	O reinado Kangxi da Dinastia Qing. Crônica do Condado de Rugao, Volume 6. "Produtos Comestíveis".	Rugao, Jiangsu

Wild indica	Semeado durante a chuva de grãos e colhido no décimo quarto termo solar. Nenhuma muda é plantada, mas as sementes estão espalhadas aleatoriamente sem qualquer padrão, e a colheita é abundante.	República da China. Condado de Jiangyin Crônica, Volume 11. "Arroz".	Jiangyin, Jiangsu
Zhongke	Semeado no início do verão e colhido durante o frio Orvalho. Aqueles que usam sementes para semeando sempre tenha um bom colher se evitarem plantar sementes pequenas. Mesma variedade que indica, mas a colheita está prestes vinte dias depois.	República da China. Condado de Jiangyin Crônica, Volume 11. "Arroz".	Jiangyin, Jiangsu
Mangcao	Pode ser espalhado diretamente em os campos e não requer plantio de mudas. Amadurece mais cedo. Frequentemente cultivado em lugares como lagos e baixas áreas deitadas.	Décimo segundo ano do reinado de Qianlong de a Dinastia Qing (1747). Hanyang Mansão, Volume 28. "Produtos Locais".	Hanyang, Hubei
Samiao	Uma variedade de arroz com semente direta, chamado Samião. Crescimento curto ciclo e pode ser consorciado para evitar a fome. Pode ser semeado tarde, após inundação. Dezenas de variedades disponíveis. A população local acredita nisso deve ser plantado de acordo o momento apropriado, estação, e solo.	Reinado Jiaqing da Dinastia Qing. Diário Provincial de Changde, Volume 18. Reinado Tongzhi da Dinastia Qing. Crônica do Condado de Wuling, Volume 18.	Changde, Hunan
Wugu	As sementes podem ser bem espalhadas outono passado e nas terras baixas campos. Eles podem ser deixados para crescer sozinhos ou plantados em anos desfavoráveis para evitar fome.	Oitavo ano da República da China (1919). Crônica do Condado de Nanchang, Volume 56. "Produzir".	Nanchang, Jiangxi

Dianguzao	As sementes podem ser plantadas diretamente no campo e não exigem plantio de mudas.	Dinastia Qing. Ele Gang-de. Uma Pesquisa de Produtos agrícolas na província de Fu, Volume 1.	Fuzhou, Jiangxi
Bairidao (Cem dias arroz)	A partir do momento em que as sementes são encharcado, requer pouco mais de um cem dias. Encharcado e semeado no início de verão, e as sementes embebidas são espalhados em campos de várzea. Não precisa ser plantado em linhas. Chamado chuan zhu, e é macio e doce.	Dinastia Qing. Sim Mengzhu. Ser Ao redor do mundo.	Songjiang, Shanghai
Xianshuidao (arroz água salgada)		Dinastia Qing. Bao Shichen. Vias públicas.	Leste de Guangdong
Shenshuiwan	Plantado no verão e colhido no outono. Água tolerante e pode desenhar hastes fora de águas profundas. Deve ser densamente semeado.	51º ano do reinado de Qianlong de a Dinastia Qing (1786). Guangshan Crônica do Condado, Volume 13.	Guangshan, Henan
Tonghenuo	Variedades pretas e brancas. Pode ser semeado diretamente em áreas montanhosas sem transplantando.	24º ano da República da China (1935). Crônica do condado de Luocheng. "Produtos Agrícolas".	Luocheng, Guangxi

Nota: Zhagu pode ter existido antes da Dinastia Song. É um tipo de arroz vermelho. Lemos: "Zhagu é cortado no aldeia. É arroz vermelho. (Sima Guang, Classificações, vol. 20.)

O cultivo de arroz de sementeira direta na China e as suas variedades tiveram um impacto direto nos países vizinhos, como a Coreia, nos tempos antigos. Em agosto de 1928, a variedade utilizada para a sementeira direta de arroz de terras altas em Pyeongnam, na Coreia, chamava-se *mouzu*. Segundo a lenda, foi um oficial de observação, cujo apelido era Ori, que introduziu esta variedade da China. Foi o arroz de sequeiro mais antigo utilizado na Coreia. De acordo com a investigação levada a cabo por Lee Ho-cheol e outros, Ori pode referir-se a Ori Yi Wonik, que era o Oficial de Observação de Pyeongnam durante a Rebelião Japonesa de 1592. Isso sugere que, já no século XVII, esta espécie única de arroz de terras altas tinha sido introduzida na Coreia.[646]

Há outra variedade de arroz de terras altas da China chamada Ruizu, que se diz ter sido introduzida de Ruiguo[647] em Yingze, China, numa altura desconhecida. Pode dizer-se que o arroz de terras altas na Coreia foi influenciado pelo arroz de sementeira direta da China, que pode ser rastreado até uma data anterior ao século XVII.

Embora seja um método de cultivo relativamente primitivo, a sementeira direta sobreviveu e não desapareceu completamente mesmo após a introdução da transplantação. Continuou a ser uma solução razoável em zonas escassamente povoadas, com uma economia pouco desenvolvida e uma tecnologia atrasada, bem como em zonas propensas a inundações ou secas. Através de um processo de evolução durante as dinastias Ming e Qing, a sementeira direta não só manteve a sua vantagem, como também adaptou práticas da transplantação que lhe permitiram evoluir da sementeira direta para a sementeira em camalhões. Em vários momentos da história, surgiram também diversas variedades de arroz de sementeira direta para se adaptarem às necessidades da sementeira direta, nomeadamente a dispersão das sementes. A sementeira direta respeita as leis do crescimento das plantas de arroz e reduz os custos de mão de obra e de produção de arroz, evitando os entraves ao crescimento causados pela transplantação. Desempenha um papel positivo no desenvolvimento e utilização da terra, no crescimento da produção de cereais e no crescimento da população. Teve uma influência direta em países como a Coreia. A inovação técnica da sementeira direta justifica o desenvolvimento contínuo e sustentável das técnicas de cultivo do arroz.

---

646 Lee Ho-cheol e Park Jae-hong, "Análise das Variedades de Arroz nos Tratados Agrícolas do Final da Dinastia Joseon," *Antiga e Moderna Agricultura*, n.º 1 (2003): 36.

647 A localização específica não é certa.

UMA ANÁLISE DA DUPLA CULTURA DE ARROZ E TRIGO DURANTE A DINASTIA SONG[648]

A chamada "dupla cultura do trigo e do arroz" refere-se a uma técnica agrícola em que o trigo é colhido no mesmo campo após o amadurecimento do arroz, e vice-versa. Esta prática representou um enorme avanço, tanto do ponto de vista técnico como econômico, e aumentou a utilização dos campos e o rendimento dos agricultores. Sendo um dos períodos economicamente mais prósperos da história chinesa, a dinastia Song registrou um aumento notável tanto na produção alimentar como na população humana. Tem sido sugerido que o aumento da produção alimentar pode ser atribuído ao índice crescente de culturas múltiplas, que teve o maior impacto positivo na bacia do rio Yangtze e nas áreas de Taihu.[649] No entanto, tem havido algum debate nos círculos acadêmicos sobre a popularidade real desta técnica agrícola, o papel que desempenhou na produção alimentar e como deve ser avaliada.

Em geral, presume-se que o método da dupla cultura foi desenvolvido no curso médio e inferior do rio Yangtze, onde foi praticado a partir da dinastia Tang. Alguns acadêmicos defendem mesmo que a dupla cultura era popular entre os agricultores desde o auge da dinastia Tang e que continuou a prosperar em algumas regiões desenvolvidas após essa altura. As principais áreas onde esta abordagem foi empregada foram o delta do rio Yangtze, a planície de Chengdu e a região costeira do rio Yangtze, tendo esta área expandido após o final da dinastia Tang. Desde a dinastia Song até os tempos modernos, a dupla cultura expandiu-se na zona do rio Yangtze, construindo com base no desenvolvimento iniciado na dinastia Tang.[650] Há quem sugira que a prática da dupla cultura em Yunnan era diferente da

---

648 Esse artigo foi publicado originalmente na *Agricultural History Research*, nº 1 (2005): 86–106. Durante o processo de redação, o Professor You Xiuling, o Professor Li Genpan e eu discutimos o material. As opiniões deles contribuíram significativamente para o desenvolvimento deste trabalho.

649 You Xiuling, *A História do Cultivo de Arroz* (Pequim: Editora de Agricultura da China, 1995), p. 266.

650 Li Bozhong, *Desenvolvimento Agrícola em Jiangnan Durante a Dinastia Tang* (Pequim: Editora de Agricultura da China, 1990), p. 110; "Sobre a Multiplicação de Cultivos de Trigo e Arroz na Área do Rio Yangtze na Dinastia Tang," *Agricultural Archaeology*, nº 2 (1982): 71.

praticada na zona do rio Yangtze, devido às condições naturais únicas que aí existiam. É, portanto, duvidoso que o método de cultivo duplo tenha sido popular apenas na área do rio Yangtze, uma vez que há registros da sua prática em Yunnan durante a dinastia Tang.[651] Foi sugerido mais recentemente que foi durante a dinastia Song, especialmente na dinastia Song do Sul, que o cultivo duplo se tornou um método de cultivo extenso e estável nas zonas mais baixas do rio Yangtze,[652] e que todo o processo foi um "desenvolvimento estável e maduro".[653]

De fato, a cultura do trigo conheceu um desenvolvimento sem precedentes no sul durante a Dinastia Song do Sul. O texto de Zhuang Chuo sobre a dinastia Song, *Reflexões*, utiliza a frase "até onde a vista alcança na área a norte do rio Huai" para descrever a expansão da cultura do trigo no sul. Mas o desenvolvimento da cultura do trigo não foi o mesmo que o da dupla cultura, pelo que vale a pena reconsiderar se o grau de desenvolvimento da cultura do trigo foi específico do período inicial da Dinastia Song do Sul ou mais generalizado ao longo de toda a Dinastia Song.

O arroz tem sido a principal cultura no sul desde a antiguidade, pelo que o desenvolvimento da cultura do trigo foi benéfico para a dupla cultura, enquanto a cultura do arroz foi positiva para a dupla cultura, mas negativa para o desenvolvimento da cultura do trigo no sul. Transformar um campo de arroz num campo de trigo não foi uma tarefa fácil devido a fatores como o ambiente natural, a tradição, a tecnologia econômica e o estilo de vida local. O arroz é uma planta aquática, enquanto o trigo é uma cultura de sequeiro, pelo que é necessário drenar a água após a colheita do arroz e irrigar o campo após a plantação do trigo, pelo que é importante dispor de um bom sistema de drenagem. Muito provavelmente, não era difícil encher o campo de água para o arroz, mas seria necessário algum esforço para encontrar formas de a drenar para o trigo. Além disso, havia algum conflito em torno das estações do ano. Restava pouco tempo de crescimento efetivo para plantar e colher nos períodos atribuídos a cada cultura. Havia também preocupações com o arranjo das sementes, a mão de obra e outras questões, bem como com a fertilidade do solo. Todos estes fatores contribuíram para a popularidade da dupla cultura e, a par das questões técnicas, havia exigências sociais a considerar. Na altura, a China

---

651 Han Maoli, *Geografia Agrícola da Dinastia Song* (Shanxi Ancient Books Publishing House, 1993), p. 214.

652 Li Genpan, "A Formação e Desenvolvimento da Dupla Colheita de Trigo e Arroz nas Baixas do Rio Yangtzé," History Research, nº 5 (2002).

653 Wang Zengyu, "A Dupla Colheita na Dinastia Song," na Revista Acadêmica Pingzhun, vol. 3, v. 1 (Pequim: Editora Comercial da China, 1986), pp. 199–209.

era uma sociedade autossustentável e os hábitos alimentares no sul rejeitavam geralmente o trigo em favor do peixe e do arroz, o que influenciou ainda mais o desenvolvimento da cultura do trigo no sul. Qualquer estudo sobre a dupla cultura deve incluir uma análise mais exaustiva que tenha em conta todos estes fatores.

O cultivo do trigo sobreviveu e prosperou no sul durante a dinastia Song, mas o método de cultivo múltiplo permaneceu limitado devido a fatores naturais, econômicos, técnicos e de estilo de vida. Na maior parte dos casos, a "dupla cultura" referida nos registros históricos não se referia a culturas de trigo e de arroz alternadas no mesmo campo, mas mais a uma questão de as pessoas adaptarem as suas culturas de acordo com a situação mais vantajosa em cada momento. Simultaneamente, o desenvolvimento da cultura do trigo no Sul aumentou, de certa forma, o rendimento e, mais importante ainda, promoveu a exploração de técnicas agrícolas adaptadas a regiões montanhosas ou a terrenos inclinados, o que transformou terras não cultivadas em campos de trabalho e contribuiu, de certa forma, para a produção global de alimentos. É igualmente significativo o fato de as culturas múltiplas se localizarem principalmente em campos situados em terrenos elevados.

1. O desenvolvimento da cultura do trigo no Sul e a dupla cultura do trigo e do arroz

O trigo foi originalmente cultivado como uma cultura de sequeiro no norte da China. Embora tenha sido introduzido no sul muito cedo, teve uma distribuição limitada e não se desenvolveu bem até à Dinastia Jin Oriental. Após a dinastia Song, o afluxo maciço de imigrantes cujos hábitos alimentares se centravam no trigo resultou num aumento da procura de trigo, o que elevou a popularidade da cultura. As colheitas de trigo foram assim efetuadas tanto ao longo do rio Yangtze como na quente bacia do rio das Pérolas.

Sendo a cidade do sul mais próxima do norte e com condições de crescimento semelhantes, Huainan tornou-se o centro do rápido desenvolvimento das culturas de trigo, como evidenciado pela linha de poesia de Dai Fugu, "Ouvi dizer que Huainan estava cheia de trigo."[654] Além disso, o trigo é registrado juntamente com outros cereais, como o mal, nas *Crônicas do Distrito de Wuxing* de Jiatai e nas *Crônicas do Condado de Kuaiji*, nas *Crônicas da Cidade de Lin'an* de Qiaodao, nas *Crônicas da Cidade de Qinchuan* de Baoyou, nas *Crônicas do Condado de Yufeng* de Chunyou e nas *Crônicas da Prefeitura de Wu* de Shaoding. Para além do trigo e da cevada, existiam muitas variedades de culturas de trigo, algumas das quais eram cultivadas em zonas ao longo do rio Yangtze, como Hunan e outros locais. A *História dos Song*, "Produtos comestíveis", registra que era "vantajoso plantar trigo nas cidades a caminho de Hunan, incluindo Heng, Yong e outras prefeituras". Outra prova da existência de culturas de trigo na província de Hunan é encontrada num verso do poema de Chen Liaoweng, De Lianjiang a Chenzhou, que diz: "A flor de ameixeira é o único sinal do inverno em Lingnan, enquanto as culturas de trigo assinalam a primavera em Hunan."[655] Na dinastia Song do Norte, o trigo foi introduzido nas regiões mais meridionais da China, como evidenciado por um édito imperial que dizia: "Instrua os cidadãos do sul a prepararem painço, arroz, cevada e trigo em caso de seca." No início da dinastia Song do Norte, Chen Yaozuo, magistrado de Huizhou, disse: "As pessoas do sul sabem pouco sobre plantação ou agricultura em geral, para não falar do cultivo de trigo e cevada, que lhes é completamente desconhecido. As pessoas continuaram a rejeitar a ideia até verem que os agricultores de Nanjin tinham sido ensinados a culti-

---

654 [Dynastia Song do Sul] Dai Fugu, *Poemas Coletados do Condado de Shiping*, vol. 1.

655 [Dinastia Song do Sul] Wang Xiangzhi, *Registro de Terras*, vol. 57, "Distrito Administrativo de Jinghu do Sul, Chenzhou" (Editoras Antigas de Livros de Guangling, Jiangsu, 1991), p. 552.

var trigo e, como resultado, obtiveram grandes rendimentos."[656] O famoso poeta Su Dongpo também notou um templo na sua viagem por Guangdong chamado Templo Xiangji no condado de Boluo, Huizhou. O templo ficava a sete *li* de distância do condado, rodeado por montanhas altas e baixas. Ao escrever sobre ele, afirmou: "Havia belos campos de ambos os lados da estrada, luxuriantes com várias culturas de trigo."[657] Também havia trigo colhido nas cidades de Guilin e Lianzhou. O poeta Lü Benzhong escreveu sobre estas colheitas: "Não consigo deixar de me preocupar, apesar de este ano haver novas colheitas de trigo."[658] Nas suas viagens a Guilin, Fan Chengda escreveu: 'O trigo em flor chega com tempo fresco, trazendo três dias de chuva contínua para a ameixeira em flor."[659]

Com a migração em grande escala para o sul durante a dinastia Song, o trigo conheceu um desenvolvimento sem precedentes no sul. As pessoas originárias do norte trouxeram consigo os seus hábitos alimentares para o sul, aumentando o preço dos produtos de trigo no sul devido à sua escassez na região. Juntamente com os seus fatores naturais vantajosos, a cultura do trigo era uma empresa rentável. Os registros indicam que as colheitas de trigo foram distribuídas por Jiangxi, Zhejiang, Hunan, Fujian, Guangxi e outras áreas. Em *Sobre coisas de pouco interesse*, Zhuang Jiyu diz: "Após o período Jianyan (1127-1130), Jiangxi, Zhejiang, Hubei, Hunan, Fujian e Guangdong encheram-se de pessoas do oeste e do norte. No início do período de Shaoxing (1130-1162), um hectare de trigo era vendido por doze mil moedas de cobre, o que o tornava muitas vezes mais rentável do que o arroz."[660] Os agricultores podiam obter rendimentos elevados com a plantação de trigo, mesmo depois de pagos os impostos e as rendas. Por isso, toda

---

656 [Dinastia Song do Norte] Zheng Xia, *Crônica da Cidade de Xitang*, vol. 3, "Registro do Salão Ancestral do Prefeito de Huizhou, Chen Huigong."

657 [Dinastia Song do Norte] Su Dongpo, *Obras Completas de Su Dongpo*, vol. 1 (Pequim: Editora de Agricultura da China, 1986), p. 508.

658 [Dinastia Song do Sul] Lü Benzhong, *Poemas Completos de Dong Lai*, vol. 12, "Vista das Colinas Ocidentais a partir do Pavilhão à Beira d'Água em Lianzhou."

659 [Dinastia Song do Sul] Fan Chengda, Poemas Reunidos de um Budista Leigo, vol. 14, "Dando Almôndegas na Chuva."

660 No sexto ano do reinado de Yuanyou da Dinastia Song do Norte (1091), Su Dongpo registrou em *Pedido de Compra de Grãos para Alívio dos Refugiados nas Áreas do Rio Huai e Zhejiang* o preço de dois grupos de grãos. O primeiro foi o preço desigual do arroz polido, de grão redondo e não glutinoso, que era vendido por 118 wen por dou, e o trigo, que era vendido por 54 wen por dou. O segundo foi o arroz não polido, de grão redondo e não glutinoso, vendido por 80 wen por dou e o trigo vendido por 60 wen por dou. Em ambas as comparações de preços, o preço do trigo era claramente inferior ao do arroz. ([Dinastia Song do Norte] Su Dongpo, *Obras Completas de Su Dongpo*, vol. 2 (China Bookstore, 1986), pp. 532–533).

a gente plantava trigo numa escala semelhante à que se via no Norte. Esta passagem não menciona a situação em Sichuan, embora, de fato, "o trigo crescesse em todos os campos de Sichuan, sem exceção."[661] Todas estas passagens indicam o desenvolvimento avançado da cultura do trigo no sul.

Todas estas passagens indicam o desenvolvimento avançado da cultura do trigo no Sul. Com este desenvolvimento, as culturas de trigo tornaram-se uma fonte alimentar essencial no sul, onde o arroz sempre foi o alimento básico. As culturas de trigo acabaram por se tornar a segunda prioridade no sul, a seguir ao arroz. Num poema de Fan Dacheng, pode-se ler: "No outono, as colheitas de trigo são vendidas por cem moedas de cobre por *dou*, e os agricultores chamam-lhe uma colheita mini-bomba. Os bolos cozinham-se no fogão e o arroz está na panela a vapor, por isso ninguém passa fome. Quando sopra o vento de oeste, o arroz está maduro."[662] Isso sugere que o trigo e a cevada se tinham tornado alimentos comuns para os produtores de arroz, pelo que os rendimentos mais elevados do trigo e da cevada lhes permitiam ser considerados 'bem de vida' nessa altura. Além disso, o trigo podia ser utilizado como alimento de substituição em caso de seca. No início da dinastia Song do Norte, Yang Yi refere a situação mencionada num relatório de precipitação de Chuzhou, Zhejiang Oriental, dizendo: "Desde o ano passado, esta província tem registrado pequenas colheitas de cereais de outono. Apesar do aumento do custo de vida, as pessoas evitam vaguear como refugiados. Ajustando-se aos aguaceiros da primavera, o painço e o trigo têm rendimentos muitas vezes superiores aos das outras culturas, e a sericultura e os têxteis prosperaram."[663] O trigo não só ajudou a evitar uma crise alimentar, como também teve um impacto no mercado alimentar.[664]

Com a migração da população para o sul, os nortenhos levaram consigo para o sul alimentos à base de trigo, o que aumentou a procura e fez com que os lucros da produção de trigo fossem muito superiores aos da produção de arroz. Com esta motivação econômica, o cultivo do trigo espalhou-se por todo o sul até rivalizar com o do norte. Houve outros fatores que contribuíram para o desenvolvimento das culturas de trigo, nomea-

---

661 [Dinastia Song do Sul] Wang Yingcheng, *Coleção Wending*, vol. 4, "Decreto Imperial Sobre a Perda de Safras em uma Seca."

662 [Dinastia Song do Sul] Fan Chengda, *Poemas Coletados de um Leigo Budista*, vol. 27, "Eventos no Campo ao Longo das Quatro Estações, Eventos no Campo em um Dia de Verão (III)."

663 [Dinastia Song do Norte] Yang Yi, *Novas Obras Coletadas de Wuyishan*, vol. 15.

664 [Dinastia Song do Sul] Lu You, *Escritos Poéticos de Jiannan*, vol. 32, "O Mercado de Trigo Reduzindo o Preço do Arroz, Enquanto os Doentes da Região se Recuperam," *Obras Coletadas de Lu You* (Livraria da China, 1986), p. 509.

damente fatores políticos. De acordo com a História dos Song, "Produtos comestíveis", o governo Song deu prioridade às culturas de sequeiro. No início da dinastia Song do Norte, a corte ordenou aos funcionários de Zhejiang, Hubei, Hainan e Fujian que persuadissem os agricultores a plantar trigo e oferecessem os produtos ao norte, caso houvesse escassez de arroz, trigo ou leguminosas. Esta prática manteve-se durante o período Song do Sul. No sétimo ano do reinado Chunxi do Imperador Xiaozong (1180), foi emitido um édito que declarava: "Por édito imperial, serão enviados oficiais para Zhejiang Oriental e Ocidental, para a área entre os rios Yangtze e Huai e para a área a oeste da capital, para instruir as pessoas a expandir o cultivo do trigo". No oitavo ano do reinado de Jiading do Imperador Ningzong (1215), um decreto semelhante declarava que "o povo de Zhejiang Oriental e Ocidental, a área entre os rios Yangtze e Huai, e a área a leste e oeste do Yangtze cultivarão painço, trigo, linho e legumes, e os funcionários concederão aos proprietários uma isenção de impostos". Com a isenção de impostos os agricultores suportaram um fardo mais leve e mostraram-se mais positivos em relação à sua atividade.

Algumas autoridades locais persuadiram o povo a plantar trigo para aumentar a sua consciencialização dos benefícios da sua plantação, como evidenciado *pela História dos Song*, "Produtos Comestíveis". Nela se pode ler: "Exorte o povo a plantar uma variedade de linho, painço, leguminosas e trigo... que serão plantados de forma mista, como os plantadores acharem melhor, uma vez que as colheitas, ricas ou magras, serão deles." Huang Zhen escreve em *Sobre a Exortação para Plantar Trigo no Festival do Meio Outono no Sétimo Ano do Reinado de Xianchun*, "Nos últimos anos, os proprietários de terras não cultivam, enquanto os que cultivam não possuem terra. Os camponeses vivem uma vida difícil, enquanto os proprietários de terras enriquecem sem fazer qualquer esforço. Os camponeses devem cultivar trigo, com o qual podem ganhar dinheiro sem pagar renda. A sua palha também pode ser usada em vez de lenha, por isso o trigo serve para vários fins."[665] *Em Encorajar o Povo a Cultivar*, Fang Dacong escreve: "Sabe quais são os benefícios de cultivar trigo? Se houver falta de alimentos, o trigo oferece-lhe um bom abastecimento. É produtivo e muito difundido. Além disso, tem de partilhar os ganhos com o seu senhorio para outras culturas, mas não é o caso do trigo."[666] Este foi um dos principais argumentos utilizados para promover a dupla cultura do trigo e do arroz ao longo do rio Yangtze.

As condições naturais do Sul eram mais propícias ao arroz, devido à pluviosidade abundante e às terras baixas. No entanto, no sul, ainda exis-

---

665 [Dinastia Song do Sul] Huang Zhen, *Diário de Huang*, vol. 78.

666 [Dinastia Song do Sul] Fang Dacong, *Obras Completas de Fang Dacong*, vol. 30.

tiam zonas montanhosas que não podiam armazenar água e que apresentavam períodos de seca, condições mais propícias à cultura do trigo. Por outras palavras, as condições geralmente desfavoráveis ao arroz eram propícias ao cultivo do trigo. Foi por isso que a cultura do trigo recebeu um apoio político tão forte por parte da corte Song.

Tradicionalmente, os agricultores chineses "plantavam uma variedade de cereais para se protegerem de catástrofes". Houve muitas campanhas na dinastia Song que exortavam os agricultores a adaptarem-se às condições locais, por exemplo, "plantando painço em lugares altos e leguminosas em áreas baixas, ou cultivando arroz em campos húmidos e trigo em campos secos". Ou, "se o campo estiver húmido, plante arroz, mas se estiver seco, plante painço ou trigo... O painço e o trigo podem ser usados para alimentação, por isso, mesmo em condições de seca, estas duas culturas evitarão que as pessoas passem fome."[667] Quando havia escassez de arroz em períodos secos, os funcionários promoviam o cultivo do trigo. Por exemplo, em *História dos Song*, "Produtos Comestíveis", no oitavo ano do reinado de Jiading do Imperador Ningzong (1215), devido à "pouca chuva, os campos estão vazios", pelo que Zhao Shishu, Magistrado de Yuhang, exortou o povo a plantar uma variedade de culturas, como linho, painço, leguminosas e trigo. Por vezes, estas medidas eram suficientes para aliviar a escassez temporária de alimentos. Wei Su (também conhecido por Taipu, 1303-1372), natural de Jiangxi, da dinastia Yuan, escreveu no seu poema Noite de inverno: "O arroz é plantado no sul, mas o tempo passa sem qualquer rendimento. Os velhos camponeses gritam de surpresa, agradecidos pelo fato de as terras altas os terem recompensado com tão elevadas colheitas de trigo, tirando-lhes as preocupações e garantindo-lhes a subsistência."[668]

Outra razão pela qual a cultura do trigo prosperou no Sul foi a natureza do próprio trigo. Como o trigo é capaz de suportar temperaturas frias, pode ser plantado após a colheita do outono e colhido no verão, aumentando os lucros do campo ao pô-lo a trabalhar durante esse período. Com o passar do tempo, as pessoas começaram gradualmente a tirar partido e até a antecipar as colheitas de trigo.[669]

---

667 [Dinastia Song do Sul] Han Yuanji, *Escritos do Condado de Nanjian*, vol. 18, "Promoção da Agricultura em Jianning."

668 Dinastia Yuan] Sun Cunwu, *Empreendimentos Literários do Final da Yuan*, vol. 6.

669 Nos tempos modernos, quando Pan Zengyi promoveu uma estação de plantio diferenciada para o arroz, ele encontrou um obstáculo. A promoção dos métodos de cultivo de Pan exigia que as sementes fossem plantadas muito cedo. Isso entrava em contradição com a maneira tradicional de fazer as coisas, pois na rotação dupla de arroz e trigo, "quando o trigo é colhido, o transplante de arroz pode ser feito até o sexto mês." (Chen Zugui, ed., *Antologia do Patrimônio Agrícola Chinês*, Categoria A, "Arroz, Parte 1" (Companhia de Livros Zhonghua, 1958), p. 371.)

O desenvolvimento do cultivo do trigo no sul levou a uma dupla cultura na região, especialmente durante os quarto e quinto meses lunares, quando o trigo era colhido e o arroz era plantado. A época de transplante das plântulas de arroz é descrita nas obras de muitos escritores da Dinastia Song (ver Tabela 1).

TABELA 1 — Representações de cenas de transplantação de arroz na poesia cantada

Data	Local	Autor	Conteúdo	Título poema	Coleção
	Mumo (Nanjing?)	Wang Anshi	A seda branca está embrulhada, as folhas das amoreiras são verde, o trigo é cortado, e o as mudas de arroz estão crescendo bem.	Mumo	O coletado Obras de Lin Chuan, volume 27
Quinto Mês	Huangzhou	Wang Anshi	A seda branca está embrulhada, o as folhas das amoreiras são verde, o trigo é cortado, e o as mudas de arroz estão crescendo bem.	Na Quinta Mês do Renxu Cíclico Ano, Viajando com He Shu	O coletado Obras de Lin Chuan, volume 29
Quinto Mês	Desconhecido	Ouyang Xiu	O trigo está na terra, mas a nova colheita não foi plantado.	Feliz na Chuva	O coletado Obras de Ouyang Xiu, Volume 4 (Obras de Jushi)
	Suzhou	Zhu Changwen	Corte o trigo e plante o arroz, e eles amadurecerão em um ano.		A continuação Registro de Wu Condado, Volume 1
	Taizhou	Lu Dian	Relegado para Hailing, você viu o trigo amadurecendo novamente. Com a foice em sua cintura, corte o trigo, depois volte enquanto o sol ainda brilha, pois amanhã, vai chover.	O Relatório para Sua Majestade Quando eu peguei o Posto de Haizhou	Coleção Taoshan, Volume 13

	Suzhou	Fan Chengda	O trigo recém-cortado ainda estava lamacento, e as pessoas aravam os campos, esperando a chuva para que pudessem plantar mudas. De manhã eles saíram plantar mudas, e à noite, eles comeram farelo.	Colhendo o Trigo	Poemas coletados de Shihu Jushi, Volume 11
Quinto Mês	Suzhou	Fan Chengda	O trigo em Jiangwu ainda não está maduro no quinto mês, e é ainda está muito frio para roupas finas. A primeira criação do bicho-da-seda e plantar trigo e depois colher e armazenando no quarto mês.	Canção no Temporadas e o idílico Paisagem	Poemas coletados de Shihu Jushi, Volume 27
Quarto e Quinto meses	E'zhou	Luo Yuan	No quinto mês, a muda é colocado no solo.	Promoção Agricultura em E'zhou	Obras coletadas de Luo Ezhou, Volume 1
	Fuzhou	Huang Zhen	Colher trigo no quarto mês, e plante arroz no quinto.	No Oitavo Ano do Xianchun Reinar, no Meados do outono Festival, Promoção Cultivo de Trigo	Diário de Huang, Volume 78
	Huzhou	Yu Chou	Com foice na cintura para colher arroz tardio e enxada na ombro para plantar trigo fresco.	Jiang e eu Estavam alegres durante o plantio Trigo com o Pessoas Comuns	Obras coletadas de Zunbaitang, Volume 1

	Wuzhong	Wu Yong	O povo de Wuzhong cultivou a terra e plantou arroz, junto com legumes, trigo, linho e legumes. Eles use cada centímetro de terra para crescer e colher até o último grão de arroz.	Promovendo Agricultura em Longxingfu	Obras coletadas de Helina, Volume 39
		Fang Yue	O vento sopra o verde trigo, fazendo-o balançar, e o arroz macio à beira do rio Cishui tem ainda não cresceu.	Balada ativada Agricultura	Obras coletadas de Qiuya, Volume 2
		Lu You	O arroz não foi plantado quando o trigo foi colhido, e não precisávamos do porco trotadores por nossos insignificantes sacrifícios nos lugares altos.	Início do verão	Poemas de Jiannan, Volume 32
Quinto mês	Shanyin	Lu You	Em todo lugar se planta o arroz, e cada casa está cheia de trigo.	No primeiro dia do quinto mês	Poemas de Jiannan, Volume 27
Sexto mês	Jinling	Yang Wanli	Muitas cidades têm muita chuva,e notícias de arroz e trigoplantando meandros da cidade para a cidade.	Variado Notas de Verão	Coleção Chengzhai, volume 31
		Cao Guan	Depois da chuva os pássaros cantam sob o céu azul como o vento golpes. O trigo é empilhado tão alto como uma montanha, e as pessoas constantemente reuni-lo.	"Yanxi", escrito em Nanyuan	O Remanescente do Império Poesia Selecionada através dos tempos, Volume 46

A dupla cultura do trigo e do arroz lançou as bases para as políticas relativas à dupla cultura. O registro mais preciso é o de Yunnan, que data da dinastia Tang.[670] A dupla cultura era praticada no curso médio e inferior do rio Yangtze a partir da dinastia Song do Sul. O *Tratado Agrícola de Chen Fu*, da dinastia Song do Sul, diz: "Imediatamente após a primeira colheita da primavera, as pessoas começam a arar e a mondar, depois fertilizam antes de semearem feijão, trigo, legumes e fungos. Não é preciso muito esforço, devido aos campos fertilizados. O rendimento do ano seguinte será bastante considerável."[671] Outras provas da dupla cultura do trigo e do arroz encontram-se no Xiuyan de Xu Jingsun, onde se lê: "A chuva vem na primavera e a lavoura no outono."[672] A lavoura de outono aqui mencionada destinava-se a preparar o terreno para a plantação de trigo e outras culturas. Neste caso, o campo de arroz foi utilizado para plantar trigo após a colheita do arroz primitivo. Há também registros de utilização de campos de trigo para plantar arroz após a segunda colheita de trigo. No período inicial de Shaoxing, na região de Jiangdong, "após a segunda colheita de trigo, os campos são novamente arados e as culturas tardias são plantadas. "Isso logo será concluído, por volta do final do sexto mês."[673] Ao passar por Jiangshan (no leste de Zhejiang), Yang Wanli também viu "arroz tardio nos campos de trigo e búfalos sonhando à tarde", refletindo uma cena de transplante de arroz.[674] Durante o reinado de Qiandao, houve um registro de "trigo plantado de dois em dois anos, e sendo plantado em campos de arroz" em Taizhou, Zhejiang Oriental.[675] Na região de Huainan, há também registros de arroz sendo plantado nos campos de trigo e o trigo plantado

---

670 *As Crônicas de Yunnan* de Fan Chuo, em "Supervisionando a Produção de Yunnan", dizem: "A cada ano, os campos de arroz amadurecem no oitavo mês, e no décimo primeiro ou décimo segundo mês, são plantados com trigo, que amadurece no terceiro ou quarto mês. Após a colheita da cevada, o arroz é novamente plantado." (Crônicas Anotadas de Yunnan (Pequim: Editora de Ciências Sociais da China, 1985), p. 256.)

671 [Dinastia Song do Sul] Chen Fu, *Tratado Agrícola de Chen Fu*, vol. 1. "Arar e Capinar."

672 [Dinastia Song do Sul] Xu Jingsun, *Xiuyan*. Citado em *A Poesia Completa do Song*, vol. 3114, bk. 59, p. 37183.

673 [Dinastia Song do Sul] Ye Mengde, *Propostas em Shilin*, vol. 11, "Sobre os Prós e Contras de Levantar Fundos para a Compra de Bois para o Arrendamento dos Agricultores."

674 [Dinastia Song do Sul] Yang Wanli, *Obras Completas de Chengzhai*, vol. 13, "Macio e Trigo Madurando em Jiangshan."

675 [Dinastia Song] Cao Xun, *Obras Completas de Songyin*, vol. 21, "Poemas Diversos sobre Moradias nas Montanhas."

nos arrozais. Na Balada do Agricultor, de Chen Zao, pode-se ler: "O céu ficou limpo em meio mês, e choveu toda a noite. Os campos estavam verdes com trigo no dia anterior."[676] Nessa altura, "os agricultores de Huainan reclamavam campos vagos para o governo, e aqueles que cultivavam duas colheitas de cereais num ano só precisavam de ser bem-sucedidos numa delas. Se os agricultores plantassem trigo depois de terem colhido arroz, podiam ficar com o trigo e dar o arroz aos rendeiros."[677] A partir daqui, torna-se claro que o arroz e o trigo eram duplamente cultivados na área entre os rios Yangtze e Huai durante a dinastia Song.

---

676 [Dinastia Song do Sul] Chen Zao, *Obras Completas de um Changwen Mundano*, vol. 9, "Balada do Camponês."

677 [Dinastia Qing] Xu Song, *Compêndio das Instituições Governamentais e Sociais do Song*, "Alimentação," vol. 63, Parte 117.

2. Raridade da dupla cultura de arroz e trigo na dinastia Song em Jiangnan

A questão de saber até que ponto a dupla cultura de arroz e trigo era popular no sul durante a dinastia Song, é uma questão que vale a pena considerar. Vários escritos que datam da dinastia Song descrevem "colher o trigo antes de plantar o arroz", mas este fato apenas apoia parcialmente o argumento de que essa dupla cultura era comum. As duas condições necessárias para a dupla cultura do trigo e do arroz através da rotação de culturas são o fato de ser feita 1) no mesmo ano e 2) no mesmo campo. Historicamente, a maior parte dos casos de dupla cultura, como "dupla cultura de trigo e arroz" ou "dupla cultura num só ano", não cumprem estes requisitos, porque, na maior parte dos casos, as duas culturas não foram feitas no mesmo campo. A chamada "dupla colheita de trigo e arroz" centrava-se na colheita, indicando que os agricultores teriam duas colheitas num só ano. Por exemplo, no verão, o trigo era colhido nos campos a leste e, no outono, o arroz era colhido nos campos a oeste. Estas colheitas não eram efetuadas num único campo, ou seja, não havia rotação de culturas. Isso é evidente nas *Crônicas Ilustradas da Prefeitura de Wu*, que instrui, "colha o trigo antes de plantar o arroz", indicando que eram feitas duas colheitas, mas não necessariamente que as colheitas eram feitas em rotação num único campo. O texto original diz: "Colher o trigo antes de plantar o arroz", seguido de "os agricultores ajustarão o calendário de cultivo de acordo com as condições".[678] A partir daqui, é evidente que "colher o trigo antes de plantar o arroz" fazia parte do calendário de cultivo, tal como notou Zhen Dexiu quando disse: "Foi uma bênção o fato de o arroz ter crescido bem este ano. Não tinha chovido como esperávamos, por isso não sabíamos se devíamos semear de novo, porque não tínhamos sistema de irrigação nos campos de baixa altitude, quanto mais nos das terras altas."[679] Era ainda mais difícil "replantar sementes no meio do campo de arroz."[680] A razão pela qual o trigo teria sido plantado depois da colheita do arroz era o fato de a sementeira do trigo se seguir à época da colheita do arroz, ou mais precisamente, do fim do outono ao início do inverno, mas não era neces-

---

678 [Dinastia Song do Norte] Zhu Wenchang, *Crônicas Ilustradas da Prefeitura de Wu*, vol. 1.

679 [Dinastia Song do Sul] Zhen Dexiu, *Obras Completas de Zhen Dexiu*, vol. 48, "No Templo, Orando por Chuva."

680 Li Genpan, "A Formação e Desenvolvimento da Dupla Colheita de Arroz e Trigo na Região do Delta do Rio Yangtze Inferior: Focando nas Dinastias Tang e Song," *Pesquisa Histórica*, nº 5 (2002): 13.

sariamente preferível semear trigo simplesmente porque o campo estava disponível, porque os gomos que cresciam podiam ser afetados pelas baixas temperaturas que se aproximavam.

Trata-se de uma visão objetiva. No norte, a agricultura de sequeiro era a norma, enquanto a agricultura aquática era menos comum, enquanto no sul a agricultura aquática era prioritária, embora não fosse a única opção de cultivo na região. A topografia do sul era diversificada, com montanhas e água e uma mistura de terras altas e baixas, dando à região a vantagem de poder cultivar várias culturas, como o arroz e o trigo, de acordo com as condições locais. Em muitas partes do sul, existem campos de sequeiro e arrozais, e alguns que são metade sequeiro, metade arrozal. Em chinês, o termo *tian* ("campo") refere-se aos arrozais, enquanto o termo *di* ("terra") se refere aos campos de sequeiro. A preparação de cada tipo de campo requer um tipo de trabalho diferente.

Antes de apresentar uma análise da situação na dinastia Song, gostaria de começar por relatar um pouco da minha experiência pessoal. Na minha cidade natal, Sanhu Town, Xingan County, Jiangxi, tal como em outras partes do sul, o cultivo do arroz era a principal atividade agrícola, mas antes da década de 1970, havia também explorações de trigo na região, embora apenas em campos de sequeiro, nunca nos arrozais depois de o arroz ter sido colhido. Isso não quer dizer que não tenha havido replantação nos arrozais nessa altura. De fato, após a colheita do arroz, era frequente a plantação de soja ou de trigo mourisco. Dizia-se que, em alguns conselhos e cidades vizinhas, também se plantava trigo nos arrozais, mas apenas nos campos de altitude. Após a década de 1970, o trigo deixou de ser cultivado na minha terra natal, e muito menos em dupla cultura nos arrozais.

Embora o cultivo do trigo tenha sido amplamente promovido no sul durante a dinastia Song, não foi promovido nos campos de arroz, mas apenas em locais que não eram adequados para o cultivo do arroz. Isso era semelhante às práticas de cultivo do arroz nas regiões a norte do Yangtze. *A História dos Song*, "Produtos comestíveis", diz: "plante arroz em qualquer lugar onde haja arrozais". Isso está de acordo com o que está claramente registrado em muitos textos da Dinastia Song. Han Yuanji escreveu em Promoção da Agricultura em Jianning: "Cultive painço nas terras altas e leguminosas nos campos baixos. Quem tiver uma fonte de água cultiva arroz e quem não tiver, cultiva trigo."[681] Zhu Xi escreveu em *Sobre a Promoção da Agricultura*, "Tanto quanto possível, plante a tempo. Utilize toda a terra, quer seja em colinas ou montanhas, plantando painço, trigo, linho

---

681 [Dinastia Song do Sul] Han Yuanji, Textos de Nanjian, vol. 18, "Sobre a Promoção da Agricultura".

ou leguminosas."[682] Zhen Dexiu escreveu em Promoção da agricultura em Quanzhou: "Plante os campos das terras altas mais cedo e os campos baixos mais tarde. Os campos de sequeiro são adequados para o trigo, e os campos úmidos são adequados para o arroz. Os campos duros são adequados para leguminosas, e os campos de montanha são adequados para painço. Plante o que for adequado para a terra, e plante em toda a terra. Isso é o que é bom para a terra."[683] Quando Huang Zhen esteve em Fuzhou, Jiangxi, também aconselhou o povo a usar os campos na encosta da montanha para plantar trigo.[684] O poema da Dinastia Yuan de Wei Taipu, citado anteriormente, prova de forma semelhante que, em Fuzhou, o trigo era plantado nos campos das terras altas. Lê-se: "Felizmente, existem campos de montanha, onde se pode plantar trigo para satisfazer as necessidades do povo".

A prática de plantar de acordo com a qualidade do campo levou a que "o trigo crescesse em todas as montanhas e o arroz em todos os campos baixos"[685] no sul, de modo que, na primavera, "as novas plântulas de arroz estavam verdes nos arrozais e a cevada estava verde nas montanhas"[686] e "o trigo e a cevada tornavam as montanhas verdes, enquanto os campos baixos perto da água estavam verdes com arroz"[687]. "A paisagem mais típica onde se misturavam as culturas de sequeiro e de arroz situava-se perto da Região Militar de Jiangmen, onde "os campos não se dividiam apenas em cedo e tarde, mas também em secos e húmidos. Os campos de sequeiro cultivavam apenas trigo, leguminosas, linho, painço ou legumes, mas não arroz."[688] Na província vizinha de Xiangyang, "o povo Li cultivava trigo em todo o planalto, enquanto o povo Yue lavrava os arrozais".[689] O trigo era cultivado no planalto e o arroz nas zonas húmidas. A distinção era clara. A frase "arroz nas encostas baixas" e "trigo nas encostas altas", que se encontra frequentemente nos textos da Dinastia Song, reflete esta divisão do uso da terra.

---

682 [Dinastia Song do Sul] Zhu Xi, Obras Completas de Zhu Xi, vol. 99.

683 [Dinastia Song do Sul] Zhen Dexiu, Obras Completas de Zhen Dexiu, vol. 40.

684 [Dinastia Song do Sul] Huang Zhen, Diário Diário de Huang, vol. 78, "Um Ensaio Aconselhando o Plantio de Trigo no Meio do Outono do Sétimo Ano do Reinado de Xianchun".

685 [Dinastia Song do Sul] Lu You, Obras Completas de Lu You (Livraria da China, 1986), p. 502.

686 Ibid., p. 503.

687 [Dinastia Song do Sul] Lu Jiuyuan, Coleção das Colinas Xiang, vol. 17, "Carta a Zhang Demao".

688 [Dinastia Song do Sul] Lu Jiuyuan, Coleção das Colinas Xiang, vol. 17, "Carta a Zhang Demao".

689 [Dinastia Song do Norte] Su Zhe, Coleção Luancheng, vol. 1, "Música Antiga de Xiangyang, Duas Canções sobre Xiangyang."

Uma canção folclórica do Norte do Wei diz: "Os campos altos cultivam trigo com botões não amadurecidos, como os homens numa terra estrangeira a minguar." A letra indica que se o trigo fosse plantado em campos de altitude onde não houvesse água suficiente, a colheita seria fraca, mas isso só acontecia no Norte. Tudo indica que, durante a dinastia Song, as plantações de trigo no sul se distribuíam principalmente em zonas montanhosas ou inclinadas, ou o que se designava por "campos de planalto". O governo Song aconselhou as pessoas do sul a cultivarem trigo, principalmente nos campos das terras altas. Por exemplo, Zhu Xi ordenou que, após a colheita do arroz, "todas as famílias deveriam pegar imediatamente no grão colhido e espalhá-lo ao sol, e depois plantá-lo antes de o solo secar. A parte dos campos de altitude que pode ser plantada com trigo é a parte virada para o sol. O trigo não pode ser plantado em arrozais, pelo que estes devem ser arados cedo para assegurar que amadurecem uniformemente, o que lhes permitirá durar mais tempo e ser resistentes à seca e adequados para a colheita."[690] Isso não significa que todos os campos de arroz devessem ser plantados com trigo, referindo-se apenas aos "campos das terras altas". Na poesia da Dinastia Song, o trigo é frequentemente associado a montanhas ou encostas. Por exemplo, Su Dongpo escreve: "Cozinhe a vapor o trigo da montanha num rústico recipiente de bambu"[691] e Yang Wanli escreve: "Quando o trigo da montanha foi cozinhado esta noite, bebi um vinho muito bom."[692] Su Zhe escreve: "O trigo da montanha está maduro para ser triturado."[693] e Lu You observa: "O trigo é colhido em aldeias de montanha por todo o lado."[694] E, "o bom trigo cresce novamente nas encostas."[695] No poema "A Casa na Montanha ao Entardecer da Primavera", lemos: "O novo trigo aguarda o golpe das foices." Dai Fugu escreve: "O trigo nas montanhas em terraços está em plena floração."[696]

---

690 [Dinastia Song do Sul] Zhu Xi, Obras Completas de Zhu Xi, vol. 9, "Re-mobilizando a Classe Alta para Emprestar Dinheiro à Classe Baixa."

691 [Dinastia Song do Norte] Su Dongpo, Obras Completas de Su Dongpo, vol. 2 (Livraria da China, 1986), p. 30.

692 [Dinastia Song do Sul] Yang Wanli, Coleção Chengzhai, vol. 34, "Nichos Mingfa ao Longo da Estrada Principal."

693 [Dinastia Song do Norte] Su Zhe, Obras Completas de Su Zhe, vol. 1, "O Templo Wushan."

694 [Dinastia Song do Sul] Lu You, Obras Completas de Lu You, vol. 2 (Livraria da China, 1986), p. 594.

695 [Dinastia Song do Sul] Lu You, Obras Completas de Lu You, vol. 2 (Livraria da China, 1986), p. 578.

696 [Dinastia Song do Sul] Dai Fugu, Poemas de Shiping, vol. 2, "Dois Poemas Escritos nas Montanhas."

O *Tratado Agrícola de Chen Fu* afirma que vegetais, linho, trigo, painço e leguminosas podiam ser plantados "nas encostas". Era uma aspiração comum que "o trigo se espalhasse pelas montanhas, e as bordas das montanhas em terraços estivessem em plena floração".[697] Palavras como "trigo" e "campo de trigo" também aparecem em poemas relacionados a montanhas, como "Casa na Montanha e Habitação na Montanha."[698] Esses versos demonstram que o desenvolvimento da agricultura de trigo no sul, ao longo da Dinastia Song, ocorreu principalmente nas encostas das montanhas.

Como o trigo era cultivado nas encostas, o arroz pode ter sido plantado nas partes mais baixas das encostas. Agricultores que possuíam campos em áreas elevadas e nas encostas das colinas podiam cultivar trigo nas alturas e, em seguida, descer rapidamente para plantar arroz. Isso é o que se queria dizer com "o trigo amadurece à beira do lago" ao mesmo tempo em que "as mulheres e meninas retornam do plantio de mudas de arroz".[699] O estudioso da Dinastia Yuan, Dai Biaoyuan, escreveu de forma semelhante um poema que descrevia dois irmãos colhendo trigo e plantando mudas de arroz em dois campos diferentes ao mesmo tempo. Ele escreve: "O irmão mais velho colheu trigo na encosta leste, enquanto o mais novo semeava arroz na encosta oeste."[700] Isso era chamado de "cortar o trigo enquanto se planta o arroz". Após a colheita do outono, a produção total daquele ano era chamada de "colheita de arroz e trigo", significando o trigo no verão e o arroz no outono. No entanto, "trigo da encosta leste" e "arroz na encosta oeste" não constituíam uma relação de duplo cultivo.

A coexistência de arroz e trigo no sul, às vezes, se sobrepunha em atividades culturais específicas, e essa sobreposição é ocasionalmente confundida com cultivo duplo. No entanto, o cultivo duplo de arroz e trigo significa o cultivo consecutivo na mesma parcela de terra. Em outras palavras, em um único pedaço de terra, primeiro o trigo é colhido, o terreno é preparado, e o arroz é plantado. Assim que o arroz é colhido, o terreno é novamente preparado, e o trigo é semeado. Evidências claras de que a colheita do trigo e o plantio do arroz não aconteciam no mesmo campo podem ser encontradas nos versos de Su Dongpo: "Antes de o arroz ser plantado, o trigo de outono amadurece";[701] nos versos de Hong Shi: "Arando do inverno à pri-

---

697 [Dinastia Song do Norte] Su Dongpo, Quando o Grou Branco Habitava na Viga. Citado em Wei Qixian, Cem Famílias Semeando: A Grande Transcendência, vol. 92.

698 [Dinastia Song do Sul] Zhou Nan, A Coleção Shanfang, vol. 1, "A Casa na Montanha."

699 Ibid.

700 [Dinastia Yuan] Dai Biaoyuan, Coleção Yanyuan, vol. 27.

701 [Dinastia Song do Norte] Su Dongpo, Obras Completas de Su Dongpo, vol. 1 (Livraria da China, 1986), p. 66.

mavera, o arroz é plantado antes que o trigo amadureça"[702]; nos de Zhang Shunmin: "O trigo amadurece no outono, e o arroz é plantado"[703]; e nos de Yang Wanli: "o plantio de arroz e a colheita de trigo nas aldeias."[704]

A colheita do trigo e o plantio do arroz não eram duas operações realizadas consecutivamente, mas, ao contrário, eram realizadas ao mesmo tempo. Mesmo quando o plantio do arroz seguia a colheita do trigo, é evidente que as duas culturas não eram rotacionadas em um único campo. Essa situação é mais bem ilustrada em um poema do poeta da Dinastia Yuan, Liu Shen (1268-1350), que descreve o trabalho de plantio de arroz realizado pelos agricultores no sul. Ele escreve: "De manhã cedo,[705] plantei mudas de arroz no campo do sul, e ao anoitecer, cortei o trigo e levei o barco para o leste. O campo de trigo era duro como pedra, enquanto o campo de arroz era verde como fumaça."[706] É evidente que o plantio do arroz e a colheita do trigo mencionados aqui não eram processos consecutivos realizados no mesmo campo.

Durante a dinastia Song em Jiangnan, o plantio de arroz geralmente começava no início do verão (isto é, no quarto mês). Se arroz e trigo fossem rotacionados, o trigo precisaria ser colhido antes disso, e os campos de trigo deveriam ser reorganizados e irrigados. No entanto, Fan Chengda, em *No Campo no Décimo Dia do Quarto Mês*[707], e Lu You, em *Na Estrada no Início do Verão*[708], demonstram que os agricultores se ocupavam com o plantio de arroz no início do verão, enquanto o trigo ainda amadurecia e não era colhido. Assim, não havia possibilidade de reorganizar os campos de trigo para o plantio do arroz nesse período. Esse cenário persistia até o quinto mês, quando o clima ainda era frio e o trigo continuava amadure-

---

702 [Dinastia Song do Sul] Hong Shi, Coleção Panzhou, vol. 8, "O Pavilhão Fanniu."

703 [Dinastia Song do Norte] Zhang Shunmin, A Coleção do Pintor de Gesso, vol. 1, "Colhendo o Trigo."

704 [Dinastia Song do Sul] Yang Wanli, Coleção Chengzhai, vol. 31, "Reflexões Diversas de Verão."

705 Nota do tradutor: literalmente, antes das 5 da manhã.

706 [Dinastia Yuan] Liu Shen, Poemas de Guiyin, vol. 4, "Cinco Canções de Velhos Agricultores."

707 [Dinastia Song do Sul] Fan Chengda, Poemas de Fan Chengda, vol. 17, "No Campo no Décimo Dia do Quarto Mês." Diz: "O vento do sul é mais forte ao amanhecer, e as nuvens e a chuva se acumulam em um rio fresco. A água que sobe está turva e verde, enquanto o trigo maduro é amarelo. Os oficiais estão distantes de seus cavalos, e sentem uma súbita saudade dos campos em suas cidades natais. Os vizinhos se lembram uns dos outros, e não retornarão na noite de primavera para plantar arroz e mudas juntos."

708 [Dinastia Song do Sul] Lu You, Obras Completas de Lu You, vol. 2 (Livraria da China, 1986), p. 16.

cendo, evidenciando que o transplante das mudas de arroz era realizado antes da colheita do trigo. O poema *Pavilhão Fanniu*, de Hong Shi, diz: "A aração de inverno é retomada na lavoura de primavera. As espigas de trigo surgem enquanto o arroz é replantado."[709] A frase "A aração de inverno é retomada na lavoura de primavera" indica que, após a colheita do arroz, os campos eram arados no inverno e na primavera, o que deixa claro que não havia trigo nos campos de arroz. Além disso, "as espigas de trigo surgem enquanto o arroz é replantado" refere-se a um fenômeno sazonal, e não a uma rotação de culturas. Se houvesse rotação, o verso diria que o arroz era transplantado após a colheita do trigo. Mesmo em casos em que o trigo era colhido no quarto mês, não há evidências claras de que o arroz fosse transplantado para os campos de trigo após sua colheita. Em *No Primeiro Dia do Quinto Mês*, Lu You escreve: "Mudas de arroz estão espalhadas por todos os lados, e o trigo é plantado em todas as casas."[710] É claro que as mudas de arroz foram semeadas antes da colheita do trigo. Da mesma forma, Yang Wanli, em *Espalhando no Verão*, descreve: "Ainda está frio no sexto mês em Jinling... O arroz é transplantado e o trigo é colhido, um momento feliz para cada aldeia."[711] Mesmo que se considere que isso indica que as plântulas de arroz foram transplantadas depois da colheita do trigo, não há razão para assumir que os dois acontecimentos tiveram lugar no mesmo campo. Por exemplo, lemos em outro lugar que "os campos de trigo amadurecem para uma cor dourada, enquanto os campos de arroz ainda estão verdes, e o riso é compartilhado entre os fazendeiros e suas esposas".[712] De acordo com Zhu Xi, o período de colheita do trigo e da cevada só era separado do arroz precoce por cerca de quarenta a cinquenta dias.[713] Claramente não havia tempo suficiente após a colheita do trigo e da cevada para que o arroz precoce fosse semeado e replantado, a menos que fosse em um campo diferente, de modo que as culturas obviamente não eram rotacionadas. Se assim fosse, não haveria tempo suficiente após a colheita do trigo para que o arroz amadurecesse e fosse colhido, uma vez que a terra tivesse sido preparada e as mudas transplantadas.

---

709 [Dinastia Song do Sul] Hong Shi, Coleção Panzhou, vol. 8, "O Pavilhão Fanniu."

710 [Dinastia Song do Sul] Lu You, Obras Completas de Lu You (Livraria da China, 1986), p. 440.

711 [Dinastia Song do Sul] Yang Wanli, Coleção Chengzhai, vol. 31, "Espalhando no Verão."

712 [Dinastia Song do Norte] Han Wei, Coleção Nanyang, vol. 10, "Subindo a Torre da Cidade e Oferecendo a Zihua."

713 Zhu Xi observa em seu ensaio: "Felizmente, esta é a estação chuvosa e os campos estão se umedecendo. Espero que o trigo e a cevada sejam colhidos, e depois de quarenta ou cinquenta dias, o arroz cedo será colhido também. Não precisará ser deslocado novamente devido a desastre, então sua majestade não precisa se preocupar." (Obras Completas de Zhu Xi, vol. 16.)

Além disso, a rotação das culturas de arroz e de trigo exige não só a plantação de arroz após a colheita do trigo, mas também a plantação de trigo após a colheita do arroz. A época de colheita do arroz e do trigo é o outono. Nos *Poemas de Jiannan* de Lu You, Volume 68, vale a pena notar que o poema "Plantar Trigo" aparece em primeiro lugar, seguido de "Imediatamente Após a Colheita de Outono"[714], sugerindo que o trigo foi plantado antes da colheita do arroz, tornando claro que não poderia ter sido plantado nos campos de arroz. Também é claro nos versos de Fang Hui, "Quando os campos de trigo são plantados, os campos de arroz estão secos, e ainda não está frio em Jiangnan no fim do outono,"[715] que a água nos campos de arroz já tinha secado na altura em que o trigo foi plantado, mas o arroz ainda não tinha sido colhido. Antes da colheita do arroz, não havia qualquer atividade de cultivo nos campos de arroz, mas apenas em outros campos onde não havia arroz. O mesmo acontece na obra de Luo Wan, *Promoção da agricultura em Ezhou*, onde se lê: "No sétimo mês, a erva é semeada e os campos estéreis são queimados. A cevada e o trigo são plantados antes dos sacrifícios no início do mês. No nono mês, quando o arroz está pronto para ir para os campos, os celeiros são pintados."[716] Os campos onde o trigo era plantado tinham de ser ceifados e queimados no sétimo mês. É evidente que não se tratava de arrozais, mas de campos vazios. A cevada e o trigo tinham de ser semeados antes dos sacrifícios no início do mês, enquanto o arroz ainda não tinha sido semeado, mas estava "pronto para ir para os campos". Uma situação semelhante é refletida no *Dia de outono no Campo*, de Xu Lun, que diz: "A colheita tardia ainda não foi cortada, as nuvens são amarelas e as flores do trigo mourisco são brancas. Um dia de outono no campo é melhor do que um dia de primavera. Os pântanos altos e baixos são separados em cenas diferentes... O rapaz pastor toca a sua flauta, conduzindo o gado para casa, descendo a montanha, onde comerão, e onde tanto ele como o gado estarão ociosos."[717] A primeira e a última linhas estão ligadas, e é claro que a frase "o gado está ocioso" não tem nada a ver com "A colheita tardia ainda não foi cortada". Se o arroz e o trigo fossem rotacionados, quando a colheita tardia ainda não tivesse sido cortada, o gado poderia estar ocioso. É possível que o gado estivesse a trabalhar em outros

---

714 [Dinastia Song do Sul] Lu You, Obras Completas de Lu You, vol. 3 (Livraria da China, 1986), pp. 952–953.

715 [Dinastia Yuan] Fang Hui, Passando Shimen. Citado em As Obras Completas da Poesia Song, vol. 3493, bk. 66 (Pequim: Editora da Universidade de Pequim, 1995), p. 41631.

716 [Dinastia Song do Sul] Luo Yuan, Coleção Luo E'zhou, vol. 1, "Promovendo a Agricultura em E'zhou."

717 [Dinastia Song do Sul] Xu Lun, Coleção Shezhai, vol. 4, "Dia de Outono no Campo."

campos que não os campos de arroz tardio, razão pela qual estava "ocioso". Assim, a plantação e a colheita de arroz e trigo aqui mencionadas não constituem uma rotação de culturas, mas apenas uma cena dos "pântanos altos e baixos" retratados no poema, com o gado a lavrar o campo original, preparando-se para semear o trigo e os legumes, e o arroz tardio por cortar nos pântanos, parecendo uma nuvem amarela.

Um outro poema exprime esta mesma ideia, dizendo: "Abre-se um cano para regar as plantas, e o arroz frutificará depois da geada. Os campos das terras altas foram arados e o trigo foi plantado. Um velho chama as crianças enquanto elas apanham bolotas na floresta. Os produtores de arroz são sempre diligentes, e não há dias ociosos no final do ano."[718] As duas primeiras linhas indicam que o arroz nos arrozais ainda não estava maduro, enquanto as duas linhas seguintes mostram que os campos das terras altas tinham sido arados e plantados com trigo, deixando claro que o trigo não foi plantado depois da colheita dos arrozais. É importante notar a palavra chinesa utilizada aqui, *yuan*, que indica as planícies, e que contrasta com *xi*, que indica as terras baixas e pantanosas. *Yuan* é adequado para a plantação de trigo, mas não para a plantação de arroz, devido ao terreno elevado e à sua secura, enquanto *xi* é geralmente mais adequado para a cultura do arroz, porque é baixo e tem um teor de humidade mais elevado. *Xi* era geralmente designado por *tian*, ou "campo".

Tudo indica que a dupla cultura de trigo e arroz que surgiu no sul durante a dinastia Song não era, na maioria dos casos, uma situação de rotação de culturas, mas apenas a plantação de diferentes culturas em diferentes campos. A plantação de arroz antes da colheita de trigo no verão e a plantação de trigo antes da colheita de arroz no outono só eram possíveis porque as duas culturas eram plantadas em campos diferentes. Assim, os numerosos registros de "dupla cultura de arroz e trigo" durante a dinastia Song não indicam que um sistema de rotação de culturas de arroz e trigo se tenha desenvolvido nessa altura. Por exemplo, "Com as cheias do quarto ano do reinado de Xining (1071), todos os campos se perderam, mas só Changzhou foi especialmente afetada, enquanto os diques das famílias Chen, Xin, Gu, Yan, Tao e Zhan em Kunshan eram tão altos que escaparam às cheias, e o arroz e o trigo amadureceram, o que é uma situação que vale a pena aprender."[719] Os eruditos consideram frequentemente este fato como um registro da dupla cultura de trigo e arroz, mas, na verdade, a colheita

---

718 [Dinastia Song do Norte] Guo Xiangzheng, Coleção Qingshan, vol. 4, "As Quatro Estações da Agricultura."

719 [Dinastia Song do Sul] Fan Chengda, Crônicas do Condado de Wu, vol. 19, citando um relatório de Zhao Lin.

de arroz e trigo pode ser entendida como o resultado do fato de os diques se situarem em terreno elevado, o que impediu as inundações e permitiu a colheita de trigo e arroz. Num outro exemplo, muitos comentadores consideram as palavras "O trigo foi cortado e o arroz foi plantado, e houve duas colheitas nesse ano", encontradas nas "Crónicas Ilustradas do Condado de Wu", como o registro mais antigo da dupla colheita de trigo e arroz em Suzhou. No entanto, a frase também pode ser interpretada como uma mera declaração da sobreposição das épocas de cultivo, não apontando necessariamente para a utilização da terra, como a plantação de arroz (ou de plântulas de arroz) nos campos de trigo após o corte do trigo.

O texto prossegue mencionando que existem diversas variedades de arroz, tanto precoces como tardias, e que "o agricultor deve cultivá-las conforme a sua capacidade e a adequação ao solo". O arroz e o trigo têm naturezas completamente diferentes e devem ser plantados de acordo com as condições locais. O trigo não deve ser plantado como o arroz, nem o arroz deve ser plantado como o trigo. No sétimo ano do reinado de Qiandao (1171), na região de Jiangsu e Zhejiang, "o trigo já estava nos campos quando o arroz foi plantado"[720], o que sugere apenas que o tempo estava bom e que ambas as atividades foram concluídas, não indicando necessariamente uma rotação das duas culturas. A declaração de Lu Dian, "fui relegado para Hailing e dediquei-me à dupla cultura do trigo e do arroz"[721], também só aponta provavelmente para a colheita de ambas as culturas em Taizhou, Huainan, onde havia originalmente uma boa quantidade de arroz, mas que, por estar perto de Huaibei, que era mais adequada para a cultura do trigo, cultivava arroz e trigo. Da mesma forma, a frase "o povo de Wuzhong explorou novos estilos de agricultura e plantou arroz, legumes, trigo e leguminosas, utilizando cada centímetro de terra"[722] não indica necessariamente uma rotação de culturas entre arroz, legumes, trigo e leguminosas, mas aponta para o fato de toda a terra disponível ser plantada com culturas, o arroz nos arrozais e os legumes, o trigo, o linho e as leguminosas nos campos de sequeiro.

Nas dinastias Ming e Qing, o trigo continuava a ser plantado apenas nos campos de altitude de Jiangnan, enquanto os arrozais não eram obviamente capazes de cultivar trigo devido ao "encharcamento dos campos

---

720 O Governo Sagrado das Duas Dinastias da Corte Imperial Song, vol. 50, "Discurso do Imperador Xiaozong."

721 [Dinastia Song do Norte] Lu Dian, Coleção Taoshan, vol. 13, "Relatório ao Imperador Quando Assumi o Cargo em Haizhou."

722 [Dinastia Song do Sul] Wu Yong, Coleção Helin, vol. 39, "Promoção da Agricultura em Xinglongfu."

tanto no verão como no inverno"[723], para não falar da dupla cultura do trigo e do arroz. Esta situação manteve-se até cerca dos anos 40 do século XX. De acordo com um inquérito, antes de 1949, o trigo no condado de Songjiang era frequentemente cultivado sobretudo nos campos mais secos das terras altas. Em Xuejiadai e outras aldeias, o arroz de uma só estação era frequentemente seguido de adubo verde (alfafa), e não de trigo.[724] O conselho do tribunal Song para cultivar trigo nas áreas de cultivo de arroz do sul, tal como citado anteriormente nas palavras de Zhu Xi, dirigia-se principalmente aos campos de terras altas que eram adequados para o cultivo de trigo e não incluía os arrozais.

Como o trigo tinha de ser plantado em campos secos de terras altas, sob certas condições técnicas, a dupla cultura de trigo e arroz era feita em campos de terras altas, onde ambas as culturas podiam ser plantadas. Os versos de Cao Xun "plantar trigo de dois em dois anos e começar um campo de arroz com mudas de trigo"[725] foram escritos quando ele estava a viver nas montanhas e, claro, escreveu sobre as montanhas durante esse tempo. *O Tratado Agrícola de Chen Fu* menciona os "primeiros campos" utilizados para a dupla cultura do arroz e do trigo e, tal como os "primeiros campos", que eram "arados no outono depois da chuva", mencionados no poema *Xiu Yuan* de Xu Jingsun, eram campos de montanha. Os campos das terras altas eram propensos à seca, pelo que as variedades de arroz selecionadas para aí serem cultivadas eram as que tinham um período de crescimento mais curto e que amadureciam rapidamente, o que levou ao ditado "Arroz precoce para os campos das terras altas".[726] O arroz Champa foi importado principalmente porque se adaptava facilmente às necessidades do cultivo nas terras altas. O arroz dos campos de altitude podia ser colhido no outono ou mais cedo, muito mais cedo do que outros tipos de arroz, pelo que era frequentemente designado por arroz precoce. Uma vez que os campos de altitude podiam ser drenados facilmente, eram utilizados para o cultivo de culturas de sequeiro, como o trigo e vários produtos hortícolas, após a colheita, pelo que a dupla cultura do arroz com trigo ou outros produtos era efetivamente praticada nesses campos. Aparentemente, o arroz era plantado primeiro, seguido do trigo ou de outras culturas, nos campos de altitu-

---

723 [Dinastia Ming] Lu Shiyi, Breve Coleção de Discursos, vol. 11.

724 Huang Zongzhi, A Pequena Família Rural e o Desenvolvimento Rural na Região do Delta do Rio Yangtze (Pequim: Zhonghua Book Company, 2000), p. 226.

725 [Dinastia Song] Cao Xun, Coleção Songyin, vol. 21, "Poemas Diversos sobre a Vida nas Montanhas."

726 [Dinastia Song do Sul] Zhen Dexiu, Obras Completas de Zhen Dexiu, vol. 40, "Promoção Adicional da Agricultura em Quanzhou."

de, mas, de fato, era o contrário. Os campos das terras altas eram originalmente utilizados apenas para trigo, painço e outras culturas de sequeiro.[727] Depois de os campos terem sido transformados, foi disponibilizada água para irrigação, e o arroz pôde então ser cultivado nos campos[728], tornando possível a dupla cultura de arroz e trigo.

Durante a dinastia Song, os agricultores de Jiangxi e Zhejiang fizeram um grande esforço para recuperar as zonas montanhosas e os campos de sequeiro, "trabalhando arduamente para os transformar em arrozais" ou, no caso de terrenos pedregosos, em campos que pudessem ser cultivados regularmente. As autoridades locais em Zhejiang e em Fuzhou, Jiangxi, cobraram uma vez um imposto adicional para este tipo de campo transformado[729], o que sugere que muitos campos tinham sido melhorados desta forma nessa altura. De acordo com as estimativas de Lu Jiuyuan, natural de Jinxi, da dinastia Song do Sul, 80-90% dos campos de sequeiro da Região Militar de Jingmen, em Jiangdong e Jiangxi, foram convertidos em campos primitivos.[730] Após a colheita dos campos primitivos, foram plantadas culturas como o trigo e a cevada, e o arroz e o trigo foram duplamente cultivados. À primeira vista, parece que o aparecimento da prática de duplo cultivo de trigo e arroz foi o resultado do desenvolvimento da cultura do trigo, mas, na realidade, foi o resultado do desenvolvimento da cultura do arroz nas montanhas e da tentativa de substituir as culturas de trigo. Quando os campos secos das terras altas foram convertidos em arrozais, a sua natureza propensa à seca tornou possível virá-los como uma ampulheta e, quando o arroz falhava devido à seca ou a outros fatores, a melhor opção era replantar arroz e cevada para se preparar para a catástrofe.

Os registros precisos da rotação de culturas na dinastia Song estão todos relacionados com os campos das terras altas, e a popularidade da dupla cultura do arroz e do trigo dependia do grau de desenvolvimento da cultura do arroz e do trigo nessas áreas montanhosas. Se os arrozais das planícies tinham alguma relação com o trigo e a cevada é a questão fundamental quando se examina a popularidade da rotação de culturas de arroz e trigo. A seguir, aprofundamos esta questão.

---

727 [Dinastia Song do Sul] Fan Chengda, Obras Completas de Fan Chengda, vol. 16, "Cultivo, Prefácio.

728 [Dinastia Yuan] Wang Zhen, *Tratado Agrícola de Wang Zhen*, "Catálogo de Ferramentas Agrícolas," "Sistemas de Campo" e "Terraços."

729 [Dinastia Qing] Xu Song, Compêndio das Instituições Governamentais e Sociais da Dinastia Song, "Alimentos e Produtos, Volume 6, Partes 26 e 27."

730 [Dinastia Song do Sul] Lu Jiuyuan, Obras Completas de Lu Jiuyuan, vol. 16, "Três Cartas para Zhang Demao."

A prática da dupla cultura do trigo e do arroz teve inevitavelmente um impacto na organização da agricultura e a sua prevalência refletiu-se em outras atividades agrícolas. Se o trigo de inverno fosse semeado no outono, o terreno tinha de ser preparado no verão, no quinto ou sexto mês lunar. Esta era uma prática antiga. Cui Shi escreve: "No quinto e no sexto mês, os campos são semeados". *Competências Essenciais para Beneficiar o Povo* regista: "O trigo e a cevada devem ser plantados no quinto e sexto mês, quando o solo está quente. Se a plantação for feita quando o solo não está quente, a colheita será duas vezes mais fina." Na Dinastia Yuan, *Sobre a promoção da agricultura*, lê-se igualmente: "O trigo e a cevada podem competir com as culturas das três estações e devem ser objeto de cuidados especiais, a fim de se aproveitar plenamente a terra. Por exemplo, o campo de verão é melhor para arar do que o campo de outono. No que respeita à gradagem e à lavoura, é preferível fazer várias vezes e, se o solo for profundo, as plântulas amadurecerão naturalmente e a colheita terá o dobro do êxito."[731]

Este era o sistema de cultivo tradicional para a preparação dos campos de trigo no Norte. Embora fosse importante e afetasse os campos de trigo, no caso da dupla cultura do trigo e do arroz, não era viável cultivar os campos no quinto ou sexto mês, porque essa era a época de pico do cultivo do arroz. Nos locais de dupla cultura de arroz e trigo, a preparação dos campos de trigo só podia ser efetuada no outono. Se a rotação do arroz e do trigo fosse uma prática comum, tal refletir-se-ia nos registros da lavoura de outono. A sementeira do trigo de inverno em Jiangnan podia ser adiada para o início do inverno, mas a preparação dos campos tinha de ser feita no outono. No entanto, na minha pesquisa de informação sobre a lavoura de outono, encontrei muito pouca informação sobre a sua prática durante a dinastia Song. Uma pesquisa superficial na Internet para encontrar menções a esta prática na poesia Song apenas produziu duas referências à lavoura de outono.[732] A entrada da *Biblioteca Completa dos Quatro Ramos da Literatura sobre os escritores Song* apenas inclui três menções à lavoura de outono, e não é certo que alguma delas seja uma referência à preparação dos campos de trigo para a plantação. Isso também parece indicar que a rotação de culturas de trigo e arroz não era comum na altura. Em alguns poemas de Lu You, é evidente que, embora os agricultores estivessem prontos para arar no outono, tinham de esperar pelo fim do outono ou pelo inverno,

---

731 [Dinastia Yuan] Wang Yun, Obras Completas de Wang Yun, Escritos Reunidos, vol. 62.

732 [Link] http://cls.admin.yzu.edu.tw/qss/home.htm

quando o tempo ficava frio, para arar, e alguns ainda se preparavam para arar a meio do inverno devido à falta de gado.⁷³³

Tendo em conta que o trigo surgiu mais tarde, existem, de fato, formas fáceis de plantar trigo na região de Jiangnan, após a colheita de outono e sem lavoura, diretamente através do método de sementeira por buracos de bater "Tanzi" para completar a sementeira, o que permitiu a omissão da lavoura de outono. No entanto, quer se trate de uma sementeira completa ou de uma replantação, a sementeira de sementes de trigo teve um impacto nas atividades agrícolas subsequentes. Um poema de Su Zhe refere que "no inverno, não há necessidade de sachar e arar, e o trigo e a cevada ainda encherão a urna."⁷³⁴ Isso indica que, depois de o trigo ter sido semeado no outono, não havia necessidade de plantar durante o inverno, mas ainda assim haveria uma colheita completa. Se os campos de arroz fossem plantados com trigo após a colheita de outono, o inverno seria um período relativamente livre, mas a lavoura de inverno era amplamente praticada em todo o sul durante a dinastia Song. Só os Poemas de Jiannan de Lu You incluem dezasseis referências à lavoura de inverno (ver Tabela 2).

TABELA 2 — A lavoura de inverno nos poemas de Lu You em Jiannan

Linhas	Título	Fonte
No campo, todos os campos de inverno à vista foram arados, e as jovens usavam flores quando voltavam para casa para jantar.	Fazendo uma pausa no interior de Fucheng	Poemas de Jiannan, Volume 12
As colinas enchem-se com o som das enxadas arando no inverno, e as vozes das crianças ocasionalmente chamam os bezerros.	Início do inverno	Poemas de Jiannan, Volume 13
No frio do inverno, os campos de arroz são arados.	Cena do início do inverno, no caminho de Pianmen para Hushang	Poemas de Jiannan, Volume 15

---

733 Lu You diz em "Diário no Início do Outono," "Lamento por aqueles que têm dificuldades, mas ainda precisam pensar em alugar bois para arar a terra no inverno." (Poemas de Jiannan, vol. 72.) Em "Camponeses no Final do Outono," ele escreve, "Mesmo quando está frio, os bois aram, e mesmo quando está chovendo, os galos cantam." (Poemas de Jiannan, vol. 23.) Em "Cenas de Início do Inverno, no Caminho de Pianmen a Husheng," ele escreve, "No frio do inverno, os campos de arroz são arados." (Poemas de Jiannan, vol. 15.) Em "Eventos no Meio do Inverno," ele diz, "Os mais velhos continuam alugando o boi amarelo para arar no inverno." (Poemas de Jiannan, vol. 73.)

734 [Dinastia Song do Norte] Su Zhe, Três Coleções de Luancheng, vol. 1, "Tarde, Correndo para Quandian para Colher o Trigo."

Depois de beber o vinho, eles levaram os bois amarelos até o campo para arar no dia ensolarado de inverno.	Sobre o encontro com amigos depois que o inverno começou, quando o crisântemo estava em flor	Poemas de Jiannan, Volume 25
Felizmente, os campos das terras altas a leste da água estavam prontos para a semeadura, e os vizinhos aravam alegremente os campos uns dos outros.	Uma caminhada até a vila próxima depois da chuva	Poemas de Jiannan, Volume 38
Arar a terra ao redor enquanto ainda está frio no inverno e depois levar o arado para casa de barco todas as noites.	Em um dia ensolarado de inverno, com Zitan e Ziyu em um barco	Poemas de Jiannan, Volume 41
Costas queimadas de sol por arar no verão e pés cobertos de lama no inverno.	Poema escrito nas colinas ao norte de Ruzhou	Poemas de Jiannan, Volume 44
Os monges dos templos abandonados geralmente acordam no frio, enquanto os fazendeiros da vila próxima são preguiçosos na lavoura de inverno.	Passeando quando o sol sai	Poemas de Jiannan, Volume 44
Quando se encontram, eles só falam sobre a agricultura de inverno.	Aproximando-se do campo após a chuva	Poemas de Jiannan, Volume 48
Os vizinhos só falam em arar a terra no inverno.	Poema improvisado ao passear em uma noite ensolarada	Poemas de Jiannan, Volume 49
Há geada nas folhas de bordo, e está gradualmente escurecendo. O vento é frio, e os corvos estão grasnando, mas as pessoas ainda estão trabalhando duro nos campos, arando e cultivando até que até os bois estejam exaustos.	Poema popular do fazendeiro	Poemas de Jiannan, Volume 55
Quando o gelo derreteu, as nuvens se separaram, o sol saiu, os gansos voaram para longe e a grama cresceu. Só então ele ficou feliz por ter pago seus impostos e começado a arar novamente. O pôr do sol avermelhava a terra onde o gado havia pisado.	Depois da Neve	Poemas de Jiannan, Volume 56
No décimo mês, a grama ainda está verde em Dongwu, e a cena de famílias arando seus campos é pitoresca.	Evento Alegre	Poemas de Jiannan, Volume 60
Tenho pena daqueles que estão passando por momentos difíceis, mas ainda precisam pensar em alugar um boi amarelo para arar a terra no inverno.	Eventos no início do outono	Poemas de Jiannan, Volume 72

Os idosos continuaram alugando o boi amarelo para arar no inverno.	Eventos em meados do inverno	Poemas de Jiannan, Volume 73
Não sou tão bom quanto o velho fazendeiro, que ara um mu por hora. Embora haja momentos em que tenho que trabalhar no leste, tenho que arar no inverno.	Canções de Agricultura	Poemas de Jiannan, Volume 85

O fato de ter havido uma aragem de inverno mostra que não havia trigo nos campos durante o inverno, o que não teria acontecido se o trigo e o arroz tivessem sido objeto de rotação. Ao mesmo tempo, é evidente que a lavoura de inverno não constituía uma preparação para a plantação de trigo, pois era demasiado tardia para se poder plantar trigo no momento da lavoura. A lavoura de inverno, e mesmo a lavoura de outono, era feita simplesmente para preparar a sementeira do arroz do ano seguinte. Zhu Xi faz uma declaração clara a este respeito, dizendo: "Onde há uma colheita de outono, os primeiros meses de inverno devem ser aproveitados. Toda a terra deve ser arada, porque o solo sofrerá o frio do inverno, mas ainda assim será bem fertilizado. Após o primeiro mês lunar, a maior parte da terra deve ser bem arada e o solo fertilizado. Não secará facilmente, o que o torna bom para plantar arroz."[735]

A intenção da preparação da terra reflete-se na tecnologia de lavoura e nas medidas conexas utilizadas. Se o trigo fosse plantado após a colheita do arroz, era necessário drenar primeiro a água dos campos de arroz, mas em muitas zonas durante a dinastia Song, a água não era drenada após a colheita de outono. De fato, muitas vezes fazia-se o contrário, irrigando os arrozais com água juntamente com a aragem de inverno, transformando-os em arrozais de inverno. A irrigação de inverno pode fazer com que os campos congelem, eliminar pragas e ervas daninhas e melhorar a estrutura do solo para criar um bom ambiente ecológico para o crescimento das culturas. Em alguns locais, o armazenamento de água no inverno pode também evitar a seca na primavera. No 27.º dia do sexto mês do sexto ano do reinado de Qiandao (1170), o Ministro dos Assuntos Domésticos, Zeng Huaiyan, disse: "Se houver um local maduro para a colheita, o dique deve ser aberto e a água libertada para o campo". O governo encorajava a perseguição e o castigo de quem não cumprisse estas ordens ou enganas-

---

[735] [Dinastia Song do Sul] Zhu Xi, Obras Completas de Zhu Xi, vol. 99, "Sobre a Promoção da Agricultura."

se os funcionários.[736] Sem dúvida, era impossível plantar trigo em condições de inundação. É de notar que, nessa altura, o curso médio e inferior do rio Yangtze e a zona da bacia do rio das Pérolas tinham ambos a prática de armazenar água nos campos de inverno, mas com nomes diferentes.[737] A prática generalizada de armazenar água nos campos de inverno serve como mais uma prova de que a rotação de culturas de trigo e arroz não era comum nessa altura.

Onde havia aragem de inverno ou armazenamento de água nos campos de inverno, não podia haver trigo de inverno, pelo que não é possível falar de rotação de culturas e de dupla cultura nessas áreas, mas mesmo nas áreas onde não havia aragem ou armazenamento de água no inverno, não se segue necessariamente que tenha sido plantado trigo nos arrozais. No décimo segundo mês do sétimo ano do reinado de Chunxi (1180), Zhu Xi inspecionou três condados (Jianchang, Xingzi e Duchang) na Região Militar de Nankang (na atual Jiangxi) e descobriu que "para além dos campos de trigo, há muitos outros campos que ainda não foram arados". Estes campos, juntamente com alguns outros que não foram fertilizados, não se destinavam ao cultivo de trigo, mas à plantação de arroz na primavera.[738] É evidente que pouco trigo era cultivado nos três condados sob a jurisdição de Zhu Xi, e que a dupla cultura de trigo e arroz era ainda mais rara.

A prática da lavoura de primavera reflete igualmente que o cultivo do trigo era incomum durante esse período. Zhu Xi escreve em *Sobre a Promoção da Agricultura*: "Lavre o campo depois da colheita de outono, depois lavre novamente na primavera, no segundo mês. Chama-se a isso *chaotian*". A lavoura de primavera era o passo final na preparação da terra antes da plantação de arroz, e era necessária mesmo em locais onde a lavoura de inverno não era praticada devido à falta de mão de obra e de força animal. A lavoura de primavera era "complementar" à lavoura de inverno, de modo que "aqueles que ainda não lavraram os campos devem fazê-lo agora". A lavoura de primavera só podia ser efetuada em campos onde não houvesse trigo, mas se os campos de arroz tivessem sido plantados com trigo, a lavoura de primavera seria desnecessária e difícil de efetuar, porque, nessas circunstâncias, o trigo só poderia ser colhido no início do verão. Du-

---

736 [Dinastia Qing] Xu Song, Compêndio das Instituições Governamentais e Sociais da Dinastia Song, "Alimentos e Produtos, Volume 1, Parte 12–13."

737 O Texto de Agronomia Essencial da Dinastia Song do Sul, escrito por Wu Yi, registra: "Os campos em Zhejiang são inundados durante os meses de inverno e não amadurecem até a primavera. Isso é chamado de 'água de inverno' ou 'água fria' pelas pessoas de Guandong, e 'campos de primavera' pelo povo de Chu."

738 Dinastia Song do Sul] Zhu Xi, Obras Completas de Zhu Xi, vol. 10, "Uma Reunião dos Governadores das Prefeituras para Aconselhar sobre a Implementação do Plantio."

rante as dinastias Ming e Qing, quando a dupla cultura do trigo e do arroz já estava estabelecida, a lavoura de primavera foi abandonada porque os campos estavam cheios de trigo.[739] No entanto, na dinastia Song, a lavoura de primavera ainda era comum, porque a rotação das culturas de trigo e arroz ainda não era uma prática predominante. Há 193 referências à plantação de primavera na literatura Song, muito mais do que à lavoura de outono e de inverno, e 66 poemas Song mencionam a plantação de primavera.[740]

Mesmo nos casos em que existia trigo, tal não significa que as culturas tenham sido objeto de rotação, uma vez que não foram plantadas nas mesmas terras no mesmo ano. A aplicação da rotação das culturas do trigo e do arroz implicava que ambas as culturas fossem colhidas no mesmo ano, de modo que, se o trigo não fosse plantado suficientemente cedo após a colheita do arroz, não haveria colheita de trigo até o ano seguinte, pelo que não seria considerada rotação de culturas. Em alguns locais, embora o trigo tenha sido plantado nos campos de arroz, não foi colhido no mesmo ano que o arroz, mas no ano seguinte. Mais especificamente, uma vez colhido o arroz por altura da primeira geada, os campos eram deixados em pousio e o trigo só era plantado no outono seguinte. Foi o que aconteceu em Yangzhou (atual condado de Yang, Shaanxi), no vale do rio Han. No décimo nono ano do reinado de Shaoxing da dinastia Song do Sul (1149), Song Xin escreveu em *Promover a Agricultura em Yangzhou*: "Percorri os subúrbios orientais e ocidentais e vi o arroz como nuvens, mas ainda há muitos campos de arroz abandonados e não cultivados. Sentindo que era estranho, perguntei-lhe por que é que o arroz não tinha sido plantado? Os agricultores disseram-me: "Deixamos os campos vazios para podermos plantar trigo neles'."[741]

Em outro caso, depois de o trigo ter sido colhido no verão, o arroz não foi plantado nesse ano, mas no ano seguinte. Num dos seus poemas, Lu You menciona um velho agricultor que regou e lavrou o seu campo de trigo depois do inverno para o converter num campo de arroz.[742] Este é obviamente um caso em que o arroz foi plantado no ano seguinte, e não um

---

739 [Dinastia Qing] Pan Zengyi, O Livro de Pan Zengyi. Citado em Chen Zugui, ed., Antologia do Patrimônio Agrícola Chinês, Categoria A, "Arroz, Volume 1" (Companhia de Livros Zhonghua, 1958), p. 358.

740 [URL] http//cls.admin.yzu.edu.tw/qss/home.htm

741 [Dinastia Song do Sul] Song Xin, Promovendo a Agricultura em Yangzhou. Citado em Chen Xianyuan, "Uma Reinterpretação do Texto da Dinastia Song do Sul sobre a Promoção da Agricultura no Condado de Yang, Shaanxi," Arqueologia Agrícola, n° 2 (1990): 169.

742 [Dinastia Song do Sul] Lu You escreve em "Recordando as Palavras do Velho Agricultor", "As folhas de bordo geladas brilham vermelhas no riacho. O vento é frio, e o corvo grasna na luz que cai. Mas o povo ainda trabalha duro nos campos, arando e lavrando até que até os bois estejam exaustos." (Poemas de Jiannan, vol. 55.)

exemplo de rotação de culturas, porque a rotação de culturas significa que as duas culturas são colhidas no mesmo ano, e não uma neste ano e outra no seguinte. Concretamente, é provável que, após a colheita do trigo no verão, a terra tenha sido deixada em descanso, depois arada e regada no inverno, armazenando água durante todo o inverno, e depois plantada com arroz na primavera seguinte, que foi colhido no outono. Depois de colhido o arroz, a situação na altura determinaria se seria plantado trigo ou outra cultura de inverno. Alguns podem ter plantado trigo, como nos "primeiros campos", e outros podem ter plantado legumes, enquanto outros podem ter esperado até o ano seguinte para plantar arroz. Nesta rotação entre campos húmidos e secos, apenas uma cultura amadurecia por ano, ou talvez três culturas em dois anos, em vez de uma cultura dupla de trigo e outra de arroz, que amadureciam todos os anos.

Esta disposição era benéfica e talvez também intencional. Do mesmo modo, alguns locais não organizaram intencionalmente a rotação de culturas húmidas e secas, mas tomaram a decisão com base na situação específica de cada ano. Por exemplo, no oitavo mês do quarto ano do reinado de Zhenyou, na dinastia Jin (1216), a *História dos Jin*, "Registro de Produtos Alimentares", registra que um funcionário chamado Cheng Yuan disse: "Muitas cidades de Dangshan estão localizadas perto de um lago, por isso plantam arroz quando a maré sobe e cultivam trigo quando ela desce. Como resultado, a colheita esperada é o dobro da de outros lugares". No décimo terceiro ano do reinado de Jiading da Dinastia Song e no quarto ano do reinado de Xingding do Imperador Jin Xuanzong (1220), os campos regados dos Tang, Deng, Yu, Cai, Xi, Shou, Ying, Bo e Guidefu receberam ordens para "plantar sementes de trigo nos campos secos e sementes de arroz nos campos húmidos". Embora a rotação de culturas secas e úmidas ocorresse nesses locais, não ocorria a meio do ano e não era suficiente para ser classificada como um sistema de dupla cultura de trigo e arroz.

Havia outros locais onde a rotação de culturas de trigo e arroz era claramente praticada, mas por necessidade e não por escolha. Por exemplo, os campos originalmente destinados à plantação de arroz ou os campos que já estavam plantados com arroz eram necessariamente plantados com trigo devido à perda de arroz precoce ou tardio devido à seca. No seu texto, *Promovendo o Alívio da Seca entre o Povo*, Zhu Xi diz: "A colheita precoce sofreu grandes perdas com esta seca. Sem alternativa, o povo abandonou o arroz verde e plantou trigo como suplemento."[743] No nono mês do sexto ano do reinado de Chunxi (1179), Zhu Xi observou "uma longa seca no outono, mas felizmente choveu o suficiente para plantar trigo e cevada. Agora te-

---

743 [Dinastia Song do Sul] Zhu Xi, Obras Completas de Zhu Xi, vol. 99, "Promovendo o Socorro contra a Seca entre o Povo."

mos de exortar o povo a tirar partido desta situação, aumentando a lavoura e a plantação para fornecer alimentos suficientes para alimentar toda a gente."[744] Do décimo sexto dia ao décimo nono dia do sétimo mês do nono ano do reinado de Chunxi (1182), Zhu Xi fez um levantamento dos campos em Shangyu, no condado de Sheng, em Xinchang e em outros locais em Zhejiang Oriental, e observou que "ao longo da estrada, o povo perdeu seções dos campos que não podem ser colhidas. Querem plantar cedo, complementando com trigo sarraceno, trigo e cevada, para que haja o suficiente para comer."[745] Além disso, Zhang Lei escreveu num poema que "os campos tardios foram desperdiçados, pelo que se lavrou cedo o trigo."[746] Era de fato muito comum que a cultura anterior (normalmente arroz) fosse "completamente improdutiva devido a inundações ou secas", o que levava à plantação de arroz no outono ou no inverno. Por esta razão, as pessoas tinham relutância em comunicar as inundações ou secas ao governo, porque "se a situação for comunicada, as pessoas terão de compensar a inundação ou a seca, poupando a água ou guardando as raízes até o governo enviar funcionários para as verificar". Isso iria certamente afetar a plantação de trigo e mesmo a colheita de arroz do ano seguinte, pelo que as pessoas sentiam que não tinham alternativa senão plantar trigo sem o comunicar aos funcionários.[747] Nestes casos, como as colheitas de arroz já se tinham perdido, mesmo que fossem plantados "três tipos de trigo" nos campos de arroz, não se podia considerar que se tratava de uma dupla cultura de trigo e arroz.

Deve também salientar-se que a dupla cultura de trigo e arroz era apenas uma forma de rotação de culturas potencial nos campos de arroz. É evidente *no Tratado Agrícola de Chen Fu* que, após a colheita antecipada, podiam ser plantadas "leguminosas, trigo, legumes e feijão", o que significa que o trigo era apenas uma opção para a rotação de culturas, juntamente com leguminosas, legumes e outros produtos. Existem também provas semelhantes em outros documentos. Em linhas de poesia que vão desde Cao Xun, "Apesar de a colheita tardia ainda não estar concluída, os legumes de inverno podem ser cultivados à chuva"[748], para Lu You: "No outono, ain-

---

744 [Dinastia Song do Sul] Zhu Xi, Obras Completas de Zhu Xi, vol. 9, "Promovendo o Plantio do Trigo Durante um Período Oportuno."

745 [Dinastia Song do Sul] Zhu Xi, Obras Completas de Zhu Xi, vol. 17, "Um Relatório sobre um Desastre Natural que Vi Enquanto Visitava o Povo."

746 [Dinastia Song do Norte] Zhang Lei, Coleção Keshan, vol. 17, "Reduzindo os Impostos com Li Ling."

747 [Dinastia Yuan] Fang Hui, Continuação do Antigo e do Moderno, vol. 19, "Comentário sobre a Restauração do Aluguel para o Povo que Não Tem Terras, por Han Wen."

748 [Dinastia Song] Cao Xun, Coleção Songyin, vol. 21, "Poemas Diversos sobre a Vida nas Montanhas."

da temos energia para arar e, quando chove, plantamos legumes de tempo frio"[749], é evidente que, após a colheita anual de arroz e antes da plantação de arroz do ano seguinte, os agricultores ainda tinham a energia necessária para plantar legumes de inverno, como a couve. A soja e o trigo mourisco podem também ter sido plantados nesta altura. O fato de existirem opções tão variadas também teve algum impacto na prevalência da rotação de culturas de arroz e trigo.

    Mesmo que a cevada e o trigo fossem plantados no mesmo campo após a colheita do arroz, isso não era necessariamente feito para obter uma colheita de trigo, mas para fornecer um fertilizante verde para o campo de arroz. O texto *Yuzhuang de Pan Feng*, da dinastia Qing, refere que "o método antigo consistia em fertilizar os campos com plântulas de trigo", enquanto *A exploração das obras da natureza, Grãos, cultura do trigo* registra: "Há pessoas que plantam trigo como fertilizante em campos de arroz no sul. Não esperam que o trigo amadureça, mas aram e matam os campos quando o trigo e a cevada amadurecem na primavera e, depois, fertilizam o solo com vapor. No outono, a colheita de arroz será duplicada". Embora se trate de uma forma de dupla cultura de trigo e arroz, o trigo funciona apenas como adubo verde, pelo que não se trata, exatamente, de rotação de culturas. Embora não haja registros diretos desta prática desde a dinastia Song, sabemos que ela tem sido praticada desde a era Song. É provável que, no processo de desenvolvimento da cultura do trigo no sul, durante a dinastia Song, as condições naturais fizessem com que o trigo não amadurecesse antes das chuvas da primavera, pelo que os agricultores que não podiam esperar que o trigo amadurecesse lavraram os campos de trigo e plantaram arroz. Este método de cultivo revelou-se bom e, a partir dessa altura, tornou-se um sistema. É importante notar que o arroz foi sempre a prioridade em Jiangnan, e o trigo era apenas uma "cultura secundária", o que levou à "plantação de trigo para fertilizar os campos".

    Em suma, de um modo geral, a cultura do arroz e do trigo no Sul durante a dinastia Song desenvolveu-se de forma independente, ou seja, os campos de altitude eram plantados com trigo e os campos de baixa altitude eram plantados com arroz. A dupla cultura e a rotação das duas culturas eram praticadas principalmente nos campos de altitude, onde a rotação de arroz e trigo era apenas uma de muitas opções. Em suma, a prática da rotação de culturas de trigo e arroz não era comum na dinastia Song de Jiangnan. Os dados sobre este tema recolhidos pelos acadêmicos no passado[750] deixam muito por estudar.

---

749 [Dinastia Song do Sul] Lu You, Obras Completas de Lu You, vol. 3 (Livraria da China, 1986), p. 953.

750 Veja Li Genpan, "A Formação e o Desenvolvimento do Sistema de Rotação de Culturas de Arroz e Trigo nas Baixas do Rio Yangtze: Focando nas Dinastias Tang e Song," Pesquisa Histórica, n. 5 (2002): 9–14.

3. Causas da raridade da rotação de culturas de trigo e arroz

Embora a migração maciça da população do norte para o sul tenha levado ao desenvolvimento da cultura do trigo no sul, parece que o desenvolvimento da cultura do trigo no sul não foi suficiente para satisfazer a procura de trigo por parte dos nortenhos. Antes da década de 1970, cultivava-se algum trigo na minha cidade natal, Comuna de Sanhu, Condado de Xingan, Jiangxi, mas o rendimento máximo do trigo era de cerca de 300 *jin* por *mu*, inferior ao rendimento do arroz no mesmo período. O rendimento do trigo durante a dinastia Song era ainda mais baixo. No décimo ano do reinado de Chunxi (1183), o tribunal dos Song do Sul ordenou a Guo Gao que recuperasse os campos estéreis das terras altas e baixas sob o canal de madeira em Xiangyangfu para o cultivo de trigo e cevada, mas ainda não era suficiente. No nono mês do décimo segundo ano do reinado de Chunxi (1185), quando Guo Gao declarou à corte que tinha cultivado trigo e cevada nos campos, o imperador perguntou: "Por que é que a colheita é tão escassa quando se semeiam tantas sementes? "[751] Como a produção de trigo no sul era muito baixa e a área de cultivo não era muito grande, o fornecimento de cereais era insuficiente[752], o que tornava a situação bastante desconfortável para os nortenhos que viviam no sul, pois estavam mais habituados a uma dieta à base de trigo. Zhang Lei mencionou num dos seus poemas que a sua família no norte preferia comer produtos de trigo, mas quando chegaram ao sul, não puderam satisfazer essa necessidade devido ao baixo rendimento do trigo nas zonas húmidas do sul. Como resultado, a família só podia comer peixe e arroz com relutância, enquanto esperava por uma boa colheita de trigo.[753] Isso sugere que a produção de trigo no sul ainda não estava muito desenvolvida nessa altura.

---

751 Continuação de História como Espelho, vol. 149–150.

752 De acordo com a pesquisa de Zhu Xi em áreas no leste de Zhejiang, "é abundante em alguns lugares e a colheita é regular todos os anos, mas é suficiente apenas para cerca de dois meses." Obras Completas de Zhu Xi, vol. 17, "Uma Convocação para Oficiais: O Imposto de Verão, as Mudas de Outono e os Fundos em Shanyin e Outras Comarcas."

753 [Northern Song Dynasty] Zhang Lei, *Cinco Poemas Compostos na Neve*, "Poema 3." Ele diz: "Sou do centro da China, e prefiro alimentos feitos de trigo. O povo daqui usa camisas de seda tão longas quanto barcos e tão brancas quanto raios. Em todos os armários brilhantes e brancos, os chefs podem encontrar muitos ingredientes para um cardápio variado, mas há pouco trigo no sul, e mal consigo engolir o peixe e o arroz, que são tão inferiores à comida do norte. Com toda a neve deste ano, espero que meu desejo por uma boa colheita de trigo se realize no próximo ano." (*Obras Completas da Dinastia Song*, vol. 1182, bk. 20, p. 13358.)

De fato, as ordens do governo para promover a cultura do trigo no sul deixam claro que essa ainda não era uma prática popular na região. Durante a dinastia Song do Norte, Su Dongpo disse: "Não há trigo em Zhejiang."[754]

Quando a corte Song se deslocou para o sul, embora tenha havido um breve pico no desenvolvimento da cultura do trigo durante o início do período Shaoxing (1131-1162), a situação em Jiangsu e Zhejiang não era, em geral, otimista. Apesar do fato de o governo Song ter promovido o cultivo do trigo em Jiangnan e "instado o povo a cultivar mais trigo", os arrozais em Jiangsu e Zhejiang "ainda não estavam amplamente plantados com trigo". No quarto mês do sexto ano do reinado de Shaoxing (1136), o ministro Zhao Ding disse, em resposta a uma questão levantada pelo Imperador Gaozong: "A maior parte de Jiangsu e Zhejiang tem chuvas de ameixa no outono, por isso, na sua maioria, não plantam trigo."[755] Durante a dinastia Song do Sul, Dong Wei também observou nos seus escritos: "Hoje em dia, o trigo não é muito plantado nos arrozais de Jiangsu e Zhejiang. "[756] No oitavo ano do reinado de Jiading (1215), a pedido de Zhao Shishu, que conhecia bem o condado de Yuhang, o tribunal Song ordenou ao povo de Zhejiang e Jiangsu que plantasse todos os tipos de trigo e painço para evitar a fome. Este fato indica que, no final da dinastia Song do Sul, a cultura do trigo ainda não estava generalizada em Jiangsu e Zhejiang. A situação também era semelhante em outras regiões do sul fora de Jiangsu e Zhejiang. *A História dos Song*, "Alimentos e Produtos", registra que, no décimo primeiro mês do sexto ano do reinado de Chunxi (1179), um administrador relatou: "Embora tenhamos publicado uma ordem de apoio à plantação de trigo e à exploração de mais quintas, nunca considerámos se a qualidade do solo era adequada para o trigo. Penso que apenas Heng, Yong e alguns outros condados de Hunan eram adequados, e os restantes estavam estagnados". Assim, parece não ser razoável sobrestimar a plantação de trigo no sul durante a dinastia Song. Assim sendo, não parece razoável sobrestimar a plantação de trigo no sul durante a dinastia Song.

A empresa estava localizada na parte baixa de Hanshui, perto do rio Yangtze, que não era muito adequada para o cultivo de trigo devido às condições naturais do sul, portanto, a produtividade era baixa. Isso era especialmente verdadeiro na região de Jiangnan, onde a maior parte das terras

---

754 [Dinastia Song do Norte] Su Dongpo, *As Obras Completas de Su Dongpo*, vol. 2 (Livraria da China, 1986), pp. 353-354.

755 [Dinastia Song do Sul] Li Xinchuan, *Os Eventos Essenciais Desde o Reinado de Jianyan*, vol. 100.

756 [Dinastia Song do Sul] Dong Wei, *Salvando a População Através da Exploração do Deserto*, vol. 2.

agrícolas era adequada apenas para o arroz, não para o trigo. Por exemplo, em Huzhou, "o condado tem a terra mais baixa e é particularmente deprimido, especialmente para o arroz". Isso não significa que era particularmente adequado para o cultivo de arroz, mas que era adequado apenas para o cultivo de arroz, e não para culturas de terras secas como o trigo. Isso não era verdade apenas em Huzhou, pois "nas vilas ribeirinhas de Zhejiang, o trigo raramente é cultivado".[757]

    Outro fator que tornou a prática do cultivo duplo de trigo e arroz tão rara no sul foi o clima. A alta temperatura e as fortes chuvas no sul eram extremamente desfavoráveis ao crescimento do trigo. O estudioso da Dinastia Tang, Liu Xun, apontou em "Registro de Lingnan": "O solo é quente em Guangzhou, portanto não é realista plantar trigo". Em Jiangnan, o clima frio e a neve eram o prenúncio de uma boa colheita de trigo, enquanto um inverno quente significava um desastre para as plantações de trigo de Jiangnan. Além disso, a estação chuvosa da região ocorria após a colheita dos campos de arroz, e as inundações certamente afetariam a semeadura de trigo e cevada. De fato, a chuva afetou tanto o plantio quanto o crescimento do trigo. Em *História dos Song*, "Crônica de Wuxing", são registrados vários desastres climáticos em que as chuvas prejudicaram o trigo, muitos dos quais envolveram províncias e condados do sul depois que a corte Song se mudou para o sul. Na região de Jiangnan, houve um longo período de precipitação que se estendeu do inverno à primavera e ao verão, e essa precipitação teve um impacto negativo na produção agrícola local. A semeadura e o transplante de arroz eram seriamente afetados pelo alagamento no inverno e na primavera, e o arroz geralmente só era transplantado depois que a água recuava no quinto ou sexto mês lunar.[758] Esse era o caso do arroz, mas ainda mais do trigo. Mesmo que o trigo fosse plantado no outono do primeiro ano, antes da chegada das chuvas, seu crescimento e desenvolvimento normais seriam afetados pela estação chuvosa seguinte. E se o tempo fosse bom nos estágios iniciais de plantio e crescimento, ainda assim seria preciso lidar com o mau tempo. Zhu Xi observou: "Costumávamos plantar trigo no outono, e ele sempre parecia bom até a primavera, mas as chuvas acabavam chegando e sofríamos uma grande perda."[759] Lu

---

757 [Dinastia Song do Norte] Su Dongpo, *As Obras Completas de Su Dongpo*, vol. 2 (Livraria da China, 1986), p. 470.

758 Su Dongpo escreve: "Visitei sete regiões militares no oeste de Zhejiang, onde os campos inundavam no inverno e na primavera. Eles não plantaram o arroz precoce até que a água recuou no quinto ou sexto mês." ([Dinastia Song do Norte] Su Dongpo, *As Obras Completas de Su Dongpo*, vol. 2 (Livraria da China, 1986), p. 470).

759 [Dinastia Song do Sul] Zhu Xi, *Obras Completas de Zhu Xi*, vol. 16, "Zhang Bangxian Espera por Huangcheng para Ajudar os Famintos."

You também escreveu um poema descrevendo como um vizinho resgatou o trigo danificado durante a chuva da primavera.[760] Por um lado, isso indica que o cultivo de trigo no sul havia se desenvolvido desde a Dinastia Song, mas, por outro lado, também indica que era uma luta cultivar trigo no sul.

O impacto das condições climáticas desfavoráveis foi mais pronunciado no momento de cortar a grama e plantar. Quando o trigo estava maduro, ele murchava e soltava os grãos com facilidade, e a chuva causava perdas. Dizia-se com frequência que "colher trigo é como apagar incêndios". Por outro lado, o plantio de arroz exigia apenas dias nublados e chuvosos, o que permitia que as sementes ficassem verdes. Dizia-se com frequência que "enquanto as sementes de arroz querem chuva, o trigo quer céu limpo. Todos querem ter uma colheita dupla, então correm para os campos, esperançosos, mas um mês é ensolarado, no outro, nublado. Não pode estar nublado e ensolarado ao mesmo tempo, então vou esperar ansiosamente pelo próximo ano."[761] O estado ideal era "meio mês de céu limpo seguido de uma noite de chuva"[762], mas o clima era sempre imprevisível. Se o número de dias ensolarados na primeira metade do ano totalizasse mais de meio mês, isso afetaria o plantio de arroz e "o excesso de sol criaria rachaduras nos campos."[763] No início do quinto mês, as chuvas aumentaram, permitindo que as mudas fossem transplantadas, mas era impossível compensar o tempo perdido. Por outro lado, se houvesse muita chuva no início da estação, a colheita do trigo seria afetada. Por esse motivo, o cultivo duplo de arroz e trigo era muito raro.

O sistema de rotação de culturas de arroz e trigo não foi difundido na região de Jiangnan não apenas por causa dessas condições naturais, mas também devido a vários hábitos econômicos e técnicos e aos costumes alimentares locais. Um dos fatores econômicos que contribuíram para a resistência ao cultivo do trigo estava relacionado à produtividade do trabalho e à distribuição de benefícios. O rendimento do trigo era muito menor do que o do arroz, portanto, a produtividade da mão de obra também era menor. Se os agricultores arrendatários tivessem que trabalhar duro para

---

760 [Dinastia Song do Sul] Lu You, *Quadras de Chuva de Primavera*. Diz: "Quando as begônias estão vermelhas, ninguém percebe os pássaros cantando na chuva. Na paisagem distante, os vizinhos resgatam o trigo da chuva." Veja Lu You, *Obras Completas de Lu You*, vol. 2 (Livraria da China, 1986), p. 374.

761 [Dinastia Song do Sul] Chen Zao, *Coleção Jianghu Changweng*, vol. 9, "O Suspiro do Camponês."

762 [Dinastia Song do Sul] Chen Zao, *Coleção Jianghu Changweng*, vol. 9, "Canções Populares do Camponês."

763 [Dinastia Song do Sul] Chen Zao, *Coleção Jianghu Changweng*, vol. 7, "O Suspiro do Camponês."

plantar trigo após a colheita do arroz e os proprietários de terras exigissem sua parte da colheita do trigo juntamente com outras repartições, haveria pouca renda e nenhum benefício real para os agricultores.

De acordo com *História dos Song*, "Alimentos e Produtos", no oitavo ano do reinado de Jiading (1215), Huang Xu, um conselheiro, propôs que os fazendeiros arrendatários fizessem uso da terra "branca estéril" (ou seja, terra desocupada por desastres ou após a colheita do arroz) para plantar linho, painço, legumes e trigo para consumo próprio. Em um esforço para inspirar entusiasmo entre os camponeses, o governo não levou as mudas de outono, de modo que os agricultores continuassem a ter alimentos suficientes e o governo não precisasse fornecer nenhuma ajuda. A sugestão de Huang foi adotada, mas havia um problema com a frase: "O lucro do plantio vai somente para o arrendatário", porque "os proprietários de terras achavam que o plantio de trigo era estritamente para o lucro dos arrendatários e que a família do proprietário não lucraria com o plantio tardio, por isso não permitiam que os arrendatários plantassem".[764] Na verdade, os proprietários de terras não estavam apenas preocupados com o plantio de arroz no final da estação, mas também com o fato de que o plantio de trigo drenaria os nutrientes do solo e afetaria a colheita de arroz. Esse medo não era totalmente infundado. Por exemplo, no oitavo ano do reinado de Chunxi (1181), "Em novembro, o ministro auxiliar disse: "Os proprietários de terras disseram que as pessoas tinham campos de trigo, mas não tinham sementes, embora se as sementes fossem emprestadas aos pobres, eles ainda poderiam plantar trigo na primavera". O ministro também disse: "Embora os campos de sequeiro em Jiangsu e Zhejiang tenham sido arados, não há sementes de trigo". Assim, o decreto foi enviado a funcionários de diferentes níveis para que emprestassem trigo." Em seu governo sobre os condados de Xingzi, Duchang e Jianchang, Zhu Xi pesquisou e descobriu que alguns fazendeiros "tinham dificuldade para obter sementes de grãos", tinham que desistir de plantar trigo, mas pediam repetidamente aos proprietários de terras que lhes concedessem empréstimos.[765] Para os fazendeiros pobres que não tinham sementes de trigo, qualquer discussão sobre o plantio de trigo era apenas conversa fiada. Essa falta de sementes de trigo indica, até certo ponto, que o cultivo de trigo não era comum naquela época e que não havia colheita de trigo e arroz todos os anos.

---

764 [Dinastia Song do Sul] Huang Zhen, *Diário de Huang*, vol. 78, "O Oitavo Ano do Reinado de Xianchun, Promovendo o Plantio de Trigo."

765 [Dinastia Song do Sul] Zhu Xi, Obras Reunidas de Zhu Xi, vol. 9, "Uma Proposta para os Camponeses Oferecerem Sementes de Cultivo aos Camponeses em Regime de Empréstimo." 118. Li Genpan, "A Formação e o Desenvolvimento da Interculturação de Arroz e Trigo nas Baixas do Rio Yangtze: Focando nas Dinastias Tang e Song," Pesquisa Histórica, n° 5 (2002): 15.

Os aspectos técnicos eram vistos principalmente na drenagem da água dos campos o mais rápido possível após a colheita do arroz para que o trigo pudesse ser plantado. O *Tratado de Agricultura de Chen Fu* menciona que "quando um campo de arroz é ceifado, ele é imediatamente arado e seco, depois fertilizado e plantado com legumes, trigo e vegetais". Esse tipo de método pode resolver com eficácia os problemas nos primeiros campos, porque os primeiros campos eram mais férteis e o encharcamento não era um problema tão sério. A seca era uma preocupação maior para o arroz, enquanto para o trigo era possível superar essas deficiências. Mas o *Tratado agrícola de Chen Fu* não cobre ou reflete totalmente as técnicas envolvidas na conversão de "campos baixos" em campos de terra firme, o que alguns estudiosos consideram uma falha do texto.[766]

Na verdade, a principal tecnologia usada para converter campos baixos era a cultura de cumeeira, que já havia sido desenvolvida no período dos Estados Combatentes. O método posterior de dragagem e canalização era apenas uma réplica do antigo método "tambor e *mu*". A razão pela qual o *Tratado Agrícola de Chen Fu* não abordar a conversão de áreas úmidas baixas em campos de terra firme é que a maioria dos campos baixos não eram usados para cultivar trigo naquela época, portanto, não havia necessidade de se concentrar na conversão de úmido para seco nos campos baixos. Na dinastia Song, os agricultores do sul dedicavam-se à produção de arroz, portanto, a tecnologia de conversão de campos úmidos para secos não foi desenvolvida.

Sem essa tecnologia, seria difícil realizar as atividades relacionadas a ela, mas mesmo que a tecnologia estivesse disponível na época, ainda é discutível se ela foi adotada universalmente. Por estarem mais acostumados à simplicidade, os agricultores geralmente resistiam à tecnologia. A tecnologia de cultura de cumeeira já estava disponível e era usada no cultivo duplo de arroz e trigo, e o uso de "trincheiras para cultivo" foi documentado na dinastia Yuan, mas mesmo nas dinastias Ming e Qing, quando o cultivo duplo de arroz e trigo já estava bem estabelecido, essa tecnologia ainda não era amplamente adotada. No início da dinastia Qing, Zhang Lüxiang observou que "os agricultores preguiçosos sofrem com o trabalho de plantar trigo e atrasam o lazer de distribuir sementes. Eles estão dispostos a ter uma colheita menor e até a perder tempo, e se desesperam com as flores da

---

[766] Li Genpan, "A Formação e o Desenvolvimento do Cultivo Intercalado de Arroz e Trigo nas Baixas do Rio Yangtzé: Focando nas Dinastias Tang e Song," *Pesquisa Histórica*, nº 5 (2002): 15.

primavera".⁷⁶⁷ Em outras palavras, no início da dinastia Qing, ainda havia fazendeiros que não adotavam a tecnologia de usar trincheiras para o cultivo, mas se limitavam a plantar com uma broca, o que produzia rendimentos que eram naturalmente bastante previsíveis.

Outro motivo pelo qual a tecnologia de conversão de campos baixos de úmidos para secos não foi desenvolvida durante a dinastia Song foi o fato de que o problema de como drenar terrenos baixos não havia sido resolvido. As "encostas suaves e terras fáceis" e as "montanhas, rios e pântanos que eram muito frios" eram geralmente arados e depois encharcados no inverno ou secos ao sol para serem usados como campos de inverno. Foi por essa razão que Fan Chengda viu "campos de terras altas com trigo e cevada crescendo nas encostas e campos baixos com água verde, já que ainda não haviam sido plantados"⁷⁶⁸ na primavera. Em Jiangnan, na era Ming-Qing, o trigo era plantado apenas nos campos das terras altas e, como os campos de arroz de baixa altitude estavam "cheios de água tanto no inverno quanto no verão"⁷⁶⁹, obviamente não podiam ser usados para cultivar trigo. É evidente que apenas uma parte do terreno em terras altas era plantada com culturas de inverno durante esse período, e a área usada para a rotação de culturas não incluía os campos de arroz nas planícies, que representavam a maioria dos campos de arroz.

Além disso, houve algum conflito entre as estações. Ao intercalar arroz e trigo, o trigo é plantado após a colheita do arroz, e o arroz é plantado após a colheita do trigo. Durante a dinastia Song, embora o plantio de arroz precoce fosse bastante predominante, o arroz tardio ainda era a cultura dominante, especialmente na área de Jiangnan.⁷⁷⁰ O período de colheita do arroz da estação tardia era geralmente por volta da época da Descida da Geada (por volta do 23º ou 24º dia do décimo mês no calendário solar), ou até mesmo no final do décimo mês lunar⁷⁷¹, que vai de novembro a dezem-

---

767 [Dinastia Qing] Zhang Lüxiang, *Suplemento Agrícola Comentado*, ed. e trad. Chen Hengli (Pequim: Editora de Agricultura da China, 1983), p. 106.

768 "Dia de Primavera no Jardim."

769 [Dinastia Ming] Lu Shiyi, *Uma Breve Coletânea de Discursos*, vol. 11.

770 Para mais detalhes, veja Zeng Xiongsheng, "Arroz de Primavera e de Outono na Dinastia Song," *História Agrícola da China*, nº 1 (2002).

771 [Dinastia Song do Norte] Shen Kuo, *Notas de Mengxi*, vol. 26. Diz-se: "Há aqueles que colhem arroz no sétimo ou oitavo mês lunar, enquanto o arroz colhido no décimo mês lunar é chamado de arroz tardio." Zhu Xi também menciona que o período de maturação do arroz tardio ocorria no décimo mês do calendário lunar. (*Obras Completas de Zhu Xi*, vol. 27, "Uma Carta a Zhao Shuai.") Durante a Dinastia Song do Sul, os oficiais do condado eram obrigados a relatar "a colheita anual de trigo no final do sexto mês e a colheita de arroz no final do décimo mês," mas isso foi posteriormente alterado para "relatar a colheita de trigo no final do sétimo mês e a colheita de arroz no final do décimo primeiro mês," levando em conta a situação específica em Xianghan e outros lugares.

bro no calendário solar. Levava mais de um ou dois meses para plantar o trigo depois que a terra era preparada.⁷⁷² Se chovesse muito durante esse período, a data da colheita era adiada até que o tempo melhorasse. Certa vez, durante a dinastia Song, a chuva de outono foi tão forte em Yangzhou que "o arroz não pôde ser cortado ou colhido, o que impediu o plantio do trigo".⁷⁷³

Isso não era incomum no sul da China. Su Dongpo menciona em seu poema *Suspiros de uma mulher nos campos de Wu* que "o amadurecimento do arroz deste ano está amargamente atrasado, e já vi a chegada da geada e do vento por vários dias. Quando a geada e o vento chegam, a chuva é como uma cascata, e o fungo nasce em cima da loa. Não consigo suportar ver as espigas amarelas deitadas na lama amarela e, mesmo quando meus olhos secam, a chuva ainda não parou. O arroz só será trazido para casa em carroças depois que o tempo melhorar."⁷⁷⁴ A Descida da Geada cai no 23º ou 24º dia do décimo mês do calendário solar, que é mais ou menos a última metade do nono mês do calendário lunar. Se continuar a chover nos campos por um mês, a colheita será adiada até a última parte do décimo mês. Yang Wanli escreve: "A chuva prolongada no décimo mês atrapalha a colheita, mas no 28º dia do calendário lunar, a geada desaparece, e fico feliz em escrever esse verso sobre isso."⁷⁷⁵ O 28º dia do décimo mês lunar já era a segunda metade de novembro no calendário solar. Quando a chuva parou, já era tarde demais para colher arroz e plantar trigo. Como a época do plantio do trigo de inverno era geralmente marcada pelo Festival de Outono,⁷⁷⁶ nos primeiros anos, o primeiro plantio de trigo acontecia por volta do Equinócio de Outono (7 a 9 de agosto no calendário solar), com al-

---

772 De acordo com o *Tratado Agrícola da Família Shen*, "Eventos Mensais," escrito no final da Dinastia Ming, levava mais de um mês para plantar trigo, com a colheita do arroz precoce ocorrendo no nono mês e o plantio de trigo e cevada começando no décimo primeiro mês. ([Dinastia Qing] Zhang Lüxiang e Chen Hengli, eds., *Suplemento Agrícola Comentado* (Pequim: Editora de Agricultura da China, 1983)).

773 [Dinastia Song do Norte] Lu Dian, *Coleção de Taoshan*, vol. 13, "Uma Oração por Dias Ensolarados em Yingchuan."

774 [Dinastia Song do Norte] Lu Dian, *Coleção de Taoshan*, vol. 13, "Uma Oração por Dias Ensolarados em Yingchuan."

775 [Dinastia Song do Sul] Yang Wanli, *Coleção Chengzhai*, vol. 41.

776 Veja *Competências Essenciais para Beneficiar o Povo*, "Trigo e Cevada, Parte 10," *Tratado Agrícola de Chen Fu*, "Seis Plantios Corretos," *Obras Completas da Cidade de E'Zhou*, "Promovendo a Agricultura em E'Zhou," entre outras obras. Não havia tradição de cultivar trigo no sul, mas quando os nortistas migraram para o sul, trouxeram com eles os costumes de cultivo do trigo, junto com o calendário em que esse cultivo se baseava. A possibilidade de atrasar o plantio do trigo no sul da China foi uma consequência dessa prática, mas levou tempo para ser totalmente adotada.

gum atraso no caso de chuvas de outono,[777] mas geralmente não passava do outono.[778] Foi também por isso que Huang Zhen escolheu o meio do outono para dar seu conselho sobre o plantio de trigo, ressaltando que ele deveria ser plantado no outono.

A temperatura ideal para a germinação das sementes de trigo é de 15 a 20°C, o que está de acordo com as temperaturas esperadas entre o final de outubro e o início de novembro no sul. O cultivo do trigo em Jiangnan pode ser adiado até o cultivo de trigo em Jiangnan podia ser adiado até o início do décimo mês lunar (início de novembro no calendário solar)[779], mas se o plantio fosse muito tarde, especialmente durante as temperaturas muito baixas do inverno, inevitavelmente seria tarde demais para as mudas brotarem, e as plantas se desenvolveriam mal, com formato curto e pontiagudo e baixa produtividade. Em algumas partes de Jiangnan, dizia-se que "o outono é para o plantio do trigo e a primavera é para a colheita. Se estiver frio e o trigo estiver atrasado, as colheitas serão amargas e secas."[780] Assim, na medida do possível, o trigo ainda era semeado no sul no dia do Festival de Outono, uma prática confirmada por experimentos agronômicos modernos (consulte as Tabelas 3 e 4).

---

[777] Fan Chengda escreve, "No ano passado, a colheita do trigo foi no final do outono." (*Coleção Shihu*, vol. 17, "Apreciando o Trigo Jovem no Quarto Dia do Ano Novo em uma Região Remota no Leste.")

[778] Por exemplo, o *Jiatai, Crônica de Kuaiji* diz, "O trigo estava atrasado no leste de Zhejiang, alguns até no nono mês," indicando que já era tarde para plantar no nono mês. Nos *Poemas Jiannan* de Lu You, Volume 68, os poemas "Uma Sensação de Desolação Após o Equinócio de Outono" e "A Noite Cai no Outono" observam que o trigo foi semeado antes do final do outono (antes de setembro no calendário solar). Mesmo sendo o caso, e porque era importante não perder tempo, o poema diz, "Eu não deveria ser ganancioso no dia santo de Buda, mas temo que perca a época de plantio." O poema *Mowing Wheat* de Fan Chengda inclui a linha, "Plantei o trigo quando as flores amarelas estavam em flor," indicando ainda que o trigo foi semeado no outono durante a Dinastia Song. Em outro poema, Fan menciona que "no ano passado, o plantio do trigo foi atrasado até o outono," indicando novamente que o trigo foi plantado no outono. Antes da década de 1970, uma pequena quantidade de trigo também era cultivada na Comunidade Sanhu, no Condado de Xinkan, Jiangxi, onde geralmente era plantada no final do outono e início do inverno, na parte final do nono mês lunar ou no início do décimo.

[779] Zhang Fuchun et al., *Compêndio da Fenologia Agrícola na China* (Pequim: Editora de Ciência, 1987), p. 20.

[780] *Crônica Geral de Jiangxi*, vol. 1.

TABELA 3 — Os efeitos das características econômicas e
de produção em diferentes períodos de plantio

Tempo de semeadura (dia/mês)	Altura (cm)	Rendimento por mu (10.000 espigas)	Grão por espiga	Grãos frutíferos por espiga	Grãos não frutíferos por espiga	Peso do grão por espiga	Peso por 1.000 grãos (g)	Produção (jin/mu)
11/nov	112.6	31.07	29.28	27.92	1.36	1.40	41.30	412
21/nov	109.5	28.66	24.04	22.92	1.12	1.13	39.52	388
01/dez	101.4	29.44	22.20	21.24	0.96	01.02	39.25	325

TABELA 4 — Relação entre a data de plantio
e a germinação da cevada e do trigo

	Data de Plantio	Germinação	Período Entre Plantio e Germinação	Estágio de Perfilhamento (1º de fevereiro de 1972)	Peso por Espiga Única (g)
Cevada	11 de Novembro	18 de Novembro	7	3.0	0,291
	21 de Novembro	04 de Dezembro	13	2.7	0,13
	01 de Dezembro	23 de Dezembro	22	1.8	0,075
	21 de Dezembro	03 de Janeiro	23	1.0	0,045
Trigo	02 de Novembro	09 de Novembro	7	3.0 - 3.8	0,3 - 0,44
	09 de Novembro	20 de Novembro	11	3.2 - 3.8	0,26 - 0,21?
	16 de Novembro	28 de Novembro	12	2.4 - 2.9	0,14 - 0,17
	23 de Novembro	08 de Dezembro	15	1.8 - 2.9	0,08 - 0,12
	30 de Novembro	22 de Dezembro	22	1.9	0,05

Fonte: Farms of Zhejiang Agricultural University, 1971-1972 (Grupo de Cultivo de Plantas, Universidade Agrícola de Zhejiang. Cultivo de Plantas, 1983, p. 108).

O plantio tardio também pode causar danos aos pássaros e desperdício de sementes.[781] Como os grãos já haviam sido colhidos nos campos e armazenados nos celeiros, os pássaros nativos e aqueles que invernavam no sul se alimentavam das sementes de trigo plantadas no campo. Se as sementes fossem plantadas por volta do Festival do Meio do Outono, ainda havia um suprimento abundante de alimentos para os pássaros, de modo que os efeitos dos danos eram significativamente reduzidos, mas se fossem plantadas mais tarde, quando o suprimento natural de alimentos era mais escasso, os pássaros tinham maior probabilidade de danificar o trigo. Não se cultivava muito trigo no sul, mas os danos que os pássaros causavam às plantações de trigo eram graves. Em alguns lugares, eles eram até chamados de "pássaros do trigo". Não era fácil plantar em áreas pequenas, e era impossível encontrar áreas maiores para plantar no sul, onde o terreno era fragmentado. Esse foi um obstáculo para a expansão do cultivo de arroz na região.

No nono e décimo mês (o período de colheita da maior parte do arroz na região de Jiangnan), quando o arroz tardio era colhido e o trigo plantado, o tempo para o plantio do trigo já havia sido perdido por um ou dois meses, ou até mais. Havia também outras questões agrícolas a serem resolvidas, o que tornava o conflito entre as estações ainda mais evidente. Durante sua pesquisa, Zhu Xi descobriu que alguns lugares estavam tão ocupados com a colheita e a debulha do arroz que os campos que deveriam ter sido usados para plantar trigo foram deixados "em grande parte sem trabalho"[782], sem mencionar os campos de arroz que não eram adequados para o cultivo de trigo.

Deve-se ressaltar que, embora o cultivo duplo de arroz e trigo tenha sido desenvolvido em Jiangnan pelas dinastias Ming e Qing, o conflito sazonal de plantar trigo após a colheita do arroz nunca foi resolvido. Nas dinastias Ming e Qing, a família Shen e Zhang Lüxiang reconheceram que a semeadura tardia era a razão pela qual a produção de trigo era tão baixa, apontando para o fato de que as pessoas "conheciam a rica colheita de trigo, mas não sabiam que a alta produção vinha do clima do outono, que prepara todas as outras estações".[783] Para aproveitar a época ideal e, ao mesmo tempo, lidar com as demandas de produção de arroz tardio, a técnica de transplante de trigo foi introduzida na área de Jiangnan durante

---

781 [Ming Dynasty] Xu Guangqi, Compêndio Anotado sobre Agricultura, ed. Shi Shenghan (Xangai: Editora de Livros Antigos de Xangai, 1979), p. 656

782 [Dinastia Song do Sul] Zhu Xi, Obras Completas de Zhu Xi, vol. 9, "Novamente promovendo o cultivo de trigo e cevada" e "Novamente persuadindo a classe alta a fornecer empréstimos."

783 [Dinastia Qing] Zhang Lüxiang e Chen Hengli, eds., *Suplemento Agrícola Anotado* (Pequim: Editora de Agricultura da China, 1983), p. 106.

as dinastias Ming e Qing. A data para o plantio do trigo foi fixada no sétimo mês[784], ou antes do Festival do Meio do Outono, no décimo quinto dia do oitavo mês, pois "quando o trigo é plantado nas terras altas e o arroz é colhido, as mudas são transplantadas para os campos para enfrentar o clima de outono".[785] No entanto, a prática de transplantar o trigo não foi difundida e as demandas conflitantes das estações de cultivo de arroz e trigo permaneceram inalteradas. Durante a dinastia Qing, Tao Shu mencionou em seu prefácio do livro *Pedindo a aceleração da lavoura*, de Li Yanzhang: "O povo de Wu podia ter uma colheita de arroz e trigo por ano. Depois que o trigo era ceifado, a capina era feita. O arroz era plantado no verão e colhido no outono. Se fosse colhido no inverno, a chuva e a neve eram sempre um problema". Ele continua: "No final do outono do ano cíclico de Guisi (1833), quando o arroz estava quase maduro, de repente choveu e nevou, e o trabalho foi inútil". Isso levantou a questão das reformas agrícolas, o que significava "mudar do trigo para o arroz precoce".[786]

Durante a dinastia Song, antes da invenção da tecnologia de transplante de trigo, havia apenas duas opções. A primeira era aceitar o fato da baixa produtividade devido à semeadura tardia, e a outra era combinar as plantações de trigo com o arroz precoce. Pelas frases de Xu Jingsun, "Os primeiros campos são arados no outono, quando há chuva, e o arroz tardio é como nuvens aradas todos os anos", parece mais provável que a combinação de trigo e arroz precoce fosse a escolha mais popular para o cultivo duplo no sul, embora não fosse feita com o arroz tardio. No entanto, em Jiangnan, o arroz precoce não era bem desenvolvido e, em alguns lugares, não havia arroz precoce[787], e a única maneira de cultivar trigo junto com o arroz tardio era plantar o trigo após a colheita do arroz tardio, o que reduziria a produção de trigo devido ao plantio tardio e talvez afetasse também a colheita do arroz tardio. Essa análise demonstra que, na região de Jiangnan, onde o arroz tardio era a principal cultura, é improvável que o cultivo duplo de trigo e arroz tenha se desenvolvido muito. Por exemplo, na dinastia Song, em Huzhou, "a maioria dos campos da jurisdição era para colheitas

---

784 Ibid., p. 19.

785 Ibid., pp. 105-106.

786 [Dinastia Qing] Li Yanzhang, *Cultivo de Arroz em Jiangnan*. Citado em Chen Zugui, ed., *Antologia do Patrimônio Agrícola Chinês*, Categoria A, "Arroz, Parte 1" (Editora Zhonghua, 1958), p. 375.

787 Veja Zeng Xiongsheng, "Arroz Precoce e Tardio na Dinastia Song," *História Agrícola da China*, nº 1 (2002): 54-63.

tardias, e havia pouquíssimas colheitas precoces"[788], e em alguns lugares havia apenas "colheitas puramente tardias de outono".[789] Em contraste, até o final da dinastia Song, o arroz era a principal cultura." Por outro lado, até o final das dinastias Ming e Qing, costumava-se dizer que "não há colheitas de primavera em Huzhou"[790], indicando que não havia colheita de trigo, o que, obviamente, não significa que não havia absolutamente nenhuma, mas que, pelo menos, serve como evidência de que não era uma prática comum na região a dupla colheita de arroz e trigo.[791]

Tudo isso se concentra nos efeitos do plantio do trigo após a colheita do arroz, mas também vale a pena considerar os efeitos do plantio do arroz após a colheita do trigo. No sul, o trigo geralmente é colhido por volta do quinto mês lunar, ou até mesmo no sexto.[792] No sul, o arroz era plantado no segundo e terceiro meses lunares.[793] Se a preparação do solo fosse adiada para depois da colheita do trigo, era tarde demais. Felizmente, a tecnologia de transplante de mudas de arroz foi introduzida na dinastia Tang, eliminando o problema com o "transplante após a colheita do trigo", ou mesmo "no sexto mês", o que significa que era tarde demais para transplantar as mudas de arroz, o que afetava a produtividade, tornando a colheita do trigo "muito pequena", tão pequena, na verdade, que não valia a pena perder. Essa situação continuou nos tempos modernos. Alguns propuseram que "o arroz fosse plantado em campos de arroz e o trigo em campos de trigo, não misturando os dois. Se o senhor plantar trigo primeiro, será tarde demais para plantar arroz".[794] Como resultado, em

---

788 [Dinastia Song do Sul] Wang Yan, *Transcrição de Shuangxi*, vol. 23, "Um Edital sobre Economizar Ração para Cavalos."

789 [Dinastia Song] Cao Xun, *Coleção Songyin*, vol. 20, "Ceifando as Colheitas no Oeste de Zhejiang, Com Andaimes nos Campos de Arroz Como um Rebanho de Camelos."

790 [Dinastia Qing] Zhang Lüxiang e Chen Hengli, eds., *Suplemento Agrícola Anotado* (Pequim: Editora de Agricultura da China, 1983), p. 106.

791 Entre 1952 e 1955, a área de Songjiang utilizada para o cultivo de trigo representava apenas 6,5% da terra arável total. (Huang Zongzhi, *Pequenas Propriedades Rurais e Desenvolvimento Rural no Delta do Yangtze* (Editora Zhonghua, 2000), p. 231.)

792 Durante a Dinastia Song do Sul, os oficiais de acantonamento eram obrigados a relatar a produção anual de trigo e arroz ao governo no final dos meses sexto e décimo, mas mais tarde, devido às circunstâncias específicas em Xianghan e outros lugares, foi alterado para "final do sétimo mês para o trigo e final do décimo primeiro para o arroz."

793 [Dinastia Qing] Zhang Lüxiang e Chen Hengli, eds., *Suplemento Agrícola Anotado* (Pequim: Editora de Agricultura da China, 1983), pp. 105-106. Veja também Zeng Xiongsheng, "Arroz Precoce e Tardio na Dinastia Song," *História Agrícola da China*, nº 1 (2002): 54-63.

794 [Dinastia Qing] Pan Zengyi, *Livro de Fengyuzhuang de Pan Zengyi*. Citado em Chen Zugui, ed., *Antologia do Patrimônio Agrícola Chinês*, Categoria A, "Arroz, Parte 1" (Editora Zhonghua, 1958), p. 373.

alguns lugares, nada era plantado após a colheita do trigo, e as estações de outono e inverno eram usadas apenas para irrigar e arar, preparando-se para a colheita de arroz do ano seguinte. Essa é uma forma de rotação de culturas úmidas e secas, mas com apenas uma colheita por ano, ou seja, no primeiro ano, trigo, e no segundo, arroz

Com base nos dados disponíveis sobre o cultivo duplo de trigo e arroz na dinastia Song, havia dois métodos usados durante esse período. O primeiro envolvia o plantio de trigo após a colheita precoce de arroz (conforme mencionado no *Tratado Agrícola de Chen Fu*), e o outro envolvia o plantio de arroz tardio após a colheita de trigo (conforme mencionado por Ye Mengde e Yang Wanli). Esses dois tipos de replantio não podiam ser combinados para formar um sistema de dois anos de replantio de trigo após a colheita do arroz e de arroz após a colheita do trigo, mas, no máximo, só podiam formar três culturas em um sistema de dois anos de arroz precoce - trigo - arroz tardio. Em outras palavras, em um único campo, o arroz precoce era cultivado do segundo ao oitavo mês, seguido pelo trigo do oitavo ao sexto mês e, finalmente, o arroz tardio do sexto ao décimo mês. Após o décimo mês, o arroz podia ser plantado no inverno e os campos irrigados, ou os vegetais podiam ser plantados no inverno. Essa é apenas uma especulação teórica, mas, na realidade, o plantio de trigo após a colheita antecipada e o plantio de arroz tardio após a colheita do trigo podem ter sido sistemas agrícolas diferentes usados em áreas diferentes ou em lotes de terra diferentes.

Uma terceira consideração foi a insuficiência de fertilizantes. Após a primeira colheita de arroz, os campos geralmente cresciam naturalmente, tornando-se "campos de pousio", e o esterco do gado e de outros animais era deixado diretamente nos campos quando eram usados para pastagem, o que permitia que o solo se recuperasse. Hoje em dia, quando o trigo e outras culturas são cultivados em duplicata com o arroz, o solo não consegue se recuperar, então o fertilizante precisa ser "amontoado sobre o solo", o que imediatamente exacerba a tensão do fertilizante. Essa também era a principal preocupação dos proprietários naquela época, e eles a usavam como desculpa para impedir que os inquilinos plantassem trigo nos campos de arroz. Além disso, a colheita do trigo não era tão alta quanto a do arroz. Por todos esses motivos combinados, a produção de arroz foi afetada, o que impediu o desenvolvimento do cultivo duplo de arroz e trigo durante a Dinastia Song. Ainda hoje, costuma-se dizer que "depois de plantar trigo, há uma perda de arroz". Por exemplo, em Chaozhou, Guangdong, antes de 1949, a escassez de alimentos levou o governo a promover a agricultura de inverno, portanto, após a colheita tardia do arroz, foram plantadas culturas de inverno, como trigo, alho e legumes, mas os agricultores preferiram deixar os campos em pousio. Após algumas investigações, foram descobertos três motivos. O primeiro era que as culturas de inverno eram, em sua maioria, uma variedade de grãos e, devido ao clima, a colheita não era abundante. A divisão administrativa ficava na região costeira e, embora chovesse com frequência no inverno, o que não favorecia o crescimento das plantações de inverno, a precipitação excessiva geralmente resultava em uma colheita ruim. Além disso, a temperatura também era alta e frequentemente havia pragas, o que também afetava as plantações de inverno. Se o período de crescimento se estendia um pouco mais, isso tinha um impacto negativo sobre o arroz precoce no ano seguinte. Como o arroz tem um alto valor de rendimento, muitos agricultores preferiam renunciar ao cultivo de inverno em favor da conveniência que ele proporcionava aos esforços de cultivo do ano seguinte. Um dos motivos pelos quais era mais fácil para os agricultores desse distrito administrativo sobreviverem era o fato de poderem ganhar bem se houvesse uma colheita de arroz precoce e tardia, o que facilitava o desenvolvimento do hábito de trabalhar duro. Outra razão era que a fonte de fertilizante era limitada e, se houvesse uma aragem adicional no inverno, o suprimento de fertilizante para a safra do ano seguinte seria escasso.[795] Havia até mesmo agricultura de pousio durante a Dinastia Song por causa do suprimento de fertilizante, especialmente para as "famílias ricas" que tinham "campos bonitos e abundantes" e "mais descanso" (ou seja, uma estação de pousio regular) era uma vantagem para os agricultores, Uma temporada regular de pousio era uma forma de "completar o poder da terra" (ou seja, permitir que a terra se recuperasse), e o conflito entre as temporadas de plantio de arroz e trigo permaneceu inalterado.[796] Embora o sistema de pousio continuasse, o cultivo duplo de trigo e arroz naturalmente não era preferido. Para cultivar trigo, era necessário encontrar outras terras.

Durante a dinastia Song, o cultivo duplo de arroz e trigo no sul foi prejudicado pelos hábitos alimentares. Em termos desses hábitos, durante o período em que a capital Song mudou-se para o sul, o cultivo de trigo tornou-se predominante no sul, a ponto de ser "não menos predominante do que nas áreas ao norte do rio Huai", e uma das razões para isso foi o grande número de pessoas que migraram do norte para o sul, trazendo consigo seus

---

795 35º ano da República da China (1946). *Crônica de Chaozhou*, vol. 9, "Agricultura." Citado em Chen Zugui, ed., *Seleções da Antologia do Patrimônio Agrícola Chinês*, Categoria A, "Arroz, Parte 1" (Editora Zhonghua, 1958), pp. 712–713.

796 [Dinastia Song do Norte] Su Dongpo, *Obras Completas de Su Dongpo*, vol. 1 (Livraria da China, 1986), p. 298.

hábitos alimentares.[797] Mas, com o tempo, os nortistas que se mudaram para o sul e, mais ainda, seus descendentes, gradualmente se adaptaram à comida do sul, e os pratos à base de trigo foram gradualmente deixados de lado, enquanto o arroz se tornou a base da dieta. Os sulistas, que constituíam a maioria da população, tinham, desde os tempos antigos, o hábito de consumir arroz e peixe e não estavam acostumados e não gostavam de comer os tipos de grãos de terras secas produzidos no norte, como trigo e painço. O trigo foi cultivado no sul durante a dinastia Song, mas como não era cultivado há muito tempo e não era muito difundido, a população local ainda não havia dominado o hábito de cozinhar alimentos à base de trigo, como o macarrão. Como resultado, a qualidade e a quantidade dos pratos à base de trigo eram muito inferiores às do arroz no sul, e o trigo era visto como uma cultura inferior. Um conto popular registra a história de uma nora não filial no condado de Yushan, Xinzhou, Jiangdong, uma mulher chamada Xie Qiqi, que dava trigo à sogra para suas refeições diárias. Mais tarde, ela foi punida e transformada em uma vaca.[798] A história promove principalmente a ideia de carma, mas também reflete as preferências alimentares comuns da época. Da mesma forma, quando Zhu Xi visitou seu genro Cai Shen, mas não o encontrou, sua filha lhe ofereceu sopa de cebola e trigo, e Zhu se sentiu ignorado e maltratado. Em resposta, Zhu escreveu o *Poema do Arroz de Trigo*, no qual ele diz: "Sopa de cebola e trigo, uma combinação apropriada para encher a barriga e restaurar a força. Não diga que o sabor é ralo, quando os moradores da aldeia anterior não têm o suficiente para cozinhar", o que também indica como o trigo era impopular. No Festival do Meio do Outono, no sétimo ano do reinado de Xianchun (1271), Huang Zhen disse em seu *Promovendo o cultivo do trigo*: "O solo é bom nos campos de Fuzhou, produzindo bastante arroz. As pessoas costumam comer arroz branco e estão acostumadas a ele, por isso o trigo lhes causa repulsa. Ele é grosseiro e eles se recusam a comê-lo. Seus avós não plantavam trigo. Seus avós não plantavam trigo, então os netos não sabem como comê-lo. Ouvi dizer que os restos de arroz são dados aos cachorros,

---

797 Naquela época, aqueles vindos do noroeste se reuniram em Lin'an (atualmente Hangzhou, Zhejiang), e a variedade de pratos à base de trigo não era inferior à encontrada em Kaifeng. Havia mais de cinquenta tipos de alimentos cozidos no vapor, incluindo baozi, bolos de folha de lótus, mantou, bolos assados, bolos da primavera, bolos de mil camadas e mantou de cordeiro, todos pratos típicos do norte à base de trigo. Em Lin'an, não havia apenas especialidades de chefs que haviam migrado para a região, como a sopa de Li e o bolinho de Zhang de Nanwazi, mas também numerosos restaurantes abertos pelos locais que "adotaram os hábitos dos moradores da capital."

798 [Dinastia Song do Sul] Hong Mai, *Registros de Yijian*, vol. 8, "Xie Qiqi."

então o que dizer do trigo?" [799] Como não comiam trigo, não o plantavam, e seu suprimento de alimentos dependia principalmente do arroz, de modo que "as pessoas comuns não plantavam trigo, exceto em tempos de guerra".[800] Isso inevitavelmente afetou o desenvolvimento do cultivo de trigo na região, e o cultivo duplo de trigo e arroz estava completamente fora do alcance dos agricultores locais.

Os hábitos de cultivo e consumo de arroz também afetaram o desenvolvimento do cultivo de trigo no uso de terraços. No sul, o desenvolvimento do cultivo de trigo era mais adequado para áreas de encostas, que na dinastia Song abrigavam muitos terraços, mas como não havia o hábito de comer trigo e como as técnicas de cultivo de trigo eram limitadas, os terraços eram usados principalmente para cultivar arroz. As culturas de terras secas, como o trigo, eram cultivadas somente em épocas de seca. Alguns dos terraços eram usados para cultivar arroz em anos normais, mas, em alguns anos, a seca forçava a conversão desses campos para o cultivo de terras secas, como o trigo. Por exemplo, no oitavo ano do reinado de Ningzong Jiading (1215), as pessoas foram aconselhadas a cultivar linho, painço, legumes e trigo porque "a estação chuvosa está atrasada e a maioria dos campos está desperdiçada". No entanto, isso não indicava uma rotação de culturas de vários grãos, ou mesmo de dois grãos, porque não produzia mais de uma safra por ano.

Por todos esses motivos, embora houvesse o cultivo duplo de arroz e trigo nos trechos médio e inferior do rio Yangtze durante a dinastia Song, isso não era comum. Em última análise, o desenvolvimento econômico e o crescimento populacional da região na dinastia Song foram sustentados principalmente pelo arroz.

Colheita dupla de arroz na dinastia Song[801*]

O sistema de plantio de arroz em casca é uma questão crucial no estudo da história do cultivo de arroz na Dinastia Song, e até hoje há controvérsias em torno desse tópico. Essa questão não envolve apenas uma avaliação do nível de desenvolvimento do cultivo de arroz durante a dinastia Song,

---

799 [Dinastia Song do Sul] Huang Zhen, *Diário Diário de Huang*, vol. 78.

800 [Dinastia Song do Sul] Huang Zhen, *Diário Diário de Huang*, vol. 94.

801 Este artigo foi originalmente publicado em *Studies on the History of the Natural Sciences*, nº 3 (2002).

mas também aborda a economia agrícola, a tecnologia e o nível geral de desenvolvimento da época. Alguns estudiosos acreditam que um dos símbolos da revolução agrícola em Jiangnan foi o plantio generalizado de arroz Champa e a popularidade do sistema de cultivo duplo,[802] sendo que o desenvolvimento mais impressionante desse período foi a colheita dupla de arroz.[803] Entretanto, esses pontos foram questionados por estudiosos na China nos últimos anos. O professor You Xiuling, que se especializou na história do cultivo de arroz, sustentou que o aumento da produção unitária

---

[802] Masaki Osawa, *Pesquisa sobre a História Social Agrícola no Período de Transição Entre as Dinastias Tang e Song* (Academia Jigu, 1996), pp. 236-249.

[803] O erudito da Dinastia Qing Lin Zexu foi a primeira pessoa a fazer essa observação. Ele escreveu em seu prefácio para a *Coleção sobre a Aceleração da Agricultura e Imposição de Arroz em Jiangnan*: "A disseminação do arroz Champa através de Fujian e para o resto da China começou durante a Dinastia Song. Agora, Guangdong, Guangxi, Hunan, a área a oeste do Rio Yangtze e o Leste de Zhejiang cultivam-no. O rendimento é o mesmo que o do arroz tardio, e ele tem dois ciclos de colheita por ano." Veja *Antologia do Patrimônio Agrícola Chinês*, Categoria A, "Arroz, Parte 1," editado por Chen Zugui (Companhia de Livros Zhonghua, 1958), p. 376.

Após um período de pesquisa sobre o arroz Champa, o historiador japonês Shigeshi Kato (1939) afirmou que "a China já possuía arroz precoce antes da introdução do arroz Champa, portanto, podemos dizer que a popularização do arroz precoce foi resultado da distribuição do arroz Champa no Sul da China. O cultivo duplo e triplo também foi resultado do amplo cultivo do arroz Champa." Veja *Pesquisa Textual sobre a História Econômica da China*, vol. 3, traduzido por Wu Jie (Editora Comercial, 1973), p. 195.

He Bingdi (1956) afirma que "nos últimos dias da antiguidade, o núcleo da revolução agrícola chinesa foi o cultivo de culturas, com o arroz desempenhando o papel principal. Foi principalmente devido ao arroz precoce que os rendimentos puderam ser duas ou até três vezes maiores do que o usual, e é essa característica que fez o sistema de cultivo ser tão altamente valorizado. No início do século XI, um tipo de arroz tolerante à seca introduzido de Champa, no centro da Indochina, levou a um aumento das variedades de arroz precoce." Veja "O Arroz Precoce na História Chinesa," traduzido por Xie Tianzhen, *Arqueologia Agrícola*, nº 1 (1990): 119.

O estudioso americano Peter J. Golas (1980), especializado na história do campo chinês durante a Dinastia Song, tem a mesma opinião, observando: "A introdução do arroz precoce, incluindo o arroz Champa trazido do Vietnã durante a Dinastia Song, levou a um aumento das variedades e à promoção do sistema de cultivo duplo (ou até triplo), o que levou à rotação de culturas entre arroz e outras culturas, ou até mesmo entre múltiplas variedades de arroz e outras culturas." Veja "A China Rural na Dinastia Song," traduzido por Yi Shanzhai, *Tendências de Pesquisa na História Chinesa*, nº 5 (1981).

Francesca Bray, autora de *História da Ciência e Tecnologia Chinesa, Agricultura*, editada por Joseph Needham, também acredita que "antes da importação do arroz Champa, o arroz precoce desempenhava apenas um papel relativamente menor na China e em seus sistemas de cultivo múltiplo. À medida que a agricultura tradicional no Sul da China chegava ao seu auge, o recém-introduzido arroz Champa tornou-se útil, levando a uma mudança fundamental no sistema agrícola do Sul da China e possibilitando avanços significativos na tecnologia agrícola." Ela acrescenta: "Uma das medidas mais populares foi a introdução de um novo arroz precoce de Champa no Delta do Rio Yangtze, realizada pelo Imperador Zhenzong em 1012. Agora sabemos que essa medida alterou a abordagem da produção, permitindo a rotação de culturas por meio do cultivo duplo de arroz de verão e trigo de inverno." Veja *Ciência e Civilização na China*, vol. 6 (Editora da Universidade de Cambridge, 1984), pp. 492, 598.

de grãos na Dinastia Song se beneficiou do índice crescente de replantio, mas ele também observou que o cultivo duplo contínuo e o cultivo intercalado de arroz na Dinastia Song estavam confinados ao sul em pequenas áreas, com a província de Fujian marcando o limite norte para a prática do cultivo duplo de arroz.[804] Ao mesmo tempo, ele questiona se o papel do arroz Champa pode ter sido exagerado.[805] Mais recentemente, outro historiador econômico usou métodos de pesquisa como ponto de partida para negar que tenha havido uma "revolução agrícola em Jiangnan durante a dinastia Song".[806]

Os estudiosos de ambos os campos, que afirmam ou negam a existência de uma revolução agrícola em Jiangnan na dinastia Song, ainda não estudaram sistematicamente o sistema de plantio da época, que se concentrava em arrozais. Isso faz com que ambos os argumentos não sejam plausíveis. É necessário realizar uma pesquisa sistemática sobre o sistema de plantio de arroz da dinastia Song devido à sua importância na época, com foco especial na importância da colheita dupla de arroz na história do cultivo de arroz e na história econômica da dinastia Song, bem como na controvérsia que a envolve nos círculos acadêmicos. Neste artigo, enfatizarei o arroz de colheita dupla na Dinastia Song, abordando questões relacionadas à situação e à popularidade do arroz de colheita dupla, sua posição como alimento básico e sua relação com o arroz Champa.

---

804 You Xiuling, *História do Cultivo de Arroz, Produção de Arroz na Dinastia Song* (Editora de ciência e tecnologia agrícola da China, 1993), pp. 266–267.

805 You Xiuling, *História do Cultivo de Arroz, Investigando o Arroz Champa* (Editora de ciência e tecnologia agrícola da China, 1993), pp. 158–171.

806 Li Bozhong, "'Antologia,' 'Coleção' e a Revolução Agrícola em Jiangnan na Dinastia Song," *Ciências Sociais na China*, nº 1 (2000): 177–192.

4. Duplo cultivo de arroz antes da dinastia Song

Antes de abordar essas questões, é necessário entender primeiro a prática do cultivo duplo de arroz antes da Dinastia Song. O termo "cultivo duplo de arroz" refere-se à colheita de duas safras de arroz do mesmo arrozal em um ano. O registro mais antigo dessa prática data das dinastias Qin e Han, na área de Lingnan, que inclui os atuais Guangdong, Hainan, Guangxi, Yunnan Oriental e Sudoeste de Fujian. *A Crônica da Produção de Lingnan*, do estudioso da dinastia Han Yang Fu, que afirma que "o arroz de Cochin amadurecia no verão e no inverno, já que os agricultores plantavam duas vezes por ano"[807], é o registro mais antigo do cultivo duplo de arroz em Lingnan. O registro mais antigo do cultivo duplo de arroz na área ao redor do rio Yangtze data da dinastia Jin Ocidental. O estudioso da dinastia Jin ocidental, Zuo Si, mencionou em sua Ode à Capital de Wu que "as taxas de terra eram alteradas para o arroz que amadurecia duas vezes". A capital de Wu era a atual Suzhou, o que prova que a cidade já cultivava arroz duas vezes desde a Dinastia Jin Ocidental (265-317 d.C.).[808] O escritor da Dinastia Jin, Guo Yigong, registrou uma variedade de práticas de cultivo duplo em *Crônica de Várias Voisas*, às quais ele se referiu como "arroz branco na carapaça". Os agricultores "plantavam essas variedades de arroz no primeiro mês e as colhiam no quinto, após o que o rizoma se regenerava e amadurecia novamente no nono mês".[809] O estudioso da dinastia Jin, Zhang Zhan, registrou em *Coleção Sobre Preservação da Saúde*: "Quando o arroz é cortado e germina novamente, ele é chamado de neto do arroz."[810] Registros de "amadurecimento do arroz" foram feitos em uma série de práticas de cultivo duplo em *Crônica de Várias Coisas*. Ainda existem registros de "amadurecimento do arroz duas vezes por ano"[811] e 'o arroz amadurece no-

---

807 [Dinastia Song do Norte] Li Fang, *Taiping Imperial Encyclopedia*, vol. 839.

808 Também há estudiosos que acreditam que, embora a ode seja dirigida à capital do Reino Wu, ela na verdade incorporou todas as áreas dentro do território de Wu. "Arroz que amadurece duas vezes" aqui se refere ao arroz de soca da região de Lingnan. Existem registros semelhantes na *Crônica dos Produtos de Lingnan*, de Li Shan.

809 Esta citação é de uma fonte anônima, citada em [Dinastia Wei do Norte] Jia Sixie, *Competências Essenciais para Beneficiar o Povo, "Arroz"*, ed. Miao Qiyu (Pequim: Editora de Agricultura da China, 1982), p. 99.

810 Chen Zugui, ed., *Antologia do Patrimônio Agrícola Chinês, Categoria A. "Arroz, Parte 1"*. Zhonghua Book Company, 1958, p. 37; [Dinastia Song] Ye Tinggui, *Fragmentos de Hailu*, vol. 17. Citado em *Notas Diversas sobre Várias Coisas*. Diz: "Arroz que germina novamente é chamado de neto do arroz."

811 *Livro Antigo de Tang*, "Biografia das Minorias do Sul."

vamente com chuva abundante e água quente"[812] que datam das dinastias Sui e Tang. Yangzhou, localizada no curso inferior do rio Yangtze, também tem registros da regeneração do arroz selvagem e do arroz em soqueira.[813]

Antes da dinastia Song, a maior parte do arroz em soca era cultivada duas vezes. Os registros no *Crônica de Várias Coisas* e na *Coleção Sobre Preservação da Saúde* fazem referência clara ao arroz de soca. Em Yangzhou, na dinastia Tang, era o arroz selvagem que crescia livremente, enquanto o arroz que amadurecia uma segunda vez era provavelmente o arroz de soca. Apenas a frase "arroz que amadurece novamente" em *Ode à Capital de Wu* é discutível. A frase pode ser entendida como uma segunda colheita, com o arroz do início e do final da estação vindo do mesmo campo, ou pode significar arroz de campos diferentes que amadureceram em duas épocas diferentes do ano. A primeira hipótese indicaria o cultivo duplo, mas mesmo o cultivo duplo é uma ideia controversa, pois não se sabe ao certo se as plantações eram de arroz em soca ou de arroz de cultivo contínuo. Na dinastia Song, acreditava-se geralmente que a frase "arroz que amadurece novamente" em *Ode à Capital de Wu* era arroz em soca, uma visão que será explorada mais adiante. O senhor Xiuling discorda, acreditando que se tratava de arroz de cultivo contínuo. Essa opinião foi baseada nas anotações do acadêmico da Dinastia Tang, Li Shan, natural de Jiangdu, uma cidade não muito distante da capital de Wu. Ele observa: "Os agricultores plantam duas vezes por ano."[814] Entretanto, o professor You não pode confirmar se isso significava plantar no mesmo campo.

Mencionei em outro lugar que os conceitos de arroz de estação precoce e tardia existiam na dinastia Song ou até mesmo antes, mas a expressão "arroz de estação precoce" na dinastia Song não era usada no mesmo sentido que é hoje.[815] Além disso, não havia relação de replantio entre o arroz de estação precoce e tardia.[816] Isso não quer dizer, entretanto, que não houvesse arroz precoce no sentido contemporâneo durante a dinastia Song. Em 1012, o imperador Song Zhenzong trouxe o arroz Champa de Fujian, uma variedade que amadurecia cedo e era resistente à seca. O senhor Xiuling es-

---

812 *História dos Song*, "Bárbaros, 6."

813 *Decretos e Regulamentos de Tang*, "Sinais Auspiciosos, Parte 1."

814 You Xiuling, *História do Cultivo de Arroz na China* (Pequim: Editora de Agricultura da China, 1995), p. 222.

815 A agricultura moderna classifica o arroz com um período de crescimento de 120 dias ou menos como arroz precoce, o arroz com um período de crescimento superior a 150 dias como arroz tardio e qualquer coisa entre 120 e 150 dias como arroz médio.

816 Zeng Xiongsheng, "Arroz Precoce e Tardio na Dinastia Song," *História Agrícola da China*, nº 1 (2002).

tima que o período de crescimento do arroz Champa variava de 100 a 110 dias e que ele era plantado em Zhejiang, Fujian e na área de Huainan em Jiangsu e Anhui, o que o torna definitivamente uma variedade de arroz de estação inicial.[817] Havia outra variedade bem conhecida na dinastia Song, o arroz *huanglu*, que exigia de 60 a 105 dias entre o plantio e a colheita e era muito tolerante à água.[818]Outros tipos de arroz de estação precoce incluíam *maizhengchang*, *guisheng*, *jie'ao*, arroz de sessenta dias, *wuzhanzaobai*, *xuanzhouzao*, Champa primitiva, funaoba[819] e arroz *chimang*. Algumas dessas variedades, como a *maizhengchang*, amadureciam no sexto mês[820], enquanto a *guisheng* precoce e outras variedades amadureciam no final do sexto mês. Algumas foram divulgadas como amadurecendo em sessenta dias, ou chamadas mais diretamente de arroz "precoce". Todas essas variedades tinham um período de crescimento curto e seriam definidas como arroz precoce no sentido moderno. A existência do arroz precoce lançou as bases para o desenvolvimento da prática. Na dinastia Song, havia três abordagens para o cultivo duplo de arroz: a soqueira, o cultivo intercalar e o cultivo contínuo.

---

817 Alguns estudiosos discordam dessa visão. Chen Zhiyi sustenta que o arroz Champa era uma forma de arroz médio com um período de crescimento de cerca de 155 dias quando cultivado em Fujian, mas de 178 dias quando cultivado em Kaifeng. Veja "Sobre o Arroz Champa," *História Agrícola da China*, nº 3 (1984): 25.

818 Zeng Xiongsheng, "Arroz Huanglu na História Chinesa," *Arqueologia Agrícola*, nº 1 (1998): 292–311.

819 Huang Xingceng escreveu no texto da Dinastia Ming *Variedades de Arroz*, "O arroz é plantado no terceiro mês e amadurece no sexto. As pessoas o chamam de maizhengchang." (Chen Zugui, ed., *Antologia do Patrimônio Agrícola Chinês, Categoria A, "Arroz, Parte 1"* (Companhia de Livros Zhonghua, 1958, 1958), p. 104.) Assim, o período de crescimento é de aproximadamente noventa dias.

820 You Xiuling acreditava que não existia arroz que requeresse apenas sessenta dias do plantio à colheita. (Veja "O Enigma dos 'Sessenta Dias' no Antigo Arroz Precoce," em *Coleção de Pesquisa sobre História Agrícola* (Editora de Agricultura da China, 1999), pp. 401–405.) Independentemente da exata duração do período de crescimento, é certo que se qualificava como arroz precoce. Vários trechos confirmam isso, como, "Arroz branco de sessenta dias amadurece primeiro. Eu o peguei quando estava recém-colhido, e estava muito aromático quando cozido." O escritor Lu You observou, "Arroz branco de sessenta dias é o nome de um tipo de arroz que amadurece na última parte do sexto mês." (Veja Lu You, *Chuva Sazonal*. Citado em Chen Zugui, ed., *Antologia do Patrimônio Agrícola Chinês, Categoria A, "Arroz, Parte 1"* (Companhia de Livros Zhonghua, 1958), p. 71.)

5. Duplo cultivo de arroz de ração

O termo "soqueira de arroz" refere-se à germinação, ao desponte e à frutificação de uma segunda safra de arroz a partir do restolho dormente na base do caule após uma colheita ou uma colheita fracassada. O verso de um poema de Song que diz "novos brotos de arroz, crescem dos velhos caules após a colheita"[821] descreve esse fenômeno. Inicialmente, o arroz em catação era apenas um fenômeno natural, mas depois foi utilizado pelos humanos como parte do sistema de cultivo. Ele era usado em Zhejiang, na área ao redor do rio Huai em Jiangsu, Anhui e até mesmo em muitas partes de Jinghu.

Leste de Zhejiang. *Esboços Biográficos do Imperador Taizong da Dinastia Song* registrou no segundo ano do período Zhidao (996 d.C.), "Em Chuzhou (atual Lishui, Zhejiang), o arroz amadureceu duas vezes". Yang Yi (974-1020 d.C.) escreveu em "Felicitações sobre o arroz Ratoon": "De acordo com as declarações de Lishui e de outros condados de nossa província, depois que o arroz da estação inicial era cortado no início do outono, o broto na base do caule germinava novamente, depois se tornava uma borbulha e frutificava, gerando uma segunda colheita. Ouvimos de outras pessoas em nossa província que muitos grãos amadureceram juntos, o que, da mesma forma, teve a sorte de produzir duas colheitas dos cinco grãos."[822] No décimo primeiro mês do primeiro ano do período *Tianxi* do reinado do imperador Zhenzong (1017), Zhejiang viu uma mudança em sua sorte, e o arroz da estação inicial germinou novamente em Wuzhou (atual Jinhua) e Chuzhou (atual Lishui).[823] A partir dessas passagens, fica evidente que o cultivo duplo de arroz em soca já era praticado em lugares como Lishui, no leste de Zhejiang, no início da dinastia Song. O estudioso da dinastia Song, Zhu Xi (1130-1200), mencionou em *Memorial ao Trono: Visitando Taizhou*: "Em todos os lugares que visitei, depois da chuva, o arroz tardio floresce, desde que não seja totalmente danificado, e pode-se esperar uma boa colheita. Mas os fazendeiros não cultivaram muito esse tipo de arroz, de modo que ele representou apenas 1-2% do arroz da estação inicial. O arroz da estação inicial que não foi totalmente danificado germinou e frutificou. A população local chamava isso de 'segundo arroz', 'arroz herdeiro' ou 'arroz grávido'"[824]. Na dinastia Qing, era amplamente aceito que variedades como o segundo arroz, o arroz herdeiro e o arroz grávido eram as mesmas

---

821 [Dinastia Song do Norte] Liu Ban, *Coleção de Pengcheng*, vol. 12, "Poesia da Manhã" (Editora Comercial, 1937), p. 157.

822 [Dinastia Song do Norte] Yang Yi, *Coleção de Wuyi*, vol. 12.

823 *Sequência da História como Espelho*, vol. 90.

824 [Dinastia Song do Sul] Zhu Xi, *Obras Completas de Zhu Xi*, vol. 18.

do arroz *jiwan*, que mais tarde foi amplamente utilizado para o cultivo consorciado.[825] Havia também uma opinião contrária, como argumentado no texto da dinastia Qing *Crônicas estendidas do condado de Taiping*: "*Jiwan* é chamado por dois nomes diferentes[826], sendo que o último se refere a uma continuação do arroz precoce com uma colheita tardia. O "arroz herdeiro" é normalmente conhecido como "o herdeiro do arroz precoce", porque as raízes do arroz precoce se desenvolvem e crescem depois de serem cortadas. Isso não é *jiwan* (继晚)."[827] A julgar pela prosa de Zhu Xi, parece mais plausível que o arroz de segunda, o arroz herdeiro e o arroz grávido fossem todos tipos de arroz de soca. O décimo sétimo capítulo das *Crônicas de Kuaiji*, escrito em 1201, diz: "Amadurecer duas vezes é chamado de *weiliao*. Depois que o arroz é cortado, as raízes germinam novamente". You Xiuling sugere que o caractere 魏 (wei) em weiliao era intercambiável com o caractere 回 (hui), e *huiliao* significava uma segunda colheita.[828] Esses materiais indicam que, pelo menos desde o início da dinastia Song, o cultivo duplo de arroz em soca era praticado no leste de Zhejiang e continuou no período Song do Sul.

Zhejiang ocidental. Su Zhou registrou na *Coleção Dois Riachos*: "Não há nada igual ao celeiro de Taizhou no Reino de Wu. Fan Chengda escreveu em *Crônicas da Prefeitura de Wu*: "O arroz de ração amadurece duas vezes por ano."[829] *Em Ode à Capital de Wu* diz: "Os impostos das áreas rurais são cobrados sobre o arroz que amadurece duas vezes". Jiang Tang descreve em seu "Escalada no Pavilhão do Rio Wu": "A grama fica verde quando está

---

[825] No décimo sexto ano do reinado de Jiaqing (1811), o *Chronicle do Condado de Taiping*, Volume 2, afirma: "Nos últimos anos, as pessoas têm praticado o jiwan, que envolve buscar água e colocar mudas de arroz nela quando o arroz cedo está prestes a crescer. Uma vez que o arroz cedo é colhido, as mudas ficam altas e o campo se torna verde. Esse tipo de arroz é utilizado desde a Dinastia Song. Nas anotações de leitura de Zhu Xi, quando ele era o Coordenador Geral de Taizhou, ele menciona algo que os locais chamavam de arroz secundário, arroz herdeiro ou arroz grávido. Todos os condados subordinados cultivavam esse arroz, sendo que o Condado de Tai cultivava a maior parte." (Veja *Escritório de Pesquisa de Patrimônio Agrícola Chinês*, Wang Da, Wu Chongyi e Li Chengbin, eds., *Antologia do Patrimônio Agrícola Chinês*, Categoria A, "Arroz, Parte 2" (Pequim: Editora de Agricultura da China, 1993), p. 176.)

[826] Nota do tradutor: Ambos os termos são pronunciados "*jiwan*", mas são escritos de maneira diferente, 寄晚 e 继晚.

[827] *Escritório de Pesquisa de Patrimônio Agrícola Chinês*, Wang Da, Wu Chongyi e Li Chengbin, eds., *Antologia do Patrimônio Agrícola Chinês*, Categoria A, "Arroz, Parte 2" (Editora de Agricultura da China, 1993), p. 176.

[828] You Xiuling, *História do Cultivo de Arroz na China* (Pequim: Editora de Agricultura da China, 1995), p. 216.

[829] [Dinastia Song] Su Zhou, *Coleção dos Dois Riachos*, vol. 9, "Anotações de Leitura sobre Agricultura."

voltada para o sol, e o boi conduz a criança. No outono, o arroz amadurece e germina novamente". Isso foi escrito no período Huangyou (1049-1053)."[830] Fan Chengda fez essas inferências com base na experiência de Jiang Tang durante seu cargo de Ministro Admoestador na corte durante o reinado de Renzong da dinastia Song.[831] Desde a época em que *Crônicas da Prefeitura de Wu* foi escrita, no período Huangyou, até o terceiro ano do reinado de Shaoxi da dinastia Song (1192), parece que o arroz em soca era continuamente cultivado em dobro na Prefeitura de Wu. Em *Crônicas da Prefeitura de Wu* continua dizendo: "As raízes do arroz que são cortadas hoje germinam novamente. As mudas de arroz crescem e frutificam facilmente, e o grão é colhido. Esse tipo de arroz é chamado de "arroz re-germinado", que é provavelmente o que se chamava nos tempos antigos de "arroz que amadurece de novo"'.[832]Fan Chengda também escreveu sobre "arroz na província de Wu que amadurece duas vezes".[833] No décimo primeiro ano do reinado de Chunyou da dinastia Song (1251), a *Crônica de Yufeng* (atual Kunshan, Jiangsu) também registrou o arroz em soca.[834] Isso indica que o cultivo duplo de arroz em soca existia no leste de Zhejiang nos períodos Huangyou e Chunyou.

Quanzhou, Fujian. Está registrado no *Registro das viagens de Taiping pelo país na dinastia Song*: "Depois que o arroz é colhido na primavera e no verão, o caule germina novamente e amadurece no outono. Isso é o que *Ode à Capital de Wu* chamou de "arroz que amadurece de novo."[835]

Huainan. O livro *História dos Song*, "Registro do Imperador Renzong", registra que no oitavo ano do reinado de Qingli (1048), "Em Luzhou, Condado de Hefei (atual Hefei, Anhui), o arroz se regenera". O renomado calígrafo Mi Fu (1051-1107) oferece mais um testemunho do cultivo duplo de arroz de soca quando atuou como prefeito do condado de Wuwei.

---

830 [Dinastia Song do Sul] Fan Chengda, *Crônica da Prefeitura de Wu* (Editora de Dahua, 1987), p. 2465.

831 Idem, p. 2312.

832 Idem, p. 2465.

833 [Dinastia Song do Sul] Fan Chengda, *Poemas Completos de Shihu*, vol. 30. "Rimas em Resposta a Yuan Qiyan, Trigo Auspicioso." Diz: "Este arroz amadureceu, e uma brota que germinou dele floresceu e frutificou. A biografia nunca registrou isso antes."

834 Reinado de Chunyou da Dinastia Song. *Crônica de Yufeng*, "Produtos Locais." Diz: "Quando os agricultores têm uma grande colheita de arroz ratoon, as raízes germinam e frutificam novamente, e há uma segunda colheita. Os locais chamam isso de 'arroz que germina novamente'. O *Ode à Capital de Wu* diz que foram cobrados impostos sobre o arroz que amadureceu duas vezes."

835 [Dinastia Song do Norte] Yue Shi, *Viagens pelo País na Dinastia Song*, vol. 102, "Quanzhou."

O registro diz: "Quando o prefeito Mi estava em Wuwei, ele subiu na torre com seu assistente no outono para se reunir com amigos. Olhando para os campos de arroz e vendo que estavam verdes, ele perguntou: "Por que o campo está verde novamente se agora é outono e a colheita já terminou? Um fazendeiro respondeu: "São os novos brotos de arroz. Quando chove, o arroz volta a germinar depois de ter sido cortado, por isso é especialmente verde". Mi Fu respondeu: "Isso é realmente algo que merece ser comemorado". Então, ele escreveu uma nota elogiando esse arroz, chamando-o de arroz neto."[836]Isso indica que o cultivo duplo de arroz soca era praticado em Huainan (que inclui o norte de Jiangsu e Anhui) durante a dinastia Song.

Jiangnan. *Sequência de História como espelho*, Volume 21, registra que no primeiro mês do quinto ano do reinado de Taiping Xingguo da dinastia Song (980 d.C.), "o arroz em Huizhou amadureceu duas vezes". Em *História dos Song*, "Crônica de Wuxing", está registrado que, no sexto ano do reinado de Yuanfeng (1083), "o arroz nos sete condados de Hangzhou germinou novamente depois de ser colhido". Em *Variedades de arroz*, escrito por Zeng Anzhi e concluído antes de 1094, está registrado que "o arroz em regeneração em Jiangnan hoje é às vezes chamado de grão feminino. Ele deve ser utilizável."[837]Além de indicar essa capacidade especial de regeneração, é possível que o termo "grão feminino" sugira que esse arroz tinha um grão mais curto do que o normal.

Jinghu (atuais Hunan e Hubei). *História dos Song*, "Crônica de Wuxing", registra que no décimo mês do primeiro ano do reinado de Jingyou (1034), "o arroz em Xiaogan e Yingcheng amadureceu novamente". Em *Sequência de História como espelho*, Volume 90, está registrado que no décimo segundo mês do primeiro ano do reinado de Tianxi do Imperador Zhenzong (1017), "o arroz regenerado apareceu e foi mostrado ao chanceler. Naquela época, o oficial da área de Jinghu relatou que o sol escaldante havia danificado o arroz, mas houve chuva abundante no outono, então ele germinou novamente".

Essas passagens fornecem ampla evidência de que o cultivo duplo de arroz em soca era amplamente praticado na Dinastia Song do Norte. De acordo com *Um exame abrangente da literatura*, *Diferenças nas coisas* e outros registros, a região militar da dinastia Song do Norte, Wuwei, Anhui, seis condados em Hongzhou (Nanchang, Jiangxi) e regiões de Huaixi (atuais Jiangnan e Huainan), todos colhiam arroz em soca. Havia uma grande variedade de cultivo de arroz em soca, que era chamado por diferentes nomes

---

836 [Dinastia Song do Sul] Ye Zhi, *Tanzhaibiheng*, "Arroz de Neto."

837 *Variedades de Arroz*. A obra original foi perdida. Este trecho é citado em "Variedades de Arroz Anotadas" de Cao Shuji, *História Agrícola da China*, n° 3 (1985): 74–84.

em diferentes lugares. Nos registros históricos, era geralmente chamado de "arroz *reripening*", embora em Yufeng (Kunshan, Jiangsu) e outros lugares fosse chamado de "arroz re-germinado". Wuwei, Anhui e outros lugares o chamavam de "arroz neto" e em Kuaiji, Zhejiang, era chamado de *weiliao*. Taizhou o chamava de "segundo arroz", "arroz herdeiro" ou "arroz grávido", enquanto em Jiangxi e outros locais, era chamado de "grão feminino". A partir da evidência de que as autoridades locais relataram o fenômeno como bizarro, da especulação de Zeng Anzhi de que "deveria ser utilizável" e do entusiasmo de Mi Fu, fica evidente que o arroz soca já era popular, mas ainda estava sendo promovido.

Os registros de arroz em soca da Dinastia Song do Sul não são tão abundantes quanto os da Dinastia Song do Norte, o que pode significar que já havia se tornado comum nesse período ou que havia sido substituído por outras abordagens de cultivo duplo de arroz. Mas em Yufeng e Kuaiji, as variedades de haste macia, como o arroz verde ou branco, continuaram a ser plantadas. Especula-se, com base na cronologia relacionada, que essas variedades eram tipos de arroz em soca.[838]

---

[838] No décimo sexto ano do reinado de Hongzhi da Dinastia Ming (1503), o *Chronicle de Wenzhoufu*, "Produtos Locais," registra: "A vara de arroz é macia e branca, e os grãos de arroz são grandes e doces. O arroz é colhido no oitavo mês, e brotos germinam das raízes após a colheita, com os novos brotos não sendo diferentes do arroz original. Isso é chamado de 'arroz grávido' ou 'segundo arroz'. Ele é colhido no décimo mês, e os agricultores pagam o aluguel, deixando o restante para suas próprias necessidades ou para pagar outros. O arroz vem da mesma raiz, e não há diferença entre a colheita precoce e a tardia. Se a terra não for produtiva o suficiente, a irrigação não garantirá uma boa colheita." Veja *Escritório de Pesquisa de Patrimônio Agrícola Chinês*, Wang Da, Wu Chongyi e Li Chengbin, eds., *Antologia do Patrimônio Agrícola Chinês*, Categoria A, "Arroz, Parte 2" (Pequim: Editora de Agricultura da China, 1993), p. 254.

6. Duplo cultivo de arroz por meio de intercalação

Juntamente com o uso de arroz em soca, as outras abordagens para o cultivo duplo de arroz na dinastia Song eram o cultivo intercalar e o cultivo contínuo. Um livro de meados do século XIV intitulado *Diálogos sobre terras agrícolas* mencionava o uso de arroz em soca na região de Fujian, dizendo: "Em Fujian e Guangdong, o arroz amadurecia novamente depois de cortado. As pessoas presumiam que o arroz era plantado novamente após a colheita, mas não era. Chi Zongbin, um conhecido meu, era um senhor em Yongjia que atuava como vice-governador do condado de Huangpi, Huangzhou. Perguntei a ele e ele me disse que os agricultores plantavam antes do Festival Qingming e depois transplantaram as mudas no sexto mês. Eles plantavam as mudas iniciais em fileiras densas e, depois de dez dias, replantavam as mudas tardias no meio. No outono, o arroz amadureceu, e eles cortaram o arroz precoce, depois amontoaram terra sobre o arroz tardio para protegê-lo. Depois, esperaram que amadurecesse. Depois, esperavam que ele amadurecesse novamente para que pudessem fazer outra colheita." Neste livro, o uso de arroz em soca em Fujian e Guangdong é inferido com base no vizinho de Fujian, Yongjia, Zhejiang. Esse é o registro mais antigo da abordagem de consorciação de culturas para o cultivo duplo de arroz.[839]

Qual foi a origem da abordagem de plantio intercalado para o cultivo duplo de arroz, como visto em Yongjia? Os dados atuais sugerem que a primeira instância da prática em Yongjia remonta à dinastia Song, onde surgiu com uma variedade chamada *jisheng*. *A Crônica de Chicheng*, escrita durante o reinado de Jiading da Dinastia Song do Sul, escreve: "Em resumo, Xiantai, Xianglian, Jisheng e Di'erbian usam a abordagem de cultivo intercalar para o cultivo duplo de arroz."[840]

O que era exatamente o arroz *jisheng* (que significa literalmente "parasita")? Não há registros específicos nas crônicas da dinastia Song, mas encontramos descrições dele em crônicas de períodos posteriores. A *Crônica do Condado de Taiping*, escrita durante o reinado de Jiajing da Dinastia Ming, registra: "O *jisheng* recebe esse nome porque suas sementes são semeadas com arroz precoce. Alguns também o chamam de *wan'*er (que significa literalmente 'tardio')". Mais tarde, o arroz *jiwan* recebeu seu nome

---

[839] You Xiuling, *História do Cultivo de Arroz na China* (Pequim: Editora de Agricultura da China, 1995), p. 217.

[840] *Escritório de Pesquisa de Patrimônio Agrícola Chinês*, Wang Da, Wu Chongyi e Li Chengbin, eds., *Antologia do Patrimônio Agrícola Chinês*, Categoria A, "Arroz, Parte 2" (Editora de Agricultura da China, 1993), p. 233.

dos termos *jisheng* e *wan'er*. Durante o reinado de *Jiaqing*, da dinastia Qing, foi registrado nas *Crônicas do Condado de Taiping* que "nos últimos anos, as pessoas têm preferido o *jiwan*, que requer buscar água e colocar as mudas de arroz na água assim que o arroz precoce cresce. Quando o arroz precoce é colhido, as mudas estão altas e os campos estão verdejantes". Foi por essa razão que a *Crônica do Condado de Huangyan* registrou, durante o reinado de Guangxu da Dinastia Qing, que "*Jisheng* também pode ser chamado de *jiwan*". A *Crônica do Condado* de Taiping registrou no reinado de Guangxu: "Nos últimos anos, os agricultores estão defendendo o jiwan, que é chamado de 'arroz herdeiro' ou 'arroz grávido' por outros. *Jiwan* pode ser escrito de diferentes maneiras[841], sendo que a última sugere que o arroz tardio sucede o arroz precoce depois de colhido. O "arroz herdeiro" recebe esse nome porque é transmitido[842], pois depois que o arroz da estação inicial é colhido, o tardio cresce a partir de suas raízes, o que não é jiwan.[843] O arroz herdeiro é um poderoso remédio para disenteria, mas não se sabe nada sobre o arroz grávido." Outro conceito era predominante na mesma época, o de *buwan* (literalmente, "reabastecimento tardio"). A *Crônica de Wenzhoufu* registrou durante o reinado de Hongzhi da dinastia Ming: "Separar as mudas iniciais no final da primavera e no início do outono é chamado de transplante. Separar as mudas tardias e transplantá-las nas fileiras vazias é chamado de buwan."[844]

Concluindo, o arroz *jisheng* foi uma variedade usada para a abordagem de consorciação de culturas para o cultivo duplo de arroz. Essa variedade foi plantada em Nanjing, Changting, Changle, Fuqing, Lianjiang, Longyan, Quanzhou e Yongding em Fujian, Yinxian, Wenzhou, Rui'an, Leqing e Pingyang em Zhejiang, Longquan, Lianhua, Pingxiang, Wanzai, Yichun e Linjiang em Jiangxi Ocidental, Yihuang em Jiangxi Oriental e Liuyang e Liling, na área de Hunan-Jiangxi. Era conhecida por nomes tão variados como *yang'er*, *jizhong*, *lun*, *buwan* e *yahe*

O aparecimento do arroz *jisheng* nas crônicas da dinastia Song indica que a abordagem de cultivo intercalar para o cultivo duplo de arroz já estava em prática naquela época, 300 anos antes do que se acreditava anteriormente. O senhor Xiuling mencionou em um artigo que, juntamente com a abordagem de cultivo contínuo que foi desenvolvida principalmente

---

841 Nota do tradutor: 寄晚 ou 继晚, pronunciados da mesma forma.

842 Nota do tradutor: ou seja, de geração em geração.

843 Nota do tradutor: ou seja, no sentido de cultivo contínuo.

844 *Escritório de Pesquisa de Patrimônio Agrícola Chinês*, Wang Da, Wu Chongyi e Li Chengbin, eds., *Antologia do Patrimônio Agrícola Chinês*, Categoria A, "Arroz, Parte 2" (Editora de Agricultura da China, 1993), pp. 176, 185, 234, 237.

em Zhejiang desde 1974, o cultivo consorciado (principalmente no sul de Zhejiang) e o cultivo único (principalmente no norte de Zhejiang) tiveram a história mais longa. Para determinar quando o cultivo consorciado começou em Zhejiang, os registros podem ser rastreados a partir da *Crônica do Condado de Pingyang* (24º ano do reinado de Qianlong, 1759). O senhor Xiuling não acredita que 1759 tenha sido a data mais antiga em que o cultivo consorciado foi praticado no sul de Zhejiang. Ele observa no artigo que "o plantio direto de arroz no sul de Zhejiang pode ser rastreado até a dinastia Ming. Há relatos sobre isso na *Crônica de Wenzhoufu*, datada do décimo sexto ano do reinado de Hongzhi (1503)."[845] O que foi encontrado em referência ao arroz *jisheng* na *Crônica de Chicheng*, datada do décimo sexto ano do reinado de Jiading (1223), e as explicações sobre isso nas crônicas subsequentes da região provam que o cultivo consorciado de arroz pode ser rastreado até a Dinastia Song.

---

845 You Xiuling, "Significado das Crônicas Locais no Estudo da História da Ciência Agrícola," em *Coleção de Pesquisa em História Agrícola* (Pequim: Editora de Agricultura da China, 1999), pp. 204-205.

7. Cultivo contínuo

Depois que o arroz da estação inicial é cortado e preparado, os agricultores transplantam o arroz da estação final, um processo conhecido como abordagem de cultivo contínuo para o cultivo duplo de arroz. É comum afirmar que o cultivo contínuo era praticado em Lingnan durante a dinastia Han, e alguns estudiosos acreditam que o cultivo contínuo era praticado na área do Yangtze durante as dinastias Tang e Song, embora não haja evidências específicas que comprovem isso. O estudioso da dinastia Qing, Li Yanzhang, escreveu em *Coleção sobre a aceleração da lavoura e a colheita de arroz em Jiangnan* que "o uso de arroz em soca em Jiangnan foi registrado pela primeira vez em *Ode à Capital de Wu*, escrito por Zuo Si... É evidente que a região teve o primeiro registro do uso de arroz em soca. Os agricultores colhiam arroz duas vezes por ano em Jiangnan durante a dinastia Song."[846] Embora You Xiuling mencione o cultivo contínuo de arroz em *História do cultivo de arroz na China*, a maioria das conclusões é inferida com base nas crônicas da dinastia Ming, ignorando a prática do cultivo contínuo em Jiangsu e Zhejiang. O senhor considerou que, embora a área da capital Wu (em torno de Suzhou) já estivesse praticando o cultivo contínuo na dinastia Jin ocidental, por vários motivos (como possíveis quedas de temperatura), ele desapareceu mais tarde. Na dinastia Song, o cultivo contínuo era praticado na área de Taihu, e os registros o dividem em arroz precoce, médio e tardio, mas todos eram cultivados apenas em campos de cultivo único. Posteriormente, o cultivo contínuo foi praticado na área de Zhejiang em meados e no final da dinastia Ming e no início da dinastia Qing, e depois aumentou gradualmente durante os períodos Kangxi e Qianlong e durante o final da dinastia Qing até o início da Era Republicana.[847]

Acredito que o cultivo contínuo só começou a ser usado como técnica agrícola na dinastia Song, mas sua gama de uso era ampla. Há muitas evidências na *História do cultivo de arroz na China* que remetem o cultivo contínuo de arroz à dinastia Song.

Jiangsu. Em *História do cultivo de arroz na China*, You Xiuling menciona o arroz *wukou*, registrado pelo estudioso da dinastia Ming Huang Xingceng (1522-1566) em *Variedades de arroz*, para provar que o cultivo contínuo de arroz era praticado na região de Suzhou em meados da dinastia Ming. A pesquisa sobre o cultivo de arroz na China até considera essa a

---

846 Chen Zugui, ed., *Antologia do Patrimônio Agrícola Chinês*, Categoria A, "Arroz, Parte 1" (Zhonghua Book Company, 1958), p. 427.

847 You Xiuling, *História do Cultivo de Arroz na China* (Pequim: Editora de Agricultura da China, 1995), pp. 222–223.

mais antiga evidência textual do cultivo contínuo de arroz.[848] Na verdade, o arroz wukou apareceu pela primeira vez durante a Dinastia Song do Sul. *A Crônica de Yufeng*, escrita no reinado de Chunyou da Dinastia Song do Sul, menciona essa variedade de arroz, observando que "o arroz é preto e amadurece mais tarde"[849], confirmando que o arroz wukou era plantado em Kunshan, Jiangsu, naquela época. No reinado de Baoyou da dinastia Song (1253-1258), a *Crônica de Qinchuan* também registrou essa variedade, afirmando que ela "é transplantada e amadurece tarde"[850], provando que havia não apenas arroz wukou, mas também cultivo contínuo em Changshu, Jiangsu. Desde a dinastia Song até o período Ming-Qing, as regiões de Jiangsu e Zhejiang que frequentemente sofriam com inundações plantavam essa variedade de arroz. *Variedades de arroz e tratado botânico* mencionam as características do arroz *wukou*, que podem ser resumidas em: 1) preto, 2) resistente à água e ao frio, 3) amadurecimento tardio e 4) arroz de qualidade inferior. Como o arroz *wukou* amadurece tarde, ele é frequentemente usado como um arroz tardio de cultivo único ou pode ser transplantado após a colheita do arroz precoce como um arroz tardio na abordagem de cultivo contínuo. O transplante de arroz *wukou* de maturação tardia em Jingsu, na dinastia Song, indica que a área já estava praticando o cultivo contínuo, mas, devido à qualidade do arroz *wukou*, não era prudente plantá-lo em grandes quantidades para obter um cultivo duplo, mas sim para atenuar os efeitos da quebra de safra.

Zhejiang. No décimo sexto ano do reinado de Jiading da Dinastia Song do Sul (1223), a *Crônica de Chicheng* registrou o *jisheng* e outra variedade de arroz chamada "segundo arroz", que pode ter sido uma variedade usada na abordagem de cultivo contínuo para o cultivo duplo de arroz. O texto do final da dinastia *Pesquisa do Grande Coordenador sobre Produtos Agrícolas*, registrou o cultivo duplo do arroz tardio chamado de "segundo arroz", definindo-o como "arroz que é replantado após o corte do arroz precoce, colocando-o entre as fileiras do arroz restante. Isso é o que se chama de

---

848 Academia Chinesa de Ciências Agrícolas, *Pesquisa sobre o Cultivo de Arroz na China* (Pequim: Editora de Agricultura da China, 1986), p. 21.

849 *Escritório de Pesquisa de Patrimônio Agrícola Chinês*, Wang Da, Wu Chongyi e Li Chengbin, eds., *Antologia do Patrimônio Agrícola Chinês*, Categoria A, "Arroz, Parte 2" (Pequim: Editora de Agricultura da China, 1993), p. 93.

850 Reinado Baoyou da Dinastia Song. *Reedição da Crônica de Qinchuan*, vol. 9. Diz: "O arroz Wukou, que é transplantado e amadurece tardiamente, é a pior variedade de arroz." Citado em *Escritório de Pesquisa de Patrimônio Agrícola Chinês*, Wang Da, Wu Chongyi e Li Chengbin, eds., *Antologia do Patrimônio Agrícola Chinês*, Categoria A, "Arroz, Parte 2" (Pequim: Editora de Agricultura da China, 1993), p. 98.

arroz de regeneração".[851] "Segundo arroz" inclui as abordagens de cultivo intercalado e contínuo para o cultivo duplo de arroz, mas como a *Crônica de Chicheng* usa um termo diferente para indicar o cultivo intercalado, pode-se supor que "segundo arroz" se refere à abordagem de cultivo contínuo. Isso confirma que Taizhou, Zhejiang, já estava praticando o cultivo contínuo nessa época. O primeiro volume da *Crônica do Condado de Changguo*, intitulado "Uma visão geral dos produtos", revisado durante o reinado de Baoqing da Dinastia Song do Sul (1225-1227), e o quarto volume da *Crônica de Siming da Dinastia Song do Sul*, também intitulado "Uma visão geral dos produtos", registram variedades de arroz chamadas *leisan*, *chisan* e *wusan*. O caractere san (穄) é escrito em outros lugares como xian (籼), portanto, em textos como a *Crônica do Condado de Cixi*, escrito durante o reinado de Guangxu da dinastia Qing, essas variedades foram registradas como *leixian*, *chixian* e *wuxian*.[852] *O Tratado de Botânica* "Variedades de grãos" registra que "*wuxian* é um arroz do início da estação, com grãos grandes e longos colmos. A palha é macia e flexível e é útil para tecer sapatos. Seu arroz é tão delicioso que o povo de Zhejiang o serve a convidados e visitantes e o oferece a idosos, deficientes e mulheres grávidas. Ele é plantado no terceiro mês e colhido no sétimo. O arroz da estação tardia pode ser plantado no mesmo campo e pode amadurecer novamente."[853]

Podemos deduzir desse texto que o *wuxian* (ou *wusan*, como era chamado na dinastia Song) era um arroz de estação inicial cultivado continuamente, o que evidencia que Dinghai e Ningbo, Zhejiang, estavam praticando o cultivo contínuo de arroz nessa época.

Jiangxi. Em *Variedades de arroz*, Zeng Anzhi se refere a uma variedade de arroz chamada arroz *huanglu*, dizendo: "Há uma variedade chamada grão *huanglu* em Jiangnan. Ela é plantada depois que o arroz precoce é colhido no Grande Calor e amadurece quando o arroz tardio é colhido na Descida da Geada". O grão *Huanglu* é o arroz *huanglu*, uma variedade de arroz em casca mencionada tanto no *Tratado Agrícola de Chen Fu* quanto no *Tratado Agrícola de Wang Zhen*. O *Tratado Agrícola de Chen Fu* observa: "Os Ritos de Zhou dizem: 'Em lugares onde as plantas aquáticas crescem, plante em 'Espiga de Grão'. "Espiga de Grão" tem dois significados. Uma explicação é o arroz com espigas, ou o arroz *huanglu* de hoje. Outra

---

851 [Dinastia Qing] He Gangde, *Pesquisa do Grande Coordenador sobre Produtos Agrícolas*, vol. 1, "Arroz Glutinoso."

852 *Escritório de Pesquisa de Patrimônio Agrícola Chinês*, Wang Da, Wu Chongyi e Li Chengbin, eds., *Antologia do Patrimônio Agrícola Chinês*, Categoria A, "Arroz, Parte 2" (Pequim: Editora de Agricultura da China, 1993), p. 224.

853 Chen Zugui, ed., *Antologia do Patrimônio Agrícola Chinês*, Categoria A, "Arroz, Parte 1" (Companhia de Livros Zhonghua, 1958), p. 121.

explicação é que ele é cultivado após o Espiga de Grão no calendário solar. Hoje em dia, as pessoas sabem que a enchente passa após o Solstício de Verão, a Menor Plenitude de Grãos e o Grão na Orelha, por isso cultivam o arroz *huanglu* em arrozais semelhantes a lagos, o que se encaixa em ambas as explicações. Desde a semeadura do arroz huanglu até a colheita, são necessários de sessenta a setenta dias para evitar o encharcamento". A partir disso, fica evidente que o arroz *huanglu* era uma variedade caracterizada por um *awn*, um curto período de crescimento e resistência ao encharcamento, o que o tornava adequado para o plantio em arrozais alagados.[854] Além disso, devido ao seu curto período de crescimento, ele desempenhou um papel importante no desenvolvimento da abordagem de cultivo contínuo para o cultivo duplo de arroz.

Embora o arroz *huanglu* tenha sido plantado principalmente em campos propensos a alagamentos, ele também poderia ser usado como arroz tardio em cultivos contínuos. *Variedades de arroz*, *Tratado Agrícola de Chen Fu* e *Tratado Agrícola de Wang Zhen* têm registros dessa variedade, o que indica que o arroz *huanglu* pode ter sido plantado como uma cultura tardia na abordagem de cultivo contínuo nos trechos médio e inferior do rio Yangtze durante a dinastia Song. Pode-se confirmar que o mesmo ocorreu em Fujian durante a dinastia Song. Há vários poemas sobre o cultivo duplo de arroz em Fuzhou que datam da dinastia Song, a maioria se referindo ao arroz plantado em arrozais inundados, portanto, o arroz de cultivo duplo poderia ter sido o arroz *huanglu*. O arroz *huanglu* foi a primeira variedade de arroz de cultivo duplo na China e ganhou bastante impulso com a utilização de arrozais alagados e uma melhor proporção de uso da terra.

Fujian. O texto da dinastia Tang *Conto da região central de Fujian* registra que "o arroz que é plantado na primavera e amadurece no verão é chamado de arroz precoce. O arroz que é plantado no outono e amadurece no inverno é chamado de arroz tardio. O arroz que amadurece duas vezes é chamado de *jinzhou*, *baixiangshu* ou *nuo*."[855] Isso sugere que Fujian já usava a abordagem de cultivo contínuo durante a dinastia Tang e que o arroz tardio incluía diversas variedades de arroz glutinoso.[856] Isso também continuou em épocas posteriores. Observei pessoalmente na zona rural de Jiangxi que os agricultores geralmente não cultivam arroz glutinoso como arroz inicial no cultivo contínuo, embora parte do arroz tardio seja arroz

---

854 Zeng Xiongsheng, "Arroz Huanglu na História Chinesa," *Arqueologia Agrícola*, n° 1 (1998).

855 [Dinastia Ming] He Qiaoyuan, *Livro de Fujian*, "Crônica de Nanchan" (Editora do Povo de Fujian, 1994), p. 4434.

856 Nota do tradutor: Nuo significa "arroz glutinoso."

glutinoso. Há vários versos da dinastia Song que falam do cultivo duplo de arroz na área de Fuzhou, em Fujian, incluindo: "Há outra colheita no campo tardio",[857] ou "há outra colheita a cada ano nos campos do lago, duas colheitas a cada ano"[858], e "os campos da encosta têm uma colheita por ano, mas os campos do lago têm duas colheitas por ano". A *Crônica de Sanshan*, de Fujian, observou que os agricultores geralmente cultivam arroz glutinoso como um arroz precoce em um cultivo contínuo, enquanto parte do arroz glutinoso será arroz glutinoso.[859] A *Crônica de Sanshan*, "Produção", datada do reinado de Chunxi, não apenas cita a frase "não há igual ao campo tardio que amadurece duas vezes" da Poesia de Fuzhou de Ma Yi, mas também observa que "o arroz nos condados de Zhou, Yi e Guo amadurece duas vezes"[860] e se refere a "campos nos quais o arroz é plantado duas vezes por ano".[861] Com base nesses registros, podemos ter certeza de que o cultivo duplo de arroz em Fuzhou não usava arroz em soca, mas não há nenhuma indicação clara nos registros da dinastia Song se ele era usado para o cultivo intercalar ou para uma abordagem de cultivo contínuo.

A *Crônica de Sanyang* registra: "Se amadurecer no quinto ou sexto mês, é chamado de arroz precoce, e se amadurecer no décimo mês, é arroz tardio",[862] mas não afirma explicitamente se o arroz tardio foi plantado nos campos com o arroz precoce. Também foi mencionado na dinastia Song que, desde que Fujian "tenha arroz precoce colhido e arroz tardio seguro no campo", então "é um bom ano"[863], mas, novamente, isso não indica a relação entre o arroz precoce e o tardio. No século XIV, o autor de *Diálogos sobre terras agrícolas* especulou, com base na situação em Yongjia, Zhejiang, que o arroz cultivado duas vezes em Fujian usava a abordagem de consórcio. No entanto, a crônica local da dinastia Ming de Huang Zhongzhao em Fujian basicamente continuou o registro da *Crônica de Sanyang*, mas ressaltou que "o arroz precoce é plantado na primavera e colhido no verão. O arroz tardio é transplantado após a colheita do arroz precoce e amadurece no décimo mês. Tanto as colheitas precoces quanto as tardias

---

857 [Dinastia Song do Sul] Xu Jingsun, *Montanha Ju*, vol. 4, "Memórias de Fuzhou."

858 [Dinastia Song] Li Mixun, *Coleção de Rios em Bambu*, vol. 11, "Rima em Resposta, Obra de um Bacharel Sênior de Piling."

859 [Dinastia Song do Sul] Wei Jing, *Coleção do Último Prazer*, vol. 19, "Promoção da Agricultura em Fuzhou."

860 [Dinastia Song do Sul] Liang Kejia, *Crônica de Sanshan*, vol. 41, "Produtos."

861 [Dinastia Song do Sul] Liang Kejia, *Crônica de Sanshan*, vol. 8.

862 *Cânone Yongle*, vol. 5343.

863 [Dinastia Song do Sul] Fang Dacong, *Obras Completas of Fang Dacong*, vol. 30, "Promoção do Cultivo de Trigo no Ano Cíclico Bingxu."

são de cor vermelha e branca. O estudioso da dinastia Song, Ma Yi, disse: "Não há nada igual ao campo que amadurece duas vezes". Isso é realmente verdade."[864] Ele acreditava que o registro da dinastia Song se referia ao cultivo contínuo de arroz de "amadurecimento duplo" (ou "amadurecimento repetido").

Pesquisas atuais descobriram evidências específicas do uso do cultivo contínuo de uma variedade especializada de arroz em Fujian durante a dinastia Song. Em *História do cultivo de arroz na China*, o senhor Xiuling menciona o uso do termo *Shu* em Xinghua, Fujian (atualmente Xianyou em Putian), um substantivo próprio que aparece na *Crônica de Xinghuafu*, Volume 1, "Produção", escrito no terceiro ano do reinado de Wanli da dinastia Ming (1575). A passagem diz: "Há uma variedade de arroz que é colhida duas vezes por ano. O arroz plantado na primavera e que amadurece no verão é chamado de arroz precoce. O arroz transplantado após a colheita e que amadurece no décimo mês é chamado de *Shu*." O caractere *Shu* não pode ser encontrado em materiais de referência, como o Dicionário Chinês. Aqueles que revisaram a crônica provavelmente acrescentaram o radical 禾 (indicando grão) ao caractere 庶 (*shu*) com base na pronúncia local do nome dessa variedade, criando um fonograma que representa o arroz. Essas palavras monossilábicas eram usadas principalmente na época pré-Han, enquanto as palavras dissilábicas se tornaram mais predominantes após o período das Dinastias do Norte e do Sul. A variedade de arroz conhecida como *Shu* mantém o hábito monossilábico, sugerindo que tem uma história muito longa.[865]

A obra *Registros botânicos* contém registros do *shu*, dizendo que ele era "plantado na primavera, colhido no verão, depois plantado novamente no sétimo mês e colhido no décimo".[866] Embora o caractere escrito seja diferente nesse texto, acredito que esse shu se refere à mesma variedade mencionada na Crônica de Xinghuafu. Para começar, encontramos a derivação do *shu* com o radical 禾 na atual Putian, Fujian, nos registros da *Crônica do Condado de Xianxi*, que datam do quinto ano do reinado de Baoyou da Dinastia Song do Sul (1257), cerca de trezentos anos antes de ser registrada na Crônica de Xinghuafu. Além disso, esse documento anterior não apenas registra o *shu* de cultivo contínuo, uma variedade tardia, mas também

---

864 [Dinastia Ming] Huang Zhongzhao, *Crônica Abrangente de Fujian*, "Alimentos, Produtos Locais, Fuzhoufu, Variedades de Arroz" (Editora do Povo de Fujian, 1989), p. 511.

865 You Xiuling, *História do Cultivo de Arroz na China* (Pequim: Editora de Agricultura da China, 1995), pp. 122, 223.

866 Chen Zugui, ed., *Antologia do Patrimônio Agrícola Chinês*, Categoria A, "Arroz, Parte 1" (Pequim: Companhia de Livros Zhonghua, 1958), p. 122.

menciona uma variedade antiga de arroz de cultivo contínuo, o *xiantai*. A crônica registra: "Existem inúmeras variedades de arroz. O arroz precoce, chamado na *Crônica de Fujian Central* de *xiantai*, é plantado na primavera e colhido no verão, produzindo duas colheitas por ano. O *Shu* é transplantado após a colheita e amadurece no décimo mês. O arroz tardio é plantado no verão e colhido no outono. O arroz sem espigas e com grânulos finos é chamado de arroz Champa."[867] Voltando ao registro na *Crônica de Sanshan*, lemos: "Agora três condados, Zhou, Yi e Guo, têm duas colheitas por ano. O arroz plantado cedo é chamado de *xiantai* ou *Jinzhoulin*. O arroz plantado tardiamente é chamado de Champa, ou grama branca. Mas todos eles são chamados pelo termo geral arroz".

Isso prova que variedades como o *xiantai* eram arrozes precoces de cultivo contínuo. Além disso, Chen Zao, natural de Fujian, escreve: "No momento em que o arroz precoce é colhido, o arroz tardio floresce. O segundo arroz transplantado floresce. Quem disse que o outono sempre murcha as plantas? Eu ainda caminho com as chuvas de abril."[868]

Até onde sabemos, durante a dinastia Song, *shu* foi registrado apenas na *Crônica do Condado de Xianxi*, enquanto *xiantai* aparece na *Crônica do Condado de Chi* de Taizhou, Zhejiang, na Crônica de Sanshan de Fuzhou, Fujian, e na Crônica do Condado de Xianxi de Putian, Fujian. Assim como o termo *shu*, é difícil entender *xiantai* no nível literal. Ela é descrita na *Crônica do Condado de Chi* como a variedade mais cara e na *Crônica de Sanshan* como uma variedade que amadurece cedo. Pela Crônica do Condado de Xianxi, sabemos que era uma variedade de colheita dupla precoce, enquanto a *shu* era uma variedade de colheita dupla tardia. Em resumo, todos esses três lugares usaram a abordagem de cultivo contínuo para o cultivo duplo de arroz durante a dinastia Song e, por acaso, cobriram a grande área costeira do sudeste, do sul de Zhejiang ao sul de Fujian.

Lingnan. O estudioso da dinastia Song do sul, Zhou Qufei, escreveu sobre o cultivo duplo de arroz em *Respostas além das montanhas*, dizendo: "O arroz plantado no segundo mês é chamado de arroz precoce e é colhido no quarto e no quinto mês. O arroz plantado no terceiro e no quarto mês é chamado de arroz precoce tardio e é colhido no sexto e no sétimo mês. O arroz plantado no quinto e no sexto mês é chamado de arroz tardio e é colhido no oitavo e no nono mês. Já em Qidong, Qinyang, o arroz é plantado no sétimo e no oitavo mês, o arroz tardio é plantado no nono e no décimo

---

[867] China Agricultural Heritage Research Office, Wang Da, Wu Chongyi, e Li Chengbin, eds., *Antologia do Patrimônio Agrícola Chinês*, Categoria A, "Arroz, Parte 2" (Pequim: Editora de Agricultura da China, 1993), p. 659.

[868] *Poesia Completa da Dinastia Song*, vol. 50, p. 31301.

mês e uma variedade é transplantada no décimo primeiro e no décimo segundo mês. É chamado de arroz mensal."[869] Esse "arroz mensal" era uma variedade de cultivo contínuo duplo ou triplo. Está registrado em *Viagens pelo país durante a dinastia Song* que "em Leizhou, a terra é arenosa e o solo salino. As culturas plantadas na primavera e colhidas no outono são frequentemente danificadas pelos pardais do mar. Diz-se que uma variedade de arroz *jie* é semeada no inverno e colhida no verão. Esse arroz tem grânulos abundantes. É chamado de arroz soca, pois amadurece tanto no quinto quanto no décimo primeiro mês."[870]

Houve também o interessante fenômeno na dinastia Song de certas variedades serem arroz de estação precoce e tardia, principalmente em Taihe, Jiangxi e Qinchuan, Jiangsu. Entre as variedades de Taihe, o arroz glutinoso branco, o *daohe*, o arroz glutinoso *huangzhi*, o arroz glutinoso *qinggao*, o arroz glutinoso *zhuzhi* e o arroz *zhumaxiang* eram todos arrozes de estação precoce e tardia, e todos tinham linhagens glutinosas e não glutinosas. Da mesma forma, em Qinchuan, as variedades locais *baidao*, h*onglian*, *daogongjian*, *jincheng*, *shulanghuang* e o arroz selvagem eram arroz precoce e tardio. Entre as variedades de Sanshan, o arroz Champa era uma variedade de estação precoce e tardia, e em Kuaiji, tanto o Champa quanto o Champa frio se distinguiam por essa mesma característica. Havia um certo tipo de arroz que tinha sementes precoces que podiam ser usadas como arroz tardio depois que o arroz tardio fosse colhido. Isso pode ter sido um exemplo do cultivo contínuo de arroz.[871]

A abordagem de cultivo contínuo para o cultivo duplo de arroz não só foi praticada na dinastia Song, mas também se espalhou pela vasta área de Lingnan, Fujian, Jiangxi, Zhejiang e Jiangsu, estabelecendo a base geográfica para o desenvolvimento do cultivo contínuo de arroz na China nas dinastias Ming e Qing e além.

---

869 [Dinastia Song do Sul] Zhou Qufei, *Respostas Comentadas Além das Montanhas*, ed. Yang Wuquan (Zhonghua Book Company, 1999), p. 338.

870 [Dinastia Song do Norte] Yue Shi, *Viagens pelo País na Dinastia Song* (Companhia de Livros Zhonghua, 2007), p. 3231.

871 You Xiuling, *História do Cultivo de Arroz na China* (Pequim: Editora de Agricultura da China, 1995), p. 220.

8. Avaliação do cultivo duplo de arroz na dinastia Song

Embora as técnicas de cultivo duplo de arroz tenham sido desenvolvidas na dinastia Song, não é possível dar à prática uma avaliação alta em termos de sua capacidade de impulsionar a produção de grãos e o desenvolvimento econômico na época, principalmente devido à sua popularidade limitada. Embora alguns lugares estivessem bem equipados para empregar essas técnicas, o cultivo duplo de arroz não conseguiu desempenhar um papel importante na produção de grãos porque não foi promovido em uma área suficientemente ampla. Tomando como exemplo a Prefeitura de Longxing, em Jiangxi (atual Nanchang), vemos que o arroz da estação inicial e as técnicas de cultivo duplo eram usados lá, mas o cultivo simples continuou a ser o sistema mais predominante. A área "era atravessada por rios e lagos, com mais campos lacustres e menos campos montanhosos, o que permitia colheitas de vários tamanhos... Em Yuzhang, a maioria dos agricultores cultivava arroz Champa, que tinha um período de crescimento de 80, 100 ou 120 dias. A maior parte do arroz tinha que ser colhida depois de vários meses, enquanto nas outras três estações, os agricultores não plantavam e os campos ficavam vazios"[872]Isso significava que o arroz era colhido apenas uma vez por ano nessas áreas. Em Hunan, embora haja poucos recursos disponíveis, o que impossibilita a confirmação da situação naquela época, ainda é possível tirar algumas conclusões com base em dados de anos posteriores. Registros da *Crônica do Condado de Xiangtan*, datados do reinado de Qianlong da Dinastia Qing, relatam que "o campo é arado para o plantio de arroz, e os agricultores não cultivam a terra para outras culturas além da que é colhida a cada ano. Eles foram persuadidos a cultivar painço, mas a resposta tem sido fraca."[873] Até a década de 1940, em alguns lugares que normalmente eram considerados regiões desenvolvidas, o sistema de cultivo único de arroz continuava a prevalecer. Por exemplo, em Jinshan, Jiangsu, "além do outono, os fazendeiros estavam presos a seus hábitos e não cultivavam os campos no inverno, por isso não tinham colheitas na primavera. Depois que as sementes foram colhidas no outono, eles não soltaram o solo e plantaram sementes de "estiramento de leite", que poderiam ser usadas como fertilizante após a colheita. Algumas aldeias

---

872 [Dinastia Song do Sul] Wu Yong, *Coleção da Floresta de Garças*, vol. 39, "Promoção da Agricultura em Longxingfu."

873 Escritório de Pesquisa do Patrimônio Agrícola da China, Wang Da, Wu Chongyi e Li Chengbin, eds., *Antologia do Patrimônio Agrícola Chinês, Categoria A, "Arroz, Parte 2"* (Pequim: Editora de Agricultura da China, 1993), p. 396.

no sul plantaram colza ou favas entre as fileiras de sementes."[874] Devido à área limitada dedicada ao cultivo duplo, a prática teve pouco impacto na produção de grãos.[875] De acordo com estudos recentes, não havia arroz de cultivo duplo em Songjiang antes de 1955. Além disso, mais de 80% das terras cultivadas no condado eram usadas para o cultivo de arroz, quase todas com uma única safra. Em outros vilarejos, como Xuejiadai, 94,8% da terra cultivada era plantada com arroz de cultivo simples na década de 1940.[876]

Mesmo em áreas onde o cultivo duplo era praticado, seu status na produção agrícola não deve ser exagerado. Por exemplo, embora a área de Lingnan tivesse "arroz mensal" e fosse capaz de produzir duas ou até três colheitas por ano, esse tipo de colheita múltipla era simplesmente uma dádiva da natureza e não tinha nada a ver com o avanço técnico. Essa área "tem o mesmo clima no verão e no inverno. As plantas nunca murcham e são sempre vibrantes. As pessoas usam as mesmas roupas o ano todo e o arroz é colhido duas vezes por ano."[877] Mas, do ponto de vista tecnológico, a região não oferecia nenhuma vantagem. Foi dito que "os fazendeiros de Qinzhou são verdadeiros e imprudentes. Os animais de fazenda mal conseguem quebrar alguns coágulos. Quando semeiam sementes, eles plantam o grão diretamente no campo, sem mover as mudas. Nenhum outro agricultor desperdiça tantas sementes quanto eles. Depois da semeadura, eles não aram nem irrigam, apenas deixam o arroz em paz."[878] Nessas circunstâncias, as colheitas triplas não passavam de um cultivo extensivo, que pouco contribuía para aumentar a produção.

O objetivo do desenvolvimento do sistema de cultivo múltiplo era aumentar a produtividade da terra, mas razões tecnológicas e outras fizeram com que o cultivo duplo não fosse necessariamente recompensado com co-

---

874 Idem, p. 23.

875 Um editor anônimo propôs uma explicação para o motivo de o arroz de dupla safra em Fujian ser chamado de *shu*, sugerindo que isso pode estar relacionado ao sistema patriarcal na sociedade feudal. Aqueles que não pertencem à linha direta de descendência de uma família são chamados de *shu* (庶). A razão pela qual a cana-de-açúcar (*ganzhe*, em chinês) é chamada de *zhe* (蔗) é que ela cresce a partir de um broto auxiliar. Para o arroz de safra única, a dupla safra era considerada colateral, mas não na linha direta de descendência, o que poderia explicar o uso do termo *shu*, com o radical 禾 (indicando grão). Considero essa análise razoável e fornece uma explicação para o motivo de o arroz de dupla safra (especialmente o arroz tardio) ter deixado de ser importante. Gostaria de expressar minha gratidão a esse leitor por levantar o ponto.

876 Huang Zongzhi, *Pequenas Famílias Agrícolas na Área do Delta do Rio Yangtzé e o Desenvolvimento Rural* (Pequim: Companhia de Livros Zhonghua, 2000), p. 225.

877 [Dinastia Song do Sul] Su Guo, *Crônica de Xiechuan*, vol. 6, "Aspirações Latentes."

878 [Dinastia Song do Sul] Zhou Qufei, *Respostas Comentadas Além das Montanhas*, ed. Yang Wuquan (Pequim: Companhia de Livros Zhonghua, 1999), p. 338.

lheitas duplas. Em outras palavras, com o aumento da produtividade da terra, a produtividade da mão de obra não foi promovida, mas tendeu a diminuir, o que definitivamente afetou o desenvolvimento do sistema de cultivo múltiplo. A baixa produtividade, portanto, foi o principal motivo da falta de desenvolvimento desse sistema.

O arroz primitivo foi desenvolvido com base na premissa do cultivo duplo de arroz, mas mesmo com fatores como seu curto período de crescimento, ele tinha apenas uma pequena área de plantio e, portanto, um baixo rendimento. Por exemplo, em Xi'an, as variedades de arroz precoce, como o arroz branco/glutinoso e o arroz vermelho, "são plantadas cedo e amadurecem facilmente, e diz que amadurecem em sessenta dias. No entanto, o arroz não é abundante e, por isso, os agricultores normalmente não o plantam em grande quantidade."[879] A produtividade do arroz de soca e transplantado era ainda menor do que a do arroz precoce devido ao solo, à seca, a doenças ou a pragas. Uma estimativa da produção de arroz de cultivo duplo das dinastias Ming e Qing indica que a produção de arroz tardio era apenas metade da produção de arroz precoce.[880] De acordo com os registros da *Crônica do Condado de Nanchang*, escritos em 1919, em campos nos quais era possível plantar "dez *zhong* por *mu*", apenas dois ou três *zhong* eram de arroz em soca.[881] O mesmo acontecia na dinastia Song, com proporções ainda menores de arroz em soca. Zhu Xi calculou que, quando o arroz ainda não estava maduro e a safra do ano anterior já havia sido consumida, "embora o segundo arroz, o arroz herdeiro e o arroz grávido fossem de grande benefício para os aldeões, os caules do arroz eram escassos e o

---

[879] Escritório de Pesquisa do Patrimônio Agrícola da China, Wang Da, Wu Chongyi e Li Chengbin, eds., *Antologia do Patrimônio Agrícola Chinês, Categoria A, "Arroz, Parte 2"* (Pequim: Editora de Agricultura da China, 1993), p. 283.

[880] Por exemplo, a *Grande Crônica de Fujian*, volume 11, datada do reinado Wanli da Dinastia Ming, registra: "Os agricultores na área das Planícies Centrais cultivavam campos no estuário, e havia colheitas tanto no início quanto no final do ano, com arroz precoce plantado na primavera e colhido no verão, enquanto o arroz tardio era plantado no verão e colhido no inverno, mas o rendimento do arroz tardio era apenas metade do arroz precoce" (*Escritório de Pesquisa do Patrimônio Agrícola da China, Wang Da, Wu Chongyi e Li Chengbin, eds., Antologia do Patrimônio Agrícola Chinês, Categoria A, 'Arroz, Parte 2'* (Pequim: Editora de Agricultura da China, 1993), p. 613.) Além disso, no reinado de Qianlong da Dinastia Qing, a *Crônica do Condado de Shicheng* registrou que "o arroz tardio de dupla safra só podia ser plantado se o solo fosse fértil, mas o rendimento de arroz por *mu* era menos da metade da colheita de outono." (*Escritório de Pesquisa do Patrimônio Agrícola da China, Wang Da, Wu Chongyi e Li Chengbin, eds., Antologia do Patrimônio Agrícola Chinês, Categoria A, 'Arroz, Parte 2'* (Pequim: Editora de Agricultura da China, 1993), p. 376.)

[881] Escritório de Pesquisa do Patrimônio Agrícola da China, Wang Da, Wu Chongyi e Li Chengbin, eds., *Antologia do Patrimônio Agrícola Chinês, Categoria A, 'Arroz, Parte 2'* (Pequim: Editora de Agricultura da China, 1993), p. 314.

grão mais danificado do que o arroz convencional".[882] Como o rendimento do arroz precoce era baixo e o do arroz tardio ainda mais baixo, o arroz de cultivo duplo não tinha nenhuma vantagem real,[883] e o rendimento do arroz de cultivo duplo poderia até ser menor do que o do arroz de cultivo simples. Essas condições já haviam surgido em Fujian, onde o arroz de cultivo duplo se concentrou durante a dinastia Song. Lemos: "Fujian é pequena, mas densamente povoada. Mesmo uma grande colheita a cada ano não pode suprir as necessidades de todas as pessoas. Há duas colheitas nos campos, que os habitantes locais chamam de 'segundo outono', mas os rendimentos são menores do que quando há apenas uma única colheita."[884] Os baixos rendimentos sempre foram o principal fator que restringiu o desenvolvimento do arroz precoce. O estudioso da dinastia Qing, Lin Zexu, natural de Fujian, disse em seu prefácio da *Coleta de dados sobre a aceleração da lavoura e o cultivo de arroz em Jiangnan*: "A produtividade da terra não pode ser esgotada. Os rendimentos de colheitas duplas não são necessariamente maiores do que os de uma única colheita."[885]

Essa noção de que o cultivo único de arroz tardio era melhor do que o cultivo duplo era amplamente conhecida, e há muito tempo as pessoas sabiam que a colheita do arroz precoce dobrava a mão de obra necessária.

Sendo assim, por que os agricultores se preocupariam em cultivar arroz em duas safras em vez de uma? O principal motivo era que o arroz de cultivo simples exigia uma melhor qualidade dos campos e do suprimento de água. "Ele não podia ser plantado em terras pobres", enquanto o arroz precoce 'sempre podia ser plantado, independentemente de quão fértil fosse a terra"[886]. Era por essa razão que os agricultores geralmente optavam por plantar arroz precoce em locais onde o solo não era muito fértil ou as condições de água eram ruins. Além disso, o período de crescimento do arroz precoce era curto e seu rendimento baixo, de modo que o arroz tardio

---

882 [Dinastia Song do Sul] Zhu Xi, *Obras Completas de Zhu Xi*, vol. 18, "Memorial ao Trono: Sobre a Visita a Taizhou."

883 Período Jiajing da Dinastia Ming. *Crônica do Condado de Yongchun*. Ela registra: "Os rendimentos do arroz de dupla safra são os mesmos que os do arroz de safra única." (*Escritório de Pesquisa do Patrimônio Agrícola da China, Wang Da, Wu Chongyi e Li Chengbin, eds., Antologia do Patrimônio Agrícola Chinês, Categoria A, 'Arroz, Parte 2'* (Pequim: Editora de Agricultura da China, 1993), p. 660.)

884 [Dinastia Song do Sul] Zhen Dexiu, *Obras Completas de Zhen Dexiu*, vol. 40, "Sobre a Promoção da Agricultura em Fuzhou."

885 Chen Zugui, ed., *Antologia do Patrimônio Agrícola Chinês, Categoria A, 'Arroz, Parte 1'* (Pequim: Zhonghua Book Company, 1958), p. 377.

886 [Dinastia Song do Sul] Shu Lin, *Obras Completas de Shu Lin*, vol. 2, "Discutindo Changping com Chen Cang."

ainda era plantado depois que o arroz precoce era colhido para compensar a subprodução do arroz precoce, reduzindo a diferença entre ele e o arroz tardio de cultivo único. O volume 1 da *Crônica do Condado de Yongchun* registra: "O arroz de cultivo duplo tem quase o mesmo rendimento que o arroz de cultivo único, mas é mais tolerante à seca, portanto sua área de crescimento é ampla."[887] É evidente que o cultivo duplo de arroz era praticado no oeste de Zhejiang, mas era muito menos difundido lá do que no leste de Zhejiang, Fujian e Jiangxi, principalmente porque o oeste de Zhejiang tinha terras mais férteis e melhores condições de água. Em regiões menos férteis, duas colheitas não eram necessariamente melhores do que uma, mas na agricultura tradicional chinesa, havia uma preocupação maior com a produtividade da terra do que com a produtividade do trabalho. O que importava era que houvesse colheitas, e não a qualidade dessas colheitas.

Na verdade, a tentativa de remediar a situação por meio do cultivo duplo de arroz muitas vezes exacerbava os problemas de falta de terra e água. Somente quando as condições do solo e da água eram boas, era possível obter rendimentos mais altos por meio do cultivo duplo, o que significava que as demandas sobre o solo e a água eram muito maiores para se obter uma boa colheita, mas um dos motivos para os baixos rendimentos era a baixa produtividade da terra. A *Crônica de Wenzhoufu*, "Produtos Locais", escrita durante o reinado de Hongzhi na dinastia Ming, observa que "se a terra não for produtiva o suficiente, a irrigação não pode garantir a produção. Se a terra não fosse suficientemente produtiva, os agricultores não sofreriam muito como resultado de lucros menores". O *Diário da província de Songjiang* registrou, durante o reinado de Chongzhen na dinastia Ming, que Xu Guangqi havia escrito em *Relíquias agrícolas e comentários diversos*: "As raízes germinam novamente, o que é chamado de arroz selvagem ou, mais comumente, de 'segunda ascensão'. Os agricultores correm para cultivar a terra antes que ela floresça, porque esperar tornará a terra menos produtiva". Por exemplo, havia registros específicos de arroz em soca em Nanchang, Jiangxi, já na dinastia Song, mas ele não foi amplamente difundido até a Era Republicana, principalmente porque "os grãos de arroz em soca são finos e duros. Aqueles que não armazenam muitas safras não querem esgotar a terra".[888] Restringido pela baixa produtividade da terra, não era apenas o arroz de cultivo duplo, mas também o cultivo duplo de trigo e arroz que não podia ser desenvolvido adequadamente. Em alguns lugares,

---

[887] Escritório de Pesquisa do Patrimônio Agrícola da China, Wang Da, Wu Chongyi e Li Chengbin, eds., *Antologia do Patrimônio Agrícola Chinês, Categoria A, 'Arroz, Parte 2'* (Pequim: Editora de Agricultura da China, 1993), p. 660.

[888] *Idem*, pp. 57, 254, 314.

embora houvesse uma colheita de arroz precoce, o arroz tardio muitas vezes não podia ser semeado em tempo hábil devido a secas ou inundações.

A tensão entre as demandas de tempo e mão de obra também ajuda a explicar os baixos rendimentos do arroz de cultivo duplo. A abordagem de cultivo contínuo envolvia o transplante de arroz após a colheita do arroz precoce e a conclusão da lavoura. A falta de mão de obra significava que a estação agrícola não poderia ser garantida, o que teve um impacto negativo sobre os rendimentos do arroz tardio. Esse continuou sendo o principal problema no desenvolvimento do arroz de cultivo duplo também nos anos posteriores. A Pesquisa sobre *Produtos Agrícolas do Grande Coordenador registra*: "O segundo arroz não amadurecerá se o plantio for adiado para depois do início do outono. Um antigo provérbio observa que o arroz plantado no início do outono é apenas o suficiente para alimentar as galinhas, o que indica a escassez de rendimento dessas plantações."[889] A *Crônica do condado de Longquan*, escrito em Jiangxi durante o reinado de Qianlong, registra: "O arroz de transição é plantado depois que o arroz precoce é colhido, mas como o clima é muito frio nessa época, a planta floresce sem produzir frutos."[890] Isso contribuiu para as restrições enfrentadas pelo arroz de cultivo duplo.

A criação de animais também contribuiu para a disseminação limitada do arroz de cultivo duplo. Desde a dinastia Qing, é hábito nas áreas agrícolas da China pastar animais em terras agrícolas depois que o grão é colhido. Está registrado em *Ritos do Salão de Wang Juming* que "no décimo segundo mês, os fazendeiros pararam de viver em um arranjo densamente povoado e começaram a pastar seu gado e cavalos"[891]. Depois que as plantações eram colhidas, quando o grão era armazenado em celeiros, não havia risco de o gado pisotear as plantações, embora ainda houvesse palha e arroz, especialmente "arroz neto" (arroz de soca), germinando da base do caule. A palha e o arroz restantes eram alimentos adequados para os animais, e o esterco deles fornecia um fertilizante orgânico para os campos. Portanto, era prática comum pastar os animais no campo, mas isso não era propício para um sistema de cultivo múltiplo. As regiões oeste e sul de Hunan, no início da dinastia Qing, servem como exemplo dessa prática. Antes

---

889 [Dinastia Qing] He Gangde, *A Pesquisa do Grande Coordenador sobre Produtos Agrícolas*, vol. 1, "Arroz Glutinoso."

890 Escritório de Pesquisa do Patrimônio Agrícola da China, Wang Da, Wu Chongyi e Li Chengbin, eds., *Antologia do Patrimônio Agrícola Chinês, Categoria A, 'Arroz, Parte 2'* (Pequim: Editora de Agricultura da China, 1993), p. 328.

891 [Dinastia Wei do Norte] Jia Sixie, *Competências Essenciais para Beneficiar o Povo*, "Criação de Gado, Cavalos, Burros e Mulas," ed. Miao Qiyu (Pequim: Editora de Agricultura da China, 1982), p. 278.

do período Qianlong, após a colheita do sétimo e oitavo mês de cada ano, os fazendeiros da região rotineiramente pastoreavam o gado durante o oitavo e o nono meses, deixando os animais pastarem livremente nos campos após a colheita do arroz precoce. Isso significava que o "arroz neto" era consumido pelo gado, mas os fazendeiros tinham que colher todos os grãos e armazená--los em celeiros antes do Orvalho Branco para evitar que os rebanhos pisoteassem os grãos, o que restringia o desenvolvimento do arroz tardio. Mesmo durante o período de Qianlong, o arroz tardio ainda era extremamente raro em Hengyang e em outras cidades de Hunan.[892] O desenvolvimento do sistema de múltiplas colheitas ocorreu às custas da criação de animais, o que exigiu um processo longo e lento nas áreas agrícolas da China.[893]

Como essas questões não foram resolvidas, o sistema de cultivo múltiplo não teve muito desenvolvimento. Somado a essas questões, havia o fato de que o sistema de pousio ainda era praticado em muitas áreas. Desde os tempos antigos, o sistema de pousio era usado para recuperar a produtividade da terra, portanto, para os agricultores da Dinastia Song, não era apenas uma tradição, mas uma prática comprovada pelo tempo. Na Dinastia Song, era consenso que os rendimentos mais altos tinham maior probabilidade de vir de terras recém-cultivadas, o que levou a certas opiniões sobre a produtividade da terra. Depois que a capital Song foi transferida para o sul, a área entre os rios Yangtze e Huai se tornou um campo de batalha, a população fugiu e as terras agrícolas se tornaram estéreis, mas, entre as guerras, a corte Song do Sul enviou tropas de guarnição e fazendeiros para recuperar as terras devastadas e cultivar grãos, o que levou a uma colheita razoavelmente boa.[894]

---

892 Escritório de Pesquisa do Patrimônio Agrícola da China, Wang Da, Wu Chongyi e Li Chengbin, eds., *Antologia do Patrimônio Agrícola Chinês, Categoria A, 'Arroz, Parte 2'* (Pequim: Editora de Agricultura da China, 1993), p. 410.

893 Zeng Xiongsheng, "Formação de uma Agricultura Deficiente: O Declínio da Pecuária nas Áreas Agrícolas da China," *História Agrícola da China*, nº 4 (1999): 35–44.

894 O *Tratado Agrícola de Wang Zhen* descreve a situação, dizendo: "Muitos campos de arroz próximos aos rios Han e Huai foram recentemente recuperados. Naquela época, as pessoas cultivavam principalmente gergelim, e algumas até obtinham grandes lucros com isso e enriqueceram. Por exemplo, após o antigo campo de arroz ser arado, as sementes eram semeadas e não colhidas até estarem maduras. Como as raízes da grama haviam morrido no solo recém-cultivado, não crescia capim ali. Se essas sementes fossem limpas todos os anos, haveria apenas uma vantagem: a terra não ficaria ociosa por anos, mas produziria colheitas várias vezes maiores que as dos campos de arroz comuns. Quando a terra era deixada em pousio por muito tempo, se fosse suficientemente produtiva, os grãos que nela cresciam poderiam prosperar. Muitas vezes se diz que 'fazer negócios não é tão lucrativo quanto recuperar terras', indicando que os lucros das terras recuperadas são lucrativos, tornando o esforço recompensador." ([Dinastia Yuan] Wang Zhen, *Tratado Agrícola de Wang Zhen*, "Discurso Abrangente sobre Produção Agrícola, Recuperação de Terras Agrícolas," ed. Wang Yuhu (Pequim: Editora de Agricultura da China, 1981), p. 21.)

Su Dongpo já havia chegado à mesma conclusão em sua própria prática. Ele disse: "Quando eu estava em Qishui (na atual Anhui), havia um campo de arroz em um vale. Se eu semeasse um dou, colheria dez *hu* de arroz.[895] Perguntei a outras pessoas sobre isso e me disseram que as montanhas são cobertas por ervas daninhas e árvores, e não há plantações que consumam os nutrientes da terra. Isso explica a fertilidade do solo no local. Desde então, aprendi quais culturas consomem mais nutrientes. No final da dinastia Xin, uma grave seca e uma praga de gafanhotos atacaram a terra, e um *jin* de ouro só podia comprar dez *hu* de arroz. No segundo ano do reinado de Jianwu, as montanhas estavam cobertas de grãos silvestres e bichos-da-seda que fiavam casulos em todas as encostas. As pessoas se beneficiaram disso e se acostumaram com o passar dos anos. No quinto ano do reinado de Jianwu, os grãos silvestres aumentaram, mas a agricultura também estava se desenvolvendo. Como não havia plantações nos campos, os nutrientes não haviam sido consumidos, de modo que tanto os bichos-da-seda quanto os grãos floresceram. Nessa época, o princípio já estava bem estabelecido."[896] Ouyang Xiu concordou. Ele escreveu: "A produção de um campo que não foi cultivado por muito tempo renderá várias vezes mais do que a terra recuperada pelas tropas da guarnição."[897]

Com base em sua compreensão da produtividade da terra, Su Dongpo defendeu o sistema de pousio. Ele escreve: "O senhor já observou como os ricos plantam suas colheitas? Seus campos são férteis e amplos, e seus grãos são tão abundantes que eles têm mais do que precisam. Por causa de seus campos amplos e férteis, eles podem usar o sistema de pousio, e a terra recupera sua produtividade. Por causa de sua abundância, eles podem arar e semear de acordo com as estações e colher os grãos somente depois que estiverem totalmente maduros. As colheitas dos ricos são satisfatórias, seus grãos são menos danificados, seus rendimentos são maiores. Tenho uma família de dez pessoas, mas tenho um total de cem mu de campos. Utilizo cada *cun* da terra e espero ansiosamente pela colheita. Arado com seriedade, faço uso total da terra e planto o mais próximo possível, esgotando os nutrientes da terra. Sempre perco a época de arar e tenho de colher meus grãos antes de estarem totalmente maduros. Como posso produzir uma boa colheita dessa maneira?"[898] Na verdade, o sistema de pousio não

---

895 Nota do tradutor: 1 hu = 10 dou.

896 [Dinastia Song do Norte] Su Dongpo, *Obras Miscelâneas Coletadas de Su Dongpo*, vol. 6.

897 [Dinastia Song do Norte] Ouyang Xiu, *Obras Coletadas de Ouyang Xiu*, vol. 45.

898 97. [Northern Song Dynasty] Su Dongpo, The Complete Works of Su Dongpo, "Miscellaneous Gossip, Farewell to Zhang Hu" (Livraria da China, 1986), p. 298. 98. [Southern Song Dynasty] Fan Chengda, Wu Prefecture Chronicle (Editora de Dahua, 1987), p. 2371. 99. [Southern Song Dynasty] Fan Chengda, Wu Prefecture Chronicle (Editora de Dahua, 1987), p. 2377.

era usado apenas em áreas pouco povoadas com terras cultivadas relativamente abundantes, mas também era praticado em regiões com uma população maior e produção agrícola desenvolvida. Por exemplo, "no condado de Wu, os campos que eram deixados em pousio por um ou dois anos após um ano de colheita eram chamados de 'campos de lama nua'. A produtividade desse tipo de campo era igual à dos que eram plantados todos os anos, e a quantidade de arroz cobrada era a mesma, de modo que os fazendeiros ficavam satisfeitos quando havia inundações a cada dois anos."[899] Deixar os campos em pousio devido às inundações era benéfico para a recuperação dos nutrientes da terra, e o lodo deixado pela inundação funcionava como fertilizante, o que explica por que os campos de lama nua tinham colheitas várias vezes maiores do que as dos campos normais. Esse também foi o motivo pelo qual o sistema de pousio continuou a ser aplicado em áreas mais desenvolvidas econômica e tecnologicamente, enquanto a infraestrutura de irrigação ficou em mau estado por anos a fio em algumas áreas. Deve-se observar que a prática de deixar os campos em pousio só foi adotada em campos baixos em Suzhou e em outras áreas, enquanto os campos nas terras altas médias eram mais comumente plantados por vários anos consecutivos, confirmando a observação de Jia Qiao (filho de Jia Dan) de que "as terras altas médias não fazem rotação de plantio."[900] No entanto, o grão plantado em anos consecutivos não era arroz de safra dupla.

---

899 97. [Northern Song Dynasty] Su Dongpo, The Complete Works of Su Dongpo, "Miscellaneous Gossip, Farewell to Zhang Hu" (Livraria da China, 1986), p. 298. 98. [Southern Song Dynasty] Fan Chengda, Wu Prefecture Chronicle (Editora de Dahua, 1987), p. 2371. 99. [Southern Song Dynasty] Fan Chengda, Wu Prefecture Chronicle (Editora de Dahua, 1987), p. 2377.

900 [Dinastia Song do Sul] Fan Chengda, *Crônica da Prefeitura de Wu* (Editora de Dahua, 1987), p. 2377.

9. No entanto, o grão plantado em anos consecutivos não era arroz de safra dupla.

O arroz de safra dupla era cultivado principalmente como arroz tardio de safra única, com borlas que davam frutos devido à chuva suficiente, o que não exigia nenhuma variedade especial. Tinha pouco a ver com o arroz Champa. O arroz intercalado é a prática de cultivar o arroz tardio entre as fileiras do arroz precoce e exige que o arroz precoce amadureça o mais rápido possível para que o arroz tardio possa receber bastante ar, água e luz. O arroz Champa pode ter desempenhado um papel nessa prática, mas, com base na pesquisa atual disponível, não há evidências diretas de que o arroz Champa tenha sido usado para o cultivo intercalar do arroz precoce. Por outro lado, o cultivo contínuo exigia variedades de arroz precoce, mas variedades como *wukou*, *huanglu*, *xiantai* e *shu* não tinham relação com o arroz Champa, e algumas dessas variedades podem ser rastreadas até um período anterior à importação do arroz Champa. Por exemplo, uma variedade de arroz primitivo que era usada em cultivo contínuo, o *xiantai*, foi registrada pela primeira vez na *Crônica da região central de Fujian*, datado da dinastia Tang. O cultivo duplo de arroz e trigo teve desenvolvimento limitado na dinastia Song, sendo usado principalmente com arroz tardio e trigo na área de Taihu. Por ser um arroz precoce, o arroz Champa não estava envolvido nesse sistema. Portanto, o arroz Champa teve pouca influência no cultivo múltiplo de arroz. Além disso, embora a prática do cultivo múltiplo de arroz fosse desenvolvido na dinastia Song, restringiu-se principalmente a uma área local e teve pouco impacto na produção de grãos em todo o país. Embora a importação do arroz Champa tenha tido algum impacto sobre o sistema de cultivo múltiplo, seu efeito sobre a produção geral de grãos foi mínimo. Apesar do arroz Champa ter promovido a expansão das terras aráveis, especialmente o cultivo de campos em terraços, ele teve pouco impacto sobre o sistema de cultivo múltiplo.

Arroz precoce e tardio na dinastia Song[901]

A divisão do arroz em variedades precoces e tardias surgiu não apenas como uma forma de atender às necessidades de desenvolvimento da tecnologia de cultivo de arroz, mas também por uma combinação de fatores

---

[901] Este artigo foi publicado pela primeira vez na *História Agrícola da China*, nº 1 (2002).

socioeconômicos e naturais. Embora o conceito de arroz precoce e tardio tenha sido desenvolvido antes da Dinastia Song, ele era usado apenas raramente, e as variedades precoce e tardia existiam isoladas umas das outras. Com o desenvolvimento da tecnologia de cultivo de arroz, o conceito de arroz precoce e tardio foi popularizado na Dinastia Song, e os dois tipos eram frequentemente mencionados juntos, dando aos estudiosos posteriores a impressão de que o arroz precoce e tardio, no sentido moderno, havia se desenvolvido na Dinastia Song. Alguns chegaram a afirmar que o cultivo duplo era praticado, o que os levou a estimativas equivocadas do nível de desenvolvimento do cultivo de arroz da Dinastia Song. Começando com o conceito básico de arroz precoce e tardio, como foi aplicado em diferentes lugares, este capítulo analisa as razões para a formulação dessa divisão em um esforço para compreender melhor a situação geral do cultivo de arroz na Dinastia Song.

10. Definição e divisão do arroz precoce e tardio

A definição de arroz precoce, médio e tardio na agronomia moderna baseia-se principalmente na duração do período de crescimento, enquanto na dinastia Song a divisão do arroz nessas três categorias era feita principalmente de acordo com a época da colheita, como se vê nas linhas: "o arroz precoce é colhido no sexto mês, o arroz médio no sétimo e o arroz tardio no oitavo."[902] No entanto, o arroz amadurece em épocas diferentes em lugares diferentes, portanto nem todas as datas eram uniformes.[903] Algumas eram divididas por termos solares. Mesmo que todas fossem divididas por termos solares ou mês lunar, as diferenças ainda seriam óbvias, explicando as diferentes definições de arroz precoce, médio e tardio em diferentes locais. Por exemplo, em Sanyang, Fujian, "as colheitas que amadurecem no verão, no quinto e sexto mês, são chamadas de arroz precoce, e as que amadurecem no inverno, no décimo mês, são chamadas de arroz tardio."[904] Lu You escreveu três *Letras de Outono*, em que a primeira se refere ao sétimo mês e a segunda ao oitavo. De acordo com a sequência, a terceira deveria se referir ao nono mês. De fato, no poema, o sétimo mês é mencionado em relação ao "arroz precoce" e o nono mês em relação ao "arroz tardio."[905] Em outro exemplo, em Siming, Zhejiang, "o arroz precoce era colhido no início do outono e o arroz médio no final do calor."[906] Em Xichang, Jiangxi (atual Taihe), as plantações colhidas no final do calor e no calor maior eram arroz precoce, enquanto as colhidas no orvalho frio e na descida da geada

---

902 [Dinastia Qing] Xu Song, *Compêndio do Governo e Instituições Sociais da Dinastia Song*, "Alimentos e Produtos, Volume 58, Parte 24." A única exceção está registrada em um texto da Dinastia Song do Norte por Zeng Anzhi, *Registro de Mudas de Arroz*, que afirma: "Em Xichang, aquelas mudas plantadas no *Início da Primavera* e no *Grão na Espiga* e ceifadas no *Pequeno Calor* e no *Grande Calor* são arroz precoce. Aquelas plantadas no Festival Qingming e ceifadas no *Orvalho Frio* e na *Descida da Geada* são arroz tardio." Ele continua: "Em Jiangnan, o arroz precoce é semeado no primeiro e segundo mês, mas no mês intercalado, quando a primavera chega tarde, a semeadura pode começar no terceiro mês. Nesse caso, as mudas semeadas no terceiro mês são chamadas de arroz precoce, e aquelas semeadas no quarto e quinto mês são chamadas de arroz tardio, mas isso não é a prática em Jiangnan hoje." Esta descrição leva em conta o período de crescimento.

903 [Dinastia Song do Sul] Dai Dong, *Liu Shu Gu*. Afirma: "O arroz... é colhido do sexto ao nono mês no sul, mas é frio no norte, então seus poemas dizem que o arroz é colhido no décimo mês."

904 *Cânone Yongle*, vol. 5343. Citado em *Crônica de Sangyang*.

905 [Dinastia Song do Sul] Lu You, *Poemas de Jiannan*, vol. 67, "Líricas de Outono."

906 *Crônica de Siming* (período Baoqing).

eram arroz tardio. No entanto, os conceitos de arroz precoce e tardio eram apenas termos relativos sem definição científica rigorosa.

TABELA 1 — Exemplos de períodos de maturação e colheita de arroz na literatura

Período de colheita	Material encontrado na literatura	Fonte
Sexto mês	O trigo amadurece e é peneirado no sexto mês.	Crônica de Qinchuan revisada, volume 8
Sétimo mês	O arroz glutinoso Jiaoqiu amadurece no sétimo mês. É bom e pode ser cozido para festivais. Não tem cachos em forma de flecha, e seu grão é longo e vermelho. Por isso, também é chamado de arroz glutinoso jinchai.	Crônica de Xin'an, Volume 2, "Produtos"
Sétimo mês	Não há trigo no centro de Zhejiang, mas o arroz novo aparecerá no início do sétimo mês.	Obras Completas de Su Dongpo, Continuação, Volume 11, "Memorial a Lü Puye sobre os Danos Causados por Desastres em Zhejiang Ocidental"
Sétimo mês	Um memorial de Su Dongpo, de Hangzhou, escrito no décimo quinto dia do sétimo mês do quinto ano do reinado de Yuanyou, diz: "Agora, arroz novo germinou nos campos".	Obras Completas de Su Dongpo, Memoriais Coletados, Volume 7, "Primeiro Relatório sobre Danos de Desastres em Zhejiang Ocidental.
Sétimo mês	A leste do Rio Yangtzé, o arroz precoce amadurece no sétimo mês.	História da Canção. "Monografia sobre Comida e Moeda"
Sétimo mês	O arroz precoce amadurece no sétimo mês.	Huang Zhen, Huang's Daily Journal, Volume 75, "Memorial sobre o uso de safras armazenadas para requisição por meio da compra e controle do mercado e venda de safras como arroz normal, aliviando a futura requisição de safras por meio da compra"

Sétimo mês	O calor do sétimo mês ainda não acabou em Wu Oriental... Os grãos do arroz precoce colhido caem do céu, e o som do arroz sendo descascado com pilões é ouvido na vila de norte a sul.	Lu You, Jiannan Poems, Volume 67, "Letras de Outono"
Sétimo mês	Agora, no sétimo mês, o arroz é cortado enquanto a grama está em declínio.	Obras Completas de Su Dongpo, Prelúdio, Volume 32
Oitavo mês	O vento sopra para o oeste, e o arroz amadurece no oitavo mês.	Crônicas revisadas de Qinchuan, volume 8
Oitavo mês	No oitavo mês, quando o calor diminui e o vento frio sopra, o som da debulha do arroz é ouvido em todas as fazendas.	Lu You, Jiannan Poems, Volume 67, "Letras de Outono"
Oitavo mês	A geada cai cedo, e o vapor do solo chega tarde em Hebei. O arroz precoce amadurece no sétimo mês a leste do Rio Yangtze. Se suas sementes forem plantadas, elas amadurecerão no oitavo mês.	História da Canção, "Monografia sobre Comida e Moeda"
Nono mês	O grão ainda não foi colhido, embora já esteja muito frio.	Zhang Lei, Coleção Keshan, Suplemento, Volume 5, "Poema de Wen Yan em um sonho no nono mês"
Nono mês	(Huang) Mao acredita que o arroz tardio amadurece no nono mês.	História da Canção, "Monografia sobre Comida e Moeda"
Décimo mês	Mudas de arroz estão germinando.	Yang Wanli. Coleção Chengzhai, Volume 41, "Chuva persistente no décimo mês atrapalha a colheita, geada durante a noite no dia 28, depois ficou ensolarado, e estou feliz em escrever este verso"
Décimo mês	A geada caiu sobre os grãos de arroz, sugerindo uma boa colheita.	Obras Completas de Su Dongpo, Continuação, Volume 3, "Poema Promovendo a Agricultura"

Embora o conceito da Dinastia Song de arroz precoce e tardio não fosse o mesmo que o entendimento moderno, ainda era verdade que cada região tinha algum método para dividir suas próprias colheitas de arroz em arroz precoce e tardio, e até mesmo médio. A proporção de arroz precoce, médio e tardio em diferentes lugares é uma chave importante para entender o cultivo de arroz da Dinastia Song. O senhor Xiuling observa: "Na Dinastia Song, o arroz era diferenciado em precoce, médio e tardio em uma determinada área. Geralmente, havia mais arroz precoce e médio do que tardio."[907] De fato, a área de semeadura do arroz precoce, médio e tardio variava de acordo com a época e o local.

No leste de Zhejiang, havia mais arroz precoce do que tardio. Por exemplo, em Siming (atual Ningbo, Zhejiang), "o arroz médio é mais abundante, seguido pelo arroz precoce, e o arroz tardio amadurece no oitavo mês. O arroz precoce é considerado uma raridade."[908] Em Taizhou, 'o arroz tardio (...) é plantado com menos frequência, apenas cerca de dez ou vinte por cento do que o arroz precoce."[909] Em Yuezhou, "de acordo com as estatísticas sobre a cobertura dos campos de arroz em oito condados de Kuaiji, o arroz tardio representa quarenta por cento"[910], o que significa que sessenta por cento era arroz precoce e médio. No oeste de Zhejiang, embora o arroz novo tenha aparecido no início do sétimo mês, o arroz tardio ainda constituía a maioria das plantações de arroz da região. Por exemplo, em Huzhou, "há muito arroz tardio, mas pouco arroz precoce"[911] Em alguns lugares, chegou-se a dizer que "só se plantava arroz de outono."[912] Entretanto, essa situação limitava-se principalmente às áreas às margens do Taihu. Em algumas partes do oeste de Zhejiang que estavam mais distantes de Taihu, havia mais arroz precoce do que tardio. Por exemplo, no condado de Xincheng, na província de Lin'an (atualmente a parte sudoeste do condado de Fuyang, Zhejiang), "os campos nas encostas são plantados principalmente com arroz indica (arroz precoce), mas nenhum arroz japônica (arroz tardio)."[913]

---

907 You Xiuling, *Trabalhos Coletados sobre a História do Arroz: Produção de Arroz na Dinastia Song* (Editora de Ciências e Tecnologia Agrícola da China, 1993), p. 267.

908 *Crônica de Siming*, vol. 4, "Narrativa sobre Produção" (período Baoqing).

909 [Dinastia Song do Sul] Zhu Xi, *Obras Coletadas de Zhu Xi*, vol. 18, "Memorial sobre o Estado de Assuntos na Minha Visita a Taizhou."

910 [Dinastia Song do Sul] Hong Shi, *Coleção de Panzhou*, vol. 46, "Memorial sobre Shuiliao."

911 [Dinastia Song do Sul] Wang Yan, *Manuscrito de Shuangxi*, vol. 23, "Edito sobre Ração para Cavalos."

912 [Dinastia Song do Sul] Cao Xun, *Coleção de Songyin*, vol. 20, "Ceifando Arroz no Oeste de Zhejiang, os Andaimes de Bambu nos Campos de Arroz Parecem um Rebanho de Camelos."

913 [Dinastia Qing] Xu Song, *Compêndio do Governo e Instituições Sociais da Dinastia Song*, "Alimentos e Produtos, Volume 70, Parte 109."

Huainan foi outra área onde o arroz japonês tardio foi plantado extensivamente durante a dinastia Song. O arroz era geralmente plantado no início do verão na região, ou até mesmo no quinto mês lunar. Dizia-se que "em Huainan, o arroz precoce é colhido no verão e as mudas de arroz tardio são transplantadas quando sopra a brisa."[914] E "quando a chuva cai, o arroz tardio é transplantado para os campos."[915] Esses e outros versos da poesia da dinastia Song descrevem as cenas que envolviam o plantio de arroz tardio em Huainan. Em algumas áreas baixas próximas à água, a semeadura dos arrozais não começava antes do início do verão e era feita em um barco a remo leve e curto.[916] O transplante do arroz ocorria no início do verão e a colheita era feita no início do inverno. He Zhu observa em um de seus poemas que "a terra cultivada na área de Chu está sendo colhida no início do inverno."[917] Esse poema foi escrito em Laoji, Condado de Liyang (atual Condado de He, Anhui), no último dia do décimo mês do ano cíclico de Wuchen. Su Dongpo menciona que, no sexto ano do reinado de Yuanyou (1091), o povo do condado de Ruyin (atual Fuyang, Anhui) foi forçado a comprar sementes de arroz tardias de Huainan porque "as mudas de arroz foram todas destruídas pela seca"[918]. No décimo primeiro mês do nono ano do reinado de Qiandao (1173), o Pacificador da Divisão Administrativa de Jiangnan Oriental recebeu ordens para requisitar arroz japônica. Entretanto, as divisões administrativas de Jiangnan Oriental "só tinham arroz indica", o que significava que o pacificador tinha de "enviar oficiais a Huainan para comprar arroz japônica", demonstrando a abundância da produção de arroz de Huainan.[919] Entretanto, também havia arroz indica em Huainan. O

---

914 [Dinastia Song do Norte] Chao Buzhi, *Coleção Jilei*, vol. 4, "Décimo Sétimo Poema sobre Beber, no Estilo de Su Hanlin, Ecoando Tao Yuanming."

915 [Dinastia Song do Norte] He Zhu, *Coleção sobre a Velhice em Qinghu*, vol. 5, "Olhando à Distância, Ode ao Wujiang no Quinto Mês do Ano Cíclico Gengwu."

916 *Tratado Agrícola de Wang Zhen*, "Catálogo de Equipamentos Agrícolas, Parte 12." Ele descreve: "Foi observado que o rio Huai subia à medida que a água se aproximava da área ao redor da baía. A água secava no inverno e na primavera, depois subia ligeiramente no início do verão, submergindo os campos. Eu remava o barco e espalhava sementes de arroz pelos campos. Quando a água recuava, as mudas germinavam, e o arroz precoce podia ser colhido."

917 [Dinastia Song do Norte] He Zhu, *Coleção sobre a Velhice em Qinghu*, vol. 7, "Uma Ode no Último Dia do Décimo Mês no Ano Cíclico Wuchen, em Laoji, Liyang, Relembrando a Capital."

918 [Dinastia Song do Norte] Su Dongpo, *Obras Coletadas de Su Dongpo, Memorials*, vol. 10, "Dois memoriais que proíbem a requisição de arroz."

919 [Dinastia Qing] Xu Song, *Compêndio do Governo e Instituições Sociais da Dinastia Song*, "Alimentos e Produtos, Volume 40, Parte 56."

grão comprado pela corte Song incluía tanto o arroz dahe (japonês tardio) quanto o zhan (indica), que representava a menor parte.⁹²⁰

Na Região Militar de Xingguo (atual Yangxin, Hubei), que fazia parte da Divisão Administrativa de Jiangnan Ocidental, mas era adjacente à Divisão Administrativa de Huainan Ocidental e à vizinha Região Militar de Jingmen (atual Wuhan, Hubei), o arroz tardio também era a cultura dominante. Lu Jiuyuan mencionou na *Carta a Zhang Demiao* que "a leste e a oeste do rio Yangtze, os campos são divididos de acordo com as estações iniciais e finais. O arroz precoce é plantado nos campos da estação inicial, e o arroz *dahe* tardio é plantado nos campos da estação final. Os campos que não são divididos em campos de estação inicial e tardia são diferenciados em campos úmidos e secos." O desconhecimento das estações iniciais e finais sugere que o arroz local ainda era dominado pelo tradicional arroz tardio de uma única estação. O poeta da dinastia Song do Sul, Wang Shipeng, observou em seu *Chuva a caminho* que "o arroz tardio está amadurecendo em breve". O poema foi escrito no 26º dia do oitavo mês depois que ele chegou à Região Militar de Xingguo.⁹²¹ Pouco tempo depois, Wang entrou novamente em E'zhou (atual Wuhan, Hubei) e deixou as seguintes linhas: "Há um arroz tardio no final do outono, e a vasta terra pode ser aberta para a agricultura".⁹²²

Das oito prefeituras de Fujian, as quatro do norte (Jianning, Jianzhou, Shaowu e Tingzhou) pareciam plantar principalmente arroz precoce, enquanto as quatro do sul (Fuzhou, Xinghua, Quanzhou e Zhangzhou) plantavam principalmente arroz tardio. Isso fica evidente no relatório feito por Zheng Boxiong, o Tiju de Fujian, no sexto mês do sexto ano do reinado de Qiandao na dinastia Song (1170). Ele escreve: "Desde o início do verão, tem chovido pouco nas oito prefeituras de Fuzhou. Embora as quatro do norte ocasionalmente tenham tido chuva suficiente para molhar os pés das pessoas, o arroz precoce sofreu grandes danos. As quatro prefeituras do sul tiveram uma seca severa, resultando em um plantio malsucedido de arroz tardio."⁹²³ Sugeriu-se que a nota de Zheng sobre a sobreposição da falta de chuva que danificou o arroz precoce nas prefeituras do norte no

---

920 [Dinastia Qing] Xu Song, *Compêndio do Governo e Instituições Sociais da Dinastia Song*, "Alimentos e Produtos, Volume 40, Parte 54."

921 [Dinastia Song do Sul] Wang Shipeng, *Coleção Meixi, Coleção Tardia*, vol. 10, "Chuva no Caminho."

922 [Dinastia Song do Sul] Wang Shipeng, *Coleção Meixi, Coleção Tardia*, vol. 10, "Deixando Huarong pela Manhã e Pernoitando em Mengqiao à Noite."

923 [Dinastia Qing] Xu Song, *Compêndio do Governo e Instituições Sociais da Dinastia Song*, "Alimentos e Produtos, Volume 58, Partes 7–8."

verão e a seca que impediu o plantio do arroz tardio nas prefeituras do sul é uma evidência de que duas safras foram plantadas no sul durante a Dinastia Song, enquanto quatro prefeituras no norte plantaram apenas uma estação de arroz."[924] Esse entendimento está errado, principalmente porque o relatório foi publicado no sexto mês lunar. Portanto, o evento ocorreu antes do sexto mês. Durante a dinastia Song, o verão era entendido como começando no quarto mês, portanto, a frase "desde o início do verão" aqui abrange o período do quarto ao sexto mês. Se o arroz fosse cultivado em duas safras, esse era o período em que o arroz precoce atingia a maturidade e, portanto, seria considerado normal que o arroz tardio ainda não pudesse ser transplantado. No entanto, no caso do arroz tardio de uma única estação, o tempo era apertado se as mudas não fossem plantadas no sexto mês, já que essas culturas geralmente eram plantadas no quinto mês.

O arroz precoce também era a cultura dominante em Jiangxi, mas havia diferenças entre as prefeituras e os condados. Por exemplo, "De acordo com declarações sobre Hongzhou, nos condados dessa prefeitura, as terras agrícolas são plantadas principalmente com arroz zaozhan, com uma pequena quantidade de arroz *dahe*. O arroz *dahe* começa a amadurecer no décimo mês... Setenta por cento dos campos dentro da jurisdição são plantados com arroz *zhan*, enquanto vinte a trinta por cento são plantados com arroz *dahe*."[925] Aqui, o arroz *zhan* se refere ao arroz precoce e o arroz *dahe* se refere ao arroz tardio. Em Jiangzhou, "o arroz tardio é raro em Xingzi e Duchang, e somente em Changyi o arroz *dahe* é predominante... A maior parte do arroz produzido aqui é arroz *zhan*, mas há um pouco de arroz tardio."[926] Além disso, 'neste condado, houve pouca chuva neste outono, causando uma seca severa nos campos de arroz tardio. A maioria dos campos aqui foi plantada com arroz precoce, como em Xingzi e Duchang, portanto, há poucas áreas de desastre. Apenas o condado de Jianchang tem muitos campos de arroz tardio."[927] E, "o arroz precoce é adequado no condado de Duchang. Os primeiros campos de arroz representam setenta a oi-

---

[924] Zheng Xuemeng e Wei Hongzhao, "Sobre o Desenvolvimento Econômico das Áreas Montanhosas de Fujian Durante a Dinastia Song," *Arqueologia Agrícola*, nº 1 (1986): 65; Xu Xiaowang, "Suplemento e Correção às Questões Relativas ao Arroz Champa," *Estudo da História Socioeconômica da China*, nº 3 (1984).

[925] [Dinastia Song do Sul] Li Gang, *Coleção Liangxi*, vol. 106, "Memorial Sobre a Requisição de Arroz Tardio."

[926] [Dinastia Song do Sul] Chen Mi, *Obras Completas de Chen Mi*, vol. 21, "Ao Dajian de Jiangzhou, Sr. Ding."

[927] [Dinastia Song do Sul] Zhu Xi, *Obras Completas de Zhu Xi*, vol. 26, "Declaração ao Tiju, Sr. Yan."

tenta por cento no condado de Xingzi."[928] Em Fuzhou, "o arroz precoce é mais abundante em Linchuan"[929] e, "em toda a jurisdição dos condados de Le'an e Yihuang, a maior parte das terras agrícolas não era plantada com arroz precoce, de modo que as colheitas não amadureciam até o nono ou décimo mês."[930] Muitas vezes se observava que "há pouco arroz precoce nessa província, e mais arroz tardio."[931] Em Jizhou, "o arroz precoce representa apenas cerca de vinte ou trinta por cento"[932], enquanto setenta a oitenta por cento eram arroz tardio

Nas prefeituras a leste do Yangtze, havia "arroz *xian* em toda parte"[933] Parece que o arroz precoce era predominante na área, mas havia algumas exceções. Em Raozhou (hoje Boyang, Jiangxi), por exemplo, parece que havia mais arroz tardio. Hong Mai escreveu em *Ensaios em Rongzhai*, Livro 5, Volume 7: "No quarto ano do reinado de Qingyuan, Yugan e Anren foram infestados por insetos no oitavo mês. As pragas atingiram as raízes das mudas e se alimentaram delas. Os caules ficaram chamuscados como se tivessem sido queimados pelo fogo, conforme descrito nos tempos antigos. A partir do 14º dia do nono mês, a geada severa continuou a cair, e o arroz tardio que não deu frutos ficou fino e não pôde ser revivido". É evidente que o arroz tardio era predominante em Raozhou e sofreu danos causados pela geada no meio do nono mês e o arroz tardio não deu frutos. A partir disso, fica claro que o arroz tardio em Raozhou era normalmente colhido após a metade do nono mês.

Em Tanzhou, Jinghu (atual Changsha, Hunan), "havia muito arroz precoce, mas pouco arroz tardio."[934] O arroz precoce representava cerca de 70% do cultivo total de arroz da prefeitura.[935] Além disso, "só há ar-

---

928 [Dinastia Song do Sul] Zhu Xi, *Obras Completas de Zhu Xi*, vol. 6, "Declaração Sobre a Seca Vivenciada em Shaoliang."

929 [Dinastia Song do Sul] Huang Gan, *Obras Completas de Huang Gan*, vol. 29, "Apelo por Ajuda Através da Requisição de Colheitas em Linchuan."

930 [Dinastia Song do Sul] Huang Zhen, *Jornal Diário de Huang*, vol. 78, "Promoção da Venda de Arroz a Preços Normais para Aliviar a Requisição nos Condados de Yihuang e Le'an."

931 [Dinastia Song do Sul] Huang Zhen, *Notas Diárias de Huang*, vol. 75, "Declaração Sobre Sol e Chuva no 21º Dia do Sétimo Mês."

932 [Dinastia Song do Sul] Wen Tianxiang, *Obras Completas de Wen Tianxiang*, vol. 6, "Ao Tiju, Sr. Jiang, e Wan Qing de Zhiyan, Jizhou."

933 [Dinastia Qing] Xu Song, *Compêndio do Governo e Instituições Sociais da Dinastia Song*, "Alimentos e Produtos, Volume 40, Parte 56."

934 [Dinastia Song do Sul] Zhen Dexiu, *Coleção Xishan*, vol. 17, "Ao Departamento de Assuntos do Estado Sobre a Redução da Requisição de Colheitas."

935 [Dinastia Song do Sul] Zhen Dexiu, *Coleção Xishan*, vol. 10, "À Corte Real Sobre a Apropriação de Colheitas Requisitadas."

roz precoce e, após a colheita, os agricultores não têm nada para fazer."[936] Em Meizhou, Chengdu (atual condado de Meishan, Sichuan), o arroz precoce também era aparentemente a principal cultura.[937] Em seu *Memória das cenas de construção em Meizhou*, Su Dongpo escreveu que "no meio do sétimo mês, quando o arroz estava maduro e as sementes estavam se deteriorando, os administradores retomaram os tambores de adivinhação para determinar a hora certa. Eles pegavam as multas e o dinheiro da indenização para comprar vinho, porcos e ovelhas para os rituais de adoração aos ancestrais das terras agrícolas e, em seguida, jantavam e bebiam até se fartarem. Era a mesma coisa todo ano. Esse é o costume geral."[938] É evidente que o arroz em Meizhou era geralmente colhido antes do 15º dia do sétimo mês lunar. O poema de Fan Chengda sobre o condado de E'mei (atual condado de Leshan, Sichuan) também contém a seguinte frase: "A água da fonte é clara e a terra é fértil, e a planta do arroz cresce."[939]

A distribuição de arroz no norte da China era relativamente dispersa, mas a maior parte era de arroz tardio de uma única estação. De acordo com vários registros históricos, a época de colheita do arroz Champa em terras imperiais era geralmente no décimo mês. O poema *Canto de outono* de Chao Yuezhi (1059-1129) diz: "O arroz nos campos administrados pelo oficial Cui amadureceu tarde". O poema observa que "Cui Defu supervisiona a administração dos campos de arroz"[940] A administração dos campos de arroz estava localizada na área de Ruzhou (atual Condado de Linru, Henan), no Distrito Administrativo de Jingxibei, o que prova que os campos de arroz sob a jurisdição da administração dos campos de arroz eram principalmente de arroz tardio. No entanto, como o norte era mais propenso a secas, Jiang Ao promoveu um tipo de arroz precoce no condado de Lushan, Ruzhou.[941]

---

936 [Dinastia Song do Sul] Zhu Xi, *Obras Completas de Zhu Xi*, vol. 100, "Anúncio de Regulamentos."

937 Em correspondência privada, a Professora You Xiuling apontou que a frase de Su, "meados do sétimo mês," é contada de acordo com o calendário lunar, correspondendo a 15 de agosto no calendário solar. Isso, portanto, não se refere tanto ao arroz precoce, mas ao arroz médio ou ao arroz médio de maturação precoce. O que procuro enfatizar aqui é que, embora o outono chegasse em meados do sétimo mês lunar, o arroz já havia sido colhido antes disso. O período de colheita mais preciso era no final do sexto mês e início do sétimo.

938 [Dinastia Song do Norte] Su Dongpo, *Obras Completas de Su Dongpo*, Prelúdio, vol. 32, "Memórias da Construção de Cenários em Meizhou."

939 [Dinastia Song do Sul] Fan Chengda, *Coleção Shihu*, vol. 18, "Condado de E'mei."

940 [Dinastia Song do Norte] Chao Yuezhi, *Coleção Jing Yusheng*, vol. 5, "Cântico de Outono."

941 [Dinastia Song do Norte] Yang Yi, *Conversas*.

Embora os materiais existentes sejam muito escassos para fornecer um esboço firme da distribuição do arroz precoce e tardio durante a Dinastia Song, pode-se supor que nas principais áreas produtoras de arroz no sul da Dinastia Song, com exceção do oeste de Zhejiang e de outras áreas onde o arroz tardio estava concentrado, alguma combinação de arroz precoce e tardio era cultivada, sendo o arroz precoce mais predominante. No entanto, no norte da China, o arroz tardio era o principal tipo de arroz cultivado, como acontecia desde os tempos antigos.

11. Razões para a prevalência do arroz precoce

O arroz precoce foi distribuído principalmente em partes da Bacia do Yangtze, como Sichuan, Jinghu, Jiangdong, Jiangxi, Zhedong e Fujian. A principal razão pela qual esses lugares optaram por plantar o arroz precoce foi sua resistência à seca. Desde a antiguidade, os trechos médio e inferior do rio Yangtze têm sido as principais áreas produtoras de arroz da China, mas a distribuição de chuvas na região é extremamente desigual. Tomando Jiangxi como exemplo, a precipitação na primavera e no verão é responsável por 75% do total anual na maioria das áreas, enquanto o outono é responsável por apenas 15% do total. Após o início do Calor menor, o período seco se instalou, o que significou longos períodos de luz solar e pouca chuva, com uma diminuição significativa da precipitação. Em outras províncias, como Zhejiang, Jiangsu e Anhui, a situação foi semelhante. Ao mesmo tempo, as altas temperaturas e a evaporação significaram um aumento na demanda de água para o cultivo de arroz. Um velho fazendeiro foi citado em *Técnicas essenciais de agricultura* dizendo que "antes do outono, é necessário irrigar um total de 3 *he* por muda todas as noites. Após o início do outono, esse número aumenta para 1 dou 5 sheng, portanto, estamos particularmente atentos à seca no outono". O Suplemento de *Técnicas Essenciais de Agricultura acrescenta*: "O arroz tardio é mais vulnerável à seca do outono, que murcha as raízes. Mesmo que chova um pouco, ele só produzirá poucos frutos. É por isso que se diz que "as terras agrícolas são vulneráveis à seca no outono, como as pessoas são vulneráveis à pobreza na velhice". Isso é muito preciso". Sugere-se que o início do outono no calendário solar seja considerado o período-chave para a umidade do arroz. Era a época em que o arroz entrava no estágio de arranque ("Xiu ou Zuotai em termos antigos"), após o qual o arroz precisa de um grande suprimento de água. O *Tratado Agrícola da Família Shen da Dinastia Ming* observa: "É melhor trabalhar com mais afinco antes do início do outono, porque depois disso é necessário irrigar assim que aparecerem rachaduras no solo. A muda de arroz começa a brotar no final do calor, e a água é necessária. Costuma-se dizer que "o agricultor se assusta ao ver as raízes das mudas de arroz ficarem brancas". [...] Depois do outono, nunca deve faltar água nos campos. Se um campo de arroz não tiver água, é importante irrigá-lo com a roda d'água até a colheita. Costuma-se dizer: 'O arroz é tão vermelho quanto uma toutinegra por causa do suprimento adequado de água'". De acordo com os cálculos de Song Yingxing, "desde o início da vegetação até o crescimento e a frutificação, o arroz precoce precisa de 3 dou de água por muda e o arroz tardio precisa de 5 dou de água por muda. Sem água, ele murchará". E, "antes da colheita, se faltar 1 *sheng* de água, os grãos podem ser salvos, mas serão menores e, quando forem processados com o rolo de pedra ou o almofariz de pedra, geralmente se quebrarão". É evidente que o arroz primitivo era cultivado principalmente em áreas onde havia uma grave escassez de água. Nessas áreas, era necessário um grande esforço para cultivar até mesmo uma estação de arroz, de modo que o arroz precoce era preferido por sua menor demanda por fertilizantes e água.

Na dinastia Song, observava-se com frequência que a seca colocava em risco o arroz tardio. Por exemplo, Li Gang relatou certa vez em seu mandato como Pacificador do Distrito Administrativo de Jiangnan Ocidental (1135-1139) que "desde o início do outono, houve pouca chuva, causando uma seca em Hangzhou, e os insetos verdes que comem e prejudicam as mudas de arroz floresceram... Se não houver chuva nos próximos dez dias, isso causará danos por seca nos campos de arroz tardio", e ele observou que "a situação ainda é incerta". No entanto, como "a chuva e o sol vêm em boa hora durante a primavera e o verão, o arroz precoce está maduro para a colheita" e "em minha jurisdição, setenta por cento dos campos de arroz plantados pelos moradores são de arroz *zhan* precoce, enquanto apenas vinte ou trinta por cento são de arroz *dahe*". No 21º dia do sétimo mês do sétimo ano do reinado de Xianchun (1271), o prefeito de Fuzhou, Huang Zhen, disse em *Declaração sobre sol e chuva*: "Choveu no terceiro dia do sexto mês, seguido por um mês de seca que durou até o segundo e o terceiro dia do sétimo mês, quando choveu novamente. Embora o arroz precoce já estivesse cortado, depois do terceiro dia do sétimo mês, não choveu novamente por vinte dias, e ficamos preocupados com a colheita do arroz tardio."[942] Por outro lado, "o arroz precoce constitui a maior parte das plantações em Linchuan. Embora o arroz tardio esteja infestado de gafanhotos, o que levou a uma colheita ruim em alguns lugares, ainda havia vilarejos que tiveram boas colheitas. A escassez foi compensada de certa forma, e o arroz tardio representou cerca de metade da colheita total. O arroz precoce e o tardio juntos amadureceram cerca de setenta a oitenta por cento das colheitas."[943] Zhu Xi também mencionou, quando estava supervisionando em Nankang, que "em minha província, houve menos chuva neste outono, e os campos foram, em geral, atingidos pela seca."[944] Em sua

---

942 [Dinastia Song do Sul] Huang Zhen, *Jornal Diário de Huang*, vol. 75, "Declaração Sobre Sol e Chuva no 21º Dia do Sétimo Mês."

943 [Dinastia Song do Sul] Huang Gan, *Coleção Mianzhai*, vol. 29, "À Administração Tiju Sobre o Alívio do Fardo de Requisição de Grãos em Linchuan."

944 [Dinastia Song do Sul] Zhu Xi, *Obras Completas de Zhu Xi*, vol. 26, "Declaração ao Senhor Yan, da Administração Tiju."

Carta ao Jiangzhou Daijian, o sr. Ding, Chen Mi escreve: "Não chove desde o início deste mês... No condado de Jianchang, a maior parte do arroz é arroz *damiao* [um tipo de arroz tardio], por isso estamos preocupados com a colheita."⁹⁴⁵ Como o arroz tardio era vulnerável à seca, algumas autoridades locais da dinastia Song dedicaram-se à promoção do arroz precoce. Zhu Xi, por exemplo, promoveu o arroz precoce em Duchang, onde uma grande área foi reservada para o plantio de arroz tardio. Ele escreveu: "Os campos em Duchang são adequados para o arroz precoce. Não é como os campos de arroz precoce no condado de Xingzi, que representam cerca de setenta a oitenta por cento do total."⁹⁴⁶

Como o arroz precoce exigia menos água, ele se desenvolveu mais rapidamente em algumas áreas montanhosas propensas à seca. No início da dinastia Song, havia um tipo de arroz tolerante à seca e de alto rendimento nas áreas montanhosas do norte de Fujian. De acordo com o livro *Conversas* do escritor da dinastia Song, Yang Yi, "Jiang Ao, natural de Jian'an, irmão de Wen Wei, é magistrado do condado de Lushan, Ruzhou, onde a maior parte das terras abertas sofreu com anos de seca e deixou as pessoas famintas. Jiang Ao introduziu um tipo de arroz precoce de Jian'an que era resistente a fertilizantes e à seca, e que pode ser armazenado por muito tempo após uma colheita precoce, tornando-o adequado para o plantio nos platôs. Até agora, muitas pessoas na cidade têm tido o suficiente para comer a cada ano."⁹⁴⁷ Não se afirma aqui que o arroz primitivo introduzido por Jiang Ao era o arroz Champa, e ele data de antes dos primeiros registros do arroz Champa e, portanto, deveria existir há muito tempo.

Além da seca, havia outros motivos para a promoção do arroz precoce. Por exemplo, às vezes isso era feito para evitar inundações, já que o período de crescimento do arroz precoce era curto, permitindo que a colheita fosse concluída antes do início das chuvas anuais. Isso tornava o arroz precoce adequado para o plantio não apenas em áreas montanhosas, mas também em áreas baixas e alagadas. Embora o período de seca tenha começado após o outono nas regiões média e baixa da bacia do rio Yangtze, havia a possibilidade de tempestades em alguns anos, o que era desfavorável para o arroz tardio que havia amadurecido e estava pronto para a colheita naquela época. Por exemplo, no 24º dia do nono mês do primeiro ano do reinado de Qiandao (1165), as autoridades observaram que "choveu muito desde o

---

945 [Dinastia Song do Sul] Chen Mi, *Obras Completas de Chen Mi*, vol. 21, "Ao Daijian de Jiangzhou, Senhor Ding."

946 [Dinastia Song do Sul] Zhu Xi, *Obras Completas de Zhu Xi*, vol. 6, "Declaração Sobre a Seca Vivenciada em Shaoling."

947 [Dinastia Song do Norte] Yang Yi, *Conversas*.

oitavo mês, o que prejudicou todas as plantações em Jiangsu, Huaihe, Zhejiang e Fujian. As espigas de arroz não semeadas apodreceram nos campos depois de ficarem encharcadas. No entanto, não houve danos graves nos campos das terras altas, e muitos brotos permaneceram."[948] A solução foi plantar arroz precoce sempre que possível. "O arroz *Huanglu* tem uma certa vantagem nesse aspecto, pois amadurece em um período de sessenta dias, do plantio à colheita, o que torna mais fácil evitar inundações."[949] O arroz precoce conseguiu minimizar o risco de inundações. Por essa razão, em Yuzhang (atual Nanchang, Jiangxi), onde havia mais campos à beira de lagos e menos campos em encostas, "o arroz *zhan* constitui a maioria, como o arroz *bashizhan*, o arroz *baizhan* e o arroz *bai'ershizhan*, que têm um período de crescimento de alguns meses."[950] Outra razão para plantar arroz cedo era evitar a geada, já que o arroz tardio geralmente amadurecia somente depois que a geada começava. Se a geada começasse mais cedo em um determinado ano, haveria o risco de anular todos os ganhos anteriores. Quando He Chengju estava cultivando arroz em Hebei, ele não conseguiu fazer uma colheita no primeiro ano devido à geada, o que dificultou a continuação do plantio de arroz em seus campos. No segundo ano, ele usou o arroz precoce em Jiangdong e foi bem-sucedido. Outro motivo pelo qual o arroz precoce foi promovido foi sua tolerância ao solo estéril, pois exigia menos fertilizante do que o arroz tardio.

Era mais provável que a seca ocorresse em áreas montanhosas, onde o solo não era tão fértil quanto o das planícies. Devido à altitude, os campos nas encostas também eram mais vulneráveis a danos causados pelo frio, portanto, o arroz indica precoce era plantado com mais frequência nessas áreas. Assim como Huizhou, em Jiangdong, era "adequado para o arroz Indica, mas não para o arroz Japônica"[951], em Lin'an, no condado de Xincheng, "os campos nas encostas são plantados principalmente com arroz Indica, e não com Japônica."[952] Foi também por isso que o imperador Zhenzong, da dinastia Song, promoveu o arroz Champa precoce em áreas de alta altitude e propensas à seca. O arroz precoce estava intimamente ligado às

---

948 [Dinastia Qing] Xu Song, *Compêndio de Instituições Governamentais e Sociais da Dinastia Song*, "Alimentos e Produtos, Volume 40, Parte 46."

949 *Tratado Agrícola de Wang Zhen*, "Catálogo de Equipamentos Agrícolas, Pequeno Recinto."

950 [Dinastia Song do Sul] Wu Yong, *Coleção Helin*, vol. 39, "Promovendo a Agricultura em Lingxingfu."

951 *Crônica de Xin'an*, vol. 2, "Produtos."

952 [Dinastia Qing] Xu Song, *Compêndio de Instituições Governamentais e Sociais da Dinastia Song*, "Alimentos e Produtos, Volume 70, Parte 109."

áreas montanhosas, conforme refletido nas frases: "Quando o arroz precoce está totalmente maduro, ele é colhido nas fazendas das montanhas",[953] e "Nos vilarejos do norte, há poucas terras agrícolas, então por que não plantar arroz precoce o mais rápido possível? "[954] Isso também estava relacionado à maior quantidade de arroz precoce em comparação com o arroz tardio nas quatro prefeituras do norte de Fujian. Esse padrão também não mudou muito nos tempos modernos. De acordo com estudos recentes, em Nanjing e Zhenjiang, o terreno elevado tinha mais campos em encostas do que campos em pôlderes, e eles só eram adequados para o arroz indica, que requer menos água.[955]

"Aliviar a fome" foi outro fator por trás da prevalência do arroz precoce. Durante a dinastia Song, o arroz tardio geralmente tinha que ser comprado, enquanto o arroz precoce era produzido e comercializado em grande parte pelos próprios agricultores. Wen Tianxiang observou que "Minha cidade natal (Jizhou, Jiangxi, hoje Ji'an) sempre usou o arroz precoce para alimentar o povo e o arroz tardio para requisições oficiais."[956] A maior parte do arroz precoce produzido pelos fazendeiros era para consumo próprio, e o restante era vendido para atender às necessidades alimentares das classes média e baixa. O arroz precoce se tornou uma fonte de alimento popular para "as pessoas da classe média e inferior."[957] Devido à falta de poder econômico, as massas das classes mais baixas não tinham reservas substanciais de grãos. Quando ficavam para trás, precisavam de variedades de maturação precoce para ajudá-las, o que abriu uma oportunidade para o desenvolvimento do arroz precoce. Uma famosa variedade de arroz precoce, o arroz de sessenta dias, está registrada em crônicas locais que datam da dinastia Song, bem como em vários outros documentos históricos. Essa variedade também era chamada de *jiugongji*, que significa "aliviar a fome do público". Seu surgimento estava ligado à necessidade de alimentar as massas que formavam as classes mais baixas. Dizia-se que "o arroz

---

953 [Dinastia Song do Norte] Zhang Shou, *Coleções de Piling*, vol. 14, "Viagens na Época da Colheita."

954 [Dinastia Song do Sul] Xu Lun, *Coleção Shezhai*, vol. 15, "Dez Slogans Promovendo a Agricultura, Número 6."

955 *Crônicas das Prefeituras de Jiangsu*, Agricultura no 15º Ano da Era Republicana (1926). Citado em *Escritório de Patrimônio Agrícola da China*, Wang Da, Wu Chongyi e Li Chengbin, eds., *Antologia do Patrimônio Agrícola Chinês*, Categoria A, "Arroz, Parte 2" (Pequim: Editora de Agricultura da China, 1993), p. 1.

956 [Dinastia Song do Sul] Wen Tianxiang, *Obras Completas de Wen Tianxiang*, vol. 6, "Para o Tiju Sr. Jiang, Wanqing, Governador de Jizhou."

957 [Dinastia Song do Sul] Shu Lin, *Obras Coletadas de Shu Lin*, vol. 2, "Discutindo o Celeiro Normal com Chen Cang."

de sessenta dias é arroz *jiugongji*". Diz-se que uma viúva pobre que não tinha comida colhia os grãos de maturação mais precoce para seus sogros, o que levou ao seu plantio posterior."[958] A dinastia Song Xin'an também tinha uma variedade semelhante, o *hongguisheng*. Era um arroz de grão vermelho e foi o primeiro a amadurecer, mas não foi amplamente plantado. De fato, era muito raro que essa variedade fosse plantada ou colhida. Um poema da dinastia Song diz: "O som das rodas d'água na frente e atrás do vilarejo continua durante a noite. Não chove há quarenta dias. Quando os sinais de chuva nos campos altos aparecerão em nossas carapaças de tartaruga adivinhadoras? Os fazendeiros esperam ansiosamente que o arroz precoce amadureça, mas ele não amadurece, então como vamos escapar da fome?"[959] A partir disso, fica claro que o arroz precoce era usado para resistir à seca e ajudar os pobres a escapar da fome.

Outro motivo para a prevalência do arroz precoce foi descoberto em pesquisas recentes. Entre o verão e o outono do 24º ano da República da China (1935), quando o grupo de trabalho agrícola da Academia de Agricultura de Jiangxi orientou os agricultores a selecionarem o arroz híbrido e coletar uma única espiga de grãos, eles realizaram um estudo sobre variedades de arroz e métodos de cultivo e descobriram que a falta de água era o principal motivo pelo qual o arroz japônica não era plantado em todos os condados. O estudo registra: "Em geral, o período de crescimento do arroz japônica é mais longo do que o do arroz indica, e a quantidade de água necessária para seu crescimento é muito alta. As chuvas na província atingem seu pico no quinto e no sexto mês, durante as chuvas de ameixa, e diminuem gradualmente após o sétimo e o oitavo mês. Por esse motivo, o arroz indica de maturação precoce é plantado na maioria dos lugares para evitar perdas devido à seca. A razão original pela qual o arroz japônica foi abandonado foi que seu crescimento é limitado de acordo com o clima. Como o sistema de cultivo duplo é predominante na província, após a colheita do arroz precoce, a segunda temporada de arroz ou outras culturas secas, como soja tardia, gergelim e trigo sarraceno, pode ser plantada. O período de crescimento do arroz japônica é mais longo, portanto, não é adequado para um sistema de cultivo duplo. Outro motivo pelo qual o cultivo do arroz japônica foi abandonado foram as limitações do sistema de cultivo. Havia poucas variedades com um rebento plantado em cada município. A maio-

---

958 *Canção do Lenhador*, publicada na *Crônica do Condado de Xiangshan*, Volume 12, "Registro de Produtos," no 14º Ano da República da China (1925). Citado em Wang Da, Wu Chongyi e Li Chengbin, eds., *Antologia do Patrimônio Agrícola Chinês*, Categoria A, "Arroz, Parte 2" (Pequim: Editora de Agricultura da China, 1993), p. 231.

959 [Dinastia Song do Norte] Zhang Fu, *Coleção Ziming*, vol. 3, "Compaixão pelos Agricultores."

ria dos agricultores achava difícil debulhar e preparar essas variedades e, quando pagavam aluguel com essas culturas, os proprietários de terras as rejeitavam. O arroz Japônica, que geralmente tem um rebento, também foi abandonado porque não estava alinhado com as expectativas dos agricultores."[960] Como a fome e a seca sempre existiram, estima-se que o surgimento do arroz primitivo tenha sido provavelmente anterior às datas registradas nos documentos históricos.

Embora a intenção original do plantio do arroz precoce fosse resistir a desastres naturais, ele também criou as condições necessárias para o desenvolvimento de um sistema de cultivo múltiplo. O arroz precoce podia evitar a seca e aliviar a fome, mas sua produtividade não era alta, de modo que sua capacidade de atender às necessidades alimentares da população era apenas temporária e não era sustentável o ano todo. Ao mesmo tempo, havia uma estação de crescimento mais longa após a estação do arroz precoce, de modo que os agricultores naturalmente plantavam arroz tardio e outras culturas após a colheita precoce para compensar os baixos rendimentos, o que, por sua vez, moldou o sistema de cultivo múltiplo. Um poema da dinastia Song, escrito por Xie Bangyan, diz: "É um prazer ter colheitas de arroz tanto precoces quanto tardias, provando que vale a pena plantar os campos estéreis em todas as quatro estações."[961] Em outras palavras, o arroz precoce ajudou a criar as condições para o desenvolvimento do sistema de cultivo múltiplo.

---

[960] Grupo de Trabalho Agrícola da Academia de Agricultura de Jiangxi, "Relatório sobre o Arroz em Diversos Condados do Oeste de Jiangxi," *Jiangxi Agricultural News* 2, no. 2 (1936): 30.

[961] Dinastia Ming, reinado de Jiajing. *Crônica da Prefeitura de Funing*, vol. 3, "Produtos Locais."

12. Razões pelas quais o arroz tardio foi plantado na região de Taihu

A principal região produtora de arroz da China da dinastia Song, Zhejiang Ocidental, costumava ser mencionada: "Se Suzhou e Huzhou tiverem uma boa colheita, será suficiente para alimentar o país inteiro". Mas mesmo nessa área, o arroz precoce não substituiu o arroz tardio. Em vez disso, o arroz tardio de uma única estação era a principal cultura, e assim permaneceu até os tempos modernos. Em Jiangnan, o arroz tardio era geralmente transplantado no quinto mês e amadurecia no outono, durante o nono ou décimo mês. O escritor da dinastia Song, Wu Wenying, escreveu: "Vi o Festival do Meio do Outono novamente no mês bissexto, o oitavo mês... e havia sorgo novo para cozinhar, enquanto a fumaça sinuosa se condensava sobre os campos do oeste... Eu sabia que o povo de Wuzhong sabia diferenciar a casca do grão... então vim novamente para Suzhou."[962] É evidente que o arroz não era colhido no Festival do Meio do Outono, que cai no décimo quinto dia do oitavo mês lunar. A data crítica para a colheita do arroz tardio no oeste de Zhejiang era a Descida da Geada, conforme observado no verso de Su Dongpo, "O campo de arroz tardio é perfumado em Wucheng"[963], no verso de Cao Zu, "A geada cai no Wujiang, e os campos de arroz de dez mil li logo serão colhidos"[964], e no poema de Lou Shu, *Arar e tecer*, "cortar a grama", que diz: "Ao cortar o arroz no campo, os fazendeiros trabalham tanto que quebram as foices. Uma geada espessa cai sobre a terra rachada, e os agricultores permanecem curvados sobre o trabalho o dia inteiro". Em todos esses versos, nenhuma outra época de colheita é mencionada, demonstrando que o arroz era geralmente colhido por volta da época da Descida da Geada em Zhejing Ocidental. Trabalhar de trás para frente a partir dessa data esclarecerá um pouco a data de plantio. O poema de Su Dongpo diz: "Plantando arroz antes de Qingming... e transplantando no início do verão", indicando que na dinastia Song do Norte, em Huzhou, o arroz era plantado antes do Festival de Qingming, no início do quarto mês, e transplantado no início do verão (no início do quinto mês). Um poema de Yang Wanli afirma: "Deixar as sementes de molho no início do segundo mês e transplantá-las no início do quarto... o sal produzido na área de Wu é branco como a neve, e o vinho, o mingau e a sopa de macarrão da aldeia são

---

962 [Dinastia Song do Sul] Wu Wenying, *Manuscrito de Meng Chuang*, vol. 3, "Melodia Muito Lenta."

963 [Dinastia Song do Norte] Su Dongpo, *Obras Completas de Su Dongpo*, Prefácio, vol. 4, "Quarteto para Shen Laoqi."

964 [Dinastia Song do Norte] Cao Zu, *Lábios Pintados*.

todos espessos". Isso indica que, durante a dinastia Song do Sul, as sementes eram embebidas no início do segundo mês lunar (antes de Qingming) e as mudas eram transplantadas no meio do quarto mês (após o início do verão). Em outras palavras, na região de Taihu, o arroz era geralmente semeado por volta de Qingming e colhido por volta da Descida da Geada, ou seja, do segundo e terceiro meses lunares até o nono e décimo. O plantio de uma única estação de arroz tardio se reflete no período de crescimento de muitas variedades de arroz.

O senhor Xiuling apresenta duas razões para explicar por que o arroz tardio continuou sendo a cultura predominante em Taihu e em outras áreas, enquanto o arroz precoce era mais predominante em outros lugares. A primeira está relacionada à mudança de temperatura durante a dinastia Song. Em termos de temperatura mínima de germinação, o arroz indica tem requisitos mais rigorosos do que o arroz japônica. Ao contrário do arroz japônica, a variedade indica não é muito tolerante ao frio. Atualmente, a temperatura média anual necessária para o cultivo do arroz indica é superior a 17°C, enquanto para o arroz japônica é inferior a 16°C. O clima ficou mais frio durante a Dinastia Song, a ponto de, durante a Dinastia Song do Norte, a temperatura do ar no leste da China ser um pouco mais baixa do que é hoje.[965] Durante a Dinastia Song do Sul, a temperatura média em Hangzhou no quarto mês era um ou dois graus mais baixa do que é hoje.[966] Devido a essas condições climáticas, a área de Taihu se tornou o centro do cultivo de arroz japônica.[967] A segunda razão que o senhor oferece é que, após a expansão do sistema de cultivo duplo de trigo e arroz, a proporção de arroz tardio aumentou devido à colheita tardia do trigo. A diversidade de variedades de

---

[965] Zheng Sizhong et al., *Mudança Climática e Previsões de Longo Prazo: Mudanças na Humidade Climática no Sudeste da China ao Longo dos Últimos Dois Mil Anos* (Pequim: Editora de Ciência, 1977).

[966] No estudo do clima de diversos períodos históricos, os pesquisadores modernos fazem deduções com base no crescimento de animais e plantas durante esses períodos, conforme registrado nos documentos históricos. No entanto, diferentes conclusões podem ser tiradas de diferentes materiais. É geralmente aceito que o clima esfriou durante a Dinastia Song do Sul, mas também há evidências de que o clima durante esse período pode ter sido semelhante ao atual. Por exemplo, no poema *Moscas Amargas no Décimo Mês*, de Lu You, podemos ler: "A fornalha ainda não está em uso em Jiangnan no décimo mês." (*Poemas de Jiannan*, Volume 1.) Isso indica que o clima no décimo mês em Jiangnan naquela época era semelhante ao clima atual, ou talvez um pouco mais quente.

[967] You Xiuling, *Obras Completas sobre a História do Cultivo de Arroz: A Origem, Disseminação e Desenvolvimento do Cultivo de Arroz na Região de Taihu* (Editora de ciência e tecnologia agrícola da China, 1993), pp. 43–44.

arroz tardio na área de Taihu estava intimamente relacionada ao desenvolvimento do cultivo duplo de trigo e arroz após a dinastia Song.[968]

Além disso, acredita-se que a preferência pelo arroz tardio na região de Taihu se deveu a fatores socioeconômicos e à geografia natural da região. Do ponto de vista econômico, a política de compras da corte Song foi um motivo importante para o plantio de arroz tardio na área de Taihu. Após a abertura do Grande Canal durante as dinastias Sui e Tang, a área de Taihu tornou-se o local com a maior produção de arroz. O governo estipulou o arroz tardio como padrão para o pagamento de tributos, talvez devido à qualidade e ao prazo de validade do arroz tardio. O arroz tardio era de boa qualidade e podia ser armazenado por muito tempo, o que o tornava adequado para o transporte por água e para o fornecimento aos residentes da capital. O arroz precoce tinha um desempenho ruim nessas duas áreas e, por isso, não era incluído na cobrança do tributo. Ao discutir o armazenamento de grãos, Shu Lin disse: "Nos tempos antigos, o arroz era armazenado com a casca e não apenas com os grãos. Hoje, foi comprovado que as sementes de arroz armazenadas por quatro ou cinco anos apodrecem, enquanto os grãos de arroz podem ser armazenados por oito ou nove anos sem nenhum dano. Os diferentes grãos de arroz também eram classificados como superiores ou inferiores. Havia o arroz *dahe* e o *xiaohe*. O primeiro era o arroz japônica com grãos grandes e uma coroa, que só podia ser plantado em campos férteis. O arroz *xiaohe*, também conhecido como arroz *shanhe*, era um arroz indica, com grãos pequenos, mas sem palha, e podia ser cultivado tanto em campos estéreis quanto férteis. O arroz japônica tinha baixa produção, mas alto preço. Não era apenas submetido à corte como tributo, mas também era uma variedade acessível apenas para as classes mais altas. O arroz indica era de alta produção, mas de baixo preço, e era acessível às classes média e baixa."[969] No décimo segundo dia do décimo primeiro mês do nono ano do reinado de Qiandao do Imperador Xiaozong (1173), Hong Zun, da Prefeitura de Jiankang, observou em seu memorando que "o arroz xianhe não pode ser armazenado por um longo período.[970] Como o arroz japônica tardio era bom para comer e podia ser armazenado por um longo período, ele era cobrado como imposto. Isso não era verdade apenas na área de Taihu, mas também em outros lugares. O governo definiu a data de

---

968 You Xiuling, *Obras Completas sobre a História do Cultivo de Arroz: Produção de Arroz na Dinastia Song* (Editora de Ciências e Tecnologia Agrícola da China, 1993), p. 267.

969 [Dinastia Song do Sul] Shu Lin, *Obras Completas de Shu Lin*, vol. 2, "Discutindo o Granário Normal com Chen Cang."

970 [Dinastia Qing] Xu Song, *Compêndio das Instituições Governamentais e Sociais da Dinastia Song*, "Alimentos e Produtos, Volume 40, Parte 56."

início da cobrança de impostos após o amadurecimento do arroz tardio.⁹⁷¹ Para se adaptar à política do governo, embora o arroz tardio fosse cultivado em todo o território de Song, por causa de seus impostos mais leves, alguns lugares podiam plantar arroz precoce para atender às suas próprias necessidades, uma vez que satisfaziam a exigência de impostos, enquanto os fazendeiros de Taihu e de outras áreas tinham de plantar uma grande quantidade de arroz tardio, já que arcavam com uma carga tributária mais pesada. Além disso, algumas áreas vizinhas que não conseguiam pagar os impostos com sua própria produção de arroz tardio vinham para a área de Taihu para comprar o arroz necessário para o imposto. Por exemplo, no Condado de Xincheng, na Prefeitura de Lin'an, foi dito que "há muitos tipos de *xiaomi* (arroz xian, ou arroz indica) plantados nos campos das encostas, mas nenhum arroz *geng* (arroz japônica). A produção anual só é suficiente para alimentar as pessoas por alguns meses, então elas têm que comprar mais arroz das áreas vizinhas de Suzhou e Xuzhou, mesmo nos anos em que há uma boa colheita."⁹⁷² Com a grande demanda por arroz tardio, os fazendeiros de Taihu não tinham muita escolha a não ser cultivar arroz tardio. Essa foi uma das razões pelas quais, nas áreas à beira dos lagos de Taihu, o arroz tardio de uma única estação tem sido proeminente desde os tempos antigos até hoje, e a pesada carga tributária sobre Jiangnan provavelmente teve um impacto sobre as preferências de plantio de arroz na região.

Durante o mesmo período, em outros lugares onde havia impostos pesados, a proporção de arroz tardio também era relativamente grande. Durante a Dinastia Song do Norte, além dos 1,5 milhão de *dan* dos Distritos Administrativos de Zhejiang Oriental e Ocidental que foram enviados a Pequim, havia mais 1,3 milhão de *dan* do Distrito Administrativo de Huainan e 1,289 milhão de *dan* do Distrito Administrativo de Jiangnan Ocidental.⁹⁷³ Conforme descrito acima, Huainan era uma importante área de distribuição de arroz tardio. A proporção de arroz precoce e tardio era diferente em Jiangxi, o que pode estar relacionado às respectivas cargas tributárias impostas às várias regiões. Jizhou foi responsável pela maior parte da produção de 1,2 milhão de *dan* em Jiangxi. O oficial da dinastia Song, Zeng Anzhi, estimou que "dos milhões de *hu* de grãos transportados por água

---

971 *História da Song*, registros de "Alimentos e Produtos", "As terras agrícolas em Jiangnan, nas regiões de Zhejiang Oriental e Ocidental, Jinghu, Guangnan e Fujian são principalmente plantadas com arroz japônica, que amadurece por volta do tempo de 'Descida do Geada' e é requisitado por compra por volta do primeiro dia do décimo mês."

972 [Dinastia Qing] Xu Song, *Compêndio das Instituições Governamentais e Sociais da Dinastia Song*, "Alimentos e Produtos, Volume 70, Parte 109."

973 [Dinastia Song do Norte] Shen Kuo, *Ensaios de Mengxi*, vol. 12, "Assuntos do Estado, Parte 2."

para a capital, sessenta ou setenta por cento são de Jizhou." [974]Li Zhengmin também observou que "os condados de Jiangxi eram ricos no passado, e a terra no pequeno condado de Luling era especialmente fértil e plana. Mil li de terras férteis estavam cheias de arroz. Quando 400.000 *dan* de arroz eram transportados por água, a face do rio ficava quase coberta por barcos alinhados de ponta a ponta. A corte imperial se baseia nessa área como um alicerce, e o povo e todo o resto dependem dela para prosperar."[975] Em termos de transporte de grãos por água, Jizhou 'na verdade, era a região que mais fornecia em Jiangxi."[976] Para atender às necessidades de transporte por água, setenta a oitenta por cento do arroz plantado na área era arroz tardio, enquanto apenas vinte ou trinta por cento era arroz precoce.

Em termos de condições naturais, acredita-se que as mudanças na situação de inundação ou seca tiveram um impacto maior no cultivo de arroz tardio do que as mudanças no clima. Apresentarei aqui uma análise concreta do impacto da precipitação sobre o sistema de plantio de arroz em Jiangnan. O estudioso da dinastia Ming, Li Le, disse na *Crônica de Wuqing*: "A regra da agricultura é que o plantio não seja feito muito cedo. O solo aqui é fino. Se o plantio for feito muito cedo, os insetos infectarão facilmente as plantações. Se chover em um determinado ano, o plantio pode ser feito por volta da época do grão na primavera. Em caso de seca, é melhor adiar o plantio até depois do solstício de verão." Fica claro que o principal fator que determinava a época de transplante do arroz local era a ocorrência de seca ou inundação, e não a temperatura, embora, é claro, a temperatura tivesse relação com a ocorrência de seca e inundação. Passagens semelhantes foram encontradas nas crônicas locais de Wuqing e Wucheng e em livros agrícolas que datam das dinastias Ming e Qing, como o *Tratado Agrícola da Família Shen*, que representa o consenso dos agricultores do oeste de Zhejiang. Observando os textos agrícolas chineses como um todo, geralmente se defende que o plantio seja feito o mais cedo possível, uma prática que traz muitas vantagens. No entanto, na área de Taihu, "o método de cultivo não se preocupa com o quão cedo ou tarde se cultiva", uma condição intimamente relacionada ao ambiente natural da região, centrada em três fatores principais: insetos, água e seca. Na verdade, esses três problemas foram encontrados em quase todas as áreas, mas acredita-se que, no oeste de Zhejiang, as inundações foram o principal fator que levou à popularidade do cultivo tardio de arroz.

---

974 [Dinastia Song do Norte] Zeng Anzhi, *Registro das Mudas de Arroz*, "Prefácio".

975 [Dinastia Song do Sul] Li Zhengmin, *Coleção Dayin*, vol. 5, "Ao Oficial de Transporte, Sr. Wu."

976 [Dinastia Song do Sul] Wang Xiangzhi, *Registro dos Pontos Cênicos do Condado*, vol. 31, "Jizhou."

No oeste de Zhejiang, houve um longo período com muita precipitação que se estendeu do início do inverno até o final da primavera e início do verão. Se as mudas fossem plantadas ou transplantadas durante esse período, elas seriam inundadas. No quarto dia do décimo primeiro mês do quarto ano do reinado de Yuanyou (1089), o Administrador Militar da Infantaria e Cavalaria da Divisão Administrativa de Liangzhe Ocidental, Su Dongpo, relatou em seu memorando que "nas sete prefeituras de Zhejiang Ocidental, houve alagamentos no inverno e na primavera, de modo que o arroz precoce não foi plantado até o quinto e o sexto mês, quando a água recuou."[977] "É evidente que o acúmulo de água no inverno e na primavera foi o principal motivo da decisão de plantar arroz tardio nas sete prefeituras de Zhejiang Ocidental. O alagamento não afetou apenas o transplante, mas também a semeadura. No 23º dia do terceiro mês do sexto ano do reinado de Yuanyou, Su Dongpo mencionou novamente em um memorando: "Os dois anos de enchentes no oeste de Zhejiang atingiram Suzhou e Huzhou de forma mais severa. A caminho de Suzhou, vindo de Huzhou pela estrada Xiatang, vi que a água estagnada não recuava e os campos baixos estavam submersos em águas profundas. Eu temia que não houvesse esperança de cultivar arroz este ano. Ao mesmo tempo, os campos médios e altos também estavam encharcados. Mulheres de todas as idades drenavam a água com rodas d'água dia e noite, mas a chuva não parava. No final da primavera, as sementes de arroz deste ano ainda não haviam sido plantadas". A partir disso, fica claro que os campos baixos na área de Suzhou e Huzhou provavelmente não cultivavam arroz durante todo o ano, o que significava que não havia esperança de uma colheita naquele ano, e os campos em terras mais altas ainda não haviam sido semeados no final do terceiro mês ("final da primavera") devido à inundação. Su Dongpo continuou dizendo: "A partir de hoje (23º dia do terceiro mês), os agricultores devem semear, mesmo no início do verão, assim que a chuva parar."[978]

Em outras palavras, a data de semeadura do arroz em Suzhou, Huzhou e outras áreas deveria ser adiada para depois do quarto mês e, como a idade da muda não deveria ser inferior a um mês, o transplante deveria ser feito antes do início do quinto mês. No caso infeliz de as mudas transplantadas antes do quinto mês estarem sujeitas a inundações, elas tinham

---

977 [Dinastia Song do Norte] Su Dongpo, *Obras Completas de Su Dongpo*, Memórias, vol. 6, "Sobre o Alívio de Desastres nas Sete Prefeituras do Oeste de Zhejiang."

978 [Dinastia Song do Norte] Su Dongpo, *Obras Completas de Su Dongpo*, Memórias, vol. 9, "Ao Oficial de Transporte sobre a Coleta de Grãos para Alívio no Oeste de Zhejiang." Veja *Espelho para o Sábio Governante*, Volume 456, 3º mês, Sexto Ano do Reinado de Yuanyou.

de ser substituídas por novas mudas. Por exemplo, no 11º dia do quinto mês do sexto ano do reinado de Qiandao (1170), um decreto imperial declarou que "ocorreram fortes inundações na província de Zhejiang Ocidental... e os fazendeiros receberam um subsídio do governo para comprar sementes de arroz, permitindo que replantassem o arroz tardio, que amadureceria no outono, compensando assim a perda com um excedente de arroz médio."[979] Um decreto emitido no 16º dia do quinto mês do nono ano do reinado de Chunxi (1182) declarou que "recentemente houve chuvas prolongadas, danificando os campos baixos, e as pessoas pobres não puderam plantar arroz. O Administrador do Celeiro Normal nos Distritos Administrativos de Liangzhe Oriental e Ocidental, juntamente com os ministros da província, devem tomar providências o mais rápido possível, alocando fundos para as famílias abaixo da quarta e quintas classes para a compra de sementes de arroz, permitindo que continuem a plantar."[980] E, "no quinto mês do primeiro ano do reinado de Kaiqing (1259), houve muita amargura e pobreza. As mudas de arroz nos campos baixos foram inundadas e murcharam. As pessoas estavam sem recursos e não podiam fazer nada além de rezar."[981] Os fazendeiros "replantaram diligentemente os campos danificados pela água"[982], e embora esses esforços tenham compensado parte da lacuna, os recursos humanos e materiais (como os grãos necessários para o replantio) foram desperdiçados. Por esse motivo, desde a dinastia Song, a semeadura e o transplante eram intencionalmente atrasados. O escritor da dinastia Ming, Song Yingxing, observa: "Os campos à beira do lago serão plantados no sexto mês, no final do verão. As mudas devem ser semeadas nos campos das terras altas no verão e depois deixadas para esperar o momento certo."[983] Esses métodos foram amplamente usados na área de Taihu durante a dinastia Song. Su Dongpo relata: "No ano passado, no meio da província de Zhejiang, ocorreram inundações no inverno, as águas transbordaram de Taihu e as chuvas da primavera se acumularam. Suzhou, Huzhou, Changzhou e Xiuzhou foram inundadas. As pessoas plantaram arroz nos campos

---

979 [Dinastia Qing] Xu Song, Compêndio das Instituições Governamentais e Sociais da Dinastia Song, "Alimentos e Produtos, Volume 58, Parte 7."

980 [Dinastia Qing] Xu Song, Compêndio das Instituições Governamentais e Sociais da Dinastia Song, "Alimentos e Produtos, Volume 58, Parte 15."

981 Kaiqing. Crônica Expandida de Siming, vol. 8.

982 [Dinastia Qing] Xu Song, Compêndio das Instituições Governamentais e Sociais da Dinastia Song, "Alimentos e Produtos, Volume 58, Parte 16."

983 [Dinastia Ming] Song Yingxing, A Exploração das Obras da Natureza, vol. 1, "Grãos, Arroz."

das montanhas para esperar a água baixar. No quinto e sexto mês, menos de quarenta ou cinquenta por cento das mudas foram transplantadas."[984] Em um poema de autoanálise, Liu Zhen escreve: "As mudas não foram plantadas até o sexto mês na margem sul do rio Yangtze. Minha pergunta é: por que foi tão tarde? E minha resposta é: porque os campos foram danificados pela chuva."[985]

Em outras áreas baixas, como Huainan, o arroz tardio foi plantado pelo mesmo motivo. Até mesmo o plantio de arroz tardio na área de Lingnan foi afetado pela precipitação. Su Zhe observa em *seu Dois poemas sobre a chuva contínua e o aumento do nível da água no rio, no estilo de Zi Zhan* que o aumento da água após uma chuva prolongada levou à "necessidade de replantar o arroz tardio nos subúrbios do leste."[986] Ye Shaoweng também afirmou em um de seus poemas que "as mudas de arroz danificadas nos campos inundados tiveram de ser replantadas."[987] Além das inundações, havia também outras condições naturais que desempenharam um papel na formação da preferência da região de Taihu pelo arroz tardio, incluindo insetos e secas. Por exemplo, lemos que "as primeiras mudas de arroz não são transplantadas até que o quinto mês esteja quase no fim. A chuva é preguiçosa e não vem, a ponto de todas as famílias praticarem a adivinhação com uma tartaruga". Isso descreve uma situação em que as primeiras mudas de arroz não puderam ser transplantadas no prazo devido à seca, e cada família usou uma tartaruga para adivinhação, tentando prever quando a chuva viria. Todos esses fatores desempenharam um papel fundamental na formação da preferência pelo arroz tardio no oeste de Zhejiang.

O arroz tardio de uma única estação era geralmente transplantado na região de Taihu no final do quarto mês e início do quinto, e depois colhido no nono e décimos meses. Depois da dinastia Song, com o desenvolvimento do trigo e da colza no sul, alguns fazendeiros começaram a plantar culturas de floração de primavera, como cevada, trigo e colza, nos campos de arroz.

---

984 [Dinastia Song do Norte] Su Dongpo, Obras Completas de Su Dongpo, Coleção Expandida, vol. 11, "Sobre os Documentos Oficiais de Alívio de Desastres e Manutenção de Edifícios Públicos."

985 Dinastia Song do Norte] Liu Ban, Camponeses de Jiangnan. Citado em Qian Zhongshu, Poemas Selecionados Anotados da Dinastia Song (People's Literature Publishing House, 1989), p. 53.

986 [Dinastia Song do Norte] Su Zhe, Continuação da Coleção Luancheng, vol. 2, "Dois Poemas sobre a Chuva Contínua e o Nível Crescente da Água no Rio, no estilo de Zi Zhan."

987 [Dinastia Song do Sul] Ye Shaoweng, Três Cânticos para os Camponeses. Citado em Qian Zhongshu, Poemas Selecionados Anotados da Dinastia Song (Editora Literatura Popular, 1989), p. 265.

Essas culturas só podiam ser colhidas após o quarto e o quinto mês lunar do ano seguinte. Obviamente, era tarde demais para plantar arroz precoce após a colheita, portanto, a única alternativa era plantar arroz tardio. Conforme observado no texto da dinastia Qing, *Livro de Pan da Vila de Fengya*, "Há trigo nos campos, então a aragem da primavera é abandonada e as mudas são plantadas somente depois que o trigo é ceifado." Por esse motivo, o desenvolvimento do sistema de rotação de culturas de duplo cultivo de arroz e trigo serviu apenas para fortalecer o status do arroz tardio de estação única na área de Taihu.

13. A natureza do arroz precoce na dinastia Song

Na dinastia Song, o arroz era dividido em precoce e tardio de acordo com seu período de crescimento, e algumas variedades podiam ser colhidas no quinto e no sexto mês. No entanto, isso pode levar a um mal-entendido de que havia arroz de maturação precoce no sentido moderno já na dinastia Song, e seu período de crescimento era inferior a 120 dias. Acredito que havia algumas variedades desse tipo na dinastia Song, como o arroz Champa[988] e o arroz *huanglu*[989], mas o que era chamado de "arroz precoce" na dinastia Song era, em sua maioria, uma gama de variedades intermediárias a tardias, com um período de crescimento de 120 a 180 dias. Tomando como exemplo o arroz precoce mencionado no *Registro de Mudas de Arroz*, de Zeng Anzhi, a data de semeadura era Início da Primavera e Grão na Espiga, e a data de colheita era Calor Menor e Calor Maior.[990] Se calculado a partir de uma época de semeadura no Início da Primavera (terceiro ao quinto dia do segundo mês) e colheita no Calor Menor (sexto ao oitavo dia do sétimo mês), todo o período de crescimento do que é aqui chamado de arroz precoce era de mais de 150 dias, o que o colocaria na categoria de arroz tardio atualmente. Outro exemplo é o que o *Tratado Agrícola de Chen Fu* chama de arroz precoce nos campos de terras altas. Ele exigia apenas cinco ou seis meses do plantio à colheita, com um período de crescimento de 150 a 180 dias, o que significa que também era arroz tardio, segundo os padrões atuais.

Foi observado que "os primeiros campos de arroz foram plantados, mas os campos de arroz tardio não foram arados... Em menos de cem dias,

---

988 You Xiuling estima que o arroz Champa, uma variedade de arroz precoce, tinha um período de crescimento de cerca de 100 a 110 dias, e que foi definitivamente espalhado por Zhejiang, Fujian e Huainan.

989 O *Tratado Agrícola de Chen Fu* afirma que o arroz *huanglu* poderia ser colhido de sessenta a setenta dias após o plantio. Para mais detalhes, veja Zeng Xiongsheng, *"Arroz Huanglu na História Chinesa," Arqueologia Agrícola, nº 1 (1998)*.

990 O termo "Grão na Espiga" pode ser um erro aqui, que pode ser corrigido referindo-se ao texto original de *"Registro de Mudas de Arroz"*, que afirma: "Em Jiangnan, o arroz precoce é semeado no primeiro e segundo meses, mas no mês bissexto, quando a primavera chega tarde, a semeadura começa no terceiro mês. Nesse caso, as colheitas semeadas no terceiro mês são chamadas de arroz precoce, e as do quarto ou quinto mês são chamadas de arroz tardio, o que já não existe mais em Jiangnan hoje." No primeiro e segundo mês lunar, além do Início da Primavera, os únicos termos solares são Água da Chuva, Despertar dos Insetos e Equinócio da Primavera, então é possível que o termo "Grão na Espiga" aqui seja um erro de impressão no lugar de um desses três termos.

o arroz precoce será colhido."[991] Essa passagem observa que o período de crescimento do arroz precoce após o transplante foi de quase 100 dias. Se acrescentarmos um mês para levar em conta a idade da muda no momento do transplante, o período de crescimento real provavelmente ultrapassou 120 dias. Dessa forma, o arroz tardio da dinastia Song pode ter sido um arroz tardio no sentido moderno, mas seu arroz precoce não era o que hoje é considerado arroz precoce. Tanto o arroz precoce quanto o tardio discutidos na dinastia Song seriam classificados como arroz tardio hoje, com a única variação de que alguns eram variedades de maturação precoce e outros eram variedades de maturação tardia de arroz tardio. O uso dos termos "arroz precoce" e "arroz tardio" na literatura da Dinastia Song não aponta para o desenvolvimento do arroz tardio de cultivo duplo. Há muitos versos de poesia que datam da dinastia Song, como "o plantio nos primeiros campos foi feito, mas a lavoura nos campos tardios ainda não foi realizada"[992], ou "o arroz precoce estava na espiga e estava a meio caminho de dar frutos quando o arroz tardio foi plantado"[993], ou "o arroz precoce é colhido quando amadurece nos campos da encosta, enquanto o arroz tardio está exuberante e verde com a grama"[994], e "o arroz precoce passou de verde para dourado, e o arroz tardio formou espigas"[995], o que torna evidente que havia apenas um mês de diferença entre o período de crescimento do arroz precoce e tardio naquela época. A partir disso, é óbvio que não havia duplo cultivo de arroz (ou seja, o arroz tardio sendo transplantado para o mesmo campo após a colheita do arroz precoce). O conceito de arroz precoce e tardio na dinastia Song era simplesmente uma indicação dos arranjos feitos pelos agricultores de acordo com as condições naturais locais e suas necessidades específicas. Ele pode ter tido algum impacto no sistema de cultivo múltiplo, mas a relação entre o arroz precoce e o tardio não era, na maioria dos casos, a de um sistema de estações de cultivo múltiplo.

---

991 [Dinastia Song do Sul] Zhao Fan, *Manuscrito de Chunxi*, vol. 2, "Sobre o Plantio." Ibid.

992 Ibid.

993 [Dinastia Song do Sul] Zhao Fan, *Manuscrito de Zhangquan*, vol. 1, "Agricultura Fora de Fuzhou."

994 Dinastia Song do Norte] Zhang Shou, *Coleção Piling*, vol. 14, "Viagens em um Ano de Colheita, de Yuzhang a Kuaiji no Outono do Ano Cíclico Gangshan."

995 [Dinastia Song do Sul] Fang Hui, *Sequência da Coleção Tongjiang*, vol. 11, "Agricultura em Fuyang."

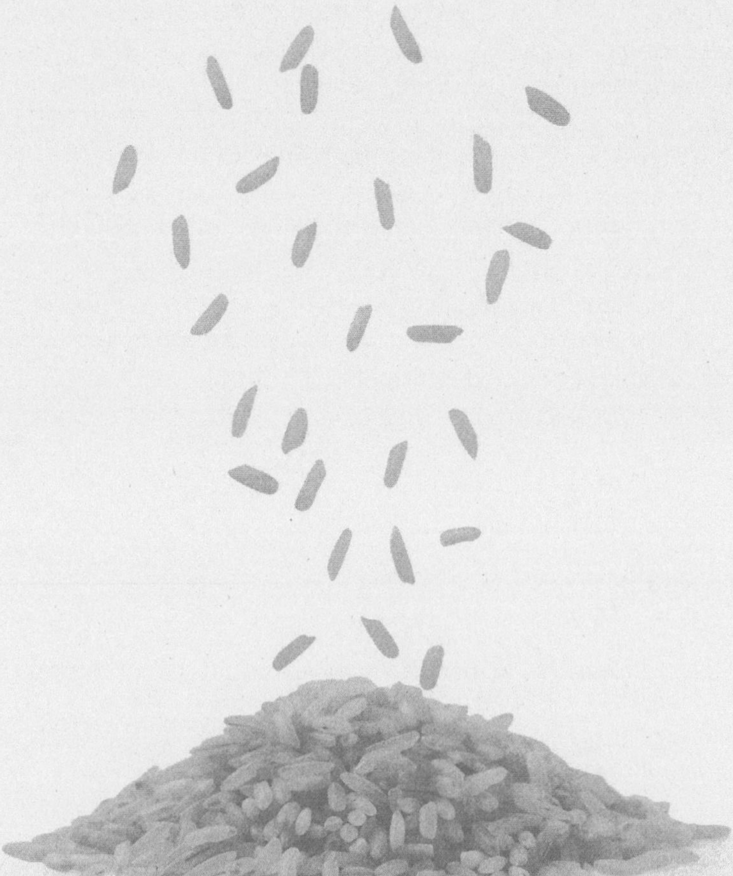

PARTE 5

Variedades de arroz

UMA DISCUSSÃO PRELIMINAR SOBRE O IMPACTO DO ARROZ CHAMPA NO CULTIVO DE ARROZ DA CHINA NA ANTIGUIDADE[996]

No quinto ano do reinado de Dazhongxiangfu do imperador Zhenzong (1012), para lidar com a seca, a corte imperial enviou um enviado de Fujian para receber sementes de arroz a serem distribuídas em três regiões da China, a área ao redor do rio Yangtze, a área ao redor do rio Huai e a região de Zhe (atual província de Zhejiang), juntamente com ordens para que os agricultores plantassem essas sementes em campos em terrenos mais altos.[997] Estudiosos da China e do exterior realizaram muitas pesquisas sobre o impacto do arroz de Champa no cultivo de arroz, na economia e na população da China,[998] e as conclusões desses estudiosos têm sido muito divergentes. Este capítulo explorará a influência do arroz de Champa no cultivo de arroz na China a partir das perspectivas da história, da geografia e do idioma do cultivo de arroz.

---

996 Este artigo foi publicado originalmente em *Studies in the History of Natural Sciences*, nº 1 (1991): 61-69.

997 *História dos Song*, "Crônica de Alimentos e Produtos." *Compêndio do Governo e Instituições Sociais da Dinastia Song*, "Alimentos e Produtos." Citado em Shi Wenying, *Registro Não Oficial de Xiangshan*.

998 Shigeshi Kato, *O Desenvolvimento do Cultivo de Arroz na China* (em japonês). Ver *Três Volumes de Pesquisa Textual sobre a História Econômica da China* (Versão Chinesa) (*Editora Comercial*, 1973); He Bingdi, "O Arroz de Maturação Precoce na História da China," trad. Xie Tianzhen, *Agricultural Archaeology*, nº 1 (1990): 119-131; You Xiuling, "Questões sobre o Arroz Champa," *Agricultural Archaeology*, nº 1 (1983): 25-31; Chen Zhiyi, "Sobre o Arroz Champa," *Agricultural Archaeology*, nº 3 (1984): 24-31.

1. Arroz Japônica tardio de estação única: As principais variedades de arroz na China antes da introdução do arroz Champa.

As três regiões em que o arroz Champa foi introduzido na China ficavam ao sul do rio Huai e nos trechos médio e inferior do rio Yangtze. Essas regiões foram contadas como parte do território de Yangzhou no *Tributo a Yu*, o mais antigo livro de geografia conhecido da China, uma área "adequada para o cultivo de arroz". De acordo com estatísticas incompletas, quase setenta vestígios do cultivo de arroz do Neolítico foram descobertos, e metade deles está localizada nessa região. Desses locais de relíquias, os dois mais antigos são Hemudu em Yuyao, Zhejiang e Luojiajiao em Tongxiang. Além disso, além dos locais registrados na literatura antiga, o arroz selvagem comum é encontrado em Dongxiang, Jiangxi.[999] Isso sugere ainda que essa região pode ter sido um dos berços do cultivo de arroz na China. As relíquias existentes do cultivo inicial de arroz indicam que o arroz cultivado nas áreas de Yangtze, Huai e Zhe passou por um processo de mudança do arroz indica para o arroz japônica. O arroz indica representa 70,1% de todas as variedades de arroz descobertas no sítio de Luojiajiao e 66,2% de todas as encontradas no sítio de Hemudu, enquanto o arroz japônica representa 40% de todas as variedades de arroz encontradas na área da Montanha Caoxie do Condado de Wu, Jiangsu, e 40% das encontradas no sítio de Qingpu Songze, em Xangai. A maioria das variedades de arroz nos silos de grãos que datam do Período dos Reinos Combatentes no Condado de Xingan, Jiangxi, era arroz japônica, que também representa 60% do arroz encontrado nas Tumbas Han em Mawangdui, em Changsha, Hunan.[1000] Estima-se também que existam dezesseis vestígios de cultivo de arroz da Dinastia Han, onze dos quais estão localizados na área ao redor do Rio Yangtze e na área ao sul dele, enquanto cinco estão na área do Rio Amarelo. Desses locais de relíquias, quatro eram plantados com indica, seis com japônica, três com ambas as variedades, sendo a japônica a cultura principal,

---

999 Wu Bailiang et al., "Arroz Selvagem Descoberto na Área de Dongxiang," *Jiangxi Agricultural Science and Technology*, nº 2 (1983); Chen Shuping et al., "Observações sobre as Características do Arroz Selvagem Comum em Dongxiang," *Crop Variety Resources*, nº 2 (1983); Pan Xigan et al., "Relatório sobre a Investigação e Identificação do Arroz Selvagem em Dongxiang, Jiangxi," *Jiangxi Agricultural Science and Technology*, nº 7 (1982).

1000 Zhou Jiwei, "Relatório sobre a Investigação do Arroz Antigo Descoberto nas Porções Média e Inferior do Rio Yangtze," *Yunnan Agricultural Science and Technology*, nº 6 (1981): 1–9.

e três indeterminadas.[1001] Estima-se que o arroz japônica representava cerca de 60% de todas as culturas de arroz cultivadas.

A proporção de arroz japônica plantada continuou a aumentar após a dinastia Jin. Entre as treze variedades registradas no texto *História da Miscelânea* da dinastia Jin, de Guo Yigong, oito foram produzidas em áreas sob o domínio Jin, incluindo as áreas de Yangtze, Huai e Zhe, com exceção das variedades *chanming*, *gaixia*, *qingyu*, *leizi* e *baihan*, todas do sul (principalmente Lingnan) e Yizhou. Das oito cultivadas em áreas governadas por Jin, *wujing*, *heikuang*, *qinghan* e *baixia* eram arroz japônica, e das quatro restantes, *huzhang*, *chimang*, *zimang* e *baimi*, pelo menos duas tinham um *awn* e eram típicas de variedades japônica. O pesquisador Chen Wenhua acredita que essas variedades também podem ser "variedades de arroz japônica."[1002] Assim, sugeriu-se que a principal variedade de arroz cultivada nas áreas de Yangtze, Huai e Zhe durante a dinastia Jin era o arroz japônica. No texto de Jia Sixie, da dinastia Wei do Norte, *Competências Essenciais para Beneficiar o Povo*, "Arroz Pady", são listadas 24 variedades de arroz. Dessas, *yuzhangqing* e *changjiangshu* foram obviamente introduzidas da bacia do rio Yangtze no território do Wei do Norte. Essas duas variedades eram arroz japonês tolerante ao frio, já que no norte era muito frio para cultivar a maioria dos tipos de arroz japonês. Durante as dinastias Ming e Qing, havia duas variedades em Jiangxi, *qingzhan* e *hanqing*, ambas com características típicas do arroz japonês. Além disso, o arroz glutinoso cultivado na bacia do rio Yangtze também era principalmente arroz japonês. Ao que tudo indica, a maioria dessas espécies cultivadas antes da dinastia Song tinha uma espiga, o que levou ao uso do termo "grão na espiga" nos tempos antigos, conforme mencionado em textos históricos em frases como: "Cultive o grão na espiga em áreas onde há plantas aquáticas."[1003] No texto da dinastia Yuan Yunhui, Volume 14, Huang Gongshao escreve: "Grão na espiga é o que as pessoas do sul comem em suas refeições". Em *Registro de Mudas de Arroz*, o estudioso da Dinastia Song do Norte, Zeng Anzhi, diz: "Hoje, durante o plantio precoce e tardio em Xichang, além

---

1001 Chen Wenhua, "Técnicas de Cultivo de Arroz e Avanços nos Equipamentos Agrícolas na Bacia do Rio Yangtze Durante a Dinastia Han," *Agricultural Archaeology*, nº 1 (1987): 91.

1002 Chen Wenhua, "Técnicas de Cultivo de Arroz e Avanços nos Equipamentos Agrícolas na Bacia do Rio Yangtze Durante a Dinastia Han," *Agricultural Archaeology*, nº 1 (1987): 92.

1003 *Ritos de Zhou*, "Diguan, Administrador do Arroz." Fotocópia. *Os Treze Clássicos do Confucionismo Anotados*.

das mudas de arroz, há muitos outros grãos na espiga."[1004] É evidente que a espiga era uma característica do arroz japônica, enquanto o arroz Indica não tem *awn*.

O período de crescimento do arroz japônica é geralmente mais longo do que o das variedades indica. O *Registro de Mudas de Arroz* afirma: "Em geral, as pessoas em Xichang plantam o arroz precoce no início da primavera e no grão na espiga e o cortam no calor menor e no calor maior. Eles plantam o arroz tardio por volta do Festival de Qingming e o cortam na época do Orvalho Frio e da Descida da Geada", e: "Hoje, as pessoas em Jiangnan plantam arroz precoce no primeiro e no segundo mês lunar. No ano bissexto, o arroz é plantado mais tarde do que o normal, pois a primavera chega mais tarde. Nesse caso, o arroz será plantado no terceiro mês, mas como esse é considerado um mês tardio para o arroz precoce, as mudas plantadas no terceiro e no quarto mês serão consideradas arroz tardio, embora não haja arroz tardio em Jiangnan". Em comparação com os cronogramas de semeadura atuais, o período de semeadura do arroz precoce e do arroz tardio durante a Dinastia Song do Norte tinha uma diferença de um mês e meio a dois meses e meio. Geralmente, a temperatura mais baixa na qual as sementes japonesas germinavam era de 10°C, enquanto para as sementes indica era de 12°C. O arroz que foi plantado um ou dois meses antes provavelmente era o arroz japônica, mais tolerante ao frio. Além disso, antecipar o tempo de semeadura significava que o período de crescimento poderia ser estendido. Nesse caso, o período completo de crescimento do arroz na Dinastia Song do Norte era de 150 a 165 dias e, para o arroz tardio, de 180 a 200 dias.

Um longo período de crescimento era uma característica comum compartilhada pelas variedades de arroz plantadas antes da dinastia Song. O arroz cultivado evoluiu a partir do arroz selvagem. De acordo com minha pesquisa, o arroz selvagem cultivado em Dongxiang, Jiangxi, era uma planta perene. Começava a se desenvolver, florescer e semear no final do décimo mês, o que era o mesmo que o arroz tardio de uma única estação. Antes da dinastia Song, o arroz era geralmente plantado no terceiro mês. O *Tratado de Fan Sheng* registra: "O arroz pode ser cultivado 120 dias após o solstício de inverno". Cui Shi observa: "O terceiro mês é a época de plantar arroz japônica". Em *Competências Essenciais para Beneficiar o Povo*, "Arroz", lemos: "O terceiro mês é a melhor época para semear arroz japônica, seguido pelos primeiros dez dias do quarto mês e, finalmente, do décimo ao vigésimo dia do quarto mês". Em *Competências Essenciais para Beneficiar*

1004 Cao Shuji, "Registro Anotado de Mudas de Arroz," *História Agrícola da China*, nº 3 (1985): 74–84. Todas as citações de *Registro de Mudas de Arroz* neste capítulo são extraídas desta fonte.

o Povo, "Arroz de sequeiro", observa-se que "a metade do segundo mês é a melhor época para cultivar arroz de sequeiro, seguida pelo terceiro mês e, finalmente, do início à metade do quarto mês". *Atividades agrícolas essenciais para as quatro estações*, "Terceiro mês" observa que "o terceiro mês é a melhor época para plantar arroz". Com relação à colheita no décimo mês, o *Livro de Cânticos*, "Sétimo mês", diz: "O arroz é colhido no décimo mês". *Competências Essenciais para Beneficiar o Povo*, "Paddy Rice" diz: "Colher na descida da geada". No período Tang-Song, como antes, o arroz era colhido no nono e no décimo mês, conforme evidenciado na poesia do período. Du Fu escreve sobre "os estágios finais do arroz nos três meses do outono" e observa: "A geada enevoada esfria o campo aberto o dia todo, enquanto o arroz glutinoso amadurece com a brisa."[1005] Lu Guimeng escreve: "Cantos distantes para os crisântemos brancos à noite, e o cozimento do arroz lembra o lótus vermelho."[1006] Yuan Zhen escreve: "Todos os anos, ao anoitecer do décimo mês, o arroz se enruga e cai, ansiando por ser renovado."[1007] E Su Dongpo escreve: "O arroz japônica amadureceu tarde este ano, e foi amargo. As pessoas viam a geada e se perguntavam quando ela finalmente chegaria."[1008] As plantações nas áreas onde havia arroz Champa continuaram a ser colhidas no nono e no décimo mês, mesmo depois que o arroz Champa foi introduzido. Por exemplo, em Jiangxi, "poucas pessoas em Le'an e Yihuang plantam arroz no início da estação.[1009] De acordo com esses estudos, antes das dinastias Tang e Song, o período de crescimento era de até sete meses, ou mais de 200 dias, o mesmo que o arroz tardio mencionado no *Registro de mudas de arroz*. O *Tratado da Escola Yinyang*, diz que "o arroz deve ser cultivado em áreas onde o salgueiro e o álamo crescem bem. Levará oitenta dias para florescer e outros setenta dias para amadurecer", o que representa um período de crescimento de 150 dias, como o mencionado no *Registro de mudas de arroz*. Com base no período de crescimento, a maioria das variedades de arroz cultivadas antes da dinastia Song eram

---

[1005] [Dinastia Tang] Du Fu, Dois Poemas sobre a Investigação da Colheita de Arroz na Cabana de Palha, "Movendo-se para o Leste." Ver *Poesia Completa da Dinastia Tang*, vol. 7 (Companhia de Livros Zhonghua, 1960), pp. 2501–2502.

[1006] [Dinastia Tang] Lu Guimeng, *Villa Huaigui*. Ver *Poesia Completa da Dinastia Tang*, vol. 18 (Companhia de Livros Zhonghua, 1960), p. 7173.

[1007] [Dinastia Tang] Yuan Zhen, *Oferecendo Sacrifícios para Agradecer aos Deuses*. Ver *Poesia Completa da Dinastia Tang*, vol. 12 (Companhia de Livros Zhonghua, 1960), p. 4465.

[1008] [Dinastia Song do Norte] Su Dongpo, *Coleção de Su Dongpo*, vol. 4, "Lamentos das Mulheres de Wuzhong."

[1009] [Dinastia Song do Sul] Huang Zhen, *Diário de Huang*, vol. 78, "Promovendo o Alívio para o Povo de Yihuang e Le'an, Primeiro Dia do Sétimo Mês."

variedades tardias, porque o arroz precoce precisava ser colhido antes do verão e tinha um período de crescimento de 90 a 120 dias. As variedades com um período de crescimento de pelo menos 150 dias ou que eram colhidas durante o período de menor ou maior calor não podem ser consideradas como arroz precoce no sentido mais puro.

De fato, não havia arroz precoce, no sentido moderno, nas áreas de Yangtze, Huai e Zhe antes da introdução do arroz Champa. Embora o termo "arroz precoce" tenha sido usado como tema da poesia da Dinastia Jin Oriental de Tao Yuanming, o grão mencionado em *Plantio de Arroz Precoce nos Campos Ocidentais no Nono Mês*.[1010] não era uma variedade precoce de acordo com os padrões modernos, mas um arroz tardio de maturação precoce. Como o arroz era normalmente colhido no décimo mês, as plantações colhidas no nono mês eram consideradas arroz precoce. Antes da dinastia Song, Lu Guimeng mencionou o arroz precoce em um de seus poemas, dizendo: "Não chove da primavera ao outono, e o arroz precoce que cobre o campo está magro."[1011] Entretanto, qualquer espécie que amadureça antes do outono não é considerada arroz precoce hoje em dia. O arroz precoce mencionado no *Registro de Mudas de Arroz* de Zeng Anzhi, que foi colhido durante o Calor Menor ou Calor Maior, também não era arroz precoce, estritamente falando, porque seu período de crescimento era superior a 150 dias. Mesmo na Dinastia Song do Sul, o arroz precoce plantado em algumas áreas não era arroz precoce no sentido moderno. No *Tratado Agrícola de Chen Fu*, lemos: "O período de crescimento do arroz plantado nos campos de terras altas não ultrapassava cinco ou seis meses. Em épocas de seca, os campos eram irrigados quatro ou cinco vezes. Dessa forma, havia uma colheita abundante."[1012] O "arroz precoce" mencionado nesses textos obviamente não era o arroz precoce no sentido atual, já que seu período de crescimento era de 150 a 180 dias.

A conclusão preliminar tirada dessas descobertas é que, antes da dinastia Song, o arroz japonês tardio de estação única amplamente plantado nas regiões de Yangtze, Huai e Zhe não era arroz precoce no sentido mais estrito. Embora haja uma distinção entre arroz precoce e tardio no *Registro de Mudas de Arroz*, o "arroz precoce" plantado no primeiro e no segundo mês lunar não era arroz precoce de acordo com os padrões modernos, pois o clima era mais frio durante a dinastia Song do Sul.

1010 [Dinastia Jin] Tao Yuanming, *Obras Coletadas de Tao Yuanming*, vol. 3, "Plantando Arroz Precoce nos Campos Ocidentais no Nono Mês."

1011 [Dinastia Tang] Lu Guimeng, *Colheita*. Ver *Poesia Completa da Dinastia Tang*, vol. 18 (Companhia de Livros Zhonghua, 1960), p. 7148.

1012 [Dinastia Song] Chen Fu, *Tratado Agrícola de Chen Fu*, vol. 1, "As Vantagens da Altitude, Parte 2" (Pequim: Editora de Agricultura da China, 1965), p. 25.

2. Dificuldades encontradas na conversão de campos de sequeiro em campos de arroz

O arroz japônica tardio de estação única tinha um longo período de crescimento e um alto rendimento a cada estação, mas também exigia mais da fertilidade e da umidade do solo. Por isso, "terras que não são férteis não podem ser plantadas"[1013], pois o arroz não tolera a seca ou solos menos férteis. De acordo com Song Yingxing, "em campos comuns, o arroz pode suportar o frio, e as primeiras colheitas produzirão três *dou*, enquanto as últimas produzirão cinco *dou*, mas estarão secas e murchas."[1014] A seca geralmente levava a uma colheita ruim e "poderia até mesmo levar a uma colheita fracassada."[1015] Por exemplo, no início do século XX, o arroz era um produto de baixa qualidade, mas não era um produto de alta qualidade."[1016] Por exemplo, no início da dinastia Song do Sul, 70% dos campos nos condados sob a jurisdição de Hongzhou (atual Nanchang), Jiangxi, eram plantados com arroz indica precoce e apenas 20-30% eram plantados com *dahe* (arroz japônica tardio de uma única estação). O *dahe* geralmente amadurecia por volta do décimo mês, e haveria uma colheita ruim se houvesse uma seca no final do outono. Mas o *dahe* era a única variedade aprovada para compra pela corte imperial, portanto, uma colheita ruim afetaria inevitavelmente a economia nacional e a subsistência das pessoas. Foi por isso que o arroz japonês tardio de estação única só se adaptou com muita dificuldade à nova situação após a Dinastia Song do Norte.

Depois que o centro econômico se deslocou para o sul durante a dinastia Song, a tensão entre uma população crescente e a escassez de terras nas áreas de Yangtze, Huai e Zhe se intensificou, levando a uma situação em que "a terra se esgotou com a agricultura, mesmo nas montanhas". Uma das maneiras de lidar com isso foi transformar os campos em arrozais, incluindo pôlderes, campos cercados, campos de terraço, campos de arroz selvagem, planícies de areia e terras de maré, e usar essa terra para cultivar uma espécie de arroz tolerante à água, como o *huanglu*. Outro objetivo era transformar os campos de terra firme em arrozais. Naquela época, os agri-

---

1013 [Dinastia Song do Sul] Shu Lin, *Obras Coletadas de Shu Lin*, vol. 2, "Discutindo o Armazém Normal com Chen Cang."

1014 [Dinastia Ming] Song Yingxing, *A Exploração das Obras da Natureza*, vol. 1, "Grãos, Arroz."

1015 *História da Dinastia Song*, "Registro de Alimentos e Produtos."

1016 [Dinastia Song do Norte] Li Gang, *Coleção Liangxi*, vol. 106, "Pedido de Esmolas para a Compra de Arroz Tardio."

cultores de Jiangxi e Zhejiang procuravam transformar toda a paisagem em campos de arroz, conforme observado na frase: "Os agricultores estão se esforçando muito para recuperar os campos". Até mesmo campos estéreis eram frequentemente cultivados e usados para plantar arroz. As autoridades locais em Zhejiang e Fuzhou, Jiangxi, bem como em outros lugares, aumentaram o imposto sobre esse tipo de terra transformada.[1017] Pode-se deduzir que havia muitas terras agrícolas modificadas na época. Medido pelo campo de terra padrão para a Região Militar de Jingmen daquela época, estima-se que 80-90% da terra a leste e a oeste do curso inferior do Rio Yangtze foi transformada em campos de arroz primitivos, de acordo com o relato de Lu Jiuyuan, nativo de Jinxi, Jiangxi, datado da Dinastia Song do Sul.[1018] As áreas montanhosas também foram recuperadas para criar campos, ou seja, campos de terraço. Havia muitos campos de terraço nas áreas de Min, Yangtze, Huai e Zhe. Naquela época, Fujian era conhecida como uma "região montanhosa com um pouco de água, mas poucos campos". Claramente, havia uma tensão entre o tamanho da população e a terra disponível, o que acabou fazendo com que Fujian se tornasse a área com mais campos de terraços do que qualquer outra. De acordo com a *Compilação de Bozhai* de Fang Shao, Volume 3, "A região onde vivem as sete tribos Min e Yue é estreita e as fontes de água são rasas e remotas, de modo que as pessoas cultivam as encostas em terraços, e os terraços parecem degraus". Na *Crônica de Sanshan em Chunxi*, de Liang Kejia, está registrado que "há muito mais pessoas nas montanhas do que nos campos da região de Min, então as pessoas têm que cultivar as encostas e os caminhos das montanhas. As encostas são cobertas com margens baixas de terra entre os campos, e as voltas e reviravoltas fazem com que pareça que o solo foi esculpido com a escrita de um selo."[1019] Um *Compêndio das Instituições Governamentais e Sociais da Sinastia Song*, Mascote, Volume 2, Parte 29, registra: "A região de Min é enxuta e estreita, e há campos de terraços nas montanhas. Onde quer que o trabalho humano tenha a menor possibilidade de ser aplicado, cada centímetro de solo nas encostas foi transformado em um campo."

Anhui também abrigava muitos campos de terraços. De acordo com a *Monografia de Fang Qiu*, Volume 38, "Fazer um túnel através da montanha com o arado de terras altas entre as nuvens requer dez vezes mais

---

1017 [Dinastia Qing] Xu Song, *Compêndio sobre o Governo e as Instituições Sociais da Dinastia Song*, "Alimentos e Produtos, Volume 6, Parte 26–27."

1018 [Dinastia Song do Sul] Lu Jiuyuan, *Obras Coletadas de Lu Jiuyuan*, vol. 16, "Três Cartas para Zhang Demao."

1019 [Dinastia Song do Sul] Liang Kejia, *Crônica de Sanshan em Chunxi*, vol. 15, "Obras de Conservação Hídrica."

força". O trabalho de Shen Yuqiu na *Coleção Guixi*, Volume 1, "Na estrada para Ningguo", "Um campo é cultivado entre duas montanhas". E na *Crônica de Xin'an* de Luo Yuan, Volume 2, "Tributo a Xu", está registrado que, entre as numerosas montanhas de Anhui, "Há muitos assentamentos nas enormes montanhas, e a terra está exaurida nos vales profundos, com muitos campos do povo no meio. Os níveis sucessivos, dez ou mais, não são suficientes para fazer um *mu* de campos. O boi forte e a pá afiada não conseguem girar entre eles."

A área leste de Zhejiang também tinha muitos campos de terraço. Os Documentos de Ni Pu sobre os méritos e deméritos da instituição de novas terras observam que em Wuzhou, "na residência de Pujiang, na encosta da colina, o terreno é estreito, mas há muitas pessoas. Cada centímetro de solo foi recuperado."[1020] Está registrado no *Crônica de Chicheng, Jiading*, de Chen Qiqing, Volume 13, "Departamento de Registro" que "nas áreas costeiras, há pouco solo fértil e muita terra improdutiva".

O oeste de Zhejiang também abrigava muitos campos de terraços. De acordo com a *Crônica de Jiatai Wuxing*, Volume 5, de Tan Yao, em Wukang, Huzhou, "ao redor, todas as montanhas, de Shaoxing até aqui, abrigam muitos arrendatários ocultos e muitos especialistas que viajam pela montanha estão cheios de terras cultivadas nos penhascos e barrancos, esgotando toda a fertilidade do solo". Naquela época, muitas regiões, como Fuzhou, Yuanzhou, Xinzhou, Jizhou e Jiangzhou, além de vários outros lugares, tinham campos de terraços espalhados por elas.[1021]

Era muito difícil levar água suficiente às montanhas para transformar os campos nas encostas em arrozais, principalmente devido à altura. Além disso, as instalações de conservação de água não eram bem equipadas. Tomando Jiangxi como exemplo, lemos nos escritos de Zhang Chengji, o prefeito de Yuanzhou na dinastia Song do Sul, que "Jiangxi tem muitas terras boas ocupando os sopés das montanhas, mas é muito caro irrigar a terra, por isso é raro ver lagoas construídas em preparação para a seca."[1022] Huang Gan também observa: "Os campos em Jiangxi são magros e muito secos, sem muitas lagoas ou poços. Com frequência, todos eles secam, tornando-se um terreno baldio. Nos últimos anos, houve várias fomes e secas.

1020 [Dinastia Song do Sul] Ni Pu, *Documentos sobre os Méritos e Deméritos de Instituir Novas Terras*.

1021 Ver o capítulo neste volume intitulado "Pesquisa Histórica sobre as Variedades de Arroz em Jiangxi."

1022 [Dinastia Qing] Xu Song, *Compêndio do Governo e das Instituições Sociais da Dinastia Song*, "Alimentos e Produtos, Volume 7, Parte 46."

Em geral, isso se deve ao fato de não haver lagos suficientes construídos."[1023] Situações semelhantes foram observadas em outros lugares. Além disso, os trechos médio e inferior do rio Yangtze frequentemente sofriam com secas no verão e, especialmente, no outono, com um nível de precipitação durante esse período representando cerca de 15% do total anual. Por esse motivo, as variedades japonesas tardias que haviam sido usadas originalmente não eram mais adequadas para as condições locais devido à escassez de água e à terra estéril. Sendo assim, foi necessário escolher uma variedade de maturação precoce e tolerante à seca, que pudesse ser plantada nas "terras altas" e que "não fosse particular quanto ao campo em que cresce". Foi por esse motivo que o arroz Champa foi introduzido e gradualmente difundido nas regiões de Yangtze, Huai e Zhe, além de outros lugares.

1023 [Dinastia Song do Sul] Huang Gan, *Coleção Mianzhai*, vol. 25, Em Nome de Chen Shou de Fuzhou, Parte 5. "Tanques."

3. A disseminação do arroz Champa na China

No quinto (ou quarto, de acordo com alguns relatos) ano do reinado de Dazhongxiangfu na dinastia Song, o arroz Champa começou a se espalhar nas regiões de Yangtze, Huai e Zhe da China, e logo se tornou popular em outros lugares também. A *História Não Oficial de Xiangshan*, escrita por um monge budista, Weiying, no Templo de Jinluan, de 1068 a 1077, registra: "Depois de plantar vinte dan de arroz Champa, ele agora está em toda parte". Essa referência indica que o arroz Champa foi plantado em Jingzhou cerca de sessenta anos depois de ter sido introduzido nas áreas de Yangtze, Huai e Zhe. No entanto, o arroz Champa não se espalhou amplamente em Jingzhou e provavelmente veio de Jiangxi. Está claro que o arroz Champa era amplamente cultivado em Jiangxi naquela época. Em um poema de Su Dongpo (1036-1101) intitulado *Descansando no Pagode Branco*, lemos: "Ao anoitecer no Reino Wu, o bicho-da-seda começa a quebrar as folhas e o arroz Champa *zao* anseia por ser plantado."[1024] Descobriu-se que o Pagode Branco estava localizado ao norte ou a oeste da província de Jiangxi, o que indica que o arroz Champa era cultivado lá. Zeng Anzhi escreveu em *Registro de Mudas de Arroz*: "Há arroz Champa precoce entre as primeiras safras plantadas em Xichang, e há arroz Champa tardio entre as safras tardias plantadas. Essas duas variedades vêm de Champa, em Hainan, e só foram plantadas em Xichang há quarenta ou cinquenta anos". Xichang era o antigo nome do condado de Taihe em Jiangxi. A passagem sugere que o arroz Champa era cultivado na Bacia de Jitai, na região central de Jiangxi, naquela época. Nos primeiros anos da Dinastia Song do Sul, o arroz Champa se espalhou e foi cultivado em um número cada vez maior de áreas, chegando a representar 70% do arroz cultivado na China. Li Gang enviou relatórios à corte imperial durante seu mandato como embaixador (1135-1139), solicitando auxílio para o Distrito Administrativo de Jiangnan Ocidental, sugerindo que "evidências de Hongzhou... juntamente com subordinados no nível do condado plantaram mais arroz Champa (zhan) e pouco arroz *dahe*... Os departamentos relevantes investigaram e setenta por cento do arroz cultivado pelos aldeões de lá é arroz Champa, enquanto apenas cerca de vinte ou trinta por cento é *dahe*."[1025]

O cultivo do arroz Champa em Fujian e Jiangxi teve efeito em algumas das áreas vizinhas. Em Guangdong, muitos imigrantes de Fujian e Jiangxi

---

[1024] [Dinastia Song do Norte] Su Dongpo, *Obras Completas de Su Dongpo*, vol. 1, "Descanso na Pagoda Branca."

[1025] [Dinastia Song do Norte] Li Gang, *Coleção Liangxi*, vol. 106, "Pedido de Esmolas para a Compra de Arroz Tardio."

estavam cultivando na área de Lingnan durante a dinastia Song. Por exemplo, na área de Meizhou, "há muitas pessoas de Dingzhou, Fujian e Ganzhou, Jiangxi, cultivando arroz."[1026] Em Hunan, está registrado em História dos Song, "Registros Geográficos" que no Distrito Administrativo do Norte de Hunan, "a terra é perfeita para o cultivo de arroz, então o imposto sobre a terra é alto. No distrito sul, as pessoas que vivem perto das áreas de Yuan (hoje Yichun, Jiangxi) e Ji (hoje Ji'an, Jiangxi) são, em sua maioria, imigrantes e cultivam a terra para consumo próprio. Eles aram profunda e densamente em um esforço para obter uma colheita abundante. O cultivo de arroz na área melhorou e floresceu gradualmente". Foi por meio do processo de migração que a área de cultivo do arroz Champa se expandiu. Muito provavelmente, as sementes dessa variedade foram introduzidas em muitas áreas, como Guangdong e Hunan, diretamente de Champa, considerando a estreita relação que essas áreas tinham com Champa devido à proximidade geográfica.

Jiangsu e Zhejiang foram as áreas onde o arroz Champa se espalhou. De acordo com o Eryayi de Luo Yuan, "Hoje em dia, em Jiangsu e Zhejiang, os grãos de arroz são um pouco mais finos, os frutos aparecem mais cedo e é difícil fazer uma refeição com eles. A população local o chama de arroz Champa". O livro *Ela arando* (Prefácio), de Fan Chengda, registra oito tipos de "produtos de arroz Wuzhong", o que inclui um produto de arroz Champa que se diz ter "vindo de Hainan". Entre as crônicas locais da dinastia Song, o arroz Champa é mencionado na *Crônica Kuaiji* do reinado de Jiatai, na *Crônica Chicheng* do reinado de Jiading, na *Crônica Siming* do reinado de Baoqing e na *Crônica Lin'an* do reinado de Xianchun. De acordo com a *Crônica Kuaiji*, datada do reinado de Jiatai, "Champa é chamada de Jincheng pela população local, embora ninguém saiba o motivo, e é uma variedade de arroz de sessenta dias". Jincheng é mencionada em várias outras crônicas, incluindo a *Crônica de Wuxing* do reinado de Jiatai, a *Crônica de Siming* do reinado de Baoqing, a *Crônica de Haiyan* Ganshui do reinado de Shaoding, a *Crônica de Yufeng* do reinado de Chunyou e a *Crônica de Qinchuan* do reinado de Baoyou. De acordo com a *Crônica de Sanshan*, datada do reinado de Chunxi, e a *Crônica de Chicheng*, datada do reinado de Jiading, o arroz Champa era "amarelo de cem dias". O arroz de cem dias é mencionado na *Crônica de Yufeng* do reinado de Baoyou, na *Crônica de Haiyan* Ganshui do reinado de Shaoding e em outros textos.

Concluindo, depois que o arroz Champa foi introduzido na China, foram necessários mais de duzentos anos para que ele se espalhasse e se

---

1026 [Dinastia Song do Sul] Wang Xiangzhi, *Registros Geográficos da Dinastia Song do Sul*, vol. 102, "Meizhou: Costumes e Paisagens".

popularizasse nas áreas de Yangtze e Huai, Zhejiang, Hunan, Guangdong e outros lugares. Mas essa era apenas a situação geral. Na verdade, havia uma grande diferença entre o alcance do cultivo do arroz Champa em diferentes áreas. No início da dinastia Song, a área cultivada em Jiangxi chegou a 70% em uma base experimental. Em contraste, a área cultivada em Wuzhong era muito menor. Wu Yong comparou a estrutura de cultivo em Yuzhang (atualmente a área ao redor de Nanchang, Jiangxi) com a de Wuzhong (atualmente áreas em Zhejiang e Jiangsu) e apontou que "as pessoas em Wuzhong cultivam terras baldias para plantar arroz japônica e plantam vegetais, trigo, linho e legumes, sem deixar terras baldias para recuperar e sem sulcos no campo. A maioria de suas plantações é de arroz Champa."[1027] Em Zhejiang, o arroz Champa era aparentemente bastante difundido. Na verdade, de todas as crônicas locais da dinastia Song que mencionam o arroz Champa, a maioria é do leste de Zhejiang, indicando que a área de cultivo do arroz Champa era provavelmente maior no leste de Zhejiang do que no oeste. Uma análise das áreas de cultivo do arroz Champa na China indica que Fujian era a área de cultivo original, e as áreas de Yangtze, Huai e Zhe foram onde ele se espalhou, com Jiangxi ostentando a maior área de cultivo de arroz Champa, e Jiangsu e Zhejiang em último lugar, com Zhejiang Ocidental ficando atrás de Zhejiang Oriental. Hunan e Guangdong também tiveram um papel importante na disseminação do arroz Champa. A influência do arroz Champa variou de região para região em termos da área de cultivo alocada a ele.

1027 [Dinastia Song do Sul] Wu Yong, *Coleção Helin*, vol. 39, "Promovendo a Agricultura em Longxingfu."

4. A influência do arroz Indica precoce no arroz Japônica tardio

A introdução do arroz Champa desalojou o arroz japônica tardio de sua posição de destaque, criando uma competição entre as variedades Champa e japônica, o que se refletiu no imposto *hedi*. Antes da introdução do arroz Champa, todo o imposto *hedi* recaía sobre o arroz japônica, já que era a única variedade, mas depois que o arroz Champa foi introduzido, devido à sua ampla popularidade e à proporção relativamente grande da produção total de arroz, surgiram dúvidas sobre qual variedade poderia ser usada para pagar o imposto. A qualidade do arroz Champa não era tão boa quanto a do arroz japônica, por isso ele era vendido a um preço mais baixo. Ouyang Shoudao, um escritor que vivia na época, observou que "o preço do arroz Champa caiu assim que a ordem do governo foi anunciada... No ano passado, o arroz Champa custava oito *qian* por *sheng*, menos do que o arroz japônica. Os agricultores ficaram muito satisfeitos e não sabem por que o preço foi reduzido agora. Embora tenha havido uma grande safra este ano, o preço não deveria ter sofrido uma queda tão acentuada. Quando o produto é escasso, os ricos o vendem pelo mesmo preço. Na verdade, não importa qual variedade é cultivada. Se receberem um preço justo, as pessoas comuns terão o suficiente para pagar o imposto. Não há necessidade de limitar o imposto a uma única variedade, ignorando o arroz Champa."[1028] As pessoas não tinham permissão para usar o arroz Champa para pagar o imposto, levando a uma situação em que "o arroz Champa serve como alimento, enquanto o arroz tardio é usado para pagar o imposto."[1029] Isso serviu para limitar a disseminação do arroz Champa. No entanto, com o desenvolvimento do arroz precoce, as pessoas pressionaram por uma mudança nessa situação. Zhu Shengfei, magistrado do Distrito Administrativo de Jiangnan Oriental, disse: "Percebi que há duas variedades de arroz, o arroz precoce e o tardio, mas as autoridades locais não permitem que as pessoas usem o arroz precoce para pagar impostos. Solicito sinceramente que os Departamentos de Transporte de Jiangxi, Jiangsu e Zhejiang autorizem o uso do arroz Champa para o pagamento parcial do imposto em casos urgentes."[1030] Qiao Lingxian também solicitou que o arroz Champa fosse acei-

---

1028 [Dinastia Song do Sul] Ouyang Shoudao, *Coleção Xunzhai*, vol. 4, "Discutindo Gestão com o Sr. Wang de Jizhou."

1029 [Dinastia Song do Sul] Wen Tianxiang, *Obras Coletadas de Wen Tianxiang*, vol. 5, "Discutindo a Promoção à Governança de Vastos Territórios com o Prefeito Jiang de Jizhou."

1030 [Dinastia Qing] Xu Song, *Compêndio do Governo e das Instituições Sociais da Dinastia Song*, "Alimentos e Produtos, Volume 70, Parte 31."

to para o pagamento de impostos, dizendo que em Jiangzhou," as pessoas plantavam arroz Champa, mas o governo local não permitia que o usassem para pagar impostos.

Muitas reclamações foram feitas sobre essa questão durante um longo período. Solicitamos que o imposto seja ajustado para se adequar às condições locais e que o arroz Champa seja aceito para o pagamento de impostos."[1031] Nos tempos modernos, o pêndulo oscilou para o extremo oposto. O arroz precoce se tornou a principal cultura produzida e foi usado para pagar impostos, enquanto a preferência pelo arroz japônica foi abandonada porque era mais difícil de debulhar e tinha mais espigas, o que o tornava desprezado por arrendatários e proprietários. Mas esse foi um desenvolvimento posterior.

Foi estabelecido que a competição entre o arroz indica inicial e o arroz japônica tardio começou com a introdução do arroz Champa. Em meados da dinastia Song do Sul, Shu Lin fez uma distinção entre as duas variedades, observando que "há duas variedades de arroz, uma grande e outra pequena. A maior é chamada de japônica, e seu grão maior e sua coroa fazem com que ela cresça bem em solo fértil. A variedade de grãos menores é chamada de arroz Champa. Com seu grão menor e sem palha, ela se desenvolve bem tanto em solo fértil quanto em solo menos fértil. O arroz Japônica produz menos e é vendido a um preço mais alto, por isso é consumido apenas por famílias ricas ou influentes. O arroz Champa tem alta produtividade e preço mais baixo, por isso é oferecido às classes baixa e média."[1032] O arroz Japônica era chamado de *dahe* ("arroz grande"), indicando que o arroz cultivado nas áreas de Yangtze, Huai e Zhejiang era a variedade de grãos grandes de arroz não glutinoso que era popular antes da introdução do arroz Champa, enquanto o último era chamado de *xiaohe* ("arroz pequeno"), indicando que tinha um grão menor do que a variedade japônica tardia originalmente cultivada na China.

Durante a dinastia Song, o "arroz grande" era chamado de arroz *geng* (japônica), *dahe*, *dahe* tardio e arroz *damiao*, enquanto o "arroz pequeno" era conhecido como *zhandao*, *zhanmi*, *zhan* precoce, *zhanhe*, arroz não glutinoso de grão longo e outros termos. A questão é se a palavra *zhan* (占) é uma referência a Champa (占城). Podemos supor que esse foi o caso, pelo menos durante a dinastia Song. Por um lado, a variedade *zhan* surgiu após a introdução do arroz de Champa, e o caractere *zhan*, o mesmo que

---

1031 [Dinastia Song do Sul] Zhen Dexiu, *Obras Coletadas de Zhen Dexiu*, vol. 44, "Epígrafes Escritas no Templo na Ponte."

1032 [Dinastia Song do Sul] Shu Lin, *Obras Coletadas de Shu Lin*, vol. 2, "Discutindo o Armazém Normal com Chen Cang."

aparece no nome de Champa escrito em chinês, não aparece em registros históricos anteriores em referência ao arroz. Havia apenas a palavra *nian* (秥), que é *zhan* com um grão radial, em *Yupian*. A palavra é pronunciada da mesma forma que o caractere 黏 e se refere a grão (禾, *he*). Grain (*he*) é o nome geral de vários grãos da família das gramíneas, que inclui o arroz e outras culturas. Os caracteres *zhan* e *nian* são diferentes tanto na pronúncia quanto no significado. Além disso, o Registro de Mudas de Arroz, as *Crônicas Xin'an* de Chunxi e outros textos da Dinastia Song afirmam claramente que o arroz *zhan* veio de Champa. Além disso, a classificação tradicional do arroz dividia as variedades em arroz glutinoso e *geng* (não glutinoso), de acordo com o uso. Embora houvesse duas subespécies, indica e japônica, não havia uma classificação como a moderna, de acordo com esses dois tipos. Como resultado, algumas variedades que na verdade são arroz indica foram categorizadas como japônica, para evitar confusão com o arroz Champa. Por fim, como o arroz *zhan* é originário de Champa, ele era frequentemente cultivado lá e em áreas vizinhas. Zhou Qufei (1135-1178) especulou que "os soldados de Annam (um nome antigo para o Vietnã) recebiam uma cota mensal de dez feixes de arroz e se banqueteavam com arroz *dahe* e peixe curado. Como as principais plantações aqui são de arroz *zhan*, o governo recompensa os soldados com esse tipo de arroz no dia de Ano Novo."[1033] Annam era um dos países vizinhos de Champa e foi ocupado por Champa após o século XV. O fato de a área ter sido plantada principalmente com arroz *zhan* foi resultado de sua posição geográfica e é uma evidência de que o arroz *zhan* mencionado nos textos da dinastia Song era, na verdade, arroz de Champa. Entretanto, o arroz Champa é um tipo de arroz indica, e a palavra *zhan* no nome Champa é pronunciada da mesma forma que a palavra chinesa para arroz indica. O arroz Champa amadurece mais cedo do que as variedades Indica conhecidas pela primeira vez na China, e há conexões linguísticas nos nomes das variedades que reconhecem esse fato (ou seja, 籼 está conectado a 先 e 占), e o termo para arroz indica é intercambiável com o termo para arroz Champa em chinês, o que faz com que o termo "arroz Champa" às vezes seja traduzido como "arroz indica". *Zhan* 占 e *xian* 籼 têm pronúncia próxima, e o arroz 占 amadurece mais cedo (先 *xian*) do que a variedade anterior. O 先 é pronunciado da mesma forma que o *xian* 籼, cuja pronúncia é próxima à do *zhan* 占, e em alguns livros o arroz 占 é chamado de arroz 籼.

A introdução e o desenvolvimento do arroz Champa na China e sua concorrência com as variedades nativas se devem, em grande parte, às ca-

---

1033 [Dinastia Song do Sul] Zhou Qufei, *Respostas Além das Montanhas*, vol. 2, "Assuntos Estrangeiros, Annam."

racterísticas específicas do próprio arroz Champa, incluindo seu período de maturação precoce, tolerância à seca e capacidade de crescer mesmo em solos de baixa qualidade. O fato de ser uma variedade de maturação precoce possibilitou evitar as secas de verão e outono em Jiangsu, na região do rio Huai e em Zhejiang, enquanto sua alta tolerância à seca a tornou adequada para o plantio em terrenos como terraços, onde a irrigação era precária. Sua capacidade de crescer até mesmo em solo estéril permitiu que o arroz Champa fosse plantado em qualquer solo, independentemente de sua baixa fertilidade, o que contrastava fortemente com o arroz japônica originalmente cultivado nessas regiões, que "só podia ser plantado em campos férteis". A facilidade de irrigação e fertilização foram fatores importantes na promoção e popularização do arroz Champa.

Vários exemplos desse processo de popularização são evidentes na disseminação da variedade em diferentes partes de Zhejiang Oriental e Ocidental. A Zhejiang Oriental estava localizada a leste da bacia do rio Qujiang e da bacia do rio Puyang, perto de Fujian, e era composta por sete estados: Yue, Qu, Wu, Wen, Tai, Ming e Chu. Durante a dinastia Song, os campos de terraços em Jiangsu e Zhejiang estavam distribuídos principalmente nessa área. De acordo com Chen Fuliang, "A terra em Minzhe (leste de Zhejiang) é quase toda estéril. Somente o uso de ferramentas como enxadas e ancinhos para lavrá-la e a fertilização com esterco animal podem transformá-la em terra fértil."[1034] Embora alguns projetos de conservação de água tenham sido construídos na área, a seca continuou sendo uma séria ameaça. O Compêndio do Governo e das Instituições Sociais de Song, "Alimentos e Produtos, Volume 1, Parte 30" observa: "Houve pouca chuva nos últimos dias, e isso destruiu completamente os campos". Foi anunciado aos oficiais civis e militares no 26º dia do nono mês que "a estação chuvosa não chegou a tempo neste verão, o que levou a uma seca generalizada em muitos condados no leste de Zhejiang". Zhu Xi também mencionou várias vezes a seca no leste de Zhejiang.[1035] É evidente que a seca causou grandes perdas no leste de Zhejiang, o que levou a uma preferência pelo arroz Champa na região.

Por outro lado, a demanda por arroz Champa em Zhejiang Ocidental não era tão alta. A Zhejiang Ocidental estava localizada ao sul do rio Yangtze, na atual província de Jiangsu, e a leste de Maoshan e ao norte do rio Xin'an, na atual província de Zhejiang. Era composta por seis estados:

1034 [Dinastia Song do Sul] Chen Fuliang, *Coleção Zhizhai*, vol. 44, "Promovendo a Agricultura em Guiyang."

1035 Ver nas *Obras Coletadas da Dinastia Song do Sul de Zhu Xi*, "Pedido para Oficiais" (Volume 17), "Pedido para Proibições" (Volume 21), "O Livro do Primeiro-Ministro" (Volume 26), "Restringindo o Arroz e Saques" (Volume 99), e outros textos.

Runzhou, Suzhou, Changzhou, Hangzhou, Huzhou e Muzhou. Ostentava a maior área de produção de arroz da dinastia Song, e costumava-se dizer que "uma boa colheita em Suzhou e Huzhou alimentaria o povo de todo o país". Está registrado em *História dos Song*, "Biografia de Du Fan" que "Zhejiang Ocidental reúne todo o arroz de todo o país". O principal motivo era que a região tinha obras de conservação de água mais avançadas e um solo mais rico. Localizada na planície do delta do rio Yangtze e nutrida por Taihu, Zhejiang Ocidental tinha muitos lagos de vários tamanhos e era rica em recursos hídricos. No Compêndio do Governo Song e das Instituições Sociais, "Alimentos e Produtos, Vol. 7, Parte 49", está registrado que "os condados do oeste de Zhejiang estão localizados em terreno plano e têm os campos mais extensos. Com os recursos de Taihu, não há medo de inundações ou secas graves". Além disso, um sistema de conservação de água foi estabelecido lá pelos reinos Wu e Yue já em 907 d.C. *Conservação de água no Reino Wu*, Jia Dan diz: "A coisa mais benéfica sob o céu é o campo de arroz, e os campos de arroz em Suzhou são impecáveis". O solo da região também era rico. Em *Compêndio do governo e das instituições sociais de Song*, "Alimentos e Produtos, Volume 1, Parte 7", um funcionário do Departamento de Transportes de Zhejiang, Li Mo, afirma: "Depois de investigar os campos no interior, descobrimos que a maior vantagem em relação a outros lugares eram os campos ricos". Gao Side também observa: "O solo é rico o suficiente para ser arado profundamente e é tão fino quanto a farinha... Embora a terra seja muito fértil, ainda requer muito cultivo."[1036] Devido ao avançado sistema de conservação de água e ao solo rico do oeste de Zhejiang, havia pouca demanda por uma variedade de arroz tolerante à seca e de maturação precoce, capaz de crescer mesmo em campos estéreis. Essa foi a razão fundamental pela qual o uso do arroz Champa não foi difundido na área. Um fator adicional que também deve ser levado em consideração é o clima. A área de Taihu era adequada para o cultivo de arroz japônica e indica, mas, após a dinastia Song, começou a congelar no cinturão ao redor de Taihu, e somente o arroz japônica, mais resistente ao frio, poderia sobreviver nesse clima. Já o desenvolvimento do arroz Champa foi limitado pelo clima frio. E, além de todos esses fatores naturais que influenciaram a preferência pelo arroz japônica no oeste de Zhejiang, havia também razões sociais e econômicas. Após as dinastias Tang e Song, houve um movimento populacional significativo do norte para o sul, o que levou ao desenvolvimento de um sistema de cultivo duplo de arroz e trigo na bacia do rio Yangtze. Os fazendeiros arrendatários não estavam dispostos

---

1036 [Dinastia Song do Sul] Gao Side, *Crítica ao Tribunal Imperial Song*, vol. 5, "Promovendo a Agricultura em Ningguofu."

a cultivar arroz, pois tinham que dá-lo ao proprietário, enquanto ficavam com o trigo para si. Mais importante ainda, o arroz japônica podia ser usado para pagar impostos, enquanto o arroz indica não podia. Além disso, o arroz japônica era de boa qualidade e podia ser usado para outros fins além da alimentação, enquanto o arroz indica era útil apenas como fonte de alimento. Todos esses fatores juntos contribuíram para a preferência pelo cultivo do arroz japônica. Como resultado, embora o arroz Champa fosse cultivado no oeste de Zhejiang, era apenas em uma pequena área, e o arroz japônica continuou sendo a cultura dominante.

A influência do arroz Champa variava de um lugar para outro devido às diferenças entre as áreas onde era cultivado. Antes da introdução do arroz Champa, o arroz de estação dupla (principalmente o arroz regenerativo e de cultivo contínuo) era cultivado em Jiangsu, na área do rio Huai e em Zhejiang, mas o arroz japônica tardio ainda era predominante. Após sua introdução, o arroz Champa foi amplamente cultivado em Jiangxi, Fujian e no leste de Zhejiang, seguido por Hunan, Hubei e Guangdong. O arroz tardio original foi substituído em sua maior parte pelo arroz precoce, estabelecendo a base para o desenvolvimento de um sistema de cultivo duplo nessas áreas nas dinastias Ming e Qing. Foi comprovado que o cultivo duplo de arroz foi desenvolvido pela primeira vez nas dinastias Ming e Qing, e não no oeste de Zhejiang, onde a agricultura foi desenvolvida principalmente durante a dinastia Song. De acordo com o livro *Em terras agrícolas*, do século XIV, o arroz de estação dupla era cultivado em Zhejiang Oriental durante o reinado de Yongjia. Dois registros dos séculos XV e XVI, a Crônica de Wenzhou (datado do reinado de Hongzhi) e o Rui'an Chronicle (datado do reinado de Jiajing), relatam que o arroz de estação dupla era cultivado em Wenzhou e Rui'an em Zhejiang. O texto do século XVII *A exploração das obras da natureza* afirma que o arroz de dupla safra era cultivado continuamente nas planícies do sul. Durante a dinastia Qing, Li Yanzhang resumiu a distribuição regional do arroz de safra dupla em seu *Sobre a Aragem Apressada dos Campos de Arroz em Jiangnan*.

O arroz de cultivo duplo era cultivado principalmente em Wenzhou, Taizhou no leste de Zhejiang, Yuanzhou, Linjiang em Jiangxi, Fujian e outras áreas, enquanto o método de cultivo contínuo era usado principalmente em Hunan, Hubei, Anhui (Tongcheng, Lujiang e outros condados), Guangdong, Guangxi e outros lugares. Independentemente do método utilizado, a prática do cultivo duplo de arroz não era muito difundida no oeste de Zhejiang. Durante as dinastias Ming e Qing, o cultivo duplo de arroz e trigo era predominante na área de Taihu, conforme confirmado no *Tratado Agrícola e no Suplemento Agrícola da Família Shen*. Comparando as variedades de arroz cultivadas na área de Taihu durante a dinastia Ming com as cultivadas durante a dinastia Song, fica evidente que eram basicamente as mesmas em termos de natureza e período de crescimento.[1037] De acordo com os registros, havia 46 variedades de arroz em Jiangsu durante a dinastia Song, 118 durante a dinastia Ming e 259 durante a dinastia Qing, a maioria das quais eram variedades japônicas intermediárias ou tardias. Das 57 espécies excepcionais que se desenvolveram desde a dinastia Tang até a Era Republicana, 5 eram indica, 28 eram japônica e 24 eram arroz glutinoso, tornando a japônica a variedade predominante.[1038] As espécies de arroz cultivadas na área de Taihu eram principalmente arroz japônica tardio de estação única, tanto antes quanto depois da introdução do arroz Champa. Foi somente nos tempos modernos que se sugeriu uma reforma agrícola que envolvesse a mudança do arroz tardio para o precoce e do arroz de estação única para o de estação dupla. A área de Taihu, a região de cultivo de arroz mais desenvolvida da China da dinastia Song, ficou atrás das áreas vizinhas no desenvolvimento de um sistema de cultivo duplo de arroz e começou a importar arroz em vez de exportá-lo após as dinastias Ming e Qing. A situação em que "uma boa colheita em Suzhou e Huzhou é suficiente para alimentar o país inteiro" foi transformada em uma situação em que "uma boa colheita em Hunan, Guangxi e Guangdong é suficiente para alimentar o país inteiro". Hunan, Guangxi e Guangdong haviam se recuperado, em grande parte devido ao impacto do arroz Champa.

A influência do arroz de Champa na produção de arroz da China também é evidente no idioma. O arroz de Champa era frequentemente chamado de "arroz de sequeiro" nos escritos da dinastia Song. Por exemplo, *História dos Song*, "Crônica de Alimentos e Produtos" diz que o arroz Champa "é um tipo de arroz de sequeiro", e Compêndio do governo e das instituições sociais de Song, "Alimentos e Produtos" diz: "Esse tipo de arroz é uma cultura de sequeiro". Na verdade, o arroz Champa era apenas tolerante à seca e não era o mesmo que o arroz plantado em campos de sequeiro. Por ser uma variedade de maturação precoce, ele é considerado um arroz precoce em alguns registros locais das dinastias Ming e Qing. Foi registrado que

---

1037 Shigeshi Kato, *O Desenvolvimento do Cultivo de Arroz na China: O Desenvolvimento das Variedades de Arroz* (Versão Japonesa). Ver *Investigação da História Econômica Chinesa* (Versão Chinesa), 3 vols. Editora do comércio, 1973).

1038 Min Zongdian, "Uma História do Arroz em Jiangsu," *Arqueologia Agrícola*, nº 1 (1986): 254–266.

"arroz Champa é arroz precoce"[1039] e "arroz precoce é arroz Champa".[1040] Essas afirmações podem não ser exatamente exatas, mas antes da introdução do arroz Champa, parece que não havia nenhuma variedade de arroz realmente precoce no curso médio ou inferior do rio Yangtze. O arroz Champa era uma verdadeira variedade precoce com um período de crescimento curto (110 dias) e que frutificava cedo. Como o arroz Champa era uma variedade indica com grãos pequenos e alongados, alguns registros locais afirmam que "o arroz indica é arroz Champa"[1041], embora isso seja um equívoco. Antes da introdução do arroz Champa nos trechos médio e inferior do rio Yangtze, o arroz japônica era a principal variedade plantada nessas áreas. O arroz Champa era uma espécie de arroz não glutinoso. Antes de sua introdução, as variedades não glutinosas de arroz eram chamadas de *jing* (秔), em oposição a *shu* (秫). Com a introdução do arroz Champa, ele começou a substituir as variedades não glutinosas anteriores e, nas dinastias Ming e Qing, todas as variedades não glutinosas eram chamadas de *zhan*, ecoando o nome Zhancheng, como o Champa é chamado em chinês. Até hoje, os agricultores de Jiangxi, Hunan, Hubei, Guangdong e Guangxi ainda dividem o arroz em *zhan* (não glutinoso) e *nuo* (glutinoso). Durante as dinastias Ming e Qing, muitas variedades de arroz com o sufixo -*zhan* apareceram nas crônicas locais dessas áreas, enquanto muitas variedades em Anhui, Jiangsu, Zhejiang e outras províncias usavam o sufixo -*xian* (indica). Em vista disso, alguns estudiosos acreditam que as variedades *zhan* eram arroz indica, não especificamente arroz Champa, mas, na verdade, em Jiangsu, Zhejiang e Anhui, o que era chamado de arroz *xian* (籼) não era uma variedade indica verdadeira, mas um tipo de japônica. De acordo com Guangya, "não há diferença entre os termos *xian* (籼) e *geng* (粳)". A *Dialects* observa: "Em Jiangnan, o arroz não glutinoso é chamado de *xian*". Assim, muitas variedades que têm o sufixo -xian eram, na verdade, arroz japônica, enquanto os com o sufixo zhan podem não ter sido necessariamente arroz de Champa, mas certamente estavam intimamente relacionados à introdução e à disseminação do arroz de Champa.

Em resumo, a Bacia de Taihu tem sido o centro do cultivo de arroz japônica desde os tempos antigos, com pouco arroz indica. Jiangxi, Hunan, Hubei e outras áreas já serviram como áreas de cultivo de arroz japônica, mas mudaram para o arroz indica após a dinastia Song. Essa mudança estava intimamente relacionada à introdução do arroz Champa.

1039 Reinado de Tongzhi. *Crônica do Condado de Jinxi*.

1040 Reinado de Guangxu. *Crônica do Condado de Hangzhou*.

1041 Reinado de Tongzhi. *Crônica do Condado de Xin'gan*.

ARROZ HUANGLU NA HISTÓRIA DA CHINA[1042]

Uma variedade de arroz amplamente ignorada

O termo *huanglu*, o nome de uma variedade de arroz, aparece em *Competências Essenciais para Beneficiar o Povo* (que data do século VI), mas esse tipo de arroz era geralmente ignorado até as dinastias Song e Yuan. Não há dúvida de que o arroz Champa, introduzido no quinto ano do reinado de Dazhong Xiangfu (1012) pelo imperador Song Zhenzong, foi a variedade mais popular no período Song-Yuan. Os registros indicam que "devido às condições de seca leve, o arroz nos arrozais das áreas de Yangtze, Huai e Zhejiang não amadureceu. O imperador enviou um enviado a Fujian para coletar 300.000 toneladas de sementes de arroz Champa para serem alocadas para o cultivo nessas áreas. As sementes foram plantadas em campos nas colinas e em terrenos montanhosos, e esse arroz Champa era arroz de sequeiro."[1043] Como a variedade foi introduzida pelo próprio imperador, ela teve um grande impacto na história chinesa, conforme registrado nas histórias oficiais e não oficiais. Além disso, o arroz Champa conseguia sobreviver em condições áridas e atendia às demandas do desenvolvimento da produção de arroz no sul após a dinastia Song (ou seja, crescia bem em terraços e campos de sequeiro que haviam sido convertidos em arrozais) e às condições naturais desafiadoras (seca) que ajudaram a impulsionar a produção de arroz. Em especial, a popularização do arroz indica de estação única lançou as bases para o desenvolvimento posterior do arroz de estação dupla.[1044]

No entanto, a variedade Champa não foi tão influente quanto o arroz *huanglu*, de acordo com os textos agrícolas existentes sobre a produção de arroz que datam das dinastias Song e Yuan, como o *Tratado Agrícola de Chen Fu* e o *Tratado Agrícola de Wang Zhen*. O *Tratado Agrícola de Chen Fu* foi concluído no 19º ano do reinado de Shaoxing na Dinastia Song do Sul

---

1042 Este artigo foi publicado pela primeira vez em *Arqueologia Agrícola*, nº 1 (1998): 292–311.

1043 *História da Dinastia Song*, vol. 173, "Alimentos e Produtos" (Companhia de Livros Zhonghua, 1977), p. 4162.

1044 Zeng Xiongsheng, "O Impacto do Arroz Champa no Cultivo de Arroz na China," *Estudos na História das Ciências Naturais*, nº 1 (1991): 61–67.

(1149), 133 anos após a introdução do arroz Champa. Nele, Chen Fu se refere a si mesmo como "um monge taoista que vive em reclusão em Xishan", embora anteriormente "tenha se debruçado sobre o arado em Xishan". Ele diz que foi visitar Hong Xingzu depois de concluir o livro. Alguns estudiosos acham que Xishan (literalmente, "colinas ocidentais") pode se referir a uma montanha com esse nome em Yangzhou[1045], mas outros acreditam que ela está localizada em Hangzhou[1046], uma conclusão tirada com base nos registros do método de plantio de amoras e outros itens em Huzhong, Anji (atual condado de Anji, Zhejiang).[1047] Ambos os locais estão dentro da área de Yangtze, Huai e Zhejiang, portanto, se era em Yangzhou ou Hangzhou não é relevante para esta discussão. De qualquer forma, o arroz Champa não é mencionado no *Tratado Agrícola de Chen Fu*, o que levanta a questão de saber se a área imediata em que ele vivia tinha necessidade da variedade Champa. A resposta é não. O arroz Champa era adequado para "campos de terras altas", e Chen Fu vivia em um lugar chamado "colinas ocidentais". O *Tratado Agrícola de Chen Fu* incluía uma descrição detalhada do plantio e do uso de campos nas encostas das montanhas. E incluía uma descrição detalhada do plantio e do uso de campos nas encostas das montanhas. Também menciona "arroz da estação inicial em campos de terras altas."[1048] Seria esse arroz Champa? Isso pode ser avaliado com base no período de crescimento dessa variedade. Afirma-se que "do plantio à colheita, o arroz precoce das terras altas não requer mais do que cinco a seis meses", com um período de crescimento entre 150 e 180 dias, o que faz com que não seja uma variedade de arroz verdadeiramente precoce.[1049] Por outro lado, o arroz Champa, "como um arroz precoce, tem um período de crescimento entre 100 e 110 dias. É certo que ele pode ser popularizado

---

1045 Wan Guoding, "Comentário sobre o Tratado Agrícola de Chen Fu." Ver *Chen Fu, Tratado Agrícola de Chen Fu*, ed. Wan Guoding (Editora Agrícola, 1965), p. 7.

1046 Jiang Yi'an, "Discussão sobre Duas Questões Levantadas pelo Tratado Agrícola de Chen Fu." Ver *Instituto de História e Patrimônio Agrícola Chinês, Pesquisa em História Agrícola*, Edição 4 (Editora de Agricultura da China, 1984), p. 108.

1047 [Dinastia Song do Sul] Chen Fu, *Tratado Agrícola de Chen Fu*, ed. Wan Guoding, vol. 2, "Métodos para o Plantio de Amoreiras, Parte 1" (Editora de Agricultura da China, 1965), p. 55.

1048 [Dinastia Song do Sul] Chen Fu, *Tratado Agrícola de Chen Fu*, ed. Wan Guoding, vol. 1, "Terreno Adequado, Parte 2" (Editora de Agricultura da China, 1965), p. 25.

1049 O arroz precoce, médio e tardio são definidos pelo seu período de crescimento. O arroz com um período de crescimento entre 120 e 130 dias é chamado de arroz precoce ou de maturação precoce, o arroz com um período de crescimento entre 130 e 150 dias é chamado de arroz médio ou de maturação média, e o arroz com um período de crescimento entre 150 e 160 dias é chamado de arroz tardio ou de maturação tardia.

nas áreas de Zhejiang e Fujian até Huainan."[1050] Considerando seu período de crescimento, o "arroz da estação inicial nos campos das terras altas" não era o arroz Champa.

Embora o arroz Champa seja mencionado no *Tratado Agrícola de Wang Zhen*, ele é registrado como uma variedade de arroz de terras altas. Ele afirma que "atualmente, o arroz Champa é plantado na região de Fujian. Ele é adequado para o plantio em encostas e terrenos montanhosos, e é chamado de "*zhan* de terras secas". Por ser doce e seus grãos serem grandes, é de melhor qualidade do que a maioria das variedades". Esse trecho foi obviamente copiado de registros anteriores sobre o arroz Champa. Por exemplo, ele menciona as áreas onde o arroz Champa foi importado e as áreas adequadas para essa variedade, que são idênticas às mencionadas em vários tratados agrícolas. No entanto, em comparação com registros anteriores, há algumas diferenças para o *zhan* de terras secas, sendo a mais óbvia que "ele é doce e seus grãos são grandes". De acordo com o História dos Song, "Crônica de Alimentos e Produtos", o arroz de Champa "tem uma espiga mais longa do que o arroz da China, não tem palha e seus grãos são menores". Se todos esses são arroz Champa, por que seus grãos são de tamanhos diferentes? Há duas possibilidades. A primeira é que Wang Zhen cometeu um erro ao copiar o texto anterior, e a outra é que o *zhan* de sequeiro introduzido na área de Fujian era uma variedade diferente do arroz Champa. O *zhan* de sequeiro era plantado principalmente na região central de Fujian na época de Wang Zhen, e não era visto com frequência na bacia do rio Yangtze ou em áreas mais ao norte. Wang Zhen pretendia promover o *zhan* de terras secas, mas não era a mesma variedade do arroz Champa discutido neste capítulo. A única conclusão a que se pode chegar é que o arroz Champa introduzido pelo imperador Song Zhenzong não foi registrado no *Tratado Agrícola de Chen Fu* ou no *Tratado Agrícola de Wang Zhen*.

O livro que certamente menciona o arroz Champa é o texto agrícola de Zeng Anzhi, *Registro de mudas de arroz*, que é basicamente um texto perdido. O terceiro capítulo do livro registra: "Hoje, em Xichang, temos o *zhan* precoce como arroz de estação inicial e o *zhan* tardio como arroz de estação final. Essas variedades são originárias de Champa, no Mar do Sul [da China]. Elas só foram introduzidas em Xichang há quarenta ou cinquenta anos."[1051] O *Registro de mudas de arroz* foi escrito entre 1086 e 1094, setenta ou oitenta anos depois de Zhenzong ter introduzido o arroz

---

1050 You Xiuling, *Comentário sobre a História da Produção de Arroz: Questões sobre o Arroz Champa* (Editora de Ciências e Tecnologia Agrícola da China, 1993), p. 158.

1051 Cao Shuji, "Registro Anotado de Mudas de Arroz," *História Agrícola da China*, no. 3 (1985): 79.

Champa na área de Yangtze, Huai e Zhejiang. No entanto, a área de Xichang (atual condado de Taihe, Jiangxi) só havia sido introduzida "quarenta ou cinquenta anos" antes. Além do terceiro capítulo, não há menção ao arroz *zhan* no *Registro de mudas de arroz*. Das 44 variedades de arroz mencionadas em outras partes do texto, apenas o *chimizhan* pode ter sido um tipo de arroz Champa, e ele representa apenas 1/40 ou 1/50 das variedades mencionadas.

Em contrapartida, é provável que os agrônomos das dinastias Song e Yuan estivessem mais familiarizados com o arroz *huanglu*, já que ele foi mencionado em livros de agricultura que datam do período Song-Yuan. Além disso, os agrônomos tinham um conhecimento profundo do período de semeadura e colheita, das áreas adequadas para o plantio e de suas características (como, por exemplo, se tinha ou não uma coroa). Isso parece indicar que a variedade *huanglu* teve um impacto maior do que o arroz Champa na época. As diferentes formas de escrever *huanglu* em chinês sugerem que ela era cultivada em Jiangnan, a principal área produtora de arroz da China na época.

Infelizmente, as pesquisas sobre o arroz *huanglu* não são tão extensas quanto as relacionadas ao arroz Champa. Pode-se até dizer que o arroz *huanglu* foi amplamente ignorado. Na série de estudos sobre o arroz Champa e o arroz de maturação precoce na história chinesa, não houve menção à variedade *huanglu* de maturação precoce. Isso é muito lamentável, e este artigo tem como objetivo preencher essa lacuna. Ele começa com uma análise do nome *huanglu* e, em seguida, examina o papel do arroz *huanglu* na história chinesa a partir das perspectivas de desenvolvimento e utilização da terra, fornecimento de alimentos e crescimento populacional. É inevitável que comparações entre o arroz Champa e o *huanglu* surjam no artigo.

1. O Nome *Huanglu*

O nome huanglu apareceu pela primeira vez em Competências Essenciais para Beneficiar o Povo (concluído na década de 530 d.C.), escrito pelo estudioso da Dinastia Wei do Norte, Jia Sixie. Normalmente escrito como 黄穋, ele aparece aqui como 黄陸, dizendo: "Hoje, há arroz *huangweng*, arroz *huanglu*, arroz *qingbai*, arroz *yuzhang*, arroz *weizi*, arroz *qingzhang*, arroz *feiqing*, arroz *chijia*, arroz *wuling*, arroz *daxiang*, arroz *xiaoxiang* e arroz *baidi*. O arroz *Guhui* é uma variedade de estação dupla, e há também uma variedade de arroz *shu*."[1052] Como o *Competências Essenciais para Beneficiar o Povo* não oferece nenhuma descrição das características do arroz *huanglu*, a julgar pela pronúncia e pela forma escrita do caractere *lu* que aparece no livro, os estudiosos entendem que se trata da mesma variedade popularizada na região de Jiangnan após as dinastias Song e Yuan.[1053] Depois de *Competências Essenciais para Beneficiar o Povo*, o Novo Livro de Tang, "Crônicas Geográficas" menciona dois tipos de arroz de tributo, huanglu e wujie[1054] em seu registro do tributo do Condado de Guangling, Yangzhou. O nome *huanglu* aparece de forma semelhante na poesia Tang.[1055] Os caracteres 稑 e 穋 têm o mesmo significado

---

1052 [Dinastia Wei do Norte] Jia Sixie, *Competências Essenciais para Beneficiar o Povo*, ed. Miao Qiyu, vol. 2, "Arroz, Parte 11" (Pequim: Editora de Agricultura da China, 1982), p. 99.

1053 Cao Shuji escreve: "Acho que o arroz *huanglu* mencionado no *Registro de Mudas de Arroz*, capítulo 3, é o mesmo arroz *huanglu* mencionado em *Competências Essenciais para Beneficiar o Povo*. O caractere 穋 (também escrito 稑) refere-se à sua maturação precoce. O caractere relacionado 陆 (lu) significa terra. O *Competências Essenciais para Beneficiar o Povo* contém um capítulo sobre arroz de alta altitude, no qual o *huanglu* é listado como uma variedade. O caractere 穋 (稑) é pronunciado e moldado de forma semelhante ao caractere 陆, portanto, acredita-se que, quando o arroz foi introduzido no norte a partir do sul, houve um erro em seu nome. É amplamente conhecido que durante o período das Dinastias do Norte e do Sul, embora o norte e o sul estivessem sob governos separados e politicamente opostos, a comunicação e a interação continuaram entre as duas regiões agrícolas. Muitas variedades de arroz vieram para o norte de Jiangnan. O arroz *yuzhangqing* registrado em *Competências Essenciais para Beneficiar o Povo* era uma variedade originária de Yuzhang, que estava sob o controle da Dinastia do Sul. Yuzhang incluía as planícies ao redor do atual Lago Poyang, na parte norte de Jiangxi, uma área conhecida pela produção de arroz. Também havia uma variedade chamada *changjiangshu*, nomeada de acordo com seu local de origem, provavelmente a área de Jiangnan. Visto sob essa perspectiva, parece que o arroz *huanglu* da Dinastia Song do Norte pode ser a mesma variedade do arroz *huanglu* cultivado na Dinastia Song." (Veja "Pesquisa sobre o Registro de Mudas de Arroz e Seu Autor," *História Agrícola da China*, no. 3 [1984]: 90).

1054 *Novo Livro dos Tang*, vol. 41, "Crônicas Geográficas, Parte 5."

1055 You Xiuling, *História do Cultivo de Arroz na China* (Pequim: Editora de Agricultura da China, 1995), p. 85.

nos textos chineses antigos e, em alguns textos após a dinastia Tang, 黃穆 foi escrito como 黃秬. O caractere 米 (*mi*), entretanto, não tinha um significado fixo e podia ser usado para se referir a arroz, painço ou vários outros grãos. Na China antiga, a frase jiugu liumi (九谷六米) era frequentemente usada para se referir a uma variedade de grãos. Os nove *gu* (谷) incluíam painço, junco de arroz, soja, linho, várias sementes, legumes e trigo. Em Yangzhou, os agricultores lavravam o solo úmido para plantar suas colheitas, o que era adequado para o cultivo de arroz, portanto, é possível que 黃秬 e 黃穆 arroz fossem a mesma coisa. Antes do século X, o arroz *huanglu* também foi registrado no Registro de Sacrifícios de Xu Chang, que afirma: "O velho arroz lu amadurece e é sacrificado aos deuses e aos ancestrais no Duplo Nono Festival."[1056]

Como o arroz *lu* não foi escrito como arroz *huanglu* e devido à forma como é descrito no texto, parece que a principal característica dessa variedade foi capturada no caractere *lu*, em vez de *huang*, de modo que *huang* é menos importante no nome. Esse registro do arroz *huanglu* é muito valioso para promover a compreensão contemporânea dessa variedade.

O livro agrícola Song-Yuan mais antigo em que aparece um registro do arroz *haunglu* é o *Registro de Mudas de Arroz* de Zeng Anzhi (concluído entre 1086 e 1093 durante o reinado de Yuanyou da Dinastia Song do Norte, quando Zhezong era imperador). Ele diz: "A área de Jiangnan tem arroz huanglu. As sementes são semeadas em Greater Heat, após a colheita do arroz precoce. Quando o arroz tardio é colhido no final da Descida da Geada, ele amadurece."[1057] Mais tarde, no *Tratado Agrícola de Chen Fu* (concluído antes de 1149), o arroz *huanglu* também é mencionado. Ele diz: "Os Ritos de Zhou registram que "onde há áreas úmidas, o plantio é feito no Grão na Espiga". Há duas interpretações de "plantio" aqui. Pode significar plantas com *awn*, que é como o grão *huanglu* de hoje. A outra interpretação se concentra em quando as plantações são semeadas, que é logo após o Grão na Espiga. Hoje em dia, a adivinhação é feita observando-se o céu, e conclui-se que as enchentes terminarão durante a Plenitude Menor do Grão, o Grão na Orelha ou o Solstício de Verão. Então, o *huanglu* pode ser semeado nos campos à beira do lago. Ambas as interpretações podem ser aplicadas ao texto. O período de crescimento do *huanglu* não é superior a sessenta ou setenta dias, portanto, ele escapará dos danos causados pelas

---

1056 (Data desconhecida.) Xu Chang. Veja *Leituras Imperiais da Era Taiping*, vol. 839, "Cem Grãos, Volume 3, Arroz" (Companhia de Livros Zhonghua, 1963), p. 3751.

1057 Cao Shuji, "Registro Anotado de Mudas de Arroz," *História Agrícola da China*, no. 3 (1985): 79.

enchentes."¹⁰⁵⁸ Durante a dinastia Song do Sul, o arroz *huanglu* foi mencionado em uma crônica local, na qual está escrito como 黄穭, no primeiro ano do reinado de Jiatai (1201). Lemos na *Crônica Kuaiji*: "O que é semeado no sétimo mês e amadurece quando a geada chega é chamado de *huanglu*. Lu indica que é plantado tarde, mas amadurece rapidamente. Showen Jiezi diz: 'Lu amadurece rapidamente.'"¹⁰⁵⁹ É mencionado duas vezes no *Tratado Agrícola de Wang Zhen*, da dinastia Yuan (concluído por volta de 1300). Juntamente com o exemplo mencionado anteriormente no capítulo *Campos flutuantes*, também é mencionado no capítulo intitulado *Terrenos fechados* que "lugares encharcados com água rasa são adequados para o plantio de arroz *huanglu*". Está registrado nos Ritos de Zhou que "onde há áreas úmidas, o plantio é feito em Grãos na espiga". A cultura a que se refere aqui é o arroz *huanglu*. Do plantio à colheita, ele não precisa de mais de sessenta dias, portanto, pode evitar danos causados por inundações."¹⁰⁶⁰

Em conclusão, o arroz *huanglu* foi escrito de quatro maneiras diferentes durante as dinastias Song e Yuan. Embora não haja menção à variedade *huanglu* nos textos agrícolas das dinastias Ming e Qing¹⁰⁶¹, ela aparece em muitas crônicas locais com vários nomes (consulte a Tabela 1).

1058 [Dinastia Song do Sul] Chen Fu, *Tratado Agrícola de Chen Fu*, ed. Wan Guoding, vol. 1, "Terreno Adequado, Parte 2" (Editora de Agricultura da China, 1965), p. 25.

1059 Reinado Jiatai. *Crônica de Kuaiji*, vol. 17, "Palha."

1060 [Dinastia Yuan] Wang Zhen, *Tratado Agrícola de Wang Zhen*, ed. Wang Yuhu, "Catálogo de Equipamentos Agrícolas, Parte 1" (Editora de Agricultura da China, 1981), p. 188.

1061 Um *Compêndio sobre Agricultura*, "Preparação do Campo," escrito por Xu Guangqi na Dinastia Ming, repete apenas o conteúdo do *Tratado Agrícola de Wang Zhen*. O arroz huanglu não foi mencionado no texto de Huang Xingceng, *Variedades de Arroz* da Dinastia Ming, que tem como objetivo listar especificamente variedades de arroz.

TABELA 1 — Nomes usados para o arroz Huanglu nas crônicas locais das dinastias Ming e Qing

Nome	Localização	Trecho	Fonte
黄陸稻 Huangludao	Songjiang	Há também arroz chanming, banxia e huanglu... Há tantas variedades que os agricultores nas áreas de Wu não conseguem distingui-las todas, então vou registrar apenas algumas.	4º ano do reinado de Chongzhen (1631), Sonjiang Provincial Gazetteer, Volume 6, "Produtos"
黄陆公 Huanglugong	Fengyang, Anhui	Também chamado de arroz huanglu	27º ano do reinado de Wanli (1599), Crônicas da Cidade Natal do Imperador, Volume 3
黄六公 Huangliugong	Fengyang, Anhui	O que é plantado é huangliugong e zhangpoke	1º ano do reinado de Tianqi (1621), Novo Livro de Fengyang, Volume 5
黄鹭公稻 Huanglugongdao*	Wuhe, Anhui		12º ano do reinado de Kangxi (1673), Crônica do Condado de Wuhe, Volume 2, "Produtos"
黄露公 Huanglugong	Liu'an, Anhui		34º ano do reinado de Jiajing (1555), Liu'an Chronicle, Volume 1, "Produtos"
黄龙稻 Huanglongdao**	Wucheng, Jiashan, Pinghu, and Huzhou in Zhejiang	Luxian é visto plantado nos campos à beira do lago sem diques. É tolerante à água, como um junco. É chamado de arroz huanglong.	13º ano do reinado de Tongzhi (1874), Huzhou Provincial Gazetteer, Volume 32, "Produtos"
黄龙 Huanglong	Leqing and Pingyang in Zhejiang	Arroz com uma arara preta é chamado wumanglong, e aquele com uma arara vermelha é chamado hongmanglong... Wuzuilong, ou huanglong'er, é uma variante do wumanlong.	14º ano da Era Republicana (1925), Pingyang County Chronicle, Volume 15, "Alimentos e Produtos", Volume 4, "Produtos", Volume 1

黄六禾 Huangliuhe	Yugan, Jiangxi	Após a água recuar dos campos baixos no sétimo mês, plante o arroz de fim de estação. Os campos são adequados para o plantio de wuguzi, huangliuhe, mianzinuo e zongbaizi.		8º ano do reinado de Kangxi (1669), Crônica do Condado de Yugan, Volume 2, "Produtos Locais"
六禾 Liuhe	Si'en, Guangxi	Liuhe, também chamado de luhongzhan, é shu.***		25º ano da Era Republicana (1936), Laibin County Chronicle, Volume 1
黄穋 Huanglu	Jiangdu, Ganquan, Dongtai, and Tongzhou in Jiangsu and Taihe, Jiangxi			Reinado Kangxi, Crônica do Condado de Jiangdu
黄穋稻 Huangludao	Xiaoshan, Zhejiang	Plante no sexto mês e colha no oitavo.		36º ano do reinado de Jiajing (1557), Xiaoshan County Chronicle, Volume 3, "Produtos"
黄穆稻 Huangludao	Dinghai, Pujiang	É chamado de tuoligui no Tratado Botânico. Plante-o nas terras altas. É plantado no quarto mês e amadurece no quinto.		41º ano do reinado de Qianlong (1776), Crônica do Condado de Pujiang, Volume 9
黄穆粳 Huanglujing	Ningguo	Xiangjing… honglujing… huanglujing, lengshuiba e wulujing		17º ano do reinado de Jiaqing (1812), Ningguo Provincial Gazetteer, Volume 3
穋禾Luhe	Si'en, Guangx	Há uma variedade de arroz precoce chamada luhe. Ele é plantado no quarto mês e amadurece no sétimo. Também é chamado de arroz chanming.		Diário Oficial Provincial de Si'en de Instando o Plantio de Arroz em Jiangnan
穆谷Lugu	Si'en, Guangx	O lugu é plantado no terceiro mês e amadurece no sétimo.		Diário Oficial Provincial de Si'en, de Instando o Plantio de Arroz em Jiangnan

* O nome *huanglugongdao* é mencionado apenas na *Crônica do Condado de Wuhe*, datada do 12º ano do reinado Kangxi (1673), mas, no 19º ano do reinado Guangxu (1893), a mesma crônica do condado contém a seguinte explicação: "Quando amadurece, a cor é amarelo puro, e os grãos são amarelos como *huanglu*, dando origem ao nome. É plantado cedo e colhido tarde. É aromático, mas não tolera seca, por isso não é frequentemente cultivado."
** O volume 2 da *Crônica de Wuqing*, datado do 25º ano do reinado Qianlong (1760), registra-o como "黄帝已（龙）稻 Huangdiyi(long)dao" e observa ainda: "Chen Youxue, *Taishou* de Minghu, comprou-o para socorrer as vítimas da enchente."
*** Chamar *liuhe* de "*shu*" (uma variedade de arroz glutinoso) torna o argumento menos convincente, mas é correto que *liu* (六) deve ser interpretado como *lu* (穆).

Na Tabela 1, fica claro que, além dos quatro nomes usados nas dinastias Song e Yuan, o arroz *huanglu* (黄穆稻) também era chamado por vários outros nomes, alguns pronunciados da mesma forma, mas escritos com caracteres diferentes, e outros escritos de forma diferente e pronunciados de forma semelhante, mas não exatamente iguais. Por que havia tantas variações do nome? Por que dois caracteres pronunciados *he* e *gu* (禾, 谷) se tornaram parte do nome? E por que *lü/lu/liu/long* era escrito como 穆, 穄, 陆, 绿, 鹭, 龙 e 六?

A resposta à pergunta sobre por que o arroz (稻, *dao*) também era chamado de *he* ou *gu*, (禾 ou 谷) parece estar escondida na história e na geografia dos dialetos locais. Os acadêmicos que estudam dialetos regionais descobriram que a palavra *dao* era uma palavra escrita usada em toda a China após a unificação dos caracteres chineses, mas no sul da China, o hábito de chamar o arroz de *he* foi mantido no idioma falado. Por exemplo, *dao* era chamado de *he* em Kunming, Qujing, Zhaotong e Wenshan em Yunnan, que está localizada na parte superior do rio Yangtze, bem como em Bijie e Guanling em Guizhou e Guanxian e Zhongxian em Sichuan. O mesmo acontece em Changle e Pucheng em Fujian, que fica na costa sudeste, e em Wenzhou, Ningbo e Jiaxing em Zhejiang, em Xangai e em Suzhou, Jiangsu, além de outros lugares. Era chamado de *he* (禾) em áreas como Chengmai e Qiongshan em Hainan, Yangjiang, Taishan, Xinhui, Guangzhou e Meixian em Guangdong, Dongxing, Qinzhou, Yulin, Guiping, Cangwu e Zhongshan em Guangxi, Ganzhou, Ji'an e Nanchang em Jiangxi, Shanghang, Changting, Shaowu e Jianning em Fujian e Hengyang, Xiangxiang e Changsha em Hunan. Nas regiões linguísticas do norte, dao era universalmente usado para se referir ao arroz.[1062]

[1062] You Rujie, "Investigando a Origem e Disseminação do Arroz Zaipei na Ásia sob uma Perspectiva Linguística," em *Pesquisa em História Agrícola*, vol. 3 (Pequim: Editora de Agricultura da China, 1983), p. 141.

O autor de *Registro de mudas de arroz* veio de Xichang (atualmente Taihe, Jiangxi, na área de Ji'an; geograficamente, Taihe e Ji'an formam a Bacia de Jitai). O texto registra principalmente as variedades de arroz encontradas em Xichang, o que lhe dá o título. O arroz *Huanglu* é escrito como *huangluhe* (黄穋禾) no livro. O autor do *Tratado Agrícola de Chen Fu* já morou em Xishan. Independentemente de ser em Yangzhou ou Hangzhou, no dialeto local, o arroz era chamado de *gu* (谷), portanto, o arroz *huanglu* é escrito no *Tratado Agrícola de Chen Fu* como 黄绿谷. Outras formas de escrever o nome foram o resultado da prática comum na China antiga de substituir um caractere por outro que fosse pronunciado da mesma forma para reproduzir o idioma falado, embora o significado fosse mantido. Os vários caracteres usados para escrever *huanglu* podem ser atribuídos a essa prática. No nome arroz *huanglong* (黄龙稻), o caractere *long* indicava que a variedade era resistente à água, e sua pronúncia era semelhante a *lu*. O autor do *Tratado Agrícola de Wang Zhen* era um renomado confucionista do leste de Lu, e sua língua materna era um dialeto do norte. Embora ele tenha servido como funcionário no sul, seu livro trata de práticas agrícolas tanto no norte quanto no sul, portanto, a linguagem usada no texto tende a ser a usada em todo o país. A variedade chamada de *huangluhe* ou *huanglügu* (黄穋禾 ou 黄绿谷) pelo agrônomo do sul é chamada de *huangludao* (黄 穋稻) no *Tratado Agrícola de Wang Zhen*. Além disso, como dao tinha o mesmo significado de *jing* (粳), algumas pessoas se referiam a *huangludao* como *huanglujing*.

O que merece ser mais explorado é a questão do porquê *lü* foi escrito como 绿 no livro de Chen Fu e porque foi escrito como 陆, 稑, 六, 鹭 ou 龙 em algumas crônicas locais. Em minha pesquisa sobre o termo 六种 (*liuzhong*) no capítulo do *Tratado Agrícola de Chen Fu* intitulado "Plantio Adequado de Liuzhong", cheguei à conclusão de que 六 aparece no lugar de 陸, de modo que a frase *liuzhong* significa "arroz de terras altas". Os caracteres 六 e 陆, mais uma vez, surgiram devido à prática de substituir um caractere por outro na expressão escrita.[1063] Quando terminei meu artigo sobre o assunto, enviei-o ao meu mentor, o professor You Xiuling, para que ele o revisasse. Ele respondeu: "Li sua análise do *Tratado Agrícola de Chen Fu*, "Plantio adequado de Liuzhong", e concordo com sua conclusão sobre a prática de substituir um caractere por outro. O que me confunde é porque Chen Fu, um intelectual bem-educado, optou por substituir 陆 por 六. Nos tempos antigos, a prática de substituir um caractere por outro era feita por aqueles com níveis mais baixos de alfabetização. Por exemplo, isso

---

1063 Zeng Xiongsheng, "Sobre Liudao, Shouzhong e Luizhong," *Estudos na História das Ciências Naturais*, no. 4 (1994): 359–366.

era comum em crônicas locais, que não estavam de acordo com os padrões. No entanto, vale a pena observar que Chen Fu escreveu 黄绿谷 em seu livro em vez de 黄六谷, como era comum nas crônicas locais. Ele também mencionou 陆禾 no capítulo sobre orações, quando disse que 'o número de 陆禾 não é pequeno›... em vez de 六禾."[1064] Não notei isso imediatamente, mas a questão que o professor You apontou realmente merecia mais atenção. A julgar apenas pela frase 黄绿谷, era difícil concluir que Chen Fu não cometeria o erro de substituir 陆 por 六, porque 绿 é igualmente um caso de substituição de um caractere por outro, e compartilha a pronúncia com 穋. Além disso, ao ler o livro, descobrimos que o caractere 穋 aponta para a característica do período de crescimento, o que nos leva a concluir que o nome real de 黄绿谷 era 黄穋谷. De fato, quando o *Tratado Agrícola de Wang Zhen* cita o *Tratado Agrícola de Chen Fu*, ele corrige 绿 para 穋. É possível que Chen Fu tenha cometido esse erro, pois, afinal de contas, ninguém é perfeito. Também é possível que o erro tenha sido cometido pelos gravadores que imprimiram o texto de Chen Fu. Chen Fu ficou desapontado com a baixa qualidade da publicação da primeira edição. Ele escreve: "Meu livro foi concluído no 19º ano do reinado de Shaoxing."

Embora tenha sido publicado em Zhenzhou, o conteúdo do livro foi distorcido e algumas palavras foram desconectadas. Alguém não entendeu o que eu havia escrito, então excluiu essas palavras ou adaptou-as sem meu consentimento. Ele até acrescentou suas próprias palavras ao meu livro. O que ele fez introduziu erros em meu livro". Para resolver esse problema, Chen Fu "pegou a cópia em sua casa e a duplicou, escreveu-a corretamente e esperava que ela pudesse ser apresentada ao imperador atual."[1065] Não se sabe se a edição posterior foi publicada, mas, de qualquer forma, ela não pôs fim à disseminação do volume impresso no 19º ano do reinado de Shaoxing.[1066] A questão da substituição de um caractere por outro continua sem solução na primeira edição. De qualquer forma, se o arroz *huanglu* podia ser escrito como 黄绿谷 em um texto de um intelectual bem-educado como Chen Fu, não é surpreendente encontrá-lo escrito de outras formas nas crônicas locais. Era uma única variedade de arroz, mas era conhecida

---

1064 Carta pessoal de You Xiuling para o autor (1994).

1065 [Dinastia Song do Sul] Chen Fu, *Tratado Agrícola de Chen Fu*, ed. Wan Guoding (Pequim: Editora de Agricultura da China, 1965), p. 65.

1066 Jiang Yi'an, "Questões sobre o Epílogo do Tratado Agrícola de Chen Fu," *História Agrícola da China*, no. 1 (1991): 101–105.

por muitos nomes, incluindo 六禾, 秏禾 e 穆, entre outros.[1067] Em outro exemplo, até mesmo o imperador Yongzheng escreveu o nome de uma variedade de arroz de Liuzhou, Guangxi, 晚陆禾 (*wanluhe*), como 晚 六禾 (*wanliuhe*), durante o reinado de Daoguang.[1068] Tais situações surgiram principalmente porque os escritores anteriores haviam registrado apenas a pronúncia da variedade ao compilar as crônicas locais, e o escritor posterior não verificou a origem do nome.

1067 Dinastia Qing. Li Yanzhang, *Urgindo o Arado de Campos de Arroz em Jiangnan*, Volume 7. "Variedades de Arroz de Diferentes Províncias." Na crônica de Guangxi *Si'en Provincial Gazetteer*. Lê-se, "Arroz que é semeado cedo e amadurece cedo é chamado luhe (秏禾)." Também afirma, "O que é semeado no quarto mês e amadurece no sétimo é chamado arroz chanming ou luhe (秏禾)." Continua, "Lugu (穆谷) é plantado no terceiro mês e amadurece no sétimo." Além disso, "Em Shanglin County, o dahe é semeado no terceiro mês... Há outra variedade chamada zhongliuhe (种六禾) que é semeada no segundo mês, transplantada no terceiro e quarto, e colhida no sexto e sétimo." Também lê-se, "Existem dois tipos de arroz glutinoso no condado de Shanglin. Um é chamado liuhe (六禾), e é colhido no sexto mês. O outro é chamado xiazhihe, e é colhido no quinto mês, enquanto o riliuhe (日六禾) é colhido no sexto mês."
O nono volume do mesmo livro, intitulado "Dupla Colheita", também citado no *Si'en Provincial Gazetteer*, afirma: "Liuhe (六禾) amadurece no sexto mês." E, "Há uma variedade de arroz glutinoso chamada luhe (穆禾) que é colhida no sétimo mês." Também é dito, "Em Shanglin County, o dahe e o liuhe (六禾) são plantados," e, "Há uma variedade chamada hunjiaohe, que é semeada ao lado do lugu (穆谷). Ela corta o trabalho de arado pela metade. Luhe é colhido no sétimo mês, e o hunjiaohe faz a colheita ser grande."
Além disso, o livro cita o *Guangxi Military Region Chronicle*, dizendo: "É plantado no início do verão e colhido no início do outono. É chamado liuhe (六禾)."
As passagens acima são todas citadas de Chen Zugui, ed., *Antologia do Patrimônio Agrícola Chinês*, Categoria A, "Arroz, Parte 1" (Companhia de Livros Zhonghua, 1958), pp. 410–411, 424–425.
Veja também *A Canção Sazonal do Povo Zhuang*, que diz: "Colha o liuhe (六禾) no solstício de verão." (Veja Liang Tingwang, ed., *Uma Crônica do Povo Zhuang* (Editora da da Universidade Minzu da China, 1987), p. 111.)

1068 11º ano do reinado de Yongzheng (1733). Crônica de Guangxi, vol. 31, "Produtos"; [Dinastia Qing] Li Yanzhang, *Encorajando o Arado dos Campos de Arroz em Jiangnan*. Citado em Chen Zugui, *Antologia de Textos Chineses*. Agricultural Heritage, Category A, "Rice, Part 1" (Companhia de Livros Zhonghua, 1958), p. 409.

2. Características do arrooz *Huanglu*

A origem do nome arroz *huanglu* está intimamente ligada à natureza dessa variedade específica. Embora seu nome escrito tenha passado por várias iterações diferentes, suas características como variedade ou grupo de variedades de arroz permaneceram inalteradas. A principal característica pode ser resumida em um caractere, 穋, que se refere ao padrão de plantio tardio e amadurecimento precoce dessa variedade. Como espécie, o arroz 穋 é mencionado no *Livro de Cânticos* nas frases "painço, arroz, linho, leguminosas e grãos"[1069] e 'painço, arroz, linho, feijão e trigo"[1070], em que os termos painço, arroz, linho, leguminosas e grãos se referem a vários tipos de culturas. Mao Hengzhuan escreveu: "O que amadurece tarde é chamado de *zhong*, e o que amadurece cedo é chamado de *lu*". Ele também observa: "O que é semeado cedo é chamado de *zhi* (稙), e o que é semeado tarde é chamado de *zhi* (稺). *Zhong* pode ser escrito como 重 ou 種, e *lu* pode ser escrito como 穋 ou 稑". Os Ritos de Zhou afirmam: "No início da primavera, é dada uma ordem à rainha para que conduza o harém a plantar as safras de zhong e lu e apresentá-las ao imperador."[1071] É daí que se origina o termo *zhonglu*, que aparece com frequência nas crônicas locais, mas, na verdade, *zhong* e *lu* se referem a dois tipos diferentes de safras. Shuowen Jiezi escreve: "Lu amadurece rapidamente. O que é semeado cedo e colhido tarde é chamado de *zhong*, enquanto o que é semeado tarde e colhido cedo é chamado de lu. Zheng Sinong escreveu algo semelhante em suas notas explicativas sobre os *Ritos de Zhou*. Ele diz: "*Zhong* é semeado cedo e amadurece tarde. Lu é semeado tarde e amadurece cedo". A partir disso, fica evidente que *lu* significa aquilo que é semeado tarde e colhido cedo, o que está de acordo com as características do arroz *huanglu*."

Semeado tardiamente

O arroz *huanglu* tinha uma data de semeadura tardia, que estava intimamente ligada às condições naturais e aos sistemas agrícolas dos diversos locais onde era cultivado. Essa data de semeadura tardia era apenas relativa às práticas locais gerais para a época de plantio do arroz, portanto, para determinar se o arroz *huanglu* era de fato uma variedade "semeada

---

1069 Livro de Cânticos, "Vento, sétimo mês."

1070 Livro de Cânticos, "Canção de Lu, Templo Sagrado."

1071 Ritos de Zhou, "Governança de interiores do palácio."

tardiamente", é necessário primeiro confirmar a data de semeadura típica das variedades normalmente usadas. Com base nos registros relevantes disponíveis, pode-se concluir que, desde os tempos antigos até a época em que o arroz *huanglu* se tornou popular durante as dinastias Song e Yuan, o arroz era geralmente semeado no meio do terceiro mês lunar ou antes do início do quarto (consulte a Tabela 2).

TABELA 2 — Data de semeadura do arroz registrada em antigos livros agrícolas

Fonte	Data no Calendário Lunar	Data no Calendário Solar
Livro de Fan Sheng	A data de semeador é 110 dias após o Solstício de Inverno.	Por volta de 10 de abril
Fenologia das Quatro Classes	O arroz Jing pode ser plantado no terceiro mês.	Aproximadamente de meados de abril e meados de maio
Habilidades essenciais para beneficiar as pessoas	A melhor época para semear é no terceiro mês. Isso pode ser feito na parte inicial do quarto mês, mas a parte intermediária do quarto mês não é mais adequada.	Aproximadamente de meados de abril a meados de junho
Música Governo e Instituições Sociais	Está quente no sul, então entre o meio ou o final do segundo mês e o início do terceiro mês, circule a gaiola de bambu com palha de arroz... Mergulhe-a na piscina por três dias, depois coloque-a sob abrigo depois de removê-la da água. Espere que amadureça, como a pele externa da planta quando brota, em seguida, coloque-a em lugares limpos e espere que ela brote e que os grãos apareçam. Coloque-o de lado em uma cesta de bambu e, quando o campo tiver sido arado e irrigado a uma profundidade de dois cun, distribua-o. Embrulhe por três dias e deixe de molho na água. No quinto dia, verifique se a muda cresceu para dois cuns, depois mergulhe-a em água por mais um dia. É assim que é cultivado. Se estiver um pouco frio em Huainan, siga este processo para semear as sementes.	Aproximadamente de março até o início de abril

Registro de Mudas de Arroz	O arroz do início da temporada é semeado no início da primavera e colhido em um calor menor ou maior. O arroz tardio é semeado em Qingming e colhido no orvalho frio ou na descida da geada... Hoje, o arroz do início da temporada na área de Jiangnan é plantado no primeiro ou segundo mês. Somente no mês bissexto, quando ainda não está quente o suficiente, a data de semeado é adiada até o final do terceiro mês, o que é bastante tarde. Um tipo de arroz chamado zhi é semeado no quarto ou quinto mês, mas não é encontrado em Jiangnan.	Arroz no início da temporada, entre o início e meados de fevereiro. Arroz de final de temporada, início de abril.

A partir da Tabela 2, fica claro que o período de semeadura do arroz do norte, conforme registrado no *Livro de Fan Sheng* e no *Competências Essenciais para Beneficiar o Povo*, era geralmente no terceiro mês lunar de cada ano, e podia ser adiado até o início ou a metade do quarto mês, embora o *Competências Essenciais para Beneficiar o Povo* deixe claro que essa não era a melhor época para a semeadura. Com o clima mais quente e a prática do cultivo duplo de arroz precoce e tardio no sul, a data de semeadura do arroz tendia a ser mais cedo. O arroz da estação inicial era semeado no final do primeiro ou do segundo mês lunar, um ou dois meses antes do que era feito no norte. O que era plantado no terceiro mês não era considerado arroz precoce, e não havia plantio de arroz precoce no quarto mês. Na verdade, o arroz tardio era plantado no quarto mês.

Embora a data de semeadura do arroz *huanglu* não fosse fixa, ela era de dois a três meses, ou em alguns casos até cinco meses, mais cedo do que as variedades típicas de arroz, conforme expresso nas frases "semeie logo após o grão na espiga" (por volta do sexto dia do sexto mês) e "semeie após a colheita do arroz precoce em Maior Calor" (por volta do 23º dia do sétimo mês). A principal característica do arroz *huanglu* era que ele era semeado tarde e, por causa disso, muitas vezes era entendido como arroz tardio, e era assim que ele era frequentemente listado nas crônicas locais. Além disso, ele pode ter se transformado na variedade de arroz tardio *honglu* encontrada em Jiangsu e Zhejiang durante as dinastias Ming e Qing[1072] e no arroz *wanliu* encontrado na área de Guangxi durante a dinastia Qing.[1073]

Amadurecimento precoce Baseado no *Livro de Cânticos*, 穋 significa "amadurecimento precoce" ou "amadurece rapidamente". Embora o arroz *huanglu* tenha sido semeado tardiamente, sua fase de amadurecimento e data de colheita não sofreram atrasos. Na verdade, por ser um arroz de maturação precoce com um período de crescimento curto, era possível colhê-lo mais cedo. De acordo com o *Tratado Agrícola de Chen Fu*, o período de crescimento do arroz *huanglu* não passava de sessenta a setenta dias. A duração registrada no *Tratado Agrícola de Wang Zhen* era ainda mais curta, menos de sessenta dias. Foi verificado em outros documentos que não passava de noventa dias. Considerando que, nos tempos antigos, o período de germinação da semente geralmente não era levado em conta no cálculo do período de crescimento do arroz, e que os cálculos começavam após o transplante (transferência do arroz do canteiro para o campo de arroz), o período real provavelmente era de cerca de cem dias, levando em conta um mês para a germinação da semente (consulte a Tabela 3).

TABELA 3 — Registros do período de crescimento do arroz *Huanglu*

Período de plantio	Período de colheita	Período de crescimento	Fonte
22º a 24º dia do sétimo mês, Maior Calor	23º a 29º dia do décimo mês, descida da geada	90 dias	Registro de Mudas de Arroz
Sétimo mês	Primeira geada do ano	90 dias	Crônica de Kuaiji, reinado de Jiatai
Sexto mês	Oitavo mês	60–90 dias	Crônica do Condado de Xiaoshan, reinado de Jiajing

[1072] 29º ano do reinado Jiajing (1550), *Wukang County Chronicle*, vol. 4, "Produtos"; 37º ano do reinado Jiajing (1558), *Wujiang County Chronicle*, vol. 9, "Tipos de Grãos."

[1073] Dinastia Qing. Li Yanzhang. *Urgindo o Arado dos Campos de Arroz em Jiangnan*, vol. 7, "Variedades de Arroz nas Diferentes Províncias." Citado em Chen Zugui, ed., *Antologia do Patrimônio Agrícola Chinês*, Categoria A, "Arroz, Parte 1" (Companhia de Livros Zhonghua, 1958), p. 409.

Início do quarto mês	Fim do quinto mês	60 dias	Crônica do Condado de Pujiang, reinado de Qianlong
Sexto dia do terceiro mês, Despertar dos Insetos	21o dia do sexto mês, Solstício de Verão	105 dias	Canção Sazonal do Povo Zhuang

Calculando com base nos períodos de semeadura e colheita listados na Tabela 3, o período de crescimento do arroz *huanglu* foi entre 60 e 105 dias, o que é bastante curto mesmo para os padrões modernos, e ainda mais para os padrões do período Song-Yuan. Pode ter sido a variedade de arroz mais antiga da China com um período de crescimento tão curto.

Antes da dinastia Song, as variedades típicas de arroz eram colhidas por volta da Descida da Geada (23º ou 24º dia do décimo mês). O *Livro de Cânticos* registra que "o arroz é colhido no décimo mês".[1074] Em Competências Essenciais para Beneficiar o Povo, lemos: "Na Descida da geada, é hora da colheita."[1075] O poeta da dinastia Tang, Yuan Zhen, escreveu em seu poema *Oferecendo sacrifícios para agradecer aos deuses*: "Todos os anos, no final do décimo mês, os grãos de arroz caem como contas."[1076] Se o terceiro mês for contado como a data da semeadura, como é indicado com mais frequência nos documentos históricos, então o período de crescimento total chegava a sete meses, ou mais de duzentos dias. *As Crônicas de Yin e Yang* registram: "O arroz nasce do salgueiro e do álamo. Ele nasce em oitenta dias e amadurece em outros setenta dias."[1077] Se esse for o caso, o período de crescimento foi de mais de 150 dias. De acordo com outra fonte, o período de crescimento do arroz precoce podia chegar de 150 a 165 dias,

---

1074 Livro dos Cânticos, "Vento, Sétimo Mês".

1075 [Dinastia Wei do Norte] Jia Sixie, *Competências Essenciais para Beneficiar o Povo*, ed. Miao Qiyu (Pequim: Editora de Agricultura da China, 1982), p. 100.

1076 *Poesia Completa da Dinastia Tang*, vol. 398 (Companhia de Livros Zhonghua, 1960), p. 4465.

1077 De *Competências Essenciais para Beneficiar o Povo*, "Arroz," o caractere 秀 refere-se ao brotamento do arroz (para referência, consulte You Xiuling, "Explicando Xiu," em *Comentário sobre a História da Produção de Arroz* (Editora de Ciências e Tecnologia Agrícola da China, 1993), pp. 225–227.), mas não se sabe se "em oitenta dias" calcula a taxa de crescimento a partir da data de semeadura ou da data de transplante.

enquanto o do arroz tardio ficava entre 180 e 200 dias.[1078] No início do período Song do Sul, o registro que afirma que "o arroz da estação inicial nos campos das terras altas não precisa de mais de cinco a seis meses do plantio à colheita", no *Tratado Agrícola de Chen Fu*, indica de forma semelhante uma estação de crescimento do arroz precoce, ou seja, entre 150 e 180 dias. Com base nesses dados, pode-se concluir que o período de crescimento do arroz *huanglu* era menos da metade ou até mesmo um terço do período de crescimento do arroz normal, o que significa que o arroz *huanglu* era uma variedade de estação inicial com um período de crescimento curto.

Deve-se enfatizar que o significado de *lu* é "amadurecimento precoce" ou "amadurecimento rápido" e não inclui a ideia de "semeadura tardia". *Zhi*, uma cultura que foi semeada tardiamente, é mencionada no *Livro de Cânticos* juntamente com o material sobre *lu*. O significado de *lu* evoluiu para arroz de "semeadura tardia e amadurecimento precoce", mas isso veio mais tarde como uma forma de enfatizar sua rápida taxa de crescimento. Talvez seja por causa dessa característica que o arroz *huanglu* tenha sido a variedade mais usada para replantar depois de uma inundação ou como uma variedade tardia para o cultivo duplo durante a Dinastia Song. No entanto, vários fatores naturais e socioeconômicos possibilitaram que ele fosse usado como uma variedade de maturação precoce, permitindo que se tornasse um verdadeiro arroz precoce. De acordo com o *Tratado Agrícola de Wang Zhen*, o arroz *huanglu* já estava sendo usado como um arroz precoce que era semeado e colhido antes da inundação anual durante a dinastia Yuan.[1079] Durante o período Ming-Qing, algumas pessoas associavam o arroz *huanglu* a algumas das variedades precoces mais populares da época, como o dailigui.[1080] O dailigui, também chamado de arroz de sessenta dias, podia

---

1078 Zeng Xiongsheng, "As Mudanças nas Variedades de Arroz em Jiangxi durante a Dinastia Song," *História Agrícola da China*, no. 3 (1989): 48.

1079 Ao descrever um terreno cercado, o *Tratado Agrícola de Wang Zhen* menciona o arroz huanglu, dizendo: "É adequado plantar arroz huanglu em campos baixos e alagados. O *Livro dos Ritos de Zhou* registra: 'Terras úmidas onde cresce a grama devem ser plantadas com sementes na época do Grão em Espiga', referindo-se às sementes do arroz huanglu. Desde o plantio até a colheita, não leva mais de sessenta dias, permitindo que escape das mudanças causadas pelas inundações. Quando as inundações terminam, a grama cresce sozinha, e o arroz pode ser colhido." ([Dinastia Yuan] Wang Zhen, *Tratado Agrícola de Wang Zhen*, ed. Wang Yuhu (Pequim: Editora de Agricultura da China, 1981), p. 188).

1080 41º ano do reinado de Qianlong (1776). *Crônica do Condado de Pujiang*, vol. 9, "Produtos Locais". Diz: "O arroz *huanglu*, chamado *tuoligui* no *Tratado Botânico*, é adequado para plantio em terrenos montanhosos ou colinas. É semeado no quarto mês e amadurece no quinto. Os camponeses pobres dependem dele. No entanto, o rendimento é baixo, inferior a dois *dan* por mu em um bom ano. Por isso, não é cultivado por muitas pessoas."

ser usado como arroz precoce, conforme observado na frase "semeado no terceiro mês e amadurecendo no quinto"[1081], e também podia ser plantado como arroz tardio. Além disso, ele podia ser semeado até o início do outono, conforme observado na frase "Plante-o na chegada do outono."[1082] Acontece que o *Dailigui* herdou as características do arroz *huanglu*.

Tolerante à água

O arroz *Huanglu* era adequado para o plantio em um ambiente com altos níveis de água subterrânea, ou mesmo em locais que estavam alagados há anos. Talvez por isso tenha sido chamado de *huanglong* (dragão amarelo) ou *luzhong* (espécie de junco) em algumas áreas. Em mitos e lendas, o dragão era a encarnação da chuva, portanto, as variedades de arroz que incluíam o caractere 龙 (longo, dragão) tinham naturalmente a característica supostamente semelhante à do dragão de poder sobreviver na água. A qualidade da tolerância à água também era parecida com a de um junco, por isso, nas margens do Taihu, era frequentemente chamado de *luxian*[1083] ou luzhong.[1084] Assim como o *long*, o *lu* (芦) era pronunciado de forma semelhante ao *lu* (穋), além de ser resistente à água. O caractere 籼 (*xian*) não apenas indicava que a planta era arroz, mas também que era de "amadurecimento precoce."[1085] O *Luxian* era de fato um arroz de amadurecimento precoce, de acordo com a *Crônica de Shenghu*, que afirma: "O *Luxian* amadurece cedo, então os pobres podem plantá-lo para que tenham algo para comer mais rapidamente, embora tenha um gosto ruim".[1086] O arroz *Huanglu* também era resistente à seca, de acordo com alguns registros, e também era usado em áreas propensas à seca. Por exemplo, "em

---

1081 Segundo ano do reinado de Kangxi (1663). *Gazetteer da Província de Songjiang*, vol. 4, "Produtos Locais".

1082 Oitavo ano do reinado de Kangxi (1669). *Crônica do Condado de Jingjiang*, vol. 6, "Comida e Produtos".

1083 13º ano do reinado de Tongzhi (1874). *Gazetteer da Província de Huzhou*, vol. 32, "Produtos". Diz: "Campos em lagos sem diques são chamados de 'campos de lagoa'. Luxian é plantado lá. É tolerante à água, como um junco, por isso também é chamado de arroz *huanglong*."

1084 24º ano da Era Republicana (1935). *Complemento da Crônica de Gan*, "Produtos."

1085 Li Shizhen diz: "Xian, também chamado jing, amadurece cedo, dando-lhe seu nome." ([Dinastia Ming] Li Shizhen, *Compêndio de Matéria Médica*, vol. 2 (Editora Médica do Povo, 1982), p. 1469.)

1086 13º ano do reinado de Tongzhi (1874). *Crônica de Shenghu*, vol. 3.

Pudi (atual condado de Pujiang, Zhejiang), há muitas montanhas e poucos recursos hídricos para irrigação. A região é muito propensa à seca. O *Huanglu*, também chamado de *tuoligui* no *Tratado Botânico*, é adequado para o plantio em terrenos acidentados ou montanhosos."[1087]

Em resumo, o arroz *huanglu* era uma variedade de estação inicial com um período de crescimento curto e era tolerante à água e à seca. Podia ser usado como um arroz de estação tardia a ser semeado após a colheita do arroz precoce em um sistema de cultivo duplo, mas era usado com mais frequência para socorro em desastres. Podia ser semeado cedo em áreas baixas e propensas a alagamentos, ou plantado após uma inundação. Além disso, ele tinha outras características, sendo a principal delas a adequação à semeadura direta. Como era usada com frequência para replantio após uma inundação, muitas vezes era semeada diretamente. Outra característica era o fato de ser amarela, como sugere o nome (*huang* significa "amarelo"). No entanto, isso só era verdade no início. Mais tarde, como resultado da seleção artificial e natural, surgiram diversas variedades vermelhas e pretas, chamadas *honglujing*, *wulujing*, *jinghonglu*[1088], *honglu*[1089] entre outros nomes. Por fim, sabemos que ele tinha uma coroa. Chen Fu apontou esse fato ao interpretar o significado de *mangzhong* (芒种). Ele escreve: "O termo tem literalmente dois significados. Ele pode significar uma colheita com uma haste, como o arroz *huanglu* de hoje". A partir disso, sabemos que o arroz *huanglu* tinha uma haste.

1087 41º ano do reinado de Qianlong (1776). *Crônica do Condado de Pujiang*, vol. 9, "Produtos Locais."

1088 Sétimo ano da Era Republicana (1918). *Crônica Geográfica de Zhejiang*, "Plantas, Grãos."

1089 24º ano do reinado de Kangxi (1685). *Crônica do Condado de Xiushui*, vol. 3, "Produtos."

3. Variedades homogêneas de arroz *Huanglu*

Depois de atrair muita atenção durante as dinastias Song e Yuan, o arroz *huanglu* continuou a desempenhar um papel de destaque nas dinastias Ming e Qing. Ao mesmo tempo, surgiram com frequência algumas variedades com características iguais ou semelhantes às do arroz *huanglu*. Havia variedades com períodos de crescimento de sessenta dias[1090], oitenta dias[1091] e cem dias[1092] durante a dinastia Song, todas com um período de crescimento semelhante ao do arroz *huanglu*. Somente em Yuzhang (atual Nanchang, Jiangxi), havia muitas outras variedades, incluindo *zhan* de oitenta dias, *zhan* de cem dias e *zhan* de 120 dias.[1093] Havia muitas outras variedades de amadurecimento precoce com um período de crescimento curto, chamadas de *wu* (preto) ou *hong* (vermelho) com base em sua aparência, ou chamadas de *lu* devido à sua característica de amadurecimento precoce. Algumas eram chamadas de *mang*, indicando que tinham um *awn*, enquanto outras eram chamadas de *samiao*, referindo-se ao método de plantio de semeadura direta. Embora os nomes fossem diferentes, todas essas variedades compartilhavam algumas características com o arroz *huanglu*. Em alguns casos, foram usados nomes diferentes para uma única variedade, sendo o exemplo mais típico *wugu* e *hongdao*.

O *Wugu* também era chamado de *wuguzi*, *wukoudao*[1094], *lengshuijie*, *lengshuidao*, *heidao* e *wanwudao*.[1095] Foi visto pela primeira vez em Qinchuan (atual Changshu, Jiangsu) na dinastia Song.[1096] Durante as dinas-

---

1090 Reinado de Baoyou. Revisão da *Crônica de Qinchuan*, vol. 9.

1091 Primeiro ano do reinado de Jiatai (1201). *Crônica de Kuaiji*, vol. 17, "Grama."

1092 Décimo primeiro ano do reinado de Chunyou (1251). *Crônica de Yufeng*, "Produtos Locais."

1093 [Dinastia Song do Sul] Wu Yong, *Crônica de Helin*, vol. 39, "Promoção da Agricultura em Longxingfu."

1094 [Dinastia Ming] Huang Xingceng, *Variedades de Arroz*. Diz: "O arroz Wukou é um arroz tardio de cultivo duplo. Em Songjiang, também é chamado de lengshuijie, devido à sua tolerância à água. É um arroz de baixa qualidade." (Cheng Zugui, ed., *Antologia do Patrimônio Agrícola Chinês*, Categoria A, "Arroz, Parte 1" (Companhia de Livros Zhonghua, 1958), p. 104.)

1095 18º ano da Era Republicana (1929). *Crônica do Condado de Chongming*. Escreve: "O wudao tardio é preto e de baixa qualidade. É tolerante à água e ao frio. Pode ser semeado para replantio após uma inundação. Também é chamado de lengshuidao."

1096 Reinado de Baoyou. Revisão da *Crônica de Qinchuan*, vol. 9. Diz: "O arroz Wukou é um arroz tardio de cultivo duplo. É o tipo mais inferior de arroz."

tias Ming e Qing, foi amplamente cultivada em Songjiang, Changshu[1097], Jingjiang, Xangai, Chongming, Suzhou, Wuxian, Wuxing, Changxing, Yuanhe[1098], Wujiang, Kunshan, Zhaowen, Jinkui, Tongzhou e Haiqu em Jiangsu, Susong[1099], Wuwei, Taiping[1100] e Dangtu em Anhui[1101], Wuqing em Zhejiang[1102], e Jiujiang, Yugan[1103] e Nanchang em Jiangxi, Huangmei em Hubei e outras áreas. O nome *wuhe* foi baseado em sua aparência, porque "a casca e a coroa eram todas pretas". A casca do wugu era grossa, e a coroa era longa. O fato de ter uma haste o tornava semelhante ao arroz *huanglu*, mas a principal característica, de acordo com as crônicas locais, era que ele era plantado tarde, no sétimo mês lunar ou no início do outono, ou talvez até mesmo depois que o outono havia terminado. Com base no período de colheita do arroz tardio normal (o nono ou décimo mês), o período de crescimento do *wuguzi* era de cerca de dois meses, ou seja, de sessenta a noventa dias. Algumas crônicas locais o comparavam à variedade de sessenta dias[1104], que tinha um período de crescimento semelhante ao do

---

[1097] Décimo segundo ano do reinado de Hongzhi (1499). *Crônica do Condado de Changshu*, vol. 1. "Produtos Locais." Afirma: "As awns e cutículas do arroz wukou são pretas. Pode ser semeado no início do outono quando for replantado após uma inundação, pois amadurece rapidamente. Pode ser colhido no outono. Os grãos têm uma textura dura, e o arroz é de baixa qualidade."

[1098] Reinado de Xuantong. *Crônicas de Wu, Chang e Yuan*, vol. 15. Diz: "O arroz Wukou é preto por fora. Pode ser semeado no outono para replantio após uma inundação. É um arroz de baixa qualidade."

[1099] Oitavo ano do reinado de Daoguang (1828). *Crônica do Condado de Susong*, vol. 11, "Produtos Locais." Diz: "Wugu é preto e tem poucos grãos. É usado para replantio."

[1100] Décimo segundo ano do reinado de Kangxi (1673). *Crônica de Taiping*, vol. 13, "Produtos de Grãos." "Heidao tem uma casca grossa, uma awn longa e um grão preto. É vermelho e duro. É plantado antes do Início do Outono e amadurece no décimo mês. É adequado para plantio em campos de arroz ou de terras secas."

[1101] 34º ano do reinado de Kangxi (1695). *Crônica do Condado de Dangtu*, "Produtos." Diz: "Heidao tem uma casca grossa, awn longa e aparência preta. Seu grão é vermelho e tem uma textura dura. É plantado antes do Início do Outono e amadurece no décimo mês. É resistente tanto à água quanto à seca."

[1102] 27º ano do reinado de Kangxi (1688). *Documentos de Wuqing*, vol. 3. Observa: "O arroz tardio de cultivo duplo é chamado de wukoudao."

[1103] Oitavo ano de Kangxi (1669). *Crônica do Condado de Yugan*, vol. 2, "Produtos Locais." Diz: "Nos campos à beira do lago, o solo é úmido, espesso e fértil. Após as águas recuarem no sétimo mês, são plantados com arroz tardio. São adequados para plantar wuguzi, huangliuhe, mianzinuo e zongbaizi."

[1104] Oitavo ano do reinado de Kangxi (1669). *Crônica do Condado de Jingjiang*, vol. 6, "Alimentos e Produtos." Observa: "É plantado no início do outono e é chamado de arroz de sessenta dias ou arroz wukou."

arroz *huanglu*. Sua característica de plantio tardio permitia que fosse plantado como um arroz tardio de cultivo duplo, conforme registrado em uma crônica local como sendo de "cultivo duplo e maturação tardia". No período Ming-Qing, sua tolerância à água fez com que fosse usado principalmente para replantio após as enchentes de verão e outono. O arroz *Wukou* era tão adequado para o plantio em campos baixos quanto o arroz *huanglu*. Havia outra variedade chamada *hejiaowu*, de aparência semelhante ao *wugu*, mas de natureza mais parecida com o *huanglu*. Essa variedade era cultivada em Dongtai, Yizhen, Gaoyou, Xinghua e outras partes de Jiangsu durante a dinastia Qing. *A Crônica do Condado de Dongtai* registra: "O arroz *Huanghua* e o *hejiaowu* podem ser semeados no início da primavera para aguardar a estação das chuvas. Se houver inundações antes do outono, as sementes podem ser espalhadas nos arrozais e crescerão sozinhas. Os agricultores mantêm essas variedades por precaução, em caso de enchente. Às vezes elas são caras, ao contrário das culturas normais."[1105] *Huanghua* era outro nome para o arroz *huanglu*.[1106] Foi mencionado no *A Crônica do Condado de Dongtai* junto com o *hejiaowu*, indicando que havia pouca diferença entre os dois, além da cor.

O *Wugu* recebeu esse nome devido à sua casca preta, embora seu grão fosse vermelho. Talvez tenha sido o grão vermelho que o levou a ser chamado de *hongdao* ou *chimi*, ambos significando "arroz vermelho", em alguns lugares. Em *Guoyu*, "*Wuyu*" (escrito no século III ou IV a.C.), observa-se que o Reino Wu "não tinha *chimi* na cidade" devido à fome. O escritor da dinastia Song, Cheng Dachang, verificou que havia um arroz de baixa qualidade comumente conhecido como *hongxiami*. Ele escreve: "Plante-o nas colinas, nas encostas ou em terrenos montanhosos, porque ele é resistente à seca e amadurece cedo."[1107] *A História dos Song*, "Biografia de Zhou Yong", registra que Zhou Yong vivia em uma montanha e que comia "*chimi* e *sal*" todos os dias.[1108] É evidente que a qualidade e o amadurecimento precoce do *chimi* eram semelhantes às características do arroz *wukou*. Entretanto, o arroz *hong* primitivo era usado principalmente como uma variedade resistente a inundações.

Embora o termo *chimi* ainda estivesse em uso durante o período Ming-Qing, havia também muitos outros nomes usados para essa varieda-

---

1105 21º ano do reinado de Jiaqing (1816). *Crônica do Condado de Dongtai*, vol. 19.

1106 27º ano do reinado de Wanli (1599). *Crônicas da Terra Natal do Imperador*, vol. 3.

1107 [Dinastia Song do Sul] Cheng Dachang, *Yanfulu*, vol. 3.

1108 *História das Dinastias do Sul*, vol. 34, "Biografia de Zhou Yong" (Pequim: Companhia de Livros Zhonghua, 1975), p. 894.

de. Em Xiaogan, Suizhou, De'an e outras partes de Hebei, o *hongdao* era chamado de *zhagu* ou *chagu*.[1109] Na área do Delta do Rio das Pérolas em Guangdong, era chamado de *chinian* ou *danian*.[1110] Em Jintan[1111], Changzhou[1112], Danyang[1113], e outras partes de Jiangsu, era chamado de *zhonglu*. A rigor, o termo *zhonglu* era usado para se referir a duas variedades de arroz, portanto não deve ser confundido com uma única variedade. Mesmo assim, em muitas crônicas locais, ele foi registrado como uma única variedade, que compartilhava características semelhantes às do arroz *huanglu*, razão pela qual incluía o termo *lu*. O fato de os caracteres serem diferentes - 穋 em *huanglu* e 稑 em *zhonglu* - sugere que seu nome foi influenciado por documentos históricos como o *Livro dos Cânticos*. Isso também pode ter indicado as diferenças na aparência.

Depois de ser introduzida em Zhejiang no final da dinastia Ming, a *hongdao* era chamada de *chixian* ou *chibanxian*, ou às vezes era chamada de *Jiangxi xian* ou *Taizhou xian*[1114], indicando sua origem geográfica. De acordo com os registros de Zhang Lüxiang, um agrônomo do final da dinastia Ming e início da dinastia Qing, essa variedade era caracterizada

---

1109 55º ano do reinado de Qianlong (1790). *Crônica de Suizhou*, vol. 3, "Produtos." Diz: "Zhagu é adequado para ser plantado em campos à beira do lago que ficam submersos. Zha é escrito como cha na crônica provincial. Mas, na verdade, cha é um tipo de planta aquática, não arroz. Jiyun diz, 'Zha é hongdao.'"

1110 [Dinastia Qing] Qu Dajun, *Política e Filosofia de Guangdong*, vol. 2, "Fala Local, Shatian." Diz: "O que amadurece no décimo mês é o dahe, também chamado de chinian. É comumente visto em terras áridas ou arenosas. Seus grãos são vermelhos e pretos, e não têm um bom gosto. Também é chamado de danian, e é plantado no sul."

1111 22º ano do reinado de Kangxi (1683). *Crônica do Condado de Jintan*, vol. 6. Diz: "O zhonglu também era chamado de hongdao. É adequado para o plantio tardio. O arroz da estação precoce pode ser submerso durante as inundações, então o hongdao é plantado para reduzir o risco de fome."

1112 33º ano do reinado de Kangxi (1694). *Crônica do Condado de Changzhou*, vol. 9. Diz: "Em lugares baixos e propensos a alagamentos, plante o zhonglu antes do outono."

1113 15º ano do reinado de Qianlong (1750). *Crônica do Condado de Danyang*, vol. 10. Diz: "O zhonglu, também chamado de hongdao, é adequado para o plantio tardio. O arroz da estação precoce pode ser submerso por inundações. Após a retirada da água da inundação, plante o arroz vermelho para reduzir o risco de fome."

1114 *Suplemento de Agricultura*, Volume 2, afirma: "O chixian amadurece rapidamente. Hoje, é visto em todos os campos. É chamado de xian de Jiangxi ou xian de Taizhou. As pessoas tentam arrancá-lo, mas não conseguem se livrar dele." 25º ano do reinado de Qianlong (1760). *Crônica do Condado de Wuqing*, Volume 2. Observa que "o xian de Taizhou vem de Taizhou e é chamado de chixian por causa de sua cor vermelha. Também é frequentemente chamado de xian de Jiangxi. Hoje, é visto em todos os campos. As pessoas tentam arrancá-lo, mas ainda assim não conseguem se livrar dele."

pelo "plantio tardio e amadurecimento precoce",[1115] além de seu curto período de crescimento. O mesmo acontecia com a *zhahe*. De acordo com os registros, o período de crescimento do *zhahe* na área de Xiaogan em Hubei era de apenas cinquenta ou sessenta dias. Além disso, a *hongdao* era muito tolerante à água, como a *huanglu* e outras variedades. O nome *Zhagu* foi dado por causa de sua tolerância à água, já que o significado original de *zha* era "grama flutuando na água". Em algumas crônicas locais, ele era mencionado junto com o arroz *huanglong* (ou seja, *huanglu*) ou era considerado uma variante do arroz huanglu.[1116] Era adequado para a semeadura direta em "campos baixos propensos a alagamentos". Ele "não exige que as sementes fiquem de molho antes de serem espalhadas. O arroz amadurecerá cinquenta ou sessenta dias após a semeadura direta. Como não haverá tempo suficiente para plantar outras culturas depois que as águas das enchentes baixarem, o *hongdao* é comumente usado para essa finalidade."[1117]

É interessante notar que essa característica do *hongdao* foi mantida mesmo depois de ter chegado ao Japão. Os registros japoneses apontam que a *hongdao* era mais comumente distribuída em terras recuperadas ao redor do Mar de *Ariake*, e havia um bom rendimento em terras estéreis, mesmo com muito pouco fertilizante. O *chimi* era uma variedade de maturação precoce. Em comparação com as variedades modernas de arroz, o *chimi* era uma variedade muito adaptável, refletindo sua linhagem antiga.[1118]

Durante as dinastias Ming e Qing, muitas variedades de arroz compartilhavam características com o arroz *huanglu*. Na bacia do lago Dongting, o *samiao* e o *mangcao* eram duas dessas variedades, enquanto o *sandao* e outras variedades encontradas na parte inferior do rio Yangtze, em Rugao, Wuqing e outros lugares eram igualmente semelhantes em muitos aspectos ao arroz *huanglu*. *Samiao* e *sandao*[1119] eram ambos de semeadura

---

1115 [Dinastia Qing] Zhang Lüxiang, *Obras Completas de Zhang Lüxiang*, vol. 17, "Registro de Chimi."

1116 19º ano do reinado de Guangxu (1893). *Crônica de Jiashan*, vol. 12. Diz: "O luxian branco é um tipo de arroz huanglong. Ele é resistente à água, como um junco, e é comumente plantado em campos à beira do lago. Seus grãos são brancos, duros, longos e afiados. O luxian vermelho é chamado de chibanxian, e tem a textura mais dura."

1117 Oitavo ano do reinado de Guangxu (1882). *Crônica do Condado de Xiaogan*, vol. 5, "Produtos Locais."

1118 You Xiuling, *História do Cultivo de Arroz na China* (Pequim: Editora de Agricultura da China, 1995), p. 114.

1119 22º ano do reinado de Kangxi (1683). *Crônica do Condado de Rugao*, vol. 6, "Alimentos e Produtos." Diz: "É comum semear arroz em campos à beira do lago e deixar crescer naturalmente. Os grãos de arroz são vermelhos e saborosos."

direta, como fica evidente nos nomes. Além disso, tinham maturação precoce, eram resistentes à água e adequados para replantio após inundações. Uma crônica local registra: "Há uma variedade muito difundida chamada *samiao*. Ela é colhida mais cedo e pode ser plantada intermitentemente para aliviar a fome. Ela pode ser plantada depois de uma inundação."[1120] *Mangcao* foi obviamente batizada por causa de sua grama. Ele era tão adequado quanto o arroz *huanglu* para a semeadura direta em campos baixos. Foi semeado tardiamente, mas amadureceu rapidamente.[1121] O termo *cao* em seu nome, que significa "grama", indica que ele tinha características de uma espécie selvagem. A situação era semelhante à do *chixian*. Juntamente com suas características de semeadura tardia e maturação precoce, o *chixian* era propenso à perda de grãos, pois "os grãos cairão se não forem colhidos". Por esse motivo, "embora se desenvolva em outras plantas, ela crescerá e se reproduzirá sozinha ano após ano". Esse fenômeno está registrado no *Suplemento Agrícola* e na *Crônica do Condado de Wuqing*, que classificam o *chimi* como uma variedade de erva daninha. Como uma subvariedade do *huanglu*, ele podia ser semeado diretamente e tinha crescimento rápido e era resistente à água, conforme observado na frase: "Espalhe as sementes no campo sem plantar e elas amadurecerão mais cedo."[1122] A mesma variedade incluía o *mangdao* do condado de Wuhe, Anhui e outros lugares. O *mangdao*, "também chamado de *sanzi*, cresce com a altura do nível da água. Suas sementes são como grama de curral, que podem servir como fonte de alimento de reserva em caso de fome."[1123] Durante a dinastia Qing, o Fujian jing em Linchuan, Jiangxi, também era semelhante dessa forma. Nos registros de *Produtos de Fujun*, "A vantagem geográfica é muito boa no norte de Linchuan, o terreno é extremamente baixo. A vila de Tianlu depende de um dique ao longo do rio, mas quando o rio sobe, ele transborda ou rompe o dique. Nesse caso, muitas vezes não há rendimento do arroz precoce. Quando o arroz da estação inicial, próximo ao rio, é inundado, os campos são replantados com arroz de estação dupla."

23º ano do reinado de Jiaqing (1818). *Registros de Haiqu*, vol. 6, "Produtos Locais." Diz: "Para os campos à beira do lago, não há transplante nem aragem. Em vez disso, as sementes são semeadas e deixadas para crescer por conta própria."

1120 18º ano do reinado de Jiaqing (1813). *Gazeta Provincial de Changde*, vol. 18.

1121 7º ano do reinado de Tongzhi (1868). *Crônica do Condado de Hanyang*, vol. 9, "Produtos." Diz: "É adequado plantar mangcao em campos à beira do lago. Semeie no início do verão, sem transplante ou aragem. Se não houver inundação, amadurecerá junto com o outro arroz."

1122 Décimo segundo ano de Qianlong (1747). *Gazeta Provincial de Hanyang*, vol. 28, "Produtos."

1123 Décima nona ano do reinado de Guangxu (1893). *Crônica do Condado de Wuhe*, vol. 10.

4. A popularização do arroz *Huanglu*

O número de nomes diferentes usados para o arroz *huanglu* indica que ele era amplamente utilizado em diferentes locais. O surgimento de diferentes formas escritas para o termo aponta para os vários dialetos locais pelos quais ele se espalhou. Há inúmeras variedades de arroz com as mesmas qualidades do *huanglu* mencionadas em diferentes crônicas locais. A julgar pelo nome *huanglu*, trata-se de uma variedade que existia muito antes da dinastia Tang, mesmo durante a dinastia Wei do Norte, mas que só se tornou popular após o início da dinastia Song. A razão fundamental pela qual o arroz *huanglu* e variedades similares se tornaram tão populares após o período Song-Yuan foi que eles se adaptaram facilmente ao ambiente natural e atenderam às demandas socioeconômicas da época.

Após as dinastias Tang e Song, com a mudança do centro econômico para o sul, a população do sul começou a aumentar. Ao mesmo tempo, como centro político, o norte "dependia muito dos rios Yangtze e Huai". Essa situação levou a um aumento na posição do arroz no suprimento de alimentos, permitindo que ele se tornasse a principal prioridade entre os cinco grãos. De acordo com o escritor da dinastia Ming, Song Yingxing, "Entre os intelectuais de hoje, o arroz representa setenta por cento, enquanto o trigo, a cevada e o painço representam trinta."[1124] Assim, se o sul esperava manter sua posição como centro econômico, teria de desenvolver sua produção de arroz.

O desenvolvimento da produção de arroz exigia o cultivo de arrozais. Após dezenas de milhares de anos de desenvolvimento, a terra adequada para o cultivo de arroz no sul foi totalmente utilizada. Os locais restantes que poderiam ser desenvolvidos eram colinas e áreas úmidas, portanto, uma maneira de usar a terra, conhecida como "competir com montanhas e água para criar campos", tornou-se predominante. Os campos de terraço foram um dos resultados desse processo, uma técnica desenvolvida para o cultivo do arroz Champa. A prevalência do arroz *huanglu* foi um resultado direto desse desenvolvimento.

O tipo de água mencionado aqui incluía principalmente campos à beira de lagos, campos arenosos ou pântanos, seguidos por *weitian* ou *yutian*, que eram campos de arroz de baixa altitude cercados por diques ou polders. Os primeiros eram terras agrícolas cultivadas em lagos, bancos de areia e planícies de areia expostos depois que um lago, rio ou maré recuava ou em anos de seca, e eram relativamente primitivos.

1124 [Dinastia Ming] Song Yingxing, *A Exploração das Obras da Natureza*, vol. 1, "Grãos, Arroz."

Analisando o exemplo dos campos à beira de lagos, é importante lembrar que muitos lagos no curso médio e inferior do rio Yangtze, como o Taihu e o lago Poyang, estavam conectados a rios, e havia uma óbvia mudança sazonal no nível da água. De acordo com observações modernas, o Lago Poyang em Jiangxi sofria inundações do final de março ao início de julho de cada ano, especialmente em maio e junho. As enchentes eram tão extremas que muitas vezes inundavam áreas baixas ou planas nos trechos inferiores dos cinco principais rios conectados ao Lago Poyang, o Gan, o Fu, o Xin, o Rao e o Xiushui. De outubro a março do ano seguinte, era a estação seca, especialmente em dezembro e janeiro. Quando a água recuava, pequenos lagos e praias contíguos se espalhavam entre os riachos que se ramificavam. Essa paisagem natural permitia que a área entre os níveis de água alto e baixo fosse muito ampla. De acordo com os cálculos atuais, durante a estação das cheias, o nível da água era de 22 metros e a área do lago era de 2.935 quilômetros quadrados, enquanto na estação seca, o nível da água era de 11 metros e a área do lago era de 340 quilômetros quadrados, e a área entre os níveis alto e baixo da água era de 2.596 quilômetros quadrados, ou 88% da área do Lago Poyang quando o nível da água estava alto. Essa grande área de terra aluvial poderia ser dividida em três tipos. As praias formavam a menor parte, seguidas pelas pradarias (lodaçais repletos de várias gramíneas, com uma elevação de 14 a 16 metros), e os lodaçais constituíam a maior parte. A planície aluvial ficava exposta de 250 a 327 dias por ano.[1125] Os campos à beira do lago eram um tipo de terra agrícola que foi ligeiramente modificada depois que o lago recuou para o cultivo na planície aluvial exposta.

Embora alguns campos de pôlderes tenham sido posteriormente chamados de campos à beira de lagos[1126], a rigor, eles não eram exatamente a mesma coisa. O estudioso da dinastia Song, Ma Duanlin, disse: "Os campos de polder e os campos à beira do lago apareceram pela primeira vez no reinado de Zhenghe."[1127] Isso sugere que há uma diferença entre os dois tipos de campos, que é o fato de os primeiros terem diques e os últimos não.[1128] Os campos à beira do lago eram derivados do próprio lago. A

1125 Xu Huailin, "Construção de diques na área do Lago Poyang durante as dinastias Ming e Qing," *Agricultural Archaeology*, nº 1 (1990): 202.

1126 22º ano do reinado de Qianlong (1757). *Crônica de Hunan*. Lê-se: "Construa um dique no lago e bloqueie habilmente a água para o arroz. Isso é chamado de campo à beira do lago."

1127 [Dinastia Yuan] Ma Duanlin, *Revisão Literária*, vol. 6, "Imposto sobre Campos" (Editora de Livros Antigos de Zhejiang, 1988), p. 71.

1128 13º ano do reinado de Tongzhi (1874). *Gazeta Provincial de Huzhou*, vol. 32, "Produtos."

área do Lago Dongting era conhecida como Qitian.[1129] Como os campos à beira do lago em Qitian estavam localizados no meio do lago, onde a terra era mais baixa, e não havia diques ao redor deles, as águas das enchentes podiam entrar e sair livremente. Em circunstâncias normais, essa não era uma área adequada para o cultivo de arroz, mas apenas para o cultivo de plantas aquáticas, como castanhas-d'água, grama seca e lótus. O arroz só podia ser cultivado em anos secos ou após as enchentes.[1130] Os campos à beira dos lagos não tinham diques para controlar as enchentes, de modo que a terra ficava submersa quando as enchentes chegavam. Além disso, eles eram construídos em terrenos baixos e o nível do lençol freático era alto, portanto, era necessário selecionar uma variedade de arroz mais resistente à água para cultivar nessas áreas.

Os campos arenosos foram desenvolvidos em praias arenosas. Está registrado que "nas áreas dos rios Yangtze e Huai, há campos de areia. Eles ficam ao lado dos rios nas praias, com juncos ao redor para proteger os cumes."[1131] Originalmente, os campos arenosos eram lugares 'que viviam na água', mas depois foram transformados em campos arenosos. Eles se tornaram vulneráveis a inundações e tinham formas e tamanhos irregulares. Wang Zhen comentou que "os campos arenosos são frequentemente derrubados por enchentes. Eles não têm tamanhos estáveis e não podem fornecer impostos estáveis". Ele também citou uma anedota para ilustrar as características dos campos arenosos. Durante o reinado de Song Qiandao (1165-1173), Liang Junyan sugeriu que os impostos poderiam ser retirados dos campos arenosos para comprar mais alimentos para o exército. "A sugestão foi aceita, mas um funcionário chamado Ye Yong relatou ao imperador: 'Os campos arenosos são frequentemente visitados por inundações. Se a água vier do leste, a areia se acumulará no oeste. Se a água

---

1129 Mei Li, "A prosperidade dos *Yuantian* no Lago Dongting e a exportação de alimentos de Hunan," *História Agrícola da China*, nº 2 (1991): 90.

1130 13º ano do reinado de Jiaqing (1808). *Crônica de Beihu*. Lê-se: É adequado plantar arroz em campos ao lado de lagos e rios. Muitos residentes aqui são agricultores. A distância entre a parte mais baixa dos campos e o topo é de dois a três *zhang*. As terras mais baixas são os campos à beira do lago, onde se plantam castanhas-d'água, capim seco e *changlonggusanling*. O arroz é plantado na estação seca." E "No passado, flores de lótus eram plantadas aqui. Quando chegava o verão, as flores desabrochavam ao luar, criando uma paisagem fabulosa. No entanto, no 40º ano do reinado de Qianlong, ocorreu uma seca, e aqueles que estavam famintos desenterraram todas as raízes de lótus para alimentação, transformando o local em um campo de arroz. Porém, no meio do lago, a terra seria submersa se a água subisse um pouco."

1131 [Dinastia Yuan] Wang Zhen, *Tratado Agrícola de Wang Zhen*, ed. Wang Yuhu, "Catálogo de Equipamentos Agrícolas, Parte 1" (Pequim: Editora de Agricultura da China, 1981), p. 194.

vier do oeste, a areia se acumulará no leste. Como resultado, a forma e o tamanho de um campo arenoso não são fixos. Além disso, nos últimos anos, recrutamos muitos soldados e quitamos as obrigações fiscais dos campos na área de Lianghuai. Até mesmo as terras normais estão isentas de impostos. É correto tributar os campos arenosos?"[1132]. Durante as dinastias Song e Yuan, a questão da cobrança de impostos sobre os campos arenosos era constantemente debatida entre as autoridades imperiais, mas, no final, a ideia foi abandonada porque os campos arenosos eram propensos ao impacto das enchentes e seu tamanho e forma não eram constantes. É claro que as inundações causavam sérios danos aos campos arenosos, o que forçava os agricultores dessas áreas a escolherem variedades de maturação precoce e resistentes a inundações para atender às demandas de qualquer campo.

A resistência à água, por si só, não foi suficiente para atender às necessidades dessa área desafiadora. Quando as enchentes recuaram, o único arroz que podia ser plantado era o da estação tardia. Muitas soluções surgiram, como a semeadura por depósito, conforme mencionado em *A Exploração das Obras da Natureza*, que diz: "Os campos ao lado de rios e lagos devem ser plantados somente no sexto mês, depois que a enchente do verão tiver recuado. As sementes podem ser semeadas em terrenos mais altos após o início do verão para esperar que as enchentes recuem."[1133] Esse método exigia a seleção de um lote de terra em terreno mais alto para cultivar as mudas, mas era difícil avaliar a quantidade de terra a ser usada para esse fim, e a magnitude e a frequência das enchentes eram difíceis de prever. E se não houvesse nenhuma inundação naquele ano, as sementes poderiam ser desperdiçadas. Por esses motivos, os agricultores da área de Taihu compravam sementes de outros lugares. A julgar pelo resumo da experiência de compra de mudas registrado no *Tratado Agrícola da Família Shen*, era prática comum comprar mudas depois de uma enchente.[1134] Claramente, a compra de mudas para replantio era um método mais trabalhoso, e somente os agricultores mais abastados podiam fazê-lo. Foi registrado que "aqueles que não tinham condições de comprar mudas não produziram nada no ano."[1135] Parece que depositar mudas e comprar mudas não era su-

---

1132 [Dinastia Yuan] Wang Zhen, *Tratado Agrícola de Wang Zhen*, ed. Wang Yuhu, "Catálogo de Equipamentos Agrícolas, Parte 1" (Pequim: Editora de Agricultura da China, 1981), p. 194.

1133 [Dinastia Ming] Song Yingxing, *A Exploração das Obras da Natureza*, vol. 1, "Grãos, Arroz."

1134 [Dinastia Qing] Zhang Lüxiang e Chen Hengli, eds., *Suplemento Agrícola Anotado* (Pequim: Editora de Agricultura da China, 1983), p. 73.

1135 Idem, p. 169.

ficiente para resolver totalmente o problema. Somente as variedades de maturação precoce podiam amadurecer com rapidez suficiente sem criar mais inconvenientes. Por esse motivo, os campos à beira de lagos e outros tipos de terrenos semelhantes exigiam arroz que não fosse apenas resistente à água, mas também de maturação precoce.

O arroz *Huanglu* se encaixava perfeitamente no perfil. Ele era muito resistente à água e podia ser plantado em condições gerais de inundação. É por esse motivo que o *Tratado Agrícola de Wang Zhen* diz: "Locais encharcados com água rasa são adequados para o plantio de arroz *huanglu*". Durante as dinastias Ming e Qing, em Wucheng, Jiashan, Pinghu e outras áreas ao redor de Taihu, essa variedade foi amplamente utilizada em campos à beira de lagos porque era "como um junco e não tinha medo de inundações". Com base nisso, o arroz *huanglu* era chamado de arroz *huanglong* ou *luxian*."[1136] Além disso, como o arroz *huanglu* tinha um período de crescimento curto, ele podia ser colhido logo antes da inundação sazonal ou podia ser replantado após a inundação. O *Tratado Agrícola de Wang Zhen* registra: "Do plantio à colheita, são necessários sessenta dias, portanto, ele pode escapar dos danos causados pelas enchentes. Quando a enchente recuar, a grama crescerá por conta própria e o milhete-do-dedo e o arroz polido poderão ser colhidos". Isso apontava para o tempo antes de um desastre. O Tratado Agrícola de Chen Fu registra: "Hoje em dia, a adivinhação é feita observando-se o céu, e conclui-se que as enchentes recuarão até a plenitude menor, o grão na espiga e o solstício de verão. Então poderemos plantar arroz *huanglu* nos campos à beira do lago". Isso se referia ao replantio após um desastre, o que parecia ser mais comum em campos à beira de lagos, em vez do plantio antes do desastre. No final da dinastia Ming, houve uma inundação em lugares como Huzhou, e o governador da comenda, Chen Youxue, comprou arroz *huanglong* para ser distribuído entre as vítimas do desastre para o plantio.[1137] Além de ser uma variedade adequada

---

1136 12º ano do reinado de Guangxu (1886). *Crônica do Condado de Pinghu*, "Produtos." Lê-se: "Luxian é arroz huanglong... Plante-o em campos à beira do lago. Ele é tolerante à água, como um junco."

19º ano do reinado de Guangxu (1893). *Crônica do Condado de Jiashan*, vol. 12. Lê-se: "Luxian branco é arroz huanglong. Ele é resistente à água, como um junco. É comumente plantado em campos à beira do lago."

1137 Primeiro ano do reinado de Qianlong (1736). *Crônica de Zhejiang*, "Huzhou, Produtos." Citado em *Chongzhen. Crônica do Condado de Wucheng*. Lê-se: "A enchente veio, e o governador da comandância, Cheng Youxue, ouviu falar do arroz huanglong, e ele o comprou numa tentativa de resgatar o povo. Pan Shida escreveu em um poema: 'Diz-se que o corvo branco invoca enchentes, mas o dragão amarelo (huanglong) salva das enchentes.'" 25º ano do reinado de Qianlong (1760). *Crônica do Condado de Wuqing*, vol. 2. O arroz huanglong é chamado de arroz huangdiyi, conforme observado: "Chen Youxue de Minghu visitou e comprou o arroz huanglu para ajudar as vítimas de enchentes."

para ser usada em uma emergência, o arroz *huanglu* era cultivado como uma variedade convencional depois que a água recuava em algumas áreas, como na área do Lago Poyang de Jiangxi. Por exemplo, está registrado na *Crônica do Condado* de Yugan que "os campos à beira do lago estão no lago, como os tanques de peixes no norte e no sul de Daci, o Baima em Nanhe Wannianxiang, o Gubu em Wanchunxiang e o Dahu Tang em Caogang. Nos pôlderes, o solo é úmido, espesso e fértil. No sétimo mês, a chuva cai e o arroz da estação tardia é plantado, incluindo *wuguzi*, *huangliuhe*, *mianzinuo* e *zongbaizi*, que são todos bem adaptados ao solo daqui."[1138]

Durante as dinastias Ming e Qing, outras variedades começaram a ser usadas juntamente com o arroz *huanglu* para replantio depois que as águas das enchentes recuavam, incluindo *wuguzi* (também conhecido como *wukoudao*[1139], *lengshuijie* e outros nomes), *mianzinuo*, *chixian*, *mangcao*, *samiao* e *chinian* em Jiangsu, Jiangxi, Hunan, Hubei, Zhejiang, Anhui, Guangdong e outros lugares. Dessas variedades, a *chixian* foi a mais atraente devido à sua excelente taxa de sobrevivência na enchente de 1608, que chamou a atenção de agrônomos e autores de crônicas locais.

É provável que o *chixian* tenha se originado de Jiangxi, Jiangsu e outras áreas. Ele foi introduzido em Tongxiang, Zhejiang, durante o reinado de Wanli na dinastia Ming e, mais tarde, foi introduzido na vizinha Haining e em outras regiões. De acordo com o *Crônica e notícias de Haining*, "Haining produz principalmente arroz de estação tardia, entre os quais o arroz *xian*, que é vermelho. Está registrado nos Registros de Yin de Xu Quanke que, durante o reinado de Wanli, um comandante chamado Xu Zhiyan em Jiading, também chamado Rihua, serviu como oficial em Tongxiang. Quando houve uma inundação em Tongxiang no ano cíclico de Wushen (1608), as mudas ficaram submersas. Gong doou fundos no valor de 300 *liang* e enviou seu subordinado para comprar sementes de *chixian* e distribuí-las entre os agricultores para o plantio. As sementes cobriam apenas uma pequena área dos campos, mas quando o outono chegou, aqueles que haviam plantado as sementes colheram três *dan* por *mu*. Depois que Xu faleceu, o povo ergueu um templo em Zaolin para adorá-lo. O templo permaneceu lá até o período Qing. O templo permaneceu lá até a dinastia Qing. O *Chixian* era de cor vermelha e suas sementes podiam ser colhidas e armazenadas por décadas, o que as pessoas viam como a benevolência duradoura de Xu. Durante o reinado de Shunzhi, havia outro comandante

---

1138 Oitavo ano do reinado de Kangxi (1669). *Crônica do Condado de Yugan*, vol. 2, "Produtos Locais."

1139 Sétimo ano do reinado de Qianlong (1742). *Crônica do Condado de Jinkui*, vol. 11, "Arroz." Lê-se: "Wukou é um arroz tardio. Ele é usado para replantio após uma enchente."

servindo em Tongxiang e ele repreendeu seu subordinado quando viu que o arroz nos celeiros era em sua maior parte vermelho. Um homem que vivia na época, Zhang Lüxiang, também conhecido como Kaofu, escreveu um livro para o oficial, no qual explicava a história do *chixian*. Quando o oficial recebeu a história, ele a relatou ao comandante, ajudando-o a entender melhor que o *chixian* continuava a ser produzido em Haining por causa da maneira como havia sido introduzido."[1140] O livro no qual Zhang Lüxiang explicou a origem do arroz chixian chamava-se Chimi Record. Ele dizia: "No quinto mês do ano cíclico de Wushen, durante o reinado de Wanli, fortes chuvas e inundações encharcaram os campos. A situação foi relatada ao Comandante Xu, que confortou o povo e ofereceu ajuda. Aqueles que tiveram que abandonar os campos que haviam plantado preservaram as mudas e esperaram que a enchente recuasse. No entanto, continuou a chover e não houve tempo para replantar. Xu enviou seu subordinado para coletar fundos do tesouro regional e correr para Jiangxi (ou Taizhou no norte de Yangjiang) naquela noite para comprar sementes de chixian. Ele até mesmo se reportou ao Censor de Santai e pediu isenção do imposto sobre o campo naquele ano, na esperança de oferecer algum alívio ao povo. Alguns dias depois, as sementes chegaram e foram distribuídas para replantio. Alguns meses depois, quando as enchentes diminuíram, as mudas apareceram nos campos. No entanto, as pessoas estavam hesitantes e ainda queriam plantar *huangchidou* para resolver a escassez de alimentos. Xu disse-lhes que não plantassem, incentivando-os a continuar plantando *chixian*. Quando chegou o outono, a colheita foi enorme e, como setenta por cento do imposto sobre a produção havia sido isento, muitas pessoas sobreviveram ao desastre. As regiões ao redor de Tongxiang não conseguiram competir. O *Chixian* é semeado tarde e amadurece cedo. Seus grãos cairão se não forem colhidos. Embora se desenvolva em outras plantas, ela crescerá e se reproduzirá sozinha ano após ano."[1141]

Os campos à beira dos lagos só podiam ser usados em anos secos, antes das enchentes ou depois que a água baixasse. Entretanto, como não havia dique para proteção contra a ameaça de enchentes que poderiam ocorrer a qualquer momento, o cultivo de arroz não era garantido. Os campos de bancos de areia eram semelhantes aos campos à beira do lago. Eles ficavam em um terreno um pouco mais alto do que os campos à beira do lago, e o período de inundação era mais tarde. No entanto, esses campos não tinham

---

1140 51º ano do reinado de Qianlong (1786). *Crônica e Notícias de Haining*, vol. 4, "Registro de Alimentos e Produtos."

1141 [Dinastia Qing] Zhang Lüxiang, *Obras Completas de Zhang Lüxiang*, vol. 17, "Registro de Chimi."

dique ou aterro, o que significava que as águas das enchentes podiam ir e vir sem obstrução. Para transformar os campos de lagos ou bancos de areia em campos de arroz permanentes, era necessário construir diques para transformá-los em pôlderes. O *Tratado Agrícola de Chen Fu* registra: "Os campos baixos são facilmente inundados. É importante observar qual lado do campo é propenso a inundações e construir um dique ali."[1142] A instrução de Chen Fu de 'construir um dique ali' faz referência ao que é chamado de *weitian* ou polder, no *Tratado Agrícola de Wang Zhen*. Ele diz: "*Weitian* refere-se à construção de um dique para cercar o campo. Na área ao redor dos rios Yangtze e Huai, há muitos pântanos, alguns dos quais estão próximos à água. Às vezes, eles ficam alagados pelas enchentes, o que atrapalha o cultivo do arroz. As famílias que têm condições usam lama para construir os diques que cercam os campos, cobrindo uma área de centenas ou milhares de mu. Algum tempo depois, quando as tropas da guarnição foram posicionadas, os soldados receberam a ordem de construir um dique seguindo esse método. Assim, o governo e o povo têm seu *weitian*. Outro tipo de *weitian* é construído fora do dique para defender o rio, muito semelhante ao tipo original."[1143] Outro tipo de campo, chamado *guitian*, era igualmente" protegido por um dique. É como uma versão menor do *weitian*. Todos os quatro lados têm buracos para drenagem. Ele se parece com um armário e é conveniente para a agricultura. É improvável que as águas das enchentes entrem nos campos, devido ao dique alto que os protege. Nos campos, a água seca facilmente."[1144] O escritor da dinastia Song do Sul, Yang Wanli, disse: "Wei significa 'cercar'. Os diques mantêm os campos e as plantações dentro e as águas fora. Fora do dique, o nível da água é alto, mas nos campos, o nível da água é mais baixo. As comportas são construídas no dique para drenar a água para os campos quando necessário. Como resultado, as inundações não são mais uma ameaça e há colheita todos os anos."[1145] Está claro que o *weitian* era para campos baixos vulneráveis a inundações (como campos de lagos ou bancos de areia). Quando os campos com lagos ou bancos de areia eram cercados por um dique, eles eram chamados de *weitian*.

Entretanto, a construção de um dique não poderia alterar fundamentalmente a demanda por arroz de maturação precoce tolerante à seca,

---

1142 [Dinastia Song do Sul] Chen Fu, *Tratado Agrícola de Chen Fu*, ed. Wan Guoding, vol. 1, "Terreno Adequado, Parte 2" (Pequim: Editora de Agricultura da China, 1965), p. 25.

1143 [Dinastia Yuan] Wang Zhen, *Tratado Agrícola de Wang Zhen*, ed. Wang Yuhu, "Equipamentos Agrícolas, Parte 1" (Pequim: Editora de Agricultura da China, 1981), p. 186.

1144 Idem, p. 188.

1145 [Dinastia Song] Yang Wanli, *Coleção Chengzhai*, vol. 32, "Dez Notas sobre os Poemas de Weiding."

como as variedades *huanglu*. O dique resolveu a tendência do campo de ficar encharcado quando "as águas subiam" e até mesmo o risco de ficar submerso por um longo período, e permitiu que os pântanos fossem plantados com arroz além da estação seca. Os campos de lagos e bancos de areia eram obviamente mais seguros e, como as inundações eram adiadas, criavam oportunidades valiosas para o plantio de arroz precoce. No entanto, seria exagero chegar a uma conclusão como a descrita por Yang Wanli quando escreveu: "As inundações não são mais uma ameaça e há colheita todos os anos". Como os *weitian* foram desenvolvidos com base em campos à beira de lagos e pântanos, a condição natural de ser um terreno baixo não poderia ser fundamentalmente alterada. As inundações ainda eram inevitáveis, e a ameaça que representavam para as plantações de arroz permanecia. As *Seis cidades na Crônica de Rulin* registra: "Há um lugar chamado Zeguo, que tem lagos por toda parte. Como resultado, os agricultores de lá não se preocupam com a seca, mas com as enchentes. Quando chega a estação seca, devido à disponibilidade dos lagos e rios ao redor, eles usam rodas d'água para irrigar os campos. Quando há chuvas constantes ou inundações, o terreno dos campos fica muito mais baixo do que o nível da água. O que os agricultores podem fazer é adicionar mais lama ao dique para torná-lo mais alto, de modo que possa proteger os campos. Mesmo assim, se o vento soprar do norte, a água de Taihu sobe para os campos, rompendo o dique."[1146] Quando Wang Guodong, o governador da província de Hunan, fez um relatório para o imperador Qing Yongzheng, ele escreveu: "Os lugares ao redor do Lago Dongting sofrem com enchentes na primavera e no verão. Quando chega o outono e o inverno, a água seca e surge uma enorme extensão de planície. Aqueles que vivem perto dos lagos e rios constroem diques para proteger seus campos de arroz. Entretanto, o terreno dos campos é baixo e, às vezes, ainda é vulnerável a inundações, de modo que as pessoas só podem contar com os diques."[1147] Mesmo em anos normais, o nível do lençol freático do *weitian* era geralmente alto, de modo que o *weitian* exigia variedades tolerantes à água. Ainda mais grave era o fato de que a altura e a espessura do dique não eram facilmente garantidas. Alguns *weitian* "ficam completamente submersos durante as inundações ocasionais. No final, em dez anos de plantio, haverá apenas uma ou duas colheitas."[1148] Em um período de dez anos, o *weitian* só produziu uma ou duas colheitas,

---

1146 28º ano do reinado de Qianlong (1763). *Crônica de Rulin Liudu*, "Tutian."

1147 *Xuxingshuijinjian*, Número 10, Volume 152, "Água do Rio" (Editora Comercial, 1937), p. 3546.

1148 22º ano do reinado de Qianlong (1757). *Crônica de Hunan*.

como na Bacia do Lago Poyang em Jiangxi. Por exemplo, no 59º ano do reinado de Qianlong (1794), o dique em Nanchang, Jiangxi, conseguiu conter as águas da enchente na primavera porque o dique havia sido erguido e engrossado no ano anterior. Foi registrado que "o dique não desmoronou, então o povo teve a primeira grande colheita em dez anos."[1149] Quando o dique foi destruído pelas enchentes, eram necessárias variedades de arroz de maturação precoce e resistentes à seca para o replantio. Enquanto os diques estavam sendo engrossados e elevados, essas variedades podiam ser usadas para mitigar os efeitos do desastre.

É evidente que o uso do *weitian* e de outros campos não poderia alterar a demanda por variedades de maturação precoce e tolerantes a inundações quando se compete para recuperar mais terras. Pelo contrário, a expansão do tamanho típico do *weitian* significava que a área dos campos que poderiam ser afetados por inundações também estava se expandindo, e a demanda por variedades de arroz de maturação precoce e tolerantes a inundações também estava se expandindo. Antes da luta para recuperar a terra, as inundações afetavam, no máximo, os campos em ambos os lados do rio ou ao redor do lago. Mesmo assim, como muitos lagos usavam diques para cercar os campos, quando havia uma inundação, não eram apenas as margens do rio ou lago e os campos ao redor que eram afetados, mas também o *weitian*. A expansão do tamanho do *weitian* significava que a área dos campos poderia ser afetada quando houvesse uma inundação. Se a área expandida abrangesse os campos à beira do lago ou os campos em ambas as margens do rio, os danos seriam ainda maiores.

É possível que a análise acima seja apenas uma especulação teórica, mas a situação real era, na verdade, muito pior. Devido ao desenvolvimento cego do *weitian*, grande parte dos lagos e rios se transformou em campos, e a capacidade de armazenamento de água da região diminuiu. Como resultado, alguns campos que antes não se preocupavam com enchentes ou secas agora se tornaram novas vítimas. Esse problema já havia surgido durante os trabalhos de recuperação de terras ao redor de Taihu durante a dinastia Song. No 23º ano do reinado de Shaoxing durante a Dinastia Song do Sul (1153), um oficial relatou: "O oeste de Zhejiang, onde estão os campos mais amplos, se beneficiou do Taihu no passado sem sofrer desastres. Entretanto, nos últimos anos, muitos soldados ocuparam os locais ao redor dos lagos e rios e construíram diques altos para cercá-los. A área cercada pelo dique é chamada de *batian*. Na estação seca, os soldados usam a água

---

1149 Reinado de Qianlong. *Crônica do Condado de Nanchang.* Citado em Xu Huailin, "Construção de Diques no Lago Poyang Durante as Dinastias Ming e Qing," *Agricultural Archaeology*, nº 1 (1990): 200.

dentro do dique para irrigar, mantendo-a longe das pessoas. Na época das enchentes, as águas são bloqueadas e retidas fora do dique, não permitindo que entrem no *batian*. Como resultado, os campos das pessoas ficam submersos nas águas das enchentes."[1150] Alguns escritores da dinastia Song comentaram sobre isso, observando que: "Há várias centenas ou milhares de *mu* de *weitian* no oeste de Zhejiang. Cada reservatório, duto e vala foi transformado em um campo. Na estação chuvosa, não havia lugar para armazenar a água e, na estação seca, não havia água para irrigação. Se a prática não tivesse sido estritamente proibida, a situação teria piorado e não haveria colheita no futuro."[1151] E, "É o weitian que causa as inundações hoje. A água não pode ser armazenada na estação chuvosa e não há água para irrigação na estação seca. Os *weitian* criam problemas intermináveis para as pessoas."[1152] Esse problema surgiu em outras regiões onde os *weitian* também se desenvolveram rapidamente. No Lago Jian, por exemplo, "quando a água subia na primavera, não podia ser levada para os campos das pessoas. No verão ou no outono, a chuva atrasava e não havia água armazenada para irrigação. Como resultado, os condados de Shanyin e Kuaiji sofriam com secas e inundações."[1153] O escritor Li Guang, da dinastia Song do Sul, escreve: "Desde o reinado de Zhenghe, para aumentar a produção, as pessoas transformaram mais lagos em campos. Como resultado, as pessoas dos condados de Shanyin e Kuaiji eram vulneráveis tanto a enchentes quanto a secas."[1154] Um prefeito chamado Shi Hao, que serviu em Shaoxing, Zhejiang, disse: "A verdadeira ameaça não eram as enchentes. Eram as pessoas, porque elas transformavam os lagos em campos."[1155] Outro exemplo é o *weitian* em Yongfeng. Depois que eles foram desenvolvidos, "havia inundações todos os anos."[1156]

Durante as dinastias Ming e Qing, com o crescimento populacional que ocorreu naquela época, a luta para recuperar terras atingiu novos pata-

---

1150 *História da Dinastia Song*, vol. 173, "Crônica de Alimentos e Produtos, Parte 1."

1151 Idem.

1152 [Dinastia Song do Sul] Gong Mingzhi, *Registro e Notícias de Wuzhong*, vol. 1.

1153 [Dinastia Song do Sul] Ci Duo, *Resposta à Proposta de Jinghu*. Citado em [Dinastia Ming] Xu Guangqi, *Compêndio de Agricultura*, vol. 16.

1154 *História da Dinastia Song*, "Crônica de Alimentos e Produtos," p. 4183.

1155 [Dinastia Qing] Xu Song, *Compêndio de Governo e Instituições Sociais da Dinastia Song*, "Alimentos e Produtos, Volume 8, Parte 11" (Companhia de Livros Zhonghua, 1957), p. 4940.

1156 [Dinastia Qing] Xu Song, *Compêndio de Governo e Instituições Sociais da Dinastia Song*, "Alimentos e Produtos, Volume 8, Parte 3" (Companhia de Livros Zhonghua, 1957), p. 4936.

mares. "Há registros de que "não eram apenas os grandes lagos ou rios que eram recuperados, mas também grandes áreas de pântanos e pequenos lagos que eram cercados por diques. Até mesmo barrancos foram usados para plantar arroz."[1157] O centro das obras de recuperação de terras expandiu-se da Bacia de Taihu, no curso inferior do Rio Yangtze, até o Lago Poyang e o Lago Dongting, no curso médio do Yangtze. Os mais famosos foram, sem dúvida, o *weitian*, em Jiangxi, e o *yuantian*, em Huguang. Ao mesmo tempo, as inundações aumentaram. O condado de Poyang (atual condado de Boyang), na área do Lago Poyang, em Jiangxi, por exemplo, registrou 88 inundações ao longo da história, 66 das quais ocorreram durante as dinastias Ming e Qing, representando 69,3% do total de inundações na área. Durante os 276 anos da dinastia Ming Hongwu até o reinado de Chongzhen, as inundações ocorreram 25 vezes, ou uma vez a cada 11 anos, em média. Durante os 226 anos do reinado de Shunzhi até o nono ano do reinado de Tongzhi (1870), houve 36 inundações, ou uma a cada 6,3 anos, em média.

Alguns estudiosos perspicazes da dinastia Ming tinham uma compreensão profunda da relação entre inundações e o desenvolvimento de campos por meio da construção de diques. Gu Yanwu observou: "O desastre aqui foi resultado do desenvolvimento de campos por meio da construção de diques. Eles estavam tão ávidos por terras que não inundassem que ocuparam os pântanos próximos aos rios. O pior é que as autoridades locais ineptas cobravam impostos deles para seus superiores em troca de promoções. Com o passar do tempo, não havia mais lugar para armazenar água, portanto, quando havia uma inundação, os diques estavam propensos a se romper."[1158] A situação piorou na segunda metade da dinastia Ming, quando "os fazendeiros queriam lucrar com o solo fértil, então construíram diques ao redor da terra para desenvolver campos. Como resultado, quando havia enchentes, as casas ficavam parcialmente submersas. Houve uma grande inundação no quarto ano do reinado de Hongzhi e outra cinco anos depois. Aconteceu novamente este ano e foi a pior das três."[1159] Embora isso tenha sido escrito em referência à inundação do Rio Amarelo, na verdade, a situação em outros rios era ainda pior durante as dinastias Ming e Qing.

1157 [Dinastia Qing] Yang Xifu, *Solicitando uma Proibição da Conversão de Lagoas em Campos*. Citado em *Escritos sobre a Gestão da Corte Qing*, vol. 38, "Gestão de Famílias, Gestão da Agricultura, Parte 2."

1158 [Dinastia Qing] Gu Yanwu, *Coleção Anotada de Registros de Estudos Diários*, ed. Huang Rucheng, Parte 1, vol. 12, "Rios e Canais" (Editora de Livros Antigos de Xangai, 1985), p. 990.

1159 [Dinastia Ming] Sun Xun, *Trabalhos de Drenagem da Corte Ming*, vol. 66, "Rios e Canais, Drenagem de Vias Navegáveis para Alívio da Fome."

O desenvolvimento de campos por meio da construção de diques criou dificuldades para o armazenamento de água e o controle das águas de inundação do *weitian* ou *yuantian*, o que significava que as inundações causavam danos ainda maiores a eles. Costumava-se dizer que "quanto mais *yuantian* cresce, mais graves se tornam as inundações. Quanto mais altos são os diques auxiliares, mais baixos se tornam os diques principais. Como resultado, as enchentes chegam sem controle e rompem os diques."[1160] O desenvolvimento dos campos por meio da construção de diques visava originalmente expandir o tamanho dos campos e produzir mais alimentos para alimentar a população crescente. Entretanto, o desenvolvimento imprudente ocasionalmente levava a mais perdas do que ganhos, conforme observado por Gu Yanwu quando disse: "Depois do reinado de Zhenghe, a ocupação de lagos e rios para o desenvolvimento de campos resultou no bloqueio da água no sudoeste. Como resultado, em um período de dez anos, houve seis ou sete anos de seca e fome. O rendimento foi menor do que antes."[1161] O compilador da Crônica de Nanchang no período Guangxu escreveu no prefácio de "Rios e canais" que o Canal Gan e o Rio Gan "não eram vulneráveis a inundações. Entretanto, se fossem desenvolvidos, a altura dos diques aumentaria com as enchentes e as enchentes aumentariam com a altura dos diques, causando destruição sem fim".

Até mesmo os *jiatian*, também chamados de *fengtian*, não foram poupados dos danos causados pelas enchentes. Wang Zhen disse: "As prateleiras do *jiatian* se assemelham a uma jangada. Os *jiatian* também eram chamados de *fengtian*". O *Tratado Agrícola de Chen Fu* registra: "Se houver águas profundas ou pântanos, há *fengtian* ao redor deles. Um suporte de madeira semelhante a uma jangada é construído e feito para flutuar na superfície da água. A lama feng, que é o porta-enxerto do arroz selvagem, é então adicionada à jangada para cultivo. Como a jangada flutua na água, ela não fica encharcada". Antigamente, o feng era a parte da raiz do arroz selvagem, ou o que hoje é chamado de caule do arroz selvagem. Nos tempos antigos, esse caule era comestível e era chamado de *gumi*, ou "caule de arroz". A raiz do caule não era usada como alimento. Quando a água do pântano secava, as raízes permaneciam, e eram bastante grossas, o que lhe deu o nome de feng. Com o passar do tempo, quando havia água novamente, as raízes flutuavam para a superfície. As raízes se transformaram em uma substância lamacenta, e as plantações podiam ser feitas nela, tornando-a

---

1160 Reinado de Jiajing. *Crônica de Mianyang*, vol. 8, "Crônica de Hefang."

1161 [Dinastia Qing] Gu Yanwu, *Coleção Anotada de Registros de Estudos Diários*, ed. Huang Rucheng, Parte 1, vol. 10, "Gestão da Terra" (Editora de Livros Antigos de Xangai Editora de Livros Antigos de Xangai, 1985), p. 777.

fengtian. Esse termo também foi mencionado na poesia Tang, em versos como: "Os pássaros voam do barulho do tempo e, em um caminho estreito, o *fengtian* se move", do *poema Escritos do Velho Selvagem do Lago Jing*. As linhas sugerem que o *fengtian* já era usado em Shaoxing, Zhejiang, durante a dinastia Tang. O estudioso da Dinastia Song do Norte, Su Song, escreveu em Catálogo de Ervas (1061) sobre a formação e o uso do *fengtian*, observando: "Hoje existe o que as pessoas em Jiangnan chamam de caule de raiz selvagem nos lagos, rios e pântanos... Ele é encontrado principalmente nos lagos do leste e oeste de Zhejiang. Suas raízes se entrelaçam e, depois de algum tempo, flutuam até a superfície da água. As pessoas chamam isso de *gufeng*. As plantações podem ser cultivadas nele depois que as folhas são removidas e transformadas em um tipo de campo chamado *fengtian*". O *fengtian* flutuava sobre a água e o nível da água abaixo dele deveria ser muito alto, de modo que esses campos ainda dependiam de variedades de arroz tolerantes à água. O *Tratado Agrícola de Chen Fu* registra: "Os *Ritos de Zhou* dizem: 'Em áreas úmidas onde a grama cresce, plante *mangzhong*'. Esse *mangzhong* tem duas interpretações. Pode significar plantações com uma grama, como o arroz *huanglu* de hoje. Também pode se referir à época em que as plantações são semeadas, que é logo após a colheita do grão na primavera." Apesar do fato de o nome não ter sido mencionado antes das dinastias Tang e Song, o uso de *fengtian* começou muito antes. No texto da dinastia Jin, *Registros Jiangdu de Guo Pu*, observa-se que "lá, as pessoas usam plantas verdes para marcar a paisagem e flutuam arroz selvagem no rio. Eles cultivam *mangzhong* e *jiashu* nos campos flutuantes", indicando que o *fengtian* era usado na parte nordeste do condado de Zhengyi, em Jiangsu, naquela época. Os "campos flutuantes" referiam-se às balsas nas quais a lama feng era colocada. *Mangzhong* e *jiashu* referiam-se a tipos de arroz[1162], indicando que o *fengtian* era usado para plantar arroz na atual Yizheng, Jiangsu, durante o início da dinastia Jin. Não está claro se os termos *mangzhong* e *jiashu* que aparecem no poema de fato se referem ao arroz *huanglu*. Não há nenhuma evidência documental específica, mas o que é certo é que essas variedades eram tolerantes à água e sempre tinham uma palha. Elas foram predecessoras do arroz *huanglu*. Juntamente com seu uso como arroz tardio de cultivo duplo durante as dinastias Song e Yuan,

---

1162 O *Livro dos Ritos*, "Etiqueta Específica", afirma: "Nos rituais de sacrifício no templo... o arroz é chamado de jiashu."
A anotação de Zhen Xuan diz: "Jia significa bom. Ele pertence às categorias de arroz, melões e verduras."
O *Ritual de Zhou*, "Regulamentos de Terra", afirma: "Em pântanos onde cresce capim, planta-se mangzhong."
A anotação de Zheng Xuan diz: "Mangzhong é uma variedade de arroz ou trigo." Neste caso, só pode se referir ao arroz.

de acordo com os registros de Zeng Anzhi, Chen Fu e Wang Zhen, o arroz *huanglu* apareceu pela primeira vez no *jiatian*.

Em resumo, como a recuperação de terras continuou, as inundações tiveram três características principais na história chinesa. A primeira foi que os campos *weitian* e à beira de lagos se tornaram áreas afetadas por inundações. A segunda foi que a expansão dos campos à beira do lago e do *weitian* levou à expansão das áreas propensas a inundações. A terceira foi que o mau uso dos diques tornou os campos normais, os *weitian* e os campos à beira do lago mais vulneráveis a inundações. Esses três fenômenos estavam interligados, levando a um aumento na frequência das inundações, de modo que as inundações substituíram a seca como o principal desastre natural enfrentado pelos agricultores da China (consulte o Apêndice 1). A razão fundamental por trás da disseminação do arroz *huanglu* foi o aumento da frequência de inundações causadas por obras de recuperação de terras, como o desenvolvimento de *weitian*.

No entanto, a demanda por variedades de arroz variava de *weitian* a *guitian*, campos à beira de lagos, campos arenosos, *tutian* e outros tipos de campos. Devido à função protetora dos diques, o *weitian* evitava que os campos à beira do lago "ficassem submersos quando a água subia". Ele pelo menos retardava o alagamento dos campos, permitindo mais tempo para a produção, o que proporcionava uma oportunidade maior para o desenvolvimento do arroz. Por esse motivo, diante da ameaça de inundação, os *weitian* não só usaram o arroz *huanglu* para replantar após a inundação, mas também para cultivar arroz precoce antes da época de pico das inundações. A escolha da variedade de arroz foi feita com base no período de crescimento para corresponder à altura do terreno e à época das inundações sazonais. Em geral, quanto mais baixo fosse o terreno e quanto mais cedo ocorressem as inundações, mais curto seria o período ideal de crescimento do arroz. A *Crônica Menor de Beihu*, por exemplo, registra: "O arroz também é plantado na estação seca", ao falar sobre pântanos e brejos. E continua: "Nos campos arenosos, planta-se arroz precoce, como o *tuoligui* e o *sishizi*. No *weitian*, planta-se *wushizi*. Nos *weitian* mais altos, são plantados *liushizi* e *wangjiangnan*". O período de crescimento do arroz variava de acordo com a elevação do terreno e a época das inundações sazonais. Mas, de qualquer forma, o arroz tinha que ser colhido antes das enchentes, o que resultava em uma demanda por arroz da estação inicial para o *weitian*.

O arroz precoce de maturação rápida não só era plantado mais cedo do que as variedades usuais, mas também era colhido mais cedo, sem ser prejudicado pela seca no verão ou pelas inundações no outono.[1163] Ao mes-

---

[1163] 21º ano do reinado de Guangxu (1895). *Crônica do Condado de Yancheng*, vol. 4. Citado em Chen Zugui, ed., *Antologia do Patrimônio Agrícola Chinês*, Categoria A, "Arroz, Parte 1" (Companhia de Livros Zhonghua, 1958), p. 50.

mo tempo, eliminava o risco de esgotar o arroz da safra anterior antes que a safra seguinte pudesse ser colhida. Isso o tornou popular em muitos lugares. Por exemplo, durante a Era Republicana, havia inundações frequentes na maior parte (além das costas arenosas ao longo do mar) da área ao norte do Yangtze e da área de Huaiyang nas colinas do sudoeste de Jiangsu, devido ao represamento do rio, o que tornava essa região adequada apenas para o plantio de arroz *xian* com um período de crescimento curto. Quando as enchentes chegaram, o arroz já havia sido colhido, escapando do desastre. A situação na área do rio Lixia era semelhante. Ela era vulnerável a enchentes, portanto os agricultores queriam colher o arroz antes que fosse tarde demais.[1164] Yangzhou enfrentou um problema semelhante e "para evitar os danos das enchentes de outono, os campos de *zhouwei* e de areia ao longo dos rios foram plantados principalmente com arroz precoce. As áreas baixas de Jiangzhou foram plantadas com *sishizi, wushizi, liushizi, qiuqianwu e wangjiangnan*, todas variedades de maturação precoce."[1165] Isso era ainda mais verdadeiro no que se chamava de "campos de arroz marginais", como os de Gaoyou, Baoying e Yancheng em Jiangsu. Em Gaoyou, por exemplo, como o terreno era baixo, "ficava perto de lagos e rios. Quando as enchentes chegavam, os agricultores se ocupavam em aumentar os diques, mesmo que isso significasse perder o sono. Se a inundação fosse grave, a maioria das casas ficaria parcialmente submersa. Isso significava que era mais adequado para o plantio em larga escala do arroz precoce."[1166] Na Era Republicana, o leste de Gaoyou "só colhia arroz precoce todos os anos"[1167] Havia muitas variedades de arroz da estação inicial. Por exemplo, em Gaoyou, durante o reinado de Qianlong da dinastia Qing, havia nove variedades de arroz da estação inicial, incluindo arroz de quarenta dias, arroz de cinquenta dias e arroz de sessenta dias[1168], mas não eram suficientes para atender às necessidades de produção. Assim, no 15º ano do reinado de Daoguang (1835), Lin Zexu, governador de Jiangsu, comprou a variedade de trinta dias da área de Chu e a emprestou a Gaoyou.[1169] Essa variedade foi

---

1164 15º ano da Era Republicana (1926). *Crônica de Jiangsu*, "Agricultura."

1165 10º ano da Era Republicana (1921). *Crônica do Condado de Jiangdu*, vol. 7, "Sobre os Produtos."

1166 48º ano do reinado de Qianlong (1783). *Crônica de Gaoyou*, vol. 1.

1167 11º ano da Era Republicana (1922). *Crônica de Gaoyou*, vol. 1.

1168 48º ano do reinado de Qianlong (1783). *Crônica de Gaoyou*, vol. 4.

1169 Zhu Guozhen. *Notas de Yongchuang*, Volume 2. "Notas Diversas." Menciona esta variedade, mas o nome e a origem dela não são conhecidos.
23º ano do reinado de Daoguang (1843). *Crônica de Gaoyou*, vol. 2, "Produtos." Lê-se: "No 15º ano do reinado de Daoguang, um oficial de Jiangsu chamado Lin comprou a variedade de arroz de trinta dias da área de Chu e emprestou-a a Gaoyou. O arroz amadureceu dentro de trinta dias."

posteriormente introduzida em Baoying, Funing e Huai'an em Jiangsu e em Changxing, Deqing, Xiaofeng e Wuqing em Zhejiang. Era um arroz de boa qualidade que permaneceu em uso até a década de 1950.[1170]

Vale a pena observar que, embora muitas variedades de arroz de maturação precoce plantadas em *weitian* tenham sido desenvolvidas mais tarde na história, o arroz *huanglu*, popular nas dinastias Song e Yuan, continuou sendo uma parte importante do quadro histórico. Há registros de que ele foi plantado em *weitian* ao redor de Fengyang, Anhui, na dinastia Ming. Por exemplo, está registrado que "há quatorze variedades de arroz plantadas aqui em *xu*, incluindo *huangliugong, zhangpoke, shanfengqi, suzhoubai, jiugongxian, quebuzhi, xiamakan, jinguoyin, taizhouhong, feishangcang* (também chamado de *yuma*) e *yangxu*."[1171] "*Xu*" se referia a "*wei*", ou *weitian*, e "*huangliugong*" se referia ao arroz *huanglu*, deixando evidente que o arroz *huanglu* era uma variedade popular, até mesmo a principal variedade, para plantio em *weitian* durante as dinastias Ming e Qing.

1170 A variedade de trinta dias, também chamada de *sanshizi*, é um arroz precoce. Segundo a pesquisa, ainda estava sendo plantada nos campos próximos ao rio nas áreas de Lixia e Liushan, em Jiangsu, na década de 1950. Era plantado antes da Chuva dos Grãos, transplantado antes da Menor Plenitude, brotava entre o Solstício de Verão e o Menor Calor, e amadurecia antes do Início do Outono, com um período de crescimento de 109 a 110 dias. No sul de Yancheng, era semeado no 18º dia do quarto mês, transplantado no 22º dia do quinto mês, brotava no início do sétimo mês e amadurecia por volta do oitavo dia do oitavo mês, com um período de crescimento de aproximadamente 110 dias. O nome "arroz de trinta dias" era apenas uma descrição de sua qualidade precoce de maturação. (*Escritório Provincial de Agricultura e Silvicultura de Jiangsu, *Introdução às Culturas de Boa Qualidade na Província de Jiangsu*, vol. 1 (Editora de Ciência e Tecnologia de Xangai, 1959), p. 162.)

1171 Primeiro ano do reinado de Tianqi (1621). *Novo Livro de Fengyang*, vol. 5.

5. Benefícios duradouros do arroz *Huanglu*

Em seu artigo *Arroz de Maturação Precoce na História da China*, He Bingdi analisou as razões por trás do crescimento populacional da China, apontando que um motivo básico para o crescimento explosivo da população desde o século XI foi a "revolução agrícola", na qual o arroz de maturação precoce desempenhou um papel importante, juntamente com a introdução do arroz Champa. O artigo diz: "A introdução de um arroz de Champa, localizado na região central da Indochina, relativamente tolerante à seca, no século 11, levou a um aumento contínuo no número de variedades de maturação precoce, o que permitiu que os agricultores chineses expandissem suas terras agrícolas de terrenos baixos, deltas, bacias e vales de rios para colinas que eram facilmente irrigadas. Dada a quantidade limitada de terras baixas adequadas para o plantio de variedades locais de maturação tardia, o desenvolvimento de variedades de maturação precoce tolerantes à seca levou a uma grande revolução no uso da terra e dobrou o tamanho da área de cultivo de arroz da China. Ao dobrar diretamente a área de cultivo de arroz e indiretamente melhorar os métodos de cultivo, o arroz de maturação precoce teve um enorme impacto positivo de longo prazo no suprimento de alimentos e no crescimento populacional da China."[1172] Em outras palavras, a introdução do arroz Champa foi o principal impulso para o crescimento populacional da China após o século XI. Seu artigo oferece uma visão clara dos fatores por trás da melhoria do suprimento de alimentos e do crescimento populacional com base em observações da relação entre as culturas e o uso da terra, e suas conclusões ganharam ampla aceitação.[1173] Mais tarde, ele aplicou observações semelhantes à introdução da batata-doce e do milho americanos. O arroz Champa era uma variedade de arroz tolerante à seca e de maturação precoce, adequada para o plantio em terrenos mais altos, o que se alinhava com o objetivo original do imperador Song Zhenzong quando o arroz Champa foi introduzido, e continuou a ser usado dessa forma também em épocas posteriores. Sob essa perspectiva, ele foi de fato útil para promover o desenvolvimento da agricultura em áreas montanhosas e acidentadas e contribuiu de forma significativa para a expansão das áreas de cultivo de arroz, aumentando o suprimento de alimentos, o que alimentou o crescimento populacional.

1172 He Bingdi, "Arroz de Maturação Precoce na História Chinesa," *Pesquisa Agrícola*, nº 1 (1990): 119.

1173 T. T. Chang, "A Origem, Evolução, Disseminação e Diversificação do Arroz Asiático e Africano," *Euphytica* 25 (1976): 425–441.

A expansão das áreas de cultivo de arroz após a dinastia Song não se deu apenas para cima, de terrenos baixos para colinas e terraços, mas também para baixo, de terrenos baixos para terrenos ainda mais baixos, como no *weitian* e no *jiatian*. Em outras palavras, embora tenha havido uma luta com o terreno para criar novos campos, também houve uma luta com a água para recuperar a terra. Isso levanta questões sobre a importância do desenvolvimento de campos em terraços no suprimento de alimentos da China e sobre qual tipo de expansão produzia mais alimentos, a expansão descendente ou ascendente

O consenso geral é de que o aumento do suprimento de alimentos e o crescimento populacional após a dinastia Song foram resultado principalmente da recuperação de terras da água. Os campos de terraços tiveram um desenvolvimento intenso após as dinastias Song e Yuan, resolvendo o problema do suprimento de alimentos para a população nas montanhas e liberando aqueles que viviam em regiões montanhosas da dependência de alimentos de outras áreas, o que certamente aumentou o suprimento total de alimentos. Assim, os campos de terraço desempenharam um papel positivo no crescimento populacional, mas, do ponto de vista do suprimento nacional de alimentos, a parte proveniente da produção dos campos de terraço não era grande. As plantações em terraços estavam distribuídas pelas colinas e montanhas do sudeste, em Fujian e em outros lugares, nenhum dos quais se tornou a base principal do suprimento de alimentos da China. Nessas áreas, "as pessoas transformam as colinas em campos que se assemelham a escadas, utilizando os córregos do vale para irrigação", chegando ao ponto de "fazer uso total de cada gota de água e desenvolver continuamente os campos nas montanhas, mesmo quando são rochosos."[1174] O arroz Champa foi a primeira variedade plantada nessas áreas, mas o desenvolvimento de campos em terraços e o uso do arroz Champa não resolveram fundamentalmente o problema alimentar local. Pelo contrário, ainda dependia da ajuda das áreas vizinhas, conforme observado no comentário de que "embora tenha havido uma grande colheita, ainda dependemos do arroz vendido de Guangdong, Guangxi e Zhejiang Ocidental."[1175] Assim, o desenvolvimento do arroz Champa não mudou fundamentalmente a situação do suprimento de alimentos da China.

Durante as dinastias Song, Yuan, Ming e Qing, as bases de suprimentos da China se concentravam principalmente nas planícies, lagos e pânta-

---

1174 [Dinastia Song do Norte] Fang Shao, *Compilação Bozhai*, 1, vol. 3. Citado em *Compilação de uma Série de Livros* (Companhia de Livros Zhonghua, 1991), p. 37.

1175 [Dinastia Ming] Yang Shiqi et al., *Propostas de Altos Funcionários na História*, vol. 247, "Proposta de Zhao Ruyu."

nos do curso médio e inferior do rio Yangtze, incluindo as áreas de Taihu, Lago Poyang e Lago Dongting. Essas áreas não apenas forneciam alimentos para as áreas locais densamente povoadas, mas também abasteciam outras áreas com grandes quantidades de alimentos. Assim, desde a dinastia Song, dizia-se com frequência que "quando houver uma colheita em Suzhou e Huzhou, será suficiente para alimentar o mundo inteiro", e "quando houver uma colheita em Suzhou e Changzhou, será suficiente para alimentar o mundo inteiro", ou "quando houver uma colheita em Hubei e Hunan, será suficiente para alimentar o mundo inteiro". Não foram os campos de terraço que desempenharam um papel importante em Suzhou, Huzhou, Hubei, Hunan e outras áreas semelhantes, mas o *weitian* e o *yuantian*.

O rápido desenvolvimento do *weitian* e de outros tipos de campos quebrou o equilíbrio ecológico original, fazendo com que as inundações se intensificassem. Essa tendência enfrentou forte objeção de alguns setores, mas os trabalhos de recuperação em larga escala nunca foram interrompidos após a dinastia Song, principalmente devido ao papel significativo que desempenharam na expansão da área de cultivo e no aumento da produção geral de arroz. De acordo com os cálculos, no décimo primeiro ano do reinado de Chunxi da dinastia Song (1184), havia até 1.489 *weitian*. Dando uma ideia de quanta área isso realmente cobria, Fan Zhongyan escreveu: "O comprimento de cada lado do weitian é de dez li, portanto, cada *weitian* é do tamanho de uma cidade". Essa é uma estimativa um tanto vaga, mas é possível fazer uma conjectura com base no comprimento dos diques ao redor dos campos. De acordo com documentos históricos, no nono ano do reinado de Qiandao (1173), após a inspeção do *weitian* em Ningguo e Taiping, um funcionário do Departamento Doméstico, Ye Heng, disse: "Para beneficiar o povo, Ningguo recuperou o antigo *weitian* construindo um dique de mais de quarenta *li* e desenvolveu um novo *weitian* acrescentando mais nove *li* ao comprimento do dique. O dique se estendeu ao redor da circunferência de quarenta *li* do *weitian* de Fuding na vila de Huangchi, enquanto o de Taiping tem mais de quarenta li. A circunferência do 54 *weitian* em Yanfu é de mais de 150 li, a do condado de Wuhu é de mais de 290 li e a de Dangtu é de mais de 48 *li*."[1176] É importante considerar quantos campos esses diques com comprimento total superior a 480 *li* poderiam beneficiar. De acordo com os registros de Shen Kuo, o Wanchun weitian, por exemplo, tinha mais de 84 *li* de comprimento, e o weitian em si era de 1.270 qing[1177], o que significa que, em média, um *li* de dique beneficiou 15 *qing* de *weitian*.

1176 *História dos Song*, "Crônica dos Alimentos e Produtos."

1177 [Dinastia Song do Norte] Shen Kuo, *Coleção Changxing*, vol. 9, "Catálogo de Weitian em Wanchun."

Assim, um dique de mais de 480 *li* de comprimento poderia beneficiar um campo de mais de 7.200 qing, ou 480,24 quilômetros quadrados.

A construção de diques em grande escala exigia uma boa quantidade de mão de obra e recursos materiais. Isso era algo que obviamente estava além das capacidades dos fazendeiros, de modo que eles tiveram de contar com o governo para organizar e construir os diques. Quando o governo organizava esses projetos de construção, geralmente envolvia a organização de mão de obra e recursos materiais de vários condados diferentes, cálculos sobre o tamanho do projeto e coordenação da divisão do trabalho. Essas questões estão refletidas nos *Nove Capítulos Sobre Matemática*, do matemático da dinastia Song, Qin Jiushao.[1178] Shen Kuo registrou a situação em detalhes quando o governo local organizou o Wanchun *weitian*.[1179] Para construir o *weitian*, o governo recrutou mais de 14.000 pessoas de oito condados e levou quase três meses. A atenção do governo e de algumas autoridades talentosas refletiu a importância do *weitian* e contribuiu para seu desenvolvimento.

A escala do *weitian* continuou a se expandir nas dinastias Ming e Qing. De acordo com os registros, no condado de Xiangyin, Hunan, em 1644, o comprimento do dique do weitian era de 15.172 *zhang*, beneficiando uma área de 21.000 mu de campos, ou aproximadamente quatorze quilômetros quadrados. Após 100 anos, o comprimento total havia crescido para 123.766,2 *zhang*, com uma área de 167.000 mu de campos, ou aproximada-

---

1178 Zeng Xiongsheng, "Nove Capítulos sobre Matemática e Agricultura," *Estudos na História das Ciências Naturais*, nº 3 (1996): 214-215.

1179 [Dinastia Song do Norte] Shen Kuo, *Catálogo de Weitian em Wanchun*. Diz o texto: "Na época, houve uma fome e muitas pessoas ficaram sem-teto. O governo local discutiu a possibilidade de distribuir milho aos pobres como salário para os recrutas. No dia seguinte, o governo reuniu 14.000 pessoas e as enviou para trabalhar em oito condados, incluindo Xuancheng, Ningguo, Nanling, Dangtu, Wuhu, Fanchang, Guangde e Jianping. Os registradores oficiais, Xuan Zijun, Shun Yuanze e Jin Jiezai, tomaram a frente e ensinaram o povo de cinco desses condados métodos para cultivar e recuperar terras. Zhuanyunshi também foi a Wuhu para supervisionar o trabalho. Todos trabalharam juntos para recuperar a terra, transformando-a em weitian em cinco dias. Eles então construíram diques ao redor dos campos e retiraram parte da água dos campos ao longo de quarenta dias. Foram construídos 84 li de diques. As áreas fora dos campos, entre os diques, foram plantadas com amoreiras. Os campos cercados pelos diques tinham uma área de 1.270 qing, e cada um recebeu um nome como tiandi (天地), riyue (日月) ou shanchuan (山川). Entre cada qing de campo, havia uma vala. Quatro valas formavam um distrito, onde a água podia fluir e um barco poderia flutuar. No meio dos campos, havia uma estrada, com 22 li de largura, que se estendia para o norte até os diques. Salgueiros foram plantados ao lado da estrada. Levou mais quarenta dias para concluir esse trabalho. Os oficiais receberam 30.000 hushu e 40.000 qian. Alugaram os campos para os agricultores, que produziram 36.000 hushu. O lucro de cogumelos, junça, amoreiras e cânhamo de urtiga foi de 500.000 qian no total."

mente 111.389 quilômetros quadrados, um aumento de oito vezes. Na dinastia Song, 80 a 90% dos campos em Dangtu e Wuhu, Taiping, eram *weitian*.

O desenvolvimento em larga escala do *weitian* aumentou muito a área de plantio de arroz, que foi a base para "alimentar o mundo inteiro" quando o arroz em Suzhou, Huzhou, Hubei e Hunan amadureceu. O escritor da dinastia Ming, Wu Jingsheng, disse em *Mapas coletados*: "Há muitos lagos na área de Chu, e as colheitas são abundantes. Há uma colheita duas vezes por ano lá, fornecendo alimentos para as áreas de Wu e Chu. Diz-se que "quando há uma colheita em Hubei e Hunan, ela é suficiente para alimentar o mundo inteiro", o que significa que a terra lá é vasta e o solo é fértil. Além disso, é fácil transportar alimentos pelo rio Yangtze, o que está muito além do que está disponível em outros lugares."[1180] A citação desse ditado comum estava claramente relacionada à observação de que 'há muitos lagos na área de Chu, e as colheitas lá são abundantes', o que deve ser uma referência aos esforços de recuperação de terras e à maneira como a terra era usada para *weitian* e *yuantian*. Os estudiosos realizaram pesquisas específicas sobre o assunto e concluíram que o aumento das exportações de alimentos da área do Lago Dongting se beneficiou da recuperação de terras locais, especialmente por meio do desenvolvimento do yuantian durante as dinastias Ming e Qing.[1181] Costumava-se dizer que "a produção de arroz no leste de Jiangxi depende inteiramente do *weitian*", e Jiangxi foi uma província que produziu uma grande quantidade de arroz durante as dinastias Song, Yuan, Ming e Qing.[1182] Com base nessa análise, pode-se concluir que o aumento da população da China após as dinastias Song e Yuan foi resultado principalmente dos projetos de recuperação de terras e não dos campos de terraços.

Embora os *weitianos* tenham enfrentado a ameaça da seca, a maior parte dos danos sofridos foi causada por inundações. Além disso, com o desenvolvimento do *weitian*, as inundações se intensificaram e os danos resultantes foram muito maiores do que os causados pela seca. Por esse motivo, as variedades de arroz tolerantes a inundações de maturação precoce, como o *huanglu*, que eram adequadas para o plantio em áreas de lagos,

---

1180 [Dinastia Ming] Wu Jingsheng, *Mapas Coletados*, Volume Interno, "Hubei e Hunan." Citado em Zhang Jianmin, "Discussão sobre 'Uma vez que há uma colheita em Hubei e Hunan,'" *História Agrícola da China*, nº 4 (1987): 55.

1181 Mei Li, "O Próspero Yuantian na Área do Lago Dongting e as Exportações de Alimentos de Hunan," *História Agrícola da China*, nº 2 (1991): 88.

1182 [Dinastia Qing] Bao Shichen, *Promovendo a Agricultura nas Prefeituras e Condados: Carta para Chen Yusheng, o novo Oficial de Jiangxi* (Pequim: Editora de Agricultura da China, 1962), p. 104.

atendiam mais às necessidades locais do que o arroz Champa, tolerante à seca. O papel que o arroz *huanglu* desempenhou no aumento da população da China foi, portanto, mais significativo do que o do arroz Champa. Os historiadores fariam bem em dar mais crédito ao arroz *huanglu* e às variedades relacionadas.

APÊNDICE 1 — A mudança da situação de enchentes e secas ao longo da história chinesa

A China é uma terra propensa a secas e inundações. Desde a dinastia Zhou, os desastres causados por enchentes e secas na história da China podem ser divididos em dois estágios. O primeiro foi antes do período Tang-Song, quando a seca era mais comum do que as inundações, e o segundo foi após o período Tang-Song, quando ocorreu o contrário. Essa mudança estava relacionada à mudança no centro econômico da China, que teve um sério impacto na produção agrícola do país, especialmente nas culturas e variedades de culturas. A Tabela 1 oferece uma visão geral da situação das enchentes e secas ao longo da história da China.

TABELA 1 — Inundações e secas na história da China

Evento	Dinastias Zhou, Qin e Han	Wei, Jin e Dinastias do Norte e do Sul	Sui, Tang e Cinco Dinastias	Dinastias Song e Yuan	Dinastias Ming e Qing
Enchente	16	60	9	193	196
Seca	30	56	5	183	174

Fonte: Deng Yunte, História das Obras de Assistência a Desastres da China (Editora Comercial, 1993), pp. 1–62.

Pode-se concluir, com base nos dados da Tabela 1, que a frequência das inundações superou a das secas após as dinastias Song e Yuan. O aumento das inundações como a ameaça mais significativa de desastre na China estava intimamente relacionado à luta para recuperar terras. Analisando mais de perto a dinastia Ming, com exceção dos reinados de Chenghua, Hongzhi, Zhengde e Jiajing, quando a frequência de secas era ligeiramente maior do que a de inundações, a frequência de inundações excedeu a de secas (consulte a Tabela 2).

TABELA 2 — Inundações e secas na dinastia Ming

	Enchente	Seca
Hongwu	26	6
Yongle	15	2
Xuande	8	6
Zhengtong	19	11
Jingtai	11	5
Tianshun	8	5
Chenghua	10	12
Hongzhi	8	13
Zhengde	12	10
Jiajing	12	23
Longqing	6	3
Wanli	30	19
Tianqi	4	4
Chongzhen	13	10
Total	184	128

Fonte: Chen Guanlong e Gao Fan, "Desastres Naturais na Dinastia Ming sob a Perspectiva da Agricultura," História Agrícola da China, nº 4 (1991): 9.

A frequência de inundações excedeu claramente a da seca, mesmo sem levar em conta quarenta desastres relacionados à chuva. Essa conclusão é válida até mesmo em nível local. De acordo com os cálculos, durante o reinado Ming de 276 anos, houve 67 casos de secas e inundações na área da planície de Jianghan, dos quais 49 (73%) foram inundações e 18 (27%) foram secas[1183], mais adequadas à descrição de inundações do que de secas.

1183 Zhang Guoxiong, "Relação entre a Mudança nas Inundações e Secas na Área da Planície Jianghan na Dinastia Ming e a Economia Yuantian," *História Agrícola da China*, nº 4 (1987): 29.

APÊNDICE 2 — A relação entre o arroz precoce e Champa e a variedade *Huanglu*

Ao estudar a prevalência do arroz de maturação precoce na China, os estudiosos tradicionalmente a associam à introdução do arroz Champa, acreditando que a introdução desse tipo de arroz levou a um aumento contínuo das variedades de maturação precoce. Ao mesmo tempo, também se admite que já havia variedades de maturação precoce na China antes da introdução do arroz Champa, embora elas não ocupassem uma posição--chave no cultivo de arroz.[1184] A questão é que, se já havia arroz de maturação precoce na China, por que não houve um rápido desenvolvimento dele antes da introdução do arroz Champa? De acordo com o raciocínio de estudiosos anteriores, o desenvolvimento do arroz de maturação precoce na China foi, em um sentido importante, resultado da introdução do arroz Champa. Além de ser uma variedade de maturação precoce, o arroz Champa tinha a vantagem de ser tolerante à seca e adequado para o plantio em "campos de terras altas". Se sua introdução promovesse o aumento contínuo de variedades de maturação precoce tolerantes à seca e adequadas para o cultivo em altitudes elevadas, essa seria uma conclusão lógica, mas, após a dinastia Song, as variedades de maturação precoce incluíam não apenas aquelas adequadas para terraços propensos à seca ou outros campos de terras altas, mas também variedades tolerantes à água mais adequadas para áreas úmidas baixas. Essas variedades de maturação precoce resistentes a inundações foram criadas a partir das variedades de arroz Champa resistentes à seca ou foram criadas a partir das variedades indígenas de maturação precoce tolerantes à água da China? Qual era a relação entre o arroz Champa e a variedade *huanglu*?

He Bingdi afirma que a evidência mais forte de que o arroz de maturação precoce não ocupava uma posição de destaque no cultivo de arroz chinês nos tempos antigos e na era feudal é o surgimento do termo *xian* (indica), que significava maturação precoce e que, por sua vez, estava associado à palavra *zhan*, no nome chinês do arroz Champa. Acredito que *xian* esteja relacionado a *zhan*, mas que *zhan* não se refere exclusivamente ao arroz Champa.

1184 Shigeshi Kato, *A Cultivo e Desenvolvimento do Arroz Champa na China* (edição japonesa). Ver *Pesquisa Textual sobre a História Econômica Chinesa* (edição chinesa), trad. Wu Jie, 3 vols. (Editora Comerical, 1973), pp. 183-196; He Bingdi, "Arroz de Maturação Precoce na História Chinesa," trad. Xie Tianzhen, *Arqueologia Agrícola*, nº 1 (1990): 119; Peter J. Golas, "A China Rural na Dinastia Song," *Journal of Asian Studies* 39, nº 2 (1980). Excertado em *Tendências das Pesquisas Recentes sobre a História da China*, nº 5 (1981): 5-6.

De fato, existem muitas variedades de maturação precoce chamadas *zhan* ou *xian* desde a dinastia Song, mas nem todas eram necessariamente arroz Champa. Nos dialetos falados do sul, *zhanmi*, ou arroz indica, refere--se ao arroz típico consumido nas refeições, em oposição ao arroz glutinoso usado para fazer vinho. Na verdade, ele é o equivalente ao que os nortistas chamam de arroz *geng* (粳).

Há várias palavras usadas para designar o arroz japônica. No norte, ele é chamado de *jing*, ou *geng* no sul (ambos escritos 粳), mas no chinês antigo, eles podem ter sido homófonos. No idioma Hakka, *geng* ainda é pronunciado como *jing*. O caractere *geng/jing*, para arroz japônica, significa literalmente "duro" e originalmente se referia ao arroz não pegajoso. O arroz pegajoso é chamado de arroz glutinoso. O arroz japonês e o glutinoso eram as duas principais categorias do arroz tradicional chinês, e o critério de classificação era pegajoso ou não pegajoso. As variedades pegajosas eram classificadas como arroz glutinoso e eram usadas principalmente para fazer vinho, enquanto as variedades não pegajosas eram classificadas como japônica e consumidas principalmente como parte de uma refeição.[1185]

Originalmente, o arroz Indica (*xian*) era simplesmente o nome usado em Jiangnan para se referir ao arroz japônica (*geng*).[1186] Em outras palavras, referia-se simplesmente ao arroz não pegajoso. Posteriormente, descobriu-se que o indica do sul era, na verdade, diferente do japônica do norte, em parte porque o formato do grão do indica era ligeiramente mais fino e afiado do que o grão curto e redondo do arroz japônica, e também porque não era tão saboroso quanto o japônica. Além disso, ele amadurecia mais cedo. Como resultado, mais tarde o *xian* passou a se referir não apenas ao arroz não glutinoso, mas também à forma longa e afiada e ao período de maturação precoce.[1187] É por isso que o *Registro de mudas de arroz* usa os

---

[1185] *Livro de Jin*, vol. 94, "Biografias Ocultas, Tao Yuanming." Tao Yuanming decretou no Condado de Pengze: "Todos os campos pertencentes ao governo que me foram designados devem plantar arroz glutinoso em Pengze, para que eu tenha vinho suficiente para beber frequentemente. Mas minha esposa e filhos constantemente me pedem para plantar arroz não glutinoso, então dou a eles um qing e cinquenta mu para plantar arroz glutinoso e cinquenta mu para plantar arroz não glutinoso."

[1186] Os dialetos dizem: "No Jiangnan, o arroz japonês (jing) é chamado de arroz índico (xian)." Ver "Jiyun," vol. 2.

[1187] [Dinastia Song do Sul] Luo Yuan, *Erya Yi*, vol. 1. Afirma: "Existe outra variedade de arroz chamada índica, que é menor que o japonês e não é glutinoso. É plantado bastante cedo. Hoje, é referido como arroz precoce, e o arroz japonês como arroz tardio. Su disse, 'geng 粳 (japônica) também é chamado de xian 籼 (indica).' Existe também um arroz nas áreas de Jiangsu e Zhejiang de hoje que tem grãos finos e é tolerante a inundações e secas. Ele amadurece cedo, mas tem um sabor áspero. É chamado de arroz Champa, porque foi introduzido do Reino de Champa."

nomes "indica precoce" e "japônica tardio" para diferenciar essas variedades do arroz glutinoso.

Zhan se referia ao arroz não glutinoso e era outro termo para *jing* (japônica) nos dialetos do sul, que é exatamente o mesmo que *xian*. O termo *zhan* surgiu após as dinastias Song e Yuan e tornou-se popular nas dinastias Ming e Qing. Ele era escrito como *zhan*, talvez como resultado da influência do arroz Champa. Jing e *xian* eram ambos próximos da pronúncia de *zhan* nos dialetos do sul, e o nome Champa era às vezes escrito como *jincheng* (金城, em vez de 占城 *zhancheng*) em algumas crônicas locais do sul quando o arroz Champa foi introduzido na China pela primeira vez para distingui-lo como uma variedade de arroz indica. Por exemplo, na lista das "primeiras variedades de arroz indica (*xian*)" encontrada no *Registro de mudas de arroz*, encontramos "arroz zhan precoce". Com o passar do tempo, mesmo quando o arroz *xian* e *zhan* foram distinguidos um do outro, as pessoas ainda continuaram a se referir ao indica como *zhan*. Por fim, o termo foi usado não apenas para o arroz Champa, mas também para o arroz *jing* (japonês) ou qualquer variedade não glutinosa, tornando-se o oposto de *nuo* (arroz glutinoso) na linguagem falada. O arroz Champa não era glutinoso e tinha um sabor "áspero". Como resultado, muitas crônicas locais confundiram o arroz *zhan* com o arroz Champa e chamaram todo o *jing*, ou arroz não glutinoso, por esse nome. Em suma, o arroz *zhan* (*zhanhe* ou *niandao*) não se referia ao arroz Champa[1188], mas sim ao arroz não glutinoso.

Na verdade, o arroz Champa só foi introduzido como uma variedade de maturação precoce tolerante à seca após a dinastia Song, quando começaram a surgir inúmeras variedades de maturação precoce. Quando elas apareceram em cena, já fazia um ou duzentos anos que o arroz Champa havia sido introduzido na China. Antes do arroz Champa, durante as dinastias Tang e até mesmo Wei do Norte, já havia uma variedade de maturação precoce tolerante à água, o *huanglu*, que tinha um período de crescimento mais curto, de sessenta a noventa dias, semelhante ao do *bairihuang*, arroz de sessenta dias, arroz de oitenta dias, indica de sessenta dias e indica de oitenta dias, entre outros.

Havia até variedades que herdavam não apenas as características do arroz *huanglu*, mas também seu nome, como *luhe* ou *liuhe* (escrito de várias maneiras diferentes em chinês) em Guangxi. Essas variedades foram desenvolvidas a partir da variedade *huanglu* cultivada nas dinastias Song e Yuan.

1188 You Xiuling, *Sobre a História da Produção de Arroz: Questões Sobre o Arroz Champa* (Editora de Ciências e Tecnologia Agrícola da China 1993), p. 167.

Algumas variedades de arroz de maturação extremamente precoce também foram provavelmente desenvolvidas a partir da variedade *huanglu*, embora seus nomes não estejam ligados a ela. Por exemplo, na *Crônica do Condado de Pujiang*, ela está ligada ao *tuoligui*[1189], uma variedade popular em muitas áreas durante as dinastias Ming e Qing. De acordo com os registros, o período de crescimento do tuoligui era de sessenta dias, e ele era frequentemente chamado de arroz de sessenta dias[1190], que é semelhante ao arroz *huanglu*, mas diferente do arroz Champa. Além disso, o *tuoligui* era resistente à água, o que lhe rendeu o nome de "fantasma na água" em alguns lugares[1191], o que também era semelhante ao arroz *huanglu*, mas diferente do arroz Champa. Por fim, a julgar pela aparência, o *tuoligui* tinha um awn.[1192] Isso também é semelhante ao *huanglu*, mas diferente do arroz Champa, pois o *huanglu* tem um *awn*, enquanto o arroz Champa não tem. Nos anos posteriores, havia muitos tipos de arroz primitivo que tinham um tolete, como o *liuyangzao* e o *ji'anzao*.[1193] É plausível que todos eles tenham se desenvolvido a partir do arroz Champa.

Juntamente com a introdução do arroz Champa tolerante à seca, as dinastias Song e Yuan viram o surgimento de muitas outras variedades de maturação precoce, incluindo o *huanglu* e outras variedades locais resistentes à água que compartilhavam algumas características exclusivas.

1189 Tuoligui também era chamado de wangligui, tuolihuang, wanglihui, gailihuang, zhuleihuang, suiligui e outros nomes. Era uma variedade de amadurecimento extremamente precoce, como observado no *Crônica do Condado de Wuyi*, Volume 3, "Produtos", no 37º ano do reinado de Kangxi (1698). O texto diz: "Foi nomeado assim porque amadurece logo após o transplante e o arado."

1190 19º ano do reinado de Jiajing (1540). *Crônica do Condado de Taiping*, vol. 3, "Produtos". O texto diz: "Suiligui também é chamado de arroz de sessenta dias."

1191 [Dinastia Qing] Li Yanzhang, *Urgindo a Cultivação da Terra em Jiangnan*, vol. 8, "Variedades de Arroz Precoces em Jiangnan." Ver Chen Zugui, ed., *Antologia da Herança Agrícola Chinesa, Categoria A, "Arroz, Parte 1"* (Companhia de Livros Zhonghua, 1958).

1192 [Dinastia Qing] Li Yanzhang, *Urgindo a Cultivação da Terra em Jiangnan*, vol. 12, "Métodos de Plantio de Arroz Precoce e Médio em Diversos Estados e Condados em Gaoyou nas Regiões Superior e Inferior do Rio em Jiangbei." O texto diz: "Existem três variedades comuns de arroz plantadas. Uma delas é o tuoligui, que tem poucas awns." (Veja Chen Zugui, ed., *Antologia da Herança Agrícola Chinesa, Categoria A, "Arroz, Parte 1"* (Companhia de Livros Zhonghua, 1958), p. 402.)
"Variedades Precoces em Jiangnan." Citado na *Crônica de Gaoyou*, que diz: "Existem três tipos de arroz precoce em Gaoyou, sendo um deles o tuoligui, que tem awn." (ibid)

1193 [Dinastia Ming] Song Yingxing, *A Exploração das Obras da Natureza*, vol. 1, "Grãos, Arroz." O texto diz: "Jiangnan tem uma variedade de arroz com awn longo, chamada liuyangzao. Outra variedade com awn curto é chamada ji'anzao."

PESQUISA HISTÓRICA SOBRE AS VARIEDADES DE ARROZ EM JIANGXI[1194]

O professor You Xiuling sustenta que a pesquisa sobre a história das variedades locais de arroz não só oferece uma visão das lições históricas dos usos dessas variedades, seus respectivos recursos, seu plantio de acordo com as condições e a demanda do solo e a exploração de seu potencial, mas também tem valor para a pesquisa sobre a evolução histórica do cultivo de arroz. Foi por essa razão que ele examinou a herança, as variações e as características de variedades de arroz na China a partir das escavações arqueológicas e dos registros documentais disponíveis.[1195] Como o escopo de seu estudo era nacional, os recursos de variedades de arroz em Jiangxi (especialmente sua origem e desenvolvimento inicial) raramente eram envolvidos e, na verdade, às vezes eram totalmente negligenciados. Este artigo tenta investigar a origem e o desenvolvimento inicial das variedades de arroz em Jiangxi a partir das evidências fornecidas em escavações arqueológicas e registros documentais como referência para a pesquisa sobre a história agrícola de Jiangxi.

1194 Este artigo foi publicado pela primeira vez na *Agricultural Archaeology*, nº 1 (1990): 166-171. A segunda parte foi publicada pela primeira vez na *Agricultural History of China*, nº 3 (1989): 46-54 (45). A terceira parte foi publicada pela primeira vez na *Ancient and Modern Agriculture*, nº 1 (1989): 33-40.

1195 You Xiuling, "Pesquisa Textual Histórica sobre Recursos de Variedades de Arroz na China," *Agricultural Archaeology*, nº 2 (1981), e nº 1 (1982).

1. A origem e o desenvolvimento inicial das variedades de arroz em Jiangxi

Origem

Com relação à origem do cultivo de arroz, atualmente a atenção está voltada principalmente para três regiões: a parte inferior do rio Yangtze, o sudoeste da China e o sul da China. Essas três áreas estão localizadas a nordeste, sudoeste e ao sul da província de Jiangxi. Com base na história mais recente, é evidente que Jiangxi pode ter introduzido sementes dessas áreas vizinhas, já que o sistema de água do Lago Poyang - Rio Gan tem sido uma importante rota de transporte norte-sul desde os tempos antigos. Talvez tenha sido por meio desse sistema hídrico que variedades estrangeiras de arroz criaram raízes em Jiangxi, mas também não é improvável que a origem das variedades de arroz de Jiangxi seja, na verdade, local.

No início da década de 1960, 151 restos de implementos agrícolas foram desenterrados em uma casa no sítio neolítico tardio de Paomaling, nas montanhas Xiushui, em Jiangxi. Esses restos incluem mais de 150 ferramentas agrícolas, como batedores, machados e facas, o que indica que a produção agrícola havia atingido um nível considerável na época. Mais importante ainda, cascas de arroz e palha misturadas com lama, datadas de cerca de 5.000 anos atrás, também foram descobertas no local. Embora a espécie desse arroz ainda não tenha sido identificada, os especialistas não duvidam de que se tratava de arroz cultivado.[1196] Nos últimos anos, sítios semelhantes foram encontrados em locais de relíquias do Neolítico tardio, como Xinquan, perto de Pingxiang, Chishan, Yinjinping, no condado de Yongfeng, Fanchengdui, no condado de Qingjiang, e Jiajian Shendun, entre outras cidades, todas datadas de aproximadamente 4.500 anos atrás. Recentemente, novas descobertas foram feitas em Wenchengfu, no condado de Hukou[1197], Shinianshan, na cidade de Xinyu[1198], e em outros locais.

Além dos vestígios dos primeiros locais de cultivo de arroz, também há evidências de uma ampla distribuição de arroz selvagem em Jiangxi. Já na década de 1950, uma grande área de arroz selvagem foi encontrada em

---

1196 Peng Shifan, "Visão Geral da Arqueologia Agrícola Pré-Qin em Jiangxi," *Agricultural Archaeology*, nº 2 (1985): 108.

1197 Yang Chiyu, "Restos de Agricultura Primitiva em Wencheng, Hukou, Jiangxi," *Agricultural Archaeology*, nº 1 (1988): 142–148.

1198 Liu Shizhong e Li Jiahe, "Restos de Agricultura Primitiva no Sítio de Shinianshan em Xinyu, Jiangxi," *Agricultural Archaeology*, nº 2 (1989): 126–130.

Dongxiang, Jiangxi, mas, infelizmente, não atraiu muita atenção naquela época. No final da década de 1970 e início da década de 1980, o Instituto de Pesquisa de Culturas da Academia de Ciências Agrícolas de Jiangxi (agora Instituto de Pesquisa de Arroz) e outras instituições realizaram pesquisas de campo sobre o arroz selvagem de Dongxiang, oferecendo algumas análises e identificação de suas características particulares. As conclusões tiradas em relação a suas características morfológicas e características exclusivas sugerem que o arroz selvagem de Dongxiang pertencia à espécie de arroz selvagem comum (o. s. L.F. spontanea). Os resultados da análise comparativa de plantas cultivadas em vasos demonstraram diferenças óbvias entre o arroz selvagem de Dongxiang e o arroz selvagem de Guangdong, Guangxi, Yunnan e outros lugares em suas características morfológicas, estágios de crescimento, morbidade do anão comum e qualidade.

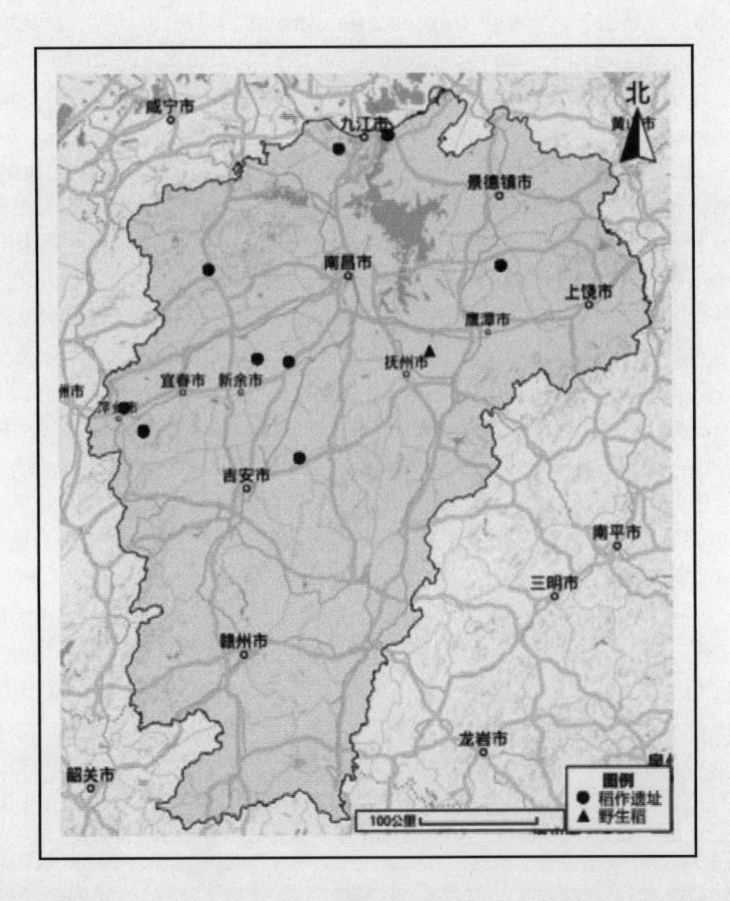

Distribuição dos vestígios do cultivo primitivo de arroz em Jiangxi

A análise das isoenzimas de esterase demonstra que o zimograma do arroz selvagem de Dongxiang é significativamente diferente do arroz selvagem de Hainan baimang, mas semelhante às antigas variedades cultivadas de Jiangxi, como *leping younianzi* e *shangrao chongyangnuo*. Esses resultados indicam que o arroz selvagem de Dongxiang era nativo de Jiangxi e estava intimamente relacionado ao antigo arroz cultivado na província.[1199] Os registros documentais também comprovam a ampla distribuição do arroz selvagem na história de Jiangxi. De acordo com o Jiangxi Chronicle, escrito durante o reinado de Guangxu, no outono do quinto ano do reinado de Jin Taikang Ocidental (284 d.C.), "o *yuzhangjiahe* germinou no sétimo mês". O mesmo texto também observa que "em Heshan, 50 li a noroeste do condado de Taihe, as pessoas tentaram plantar e cultivar jiahe durante a dinastia Tang, dando à variedade seu nome". Além disso, entre as muitas variedades de arroz cultivado em Jiangxi durante as dinastias Ming e Qing, variedades como *yenian*, *yehehong* e *yehebai* foram mantidas. Embora fossem arroz cultivado, é evidente pelos nomes que elas mantiveram as características do arroz selvagem, já que o caractere *ye* (野) no nome de cada uma dessas variedades significa "selvagem", embora também seja possível que fossem novas variedades locais formadas pela hibridização natural de variedades locais de arroz selvagem e cultivado. Na linguagem falada comum, o arroz selvagem era frequentemente chamado de *yehe*. Também foi comprovado que, na história de Jiangxi, o arroz selvagem não era apenas amplamente distribuído, mas também havia a possibilidade de usá-lo artificialmente.

A distribuição de arroz selvagem comum e a descoberta de restos de arroz cultivado nos primórdios confirma a possibilidade da origem local das variedades de arroz de Jiangxi, e que seu centro pode ter sido o Lago Poyang. O atual Lago Poyang está localizado na margem sul do Rio Yangtze, no norte de Jiangxi. É o maior lago de água doce da China, com uma área de 3.583 quilômetros quadrados. A escala moderna do Lago Poyang foi estabelecida após a dinastia Song. Antes disso, ele era chamado de Penglize e era muito menor do que é hoje. Isso leva à pergunta: alguns dos vestígios do antigo cultivo de arroz estão submersos sob o lago? Essa questão pode ser abordada por algumas evidências circunstanciais do desaparecimento de uma área da antiga Jiangxi, o condado de Yeyang. Algumas inferências também podem ser feitas a partir das condições históricas e geográficas ao redor do Lago Poyang. A planície de Poyang é uma planície aluvial e lacustre. Faz parte do curso médio e inferior do rio Yangtze, cobrindo uma área

---

1199 Pan Xigan e Rao Xianzhang, "Relatório sobre a Investigação e Caracterização do Arroz Selvagem em Dongxiang, Jiangxi," *Jiangxi Agricultural Science and Technology*, nº 7 (1982): 5.

de cerca de 20.000 quilômetros quadrados, a maior parte dos quais está 50 metros abaixo do nível do mar. Há muitos cursos d'água entrelaçados e inúmeros lagos na planície. Seu clima é subtropical úmido e suas temperaturas são altas. A área é rica em recursos de vida selvagem e desenvolvida para a agricultura, o que lhe deu a reputação duradoura de "a terra do peixe e do arroz". De acordo com a análise, o arroz japônica nos celeiros da área de fronteira, datado do Período dos Reinos Combatentes, era um grão de commodity. Na dinastia Han ocidental, "se o povo Yue quisesse fazer trocas, primeiro tinha que cercar seus campos, depois poderia acumular alimentos e grãos". Durante a dinastia Han Oriental, o condado de Haihun produziu 30.000 hectares de arroz para ajudar Wancheng durante uma crise de fome. Hoje, a planície de Poyang ainda é uma das bases de grãos de commodities da China, fornecendo metade dos grãos de commodities para toda a província. A atividade humana existe na área desde os tempos antigos. No início da década de 1960, os arqueólogos descobriram restos humanos na caverna Xianren, datados de 8.000 a 10.000 anos atrás, no condado de Wannian, Jiangxi. As ferramentas de pedra, os ossos e a cerâmica descobertos no local indicam que os habitantes daquela época haviam alcançado o estágio de agricultura de corte e queima. Alguns argumentaram que as pessoas que habitavam as cavernas de Xianren se dedicavam ao cultivo de arroz, com base nas ferramentas de concha desenterradas no local.[1200] As ferramentas de concha eram usadas como arados para arrancar o solo ou como foices para colher as panículas de grãos. Se essa inferência estiver correta, a história do arroz de Jiangxi pode ser rastreada até 10.000 anos atrás, no início do período neolítico.

É difícil concluir que espécie de arroz era cultivada no período neolítico sem identificação, mas a situação é análoga à do arroz escavado em sítios no curso médio do rio Yangtze, que datam de um período semelhante ao do sítio de Shanbei. Em 1955, três sítios neolíticos com restos de arroz cultivado foram descobertos em Qujialing, em Jingshan, Shijiahe, em Tianmen, e Fangyingtai, em Wuchang, Hubei. Os espécimes desses locais foram identificados por Ding Ying como arroz japônica, e todos eles eram variedades de grãos relativamente grandes.[1201] Com base nessa inferência, o arroz cultivado em Jiangxi de 4.000 a 5.000 anos atrás provavelmente também é um tipo de arroz japônica (o.s. subsp. geng). De acordo

---

1200 Li Runquan, "Sobre a Origem da Agricultura de Arroz na China." Citado em *Research Office of the South China Agricultural College*, *Agricultural History Studies*, vol. 5 (Pequim: Editora de Agricultura da China, 1985), p. 161.

1201 Ding Ying, "Uma Investigação das Cascas de Arroz em Solo Vermelho Queimado Datado do Período Neolítico na Planície de Jianghan," *Acta Archaeologica Sinica*, no. 4 (1959).

com Chen Wenhua e minhas próprias observações das fotos dos vestígios de arroz desenterrado em Hukou, o arroz cultivado também se assemelhava a um arroz japônica de grão curto e redondo. A situação real deve ser analisada e identificada de acordo com os grãos desenterrados. De acordo com Jiang Wenzheng, um pesquisador da Academia de Ciências Agrícolas de Jiangxi, o Dongxiang tinha características duplas que permitiam que ele fosse cruzado com o arroz indica e com o arroz japônica, dando-lhe uma forma robusta. Visto sob essa perspectiva, não é por acaso que o primeiro arroz cultivado parece ser do tipo japônica.

Se o arroz cultivado em Jiangxi, datado de 4.000 a 5.000 anos atrás, fosse de fato arroz japônica, ele não teria mudado significativamente nos 2.000 a 3.000 anos seguintes. Durante as dinastias dos Estados Combatentes, Qin e Han, o arroz cultivado em Jiangxi era arroz japonês. Em 1975, dois grandes celeiros dos Estados Combatentes foram descobertos nas margens do rio Gan, no vilarejo de Yuanjia, Jiebu, condado de Xingan. Uma grande quantidade de grãos foi acumulada nos celeiros, com uma profundidade de 0,3 a 1,2 metros. Foi identificado como arroz japônica pelo Departamento de Agricultura da antiga Universidade Comunista do Trabalho da Província de Jiangxi (Universidade Agrícola de Jiangxi). Em 1980, Zhou Jiwei, da Academia de Ciências Agrícolas de Yunnan, reexaminou o arroz desenterrado dos celeiros do Período dos Reinos Combatentes e confirmou preliminarmente essa conclusão. Algumas cascas de arroz também foram encontradas em um depósito de cerâmica desenterrado de uma tumba da Dinastia Han Oriental no condado de Nanchang. De acordo com uma investigação mais aprofundada do local, elas eram da espécie de casca nua. A análise genética realizada pela Academia de Ciências Agrícolas de Yunnan das espécies de casca nua na região de Yunnan atualmente sugere que o arroz de casca nua ainda é uma variedade de arroz japônica.[1202]

Desenvolvimento

Antes da dinastia Song, havia poucos registros focados especificamente em variedades de arroz. Os documentos existentes incluem principalmente o texto da dinastia Jin, *História da Miscelânea*, de Guo Yigong, e *Competências Essenciais para Beneficiar o Povo*, escrito por Jia Sixie durante a dinastia Wei do Norte. Cerca de quarenta variedades estão registradas nesses dois livros. Para determinar quantas delas têm conexão com Jiangxi, é necessária uma análise mais aprofundada dos dois textos.

1202 Luo Jun et al., "Estudo sobre a Relação Entre os Modelos Guangke e Javaneses," *Yunnan Agricultural Science and Technology*, no. 4 (1984): 2.

Competências Essenciais para Beneficiar o Povo cita *História da Miscelânea,* dizendo: "Há o arroz *huzhang*, o arroz *zimang*, o arroz *chimang* e o arroz *baimi*. No sul, há o arroz *chanming*, que amadurece no sétimo mês. O arroz branco *Gaixia* é plantado no primeiro mês e colhido no quinto. Depois de colhido, seus caules e raízes se regeneram e amadurecem novamente no nono mês. O arroz *Qingyu* amadurece no sexto mês, e o arroz *leizi* e *baihan* amadurecem no sétimo mês. Três tipos de arroz japônica são grandes, com meio *cun* de comprimento, e vêm de Yizhou. Eles são chamados de *wujing*, *heirang*, *qinghan* e *baixia*". O período de maturação dessas variedades era geralmente no sexto ou sétimo mês, sendo o mais precoce no quinto mês. Somente o arroz regenerado chegava até o nono mês. De acordo com a classificação posterior de arroz precoce e tardio, parece que o arroz precoce era o tipo principal. *Incentivando a Colheita do Arroz Precoce no Campo Ocidental no Nono Mês do Ano Cíclico Gengxu* é o título de um poema do poeta pastoral da Dinastia Jin Oriental, Tao Yuanming. O poema é o primeiro documento em que o termo "arroz precoce" aparece, mas o título afirma claramente que ele foi colhido "no nono mês", o que é contraditório. De acordo com os padrões usados pelas gerações posteriores, o arroz precoce deveria amadurecer no sexto e no sétimo mês. O arroz que amadurece no oitavo mês é chamado de arroz médio, e o que amadurece no nono ou décimo mês é o arroz tardio. Portanto, o arroz colhido no nono mês lunar deve ser o arroz tardio, não o arroz precoce. Por esse motivo, o "arroz precoce" mencionado no título do poema deve ser entendido como a variedade de maturação precoce do arroz tardio. É evidente que não havia arroz de safra dupla, apenas de safra simples, e do arroz de safra simples, havia apenas arroz tardio de safra simples. Isso era semelhante ao arroz selvagem, pois só havia arroz selvagem tardio e nenhuma variedade precoce. Tao Yuanming era de Chaisang, Jiangzhou (hoje Jiujiang, Jiangxi). No sexto ano do reinado de Yixi (410 d.C.), quando tinha 46 anos de idade, Tao viveu em reclusão em Lili (condado de Xingzi, Jiangxi), de modo que o poema de Tao pelo menos indica que aparentemente não havia variedades de arroz amadurecendo por volta do sétimo mês nas proximidades de Xingzi, Jiujiang, Jiangxi, durante a dinastia Jin Oriental. Também é possível que as variedades de "arroz chanming" do sul registradas na *História da Miscelânea* não estivessem relacionadas a Jiangxi. O estudioso japonês Shigeshi Kato afirma que "o sul" aqui se refere à área de Lingnan. Entretanto, há de fato variedades de *chanming* registradas em crônicas locais de Jiangxi durante as dinastias Ming e Qing. Esse tipo de arroz *chanming* também era conhecido por *liushi'er zhan*, *liangyue zao*, *xiliwang*, *jiugongji* e outros nomes. Independentemente de serem todos da mesma variedade ou não, seu período de crescimento era praticamente o mesmo, e todos eram variedades precoces. Uma canção infantil de Jiangxi dizia: "As cigarras cantam, e é hora da colheita antecipada. O senhor pode colocar os descascadores para moer o novo grão". O arroz *Chanming* (literalmente "canto da cigarra") foi provavelmente introduzido em Jiangxi vindo da área vizinha de Lingnan após a Dinastia Jin Oriental, provavelmente junto com o arroz Champa na Dinastia Song, ou talvez, como sugere o texto Variedades de Arroz da Dinastia Ming de Huang Xingceng, ele próprio era uma variedade do arroz Champa.

Além de variedades como *chanming*, *huzhang*, *zimang* e *chimang*, as variedades de arroz listadas no *História da Miscelânea* parecem não ter nada a ver com *Lingnan*, sendo cultivadas principalmente em áreas de cultivo de arroz em ambos os lados do rio Yangtze, o que naturalmente incluía Jiangxi. *Zimang* e *chimang*, que significam, respectivamente, *awn* roxo e vermelho, são exemplos da tendência das variedades de arroz locais anteriores à introdução do arroz Champa de ter *awn* de cores diferentes.[1203] *Zimang* e *chimang* foram, obviamente, incluídas entre as variedades com *awn*.

Mais tarde, nas dinastias Ming e Qing, os nomes dessas variedades ainda eram mencionados em relação a Jiangxi. De acordo com o Crônica do Condado de Wuyuan e o *Espectro de Qunfang*, o *chimang* e o *zimang* parecem ter sido arroz tardio, e o chimang era um arroz japonês. Em geral, porém, as variedades de arroz mencionadas na *História da Miscelânea* tinham pouco a ver com Jiangxi.

As variedades mencionadas em *Competências Essenciais para Beneficiar o Povo* merecem uma investigação mais aprofundada. Ele registra: "*Huangweng, huanglu, qingba, yuzhangqing, weizi, qingzhang*, feiqing, chijia, *wuling, daxiang, xiaoxiang, baidi* e *guhui* são todos arrozes de uma única estação. *Shu* e *shudaomi*, tipos de arroz glutinoso, geralmente são considerados arroz selvagem, mas esse não é o caso. *Jiuheshu, zhimushu, dahuangshu, tangshu, mayashu, changjiangshu, huichengshu, huangbanshu, fangmanshu, hupishu* e *huinaishu* são todos tipos de arroz". A lista inclui um total de 24 variedades, dentre as quais seis são dignas de nota. A primeira é o *yuzhangqing*, que obviamente se originou em Yuzhang (atual Nanchang, Jiangxi). De acordo com *a Crônica do Condado de Nanchang*, datada do reinado de Tongzhi, "o arroz com uma coroa era *qingzhan*". Se esse *qingzhan* estiver se referindo ao arroz *qing*, então o *yuzhangqing* provavelmente era uma variedade de arroz não glutinoso com uma coroa. A segunda variedade digna de nota é o arroz *huanglu*, que foi

---

1203 Zeng Shuji, "Registro Anotado das Mudas de Arroz," *História Agrícola da China*, no. 3 (1985): 74.

pronunciado de forma semelhante ao arroz *huanglu* (conhecido por várias formas escritas diferentes para o lu/lü/liu no nome), que foi amplamente plantado ao redor do rio Yangtze após as dinastias Song e Yuan, conforme registrado no *Tratado Agrícola de Chen Fu*, no *Tratado Agrícola de Wang Zhen* e no *Registro de Muda*s de Zeng Anzhi. Era uma variedade de amadurecimento precoce com uma coroa, muito adequada para o plantio em campos à beira de lagos. Durante as dinastias Song e Yuan, os agricultores frequentemente observavam que "depois do solstício de verão, da menor plenitude e do grão na espiga, quando a inundação já passou, o arroz *huanglu* pode ser plantado em campos à beira de lagos" e que "o arroz *huanglu* precisa de apenas sessenta dias entre o plantio e a colheita, portanto, pode escapar da inundação". Como o nome usado aqui é pronunciado de forma semelhante ao arroz *huanglu* mencionado em *Competências Essenciais para Beneficiar o Povo*, algumas pessoas acreditam que houve um erro quando o nome da variedade foi transcrito dos registros do sul para os do norte.[1204] A terceira variedade digna de nota é a *changjiangshu*, uma variedade de arroz glutinoso que se originou em uma seção específica da bacia do rio Yangtze. Durante a dinastia Tang, o poeta Li He escreveu: "o arroz *changqiangjiang* está maduro". O *Dicionário Kangxi* observa que o arroz *changqiang* é "um arroz jiang com grãos semelhantes a jade que está espalhado por toda Jiangnan". O professor You Xiuling argumentou que poderia ser um tipo de arroz glutinoso indica de grãos longos e finos.[1205] Durante o reinado de Tongzhi, a *Crônica do condado de Longquan* registrou: "O arroz glutinoso é chamado de arroz jiang nas províncias do norte". É possível que o arroz jiang aqui seja o mesmo que o changjiangshu mencionado em *Competências Essenciais para Beneficiar o Povo*. A quarta e a quinta variedades dignas de atenção são *mayashu* e *hupishu*. A origem desse par de variedades é desconhecida, mas ambas foram amplamente cultivadas em Jiangxi durante as dinastias Ming e Qing. De acordo com o registro na Crônica do Condado de Xinjian, datada do reinado de Tongzhi, "*mayashu* é arroz branco glutinoso sem palha", que "amadurece no oitavo ou nono mês", enquanto o "*hupishu* é um arroz branco sem casca e amadurece no sexto ou sétimo mês", o que o torna um arroz precoce. Entretanto, em *Variedades de Arroz* e *Tratado de Botânica*, está registrado que ele foi "plantado no quarto e quinto mês e colhido no décimo", o que faz do *hupishu* também uma variedade tardia. Além dessas variedades, a *chijia* também merece

---

1204 Cao Shuji, "Registro das Mudas de Arroz e Seu Autor," *História Agrícola da China*, no. 3 (1984): 84.

1205 You Xiuling, "Um Estudo Textual Histórico sobre os Recursos de Variedades de Arroz na China," *Arqueologia Agrícola*, no. 2 (1981), e no. 1 (1982).

destaque. Tomado literalmente, seu nome indica que provavelmente foi o antecessor do arroz de casca vermelha plantado nas dinastias Ming e Qing.

É evidente que algumas das variedades mencionadas *Competências Essenciais para Beneficiar o Povo* estavam relacionadas àquelas encontradas em Jiangxi. Além disso, a obra divide as variedades de arroz em duas categorias, não glutinoso (粳 *jing* ou *geng*) e glutinoso (秫 *shu*), sendo treze classificadas como não glutinosas e onze como glutinosas. Antes das dinastias Wei e Jin, o arroz glutinoso era chamado de *shu*. Durante muito tempo, o arroz não glutinoso (粳 *jing* ou *geng*) foi usado principalmente como alimento, enquanto o arroz glutinoso era usado para fazer vinho. Quando Tao Yuanming era magistrado do condado de Pengze, "ele ordenou que os campos públicos plantassem arroz glutinoso, mas sua esposa pediu que ele plantasse arroz não glutinoso, então ele alocou dois *qing* cinquenta mu para plantar arroz glutinoso e cinquenta mu para cultivar japônica."[1206] Isso prova que, durante a dinastia Jin Oriental, as variedades de arroz de Jiangxi incluíam uma divisão clara entre arroz não glutinoso e arroz glutinoso, com base em suas diferentes qualidades e usos. Esse padrão de classificação tornou-se um dos principais usados na categorização das variedades de arroz em Jiangxi.

Algumas menções a variedades de arroz da dinastia pré-Song estão espalhadas em outros textos, juntamente com *História da Miscelânea* e *Competências Essenciais para Beneficiar o Povo*, muitos dos quais merecem uma investigação mais aprofundada quando se busca a origem das variedades de arroz de Jiangxi. Guanzi, "Pessoal de terra" registra os nomes de três variedades, *leihe*, *lingdao* e *baidao*. O professor You Xiuling verificou, com base nos textos, que *leihe* era uma variedade de panícula densa. No texto da dinastia Song de Zeng Anzhi, "Registro de mudas de arroz", há registros de *huangpuleihe* precoce, *tuleihe* tardio e *guleinuo* glutinoso tardio. O caractere usado na *Crônica do Condado de Taihe* para lei era um homófono para o caractere tipicamente usado em *leihe*, que é semelhante ao encontrado na frase de Lu You, "*Leisan*, um tipo de arroz pérola, foi cozido". Portanto, não depois da dinastia Song, já havia variedades de panículas densas em Jiangxi. Isso pode ser confirmado pelas linhas de Lu Jiuyuan, um nativo de Jinxi que viveu durante a Dinastia Song do Sul. Ele escreveu: "No manejo do campo da minha família, eu sempre usava uma enxada grande e longa, capinando duas vezes a uma profundidade de dois *chi*, um *chi* e meio fora do quadrado para permitir que as mudas crescessem. Quando havia uma longa seca, o campo era profundo e não secava se fosse deixado sozinho. Outros lugares contam os grãos nas espigas, e cada espiga tem oitenta ou noventa

---

1206 *História da Dinastia Song*, "Biografia de Tao Yuanming."

grãos no máximo, e trinta ou cinquenta no mínimo. Quando contamos os grãos em cada espiga aqui, há pelo menos 120 e no máximo duzentos. A colheita por mu era várias vezes maior do que em outros lugares. Esse é o método de lavoura profunda e fácil."[1207] Durante as dinastias Ming e Qing, havia variedades mais densas, como 'trezentos grãos' ou 'três mil espigas'.

O escritor da dinastia Tang, Yin Zhizhang, disse: "*Lingdao* é chamado de *lushengdao*", que mais tarde foi chamado de arroz de terras altas ou *ludao*. O nome *lingdao* foi preservado em Jiangxi. A *Crônica do Condado de Fengcheng* registrou, durante o reinado de Jiaqing, da dinastia Qing, que "o arroz Indica era classificado como arroz precoce e o japônica como arroz tardio. Liushugu diz: 'É o mesmo tipo de planta cultivada em terra [seca], e é chamada de *lu dao*". O *Livro dos Ritos* diz: "Pode-se acrescentar carne picada frita ao *ludao*". Hoje ele é chamado de arroz de sequeiro, e essas são variedades precoces e tardias". A *Crônica do Condado de Ruijin* registrou durante o reinado de Guangxu: "Há uma espécie que cresce na encosta da montanha chamada *linghe* ou *hanhe*, ambas são arroz glutinoso". As características do arroz de terras altas eram que ele era resistente à seca e podia ser cultivado em áreas montanhosas onde a água era escassa. O livro *Exploração das Obras da Natureza*, "Grãos" aponta claramente: "Quando o arroz fica sem água por dez dias, ele morre. A imagem do arroz de terras altas é que ele é um arroz não glutinoso de grão redondo, não pegajoso, e pode ser plantado nas montanhas". De acordo com estatísticas incompletas das crônicas locais de Jiangxi, pelo menos vinte condados plantaram arroz de terras altas em Jiangxi durante as dinastias Ming e Qing.

De acordo com o professor You Xiuling, *baidao* era uma variedade de arroz indica de grão longo que era comumente cultivada nos tempos antigos.[1208] Essas variedades foram cultivadas em Jiangxi durante a dinastia Song. No *Registro de Mudas de Arroz*, duas variedades de arroz *geng* são listadas, a variedade inicial de arroz branco do sexto mês e a variedade tardia de arroz branco do oitavo mês, e há variedades iniciais e tardias de arroz "glutinoso branco". *Baidao* (que significa arroz branco) era o nome geral de um grupo que incluía essas variedades, mas era diferente de *baizhan*, um tipo de arroz Champa introduzido após a dinastia Song. Durante a Dinastia Song do Sul, o texto de Ouyang Shoudao *Discutindo um Livro Político* com Wang Jizhou registra: "No ano passado, o preço oficial estabelecido foi de oito *qian* por um *sheng* de *baizhan*. As pessoas ficavam feli-

---

1207 [Dinastia Song do Sul] Lu Jiuyuan, *Obras Completas de Lu Jiuyuan*, vol. 34, "Citações, Parte 1."

1208 You Xiuling, "Pesquisa Textual Histórica sobre os Recursos de Variedades de Arroz na China," *Arqueologia Agrícola*, nº 2 (1981), e nº 1 (1982).

zes ao receber *baizhan*, mais do que ao receber *baidao*, então por que não o cortar assim?"[1209] De acordo com estatísticas incompletas das dinastias Ming e Qing, a província tinha mais de vinte variedades de *baidao*.

Durante as dinastias Wei, Jin, e Norte e Sul, algumas variedades excepcionais surgiram em Jiangxi. O *Registro de Ancheng*, de Wang Fu, diz: "No condado de Ancheng, a trinta li de Maoting, os campos são ricos, e o arroz é perfumado e parecido com gelatina". O condado de Ancheng foi estabelecido no segundo ano do reinado de Baoding de Wu Oriental durante o período dos Três Reinos (267 d.C.) e posteriormente dividido em Yuzhang, Luling, Changsha e outros condados. Sua sede de governo era Pingdu (atualmente a sudeste do condado de Anfu, Jiangxi). O livro *Com os Cortesãos*, de Wei Wendi, afirma que "Jiangbao era a única parte de Changsha que tinha bom arroz. E por que ele era melhor do que o arroz de Xincheng? Porque o senhor podia sentir sua fragrância a oito quilômetros de distância quando o vento soprava". Algumas pessoas suspeitam que o bom arroz de Changsha era o arroz perfumado de Ancheng. Na área da montanha Heqiao, no condado de Wannian, havia um tipo de arroz cujos grãos cresciam e eram tão brancos quanto jade, além de serem perfumados e macios. Quando o governo tomou conhecimento desse tipo de arroz, foi emitido um decreto declarando que ele deveria ser "cultivado de geração em geração e usado para pagar o imposto anual", por isso foi chamado de *gongmi* ("arroz tributo"). O surgimento dessa variedade fina deu a Wannian uma reputação duradoura. No *Produção de Jiangxi* (Manual da Assembleia Geral), lemos: "Jiangxi é conhecido há muito tempo como um condado de peixes e arroz, e o arroz de Wannian é excepcionalmente bom". Durante as dinastias do norte e do sul, Jiangxi tornou-se uma importante área de suprimento de alimentos. O Registro de Yuzhang, de Lei Cizong, registra: "Há ótimos legumes e arroz, levando a essência de todos os outros lugares" e "A época da colheita era o momento para negócios e viagens". De acordo com a História da Dinastia Sui, "Crônica de Alimentos e Produtos", havia celeiros em Longshou "ao lado dos de Yuzhang, e há celeiros em Diaoji e fora de Qiantang, e eles são usados para armazenamento". Os celeiros de Yuzhang e Diaoji ficavam ambos em Jiangxi, perfazendo dois terços do total, o que também estava diretamente ligado às excelentes variedades de arroz cultivadas em Jiangxi na época.

Após as dinastias Sui e Tang, o centro econômico se deslocou para o sul e a produção de arroz no sul também se desenvolveu. Consequentemente, as variedades de arroz da região também devem ter se desenvol-

---

1209 [Dinastia Song do Sul] Ouyang Shoudao, *Coleção Xun Zhai*, vol. 4, "Discutindo um Livro Político com Wang Jizhou."

vido, mas a falta de textos agrícolas datados desse período significa que as tendências de desenvolvimento da época não estão bem refletidas na literatura. O professor You Xiuling coletou dez nomes de variedades de arroz encontrados na poesia Tang, incluindo *baidao*, *xiangdao* (*xiangjing*), *honglian*, *hongdao*, *huangdao*, *zhangyadao*, *changqiang*, *zhudao*, *shuangdao* e *baya*.[1210] Essas variedades refletiam a situação das variedades de arroz na Bacia do Rio Yangtze durante a Dinastia Tang. Embora não seja certo que todas elas tenham sido cultivadas em Jiangxi durante a dinastia Tang, todas aparecem em documentos relevantes após a dinastia Song. Por exemplo, em *Registro de Mudas de Arroz*, encontramos nomes como *maxianghe* ou *bayuehe*. Durante as dinastias Ming e Qing, havia ainda mais nomes, como *zhuzidao*, *baya*, *huanghe*, *honghe* e *xianghe*, encontrados em crônicas locais de Jiangxi. Tomando o *zhudao* como exemplo, a *Crônica Xin'an* de Song Chunxi diz: "O arroz *Zhuzi* é redondo como contas". Era uma variedade de arroz japônica tardia. Na dinastia Song, o condado de Xin'an incluía o atual condado de Wuyuan, em Jiangxi. Outras menções ao arroz *zhuzi* aparecem na *Crônica do Condado de Wuyuan*, datada do reinado de Guangxu na dinastia Qing. *Baya* foi mencionada já na dinastia Song na frase de Zeng Gong "centenas de qing de *baya* e *ginseng* amarelo"[1211], escrita quando ele visitou as montanhas Magu em Nancheng. Liu Yan descreveu Yuzhang com estas palavras: "Quando há dez mil *qing* de nuvens amarelas, é hora de colher o *baya*."[1212] A variedade *zhangyadao* não é encontrada nos registros das dinastias Ming e Qing, mas havia muitas variedades que incluíam o dente (*ya*) de algum animal em seus nomes, como *maya* (dente de cavalo), *niuya* (dente de boi), *shuya* (dente de rato), *xiangya* (dente de elefante), *longya* (dente de dragão), *maoya* (dente de gato) e assim por diante.

Algumas variedades de arroz de boa qualidade surgiram em Jiangxi durante a dinastia Tang. O *Hongzhudao*, que era produzido em Nancheng, Jianchang e outros lugares, tornou-se um arroz de tributo. O *Hongzhudao* também era chamado de *chizhugeng*, do qual foi dito na *Crônica de Xijiang*, datada do reinado de Kangxi, que "é vermelho puro e firme". Durante a dinastia Song, foi produzido outro tipo de arroz de tributo, o arroz *yinzhu*. Além disso, no início da dinastia Tang, Raozhou, em Jiangxi, pagava tributo em arroz japônica todos os anos e se tornou uma das áreas de base do suprimento nacional de alimentos. Suspeita-se que o arroz tributo de Rao-

---

1210 You Xiuling, "Pesquisa Textual Histórica sobre os Recursos de Variedades de Arroz na China," *Arqueologia Agrícola*, nº 2 (1981), e nº 1 (1982).

1211 [Dinastia Song] Zeng Gong, *Roteiro Categoriza do Yuanfeng*, vol. 3, "Viagens nas Montanhas Magu."

1212 [Dinastia Song do Norte] Liu Yan, *Obras Completas de Liu Yan*, vol. 1.

zhou era a mesma variedade que mais tarde ficou conhecida como raonian. Essa variedade também era conhecida como *xiangyunzhan*, *dahemizhan*, *dahegu* e *xianghe*, entre outros nomes. De acordo com as crônicas locais em Jiangxi que datam da dinastia Qing, as características comuns dessa variedade incluíam grãos limpos, perfumados, pegajosos e escorregadios. Os grãos eram de um branco puro e especialmente doces, e eram usados principalmente para fazer bolos ou doces. Semeado em meados do verão e colhido no outono, era um arroz japonês de estação tardia. Durante as dinastias Ming e Qing, essa variedade era cultivada com frequência em Jiangxi.

Conclusões

Essas variedades que foram cultivadas após a dinastia Song servem como referência para a investigação das origens das variedades de arroz de Jiangxi, juntamente com a história de seu desenvolvimento inicial. Algumas conclusões preliminares podem ser tiradas. 1) As variedades de arroz de Jiangxi tiveram uma origem local, o que não exclui influências externas importantes. 2) Aparentemente, as primeiras variedades de arroz eram predominantemente de arroz japônica, o que não exclui a presença de algum arroz indica. 3) As primeiras variedades de arroz aparentemente eram predominantemente arroz tardio, o que não exclui a presença de algum arroz precoce. 4) Havia variedades glutinosas e não glutinosas. 5) Havia muitas variedades excelentes.

2. Mudanças no cultivo de arroz de Jiangxi durante a dinastia Song

O estudo do arroz de Champa é um tópico de grande interesse para estudiosos chineses e estrangeiros. O arroz Champa tem sido muito elogiado pelos acadêmicos, e You Xiuling e Chen Zhiyi ofereceram uma visão geral sobre ele.[1213] Suas três principais observações são que a introdução e a disseminação do arroz Champa 1) foi uma oportunidade para o desenvolvimento do sistema de cultivo duplo e triplo da China, 2) levou à prevalência do arroz Indica e ao cultivo precoce do arroz ao sul das áreas dos rios Yangtze e Huai, e 3) foi o início do cultivo do arroz Indica, ou pelo menos o grande responsável por sua introdução e disseminação na China. Após o início da década de 1980, essas conclusões começaram a ter impacto. Em 1983, o senhor Xiuling publicou um artigo intitulado "Perguntas sobre o arroz Champa", no qual argumentava que o desenvolvimento da produção agrícola chinesa na dinastia Song, especialmente o arroz de dupla safra e dupla estação (que, na verdade, não cobria uma área muito grande) em Jiangnan, trouxe um aumento notável na produção de grãos. Ao analisar as razões para isso, fica evidente que a introdução do arroz Champa foi um fator importante, mas não deve ser exagerado a ponto de eclipsar outras variedades de arroz e várias culturas alimentícias, como trigo, painço e legumes. Em 1984, Chen Zhiyi publicou seu artigo "Sobre o arroz Champa". Embora contradiga seu artigo em alguns aspectos, sua avaliação do arroz Champa é consistente com a sua visão.

Houve vários outros estudos, em sua maioria de natureza mais macro, e discussões sobre o assunto, o que explica a divergência de pontos de vista na avaliação do arroz de Champa. Em *Perguntas sobre o Arroz Champa*, o professor You ressalta que a produção agrícola era um sistema muito complexo, regido tanto pelo ambiente natural quanto pelas condições sociais. O papel de qualquer fator específico, como a variedade, só pode ser visto dentro do contexto do sistema como um todo. Nesse espírito, este artigo tem como objetivo investigar o desempenho do arroz Champa em Jiangxi a partir da perspectiva da história das variedades de arroz em Jiangxi e das condições naturais e socioeconômicas da província, em um esforço para oferecer uma avaliação do arroz Champa com base em fatos.

1213 You Xiuling, "Questões sobre o Arroz Champa," *Arqueologia Agrícola*, nº 1 (1983); Chen Zhiyi, "Sobre o Arroz Champa," *História Agrícola da China*, nº 3 (1984).

Variedades de arroz em Jiangxi antes da mudança

A dinastia Song foi um ponto de virada no desenvolvimento das variedades de arroz em Jiangxi. Com a popularização do arroz Champa e a mudança no sistema agrícola, houve uma grande mudança nas variedades de arroz cultivadas na província. Essa mudança está refletida no livro *Registro de Mudas de Arroz*[1214], que foi escrito durante o reinado de Yuanyou na dinastia Song (1086-1093).

Registro de Mudas de Arroz foi escrito por Zeng Anzhi, natural de Taihe, Jiangxi. Taihe fazia parte de Jizhou e era uma importante área produtora de arroz em Jiangxi. O prefácio do *Registro de Mudas de Arroz* diz: "A terra de Jiangnan é fértil, e as pessoas vivem da agricultura. O lado oeste é a melhor localização, e as pessoas trabalham duro e obtêm maiores lucros com a colheita. O grão é transportado por água para pagar um tributo anual de um milhão de *hu*, dos quais sessenta ou setenta por cento do que é transferido produz bons resultados. Tudo isso foi relatado ao oficial do condado. Entre a primavera e o verão, no Lago Jing, em Huaidian, o novo e o velho não continuavam, e era difícil para as pessoas conseguirem comida, enquanto os comerciantes ricos iam até lá de barco ou caminhão. Aqueles que passavam pelo lago mal podiam contar sua fortuna. Na verdade, quase metade do mundo entrou em decadência, e isso é demais para suportar." De acordo com História dos Song, "Alimentos e Produtos" e *Notas sobre uma discussão em Mengxi*, Jiangxi produzia mais de 1,2 milhão de *dan* de arroz por ano. Desses 1,2 milhão de *dan*, Luling exportou 400.000 *dan*, representando um terço. No início da dinastia Song do Sul, Li Zhengmin escreveu: "Os condados de Jiangxi sempre foram conhecidos por serem ricos, especialmente a terra de Luling, que é muito fértil. Mil li de terra argilosa são cobertos por arroz geng (não glutinoso), e 400.000 *dan* são exportados todos os anos. Há muitos barcos para transportá-lo. A corte depende do arroz japônica para se sustentar."[1215] O *Registro de Mudas de Arroz* registra as variedades cultivadas em Jitai naquela época, o que representa Jiangxi como um todo.

> *Doze variedades de arroz japonês precoce: daohe, chimizhanhe, wuzaohe, xiaochihe, guishenghe, huangguzaohe, liuyuebai, huangpuleihe, hongtaoxianhe, dazaohe, nu'erhonghe, zhumaxianghe.*

1214 O material citado de *Registro de Mudas de Arroz* nesta seção foi retirado de Cao Shuji, "Registro Anotado de Mudas de Arroz," *História Agrícola da China*, nº 3 (1985).

1215 [Dinastia Song do Sul] Li Zhengmin, *Coleção Dayin*, vol. 5, "Para o Oficial de Transporte de Wu."

Dez variedades de arroz glutinoso precoce: daobainuo, huangnuo, zhuzhinuo, qinggaonuo, bainuo, qiufengnuo, huangzhinuo, chidaonuo, wunuo, jiaopinuo Oito variedades de arroz japonês tardio: zhumaxianghe, bayuebaihe, tuleihe, ziyanhe, dahuanghe, miguwuhe, aichijinghe, daohe.
Doze variedades de arroz glutinoso tardio: huangzhinuo, aigaonuo, longzhuanuo, matinuo, bainuo, dajiaonuo, dawunuo, xiaojiaonuo, dagunuo, qinggaonuo, guleinuo, zhuzhinuo.
Duas variedades de arroz precoce: zaodaohe, zaonuohe Duas variedades de arroz tardio: chilunuo, wuzinuo.

Além disso, em *Registro de Mudas de Arroz*, "Três Diálogos", também há menção a *huangluhe, baiyuanhe, kuanghe, zaozhanhe, wanzhanhe* e *zaishenghe* (arroz em regeneração ou *nühe*). Um total de quase 50 variedades são mencionadas no texto. De acordo com minha pesquisa sobre a origem das variedades de arroz em Jiangxi, algumas das variedades encontradas no *Registro de Mudas de Arroz* podem ser rastreadas até as dinastias Wei, Jin, Norte e Sul, e algumas até antes das dinastias Qin e Han. *Baihe*, *tulei*, *pulei* e *gulei*, por exemplo, talvez estivessem relacionados ao *baidao* ou *leiqie* mencionados em Guanzi, enquanto o *nühe* (arroz regenerativo) era o mesmo que o arroz *gaixiabai* mencionado em *História da Miscelânea*, e o *huanglühe* era o mesmo que o *huangludao* mencionado em *Competências Essenciais para Beneficiar o Povo*. É evidente que as variedades mencionadas no *Registro de Mudas de Arroz* tiveram uma origem muito antiga. Da mesma forma, do ponto de vista geográfico, as variedades mencionadas vão muito além da área de Taihe, como *guishenghe, hongtaoxianhe, huangnuo, bainuo, zaonuohe, qinggaonuo, aigaonuo, qiufengnuo, bayuebaihe, huangnuo, huangluhe, zaozhanhe, wanzhanhe* e outras variedades. Há também registros desse tipo na Crônica de Xin'an da Canção do Sul, datada do reinado de Chunxi, na *Crônica de Siming*, datada do reinado de Baoqing, na *Crônica de Chicheng*, datada do reinado de Jiading, na *Crônica de Wuxing*, datada do reinado de Jiatai, na *Crônica de Sanshan*, datada do reinado de Chunxi, na *Crônica de Kuaiji*, datada do reinado de Jiatai, no *Tratado Agrícola de Chen Fu*, no *Tratado Agrícola de Wang Zhen* e em outros textos. Foi por esse motivo que o pós-escrito do Registro Genealógico registrado no *Registro de Mudas de Arroz*, afirma: "Aqueles que são vistos na genealogia de hoje só se lembram do esboço de Xichang", após o que se acrescenta que "de acordo com a opinião pública, a genealogia estava perto de Longquan (atual Suichuan, Jiangxi) e longe de Taiping (atual Dangtu, Anhui), e todos conheciam suas origens". Isso indica que o

Registro de Mudas de Arroz ocupa uma posição importante no estudo histórico e geográfico das origens das variedades de arroz, e é um importante documento de referência para o estudo das variedades de arroz em Jiangxi e em outras áreas durante a Dinastia Song.

As informações no *Registro de Mudas de Arroz* demonstram que as variedades de arroz durante a Dinastia Song do Norte eram semeadas cedo e tinham um longo período de crescimento. As variedades eram classificadas como precoces ou tardias de acordo com seus diferentes períodos de semeadura e colheita. Em *Registro de Mudas de Arroz*, lemos: "Xichang (Taihe) costumava plantar por volta do início da primavera, e o Grão na Espiga[1216], Maior calor e Menor calor era quando o arroz precoce era cortado. O arroz tardio era colhido em Qingming, Orvalho frio e Descida da geada". Ele também afirma: "Hoje, o arroz precoce é plantado no primeiro e no segundo mês em Jiangnan. Somente no mês bissexto, quando a primavera chega tarde, o plantio é adiado até o início do terceiro mês. O arroz que é plantado no terceiro mês não é arroz precoce. Se for plantado no quarto ou quinto mês, não amadurecerá a tempo, mas não existe essa prática em Jiangnan atualmente". No condado de Taihe, o arroz precoce era geralmente semeado do final do terceiro mês ao início do quarto (ou seja, do equinócio da primavera ao Qingming). Isso era um mês antes do que era semeado durante a Dinastia Song do Norte, quando o plantio era feito no início da primavera, por volta do quarto dia do segundo mês. Da mesma forma, a data de plantio do arroz tardio era dois meses antes do que é hoje. Hoje, o arroz tardio é plantado por volta da época do Grão na espiga (sexto dia do sexto mês), enquanto era plantado por volta de Qingming (quarto dia do quarto mês) durante a Dinastia Song do Norte. A antecipação da data de plantio significava uma extensão do período de crescimento. Como os períodos de colheita do arroz precoce e tardio eram semelhantes durante a Dinastia Song do Norte ao cronograma atual, o arroz precoce era colhido como Calor Menor e Calor Maior, e o arroz tardio era colhido no Orvalho Frio e na Descida da Geada. De acordo com esses cálculos, o período de crescimento total do arroz precoce durante a Dinastia Song do Norte era de 150 a 165 dias, e o período de crescimento total do arroz tardio era de 180 a 200 dias. A julgar pelo período de crescimento, todos eles seriam classificados como arroz tardio de acordo com os padrões modernos de classificação.

As características das variedades de arroz da Dinastia Song do Norte sugerem que elas eram arroz japônica. A temperatura mais baixa para a germinação de sementes de arroz era de 12°C (indica) e 10°C (japônica). Dados meteorológicos mostram que uma temperatura média diária de ≥

[1216] Nota do autor: Suspeito que isso possa ser um erro.

10°C começou no Condado de Taihe em 16 de março, e uma média diária ≥ 15°C duraria até 15 de abril. Na dinastia Song, o arroz precoce de Taihe era plantado por volta do início da primavera (ou seja, no quarto dia do segundo mês), quando a temperatura média diária era inferior a 5°C, portanto, era obviamente muito cedo para plantar arroz precoce. De acordo com a análise de Zhu Kezhen, a temperatura média anual durante a Dinastia Song do Norte era de 1 a 2°C mais alta do que hoje.[1217] Pode ter sido mais alta em algumas áreas, mas parece improvável que fosse 7° mais alta, permitindo que chegasse a 12°C. Portanto, é mais provável que o primeiro arroz cultivado durante a Dinastia Song do Norte fosse de variedades japonesas tolerantes ao frio. O período de crescimento da maior parte do arroz japônica é mais longo do que o do arroz indica, e o cultivo de arroz durante a Dinastia Song do Norte também estava de acordo com esse ponto.

Outras evidências das variedades cultivadas durante a Dinastia Song do Norte são encontradas nas inúmeras variedades de arroz glutinoso. O *Registro de Mudas de Arroz* herda o método de classificação tradicional, dividindo-as em *geng* (秔 arroz não glutinoso) e *nuo* (糯 arroz glutinoso). Vale a pena observar que as variedades de arroz glutinoso no *Registro de Mudas de Arroz* representam uma grande parte do total. Há 25 dessas variedades, ou seja, mais de 50%, um fenômeno raramente visto nas crônicas das dinastias Ming e Qing. Atualmente, há mais variedades de arroz glutinoso japônica do que variedades glutinosas indica na Bacia do Rio Yangtze, e as variedades japônica são as linhagens mais importantes. Diante disso, não é de se surpreender que muitas variedades de arroz glutinoso mencionadas no *Registro de Mudas de Arroz* também sejam de arroz japônica.

Além disso, de acordo com a descrição do surgimento das variedades de arroz na Dinastia Song do Norte, elas também tinham as características do arroz japônica. O arroz Indica é, na maioria das vezes, sem um rebento, enquanto, durante a Dinastia Song do Norte, o arroz plantado em Taihe tinha, em sua maioria, um rebento. O *Registro de Mudas de Arroz* afirma: "Entre as variedades precoces e tardias existentes hoje em Xichang, com exceção do *daohe*, a maioria tem um rebento".

Com base nessa análise, pode-se chegar à conclusão preliminar de que as variedades de arroz cultivadas na Dinastia Song do Norte eram predominantemente arroz japônica de estação única. Essa conclusão é consistente com as variedades de arroz cultivadas em Jiangxi desde a Era Neolítica. Tomando a variedade glutinosa primitiva *quifengnuo* como exemplo, a *Crônica de Qinchuan*, datada do reinado de Baoyou, diz: "Qiufengnuo

---

[1217] Zhu Kezhen, "Um Estudo Preliminar sobre as Mudanças Climáticas da China nos Últimos Cinco Mil Anos", *Acta Archaeologica Sinica*, nº 1 (1972).

amadurece cedo". A descrição em *Variedades de* arroz diz: "O grão do qiufengnuo é redondo e branco, e sua casca é amarela. Ele é cortado no verão". Era um tipo de arroz glutinoso precoce, o mesmo registrado no *Registro de Mudas de Arroz*. O grão era redondo, indicando que se tratava de uma variedade glutinosa japônica. A variedade japônica tardia chamada *bayuebai* é descrita na *Crônica da Administração de Jianchang*, datada do reinado de Zhengde, com as seguintes palavras: "*Bayuebai* é um arroz tardio que amadurece muito cedo. O *Xiangbai* era especialmente valioso e era conhecido como arroz *yinzhu*". O formato do grão foi descrito como "pérola prateada", característica do arroz japônica.

Difusão do arroz Champa em Jiangxi

As características das variedades de arroz cultivadas em Jiangxi durante a Dinastia Song do Norte começaram a mudar com a introdução do arroz Champa, em um período de cerca de 200 anos, desde o início da Dinastia Song do Norte até os primeiros anos da Dinastia Song do Sul. O Compêndio do Governo Song e das Instituições Sociais observa que, no quinto mês do quinto ano do reinado de Dazhongxiangfu (1012), "o governo enviou um enviado a Fujian para pegar 30.000 hectares de arroz Champa e distribuí-los em Jiangxi, na área do rio Huai e em Zhejiang. Eles organizaram um método para o plantio das sementes e alocaram terras para o plantio para as pessoas". Após sua introdução na China, o arroz Champa logo se espalhou por Jiangxi. Su Dongpo escreveu em *Descansando no Pagode Branco* que "Quando o bicho-da-seda tardio no Reino Wu quebra sua folha, as mudas do arroz Champa zao estão prestes a se mover."[1218] De acordo com a pesquisa, Baitapu (o Pagode Branco) estava localizado nas áreas dos condados de Xingzi, Yongxiu e Duchang (ou seja, Gao'an, Shanggao, Zhejiang), Gao'an, Shanggao e Yifeng), Jiangxi, indicando que o arroz Champa já estava sendo cultivado na parte norte (ou oeste) de Jiangxi naquela época. Zeng Anzhi observa de forma semelhante em *Registro de Mudas de Arroz* que "hoje, Xichang planta arroz Champa precoce para a colheita precoce e arroz Champa tardio para a colheita tardia. Ele vem de Champa, em Hainan, e só foi plantado em Xichang há quarenta ou cinquenta anos". Xichang é o antigo nome do atual condado de Taihe, o que indica que o arroz Champa era cultivado na Bacia de Jitai naquela época. Deve-se notar, então, que o arroz Champa basicamente se espalhou por Jiangxi durante a

---

1218 [Dinastia Song do Norte] Su Dongpo, *Poemas Completos de Su Dongpo* (Pequim: Companhia de Livros Zhonghua, 1982), p. 1228.

Dinastia Song do Norte. Nos primeiros anos da Dinastia Song do Sul, a área de cultivo aumentou drasticamente. Durante seu mandato como enviado do Distrito Administrativo de Jiangnan Ocidental, de 1135 a 1139, Li Gang enviou uma petição que dizia: "De acordo com o relatório de Hongzhou... porque os subordinados nesse estado, as pessoas com campos no condado, plantavam principalmente arroz Champa precoce e poucos *dahe*... o departamento verificou e os subordinados instruíram as pessoas da aldeia a plantar os campos de arroz, e setenta por cento foram plantados com arroz Champa precoce, enquanto apenas vinte ou trinta por cento plantaram *dahe*."[1219] Nessa época, o padrão de plantio do arroz Champa já estava basicamente estabelecido. O escritor da dinastia Song do Norte, Chen Mi, escreveu em *Com Ding Dajian de Jiangzhou*: "Ontem, o funcionário responsável pela compra de colheitas foi novamente comprar dez mil *dan* de grãos. Ele descobriu que a maior parte da produção local era de arroz Champa, e não havia muito arroz tardio. Ouvir isso pode fazer com que os senhores relutem em vir para cá."[1220]

Isso torna evidente que, depois que o arroz Champa foi introduzido em Jiangxi nos primeiros anos da Dinastia Song do Norte, ele continuou a ser amplamente plantado em várias áreas na Dinastia Song do Sul. Sua área de crescimento foi responsável por 70% da área de crescimento na província, mais do que em áreas vizinhas, como Jiangsu e Zhejiang. Certa vez, Wu Yong a comparou com as plantações de Yuzhang, destacando que "as pessoas em Wuzhong recuperaram terras baldias e cultivaram arroz japônica, juntamente com vegetais, trigo, linho e legumes, não deixando campos vazios ao plantar e não negligenciando nenhuma parte da terra ao cortar. Yuzhang planta principalmente arroz Champa."[1221] A partir disso, fica evidente que o arroz Champa teve uma influência considerável sobre as variedades de arroz cultivadas em Jiangxi.

A disseminação do arroz Champa em Jiangxi se deveu em grande parte às suas características. A característica mais marcante do arroz Champa era sua tolerância à seca. Todos os documentos existentes concordam que o arroz Champa era uma variedade tolerante à seca que podia ser plantada em campos de terras altas e crescer em qualquer lugar. O imperador Zhenzong, da dinastia Song, promoveu o arroz Champa porque os arrozais nas

---

1219 [Dinastia Song do Sul] Li Gang, *Coleção Completa de Liangxi*, vol. 106, "Relatório Solicitando a Implementação do Arroz Tardio."

1220 [Dinastia Song do Sul] Chen Mi, *Obras Completas de Chen Mi*, vol. 21, "Com Ding Dajian de Jiangzhou."

1221 [Dinastia Song do Sul] Wu Yong, *Coleção Helin*, vol. 39, "Promoção da Agricultura em Longxingfu."

áreas dos rios Yangtze e Huai e em Zhejiang estavam enfrentando uma leve seca. O arroz Champa era, portanto, muito adequado para as demandas da produção de arroz em Jiangxi após as dinastias Tang e Song.

Ao longo de milhares de anos de história antes das dinastias Tang e Song, a planície de Jiangxi, uma colcha de retalhos de rios e lagos, foi a primeira área a ser desenvolvida. A partir do período Tang-Song, o centro econômico se deslocou para o sul e a população aumentou. A terra cultivada original não conseguia atender às necessidades da população em crescimento, tornando inevitáveis os trabalhos de recuperação em grande escala. Jiangxi assumiu a liderança no desenvolvimento que foi descrito como "a terra está esgotada para ser usada como campo e as montanhas estão esgotadas para serem usadas como terra". Para começar, os campos de terra seca foram convertidos em campos de arroz. O Compêndio do Governo Song e das Instituições Sociais registra que os fazendeiros de Jiangxi e Zhejiang tentaram recuperar todas as montanhas e terras secas e transformá-las em arrozais por meio de seus próprios esforços. Onde havia solo pedregoso, eles o recuperavam para criar campos que pudessem ser plantados regularmente. Os esforços locais no leste e oeste de Zhejiang, Fuzhou, Jiangxi e outros lugares aumentaram os impostos sobre esses campos transformados[1222], indicando o grande número de campos melhorados que havia na época. Na dinastia Song do Sul, as *Três Cartas de Lu Jiuyuan*, nativo de Jinxi, com Zhang Maode, compararam os campos no leste e no oeste de Dajiang com os campos ao redor da região militar de Jingmen, destacando: "Os campos do leste e do oeste de Dajiang são mais distantes uns dos outros do que os campos ao redor da região militar de Jingmen, e não há terras desertas a leste ou a oeste do rio, enquanto há muitas terras desertas aqui. Os campos a leste e a oeste do rio são divididos entre arroz precoce e tardio. Os campos iniciais são plantados com arroz Champa inicial, e o *dahe* tardio é plantado nos campos tardios. Aqui, os campos não são divididos de acordo com o início e o fim, mas de acordo com as terras secas e os arrozais. Nos campos de sequeiro, trigo, leguminosas, linho, painço ou culturas alimentícias, endro e amoreira são plantados nos campos de sequeiro, sem replantio de arroz, enquanto os campos de arroz em casca são plantados com arroz. Se os campos de terras secas aqui estivessem em Dajiang Oriental e Ocidental, eles representariam apenas cerca de oitenta por cento dos primeiros campos."[1223] Em outras palavras, se o padrão dos campos na Região Militar de

---

1222 [Dinastia Qing] Xu Song, *Compêndio das Instituições Governamentais e Sociais da Dinastia Song*, "Alimentos e Produtos, Volume 6, Partes 26 e 27."

1223 [Dinastia Song do Sul] Lu Jiuyuan, *Obras Completas de Lu Jiuyuan*, vol. 15, "Três Cartas com Zhang Maode."

Jingmen fosse aplicado, oitenta a noventa por cento das terras em Jiangxi seriam convertidas em arrozais. O desenvolvimento da terra também era feito cultivando as encostas para criar campos (conhecidos como campos de terraço). Isso foi feito já na dinastia Tang, quando Bai Juyi escreveu em Jiangzhou: "sementes cinzentas de painço *shetian*", "o cavalo fica magro, mas ainda assim precisa arar o campo" e "*shetian* na primavera quando a fumaça se espalha". Durante a dinastia Song, os *shetian* foram transformados em terraços nos quais o arroz era cultivado. Naquela época, havia vários desses terraços em Fuzhou, Yuanzhou, Jizhou, Xinzhou e Jiangzhou.

Fuzhou. O livro *Fuzhou, Visualizando o Pavilhão da Montanha*, de Wang Anshi, diz: "Como um estado, *Fuzhou* cultiva as montanhas e transplanta em campos de arroz, pastoreando gado e cavalos com tigres e leopardos. Há milhares de hectares de campos, grandes o suficiente para sustentar quinhentas ou seiscentas mil pessoas. Onde os campos são extensos, as pessoas são numerosas."[1224] O poema de Zeng Gong, Magu Mountain, diz: "A estrada de Magu era coberta por um céu azul, musgo verde, pinheiros de pedra branca e um vento frio. Não havia escalada no penhasco. Havia dez degraus e nove curvas na encosta, e cem *qing* de belos campos planos no topo. As pessoas na montanha cultivavam em meio à fumaça roxa."[1225]

Yuanzhou. O *Registro de Canluan* de Fan Chengda diz: "Há muitos campos na encosta (*yangshan*), um terraço sobre o outro, até o topo". Zhang Sigu também disse em um de seus poemas: "Todas as ravinas fluem com águas de inundação e metade dos quatro cumes são campos".

Xinzhou. Em *Cume Shimo*, "os cumes são cultivados, transformando-os em campos, até o topo". Yang Wanli escreveu um poema em louvor a esse fenômeno, no qual ele diz: "Há montanhas verdes com milhares de anéis, e há dez mil degraus no terraço verde, que se estendem até o céu azul. Parece que os campos em Changhuai têm espinhos, por isso todos usam os cumes como campos."[1226] O poema *Xiaofa E'hu*, de Hong Yan, diz: "Dez mil pinheiros alinham-se na estrada ao longo do cume, e os fazendeiros são incentivados a arar mil campos."

Jizhou. O prefácio do livro *Registro de Mudas de Arroz*, de Zeng Anzhi, inclui as seguintes palavras: "Da cidade aos subúrbios, e dos subúrbios à natureza, há penhascos íngremes e vales profundos. Não há vestígios das gerações anteriores, mas hoje, tudo foi convertido em terra fértil".

1224 [Dinastia Song do Norte] Wang Anshi, *Coleção Linchuan*, vol. 83, "Pavilhão de Visitação da Montanha em Fuzhou."

1225 [Dinastia Song do Norte] Zeng Gong, *Manuscrito Yuanfeng*, vol. 3, "Tour pelo Magu Mountains."

1226 [Dinastia Song do Sul] Yang Wanli, *Coleção Chengzhai*, vol. 13.

Jiangzhou. O poema de Zhu Xi *Para Velhos Amigos* diz: "Para ganhar trezentos *mu* de campos de montanha, fiquei acordado a noite toda estudando livros de agricultura."[1227]

Os campos de terra firme foram convertidos em campos de arroz e os campos de montanha foram transformados em terraços, o que significa que a área ocupada pelos campos de arroz continuou a se expandir. A maioria dos novos arrozais foi convertida em campos de sequeiro ou de montanha, de modo que o terreno era alto e as fontes de água não estavam prontamente disponíveis. Embora fossem campos de arroz, muitas vezes faltava água. Além disso, a terra era pedregosa, o que significava que era "difícil obter água se houvesse até mesmo uma pequena seca". Portanto, era imperativo que variedades tolerantes à seca fossem selecionadas para o cultivo em "campos de terras altas", ou variedades que pudessem "crescer quando espalhadas aleatoriamente". De acordo com uma carta de Lu Xiangshan, esses primeiros campos que haviam sido convertidos de campos de terra seca plantavam principalmente arroz Champa precoce, portanto, pode-se dizer que a promoção do arroz Champa foi realizada simultaneamente à expansão da área de terra cultivada, especialmente a expansão dos campos de arroz.

Outra característica do arroz Champa era que ele amadurecia cedo. De acordo com o método de cultivo usado pelo governo da Dinastia Song do Norte para cultivar o arroz Champa, as sementes podiam ser embebidas e germinar a partir do meio ou do final do segundo mês ou do início do terceiro, devido ao clima quente do sul. O período de semeadura do arroz Champa era precoce. Desde a época de sua disseminação em Jiangxi, o arroz Champa era uma variedade precoce (embora o *Registro de Mudas de Arroz* indique que também havia um arroz Champa tardio). Setenta por cento da área de cultivo era reservada para o arroz precoce, enquanto 20% a 30% eram destinados ao arroz tardio. De acordo com o *Registro de Mudas de Arroz*, o arroz precoce era colhido em Maior calor e Menor calor, portanto o período de crescimento do arroz Champa era de cerca de 110 dias.[1228] Antes disso, Jiangxi cultivava predominantemente arroz tardio. Embora houvesse algum "arroz precoce", colhido em Maior calor e Menor calor, não era muito. Isso foi especialmente verdadeiro com a mudança climática que ocorreu após a Dinastia Song do Sul, que teoricamente tornou impossível cultivar as variedades de arroz precoce que originalmente eram cultivadas e colhidas em Maior calor e Menor calor. Como essas variedades tinham um período de crescimento de mais de 150 dias, as sementes eram semeadas

---

1227 [Dinastia Song do Sul] Zhu Xi, *Obras Completas de Zhu Xi*, vol. 7, "Para Velhos Amigos."

1228 You Xiuling infere um período de germinação de 100 a 120 dias.

presumivelmente no segundo mês (ou mais tarde, já que o clima na Dinastia Song do Sul se tornou frio) e não podiam ser colhidas até o sétimo mês. Depois do Menor Calor, Jiangxi entrou em uma estação seca com longos períodos de sol e pouca chuva, o que significou uma diminuição significativa na participação. Um provérbio agrícola dizia: "A chuva vale mais do que o ouro após o solstício de verão". Os ventos do Calor Menor duravam dezoito dias no sul, e o vento do Calor Maior era seco, de modo que "era difícil comprar dez dias de sombra no verão". Além da seca, havia períodos de seca sazonais no outono, inverno, primavera e verão. Desses períodos de seca, a seca contínua de *fuqiu* ("calor do outono") foi a que mais prejudicou a produção. Dizia-se que "a seca vem em pedaços, enquanto as enchentes vêm em uma linha". A seca afetou uma área maior do que as enchentes e foi um dos desastres naturais mais significativos que ameaçaram a produção agrícola de Jiangxi. Com o subdesenvolvimento das obras de conservação de água na região, as variedades precoces e tardias originais, especialmente as tardias, não foram capazes de se adaptar às mudanças nas condições naturais devido ao seu período de crescimento (mais de 150 dias), no qual houve um aumento acentuado na ocorrência de seca. Isso levou à eliminação das variedades usadas anteriormente em favor da variedade Champa, de maturação precoce e tolerante à seca. A promoção do arroz Champa levou a uma colheita abundante. Em contrapartida, as áreas que cultivavam arroz tardio eram frequentemente ameaçadas pela seca. Fuzhou e a região militar de Jiankang foram bons exemplos dessa tendência.

Além do condado de Linchuan, muitas outras partes de Fuzhou que cultivavam arroz tardio durante a Dinastia Song do Sul também sofreram sérios danos causados pela seca. De acordo com o *Livro de Contas Residenciais Oficiais de Linchuan*, de Huang Gan, datado de meados da Dinastia Song do Sul, "esse condado teve uma grande colheita de safras precoces no ano passado, e Linchuan teve a maior, embora algumas safras tenham sofrido com a seca e uma praga de gafanhotos, alguns condados tiveram uma grande colheita que compensou parte desse fracasso. No geral, a colheita foi cerca de metade do que se esperava."[1229] Em contrapartida, "sob o controle do estado, os condados de Le'an e Yihuang, em sua maioria, não plantaram safras precoces, de modo que as safras não amadureceram até o nono ou décimo mês."[1230] Em geral, havia ainda menos safras precoces

---

1229 [Dinastia Song do Sul] Huang Gan, *Coleção Oficial de Huang Gan*, vol. 30, "Livro de Contas Residenciais Oficiais de Linchuan."

1230 [Dinastia Song do Sul] Huang Zhen, *Diário de Huang*, vol. 78, "Urgência de Alívio para os Condados de Yuhuang e Le'an no Primeiro Dia do Sétimo Mês, para que Esses Condados Não Enfrentem Sua Desgraça."

e mais safras tardias em Fuzhou. No 21º dia do sétimo mês do sétimo ano do reinado de Xianchun, Huang Zhen escreveu no *Relatório de Chuvas da Província*: "Houve chuva no terceiro dia do sexto mês, depois seca por um mês até o segundo e o terceiro dia do sétimo mês. Embora as plantações de terras secas pudessem crescer, depois do terceiro dia do sétimo mês, não houve chuva por dez dias e houve poucas colheitas tardias. Houve apenas algumas colheitas precoces no estado (Fuzhou) e muitas colheitas tardias. Isso estava intimamente ligado ao clima."[1231]

Em contraste com Fuzhou, toda a região militar de Jiankang, com exceção de Jianchang (atual condado de Yongxiu), cultivava uma grande quantidade de arroz precoce. No final da dinastia Song do Sul, Chen Mi escreveu em *Com Ding Dajian de Jiangzhou*: "Em Jiangzhou Oriental e Ocidental, felizmente, a colheita precoce foi linda... Desde o início deste mês, não choveu. As colheitas tardias em Xingzi e Duchang foram escassas. Apenas a cidade de Jianchang teve uma grande colheita de grãos grandes de arroz, mas isso deve ser contado como arroz tardio... Ontem, o funcionário responsável pela compra de colheitas foi comprar dez mil dan de grãos. Ele descobriu que os produtos nativos eram principalmente arroz Champa, e não havia muito arroz tardio. Se o senhor ouvir isso, talvez fique relutante em vir para cá."[1232] Zhu Xi também aponta: "Choveu pouco no condado neste outono e houve muita seca nos campos tardios. Com exceção de Xingzi e Duchang, a maioria das plantações era precoce, e apenas algumas áreas sofreram com o desastre. Jianchang era a única área com muitos campos tardios. Raramente se ouvia falar de campos tardios no passado."[1233] Além disso, havia menos arroz precoce em Duchang do que em Xingzi. Quando Zhu Xi percebeu que os campos de arroz tardio estavam enfrentando uma seca, ele promoveu o plantio de arroz precoce em Duchang. Ele destacou em seu *Vantagens e Desvantagens da Implementação do Relatório de Shao Gen sobre a Investigação da Seca*: "O arroz nos campos de Duchang, por exemplo, seria setenta ou oitenta por cento das colheitas precoces de Xingzi, se importado para lá."[1234] Além da seca, o clima frio e os danos causados por insetos também foram fatores importantes que levaram o arroz precoce a substituir o arroz tardio.

1231 [Dinastia Song do Sul] Huang Zhen, *Diário de Huang*, vol. 75, "Certificação de Relatório Provincial de Chuvas no 21º Dia do Sétimo Mês."

1232 [Dinastia Song do Sul] Chen Mi, *Obras Completas de Chen Mi*, vol. 21, "Com Ding Dajian de Jiangzhou."

1233 [Dinastia Song do Sul] Zhu Xi, *Obras Completas de Zhu Xi*, vol. 26.

1234 [Dinastia Song do Sul] Zhu Xi, *Obras Completas de Zhu Xi*, vol. 9, "As Vantagens e Desvantagens de Implementar o Relatório de Shao Gen sobre a Investigação da Seca."

O motivo pelo qual o arroz japônica tardio foi substituído pelo arroz indica precoce foi confirmado por estudos modernos. No verão e no outono de 1935, o grupo de Culturas da Academia de Agricultura de Jiangxi realizou pesquisas sobre variedades de arroz e métodos de cultivo, orientando os agricultores a selecionar uma mistura de variedades e colher espigas individuais. Descobriu-se que a falta de água em cada município era o principal motivo para não cultivar o arroz japônica. O relatório afirma: "De modo geral, o período de crescimento do arroz japônica é mais longo do que o do arroz indica e requer mais água. A estação chuvosa na província era maio e junho, e a chuva diminuía depois de julho e agosto. Na maioria dos lugares, o arroz indica foi plantado cedo para evitar perdas com a seca. O arroz Japônica era limitado por fatores naturais e, portanto, foi rejeitado. Além disso, devido à prevalência do sistema de cultivo duplo nessa província, depois que o arroz é colhido, uma segunda safra de arroz ou outras culturas de sequeiro podem ser plantadas, incluindo soja tardia, gergelim, trigo sarraceno e outras culturas. O arroz Japônica tem um longo período de crescimento e não é adequado para o sistema de cultivo duplo, o que foi um motivo adicional para sua rejeição. Variedades com palha foram plantadas em vários condados, mas a maioria dos agricultores não gostava das variedades com palha devido à dificuldade de debulhar e processar, o que as tornava frequentemente rejeitadas pelos proprietários de terras para pagamento de aluguel. A maioria das variedades japonesas tinha uma haste, o que não estava de acordo com as preferências dos agricultores. Esse foi o terceiro motivo pelo qual ela foi rejeitada."[1235]

O abandono do arroz japônica foi uma necessidade histórica, e a introdução do arroz Champa na dinastia Song tornou isso possível. Tratava-se de uma variedade resistente à seca, de maturação precoce e sem *awn*. Entretanto, com as diferentes condições naturais e práticas agrícolas locais, juntamente com a influência dos impostos e da coleta de grãos, em algumas áreas, o arroz tardio continuou a ocupar uma grande parte da terra. Por exemplo, em muitos lugares nas áreas montanhosas de Gannan, o arroz tardio de estação única ainda era a cultura predominante em 1949.[1236] Outro exemplo foi a coleta de grãos e a tributação. O arroz tardio de safra única era o principal objeto de coleta de grãos e tributação, e o principal objeto de ambos era o arroz tardio (japônica). Esse costume foi mantido até a introdução do arroz Champa, e o memorando de Li Gang mencionado anteriormente e a carta de Chen Mi ilustram esse ponto. Com

---

[1235] Grupo de Cultivos da Academia de Agricultura de Jiangxi, "Relatório sobre a Pesquisa de Arroz nos Condados do Oeste de Jiangxi," *Jiangxi Agricultural News* 2, nº 2 (1936): 30.

[1236] Instituto de Pesquisa Agrícola de Ganzhou, *Cultivo de Arroz em Gannan*.

relação ao caso em Jizhou, Ouyang Shoudao escreveu em seu *Discutindo um texto político com Wang Jizhou*: "No dia anterior à venda, o preço foi definido de acordo com as taxas vigentes. No dia da venda, o preço que o funcionário estabeleceu foi baixo, em comparação com o mercado. No ano passado, o *baizhan* era muito branco. Por que a regra não pode ser definida dessa forma? Não foi tão barato no ano de abundância, o que é uma pena, mas foi o suficiente para que os ricos o vendessem a um preço fixo para que as pessoas comuns pudessem pagar. Por que limitá-lo ao arroz tardio e menosprezar o *baizhan*?"[1237] Wen Tianxiang também mencionou em seu *Gerenciando os campos com Zhi Jizhou*: "Minha cidade natal, Jizhou, sempre usou o arroz precoce como alimento e o arroz tardio para pagar o aluguel oficial."[1238] Algo semelhante aconteceu em Jiangzhou, onde o desenvolvimento do arroz precoce foi limitado principalmente ao sistema de coleta de grãos e aluguel, mas com o desenvolvimento do arroz precoce, as pessoas exigiram que o sistema fosse alterado. Zhu Sheng, Embaixador do Apaziguamento e Governador de Jiangzhou no Distrito Administrativo Oriental de Jiangnan, disse: "Havia dois tipos de arroz de Jiangnan, o arroz precoce e o tardio. Ao verem os regulamentos, se o arroz precoce não for aceito como imposto, os fazendeiros imploram para que ele seja aceito. Eles pedem que os enviados de transporte dos Distritos Administrativos Leste e Oeste de Jiangnan e do Distrito Administrativo de Liangzhe meçam a quantidade da escassez. Eles então aceitam o arroz precoce para cobrir as despesas, mas não podem usá-lo como arroz tributo."[1239] Qiao Jingyuan disse: "Os funcionários designados para Jiangzhou sabem que o condado produz arroz Champa, e as autoridades só aceitam arroz japônica como imposto. As pessoas estavam doentes, então o governo forneceu a elas a quantidade de grãos adequada."[1240] Nos tempos modernos, o pêndulo oscilou para o extremo oposto, com o arroz indica sendo o principal produto e sendo usado para pagar o aluguel da terra, enquanto o japônica não era apreciado pelos compradores e proprietários de terras devido à dificuldade de debulhar e porque a maioria das variedades tinha uma palha. Essa foi uma mudança na situação do aluguel após a introdução do arroz Champa.

1237 [Dinastia Song do Sul] Ouyang Shoudao, *Obras Completas de Ouyang Shoudao*, vol. 4, "Discutindo um Texto Político com Wang Jizhou."

1238 [Dinastia Song do Sul] Wen Tianxiang, *Obras Completas de Wen Tianxiang*, vol. 5, "Gerenciando os Campos com Zhi Jizhou."

1239 [Dinastia Qing] Xu Song, *Compêndio das Instituições Governamentais e Sociais da Dinastia Song*, "Alimentos e Produtos, Volume 70." "Registros de Impostos Diversos." Decreto no Quarto Dia do Sétimo Mês do Reinado Shaoxing da Dinastia Yuan.

1240 [Dinastia Song do Sul] Zhen Dexiu, *Obras Completas de Zhen Dexiu*, vol. 44, "Epitáfio Escrito por Qiao Jingyuan."

Influência da variedade Champa no cultivo de arroz em Jiangxi

Depois de ser introduzido na China, o arroz Champa teve uma enorme influência sobre as variedades de arroz em Jiangxi. Essa influência foi mais evidente durante a dinastia Song do sul. Com base em vários documentos, a Tabela 1 resume os nomes das principais variedades de arroz cultivadas na dinastia Song.

TABELA 1 — Lista das principais variedades de arroz cultivadas em Jiangxi durante a dinastia Song

Nome da Variedade de Arroz	Fonte Documental
Arroz Champa Precoce (占城早稻, zhanchengzaodao)	Seu Dongpo. "Descansando no Pagode Branco." Poemas coletados de Su Dongpo. Zhonghua Book Company, 1982. p. 1228.
Z cedoArroz han, arroz zhan tardio (早占禾, zaozhanhe; 晚占禾, wanzhanhe)	Zeng Anzhi. Registro de Mudas de Arroz. Ed., Cao Shuji. História Agrícola da China, Edição 3.
Zhan precoce, dahe, zhanmi (早占, zaozhan; 大禾 dahe; 占米, zhanmi)	Li Gang. "A RSolicitação da Província para Pagamento por Arroz Atrasado." Coleção Liangxi, Volume 106.
Zhanhe (占禾)	Luo Yuan. Crônica de Xin'an, Volume 2.
Zhanmi, Damiaomi (占米, 大苗米)	Chen Mi. "Com Ding Dajian de Jiangzhou." Coleção Lontu, Volume 21.
Zhan Early Rice, Late Dahe (占早禾, zhanzaohe; 晚大禾, wandahe)	Lu Jiuyuan, Três Cartas com Zhang Demao. Coleção Xiangshan, Volume 16.
Oitenta zhan, Cem zhan, 120 zhan	Wu Yong. "Promovendo a Agricultura em Longxingfu." Coleção Helin, Volume 29.
Dahe, Xiaohe (大禾, 小禾)	Shu Lin. "Discutindo Changping com Chen Cang." Coleção Shu Wenjing, Volume 2.
Zhanmi (占米)	Fã de Zhao. "Fora Da Cidade De Fuzhou." Regulamentos sobre Arroz de Arroz, Volume 1.
Zhaoxian (早籼)	Zhu Xi. "As vantagens e desvantagens da implementação do relatório da Shao Gen sobre a investigação da seca." Obras Coletadas de Zhu Xi, Volume 6.
Baizhan, Baidao (白占, 白稻)	Ouyang Shoudao. "DiscutaIng um texto político com Wang Jizhou." Coleção Xunzhai, Volume 4.

Os nomes das variedades listadas na Tabela 1 deram às pessoas uma impressão geral do arroz *zhan*. Então, o arroz *zhan* era o mesmo que o arroz Champa? Há uma opinião de que o arroz *zhan* era um arroz indica, não uma variedade, mas uma subespécie de arroz cultivado. A julgar pelas crônicas locais que datam das dinastias Ming e Qing, havia de fato uma tendência de classificar o arroz *zhan* como arroz indica, sem fazer qualquer distinção entre os dois. Entretanto, parece que essa prática ainda não havia surgido na dinastia Song, mas que o arroz *zhan* se referia ao arroz Champa durante esse período. Há vários motivos para chegar a essa conclusão.

O principal motivo para chegar a essa conclusão é que livros como *Registro de Mudas de Arroz* e Crônica de Xin'an, que datam do período Chunxi, afirmam claramente que o arroz *zhan* veio de Champa. O *Registro de Mudas de Arroz* diz: "Hoje, entre as variedades em Xichang, há o arroz *zhan* precoce e o arroz *zhan* tardio. Ele veio de Champa, em Hainan. Ele só foi plantado em Xichang há quarenta ou cinquenta anos". De acordo com o mesmo texto, havia um produto chamado *chimizhanhe*, que se suspeita ser arroz *zhan* precoce, e um produto chamado *hongtaoxianhe*, que se suspeita ser uma variedade de indica, indicando que *zhan* e indica não eram a mesma coisa. A *Crônica de Xin'an* nomeia o arroz *xian* (籼 indica), *geng* (粳 japônica) e *nuo* (糯 glutinoso), mas o arroz *zhan* não é classificado como uma variedade de indica. Além disso, a crônica também observa que "o arroz *zhan*, originário de Champa, era adequado para a seca".

Além disso, de acordo com o método tradicional de classificação das variedades de arroz em Jiangxi, elas eram geralmente categorizadas como glutinosas ou *geng* (ou seja, variedades não glutinosas) de acordo com seu uso. Algumas variedades xian eram classificadas como arroz geng. Portanto, a prática de classificar o arroz *zhan* como indica ainda não havia surgido.

Por fim, o arroz *zhan* surgiu após a introdução do arroz Champa. Antes dessa época, embora houvesse variedades de arroz indica (talvez principalmente o indica tardio), as palavras "arroz *zhan*" raramente aparecem nos registros. Durante as dinastias Ming e Qing, o arroz *zhan* (占) também era escrito como arroz *zhan* (粘). A palavra *nian*, que apareceu no Yupian com o indicador de pronúncia *nian*, significava colheita, e pode ser entendida como arroz e outras culturas alimentícias.

Com base nesses três motivos, acredito que o "arroz *zhan*" se referia ao arroz Champa durante a dinastia Song.

Vale a pena perguntar por que, se o arroz *zhan* era arroz Champa, havia nomes como 80 *zhan*, 100 *zhan* e 120 *zhan*. Além disso, no texto de Wu Yong que promove a agricultura, o arroz *zhan* é o oposto do arroz japônica na área de Wuzhong, o que levanta a questão de o arroz *zhan* ser um termo geral que se refere a um grupo de variedades indica. Acredito que seja importante considerar o nível de cultivo da época ao refletir sobre essas questões. Embora a agricultura tradicional tenha dado pouca atenção à seleção e à germinação nos primórdios, enquanto ainda descobria ou desenvolvia alguns novos métodos científicos, até os tempos modernos, a mistura de diferentes tipos de sementes de arroz era a prática mais comum[1241], o que fazia com que o arroz no campo amadurecesse em épocas diferentes e, portanto, exigisse diferentes épocas e métodos de colheita. Ainda hoje, os provérbios agrícolas locais mantêm frases como: "Pequenos golpes no verão, grandes cortes no inverno". O arroz Champa foi introduzido como uma variedade de arroz, mas o número de sementes introduzidas chegava a dez mil de uma vez, portanto, pode-se imaginar a extensa mistura envolvida. Depois que o arroz Champa foi introduzido, ele foi promovido em vários lugares e, como resultado da diferenciação natural e da seleção artificial, tornou-se um grupo de variedades, como o arroz Champa precoce, o arroz Champa tardio, o arroz Champa frio e o arroz Champa vermelho, mas todos eram originários de Champa e mantinham as características de maturação precoce e resistência à seca, por isso eram todos chamados de "arroz Champa" (*zhancheng dao*), ou *zhan dao*. Na dinastia Song do Sul, quando Wu Yong viveu, já fazia 200 anos que o arroz Champa havia sido introduzido no início do domínio Song. Não se sabe se outras variedades foram introduzidas de Champa durante esse período.[1242] Portanto, não é de surpreender que tenham surgido os nomes 80 *zhan*, 100 *zhan* e 120 *zhan*.

Ao mesmo tempo, o arroz Champa gerou alguns mal-entendidos. Já na dinastia Song, algumas pessoas pensavam que o arroz Champa era uma variedade antiga. Esse mal-entendido não foi esclarecido até as dinastias Ming e Qing. A *Crônica de Yining*, Volume 8, datada do reinado de Tongzhi, observa que "o arroz Champa é plantado em campos de terras altas e é chamado de arroz de terras secas, porque é resistente à seca". Mais tarde, surgiu um novo entendimento e, quando visto de outra perspectiva, esses mal-entendidos profundos revelam muito sobre a influência do arroz Champa.

1. Arroz Champa e arroz precoce. Independentemente de ser de fato 80 ou 120 dias, o período de crescimento do arroz Champa era pelo menos um mês mais curto do que o das variedades originalmente cultivadas em Jiangxi. A introdução do arroz Champa significou que havia um arroz precoce com um período de crescimento curto disponível em Jiangxi. Antes

---

1241 Grupo de Cultivos da Academia de Agricultura de Jiangxi, "Relatório sobre o Levantamento do Arroz nos Municípios do Oeste de Jiangxi," *Jiangxi Agricultural News*, vol. 2, n. 2 (1936): 30.

1242 Chen Zhiyi, "Sobre o Arroz Champa," *História Agrícola da China*, n. 3 (1984).

disso, havia o que era chamado de "arroz precoce" em Jiangxi, mas ele era plantado cedo e seu período de crescimento era longo, o que o tornava mais parecido com uma variedade de arroz médio, de acordo com as classificações modernas. Com as mudanças nas condições climáticas e no sistema agrícola após a Dinastia Song do Sul, foram introduzidas gradualmente variedades de arroz precoce no sentido moderno, chamadas *zaozhanhe* ou *zhanzaohe*. Nas dinastias Ming e Qing, o arroz *zhan* e o arroz precoce tornaram-se sinônimos, como fica evidente na classificação do arroz nas crônicas locais do período Ming Qing. Por exemplo, a *Crônica do Condado de Yichun*, datada do período Kangxi, dividia o arroz em quatro categorias: *zhangu* (arroz *zhan*), *wangu* (arroz tardio), *nuogu* (arroz glutinoso) e *hangu* (arroz de sequeiro). A *Crônica do Condado de Jinxi*, datada do reinado de Tongzhi, diz: "O arroz *Zhan*, ou arroz precoce, tem variedades como *dazhan*, *xizhan* e outros nomes. Ele é chamado de *zhan* pelo povo Min, que foi o primeiro a cultivar o arroz Champa". A *Crônica do Condado de Xincheng*, datada do reinado de Guangxu, também diz: "O arroz primitivo é chamado de arroz *zhan*". Coisas semelhantes foram registradas em outras províncias. O Guangzhou Provincial Gazetteer, datado do reinado de Guangxu, diz: "O arroz precoce é chamado de arroz Champa". A equiparação do arroz Champa com o arroz precoce foi resultado de um mal-entendido. Não é correto dizer que todo o arroz antigo era arroz Champa, e certamente é verdade que nem todo o arroz Champa era arroz antigo, pois também havia variedades Champa de arroz tardio. Esse é um dos mal-entendidos mais comuns em torno dessa questão.

2. Arroz Champa e arroz indica. Com grãos pequenos e sem palha, o arroz Champa era uma variedade indica. A introdução do arroz Champa trouxe o arroz indica precoce para Jiangxi, como fica evidente nos escritos de Zhu Xi. Antes disso, de acordo com uma análise dos períodos de semeadura e crescimento do arroz primitivo listado no *Registro de Mudas de Arroz*, parece que essas variedades eram todas de arroz japônica. De acordo com as classificações no Eryayi de Luo Yuan, "o arroz não pegajoso é chamado de arroz geng, e o arroz pegajoso é chamado de arroz glutinoso. Ele deve ser plantado cedo. Hoje, as pessoas o chamam de 'arroz precoce', enquanto o geng é o arroz tardio". *A Crônica do Condado de Dongxiang*, datada do reinado de Jiajing, também dividiu o arroz em três categorias: *zhan*, japônica e glutinoso. O texto afirma: "*Zhan*, hoje chamado de arroz tardio ou arroz huai, amadurece no oitavo ou nono mês". O termo zhan aqui é equivalente ao termo indica em Eryayi. A *Crônica do condado de Xin'gan* afirma: "O Indica, chamado *zhan* ou arroz precoce, é diferente quando

amadurece. Ele sempre foi chamado de arroz indica e vem de Champa (*zhancheng*), por isso também é chamado de arroz *zhan*. É semelhante ao arroz geng, mas o grão é menor e pode crescer em qualquer lugar. Pode até ser plantado em campos de altitude". A partir disso, fica evidente que o indica não era mais diferenciado do *zhan* nas dinastias Ming e Qing, e os dois nomes eram usados de forma intercambiável. Era chamada de indica porque amadurecia cedo, e *zhan* para indicar seu local de origem, apontando para o fato de que todas as variedades vinham de Champa.

3. Arroz Champa e arroz japônica. O arroz Champa era outra variedade de arroz não glutinoso. A *Crônica do Condado de Nancheng*, datada do reinado de Tongzhi, afirma: "O arroz Champa não é glutinoso". Documentos da dinastia Song registram que ele era tipicamente "muito difícil de cozinhar". Antes, as variedades de arroz não glutinosas sempre foram chamadas de *jing*, e as variedades glutinosas eram chamadas de shu. Quando o arroz Champa foi introduzido pela primeira vez, ele foi classificado como uma variedade não glutinosa de arroz geng. Com a disseminação do arroz Champa, a proporção que ele representava na dieta diária das pessoas aumentou, e o termo originalmente usado para ele, *jing*, foi substituído pelo termo *zhan*. Em Jiangxi, *zhan* tornou-se o termo usado para se referir a todas as variedades não glutinosas, e era escrito como 黏, 秥, 粘 ou 秈. Durante as dinastias Ming e Qing, as crônicas locais de Jiangxi geralmente dividiam o arroz em duas categorias, *zhan* ou glutinoso, de acordo com seu uso. A *Crônica do Condado de Pingxiang*, que data do reinado de Kangxi, a *Crônica do Condado de Wanzai*, que data do reinado de Daoguang, a *Crônica do Condado de Fenyi*, que data do reinado de Daoguang, e a *Crônica do Condado de Hukou*, que data do reinado de Tongzhi, estão entre os inúmeros registros locais que fazem essa distinção. Na *Crônica da Prefeitura de Yining*, datada do reinado de Tongzhi, está registrado que "o arroz pegajoso é chamado de arroz glutinoso, e o arroz não pegajoso é chamado de geng". De acordo com os costumes locais atuais, o arroz para comer é chamado de *zhan*, e o arroz para fazer vinho é chamado de glutinoso". A *Crônica do Condado de Shangrao*, datada do reinado de Tongzhi, diz: "A população local chama o arroz geng de *zhan*, porque dizem que é uma variedade originária de Champa". A *Crônica do Condado de Yongxin*, datada do reinado de Guangxu, observa: "O arroz *Zhan* é arroz *geng*". Referir-se ao arroz *zhan* como arroz geng foi claramente influenciado pelas classificações tradicionais das variedades de arroz. O arroz geng original não era uma subespécie separada, mas apenas um arroz não pegajoso (duro). Foi outro mal-entendido que associou o *zhan* ao arroz *jing* não glutinoso e, portanto, considerou-o uma variedade *geng*.

É evidente que o arroz *zhan* não estava ligado apenas ao arroz primitivo e ao arroz indica, mas também ao arroz japônica não glutinoso. Os nomes se entrelaçaram, criando uma situação muito complicada na classificação das variedades de arroz em Jiangxi durante as dinastias Ming e Qing. Era difícil distinguir as variedades indica e japônica com base apenas no nome. Por exemplo, nos tempos modernos, algumas variedades japônicas foram classificadas erroneamente como arroz indica, como o Shenyang indica, que na verdade é um arroz japônica. Ao mesmo tempo, o arroz japônica às vezes era classificado como arroz glutinoso, como o *raozhan*, que na verdade é a variedade japônica também conhecida como arroz perfumado. O *guanyinxian* era um arroz japonês chamado *bayuebai* ou *yinzhumi*, cultivado principalmente em regiões montanhosas, mas recebeu o nome de *xian* (indica). A partir desse complexo entrelaçamento de nomes, é fácil ver o enorme impacto que o arroz Champa teve sobre as variedades de arroz em Jiangxi.

Deve-se observar que, embora a introdução do arroz Champa tenha tido um grande impacto sobre as variedades de arroz cultivadas em Jiangxi, algumas variedades de excelente qualidade que eram preferidas há muito tempo também foram mantidas. Por exemplo, o nome *baidao* foi visto pela primeira vez em Guanzi, "Geografia". Depois que o arroz Champa foi introduzido, o *baidao* continuou a ser cultivado, como evidenciado por uma carta de Ouyang Shoudao. Outro exemplo foi a variedade *bayuebaihe* listada no Registro de Mudas de Arroz, que não foi plantada apenas em Jizhou, mas também na Região Militar de Jianchang, Jiangzhou e Fuzhou.[1243] Também foi plantada em Jiangchang, onde era conhecida como *yinzhumi* (literalmente, "arroz pérola de prata") devido à sua boa qualidade. Ele já foi usado como arroz de tributo. De acordo com a pesquisa, depois de 1949, o *bayuebai* ainda era plantado nas áreas montanhosas de todos os condados da região de Ji'an.[1244]

Além disso, deve-se observar que, embora a introdução do arroz Champa tenha trazido uma variedade de arroz precoce com um período de crescimento curto para Jiangxi, ela não levou diretamente ao desenvolvimento do cultivo duplo de arroz. Antes da introdução do arroz Champa, Jiangxi tinha principalmente variedades de arroz tardio de cultivo único,

---

1243 [Dinastia Qing] Tan Qian, *Notas Diversas sobre Zaolin*. O texto diz: "Yinzhumi foi produzido na Prefeitura de Jiancheng, em Jiangxi, e o prefecto da Dinastia Song, Shen Zao, o experimentou." O escritor da Dinastia Song, Han Juyou, mencionou "cozinhar bayuebai em uma panela" em um de seus poemas. Han era natural de Sichuan. No início da Dinastia Song do Sul, foi prefecto de Jiangzhou e morou em Fuzhou em seus últimos anos.

1244 Divisão Agrícola da Administração Especial de Ji'an, *Registro das Variedades de Cultivos do Distrito Administrativo Especial de Ji'an, na Província de Jiangxi*, 1960.

embora houvesse um arroz de cultivo duplo regenerativo (chamado de "arroz fêmea") e um sistema contínuo de cultivo duplo de arroz. De acordo com o *Registro de Mudas de arroz*, "o arroz regenerado em Jiangnan também é chamado de arroz fêmea e é adequado para consumo". De acordo com *História dos Song*, *Crônica de Wuxing*, "[No sexto ano do reinado de Yuanfeng], sete condados de Hangzhou já haviam colhido arroz. A regeneração do arroz era real". (O registro na *Revisão da Literatura*, "Examinando diferenças materiais", registra que foi no segundo ano do reinado de Yuanfeng). É evidente que o arroz regenerativo era mais comum naquela época. O *Registro de Mudas de Arroz* afirma ainda: "Há arroz *huanglu* em Jiangnan. Ele é semeado em Maior calor e, quando a safra inicial é colhida, ele é semeado novamente. O arroz tardio é então colhido no *Crônica de Wuxing*". Esse pode ser o registro documental mais antigo de arroz de cultivo duplo, mas é limitado à variedade *huanglu*. Isso é semelhante ao que está registrado no *Tratado Agrícola de Chen Fu* e no *Tratado Agrícola de Wang Zhen*, que observam que o período de crescimento do *huanglu* era curto e era plantado principalmente em campos à beira de lagos em áreas propensas a inundações. Devido às variedades limitadas disponíveis durante a Dinastia Song do Norte, o cultivo duplo contínuo de arroz não se desenvolveu naquela época. Após a Dinastia Song do Sul, o clima da China passou por um longo período de baixas temperaturas, o que aparentemente dificultou o desenvolvimento de um sistema de cultivo duplo contínuo. Foi nessa época que o arroz Champa se tornou mais amplamente utilizado, o que ajudou a fornecer as condições necessárias para o desenvolvimento de um sistema de cultivo duplo. No entanto, durante toda a dinastia Song, o sistema de cultivo simples foi a prática predominante. O livro *Promovendo a agricultura em Longxingfu*, de Wu Yong, observa que "há muitos campos à beira de lagos e poucos campos nas terras altas em Yuzhang, e o *dahe* e o *xiaohe* amadurecem uma vez por ano".[1245] O livro *Fora de Fuzhou*, de Zhao Fan, também reflete essa situação. Nele se lê: "A colheita precoce já frutificou pela metade, e as colheitas tardias estão crescendo como se fossem as precoces... Meus planos de voltar para casa não foram em vão. Vou comprar o arroz *zhan*."[1246] Foi somente durante as dinastias Ming e Qing que esse efeito objetivo foi claramente percebido. Na verdade, a introdução do arroz Champa só afetou o sistema agrícola de Jiangxi ao trocar a variedade japônica tardia de estação única por uma variedade indica precoce de estação única, mas isso criou as condições para o desenvolvimento de um sistema de cultivo múltiplo.

1245 [Dinastia Song do Sul] Wu Yong, *Coleção Helin*, vol. 39, "Promovendo a Agricultura em Longxingfu."

1246 [Dinastia Song do Sul] Zhao Fan, *Manuscrito Zhangquan*, vol. 1, "Fora de Fuzhou."

3. Características das variedades de arroz de Jiangxi nas dinastias Ming e Qing

Durante as dinastias Ming e Qing, Jiangxi continuou a desempenhar um papel importante no suprimento nacional de alimentos. Para se adaptar ao desenvolvimento da produção, muitas variedades de arroz foram cultivadas durante esse período. No sétimo ano do reinado de Qianlong na dinastia Qing (1742), *Nos Calendáros*, Volume 22, "Sementes de grãos" transcreveu os nomes das variedades de arroz nas crônicas locais que datam das dinastias Ming e Qing (principalmente a Ming), incluindo 465 das 26 prefeituras e condados de Jiangxi e 199 das *Crônicas dos condados de Jiangxi* (principalmente da dinastia Qing, principalmente da dinastia Qing, especialmente durante o reinado de Tongzhi, com apenas alguns registros datados da dinastia Ming e da Era Republicana), que incluíam os nomes de 488 variedades de arroz (incluindo exemplos de variedades diferentes com o mesmo nome e a mesma variedade com nomes diferentes).[1247] Essas listas incluíam apenas as variedades comuns ou representativas em vários condados, embora o número real de variedades certamente excedesse os números citados aqui. Durante as dinastias Ming e Qing, os compiladores de alguns registros encurtaram as listas por conveniência, de modo que muitas variedades não podem ser identificadas atualmente. O primeiro volume da *Crônica do Condado de Anti*, datado do reinado de Tongzhi, simplesmente registra: "Há vários tipos de arroz vermelho e branco precoce, e há muitos tipos de arroz vermelho e branco tardio. Há muitos tipos de arroz vermelho e branco vencido, e o arroz glutinoso prospera ainda mais". De acordo com as estatísticas reunidas na Conferência de Variedades de Cultivo de 1985, havia mais de 7.000 variedades de arroz em Jiangxi, a maioria das quais provavelmente havia sido transmitida desde aquela época da história.

Razões para a diversificação das variedades de arroz durante as dinastias Ming e Qing

Havia três razões para a diversidade de variedades de arroz durante o período Ming-Qing. A primeira foi a herança histórica. Antes das dinastias Song e Yuan, muitas variedades haviam sido cultivadas e a maioria delas

---

[1247] Comitê Editorial de Produtos Agrícolas nas Crônicas Locais da História de Jiangxi, org., *Produtos Agrícolas nas Crônicas Locais da História de Jiangxi* (Casa Publicadora do Povo de Jiangxi, 1963).

foi passada para as gerações posteriores. De acordo com a pesquisa sobre a origem e o início da história das variedades de arroz em Jiangxi, muitas das variedades cultivadas durante as dinastias Ming e Qing tinham uma longa história. As variedades registradas no texto da dinastia Song, *Registro de Mudas de Arroz*, continuaram a aparecer no *Crônica do Condado de Taihe* das dinastias Ming e Qing. Variedades como *bayuebai*, *aidaonuo* e *huangnuo* estavam entre as registradas em *Pesquisa sobre produtos agrícolas em Fujun*, no *Diário da Província de Jianchang*, datado do reinado de Zhengde, no *Diário da província de Ganzhou*, datado do reinado de Jiajing, e em outros textos. Algumas variedades cultivadas durante as dinastias Ming e Qing podem até ser rastreadas até o período dos Estados Combatentes daquela época da história.

O segundo motivo foi a necessidade de cultivar variedades adequadas às condições locais. Durante as dinastias Ming e Qing, os agricultores de Jiangxi davam grande importância à seleção de sementes, reconhecendo que "as sementes deste ano são a colheita do próximo ano". Havia referências à seleção e coleta de sementes. De acordo com o Guia do Agricultor de Suoshan, as sementes "devem ser selecionadas de acordo com a fertilidade do solo, de preferência quando ele é leve e espesso. Quando o sol brilha, ele fica seco. Armazene as sementes em um recipiente limpo de madeira ou telha. Escreva algo nele com uma pequena vara de bambu para marcá-lo."[1248] O método usado naquela época era principalmente a seleção de espiga, que era usada para a seleção e a criação de grãos de espiga no condado de Fuxian desde muito cedo. O método consistia em "colher a panícula do primeiro grão da espiga e plantá-la assim que fosse colhida, para que o arroz amadurecesse ao mesmo tempo. Não haverá diferença entre o arroz plantado antes e o plantado depois, mas a semente começará a mudar depois de três anos". No processo de seleção de sementes, a variação genética foi usada para gerar novas variedades, como o *dayemang* em Fujun, que se tornou um excelente arroz precoce após dois anos.[1249] Por meio da seleção artificial e natural contínua, muitas variedades adequadas para uso local foram cultivadas. De acordo com estatísticas incompletas, havia mais de vinte variedades de arroz com nomes de lugares em Jiangxi durante as dinastias Ming e Qing.

O terceiro motivo foi a ampla introdução de variedades estrangeiras de arroz. Durante as dinastias Ming e Qing, o movimento de exílio e o desenvolvimento da economia de commodities levaram a uma interação

---

1248 [Dinastia Qing] Liu Yingtang, *Guia do Agricultor Suoshan*, "Guia da Colheita."

1249 [Dinastia Qing] He Gangde, *Pesquisa sobre Produtos Agrícolas em Fujun*, "Grãos."

cada vez mais frequente com outras pessoas de dentro e de fora da província. Mesmo quando as variedades eram exportadas para outras províncias, muitas variedades estrangeiras chegavam a Jiangxi por diferentes canais. Durante a dinastia Qing, o cultivo intercalado do arroz de estação dupla *yahe* (também conhecido como *chenhe* e *chengzi*) era praticado em grande parte de Jiangxi. De acordo com a *Crônica do Condado de Wanzai*, "Há dois tipos de *yahe*, vermelho e branco, e eles vieram de Fujian e Guangdong no início do reinado de Jiaqing. Depois que a capina para o plantio inicial é concluída, ela é intercalada e cortada. Ela é tolerante à seca e há muitas pessoas especializadas em cultivá-la atualmente". De acordo com *Em terras agrícolas*, essa abordagem de consorciar o arroz já era praticada em Fujian e Guangdong desde o século XIV, e os nomes *chenhe* e *chengzi* também eram usados na área de Lingnan.[1250] Além da introdução de novas variedades pelos próprios agricultores, havia também a promoção do governo. Um exemplo típico foi o arroz imperial de Kangxi. No 54º ano do reinado de Kangxi (1715), o arroz imperial foi introduzido pela primeira vez em Suzhou e, no 56º ano, Jiangxi recebeu cinco *dan* de sementes de arroz imperial. No ano seguinte, o arroz foi distribuído em treze prefeituras para plantio em Jiangxi, conforme confirmado em um memorando do governador de Jiangxi, Bai Huang, no 26º dia do sexto mês do 57º ano do reinado de Kangxi.[1251] Os governos locais também enviaram pessoal para comprar sementes de outros lugares e distribuí-las aos vilarejos para serem plantadas. A Crônica da Agricultura, Indústria e Mineração de Jiangxi, "Condado de Hukou", afirma: "[No 31º ano do reinado de Guangxu], um documento do décimo primeiro mês mostra que o governo enviou representantes de Xuancheng, Anhui, para comprar um *dan* de sementes de arroz de sequeiro e de arroz em casca, e depois as distribuiu aos fazendeiros para plantar no campo. No trigésimo segundo ano do reinado de Guangxu, Feng Lingyu relatou que as sementes compradas no condado de Xuancheng eram adequadas para o solo local, então ele enviou pessoas para comprar dois *dan* e distribuí-los para todas as aldeias".

1250 A Crônica do Condado de Wuhua afirma: "Chengzi, um arroz precoce, foi misturado com arroz de inverno e plantado ao mesmo tempo que o arroz precoce comum. Após a colheita no sexto mês, não era necessário capinar ou arar, e as raízes originais foram replantadas. Foi colhido no décimo mês, ao mesmo tempo que o arroz de inverno, mas a colheita foi escassa."

1251 Um memorando de Li Xu, no décimo primeiro dia do terceiro mês do 56º ano do reinado de Kangxi (1717), diz: "Administrem o plantio de arroz, e os servos devem seguir rigorosamente o edito imperial. Será concedido a todos que venham de qualquer lugar... Os oficiais apressaram-se de todos os lugares de Jiangxi, e cada um recebeu cinco dan." O memorando de Bai Huang, governador de Jiangxi, escrito no 26º dia do sexto mês do 57º ano do reinado de Kangxi, diz: "Este ano, os servos distribuirão arroz para as treze prefeituras e será plantado da mesma maneira."

Por diferentes meios, as variedades de Pequim, no norte, Guangdong e Guangdong foram distribuídas no sul, Sichuan, a oeste, e Fujian, a leste, chegaram a Jiangxi durante as dinastias Ming e Qing. De acordo com estatísticas incompletas, Jiangxi tinha até 45 variedades com nomes de lugares em outras províncias durante as dinastias Ming e Qing. A combinação de herança, seleção e introdução enriqueceu muito os recursos de variedades de arroz de Jiangxi durante esse período.

A razão fundamental pela qual havia tantas variedades de arroz cultivadas em Jiangxi era que elas eram necessárias para a produção agrícola. Como o crescimento e o desenvolvimento de diferentes variedades exigiam diferentes tipos e quantidades de elementos fertilizantes no solo, a rotação da variedade plantada era uma maneira importante de fazer uso total do solo, maximizar sua produção e atingir a meta de aumentar a produção. Durante as dinastias Ming e Qing, Jiangxi desenvolveu o hábito de fazer a rotação de culturas a cada ano para garantir que as culturas não se degenerassem. Um antigo provérbio agrícola dizia que "trocar as sementes é mais poderoso do que o fertilizante". Com a prática de rotação de culturas, as pessoas descobriram que "se os primeiros campos de arroz forem convertidos em campos de arroz tardio, haverá uma boa colheita nos primeiros dois ou três anos, mesmo sem o uso de esterco como fertilizante. Se o campo de arroz tardio for plantado com arroz precoce, não haverá colheita. "58 Para fazer a rotação das variedades de arroz cultivadas, os agricultores tiveram de estocar um grande suprimento de variedades diferentes, o que os levou a fazer todo o possível para aumentar o número de variedades e expandir suas fontes. A razão fundamental pela qual havia tantas variedades de arroz cultivadas em Jiangxi era que elas eram necessárias para a produção agrícola. Como o crescimento e o desenvolvimento de diferentes variedades exigiam diferentes tipos e quantidades de elementos fertilizantes no solo, a rotação da variedade plantada era uma maneira importante de fazer uso total do solo, maximizar sua produção e atingir a meta de aumentar a produção. Durante as dinastias Ming e Qing, Jiangxi desenvolveu o hábito de fazer a rotação de culturas a cada ano para garantir que as culturas não se degenerassem.

Um antigo provérbio agrícola dizia que "trocar as sementes é mais poderoso do que o fertilizante". Com a prática de rotação de culturas, as pessoas descobriram que "se os primeiros campos de arroz forem convertidos em campos de arroz tardio, haverá uma boa colheita nos primeiros dois ou três anos, mesmo sem o uso de esterco como fertilizante. Se o campo de arroz tardio for plantado com arroz precoce, não haverá colheita."[1252] Para fazer a rotação das variedades de arroz cultivadas, os agricultores tiveram de estocar um grande suprimento de variedades diferentes, o que os levou a fazer todo o possível para aumentar o número de variedades e expandir suas fontes. Essa tendência se fortaleceu ainda mais com o desenvolvimento de sistemas de cultivo múltiplo, como o cultivo duplo de arroz.

Os sistemas de cultivo múltiplo foram desenvolvidos em Jiangxi durante as dinastias Ming e Qing. Várias linhagens de arroz com diferentes períodos de crescimento foram desenvolvidas em um esforço para se adaptar ao desenvolvimento do arroz de cultivo duplo e outros sistemas de cultivo múltiplo, para racionalizar as atividades agrícolas e para lidar com a escassez de mão de obra e as estações de produção conflitantes resultantes do sistema de cultivo múltiplo. A pesquisa sobre produtos agrícolas em Fujun diz: "Os aldeões devem plantar vários tipos de arroz precoce e tardio, semeando e colhendo em épocas diferentes, para que possam relaxar e ficar menos ocupados e caóticos."[1253] A trajetória histórica dos antigos métodos agrícolas no condado de Xinyu (atual cidade de Xinyu) prova que as principais medidas usadas para aumentar a produção agrícola eram a seleção de sementes e a fertilização. Foi dada atenção especial ao escalonamento das estações agrícolas, de modo a alcançar um equilíbrio entre os períodos ocupados e ociosos e maximizar os recursos da terra.

Antes da década de 1960, os procedimentos de cultivo e colheita dos agricultores locais incluíam "1) *jiugongji* (arroz precoce), 2) arroz glutinoso precoce, 3) arroz precoce *tuan* ou arroz precoce Yuannan, arroz não pegajoso *qiufeng* ou arroz não pegajoso *suoyi*, 5) arroz glutinoso tardio ou arroz glutinoso *xiangliu* e 6) arroz glutinoso *ya*. O plantio começou no terceiro mês e terminou no final do quarto mês. A colheita começava no final do quinto mês e terminava no nono."[1254]

Os períodos de crescimento das variedades de arroz cultivadas durante as dinastias Ming e Qing eram muito diferentes. O livro *Exploração das Obras da Natureza* diz: "As variedades precoces são colhidas em setenta dias. Jiugongji é uma variedade *geng* (não glutinosa) usada em épocas de necessidade urgente. Há também o jinbaoyin, um arroz glutinoso. Na

---

1252 [Dinastia Qing] He Gangde, *Pesquisa sobre Produtos Agrícolas em Fujun*, "Grãos."

1253 *Ibid*. (Usado para indicar que a referência é a mesma que a anterior).

1254 Comitê Editorial dos Produtos Agrícolas nas Crônicas Locais da História de Jiangxi, org., *Produtos Agrícolas nas Crônicas Locais da História de Jiangxi* (Editora Popular de Jiangxi, 1963). As crônicas de condado citadas neste capítulo são principalmente extraídas desta fonte.

verdade, existem centenas, até milhares, de nomes em vários dialetos, o que torna impossível mencionar todos eles. O último é durante o verão e o inverno e precisa de 200 dias para ser colhido."[1255] As variedades com o período de crescimento mais curto na dinastia Qing, como o arroz glutinoso de quarenta dias, podiam ser colhidas apenas quarenta dias após o plantio[1256], e aquelas com o período de crescimento mais longo precisavam de um ano.[1257] A *Pesquisa sobre Produtos Agrícolas* em Fujun classifica as variedades de acordo com a duração do período de crescimento, dizendo: "O período entre a embebição da semente e a colheita é de 120 dias para o *zhan* precoce e 140 dias para o *zhan* tardio. A variedade plantada duas vezes é cerca de meio mês mais longa que o arroz precoce e meio mês mais curta que o arroz tardio."[1258] O texto registra um total de 54 variedades, incluindo 19 variedades de *zhan* precoce, 11 de *zhan* tardio, 6 de *zhan* regenerado, 1 de glutinoso regenerado, 10 de glutinoso precoce e 7 de glutinoso tardio.

Havia um conflito entre as épocas de produção de arroz precoce e tardio, portanto, para garantir o crescimento normal das culturas posteriores, especialmente o arroz tardio plantado duas vezes, as variedades de arroz precoce precisavam ter um período de crescimento curto e amadurecer cedo. Se a colheita do arroz precoce fosse muito tardia, isso afetaria o rendimento das colheitas tardias. Os fazendeiros costumavam dizer: "No outono, plante grama suficiente para alimentar as galinhas."[1259] Como resultado, algumas variedades de maturação tardia eram plantadas menos e, com frequência, nem eram plantadas. Em Yudu, algumas variedades precoces de arroz amadureciam no oitavo mês, o que lhes dava o nome de *bayuebai* (literalmente, "branco do oitavo mês"), às vezes chamado de *lengshuibai* (literalmente, "branco de água fria"). O arroz que amadurecia no outono era chamado de arroz de outono. Como amadurecia muito tarde, raramente era plantado e não amadurecia a tempo se fosse plantado como segunda colheita.[1260] Entretanto, o período de crescimento dessas duas variedades era curto, portanto, mesmo que não chovesse muito na primavera, elas amadureceriam se houvesse chuva no verão. Em contraste com

---

1255 [Dinastia Ming] Song Yingxing, *A Exploração das Obras da Natureza*, vol. 1, "Grão, Arroz."

1256 Reinado de Tongzhi. *Crônica do Condado de Nancheng*.

1257 Reinado de Tongzhi. *Crônica do Condado de Nankang*.

1258 [Dinastia Qing] He Gangde, *Pesquisa sobre Produtos Agrícolas em Fujun*, "Grãos, Arroz Zhan."

1259 [Dinastia Qing] He Gangde, *Pesquisa sobre Produtos Agrícolas em Fujun*, "Grãos."

1260 Reinado de Tongzhi. *Crônica do Condado de Yudu*.

as variedades tardias, muitas variedades precoces que amadureciam cedo e tinham um período de crescimento curto eram frequentemente cultivadas em várias regiões. É claro que havia outros motivos para o cultivo dessas variedades, além do desenvolvimento do sistema de cultivo múltiplo. Por exemplo, o nome *jiugongji* tornou-se sinônimo de variedades precoces de arroz em geral, porque era o arroz de maturação mais precoce e o que mais garantiria que as pessoas não passassem fome quando a primavera se transformasse em verão e a maioria das outras colheitas estivesse parada. Além disso, seu período de crescimento era curto e não necessitava de muita água, e "plantas com pouca demanda de água crescem melhor."[1261] Além disso, com a influência do valor da economia de commodities, o preço de mercado inicial era "ligeiramente mais alto do que o de outros grãos", mas o mais importante é que "depois que o arroz era colhido, o campo podia ser plantado com a segunda safra de zhan"[1262], o que ajudava a melhorar a utilização da terra. A seleção de variedades de crescimento curto levou a uma diminuição no número de variedades de arroz japônica de crescimento longo. Nos tempos modernos, havia poucas variedades japônicas cultivadas em Jiangxi.

Entretanto, as variedades que amadureciam cedo e tinham um período de crescimento curto tendiam a ter rendimentos menores. Tomando o jiugongji como exemplo, muitas crônicas de condados que datam das dinastias Ming e Qing registram que essa variedade era um "arroz de colheita pequena", ou que "tinha uma colheita pequena", ou "uma colheita que diminuía constantemente". De acordo com as estimativas da *Pesquisa sobre Produtos Agrícolas em Fujun*, o 52 *zhan* (ou *jiugongji*) "rende um quarto a menos de grãos por mu do que outros tipos de arroz."[1263] Essa variedade era plantada com mais frequência em alguns lugares, como "Município de Linchuanxi, onde cada família deve plantar 52 *zhan* em seis ou sete mu, e a maioria deve plantá-lo em vinte ou trinta *mu*."[1264] A área total de plantio não era realmente tão grande, ou "não muitos plantaram", ou talvez "apenas alguns *mu* foram plantados com ele". Da mesma forma, o arroz *fenlong* (*manghua*) de Xingguo "raramente era plantado porque tinha baixa produtividade. Aqueles que cultivavam mais de cem mu podiam plantar uma pequena quantidade, junto com outras variedades."[1265] A variedade de

---

[1261] Reinado de Tongzhi. *Crônica do Condado de Yushan*, vol. 1, Parte 2, "Produtos."

[1262] [Dinastia Qing] He Gangde, *Pesquisa sobre Produtos Agrícolas em Fujun*, "Grão, 52 Zhan."

[1263] Idem.

[1264] Idem.

[1265] Reinado de Tongzhi. *Crônica do Condado de Xingguo*, vol. 12, "Produtos Locais."

tiejiao geng que já foi amplamente plantada em Xincheng (atual Lichuan) "recebeu muita atenção e esforço dos fazendeiros, mas rendeu pouco, então eles pararam gradualmente de plantá-la nos últimos anos"[1266] O arroz precoce em Longqua era o arroz mais antigo do mundo. O arroz primitivo em Longquan (atual Suichuan), o arroz *dahe*, também "produzia colheitas ruins, por isso era plantado muito pouco."[1267] Como o arroz seco de Nanchang "produzia uma colheita que era metade da de outras variedades, não era plantado com frequência pelos agricultores."[1268] Naquela época, a ideia comum era que o rendimento era de importância primordial. Para aumentar a produção sem afetar os cronogramas agrícolas e eliminar gradualmente as variedades de baixo rendimento, as variedades de alto rendimento eram constantemente selecionadas. Por exemplo, a *huangnizhan* (*dazhan*), uma variedade de Fuzhou, "amadureceu após o início do outono, e muitos agricultores a plantaram". A razão era que essa variedade "tinha a maior participação na colheita e no fracasso da safra."[1269] Essa mentalidade levou muitos agricultores a selecionarem variedades de alto rendimento.

Foi observado desde o início que o aumento do número de espigas, grãos e peso dos grãos pode melhorar a produtividade, mas aparentemente foi dada mais atenção às variedades com espigas grandes e mais grãos, o que pode ter sido atribuído à maior plasticidade dos grãos por espiga. Durante o período dos Estados Combatentes, surgiu uma variedade de *leiqi* com grãos densos. No texto da Dinastia Song, *Registro de Mudas de Arroz*, havia variedades como *pulei*, *tulei* e *gulei*. Durante a Dinastia Song do Sul, a família de Lu Jiuyuan arou profundamente e capinou cuidadosamente em uma tentativa de aumentar a contagem de grãos, e eles criaram variedades com 120 a 200 grãos por espiga. Durante as dinastias Ming e Qing, havia muitas variedades de alto rendimento conhecidas por seu alto número de espigas, como a *dayemang* e a "300 anos" de Fuxian, a "300 grãos" de Xingguo e a "1.000 em 3 espigas" de Yining, que recebeu esse nome porque cada espiga era capaz de produzir mais de trezentos grãos. As crônicas locais relatam que outras variedades, como a Jiangdong *zhan* de Xincheng e a Jiangdong arroz precoce de Luxi, tinham mais grãos. De acordo com a *Pesquisa sobre produtos agrícolas em Fujun*, *Fujiangeng*, *liugunuo* e *dayemang* tinham de 120 a 140 grãos por espiga. Além disso, *xiguzao* e *man-*

1266 Reinado de Guangxu. *Crônica do Condado de Xincheng*.

1267 Reinado de Tongzhi. *Crônica do Condado de Longquan*.

1268 Reinado de Daoguang. *Crônica do Condado de Wanzai*.

1269 Dinastia Ming, 15º Ano do Reinado de Hongzhi (1502). *Gazeta Provincial de Fuzhou*, vol. 12, "Produtos."

gyezao eram variedades com grãos grandes e pesados, e a *Fujiangeng* era ainda mais pesada, pesando de 130 a 140 *jin* por *dan*. Esse número supera até mesmo o duanguanghualuo, que, com 122 *jin*, é a mais pesada das variedades melhoradas nos tempos modernos.[1270]

Algumas variedades eram estáveis e tinham alta produtividade, e essas se tornaram a base dos agricultores locais. Um provérbio em Huichang advertia: "Quando o senhor arar um campo, arando até ficar velho, não negligencie o arroz *mangye* precoce."[1271] Como a variedade *mangye* precoce tinha um caule grosso e grãos abundantes, ela era popular entre os agricultores.

Em uma sociedade dominada por uma economia natural autossuficiente, outras formas de melhorar a produtividade, além do número de espigas, do número de grãos e do peso dos grãos, incluíam a taxa de produção de grãos extraídos das espigas, a taxa de produção de arroz a partir dos grãos, a produção de vinho a partir dos grãos e até mesmo a capacidade de uma determinada variedade de saciar a fome, todos objetivos perseguidos pelos agricultores. Muitas dessas medidas também tiveram um impacto mais tangível sobre as pessoas. Naquela época, reconheceu-se que "em geral, a taxa de produção do arroz tardio não era tão grande quanto a do arroz indica, mas ele dura muito tempo, seu corpo é pesado e, quando cozido, fica pegajoso. Seu consumo sacia a fome, o que o torna adequado para os idosos. Não é tão adequado para aqueles que comem menos arroz. Quem come menos arroz seria melhor se comesse arroz precoce."[1272] Além disso, "a segunda colheita de arroz teve um rendimento menor... Não foi extraído muito arroz, de modo que seis dou de arroz cozido equivaliam aproximadamente a cinco dou de arroz precoce."[1273] A espessura da casca era a chave para melhorar a taxa de produção de arroz. A variedade de arroz indica e japônica também foi um fator importante que teve impacto sobre a produção de arroz, já que o inchaço do arroz indica era maior do que o das variedades japônicas, por isso era preferido para uso. A dureza da textura do arroz afetava sua capacidade de saciar a fome, sendo que as variedades mais duras forneciam mais sustento e, portanto, eram preferíveis ao arroz de textura

---

1270 Grupo de Plantas Aplicadas, "Relatório de Pesquisa sobre as Características das Variedades de Arroz Melhoradas," Agricultura e Silvicultura de Jiangxi, 1950.

1271 15º ano do reinado de Qianlong (1750). Crônica do Condado de Huichang, vol. 16, "Produtos Locais."

1272 Era Republicana. Crônica do Condado de Wuyuan, edição revisada, vol. 11, "Produtos Alimentícios," Parte 5, "Propriedades."

1273 Qing Dynasty. He Gangde, Pesquisa sobre Produtos Agrícolas em Fujun, "Grão, Arroz Precoce Liuye."

mais macia. Durante as dinastias Ming e Qing, *qingliuzhan*, *tuanguzao*, *Yunnanzao*, *hubai* (*yushanbai*), *mahe* e *hongminuo* eram variedades com alta produção e casca fina. A *mahe* veio de Xingguo, e seu "broto era longo e seu fruto cheio". Se o senhor produzir cinco dan de mahe, a quantidade de arroz extraída é equivalente à de seis *dan* de arroz precoce, e sua casca, e sua casca é fina e o grão fino."[1274]

Naquela época, a taxa de extração do arroz era de cerca de 70% da taxa das duas variedades de arroz glutinoso, o arroz integral *chidou* e o arroz integral *qisheng*. Durante as dinastias Ming e Qing, as variedades com maior rendimento de arroz ou vinho incluíam o arroz vermelho de Guangdong, *yinbaojin*, *tongzinuo*, *ainuo* e *bai'ai*. O arroz vermelho de Guangdong "rendia cerca de vinte a trinta por cento mais do que outros tipos de arroz quando cozido", e o *tongzinuo* "produzia duas vezes mais vinho do que outras variedades". As variedades de arroz duro mais capazes de saciar a fome eram *suoyinian*, *xiataohong*, *zhuyazhan*, *gengjinghong* e *wukehong*, entre outras. Dizia-se que o *suoyinian* era "mais satisfatório, mesmo que o senhor coma menos". Ele também é chamado de *qijianian*".

Durante as dinastias Ming e Qing, havia variedades com várias características de alta produtividade. O *dayemang* de Fujun não só tinha o maior número de espigas, mas também tinha muitos grãos grandes.[1275] Nos primeiros anos da Era Republicana, as primeiras variedades de arroz em Nanchang incluíam "arroz amarelo, que era colhido um pouco tarde e tinha muitas sementes. Os grãos eram grossos e duros e ligeiramente vermelhos. Era tolerante à água e produzia muito arroz". Além disso, "a última variedade de arroz colhida era chamada chibai. Ela tinha mais grãos e produzia mais arroz. Um *dan* de grão produzia seis *dan* de arroz."[1276] A variedade 300 espigas em Fujun tinha a maior quantidade de grãos, mas não havia muitos grãos por espiga, o que reflete a contradição entre vários fatores que afetavam a produção.

Não havia apenas contradições nesses fatores, mas também entre rendimento e qualidade. A falta de atenção dada à qualidade de cada variedade durante o período Ming-Qing é um reflexo dessa tensão. Naquela época, a principal questão era aliviar a fome, portanto, havia poucas variedades, ou até mesmo nenhuma, com boa qualidade, mas com baixo rendimento. Isso fica evidente na atitude em relação ao arroz aromático que

---

1274 Reinado de Tongzhi. Crônica do Condado de Xingguo, vol. 12, "Produtos Locais".

1275 [Dinastia Qing] He Gangde, Pesquisa sobre Produtos Agrícolas em Fujun, "Grãos, Dayemang".

1276 Era Republicana. Crônica do Condado de Nanchang.

prevalecia na época. O *Exploração das Obras da Natureza* diz: "O arroz aromático é uma variedade de arroz consumida pela nobreza. A colheita era escassa e seu benefício não era suficiente."[1277] A *Crônica do Condado de Wanzai* registra: "O arroz perfumado *chimang, baili, yixi, chulishan* e *lantian* são os mais finos, por isso poucas pessoas os cultivam."[1278] Embora poucas pessoas os cultivassem, havia muitas variedades de boa qualidade que eram cultivadas em Jiangxi durante as dinastias Ming e Qing para servir a outros propósitos além de alimento básico. Por exemplo, o *raozhan*, também conhecido como *xiangyunzhan, dahemi zhan, dahe* rice e *xianghe*, era amplamente cultivado em Jiangxi durante as dinastias Ming e Qing. De acordo com as estatísticas das *Crônicas dos Condados*, nada menos que oito condados cultivavam essa variedade. De acordo com o *Crônica do condado de Huichang*, Volume 16, datado do reinado de Qianlong, os "grãos dessa variedade eram claros e perfumados. Era um arroz pegajoso e glutinoso, mas não era adequado para fazer vinho. No entanto, era bem adequado para fazer bolos de arroz. Era gorduroso e escorregadio. O povo local o encharcava com água de *flos sophorae*, depois o cozinhava no vapor e o esmagava para fazer um bolo de refeição... o que sobra após a entrega anual para uso militar é chamado de *huangyuan*."[1279] Os registros encontrados em outras crônicas de condados são semelhantes. A *Crônica do Condado de Nankang*, datada do reinado de Tongzhi, acrescenta que "mesmo que a família fosse extremamente pobre, os resultados ainda eram bons" após uma passagem semelhante. Isso demonstra a influência da tradição na escolha das variedades cultivadas. De acordo com a *Crônica de Baisha*, no condado de Dongxiang (atualmente o distrito de Dongxiang, em Fuzhou), "ela amadurece após o início do outono e deve ser transformada em *mixian*". Durante a dinastia Song, o povo de Chongren era bom em fazer *mixian*, e muitas vezes era chamado de *lan*."[1280]Assim, foi com o objetivo de atender à demanda por itens não básicos que alguns produtos de alta qualidade foram preservados.

1277 [Dinastia Ming] Song Yingxing, A Exploração das Obras da Natureza, vol. 1, "Grãos, Arroz".

1278 Reinado de Daoguang. Crônica do Condado de Wanzai.

1279 Reinado de Tongzhi, Crônica do Condado de Huichang.

1280 Reinado de Jiajing. Crônica do Condado de Dongxiang, vol. 1, "Produtos Locais".

Características das variedades de arroz de Jiangxi durante as dinastias Ming e Qing

A avaliação da qualidade do arroz geralmente inclui o exame da qualidade da moagem, a aparência do grão, a qualidade e o sabor do arroz após o cozimento, o teor de proteína e outros fatores. A qualidade do arroz cultivado durante as dinastias Ming e Qing foi avaliada de acordo com esses critérios.

1. Qualidade da moagem. Com a influência da economia de commodities durante as dinastias Ming e Qing, a taxa geral de grãos foi considerada uma medida da qualidade do arroz, e entendeu-se que "quando o grão tem uma coroa, o arroz não se quebra, o que o torna adequado para o transporte por água."[1281] No período Ming-Qing, o cultivo de variedades com coroa não só aumentou a tolerância dessas variedades, mas também foi associado à importância do arroz branqueado. Naquela época, havia algumas variedades com excelente qualidade de moagem, como a variedade de arroz glutinoso chamada *qianxiazhui*, que era amplamente encontrada em Linchuan e Chongren, província de Fujun. Sua casca era amarela e o grão era fino, branco e longo. Depois de um longo período de batida e trituração, o arroz não se quebrava, mas mantinha uma dureza de aço ao toque.[1282] O arroz *Chizhu* e *tiejiao* em Jianchang, Nancheng e outros condados tinham características semelhantes.[1283]

2. Aparência do grão. A *Exploração das Obras da Natureza* oferece uma descrição geral da aparência dos grãos de arroz, dizendo: "É um grão longo e afiado, com uma superfície plana e abobadada. A cor do arroz é branca como a neve, amarela, vermelha, meio roxa ou preta mesclada, cada uma com características diferentes."[1284] Aparentemente, havia poucas variedades curtas e redondas naquela época, embora houvesse mais de dez variedades consideradas curtas e redondas, como o arroz glutinoso *zhizi* em Xinjian e o arroz precoce *mangye* em Huichang.

Havia cerca de vinte outras variedades que, segundo evidências documentais, eram arroz de grãos curtos e redondos, como o *bayuebai* (tam-

---

1281 Reinado de Tongzhi. Crônica do Condado de Yushan, vol. 1, Parte 2.

1282 [Dinastia Qing] He Gangde, Pesquisa sobre Produtos Agrícolas em Fujun, "Grãos, Guodong, Arroz Glutinoso Qianxiazhui".

1283 Reinado de Tongzhi. Crônica do Condado de Jianchang, vol. 1, Parte 7, "Produtos".

1284 [Dinastia Ming] Song Yingxing, A Exploração das Obras da Natureza, vol. 1, "Grãos, Arroz".

bém chamado de arroz *yinzhu*) em Jianchang, o arroz glutinoso *shuizhu* em Ruijin e Anyuan, o arroz *zhenzhu* em Chongren, o arroz *zhuzi* em Wuyuan e o arroz *tuan precoce*, o arroz glutinoso *hujiao* e o arroz glutinoso *tuan* na Prefeitura de Linjiang, cerca de metade das quais eram variedades glutinosas. Além dessas mais de vinte variedades, as linhagens restantes eram, em sua maioria, arroz de grão longo, incluindo *danuo* de Xingguo e *xiangzhan* de Jinxian, que tinham de três a quatro *fen* (cerca de 10 mm) de comprimento, o que as tornava variedades de grão extralongo.

A cor das variedades cultivadas em Jiangxi durante as dinastias Ming e Qing era aparentemente vermelha ou branca, principalmente a última. De acordo com as estatísticas registradas *no Crônica do condado de Xinjian*, que data do reinado de Tongzhi, havia 28 variedades de arroz branco e 18 variedades de arroz vermelho. De acordo com a distribuição do arroz de acordo com a cor, conforme registrado na A cor das variedades cultivadas em Jiangxi durante as dinastias Ming e Qing era aparentemente vermelha ou branca, principalmente a última. De acordo com as estatísticas registradas no Xinjian County Chronicle, que data do reinado de Tongzhi, havia 28 variedades de arroz branco e 18 variedades de arroz vermelho.

De acordo com a distribuição do arroz de acordo com a cor, conforme registrado na *Pesquisa sobre produtos agrícolas em Fujun*, havia predominantemente variedades brancas, com um total de 37, seguidas por oito variedades vermelhas, duas amarelas e uma preta, ligeiramente preta, branca-amarela e amarela-branca, havia predominantemente variedades brancas, com um total de 37, seguidas por oito variedades vermelhas, duas amarelas e uma preta, ligeiramente preta, branca-amarela e amarela-branca.

O arroz precoce era principalmente branco. Nas áreas de planície, como os condados de Nanchang, Fengchang, Qingjiang e Shangrao, apenas o arroz tardio era dividido em variedades vermelhas e brancas, e não havia arroz vermelho precoce, enquanto o arroz tardio era dividido igualmente entre vermelho e branco. Regionalmente, as áreas de planície cultivavam principalmente arroz branco, sendo que o arroz vermelho representava apenas um quarto das plantações de arroz nessas áreas. As áreas montanhosas ou acidentadas cultivavam principalmente arroz vermelho, como o segundo arroz tardio de Anyuan, que era composto por "três tipos de arroz vermelho, *maolunhong*, *changxuhe* e *liushigong*. Havia apenas um tipo de arroz branco, o *gaojiaobai*."[1285] Outro exemplo era Luxi, onde "o arroz branco inicial era plantado em menor quantidade, enquanto o arroz vermelho tardio era plantado em maior quantidade por ser mais adequado à

[1285] Reinado de Tongzhi. Crônica do Condado de Anyuan, vol. 1, Parte 9, "Produtos".

terra daqui."[1286] Em Jinxi, o arroz inicial representava apenas cerca de 30% do arroz cultivado, sendo a maior parte arroz vermelho. A área era mais montanhosa e tinha pouca água.[1287] É evidente que o arroz vermelho estava associado a terrenos mais altos e climas mais frios

A cor afetava a qualidade do arroz. A *Crônica da Prefeitura de Yining* registra: "O melhor arroz é o de cor amarela ou branca". Em geral, acreditava-se que o arroz vermelho era de qualidade inferior e, por isso, não era muito usado. Dizia-se que "ele só pode ser usado para cozinhar ou para fazer bolinhos de arroz, mas não para fazer doces, vinho ou *fentiao*."[1288] Durante a Era Republicana, Yichun, Chongren e outros condados começaram a plantar arroz branco por causa da baixa qualidade, das vendas ruins e dos preços baixos do arroz vermelho.[1289] Apesar disso, foi produzido algum arroz vermelho de boa qualidade, inclusive o arroz vermelho *wanzai*, comumente conhecido como *hongmizhan*. A camada interna tinha a cor de flores de pêssego e era macia e doce. Era o arroz tardio de melhor qualidade.[1290] Dizia-se que havia um tipo de arroz vermelho no condado de Fengxin que tinha uma qualidade única, cor vermelha e sabor delicioso. Ele era muito apreciado pela corte Ming e era usado como arroz de tributo. Quando o imperador Qing Qianlong viajou para Fengxin para experimentá-lo, sua fama se espalhou ainda mais, e ele coletou mais de 800 *dan* dele como tributo a cada ano. Após o estabelecimento da República Popular da China, ele foi transferido por um tempo para o governo central para uso especializado. Ao mesmo tempo, o arroz vermelho foi plantado como arroz tardio, especialmente em áreas montanhosas, pois aparentemente era resistente ao frio e a pragas.

A brancura (ou seja, a capacidade de refletir a luz), a transparência e o brilho dos grãos de arroz branco geralmente afetam sua qualidade. Nas dinastias Ming e Qing, havia muitas variedades de arroz com alto grau de brancura, transparência e brilho. Por exemplo, a variedade *qingyouzhan* cultivada no condado de Nanchang era pegajosa e escorregadia como óleo. A variedade *yushanhong* do condado de Shangrao era brilhante e limpa, como jade, enquanto a *guangzhan* do condado de Huichang era branca e brilhante. De acordo com estatísticas incompletas, havia mais de doze dessas variedades.

1286 Reinado de Qianlong. Crônica do Condado de Luxi.

1287 [Dinastia Qing] He Gangde, Pesquisa sobre Produtos Agrícolas em Fujun.

1288 Idem.

1289 25º Ano da Era Republicana. Crônica do Condado de Yichun.
Era Republicana. Crônica Geográfica de Jiangxi.

1290 Reinado de Daoguang. Crônica do Condado de Wanzai.

3. Qualidade dos alimentos. A qualidade do arroz era, em última análise, uma questão de qualidade alimentar. Como um tipo de alimento, a qualidade do arroz inclui questões de cor (visual), fragrância (olfativa), sabor (paladar), forma (tátil) e outras percepções sensoriais. O sentido do tato, conforme julgado pela textura sentida ao mastigá-lo, era o fator determinante mais importante na avaliação da qualidade do arroz. Durante as dinastias Ming e Qing, as variedades consideradas de boa qualidade eram aquelas perfumadas, macias, doces, tenras e suaves. O arroz precoce *liuyang* do condado de Fenyi era perfumado e macio, o *shoutianbai* do condado de Yihuang era doce, macio e levemente perfumado, e o *zhanhe* do condado de Xingguo era doce e macio.[1291] Essas eram algumas das mais de vinte variedades semelhantes encontradas em registros históricos.

Durante as dinastias Ming e Qing, algumas variedades de arroz tinham um sabor ruim. Por exemplo, o arroz vermelho de *Guangdong* de Yudu tinha um sabor adstringente e intragável.[1292] O arroz *Yinbaojin* de *Fujun* envelhecia facilmente e era saboroso quando cozido, mas ficava duro e marrom se cozido pela segunda vez e tinha o pior sabor.[1293] No entanto, essas variedades tinham outras vantagens, como o alto rendimento do arroz vermelho de Guangdong e a suculência do *yinbaojin*, por isso ainda havia muitos produtores dessas variedades. Em última análise, a qualidade do sabor não era de grande importância daquela época.

4. Adaptabilidade ao ambiente natural e resistência a desastres naturais. As características das variedades de arroz cultivadas em Jiangxi durante a era Ming-Qing refletiam não apenas a quantidade, o rendimento e a qualidade do arroz, mas também a adaptabilidade da variedade ao ambiente natural e a resistência a desastres naturais. Com o crescimento da população durante esse período, as áreas montanhosas e os lagos foram mais desenvolvidos e utilizados. Essas terras agrícolas recém-recuperadas eram propensas a secas, alagamentos, falta de fertilizantes, desastres e baixos rendimentos. O registro no *Guia do Agricultor de Suoshan* reflete a situação dos agricultores nos vilarejos das áreas montanhosas, onde o vento frio e as pragas eram comuns. Havia também muitas condições naturais desfavoráveis em outras áreas. Por exemplo, os desastres comuns incluíam inundações do quarto ao sexto mês, seca após o sexto mês ou baixas temperaturas no outono (em Jiangxi, chamadas de *shefeng*, *dongguihua* ou *hanlufeng*), além de danos causados por pássaros, animais e insetos.

1291 Reinado de Tongzhi. Crônica do Condado de Xingguo, vol. 12, "Produtos Locais."

1292 Reinado de Tongzhi. Crônica do Condado de Yudu, vol. 5, "Produtos Locais."

1293 [Dinastia Qing] He Gangde, Pesquisa sobre Produtos Agrícolas em Fujun.

Para aumentar a produtividade, era necessário, por um lado, que os agricultores construíssem obras de conservação de água, melhorassem o solo e realizassem o controle de pragas, enquanto, por outro lado, eles também buscavam variedades resistentes a vários riscos e que pudessem se adaptar a uma variedade de condições naturais adversas.

1) Variedades tolerantes à seca. Durante as dinastias Ming e Qing, em um esforço para resolver a questão do suprimento de alimentos, os moradores das áreas montanhosas de Jiangxi não só plantaram novas culturas, como batata-doce e milho, mas também dependiam do cultivo de arroz em grandes quantidades, o que promoveu o surgimento e o consumo de arroz de terras altas e outras variedades resistentes à seca. O arroz de terras altas era adequado para o plantio em regiões montanhosas com água insuficiente, solo mal fertilizado e terras arenosas com baixa capacidade de retenção de água. O *Exploração das Obras da Natureza* observa que "quando o arroz é privado de água por um período de dez dias, ele morre. Surgiu um tipo de arroz de sequeiro. Ele não era pegajoso e podia ser cultivado em áreas montanhosas."[1294] De acordo com estatísticas incompletas, durante as dinastias Ming e Qing, cerca de vinte condados em Jiangxi plantaram arroz de sequeiro. A maioria ficava em áreas montanhosas, e havia uma tendência de crescimento nessas regiões. Por exemplo, Fenyi, Yihuang, Wuning e outros condados começaram a plantar arroz de sequeiro no final da dinastia Qing. Havia muitos nomes locais para esse tipo de arroz, incluindo *shanhe*, *ganhe*, *hanhe*, *ludao* e *linghe*. Em termos de classificações tradicionais, o arroz de sequeiro tinha variedades glutinosas e não glutinosas. A Crônica do *Condado de Ruijin*, datada do reinado de Guangxu, registra: "As variedades cultivadas na encosta da montanha são chamadas de *linghe* ou *hanhe*. Elas são variedades glutinosas". A *Crônica do Condado de Wuning*, datada do reinado de Tongzhi, diz: "Nos últimos anos, *lujing* e *lushu* foram plantados. Elas podem ser plantadas sem muita água". A *Crônica do Condado de Huichang*, datada do reinado de Tongzhi, diz: "Há dois tipos de variedades, *jing* e *shu*, que podem ser plantadas na encosta da montanha sem fertilizante".

Além do arroz de terras altas, havia algumas variedades tolerantes à seca que eram adequadas para o plantio em áreas montanhosas ou em outros terrenos propensos à seca. Por exemplo, as variedades *longmaozhan* e *jiangdongzhan* cultivadas em Xinjian eram resistentes à seca e fáceis de cultivar, por isso os agricultores geralmente as preferiam. Havia mais de dez variedades desse tipo. Havia algumas outras variedades que não foram especificamente descritas como tolerantes à seca nos registros das di-

---

[1294] [Dinastia Ming] Song Yingxing, A Exploração das Obras da Natureza, vol. 1, "Grãos, Arroz."

nastias Ming e Qing, mas, de acordo com estudos modernos, elas eram de fato tolerantes à seca. Entre elas estão o arroz precoce *tuan*, cultivado em Jing'an, e o *wuyuezao* e o *baizhan*, cultivados em Yichun, entre outros.

2) Variedades resistentes a inundações. Ao contrário das áreas montanhosas, das margens de lagos e das terras baixas nas planícies, a parte inferior das cristas montanhosas, os barrancos e os campos de arroz nas terras baixas do país montanhoso, juntamente com qualquer outra terra propensa a alagamentos, eram frequentemente ameaçados por danos causados pela água. Nesse sentido, além de realizar o trabalho necessário de conversão de terras, os agricultores de Jiangxi também selecionaram variedades tolerantes à água. Por exemplo, o *shenshuihong*, cultivado em Nanchang e Xinjian, era provavelmente o arroz glutinoso *hongmi* posterior, um tipo de arroz vermelho de águas profundas. Quando o nível da água subia em uma área à beira de um lago, o arroz crescia, subindo com o nível da água. Variedades como *wuguzi*, *huangliuhe*[1295] e *mianzinuo* eram todas adequadas para o plantio em campos à beira de lagos. O *wuguzi* era plantado em Nanchang, conforme observado na *Crônica do Condado de Nanchang*, datada do oitavo ano da Era Republicana (1919), que diz: "O *wuguzi* poderia crescer sozinho, mesmo depois do outono, se fosse semeado em arrozais, ou poderia ser plantado depois de um desastre para evitar a fome". De acordo com estudos realizados durante a Era Republicana, havia muitas variedades desse tipo cultivadas em Nanchang, incluindo *sahongxian*, *kuangtouwan*, *mingmingzi*, *yinggao*, *liuxuwan*, *hannuo* e outras.[1296] Hoje, uma variedade conhecida como *kangtouwan* (suspeita-se que seja *kuangtouwan*) ainda é cultivada nas margens do Lago Poyang e pode ser semeada depois de uma enchente. Ela é semeada onde quer que seja colhida e pode até ser semeada após o início do outono. É uma espécie rara, usada principalmente para aliviar a fome.[1297] Diversas variedades tolerantes à água foram registradas na *Pesquisa sobre Produtos Agrícolas em Fujun*. Algumas aparentemente eram especialmente tolerantes à água, como a *gengjinghong*, que podia suportar uma ou até duas inundações sem prejudicar as plantações.

3) Variedades resistentes ao acamamento. A produção de arroz tanto nas planícies quanto nas áreas montanhosas era caracterizada por uma

---

1295 Huangliuhe era arroz huanglu. Veja o capítulo deste volume intitulado "Arroz Huanglu na História Chinesa."

1296 Sexto mês do 27º ano da Era Republicana (1938). Xu Chuanzhen, "Arroz em Nanchang," em Agricultura de Jiangxi, Volume 1, Parte 1.

1297 Xie Guozhen, "Recursos de Variedades de Arroz de Jiangxi," Transcrição do Programa de Rádio da Jiangxi People's.

contradição, conforme descrito em um texto da dinastia Qing: "Se o arroz tiver pouco fertilizante, o caule será curto e a semente não será fértil. Se houver pouco fertilizante, a espiga não ficará sólida na lama."[1298] Isso significava que as variedades de arroz precisavam ser resistentes ao acamamento. Juntamente com o excesso de fertilizante (especialmente o fertilizante nitrogenado) e o crescimento vigoroso (ou excessivo), as tempestades eram uma causa externa comum do acamamento do arroz. O *Guia do Agricultor de Suoshan* diz: "A camada superior do solo estava cheia de vitalidade, e a altura da espiga era a desejada. A camada intermediária do solo tinha menos vitalidade, e a planta envelheceu no nono mês. Quando o vento oeste passava, muitas espigas caíam. Não era fácil cultivar o grão, e ele poderia cair de várias maneiras. Ele não era resistente ao acamamento, por isso tinha de ser apoiado". O suporte só podia ser fornecido de forma passiva, portanto, a solução era apenas superficial e não abordava a causa principal. Durante as dinastias Ming e Qing, os agricultores de Jiangxi tomaram medidas ativas para evitar o acamamento, principalmente selecionando variedades com um caule curto e forte. Durante esse período, o caule da maioria das variedades de arroz tinha mais de um metro de altura (consulte a Tabela 2).

TABELA 2 — Altura do talo das variedades de arroz cultivadas em Jiangxi durante as dinastias Ming e Qing

Nome	Altura	Nome	Altura
52 zhan	.2.2–2.3	Liuxubai	Mais longo
Han glutinoso	3.4–3.5	Landanfen	Especialmente longo
Hongke glutinoso	3.0	Ningdu zhan	Longo
Liuke glutinoso	4.0–5.0	Hunan zhan	Longo
Yinggaobai	Mais longo	Fujian Jing	>4,0
Maojiaolao	Excepcionalmente longo	Dayemang	Longo
Jinbaoyin	Mais alto	Tiejiaocheng	Longo

No entanto, ainda havia algumas variedades de caule curto que foram nomeadas por sua altura diminuta, como *tongzizhan*, *ainian*, *aiqing*,

---

[1298] [Dinastia Qing] He Gangde, Pesquisa sobre Produtos Agrícolas em Fujun.

aihuang, *aiqi*, *tongzinuo*, (também chamada de *zhizinuo*, *aijiaonuo*, *aizinuo* e *ainuo*), *aigao* e *bai'ai*. Além disso, havia algumas variedades com caules fortes e maior resistência ao acamamento, como a variedade *weigan precoce*, também chamada de *weishangzao* ou *dubupu*, que descreve vividamente a característica de resistência ao acamamento dessa variedade.[1299] O termo *tiejiao* (literalmente, "pé de ferro") era mais comumente usado para descrever o caule forte das variedades que podiam resistir ao vento e à chuva, como em *tiejiaocheng*, *tiejiaozhan*, *tiejiaoxian*, *tiejiaojing* e *tiejiaonuo*. Alguns eram chamados simplesmente de *yinggao* ("talo duro") *zhan precoce*, *yinggaobai* ("talo duro branco") ou outros nomes semelhantes.

4) Variedades tolerantes a fertilizantes. A maioria das variedades resistentes ao acamamento também era altamente tolerante a fertilizantes. A *Pesquisa sobre Produtos Agrícolas em Fujun* descreve a variedade *tiejiaocheng*, dizendo: "O *tiejiaocheng*, também chamado de *tiejiaojing* ou *yinggaobai*, foi um arroz precoce. Seu caule era longo e forte, como indicado por esses nomes". E continua: "Com relação ao clima, enquanto outros tipos de arroz quebram se forem cultivados sem fertilizante, essa variedade pode resistir a esse clima". E: "As vantagens topográficas incluem sua adequação aos campos de arroz. Seu talo é o mais forte e não cai nem apodrece na água. Ela é particularmente adequada para o plantio em terras próximas a rios". E, por fim, "Com relação ao pessoal, o outro arroz é plantado em campos fertilizados três vezes e, depois, não pode mais ser fertilizado ou cairá. Mas para o *tiejiaojing*, quanto mais fertilizante for adicionado, melhor, até seis vezes. Outro arroz colhe três *dan* por mu se ficar em pé, quatro *dan* se se inclinar e cinco ou seis *dan* se cair, e o fato de ficar em pé, se inclinar ou cair depende da espessura do solo fertilizado. Assim, diz-se que o *tiejiaocheng* colhe três (*dan*) quando está em pé e quatro *dan* quando está inclinado. Entretanto, os agricultores não a plantam com frequência porque ela precisa de muito fertilizante". O livro registra muitas outras variedades que também eram adequadas para campos férteis. Outras crônicas de condados registram de forma semelhante os nomes de variedades tolerantes a fertilizantes. Por exemplo, a *Crônica do Condado de Wuyuan*, datada do reinado de Guangxu, diz o seguinte sobre o *feitianqi*: "A maioria do arroz indica não tolera fertilizantes. Somente essa variedade pode sobreviver em campos muito férteis", e de *xiatiannuo*, "É tolerante a fertilizantes". Entretanto, as variedades tolerantes a fertilizantes exigiam muito fertilizante e, por isso, não eram plantadas em grande escala. Se não recebessem fertilizante suficiente, o caule seria curto e os frutos não seriam abundantes, o que exigia o uso de variedades tolerantes à esterilidade.

1299 Reinado de Tongzhi. Crônica do Condado de Jinxian, vol. 2, "Produtos."

5) Variedades tolerantes a estéril. Em geral, a maioria das variedades cultivadas era tolerante a estéril, e algumas, como a *landanfen*, eram especialmente assim. De acordo com a *Pesquisa sobre produtos agrícolas em Fujun*, "essa variedade requer pouco fertilizante, por isso é chamada de *landanfen*" (literalmente "não inclinada ao esterco"). A variedade era cultivada em Yining e nos condados de Chongren, Yihuang e Le'an em Fuzhou. O mesmo livro também menciona o *shoutianbai*, afirmando que ele pode ser plantado em campos estéreis.

6) Variedades tolerantes ao frio. Durante as dinastias Ming e Qing, o arroz de dupla safra era geralmente plantado nas áreas de planície. Além disso, uma quantidade considerável de arroz tardio de cultivo único foi plantada em algumas áreas montanhosas alpinas. Um fator desfavorável para o arroz tardio nessas áreas era o risco de danos causados pelo frio, especialmente durante os estágios de rebrota e floração. Assim, algumas variedades foram selecionadas por sua tolerância ao frio. As variedades com a palavra *han*, ou "frio", em seu nome incluíam *hanxian*, *hanzhan*, *hanqing*, *hannuo*, *hanxiannuo* e *hangunuo*, entre outras. Havia também variedades que não tinham o nome do frio, mas que ainda assim eram tolerantes ao frio, como a variedade *tiegengzhan* cultivada em Wanzai.[1300] Entretanto, parece que a maioria das variedades tolerantes ao frio era de arroz glutinoso. A maior parte do arroz glutinoso em Jiangxi era da variedade japônica, e o arroz japônica era geralmente mais tolerante ao frio do que o arroz indica, de modo que "havia menos arroz indica nas montanhas e no campo, mas mais arroz japônica".[1301] Além disso, o arroz glutinoso era cultivado principalmente como arroz tardio em Jiangxi, o que também exigia uma forte tolerância ao frio. O *Exploração das Obras da Natureza* registra: "Os campos nas planícies do sul eram plantados e colhidos duas vezes por ano, e as mudas replantadas eram geralmente de arroz glutinoso tardio, não de arroz não glutinoso". Hoje, o arroz glutinoso continua a ser cultivado principalmente como arroz tardio em Jiangxi. A pesquisa sobre produtos agrícolas em Fujun apresenta variedades de glutinoso tolerantes ao frio, dizendo: "O arroz glutinoso não suporta o frio. Se a geada cair no nono mês e o clima estiver muito frio, ele morrerá congelado. Embora não possa amadurecer totalmente nessas circunstâncias, ele será ligeiramente tolerante ao frio no inverno... e poderá permanecer no campo por muito tempo". E, "*hannuo*, chamado *handongnuo* em Yihuang, é um arroz glutinoso de segunda safra. O arroz de boa qualidade é chamado de *liutiaonuo*... Ele pode ser plantado a qualquer momento. E é resistente ao frio".

1300 Reinado de Daoguang. Crônica do Condado de Wanzai, vol. 12, "Produtos Locais."

1301 [Dinastia Qing] Liu Yingtang, Guia dos Agricultores de Suoshan, "Registro da Colheita."

7) Variedades resistentes a pragas. Durante as épocas de semeadura e colheita, pássaros e animais frequentemente estragavam os grãos, causando perda de safra. O uso de variedades com um toldo para a proteção da planta para mitigar os danos causados por pássaros e animais já era praticado nos tempos antigos. Nas dinastias Ming e Qing, havia muitas variedades com um toldo, chamadas *mang* ou *xu*, incluindo *chimanggu, manggu, xiaxugu, changxuhe, tiemangli, duxuzao, xuzhan, changxuzhan, yangxuzhan, heixu, liuxu, mangxunuo, mazongnuo, yangxu* e *mangzui*. Havia também muitas variedades que não incluíam *mang* ou *xu* no nome, mas que tinham um *awn*, como as registradas na *Crônica do Condado de Xinjian*, datada do reinado de Tongzhi, como *dongzhan, wugu, lengshuiqiu, zaodahe, huangjianzui, dahe, qiyuecao, wudahe* e *jinsinuo*, entre outras. Em geral, os agricultores preferiam plantar variedades com um toldo em locais onde havia muitos animais, incluindo a variedade *tiejiaocheng*, frequentemente plantada em Nanchang, que tinha um toldo afiado, o que a tornava adequada para o plantio perto da residência. A variedade *lujianchou* cultivada em Wanzai, comumente chamada de *xuzhan*, era adequada para o plantio em campos nas montanhas. Havia muitas outras variedades que tinham uma haste, mas, em geral, a proporção dessas variedades cultivadas nas dinastias Ming e Qing era menor do que antes da era Song. De acordo com os números listados na Crônica do Condado de Xinjiang, datada do reinado de Tongzhi, havia 23 variedades claramente indicadas como não tendo um rebento e nove com, e outras 23 que não estavam claramente marcadas como tendo ou não tendo um rebento. As variedades cultivadas antes da dinastia Song, em sua maioria, tinham um rebordo.

Em resumo, as variedades de arroz cultivadas em Jiangxi durante as dinastias Ming e Qing eram muito diversas, com características cultivadas para atender às necessidades de desenvolvimento da produção, que incluíam características como maturação precoce, alto rendimento, alta qualidade e resistência a várias ameaças. O conflito irresolúvel entre essas necessidades promoveu o desenvolvimento da diversidade. Esse padrão de desenvolvimento não estava desconectado da trajetória que vinha ocorrendo desde antes da dinastia Song, que incluía o declínio do arroz japônica e a ascensão do indica. Para melhorar a qualidade do arroz, a principal tarefa dos aprimoramentos modernos de variedades era trocar o arroz indica pelo japônica, mas os resultados não foram ideais. Esse é um tópico para uma discussão mais aprofundada.

PARTE 6

Ambiente de cultivo de arroz
e cultura de cultivo de arroz

DIVERSAS QUESTÕES RELACIONADAS À CULTURA DE CULTIVO DE ARROZ EM JIANGNAN

— Uma revisão da cultura de cultivo de arroz de Jiangnan e do Japão, de Kohno Michiaki[1302]

Na 2ª Conferência Internacional de Arqueologia Agrícola realizada em Nanchang, Jiangxi, de 23 a 28 de outubro de 1997, o professor Kohno Michiaki, da Universidade de Kanagawa, no Japão, levantou as ideias de "cultura de cultivo de arroz Han em Jiangnan" e "cultura de cultivo de arroz indígena não-Han em Jiangnan". Ele observou que, em 307 d.C., depois que a dinastia Jin transferiu a capital para o sul, com a migração em larga escala de vários grupos étnicos para o sul, o povo Han trouxe o que Kohno chama de "cultura de cultivo de arroz Han em Jiangnan" para o sul, da área das Planícies Centrais da Bacia do Rio Amarelo. Em contraste, ele chama as práticas agrícolas que eram populares em Jiangnan antes dessa migração de "cultura indígena não Han de cultivo de arroz em Jiangnan". Ele argumenta que a cultura de cultivo de arroz Han em Jiangnan se reflete nas imagens de cultivo que têm sido frequentemente desenhadas desde a Dinastia Song do Sul e que se caracterizam por 1) homens plantando mudas de arroz, 2) arroz colhido sendo debulhado, descascado e preservado em porões de arroz e 3) ausência de cenas de rituais religiosos, ritos e sacrifícios aos deuses. A cultura original de cultivo de arroz de Jiangnan sobrevive no sudoeste da China, no norte da Tailândia, na Indonésia e, no passado, no Japão. Ela era caracterizada por 1) festivais em homenagem aos deuses, 2) mulheres plantando mudas de arroz e 3) a preservação das espigas de arroz em um celeiro elevado após a colheita.

1302 Este artigo foi publicado pela primeira vez na *Agricultural Archaeology*, no. 3 (1998).

TABELA 1 — Classificações de Kohno e características
de duas culturas de cultivo de arroz em Jiangnan

	Cultura de cultivo de arroz Han em Jiangnan	Cultura indígena não--Han de cultivo de arroz em Jiangnan
Plantando Mudas	Homens	Mulheres
Religioso	Não	Sim
Armazenamento (Formulário)	Grão descascado	Grão sem casca
Instalação de armazenamento	Adega	Celeiro elevado

Kohno ofereceu esses conceitos em apoio à sua hipótese sobre a origem do cultivo do arroz japonês, que é a de que a cultura japonesa do arroz foi introduzida no Japão por ancestrais não-Han originários de Jiangnan, ou seja, o precursor da cultura japonesa do arroz foi a cultura original de Jiangnan. Em outras palavras, era a cultura de arroz do grupo étnico original não-Han de Jiangnan, e não dos residentes Han de Jiangnan. Vale a pena investigar se realmente havia uma diferença entre as culturas de cultivo de arroz não-Han e Han que existiam em Jiangnan e, em caso afirmativo, quais eram as características de cada cultura. Depois de investigar a cultura de arroz chinesa, cheguei à conclusão de que não havia diferenças entre duas culturas de arroz distintas, como sugeriu Kohno. Em vez disso, a diferença entre as práticas de cultivo de arroz dos dois grupos étnicos era uma questão de tecnologia, não de cultura. A lavoura a fogo e a capina com água eram as características das práticas de cultivo de arroz do grupo étnico não-Han em Jiangnan.

1. Mulheres na produção de arroz

A época de plantio é mais difícil para uma menina, minha irmã, mas a senhora sentirá que é doce porque eu estarei ao seu lado. A senhora planta as mudas, e eu as viro. Quando a senhora quiser beber, eu lhe trarei água. Quando o senhor for para casa, eu o acompanharei, e quando for para o campo, estarei ao seu lado o tempo todo. Mesmo no nono mês, quando o senhor plantar mudas, eu estarei lá com o senhor.

Plantar e cultivar sementes é um trabalho árduo. O mais importante é aproveitar a estação. No oitavo mês, quando a água e o solo são amenos, as mudas crescem rapidamente depois de plantadas, ficando verdes em meio mês. Hoje é o 15º dia do oitavo mês, e nosso campo está plantado apenas pela metade. Minha irmã, a senhora precisa se apressar e recuperar o tempo precioso. A senhora deve plantar as sementes no final do mês. A senhora precisa plantar as sementes no final do mês, não pode ser adiada para o primeiro dia do nono mês.[1303]

A canção acima é uma antiga canção do grupo étnico Dai no sudoeste da China, cuja letra reflete a prática histórica das mulheres de plantar mudas de arroz. Não há dúvida de que em alguns grupos étnicos minoritários do sudoeste, incluindo os Dai, as mulheres eram historicamente responsáveis pelo plantio das mudas de arroz. Isso levanta a questão de saber se havia uma prática semelhante na cultura de cultivo de arroz do povo Han em Jiangnan.

É geralmente aceito que o inventor da agricultura pode ter sido uma mulher, mas quando a agricultura se tornou um meio pelo qual a humanidade ganhava a vida, as mulheres voltaram dos campos para casa, e os homens cultivando enquanto as mulheres assumiam a tecelagem se tornaram a divisão ideal do trabalho. Em chinês, os caracteres 男 ("homem") e 妇 ("mulher", caractere complexo, 婦) incorporam essa divisão de trabalho. 男 é composto de duas partes 田 ("campo") e 力 (que aqui significa "arado"), sugerindo que os homens aram o campo. O caractere 妇 retrata uma mulher (女) segurando uma vassoura (帚), sugerindo que o papel da mulher gira em torno da limpeza e do trabalho doméstico.

Entretanto, a divisão do trabalho entre homens e mulheres não significava que as mulheres nunca estivessem envolvidas na produção agrícola. Em geral, as mulheres eram responsáveis pelo trabalho doméstico e tinham de preparar e entregar as refeições nos campos, como mencionado no *Livro*

1303 Yan Wenbian e Yan Lin, trad., *Canções Antigas do Povo Dai* (Editora de Literatura e Artes Folclóricas da China, 1981)

É claro que entregar comida não é o mesmo que trabalhar no campo para ganhar a vida, mas enquanto os homens estavam ocupados com tarefas que exigiam mais força física, era comum que as mulheres ajudassem a realizar tarefas que estavam dentro de suas habilidades. Uma crônica local observa: "Quando as mulheres carregam alimentos para os trabalhadores no campo, elas frequentemente transplantam mudas e retiram água para irrigação, trabalho que é tão cansativo quanto o realizado pelos homens."[1304] Embora o transplante de mudas seja um dos aspectos mais trabalhosos do cultivo de arroz, não é tanto uma tarefa trabalhosa quanto uma que exige habilidade e certo grau de treinamento. É um trabalho que pode ser feito por mulheres e crianças e, como os homens faziam o trabalho de arar, rastelar, plantar e transportar as mudas de arroz durante todo o período de plantio das mudas, a retirada e o transplante das mudas eram feitos principalmente por mulheres e crianças. O escritor da dinastia Tang, Liu Yuxi (772-842 d.C.), fala sobre as mulheres em seu *Canção de Plantio*: "A mulher agricultora usa uma saia branca de rami e o agricultor usa roupas verdes. Eles cantam enquanto trabalham juntos nos campos, permanecendo como hastes de bambu". Embora o poeta da dinastia Song do Sul, Fan Chengda (1126-1193), tenha escrito em *Cena de uma Casa de Aldeia*, "Há campos verdes em todas as planícies. Os campos são brancos e os rios estão cheios. No canto do cuco, há uma chuva enevoada. Todos estão ocupados cultivando amoras e trabalhando nos campos", mas ele não mencionou especificamente o envolvimento das mulheres no transplante. O *Poema de Plantio* do poeta da dinastia Song, Shao Dingweng, diz: "Amanhã de manhã, levantaremos cedo para trabalhar nos campos. Não vai estar claro no leste, e o céu está cheio de nuvens. O terceiro irmão dorme na cama da avó. O senhor não aprenda com o quinto irmão o hábito de dormir o dia todo! O senhor faz barulho, barulho e barulho ao acender o fogo. Os grãos e o feijão fervem com o peixe seco, formando um ensopado grosso. A esposa do senhor Qiu arranca as mudas enquanto ele ara o campo. As famílias de agricultores não esperam que os pássaros e os animais da primavera os lembrem. Uma manhã de trabalho cedo traz um ano de arroz. Se a cesta de arroz estiver vazia, as preocupações pesarão sobre o senhor até a morte." A frase "A esposa de Qiu arranca as mudas" não é um exemplo isolado. Há muitos outros exemplos semelhantes mencionados em textos das dinastias Ming e Qing de Jiangnan. Por exemplo, "Cultivando na primavera, no terceiro mês, as sementes são encharcadas pela chuva, então elas caem no início do verão. Os canteiros de mudas de arroz são primeiro irrigados, polindo-os suave-

---

[1304] Quarto ano do reinado de Jiaqing (1799). *Crônica do Condado de Jiaxing*, vol. 16, "Sericicultura."

mente, depois as sementes são espalhadas, e os caules se dividem como agulhas e são chamados de mudas de arroz. Elas são cobertas com cinzas e esterco até atingirem cinco ou seis *cun*. As mulheres então as arrancam, o que é chamado de arrancar mudas."[1305]

Mas é claro que arrancar as mudas não é o mesmo que transplantá-las. Isso levanta a questão de saber se há alguma descrição de mulheres realmente plantando as mudas de arroz. Na verdade, há muitas. Na obra *Canção de Transplante* (1124-1206), do poeta da dinastia Song do sul, Yang Wanli, há descrições de mulheres transplantando mudas de arroz, como: "Os fazendeiros espalham as mudas de arroz e as jogam, e as mulheres as pegam. As crianças mais novas arrancam as sementes e as mais velhas as replantam. Com um chapéu de bambu como capacete e uma capa de chuva como armadura, eles trabalham enquanto a chuva passa sobre suas cabeças e ombros. A esposa do agricultor o lembra de descansar na hora do café da manhã. Com a cabeça baixa e a cintura dobrada, ele continua trabalhando e diz: 'O transplante ainda não terminou e as sementes recém-plantadas estão muito fracas. O senhor vai cuidar dos gansos e patinhos em casa'". Aqueles que estão familiarizados com as práticas tradicionais de cultivo de arroz em Jiangnan sabem que o arroz é geralmente plantado por volta da época do Festival Qingming todos os anos, e depois transplantado - transferido do canteiro para o campo de arroz - um mês depois. Antes de serem transplantadas, as sementes são primeiro retiradas do canteiro e o solo é lavado das raízes, depois são agrupadas em pequenos feixes e levadas para o campo. Nesse momento, pode haver outras pessoas transplantando nos campos também. Se o agricultor não tiver mudas suficientes em mãos, e se não houver mudas suficientes mais tarde, é possível espalhar diretamente as sementes e continuar plantando. É isso que significa: "Os agricultores puxam as sementes e as jogam, e as mulheres as recolhem".

É muito semelhante à frase da antiga canção Dai: "O senhor planta as sementes e eu as replanto". No entanto, nos costumes do cultivo de arroz em Jiangnan, é tabu passar as mudas de mão em mão, porque o termo chuanyang (传秧, "passar a muda") soa como *chuanyang* (传殃, "passar a calamidade"), então as mudas eram jogadas fora, e aqueles que as pegavam jogavam as "mudas empacotadas", espalhando-as pelos campos. Juntamente com as descrições na poesia de mulheres plantando mudas de arroz, há cantos populares que têm como tema as meninas plantando arroz. Na dinastia Qing, Chen Wenshu escreveu um poema intitulado *A me-*

1305 Reinado de Jiaqing. *Crônica Abreviada de Zhuli*, "Costumes."

nina plantando arroz[1306], e Qian Zai escreveu em tom feminino em *Transplantando Arroz*: "As mulheres sentam-se no campo de arroz e puxam as mudas, enquanto os homens as jogam de volta no campo. A água transborda sobre meus calcanhares e molha minha saia, e meus ombros ficam molhados, mesmo quando uso uma capa de chuva de palha. As plantas são divididas em milhares de feixes, e os homens os prendem entre dois dedos, depois se curvam para plantar as mudas. Todos os homens estão trabalhando duro no campo. As mudas são como um tabuleiro de xadrez verde, e as pessoas no campo usam capas de chuva de palha. As mudas saem da água como agulhas. As mulheres também ajudam a plantar as mudas. Quando o sol está apenas dois *cun* acima do horizonte, a chuva vem em um instante. As garças voam para o campo, enquanto a garça chama na floresta". No *Poema do Bicho-da-Seda e do Galho de Bambu*, de Hong Jinghao, lemos: "As mulheres plantam mudas e os homens regam os campos. O último requer mais energia, enquanto o primeiro é um trabalho mais leve. Elas usam saias azuis, *hakama* preto e jaquetas verdes, de modo que não precisam se preocupar com respingos de água lamacenta."[1307] Essas linhas são algumas das evidências mais diretas de que as mulheres estavam envolvidas no transplante de mudas de arroz.

O envolvimento das mulheres na produção de arroz foi além do simples plantio de sementes. Embora o transplante de sementes fosse o principal, em alguns casos extremos, as mulheres não apenas transplantaram as mudas, mas também se envolveram na aragem, no trabalho com a roda de rodagem, na lavoura, na ceifa e na agricultura. Dizia-se que "as mulheres rurais são as mais diligentes. Elas cuidam de todas as coisas que os homens fazem, como plantar, colher e tirar água."[1308] O escritor da dinastia Tang, Dai Shulun, escreveu em *Mulheres Arando*: "As jovens andorinhas entram no ninho e os brotos de bambu crescem em uma linha. Essas duas moças com os grãos recém-colhidos, de que família são? Elas não têm parentes homens nem gado para ajudar na lavoura, mas simplesmente pegam uma faca e revolvem o solo. Dizem que a pobre mãe delas é idosa e que o irmão mais velho ainda não havia se casado antes de entrar para o exército. No ano passado, uma praga matou o gado, e eles cortaram uma parte do couro para trocar por facas. Eles escondem o rosto com lenços, para que ninguém os reconheça. Ninguém mais é como eles, que substituem os bois por facas

---

1306 [Dinastia Qing] Chen Wenshu, *A Menina Plantando Arroz*. Lê-se: "Plantando mudas em um mu e transplantando em dez. Os agricultores se preocupam que as mudas murchem se houver pouca água, e apodreçam se houver muita."

1307 Reinado de Qianlong. *Continuação da Crônica do Condado de Haiyan*.

1308 Reinado de Jiaqing. *Crônica do Condado de Kunshan*, "Costumes."

para o trabalho agrícola. Eles se concentram na agricultura juntos, cooperando à medida que avançam. Estão tão concentrados em seu trabalho que nem percebem os transeuntes. Eles dragam os sulcos nos campos para evitar que as mudas sejam perturbadas. Reorganizam os cursos d'água enquanto aguardam a chuva. Quando o sol está alto, eles terminam o trabalho e vão para casa. Um faisão perturbado sai voando, como um foguete. Quando as moças veem as flores dos vizinhos desabrochando, elas se lembram de sua juventude e as lágrimas enchem seus olhos." O poema descreve duas irmãs que usam um ancinho de metal para arar, em vez de arar com bois. Outro exemplo de trabalho feminino registrado na poesia envolve a roda d'água. Como o terreno em Jiangnan é baixo, as terras agrícolas são facilmente inundadas. Quando isso acontece, "o fazendeiro monta a carroça para resgatar a terra. Ela é chamada de roda d'água... e as mulheres estão envolvidas em sua operação."[1309] E 'as mulheres agricultoras pisam à esquerda, enquanto os homens pisam à direita."[1310]

De fato, era relativamente comum que as mulheres se envolvessem no cultivo do campo, inclusive no transplante de arroz. Ao discutir a questão da agricultura feminina em Jiangnan durante as dinastias Ming e Qing, Li Bozhong apontou que havia uma longa história de divisão de trabalho por gênero nas atividades agrícolas, com base nas diferentes características fisiológicas de homens e mulheres. "Homens aram e mulheres tecem" era a divisão básica de trabalho baseada no gênero, mas era uma divisão artificial e maleável. Na verdade, havia muitas formas de divisão de trabalho com base no gênero (por exemplo, em Jiangnan, durante a dinastia Ming, não só se dizia comumente que "homens aram e mulheres tecem", mas também havia casos de "mulheres aram e homens tecem"). "Os homens aram e as mulheres tecem" é apenas um exemplo. Havia também uma hierarquia envolvida em "os homens aram e as mulheres tecem" (ou seja, além da produção têxtil, as mulheres em muitas partes de Jiangnan precisavam se envolver em trabalhos agrícolas em vários graus durante a dinastia Qing, e os agricultores também participavam da produção têxtil na Xangai urbana no final da dinastia Qing). Como resultado, a fronteira entre "trabalho físico para homens" e "trabalho doméstico para mulheres" não era clara. Embora o princípio de "homens aram e mulheres tecem" tenha sido adotado na teoria por muito tempo, ele não se tornou o modo dominante em Jiangnan até meados da dinastia Qing.[1311]

1309 Reinado de Jiaqing. *Crônica do Condado de Wujiang*, "Costumes."

1310 [Dinastia Qing] Huang Zhijun, *Coleção Wutang*, vol. 39, "Balada da Roda d'Água."

1311 Li Bozhong, "De 'Casais Trabalham Juntos' a 'Homens Aram e Mulheres Tecem': Questões Relacionadas às Mulheres na Agricultura nas Dinastias Ming e Qing," *Pesquisas em História Econômica Chinesa*, nº 3 (1996).

Ao enfatizar que as mulheres eram responsáveis pelo transplante de mudas de arroz, não pretendo exagerar o papel das mulheres na produção de arroz. Em grande parte, as mulheres só participavam da agricultura para ajudar os homens, mas os homens eram a principal força na produção de arroz. Se não houvesse envolvimento masculino e a produção de arroz dependesse apenas das mulheres, ela não poderia ter sido realizada nas condições daquela época. Em seu artigo, Kohno observa que as espigas de arroz eram colhidas no Japão nos tempos antigos. Ele acredita que a respiga era um direito das mulheres viúvas e de outras pessoas pobres, o que era um reflexo do status de homens e mulheres no campo. Como a agricultura era feita principalmente por homens, era difícil para uma mulher viúva concluir todo o processo de produção de arroz, então elas colhiam espigas de arroz para complementar suas rações. Essa prática também era comum na China. Na segunda metade do poema *Observando os Ceifadores*, de Bai Juyi, lemos: "Há uma mulher pobre com seu filho ao lado. Em sua mão direita, ela segura as orelhas, e uma cesta está pendurada no braço esquerdo. Ouça suas palavras. Todos que a ouvem ficam tristes. "O imposto esgotou os campos da família, então vou colher estas espigas para saciar a fome dos senhores'". Colher espigas de arroz era um costume popular comum, portanto, um provérbio da região de Jiangnan advertia: "Não colha as espigas de arroz, pois aqueles que estão lutando virão atrás do senhor". Provérbios locais semelhantes incluíam: "Não colha as espigas limpas, ou não haverá lugar de descanso após a morte" e "Cem kowtows aumentarão a vida em um ano" (ou seja, cada vez que o senhor se curvava para colher o arroz, era como se estivesse fazendo um kowtow). Participei desse tipo de trabalho na minha infância, quando vivíamos em uma comunidade popular. Toda a colheita pertencia ao coletivo como unidade básica. A única exceção a essa regra era que as crianças podiam colher nos campos depois da escola ou durante as férias escolares, e o arroz que elas colhiam pertencia às suas famílias e podia ser trocado diretamente por macarrão de arroz processado pela equipe de produção. Além das crianças, algumas mulheres idosas também respigavam, e todos os grãos que recolhiam pertenciam a elas.

1. Adoração na cultura de cultivo de arroz

A adoração aos deuses era comum nas sociedades agrícolas tradicionais, e a cultura do cultivo de arroz não era exceção. De fato, na imagem de lavoura e tecelagem selecionada por Kohno para representar a cultura de cultivo de arroz do povo Han em Jiangnan, não há nenhuma representação de sacrifício aos deuses, mas isso não significa que não havia tais práticas. É de conhecimento geral que, desde a Dinastia Song do Sul, muitas imagens de arado e tecelagem foram desenhadas na China, retratando cenas de cultivo de arroz, sericultura e tecelagem em Jiangnan. Nessas numerosas imagens, embora algumas não representem sacrifícios aos deuses, algumas têm tais representações, como se vê em Lavoura e Tecelagem da era Kangxi (veja a Imagem 1) e Lavoura e Tecelagem da era Yongzheng (veja a Imagem 2). Algumas imagens semelhantes foram perdidas, portanto, não podemos ter certeza do que elas continham, mas, com base nos poemas existentes sobre imagens de agricultura e tecelagem, é certo que pelo menos algumas delas retratavam imagens de sacrifícios aos deuses. A partir da pintura do calígrafo e pintor da dinastia Yuan, Zhao Songxue, podemos ver evidências de sacrifícios no poema *Pinturas de Arado e Tecelagem*. O texto diz: "A lavoura terminou no primeiro mês do inverno, e os grãos e as colheitas estão bem armazenados. Olhando ao redor do campo, vejo que o tapete para adoração não foi guardado. Nós vamos ao culto regularmente todos os anos, por isso não nos preocupamos com secas ou gafanhotos. Os anciãos se sentam em fila em casa, dando-nos as boas-vindas com um banquete. Quanto mais pratos houver, mais grandioso será. É comum vermos cordeiro assado e outras carnes. Bebemos a noite toda, festejando antes de o sol nascer. E oramos ao céu, pedindo aos santos bênçãos e longevidade." Essa imagem retrata a adoração e os sacrifícios aos deuses. Algumas pinturas de agricultura e tecelagem não incluem essas atividades, mas isso não significa que elas não eram praticadas. Notamos o costume popular de "oferecer sacrifícios em agradecimento aos deuses" nos versos do poeta da dinastia Tang, Yuan Zhen: "Os costumes de Chu não passam de bruxaria e adoração de demônios. As pessoas perguntam aos deuses sobre suas fortunas em vez de reconhecerem seus ancestrais. O cultivo de arroz começa no décimo mês de cada ano, e todas as famílias, sejam ricas ou pobres, participam desse costume."[1312]

1312 [Dinastia Tang] Yuan Zhen, *Oferecendo Sacrifícios em Agradecimento aos Deuses*.

Lavoura e tecelagem da era Kangxi, sacrifício aos deuses

A prática de adorar deuses não era apenas um costume, mas um reflexo do baixo nível de produtividade. Quando as pessoas não conseguiam superar vários desastres naturais, elas esperavam acessar o poder dos deuses por meio de orações. Quando o tempo estava bom e a colheita era abundante, eles acreditavam que isso era um presente dos deuses e, por isso, retribuíam com sacrifícios. O objetivo da oração era "bajular os deuses e estar em paz com os outros". O objetivo da oração, além das orações pelo solo (ao Deus dos Cinco Solos) e pelos grãos (ao Deus dos Cinco Grãos), era "evitar inundações, secas e pestes causadas pelos deuses das montanhas e dos rios, por isso devemos adorá-los. Os deuses do sol, da lua e das estrelas controlam a neve, a geada, o vento e a chuva, portanto, devemos adorá-los também". Posteriormente, isso foi ampliado para "adoração dos governadores, já que eles fazem a lei civil para regular a sociedade, e aquele que pode resistir a catástrofes e se defender contra invasores também deve ser adorado."[1313]

1313 [Dinastia Song do Sul] Chen Fu, *Tratado Agrícola de Chen Fu*, vol. 1, "Oração."

A partir da cultura de cultivo de arroz em Jiangnan, a universalidade e a regularidade dessas atividades de adoração são evidentes. De acordo com a *Cultura de cultivo de arroz no Reino Wu*, havia 52 costumes agrícolas relacionados ao cultivo de arroz na área de Jiangnan, a maioria dos quais estava relacionada à adoração dos deuses (consulte a Tabela 2).

TABELA 2 — Costumes de cultivo de arroz em Jiangnan

Rito Sacrificial	Objeto de Sacrifício	Tempo
Abertura de um novo ano de plantio	Deus do Grão	Primeiro dia de plantio de mudas
Forragem para Gado	Gado	No início do trabalho agrícola do ano
Banquete do Deus da Terra	Deus da Terra	Ao construir rodas d'água para irrigação
Sacrificando ao Rei Serpente	Rei Cobra	12º dia do quarto mês
Adorando o General Liu	Deus do Campo	Cada estágio-chave no processo de plantio de arroz
Dia do Banho de Pés	Deus da Terra	Dia após o transplante
Cantando Canções Folclóricas	A si mesmo	Transplante, afrouxamento do solo, moagem com moinho de madeira
Fazer chuva	Geral, Guanyin, etc.	Seca de verão
Combate à Peste	Geral, etc.	Época de enxameação de gafanhotos no oitavo mês
Adorando o Deus da Cozinha	Deus da cozinha	Depois de moer o primeiro lote de arroz
Palha ardente nas bordas do campo	Senhor	Véspera do 24º dia do 12º mês lunar (Pequeno Ano Novo)
Banquete vegetariano no Cowshed	Deus dos bois	Véspera do 24º dia do 12º mês lunar (Pequeno Ano Novo)
Banquete Vegetariano no Pig Sty	Deus dos Porcos	Véspera do 24º dia do 12º mês lunar (Pequeno Ano Novo)

Brilhando no Campo da Fortuna	Deus do Campo	Véspera do 24º dia do 12º mês lunar (Pequeno Ano Novo)
.Aniversário de Deus e Deusa do Campo	Deus e Deusa do Campo	Segundo dia do segundo mês
Aumentando Campos e Fortunas	Deus do Campo	Quarto dia do primeiro mês
Dia do Grão	Deus do Grão	Oitavo dia do primeiro mês
Corda envolvente		Véspera de Ano Novo Lunar
Solicitando Campos e Fortunas	Deus do Campo	15º dia do primeiro mês
Aniversário da Flor de Arroz		12º dia do segundo mês
Banquete Vegetariano do Boi da Primavera		Primeiro dia do segundo mês
Banquete Vegetariano de Arado		Primeiro dia do terceiro mês
Banquete Vegetariano do Palácio do Rei Dragão	Rei Dragão	21º dia do quinto mês
Banquete Vegetariano do Deus do Grão	Deus do Grão	Temporada de cultivo de arroz
Banquete Vegetariano de Arroz Hulling		Conclusão do descascamento de arroz
Aniversário de Rice		24º dia do oitavo mês
Festival das Lanternas para o Arroz		Época de maturação do arroz
Arroz para mil casas		Quando uma criança está doente há muito tempo
Adoração do Arroz	Deus do Arroz	Durante todo o ano
Espalhando Arroz	Deus da Terra	Primeiro dia do primeiro mês
.Início da Primavera	Boi da Primavera	Início da Primavera
Acolhendo a primavera	Apreciação Mútuo de Estudiosos e Comunistas	Início da Primavera
Recitando a Escritura de Taiyang	Suryaprabha	Primeiro mês

Adoração de Deus do Campo	Deus do Campo	Festival das Lanternas
Atravessando Três Pontes		Depois de adorar o Deus do Campo
.Arroz, pauzinhos e tigelas	Ancestrais, deuses	Passagem do ano
Banquete Vegetariano para o Deus da Via	Deus do Chaf	Antes de descascar
Abertura do Vinho de Arroz	Trupe Teatral Associado à Hulling	Dia antes de abrir o vinho de arroz
Arroz escuro	Guandi	?
Espírito de arroz	Espírito de arroz	Quando sofre de doenças graves ou quando as crianças choram à noite
Deus do Grão Guardando a Casa	Deus do Grão	Durante todo o ano
Grão Representando o Parto	Deus do Grão	Casamento
Arrumando a cama nova		Casamento
Almofada feita por Arroz e Lenha		Casamento
Pés fumegantes		Casamento
Corda de arroz	Deus da Corda	O ano todo
Acolhendo fogos de artifício		Primeiro dia do primeiro mês
Alinhando pedras do tamanho de um pé		Temporada de transplante
Entregando Doces e Chá		Temporada de cultivo de arroz
Frasco para armazenar grãos		Diariamente
Arroz de limpeza		Dia da colheita do arroz

Fonte: Yang Xiaodong, Cultura do Cultivo de Arroz no Reino de Wu (Editora da Universidade de Nanjing, 1994), pp. 73–82.

A Tabela 2 sugere que os produtores de arroz acreditavam que todos os deuses relacionados à produção de arroz tinham de ser adorados. Os poemas de Yuan Zhen e Zhao Songxue mencionam apenas os sacrifícios feitos pelos agricultores após a colheita do décimo mês, mas na verdade havia sacrifícios aos deuses em quase todos os estágios, do plantio à colheita.

No *Tratado Agrícola de Chen Fu*, da dinastia Song do Sul, que se concentra principalmente na produção de arroz em Jiangnan, há um capítulo especial sobre "Ritos de Sacrifício da Primavera e do Outono", uma indicação clara de que os rituais de adoração aos deuses ainda eram praticados nas regiões mais baixas do Yangtze durante a dinastia Song, mas na época em que Chen Fu viveu, devido à crescente capacidade das pessoas de superar a natureza, a prática desses ritos não era tão grandiosa quanto antes. Chen escreve: "Aqueles que se dedicam ao trabalho agrícola hoje em dia não têm a mesma capacidade de fazê-lo. Se tiverem tomado emprestado ou possuírem alguma coisa, o senhor pode fazer isso. Se eles pegaram emprestado ou possuem algum tipo de equipamento, isso mal é suficiente para sustentá-los. Deveríamos aprender com as histórias dos reis. Eles só fazem referência à adoração pública durante a primavera e o outono, observando apenas orações e rituais, como se quisessem evitar o desprezo."[1314] Quando o nível de produção em Jiangnan melhorou, a prática de sacrifícios aos deuses começou a diminuir, embora continuasse a ser praticada em áreas onde a produtividade era relativamente subdesenvolvida.

Uma das tradições da cultura agrícola chinesa Han era certamente a adoração aos deuses. Na história mais recente, as estruturas em Pequim das dinastias Ming e Qing, incluindo o Templo do Céu, o Templo da Terra e o Templo de Xiannong, estavam todas relacionadas à adoração dos deuses e às orações por uma boa colheita. Isso era especialmente verdadeiro no caso do Templo do Céu. Em uma história muito mais antiga, muitos capítulos do Livro das Canções e outros textos antigos estavam relacionados a orações por uma boa colheita, e alguns eram simplesmente uma forma escrita dessas orações. O livro *Ritos de Sacrifício de Primavera e Outono* de Chen Fu oferece uma análise de cada um deles.

Outra evidência de que o sacrifício aos deuses era uma parte importante da cultura agrícola Han é encontrada no *Livro de Cânticos*, "Canções do Território Bin, Sétimo Mês". Nele se lê: "Colhemos no décimo mês e fizemos o vinho da primavera que poderíamos oferecer como preces por uma vida longa e saudável", o que significava sacrificar aos deuses. *O Livro dos Ritos*, "Fenologia", Primavera e Outono do Mestre Lü, "Fim do Outono" e

---

1314 [Dinastia Song] Chen Fu, *Tratado Agrícola de Chen Fu*, vol. 1, "Ritos Sacrificiais de Primavera e Outono" (Pequim: Editora de Agricultura da China, 1965), p. 44.

outros documentos registram que, no primeiro mês do outono, "o imperador saboreia arroz com os cães", em referência a um ritual típico de sacrifício aos deuses e recompensa por eles. De acordo com vários estudos, a razão pela qual os cães eram adorados como deuses pode estar ligada a uma lenda que afirma que, após um dilúvio, os deuses enviaram animais para levar arroz para os humanos comerem. Somente os cães conseguiram entregar o arroz. Quando os cães nadaram no rio, todo o arroz que carregavam nas costas foi levado pela água, mas o arroz amarrado em sua cauda conseguiu chegar até os humanos. Desde aquela época, todo o arroz que as pessoas plantavam crescia na ponta do talo (ou seja, na cauda do cachorro). Essa era uma lenda popular em Yunnan, Sichuan, Hubei, Hunan, Guangdong, Guangxi, Guizhou e Jiangsu, com as únicas variações sendo que, em alguns lugares, é um rato em vez de um cachorro que carrega o arroz com sucesso. Há uma lenda semelhante de Rengma Naga em Assam, que diz que, há muito tempo, as pessoas descobriram que o arroz crescia em um lago e mandaram ratos buscá-lo. Depois disso, as pessoas começaram a cultivar arroz. Depois disso, as pessoas começaram a cultivar arroz. Os cães e ratos dessas histórias trouxeram comida para os humanos e, em gratidão, as pessoas devolveram a comida a esses animais na colheita de cada ano. Por exemplo, o povo Patheng, nas montanhas do Vietnã, diz que cães, ratos e porcos ajudaram os humanos a roubar arroz do céu, por isso é tradição dos Patheng oferecer a esses animais a primeira tigela de arroz após a colheita. Lendas semelhantes podem ser encontradas entre o povo Muong, no norte do Vietnã, os Ngaju Dayak, em Bornéu, e as minorias étnicas Jingpo, Nu e Lisu, em Yunnan. Essa é a origem da lenda dos "cães que provam o arroz" e, atualmente, embora muitas pessoas não conheçam essas histórias, o ritual de "provar o arroz com os cães" é preservado. Por exemplo, no sexto dia do sexto mês na zona rural de Hunan, o festival é comemorado com uma oferenda de arroz novo aos ancestrais, seguida pela oferta de arroz novo aos cães antes de toda a família se reunir para uma refeição.

A partir disso, fica evidente que o festival era um costume comum entre os povos que cultivavam arroz, independentemente de serem ou não da etnia Han. A Imagem das Quatro Estações de Cultivo, "Felicidade no Campo" (ver Imagem 2), que Kohno cita como evidência da cultura original de cultivo de arroz não Han em Jiangnan, é de fato consistente com cenas registradas em textos antigos, como o *Livro de Cânticos*. A visualização da metade esquerda da pintura traz à mente os *Ritos de Zhou*, "Yuezhang", que afirma: "Sempre que um país reza nos campos para o ancestral para a colheita do ano novo, eles organizam o toque de tubos e tambores de barro para entreter os trabalhadores no campo". O *Livro de Cânticos*, "Persuasão sobre a agricultura", também diz: "Tocar *guzhen* e tambores para agradar os ancestrais nos campos e rezar pela chuva, pelo painço e pelo apoio às nossas vidas... O imperador de Zhou visitava os campos de arroz com suas concubinas e seus filhos, e os oficiais da agricultura ficavam muito felizes quando traziam comida para ser consumida nos campos". O ancestral no campo, ou Xiannong, também era conhecido como o deus da agricultura, o imperador Yan, que se dizia ser o inventor da agricultura. As famílias de agricultores continuaram a observar o ritual de tocar tambores para adorar os deuses do campo após a colheita de outono, pelo menos até a época do escritor da dinastia Yuan, Wang Zhen.[1315]

Imagem das Quatro Estações de Cultivo, "Felicidade no Campo" (Horiiemoto, Japão, 1573)

Fonte: Kohno Michiaki, "Cultura do Cultivo de Arroz de Jiangnan no Japão", Arqueologia Agrícola, nº 1 (1998): 336.

É possível que tocar música nos campos não estivesse ligado apenas à adoração dos deuses, mas também visasse incentivar os trabalhadores, um costume que se originou do trabalho coletivo primitivo. Em 1953, um modelo de cerâmica de um campo de arroz foi desenterrado em uma tumba Han Oriental no município de Xinzao, condado de Mianyang, Sichuan. Ele

---

1315 [Dinastia Yuan] Wang Zhen, *Tratado Agrícola de Wang Zhen*, ed. Wang Yuhu, "Catálogo de Equipamentos Agrícolas, Volume 11, Tambor de Terra" (Pequim: Editora de Agricultura da China, 1981), p. 309.

retratava cinco pessoas no campo, uma delas colhendo arroz e outra com um tambor pendurado na cintura e que parecia estar tocando o tambor com a mão.[1316] Em 1982, outra estatueta de cerâmica de tambor de arroz foi desenterrada de uma tumba Han Oriental em Hejiashanzui, Chengjiao Commune e Mianyang. Ela tinha 18,6 cm de altura e sua cabeça estava ligeiramente inclinada. A figura estava sorrindo e tinha um corpo curto e marrom. Um tambor estava pendurado em sua cintura e ele segurava duas baquetas em posição de bater o tambor.[1317]

Os objetos são consistentes com aqueles vistos na pintura Happiness in the Fields. Os tambores de capina mencionados nos poemas do escritor da dinastia Song, Mei Yaochen e Wang Anshi, eram chamados de yungu ou haogu, ambos significando literalmente "tambores de capina". O texto da família Zeng, da dinastia Song, registra em *Prefácio do Tambor de Capina*: "Ouvi tambores sendo tocados enquanto capinava os campos desde que entrei em Sichuan. O som do tambor reúne os fazendeiros no campo e lhes dá um ritmo, ao mesmo tempo em que os impede de conversar. A batida pode ser forte e vigorosa ou lenta e suave, e o tambor é tocado durante todo o dia e até a noite."[1318] O costume de tocar tambores de capina era mais amplamente praticado em Sichuan. Outros lugares onde foi encontrado incluem Hubei, Hunan, Jiangxi, Yunnan e outros lugares, conforme registrado em várias crônicas locais das dinastias Ming e Qing. Além da semeadura de arroz, outros processos que eram acompanhados por toques de tambor incluíam o transplante e a rega de plantas, e as práticas eram muito semelhantes.[1319]

1316 Sun Hua e Zheng Dingli, "Figurinas de Tambor de Plantação de Arroz da Dinastia Han," *Arqueologia Agrícola*, nº 1 (1986): 112.

1317 Um poema da Dinastia Song de Mei Yaochen intitulado *Tambor de Capina* diz: "Pendure o tambor no galho da árvore para ser usado no plantio e capina. Agricultores de perto e de longe se reúnem no campo ao som do tambor. Isso marca o início do trabalho, o começo do cultivo de arroz. Os agricultores querem pegar um macaco e levá-lo para casa para alegrar as crianças."
O poema *Do Tambor de Agricultura* do escritor da Dinastia Song Wang Anshi diz: "Sempre que há sons do teatro, significa que uma guerra está acontecendo no solo. A guerra não para nem quando o sol se põe. Os agricultores sofrem com a guerra. Eles pedem aos filhos que trabalhem nos campos, mas a resposta é embaraçosa. Eles só podem entregar seus impostos aos oficiais, que estão assistindo ao canto e à dança na cidade."

1318 [Dinastia Yuan] Wang Zhen, *Tratado Agrícola de Wang Zhen*, ed. Wang Yuhu, "Catálogo de Equipamentos Agrícolas, Volume 4" (Pequim: Editora de Agricultura da China, 1981), pp. 235-236.

1319 You Xiuling, *História do Cultivo de Arroz na China* (Pequim: Editora de Agricultura da China, 1995), pp. 163-164.

1. Armazenamento de arroz

Na verdade, muitas imagens de cenas de "descascamento" apareceram antes de cenas de "armazenamento", o que pode ter levado ao mal-entendido de que era assim que o arroz era armazenado em Jiangnan após a dinastia Song. No entanto, não há necessariamente nenhuma conexão entre descascar e armazenar, pois o arroz poderia ser armazenado em um celeiro ou colocado na chaleira e preparado para o consumo humano depois de descascado. É verdade que o povo Han em Jiangnan armazenava arroz em celeiros, e o arroz era geralmente descascado e descascado antes de ser armazenado. Esse método foi registrado em *Desenhos Compilados Sobre Conveniências para o Povo*, mas o armazenamento de arroz era apenas temporário, e o objetivo principal não era o armazenamento em si, mas tornar o arroz mais conveniente para o povo. Na *História Não Oficial da Dinastia Ming*, do escritor Lu Rong (1494), está registrado que "Nas casas do povo Wu, o arroz branco é descascado nos meses de inverno para que alguns milhares de *dan* de arroz possam ser armazenados até o inverno do ano seguinte. Isso é chamado de arroz batido no inverno". É evidente que a cultura de cultivo de arroz Han em Jiangnan incluía apenas o armazenamento de arroz suficiente para as necessidades do ano seguinte, e o período mais longo para o qual o arroz era armazenado era de um ano, portanto, nem todo o grão era descascado e armazenado. A razão pela qual o povo Wu descascava parte do arroz com antecedência era principalmente porque a primavera era uma estação movimentada que deixava pouco tempo para a tarefa, mas também porque o arroz quebrava mais facilmente na primavera, o que significava maiores perdas se o descascamento fosse feito nessa época.

O arroz era armazenado na forma moída como ração para o ano seguinte, enquanto as rações de alimentos eram mais provavelmente armazenadas na forma de arroz em casca. A explicação muito simples para isso é que o arroz com casca é mais tolerante às condições de armazenamento do que o arroz branqueado. O escritor da Dinastia Song do Sul, Shu Lin, observa que "as pessoas que armazenam arroz branqueado por mais de quatro ou cinco anos perdem a maior parte dele, enquanto as que o armazenam em casca podem mantê-lo por oito ou nove anos sem nenhum dano". O escritor da dinastia Song do sul, Dai Zhi, também diz: "Os antigos porões armazenavam muito painço e arroz com casca, mas nunca arroz branqueado. Os registros nas escrituras e nas histórias podem ser examinados. O rei de Wu emitiu uma grande quantidade de painço, e os oficiais de grãos armazenavam enormes quantidades de arroz em casca, enquanto os oficiais locais gerenciavam o armazenamento de painço... No entanto, raramente armazenavam arroz branqueado. O imperador Tang Taizong ordenou que o painço fosse armazenado em Changping por nove anos e o arroz branqueado por cinco. Nas terras úmidas, o painço era armazenado por cinco anos e o arroz branqueado por três". Ele também mencionou especificamente o armazenamento na área de Jiangnan, dizendo: "Como uma área costeira, a umidade de Wu é significativamente mais alta, o que aumenta a dificuldade de armazenar grãos. Como os grãos podem apodrecer em um ou dois anos, a ordem de armazenar arroz branqueado por três anos não funcionará nessa região."[1320] Diferentes métodos de armazenamento tinham efeitos diversos e, considerando a prática comum na tradição e os requisitos geográficos especiais em Jiangnan, o arroz era preferencialmente armazenado com casca na cultura de cultivo de arroz Han em Jiangnan.

Outra desvantagem de armazenar o arroz branqueado é que ele não pode ser usado como sementes, pois somente o arroz em forma de casca pode ser plantado. Os agricultores esperavam que as mudas crescessem fortes depois de serem semeadas, mas nem sempre as coisas aconteciam como esperado. As plantas podiam murchar se fossem plantadas no arrozal muito cedo. *No Tratado Agrícola de Chen Fu*, lê-se que "é comum plantar quando o tempo fica quente, mas é difícil avaliar as mudanças no clima. Assim, as plantas são frequentemente danificadas pelo frio intenso, e as mudas podem congelar ou apodrecer". Quando as mudas murcham, "o campo não está mais disponível para o plantio", então os agricultores "precisam encontrar outro campo para plantar o arroz" novamente. Às vezes, havia condições climáticas ruins, como inundações, depois que o transplante era concluído, e todo o esforço anterior era desperdiçado, de modo que os agricultores tinham de replantar quando a água baixava. Como o replantio exigia novas sementes, o arroz armazenado em sua casca como fonte de alimento poderia ser usado se as sementes reservadas se esgotassem, mas isso não era possível com o arroz branqueado armazenado. Por esse motivo, muitas vezes era preferível armazenar o arroz em forma de casca para se proteger contra desastres inesperados.

O método de armazenamento de grãos em porões era comumente praticado em partes do norte da China, mas não foi levado para Jiangnan quando os nortistas se mudaram para o sul. Em vez disso, foram desenvolvidos celeiros elevados na parte sul do país, de acordo com as condições locais. O poeta da dinastia Song do sul, Zhuang Jiyu, mencionou um método de armazenamento de grãos comum em Shaanxi, Jiangsu e Zhejiang. Em *Jilei*, ele escreve: "O terreno de Shaanxi é alto e frio, e seus padrões de

---

1320 [Dínastia Song do Sul] Dai Zhi, *Shupu*, vol. 319, "Armazenamento de Grãos" (Editora de Agricultura da China, 1995).

solo são retos. Os grãos são armazenados em celeiros oficiais sem nenhum equipamento. O trigo pode ser armazenado por mais tempo, não sofrendo danos de insetos por vinte anos. As pessoas cavam porões com três ou quatro chi de profundidade, como um poço no meio do campo. Elas podem ampliar o espaço do porão por dentro. Esse tipo de porão pode armazenar muitos grãos. O solo é dourado, sem areia ou pedra. As pessoas o queimam e limpam a grama, pregando tábuas na parede. Quanto mais tempo o grão puder ser armazenado, melhor, permitindo que as pessoas armazenem milhares de *dan* de grãos. Mais tarde, a entrada é vedada com terra e o plantio continua na área. As plantas de arroz florescem em cima de outras plantas de arroz". Quanto aos "armazéns em Jiangsu e Zhejiang, eles têm vários *chi* de profundidade. Eles têm tábuas como base, e o grão é coletado com o talo. O grão precisa passar por algum processamento para se tornar arroz. O tempo máximo de armazenamento é de apenas dois anos, já que o terreno é baixo e úmido, e por causa do ar úmido e abafado das chuvas de ameixa. Embora as vigas formem uma cúpula, os cômodos são como gotas de orvalho em dias de chuva". A frase "vários *chi* de profundidade" significa que os celeiros tinham tetos altos, enquanto "tábuas como base" significa que havia uma prateleira, indicando que os armazéns usados na cultura de cultivo de arroz Han em Jiangnan eram celeiros elevados. As frases "o grão deve passar por algum processamento para se tornar arroz" e, especialmente, "o grão é coletado com o talo" indicam que o grão era armazenado com casca em Jiangsu e Zhejiang durante a Dinastia Song do Sul, em vez de arroz moído. O uso de arroz descascado no inverno poderia poupar parte do trabalho de processamento, mas não significa necessariamente que essa tenha se tornado a principal forma de armazenamento na cultura de cultivo de arroz de Jiangnan. Na verdade, o descascamento do arroz deve ser visto apenas como parte da preparação antes do consumo, e não como algo feito estritamente para armazenamento.

Um exemplo que demonstra que os porões eram usados ocasionalmente no sul para o armazenamento de grãos é encontrado no condado de Gaozhou, Guangdong. De acordo com as crônicas locais, "No antigo condado de Dianbai... a população local frequentemente encontrava porões quando cavava o solo. O arroz no porão era tão duro quanto pedra e tinha que ser decocto para evitar a peste. Dizia-se que o arroz pertencia a Lady Chen."[1321] Foi feita uma investigação arqueológica no terreno de Feng Minyuan, um fazendeiro da Brigada da Cidade Antiga da Comuna de Changpo, Condado de Gaozhou, Guangdong, que contém um porão subterrâneo de grãos de setenta metros quadrados. Um metro abaixo do nível do solo, os arqueó-

---

[1321] Reinado de Guangxu. *Gazeta Provincial de Gaozhou*, vol. 54, "Registros Diversos."

logos encontraram uma camada de vigas e barris carbonizados e um pouco de carvão, com cerca de 0,3 metro de espessura. Abaixo dessa camada está o arroz carbonizado, com cerca de 1,5 metro de espessura no centro. O porão foi descoberto acidentalmente pelo avô de Feng Minyuan quando ele estava consertando a casa antiga. Desde então, a escavação continuou por três gerações, desenterrando mais de 10.000 *jin*, o que representa apenas cerca de 1/7 do total. Estima-se que o armazenamento total inclua de 8.000 a 10.000 *jin*.[1322] Essa descoberta prova a existência dos porões registrados nas crônicas locais, mas não significa necessariamente que esses porões eram o principal modo de armazenamento, quando na verdade o armazenamento em porões era apenas uma forma alternativa de armazenamento de arroz. A escolha de construir porões teria levado em consideração não apenas a alta tecnologia envolvida, mas talvez também questões de impermeabilização, proteção contra incêndio e prevenção contra roubo.[1323]

Da mesma forma, o armazenamento em um celeiro elevado não era o único método de armazenamento de grãos (ou arroz moído) na cultura de cultivo de arroz indígena não Han em Jiangnan, conforme evidenciado por uma descoberta que data do período dos Reinos Combatentes na área de fronteira do condado de Xin'gan, Jiangxi. Esse celeiro tinha quatro valas longitudinais paralelas no chão, com cerca de meio metro de largura e 61 metros de comprimento, com um espaço horizontal de cerca de 1 metro.[1324] As valas verticais e horizontais serviam para a circulação de ar subterrânea e para evitar que os grãos ficassem úmidos. Essas valas eram desnecessárias em celeiros elevados, portanto, a presença dessas valas confirma que os celeiros elevados não eram a única forma de armazenamento usada na cultura de cultivo de arroz indígena não-Han em Jiangnan. Da mesma forma, o arroz armazenado não se limitava à forma de arroz em casca.

1322 Ruan Yingqi, "Uma Investigação Preliminar do 'Arroz Chencang' na Cidade Antiga do Condado de Gaozhou," *Arqueologia Agrícola*, nº 1 (1984): 263.

1323 [Dinastia Song do Sul] Dai Zhi, *Shupu*, "Armazenamento de Grãos."

1324 Chen Wenhua, "Os Vestígios de um Armazém de Grãos do Período dos Reinos Combatentes no Condado de Xin'gan," *Dados de Trabalho sobre Relíquias Culturais*, nº 2 (1976).

2. Origens do transplante de arroz

Kohno considera que o envolvimento das mulheres no transplante é uma das principais características da cultura de cultivo de arroz indígena não Han em Jiangnan. Sua ideia de cultura de cultivo de arroz indígena não--Han em Jiangnan aponta para a cultura de cultivo de arroz de Jiangnan que antecede a migração Han do norte para Jiangnan, especificamente aquela anterior a 307 d.C. De acordo com essa lógica, a conclusão necessária é que o transplante era praticado em Jiangnan antes de 307 d.C. Infelizmente, não há evidências de que esse seja o caso.

Desde a dinastia Han, muitos documentos históricos falam, de forma idiomática, de "lavrar com fogo e capinar com água"[1325] ao descrever a produção de arroz no sul. Houve várias explicações sobre "lavrar com fogo e capinar com água" ao longo da história, tanto por parte do Estudiosos chineses e estrangeiros. O escritor da dinastia Han oriental, Ying Shao, explicou-a como "queimar a grama, depois plantar arroz na água e permitir

---

[1325] *Registros do Historiador*, "Biografias Comemorativas e Mercadorias" diz: "Os territórios de Chu e Yue são vastos e pouco povoados. O povo lá come principalmente arroz e peixe, e o cultivo com fogo e a capina com água são seus principais métodos agrícolas. Cultivam alimentos como melões, frutas, caracóis e mariscos por conta própria e não precisam comprar esses itens de outros."
Registros do Historiador, "Livro de Pingzhun" diz: "Naquela época, Shandong foi atingido pelas inundações do Rio Amarelo. Além disso, houve anos consecutivos de más colheitas em uma área de 1.000 a 2.000 li, o que levou até o canibalismo nos casos mais extremos. O imperador teve piedade e permitiu que as pessoas famintas vivessem em exílio nas regiões do Huai e do Yangtzé. Aqueles que planejavam permanecer em Nanzhuan podiam se estabelecer lá. Embaixadores continuaram a escoltar as massas famintas na estrada, trazendo grãos de Bashu para auxiliar as vítimas do desastre."
Livro de Han, "Crônica de Wudi" diz: "No nono mês do segundo ano do reinado de Yuanding, foi emitido um édito afirmando que, embora o ambiente geográfico da capital não fosse particularmente bom, o povo compartilhava as vastas montanhas e florestas conosco, enquanto Jiangnan possui os maiores recursos hídricos. Já quase no inverno, havia o receio de que o povo sofresse com a fome e a exposição ao frio. O território de Jiangnan é cultivado com fogo e capinado com água, e o povo planta principalmente milheto de Shu a Jiangling."
Livro de Han, "Crônica Geográfica" escreve: "Chu tem abundância de rios, montanhas e florestas, e há vastas terras em Jiangnan. Eles podem cultivar com fogo e capinar com água quando fazem suas colheitas. O povo de lá come frequentemente peixe e arroz, pescando e caçando todos os dias. Desde que possam cultivar frutas e pegar mariscos por conta própria, não precisam se preocupar com comida."
Sobre Sal e Ferro, "O Comum" diz: "O Reino de Chu no sul tem a riqueza de Guilin ao sul de Jingzhou e Yangzhou, e o Rio Yangtzé facilita o transporte na região. Lingyang Oriental tem metais, e Shuhan Ocidental tem comparativamente mais recursos de madeira. Desmatamento e armazenamento de grãos, limpeza de ervas daninhas e semeadura de milheto, cultivo com fogo e capina com água são os métodos dessa vasta e rica terra."

que a grama e o arroz cresçam lado a lado até atingirem uma altura de sete ou oito *cun*. É assim que os agricultores limpam a terra. Quando o campo é irrigado novamente, a grama morre e o arroz cresce. Isso é o que se chama de lavrar com fogo e capinar com água". O estudioso da dinastia Tang, Zhang Shoujie, explicou: "A grama é plantada em um dia de vento e, quando as mudas de arroz ficam fortes, a grama fica fraca. Quando o campo é irrigado, a grama morre sem causar danos às mudas, e então a grama pode ser cortada com uma enxada." O estudioso japonês Nakai Taichiro explicou que "as mudas crescem primeiro com as ervas daninhas. Todas elas morrerão se o senhor as queimar nesse estágio, mas a grama morrerá enquanto as mudas crescerão fortes se o senhor inundar o campo com água. Isso é o que significa lavrar com fogo e capinar com água". Motonosuke Amano afirma que "lavrar com fogo e capinar com água significa que os agricultores queimam a terra quando ela está seca e depois semeiam as sementes diretamente no início da primavera. Com o aumento das chuvas (no sexto mês), os campos se enchem de água, o que promove o crescimento do arroz, enquanto a grama morre com as enchentes, o que serve como capina". Embora haja diferenças entre essas explicações, há características comuns ligadas à lavoura com fogo e à capina com água, incluindo "limpar a terra de cultivo ateando fogo a ela, em vez de arar com bois, semear sementes diretamente sem a necessidade de transplantá-las posteriormente e matar as ervas daninhas com inundações em vez de cortá-las."[1326] Isso prova que não havia transplante de arroz no que Kohno chamou de cultura indígena não Han de cultivo de arroz em Jiangnan. O envolvimento das mulheres no transplante, portanto, pode ter sido introduzido pelo povo Han.

O registro mais antigo do transplante de arroz é encontrado no texto *Calendário Para a Agricultura*, da dinastia Han Oriental, de Cui Shi (c. 103-170 d.C.), que diz: "No terceiro mês, plante arroz. No quinto mês, separe as plantas de arroz e índigo, e continue assim até o fim". Mas o transplante de arroz não parece ter sido amplamente praticado. O *Competências Essenciais para Beneficiar o Povo* (escrito entre 533 e 544 d.C.) menciona o transplante de arroz, dizendo: "Os agricultores plantam muitas mudas no campo e as transplantam durante a estação chuvosa, no quinto e sexto mês", mas isso se refere apenas à transferência das plantas de um campo

---

[1326] Peng Shijiang, "Nova Pesquisa sobre 'Cultivo com Fogo e Capina com Água,'" em *As Origens do Cultivo de Arroz na China*, eds. Chen Wenhua e Watanabe Takeshi (Editora Liuxing de Tóquio).

densamente plantado para outro mais escassamente plantado.[1327] O transplante precisava ser feito em um terreno bem preparado e o processo exigia uma boa quantidade de trabalho humano, pois os campos precisavam ser capinados e replantados em tempo hábil, mas as condições primitivas de cultivo eram muito limitadas. Por ser escassamente povoada, Jiangnan dependia da lavoura com fogo e da capina com água há muito tempo, portanto, não havia desenvolvido as condições necessárias para implementar o transplante. *As Competências Essenciais para Beneficiar o Povo* incluem apenas informações sobre o cultivo suplementar da terra, não sobre o transplante de sementes para campos de arroz. Naquela época, a semeadura direta ainda era a prática comum para o cultivo de arroz no norte.

O escritor da dinastia Jin Oriental, Tao Yuanming (365-427 d.C.), escreveu sobre a área de Jiangnan em seu livro *Retorno ao lar*, dizendo: "Talvez eu possa capinar enquanto me apoio em minha bengala e capino". Do ponto de vista moderno, "Posso capinar enquanto me apoio em minha bengala e capino" refere-se a um método de cultivo de arrozais. Os agricultores seguravam uma vara de madeira em uma das mãos (chamada de "sebe" no *Tratado Agrícola de Wang Zhen*[1328]) enquanto se moviam para a esquerda e para a direita e para frente e para trás no campo de arroz, removendo a grama e soltando o solo. A condição prévia para essa atividade era que houvesse espaço suficiente entre as plantas, mas parece que não existia esse tipo de espaçamento quando o método de semeadura direta era usado. Sendo assim, o transplante de arroz pode ter sido adotado em Jiangxi e em outros lugares durante a dinastia Jin Oriental, embora possa não ter sido comum devido ao método de lavoura com fogo e capina com água usado em Jiangnan antes das dinastias Sui e Tang.

O transplante de arroz na área de Jiangnan se desenvolveu após as dinastias Tang e Song. À medida que o centro econômico se deslocava para o sul, a partir de meados da dinastia Tang, o transplante de arroz se espalhou dramaticamente por Jiangnan. Um poema lembra que "no sexto mês, há uma abundância de campos de arroz verde, com milhares de campos com riachos de esmeralda cruzando-os. O transplante das mudas acaba de

---

[1327] O geneticista de arroz Zhang Deci afirma que a origem da prática de transplantar arroz pode estar relacionada ao "replantio," que envolvia os agricultores retirando mudas de campos mais densos e replantando-as em locais que careciam de mudas. Veja Zhang Deci, "História do Cultivo Precoce de Arroz na China," em *Pesquisa de História Agrícola*, vol. 2 (Pequim: Editora de Agricultura da China, 1982), p. 89.

[1328] [Dinastia Yuan] Wang Zhen, *Tratado Agrícola de Wang Zhen*, "Catálogo de Equipamentos Agrícolas, Volume 3, Capinagem, Parte 7" (Pequim: Editora de Agricultura da China, 1981).

ser concluído e os riachos são desviados para aumentar a irrigação."[1329] Outro fala de "transplantar novas mudas no arrozal"[1330], e outro de "pescar em um rio e plantar arroz nos campos."[1331] Também lemos na poesia Tang que "os campos são como linhas retas, e a luz do sol é espelhada na face da água... Todos os brotos são transplantados, e todas as famílias estão se preparando para cozinhar, a fumaça subindo das chaminés e soprando sobre os campos, onde os pintinhos e os cães encontram seu próprio alimento."[1332] "O ar quente e seco de Jiangnan é tóxico, e as cores das mudas transplantadas brilham na chuva."[1333] E lemos sobre 'semear mudas no solo e plantar arroz nos arrozais."[1334]

A popularização do transplante de arroz deveu-se principalmente à expansão da área em que o arroz era cultivado. Algumas áreas com menos recursos hídricos, como as chamadas terras altas, também foram plantadas com arroz, o que aumentou a demanda de recursos hídricos e de sementes. O transplante não só deu às mudas de arroz mais espaço para crescer, mas também permitiu um melhor alinhamento com o período de desenvolvimento das culturas. Os cultivadores poderiam produzir espigas e diminuir a incidência de condições desfavoráveis, como o acamamento. Mais importante ainda, o transplante pode controlar de forma mais eficaz as ervas daninhas nos campos e no arroz, além de economizar água ao fazer uso total dos recursos hídricos durante o período de seca habitual na primavera, reduzindo a quantidade de plantio e expandindo a área de plantio. Tudo isso beneficiou a rotação do arroz com outras culturas, pois reduziu o período em que ele precisava crescer no campo. Os agricultores podiam empregar o gerenciamento central de mudas de culturas e o gerenciamento de campo após o transplante. Todas essas vantagens atenderam às necessidades do desenvolvimento da produção de arroz em Jiangnan após a dinastia Tang, de modo que o transplante foi amplamente adotado na época. O método de transplante do cultivo de arroz foi provavelmente introduzido

---

1329 [Dinastia Tang] Du Fu, "O Oficial Zhang Preenche as Fronteiras de Arroz e Retorna à Água," em *Poemas Anotados de Du Fu* (Companhia de Livros Zhonghua, 1979), p. 1654.

1330 [Dinastia Tang] Cen Shen, *Obras Completas de Cen Shen*, vol. 1.

1331 [Dinastia Tang] Gao Shi, "Despedindo-se de Zheng Chushi em Guangling," em *Coleção Anotada dos Poemas de Gao Shi* (Companhia de Livros Zhonghua, 1981), p. 291.

1332 [Dinastia Tang] Liu Yuxi, "Canção do Plantio de Arroz," em *Obras Completas de Liu Yuxi* (Companhia de Livros Zhonghua, 1990), p. 353.

1333 [Dinastia Tang] Zhang Ji, "Aldeia à Beira do Rio," em *Coleção Anotada da Poesia de Zhang Ji* (Companhia de Livros Zhonghua, 2011), p. 815.

1334 [Dinastia Tang] Bai Juyi, *Coleção Anotada da Poesia de Bai Juyi* (Zhonghua Book Company, 2006), p. 829.

na área de Jiangnan após o período Tang-Song. Antes dessa época, tanto entre os agricultores Han quanto entre os não-Han, o cultivo de arroz em Jiangnan dependia do método de semeadura direta. Após as dinastias Tang e Song, o método de transplante pode ter sido introduzido em Jiangnan vindo do norte.

Na verdade, não foi apenas o transplante, mas muitas outras técnicas de cultivo de arroz de Jiangnan que provavelmente tiveram suas origens no norte. Se for possível afirmar que Jiangnan foi o berço do cultivo de arroz, é igualmente verdadeiro que a tecnologia de cultivo de arroz pode ter amadurecido primeiro no norte. Há poucos registros anteriores à era Tang-Song sobre as técnicas de cultivo de arroz usadas no sul. Todos os registros de técnicas de cultivo de arroz são encontrados em textos que tratam da produção agrícola no norte. A irrigação dos campos de arroz foi mencionada pela primeira vez no *Livro de Cânticos*, e a regulação da temperatura da água, *no Livro de Fan Sheng*. O transplante foi mencionado pela primeira vez no Calendário para a Agricultura, e a capina e o preparo do solo em Competências Essenciais para Beneficiar o Povo. Todas essas são técnicas de cultivo de arroz do norte que foram adotadas no cultivo de arroz do sul após as dinastias Tang e Song. A cultura de cultivo de arroz Han em Jiangnan não se desenvolveu depois que o povo Han, que antes cultivava painço, trigo e painço glutinoso nas Planícies Centrais, mudou-se para Jiangnan. Em vez disso, foi o povo Han que já cultivava arroz nas Planícies Centrais e o trouxe do norte para Jiangnan, fazendo melhorias à medida que se adaptava às condições naturais de Jiangnan.

3. Conclusões

É evidente, a partir dessa análise, que a cultura de cultivo de arroz Han e não-Han em Jiangnan não deve ser distinguida de acordo com o fato de o processo de transplante ser gerenciado por mulheres, a forma e o método pelo qual o grão era armazenado e a presença ou ausência de rituais, porque nenhuma dessas características representa diferenças essenciais entre as práticas de cultivo de arroz desses diferentes grupos étnicos. Se realmente havia duas culturas distintas de cultivo de arroz na região, uma Han e outra não-Han, as diferenças entre as duas residiam mais em sua tecnologia, como a prática de "lavrar com fogo e capinar com água" amplamente registrada em documentos históricos, que poderia ser considerada uma característica da cultura indígena de cultivo de arroz não-Han em Jiangnan.

Como representante das práticas de cultivo de arroz entre as minorias étnicas no sudoeste da China, Yunnan tem algumas diferenças em relação às práticas de cultivo de arroz na Jiangnan moderna, mas as práticas na Jiangnan moderna são, em geral, diferentes da situação após a dinastia Jin em 307 d.C., e o cultivo de arroz em Yunnan também mudou desde aquela época. As práticas de cultivo de arroz de cada região estão em constante desenvolvimento, interagindo e se integrando. A cultura de cultivo de arroz no sudoeste da China hoje pode ser a mesma que a cultura de cultivo de arroz Han em Jiangnan em anos anteriores, em vez de uma cultura de cultivo de arroz indígena não Han ainda mais antiga em Jiangnan.

Na verdade, a cultura de cultivo de arroz indígena não-Han em Jiangnan pode ser encontrada na província de Yunnan, no sudoeste da China, no norte da Tailândia, na Indonésia e, no passado, no Japão. Há mais de 2.000 anos, o historiador Sima Qian observou que "os territórios de Chu e Yue são vastos e pouco povoados. As pessoas se alimentam principalmente de peixe e arroz, e lavrar com fogo e capinar com água é seu principal método de cultivo. Eles cultivam alimentos como melões, frutas, caracóis e moluscos por conta própria e não precisam comprar esses produtos de outras pessoas. O terreno é bom para o cultivo de uma variedade de alimentos e as pessoas não correm o risco de passar fome. Algumas pessoas inventam desculpas para não trabalhar duro na agricultura e caem na pobreza porque não economizam quando têm muito. É por isso que as pessoas não morrem de fome nem passam frio, embora não haja muitas pessoas ricas na área ao sul dos rios Huai e Yangtze." A partir disso, podemos inferir que as características da cultura indígena não-han de cultivo de arroz incluíam que 1) o arroz havia se tornado o alimento básico, com o peixe como suplemento,

2) a semeadura direta era o principal método de cultivo de arroz utilizado, e não havia transplante que envolvesse mulheres, 3) a tecnologia usada na produção de arroz ainda era muito primitiva, de modo que os rendimentos não eram de alto nível e eram muito instáveis, o que exigia a necessidade de coletar e pescar para compensar a falta de produção de arroz, e 4) não havia nenhum método de armazenamento, nem qualquer forma de armazenamento do arroz.

AMBIENTE ECOLÓGICO E CULTIVO DE ARROZ NA ÁREA DE LINGNAN DURANTE A DINASTIA SONG[1335]

1. A agricultura na região de Lingnan antes da dinastia Song

A área de Lingnan (literalmente, a área "ao sul dos cinco cumes") abrangia aproximadamente as atuais províncias de Guangdong, Guangxi e Hainan e partes de Fujian, Yunnan e Guizhou. Durante a dinastia Song, a região também era chamada de Lingwai ou Lingbiao e tinha grande importância histórica e geográfica. Há uma longa história de cultivo de arroz em Lingnan, mas ainda há alguma dificuldade em esclarecer como ela se desenvolveu ao longo do tempo. As práticas de cultivo de arroz anteriores à dinastia Song deixaram várias impressões contraditórias. Antes da década de 1950, o renomado especialista em cultivo de arroz, Ding Ying, afirmou, com base na distribuição de arroz selvagem e em vários documentos históricos, que Lingnan era um dos locais onde o cultivo de arroz se originou, mas os restos de locais de cultivo de arroz anteriores não sustentavam essa conclusão. Na década de 1980, o arqueólogo Li Ruquan ampliou o argumento e apresentou sua hipótese.[1336]

Em março de 2002, restos de arroz de terras altas com idade estimada em 4.000 anos foram descobertos em Fengkai, Guangdong, o que pode fornecer alguma evidência para o argumento, embora ele tenha caído em desuso anteriormente.[1337] Em abril de 2004, relatos da mídia indicaram que 32 esporos de pólen foram desenterrados por arqueólogos no Sítio Niulandong em Yingde, Guangdong. De acordo com estudos do Instituto de Relíquias Culturais e Arqueologia de Guangdong, foram descobertos fósseis

---

1335 Este artigo foi publicado pela primeira vez em *Novas Explorações sobre a História da Biologia e da Agricultura*, ed. Ni Genjin (Editora Popular de Taipei, 2005), pp. 379–407.

1336 Li Runquan, "Sobre a Origem do Cultivo de Arroz na China", *Pesquisa sobre a História da Agricultura*, vol. 5 (Pequim: Editora de Agricultura da China, 1985).

1337 Liwayining, Huang Zhaocun e Chen Bingwen, "Grãos de Arroz de 4.000 anos Encontrados em Fengkai, Guangdong, Após Chuvas Intensas", *Yangcheng Evening News*, reportagem de Fengkai em 10 de março de 2002.

de cascas de arroz cultivado distribuídos em seis estratos em quatro unidades preliminares no local da escavação. A partir disso, inferiu-se que as origens do cultivo de arroz foram há cerca de 12.000 anos.[1338] No entanto, foram encontrados muito menos vestígios do cultivo primitivo de arroz em Lingnan do que nos trechos inferior e médio do rio Yangtze, portanto, são necessárias mais evidências para sustentar o argumento de que a região de Lingnan é um dos locais onde o cultivo de arroz se originou.

Já no período Qin-Han, a região de Lingnan estava sob o governo central,[1339] e começou a sofrer o impacto das culturas dos lugares ao seu redor. Isso aconteceu especialmente durante a dinastia Han Oriental, quando Ren Yan, então prefeito do condado de Jiuzhen (localizado no atual Vietnã central), promoveu um método de arar que mais tarde abriu caminho para o desenvolvimento agrícola na China continental.[1340] Em 1963, modelos que mostravam pessoas limpando e arando os campos foram desenterrados de uma tumba datada do período Jin Ocidental no condado de Lian, no noroeste de Guangxi.[1341] Em 1980, modelos de campos limpando (arando) foram encontrados em uma tumba com tijolos no condado de Daoshui, Guangxi.[1342] Ambas as descobertas são mais uma prova do que está registrado nos documentos históricos. Essas descobertas refletem que o cultivo intensivo de arrozais na região de Jiangnan nas dinastias Tang e Song já era visto em Lingnan antes dessa época. No entanto, ainda há dúvidas sobre a popularidade do arado no período Song e pré-Song, já que o arado manual ainda era praticado em Lingnan durante a Dinastia Song do Sul. Por outro lado, o transplante de arroz havia sido desenvolvido em partes de Lingnan já na dinastia Tang, conforme evidenciado na obra Planting Song, de Liu Yuxi. Mas para a maioria da população durante a dinastia Song, a semeadura direta continuou sendo a prática mais comum. Por outro lado, vários

---

1338 Cao Jing e Huang Zhensheng, "Arroz em Guangdong Há 10.000 Anos: Descobertas em Niulandong Reescrevem a História na Região de Lingnan", *Diário Guangdong*, 4 de abril de 2005.

1339 Até mesmo a Ilha de Hainan, localizada no Mar do Sul da China, estava sob a autoridade do governo central. De acordo com o *Livro de Han*, "Registros Geográficos": "Seguindo para o sul em direção ao mar a partir de Xuwen, em Hepu, há um lugar chamado Dazhou, que cobre uma área de milhares de quilômetros quadrados. O imperador Wu de Han tomou esses três lugares e os transformou nos condados de Dan'er e Zhuya. Os habitantes dali usam roupas leves; os homens plantam arroz e linho, enquanto as mulheres fiam e tecem seda."

1340 *História da Dinastia Han Oriental*, "Biografia de Ren Yan."

1341 Xu Hengbin, "Sobre os Modelos de Arado e Rastragem Encontrados no Condado de Lian, Guangxi", *Relíquias Culturais*, n. 3 (1976): 75–76.

1342 Li Naixian, "Sobre os Modelos de Rastragem Encontrados em Daoshui, Guangxi", *Arqueologia Agrícola*, n. 2 (1982): 127–129.

textos sobre o cultivo de arroz em Lingnan mencionam que "as colheitas têm rendimentos duas vezes por ano"[1343] embora o tipo específico de arroz ainda não tenha sido identificado. Devido à falta de materiais de apoio, é impossível, no momento, esclarecer essas questões além de especular sobre a história do cultivo de arroz na região e sua prática na dinastia Song.

Estudiosos anteriores fizeram muitas pesquisas importantes sobre o ambiente de cultivo de arroz de Lingnan durante a dinastia Song. Por exemplo, o livro *Agrícola na Dinastia Song*, de Han Maoli, inclui capítulos que tratam especificamente da produção agrícola, do uso da terra e das culturas alimentícias na região de Lingnan,[1344] mas ainda há espaço para discussão sobre a cultura do arroz, o meio ambiente e sua influência em Lingnan durante a Dinastia Song.

1343 *Competências Essenciais para Beneficiar o Povo*, Volume 10, "Circunstâncias Extraordinárias" afirma: "O arroz é semeado no verão e novamente no inverno, produzindo frutos duas vezes por ano."

Shuijingzhu, Volume 36, descreve essa dupla colheita, dizendo: "O povo é instruído a plantar arroz branco em campos brancos. Eles utilizam o método de corte e queima no sétimo mês e colhem no décimo. Ao mesmo tempo, o arroz vermelho é cultivado em campos vermelhos da mesma forma, sendo plantado no décimo segundo mês e colhido no quarto mês do ano seguinte. Isso é chamado de arroz de dupla colheita." Além disso, o escritor da Dinastia Jin, Zuo Si, disse em *Ode à Capital de Wu*: "O governo central tributa o povo com arroz de dupla colheita. Os condados pagam com seda como tributo ao imperador."

Liu Kui comentou sobre *Circunstâncias Extraordinárias*, do escritor Yang Fu da Dinastia Han Oriental: "O arroz em Jiaozhi pode ser colhido no verão, permitindo que os agricultores cultivem duas safras por ano." Durante o período dos Três Reinos, Jiaozhi era governada pelo Reino de Wu, então é possível que "arroz em Jiaozhi" se referisse à prática de dupla colheita de arroz naquela região.

Durante a Dinastia Tang, *A Expedição ao Oriente do Monge Jianzhen*, de Yuan Kai, descreve o desenvolvimento agrícola em Hainan como: "plantar arroz no décimo mês e colhê-lo no primeiro mês do ano seguinte. A extração de seda é geralmente realizada oito vezes por ano, e há duas colheitas de arroz por ano."

Zhang Zexian, "Introdução à Produção Agrícola da Região de Lingnan da Dinastia Han à Dinastia Tang", *Jiuzhou*, ed. Tang Xiaofeng, vol. 2 (Editora Comercial, 1999), p. 65.

1344 Han Maoli, Geografia agrícola na dinastia Song (Editora de Sanjin, 1993).

2. Fatores que afetam o cultivo de arroz na área de Lingnan

Durante a dinastia Song, o cultivo de arroz em Jiangnan entrou em um estágio de cultivo intensivo mais elaborado, enquanto Lingnan, ao contrário, permaneceu tão primitivo quanto antes. O principal motivo dessa diferença foi a população mais escassa. Era necessária uma grande força de trabalho no cultivo intensivo tradicional, e a força de trabalho tornou-se um fator restritivo no desenvolvimento da tecnologia. A situação em Lingnan durante a dinastia Song era semelhante à da dinastia Han em Jiangnan. De acordo com os *Registros do Historiador*, "o clima em Jiangnan não é favorável, com alta umidade frequente e chuva persistente, o que leva a uma expectativa de vida mais curta". Isso levou à prática de lavrar com fogo e capinar com água, um método de produção bastante primitivo que foi adotado em Jiangnan antes da dinastia Han e por muito tempo depois. No entanto, após as dinastias Tang e Song, com o considerável desenvolvimento econômico que ocorreu em Jiangnan, sua tecnologia agrícola atrasada foi transformada, enquanto houve pouca mudança na tecnologia usada em Lingnan.

Os médicos da dinastia Song davam grande ênfase ao impacto das condições geográficas e climáticas sobre as doenças endêmicas. Lemos: "A temperatura costuma ser alta em Lingnan, que faz fronteira com o mar, tem terreno baixo e solo fino. O clima quente e o solo fino tendem a afastar o *yang* [ou seja, a energia positiva] do corpo, enquanto a localização geográfica costeira e a baixa altitude provavelmente cultivam o ar úmido no corpo humano. A combinação desses dois fatores significa que a probabilidade de ocorrência de doenças é muito maior."[1345] Desde a antiguidade, quando Lingnan era mencionada, era frequentemente associada a uma doença assustadora, o *zhangqi* (que hoje se acredita ser principalmente a malária). *Zhangqi* era uma doença infecciosa causada por um parasita, muito parecido com o parasita da malária que vive nos mosquitos. Como a malária não era conhecida nos tempos antigos, presumiu-se que a doença era resultado de uma posição geográfica desfavorável. Foi registrado que "quando a pressão do ar cai, é provável que o *yang* desapareça, enquanto as coisas não são bem preservadas no inverno. A grama, as árvores e a água liberam ar úmido e aumentam a umidade. Quando uma pessoa vive nesse tipo de ambiente por um período prolongado, ela terá um acúmulo de toxinas no corpo, fazendo com que perca a vitalidade e seja mais facilmente infecta-

---

1345 [Dinastia Yuan] Shi Jihong, *Higiene e Saneamento em Lingnan* (Editora de Livros Antigos da China, 1983), p. 1.

da pela doença *zhangqi*". Outra doença semelhante era chamada de *gudu*, causada por agentes nocivos produzidos por vários parasitas. Havia dois tipos dessa doença. Um era a distensão abdominal causada pelo parasita *gudu* e o outro era causado pela introdução artificial de insetos nocivos. Assim como o *zhangqi*, o *gudu* era muito temido. Além disso, "não há apenas clima quente e úmido em Lingnan, mas também muitas feras e cobras"[1346], o que também representava um enorme risco para a vida e a segurança humana. Somando-se a isso as condições médicas precárias, o resultado era que "as pessoas não conheciam nada além de seres sobrenaturais, então simplesmente esperavam pela morte"[1347] quando adoeciam.

O ambiente natural desfavorável afetou naturalmente a composição e a qualidade da população local, especialmente os homens, que deveriam ser o principal pilar da força de trabalho em uma sociedade agrícola. Zhou Qufei escreve: "Aqueles que vivem em um ambiente assim geralmente são letárgicos e incapazes de se esforçar, e seus dentes não crescem fortes. A população é tão escassa, embora a terra seja vasta. Isso é resultado do ambiente."[1348] Os efeitos adversos também difeririam muito entre homens e mulheres. De acordo com as observações das pessoas naquela época, as mulheres superavam em muito o número de homens, o que significava que era comum um homem ter várias esposas, e havia um óbvio aumento do *yin* e declínio do *yang*. Foi dito que "O sul é especialmente quente, o que o torna adequado para as mulheres se estabelecerem lá, mas não para os homens… É evidente que as mulheres superam os homens na população. Os homens de lá são, em sua maioria, baixos e têm rostos pálidos, enquanto as mulheres costumam ser mais morenas e mais gordas, e adoecem com menos frequência. Os homens comuns geralmente se casam com várias esposas. Uma mulher casada cuida dos negócios no mercado para alimentar o marido, mas, na maioria das vezes, elas só têm um marido no nome, para evitar que os outros façam fofocas pelas costas. Aquelas que são casadas viajam com seus maridos, enquanto as que não são ficam sozinhas em casa."[1349]

Dizia-se com frequência que "agricultores preguiçosos tendem a se contentar com o status quo". O tamanho e a qualidade da população, especialmente da população masculina, tiveram um grande impacto no cultivo

---

1346 Ibid.

1347 [Dinastia Song do Sul] Zhou Qufei, *Respostas Além das Montanhas*, vol. 4, "Introdução aos Costumes Locais."

1348 [Dinastia Song do Sul] Zhou Qufei, *Respostas Além das Montanhas*, vol. 4, "Introdução aos Costumes Locais em Guangyou."

1349 [Dinastia Song do Sul] Zhou Qufei, *Respostas Além das Montanhas*, vol. 10, "Dez Esposas."

de arroz em Lingnan. Lemos que "olhando das alturas na região de Lingnan, apenas uma pequena quantidade de terra cultivada é visível. Onde quer que se encontre água ou nascentes no verão e no inverno, a terra é transformada em terras agrícolas. Os campos em terrenos mais altos são todos abandonados, por isso é difícil cultivar nesses locais. Depois que a semeadura é feita, os agricultores preguiçosos não regam, nem mesmo em épocas de seca, nem fazem dragagem quando há inundações, nem fertilizam e aram. Em vez disso, eles simplesmente dependem do ambiente natural. Na época da colheita, eles apenas se divertem, passando o tempo com os filhos enquanto suas esposas estão ocupadas no mercado. Essa é uma forma extrema de preguiça. Como as pessoas em Lingnan são geralmente letárgicas, elas estão fadadas a adoecer após um dia de trabalho árduo e provavelmente sofrerão uma morte precoce."

O *Zhangqi* não apenas impediu o aumento da população, mas também diminuiu o fluxo de migrantes. Com o maior risco de infecção pelo *zhangqi*, a população em geral, com exceção de bebês e crianças pequenas, havia desenvolvido um alto nível de imunidade à doença. Por outro lado, os imigrantes do norte não tinham essa imunidade e, portanto, estavam mais propensos a contrair a doença e a sofrer uma taxa de mortalidade mais alta. Desde o período Qin-Han, as pessoas do interior da China falavam com medo de Lingnan, e esse medo atingiu novos patamares durante as dinastias Tang e Song, a ponto de muitas pessoas evitarem olhar para um mapa de Lingnan.[1350] Algumas pessoas do norte corriam um risco maior de morrer em Lingnan porque "há *zhangqi* em Lingnan, e diz-se que apenas alguns conseguem voltar vivos quando vão para lá."[1351] Os imigrantes do interior da China muitas vezes não estavam acostumados com o clima de Lingnan, pois tinham viajado para lá de longe. Isso os colocava em maior risco de serem infectados pela doença. A taxa de infecção e fatalidade era especialmente alta em algumas partes de Lingnan, incluindo Zhaozhou, Guangxi e Xinzhou e Yingzhou, em Guangdong, que eram até chamadas

---

1350 De acordo com os *Registros da Era Taiping*, Volume 153, "Número Definitivo Oito": "Wei Zhiyi foi rebaixado de primeiro-ministro para *taizibinke* [um cargo de baixo escalão com pouca responsabilidade], sendo posteriormente ainda mais rebaixado para chefe de defesa em Yazhou. Anteriormente, ele havia servido como oficial militar responsável por diversos estados. Oficiais subalternos ocasionalmente lhe enviavam mapas para tomada de decisões. Sempre que um mapa de Lingnan era apresentado, ele ordenava que fosse retirado sem sequer olhá-lo. Mais tarde, poucos dias após assumir o cargo de primeiro-ministro, viu um mapa na parede e se aproximou para observá-lo. Ao perceber que era um mapa de Yazhou, ficou enojado. No entanto, acabou sendo relegado para Yazhou e morreu no mar dois anos depois." (*citação retirada de Registros de Percepções*).

1351 [Dinastia Song] Zhu Bian, *Histórias de Quwei*, vol. 4.

de "o grande campo de execução" e "o pequeno campo de execução."[1352] Em geral, esses temores eram desencadeados mais por rumores do que pela situação real. Uma canção folclórica da dinastia Song dizia que "o senhor pode ser vizinho da morte em Chunzhou, Xunzhou, Meizhou e Xinzhou. É aterrorizante só de ouvir os nomes de Gaozhou, Douzhou, Leizhou e Huazhou."[1353] As pessoas de fora viam Lingnan como um lugar assustador que rejeitava os pedidos de entrada das pessoas. Era um contraste com o que foi chamado de "imperialismo ecológico" por Alfred Crosby, uma referência aos vírus e bactérias que os invasores europeus levavam consigo em suas buscas imperialistas e que se mostraram mais destrutivos para os povos nativos do que suas armas, uma vez que as populações nativas não haviam encontrado esses vírus e bactérias anteriormente e, portanto, não haviam desenvolvido uma imunidade a eles.[1354] Entretanto, na dinastia Song Lingnan, o maior medo dos imigrantes não era ser emboscado em um terreno difícil, nem eram as serpentes venenosas e as feras à espreita na névoa, mas o *zhangqi* que os cercava. Podemos chamar isso de "anti-imperialismo ecológico".

O ambiente desempenha um papel restritivo na determinação do tamanho e do potencial da população, e a população também tem um impacto sobre o ambiente. Durante a dinastia Song, Lingnan era um vasto território escassamente povoado e abrigava uma relativa riqueza de recursos animais e botânicos, o que era um fator positivo que moldava o desenvolvimento agrícola. A vasta terra e a população esparsa proporcionavam muito espaço para a agricultura e a pecuária, já que o plantio geralmente invadia o espaço limitado disponível para a criação de animais.[1355] Por outro lado, a pecuária de Lingnan era relativamente desenvolvida. Além disso, o gado podia ser encontrado em muitos lugares, especialmente em Leizhou e Huazhou, em Guangxi, onde "o gado está em toda parte e é muito acessível". Isso levou à troca e ao abate em massa de gado. Su Dongpo, que vem de um ambiente desenvolvido como a agricultura, ficou um pouco confuso com isso. Ele escreveu: "Todo mundo em Lingnan abate gado hoje em dia, especialmente em Hainan. Os visitantes de Gaozhou e Huazhou enviam seu gado abatido para o outro lado do estreito. Um pequeno barco pode carregar cem cabeças

---

1352 [Dinastia Song do Sul] Zhou Qufei, *Respostas Além das Montanhas*, vol. 4, "Costumes Locais."

1353 [Dinastia Song do Norte] Liu Anshi, *Citações de Yuancheng*. Nota do tradutor: Os oito nomes mencionados nesta canção são todos lugares em Lingnan.

1354 Alfred Crosby, *Imperialismo Ecológico: A Expansão Biológica da Europa, 900–1900* (Editora da Universidade de Cambridge, 1986).

1355 Zeng Xiongsheng, "A Formação da Agricultura Lame: A Transição da Pastagem de Gado para a Pecuária na China," *História Agrícola da China*, n. 4 (1999): 35–44.

de gado... Em Hainan, metade das pessoas é açougueiro e a outra metade é agricultor. Quando estão doentes, eles não procuram remédios, mas abatem o gado para oferecer como sacrifício. Aqueles que são ricos podem abater dezenas de animais de uma só vez."[1356]

Ele também menciona que "toda a cidade se volta para o abate de gado para adoração" em Haikang.[1357] O gado da região de Lingnan não apenas atendia à demanda local, mas era vendido nas áreas vizinhas. Durante a dinastia Song, o povo de Jiangnan introduziu o arado movido a tração animal em Lingnan, no noroeste da China e em outras áreas. O magistrado da dinastia Song do Norte de Chuzhou (atual Lishui, Zhejiang), Yang Yi, deixou uma nota que diz: "O gado, principalmente de Hunan e Guangdong, pode ser comprado em mercados civis", em um poema intitulado *Muitos Bovinos do Povo Morrem de Doença*.[1358] Durante a Dinastia Song do Sul, durante a estação de inatividade em Ganzhou e Ji'an em Jiangxi, "as pessoas se reúnem e vendem gado no sul, o que é chamado de *zuodong*."[1359] Além disso, "as pessoas de Hunan e Guangdong vendem seu gado em Guangxi", especialmente "desde que as autoridades retiraram o imposto sobre a venda de gado, levando ainda mais pessoas a entrar nesse negócio."[1360] Ao mesmo tempo, a criação de animais fornecia força motriz e fertilizante.

No entanto, a abundância de recursos vegetais e animais também trazia desvantagens para a produção agrícola e a vida cotidiana. Um dos motivos pelos quais o arado foi usado em Lingnan foi o fato de que "raízes gigantes de um ano" impediam a agricultura movida a bois. O que as pessoas mais temiam eram outros tipos de vida selvagem. Como tigres e lobos eram encontrados nas áreas montanhosas, os moradores de Lingnan tendiam a viver em "residências-ninho" (uma estrutura com uma cerca para protegê-la), porque, de outra forma, "nem os humanos nem os animais estavam seguros."[1361] E "os tigres são vistos com frequência nos condados da região central de Guangdong, enquanto em Qinzhou, os tigres são vistos

---

1356 [Dinastia Song do Norte] Su Dongpo, *Obras Completas de Su Dongpo*, Livro 2, vol. 9, "Comentários sobre a Oda de Liu Zihou ao Gado."

1357 [Dinastia Song do Norte] Su Dongpo, *Obras Completas de Su Dongpo*, vol. 26.

1358 [Dinastia Song do Sul] Lü Zuqian, *Espelho dos Textos Song*, vol. 24.

1359 [Dinastia Qing] Xu Song, *Compêndio do Governo Song e das Instituições Sociais*, "Alimentos e Produtos, Volume 18, Parte 26."

1360 [Dinastia Qing] Xu Song, *Compêndio do Governo Song e das Instituições Sociais*, "Alimentos e Produtos, Volume 18, Parte 26."

1361 [Dinastia Song do Sul] Zhou Qufei, *Respostas Além das Montanhas*, vol. 4, "Costumes Locais, Residências Ninho."

até mesmo na cidade. Eles costumam ficar nas valas, representando um perigo para os moradores. Eles podem ser encontrados em grupos, tanto de dia quanto de noite."[1362] O pior é que alguns animais selvagens eram uma ameaça direta às plantações. Nas dinastias Tang e Song, os crocodilos eram encontrados com frequência nos pântanos de Lingnan. Por exemplo, "os crocodilos em Chaoyang são uma ameaça direta ao desenvolvimento agrícola, e todas as pessoas os temem."[1363] A presença de crocodilos era um obstáculo à agricultura na região de Lingnan. Quando Han You serviu em Chaozhou durante a dinastia Tang, ele montou um altar para adorar o crocodilo e escreveu *Para o Crocodilo* para afastar as criaturas. No entanto, os crocodilos só atrapalhavam o desenvolvimento dos pântanos e não representavam uma ameaça direta ao cultivo de arroz. Os elefantes selvagens, entretanto, causavam danos mais diretos aos campos de arroz.

Ainda havia muitos elefantes selvagens em Lingnan na dinastia Song. O marfim havia se tornado um tipo de riqueza local, mas muitas vezes era monopolizado pelo governo. O escritor da dinastia Song, Li Changling, escreveu: "Há grupos de elefantes nas montanhas e florestas de Leizhou, Huazhou, Xinzhou, Baizhou, Huizhou e E'zhou. Os civis podem coletar o marfim, mas não têm permissão para vendê-lo. Hoje em dia, é apropriado que ele seja dado aos oficiais pela metade do preço, pois qualquer pessoa que esconda ou troque marfim secretamente pode ser punida de acordo com a lei."[1364] Para a população local, os elefantes certamente causaram grandes danos à produção agrícola e à segurança de vidas e propriedades. De acordo com a transcrição de Song Shen sobre o que é visto e ouvido, "Os elefantes causaram danos no sul e a população local está muito angustiada com isso. Se o senhor não prestar atenção, a comida será destruída. Os elefantes adoram vinho e, quando sentem sua fragrância, invadem a casa e bebem."[1365]

Por exemplo, na dinastia Song do Sul, "no décimo ano do reinado de Qiandao (1171), os elefantes selvagens em Chaozhou comeram grandes quantidades das plantações. Os fazendeiros montaram armadilhas nas terras agrícolas para evitar que os elefantes comessem as plantações. Em vez disso, os elefantes começaram a cercar as carroças de cavalos, procuran-

---

1362 [Dinastia Song do Sul] Zhou Qufei, *Respostas Além das Montanhas*, vol. 9, "Vida Selvagem, Tigres."

1363 [Dinastia Tang] Shi Jie, *Coleção Culai*, vol. 8, "Reconhecendo Difamação."

1364 *História da Song*, vol. 287, "Biografia de Li Changling."

1365 [Dinastia Ming] Chen Yaowen, *Registros na Montanha Tianzhong*, vol. 60.

do comida para comer antes de ir embora."[1366] *Respostas Além das Montanhas* também menciona o perigo que os elefantes selvagens representavam para as plantações. O texto diz: "Os elefantes... também estão distribuídos por toda Qinzhou. As manadas de elefantes representam um perigo para as plantações, por isso as pessoas costumam usar fogo para afastá-los."[1367] Até mesmo em Fuzhou, Fujian, uma área próxima a Lingnan, foi relatado que 'os elefantes selvagens danificam as plantações."[1368] Dos elefantes selvagens que rondavam Zhangzhou, o mais perigoso era o elefante solitário. Foi dito que "as pessoas do condado de Zhangpu, Zhangzhou, que faz fronteira com Chaoyang, sempre conviveram com muitos elefantes, mas as criaturas raramente causam danos quando estão em um grupo. Um único elefante pode perseguir um ser humano e pisotear a pessoa, quebrando todos os seus ossos. Assim, entende-se que o elefante solitário é mais perigoso do que uma manada."[1369] Já no primeiro mês do sétimo ano do reinado de Xining (1074), "as autoridades de Fujian relataram que há elefantes nas montanhas do condado de Zhangpu, que faz fronteira com Chaozhou, e que eles trazem muito perigo para a vida das pessoas. Por essa razão, a população local tem permissão para caçar elefantes e vender marfim para os oficiais."[1370]Mesmo assim, os danos causados pelos elefantes selvagens em Zhangzhou e em outros lugares não foram erradicados na época do rei-

---

1366 *História da Song*, "Crônica de Wuxing." A *Crônica de Yijianding*, Volume 10, inclui um registro semelhante, que diz: "Sobre os elefantes em Chaozhou, em 1168, Chen Youyi, originalmente de Jinyun, foi de Fujian a Guangdong para visitar seu pai, que na época estava responsável pelos assuntos comerciais marítimos. Ao passarem por Chaoyang, Chen soube que muitos elefantes selvagens viviam lá. Havia centenas de elefantes em cada grupo. Durante a colheita de outono, os agricultores locais temiam que os elefantes pisoteassem a comida, então armaram armadilhas nos campos para impedir que os elefantes a pisoteassem. Os elefantes ficaram muito irritados, então se reuniram em volta dos oficiais locais. Os oficiais ficaram muito confusos com isso, então enviaram duzentos soldados para investigar, mas sem usar força. Mesmo assim, alguns membros das famílias dos oficiais morreram de medo. Os outros moradores locais entenderam o que os elefantes estavam sentindo, então organizaram-se e colocaram o arroz ao redor. Os elefantes não se moveram, então os moradores empilharam ainda mais grãos, que os elefantes finalmente começaram a comer. A situação foi resolvida. Para surpresa de todos, essas criaturas não humanas possuíam tamanha sabedoria. Mas o principal perigo que as pessoas de Chaoyang enfrentavam, na verdade, vinham dos crocodilos."

1367 [Dinastia Song do Sul] Zhou Qufei, *Respostas Além das Montanhas*, vol. 9, "Animais Selvagens, Elefantes."

1368 [Dinastia Song do Sul] Zhou Bida, *Obras de Ouyang Xiu*, vol. 70, "Tabela Shendao Concedida a Zheng Xingyi pelo Governador de Wutaijun."

1369 [Dinastia Song do Norte] Peng Cheng, *Obras Literárias*, vol. 3.

1370 *Sequência da História como Espelho*, vol. 249.

nado de Song do Sul e continuaram a afetar o desenvolvimento agrícola local. Zhu Xi apontou em *Sobre a Promoção da Agricultura* no sétimo mês do terceiro ano do reinado de Shaoxi (1192), "Há muitos campos não desenvolvidos em minha jurisdição. Isso se deve ao fato de que os elefantes aqui frequentemente pisoteiam os alimentos, fazendo com que as pessoas tenham medo de cultivar os campos". Para "erradicar os desastres" e "permitir que as pessoas trabalhem duro e com segurança", Zhu Xi propôs algumas medidas para incentivar a matança de elefantes, incluindo: "Sempre que uma família mata um elefante, ela não é obrigada a entregar o marfim. Se for confirmado que o elefante está morto, a recompensa será entregue imediatamente."[1371] Essa era a situação em Zhangzhou. É muito mais fácil imaginar as circunstâncias na vizinha Chaozhou e em outros lugares, porque esse era o centro de distribuição de elefantes selvagens na época. De fato, havia elefantes selvagens nessa área até mesmo durante as dinastias Ming e Qing.[1372]

O dano causado pela presença de elefantes à produção agrícola era inquestionável. Hoje, em Xishuangbanna, Yunnan, os agricultores locais ainda são ocasionalmente atacados por elefantes selvagens. Os pesquisadores descobriram que esses animais comem uma grande quantidade de alimentos, cerca de 135 a 300 quilos por dia para um adulto. Um elefante pode comer uma caneca de milho em uma noite. Se um grupo de sete ou oito elefantes for a um campo, eles comerão sete ou oito mu em um dia e não ficarão apenas um dia, mas talvez um ou dois meses.[1373]

Havia outros animais selvagens que também podiam danificar as plantações. Por exemplo, "o javali tem espinhos e espinhos que podem vibrar e atingir as pessoas. Há duzentos ou trezentos javalis em uma matilha, e eles prejudicam as mudas. Eles são especialmente prejudiciais às fazendas nas montanhas."[1374] Em Anping, Qiyuan e outras partes de Guangxi, havia um tipo de animal "com a forma de um javali, mas menor", que era

---

1371 [Dinastia Song do Sul] Zhu Xi, *Obras Completas de Zhu Xi*, vol. 100.

1372 [Dinastia Ming] Huang Zhong, *Os Miscellaneous*. Diz: "Os elefantes amam as colheitas. Quando são introduzidos nos campos, eles comem a comida, mas não a pisoteiam, então ainda há um pouco de comida restante. As pessoas em Hainan trancam um porco em uma gaiola e o penduram em uma árvore. O porco não pode correr, então começa a chorar desesperadamente. Quando os elefantes ouvem, ficam aterrorizados, e passam isso para seus companheiros. Eventualmente, param de aparecer." (Registros sobre Guangdong citam isso.)

1373 CCTV International, *Dançando com os Elefantes*, 9 de maio de 2005.

1374 [Dinastia Song do Sul] Fan Chengda, *Crônica de Guilin e Áreas Circunvizinhas*. Veja também Zhou Qufei, *Respostas Além das Montanhas*, vol. 9, "Animais Selvagens" para registros semelhantes.

chamado de "mulher preguiçosa". Ele também "gosta de comer mudas". Os agricultores penduram alguns equipamentos no campo, o que os afugenta."[1375] O arroz era a planta mais comumente danificada pelos javalis.[1376] Os danos causados por roedores também eram comuns, constituindo um grande desastre em Lingnan. Os danos causados por roedores ocorriam todos os anos, mas eram mais graves em alguns anos do que em outros. Lemos: "Em Shaoxing, durante o verão e o outono do ano cíclico de Bingyin (1146), houve um longo período sem chuva em Lingnan. Qingyuan, em Guagdong, Wengyuan, em Shaoguan, e Zhenyang, em Yingzhou, sofreram com a infestação de ratos. Peixes, pássaros e cobras foram feridos quando muitas dezenas de ratos vieram em grupos, deixando as plantações completamente devastadas."[1377]

Em uma terra tão vasta, com uma população esparsa e recursos abundantes, as pessoas não precisavam se esforçar muito, ou mesmo se dedicar à agricultura, para sobreviver. Por exemplo, Chaozhou "é rica em peixes e sal marinho, e as pessoas podem sobreviver facilmente. Poucas pessoas cultivam e não têm o hábito de armazenar suprimentos. O clima é bom durante todo o ano, portanto não há sensação de crise."[1378] Meizhou, da mesma forma, "tem uma boa quantidade de terra, mas as pessoas são preguiçosas e poucas cultivam."[1379] A situação geral era que "os ricos basicamente não têm desejos materiais e até mesmo os pobres se sentem ricos."[1380] Isso significava que não havia motivação inerente que levasse as pessoas a cultivar. Essa situação era semelhante à observada nos registros de Sima Qian sobre os reinos Chu e Yue em *Registro do historiador*, que diz: "O ambiente geográfico faz com que as pessoas não se preocupem com a fome. A maioria delas vive sem economias materiais e, em geral, é pobre."[1381] O cultivo de arroz não era o principal sustento da vida das pessoas,

---

1375 [Dinastia Song do Sul] Fan Chengda, *Crônica de Guilin e Áreas Circunvizinhas*. Veja também Zhou Qufei, *Respostas Além das Montanhas*, vol. 9, "Animais Selvagens" para registros semelhantes.

1376 [Dinastia Qing] Qu Dajun, *Novos Registros de Guangdong*, vol. 21, "Sobre Javalís" afirma que "o javali selvagem é delicioso. É carne gordurosa. Os animais gostam de comer as colheitas de arroz."

1377 [Dinastia Song do Sul] Hong Mai, *Crônica de Yijianjia*, "Relatório dos Ratos."

1378 [Dinastia Song do Sul] Xu Yinglong, *Coleção Dongjian*, vol. 13, "Promovendo a Agricultura em Chaozhou."

1379 [Dinastia Song do Sul] Wang Xiangzhi, *Domando a Terra*, vol. 120, "Meizhou."

1380 [Dinastia Song do Sul] Su Guo, *Coleção Xiechuan*, vol. 6, "Registros Obscuros."

1381 *Registro dos Historiadores*, "Biografia dos Comerciantes."

o que significava que, em uma população já pequena, havia muito poucas pessoas que optavam por participar diretamente do cultivo de arroz. Mesmo o pequeno número de pessoas que optava por participar era "muito preguiçoso e não fazia muita coisa", além de cultivar a terra ao acaso. Lemos: "Os agricultores de Qinzhou são bastante aleatórios. A área onde o arado de boi pode ser feito é muito pequena, portanto, apenas algumas sementes são semeadas na época do plantio. Depois que o plantio é feito, não há mais trabalho como irrigação ou cultivo. As pessoas simplesmente dependem do ambiente natural."[1382]

Alguns dos que migraram do norte para o sul tiveram uma experiência pessoal com isso. Em seu *Incentivando as Pessoas a se Engajarem na Agricultura*, Su Dongpo lamentou a falta de cultivo da terra, dizendo: "Hainan tem muitos campos não desenvolvidos, e as pessoas geralmente não se dedicam ao comércio. Eles nem mesmo produzem alimentos suficientes para seu próprio consumo. As pessoas daqui comem taro e batata-doce, transformando-os em mingau". Ele mesmo experimentou "comer taro e batata-doce todos os dias". Um verso do poema *Recompensa* Liu Sangchai diz: "Batata-doce e taro são plantados em todos os campos. A fragrância das orquídeas não pode competir com a da geada e do crisântemo. No inverno, quando são retiradas do recipiente, ficam tão bonitas quanto a terra da fazenda."[1383] Quando seu irmão Su Zhe morava em Haikang, ele também descobriu que "os agricultores são muito preguiçosos."[1384] Isso também afetou o desenvolvimento do cultivo de arroz de outras formas. Naquela época, o cultivo de arroz em Lingnan não era muito desenvolvido e não havia arroz suficiente para comer. A fome do povo era saciada principalmente com raízes e tubérculos, como batata-doce e taro. Por causa da "preguiça do povo", eles não estavam muito em forma e sua capacidade de trabalhar era bastante baixa. O resultado desse ciclo vicioso afetou inevitavelmente o desenvolvimento do cultivo de arroz.

Um equilíbrio ecológico simples foi mantido entre recursos naturais abundantes e uma população esparsa, e o cultivo de arroz se desenvolveu lentamente dentro desse equilíbrio delicado. Foi somente quando um grande número de pessoas migrou do norte para o sul que esse equilíbrio foi rompido, e o cultivo de arroz começou a se desenvolver em um ritmo sem

---

1382 [Dinastia Song do Sul] Zhou Qufei, *Respostas Além das Montanhas*, vol. 8, "Colheitas Mensais."

1383 [Dinastia Song do Norte] Su Dongpo, *Obras Completas de Su Dongpo*, vol. 31.

1384 [Dinastia Song do Norte] Su Zhe, *Coleção de Luancheng*, Poemas Tardios, vol. 5, "Poema Encorajando a Produção Agrícola, no Estilo de Tao Yuanming."

precedentes. Esse estágio surgiu durante a Dinastia Song, especialmente a Dinastia Song do Sul, de cultivo de arroz.

A partir das dinastias Qin e Han, os residentes do norte da China começaram a se mudar para o sul, até a região de Lingnan, mas foi somente na dinastia Song que essa migração para Lingnan atingiu um ponto alto. De acordo com os registros de domicílios em *Registros Geográficos da Era Taiping*, *Registro Geográfico da Era Yuanfeng* e *História da Dinastia Song*, "Registros Geográficos", a população de Lingnan foi a que mais cresceu durante a dinastia Song, desde o reinado de Taizong até o reinado de Shenzong, com uma taxa de crescimento de 863%, cerca de 50% maior do que a taxa de crescimento de 368% em Jiangnan e 358% em Huainan, que, por sua vez, eram de três a seis vezes a taxa de crescimento populacional de outras regiões.[1385] De acordo com as estatísticas de crescimento populacional feitas por Yoshinobu Shiba, do meio da dinastia Tang até o meio da dinastia Song do Norte, a taxa de crescimento populacional de Chaozhou e Xunzhou, ambas em Lingnan, excedeu 1, 000% e a taxa de crescimento em Hezhou estava entre 400% e 999%, enquanto Rongzhou e Leizhou estavam entre 200% e 299%, e Zhaozhou, Xunzhou, Guangzhou, Shaozhou, Kangzhou, Duanzhou, Xinzhou e Binzhou também estavam entre 100% e 199%.[1386] Após a Dinastia Song do Sul, está registrado em documentos históricos que a população da área de Lingnan diminuiu em vez de continuar a aumentar, mas o oposto pode ter sido verdadeiro.[1387] A inscrição do escritor da dinastia Song, Li Guang, no Templo de Dan'er, diz: "Os costumes locais em Lingnan mudaram nos últimos anos, pois as pessoas vieram das Planícies Centrais".

Além do crescimento natural da população terrestre, uma grande parte da nova população de Lingnan era composta por imigrantes. Entre esses imigrantes estavam soldados que estavam guarnecidos na fronteira, incluindo um grande número que havia permanecido em Guangxi após a supressão da rebelião liderada por Nong Zhigao. Havia também muitos imigrantes que haviam sido recrutados pela corte e pelos governos locais. Por exemplo, "os senhores de Jiangsu, Zhejiang, Hubei e Hunan que são altos, inteligentes e de mente clara são selecionados como imigrantes para se mudarem para a área ao redor, onde há campos férteis. Eles são incenti-

---

1385 Cheng Minsheng, *Economias Regionais na Dinastia Song* (Editora da Universidade Henan, 1992), pp. 54–55.

1386 Peter J. Golas, "Características das Áreas Rurais na Dinastia Song," *Ensaios sobre Geografia e História Chinesa*, nº 2 (1991).

1387 Han Maoli, *Geografia Agrícola na Dinastia Song* (Editora de Livros Antigos de Shanxi, 1993), pp. 180–182.

vados a se manterem sozinhos e a se fundirem com a população local para se tornarem uma família". Os recrutados incluíam plebeus e oficiais exilados de Jiangsu e Zhejiang, mas a maioria era de civis que buscavam terras aráveis e uma fuga da agitação. No início da dinastia Song, em especial, "a maioria dos refugiados estudiosos e oficiais das Planícies Centrais se estabeleceram em Lingnan."[1388] Entre os que buscavam terras aráveis, a maioria vinha das províncias vizinhas de Fujian, Jiangxi e Hunan. Originalmente, eles moravam mais perto de Lingnan e achavam muito mais fácil ir e vir. Ao mesmo tempo, em comparação com os que vieram de áreas ao norte do Yangtze ou mesmo ao norte do rio Huai, os imigrantes do sul tinham maior imunidade a doenças comuns em Lingnan, de modo que se sentiam mais à vontade para se deslocar na área. No início, eles viajavam de e para Lingnan em uma base sazonal para realizar negócios, mas com o tempo, eles mudaram de um padrão de ir para o sul para negociar gado ou passar o inverno no sul para uma vida de desenvolvimento de terras e agricultura. Depois de recuperar a terra, muitos ficaram em Lingnan por mais tempo, muitas vezes até se estabelecendo permanentemente. Por exemplo, havia pouquíssimos moradores locais em Meizhou que se dedicavam à agricultura, enquanto "aqueles que vieram de Tingzhou, Fujian e Ganzhou, Jiangxi, fazem a agricultura aqui."[1389] Dizia-se que os fazendeiros locais em Haikang eram preguiçosos, "então os fazendeiros são, em sua maioria, pessoas de Fujian."[1390] As pessoas de Fujian, Guangdong e Guangxi estavam especialmente envolvidas na agricultura. Eles eram frequentemente chamados de shegengren, ou "pessoas do arado", pelos habitantes locais, e se tornaram uma parte importante da composição demográfica de Lingnan.[1391]

A chegada de tantos imigrantes em um período tão curto de tempo destruiu o equilíbrio ecológico original. Essa destruição se manifestou primeiramente na interrupção da cadeia alimentar, conforme refletido nos hábitos dos tigres da região. Durante a dinastia Song do Norte, as pessoas em Lingnan eram proativas em seu relacionamento com os animais, enquanto os tigres eram passivos. Por exemplo, Wang Yi, governador da província de Shao, disse: "Capturamos muitos tigres no condado de Wengyuan e os

---

[1388] *Crônicas dos Anos Desde Jianyan*, vol. 63. Terceiro mês do terceiro ano do reinado de Shaoxing.

[1389] [Dinastia Song do Sul] Wang Xiangzhi, *Domando a Terra*, vol. 120, "Meizhou."

[1390] [Dinastia Song do Norte] Su Zhe, *Coleção de Luancheng*, vol. 5, "Encorajando a Produção Agrícola, no Estilo de Tao Yuanming (com Introdução)."

[1391] [Dinastia Song do Sul] Zhou Qufei, *Respostas Além das Montanhas*, vol. 3, "Cinco Povos."

oficiais de lá os caçam."¹³⁹² Depois da dinastia Song do Sul, os tigres começaram a passar de um papel passivo para um papel ativo. Cai Xie observa: "Os costumes no oeste de Lingnan são simples e os produtos são acessíveis. Quando migrei para Bobai no ano cíclico de Bingwu do reinado de Jiankang (1126), os tigres não matavam pessoas, apenas comiam as ovelhas dos aldeões... Dez anos depois, os nortistas migraram para lá e os costumes locais estão mudando, enquanto os preços disparam. Os tigres começaram a matar pessoas. O cenário hoje é muito diferente do que era quando eu vim do interior, com os tigres matando e os humanos restando pouco mais do que o cabelo na cabeça."¹³⁹³ Os tigres começaram a comer humanos porque a terra em que viviam agora estava ocupada por humanos, que haviam saqueado os ricos recursos vegetais e animais dos quais os tigres sobreviviam. Quando os tigres começaram a comer humanos, as pessoas foram forçadas a encontrar novas fontes de alimento para estabelecer novas relações na cadeia alimentar. Isso criou a oportunidade para o desenvolvimento do cultivo de arroz.

 O desenvolvimento do cultivo de arroz na dinastia Song foi construído com base na integração dos imigrantes à população local. O mesmo aconteceu com o povo Li em Hainan. Desde o reinado de Shenzong da dinastia Song, muitas estratégias de desenvolvimento de fronteiras foram adotadas, e muitos dos Li foram pacificamente atraídos para se tornarem parte da população dos estados vizinhos. Depois de serem absorvidos pela população local, o povo Li continuou seu trabalho agrícola e começou a pagar impostos às autoridades. Ao mesmo tempo, como "há um vasto território em Li com um enorme potencial para o desenvolvimento de terras favoráveis", muitos residentes do interior da China foram atraídos para a área. O povo Li vivia principalmente na Ilha de Hainan e, dependendo da distância em que viviam da administração, eram classificados como Sheng Li ou Shu Li. Os Sheng Li viviam nas montanhas e não estavam sob a jurisdição do governo central, nem pagavam impostos. Os que viviam na periferia, "que cultivavam e pagavam impostos", eram chamados de Shu Li. As tribos Shu Li surgiram como resultado da fusão étnica. Entre eles, "havia muitos de Hunan, Guangdong e Fujian" e, como resultado de sua integração à cultura local, costumava-se dizer que "o povo Li é meio fluente em chinês".¹³⁹⁴ A situação em Chaozhou era semelhante. Durante a Dinastia Song do Sul,

---

1392 [Dinastia Song do Norte] Zeng Gong, *Manuscrito Yuanfeng*, vol. 44, "Epígrafe de Wang Gong."

1393 [Dinastia Song do Norte] Cai Tao, *Coleção Tieweishan*, vol. 6.

1394 [Dinastia Song do Sul] Zhou Qufei, *Respostas Além das Montanhas*, vol. 2, "Bárbaros do Exterior: Li."

"havia os idiomas de Fujian e Guangdong... e embora os terrenos em Fujian e Guangdong sejam diferentes, não há distinção entre seus costumes".[1395] Durante a Dinastia Song, o povo de Fujian, que era conhecido por sua habilidade na agricultura, inevitavelmente levou sua tecnologia de cultivo de arroz para Lingnan e difundiu o cultivo de arroz na região. Dessa forma, a chegada dos imigrantes injetou nova vitalidade no desenvolvimento do cultivo de arroz.

O grande afluxo de pessoas do norte não apenas aumentou a demanda por arroz, mas também trouxe tecnologia avançada de cultivo de arroz e promoveu o desenvolvimento do cultivo de arroz em Lingnan, um lugar em que muitos grupos étnicos viviam muito próximos. Os grupos étnicos que viviam em Lingnan incluíam os povos Yao, Liao, Man e Li. O povo Liao vivia na área de Youjiang, Guangxi, "ganhando a vida atirando e caçando. Eles comem todos os tipos de animais rastejantes e insetos"[1396], aparentemente vivendo em um estágio econômico primitivo de caça. O povo Li de Hainan, no entanto, "produzia arroz, mas não o suficiente para se alimentar, então acrescentavam taro e batata-doce ao mingau para saciá-los."[1397] O povo Yao de Guangxi "arava as colinas para ganhar a vida e sobrevivia com painço, legumes e taro."[1398] Entretanto, após o início da Dinastia Song, especialmente durante a Dinastia Song do Sul, o cultivo de arroz se desenvolveu rapidamente. Por exemplo, em Deqing, Guangdong, "Os homens aram e plantam arroz e linho... e comem arroz e peixe."[1399] Em Chaozhou, "o arroz amadurece duas vezes por ano."[1400] Em Nan'enzhou, "há umidade no subsolo, o que o torna adequado para o cultivo de arroz, e a maior parte do cultivo é feita em cavernas."[1401] As 36 cavernas em Yongzhou, Guangxi, "possuem uma grande extensão de terra fértil e cultivam arroz glutinoso e

---

1395 [Dinastia Song do Sul] Wang Xiangzhi, *Domando a Terra*, vol. 100. Citado em Yu Chonggui, *Parabenizando o Chefe da Prefeitura de Chaozhou*, Huang Shou.

1396 [Dinastia Song do Sul] Zhou Qufei, *Respostas Além das Montanhas*, vol. 10, "Costumes dos Bárbaros."

1397 [Dinastia Song do Norte] Su Dongpo, *Obras Completas de Su Dongpo*, vol. 3, p. 71; [Dinastia Song do Sul] Zhao Rushi, *Crônica de Zhufan*, vol. 2, "Hainan."

1398 [Dinastia Song do Sul] Zhou Qufei, *Respostas Além das Montanhas*, vol. 3, "Terras Estrangeiras, Parte 1."

1399 [Dinastia Song do Sul] Wang Xiangzhi, *Domando a Terra*, vol. 110, "Deqingfu."

1400 [Dinastia Song do Sul] Wang Xiangzhi, *Domando a Terra*, vol. 100, "Chaozhou."

1401 [Dinastia Song do Sul] Zhu Mu, *Visão da Terra*, vol. 37, "Nan'enzhou."

peixe."[1402] Em Xiangzhou, "as pessoas têm abundância de arroz e peixe." Em Xiangzhou, "as pessoas têm abundância de arroz e peixe... o arroz que cresce em terras férteis é o mais rico do sul e é vendido nos condados vizinhos."[1403] Em Ningpu, "a situação da pesca e do cultivo de arroz é muito parecida com a da região ocidental do rio Huai, e os rios e montanhas são semelhantes aos de Jiangnan."[1404] Em Guizhou, "as pessoas tratam o cultivo de arroz como um negócio."[1405] Em Qiannan, "a principal safra é o arroz cultivado em solo lamacento."[1406] Em Qinzhou, "o principal negócio das pessoas é cultivar arroz e linho."[1407] Em Qiongzhou, "os homens geralmente aram o campo, cultivam arroz e extraem linho."[1408] Em Yizhou, "as pessoas trabalham nos arrozais."[1409] Esses são apenas alguns dos registros sobre o assunto.

    O povo Yao também tinha suas próprias técnicas de cultivo, embora "eles tivessem apenas alguns campos de arroz."[1410] O cultivo de arroz tornou-se a espinha dorsal da economia de Lingnan. Na dinastia Song do Norte, quando Chen Yaosou era o comissário de transporte local em Guangxi, ele observou que a terra em Lingnan era mais adequada para campos de arroz, seguida por campos de linho.[1411] Algumas áreas se tornaram autossuficientes. Embora Lingnan não tenha sido incluída na lista de lugares de onde o arroz era enviado para a capital no *Ensaios sobre Mengxi*, de Shen

---

1402 [Dinastia Song do Norte] Sima Guang, *Sushui Jiwen*. Consultado em *História Chinesa dos Bárbaros*, editado por Chinese History of the Barbarians Committee, *História Chinesa dos Bárbaros: Dinastia Song*, vol. 1 (Editora de Sanqin, 2000), p. 687.

1403 [Dinastia Song do Sul] Wang Xiangzhi, *Domando a Terra*, vol. 150, "Xiangzhou."

1404 [Dinastia Song do Norte] Qin Guan, *Coleção Huaihai*, vol. 11, "Seis Poemas sobre Ningpu (Segundo Poema)."

1405 [Dinastia Song do Sul] Wang Xiangzhi, *Domando a Terra*, vol. 111, "Guizhou."

1406 [Dinastia Song do Norte] Huang Tingjian, *Coleção Shangu*, vol. 12, "Dez Poemas do Exílio em Qiannan (Oitavo Poema)."

1407 [Dinastia Song do Sul] Wang Xiangzhi, *Domando a Terra*, vol. 119, "Qinzhou."

1408 [Dinastia Song do Sul] Wang Xiangzhi, *Domando a Terra*, vol. 124, "Qiongzhou."

1409 [Dinastia Song do Norte] Zeng Gong, *Coleção Longping*, vol. 18, "Oficial: Cao Keming."

1410 [Dinastia Song do Sul] Zhou Qufei, *Respostas Além das Montanhas*, vol. 3, "Terras Estrangeiras, Volume 2, o Povo Yao."

1411 Primeira Outono, Sétimo Mês do reinado de Xianping. *Compilação Completa da Continuação da História como Espelho*, vol. 43.

Kuo,[1412] o arroz da região ainda era introduzido em Jiangnan, Jinghu e Zhejiang, bem como em outros lugares, por meio de vários canais, o que preenchia a lacuna criada pelo projeto de desvio de safra. Por exemplo, "Uma dúzia de arroz em Guangxi custa apenas cinquenta *qian*. Com o preço do arroz já tão baixo, ele não poderia baixar ainda mais, porque há apenas uma quantidade limitada de grãos na área. As pessoas daqui geralmente têm dentes ruins, o que dificulta a ingestão de arroz, portanto, além do que precisam para si, vendem para os outros. Eles não têm o hábito de reservar arroz."[1413] Além disso, "a maior parte do arroz é produzida em Guangnan [ou seja, Lingnan], que é frequentemente trocada por comerciantes e, às vezes, eles até o enviam por mar."[1414] Mas o vinho produzido a partir dele é equivalente à primavera sagrada."[1415]

O arroz vendido em Hangzhou vinha não apenas de Suzhou, Huzhou, Changzhou, Xiuzhou e Huaizhou, mas também de Guangdong.[1416] O arroz de Guangdong e Guangxi era "carregado em navios e enviado para Siming."[1417] Quando Zhu Xi serviu como oficial provincial em Zhejiang durante a Dinastia Song do Sul, ele "trabalhou com Xie Zhige, chefe da prefeitura de Mingzhou, para contratar pessoal que seria responsável pelo transporte de arroz de Guangdong por navio."[1418] Fujian tinha uma grande população e pouca terra, mas ficava perto de Guangdong e Guangxi, por isso tornou-se um importante destino de exportação de arroz da região. Dizia-se que "os três condados de Xinghua, Fujian, dependem do arroz de Guangdong e Guangxi para alimentar seu povo e seu exército. Quando há piratas no

---

1412 [Dinastia Song do Norte] Shen Kuo, *Ensaios Mengxi*, vol. 12, "Governo, Parte 2." Ele escreve: "O envio anual de mercadorias de arroz para a capital incluiu seis milhões de dan, conforme registrado: 1,3 milhão de dan de Huainan, 991.100 dan do Distrito Administrativo de Jiangnan Oriental, 128.900 dan do Distrito Administrativo de Jiangnan Ocidental, 650.000 dan do Distrito Administrativo de Jinghu do Sul, 350.000 dan do Distrito Administrativo de Jinghu do Norte, 150.000 dan dos Distritos Administrativos de Zhejiang Oriental e Ocidental, e 620.000 dan de receita de impostos adicionais."

1413 [Dinastia Song do Sul] Zhou Qufei, *Respostas Além das Montanhas*, vol. 4, "Changping."

1414 [Dinastia Song do Sul] Zhu Xi, *Obras Completas de Zhu Xi*, vol. 25, "Solicitação de Socorro aos Funcionários de Jianning."

1415 [Dinastia Song do Norte] Tang Geng, *Coleção Meishan*, *Poemas Meishan*, vol. 5, "Registro de Compra de Arroz em Longchuan em Dezenas de Hu."

1416 [Dinastia Song do Sul] Wu Zimu, *Registro de Mengliang*, vol. 16, "Mipu."

1417 [Dinastia Song do Sul] Zhu Xi, *Obras Completas de Zhu Xi*, vol. 26, "Carta ao Primeiro-Ministro."

1418 [Dinastia Song do Sul] Zhu Xi, *Obras Completas de Zhu Xi*, vol. 21.

mar, o arroz não pode chegar à costa, então o povo e os soldados ficam sem comida. Isso faz com que o preço dos alimentos suba muito."[1419] Por exemplo, em Putian, "como o suprimento de alimentos da colheita só pode durar meio ano, a maioria das pessoas depende dos navios de carga que passam, especialmente os do sul."[1420] O mesmo acontecia em Quanzhou, onde "embora fosse pouco povoada, seus residentes eram altamente dependentes do apoio de arroz de Guangdong e Guangxi. Quando chegava um carregamento, os residentes compravam imediatamente o arroz, e depois disso os oficiais impunham uma taxa sobre os gastos militares com arroz."[1421] Quando algumas partes de Hunan sofriam com a escassez de alimentos, importavam arroz de Lingnan. Em Changsha, por exemplo, costumava-se dizer que "os navios do sul saem do canal" e "o arroz de Guangdong e Guangxi viaja pelo Canal Ling"[1422], destacando o processo pelo qual o arroz era enviado de Lingnan pelo Canal Ling para Hunan ao longo do Rio Xiang e depois vendido em Changsha.

1419 [Dinastia Song do Sul] Zhen Dexiu, *Obras Completas de Zhen Dexiu*, vol. 15, "Pedido de Reforços para os Assuntos Militares Costeiros ao Conselho."

1420 [Dinastia Song do Sul] Fang Dacong, *Obras Completas de Fang Dacong*, vol. 20, "Com o Panguan."

1421 [Dinastia Song do Sul] Liu Kezhuang, *Obras Completas de Liu Kezhuang*, vol. 143, "Estudo de Yan Zhenqing."

1422 [Dinastia Song do Sul] Wang Ruan, *Coleção Yifeng*, vol. 1, "Poema para Hu Cang."

3. Tecnologia de cultivo de arroz

O cultivo de arroz nas regiões mais baixas do rio Yangtze já havia alcançado um estágio de cultivo avançado na dinastia Song. As principais manifestações desse avanço foram a técnica de usar arado, ancinho e enxada como o núcleo da preparação do solo, o transplante de sementes como o núcleo da semeadura e a capina e secagem dos campos como o núcleo do gerenciamento do campo. Por outro lado, a tecnologia de cultivo de arroz em Lingnan continua relativamente subdesenvolvida. O povo de Guangzhou "muitas vezes era imprudente e não fazia nada depois da aragem."[1423] Em Yingde, "os agricultores tendem a escolher terras férteis para arar e não desperdiçam esforços tentando cultivar terras pobres."[1424]

Em Guangxi, "os campos que podem ser cultivados são pequenos e estéreis, de modo que as culturas só podem ser plantadas em locais designados e não podem ser transplantadas. Uma vez plantadas, as pessoas não irrigam, mesmo em caso de seca, nem dragam durante as enchentes. Eles não fertilizam e não revolvem o solo."[1425] Além disso, "os agricultores de Qinzhou são rudes. Eles podem usar o gado para revolver o solo, mas depois disso, as sementes não podem ser transplantadas. Isso é um verdadeiro desperdício de sementes. Depois de plantar, os agricultores não revolvem o solo nem regam, apenas ouvem o céu e seguem o destino."[1426] Em Meizhou, "os campos são grandes, mas os agricultores são preguiçosos. São poucos os que se dedicam à agricultura. Geralmente, apenas pessoas de Tingzhou, Fujian ou Ganzhou, Jiangxi, estão ativamente engajadas na agricultura. As pessoas não sofrem com a falta de campos e não há desperdício de mão de obra nos campos".[1427] Embora as práticas agrícolas em Lingnan fossem, em geral, bastante rudimentares, a agricultura local era afetada por fatores externos, especialmente a agricultura mais avançada do norte, e, portanto, tinha características diversas.

A primeira área de influência foi a combinação de arado de gado com arado manual. Acredita-se que o arado de gado tenha sido usado no norte

---

1423 [Dinastia Song do Sul] Fang Dacong, *Obras Completas de Fang Dacong*, vol. 33, "Promoção da Agricultura em Guangzhou no ano de Yisi."

1424 [Dinastia Song do Sul] Wang Xiangzhi, *Domando a Terra*, vol. 95, "Yingdefu."

1425 [Dinastia Song do Sul] Zhou Qufei, *Respostas Além das Montanhas*, vol. 3, "Fazendeiros Preguiçosos."

1426 [Dinastia Song do Sul] Zhou Qufei, *Respostas Além das Montanhas*, vol. 8, "Colheitas Mensais."

1427 [Dinastia Song do Sul] Wang Xiangzhi, *Domando a Terra*, vol. 120, "Meizhou."

desde o período dos Estados Combatentes. Depois da dinastia Han, ela se espalhou ainda mais, e as pessoas da região de Lingnan começaram a usar o arado de gado naquela época. Durante a Dinastia Han Oriental, "Ren Yan, chefe da prefeitura de Jiuzhen, ensinou o povo a arar pela primeira vez, e o costume se tornou bastante popular em Lingnan. Desde que foi ensinado seiscentos anos antes, o arado de fogo se tornou parte da vida local."[1428] Durante a dinastia Song, o cultivo de arroz de Lingnan tinha muitos pontos de semelhança com o cultivo de arroz no interior da China, inclusive a adoção de arrozais no inverno. O livro *Abordagens Necessárias às Técnicas Agrícolas,* do escritor da dinastia Song, Wu Yi, diz: "Os campos em Zhejiang também retêm água no inverno, de modo que as sementes podem ser cultivadas no inverno e colhidas na primavera. Foi assim que surgiu a "água de inverno", ou "água fria", como é chamada em Guangdong, ou "campos de primavera" em Chu". O arado de gado começou a se tornar a técnica agrícola mais importante na área de Lingnan, e isso começou a afetar os costumes locais. Por muitos anos, o costume de matar gado para sacrifícios foi popular em Lingnan, especialmente em Hainan. O abate em massa de gado também contribuiu para o surgimento de um mercado local de couro de vaca. Entretanto, com o aumento da popularidade do arado de gado e a crescente dependência de bois para a agricultura, o costume de matar gado para sacrifícios foi gradualmente abolido. Durante o reinado de Shaoxing da dinastia Song do Sul (1131-1162), quando Zheng Dunyi serviu em Chaoyang, ele precisava urgentemente de couro de vaca para uso oficial, mas temia que, devido a essa relutância em matar gado, nenhuma das pessoas estivesse disposta a matar um animal para obter seu couro, então ele persuadiu o governo central a fechar o mercado de couro de vaca.[1429] Durante o reinado de Shaoxing da dinastia Song do Sul (1131-1162), quando Huang Xun assumiu o cargo de chefe da prefeitura, ele "cobrou impostos sobre o abate de gado e o cultivo de arroz, de modo que ninguém ousava matar gado nem mesmo em segredo."[1430]

Em Lingnan, durante a dinastia Song, especialmente nas partes de Hainan ocupadas pelo povo Li, é possível que o método de pisoteio do gado no cultivo do campo ainda estivesse em uso. Investigações realizadas durante a dinastia Qing descobriram que "o povo Li não sabia como cultivar e

---

1428 [Dinastia Wei do Norte] Li Daoyuan, *Comentário sobre o Clássico dos Cursos de Água*, vol. 36.

1429 *Longxing, Crônica do Condado de Chaoyang*, vol. 12, "Biografia de Eunucos Famosos."

1430 [Dinastia Ming] Huang Zuo, *Biografias de Personagens de Guangzhou*, vol. 6.

não tinha ferramentas agrícolas. Quando chegava a hora de arar na primavera, permitia-se que o gado pisoteasse os campos, transformando-os em lama. Os fazendeiros então semeavam as sementes diretamente na superfície e depois faziam a colheita."[1431] E, "o povo Li não sabia como cultivar, mas quando chovia, o gado era deixado nos campos para pisotear o solo, permitindo que a água se misturasse ao solo. As sementes eram então plantadas no solo sem nenhuma aragem e cresciam bem."[1432] O termo Sheng Li originou-se durante a dinastia Song, para indicar que "aqueles que estavam sujeitos ao governo das autoridades em nível de condado eram chamados de Shu Li, enquanto aqueles que viviam nas montanhas e não pagavam impostos eram chamados de Sheng Li."[1433]

Durante a dinastia Song, a grande migração do norte para o sul foi composta principalmente por pessoas da etnia Han, o que levou à absorção generalizada do povo Li na sociedade Han, pois eles aceitaram o governo das autoridades centrais. Esse foi o grupo que passou a ser chamado de Shu Li. Outro setor da população Li recebeu pouca influência do povo Han e manteve seus modos de produção originais e seu próprio estilo de vida. Esse foi o grupo que veio a ser chamado de Sheng Li. Os Sheng Li resistiram constantemente à autoridade e mantiveram sua relativa independência. Na dinastia Qing, e mesmo na década de 1950, eles ainda mantinham o método de pisoteio do gado para preparar a terra. Além de seus costumes étnicos, as condições do solo local também contribuíram para que esse fosse o método preferido de cultivo do solo. Em Qiongzhou, Hainan, durante a dinastia Qing, "a areia vinha do sudoeste, como fazia há muito tempo, e as pessoas a transformaram em campos férteis, deixando o gado pisotear o solo para torná-lo firme e nivelado antes de ser regado. Depois que as mudas eram plantadas, quase todos ficavam, homens e mulheres, velhos e jovens, e se mantinham ocupados com o trabalho agrícola dia e noite, cada um fazendo um turno para girar a roda d'água para irrigar os campos."[1434] Fica evidente que, na dinastia Qing, os métodos agrícolas locais mantinham não apenas o transplante e as rodas d'água, mas também o método de pisoteio do gado para preparar a terra. Havia também "métodos primitivos de preparação da

---

1431 [Dinastia Qing] Zhang Changqing, *Registros do Povo Li*. [Dinastia Qing] Zhang Changqing, *Registros do Povo Li*.

1432 *Esboços de Regiões Remotas*, "Qiongli em Hainan."

1433 *História dos Song*, vol. 495, "Lidong."

1434 *Coleção de Livros Antigos e Modernos, Compilação de Terras, Rituais Oficiais*, vol. 1380, "Prefeitura de Qiongzhou," 8. "Costumes da Prefeitura de Qiongzhou."

terra do Sheng Li"[1435] que eram praticados em Changhua, Qiongzhou (atual Região Autônoma de Changjiang Li em Hainan) e outros lugares durante a dinastia Song. O pisoteio de gado era um método primitivo de arar,[1436] e ainda era praticado na dinastia Qing. É possível que também tenha sido praticado na dinastia Song, mas não há evidências diretas que confirmem essa suposição. Assim como o arado, esse método de preparação da terra envolve gado, mas exige mais gado do que o arado.

A atitude protetora em relação ao gado surgiu de sua utilidade. A criação de gado foi adotada em Lingnan durante a dinastia Song e, ao mesmo tempo, as pessoas também usavam uma ferramenta agrícola mais primitiva do que o arado de gado, o arado de passo. Embora a corte imperial Song tenha promovido o uso de arados de passo em áreas onde a força do gado era relativamente escassa,[1437] o uso desse arado era comum em Lingnan, onde havia uma relativa riqueza de recursos pecuários. Além disso, a eficiência e a qualidade do arado com o arado de passo não eram tão altas quanto as do arado de gado, pois "o arado de passo leva cinco dias para fazer o que um arado de gado faz em um. O pior é que o arado de passo não revolve o solo tão profundamente quanto o arado de gado", mas isso não impediu o uso do arado de gado. Na província de Jingjiang, em Guangxi (hoje Guilin, Guangxi), por exemplo, "o povo de Jingjiang dedica grande esforço à agricultura. Ao cultivar a terra, eles primeiro usam um arado de passo, depois um arado de gado... O arado de passo só revolve o solo com três chi de profundidade, usando seus próprios pés e mãos para revolver a lama. Eles avançam lentamente e os sulcos de lama são formados, obtendo o mesmo resultado que a criação de gado". Diferentemente das razões da corte Song para promover o uso de arados manuais em outras áreas, não havia escassez de gado em Lingnan durante a dinastia Song, portanto, o uso do arado de passo na área não pode ser explicado a partir de uma perspectiva econômica, mas apenas de uma perspectiva ecológica. A região de Lingnan era rica em recursos vegetais e animais, e havia uma grande quantidade de terras devastadas a serem recuperadas. A aração por etapas era mais eficaz na recuperação de terras devastadas do que a criação de gado. Isso era particularmente importante em Lingnan, que estava começando

---

1435 *Sequência da História como um Espelho*, vol. 320. Décimo primeiro mês do quarto ano do reinado de Shenzong (*Período Yuanfeng*).

1436 Zeng Xiongsheng, "Arado de elefante e Cultivo de Pássaros." *Estudos sobre a história das ciências naturais*, no. 1 (1990): 67–77; "Animal Trampling Agriculture Without Tools: A New Model of Agricultural Origins," *Agricultural Archaeology*, no. 3 (1993): 90–100.

1437 [Dinastia Qing] Xu Song, *Compêndio do Governo e das Instituições Sociais Song*, "Alimentos e Produtos, Volume 1, Parte 16."

a se desenvolver. Lemos que "em lugares em Guangdong e Guangxi, onde arar e capinar levam muito tempo, onde há muitos espinhos, três pessoas trabalham juntas com dois arados, cavando trincheiras de cinco chi, e muitas vezes encontram raízes gigantescas e mutiladas que não são facilmente revolvidas. É mais fácil fazer as coisas dessa maneira, e eles não podem prescindir desse método."[1438] Isso explica por que os arados de passo eram usados em Jingjiang, Guangxi, durante a dinastia Song. Embora o arado de gado tenha se tornado popular, o arado de passo continuou a ser usado mesmo nos tempos modernos. Os arados de passo eram "dedicados ao cultivo de terrenos baldios e encostas rochosas... É menos trabalhoso do que usar uma enxada. Um arado de passo pode desenvolver cerca de cinco *fen* de terra por dia."[1439] Está claro que o uso do arado de passo não se deveu à falta de força animal, muito menos ao fato de não se saber como arar com o gado, mas foi apenas uma ferramenta usada no cultivo de áreas recém-desenvolvidas.

Em outras palavras, o arado de passo era mais eficaz para o cultivo do solo local do que o arado de gado. Na verdade, os residentes de Lingnan durante a dinastia Song usavam tanto o arado de gado quanto o arado de passo. Isso já foi abordado por outros pesquisadores[1440], portanto, não vou repetir esses argumentos aqui. Mas, no que diz respeito à região de Lingnan durante a dinastia Song, a importância do arado de degraus certamente excedeu a do arado para gado. O arado de gado era, portanto, uma tecnologia secundária e não foi aprimorado naquela época. Durante o reinado de Xiaozong, as ferramentas de cultivo de campo em Lingnan eram "pequenas e finas, e eram úteis para revolver o solo."[1441]

A segunda característica era a coexistência da semeadura direta e do transplante. De acordo com o *Respostas Além das Montanhas*, a semeadura direta era amplamente praticada em Lingnan, ou o que é descrito como "plantar diretamente as sementes (de arroz) sem transplante". No entanto, há indicadores de que a tecnologia agrícola de Lingnan foi afetada por imigrantes que chegaram durante a dinastia Tang e começaram a usar

---

1438 [Dinastia Song do Sul] Zhou Qufei, *Respostas além das montanhas*, vol. 4, "Arado de Passos."

1439 Academia Chinesa de Estudos Étnicos, *Pesquisa Social e Histórica da Nacionalidade Zhuang em Luodong Township, Condado de Yishan, Região Autônoma de Guangxi* (Editora das minorias de Guangxi, 1965), p. 15. Academia Chinesa de Estudos Étnicos, *Pesquisa Social e Histórica da Nacionalidade Zhuang em Luodong Township, Condado de Yishan, Região Autônoma de Guangxi* (Editora das minorias de Guangxi, 1965), p. 15.

1440 Chen Weiming, "Sobre a produção agrícola na dinastia Song de Lingnan," *Agricultural History of China*, no. 4 (1987): 62–63.

1441 [Dinastia Song do Sul] Ye Shi, *Coletânea de obras de Ye Shi*, vol. 15, "Epitáfio para Zhan Gong, Governador de Agricultura de Hunan e Hubei."

técnicas de transplante. O poeta da Dinastia Tang, Liu Yuxi, escreveu de Lianzhou sua Canção sobre o Plantio nos Campos, o que parece indicar que o transplante era praticado em Lianzhou naquela época. Nos versos, "as mulheres da fazenda usam saias de seda branca, e os homens usam túnicas verdes. Juntos, eles cantam canções de Ying, enquanto as varas de bambu sussurram na brisa",[1442] é evidente que os fazendeiros que praticavam o transplante eram imigrantes do reino de Chu, já que Ying era outra forma de se referir ao reino de Chu. Esses imigrantes de Chu mantiveram o hábito de cantar durante o transplante. Desde o início da dinastia Song, havia uma prática ininterrupta de transplante de arroz em Lingnan. Huang Tingjian, que foi relegado a Qiannan naquela época, foi citado por Bai Juyi como tendo dito: "O arroz é plantado na lama."[1443] A tecnologia de transplante de arroz foi continuamente afetada por influências externas, como evidenciado pelo uso do *yangma*. O *yangma* era uma ferramenta usada no transplante de arroz, principalmente para arrancar as mudas. Seu uso em Lingnan estava relacionado a Su Dongpo, que não apenas descobriu o *yangma*, mas também promoveu seu uso. No primeiro ano do reinado de Shaosheng (1094), ele foi rebaixado para servir na região de Lingnan. Antes de chegar a Lingnan, ele viajou por Luling, Jiangxi (hoje Ji'an, Jiangxi). Quando estava em Xichang (hoje Taihe, Jiangxi), uma cidade afiliada a Luling, um funcionário local, Zeng Anzhi, pediu a Su Dongpo que comentasse sua obra *Registro de Mudas de Arroz*. Depois de lê-lo, Su observou que ele era "muito bem escrito e com fatos detalhados. Mas há falhas, especialmente a falta de conhecimento do autor sobre equipamentos agrícolas". Ele também escreveu uma descrição da descoberta e fabricação do *yangma* para Zeng Anzhi, juntamente com a Canção do *Yangma* para promover seu uso. Quando chegou a Huizhou, em Lingnan, Su apresentou a fabricação do *yangma* ao chefe do condado, Lin Tianhe. Lin propôs "pequenos ajustes no *yangma*" e depois o apresentou ao chefe da prefeitura de Huizhou. Depois de ter sido promovido na área, "o povo de Huizhou o usou e o achou muito conveniente". Mais tarde, Zhai Dongyu, o novo prefeito de Longchuan, no norte de Guangdong, pediu a Su Dongpo desenhos do *yangma* e o promoveu em Longchuan.

Com o esforço consciente de Su Dongpo, o uso do *yangma* foi adotado na região de Lingnan. Tang Geng (1071-1121) uma vez viu o *yangma* em Luofu (hoje Luofushan, Guangdong) e escreveu as linhas: "Planejo cultivar dois mu e meio ao amanhecer, mas quando pego a vara, tenho medo de que

---

1442 *Poesia Tang completa*, vol. 354.

1443 [Dinastia Song do Norte] Huang Tingjian, *Coletânea de Poemas de Shangu*, vol. 12, "Dez Poemas sobre Qiannan (Oitavo Poema)."

o velho fazendeiro me ultrapasse. Pergunto sobre a origem do *yangma* e descubro que ele pertenceu à sua família. Ele a montará por muitos anos mais."[1444] O escritor da Dinastia Song do Norte, Huang Che, também registrou esse assunto, confirmando que a *yangma* que Tang Geng viu era a mesma mencionada por Su Dongpo.[1445] O uso da *yangma* também serve como evidência que confirma que as técnicas de transplante de arroz eram usadas em Lingnan durante a Dinastia Song do Norte.

A terceira característica era o plantio de "arroz mensal", ou o cultivo duplo de arroz. Em Lingnan, "o sol está sempre alto no céu, então as flores florescem o ano todo e não há neve no inverno. Durante cerca de metade do ano, o clima é quente. Geralmente faz sol e as pessoas estão sempre agitando leques."[1446] Embora o clima quente possa não ser ideal para a sobrevivência humana, ele é muito adequado para o cultivo de arroz. A região de Lingnan foi a parte da China em que o cultivo duplo de arroz foi praticado pela primeira vez. O escritor da dinastia Han, Yang Fu, fala em seus *Registros de Assuntos Incomuns* sobre "o arroz no condado de Jiaozhi, que pode ser colhido tanto no inverno quanto no verão e, portanto, é cultivado duas vezes por ano". Há registros da era Sui-Tang sobre "arroz de dupla safra" e declarações de que "aqui é quente e frequentemente chuvoso, e o arroz pode ser colhido duas vezes por ano."[1447]

O cultivo múltiplo de arroz aparentemente se desenvolveu em Lingnan durante a dinastia Song. Situações em que "o arroz pode ser cultivado duas vezes por ano"[1448] não eram raras em Lingnan. Por exemplo, em Leizhou, Guangxi, "a terra é arenosa. O arroz e o painço são plantados na primavera e colhidos no outono, mas grande parte é comida pelos pardais do mar. Há um tipo de arroz que pode ser plantado no inverno e colhido no verão, chamado *jiehe*. Ele tem relativamente poucos grãos, mas pode ser colhido no quinto e décimo primeiros meses de cada ano."[1449] Em alguns lugares, dizia-se que 'não há um único mês sem plantio, nem um único mês

---

1444 [Dinastia Song do Norte] Tang Geng, *Coleção Meishan*, vol. 10, "Minha Primeira Visão do Yangma em Luofu."

1445 [Dinastia Song do Norte] Huang Che, *Poemas de Gongxi*, vol. 10.

1446 [Dinastia Yuan] Shi Jihong, *Saúde e Saneamento em Lingnan* (Editora de Livros Antigos de Medicina Chinesa, 1983), p. 1.

1447 *Novo Livro de Tang*, "Registro dos Nanman"; *História da Dinastia Song*, "Bárbaros, Parte 4."

1448 [Dinastia Song do Norte] Su Guo, *Coleção Xiechuan*, vol. 6, "Crônicas do Recluso."

1449 [Dinastia Song do Norte] Yue Shi, *Registro de Taiping*, vol. 120 (Companhia Editorial Zhonghua, 2007), p. 3231.

sem colheita'. O "arroz mensal" em Qinzhou, Guangxi, é digno de nota. Lemos que "o arroz plantado no primeiro e segundo meses é chamado de 'mudas precoces' e é colhido no quarto e no quinto mês. O arroz plantado no terceiro e no quarto mês é chamado de 'mudas tardias' e é colhido no sexto e no sétimo mês. As mudas tardias plantadas no quinto e no sexto mês são colhidas no oitavo e no nono mês. Entre os sete grupos de bárbaros em Qinyang, as primeiras mudas são plantadas no sétimo e no oitavo mês, e as mudas tardias amadurecem no nono e no décimo mês, depois são plantadas novamente no décimo primeiro e décimo segundo meses. É por isso que ele é chamado de "arroz mensal."[1450] "Arroz mensal" aqui se refere ao arroz de cultivo duplo ou triplo. Além disso, de acordo com o *Crônica de Sanyang*, "Em Chaozhou, localizada no sudeste da China, o clima é quente e o arroz é colhido duas vezes por ano. O arroz colhido no verão, no quinto e no sexto mês, é chamado de arroz precoce, enquanto o arroz colhido no inverno, no décimo mês, é chamado de arroz tardio ou, às vezes, de "arroz estável". O arroz daqui é vermelho e não polido e, quando é vendido em outros lugares, é chamado de arroz *jincheng*. Ao mesmo tempo, o arroz não glutinoso e glutinoso só pode ser colhido uma vez por ano e deve ser plantado em solo fértil, enquanto o arroz vermelho não polido sobrevive melhor e se transforma em grãos redondos após o outono. Se a cevada e o trigo constituírem metade das culturas em um campo, eles podem ser colhidos no ano seguinte, o que significa que há apenas uma colheita do campo por ano. A soja e o trigo não são para alimentação, mas para outros usos. É assim que é a agricultura na região."[1451]

Os estudiosos da dinastia Ming perceberam uma conexão entre a prática da dinastia Song de cultivo duplo ou triplo de arroz em Lingnan e a introdução do arroz Champa. Durante a dinastia Song do Norte, quando o arroz Champa foi introduzido pela primeira vez em Fujian, Zhejiang e na área ao redor dos rios Yangtze e Huai, ele também foi introduzido na vizinha Lingnan. Quando Su Dongpo ficou em Hainan, ele escreveu: "Os bons vegetais se foram, e tudo o que há na panela agora é arroz zhan e batata-doce. Parece que nada está certo. Talvez seja melhor voltar para a residência de Confúcio."[1452] A introdução do arroz Champa mudou o sistema agrícola em Hainan. A *Crônica de Qiongtai*, Volume 7, "Costumes", datada do reinado

---

1450 [Dinastia Song do Sul] Zhou Qufei, *Respostas Além das Montanhas*, vol. 8, "Arroz Mensal."

1451 Sanyang, *Crônica de Chaozhou*, *Compilação de Mapas de Sanyang em Chaozhou* (Série Lingnan), ed. Chen Xiangbai (Editora da Universidade Sun Yat-sen, 1989), p. 34.

1452 [Dinastia Song do Norte] Su Dongpo, "Residência Rural de Guolijun," em *Obras Completas de Su Dongpo* (Companhia Editorial Zhonghua, 1982), p. 2560.

de Zhengde, inclui a descrição: "O plantio no inverno e a colheita no verão são chamados de colheita pequena, enquanto o plantio no verão e a colheita no inverno são chamados de colheita grande. Desde a dinastia Song, o arroz *zhan* tem sido cultivado, plantando no verão e colhendo no outono, de modo que agora há uma colheita tripla". Mas a realização de uma colheita tripla em Lingnan durante a dinastia Song não foi inteiramente provocada pela engenhosidade humana. Foi também uma questão de bênção da natureza. De modo geral, o sistema de cultivo múltiplo em Lingnan durante a dinastia Song não deve ser superestimado. A abordagem mais comum ainda era "uma colheita por ano", com um período de pousio após a colheita. Essa situação permaneceu inalterada até os tempos modernos.[1453]

Os historiadores econômicos geralmente consideram o surgimento de um sistema de múltiplas culturas como um sinal de progresso agrícola e tecnológico e de desenvolvimento econômico. Na verdade, o cultivo múltiplo é outra forma de "plantar mais e colher menos". Os antigos costumavam dizer: "Plantar muito significa colher pouco". O estudioso da dinastia Qing, Qu Dajun, certa vez apontou que "embora o arroz possa ser colhido três vezes por ano, ele não consegue atender à demanda."[1454] Hoje, o rendimento médio de arroz por mu em Hainan é inferior a 300 kg, muito menor do que o rendimento das áreas produtoras de arroz no continente.[1455] Ao avaliar o sistema de cultivo múltiplo, é importante observar o efeito real. Hainan é um exemplo disso. O subdesenvolvimento geral do cultivo de arroz em Lingnan durante a dinastia Song não deve ser ignorado simplesmente por causa do surgimento do arroz mensal naquela época.

A quarta característica era o plantio de *lingmi*. Há registros de que "olhando das terras altas, os campos desenvolvidos ocupavam apenas uma pequena parte da terra, onde as fontes e as águas corriam durante todo o

---

1453 Ano 35 da Era Republicana (1946). *Crônica de Chaozhou*, vol. 9, "Agricultura." Afirma: "O arroz precoce e o arroz tardio podem ser plantados no arrozal uma vez por ano, e no restante do tempo, o campo pode permanecer em pousio." Segundo estudos, a prática generalizada de deixar os campos em pousio no inverno, além dos baixos rendimentos das colheitas de inverno, também pode ter afetado o plantio do arroz precoce no ano seguinte. Ao mesmo tempo, os recursos de fertilizantes eram limitados. Além disso, "a vida para os agricultores na ilha de Renzhou era mais facilmente mantida. Uma vez que o arroz precoce e o tardio podiam ser colhidos, as pessoas podiam desfrutar de uma vida normal, o que pode tê-los levado a desprezar o trabalho e se tornarem obcecados pelo lazer." Isso está de acordo com a descrição dos locais como "agricultores preguiçosos" em *Respostas Além das Montanhas*.

1454 [Dinastia Qing] Qu Dajun, *Novos Registros de Guangdong*, vol. 14, "Sobre Alimentação, Arroz."

1455 Cai Yulang e Deng Jianhua, "Embora o Arroz Possa Ser Colhido Três Vezes Por Ano, Ele Não Consegue Suprir a Demanda: Uma Explicação Sobre a Baixa Taxa de Produção de Arroz em Hainan," *Hainan Daily*, 8 de dezembro de 2003, p. 13.

ano. No entanto, a outra parte da terra é simplesmente abandonada.[1456] Entretanto, na dinastia Song Lingnan, surgiu uma variedade de arroz chamada *linghe*. Ela era adequada para o plantio nas áreas montanhosas secas. A situação em Meizhou foi mencionada em *Domando a Terra*, que diz: "Linghe, uma planta de origem desconhecida, pode ser vista com frequência crescendo em campos de terras altas sem nenhuma necessidade de aragem ou irrigação antes de amadurecer no outono. Ela é grossa e um pouco pegajosa. Também pode ser usada para fazer vinho, mas não tem um sabor muito suave."[1457] A *Vistas do Terreno* afirma que "o solo aqui é adequado para o cultivo de *linghe*. Mesmo que seja plantado inadvertidamente e deixado crescer sozinho, ele cresce na área seca e montanhosa sem a necessidade de arar ou regar antes de amadurecer no outono. O sabor é bastante grosseiro."[1458] O caractere *ling* (菱) também pode ser escrito 稜, 棱, 淋, ou no que talvez tenha sido a forma original, 陵, que significa colina ou terreno elevado. Esse tipo de terreno era geralmente seco, e o arroz plantado ali era, em sua maioria, arroz de terras altas (*han*), por isso era frequentemente chamado de *hanling* ou *lingdao* em chinês. O termo *lingdao* aparece pela primeira vez em Guanzi, "Geografia", que diz: "O solo próximo ao solo fino é chamado de *wufu*, que descreve sua forma, uma ponta pesada, mas sem esqueleto. *Lingdao* está plantada em um terreno assim." O texto *Seis livros*, da dinastia Song do sul, registram: "O arroz com um toldo pode ser plantado em solo irregular. Há também esse tipo de arroz seco, chamado *ludao*. O registro diz que carne picada frita pode ser adicionada ao *ludao*. As pessoas hoje o chamam de *hanling*."[1459] O *hanling* era plantado em muitos lugares durante a dinastia Song, mas provavelmente era mais amplamente distribuído em Lingnan.[1460]

O cultivo de *linghe* estava relacionado ao método de agricultura de corte e queima, que era usado em terrenos montanhosos. O cultivo de derrubada e queimada é mencionado em registros que datam das dinas-

---

1456 [Dinastia Song do Sul] Zhou Qufei, *Respostas Além das Montanhas*, vol. 3, "Agricultores Preguiçosos."

1457 [Dinastia Song do Sul] Wang Xiangzhi, *Dominando a Terra*, vol. 120, "Meizhou."

1458 [Dinastia Song do Sul] Zhu Mu, *Visões da Terra*, vol. 36.

1459 [Dinastia Song do Sul] Dai Dong, *Seis Livros*, vol. 22.

1460 Das inscrições Song remanescentes, apenas a *Crônica de Chicheng*, Volume 36, "Produtos Locais," datada do 16º ano do reinado Jiading (1223), registra:
"Quanto à seca, a variedade seca é adequada para tais condições, e a variedade aquática é adequada para condições úmidas." A menção ao *lingdao* na *Crônica de Chicheng* pode ser resultado de sua proximidade com Lingnan.

tias Shang e Zhou,[1461] mas não foi mencionado novamente por mil anos, quando apareceu novamente nas dinastias Tang e Song. Há muitos poemas das dinastias Tang e Song que descrevem o cultivo de corte e queima. Fan Chengda escreve no "Prefácio Combinado" de *Trabalho no Cultivo de Queimadas*: "Cultivo de corte e queima significa arar com uma lâmina e plantar com fogo. No início da primavera, nas montanhas, as árvores estão todas floridas. Quando chega a hora de plantar, a chuva para e as pessoas queimam as árvores para tornar os campos férteis. Se a chuva vier no dia seguinte, eles revolvem o solo e plantam as mudas enquanto está quente, e a colheita será abundante. Se não chover, acontece o contrário. Se o terreno for rochoso e o solo fino, eles ateiam fogo várias vezes antes de plantar." Durante as dinastias Tang e Song, o cultivo de queimadas era distribuído principalmente na área que se estendia de Sanxia a Wuling, incluindo a área de Ganwuling, Hunan, até as montanhas no sudeste e todo o caminho até Guangdong e Guangxi.

No entanto, parece que o método de corte e queima não foi amplamente utilizado no cultivo de arroz na região ao redor do Yangtze durante a dinastia Song.[1462] No "Prefácio Combinado" de *Trabalho no Cultivo de Queimadas*, Fan Chengda diz: "Na primavera, plante trigo e legumes, depois transforme-os em bolos no verão. No outono, o painço está maduro para a colheita... Embora as pessoas daqui nunca tenham ouvido falar de arroz, elas não passam fome". No poema, a frase "Embora as pessoas daqui nunca tenham ouvido falar de arroz japônica, elas não passam fome" deixa claro que todas as culturas plantadas pelo método de corte e queima eram culturas de terra firme, que não incluíam o arroz. Nos poemas de Bai Juyi e de outros poetas da Dinastia Tang, os campos de derrubada e queimada e os campos de arroz, os campos de água e os campos de montanha, e o arroz em casca e o painço em queimada eram todos distinguidos nas descri-

---

1461 A frase "nenhum produto agrícola, nenhum coivara" é mencionada no *Livro das Mutações* (*I Ching*), "Wuwang." O *Livro das Canções*, "Zhou Song, Ministro Gong," inclui a frase: "Os guerreiros, na primavera, não preservam nada e não pedem nada. Isso é chamado de coivara." *Shuowen Jiezi* afirma: "Faz-se coivara em um campo a cada três anos." O *Livro das Mutações* diz: "A coivara é usada em um campo cultivado por três anos consecutivos." *Erya*, "Explicando a Terra," diz: "O campo é cultivado no primeiro ano, depois um novo campo no segundo ano, e coivara no terceiro." *Jiyun* afirma: "Coivara, ou cultivo pelo fogo, é pronunciado *shicheqie* em Hakka."

1462 Por exemplo, em Hunan, "há muitas montanhas, mas os agricultores apenas cultivam trigo nas encostas. Quando precisam plantar, primeiro derrubam as árvores e as queimam até virarem cinzas, antes de plantar. Isso é o que se chama cultivo de coivara." ([Dinastia Song do Sul] Zhang Hao, *Registros Diversos de Yungu*, vol. 4.)

ções.¹⁴⁶³ Isso deixa claro que o arroz em casca não era geralmente plantado pelo método de derrubada e queimada.

Embora o arroz em casca não fosse adequado para o cultivo de corte e queima, o arroz de sequeiro era. O escritor da dinastia Song, Zhang Jie, observa em *Para a Residência Kuiming de Zhang Wuzhang* que "usando o método de corte e queima, o arroz pode ser colhido rapidamente, enquanto o pimentão e a flor *zhang* chegam tarde". O arroz mencionado aqui é o arroz de sequeiro. Esse tipo de arroz foi distribuído principalmente em Lingnan, onde o *zhangqi* foi encontrado, por isso o poema menciona "a flor *zhang*". O método de corte e queima era mais amplamente praticado em Lingnan, tornando-a uma importante área de produção desse tipo de arroz. O poeta da dinastia Song do Norte, Tao Bi, escreveu em "Hospedagem no Condado de Yangshuo" que "os campos cultivados com corte e queima ficam lamacentos depois da chuva"¹⁴⁶⁴, o que indica a disseminação do método. O escritor da dinastia Tang, Li Deyu, observou que, no condado de Lingnan, "as pessoas colhem o arroz cultivado por corte e queima no quinto mês". De acordo com o *Compêndio de Matéria Médica*, "os bárbaros do sudoeste queimam a terra nas áreas montanhosas e a transformam em *shetian*, e as pessoas chamam o arroz que cresce lá de 'arroz de fogo.'"¹⁴⁶⁵Na língua Zhuang, ainda existe o termo "arroz de fogo", usado para descrever o arroz cultivado em queimadas, que é visto como o oposto do arroz em casca.¹⁴⁶⁶ Em *100 Rimas para Bai Hailin*, o poeta da dinastia Tang, Yuan Zhen, inclui a frase "o arroz de fogo tem um toldo", provando que havia um cultivo chamado "arroz de fogo" na época. Na antiguidade, o arroz era às vezes chamado de "*mangzhong*", indicando a presença de um tojo, e há um verso no poema que diz: "O lótus selvagem invade a colina de arroz". Além disso, a frase "o arroz de fogo tem um toldo" sugere que o arroz não era moído, mas comido com a casca naquela época. Essa forma de comer arroz pode

---

1463 Existem muitos exemplos da simetria entre campos de coivara e campos irrigados na poesia Tang. Por exemplo, Cen Shen escreve: "Mudas recém-transplantadas estão na água, enquanto os campos de montanha são queimados." Yuan Zhen escreve: "Colha o arroz em uma túnica monástica, e a coivara é a chama da destruição kalpa." Bai Juyi escreve: "Os campos de coivara são trabalho cansativo, enquanto carpir o arrozal é indolência," e, "As mudas de arroz na lama são facilmente arrancadas, enquanto as cinzas do milheto de coivara são difíceis de carpir." Há muitos outros exemplos.

1464 [Dinastia Song do Norte] Tao Bi, *Coleção de Yongzhou*.

1465 [Dinastia Ming] Li Shizhen, *Compêndio de Matérias Médicas*, vol. 22, "Arroz Geng."

1466 Tan Naichang, *História do Cultivo de Arroz do Povo Zhuang* (Editora das Nacionalidades de Guangxi, 1997), p. 237.

ter sido semelhante à forma como o arroz bolou era consumido em Jiangnan e o *paogu* era consumido em Guangdong.[1467] Esses dois alimentos usavam arroz glutinoso descascado, e não arroz glutinoso não moído.[1468] Também é possível que o "arroz de fogo" fosse arroz glutinoso. No período Ming-Qing, o arroz cultivado em queimadas era principalmente arroz glutinoso.[1469]

O cultivo em queimadas e o *linghe* também estavam ligados ao povo She. De acordo com *Domando a Terra*, "O que o povo She plantou nessa montanha é frequentemente selecionado e cultivado pelos residentes de hoje."[1470] Isso indica que os plantadores originais de *linghe* eram os Shankeshe, que mais tarde se tornaram o grupo étnico She. Meizhou, onde o *linghe* era produzido, era um dos principais assentamentos do povo She. Aparentemente, o povo She recebeu esse nome devido à sua técnica de cultivo, já que She significa corte e queima. Ou seja, o povo She recebeu esse nome porque vivia nas montanhas (*shan*) e praticava o cultivo de corte e queima (*she*). O povo She já era proativo na área de Lingnan e era considerado um ramo do grupo étnico Yao, e Chaozhou era uma das áreas que eles habitavam. Lemos que "A sessenta ou setenta *li* de Chaozhou fica Shanxie, onde o povo Yao está estabelecido. Eles cultivam suas próprias terras e não pagam impostos às autoridades."[1471] Aqui, a frase Shanxie re-

---

1467 You Xiuling, *História do Cultivo de Arroz na China* (Editora de Agricultura da China, 1995), pp. 258–259.

1468 [Dinastia Song do Sul] Fan Chengda, *Crônica de Wujun*. Diz: "O arroz glutinoso Pao é cozido em uma panela grande, e é chamado de paolou, ou mihua."
Fan Chengda, *Poemas do Festival de Wuzhong*. Menciona "o som de estourar o milho." Nota: "O arroz glutinoso frito é chamado de *bo*, comumente conhecido como *boluo*. Os nortistas o chamam de glutinoso mihua."
De acordo com *Coisas Antigas de Wuling*, "O povo Wu tem o costume de todo ano, no décimo quarto dia do primeiro mês, estourar o arroz pegajoso na urna, e isso é chamado de *boluohua* ou *bogu*."
Dinastia Yuan. Lou Yuanli. *Cinco Visitas a Famílias Agrícolas*. Diz: "Os moradores do sul fervem uma panela até secar durante a estação chuvosa, e a usam para estourar o arroz glutinoso. Isso é chamado de boluohua, e é usado para adivinhar o presságio do arroz." Qu Dajun também aponta em *Notícias de Guangdong*, "O povo de Guangdong normalmente estoura o arroz glutinoso até o final de cada ano, e eles chamam isso de *paogu*. Usam isso como recheio para bolinhos de gergelim antes de fritá-los no óleo."

1469 Gannan, Jiangxi, foi outro lugar onde o povo She fez sua morada. De acordo com o *Crônica do Condado de Ruijin*, Volume 2, "Produtos Locais," datado do décimo oitavo ano do reinado de Qianlong (1753), "As plantas cultivadas nas encostas pelos She eram chamadas de *linghe* ou arroz de terras secas. Era um tipo de arroz glutinoso."

1470 [Dinastia Song do Sul] Wang Xiangzhi, *Domando a Terra*, vol. 102, "Meizhou."

1471 [Dinastia Song do Sul] Zhao Ruteng, *Coleção de Yongzhai*, vol. 6, "Tabela de Pedra Guardando o Túmulo do Conselheiro Xu Shumi."

fere-se ao povo She, que às vezes era chamado de Xie.[1472] Shanxie indica que eles viviam em áreas montanhosas. O termo "povo She" apareceu pela primeira vez na obra de Liu Kezhuang em referência a um ramo de Zhangzhou, Fujian.[1473]

O povo She na área de Lingnan era mais frequentemente chamado de She. Lemos: "Há dois tipos de povo She, os de cabelos lisos e os de cabelos cacheados. Eles são divididos em três famílias, Pan, Lan e Lei. Todos eles vivem nas montanhas, caçam e atiram. Eles não usam roupas. As famílias nunca se casam entre si. A residência de qualquer pessoa que adoeça é queimada. Eles não usam arados ou ancinhos quando cultivam, mas uma foice, e plantam as cinco principais culturas. Eles queimam as árvores para tornar o solo fértil, o que é chamado de cultivo com fogo. Eles são registrados na sede do governo e todos os anos recebem peles. Na dinastia Ming, eles estavam ligados às autoridades She. Em Chenghai, há famílias She, e elas cortam a grama para plantar suas colheitas. Em Haifeng, elas são chamadas de Luoshe ou Hulushe, ou Daxishe. Em Xingning, há os Daxin She. Eles pertencem ao forno She. Praticam o cultivo de corte e queima. Em Hainan, há trezentos *qing* de terra fértil, e a tribo She vive lá, recrutando piratas que trazem grandes calamidades para o povo.

Na época de Moyao, os montanheses de branco esculpiam as montanhas para ganhar a vida e não pagavam impostos. Hoje, eles apresentam obedientemente seus impostos em Qinzhou."[1474] De acordo com a pesquisa de Fu Yiling sobre as origens do povo She, "Depois da era Tang-Song, o povo Han migrou cada vez mais para Lingnan, forçando alguns dos habitantes locais a se mudarem para as montanhas. Eles passaram a ser conhecidos como povo Dongkou ou Dongliao. Além disso, por terem queimado árvores para desenvolver campos agrícolas e plantado arroz de sequeiro, foram chamados de povo She, em homenagem ao método de cultivo de derrubada e queimada. Em Guangdong e Jiangxi, o nome She é escrito com

---

1472 29º ano do reinado de Qianlong (1764). *Crônica do Condado de Lingshan*, vol. 6, "Produtos Locais." Registra que existiam variedades de arroz "xiehe zhan," "xiehe geng," e "xie glutinoso." Também observa, "Xiehe não é para campos de roça e queimada. É espalhado nas terras altas em Qiufu. Não é irrigado. A palha é queimada na camada superior e na camada mais profunda, sendo resistente à seca. Se chover uma vez por mês, amadurece sozinho, e os grãos são grandes e secos."

1473 *Obras Completas de Liu Kezhuang*, vol. 34, "Para Fang Zhangpu," vol. 93, "Zhangzhou Instruindo She," vol. 124, "Oficial Zhuo."

1474 [Dinastia Qing] Fan Duan'ang, *Notícias de Guangdong* (Editora de Educação Superior de Guangdong, 1988), p. 236.

um caractere que indica que eles eram agricultores."[1475] De acordo com uma pesquisa de geografia histórica, a maioria dos nomes de lugares com She como prefixo ou sufixo estava distribuída pelas montanhas, colinas e planaltos, especialmente nas áreas Hakka no interior. Entretanto, nas planícies costeiras e do delta de Guangdong, esses topônimos quase foram extintos devido às diferenças no uso da terra. O primeiro cultiva arroz de sequeiro, enquanto o segundo cultiva arroz em casca. Em última análise, as diferenças são o resultado de variações nas origens culturais regionais.[1476] *Linghe* é o arroz de sequeiro plantado pelo povo She, chamado Shankeshe. O *linghe* plantado pelos Shankeshe foi introduzido pelo povo Han, que chegou mais tarde. É evidente que o cultivo de arroz em Lingnan foi afetado pelos imigrantes, mesmo que os imigrantes também tenham sido afetados pela cultura original de cultivo de arroz de Lingnan. Os exemplos a seguir oferecem mais evidências desse fato.

Lingnan faz parte da área onde o arroz indica é distribuído. Comparado ao arroz japônica, o indica tem um grão mais longo. De acordo com *Domando a Terra*, de Wang Xiangjin, em Xiangzhou, "as pessoas são relativamente ricas, com um suprimento abundante de arroz e peixe... A terra lá é fértil, produzindo a maior quantidade de arroz longo do sul, até mesmo vendendo o arroz que produzem para outras áreas."[1477] Alguns estudiosos acreditam que o "arroz longo" mencionado aqui era o jianzi mencionado por Fan Chengda, uma famosa variedade de arroz em Jiangnan.[1478] Entre as variedades de arroz cultivadas em Lingnan durante a dinastia Song, há uma que merece destaque, o tiejiaonuo, uma variedade comum nas dinastias Ming e Qing.

Essa variedade era cultivada e não era propensa ao acamamento. Havia variedades *geng* (não glutinosas) e glutinosas entre aquelas cujos nomes incluíam *tiejiao*. A pesquisa sobre os produtos agrícolas de Fujun registra: "Tiejiaocheng, também chamado de *tiejiaojing* ou *tiejiaobai*, é um tipo de arroz precoce. Ele é firme, o que lhe dá o nome, que significa 'pé de

---

1475 Fu Yiling, "Um Estudo sobre Sobrenomes She em Fujian," *Cultura de Fujian* 2, nº 1 (1944).

1476 Situ Shangji, "A Origem da Cultura do Cultivo de Arroz em Lingnan Refletida em Nomes de Lugares," *História Agrícola da China*, nº 1 (1993).

1477 [Dinastia Song do Sul] Wang Xiangzhi, *Domando a Terra*, vol. 150, "Xiangzhou."

1478 Tan Naichang, *História do Cultivo de Arroz dos Povos Zhuang* (Editora das Nacionalidades de Guangxi, 1997), p. 241.

ferro'".[1479] No *Registro de Mudas de Arroz*, observa-se que "*tiejiaonuo*... é firme e não cai facilmente", indicando que era uma variedade resistente ao acamamento. A variedade foi vista inicialmente em *Registros Diversos de Su Dongpo*, que diz: "O povo Li diz que o arroz *shu* em Hainan muda a cada três ou cinco anos. Ele é transformado em comida, vinho de arroz e lanches, por isso é vendido a um preço mais alto do que o arroz *zhan*. No entanto, como muda constantemente, é difícil encontrar produtos de qualidade."[1480] Embora esse seja o caso, o surgimento do *tiejiaonuo* forneceu informações que demonstram que as pessoas da dinastia Song tentaram lidar com a perda de safras devido ao acamamento causado por ventos fortes por meio de um processo de seleção e reprodução. Registros de tufões aparecem repetidamente na História dos Song, "Crônica de Wuxing", alguns dos quais fazem menção direta à perda de colheitas. Por exemplo, no oitavo mês do ano cíclico de Kuiyou, o terceiro ano do reinado de Jiading (1210), ventos fortes derrubaram árvores e alojaram colheitas e frutas. No outono do décimo sexto ano, a mesma coisa aconteceu novamente e, no outono do décimo sétimo ano, um tufão atingiu a cidade de Fuzhou e danificou gravemente as terras agrícolas. Localizada na área costeira do sudeste, a vulnerabilidade de Hainan a ventos fortes levou ao desenvolvimento do *tiejiaonuo*.

A quinta característica era o uso de um *zhuangtang*. Quando Su Dongpo foi rebaixado para seu posto em Lingnan, ele visitou o Templo Xiangji em Boluo, onde viu que havia um riacho usado para moagem. Se um lago fosse construído em um raio de cem degraus e cercado por freios, duas rodas poderiam ser giradas para levantar quatro estacas. Ele contou sua ideia ao chefe da prefeitura, Lin Bian, e eles a transformaram em realidade.[1481] O moinho era usado principalmente para processar arroz e farinha de trigo, mas antes que o arroz e o trigo fossem processados, eles tinham de ser colhidos e debulhados. Havia um método especial de colheita e debulha de grãos em Lingnan durante a dinastia Song. Os dois principais métodos usados na época incluíam a colheita das raízes do arroz com uma foice, que era o método mais comum. Do ponto de vista das imagens de agricultura e tecelagem existentes, esse era o método mais comum em Lingnan. Por exemplo, "em Jingjiang, as pessoas seguram o caule do arroz e o colhem pela raiz. Isso é chamado de *qinglenghe*."[1482] Esse método de colheita deixava a

---

1479 [Dinastia Qing] He Gangde, *Pesquisa sobre os Produtos Agrícolas de Fujun*, vol. 1.

1480 *Registros Diversos de Su Dongpo*, vol. 52. Citado em Su Dongpo, *Ensaios sobre Hainan*.

1481 [Dinastia Song do Norte] Su Dongpo, *Obras Completas de Su Dongpo*, vol. 23, "Visita ao Templo Xiangji (Prefácio Combinado)".

1482 [Dinastia Song do Sul] Zhou Qufei, *Respostas Além das Montanhas*, vol. 4, "Costumes, Zhuangtang".

maior parte da palha no campo, permitindo que apodrecesse naturalmente ou fosse queimada. De acordo com estudos recentes sobre o grupo étnico Li em Hainan, havia três razões principais para a adoção desse método de colheita de arroz. "Um deles era que reduzia os custos de mão de obra e transporte, outro era que não exigia rações extras para o gado ou combustível, e o último motivo era que permitia que a palha apodrecesse no campo, onde serviria de fertilizante para a próxima etapa do cultivo."[1483] A questão é que o povo de Jiangnan também começou a usar o método de colheita próximo à raiz durante a dinastia Song. A popularidade desse método pode não ter sido devido ao custo mais baixo da mão de obra, mas pode ter surgido para atender a outras necessidades, como alimentar o gado ou usá-lo como cama para o gado, combustível ou corda de fiar para palha. No entanto, também é possível que isso esteja ligado ao sistema de múltiplas culturas, pois era difícil limpar os campos antes que as culturas apodrecessem.

A adoção do *zhuangtang* estava ligada ao método de colheita *qinglenghe*. Durante a dinastia Tang, "havia salões de pilões no sul de Guangdong. Eles eram feitos de madeira lamacenta, cortada em calhas, com cerca de dez pilões em cada lado da calha. Homens e mulheres ficavam de cada lado para bater o arroz e os grãos."[1484] O *chongtang* era a cabana de madeira onde o arroz era moído e era chamado de *zhuangtang*. Há registros de que "grandes cochos de madeira são colocados nos cantos da casa. Quando o alimento é processado, soa como se os monges de um templo estivessem batendo nos peixes de madeira. As mulheres batem no pilão com toda a força. O som gradualmente forma uma espécie de ritmo, que é chamado de *zhuangtang*. De dia até a noite, o som do processamento do arroz pode ser ouvido em toda parte."[1485] De acordo com o *Registro de Hainan*, "Quando as pessoas do sul mandam embora os mortos, elas não têm caixões, portanto, quando os vivos processam o arroz, eles cavam um espaço em um enorme pedaço de madeira, tão grande quanto um pequeno barco, chamado *chuntang*, e colocam os restos mortais nele."[1486] Esse método de debulha ainda era praticado em Taiwan no século XVII. Há registros de que "os sulistas não tinham ferramentas de moagem de arroz, então usavam grandes pedaços de madeira para fazer um almofariz e um pedaço reto de madeira

---

1483 23º ano da Era Republicana (1934). Departamento de Assuntos Civis de Guangdong, *Esboços Locais da Província de Guangdong*.

1484 [Dinastia Tang] Liu Xun, *Anedotas de Lingnan*, vol. 1.

1485 [Dinastia Song do Sul] Zhou Qufei, *Respostas Além das Montanhas*, vol. 4, "Costumes, Zhuangtang."

1486 [Dinastia Song do Sul] Zhou Hui, *Crônicas Miscelânea de Qingbo*, vol. 7.

como pilão para descascar o arroz. Depois de calcular cuidadosamente a quantidade de arroz que precisavam consumir em um dia, os homens e as mulheres trabalhavam juntos. Essa era a prática normal."[1487] Esse método ainda era usado em Hainan no século XVIII. Também está registrado que "o povo Li não armazena arroz. Depois de colhido, eles o descascam rapidamente e mantêm o arroz processado no fogão até que seja defumado. Eles calculam cuidadosamente a quantidade de arroz que consumirão em um dia e processam apenas essa quantidade de arroz para alimentação. Eles acham isso muito conveniente."[1488]

Moer o arroz com pilão e almofariz era um método comum usado por vários grupos étnicos no sul da China nos tempos antigos para processar grãos. Hoje em dia, ainda há um traço remanescente dessas práticas nos grupos étnicos Zhuang, Buyi, Gaoshan, Li, Miao, Dai, Yilao e outros, o que é bem diferente do hábito de "arroz para comida" praticado pelo povo Han nas Planícies Centrais. Entretanto, as tribos do sul moem o arroz para alimentação apenas por um dia de cada vez, não o mantendo durante a noite. O escritor da dinastia Qing, Lu Ciyun, escreveu em *Crônica de Dongxixian* que "armazenar arroz moído durante a noite pode causar dores de cabeça", e Jing Tai disse em "A Vida nos Alojamentos Militares de Yuanjiang" em *Fotos de Yunnan: Alfândega do Escritório Militar de Yuanjiang*, que "as pessoas não têm porão para armazenar arroz, nem querem comer arroz que foi armazenado durante a noite". Hoje em dia, as pessoas supõem que o costume de bater o arroz todos os dias é um reflexo da produtividade subdesenvolvida das tribos do sul nos tempos antigos, ou talvez da falta de materiais excedentes, de modo que eles tinham de "calcular cuidadosamente quanto comeriam por dia" e manter o hábito de longa data de manter o sustento durante todo o ano.[1489]

1487 [Dinastia Qing] Ju Lu, *Pesquisa Textual sobre os Costumes da Tribo Gaoshan*.

1488 [Dinastia Qing] Zhang Qingchang, *Conhecimento dos Li*.

1489 Wu Yongzhang, *História das Origens da Cultura Nacional no Sul da China* (Editora de Educação de Guangxi, 1991), p. 15.

4. Breve conclusão

Uma terra vasta com uma população pequena, recursos animais e vegetais abundantes e tecnologia agrícola relativamente atrasada eram os elementos básicos do ambiente natural e do desenvolvimento agrícola da antiga Lingnan. No entanto, as coisas mudaram com a migração da população do norte do país. Uma terra vasta com uma população pequena, recursos animais e vegetais abundantes e tecnologia agrícola relativamente atrasada eram os elementos básicos do ambiente natural e do desenvolvimento agrícola da antiga Lingnan. Entretanto, as coisas mudaram com a migração da população do norte para o sul durante a dinastia Song. A transformação do ambiente observada nos hábitos de criação de animais e desenvolvimento agrícola se refletiu no cultivo de arroz de Lingnan. Em geral, o desenvolvimento do cultivo de arroz ficou para trás em relação à região de Jiangnan, mas com a influência dos imigrantes na região, ele melhorou muito, embora ainda mantendo algumas de suas características original.

O INTERCÂMBIO HISTÓRICO DA CULTURA DE CULTIVO DE ARROZ ENTRE A CHINA E O SUDESTE ASIÁTICO

O intercâmbio da cultura de cultivo de arroz entre a China e o Sudeste Asiático começou antes mesmo do período pré-Qin, juntamente com a migração do povo Baiyue para o Sudeste Asiático. Após as dinastias Tang e Song, com o aprimoramento da construção naval e da tecnologia de navegação, especialmente após as viagens de Zheng He para o oeste, a relação entre a China e o Sudeste Asiático ficou ainda mais próxima. Os países do Sudeste Asiático aceitaram a cultura de cultivo de arroz introduzida pela China e, ao mesmo tempo, exportaram sua própria cultura de cultivo de arroz para a China. O intercâmbio e a comunicação formaram uma única cultura de cultivo de arroz compartilhada e várias culturas exclusivas nas duas regiões. Este capítulo apresenta alguns aspectos importantes do intercâmbio da cultura de cultivo de arroz entre a China e o Sudeste Asiático sob a perspectiva dos campos de arroz, do cultivo de arroz, das variedades de arroz e dos costumes populares.

O Sudeste Asiático está situado entre o Sul e o Leste da Ásia, o que o torna um importante centro de transporte entre o Leste e o Oeste. Nos primórdios da história chinesa, havia muito pouca comunicação entre o centro da civilização chinesa, a Bacia do Rio Amarelo do Norte, e o Sudeste Asiático. Há registros de que

De acordo com o Livro da História, Yao apaziguou Jiaozi no sul de Jingzhou, um lugar registrado em Yugong que fica em algum lugar distante e desolado, um deserto estrangeiro, o antigo estado de Yue. Algumas das oito tribos bárbaras mencionadas nos Ritos de Zhou, incluindo Diaoti e Jiaozhi, não comem grãos. Não há registro delas nos Anais da Primavera e do Outono. Eles viviam em uma ilha e não tinham contato com o povo chinês, e a maneira como falavam soava como o chilrear dos pássaros.[1490]

[1490] [Dinastia Wei do Norte] Li Daoyuan, *Shuijingzhu Anotado*, ed. Wang Guowei (Editora do Povo de Xangai, 1984), p. 1154.

Entretanto, o povo Baiyue, que vivia no sudeste da China, viajou para o sudeste da Ásia. Eles chegaram a Palawan (Filipinas) por volta de 200 a.C. (durante o início da Dinastia Han Ocidental na China), a Sarawak (Malásia) por volta de 500 a.C. (durante as Dinastias do Norte e do Sul na China) e à Malásia por volta de 1000 a.C. (durante a Dinastia Song do Norte na China). Eles viajaram por todas as Filipinas, Bornéu, Sumatra, Malásia, Tailândia, Vietnã, Camboja e outros países e regiões e, ao longo do caminho, levaram consigo sua própria cultura de cultivo de arroz.

Antes da chegada do povo Baiyue, a agricultura primitiva de cultivo de raízes e tubérculos como alimento básico já havia se formado no Sudeste Asiático. Até certo ponto, foi o povo Baiyue que contribuiu para o deslocamento do alimento básico original e promoveu o desenvolvimento da agricultura e da sociedade locais. O professor You Xiuling discutiu a relação entre o cultivo inicial de arroz Baiyue e a região de Nanyang a partir de duas perspectivas: a ancestralidade do povo indígena de Nanyang e a distribuição de tambores de bronze.[1491]

Após as dinastias Tang e Song, com o avanço da construção naval e da tecnologia de navegação, a China passou a ter um contato muito mais frequente com os países do sudeste asiático. Por volta do ano 400 d.C., um renomado monge da dinastia Jin Oriental, Fa Xian, levou cinquenta dias para viajar de Java, na Indonésia, até Guangzhou de barco. A mesma viagem levou apenas trinta dias durante a dinastia Song. Durante a dinastia Tang, foram necessários trinta dias para viajar de Guangzhou a Sumatra, mas foram necessários apenas vinte dias, com vento de popa, durante a dinastia Song. No meio da Dinastia Song do Sul, enviados de mais de vinte países de fora da China viajavam para Quanzhou para fazer comércio. Os que foram confirmados como nomes de lugares no sudeste da Ásia incluem Champa, Nhât Lê, Bà Ria-Vũng Tàu, Indrapura, Qui Nhon e outros lugares no Vietnã, Singhasari, Ganpi, Srivijaya, Kalingga e outros lugares na Indonésia, Mindoro, Sanyu e outros lugares nas Filipinas, Kampuchea, Tambralinga, Bosilan e outras partes do Camboja e da Tailândia, Pagan e outros lugares em Mianmar, Brunei e vários lugares em Sulawesi, na Malásia.[1492] Muitos chineses foram para o Sudeste Asiático para fazer negócios. Um documento oficial do oitavo mês do 25º ano do reinado de Zhiyuan da dinastia

---

1491 You Xiuling, "A Relação Entre o Cultivo de Arroz Baiyue e Nanyang," *Arqueologia Agrícola*, no. 3 (1992).

1492 [Dinastia Song do Sul] Zhao Yanwei, *Notas de Yunlu*, vol. 5 (Editora de literatura classificada, 1957), p. 75.

Nota do tradutor: Quando os nomes de lugares correspondentes no idioma original não puderam ser verificados, foi usado o pinyin Hanyu.

Yuan (1288) mencionava que "os funcionários e o povo de Guangzhou que traziam arroz para o campo, de Qianshuo a Wanshuo, muitas vezes o levavam para Champa para vendê-lo."[1493]

Os chineses que foram para o Kampuchea descobriram que as mulheres locais eram muito boas na condução dos negócios, portanto, quando chegavam lá, "tinham que primeiro se casar com uma mulher local"[1494] e depois se estabelecer ali. Nos primeiros anos da dinastia Yuan, Zhou Daguan conheceu uma pessoa chamada Xue, que havia vivido no Kampuchea por mais de 35 anos.[1495] Myanmar, que tinha uma relação *paukpha* (ou seja, fraternal) com a China, foi influenciada pela cultura chinesa de cultivo de arroz. De 849 a 1287 d.C., a dinastia Pagan da Birmânia, estabelecida na bacia do rio Irrawaddy, contou com seu bom sistema de irrigação para aumentar a produção de grandes áreas de campos de arroz. Ela não apenas sustentou muitos monges, membros da família real e uma grande população civil, mas também criou uma cultura resplandecente, com mais de 5.000 templos construídos ao longo do rio durante esse período.

Quando o eunuco Sanbao (Zheng He) partiu em suas expedições para o oeste, os laços entre a China e o Sudeste Asiático se estreitaram ainda mais. A influência da China na região aumentou constantemente. Dizia-se que

> *Um dia, o eunuco Sanbao estava andando no campo e viu muitos siameses fertilizando os campos. Ele os provocou, dizendo: "Se o senhor queimar a palha no campo, ela se tornará um fertilizante natural. Não há necessidade de usar mais nada". Até hoje, o povo siamês ainda segue seu conselho e não usa outros fertilizantes, porque o que Sanbao disse era verdade. A cinza da palha queimada realmente mantém os campos ricos.*[1496]

De fato, durante a dinastia Yuan da China, antes das viagens de Zheng He ao sudeste asiático, os agricultores do sudeste asiático "nunca usavam dejetos humanos como fertilizante, pois acreditavam que eram su-

---

1493 [Dinastia Yuan] Bai Hang, *Regulamentos dos Sistemas Comuns*, vol. 18, "Mercados de Fronteira, Indo para o Exterior."

1494 [Dinastia Yuan] Zhou Daguan, *Costumes Anotados de Kampuchea*, ed. Xia Nai (Companhia de Livros Zhonghua, 1981), p. 146.

1495 Ibid., p. 178.

1496 Zheng Hesheng e Zheng Yijun, *Materiais Compilados sobre as Expedições Ocidentais de Zheng He*, vol. 2 (Editora de Qilu, 1989), p. 94.

jos."¹⁴⁹⁷É provável que Zheng He só tenha transmitido esse conselho sobre fertilizantes para plantas por respeito aos costumes locais.

Depois de meados do século XIX, houve um aumento no número de chineses estrangeiros que se estabeleceram na área do Estreito de Malaca e em outros lugares, e eles tinham uma preferência especial pelos produtos de arroz do sul de Guangdong. "Pode ter sido porque a qualidade do arroz de lá era superior ou simplesmente porque era produzido em sua cidade natal. De qualquer forma, as concessões para o envio de grãos para Macau resultaram na exportação de uma grande quantidade de arroz para o exterior, de modo que a demanda excedeu a oferta."¹⁴⁹⁸ Essa preferência foi a motivação para que a população chinesa do exterior desenvolvesse o cultivo de arroz na área local.

Pelo menos desde as dinastias Tang e Song, o arroz originário do Vietnã, da Tailândia e de outros lugares começou a entrar no mercado chinês. Durante a dinastia Yuan, a China exportava mais arroz para o Sudeste Asiático do que importava da região, mas depois da dinastia Ming, essa situação começou a se inverter, e a China passou a importar mais arroz do Sudeste Asiático do que exportava. A Tailândia era o principal produtor de arroz importado para a China. Durante o reinado de Kangxi na dinastia Qing, o método de isenção de impostos foi adotado para incentivar a venda de arroz siamês na China continental. No sexto ano do reinado de Yongzheng (1728), a corte Qing chegou a estipular que "o arroz siamês será isento de impostos para sempre."¹⁴⁹⁹ O Vietnã foi outro produtor de arroz importado para a China. Durante a Era Republicana, o arroz de Saigon, no Vietnã, era encontrado nos mercados dos centros urbanos do norte da China, incluindo Beiping, Tianjin, Jinan e Qingdao.¹⁵⁰⁰ No 21º ano da Era Republicana (1932), os relatórios sobre o arroz de Annam e Siam aumentaram de 700.000 *dan* no ano anterior para 1,2 milhão de *dan*.¹⁵⁰¹ Hoje, o arroz de grão longo da Tailândia ainda é encontrado nos supermercados chineses em toda parte.

1497 [Dinastia Yuan] Zhou Daguan, *Costumes Anotados de Kampuchea*, ed. Xia Nai (Companhia de Livros Zhonghua, 1981), p. 137.

1498 Mo Shixiang et al., *Relatórios Coletados sobre os Costumes Modernos de Gongbei, 1887–1946* (Fundação Macau, 1998), p. 14.

1499 *Manuscrito da História Qing*, vol. 125, "Alimentos e Produtos, Parte 6."

1500 Ying Liangeng e Chen Dao, *Agricultura do Norte da China (Volume 4): Agricultura Centrada na Água no Norte da China* (Editora da Universidade de Pequim, 1948), p. 26.

1501 Mo Shixiang et al., *Relatórios Coletados sobre os Costumes Modernos de Gongbei, 1887–1946* (Fundação Macau, 1998), p. 374.

Enquanto absorviam a cultura estrangeira do arroz da Índia e da China, os países do sudeste asiático também exportaram sua própria cultura do arroz para o mundo ao seu redor, o que promoveu o desenvolvimento mútuo da cultura do arroz entre a China e o sudeste asiático. Com a influência de sua história social e condições naturais, a China, especialmente as áreas de minoria étnica no sul da China, como o povo Dai em Yunnan, sempre manteve muitas características culturais iguais ou semelhantes às do povo Shan em Mianmar e do povo Thai na Tailândia, Vietnã e Laos.[1502] Isso não foi apenas o resultado do intercâmbio cultural, mas também criou condições favoráveis para a continuidade do intercâmbio cultural.

1502 Wang Yizhi, "Características Culturais Comuns dos Dai, Shan, Thai e Outros Grupos Étnicos." *Yunnan Social Sciences*, no. 6 (1990).

1. Campos de arroz

De acordo com os *Ritos de Zhou*, no período pré-Qin, a agricultura podia ser dividida em categorias de cultivo nas planícies, cultivo na água e cultivo nas montanhas. Entretanto, os desenvolvimentos históricos permitiram que o arroz rompesse esses limites naturais e fosse cultivado simultaneamente nas planícies, na água e nas montanhas.

Luotian

Antes das dinastias Qin e Han, havia campos chamados *luotian* ou *niaotian* distribuídos pelo sul da China e pelo sudeste da Ásia, o que alguns estudiosos dizem ser da "linhagem *niaotian*" do povo de Nanyang.[1503] A primeira descrição do *luotian* é encontrada nos *Registros de Além de Jiaozhou*. Ela diz o seguinte:

> *No passado, antes de haver um condado em Jiaozhi, a terra era composta de luotian. Os campos eram submersos pela maré e as pessoas os cultivavam para obter alimentos, por isso eram chamados de luomin. Havia chefes luo, oficiais de alto escalão encarregados das prefeituras e oficiais gerais encarregados dos condados, com selos de bronze como sinais de autoridade.*[1504]

Relatos semelhantes podem ser encontrados em *Registros de Guangzhou*, Nanyue Chronicle e outros documentos antigos.

Atualmente, há vários entendimentos do termo *luotian* no meio acadêmico, inclusive equiparando-o a *niaotian*, *jiatian*, plantio de arroz flutuante em campos de águas profundas, *shatian* (ou campos de maré) e campos em encostas.[1505] O segredo é entender a frase "subida e descida das marés".

O escritor da dinastia Yuan, Zhou Daguan, inclui em Costumes do Kampuchea uma descrição da produção agrícola na área do Lago de Água Doce do Kampuchea (hoje Lago Tonle Sap no Camboja), dizendo:

1503 Xu Songshi, *Folclore Asiático: Monografias sobre a Vida Social*, vol. 94, "Costumes Baiyue e o Tambor de Bronze de Lingnan" (Editora de Cultura Oriental de Taipei, 1974), pp. 88-97.

1504 [Dinastia Wei do Norte] Li Daoyuan, *Shuijingzhu Anotado*, ed. Wang Guowei (Editora Popular de Xangai, 1984), p. 1156.

1505 Zhang Yiping et al., ed., *Pesquisa Baiyue, Série 3* (Editora da Universidade de Jinan, 2012), p. 72.

Normalmente, pode ser colhida três ou quatro vezes por ano. Como o clima é como o do nosso quinto ou sexto mês durante todo o ano, não há geada ou neve. Há chuva durante metade do ano e nenhuma na outra metade. Do quarto ao nono mês, chove todos os dias, mas somente à tarde. A marca d'água no lago de água doce pode ter de sete a oito zhang de altura. Até mesmo árvores gigantes ficam submersas, de modo que apenas a ponta de um galho fica visível. Todos os que vivem perto da água se mudam para o outro lado da montanha. Do décimo ao terceiro mês, não há chuva alguma. Apenas barcos pequenos podem passar pelo lago, pois ele tem apenas de três a cinco chi de profundidade. Nessa época, as pessoas voltam a descer a montanha. Elas podem saber se o arroz está maduro pela profundidade das águas da enchente e semeiam de acordo com isso.[1506]

Esse texto oferece algumas informações sobre o "sobe e desce com as marés" dos *luotianos*. No estágio agrícola *luotiano*, as pessoas eram altamente dependentes da natureza, e o fluxo e refluxo das marés afetavam os ritmos da agricultura. Quando a maré subia, as pessoas subiam a montanha e, quando ela recuava, voltavam a descer a montanha e viviam perto da água, cultivando arroz.

O historiador vietnamita Đào Duy Anh acredita que o *luotian* era um campo cultivado por Roeg yae ou Âu Lac, e que a "subida e descida das marés" era, na verdade, um "redirecionamento da água na maré alta para os campos a fim de apodrecer a grama e transformar o solo em lama". Quando a maré baixava, a água era drenada. Naquela época, as instalações para armazenamento de água já haviam sido construídas ao lado dos campos. Esse era o método *shuinou* usado na família pelos povos Chu e Yue, conforme descrito nos Registros do Grande Historiador."[1507] You Xiuling acredita que os *luotian* eram campos de arroz.

Baitian e Chitiano

A correspondência entre Yu Yiqi, do condado de Yuzhang, e Han Kangbo, datada da dinastia Jin Oriental, diz:

1506 [Dinastia Yuan] Zhou Daguan, *Costumes de Kampuchea Anotados*, ed. Xia Nai (Companhia de Livros Zhonghua, 1981), pp. 136–137.

1507 Đào Duy Anh, *História Antiga do Vietnã*, trad. Liu Tongwen (Editora Comercial, 1976), p. 225.

O perfeito de Jiuzhen, Ren Yan, começou a ensinar a arar e a difundir o conhecimento da terra, que se popularizou por toda parte. Desde aquela época, há mais de 600 anos, as pessoas tinham o conhecimento da agricultura e suas técnicas de cultivo eram as mesmas usadas na China. Os campos de arroz chamados baitian (literalmente, "campos brancos") eram plantados com grãos brancos. Eles eram plantados no sétimo mês e colhidos no décimo. Os campos chamados chitian (literalmente, "campos vermelhos") eram plantados com grãos vermelhos. Eram plantados no décimo segundo mês e colhidos no quarto. Isso era o que se chamava de arroz de dupla safra.[1508]

Ren Yan nasceu no início da dinastia Han Oriental e levou as técnicas agrícolas avançadas do povo Han para Jiaofu, Tuong Lâm (atual Vietnã e área de Guangdong-Guangxi, na China), elevando as técnicas de produção agrícola local ao nível das utilizadas na China continental e desenvolvendo um sistema de cultivo duplo de *baitian* e *chitian* com base nas condições locais favoráveis.

Campos do Terraço

Os campos de terraço nas encostas de colinas ou montanhas são construídos represando e nivelando o solo para formar vários campos semicirculares irregulares em diferentes alturas. Cada terraço é conectado ao outro, como degraus, o que tem o efeito de evitar a erosão do solo.

A China é o coração da cultura de campos de arroz em terraços. O *baitian* mencionado no Livro dos Cânticos foi provavelmente o primeiro campo de arroz em terraços. Durante a Dinastia Tang, os *shantian* (literalmente, "campos de montanha") em algumas áreas de minorias étnicas de Yunnan já eram considerados "especialmente bons."[1509] O termo campos de terraço aparece pela primeira vez nos escritos da Dinastia Song do Sul. O *Registro de Canluan*, de Fan Chengda, observa que em Yuanzhou (atual Yichun, Jiangxi), "há campos de arroz em todas as colinas, em camadas umas sobre as outras, o que lhes dá o nome de campos de terraço."[1510]

1508 [Dinastia Wei do Norte] Li Daoyuan, *Shuijingzhu Anotado*, ed. Wang Guowei (Editora Popular de Xangai, 1984), p. 1144.

1509 [Dinastia Tang] Fan Chuo, *Livro Anotado dos Bárbaros* (Companhia de Livros Zhonghua, 1962), p. 172.

1510 [Dinastia Song do Sul] Fan Chengda, *Registro de Canluan* (Companhia de Livros Zhonghua, 1985), p. 10.

No início do século XIV, o texto da Dinastia Yuan, o *Tratado Agrícola de Wang Zhen*, incluía um diagrama que apresentava pela primeira vez a ideia e o método dos campos de terraço, juntamente com imagens dos tipos de campos de terraço que ainda são vistos atualmente. O texto também inclui um diagrama que apresenta as rodas d'água com baldes e tambores altos giratórios usados para irrigar os terraços. Isso indica que a cultura de cultivo de arroz em terraços da China já estava bastante madura na época da dinastia Yuan. Ao longo da história da China, os terraços de arroz foram amplamente distribuídos em Fujian, na área ao redor dos rios Yangtze e Huai e em Zhejiang. Em 2013, os terraços de Honghe Hani foram incluídos na Lista de Patrimônio Mundial da UNESCO.

O historiador filipino Zaide observa: "Nossos ancestrais, que vieram diretamente do sul da China, foram os primeiros a introduzir os métodos de irrigação e cultivo de arroz nas Filipinas. Quando as colinas da Galileia estavam tocando com canções de natal anunciando o nascimento de Jesus, os Ifugaos já estavam plantando arroz nos terraços que seus ancestrais haviam trabalhado tão arduamente durante vários séculos para construir.[1511] Os países do sudeste asiático, como Indonésia, Filipinas, Mianmar e Vietnã, constroem terraços de forma bastante extensiva. Em 1995, os campos de terraços de arroz de Ifugao, nas Filipinas, foram listados como Patrimônio Mundial da UNESCO.

1511 Zaide, "As Filipinas no Tempo de Jesus," trad. Chen Taimin, *Kislap*, 7 de dezembro de 1958.

2. Mudas de arroz

Mudas de arroz chinesas no sudeste da Ásia

A China e o Sudeste Asiático não apenas compartilham campos de terraço, mas também cultivam variedades semelhantes de arroz nos terraços. O arroz *bulu* (arroz com palha), cultivado em terraços em Java, Bali e nas Filipinas, tem um tamanho de grão semelhante, embora um pouco menor, ao do arroz japônica de grão grande cultivado nas montanhas de Yunnan e Laos. De acordo com o *Instituto Internacional de Pesquisa do Arroz (International Rice Research Institute – IRRI)*, o arroz javanês (tropical japônica) e o arroz de terras altas são geneticamente muito próximos, diferindo apenas no fato de o sistema radicular do arroz de terras altas ser mais desenvolvido. A morfologia do arroz de terras altas, com sua menor capacidade de perfilhamento, espigas longas e grãos grandes, é muito semelhante à do tropical japônica, que é um arroz de terras baixas, sugerindo uma relação evolutiva homóloga. O arroz de terras altas (japônica) nas áreas montanhosas da província de Yunnan e do Laos e o arroz *bulu* nas áreas montanhosas do arquipélago indonésio são provavelmente ecótipos resultantes de diferentes influências ambientais durante a disseminação do arroz de terras altas nos tempos antigos.

Estudos genéticos levaram a ligação entre as variedades de arroz da China e do Sudeste Asiático ainda mais para trás. A origem do arroz cultivado na Ásia sempre foi um assunto controverso. Descobertas arqueológicas recentes no curso médio e inferior do rio Yangtze receberam atenção de um amplo espectro de estudiosos como possíveis indícios de que essa área foi o ponto de origem do cultivo de arroz. Estudos recentes do genoma do arroz mostraram que nossos ancestrais domesticaram o arroz japônica na Bacia do Rio das Pérolas, em Guangxi, primeiro usando uma espécie local de arroz selvagem e, depois, espalhando-se gradualmente para o norte por meio de um longo processo de seleção artificial. O primeiro tipo de arroz que se espalhou para o sul, para o sudeste da Ásia, cruzou com uma espécie de arroz selvagem antes de passar por uma segunda rodada de domesticação, que resultou no arroz indica.[1512]

A antiga conexão entre as mudas de arroz na China e no Sudeste Asiático nunca foi interrompida. No Vietnã, os livros incluídos no Hán Nôm, o conjunto completo de materiais escritos vietnamitas pré-moder-

---

[1512] Huang Xuehui et al., "Mapa da Variação do Genoma do Arroz Revela a Origem do Arroz Cultivado," *Nature*, 4 de outubro de 2012.

nos, que mencionam as mudas de arroz incluem *Vân đài loai ngu, Phu biên tap luc* e *Đai Nam nhât thông chí*. Há um registro em *Đai Nam nhât thông chí* da introdução de mudas de arroz no Vietnã durante a dinastia Qing. Três dicionários chineses-vietnamitas que datam dos séculos XVII a XIX mostram que três tipos de arroz foram trazidos da China para o Vietnã, e os vietnamitas tomaram emprestados caracteres chineses para indicar as variedades de arroz cultivadas no Vietnã. No século XVIII, o *Phu biên tap luc* do estudioso vietnamita Lê Quý Đôn registrou 42 variedades de arroz encontradas no Vietnã Central, juntamente com anotações sobre o tempo de cultivo do solo, as características dos grãos de arroz, o sabor e a textura.[1513] Em 1914, a variedade de arroz de Fujian chamada *cina* (ou *tjina*) foi introduzida na Indonésia e cruzada com a variedade indiana latisail em 1934, resultando nas conhecidas variedades peta, intan e tjeremas, que são amplamente cultivadas na Indonésia, nas Filipinas, na Malásia e em outros países do sudeste asiático.[1514] Em 1961, o geneticista de arroz chinês Te-Tzu Chang (1927-2006) foi para as Filipinas para trabalhar com o IRRI. Ele introduziu o Nativo de Taichung 1 na Índia para plantio experimental. Devido às suas características de tolerância a fertilizantes e alta produtividade, a variedade se adaptou muito bem na Índia e seu cultivo em larga escala foi imediatamente promovido, ajudando a aumentar a produção de alimentos em áreas tropicais e contribuindo para a "revolução verde no cultivo de arroz". Posteriormente, especialistas em reprodução do IRRI cruzaram os pais com genes de hábito semi-anão, como o *Dee-geo-woo-gen* e o *aizijian* de Taiwan, com variedades tropicais de alta palha e baixo produto para produzir diversas variedades excepcionais e conhecidas internacionalmente. A nova variedade de alto rendimento e tolerante a fertilizantes, a IR8, superou a Nativo de Taichung 1 e se espalhou rapidamente pelo Sudeste Asiático, estabelecendo um recorde de rendimento três vezes maior do que o da variedade original. Ao longo do cinturão equatorial da Indonésia, o rendimento médio de 1,8 toneladas por hectare aumentou rapidamente para mais de 5 toneladas após a introdução de uma nova variedade desenvolvida nas Filipinas, que foi descrita como "arroz milagroso". A área plantada com esse arroz aumentou sua produtividade em 2.000 vezes. A promoção de variedades semi-anãs de alto rendimento resolveu o problema da escassez de alimentos que prevalecia na época (1966-1968) e evitou a

---

1513 Lã, Minh Hang, "Nomes do Arroz Cultivado no Centro do Vietnã: Uma Investigação de Lê Quý Đôn," *Patrimônio Cultural Nacional de Guangxi*, maio de 2015, p. 38.

1514 Cheng Shihua e Li Jian, orgs., *Arroz de Terras Baixas Chinês Moderno* (Jindun Publishing House, 2007), p. 68.

crise alimentar que havia sido prevista para 1972-1973, fazendo uma enorme contribuição para o suprimento de alimentos dos países densamente povoados do Sudeste Asiático. Chang e seus colegas do IRRI receberam o Prêmio John Scott na Filadélfia, Pensilvânia, em 1969, em reconhecimento ao seu trabalho nesse projeto.

Arroz Champa

Há dois mil anos, as áreas de Lingnan e Nanyang foram influenciadas pela cultura de arroz Han do norte, mas depois de mil anos, a direção da influência começou a se inverter. Um exemplo dessa influência do Sudeste Asiático para a China é o arroz Champa, uma variedade nativa do Vietnã que se tornou bem conhecida na China depois de ser introduzida pelo imperador Zhenzong. No quinto mês do quinto ano do período Song Zhenzong Dazhongxiangfu (1012), "como as colheitas não amadureceram devido à seca na área dos rios Yangtze e Huai e em Zhejiang, o governo enviou pessoas a Fujian para obter 30.000 sementes de arroz Champa para serem distribuídas nessas três regiões. Aqueles que escolheram o arroz Champa descobriram que ele era melhor do que o arroz de sequeiro. O governo ensinou as pessoas a plantá-lo. Mais tarde, o arroz foi plantado no palácio para o imperador e seus ministros observarem. Após a colheita, o imperador mostrou a todos os oficiais que o arroz era longo e não tinha palha, e os grãos eram menores e se adaptavam bem ao ambiente."[1515]

Na verdade, o arroz Champa foi introduzido muito antes, no final do período Tang e das Cinco Dinastias, por meio do comércio marítimo e outros meios. Após o quinto ano do período Zhenzong Dazhongxiangfu, o imperador promoveu o cultivo do arroz Champa no curso médio e inferior do rio Yangtze e, nos primeiros anos da Dinastia Song do Sul, a área de cultivo do arroz Champa representava mais de 70% da área de cultivo de arroz em todo o Jiangxi.[1516] Ao mesmo tempo, algumas mudanças foram observadas no próprio arroz Champa, que deixou de ser uma única variedade de maturação precoce e resistente à seca para se tornar diversas variedades com diferentes períodos de fertilidade e características.

A popularidade do arroz Champa dependia em grande parte de sua "tolerância à seca e capacidade de crescer em qualquer tipo de terra". Nos

---

[1515] *História da Dinastia Song*, vol. 173, "Crônica dos Alimentos e Produtos."

[1516] [Dinastia Song do Norte] Li Gang, *Coleção Liangxi*, vol. 106, "Solicitação da Requisição de Arroz Tardio."

últimos mil anos, à medida que a população da China crescia exponencialmente, as áreas montanhosas foram desenvolvidas e os campos de terraços se espalharam pelas áreas montanhosas do sudeste da China, mas a falta de instalações de conservação de água significava que a seca era sempre uma preocupação. A seleção de variedades tolerantes à seca foi uma das maneiras mais convenientes de se proteger contra essa possibilidade. Fujian foi uma das áreas com maior distribuição de campos de terraço durante a dinastia Song, e as descrições dos campos de terraço observam que "a água não pode ser usada sem irrigação, e as montanhas não podem ser usadas sem lavoura". Significativamente, foi também onde o arroz Champa foi introduzido pela primeira vez. A promoção do arroz Champa andou de mãos dadas com o desenvolvimento dos campos de arroz em terraços e, nos locais onde havia mais campos em terraços, também havia mais arroz Champa. A *Coleção Jingyetang* da Dinastia Qing, Volume 28, texto "Famílias de Agricultores" diz: "Leimingtian são plantados com arroz Champa, e não acredito que haja falta de água em nenhum lugar do mundo.[1517]Dizem que este foi um ano particularmente difícil em Huaiyang". O termo *leimingtian* se referia a campos sem nenhuma instalação de irrigação.

Ao avaliar o arroz Champa, historiadores posteriores deram menos atenção à sua resistência à seca, concentrando-se, em vez disso, em sua característica de maturação precoce. Eles acreditavam que, como o arroz Champa amadurecia cedo, ele podia ser cultivado em várias culturas (como em um sistema de cultivo duplo de arroz ou de cultivo duplo de arroz com trigo), o que provocou a revolução verde e promoveu o crescimento populacional. No entanto, na dinastia Song, a introdução do arroz Champa visava principalmente à resistência à seca, e sua função como grão de múltiplas culturas era de interesse secundário.

Após a dinastia Song, houve muitos exemplos de variedades de arroz introduzidas do Sudeste Asiático em resposta a várias necessidades. Por exemplo, no início do reinado de Chenghua da dinastia Ming (c. 1465-1470), quando o povo de Zhangzhou, Fujian, estava guardando a fronteira em Yunnan, eles entraram em contato com uma variedade de arroz de Annam que amadurecia no terceiro mês e era de cor branca.[1518] Essa variedade foi cultivada posteriormente nas áreas de Quanzhou, Zhangzhou e Taiwan.[1519] A área de Taiwan cultivava o *zhan* primitivo de Champa, o

---

1517 [Dinastia Song do Norte] Li Gang, *Coleção Liangxi*, vol. 106, "Solicitação da Requisição de Arroz Tardio."

1518 Reinado de Hongzhi. *Crônica de Bamin*, vol. 26.

1519 [Dinastia Qing] Guo Baicang, *Registros de Minchan*, vol. 1.

Annam primitivo (do atual Vietnã), o lüsong primitivo (do atual Luzon, Filipinas) e outras variedades de vários países do sudeste asiático.[1520]

Quando o arroz Champa entrou em Fujian durante a dinastia Song, outra variedade, o arroz glutinoso *jinchai*, chegou a Zhejiang, provavelmente também importado do sudeste asiático. O *jinchai* era uma variedade de arroz glutinoso de alta qualidade, muitas vezes chamado de "arroz glutinoso flutuando no mar", porque vinha do exterior. O poeta da dinastia Song, Sun Yin, escreveu: "As sementes de Yangzhou são adequadas para o cultivo de arroz e são mais adequadas para o solo de Yue. As sementes foram plantadas quando eu tinha dezesseis anos de idade, e o arroz era de uma qualidade muito peculiar. Ele veio do mar, como um legado de Yixiangong. Ao contrário de outros tipos de arroz, suas sementes são roxas."[1521]

Arroz de águas profundas e arroz flutuante

Os agricultores do Sudeste Asiático, especialmente na Tailândia e em Mianmar, há muito tempo preferem as variedades de arroz flutuante, que são adequadas para o cultivo em águas profundas, a fim de se adaptarem às demandas do cultivo de arroz em condições de inundação, nas quais o nível da água flutua. O arroz flutuante é plantado em águas profundas e semeado diretamente. Quando chega a estação das chuvas, a água se acumula nos campos de arroz e, à medida que a água sobe, os caules do arroz se alongam gradualmente. De agosto a outubro, a profundidade da água pode aumentar de oito a dez centímetros por dia, e o arroz flutuante pode crescer até trinta centímetros por dia. Em caso de chuvas fortes, inundações ou chuvas torrenciais, as raízes do arroz flutuante se soltam do solo e as folhas superiores flutuam na superfície da água, enquanto o restante da planta fica à deriva, absorvendo nutrientes da água e continuando a crescer. Quando a água recua, as raízes voltam a se enraizar na lama. De dezembro a janeiro, as águas da enchente diminuem e o arroz flutuante amadurece para a colheita.

O arroz flutuante não produzia altas colheitas e era de qualidade inferior, mas sua capacidade de crescer em condições de água alta o tornava uma boa opção para lidar com enchentes, o que chamou a atenção do povo chinês desde o início. No livro *Costumes do Kampuchea*, o escritor da dinastia Yuan, Zhou Daguan, não apenas registrou esse tipo de pro-

---

1520 Lian Heng, *História Geral de Taiwan*, vol. 27, "Crônica Agrícola" (Editora do Povo de Guangxi, 2005).

1521 [Dinastia Song do Sul] Zhang Hao, *Crônica de Kuaijixu*, vol. 8, "Introdução ao Yue, Arroz Yue."

dução agrícola nas margens dos lagos de água doce do Reino Khmer, mas também observou:

> *Há outro tipo de grama que cresce constantemente sem semeadura intencional. Quando a água atinge a profundidade de um zhang, o arroz cresce junto com a subida da água. Deve ser um tipo único de planta.*[1522]

O escritor da dinastia Ming, Shen Maoshang, escreveu em seu artigo sobre os produtos siameses intitulado *Registro de Vários Países no Exterior*, também chamado *Registro de Várias Tribos Bárbaras*: "O caule do arroz tem um zhang e três chi de altura, as espigas têm mais de oito *cun* de comprimento, o grão tem três grânulos, cada um com um *cun* de comprimento. O fato de as colheitas serem longas e exuberantes depende da profundidade da água."[1523]

Em meados e no final da dinastia Ming, essa variedade de arroz de caule longo e águas profundas já estava sendo cultivada nos vilarejos ribeirinhos de Jiangnan. De acordo com a *Crônica do Condado de Shanyin*, em Zhejiang, na dinastia Ming, havia uma variedade de arroz que era "branca na água e crescia facilmente na água nos anos em que havia inundações intensas."[1524] No final da dinastia Ming, Xu Guangqi disse: "Os fazendeiros da minha cidade obtiveram recentemente um arroz indica chamado *yizhanghong*. Ele é plantado no quinto mês e amadurece no oitavo, e pode crescer na água. Quando a água tem três ou quatro chi de profundidade, as sementes são espalhadas nela e o arroz brota abaixo da superfície da água. Quando cresce fora da água, amadurece como o arroz comum, embora precise de um solo mais espesso. Por ser tolerante a inundações, o vilarejo à beira-mar de Songjun é o local mais adequado para o plantio dessa variedade."[1525] No início da dinastia Qing, Kunshan, Jiangyin e outras partes de Jiangsu tinham uma variedade de arroz chamada *zhangshuihong*. Ela era caracterizada como "o grão mais longo, com três grãos juntos atingindo um *cun* de comprimento. Ele não é danificado nem mesmo por inundações

---

1522 [Dinastia Yuan] Zhou Daguan, *Costumes Anotados do Camboja*, ed. Xia Nai (Companhia de Livros Zhonghua, 1981), p. 137.

1523 Zheng Hesheng e Zheng Yijun, eds., *Materiais Compilados sobre as Expedições Ocidentais de Zheng He: Adendo*, vol. 1 (Pequim: Editora Oceano da China, 2005), p. 339.

1524 Reinado Jiajing. *Crônica do Condado de Shanyin*, vol. 3, "Produtos."

1525 Reinado Chongzhen. *Diário da Província de Songjiang*, vol. 6, "Produtos."

extremas."¹⁵²⁶ Essa variedade também era cultivada na área de Guangxi e Guangdong. Em Guangdong, outra variedade, a *shenshuilian*, era cultivada em Conghua, Xiangshan, Qingyuan, Sihui, Gaozhou e Wuchuan, conforme registrado no *Notícias de Guangdong*.¹⁵²⁷ No século XX, ela ainda era plantada em Guangdong e Hainan, principalmente em áreas baixas e alagadas ao longo do rio Xijiang em Zhaoqing e nas cristas baixas, campos de águas profundas em Qionghai, Wenchang e Qiongshan em Hainan. Em 1975, 273 *mu* foram plantados com essa variedade em Hainan, e uma pequena quantidade foi plantada em Zhaoqing e Zhanjiang.¹⁵²⁸ Em Guixian, Guangxi, "o *yizhanghong*, comumente conhecido como arroz flutuante, ou também chamado de *shizhanghe*, tem uma muda longa e seu grão tem uma coroa. O arroz é tão grande quanto o arroz japônica e é vermelho. É adequado para a produção de vinho. Quando a chuva da primavera não traz umidade suficiente, ele será semeado nas áreas alagadas, que são comumente chamadas de lagoa longa. As mudas não serão danificadas pelas enchentes."¹⁵²⁹ A razão pela qual o arroz flutuante não é danificado pelas enchentes é que 'as mudas sobem e descem com a correnteza', o que o torna útil para o plantio "ao longo do rio onde há enchentes."¹⁵³⁰

1526 Reinado Kangxi. *Crônica do Condado de Jiangyin*, vol. 5, "Produtos." Reinado Kangxi. *Crônica do Condado de Jiangyin*, vol. 5, "Produtos."

1527 [Dinastia Qing] Qu Dajun, *Notícias de Guangdong* (Zhonghua Book Company, 1985), p. 373.

1528 *Shenshuilian* é uma variedade de arroz tardio de uma única estação, com um período de crescimento total de 180 a 190 dias. A planta geralmente tem entre 200 e 300 centímetros de altura e um caule robusto. As folhas são grandes e verdes, e o sistema radicular é bem desenvolvido, crescendo tanto de forma profunda quanto ampla no solo. A espiga cresce até 22 a 25 centímetros de comprimento, e cada espiga tem em média de 80 a 100 grãos, podendo ter até 200 grãos. Os grãos são grandes e possuem awn, com uma cor amarelo-escura e sulcos amarelo-escuros profundos entre as glumas internas e externas. O arroz é branco e de qualidade inferior, mas cresce bem. O crescimento é lento na fase inicial, mas acelera na fase final. É especialmente resistente ao alagamento. Desde que não seja completamente submerso na fase de plântula, crescerá normalmente. A plântula cresce até sete ou oito polegadas quando os nós começam a ramificar. Quando a plântula atinge cerca de 33 cm de altura, ela cresce com o aumento do nível da água, então o comprimento dos internódios não é consistente. Geralmente, quanto mais rápido o aumento da água, mais longos são os internódios, e quando a água sobe lentamente, os internódios serão mais curtos. Os nós na base do caule crescem densamente, e muitas raízes adventícias e pelos radiculares crescem nos nós do caule. Os nós do caule aumentam com a profundidade da água e continuam a se alongar e preencher conforme o nível da água sobe. Essa variedade é resistente ao fertilizante, ácido e pragas, mas é quebradiça. É adequada para plantio em campos lang e campos baixos alagados. (Departamento de Agricultura da Província de Guangdong, ed., *Variedades de Culturas em Guangdong*, vol. 1, 1978, pp. 563-564.)

1529 Era Republicana. *Crônica de Guixian*, vol. 10, "Produtos."

1530 Era Republicana. *Manuscrito da Crônica Geral de Guangxi*, vol. 1.

Esse material indica que o arroz de águas profundas foi introduzido na China muito cedo, mas, estranhamente, quando se fala dessa variedade, a primeira coisa que vem à mente é o Sudeste Asiático. Em seu livro *Palavras de Advertência em uma Era Próspera*, um escritor relativamente recente, Zheng Guanying (1842-1921), citou o artigo "Trabalho Agrícola" de Sun Yat-Sen, dizendo: "Nos campos de arroz siameses, quando chega o verão, a água amarela vem do mar. Quando a água tem um *chi* de profundidade, as mudas crescem um *chi* de comprimento. Quando a água tem um *zhang* de profundidade, as mudas crescem um *zhang* de comprimento. Depois que a água recua, a colheita é duas vezes melhor. Isso é adequado para campos de baixa altitude."[1531] Em junho de 1954, o primeiro-ministro Zhou Enlai visitou a Birmânia pela primeira vez e, ao lado do primeiro-ministro birmanês U Nu, defendeu os renomados princípios declarados nos Cinco Princípios para a Coexistência Pacífica. Um ano depois, em 7 de junho de 1955, Zhou mencionou neste relatório na reunião inaugural da Academia Chinesa de Ciências que "na Birmânia, há um tipo de arroz que pode crescer mesmo depois de uma inundação, e pode crescer muito alto. Essa é uma boa semente para ser introduzida na China."[1532] Na verdade, o que o primeiro-ministro Zhou não percebeu foi que esse tipo de arroz já estava na China há algum tempo e ainda era cultivado em Guangdong e Guizhou, como continua a ser a prática atual.

Sanlicun

Nos *Registros de Vários Países no Exterior*, "Produtos Siameses", do escritor da dinastia Ming Shen Maoshang, ao falar sobre o arroz flutuante, observa-se que "o crescimento da colheita depende da profundidade das águas da chuva" e que "três grãos (*sanli*) juntos têm um *cun* de comprimento."[1533] Também é possível que "três grãos juntos têm um *cun* de comprimento" fosse uma das características dessa variedade de arroz flutuante. Esse tipo de arroz também está registrado em algumas crônicas locais que datam da dinastia Qing. A descrição do *zhangshuihong* encontrada na *Crônica do Condado de Jiangyi*n, datada do reinado de Kangxi, é

1531 [Dinastia Qing] Zheng Guanying, *Nova Edição de Palavras de Advertência em uma Era Próspera*.

1532 Relatório do Premier Zhou Enlai na Reunião de Abertura da Faculdade de Educação, 7 de junho de 1955. Arquivos da Academia Chinesa de Ciências, Escritório 55-25.

1533 Zheng Hesheng e Zheng Yijun, eds., *Materiais Compilados sobre as Expedições Ocidentais de Zheng He: Suplemento*, vol. 1 (Pequim: Editora Oceano da China, 2005), p. 339.

consistente com a descrição da variedade siamesa encontrada no texto da dinastia Ming de Shen Maoshang, portanto, é relativamente certo que se trata da mesma variedade. O Anhui *Crônica do Condado de Shucheng*, datado do período Yongzheng, registra uma variedade de arroz glutinoso em que "três grãos juntos têm um *cun* de comprimento. Por isso, é chamado de sanlicun. Ele é congelado ou torrado e pode ser usado para fazer chá."[1534] A *Crônica do Condado de Wuchang*, datada do reinado de Guangxu, também diz: "O arroz glutinoso Tiejiao cresce até ficar bem grande e é chamado de sanlicun."[1535]

As variedades de arroz flutuante cultivadas nos trechos médio e inferior do rio Yangtze durante a dinastia Qing provavelmente vieram do sudeste da Ásia. No entanto, variedades semelhantes de grãos longos são cultivadas na China desde os tempos antigos. Durante a dinastia Song do Norte, o *História da Miscelânea* citou a *Revisão do Taiping Imperial* dizendo: "O arroz Baihan amadurece no sétimo mês. Esse arroz é grande e longo, com três grãos juntos medindo um cun de comprimento. O arroz mais longo de Yizhou tem meio cun de comprimento". O capítulo sobre arroz em casca do livro *Competências Essenciais para Beneficiar o Povo* cita uma passagem diferente do *História da Miscelânea*, dizendo: "O arroz *Qingyu*, o arroz *leizi* e o arroz *baihan* são grandes e longos. O arroz com grãos de meio *cun* de comprimento é encontrado em Yizhou". Embora haja diferenças entre os dois textos, o que é consistente é que o *baihan* era uma variedade de grãos longos. É possível que a variedade posterior chamada *sanlicun* esteja relacionada a ela, ou pelo menos que seu nome tenha sido influenciado por ela, já que era obviamente uma variedade de grãos longos e finos.

Arroz Siamês

Ao contrário do arroz Champa, que era tolerante à seca e tinha grãos pequenos, o arroz siamês era tolerante à água e tinha grãos longos. O texto da dinastia Ming *Notas Sobre As Construções Emergentes da Seção Budista* diz: "O arroz do Sião tem grãos de um *cun* de comprimento."[1536] Isso o tornou muito atraente para os agricultores chineses, que estavam trabalhando para aumentar a produção de arroz. Por esse motivo, a China começou a

---

1534 Reinado de Yongzheng. *Crônica do Condado de Shucheng*, vol. 10, "Produtos."

1535 Reinado de Guangxu. *Crônica do Condado de Wuchang*, vol. 3, "Produtos."

1536 [Dinastia Ming] Zhu Guozhen, *Notas sobre os Edifícios Emergentes de Leção Budista*, vol. 27, "Variedades Diversas."

importar arroz tailandês e a trabalhar para introduzir mais variedades de arroz tailandês. De acordo com os *Anais do Imperador Qing Shizong*, Volume 25, no décimo mês do segundo ano do reinado de Yongzheng (1724), "O governador de Guangdong, Nian Xiyao, relatou: 'O rei do Sião ofereceu sementes de arroz e árvores frutíferas. Ele também enviou arroz para Guangdong para vender". E, 'O rei do Sião é muito obediente e deve ser recompensado por seus esforços para enviar sementes de arroz, árvores frutíferas e outros itens, apesar da grande distância'". Nos *Anais do Imperador Qing Gaozong*, Volume 285, afirma-se que, no segundo mês do décimo segundo ano do reinado de Qianlong (1747), "os acadêmicos da universidade e outros acadêmicos responderam: 'O governador de Fujian, Chen Da, disse que o arroz produzido no Sião é muito abundante e sempre foi permitido para o comércio, mas o lucro tem sido pequeno e há poucos comerciantes dele. Agora os comerciantes ouviram falar que a madeira do Sião é barata e facilmente usada para construir navios. Desde o nono ano de Qianlong, aqueles que compram arroz barato e o enviam de volta têm recebido muita ajuda, e isso é mais conveniente para os comerciantes que vêm daquele país". Dizia-se que as variedades de arroz usadas nos campos de arroz imperiais nas montanhas Yuquan, nos subúrbios ocidentais de Pequim, durante a dinastia Qing, incluíam algumas do Sião. As sementes de arroz siamês foram introduzidas primeiro na área de Taihu e depois em Pequim.[1537]

Antes da década de 1950, o arroz siamês era uma das variedades cultivadas no condado de Lingao, em Hainan.[1538] De 1929 a 1933, o professor Ding Ying cruzou o arroz siamês com o Heidu 4 para produzir o Siam Hei 7.[1539] Na década de 1950, o arroz siamês foi sistematicamente selecionado e cultivado em Fujian para produzir o Minbei 1. O arroz siamês e outras variedades do sudeste asiático continuaram a ser cultivados até certo ponto na época do censo de variedades de arroz de Guangdong de 1976.[1540]

1537 Zhou Jianduan, *Velhos Registros de Pequim*, ed. Feng Dabiao (Editora Jilin, 2011), p. 106.

1538 Compilado pelo Comitê de Pesquisa Literária, Comitê do Condado de Lingao, Província de Hainan, Comitê de Consulta Política. *História Literária de Lingao* (Volume 8), Documento Interno, 1992, p. 42.

1539 Lui Ruilong, ed., *Edição Especial do 20º Aniversário em Comemoração à Morte do Professor Ding Ying* (Universidade Agrícola do Sul da China, 1984), p. 24.

1540 Cheng Shihua e Li Jian, eds., *Arroz Chinês Moderno* (Editora Jindun, 2007), p. 68.

3. Cultivo de arroz

Pisoteando os campos

Havia uma lenda na China sobre "arar com o elefante e capinar com o pássaro", na qual se dizia que quando Shun foi enterrado em Cangwu (atual Wuzhou, Guangxi), o elefante arou para ele, e quando Yu foi enterrado em Kuaiji (atual Shaoxing, Zhejiang), o pássaro capinou o campo para ele.[1541] De acordo com estudos, o que era chamado de "arar com o elefante e capinar com o pássaro" era uma abordagem agrícola que usava os restos deixados pelos animais (elefantes selvagens ou pássaros migratórios) quando eles pisoteavam ou procuravam comida.[1542] O exemplo mais típico era o Saudação ao Campo de Alces. Saudação era o nome da atual Taixing, Jiangsu, que fica ao longo do rio e do mar e, desde os tempos antigos, era o lar de muitos alces. O solo que era pisoteado pelos alces ficava macio, como se tivesse sido arado por humanos, e podia ser semeado diretamente, o que lhe deu o nome de "campos de alces". Inspirados pelo exemplo da natureza, outros agricultores começaram a usar bois para pisotear o solo como uma espécie de "arado de casco" antes da invenção do arado. Esses campos também eram conhecidos como "campos pisoteados pelo gado".

O povo Li em Hainan e o povo Dai em Yunnan usaram campos pisoteados por gado até as décadas de 1950 e 60. Os registros da dinastia Qing indicam que o "povo Sheng Li de Hainan não sabe como cultivar os campos. Eles não usam ferramentas agrícolas. Sua lavoura durante a primavera consiste em deixar o gado pisotear os campos, amolecendo o solo e transformando-o em lama. Eles então espalham as sementes e haverá uma colheita."[1543] E: "O povo Sheng Li não sabe como cultivar os campos, mas quando chove, eles levam o gado para os campos para pisoteá-los. Quando a água penetra no solo, eles plantam as sementes nele."[1544] Uma canção folclórica tradicional do povo Li intitulada *Campos Pisoteados pelo Gado* diz: "A nora pisoteando o campo é interessante. Ela sempre é vista pisoteando

---

1541 [Dinastia Jin] Zuo Si, *Letras de Wudu*. Diz-se: "Arando com o elefante e capinando com o pássaro." Li Shan, ed., *Livro de Yuejue*. Diz-se: "Shun foi enterrado em Cangwu, e o elefante arou o campo para ele. Yu foi enterrado em Kuaiji, e o pássaro capinou o campo para ele."

1542 Zeng Xiongsheng, "Sobre Arar com o Elefante e Capinar com o Pássaro," *Estudos na História das Ciências Naturais*, no. 1 (1990): 67–77.

1543 Décimo terceiro ano do reinado Daoguang. [Dinastia Qing] Zhang Changqing, *ketchbook das regiões do povo Li*, Série Zhaodai.

1544 *Notas sobre os Costumes das Nacionalidades do Sul*, "Uma Visão Geral dos Li de Qiong."

os campos. Os bois não pisoteiam apenas a areia; eles pisoteiam o campo inteiro. Formam montes e grumos e, depois, pisoteiam o campo todo novamente. Pisoteie os peixinhos e os caranguejos, caro boi! Os peixinhos e os caranguejos dormem entre a grama e os juncos, caro boi."[1545]Esse costume foi mudado à força nas décadas de 1950 e 1960 pela política oficial. Em 1958 e 1962, o Comitê Popular da Região Autônoma Li e Miao de Hainan publicou o documento *Sobre Herdar e Levar Adiante Boas Tradições* e *Reforma de Costumes e Hábitos Étnicos Atrasados*, que incluía a declaração: "Devemos mudar resolutamente costumes como 'pisotear os campos com bois' e 'torcer o arroz à mão.'"[1546]

Um registro preciso de "arar com o elefante" pelos ancestrais dos grupos étnicos minoritários que vivem em Yunnan hoje é encontrado em um texto da dinastia Tang.[1547] É muito provável que o uso de elefantes para arar naquela época envolvesse "conduzir o elefante para frente e para trás nos campos de modo que suas patas grandes e seu corpo pesado pisoteassem as ervas daninhas no solo, transformando-o em lama fina e depois semeando as sementes". Esse tipo de método de cultivo foi mantido por alguns grupos étnicos em Yunnan na época da Libertação, só que usando búfalos em vez de elefantes. Os rebanhos de búfalos eram conduzidos para frente e para trás e, quando a grama afundava na lama, as mudas de arroz eram plantadas."[1548] No entanto, há quem acredite que arar com elefantes se referia a usar os elefantes para puxar o arado.[1549]

1545 Fu Guihua, *3.000 Canções Tradicionais do Povo Li* (Editora de Hainan, 2008), p. 789.

1546 Guo Xiaodong et al., *Civilização Perdida: Um Estudo sobre o Cronograma de Hans Stubel da Etnografia das Ilhas do Sul* (Editora da Universidade de Wuhan, 2013), p. 18.

1547 [Dinastia Tang] Fang Chuo, *Livro dos Bárbaros*, vol. 7, "Produtos no Território de Yunnan." Diz: "Tonghai tem mais búfalos selvagens no sul, um rebanho de um ou dois mil. O rio Minuo cresceu no oeste, e o sul foi aberto para criar elefantes, que são maiores que os búfalos. Uma família de várias pessoas os cria, e eles aram com o boi." E, "Há mais deles no sul de Kainan. Eles podem ser capturados por outros para que possam arar os campos." O capítulo "Categorias," Parte 4 diz: "A tribo ignorante e selvagem é um híbrido de Kainan... Pelo tronco com o ninho do pavão, o elefante é tão grande quanto um búfalo. É criado para cultivar a terra, e seu esterco é usado como combustível para o fogo."

1548 Sang Yaohua, *The De'ang People* (Editora Étnica, 1986), p. 11.

1549 Em 2003, no Simpósio Internacional sobre Cultura Comparativa Dai na Bacia dos Quatro Rios em Yunnan, realizado na Região Autônoma Dai de Dehong, o acadêmico birmanês Lai Sangyan apresentou um artigo intitulado *The History and Current Usage of Elephant Farming in Namhkan (Tai), Myanmar*, que forneceu à conferência imagens e informações textuais sobre "arar com o elefante". O artigo ilustrou que em algumas partes de Mianmar, o uso tradicional de elefantes para arar os campos ainda é praticado hoje, e um elefante pode puxar dois ou três arados. Para o resumo e visão geral, consulte Dao Baoyao, Associação de Estudos Dai da Prefeitura de Dehong, eds., *Dehong, China, Yunnan Sijiang River Valley Dai Comparative Culture International Academic Conference Proceedings* (Editora de Nacionalidades de Dehong, 2005), pp. 212, 544.

Na Indonésia, nas Filipinas, na Tailândia e nas Ilhas Ryukyu, a aragem com cascos ainda é praticada.[1550] Em algumas ilhas do Sudeste Asiático, ao redor de pequenas bacias hidrográficas no continente e em campos de arroz de terras úmidas baixas ao longo de rios de montanha, os búfalos de água eram ou ainda são usados no cultivo de arroz. Exemplos de lugares que usam ou usaram esse método incluem Bohol, nas Filipinas, Kami, em Bornéu, Trajan, em Sulawesi, Timor Leste, as áreas de rios e montanhas em Pahang, Malásia, Sri Lanka e Loyu, na fronteira entre a Tailândia e Mianmar.[1551]

Em 1945, antes da Revolução de Agosto no Vietnã, em algumas áreas rurais remotas, "depois que o arroz era ceifado, a água era liberada para que as ervas daninhas apodrecessem no campo e, em vez de arar, o gado era levado aos campos para pisotear o solo e torná-lo macio antes de o arroz ser plantado. Esse é o método *shuinou* de cultivo."[1552]

O pisoteio de grãos era uma prática relacionada ao pisoteio de campos. O processo envolvia primeiro fazer uma mistura de lama, esterco de vaca e água e depois espalhá-la no chão. Depois de alguns dias, a mistura endurecia. Foram amarrados postes entre dois búfalos e os animais foram obrigados a andar ao redor dos postes, pisoteando o arroz sob suas patas. Isso foi feito em uma noite de luar e foi um evento muito interessante.[1553]

Arroz *Jiaozi*

Competências Essenciais para Beneficiar o Povo, Volume 10, "Produtos de grãos, frutas e vegetais de fora da China, arroz 1" cita a *Crônica de Yiwu*, dizendo: "O arroz é plantado duas vezes por ano, no verão e no inverno, e o *jiaozi* cresce". Yu Yizhi escreveu: "O arroz *jiaozi* amadurece duas vezes por ano". A principal característica do arroz *jiaozi* era o fato de amadurecer duas vezes por ano, o que era derivado de sua capacidade de amadurecer no inverno. Por isso, ele também era conhecido como arroz de inverno.

1550 Tanaka Koji, *Tipos e Distribuição das Técnicas de Cultivo de Arroz*. Citado em Tadayo Watabe, ed., *History of Rice Cultivation in Asia*, vol. 1 (Shogakukan Inc., 1987).

1551 V. D. Wickizer e M. K. Bennett, *The Rice Economy of Monsoon Asia* (Califórnia: Food Research Institute, Stanford University, 1941); Mitsuo Kagawa, "Several Issues on the Origin of Rice Cultivation," *Agricultural Archaeology*, no. 1 (1988): 211.

1552 Đào Duy Anh, *History of Ancient Vietnam*, trans. Liu Tongwen (Editora comercial, 1976), pp. 233-234.

1553 Young, Ernest, *Siam Impression*, trans. Gu Delong (Editora comercial, 1927), p. 61.

Arado chinês

O arado é a ferramenta mais importante na produção agrícola. Nos primórdios, a única função do arado era quebrar o solo. Durante muito tempo, o aprimoramento do arado na China foi visto principalmente no arado para quebrar o solo. O desenvolvimento do arado passou por estágios que vão da pedra ao bronze e, finalmente, ao arado de ferro. Com o surgimento do arado de ferro, os aprimoramentos do arado começaram a mudar para sua estrutura geral. A dinastia Han viu o surgimento da aiveca, um dispositivo adicionado à extremidade superior do arado que girava e rompia o solo. O surgimento desse tipo de arado revolucionou o desenvolvimento da agricultura da dinastia Han e teve um impacto direto no cultivo de arroz no Sudeste Asiático. Durante a dinastia Han oriental, "o prefeito de Jiuzhen, Ren Yan, começou a ensinar o povo a arar, popularizando-o de modo que passou a ser usado em toda parte. Desde então, as pessoas sabiam como cultivar a terra e, por mais de seiscentos anos, suas técnicas de cultivo têm sido as mesmas usadas na China."[1554] Entretanto, o corpo do arado feito de um feixe longo e reto não era adequado para a pequena área dos arrozais do sul, portanto, na dinastia Tang, um arado de virabrequim mais leve, puxado por bois, chamado de arado Jiaodong, foi usado nos arrozais de Jiangnan.

Havia duas características marcantes do arado Jiangdong. A primeira é que ele era fácil de girar, ou seja, o corpo do arado podia girar durante a operação. Isso significava que o corpo do arado era móvel, facilmente ajustável à profundidade e à amplitude da lavoura, além de ser leve e flexível o suficiente para ser girado, o que o tornava adequado para arar pequenos lotes de terra. A segunda característica importante era o uso da aiveca de ferro, que não só facilitava a desagregação do solo, mas também possibilitava a sulcação e a perfuração, o que era ideal para o gerenciamento do campo.

Após o surgimento do arado de Jiangdong, ele foi amplamente utilizado em Jiangnan e logo se espalhou para vários países do sudeste asiático. No século 17, os colonialistas holandeses em Java, na Indonésia, viram imigrantes locais usando o arado de Jiangdong e rapidamente relataram o fato à Holanda. Em pouco tempo, ele começou a influenciar os arados na Europa. Isso indica que, antes desse evento, o equipamento agrícola que era tão comumente usado na China havia se espalhado pelo Sudeste Asiático. De fato, junto com a disseminação do arado no Sudeste Asiático, havia também outras ferramentas, como o ancinho e a grade. As práticas agríco-

---

1554 [Dinastia Wei do Norte] Li Daoyuan, *Shuijingzhu Anotado*, ed. Wang Guowei (Editora Popular de Xangai, 1984), p. 1144.

las mais características da China, como o transplante de arroz, a gradagem para cultivar os campos e a criação de peixes nos arrozais[1555], podem ser encontradas em todo o Sudeste Asiático.

Arroz de inverno

Com o clima quente do Sudeste Asiático, há muitas variedades de arroz que podem ser plantadas no inverno na região. Por exemplo, "o arroz flutuante cresce entre o quinto mês e o primeiro mês do ano seguinte"[1556], que é um tipo de arroz cultivado no inverno. Mas o termo "arroz de inverno" refere-se ao arroz plantado após o início do inverno. O arroz de inverno também é chamado de *jiedao*, *xuezhong* e *handao*. *Jiedao* é "plantado no décimo primeiro mês e colhido no quarto". Jie significa o limite do período, aqui dois anos, e é chamado de *sanshidao*."[1557] O caractere 界 (*jie*) às vezes também era escrito 介 ou 芥. Também lemos: "O arroz plantado no inverno e colhido no verão é chamado *jiehe*."[1558] E, "depois que o arroz tardio é colhido, ele é plantado novamente no décimo mês e colhido no quarto mês do ano seguinte. Isso é chamado de *handao*, e é resistente ao frio."[1559] Em Guangxi, Cangwu e Cenxi também tinham *xuezhong*. Ele era plantado no décimo mês e amadurecia no segundo. Era plantado três vezes por ano. As safras plantadas no inverno amadureciam na primavera."[1560]

Historicamente, o plantio de arroz no inverno é um método de cultivo único que tem sido praticado principalmente em Lingnan e no sudeste da Ásia, distribuído predominantemente em áreas ao sul da latitude de 24° N.[1561] O registro mais antigo desse método pode ser encontrado no texto

---

1555 Matthias Halwart e Modadugu V. Gupta, *Culture of Fish in Rice Fields* (FAO, 2004), p. 3.

1556 [Dinastia Yuan] Zhou Daguan, *Costumes de Camboja Anotados*, ed. Xia Nai (Companhia de Livros Zhonghua, 1981), p. 138.

1557 [Dinastia Qing] Qu Dajun, *Novas Notas de Guangdong* (Companhia de Livros Zhonghua, 1985), p. 373.

1558 [Dinastia Song] Yue Shi, *Registro da Visão Geral de Taiping* (Companhia de Livros Zhonghua, 2007), p. 3231.

1559 *Registro Provincial de Si'en*. Citado em [Dinastia Qing] Li Yanzhang, *Compilação de Urgência para o Cultivo de Arroz em Jiangnan*.

1560 *Registro Provincial de Wuzhou*. Citado em [Dinastia Qing] Li Yanzhang, *Compilação de Urgência para o Cultivo de Arroz em Jiangnan*.

1561 Peng Shijiang, "Cultivo Especial de Arroz em Lingnan ao Longo da História e suas Perspectivas," *Agricultura Antiga e Moderna*, no. 1 (1987): 25-29.

História da Miscelânea, da dinastia Jin ocidental, de Guo Yigong, que diz: "O verão é quente no sul. Lá, as colheitas amadurecem três vezes por ano. As colheitas plantadas no inverno amadurecem na primavera, as plantadas na primavera amadurecem no verão e as plantadas no outono amadurecem no inverno."[1562] O *Crônica de Exóticos da Fronteira Sul*, de Yang Fu, registra: "Os fazendeiros de Jiaozi replantam as colheitas no mesmo ano, e elas amadurecem novamente no inverno". A *Crônica de Mingyitong* diz: "O *Leiyang jiedao* é plantado no décimo segundo mês, cultivado na neve e amadurece no quarto mês do ano seguinte. É muito diferente de outros tipos de arroz". O *Diário da Província de Taiping* de Nanning, Guangxi, datado do reinado de Wanli da dinastia Ming, contém um poema de Ren Zhuangyuan, que diz: "Acredita-se que não há neve no Vietnã no décimo mês e que todo o lugar é plantado com mudas verdes. "[1563]

Durante a dinastia Qing, esse tipo de arroz se expandiu de Nanhai, Guangdong, para Gaoyao, Sihui e outros lugares. No 22º ano do reinado de Guangxu (1896), foi registrado no *Crônica do condado de Sihui* que "o nome *xuezhan* pode ser encontrado no *Crônica de Nanhai*. Há três anos, as pessoas trouxeram essa variedade de arroz para Gaoyao. Depois que a primeira safra foi transplantada para os campos inferiores no décimo mês, ela foi colhida no terceiro mês do ano seguinte. No ano cíclico de Renchen (1892), a queda de neve foi tão forte que as plantações foram danificadas. Hoje em dia, poucas pessoas na região plantam esse tipo de planta."[1564]

O período de crescimento do arroz de inverno variava de região para região e de variedade para variedade. Como mencionado anteriormente, alguns eram plantados no décimo primeiro mês e colhidos no quarto, outros eram plantados no décimo mês e colhidos no quarto, e outros eram plantados no décimo mês e colhidos no segundo. Como o arroz de inverno era cultivado no inverno, logo após o plantio do arroz tardio, ele podia ser colhido três vezes por ano. Além do arroz de inverno, havia outros grãos diversos que podiam ser colhidos três vezes por ano. Está registrado que "há alguns que plantam batata-doce, milho, legumes e outras culturas duas vezes e depois plantam arroz. Diz-se que esse tipo de campo é triplamente cultivado."[1565] Entretanto, nem todo arroz de inverno tinha três colheitas por ano. No *História da Miscelânea*, há um registro de plantas verdes plan-

---

1562 Citado em [Dinastia Tang] Xu Jian, *Registro do Aprendizado Precoce*, vol. 8.

1563 Reinado Wanli. *Registro Provincial de Taiping*, vol. 2, "Crônica de Alimentos e Produtos."

1564 Reinado Guangxu. *Crônica do Condado de Sihui*, vol. 1, "Produtos."

1565 Reinado Guangxu. *Manual de Geografia das Cidades de Guangdong*, 1908.

tadas nos campos de arroz. Diz o seguinte: "A grama da batata-doce é amarelo-esverdeada e as flores são roxas. Elas são plantadas abaixo do arroz no décimo segundo mês e se espalham vigorosamente. São muito bonitas e as folhas podem ser comidas."[1566]A frase "plantadas abaixo do arroz no décimo segundo mês" refere-se aos campos de arroz de inverno.

O arroz de inverno em Lingnan, na China, é equivalente ao arroz boro em Bangladesh e na Índia, que também cresce entre novembro e maio. Esse período é a estação seca em grande parte do sudeste asiático. O arroz de inverno na Ilha de Hainan "é adequado para o cultivo em campos montanhosos, especialmente em campos frios e lamacentos. Em áreas baixas, ele pode ser colhido antes da chegada da água do barco-dragão para evitar as enchentes."[1567] 'Água do barco-dragão' aqui se refere às enchentes na época do Barco-Dragão Festival, no quinto mês lunar, quando a estação chuvosa chega e o nível da água sobe até o ponto mais alto. Atualmente, o arroz de inverno ainda é cultivado em algumas áreas remotas do sul da China, especialmente na ilha de Hainan.

1566 [Dinastia Wei do Norte] Jia Sixie, *Competências Essenciais para Beneficiar o Povo*, ed. Miao Qiyu (Pequim: Editora de Agricultura da China, 1982), p. 663.

1567 Peng Shijiang, "Cultivo Especial de Arroz em Lingnan ao Longo da História e suas Perspectivas," *Agricultura Antiga e Moderna*, no. 1 (1987): 25–29.

4. Costumes populares

Vivendo em um ambiente quente e úmido, os ancestrais do povo Baiyue optaram por construir suas casas sobre palafitas, "com as pessoas morando em cima e o gado, as ovelhas, os cachorros e os javalis morando embaixo."[1568] Esse tipo de moradia foi usado pela primeira vez há 7.000 anos como parte da cultura Hemudu e, a partir daí, espalhou-se pelo Sudeste Asiático. As pessoas que viviam nas palafitas mantinham costumes compartilhados em termos de linguagem e rituais. Elas eram o produto do intercâmbio da cultura do arroz e são uma evidência da transmissão e do intercâmbio cultural.

Idioma

O intercâmbio cultural do cultivo de arroz entre a China e o Sudeste Asiático pode ser rastreado por meio do idioma. Comparando os vocabulários do tailandês, do *dai* e do *zhuang*, de 2.000 palavras comumente usadas, cerca de 500 são iguais nos três idiomas e outras 1.500 são iguais no tailandês e no *dai*. As palavras que são iguais nos três idiomas são todas palavras monossílabas básicas, indicando que os três idiomas se originaram de um idioma nativo comum, o Velho Yue. As palavras que se sobrepõem mais tipicamente incluem *kao*, *khao*, *kau* e *kauk*, que são equivalentes às palavras chinesas para "arroz" e "grão". Atualmente, na Tailândia, o arroz de sequeiro é chamado de *kaorái* (também escrito como *kauklat*) e o arroz é chamado de *kaona*, ambos derivados do dialeto Baiyue. Kao é o equivalente à palavra chinesa *gu*, que significa grão. Todos os nomes de variedades de arroz de sequeiro na Tailândia têm o prefixo *khao*, como *khaodaw*, *khaonammun*, *khaosim* e *khaomantun* (todos se referindo ao arroz glutinoso), bem como *khaojaoyao*, *khajaongachang*, *khaojaodawkpradu* e outros nomes de variedades não glutinosas. Atualmente, em Mianmar, o arroz indica é chamado de *kaukkyi*, e o arroz japônica é chamado de *kaukyin*. A primeira metade dessas palavras, *kauk*, é uma transliteração de *gu*. Atualmente, muitos dos nomes das variedades de arroz em Mianmar têm o prefixo *kauk-*, incluindo *kaukhlut*, *kaukunan*, *kaukhangyl* e *kauksan*. Esse prefixo é exatamente o mesmo que o prefixo tailandês *khao-*, sendo ambas transliterações de *gu*. Também é semelhante aos nomes das variedades de arroz nos idiomas dos grupos étnicos minoritários de Yunnan. Por exem-

---

1568 [Dinastia Ming] Kuang Lu, *Chiya*, vol. 1, "Tongding."

plo, nas palavras *hao'angong* e *haoboke* no idioma Dai, o prefixo *hao-* é uma transliteração da palavra chinesa he, que também significa grão. O *boke* é baseado no significado e não na mera transliteração.[1569]

Outro exemplo é a palavra na. Há mais de 2.000 anos, durante as dinastias Qin e Han, havia um estado estabelecido pelo povo Baiyue no sudoeste da China (incluindo principalmente a parte ocidental da atual Guizhou e, possivelmente, o nordeste de Yunnan, o sul de Sichuan e o noroeste de Guangxi), conhecido nos documentos históricos chineses como o Reino de Yelang. Recentemente, alguns estudiosos comprovaram que a pronúncia original de *Yelang* era *Yina*, que é uma metáfona da palavra *Miao* na que originalmente significava "arroz", com a adição do prefixo yi-, que significava "sagrado". Na significava "arroz" e depois evoluiu para "campo de arroz".[1570] A língua Zhuang também chama os campos de arroz de na. A ordem das palavras no idioma Baiyue coloca o modificador depois do substantivo, de modo que o arroz em casca é chamado de *kaona*, e o arroz de "montanha" ou de sequeiro é chamado de *kaorai*, com *rai* significando "montanha". Em Guangdong, Guangxi, Yunnan e Guizhou, no sul da China, e no Vietnã, Laos, Mianmar e norte da Tailândia, ainda há diversas pequenas cidades com o caractere chinês 那, que é uma transliteração de na. O ponto mais distante é Narong (97° 5' E) em Shan, Mianmar, e tão ao sul quanto Nalu (16° N) em Palawan, Laos. Os antropólogos se referem a essa área como a esfera cultural Na. As pessoas que vivem lá são principalmente dos grupos linguísticos Zhuang e Dong, incluindo os povos Zhuang, Buyi, Dai, Dong, Shui, Mulao, Maonan e Li na China, o povo Thai na Tailândia, o povo Lao no Laos, os povos Dai e Nùng no Vietnã, o povo Shan em Mianmar e o povo Ahan em Assam, na Índia.

Ritos de Sacrifício

Nos tempos antigos, os povos do leste e do sudeste da Ásia consideravam o arroz um presente dos céus. Para agradecer ao céu e orar por uma boa colheita de arroz, os produtores de arroz da China e do Sudeste Asiático realizavam vários rituais durante a produção de arroz.

A Cerimônia Real de Lavoura ainda é realizada todos os anos no centro de Bangcoc, presidida pelo Rei da Tailândia. Mais de 2.000 pessoas e

---

1569 You Xiuling e Zeng Xiongsheng, *Uma História da Cultura do Cultivo de Arroz Chinês* (Shanghai People's Publishing House, 2010), pp. 493-494.

1570 Li Guodong, "Cultura do Cultivo de Arroz em Guizhou: Um Estudo Empírico Baseado nas Rotas de Transmissão," *Jornal da Universidade Normal de Guizhou*, no. 10 (2013): 1.

vários bois participam da Cerimônia Real de Lavoura, rezando pelo bom tempo e por uma boa colheita de arroz e plantando sementes de arroz que vêm do palácio. Essa cerimônia é semelhante à antiga cerimônia chinesa de Jitian, uma cerimônia de aragem na qual o imperador conduzia os príncipes para arar os campos antes da aragem da primavera. Esse ritual foi praticado por sucessivas dinastias na China, começando com a dinastia Zhou, há mais de 3.000 anos. Durante a cerimônia, o imperador primeiro ofereceu um boi de sacrifício a Shennong e, em seguida, foi com os ministros para arar simbolicamente os campos nas terras agrícolas nos subúrbios do sul da capital. Após o término da cerimônia, as prefeituras e os condados receberam a ordem de arar os campos a tempo para o plantio da primavera. A Tailândia continuou a observar essa cerimônia por setecentos anos.

As pessoas das prefeituras e condados da China antiga também tinham que realizar vários rituais de sacrifício no decorrer de suas atividades agrícolas diárias.

Muitos poemas relacionados a ritos de sacrifícios agrícolas são encontrados no Livro das Canções, uma coleção de poemas antigos. Durante a dinastia Song, Chen Fu incluiu pela primeira vez "Rituais" em um tratado agrícola. No mesmo período, uma cena de sacrifício de oferendas de agradecimento aos deuses foi retratada em uma imagem de agricultura e tecelagem.

Os Dai, Shan, Thai e outros povos que falam o idioma Dai geralmente acreditam na noção religiosa primitiva de que todas as coisas são dotadas de um espírito. O povo Dai em Yunnan geralmente acredita que o céu, a terra, o sol, a lua, as montanhas, a água, os campos e a terra têm espíritos e oferecem sacrifícios aos vários espíritos para pedir suas bênçãos. Em Xishuangbanna e em outros lugares, ainda há crença e rituais em homenagem a divindades domésticas, deuses tribais, deuses de vilarejos e deuses locais. O deus doméstico é adorado por uma única família e o deus tribal pela família ampliada. O deus do vilarejo é colocado na floresta próxima ao vilarejo e é adorado duas vezes por ano, enquanto o deus local também é chamado de deus de todo o clã, que foi o primeiro chefe a construir Meng.[1571] Ele é adorado uma vez por ano em uma cerimônia presidida pelo Dai Meng local. Os bois são cortados com flechas de bambu, preservando os antigos costumes da aldeia. As crenças e os rituais dos povos Thai e Shan na Tailândia e em Mianmar são semelhantes aos do povo Dai na China.

Havia uma crença geral no animismo nas áreas Han. Nos tempos antigos, dizia-se que "quem quer que tenha sido um exemplo para o povo, quem quer que tenha contribuído para a paz e a estabilidade do país e quem

---

[1571] Nota do tradutor: um distrito administrativo do povo Dai.

quer que tenha se posicionado contra uma catástrofe será sacrificado". Quando as pessoas se deparam com pragas de inundação, seca ou pestilência, elas sacrificam aos deuses das montanhas e dos rios. Quando se deparam com neve, geada e vento fora de época, sacrificam aos deuses do sol, da lua e das estrelas."[1572]

Tambor de Bronze

Os tambores eram mais comumente usados como adereços em rituais de sacrifício. O livro *Ritos de Zhou*, "Yuezhang", escreve: "Quando as pessoas oram ao Deus do Campo por uma boa colheita, elas cantam binya e tocam tambores de barro para agradar o oficial da agricultura". O *Livro de Cânticos*, "Xiaoya, Grandes Campos", escreve: "Toque as cordas e bata os tambores para elevar o som ao céu. Vamos nos encontrar com o deus ancestral da agricultura. Oramos sinceramente para que a chuva caia do céu, para que haja bênçãos de grãos no ano que vem e para que o povo seja alimentado... Tragam comida requintada para confortar o povo e façam com que o funcionário da agricultura se alegre".

Havia muitos tipos de tambores. De acordo com o *Tratado Agrícola da Dinastia Yuan*, de Wang Zhen, durante o período Song-Yuan, havia um tipo de tambor usado em Sichuan especificamente durante o cultivo de arroz, chamado *haogu*. Embora o tipo mais comum de tambor fosse o de argila, havia tambores de bronze em Yunnan, Guizhou, Guangxi e Guangdong, no sudoeste da China, e nos vizinhos Vietnã, Laos, Mianmar, Tailândia, Malásia e Indonésia. Os tambores de bronze foram usados pela primeira vez como instrumentos musicais em rituais de adoração ancestral e para orar por uma boa colheita de arroz.

O tambor de bronze teve sua origem no oeste e no centro de Yunnan. Yunnan, Guizhou, Guangxi, Guangdong, Hainan e o norte do Vietnã são as áreas em que os tambores de bronze estão mais densamente distribuídos. Laos, Vietnã (centro-sul), Tailândia, Mianmar, Camboja e outros países foram os subcentros e as áreas de transição para a distribuição dos tambores de bronze, enquanto a Malásia e o arquipélago indonésio foram as últimas áreas para as quais os tambores de bronze se espalharam.

1572 [Dinastia Song do Sul] Chen Fu, Tratado Agrícola de Chen Fu, ed. Wan Guoding, vol. 1, "Rituais" (Pequim: Editora de Agricultura da China, 1965), p. 42.

Havia várias imagens e padrões nos tambores de bronze, mas o tema da imagem era limitado a duas áreas. A primeira estava relacionada à produção material, como o trabalho humano ou a caça, animais como sapos e pássaros e corpos celestes como o sol ou as estrelas. A outra estava relacionada à vida espiritual, como pessoas com penas[1573] ou pássaros voando. Algumas das imagens representam diretamente cenas de trabalho de moagem de arroz, debulha de grãos e cultivo de grãos. A imagem do sapo no tambor de bronze é um símbolo importante das orações por chuva e é inseparável da produção de arroz. Outro motivo importante no tambor de bronze é o pássaro, que tinha uma certa relação com o campo de pássaros no sudeste da China e com a cultura de cultivo de arroz do sudeste asiático.

O intercâmbio da cultura do arroz entre a China e o Sudeste Asiático tem uma história de mais de 2.000 anos, abrangendo uma ampla gama de áreas, como tecnologia de uso da terra, sementes de arroz, tecnologia de cultivo de arroz e cultura popular. Essa estreita interação beneficiou tanto a China quanto os países do Sudeste Asiático, promovendo o desenvolvimento da produção e da cultura do arroz em ambos os lados, o que, por sua vez, contribuiu para o desenvolvimento e a prosperidade de suas respectivas economias e sociedades. É previsível que, com o relacionamento cada vez mais estreito entre a China e a Asean, o intercâmbio da cultura do arroz entre a China e os países do Sudeste Asiático levará a um relacionamento ainda mais produtivo nos próximos anos.

1573 Nota do tradutor: fadas.

POSFÁCIO

A publicação deste livro aconteceu quase por acaso. De 2012 a 2015, candidatei-me a um grande projeto inovador sobre o tema Arroz de Sequeiro no Norte do Instituto de História das Ciências Naturais da Academia Chinesa de Ciências. Meu projeto foi intitulado "A criação e disseminação do conhecimento científico e tecnológico" e recebeu o financiamento para o qual eu havia me candidatado. Em 2016 e 2017, ganhei um prêmio para um projeto importante do instituto para o projeto "Pesquisa sobre a História do Cultivo de Arroz na China". A publicação deste livro é o resultado desses dois projetos, como uma revisão e um resumo de minha pesquisa sobre a história da China nos últimos trinta anos.

Embora a pesquisa sobre o cultivo de arroz na China não tenha sido o escopo completo do meu trabalho nos últimos trinta anos, esse é o campo em que mais me esforcei pessoalmente. Durante meus anos de trabalho, recebi apoio e assistência de todos os tipos. Gostaria de aproveitar esta oportunidade para expressar minha mais profunda gratidão àqueles que me ajudaram ao longo do caminho. Antes de mais nada, sou muito grato ao professor You Xiuling. Ele é um pioneiro no estudo da história do cultivo de arroz na China e é, de longe, o maior especialista na área. Se eu não tivesse começado a estudar com o professor You há trinta anos, este livro nunca teria sido publicado. Vejo este livro como um pouco do dever de casa designado pelo meu professor, no qual venho trabalhando há trinta anos. Ele incorpora uma expressão de sua sabedoria e diligência. Também sou grato ao falecido professor Chen Wenhua, da Academia de Ciências Sociais de Jiangxi, que foi a primeira pessoa na China a se dedicar à arqueologia agrícola. Entre os professores que me treinaram estão Min Zongdian, do Museu Agrícola da China, e o pesquisador Li Genpan, da Academia Chinesa de Ciências Sociais. Os antigos livros agrícolas e documentos históricos apresentados pelo Dr. Min me deram uma compreensão mais abrangente dos antigos clássicos agrícolas, e a forma agrícola primitiva dos povos de minorias étnicas do sul apresentada pelo Dr. Li enriqueceu minha compreensão das práticas agrícolas primitivas. Meus agradecimentos também a Fan Chuyu, do Instituto de História das Ciências Nacionais da Academia Chinesa de Ciências. Por meio de sua apresentação, tive a oportunidade de trabalhar com minha unidade atual, o que me permitiu levar uma vida sem preocupações com alimentação e vestuário, embora eu não seja rico. Também sou muito grato ao professor Dong Kaichen, da Universidade Agrícola da China. Li Genpan e eu concluímos a redação de "A História da Ciência e Tecnologia na China, Volume de Ciências Agrícolas" sob os auspícios do professor Dong e de Fan Chuyu. As ideias originais de grande parte do conteúdo desse livro foram formadas durante a redação deste volume. Agradeço as oportunidades que meus professores, veteranos e colegas de classe me deram nos últimos trinta anos ao me ensinarem, incentivarem, pressionarem e criticarem. Sem dúvida, como revisores anônimos, alguns mentores participaram da conclusão de muitos artigos deste livro.

Quando terminei o rascunho deste livro, ele foi enviado ao professor You Xiuling e Li Genpan para receber assistência. Eles são as figuras mais importantes no campo da história agrícola chinesa. Há cerca de dez anos, escrevi meu primeiro livro, História da Agricultura Chinesa, e o professor You escreveu um longo prefácio para ele. Embora afirmasse alguns aspectos do livro, ele também apontou suas deficiências, o que levou à publicação de uma edição revisada da obra. Hoje, dez anos depois, o professor You, que em breve terá 98 anos, mudou para uma inscrição, hesitando várias vezes devido à sua idade avançada. Ele explicou: "Como tenho 95 anos, não tenho muito vigor para ler ou escrever. Embora eu queira escrever uma introdução para o seu novo livro, não posso dar o meu melhor, então terei que me contentar com uma inscrição". Ele elaborou pessoalmente a inscrição, depois a inseriu no computador e fez ajustes meticulosos antes de solicitar minha opinião. No início de 2017, ele mesmo copiou a inscrição, de modo que agora ela aparece no início deste livro. Fiquei muito satisfeito em receber a inscrição do professor You, mas sua explicação me preocupa. É uma grande honra receber a inscrição, mas quando vejo as palavras "Não posso dar o melhor de mim", fico extremamente triste. Ao mesmo tempo, fico incomodado com o problema que meu pedido causou a ele. Afinal de contas, o tempo não perdoa e, na minha idade, já tenho a sensação de que "o meio-dia já passou", então quanto mais para um senhor idoso? Li Genpan é vinte anos mais novo que o professor You, mas até ele tem mais de 70 anos. Ele escreveu em sua resposta a mim: "Devido à idade, à saúde e aos inúmeros artigos que preciso escrever, a pressão é grande, mas não posso ignorar o pedido do senhor, embora receie que não seja bem escrito. Por favor, diga-me o prazo de entrega e farei o possível". Isso foi antes do prefácio do Dr. Li para o livro, e eu agradeço seu incentivo. Embora ele e eu tenhamos tido nossas discussões sobre questões acadêmicas, ele é, sem dúvida, uma das maiores influências em meu trabalho e foi uma das pessoas que mais me ajudaram e respeitaram durante minha carreira nesse campo. Sua amplitude de conhecimento teórico, sua compreensão e experiência em questões acadêmicas e seu rigoroso espírito acadêmico são um exemplo que todos nós deveríamos aprender.

Sou grato ao meu professor, Sr. Ouyang Caisheng. Ele me abriu as portas para a pesquisa histórica quando eu estava no ensino médio. Minha vida provavelmente teria sido diferente sem sua excelente orientação há quarenta anos.

Também sou grato ao meu pai e à minha mãe. Uma parte considerável do conhecimento sobre agricultura tradicional contido nestas páginas vem das palavras e ações de meu pai, Zeng Songgen, e de minha mãe, Liu Chaying. Não consegui ser um filho filial que cultiva ao lado deles dia e noite, mas quando esse filho tem dúvidas sobre questões agrícolas tradicionais, as pessoas que sempre tiveram a resposta mais rápida foram meus pais, um casal de idosos que vive e cultiva no campo. Minha compreensão inicial sobre o cultivo de arroz veio dos ensinamentos de meus pais e dos dias em que andei descalço ao longo dos cumes lamacentos atrás deles. Se tenho alguma confiança no conteúdo deste livro, ela não vem das linhas rabiscadas na página, mas das pegadas no cume.

A publicação deste livro contou com a ajuda de Sun Mingfeng, editor da Editora de Agricultura da China, e do Dr. Du Xinhao e do Dr. Chen Guiquan, do Instituto de História das Ciências Naturais da Academia Chinesa de Ciências. Na véspera da publicação, os alunos de pós-graduação Han Yufen, Xie Zhifei e Zhao Lijie foram convidados a revisar o manuscrito. Eles ajustaram as notas de maneira uniforme, de acordo com o estilo dos trabalhos acadêmicos, e foram cuidadosos e meticulosos em sua revisão, garantindo que os erros fossem minimizados. Gostaria de expressar minha gratidão a eles.

Agradeço também à terra e aos meus ancestrais, anciãos e irmãos que trabalharam duro enquanto cultivavam o solo.

O deus do grão é imortal, e a fragrância do arroz durará para sempre.

Zeng Xionsheng
10 de janeiro de 2018

Apêndice 1

Uma breve cronologia da história chinesa

Dinastia Xia		2070-1600 A.C.
Dinastia Shang		1600-1046 A.C.
Dinastia Zhou	Dinastia Zhou Ocidental	1046-771 A.C.
	Dinastia Zhou Oriental	770-256 A.C.
Dinastia Qin		221-206 A.C.
Dinastia Han	Dinastia Han Ocidental	206 A.C. - 25 D.C.
	Dinastia Han Oriental	25-220
Três Reinos	Reino de Wei	220-265
	Reino de Shu	221-263
	Reino de Wu	222-280
Dinastia Jin	Dinastia Jin Ocidental	265-317
	Dinastia Jin Oriental	317-420

Dinastias do Sul e do Norte	Dinastias do Sul	Dinastia Song	420-479
		Dinastia Qi	479-502
		Dinastia Liang	502-557
		Dinastia Chen	557-589
	Dinastias do Norte	Dinastia Wei do Norte	386-534
		Dinastia Wei Oriental	534-550
		Dinastia Qi do Norte	550-577
		Dinastia Wei Ocidental	535-556
		Dinastia Zhou do Norte	557-581
Dinastia Sui			581-618
Dinastia Tang			618-907
Cinco dinastias Dinastia Tang posterior Dinastia Jin posterior Dinastia Han posterior Dinastia Zhou posterior		Dinastia Liang posterior	907-923
		923-936	
		936-947	
		947-950	
		951-960	
Dinastia Song Dinastia Song do Sul		Dinastia Song do Norte	960-1127
		1127-1279	
Dinastia Liao			907-1125
Dinastia Jin			1115-1234
Dinastia Yuan			1206-1368
Dinastia Ming			1368-1644
Dinastia Qing			1616-1911
República da China			1912-1949
República Popular da China			Fundada em 1º de outubro de 1949

Apêndice 2

Listas de nomes de templos e títulos de reinado de imperadores

Três Reinos e Dinastia Jin Ocidental (220 a 317 d.C.)

Dinastia	Imperador	Nome	Nome do templo	Título do Reinado	Faixa de anos
Reino de Wei	Imperador Wen de Wei	Cao Pi	-	Huangchu	220-226
	Imperador Ming de Wei	Cao Rui	-	Taihe	227-233
				Qinglong	233-237
				Jingchu	237-240
	Príncipe Qi	Cao Fang	-	Zhengshi	240-249
				Jiaping	249-254
	Duque de Gaoguixiang	Cao Mao	-	Zhengyuan	254-256
				Ganlu	256-260
	Imperador Yuan de Wei	Cao Huan	-	Jingyuan	260-264
				Xianxi	264-265
Reino de Shu	Imperador Zhaolie de Han	Liu Bei	-	Zhangwu	221-223
	Imperador Huai de Han	Liu Shan	-	Jianxing	223-237
				Yanxi	238-257
				Jingyao	258-263
				Yanxing	263

Dinastia	Imperador	Nome	Nome do templo	Título do Reinado	Faixa de anos
Reino de Wu	Imperador Da de Wu	Sun Quan	-	Huangwu	222-229
				Huanglong	229-231
				Jiahe	232-238
				Chiwu	238-251
				Taiyuan	251-252
				Shenfeng	252
	Príncipe Kuaiji	Sun Liang	-	Jianxing	252-253
				Wufeng	254-256
				Taiping	256-258
	Imperador Jing de Wu	Sun Xiu	-	Yong'an	258-264
	Marquês Wucheng	Sun Hao	-	Yuanxing	264-265
				Ganlu	265-266
				Baoding	266-269
				Jianheng	269-271
				Fenghuang	272-274
				Tiance	275-276
				Tianxi	276
				Tianji	277-280

Dinastia Jin Ocidental	Imperador Wu de Jin	Sima Yan	Shizu	Taishi	265-274
				Xianning	275-280
				Taikang	280-289
				Taixi	290
	Imperador Hui de Jin	Sima Zhong	-	Yongxi	290
				Yongping	291
				Yuankang	291-299
				Yongkang	300-301
				Yongning	301-302
				Tai'an	302-303
				Yong'an	304
				Jianwu	304
				Yong'an	304
				Yongxing	304-306
				Guangxi	306
	Imperador Huai de Jin	Sima Chi	-	Yongjia	307-313
	Imperador Min de Jin	Sima Ye	-	Jianxing	313-317

Dinastia Tang (618-907 d.C.)

Dinastia	Imperador	Nome	Nome do templo	Título do Reinado	Faixa de anos
Dinastia Tang	Imperador Gaozu de Tang	Li Yuan	Gaozu	Wude	618-626
	Imperador Taizong de Tang	Li Shimin	Taizong	Zhenguan	627-649
	Imperador Gaozong de Tang	Li Zhi	Gaozong	Yonghui	650-655
				Xianqing	656-661
				Longshuo	661-663
				Linde	664-665
				Qianfeng	666-668
				Zongzhang	668-670
				Xianheng	670-674
				Shangyuan	674-676
				Yifeng	676-679
				Tiaolu	679-680
				Yonglong	680-681
				Kaiyao	681-682
				Yongchun	682-683
				Hongdao	683
	Imperador Zhongzong de Tang	Li Xian	Zhongzong	Sisheng	684
	Imperador Ruizong de Tang	Li Dan	Ruizong	Wenming	684
				Guangzhai	684
				Chuigong	685-688
				Yongchang	689
				Zaichu	689-690

Dinastia	Imperador	Nome	Nome do templo	Título do Reinado	Faixa de anos
Wu Zhou	Wu Zetian	Wu Zhao	-	Tianshou	690-692
				Ruyi	692
				Changshou	692-694
				Yanzai	694
				Zhengsheng	694-695
				Tiancewansui	695-696
				Wansuidengfeng	696
				Wansuitongtian	696-697
				Shengong	697
				Shengli	698-700

Dinastia	Imperador	Nome	Nome do templo	Título do Reinado	Faixa de anos
Dinastia Tang				Jiushi	700-701
				Dazu	701
				Chang'an	701-705
	Imperador Zhongzong de Tang	Li Xian	Zhongzong	Shenlong	705-707
				Jinglong	707-710
	Imperador Ruizong de Tang	Li Dan	Ruizong	Jingyun	710-712
				Taiji	712
				Yanhe	712
	Imperador Xuanzong de Tang	Li Longji	Xuanzong	Xiantian	712-713
				Kaiyuan	713-741
				Tianbao	742-756
	Imperador Suzong de Tang	Li Heng	Suzong	Zhide	756-758
				Qianyuan	758-760
				Shangyuan	760-761

Dinastia Tang	Imperador Daizong de Tang	Li Yu	Daizong	Baoying	762-763
				Guangde	763-764
				Yongtai	765-766
				Dali	766-779
	Imperador Dezong de Tang	Li Kuo	Dezong	Jianzhong	780-783
				Xingyuan	784
				Zhenyuan	785-805
	Imperador Shunzong de Tang	Li Song	Shunzong	Yongzhen	805
	Imperador Xianzong de Tang	Li Chun	Xianzong	Yuanhe	806-820
	Imperador Muzong de Tang	Li Heng	Muzong	Changqing	821-824
	Imperador Jingzong de Tang	Li Zhan	Jingzong	Baoli	825-827
	Imperador Wenzong de Tang	Li Ang	Wenzong	Dahe/Taihe	827-835
				Kaicheng	836-840
	Imperador Wuzong de Tang	Li Yan	Wuzong	Huichang	841-846
	Imperador Xuanzong de Tang	Li Chen	Xuanzong	Dazhong	847-860
	Imperador Yizong de Tang	Li Cui	Yizong	Xiantong	860-874
	Imperador Xizong de Tang	Li Xuan	Xizong	Qianfu	874-879
				Guangming	880-881
				Zhonghe	881-885

Dinastia	Imperador	Nome	Nome do templo	Título do Reinado	Faixa de anos
				Guangqi	885-888
				Wende	888
	Imperador Zhaozong de Tang	Li Ye	Zhaozong	Longji	889
				Dashun	890-891
				Jungfu	892-893
				Qianning	894-898
				Guanghua	898-901
				Tianfu	901-904
				Tianyou	904
	Imperador Ai de Tang	Li Chu		Tianyou	904-907

Dinastias Song, Yuan, Ming e Qing (960 a 1911 d.C.)

Dinastia	Imperador	Nome	Nome do templo	Título do Reinado	Faixa de anos
Dinastia Song do Norte	Imperador Taizu de Song	Zhao Kuangyin	Taizu	Jianlong	960-963
				Qiande	963-968
				Kaibao	968-976
	Imperador Taizong de Song	Zhao Guangyi	Taizong	Taipingxingguo	976-984
				Yongxi	984-987
				Duangong	988-989
				Chunhua	990-994
				Zhidao	995-997
	Imperador Zhenzong de Song	Zhao Heng	Zhenzong	Xianping	998-1003
				Jingde	1004-1007
				Dazhongxiangfu	1008-1016
				Tianxi	1017-1021
				Qianxing	1022

Dinastia	Imperador	Nome	Nome do templo		Título do Reinado	Faixa de anos
Dinastia Song do Norte	Imperador Renzong de Song	Zhao Zhen	Renzong		Tiansheng	1023-1032
					Mingdao	1032-1033
					Jingyou	1034-1038
					Baoyuan	1038-1040
					Kangding	1040-1041
					Qingli	1041-1048
					Huangyou	1049-1054
					Zhihe	1054-1056
					Jiayou	1056-1063

Dinastia	Imperador	Nome	Nome do templo	Título do Reinado	Faixa de anos
	Imperador Yingzong de Song	Zhao Shu	Yingzong	Zhiping	1064-1067
	Imperador Shenzong de Song	Zhao Xu	Shenzong	Xining	1068-1077
				Yuanfeng	1078-1085
	Imperador Zhezong de Song	Zhao Xu	Zhezong	Yuanyou	1086-1094
				Shaosheng	1094-1098
				Yuanfu	1098-1100
	Imperador Huizong de Song	Zhao Ji	Huizong	Jianzhongjingguo	1101
				Chongning	1102-1106
				Daguan	1107-1110
				Zhenghe	1111-1118
				Chonghe	1118-1119
				Xuanhe	1119-1125
	Imperador Qinzong de Song	Zhao Huan	Qinzong	Jingkang	1126-1127

Dinastia Song do Sul	Imperador Gaozong de Song	Zhao Gou	Gaozong	Jianyan	1127-1130
				Shaoxing	1131-1162
	Imperador Xiaozong de Song	Zhao Shen	Xiaozong	Longxing	1163-1164
				Qiandao	1165-1173
				Chunxi	1174-1189
	Imperador Guangzong de Song	Zhao Dun	Guangzong	Shaoxi	1190-1194
	Imperador Ningzong de Song	Zhao Kuo	Ningzong	Qingyuan	1195-1200
				Jiatai	1201-1204
				Kaixi	1205-1207
				Jiading	1208-1224
	Imperador Lizong de Song	Zhao Yun	Lizong	Baoqing	1225-1227
				Shaoding	1228-1233
				Duanping	1234-1236
				Jiaxi	1237-1240
				Chunyou	1241-1252
				Baoyou	1253-1258
				Kaiqing	1259
				Jingding	1260-1264
	Imperador Duzong de Song	Zhao Qi	Duzong	Xianchun	1265-1274
	Imperador Gong de Song	Zhao Xian	-	Deyou	1275-1276
	Imperador Duanzong de Song	Zhao Shi	Duanzong	Jingyan	1276-1278
	Imperador Shao de Song	Zhao Bing	-	Xiangxing	1278-1279

Dinastia	Imperador	Nome	Nome do templo	Título do Reinado	Faixa de anos
Dinastia Yuan	Imperador Taizu de Yuan	Genghis Khan/ Temujin	Taizu	-	1206-1227
	Imperador Ruizong de Yuan	Tolui	Ruizong	-	1228
	Imperador Taizong de Yuan	Ögedei Khan	Taizong	-	1229-1241
	Imperatriz Qinshu de Yuan	Oghul Qaimish	-	-	1242-1246
	Imperador Dingzong de Yuan	Güyük Khan	Dingzong	-	1246-1248
	Imperatriz Qinshu de Yuan	Oghul Qaimish	-	-	1249-1251
	Imperador Xianzong de Yuan	Möngke Khan	Xianzong	-	1251-1259
	Imperador Shizu de Yuan	Kublai Khan	Shizu	Zhongtong	1260-1264
				Zhiyuan	1264-1294
	Imperador Chengzong de Yuan	Temür Khan	Chengzong	Yuanzhen	1295-1297
				Dade	1297-1307
	Imperador Wuzong de Yuan	Külüg Khan	Wuzong	Zhida	1308-1311
	Imperador Renzong de Yuan	Ayurbarwada Buyantu Khan	Renzong	Huangqing	1312-1313
				Yanyou	1314-1320
	Imperador Yingzong de Yuan	Gegeen Khan	Yingzong	Zhizhi	1321-1323
	Imperador Taiding de Yuan	Yesün Temür	-	Taiding	1324-1328
				Zhihe	1328

Dinastia Yuan	Imperador Tianshun de Yuan	Ragibagh Khan	-	Tianshun	1328
	Imperador Wenzong de Yuan	Jayaatu Khan Tugh Temür	Wenzong	Tianli	1328-1330
	Imperador Mingzong de Yuan	Khutughtu Khan Kusala	Mingzong	Zhishun	1330-1332
	Imperador Ningzong de Yuan	Rinchinbal Khan	Ningzong		1332
	Imperador Shun de Yuan	Toghon Temür	Huizong		1333
				Yuantong	1333-1335
				Zhiyuan	1335-1340
				Zhizheng	1341-1368

Dinastia	Imperador	Nome	Nome do templo	Título do Reino	Faixa de anos
Dinastia Ming	Imperador Hongwu	Zhu Yuanzhang	Taizu	Hongwu	1368-1398
	Imperador Jianwen	Zhu Yunwen	Imperador Hui	Jianwen	1399-1402
	Imperador Yongle	Zhu Di	Chengzu/Taizong	Yongle	1403-1424
	Imperador Hongxi	Zhu Gaochi	Renzong	Hongxi	1425
	Imperador Xuande	Zhu Zhanji	Xuanzong	Xuande	1426-1435
	Imperador Yingzong deMing	Zhu Qizhen	Yingzong	Zhengtong	1436-1449
				Tianshun	1457-1464
	Imperador Jingtai	Zhu Qiyu	Daizong	Jingtai	1450-1457
	Imperador Chenghua	Zhu Jianshen	Xianzong	Chenghua	1465-1487
	Imperador Hongzhi	Zhu Youcheng	Xiaozong	Hongzhi	1488-1505
	Imperador Zhengde	Zhu Houzhao	Wuzong	Zhengde	1506-1521
	Imperador Jiajing	Zhu Houcong	Shizong	Jiajing	1522-1566
	Imperador Longqing	Zhu Zaiji	Muzong	Longqing	1567-1572
	Imperador Wanli	Zhu Yijun	Shenzong	Wanli	1573-1620
	Imperador Taichang	Zhu Changluo	Guangzong	Taichang	1620
	Imperador Tianqi	Zhu Youjiao	Xizong	Tianqi	1621-1627
	Imperador Chongzhen	Zhu Youjian	Sizong	Chongzhen	1628-1644

Dinastia Qing	Imperador Taizu de Qing	Nurhaci	Taizu	Tianming	1616-1626
	Imperador Taizong de Qing	Hong Taiji	Taizong	Tiancong	1627-1636
				Chongde	1636-1643
	Imperador Shunzhi	Fulin	Shizu	Shunzhi	1644-1661
	Imperador Kangxi	Xuanye	Shengzu	Kangxi	1662-1722
	Imperador Yongzheng	Yinzhen	Shizong	Yongzheng	1723-1735
	Imperador Qianlong	Hongli	Gaozong	Qianlong	1736-1795
	Imperador Jiaqing	Yongyan	Renzong	Jiaqing	1796-1820
	Imperador Daoguang	Mineração	Xuanzong	Daoguang	1821-1850
	Imperador Xianfeng	Yizhu	Wenzong	Xianfeng	1851-1861
	Imperador Tongzhi	Zaichun	Muzong	Tongzhi	1862-1874
	Imperador Guangxu	Zaitian	Dezong	Guangxu	1875-1908
	Imperador Xuantong	Puyi	Gongzong	Xuantong	1909-1911

Apêndice 3

Listas de unidades de medida da China antiga

	Unidade		Dinastia Shang e Zhou	Dinastia Qin e Han	Dinastia Sui e Tang	Dinastia Song e Yuan	Ming e Qing Dinastias	Moderno
Comprimento	cun (寸)	-	2,003 cm	2.310 cm	2,738 cm	3,140 cm	3,168 cm	3,333 cm
	chi (尺)	= 10 cun	20,03 cm	23,10 cm	27,38 cm	31,40 cm	31,68 cm	33,33 cm
	bu (步)	= 5 chi	-	-	1.369 m	1.570 m	1.584 m	-
		= 6 chi	-	1.386 m	-	-	-	
		= 8 chi	1.602 m	-	-	-	-	
	zhang (丈)	= 10 chi	2.003 m	2.310 m	2.738 m	3.14 m	3.168 m	3.333 m
	li (里)	= 300 bu	480.72 m	415.8 m	-	-	-	500 m
		= 360 bu	-	-	492.84 m	565.20 m	570.24 m	-

	Unidade		Moderno			
Área	mu (亩)	-	-	0,0667 ha	666.7 m²	
	qing (顷)	= 100 mu	= 100 mu	6,67 ha	66,670 m²	

Nota do editor: O mu é uma medida imprecisa, medindo 1 mu por 240 bu na China antiga.

Tabela de comparação da área de campo na China antiga

Dinastia	Comprimento da régua de medição	chi (尺) por bu (步)	bu (步) por mu (亩)	A área de um mu (亩)	Equivalente ao mu moderno (亩), uma unidade de área), =0,0667 hectares)
Zhou Ocidental	19,7 cm	8	100	248.38 m²	0.3726
O campo leste do estado de Qi	19,7 cm	6.4	100	158.96 m²	0.2385
Estado de Qin (após a reforma de Shang Yang)	23,1 cm	6	240	460.89 m²	0.6912
Estado de Qin (após a unificação)	23,1 cm	6	240	460.89 m²	0.6912
Antigos seis estados (após a unificação)	23,1 cm	6	100	192.04 m²	0.288
Han (Big mu)	23,1 cm	6	240	460.89 m²	0.6912
Han (mu pequeno)	23,1 cm	6	100	192.04 m²	0.288
Reino de Wei e Jin Ocidental	24,2 cm	6	240	505.99 m²	0.759
Jin Oriental	24,5 cm	6	240	518.62 m²	0.778
Wei do Norte	29,596 cm	6	240	757.00 m²	1.0356
Tang (mu pequeno)	24,58 cm	5	100	151.04 m²	0.2266
Tang (Big mu)	24,58 cm	5	240	362.45 m²	0.5438
Canção	31,68 cm	5	240	584.06 m²	0.876
Ming	32,64 cm	5	240	575.77 m²	0.9597
Qing	32 cm	5	240	552.96 m²	0.9216

Fonte: Wu Hui, Pesquisa sobre a Produção de Grãos por Mu nas Dinastias Passadas da China (Pequim: Editora de Agricultura da China, 2016), p. 397.

	Unidade	Antes da dinastia Tang	Depois da dinastia Song	Moderno
Volume	ele (合)	-	-	0.1 L
	sheng (升)	= 10 he	= 10 he	1 L
	dou (斗)	= 10 sheng	= 10 sheng	10 L
	hu (斛)	= 10 dou	= 5 dou	50 L
	dan (石)	= 1 hu	= 2 hu	100 L

Nota do editor: he, sheng, dou e hu eram contêineres na China antiga e eram usados como unidades de volume. Antes da Dinastia Tang, hu era o nome comum de dan. Depois da dinastia Song, a unidade de peso dan foi usada como unidade de volume e foi abolida nos tempos modernos. 1 sheng era equivalente a 180-220 mL nas dinastias Qin e Han e 600-660 mL nas dinastias Sui, Tang, Liao e Song. No início da dinastia Ming, equivalia a cerca de 1.000 ml, tendo aumentado desde então.

	Unidade		Dinastia Zhou	Dinastias Qin e Han	Dinastia Sui	Dinastia Tang a Qing	Moderno	
Peso	fen (分)	-	149 mg	156,2 mg	415 mg	373 mg	-	500 mg
	qian (钱)	= 10 fen	1.490 g	1.562 g	4.15 g	3.73 g	= 10 fen	5 g
	liang (两)	= 10 qian	14.90 g	15.62 g	42.5 g	37.3 g	= 10 qian	50 g
	jin (斤)	= 16 liang	238.37 g	250 g	680 g	596.82 g	= 10 liang	500 g
	dan (担/石)	= 120 jin	28,60 kg	30,00 kg	81,60 kg	71,62 kg	= 100 jin	50 kg

TIPOGRAFIA:
Gang of Three (título)
Untitled Serif (texto)

PAPEL:
Cartão LD 250g/m2 (capa)
Pólen Soft LD 80g/m (miolo)